경력을 막론하고 그 누구든 웍에 대한 더 깊은 이해와 감상을 얻을 것이다. 나도 그랬으니까. 너무 맛있다.

_PIM TECHAMUANVIVIT, 요리사이자 작가이며 Chez Pim의 제작자

난 켄지에게서 신뢰할 수 있게 잘 연구된 정보들을 얻어왔다. 그래서 얼마나 유능하고도 다면적인 요리사인지 이전부터 알고 있었다. 참 사교적이고 재밌고 열정적인 사람이자 다른 사람에게 자신의 지식을 기꺼이 나누며 빛을 발하는 사람이다.

_NAMIKO H. CHEN, Just One Cookbook의 작가이자 제작자

이 훌륭한 책에는 아시아 주방에서 가장 보편적이고 유용하지만, 오해를 받곤 하는 도구인 웍에 대한 모든 질문과 답이 담겨있다. 켄지의 이러한 과학적 접근은 초보자와 전문가 모두에게 도움이 될 것이다. 나는 이제 화구에서 웍이 떠날 일 없을 만큼 자주 사용하고 있다.

_ADAM LIAW, 작가이자 Destination Flavor의 진행자

켄지는 우리 주방에서 가장 중요한 도구인 웍의 다재다능함을 돋보이는 기술과 레시피를 한데 모으는 어려운 임무를 수행해냈다. 과학적 접근과 사려 깊은 연구를 통해 가정 요리사도 만들 수 있는 쉬운 레시피로 재창조했다. 그만의 아주 특별한 능력이다(게다가 말장난도 좋다).

_BILL, JUDY, SARAH, KAITLIN LEUNG, The Woks of Life의 제작자

웍은 모든 아시아 식당의 주방에서 필수적인 도구이다. 나는 웍에 대한 참된 배움을 위해서 전문적인 주방에서 수년간 힘든 노력을 거쳐야 했다. The Wok은 집에서도 웍을 마스터하는 데 필요한 모든 지식을 쥐어준다. 감사한 일이다.

_HOONI KIM, 요리사이자 My Korea의 저자

켄지의 요리 실력은 넥스트 레벨이다. 나는 운이 좋게도 그의 천재적인 걸음을 지켜볼 수 있었다. 우리는 이 책에서 요리의 위대함을 목격할 수 있다. 이 남자가 말하는 모든 것을 즐겨라! 그가 내 친구라는 게 참 자랑스럽다.

_ALVIN CAILAN 요리사이자 작가이며 The Burger Show의 진행자

The Wok은 놀라운 레시피뿐만 아니라, 전문/가정 요리사들이 새롭고 다양하게 적용할 수 있는 기술들을 알려준다. 모든 요리사에게 꼭 필요한 책이다.

_LEAH COHEN, Lemongrass and Lime의 저자

THE
WOK
더 웍

THE
WOK 더 웍

J. KENJI LÓPEZ-ALT 번역 셰프크루

YoungJin.com Y.
영진닷컴

더 웍 THE WOK

Copyright ⓒ 2022 by J. Kenji López-Alt
Korean Translation Copyright ⓒ 2023 by Youngjin.com

Korean edition is published by arrangement with W. W. Norton & Company, Inc.
through Duran Kim Agency.

이 책의 한국어판 저작권은 듀란킴 에이전시를 통한 W. W. Norton & Company, Inc.와의 독점 계약으로 영진닷컴에 있습니다. 저작권법에 의하여 한국 내에서 보호를 받는 저작물이므로 무단전재와 무단복제를 금합니다.

ISBN 978-89-314-6616-4

독자님의 의견을 받습니다.
이 책을 구입한 독자님은 영진닷컴의 가장 중요한 비평가이자 조언가입니다. 저희 책의 장점과 문제점이 무엇인지, 어떤 책이 출판되기를 바라는지, 책을 더욱 알차게 꾸밀 수 있는 아이디어가 있으면 팩스나 이메일, 또는 우편으로 연락주시기 바랍니다. 의견을 주실 때에는 책 제목 및 독자님의 성함과 연락처(전화번호나 이메일)를 꼭 남겨 주시기 바랍니다. 독자님의 의견에 대해 바로 답변을 드리고, 또 독자님의 의견을 다음 책에 충분히 반영하도록 늘 노력하겠습니다.

이메일 | support@youngjin.com

주소 | (우)08507 서울시 금천구 가산디지털1로 128 STX-V타워 4층 401호 (주)영진닷컴 기획1팀
https://www.youngjin.com/

파본이나 잘못된 도서는 구입하신 곳에서 교환해 드립니다.

STAFF

저자 J. Kenji López-Alt | **역자** 셰프크루 | **총괄** 김태경 | **진행** 차바울, 윤지선 | **표지 및 내지디자인** 강민정 | **편집** 강민정
영업 박준용, 임용수, 김도현 | **마케팅** 이승희, 김근주, 조민영, 김도연, 김민지, 임해나
제작 황장협 | **인쇄** 예림인쇄

ALSO BY J. KENJI LÓPEZ-ALT

The Food Lab

Every Night Is Pizza Night

| 번역자의 말 |

번역에 대한 경력이 전무한 배경으로, 이 역사적인 책의 한글 번역을 흔쾌히 수락할 수 있었던 이유는, 요리사들의 직업적 역량의 다양성을 증명할 기회라고 생각했기 때문입니다. 요리사는 단순하게 요리만 하는 직업이 아니라, 세계의 다양한 문화를 요리로써 전파하는 직업이라고 생각합니다. 시드니 한호요리사협회와 셰프크루에서는 요식산업에서의 다양한 기회들을 해외에서 활동하시는 한인 요리사분들과 함께 할 예정입니다. 건강관리! 체력관리! 열정관리!

_이홍규 Jay Lee, 한호요리사협회 & 셰프크루 대표

먼저 〈The Wok〉이란 훌륭한 책을 번역할 기회를 주신 출판사와 셰프크루의 대표인 Jay Lee 셰프님께 감사의 말씀을 올리겠습니다. 저는 한국에서 구할 수 있는 식재료는 한정되어 있다고 생각해왔지만, 이 책을 번역하면서 생각을 바꿔야만 했습니다. 지금 한국은 다양한 문화를 받아들이며 식문화를 만들어가고 있다는 것을요. 요리를 공부하는 사람으로서 부끄러운 말일 수도 있겠지만, 이 책을 통해 웍에 대한 이론, 재료의 이해 등 많은 부분을 공부하게 되었습니다. 혹자는 요리의 세계는 황무지를 홀로 걸어가는 것과 같다고 말을 합니다. 이 책이 여러분들이 서 있는 삭막한 황무지에서 한줄기의 등불이 되어줄 거라 믿어 의심치 않습니다.

_조재영, Kid Kyoto

이 책은 단순히 웍을 다루는 방법에 대한 책이 아닙니다. 저자는 본인의 요리 철학, 경험, 그리고 에피소드들과 함께 이 책을 흥미롭게 풀어나갑니다. 덕분에 번역도 지루할 틈 없이 잘 할 수 있었습니다. 웍이라는 하나의 주제를 가지고 동양, 서양 나눌 것 없이 폭 넓은 요리의 세계와 섬세한 과학적 관점을 보여줌으로써 배울게 너무 많았습니다. 여러분도 굳이 웍에 대한 특별한 관심이 없더라도 이 책을 통해 많은 것을 얻어가실 수 있으실 겁니다.

_이진우, Chef de Partie, Alberto's Lounge, Sydney

다양한 음식 문화를 접할 수 있고 새로운 음식에 대한 관심이 높아진 시대입니다. 책을 번역하며 웍에 대해서, 웍으로 할 수 있는 다양한 요리들에 대해서, 여러 가지 재료들에 대해서 다시금 공부하는 기회가 되었습니다. 〈The Wok〉은 요리 공부를 시작하는 분들, 현직에 계시는 분들, 웍 요리에 관심 있으신 모든 분들께 즐거운 마음으로 추천하는 책입니다. 다양하고 새로운 요리법들과 향긋하고 풍요로운 지식으로 가득한 〈The Wok〉. 독자 여러분들께 즐겁고 맛있는 경험이 되길 바랍니다.

_김태윤, Jr sous chef, Crowne plaza Coogee

이 책을 번역하기 전까지는 웍을 통해서 할 수 있는 요리들이 이렇게 다양하다는 것을 알지 못했음을 솔직하게 인정하고, 웍 요리의 과학성과 다양한 테크닉, 다양한 요리의 탄생에 놀라움을 금치 못했음을 고백합니다. 뿐만 아니라 식재료에 대한 자세한 설명과 구매 방법까지 소개하고 있어서 마치 한 권의 식재료 교본을 보는 듯해 요리를 공부하는 학생들과 이제 갓 요리사가 되신 후배분들에게 강력히 추천하고 싶습니다. 미국에서 펼쳐지고 있는 다양한 아시아 식문화를 접하고 이해할 수 있는 좋은 기회였고, 더 넓은 요리의 세계에 눈을 뜰 수 있었던 귀한 시간이었습니다. 웍이 중국요리에만 사용되는 도구라는 틀을 깨고 다양한 요리에 접목해 사용해보시길 권합니다.

_이미숙, Fullerton Hotel Sydney

호주에서 요리사로 근무하며 느낀 점 중 하나는 한국보다 이곳에서 더 다양한 아시안 식문화를 접할 수 있다는 것입니다. 시드니에서 다양한 아시아 식당과 식재료를 경험한 것이 번역할 때 많은 도움이 되었습니다. 요즘은 한국에서도 비교적 쉽게 색다른 식재료를 구할 수 있다고 들었습니다. 독자분들이 이 책을 통해 웍, 그리고 웍으로 요리하는 방법에 대한 이해를 넘어, 다양한 레시피를 직접 경험해보면서 한국에서는 접할 수 없었던 새로운 미식의 세계를 경험해보시길 바랍니다.

_최해승, Firedoor Restaurant, Sydney

이 모든 것을 또다시 참아준 Adri에게.

내가 국수 파트를 끝낼 때까지 참아준 Alicia에게.

빨리 요리해주고 싶은 Wombat*에게.

지난 몇 년간 함께 훌륭한 식사를 나눈
Fred, Keiko, Pico, Aya, Jita, 그리고 Kachan에게.

떠났음에도 내가 자긍심을 얻도록 노력하게 만드는 Maria에게.

_____

* 캥거루처럼 육아낭에 새끼를 기르는 동물

콘텐츠

소개

주방에서 가장 유용하게 쓰일 도구는?

첫 번째 책인 *The Food Lab*을 출간한 이후로 많은 변화가 있었다. 캘리포니아의 산 마테오에서 수년간 살다가 시애틀로 이사를 왔고, 작고 아담하지만 갖출 건 다 갖췄던 뉴욕 갤리 스타일의 주방 대신 평균적인 크기의 미국식 주방을 갖게 됐다(가스레인지와 작업공간 사이가 복도식으로 되어 있던 예전 주방이 그리울 때가 있다). 그리고 유튜버이자 인플루언서가 되었다. 또… 아기가 생겼다!*

이 많은 일들로 인해 내 식사 준비는 언제나 빨라야(물론 맛도 좋게) 했고, 그래서 항상 손에 웍을 쥐게 되었다.

"체홉의 총(Chekhov's gun)"이라는 말을 들어 봤는가? 러시아의 극작가 Anton Chekhov이 만들어낸 말로, 장전된 총이 나오는 이야기라면 이야기가 끝나기 전에 꼭 총을 쏘는 장면이 나와야 한다는 스토리텔링 기법 중 하나이다.

이 말을 하는 이유는 내 첫 번째 책인 *The Food Lab*에서 이 규칙을 어기고 말았기 때문이다. 내가 쏴야 했던 총은 "웍"이었다. 웍의 활용도에 대해 2페이지에 걸쳐 서술해 놓았지만, 정작 웍을 사용하는 레시피는 하나도 담지 못했던 것이다.† 그래서 이번 책을 통해 만회하고자 한다. 이 책을 다 읽게 될 쯤이면, 웍 하나로 맛있는 요리를 탄생시킬 수 있을 뿐만 아니라, 어떤 순간과 상황에서도 냉장고 안의 재료들을 조합해 맛있는 요리를 탄생시킬 능력을 가지게 될 것이다.

손쉽고 간편하게 요리할 수 있는 방법? 바로 떠오르는 건 웍으로 볶음요리를 하는 것이다. 평일 저녁에 먹기 좋은 요리의 대표라고도 할 수 있다. 조리 시간이 짧기 때문에, 오븐을 켜 놓고 오랜 시간 조리해야 하는 요리들과는 반대로 여름철 무더운 날씨에도 안성맞춤이다. 재료의 맛을 끌어올리는 데도 최고인데, 야채는 그 색과 식감을 그대로 유지하고, 고기도 부드럽고 맛있게 요리된다.

아시아 식재료만을 고집할 필요도 없다! 아스파라거스, 옥수수, 주키니, 스트링빈, 완두콩, 파바빈 등 단단한 야채들은 모두 볶음요리에 사용할 수 있고, 미국식 아시아 식당에서 주로 쓰이는 소고기, 돼지고기, 닭고기, 새우는 빙산의 일각일 뿐이다. 살이 단단한 생선과 갑각류는 물론 두부나 세이탄 같은 채식주의자를 위한 옵션도 모두 사용할 수 있다.

이게 다가 아니다! 웍은 튀김요리를 하기에도 안성맞춤이고, 야채나 만두를 찔 때, 훈제하고 싶은 요리가 있을 때도 모두 사용할 수 있다. 직접 훈제한 치즈! 직접 훈제한 오리! 직접 훈제한 위스키!도 만들어 볼 수 있고, 천천히 조리하는 고기조림이나 야채찜도 만들 수 있다.

빠르고 맛있고 여러 가지로 응용 가능한 음식을 만들려 한다면, 웍이야말로 주방에 있는 어떤 조리도구보다 유용할 것이다.

---

* 이제 나도 진짜 "아재"가 되었으니 나의 아재 개그도 물이 올랐다. 앞으로 이 책에서 나올 개그들을 기대해보시라.

† 사실 튀김요리의 활용도에 대해 언급한 적이 있긴 하다. 이 책에서 더 상세히 다룰 것이다.

웍의 역사

나는 그저 과학을 좋아하는 요리사일 뿐이다. 웍의 역사에 대해 다룬 책은 이미 수없이 많기도 하니, 역사를 너무 깊게 다루지는 않겠다.

그래서 간단히 말하면, 웍의 기원은 불분명하며 아마도 이웃 국가에서 중국으로 한나라 시대에 전해져 온 것으로 추정된다. 그 시절에는 곡식을 말리는 용도의 토기였다. 약 700년 전 명나라 시절 철로 만든 웍을 사용한 볶음요리가 유행하면서 전국적으로 가장 흔한 요리 방법이 되었다.

내가 웍을 사용하기 시작한 때는 맥가이버 시절이라고 할 수 있는데(80년대에서 90년대로 넘어가는 시절이 되겠다), TV 광고에서 처음 접했던 것 같다. 그리고 지금은 내가 주방에서 가장 자주 쓰는 도구가 되어버렸다.

인포머셜(유사 홈쇼핑 광고)에 Arnold Morris가 나와서 웍을 "중국에서 온 만원장성입니다!"라고 소개했다. 1980년대 후반은 인포머셜의 시대였고, 내가 어렸을 적 자주 보던 TV프로그램이었다. 인포머셜에서 소개되는 주방용품들 대부분이 과대 광고라는 것쯤은 알고 있었지만, 그럼에도 난 그것들을 보는 게 좋았다. 만능 다지기(지금까지 발명된 조리도구 중 최고라고 광고했다*), 만능 야채칼("토마토를 얼마나 얇게 써는지, 한쪽 면만 존재하게끔 만듭니다!"†), 전기구이 통닭기계와 같은 것들이 내 시선을 끌긴 했지만 호기심까지 자극하진 못했는데, 대장장이가 만든 웍은 언제나 나를 사로잡았다.

나는 어렸을 때부터 웍만 보면 친근한 느낌이 들었다. 어머니가 사춘기 시절 일본에서 미국으로 이민오면서 작은 탄소강 웍을 가지고 오셨는데, 이걸로 일본식 튀김요리들을 튀기거나 볶음밥이나 돼지고기 요리를 만들어주셨기 때문일 것이다. 웍에 대한 본격적인 호기심은 위에서 언급한 인포머셜에서부터였지만.

Sidebar

레시피보다 테크닉이 중요한 이유는?

오해하지 말고 들어주길 바란다. 이 책에는 아주 많은 레시피가 수록되어 있다. 여러분이 직접 세세한 설정을 하는 일 없이 레시피대로 요리하는 걸 좋아하는 사람이어도 전혀 문제가 될 것은 없다. 여기 있는 레시피만 따라 해도 실패할 일은 없기 때문이다. 하지만, 직접 주도해 나아가는 자신만의 요리를 하고 싶다면 레시피 사이사이에 있는 장황한 설명들에 조금 더 집중하면 좋겠다.

나는 요리가 지도를 보는 것과 비슷하다고 생각한다. 레시피만 보고 안내된 대로 따라가는 건 스마트폰의 지도만 뚫어지게 쳐다보며 이리저리 움직이는 것과 같다. 좋은 레시피를 따르면 A지점(재료들)에서 B지점(맛있는 요리)까지 문제없이 이동할 수 있으며, 당신이 원한 것이 바로 이런 것일 수도 있다. 하지만 그 레시피 이면의 과학의 원리와 테크닉을 배운다면? 그건 당신에게 지구본이 주어진 것과 다름없다. 안내해주는 대로 따라야 하는 구글 네비게이션이 아니라, 전 세계 곳곳을 세세하게 들여다 볼 수 있는 항공사진을 가진 것과 마찬가지라는 말이다.

그러면 A지점에서 B지점으로 가는 더 효율적인 길을 발견할 수도 있고, 자신의 요리 스타일이나 주방의 상황에 맞춰 요리할 수도 있다. 또한, B'지점이나 X,Y,Z 같은 지점으로 갈 수도 있고, A지점에서 B지점으로 가는 길목이 막혔다고 해도(재료가 하나 없거나, 도구가 없는 경우) 문제없다. 당신이 가지고 있는 지도에 충분한 테크닉과 과학적 지식이 담겨 있기 때문에 대체할 수 있는 길을 찾을 수 있을 것이다.

물론 요리에 입문한 지 얼마 되지 않았다면, 배움을 위한 약간의 노력이 필요한 것은 당연하다. 하지만 재밌는 배움이 될 것이다. 당신이 마파두부나 튀김요리에 대한 열정만 있다면…

내가 지금 사용하고 있는 웍은 2000년대 초반에 구입한 제품으로 그때부터 쭉 사용해오고 있다. 나와 내 웍의 우정은 아내와 딸, 가족이 아니라면 이기기 힘들 정도이다.

앞으로 인생을 함께할 애착물건 하나쯤을 가지고 싶다면 이 책을 계속 읽어 나가면 된다.

웍 구매하기

서양식 팬처럼 웍 또한 다양한 모양과 크기, 소재로 만들어진다. 일반적인 서양식 화구에서 사용할 것이라면 긴 손잡이 하나와 반대쪽에 작은 손잡이 하나가 달린, 2mm 두께의 바닥이 평평한 탄소강 소재의 14인치짜리 웍을 구매하는 것을 추천한다. 중국인이 많이 사는 도시라면 요리도구를 파는 곳에서 쉽게 살 수 있다. 아주 다양한 종류의 웍을 좋은 가격에 구매할 수 있을 것이다. 샌프란시스코 차이나타운에 있는 *The wok shop*은 지난 50년간 고품질의 웍을 판매해온 곳이다. 인터넷으로도 구매할 수 있다.

조금 더 알고 싶다고?

웍의 소재 알아보기

 어떤 소재의 웍을 구매해야 할까?

웍은 소재와 두께, 그리고 마감 형태에 따라 다양한 종류가 있다. 웍을 고를 때 중요하게 봐야 할 네 가지 부분에 대해 알아보자. 처음 세 가지(비열용량, 밀도, 열 전도율)는 소재의 물리적 특성이라고 할 수 있다. 마지막 반응성은 웍의 소재, 두께, 구조에 따라 형성되는 웍의 기능이라고 할 수 있다. 일단은 앞의 두 가지에 대해 알아보자.

비열용량이란 특정 양의 물질을 특정 온도까지 올리기 위해 필요한 에너지의 양을 뜻한다. 즉, 어떤 물체 1kg의 온도를 1캘빈만큼 올리는 데 필요한 에너지의 양을 나타낸다. 예를 들어, 알루미늄의 비열용량은 0.91이다. 이 말은, 알루미늄 1킬로그램의 온도를 1캘빈 올리는데 0.91kJ의 에너지가 든다는 것을 뜻한다. 반대로 알루미늄 1킬로그램이 가지고 있는 온도 1캘빈당 주변이나 팬 속의 음식에 전달할 수 있는 에너지의 양은 1kJ이라는 것이다. 무쇠의 경우 비열용량이 0.46이고, 같은 무게의 알루미늄에 비해 절반 정도의 에너지를 가지고 있게 된다. 이 말은 같은 무게와 온도일 경우, 알루미늄 팬이 무쇠 팬보다 두 배 많은 열에너지를 품고 있다는 것이다. 여기에 밀도까지 적용해 보면 조금 더 복잡해진다.

밀도는 물체의 부피와 무게의 비율이라고 볼 수 있다. 알루미늄은 1cm³당 2.7g의 밀도를 가지고 있고, 무쇠는 7g의 밀도를 가진다. 이 말은 두 물질로 만든 팬의 모양이 같다면, 무쇠 팬이 알루미늄 팬보다 2.5배나 더 무거울 것이라는 말이다. 그래서 무쇠가 알루미늄보다 절반의 비열용량을 가지고 있음에도, 같은 모양의 팬이라면 무쇠 팬이 알루미늄 팬보다 1.25배의 에너지를 더 가지게 된다. 비열용량과 밀도라는 두 가지 개념은 용적열용량이라는 용어로 합쳐 설명할 수 있다.

용적열용량은 특정 온도에서 단위부피의 물질이 얼마만큼의 열에너지를 저장할 수 있는지를 말한다. 반대로, 단위부피의 온도를 단위온도 올리는 데 필요한 에너지의 양으로도 정의할 수 있다. 조금 헷갈린다고? 이렇게 생각하면 쉽다. 당신의 주방에 있는 모든 프라이팬을 에너지를 담을 수 있는 양동이나 저수지쯤으로 생각해보자. 팬을 예열하는 것은 이 양동이에 물을 붓는 것과 같다. 용적열용량이 큰 팬일수록 그 양동이가 클 것이고, 물을 채우는 데도 시간이 오래 걸릴 것이며, 따라서 많은 에너지를 저장할 수 있을 것이다. 무쇠 팬은 같은 모양의 알루미늄 팬과 비교해 1.25배의 에너지를 더 저장할 수 있는 양동이인 것이다.

열 전도율은 어떤 물질이 열을 한 곳에서 다른 곳으로 전달할 수 있는 능력을 말한다. 이것은 팬 표면에서 음식으로 열을 전달하는 능력과 팬 표면 안에서 고르게 열이 퍼질 수 있도록 하는 능력 모두를 말하는 것이다. 전도율은 꽤나 단순하게 계산할 수 있는데, 2mm 두께의 팬은 1mm 두께의 팬에 비해 버너의 열에너지가 음식으로 전달되는 데 두 배의 시간이 걸린다고 보면 된다.

양동이에 비유한 위의 예시를 다시 가져와 보면, 전도율의 경우 양동이 아래쪽에 뚫린 작은 구멍이라고 보면 된다. 전도율이 높을수록, 구멍의 크기가 커서 양동이 안의 에너지가 음식으로 전달되는 속도가 빨라질 것이다.

순전히 열용량과 전도율만을 고려한다면 알루미늄이 확실한 승자이다. 다른 소재들보다 충분한 열을 저장하고 열을 빠르게 전달한다(구리만 전도율이 더 높음). 그러나 알루미늄은 밀도 측에서 다른 소재들에 밀린다. 너무 가볍기 때문에 탄소강이나 스테인리스강의 용적열용량을 얻으려면 엄청나게 두꺼운 알루미늄 팬이 필요하다.

다시 말해, 다른 모든 조건이 동일할 때 2mm 두께의 탄소

소재	밀도(g/cm3)	열용량(J/K)	용적열용량(J/cm3 · K)	실온에서의 전도율(W/m · K)
탄소강	7.85	0.49	3.85	54
스테인리스강	7.5	0.5	3.75	45
무쇠(주철)	7	0.46	3.22	80
알루미늄	2.7	0.92	2.48	204
구리	8.94	0.38	3.40	386

강 팬은 2mm 두께의 알루미늄 팬보다 주어진 온도에서 약 60% 더 많은 열을 담을 수 있지만 알루미늄 팬은 전도율이 약 4배 더 높다.

Q 반응성이란 무엇일까?

A 반응성은 열의 변화에 빠르게 반응하는 팬의 성질이다. 불을 끄면 팬에 들어있는 재료들이 계속 지글거리고 물기가 스며 나오는가, 아니면 빨리 식는가? 빠른 열변화가 필요할 때 웍이 충분히 빠르게 반응하는가?

서양식 팬을 고를 때에는 일반적으로 반응성보다 일관성을 고려한다. 잘게 썬 야채를 볶을 때나(소테) 재료를 그슬릴 때 팬이 느리고 꾸준한 지글거림을 유지하는 것을 선호하는데, 짧은 시간 안에 끓이다가 굽다가 부드러운 거품이 나도록 만들어야 하는 요리가 드물기 때문이다. 웍을 사용하는 요리에서는 이러한 과정이 꽤나 잦다.

이는 웍 소재의 전도성(높을수록 반응성이 높음) 및 두께(얇을수록 반응성이 높음)와 관련이 있지만 더 중요한 것은 웍의 기하학적 구조와 화구의 적합성에 있다. 가장 화력이 센 화구에서 웍을 사용하는 것이 이상적이며, 화구에서 나오는 불길이 바닥 면을 중점적으로 경사면을 타고 살짝 올라오는 것이 보일 정도가 적당하다. 이렇게 되어야 가장 중요한 부분이라고 할 수 있는 웍 중앙 부분의 반응성이 극대화된다.

Q 좋다, 그러면 어떤 소재를 선택해야 하는가?

A 스테인리스강 소재의 웍은 비싸고 무거워 다루기 어려운 데다 반응성도 좋지 않다. 또한, 스테인리스 웍은 사용할 때마다 완벽하게 닦아야 하는 데 반해, 전통 방식의 무쇠 웍의 경우 사용함에 따라 표면이 검게 변하면서 자연스럽게 길들여진다. 웍을 조림요리용으로 주로 사용하는 것이 아니라면 스테인리스강 소재의 웍은 추천하지 않는다.

클래드 스테인리스강(알루미늄 또는 구리 층 사이에 스테인리스강을 끼운 것)은 웍에 더욱 적합하지 않다. 접합된 금속 층은 가열될 때 다른 속도로 팽창 및 수축하기 때문에, 극한의 온도로 예열하면 금속이 분열되고 층이 분리될 수 있다.

강철 또는 주석 라이닝이 있는 단단한 구리 웍도 같은 이유로 돈 낭비이다(구리는 더 비싸기 때문에 심지어 더 큰 낭비이다!).

알루미늄은 열을 매우 고르게 분배하기 때문에 서양 요리에는 바람직한 소재이지만, 열 수준이 다른 별개의 화구를 사용하는 웍 요리에는 그다지 바람직하지 않다. 알루미늄은 밀도가 낮기 때문에 같은 두께여도 다른 소재에 비해 열을 잘 유지하지 못한다.

무쇠는 일반적으로 사용되는 전통적인 소재이며 성능은 우수하지만, 깨지거나 부서지지 않도록 두껍고 무거워야 한다. 이런 이유로 반응성이 크지 않고 무거워서 사용하기에 성가신 웍이 된다.

탄소강이 가장 좋다. 현대의 탄소강 소재의 웍은 내구성이 뛰어나고 깨지거나 부서지지 않는 방적강으로 만든다. 14게이지 웍(두께 약 2mm)은 시어링할 정도의 많은 양의 에너지를 저장할 수 있도록 충분히 두꺼우면서 열 변화에 빠르게 반응할 수 있게 충분히 얇기도 하다. 매우 저렴하며 제대로 사용하면 재료도 달라붙지 않는 웍이 된다.

Q 논스틱 웍은 어떤가?

A 대부분의 논스틱 코팅은 약 232℃에서 분해되기 시작해서 343℃에서는 독성 증기로 분해된다. 따라서 232℃ 이상으로 가열해서는 안 된다. 이는 음식의 색과 식감을 유지하면서 빠르게 조리하기 위해 높은 열을 필요로 하는 볶음 요리들에 부적절한 온도 범위이다. 또한, 논스틱 웍을 사용해 만든 음식에서는 흔히 불맛이라고 표현하는 "웍 헤이"가 나지 않는다. 게다가 너무 매끄러워서 효과적으로 웍 요리를 하기 어려운데, 조금은 재료가 웍에 달라붙어야 새로운 재료를 넣을 때 공간을 확보하기가 편하다. 따라서 논스틱 웍은 피한다.

웍 디자인

Q 바닥이 둥근 웍이 납작한 웍보다 더 정통적인 것으로 안다. 어떤 것을 추천하는가?

A 바닥이 납작한 웍! 집에서 사용하기 아주 적합하다.
전통적인 웍은 원형 화구에 맞도록 설계된 깊은 그릇 형태이나, 미국과 아시아의 대부분의 현대식 가정용 화구는 평평한 프라이팬용으로 설계되어 있다. 따라서 맞춤형 웍 화구가 없다면 둥근 웍이나 인덕션 웍은 피하는 게 좋다. 전기레인지에서는 작동하지 않고, 가스레인지에서도 사용하기 어렵다. 웍 링으로 고정해서 사용하더라도 말이다. 이러한 링은 열원에서 웍을 너무 높게 들어올려서, 버너에서 웍으로 열이 이동할 때 많은 양의 열이 분산되거나 쏠리게 된다. 반면 바닥이 너무 납작한 웍도 웍의 취지를 무너뜨려 제대로 뒤집기 어려우며 고온 구역 안팎으로 음식을 옮기기도 어렵다.
가장 좋은 건 바닥에 4~5인치의 평평한 부분이 있고, 12~14인치 정도까지 완만한 경사면이 있는 웍이다. 바닥에 고기와 야채를 그슬릴 수 있는 충분한 고열 공간을 제공하는 동시에 재료를 뒤집을 때 움직일 수 있는 충분한 공간이 있다.

Q 웍 손잡이가 긴 것도 있고 짧은 것도 있던데, 어떤 것을 선택해야 하나?

A 광둥식 웍은 귀 모양의 고리형 금속 손잡이가 양쪽에 있다. Pow woks라고도 하는 북부 스타일의 웍에는 긴 손잡이가 하나 있고 반대쪽에 루프 모양의 보조 손잡이가 있는 경우가 많다. 두 가지 스타일 모두 사용하기 편하지만, 서양식 팬(긴 손잡이)에 익숙한 사람들에게는 역시 북부 스타일의 긴 손잡이가 달린 웍이 더 편할 것이다.

Q 80년대 광고에서 나온 것처럼 손으로 두드려 만든 웍은 어떤가? 무슨 장점이 있나?

A 웍을 만드는 방법에는 세 가지가 있다. 전통적으로 손으로 두드려 만든 웍은 탁월한 선택이다. 망치질이 남긴 약간의 움푹한 부분을 이용해 조리된 음식을 붙잡아 둘 수 있다. 새로운 재료를 중앙에 추가하기 위해서 밀어두는 것이다. 유일한 문제라면 바닥이 평평하고 손잡이가 달린 웍을 찾기가 어렵다는 것이다(아마 불가능).

찍어내는 웍은 얇은 원형의 탄소강 조각을 틀에 넣고 기계로 눌러서 만든다. 저렴하다는 장점이 있지만, 열의 주입 없이 성형되어서 아주 두께가 얇고 열점과 냉점이 생기기 쉽다. 따라서 음식을 제대로 볶기가 어렵다.

스핀 웍은 선반(회전시켜 깎아내는 기계)에서 생산되어 동심원의 독특한 패턴을 갖는다. 이 패턴이 손으로 만든 웍과 같은 장점을 갖게 만든다(음식을 고정해 새로운 재료 추가하기). 높은 게이지로 바닥이 평평하며 종종 뒤집을 수 있는 손잡이가 달리기도 한다.

참 다행인 것은 스핀 웍과 손으로 두드려 만든 웍, 모두 저렴하다는 것이다.

웍 시즈닝, 세척, 유지 및 관리

Q 약간 칙칙한 회색의 기름칠한 것처럼 보이는 탄소강 웍을 샀다. 특별히 해야 할 일이 있나?

A 좋은 무쇠나 탄소강 팬과 마찬가지로 탄소강 웍도 사용할수록 그 성능이 향상된다. 매장에 있는 웍에는 녹이 슬거나 변색되는 것을 방지하려고 보호 필름을 부착해두기 때문에 사용하기 전에 제거해야 한다. 먼저 뜨거운 비눗물로 웍을 문지른 다음 조심스럽게 말린다. 다음으로, 가스 버너의 불꽃으로 모든 금속 표면을 가열하여 팬이 변색되기 시작하고 전체가 짙은 갈색 또는 검은색으로 변할 때까지 천천히 팬을 돌려준다. 전기 버너만 있다면 프로판이나 부탄가스 토치, 야외 그릴을 사용하여 이 과정을 수행하면 된다. 이 과정들로 웍에 남아 있는 기계기름을 증발시켜 웍 시즈닝의 첫 단계를 준비하는 것이다. 이어서 전체를 비눗물로 한 번 더 문지르고 조심스럽게 말린 뒤 집게로 기름(카놀라유, 포도씨유, 쌀겨유, 땅콩유 등 열 친화적인 중성 기름)을 적신 키친타월을 잡아 가볍게 코팅해준다.

웍을 조리에 사용한 후에는 꼭 필요한 경우가 아니면 웍을 강하게 문지르지 않는다. 일반적으로는 그냥 헹구고 부드러운 스펀지로 문질러 닦으면 된다. 순수주의자들은 세제도 사용하지 말라고 할 텐데 나는 그냥 사용한다. 그래도 여전히 시즈닝이 잘 되어있고 음식이 웍에 달라붙지도 않는다. 헹군 웍은 행주나 키친타월로 물기를 닦은 뒤 식물성 기름을 웍 표면에 문질러 녹이 슬지 않도록 방습 코팅을 해준다.

Q 시즈닝은 어떻게 하는 것이며 왜 해야만 하는가?

A 육류 단백질은 정제되지 않은 철 또는 강철과 직접적인 화학결합을 형성한다. 이건 요리 후에 웍이 석고처럼 변하는 걸 원하지 않는다면 반드시 피해야 할 일이다. 시즈닝을 잘 하면 이를 방지할 수 있지만, 웍 시즈닝은 서양식 프라이팬을 시즈닝하는 것과는 근본적인 차이가 있다. 기름을 바른 철 표면을 가열할 때 나오는 두 가지 다른 산물을 이해하

는 것이 중요하다. 첫 번째 생성물은 흑색 산화물로 금속 표면에서 발생하여 흑색으로 변하는 반응이다. 두 번째는 기름이 열에 의해 분해되면서 고분자층이 형성되는 것이다.

서양식 팬에 형성되는 두꺼운 고분자층들이 바로 재료가 들러붙지 않게 하는 역할을 하는데, 이것들은 떼어내지 말고 관리해 주어야 한다. 웍의 경우도 이런 층들이 발생할 수 있지만, 찌거나 삶는 요리를 하거나, 볶음요리를 할 때에 열을 급격히 올렸다 내렸다가 하는 과정을 통해 없어지는 경우가 대부분이다. 하지만 괜찮다. 길들여진 웍의 코팅은 보통 흑색 산화물로 이루어져 있고, 이 막은 사용할 때마다 새로 생성된다. 그래서 웍은 사용하기 전에 예열만 제대로 해준다면, 고분자층 없이도 재료들이 들러붙지 않는다.

어떤 사람들은 흑산화물과 고분자층을 웍에 씌우기 위해 많은 노력을 기울여야 한다고 말하지만, 내가 하는 방식으로도 충분하다. 웍을 처음 산 다음 기름으로 닦아 주었다면, 그냥 요리를 시작하면 된다. 처음 몇 번은 잘 달라붙지 않는 재료들이나 튀김요리를 해서 적당한 코팅막을 형성시켜 주자. 웍 표면이 거무스름하게 변했다면, 이제 마음 편하게 아무 요리나 하면 된다.

 와, 덕분에 코팅이 너무 잘됐다! 이걸 계속 유지하는 방법은 없나?

A 별거 아니다. 요리를 마친 후에 웍을 닦으면 된다. 웍이 아직 뜨거울 때 몇 초면 할 수 있는 아주 쉬운 방법이다. 대나무 솔과 약간의 비누, 그리고 물로 가볍게 문질러 씻기만 하면 된다. 걱정하지 않아도 된다. 현대의 비누는 꽤 순하며 시즈닝이나 산화흑색에 영향을 주지 않고 기름만 제거해준다.

웍을 닦은 후에는 잘 말려 줘야 한다. 물은 탄소강과 무쇠를 녹슬게 하는 적이다. 다음으로, 웍을 버너 위에 놓고 표면의 모든 부분에서 수분이 사라질 때까지 내부가 빈 상태로 가열한다. 마지막으로, 키친타월에 약간의 기름을 묻혀 웍을 문질러준다. 끈적거리지 않을 만큼 얇게 코팅해야 한다. 난 기름을 문지를 때, 기름을 흘리는 실수를 한 상상을 하며 가능한 많은 기름을 키친타월로 닦아내려고 노력한다.

웍 조리도구

둥근 모양의 웍은 곧고 좁은 서양식 조리도구들을 위해 디자인된 것이 아니다. 그래서 몇 가지 저렴한 도구를 추가할 필요가 있다. 중요도 순으로 추천한다.

- 가장 중요한 도구는 웍 주걱인 츄안(Chuan; Wok Spatula)이다. 이 주걱은 머리가 넓고 주둥이가 부드럽게 구부러져 있어서, 최소한의 노력으로 많은 양의 음식을 쉽게 집어 들고 뒤집을 수 있게 해준다. 강철이나 나무로 만들어진 최소 35cm 길이의 주걱을 찾아야 한다. 이 도구들은 한 개에 약 10달러에 온라인으로 주문할 수 있다.

- 밑준비를 위한 볼은 많이 필요하다. 웍은 굉장히 빠르고 간단하게 요리할 수 있지만, 평균적인 서양 요리법보다 더 많은 재료를 사용한다. 따라서 성공적인 웍 요리를 위해서는 준비된 재료와 소스를 담아 둘 작은 볼들이 필요하다. 화려할 필요는 없다. 나는 겹쳐 놓을 수 있는 금속 및 도자기 그릇을 선반에 두어서 사용하고 있다. 저장 공간도 거의 차지하지 않고 깨질 염려도 없다(깨지지 않는다는 건, 부엌을 가로질러 싱크대로 던질 때 중요한 포인트이다).

- 대나무 솔은 웍을 문질러 닦는 데 가장 좋은 도구이고 온라인이나 아시아의 슈퍼마켓에서 저렴하게 찾을 수 있다.

- 철망 뜰채는 튀기거나 끓인 재료를 꺼낼 때 필수적이다. 나는 프라이드 치킨이나 큰 국수 덩어리를 쉽게 건질 수 있도록 5인치에서 6인치 사이의 큰 바구니가 달린 스테인리스 철망 뜰채를 좋아한다.

- 대나무 찜통 바구니 두 개면 당신의 웍이 다층 찜통으로 바뀔 것이다. 훌륭한 그릇으로 대체될 수도 있다. 10인치나 12인치 바구니를 추천한다. 이 찜통들은 쌓을 수 있게 디자인되어서, 두 개만으로는 부족하다면 언제든지 추가로 구매하면 된다.

- 뚜껑이 꼭 필요한 것은 아니지만, 증기를 가두는 작업을 쉽게 할 수 있다. 큰 냄비의 뚜껑으로 웍을 덮어도 된다. 웍은 경사면이 있는 형태이기 때문에 웍의 최대 지름보다

작기만 하면 모두 사용해도 된다. 완벽하게 들어맞을 필요는 없다.

- 중식당의 요리사들은 수프 요리를 뜰 때, 다양한 소스를 부을 때, 볶기 위해 쌀이나 국수 덩어리를 부실 때 호크라고 불리는 넓은 국자를 사용한다. 하지만 한 번에 여러 음식을 내는 대신에, 한꺼번에 제공하는 가정 환경에서는 특별히 유용한 도구라고 생각하지 않는다. 정말 필요하다면, 일반 국자면 충분하다.

- 일본식 만돌린은 어떤 부분들에 한해서는 칼보다 훨씬 도움이 된다. 특히, *쓰촨식 드라이-프라이 비프*(436페이지)나 *공바오지딩*(64페이지)에서 생강을 채 써는 것과 같은 채소의 기본 손질에 좋다. 나는 *Benriner*라는 저렴한 일본 브랜드의 기본 모델을 사용하고 있는데, 이 모델은 면도날처럼 날카롭고 움직이는 부품이 거의 없으며(기계 조립이 많은 고급 모델은 고장 나기 쉽다), 간단한 나사로 무한히 조정할 수 있다. 줄리엔용 날도 함께 제공되지만, 이 날을 사용하면 부상의 위험이 크게 증가한다.

- 작은 플라스틱 소스통이나 병 위에 연결해서 사용하는 포어러는 여러분들이 눈대중으로 요리할 수 있을 정도로 요리실력이 향상되었을 때 꼭 필요한 것들이다. 나는 생추간장, 노추간장과 참기름은 플라스틱 소스통에 담아 보관하고, 소흥주와 사케를 담은 병 위에는 포어러를 꼽아서 사용하기 쉽게 해두었다.

Q 웍이 없으면 어쩌지?

A 웍이 없어도 이 책에 있는 대부분의 레시피는 따라할 수 있다. 더 큰 냄비에 넣거나, 경사면이 있는 큰 냄비(모서리가 완만하게 구부러진 냄비)를 사용하면 된다. 하지만 웍을 하나 사는 것을 추천한다. 비싸지도 않고 잘 망가지지도 않으면서 음식의 질에 현저한 차이를 만들어 낸다.

칼

사실상 요리할 때마다 사용할 도구이다. 좋은 것이 꼭 비싸진 않다는 걸 명심하자. 칼은 크기, 모양, 스타일이 아주 다양하다. 나를 포함한 많은 요리사들이 칼을 페티시화하며 수집하기도 한다. 금속의 종류, 록웰 경도 등급, 생산 방법 등 세심한 차이들이 있지만 일단 어느 정도 기본 수준의 품질만 넘어서면 매일 편하게 사용할 수 있는 것이 칼이다. 조언하자면, 괜찮은 가게에 가서 직접 만져보고 느껴보는 것이 좋다.

최소한 찍어낸 제품이 아닌 단조된 칼을 찾자. 찍어낸 강철은 척추에서 절삭날까지 균일한 두께를 가질 것이고, 단조된 칼은 (더 나은 성능을 위한) 세심한 모양을 갖고 있을 것이다. 또한 단조된 칼은 균형이 잘 맞고 더 오래 유지되는 단단한 날을 갖고 있다.

당신이 사랑할 칼은 네 가지 종류 중 하나에 속할 것이다.

서양식 셰프나이프

전통적인 서양식 셰프나이프는 칼의 윗부분을 자유자재로 잡고 자를 때 칼을 앞뒤로 흔들 수 있도록 설계된 구부러진 날을 가진 만능 칼이다. 일반적으로 칼날 길이에 비해 칼등이 두껍다. 이것들은 딱딱한 채소를 쪼개거나 닭을 쪼개기 좋은 무거운 칼들이다.

추천

→ **내 선택:** *Wüsthof* 클래식 8인치 또는 10인치 셰프나이프(약 150달러)

→ **가격 대비 좋은 칼:** *MAC HB-85* 프렌치 셰프나이프(약 70달러)

→ **싸고 괜찮은 칼:** *Mercer Culinary Genesis*(약 30달러)

산도쿠(Santoku)

산도쿠 칼은 일본의 일상 다용도 칼이다. 칼날은 매우 완만하게 구부러져 있거나 전혀 구부러져 있지 않다. 위아래로 자르는 동작을 위해 디자인되었다. 또한 서양의 것보다 더 얇고 날이 짧은 경향이 있다. 손이 작거나 더 정밀하게 칼을 다루고 싶은 요리사들이 선호하는 칼이다.

추천

→ **내 선택:** *Misono UX-10* 산도쿠(약 190달러)
→ **가격 대비 좋은 칼:** *Tojiro DP* 6.7인치 산도쿠(약 70달러)
→ **싸고 괜찮은 칼:** *Mercer Culinary Asian Collection* 산도쿠(약 25달러)

규토우(Gyutou)

규토우 칼은 요리사와 가정 요리사들 사이에서 점점 더 인기를 얻고 있는 동서양의 하이브리드 칼이다. 그들은 일반적으로 서양식 셰프나이프만큼 길지만 더 얕은 곡선과 훨씬 더 얇고 가벼운 날을 가지고 있다. 난 이런 종류의 칼을 좋아한다. 산도쿠만큼 정밀하고, 서양식 칼만큼 길고, 자르는 동작과 롤링 동작을 모두 수행할 수 있다.

추천

→ **내 선택:** *KAN Core chef's knife*(약 140달러)
→ **가격 대비 좋은 칼:** *Tojiro DP* 8.2인치 규토우(약 80달러)
→ **싸고 괜찮은 칼:** 저렴한 것이 잘 없다.

중식도(Chinese Cleaver)

중식도는 중국에서 사용하는 셰프나이프이다. 묵직한 서양식 식칼보다 얇고 가벼우며 완만하게 굽은 날이 직사각형 모양을 하고 있다. 뼈를 뚫기 위해 설계되었다. 높이가 있어서 칼을 잡는 손과의 안전거리가 여유롭다. 다만 처음 사용할 때는, 익숙해지기까지 시간이 많이 걸릴 수 있다. 산도쿠와 마찬가지로 록킹모션(칼끝은 도마에 유지시킨 채

전기 버너나 인덕션 버너뿐이라고?
그래도 볶을 수 있다!

나도 오랫동안 전기 버너로는 볶음요리를 할 수 없다고 생각해왔다. 그런데 어떤 경우엔 가스레인지보다 쉽게 볶을 수 있었다. 몇 가지 조정만 하면 말이다.

전자레인지와 가스레인지의 주요 차이점은 불꽃에 있다. 가스레인지는 불꽃을 뿜어 올려 웍을 가열한다. 즉, 전기 버너처럼 접촉해야만 가열되는 것이 아니라서 음식을 흔들고 던지는 동안에도 웍을 가만 올려뒀을 때와 같은 양의 열을 입력받는다. 전기 버너나 인덕션을 사용하면 접촉해 두어야만 가열되기 때문에 웍을 움직이지 않고 가만두어야만 한다.

전기나 인덕션을 이용할 때는 더 적은 양으로 조리해야 하는데, 예를 들어 한 번에 약 110g 정도의 고기만 조리할 수 있다. 요리 시간이 더 소요된다는 것 말고는 별다른 문제가 없는 일이다. 연기가 나도록 웍을 뜨겁게 달구고, 고기 한 배치(한 번 조리할 분량)를 조리한 뒤 볼에 옮기고 웍을 닦는다. 모든 고기를 다 볶을 때까지 반복하자. 고기뿐만 아니라 야채들도 똑같이 진행하면 된다. 마지막에는 웍을 다시 달구어 향신료를 볶은 뒤 소스와 함께 고기와 야채를 다시 넣어 볶으며 조금 졸이면 된다.

칼날만 위아래로 움직이는 동작)을 이용하기보다는, 공중에서 내려치는 동작으로 재료를 자른다. 칼이 가진 충분한 높이와 넓은 표면이 장점인데, 마늘이나 생강과 같은 재료를 다지기 전에 칼의 옆면으로 으깨거나 손질한 재료를 다른 곳으로 옮기는 데 용이하다.

추천

→ 일반 주방용품점에서는 중식도를 찾기 힘들 수 있지만, 전문 주방용품점이나 차이나타운에서는 찾을 수 있을 것이다. 둘러보고 본인에게 잘 맞는 걸 찾으면 된다. 나는 *Shibazi* 브랜드의 9인치 스테인리스강 중식도를 사용한다. 온라인에서 약 $40에 구매할 수 있을 것이다.

밥솥 또는 멀티쿠커

거의 모든 일식 또는 중식 레스토랑에서 대형 전기밥솥을 사용하는 이유가 분명히 있다. 가격도 저렴한 편이고 밥을 짓는 데 탁월하기 때문이다. 물론, 냄비로 밥을 짓는 것도 어렵지 않지만, 전기밥솥은 버튼 하나만 누르면 완벽하고 일관성 있는 밥을 지을 수 있다. 밥을 자주 먹는 편이라면 전기밥솥은 (혹은 Instant Pot과 같은 멀티쿠커) 투자할 만하다(226페이지 참고).

웍을 위한 식료품, 그리고 식료품창고 관리 방법

아시안 요리는 대부분 색다른 맛과 깊이를 위해 다양한 조미료 소스, 페이스트, 피클 및 향신료를 사용한다. 아주 단시간에 만드는 요리도 마찬가지다. 아시안 요리가 처음이라면 식료품 창고를 가득 채우는 수밖에 없다. 여기서는 내가 가장 많이 사용하는 재료들을 다룰 것이다. 처음 웍으로 요리한다면 아주 기본적인 볶음요리에도 필요한 병과 소스의 수 때문에 약간의 충격을 받을 수 있다. 다행이라면 대부분이 저렴하고 비교적 오래 보관이 가능하다는 것이다. 보관만 잘 한다면 큰 문제 없이 몇 년을 유지할 수 있다. 아시안 식품점에 (또는 온라인으로) 작정하고 한번 다녀오면 꽤나 오래간 장 볼 일이 없을 것이다. 발만 한번 담가 보고 싶다면, 이 책의 목차를 둘러보고 마음에 드는 레시피에 필요한 것부터 구비하면 된다.

모든 식료품 창고의 재료들을 다음과 같이 표기해 보았다: 초급(항상 사용하게 될 것), 중급(특정 요리에 사용하면 좋음), 고급(매우 특정한 경우에만 사용).

간장

간장은 수천 년 동안 대부분의 동아시아 국가들의 주요 양념이었으며, 지금도 마찬가지이다. 간장은 콩과 밀을 조리한 혼합물에 koji(Genus Aspergillus, 즉 수많은 곰팡이 종류를 지칭하는 일본어)를 혼합하여 배양한 다음 염수에 더 발효시켜 만든다. Koji는 전분을 단순당으로, 단백질을 아미노산으로 분해하는데, 염수에서의 젖산 발효는 이러한 당을 젖산으로 다시 변형시킨다. 이로 인해 생성된 짙은 갈색의 침적물을 짜내어 굳은 물질들을 제거하면 옅으면서 짜고 진한 소스가 만들어진다. 고가의 소스들은 일반적으로 양조 후에 숙성과정을 거치지만, 저렴한 소스들은 바로 병에 담아 판매된다. *La Choy* 브랜드와 같이 슈퍼마켓에서 판매되는 저렴한 제품들은 가수분해된 콩 단백질, 옥수수 시럽 및 인공 색소로 만들어진다. 이런 제품들은 실제 간장의 맛을 흉내만 낼 뿐이다. 나는 되도록이면 이런 제품들은 피한다.

장을 볼 때 각 제품의 성분표를 확인하고, 이런 성분들이 하나라도 포함되어 있다면 그대로 내려두어라. 병에 "자연 양조"라고 표시되어 있으면 좋은 신호이다.

일본 간장, 쇼유는 중국 간장보다 식감이 연하고 더 단편이며 두 가지의 주요 종류가 있다. 코이쿠치(어두운 색), 그리고 우수쿠치(밝은 색). 중국 간장에도 어둡고(노추) 밝은(생추) 종류가 있으며 밝은 중국 간장(생추)은 맛과 색이 코이쿠치 소스와 비슷하다(자세한 내용은 아래 참고). 나는 평상시에 쓸 *Kikkoman* 한 병을 냉장고에 보관하고, 필요에 따라 작은 플라스틱 소스병에 소분해둔다. *Pearl River* 브랜드의 중국 노추간장 한 병도 마찬가지다.

개봉한 간장은 서늘하고 어두운 수납장에 몇 달 동안 보관하거나 냉장고에서 1년 이상 보관할 수 있다. 시간이 지나면 언젠가 불쾌한 비린내가 나기 시작할 것이다. 아래 소개된 간장류들은 모두 각각의 용도가 있지만, 코이쿠치 쇼유 한 병과 중국 노추간장 한 병으로 거의 모든 요리를 해낼 수 있다.

우수쿠치 쇼유는 야채나 생선에 색을 내지 않고 간을 맞추고 싶을 때 유용하지만, 나는 찬 두부나 *타마고-카케 고항*(230페이지 참고)과 같은 아주 특별한 상황에서만 사용한다. 우수쿠치는 상당히 짠 경향이 있으며 미림(20페이지 참고)을 첨가하므로 보통 신맛이 강하다.

→ **중요도:** 고급
→ **대체품:** 없음
→ **브랜드 추천:** *Yamasa*

코이쿠치 쇼유가 더 일반적인 품종이며 더 어둡고 진하게 보이지만 실제로는 우수쿠치 쇼유보다 더 가벼운 맛을 낸다. 나에게는 만능의 양념이다. 이것 하나로 소스, 마리네이드, 양념, 볶음 또는 수프용 조미료와 육수에 사용할 수 있다. 나는 일상 요리용으로 *Kikkoman's All-Purpose* 간장을 냉장고에 보관하고 스시와 같이 간장이 유일한 양념인 상황을 위해 몇 가지 특수한 간장들도 보관해 놓는다. 참고로 코이쿠치 간장은 병에 코이쿠치라고 표기가 되어

있지 않고, 우수쿠치라는 표현이 없으면 코이쿠치이다.

→ **중요도:** 필수적
→ **대체품:** 중국 생추간장 또는 타마리 소스
→ **브랜드 추천:** *Kikkoman*

타마리(일본산)는 거의 100% 대두(soybean)로만 만드는 또 다른 유형의 일본 간장이다. 쇼유보다 맛이 진하며 밀에 민감한 사람들이 쇼유 대신 사용할 수 있다(일부 타마리 간장에도 밀이 포함돼 있을 수 있으니 성분표를 확인하자).

→ **중요도:** 글루텐 프리 요리에만 필수적
→ **대체품:** 코이쿠치 쇼유 또는 중국 생추간장
→ **브랜드 추천:** *San-J*

중국 생추간장
(연한 간장; Chinese Light Soy Sauce)

"묽은(thin)" 간장 또는 "신선한(fresh)" 간장이라고도 불리는 중국 생추간장은 일본의 코이쿠치 소스와 만드는 방식이 매우 유사하지만 밀의 비율이 더 낮은 경우가 많다. 그리고 일본 간장과 중국 간장 간의 명명 규칙이 약간 혼란스러울 수 있다. 보통 마트의 중국 섹션에 있는 생추간장은 Light soy sauce라고 표시되는데, 일본의 연한 간장인 우수쿠치보다 진한 코이쿠치와 유사하다. 중국 볶음요리에 가장 흔하게 사용되는 간장이다.

→ **중요도:** 중급
→ **대체품:** 코이쿠치 쇼유 또는 타마리
→ **브랜드 추천:** *Peark River Bridge*

중국 노추간장
(진한 간장; Chinese Dark Soy Sauce)

중국의 색이 어두운 간장으로 생추보다 색이 진하고 달지만 짠맛은 덜하다. 독특한 어두운 색을 주기 위해 당밀이나 캐러멜 색소를 첨가하는 경우가 많다. 생으로 맛보면 특별히 유쾌하거나 흥미롭지는 않지만 요리에 넣었을 때 맛이

깊어진다. 노추는 찍어 먹는 용도보다는 찜이나 볶음에 주로 사용된다.

→ **중요도**: 필수적

→ **대체품**: 없음

→ **브랜드 추천**: *Pearl River Bridge*

케캅마니스(Kecap Manis)

케캅은 모든 종류의 발효된 소스를 칭하는 인도네시아의 용어이다(말레이어에서 온 말이며, 서양의 케첩이라는 단어의 근원이라 여긴다). 케캅마니스는 인도네시아에서 가장 흔하게 쓰이는 간장으로 바미(bami) 또는 나시고랭(nasi goreng)과 같은 볶음요리, 바비 케캅(babi kecap, 찐 돼지고기)과 같은 찜요리에 사용된다. 쫀득쫀득한 시럽 같은 질감과 팜 슈거와 향신료를 더해서 복합적인 달콤한 맛이 난다. 찾기 어렵다면 직접 만들어 먹어도 좋다(291페이지 레시피 참고).

→ **중요도**: 고급

→ **대체품**: 직접 만들어보기(291페이지)

→ **브랜드 추천**: *ABC Indonesian Sweet Soy Sauce*

기타 소스 및 페이스트

굴 소스

굴 추출물로 만든 걸쭉하고 약간 달콤한 소스로 풍부하고 풍미 있는 맛의 복잡성을 가지고 있다. 슈퍼마켓 진열대에서 *Lee Kum Kee*라는 브랜드의 제품을 본 적이 있나? 바로 이 제품이 굴 소스를 수면 위로 올려놓았다. 이 브랜드는 1888년 창업자인 Lee Kum Sheung이 실수로 굴이 들어있는 냄비를 버너에 올려 진한 국물이 될 때까지 끓이다가 우연히 발견한 것이다. 베트남, 말레이시아뿐만 아니라 중국과 태국요리에도 널리 사용된다. 요즘에는 두 가지 버전으로 판매되는데, 판다가 그려진 빨간 병은 굴 추출물에 다른 향료를 포함해 만든 것이고, 파란 병은 "프리미엄 굴 소스"라고 적힌 어선에 탄 두 소년의 사진이 있는 것

으로 전통적인 방식으로 만들어 더 진한 굴맛이 난다. 이것 말고도 다른 많은 굴 소스 브랜드가 있다. 어떤 브랜드든, 굴 추출물이 첫 번째 성분으로 적혀있는 제품이라면 이 책의 레시피에 적합하다. 굴은 감칠맛을 내는 화합물인 글루타메이트와 이노시네이트가 풍부하기 때문에 굴 소스를 곁들인 생선볶음(137페이지)이나 야채볶음(205~206페이지), 스프링필드식 캐슈넛 치킨(492페이지)에 이르기까지 다양한 요리의 풍미를 끌어내는 데 사용된다.

→ **중요도**: 필수적

→ **대체품**: 없음

→ **브랜드 추천**: *Lee Kum Kee*

두반장
(Doubanjiang, Sichuan Broad Bean Chile Sauce)

두반장은 쓰촨 요리의 필수 소스로 강낭콩, 대두, 쌀, 고추를 발효시켜 만드는 아주 짠 소스이다(고추가 포함되지 않은 제품도 있지만, 미국에서 판매되는 것 중에선 본 적이 없다). 두반장은 *마파두부*(598페이지) 및 *물에 삶은 소고기*(601페이지)와 같은 요리에서 중추역할을 한다. 또한 일반 국수(인스턴트 라면에 약간 섞어서 사용), 쌀, 두부에 빠르고 쉽게 추가할 수 있다. 다른 시판용 소스에 비해 맛이 짜고 진하다.

여기서 살짝 주의할 점이 있다. 시판 브랜드인 *Pixian* 제품과 *Lee Kum Kee* 제품의 품질 차이가 크다는 것이다. 전자는 짙은 붉은색과 기름기가 있으며 전체적으로 발효된 콩과 구운 고추향이 나는 반면에, 후자는 축축하고 페이스트 같은 질감이 있어 튀기거나 볶을 때 제대로 색을 낼 수 없다. 유일무이하게 온라인으로 주문해야 하는 필수 식료품 재료이다. 대신 가격이 저렴하고 냉장고에 오래 보관할 수 있다.

여러분은 아마 유럽의 제품 표기방식과 유사한 "China Time-Honored Brand" 라벨이 붙은 제품을 접하게 될 텐데, 이는 엄격한 전통 표준을 사용하여 생산한 것임을 나

타낸다. *Mala Foods*의 Chris Liang에 따르면, 고추는 음력 7월 15일까지 수확한 얼징티아오를 사용해야 하며, 콩의 종류는 최소 6개월 이상, 여름 동안 발효된 브로드빈이어야 하고, 2차 발효 기간이 최소 3개월이 되어야 한다.

→ **중요도:** 필수적
→ **대체품:** 없음
→ **브랜드 추천:** *Juan Cheng Pixian Doubanjiang, Dan* 또는 *Pixian*에서 만든 모든 제품

호이신 소스(Hoisin Sauce)

콩을 발효시켜 만드는 여러 소스 중 하나로 미국식 바비큐 소스와 비슷하게 달콤하고 짠맛이 난다. 요리가 끝나갈 무렵 돼지갈비나 어깨에 발라서 바비큐 소스처럼 사용할 수도 있지만, 구운 고기 외에도 다양하게 사용할 수 있다. 일반적으로 북경오리나 무슈포크와 함께 조리된다(104페이지). 베트남 남부에서는 쌀국수 한 그릇에 소량 넣어 먹기도 한다. 또한 고추기름과 매우 잘 어울린다(케사디야를 만들기 전에 토르티야 내부에 털어 넣어보아라. 날 믿어도 된다).

→ **중요도:** 필수적
→ **대체품:** 없음
→ **브랜드 추천:** *Lee Kum Kee*, 또는 *Koon Chun*

티엔미엔장(첨면장, Tianmianjiang)

춘장의 일종인 달콤한 국수용 소스이며, 중국과 한국에서 여러 요리를 찾아볼 수 있다. 장이라는 이름과 달리 콩보다 밀가루가 더 많이 들어 있다. 티엔미엔장에는 달콤한 감칠맛과 함께 쿰쿰한 맛도 나는데, 전문가용 호이신 소스라고 상상하면 좋다. 마트에 가면 "Sweet bean paste"나 "Ground bean paste"라는 라벨이 붙은 것들을 볼 수 있는데, 미묘한 맛 차이가 있기는 하지만, 둘 중 아무거나 구비하면 된다.

→ **중요도:** 중급
→ **대체품:** 호이신 소스
→ **브랜드 추천:** *Koon Chun Bean Sauce*

더우츠(중국 발효검은콩 소스; Douchi)

발효된 콩을 사용한 것 중 가장 오래된 것이다. 고고학자들이 말하길 기원전 165년부터 발효된 검은콩이 발견됐다고 한다. 이 소스는 검은콩을 소금에 발효시켜 만드는데, 그 결과 짜고 삭한 맛이 나며 살짝 촉촉한 질감을 갖고 있다. 콩 그 자체로 판매되거나, 마늘향을 첨가하고 부드럽게 가공된 버전으로도 찾을 수 있다. 콩 자체로 사는 것이 가장 유용하지만, 한 종류의 검은콩만 고집한다면 *Lee Kum Kee* 브랜드의 검은콩 마늘 소스 한 병을 추천한다. 볶음 및 기타 요리에 그대로 쓸 수 있다(마늘을 빼야 하는 특수한 상황은 물론 예외다).

→ **중요도:** 중급
→ **대체품:** 진한 미소페이스트 한 꼬집
→ **브랜드 추천:** *Lee Kum Kee*(소스일 경우), *Koon Chun*(콩일 경우)

고추장(Korean Fermented Chile Paste)

고추장은 짙은 붉은 색을 띠어 이마에 땀이 날 정도로 매워 보이지만, 사실은 적당히만 맵다. 고추장에 들어가는 고춧가루는 단 찹쌀과 검은콩 가루발효가 조화를 이룬다. 오이와 같은 생야채를 찍어먹거나, *순두부찌개*(539페이지), *떡볶이*(540페이지), *비빔밥*(246페이지)을 만들 때 탁월하다. 또한 부드러운 질감으로 소스에 쉽게 녹아들어서 소스 양념으로 준비해놓기 좋은 재료이다.

→ **중요도:** 필수적
→ **대체품:** 없음
→ **브랜드 추천:** *순창* 또는 *해찬들*

피시 소스(Fish Sauce)

피시 소스는 태국, 베트남, 캄보디아, 라오스, 필리핀, 말레이시아, 인도네시아 및 버마요리의 주요 양념이다. 멸치를 소금으로 발효시킨 후 체에 걸러서 만든다. 원액이 희석되지 않은 상태에선 정말 강력한 냄새가 난다. 그러나 요리에 스며들고 나면 존재하지 않는 수준의 풍미를 선보인다.

간장보다 더 강한 감칠맛이 나는 화합물이 들어 있어 샐러드 드레싱, 마리네이드, 국, 찜, 볶음에 이르기까지 모든 종류의 음식에 풍미를 더해준다. 피시 소스는 동남아 요리에만 유용한 것이 결코 아니다! 나는 서양식 소고기찜, 라구 볼로네제(이탈리아 사람에게는 비밀이지만)와 같은 고기가 많은 요리에 피시 소스를 사용한다. 고추에 피시 소스를 곁들이면 생선 맛이 나지 않고 그냥 아주 맛있는 고추 맛이 난다.

→ **중요도:** 필수적
→ **대체품:** 없음
→ **브랜드 추천:** *Tiparos, Red Boat, Golden Boy, Tra Chang.* 대부분의 브랜드가 다 괜찮다.

미소(Miso)

모든 미소는 동일한 기본 공정으로 만들어진다. 곡물 또는 두류(보통은 보리, 쌀, 기장, 호밀, 최근에는 병아리콩, 퀴노아)를 갈아서 소금과 곰팡이로 발효한다. 이렇게 생성되는 고단백 페이스트는 진하고 신 것부터 가볍고 약간 달콤한 것까지 다양한 풍미가 있다. 일반적으로 미소의 색이 짙을수록 사용되는 콩의 비율이 높은 것이며 풍미가 더 세진다(자세한 내용은 240페이지를 참고).

→ **중요도:** 필수적
→ **대체품:** 한국 된장
→ **브랜드 추천:** *Eden Foods, Shirakiku, Miso Boom, Miko*

된장(Korean Fermented Soybean Paste)

미소와 색과 맛이 비슷하지만 한국의 된장은 100% 콩으로 발효된 장이다. 된장 자체로 양념 및 국 베이스로 사용할 수도 있지만 고추장, 마늘, 참기름, 설탕, 파를 곁들여 쌈장을 만든다.

→ **중요도:** 고급
→ **대체품:** 미소
→ **브랜드 추천:** *순창 또는 해찬들*

삼발올렉(인도네시아 칠리 소스; Sambal Oelek)

인도네시아의 전통 삼발은 태국의 남쁠라프릭과 비슷하다. 막자사발로 만든 두껍고 맛이 좋은 조미료다. 가장 간단한 버전은 고추와 소금으로 만들지만 마늘, 생강, 새우페이스트 등 다른 재료와 함께 사용하면 복잡성이 더해진다. 캘리포니아에 기반을 둔 브랜드인 *Huy Fong*에서 신선하고 매운 맛을 내는 탁월한 제품을 만든다. 나는 국수나 볶음에서 달걀프라이 등 서양식 요리에 이르기까지 요리에 매운맛을 더할 때 테이블 소스로 활용한다.

→ **중요도:** 해당 사항 없음. 나는 요리가 아닌 양념으로 사용한다.
→ **대체품:** 본인이 좋아하는 걸쭉한 아무 고추 소스
→ **브랜드 추천:** *Huy Fong*

구운 참깨페이스트(Roasted Sesame Paste)

소스, 샐러드, 국수에 널리 사용되는 구운 참깨로 만든 걸쭉한 페이스트. 생땅콩이나 아몬드버터처럼 다시 사용할 때는 잘 저어야 한다(오랜 시간이 지났다면 병 바닥을 긁어내야 한다). 타히니가 매우 유사한 중동/서 지중해의 소스인데, 볶지 않은 신선한 참깨로 만든다. 타히니를 사용해도 충분하다(특히 타히니를 먼저 볶을 경우, 320페이지 참고).

→ **중요도:** 중급
→ **대체품:** 타히니 또는 볶은 타히니
→ **브랜드 추천:** *Huy Fong*

타마린드(Tamarind)

타마린드는 세계적으로 재배되는 강한 신맛의 열대 과일이다. 인도 점심 뷔페에서 흔히 볼 수 있는 새콤달콤한 갈색 처트니를 맛본 적이 있다면 알 것이다. 팟타이(378페이지)의 필수적인 맛 중 하나이며 라틴 아메리카 전역에서 음료와 소스에 사용된다.

타마린드는 과일 통째로, 과일 펄프로, 페이스트 및 농축액으로 판매된다. 어떠한 형태로든 사용할 수 있다(농축액의 경우 사용하기 전에 병에 쓰여 있는 안내에 따라 희석해야 한다). 과일을 통째로 사용하는 경우에는 끈적이고 걸쭉한 과육을 사용하기 전에 단단하고 건조한 외부 껍질을 제거해야 한다. 타마린드페이스트는 타마린드 과일 펄프를 거의 같은 양의 따뜻한 물과 함께 볼에 넣고 걸쭉해질 때까지 손으로 섞어서 만들 수도 있다. 이 페이스트를 주걱을 이용하여 고운 체에 밀어 걸러주면 레시피에 사용할 준비가 된 것이다(단계별 방법은 381페이지 참고).

→ **중요도**: 중급

→ **대체품**: 없음

→ **추천 브랜드**: *Me Chua*

새우페이스트(Shrimp Paste)

발효된 새우페이스트는 일반적으로 커리, 소스, 수프, 양념장, 디핑 소스(남쁠라프릭 또는 삼발)에 사용된다. 피시 소스와 마찬가지로 톡 쏘는 맛과 생선 냄새가 난다. 다른 점이라면 거친 질감과 강한 향이 나도록 체에 거르지 않고 갈아서 만들어서, 완성된 음식에도 질감과 향이 잘 머무른다. 이것이 바로 말레이시아 닭고기튀김에 독특한 풍미와 향을 부여하는 주인공이다.

미국의 마켓에서는 일반적으로 "belacan" 또는 "kapi"라고 표기되어 판매되는데, 이는 각각 새우페이스트를 의미하는 말레이어와 태국어이다.

→ **중요도**: 고급

→ **대체품**: 없음

→ **추천 브랜드**: 진한 맛을 원한다면 *Tra Chang* 또는 *Old*

Man, 강한 생선향을 피하려면 부드러운 버전의 *Lee Kum Kee*.

식초

산! 산이 없는 곳이 있을까! 화학자와 요리사 10명 중 9명은 산이 필수적이라는 데 동의한다. 소금, 설탕, 감칠맛, 쓴맛, 매운맛처럼 산도 입과 혀에서 직접적으로 느낄 수 있다. 또 얼마나 독특한가? 대부분의 산성 식품은 코를 간질이는 증기를 내뿜어 코를 자극해 다른 향기의 수용을 높이는 데 도움을 준다. 버팔로 소스의 식초 냄새나 뜨겁고 신맛이 나는 수프의 식초가 당신의 침을 흘리게 한다는 것이다. 소금&식초맛 감자칩 한 봉지만 떠올려도 그럴 것이다(지금 침이 고이지 않았나?). 산은 풍요로움의 균형을 유지하여 음식을 더 가볍고 맛있게 만든다. 물론 과일, 와인 또는 곡물로 만들어지는 대부분의 요리의 산들은 다양한 풍미를 제공한다. 인퓨션을 하거나 나무통에서 숙성해 식초를 만들면 더 다양한 특성들을 추가할 수 있다.

산은 소금 다음으로 음식에 양념할 때 가장 중요한 요소이다. 하지만 산성 조미료는 근본적으로 다른 방식으로 작용한다. 소금을 추가할 때의 적합한 양은 일반적으로 매우 좁은 범위인데, 대부분 음식 무게 대비 1~1.5%를 가장 맛있다고 생각한다(레스토랑 및 음료의 다판매를 목적으로 하는 식당에서는 2%를 넣을 수도 있다). 반면 산도는 그 범위가 아주 넓다. 핫&사워 수프(546페이지)나 중국계 미국인들의 주식인 제너럴 쏘 치킨(485페이지) 같은 음식은 엄청나게 많은 양의 산을 넣어도 맛있는데, 쿵파오 치킨(61페이지)이나 만두튀김(405페이지) 같은 음식은 식초를 끼얹는 정도로 충분하다. 심지어 전혀 산을 필요로 하지 않는 음식도 있는데, 볶음밥(268페이지)과 소고기 차우편(368페이지)은 다른 재료들에서 나오는 것 이외에 추가적인 산을 포함하지 않는다.

모든 종류의 곡물, 과일, 야채가 다른 조미료로 발효되는 아시아음식에서 식초는 정말 중요한 역할을 한다. 제대로 밀폐된 식초 병은 시원하고 빛이 들지 않는 식료품 저장실에 거의 영구적으로 보관 가능하다.

증류 백식초(Distilled White Vinegar)

증류 백식초는 일반적으로 에탄올로 만들어지며 특별한 맛이나 향 없이 신맛만 낸다. 주요 용도는 강한 향이나 다른 풍미들이 경쟁하는 요리의 보존 또는 풍미를 위해 날카로운 산도를 첨가하는 것이다. 일반적으로 아세트산 함량 약 5%의 산도를 가진다.

→ **중요도:** 중급

→ **대체품:** 백포도식초 또는 쌀식초

→ **추천 브랜드:** 모두 좋다

쌀식초(Rice Vinegar)

많은 식초가 쌀로 만들어지지만, "쌀식초"라고 하면 보통 투명한 것부터 옅은 노란색을 가진 것들을 말한다. 대부분의 아시아 식초와 마찬가지로, 쌀식초도 서양식초만큼의 강력한 산성맛이 나지 않으며 아세트산 함량도 낮다(약 3.5%, 서양식초는 5%). 나는 맛도 괜찮고 가격도 저렴한 일본 브랜드인 *Marukan*을 사용한다. 미국에서는 중국 브랜드가 널리 판매되고 있다.

고려할 한 가지: "양념 쌀식초"는 설탕, 소금, 조미료가 첨가된 완전히 다른 제품이다. 이건 스시용 밥에다 사용하기 위한 것이라서 다른 요리에는 적합하지 않다.

→ **중요도:** 필수적

→ **대체품:** 산도가 낮고 약간 달콤한 맛의 사과사이다식초 약간을 사용할 수 있다.

→ **추천 브랜드:** *Marukan*

흑식초(Black Vinegar)

이게 내가 가장 좋아하는 식초다. 중국에서 생산되는 식초의 일종으로, 산도가 약하고 과일향이 풍부하면서도 강하다. 색도 간장처럼 매우 어둡다. 그중에서도 상하이 바로 북쪽에 있는 장쑤성 지방의 해안에서 유래된 진강식초를

pH 농도

산도는 pH 농도로 측정되며, 1(가장 산성)에서부터 14(가장 알칼리성)까지의 범위를 갖고 있다.* pH 7은 중성으로 간주된다. pH는 선형 척도가 아닌 대수로 측정을 하기 때문에 pH가 4인 액체는 pH가 5인 액체보다 산성이 10배 더 높을 것이다. 특히 양념장에 사용할 계획이라면 더더욱 첨가하는 액체의 pH를 확인하자. pH 4에서 4.5 미만인 경우 잘 희석하거나 30분 이상 고기를 재워두지 않는 것이 좋다.

평균 pH 농도	재료(낮은 pH 농도 = 높은 산도)
라임즙	2.1
레몬즙	2.2
증류 백식초*	2.4
쌀식초*	2.6
베르쥬(신 포도즙)	2.6
화이트와인 식초*	2.7
레드와인 식초*	2.7
사이다식초*	3.4
꿀	3.9
발사믹 식초	4
흑식초	4
진강식초	4
위스키	4
드라이 셰리주	4
소흥주	4.2
사케	4.2
맥주	4.3
당밀	5
물	7

* 5% 아세트산 용액은 이러한 식초가 병에 담기는 일반적인 희석 수준이다.

---

* 여러분이 과학적 내용을 더 알길 원한다면, pH는 용액 속에 들어 있는 하이드로늄 이온(H_3O^+) 농도에 마이너스 로그 10을 취한 값이다. 기술적으로 이 값은 리터당 약 10몰(1몰은 약 6×10^{23} 또는 600,000,000,000,000,000에 해당하는 숫자)에서 10−15몰까지 다양할 수 있다. 즉, 극단적인 양 극의 경우 pH 농도의 실제 범위는 1에서 약 15까지가 된다. 예를 들어 염(염화수소)산은 pH가 0 미만일 수 있는 반면, 막힌 배수구를 뚫기 위해 붓는 젤은 pH 14 이상일 수 있는 것이다. 염산은 Drano보다 약 1000조 배 더 산성이다.

가장 좋아한다. 어떤 종류의 딤섬이든 훌륭한 디핑 소스가 되며 핫&사워 수프(546페이지) 같은 수프뿐 아니라 볶음, 스튜들에도 생기를 더한다. 오랜 숙성 과정에서 점차적으로 추가한 쌀껍질의 풍미로 인해 복잡성을 갖게 되며 거의 발사믹 같은 맛을 낸다.

중국 식료품점이나 온라인 소매점에서 쉽게 찾을 수 있다.

→ **중요도:** 중급. 하지만 일단 맛보고 나면 모든 요리에 사용하고 싶을 것이다.
→ **대체품:** 발사믹 식초, 레드와인 식초, 물
→ **추천 브랜드:** *Soeos* 또는 *Gold Plum*

지방과 기름

대부분의 음식처럼 기름의 적도 빛과 공기이다. 기름도 부패가 되며, 풍미가 좋을수록 쉽게 상하므로 보관 시 주의해야 한다. 나는 비용을 줄이고 유통기한은 늘리기 위해서 큰 깡통이나 색이 있는 플라스틱 병에 기름을 담아 서늘하고 빛이 들지 않는 곳에 보관한다. 그리고 사용할 때는 깔때기를 사용해 다양한 크기의 푸어러 마개를 끼울 수 있는 유리병에 기름을 채워둔다(다 쓰면 다시 채운다). 가장 자주 사용하는 기름은 빈 초록색 와인 병에다 채우고, 덜 자주 사용하는 기름일수록 온라인에서 구매한 작은 병에다 채워둔다.

그다음, 나는 좀 충격적인 일을 하는데, 나도 그러면 안 된다는 걸 알고, 다른 사람들에게는 하지 말라고 할 일이다. 하지만 내 말을 끝까지 들어달라. 화구 근처에 기름을 두는 일인데, 화구의 열에 의해서 기름이 일찍 상할 수 있다는 건 사실이지만, 어차피 그렇게 상하기 전에 기름을 모두 사용하기 때문에 문제가 없다. 나는 5년 동안 딱 한 번 카놀라유를 상하게 만들었다. 수년간의 편의를 위해 지불한 것치고는 작은 금액이다. 사용할 만큼만 병에 담아둔다면, 기름을 화구 위에 바로 두거나 열과 증기가 올라오는 길에만 두지 않으면 문제가 없다.

볶음/튀김용 기름

볶음요리에는 과도하게 분해되지 않고 높은 온도로 가열할 수 있는 기름이 필요하다. 카놀라유, 포도씨유, 쌀겨유, 홍화유. 널리 구할 수 있는 기름들이며 볶음요리에 적합하다. 튀김은 상대적으로 포화지방 함량이 높은 기름이 더 효과적이다(바삭함을 더한다). 나는 땅콩유나 콩유를 사용하지만 때때로 더 저렴한 카놀라유를 사용하기도 한다. 정확한 이유에 대한 내용은 45페이지의 "볶음요리를 위한 최고의 기름"을 참고하자.

→ **중요도:** 필수적
→ **대체품:** 식물성 유지 또는 아보카도유와 같은 중성 기름
→ **추천 브랜드:** 모든 브랜드

참기름

볶은 참깨로 만든 이 기름은 중국, 한국 및 일본의 많은 요리에 필수적인 향신료이다. 완성된 수프와 소스에 향을 더하고 만두 속에 풍미를 주며, 볶음요리를 간하거나 양념에 고기를 재울 때 사용하며, 드레싱에 사용할 수도 있다. 참기름은 상하기 쉽기 때문에, 밀폐된 통에 담아 식료품 저장고에 보관하며 작은 플라스틱 소스통에 옮겨 담아 냉장고에 두고 사용한다.

→ **중요도:** 필수적
→ **대체:** 없음
→ **추천 브랜드:** *Kadoya*

카이지유(구운 유채씨유; Caiziyou)

카이지유는 카놀라유 생산에 사용되는 식물(유채)과 동일한 품종에서 추출하는 기름이다. 중립적인 맛의 카놀라유와 달리 카이지유는 약간의 겨자향과 함께 볶은 보리를 연상케 하는 풍부한 견과류향과 구운 향이 난다. 쓰촨에서 자주 사용되는 식용유이며, 여러분의 고추기름이나 마파두부에 무언가 맛이 빠진 것 같다고 생각이 든다면 바로 카이지유의 부재 때문일 가능성이 크다. 안타깝게도 미국에서는

찾기 매우 어려운 기름이다. 나도 시애틀의 아시안 마켓인 *Chinese mega-mart*에서만 발견했고, 뉴욕과 샌프란시스코 등 다른 곳에서는 찾을 수 없었다. 가격이 조금 비싸지만 *Mala Market*을 통해 온라인으로 주문할 수 있다.

또 다른 문제가 있는데, 단순히 "카놀라유" 또는 "유채씨유"라고 표기되어 있기 때문에 식별하기가 어렵다는 것이다. 눈으로 확인하는 수밖에 없는데, 카이지유는 카놀라유보다 훨씬 어두운 갈색을 띠고 있다.

카이지유 대신에 땅콩유로 대체할 수 있지만, 풍미 면에서 완전히 같지는 않다.

→ **중요도:** 중급

→ **대체품:** 카놀라유, 인도 겨자씨유, 땅콩유

→ **추천 브랜드:** 선택이 제한되므로 찾을 수 있는 무엇이든!

라유 또는 기타 단순/투명한 고추기름
(Rayu or Other Simple/Clear Chile Oils)

고추기름은 중성 기름에 말린 고추를 주입해서 만든다. 맵기는 다양할 수 있지만, 일반적으로 미친 듯이 매운맛은 아니다. 국수, 수프, 디핑 소스 용도로 달콤하게 구운 고추의 풍미를 약간 더하는 수준이다. 라유는 일본식 고추기름으로 라멘에 기름방울을 띄우기 위해 사용하며 작은 병에 담아둔다. 또한 대용량의 중국 브랜드 제품도 쉽게 찾을 수 있다.

투명한 고추기름은 약 1년 안에 사용한다면 시원하고 빛이 들지 않는 곳에 보관하면 되고, 그 이상이라면 냉장고에 보관한다. 건더기가 있는 고추기름이라면 개봉 후에는 냉장고에 보관해야 한다.

→ **중요도:** 중급

→ **대체품:** *쓰촨 마라-고추기름*(310페이지)에 뜬 투명한 기름.

→ **추천 브랜드:** *S&B La-Yu*

크리스피 고추기름

병에 많은 양의 고추와 기타 향을 추가하는 건더기가 든 고

추기름. 일본의 순한 것부터 맵기가 강한 중국 것까지 다양하다. 사람들이 *Huy Fong* 브랜드의 스리라차를 모든 것에 뿌려 먹던 걸 기억하나? 난 기억한다. 고맙게도 그 시절은 지나갔고, 이제는 모든 것에 쓰촨의 매운 고추를 떠 넣기 시작했다(특히 *Lao Gan Ma* 브랜드). 이러한 변화에 감사함을 느낀다. *Lao Gan Ma*는 쓰촨의 통후추를 비롯해 전형적인 크리스피 고추기름과는 다른 재료들을 몇 가지 사용한다. 난 이 기름을 국수, 수프, 만두 및 딤섬, 볶음밥, 다양한 볶음요리에 사용한다.

정말로 바닐라 아이스크림과도 잘 어울린다. 병에 담기는 물건들의 큰 단점은 유통기한이다. 심지어 *Lao Gan Ma*의 새 제품을 열었을 때 비린내가 나도록 상한 것도 몇 번 있었다. 개봉 후에는 다음 사용까지 밀봉하여 냉장고에 보관해야 한다.

→ **중요도:** 중급

→ **대체품:** *쓰촨 마라-고추기름*(310페이지)

→ **추천 브랜드:** 순한맛-*Momoya Chili Oil*, 매운맛-*Lao Gan Ma Spicy Chili Crisp*, 맵고 마비되는 느낌의 맛 -*Mom's Mala*

쓰촨 후추기름

쓰촨 통후추는 (일종의) 산초나무 열매의 껍질이다. 많은 중국 북부요리에서 감귤류의 향과 입안을 마비시키는 특성이 나타나는 까닭이다. 쓰촨 후추기름이 실제 씨앗을 대체하는 것은 아니지만, 신선한 쓰촨 통후추를 특별히 손질하거나 갈아낼 필요 없이, 볶음요리를 하거나 찍어 먹는 소스를 만들 때 향과 얼얼함을 빠르게 첨가할 수 있는 좋은 방법이다. 맵고 얼얼한 마라요리를 만들 수 있는 지름길이라고 생각하자. 온라인뿐만 아니라 대부분의 아시안 슈퍼마켓에서 구매할 수 있다. 사용하지 않을 때는 냉장고 또는 어둡고 시원한 곳에 보관한다.

→ **중요도:** 상급

→ **추천 브랜드:** *Soeos* 또는 *Li Hong*

술(BOOZE)

다양한 종류의 와인 및 기타 알코올 발효 제품이 양념장, 소스, 수프, 재료를 푹 삶을 때 널리 사용된다. 요리하는 동안에 술을 첨가하면, 기존의 맛을 향상시키는 풍미와 약간의 산미가 더해진다. 또한 알코올은 물이나 육수 같은 수성 액체에 의해 추출되지 않는 지용성 화합물로부터 맛을 끌어내기 좋다(21페이지의 '알코올, 지방 및 물'을 참고).

소흥주(Shaoxing Wine)

소흥주는 중국 동부의 소흥시에서 생산되는 호박색의 황주(발효 막걸리)이다. 연한 호박색과 달콤하고 약간의 산미가 있는, 2천년 이상 동안 역사서에 언급되어 왔고 육류를 기반한 중국요리에서 거의 빠지는 않는 술이다. 세어본 적은 없지만, 이 책에 나오는 레시피 중 적어도 75% 이상에 사용될 것이다. 일반적으로 고기를 양념에 재우거나 소스에 향긋한 향을 첨가하기 위해 소량 사용하지만, 어떤 요리에는 많은 양을 사용하기도 한다. *대만식 소갈비조림국수*(608페이지)나 붉은찜 요리에는 소흥주를 여러 컵 사용한다. 아시안 마켓에서 쉽게 구할 수 있지만, 산화된 소흥주의 향을 가진 드라이 셰리주로 대체할 수도 있다. 나는 "쿠킹 와인"이라고 표기되어 있는 병은 피하는데, 보통 약 1.5%의 소금이 첨가되어 있어서 완성된 요리의 양념을 조절하는 것이 어렵기 때문이다. 꽤 자주 있는 일인데, 와인의 사용을 줄이고 간장과 같은 짠 재료를 함께 사용해야 할 때면 더더욱 어렵다. 꼭 사용해야 한다면 마지막 양념을 주의해서 만들어야 한다. 소흥주는 6개월 또는 그 이상 서늘하고 빛이 들지 않는 곳에 보관할 수 있다.

- → **중요도:** 필수적
- → **대체품:** 드라이 셰리주
- → **추천 브랜드:** *Soeos* 또는 *Li Hong*

사케(Sake)

일본의 사케는 맥주와 비슷한 방식으로 양조된다. 물에 잠긴 곡물을 가열하여 당으로 전환한 다음, 효모가 그 당을 받아 알코올로 전환한다. 요리에 사용할 때는 유럽에서 와인을 요리에 사용할 때처럼 너무 진하지 않고, 너무 달지 않고, 너무 비싸지 않은 사케를 선택한다. 저렴한 *Junmai-shu* 한 병은 10달러도 안 할 것이다. *Ozeki, Sho Chiku Bai, Gekkeikan*은 미국에서도 구하기 쉽고 요리에 사용하기 좋은 저렴한 사케 브랜드이다. 개봉 후에는 냉장 보관해야 한다.

- → **중요도:** 중급
- → **대체품:** 몇 스푼 정도만 사용한다면 드라이 화이트 와인을 사용할 수 있다. 이보다 많은 양은 사케의 독특한 맛을 내기가 어렵다.
- → **추천 브랜드:** *Ozeki, Sho Chiku Bai, Gekkeikan*

미림

진짜 미림은 사케보다 알코올 도수가 높으며 찹쌀("달콤한 쌀" 또는 "끈끈한 쌀"이라고도 함)로 만든 막걸리의 일종으로 달콤하고, 꿀과 같은 맛이 난다. 미국에서 구하기 매우 어렵지만, 괜찮다. 일본에서도 사케와 옥수수 시럽에 알코올을 추가해 만든 제품인 아지미림을 사용한다. 미림은 광택을 내는 글레이즈와 바비큐 소스에 널리 사용되며 데리야끼, 장어구이, 야키니쿠와 같은 요리에 단맛을 제공한다. 적어도 6개월 이상 서늘하고 빛이 들지 않는 곳에 보관할 수 있다. 나는 1년 이상 되었지만, 여전히 요리에 활용할 수 있는 상태로 보관하고 있다.

- → **중요도:** 중급
- → **대체품:** 사케 2컵과 설탕 1컵을 작은 냄비에 넣고 설탕이 완전히 녹을 때까지 가열한다. 미림과 같은 방식으로 사용한다.
- → **추천 브랜드:** 아지미림은 *Kikkoman*, 진짜 미림은 *Takara*.

절임 및 건조 재료

병에든 조미료와 소스가 그렇듯이, 절이고 건조된 재료는 볶음, 수프, 국수요리에 빠르게 복합적인 풍미를 더하는 중요한 역할을 한다. 대부분은 온라인으로 쉽게 주문할 수 있다.

피클

자차이(Zha cai): 중국식 절인 야채로, 그중 가장 유명한 것은 겨자 뿌리에 소금과 고추를 넣어 발효시킨 "Sichuan vegetable"이다. 1997년까지 쓰촨 지방의 일부였던 지방 자치단체인 충칭에서 유래했다.

자차이 로우쓰미엔(551페이지) 같은 요리나 *단단면*(317페이지) 같은 국수에 얇게 썰어 제공된다. 미국에서는 잘 갖춰진 중국 슈퍼마켓에서 무게별로 판매되는 것을 찾을 수 있다. 시장이나 온라인에서 온전한 형태의 캔으로 판매되거나 길게 잘린 형태로 은박 파우치에 포장되어 배송된다. 후자의 형식이 가장 편리하다.

밀봉 상태로는 영구 보관할 수 있고, 일단 개봉한 뒤에도 양이 많지 않아 금방 사용할 수 있기 때문에 나는 온라인으로 10개씩 구매한다.

알코올, 지방 및 물

샐러드 드레싱을 만든 적이 있거나 물웅덩이에 뜬 자동차 기름의 반짝임을 본 적이 있을 것이다. 일반적인 표현을 빌리자면 기름과 물은 섞이지 않는다. 그렇다면 알코올은 어떨까? 요리 과정에 있어서 다양한 액체가 섞이는 능력은 풍미와 어떤 관련이 있을까?

이를 이해하려면 먼저 몇 가지 기본 원칙을 이해해야 한다. 혼화성은 두 액체가 혼합되어 밀도가 고른 용액을 형성하는 능력을 말한다. 예를 들어 알코올과 물은 섞일 수 있지만, 기름과 물은 그렇지 않다. 기름과 물을 흔들어 섞어도, 잠시간 그대로 두면 결국 기름과 물이 분리되어 별개의 층을 형성한다.

술은 어떨까? 알코올이 물과 섞일 수 없었다면 80도 증류주의 상단에는 알코올이 몰려 있을 것이다. 물과는 달리 알코올은 농도와 온도에 따라 지방과도 혼화될 수 있다. 보통 알코올 함량이 높을수록 기름은 더 쉽게 혼합되며 분리되기까지 걸리는 시간도 늘어난다.

이 모든 것은 분자의 극성, 즉 분자의 양쪽 끝의 상대 전하와 관련이 있다. 극성이 강한 분자는 극성이 강한 다른 분자와 잘 혼합되는 경향이 있고, 중성 분자는 다른 중성 분자와 잘 혼합된다. 물 분자는 극성이 높고 기름은 비극성이며 에탄올은 양친매성 분자이다. 즉, 알코올은 극성의 단면과 비극성 단면을 가지고 있다는 말이며 이를 통해 물과 지방이 어느 정도 섞일 수 있다.

비유해보자. 당신은 물이고, 같은 대학교의 대면한 적 없는 어느 학생이 지방이라면, 알코올은 당신과 그 학생을 친하게 만들어줄 물질이다. 그리고 대학과 마찬가지로 지방이 물/알코올 혼합물에 혼합되는 속도는 알코올 함량과 관련이 있다. 알코올이 많을수록 더 잘 섞일 수 있다.

그렇다면 이 모든 것이 요리에 어떤 의미가 있을까? 요리 과정에서 대부분의 알코올이 증발하는 것은 사실이나 소량은 남기 마련이다(모든 수분이 빠져 나올 때까지 요리하지 않는다고 가정할 때). 이 정도의 알코올 성분으로는 지방을 섞는 데 충분하지 않지만, 에탄올(와인 또는 위스키*에 포함된 알코올 유형)은 물보다 극성이 낮기 때문에 지용성 일부의 방향족 화합물도 알코올에 용해될 수 있다. 마리네이드(재료를 조리하기 전에 재워두는 액체)에 알코올을 첨가하거나, 서서히 익히는 요리의 국물에 알코올을 첨가하면, 이러한 지용성 화합물이 더 많이 추출되어 코와 혀에서 즐거운 냄새와 맛을 더 쉽고 많이 얻을 수 있다.

일상적인 요리에도 가볍게 적용할 수 있는 내용들이지만, 역시나 안다는 건 즐거운 일이다. 내가 G.I.Joe에서 배운 게 있다면, 대부분의 문제 상황은 다툼으로 번진다는 것이고, 아는 것이 승리의 절반이라는 것이다(G.I.Joe의 명대사, And Knowing is Half Of The Battle).

---

* 밀주는 아닐 수도 있다. 잘못 만들어진 밀주에는 메탄올이 들어있어 눈이 멀어버릴 위험도 있다. 언젠가 발리 북부의 현지인들과 함께 밀주를 마시며 저녁을 보낸 적이 있는데, 기타로 "Hotel California"를 연주해야만 밀주를 얻을 수 있었다. 그 노래는 '미국인', 하면 떠오르는 노래임이 분명했다. 나는 노래를 부르며, 같이 술을 마셨다. 그리고 다음날, 나와 같은 일을 벌이다 눈이 멀었다는 영국 관광객에 대한 기사를 읽었다.

→ **중요도:** 중급

→ **대체품:** 슈퍼마켓 올리브 섹션의 씨 없는 체리놀라, 핫 마리네이드 올리브, 또는 블랙 올리브통조림에 고추기름을 살짝 뿌려 사용해도 괜찮다.

→ **추천 브랜드:** *Chongqing Fulin Zha Cai*

야차이(Ya cai): 쓰촨식 겨자줄기절임. 자차이와 비슷하지만 향이 조금 더 강하다. 미국에서 먹어본 경험이 있다면, 대부분은 쓰촨식 스트링빈(그린빈)볶음 속에 들어있는 기분 좋게 아삭하고 톡 쏘는 재료였을 것이다(181페이지). 또한 국수의 토핑으로도 널리 쓰인다.

→ **중요도:** 상급

→ **대체품:** 자차이, 슈퍼마켓 델리 섹션의 기름에 절인 올리브, 잘게 다진 사워크라우트 또는 김치에 케이퍼를 섞은 것

→ **추천 브랜드:** *Yi Bin Sui Mi Ya Cai*

마늘과 함께 절인 고추 또는 마늘을 제외하고 절인 고추: 식초에 절인 매운 고추는 국물요리, 볶음요리나 국수에 간편하게 개운하고 매운맛을 더하는 데 최고의 역할을 한다. *쓰촨식 어향가지*(191페이지)에 사용하기도 하고, *팟씨유*(372페이지 '태국식 넓적쌀국수볶음')나 *떡을 곁들인 생강삼계탕*(544페이지)을 먹기 직전에 넣어 매콤함을 추가하기도 한다. 중국이나 태국 슈퍼마켓에서 쉽게 구매할 수도 있지만,

신선한 매운 고추만 있다면 직접 만드는 것도 어렵지 않다(청양고추, 할라피뇨, 태국고추, 쓰촨 얼징티아오). 5분이면 끝나는 작업이다.

→ **중요도:** 중급

→ **대체품:** 홈메이드 *고추절임*(84페이지)

→ **추천 브랜드:** *Cock Brand*

마른 향신료

마른 향신료나 다른 건조 재료들 없이 만들 수 있는 요리도 많지만, 국수, 국물요리, 커리, 기타 중국 북방요리들과 같이 없어선 안 되는 요리들도 여럿 존재한다. 마른 향신료는 온라인이나 근처 향신료 가게에서 대용량으로 사는 것을 선호한다. 슈퍼마켓에서 사는 작은 병에 들어있는 것보다 품질도 좋고, 가격도 저렴하게 구매할 수 있다. 가끔 예외도 있지만, 보통은 갈린 향신료보다는 통으로 되어있는 것을 구매한다. 통 향신료들이 풍미를 더 오래 간직하기 때문이다. 향신료를 볶아서 사용할 때도, 표면적이 넓은 분말 형태의 향신료는 쉽게 향이 날아가 버리기 때문에 통 향신료를 사용하는 것이 더 복합적이고 다양한 풍미를 낸다. 게다가 보존 기간도 길다. 밀봉된 용기에 넣고 서늘하고 어두운 장소에 보관한다면 1년 이상 품질을 유지할 수 있다.

보관해둔 향신료가 너무 오래된 건지 아닌지 모르겠다면 냄새를 맡아보면 된다. 보관 용기 속에서 아무 냄새가 나지

Sidebar

향신료를 꼭 볶아서 사용해야 할까?

요약하자면, 아니다. 볶지 않아도 보관이 잘 되었거나 사용하기 직전에 갈아서 사용하는 신선한 향신료들은 풍미가 충분하다. 물론 맛과 향을 극대화하려면 갈기 전에 한 번 볶는 게 도움이 된다. 약 1~2분 정도 마른 팬에 약한 불로 잘 저으며 볶으면 향이 올라오기 시작한다. 이어서 30초 정도 더 볶은 뒤에 막자사발로 빻아주면 된다. *마라향 햇 감자볶음*(184페이지) 같은 요리들은 마무리 단계 직전에 향신료 분말을 첨가한다. *쿵파오 치킨*(61페이지)은 향신료들을 먼저 뜨거운 기름

에 볶아 향을 낸 뒤 다른 재료들을 더해 볶는다. *마파두부*(598페이지)나 *충칭식 프라이드 치킨*(441페이지)을 만들 때는 통 향신료를 기름에 볶아 거른 뒤, 향이 밴 기름을 요리에 사용하고, 마지막에 갈린 향신료를 넣어 향을 더욱 강조하는 방식을 사용한다.

않는다면, 음식에 넣어도 별다른 역할을 하지 못할 것이다.

Q 구매해야 할 향신료와 견과류는 무엇이 있는가?

A 아시아요리에서 마른 향신료는 아주 중요한 역할을 한다. 실크로드 끝에 위치한 태국, 라오스, 중국 북부의 경우엔 특히나 인도와 중동요리의 영향을 받았다. 이 책에 나오는 대부분의 향신료와 건재료들은 찾기가 어려운 편은 아니다. 서양 슈퍼마켓이나 향신료점에서 찾을 수 있는 건 다음과 같다.

→ 월계수잎
→ 카다몸
→ 코리앤더씨앗
→ 큐민
→ 정향
→ 시나몬
→ 회향
→ 볶은 땅콩
→ 백후추
→ 흑후추
→ 잣
→ 참깨
→ 강황분말

일부는 구하기 어려울 수도 있다. 이 책에서 다룰 조금 더 전문적인 향신료와 씨앗들이 이어서 계속 소개된다.

쓰촨요리의 과학: 쓰촨 후추(중국 산초)를 먹으면 왜 혀가 아릴까?

다른 후추들과는 다르게 쓰촨 후추는 별다른 매운 맛이 없다. 대신, 혀를 아리게 하고 마비시키는 느낌을 준다. 왜 그런 걸까? 바로 쓰촨 후추가 가지고 있는 하이드록시 알파 산쇼올이라는 화학물질 때문인데, 우리 입술과 입 그리고 혀에 있는 마이스너 수용체를 자극시킨다. 마이스너 수용체는 맛을 느끼는 미뢰와는 다르다. 말초신경의 한 종류로, 온몸 구석구석에서 가벼운 종류의 자극을 담당하는 기관이다. 런던 대학교의 연구에 따르면 쓰촨 후추를 먹은 실험 대상자들의 입술 사이에 진동막대기를 물게 한 후, 진동을 조절해 쓰촨 후추를 먹은 것과 비슷한 자극을 받게 했다. 실험 대상자들은 50헤르츠(초당 50회 진동) 정도의 자극이 쓰촨 후추를 먹은 자극과 비슷하다고 느꼈다.

그러니까, 쓰촨 후추을 먹으면 입술을 3옥타브 아래의 A플랫 음계의 진동수로 떠는 것과 같다는 뜻이다.

그렇다면 혀가 마비되는 것 같은 느낌은 왜 오는 것일까? 모기에 물려 가려울 때 피부를 찰싹 때리면 가려움이 덜한 것처럼, 우리의 신경은 계속 강하게 자극받으면, 혹은 긴 시간 강하게 자극받으면, 약한 자극들은 무시하게 되는 경향이 있다.

쓰촨 후추(중국 산초)

오랜 세월 동안, (미국에서는) 감귤 궤양병 박테리아 문제로 쓰촨 후추를 수입하지 않았다. 1968년 수입이 금지됐고, 2005년에 금지 조치가 해제되었다. 처음 쓰촨 후추가 들어간 음식을 먹은 날이 기억난다. 1999년 중순 *New Taste of Sichuan*에서 마파두부를 먹었던 날이다. 어렸을 때부터 즐겨먹던 마파두부였지만, 쓰촨 후추가 들어간 것이야 말로 "진짜"였다. "신세계"였다. 두부를 먹자마자, 입안은 아주 매운 붉은빛 스튜에서나 느낄 법한 매콤한 기운으로 가득 찼고, 더 먹을수록 입술과 혀가 저려오기 시작했다. 이 마비되는 느낌이 매콤한 기운을 조금 잡아주었다. 엄청난 매콤함과 혀가 아려오는 느낌들이 교차하는 그 기분은 나를 자극시켰고, 그 후로 쓰촨 후추가 주는 느낌에 중독되고 말았다.

쓰촨 후추는 산초나무의 열매로, 따뜻하고 감귤향의 느낌이 난다. 매운맛은 전혀 없지만, 입을 얼얼하고 저리게 하는 이 느낌을 중국에서는 "마"라고 한다. 쓰촨 후추와 매운 고추를 함께 사용하면 "마라"라고 하는 얼얼한 매운맛을 내는 조합이 완성된다(313페이지 참고). 쓰촨 후추는 붉은색과 초록색 두 종류가 있다. 전자가 조금 더 순한 맛으로, 볶음요리와 면요리에 쓰이고 후자는 조금 더 강한 맛을 내며 국물이나 찜요리에 주로 쓰인다.

쓰촨 후추를 살 수 있는 가장 좋은 곳은 *Mala Market* 같은 온라인 마켓이다(밀봉되어 판매되는 거라면 어떤 브랜드 제품이든 괜찮았다). 두 가지 종류의 쓰촨 후추 중 하나만 골라야 한다면 붉은색이 좋다. 또 제품마다 품질이 다를 수 있다. 쓰촨 후추에서 사용하는 부분은 바깥쪽의 껍질(붉거나 초록색인 부분)이라서, 검은색 씨앗이나 나뭇가지가 많이 든 제품들은 피하면 좋다. 사용하기 전에 골라내야 하기 때문이다. 일본에서도 산쇼라는 쓰촨 후추와 비슷한 산초 열매를 사용하는데, 장어나 국물 있는 면요리에 자주 사용하며 훨씬 덜 자극적이다.

팔각(Star Anise)

팔각은 중국에서 유래된 향신료로 여덟 개의 뾰족한 끝이 있는 별 모양으로 생겼다. 감초향이 나는 아니스라는 향신료와 비슷하지만 아주 먼 친척일 뿐이다. 시나몬, 정향, 육두구와 같은 따뜻한 느낌의 향신료와 함께 애플파이나 호박파이류의 서양식 디저트에 사용하면 아주 맛있다. 팔각은 중국 오향분의 재료 중 하나이고, 홍소육(간장, 설탕, 술과 향신료를 넣고 졸인 고기요리)에서 맛을 내주는 재료이기도 하다. 볶음요리 이외에도 광둥식 오리 바비큐나 차슈(겉이 빨간색인 돼지 앞다리구이)에도 널리 쓰인다.

통 건고추

아시아요리 전반에 쓰이는 건고추는 그 종류가 무궁무진하다. 그럼에도 모두가 비슷하다고 생각해도 된다. 건고추는

크기가 작을수록 맵다고 생각하라. 313~315페이지를 참고하면 쓰촨 건고추를 어디서 구하고 어떻게 사용하는지 소개하고 있다. 통 건고추는 잘 휘어지는 탄성 있는 질감이어야 한다. 구부렸을 때 부서지고 바스락거린다면 상미기한이 지난 것으로, 칙칙하고 얼얼한 맛밖엔 나지 않을 것이다. 밀봉한 뒤 냉동 보관하면 몇 년이고 보관할 수 있다. 밀봉된 유리 병에 넣어 어둡고 서늘한 찬장에 보관하면 1년 정도 보관할 수 있다.

태국고춧가루

고춧가루는 태국요리에서 널리 쓰이는 필수 재료이다. 강렬한 매운맛과 함께 화사한 과실향과 훈제향이 조화된 풍미를 가진 재료이다. 일반적으로 테이블 위에 놓아두고 먹는 이들이 직접 기호에 맞춰 뿌려먹을 수 있도록 되어 있다. 우리 집에서는 필수 조미료로 테이블 위에 소금, 간장, 고춧가루를 구비해둔다. 피자나 파스타, 국물요리까지 잘 어울리기 때문이다.

어떤 레시피에서는 칠리플레이크로 대체할 수 있다고 하지만 그것은 잘못된 정보다. 태국고춧가루는 훨씬 더 강한 과실맛이 있고, 향이 깊다. 또한 태국고춧가루는 갈린 정도가 매우 불규칙적인데, 이것이 오히려 장점이다. 고운 입자들은 음식에 고루 섞여있고, 큰 입자들이 가끔씩 입 안에서 매운맛의 폭발을 일으킨다. 이런 이유로 태국고춧가루를 대체할 수 있는 건 없다고 생각한다. 가격도 싸고 온라인으로 쉽게 구할 수 있고, 밀봉해서 어두운 찬장에 보관하면 오래도록 보관할 수도 있다. *Raitip* 브랜드 제품을 추천한다.

팜 슈거(야자수 설탕)

이 책의 모든 요리들을 제대로 만들어 보고 싶다면, 설탕만 (무려) 6가지 종류가 필요하다. 나는 4가지 종류의 설탕만 구비해 놓는데, 정백당, 황설탕, 콜롬비아산 사탕무 원당(콜롬비아 사람인 아내는 이게 없으면 못 산다), 그리고 팜 슈거이다. 팜 슈거는 태국, 인도네시아, 말레이시아요리

의 필수 재료이며, 진한 과립 형태의 페이스트로 통에 담겨 있거나 2.5~5cm 정도 두께의 반구 형태의 조각으로 통에 담겨 판매된다. 난 단단한 조각 형태의 제품을 더 선호하는데, 페이스트는 시간이 지날수록 딱딱하게 굳어버려 사용하기 어렵기 때문이다. 페이스트가 굳었을 때는 전자레인지에 살짝 돌려 사용하는 것이 팁이다.

팜 슈거는 정제되지 않은 원당의 한 종류로, 야자나무 수액을 졸여 만든다. 대부분 원가 절감을 위해 사탕수수 설탕을 섞어 만든다. 연유나 돌세데레체(아르헨티나 캐러멜 디저트)에서 느낄 수 있는 것과 같은 고소한 캐러멜 향이 특징이다. 태국 음식의 단맛-신맛 콤보에서 단맛을 담당하는 재료이며, 품질 좋은 스위트-칠리 소스에 꼭 들어가는 재료이다. 또한 북부 태국식 샐러드나 매운 태국 커리에서 단맛을 내기 위해 사용되기도 한다.

참고로, 고체 팜 슈거를 사용하는 가장 좋은 방법은 절구를 사용해 부드럽고 촉촉한 부스러기로 만들어주는 것이다.

참깨

생참깨는 순백색이며 풍미가 적지만, 볶으면 바닐라향이 가미된 고소한 땅콩향이 나고, 다른 주재료와 잘 어울리는 재료가 된다. 통으로 사용하거나 살짝 으깨거나 페이스트 형태로도 사용한다. 나는 품질에 문제가 있는 게 아니라면 간편한 방법을 선호한다(안 그런 사람도 있나?). 그래서 미리 볶아진 참깨를 구매하는 편이다(볶다가 잠시 한눈을 판 사이에 타버린 참깨가 제대로 볶은 참깨보다 더 많다).

검은깨는 흰깨보다 조금 더 은은한 맛이 나지만 마지막에 장식용 고명(가니쉬)으로 사용하기에 아주 좋다. 나는 두 종류 모두 구비해 놓는 편이다. 볶지 않은 생참깨를 구했다면, 중간-약한 불의 웍에서 잘 저어주며 황금색이 날 때까지 볶으면 된다. 곧바로 쟁반에 넓게 펼쳐 주고 완전히 식힌 뒤 밀폐용기에 담아 찬장에 보관하면 된다.

백합 봉우리(Lily Buds)

데이릴리, 타이거 릴리, 골든 니들. 백합 봉우리의 다양한 이름이다. 원추리과 식물의 아직 피지않은 꽃봉우리이다. 바닐라빈과 비슷한 두께와 길이로, 황금빛 노란색을 띤다. 마른 봉우리를 물에 불려 요리하면 은은한 풍미와 기분 좋은 사향꽃(결국 꽃 종류이니)향과 아삭거리는 식감이 있다. 중국 식품점에서 비닐 포장에 담겨 판매되며 비교적 쉽게 구할 수 있다. 건버섯과 다른 건식물 근처를 보면 찾을 수 있을 것이다. 밝은 노랑색에 살짝 탄성이 있는 것을 고르면 된다. 너무 말라서 부스러지거나 색이 어두운 제품은 피하는 것이 좋다. 어두운 찬장에 밀봉해 보관하면 몇 년은 보관할 수 있다.

무슈요리(104페이지 '중국식 전병요리')와 *핫&사워* 수프 (546페이지)의 필수 재료이다.

목이버섯

"유태인의 귀(Jew's ear)" 버섯이라고 불리기도 하는 목이버섯은 일반적으로 건조된 상태로 판매되며 사용 전 물에 불려서 사용한다. 별다른 맛과 풍미는 없지만 해파리와 비슷한 아삭한 식감이 매력적이다. *무슈요리*(104페이지)나 *핫&사워* 수프(546페이지)의 필수 재료이며, 간단한 볶음요리에 사용해도 아주 좋다. 건조된 상태로 찬장에서 아주 오랫동안 보관 가능하다. 110페이지를 참고하면 목이버섯의 손질 방법을 볼 수 있다.

건새우, 건넙치, 건가리비

아시아의 여러 섬나라나 해안 지방에서 건어물은 아주 중요한 식재료이다. 건새우는 태국식 *쏨땀*(파파야 샐러드; 619페이지)의 주인공이고 물에 불려 다진 뒤 국물요리나 볶음요리 혹은 밥에 넣을 수도 있다.

마른 생선과 가리비는 이노신산과 구아노신의 보고이다. 이 두 단백질은 해산물에 풍부하며 특히 마른 해산물에 농축되어 있다. 이노신산과 구아노신은 단독으로는 아무 맛이 없지만 음식의 풍미를 부각시키는 역할을 한다. 고기에 소금을 뿌려 먹는 것이 단순히 짜게 만드는 것을 넘어 고기 자체의 맛을 좋게 만드는 것처럼 말이다. 구아노신이나트륨(구아노신의 소금 형태)이 라면이나 과자의 풍미 강화제로 사용되는 이유가 있다.

이들은 글루탐산(파마산 치즈, 버섯, 햄 등에 함유된 아미노산으로 군침 나는 감칠맛과 풍미를 준다)의 역할을 증폭시키기도 한다. 싸구려 식당가의 옅은 국물과 최고의 완탕면 국물의 차이를 만드는 물질이기도 하다.

건조 햄, 마늘, 생강, 고추, 그리고 다른 감칠맛 나는 재료들과 함께 XO 소스를 만들 수도 있다. XO 소스는 꼬냑이 들어가지는 않지만, 그 이름을 따서 1980년대에 홍콩에서 개발된 극강의 감칠맛을 가진 소스이다(303페이지).

건넙치, 건가리비, 건새우는 아시아 식품점이나 온라인으로 구매할 수 있다. 레시피에 따라 다른 것으로 대체하기 힘들 수도 있지만, 국물요리의 경우 다시마로 대체하면 해산물 맛은 덜하지만 감칠맛은 보충할 수 있다.

고추가 왜 이렇게 많이 들어 있을까?

쓰촨식 중식당에 가면 요리들에 진홍색 고추들이 잔뜩 들어 있다. 이걸 본 어린 시절의 나의 사고 회로는 다음과 같았다: 이걸 다 먹어야 하나? 물어보면 처음 와본 티가 나겠지? 그렇다고 괜한 행동을 해도 처음 와본 티가 나겠지? 말라비틀어진 종잇조각 같은데… 종이를 먹긴 싫어. 내가 이걸 좋아할까? 젠장 직원이 오고 있어, 내가 뒤적거리는 걸 본 것 같아. 어떻게 할지 빨리 결정해야 하는데, 음… 종이 같잖아? 고개 돌리지 말고 계속 씹어야겠다. (그래, 껍질이 씹히기 시작한다) 좀 매운데 물을 달라고 할까? 그러면 또 처음 와본 티가 나겠지? 아 그냥 완탕면, 계란말이, 좌종당계나 주문할걸. 그럼 초보인 걸 들키진 않았을 텐데.

그래서 결론은: 고추는 먹지 말자. 먹으라고 나온 것이 아니다. 그렇다면 먹지도 못할 것을 같이 볶는 이유는 뭘까? 답은 향을 내주기도 하고 보기에도 좋기 때문이다. 보통 다른 재료들을 넣기 전에 기름에 살짝 볶아서 요리를 향기롭게 만드는 과정을 거치는데, 아주 중요한 역할이다! 우리의 혀와 미각은 여러 가지 맛을 느낄 수 있지만, 맛에 크게 관여하는 건 향이기 때문이다. 음식에서 우리의 코로 들어가는 것들 말이다.

코를 막고 여러 가지 음식을 먹어보면 간단하게 테스트해 볼 수 있다. 후각의 도움이 없다면 사과와 배는 똑같은 맛으로 느껴질 것이다. 놀랍게도, 사과와 양파도 코를 막고 먹으면 비슷한 맛이 난다. 그러니깐, 고추를 직접적으로 먹지 않아도 그 맛을 느낄 수 있다는 말이다.

눈에 보이는 것 또한 우리가 요리를 인식하는 데 중요하다. "눈으로 먹는다"라는 말이 괜히 있는 게 아니라는 말이다. 우리는 입과 코만으로 음식을 경험하는 것이 아니라, 뇌 속에서 복합적으로 인식하며 경험하는 것이다. 모든 감각이 융합해 영향을 끼친다. 바삭해 보이는 음식이 눅눅하다면 맛이 없게 느껴지고, 초록색 케첩은 빨간색 케첩보다 맛이 없다. 초록색 하리보 젤리가 사실 산딸기 맛이라는 걸 아는 사람이 얼마나 될까?(진짜다! 눈 감고 먹어봐라!) 이 산더미의 건고추들은 혀에 직접적으로 영향을 끼치진 않더라도 우리의 뇌가 전체적인 맛을 느끼는 데 도움을 준다.

다시마

다시마는 일식 육수(519페이지 '*다시*')의 필수 재료이며 MSG가 처음 발견된 천연 재료이기도 하다. 낱장 형태로 판매되며 암녹색에서부터 베이지나 노란색도 있다. 유심히 본다면 품질 또한 다양한 것을 알 수 있다. 다시마의 품종별, 글루탐산 함량별로 다양한 제품이 존재하지만 일반 사람들이 접할 수 있는 종류는 몇 가지로 한정적일 것이다. 아주 맑고 깨끗한 바다 내음의 국물을 원하는 게 아니라면 (당신이 최고급 일본 식당의 주방장이 아닌 이상 그런 일도 없겠지만) 굳이 비싼 제품을 쓸 필요가 없다. 가장 저렴한 다시마로도 훌륭한 국물요리를 만들 수 있다.

할머니에게 배운 대로, 나는 표면에 흰 가루가 잔뜩 묻어 있는 다시마를 추천한다. 값이 쌀 것이다. 고급 식당에서는 은은한 맛의 국물을 선호하지만, 나는 다시 육수에 있어서는 이 흰 가루들이 폭발적인 감칠맛을 내주는 대중적인 국물 맛을 선호한다(할머니께서 맛 때문에 그러셨는지 돈을 아끼느라 그러셨는지는 모르겠지만, 난 할머니 방식을 따르고 있다).

1

볶음의 과학

recipe continues

세상에 빠르고, 다재다능하고, 재미있는 건 많다. 내 오래된 코닥 즉석카메라, 트랜스포머, 미식축구선수인 Bo Jackson. 이렇게 여러 가지를 꼽을 수 있지만, 조건으로 '맛있는'을 추가한다면 몇 개나 생각해 낼 수 있을까?

볶음요리는 빠르다. 대부분의 볶음요리 레시피는 재료 준비 시간을 포함해도 30분 안에 끝난다. 실제 조리 시간이 몇 분 걸리지 않으니 말이다.

볶음요리는 다재다능하다. 고기도 해산물도 볶을 수 있다. 동양식 야채나 서양식 야채, 두부나 쌀, 옥수수나 버섯, 상추, 견과류, 면 등 고체 형태의 먹을 것이라면 어떤 것이든 볶을 수 있다.

볶음요리는 재미있다. 음, 적어도 내겐 그렇다. 초보자도 잘할 수 있고, 연습할수록 실력이 늘어나는 걸 체감할 수 있다. 노력으로 실력 발휘할 수 있는 영역을 좋아한다면 당신도 볶음요리를 좋아할 것이다.

볶음요리는 맛있다. 모두가 아는 사실이다. 그저 그런 중식당에서 먹어도 맛있는 게 볶음요리니까. 야채볶음은 선명한 색과 신선함과 아삭거림을 간직한 맛을 보여주고, 양념에 재워 주물럭거린 고기볶음은 아주 부드럽고 풍미 넘치는 맛을 보여준다(주물럭거리는 행위의 중요성은 잠시 후에 이야기하자). 또 볶음면과 볶음밥은 그을린 맛을 넘어선, 흔히 불맛이라고 표현하는 풍미 가득한 *윅 헤이(wok hei)*로 가득 차 있다(곧 어떤 화구에서도 불맛을 내는 방법을 소개한다). 볶음요리는 소스, 부재료, 향신료, 절임류, 그리고 향채를 요리와 손쉽게 조화시킨다. 바쁜 평일 저녁에도 훌륭한 요리를 간편하게 만들 수 있다는 말이다.

만약 무인도에 한 가지 기술만 익혀 갈 수 있다면, 내가 배워 갈 기술은 바로 '볶음요리하는 방법'이다. 지금까지 내가 요리해 먹었던 많은 요리가 볶음요리였고, 앞으로도 쭉 그럴 것이다.*

볶음요리의 해부학

볶음요리에서 가장 중요한 건 테크닉이다. 2018년 11월, 조지아공과대학교의 유체역학 교수인 David Hu는 어떤 대만 셰프가 웍으로 볶는 볶음밥의 모습을 컴퓨터로 모델링했고, 웍 속의 음식이 1초에 3번씩 반복해서 움직인다는 것을 알아냈다. 각 움직임은 4단계로 나뉘어 있었고, 웍을 앞뒤로 밀고 당기는 선형운동과 웍 손잡이를 위아래로 움직여서 웍이 회전하게끔 하는 시소운동의 엇박의 조합이었다. 이 결과로 웍이 앞뒤로 구르면서 내용물이 요리사 방향으로 폭포처럼 떨어지며 섞이는 것이다. 네 가지 단계를 천천히 살펴 보자.

PHASE 1 손잡이를 꼭 잡고 웍을 아래쪽으로 기울여 앞으로 민다.

PHASE 2 웍이 최대로 멀어질 즘에 손잡이를 아래로 밀어서 웍의 반대쪽 부분이 위로 기울어지게 한다.

PHASE 3 웍의 반대쪽 부분은 계속 위를 향하게 두고서 몸 쪽으로 당긴다. 이때 웍의 회전운동과 급격한 방향 전환이 음식을 공중에 뜨게 한다. 웍의 경사면 위쪽에 있는 음식들이 가장 급격한 힘을 받는다. 이런 과정으로 인해 음식이 폭포처럼 떨어지는 효과가 나타난다.

PHASE 4 웍을 계속 몸 쪽으로 당겨 떨어지는 음식을 받는다. 웍이 최대로 가까워지면 손잡이를 다시 위로 올려, 웍이 아래쪽으로 기울면서 PHASE 1으로 돌아가게 된다.

다시 말하자면, 웍을 흔드는 요리사의 움직임은 음식의 움직임을 예측하며 발생하는 것이다.

이건 여러모로 내 딸에게 "그네를 탈 때는 다리를 위아래로 펌프질 하라"는 것과 비슷하다. 뒤쪽 정점에 다다르기 직전에는 다리를 쭉 펴고서 몸을 뒤로 젖혀야 하고, 앞쪽 정점에 다다르기 직전에는 무릎을 굽히고 몸을 앞으로 숙여야 한다.

음식이 공중에 떠 있는 동안 어떤 일이 일어날까?

Grace Young은 자신의 책 *Stir-Frying to the Sky's Edge*에서 볶음요리라는 표현은 잘못된 것이라고 했다. 서양요리에서 볶음이라는 것은 팬의 바닥에 있는 음식을 주걱이나 스푼으로 저어가며 요리하는 것을 말하는데, 웍에서는 이런 일이 일어나지 않으니 굴림요리(Tumble-fry)나 던짐요리(toss-fry)라는 표현이 더 잘 어울린다는 것이다. 볶음요리의 핵심은 팬 안에서 재료를 공중으로 던지며 요리하는 것이다. 이게 왜 그렇게 중요할까?

사실 음식을 가열했을 때 발생하는 수증기에는 엄청난 양의 에너지가 들어 있는데, 볶음요리는 이 수증기 속의 에너지를 다시 사용해서 조리 시간을 단축시키고 풍미를 증진시킨다. *Modernist Cuisine: The Art & Science of Cooking*의 저자들이 웍 뒤쪽에서 뜨거운 증기가 어떻게 발생하고 움직이는지를 설명한 바 있다. 이 책에 따르면 재료를 볶을 때 공중으로 떠오르는 재료들이 김이 나는 증기를 통과하게 되고, 증기가 재료 표면에 다시 응결하면서 그 속의 어마어마한 잠재 에너지가 다시 음식을 가열한다. 그렇게 뜨거워진 음식이 다시 웍으로 떨어지면, 표면에 맺혔던 물방울이 다시 수증기로 변하는 과정이 반복된다.

이것이 볶음요리의 과정이 빠른 이유이며 웍의 모양이 중요한 이유이다. 웍의 모양은 음식을 최대의 효율로 공중에 띄울 수 있게 만든다.

---

* 손잡이를 이용해 그릴을 위아래로 이동시킬 수 있는 최고급 바비큐 그릴을 사기 전까지는 말이다. 정말 생각만 해도 좋다.

볶음요리에 도전해보고 싶다고?

음식을 공중으로 띄웠다 받을 때 바닥에 떨어지는 게 더 많을 수도, 아무리 열심히 웍을 흔들며 요리해도 음식이 고르게 익지 않을 수도 있다. 하지만 걱정 마시라! 당신만 그런 것은 아니다. 자전거를 처음 탈 때나 USB 케이블을 제대로 연결하려 노력할 때처럼, 계속 노력하면 어느 순간 자연스럽게 습득되는 기술이다. 일주일에 몇 번씩만 연습해도 머지않아 습득하겠지만, 좀 더 빨리 배우고 싶다면(그리고 연습 중에 뜨거운 기름을 쏟고 싶지 않다면), 웍에 마른 렌틸콩이나 일반 콩, 혹은 쌀을 넣고 연습하면 된다.

이제 기본적인 방법을 알려주겠다. 물론 설명으로는 한계가 있기에 연습만이 살길이다!

MOVE 3 웍을 다시 몸 쪽으로 당기기 전, 손잡이를 아래로 눌러 웍의 안쪽이 몸 쪽을 바라보게 기울인다. 그런 다음 웍을 재빠르게 몸 쪽으로 당긴다. 이렇게 하면 음식이 공중에 붕 뜨면서 당신 방향으로 포물선을 그리며 다가올 것이다.

MOVE 1 웍의 손잡이를 잡고 웍을 아래쪽으로 살짝 기울인다.

MOVE 4 떨어지는 음식을 받으면서 마저 몸 쪽으로 당긴다. 그다음 손잡이를 위로 올려서 웍을 몸 반대 방향(아래쪽)으로 기울이고 다시 위 과정을 반복한다. 연습하다 보면 자연스럽고 리듬감 있게 음식을 공중에 띄웠다가 받을 수 있게 된다. 보통 1초에 2~3번 정도 주기로 웍질을 해주면 된다.

MOVE 2 여전히 웍을 아래쪽으로 기울인 상태로 부드럽게 앞으로 민다.

볶음요리, Step by Step

볶음요리를 이렇게까지 단계별로 세세하게 나누는 것이 굳이 필요할까 싶지만, 그래도 독자들의 이해를 돕기 위해 해봐야 할 것 같다.

볶음요리를 할 때는 재료를 구하기 전에 요리를 준비하는 단계가 가장 중요하다. 볶음은 순식간에 과정이 일어나기 때문에 요리 도중에 간장이 어딨는지 헤매는 것은 용납되지 않는다. 굴 소스가 병에서 잘 안 나온다 말하는 것도 핑계일 뿐이다. 재료들을 계량해 놓고, 썰어 놓는 등 모든 준비를 갖춰둬야 한다. 물론 도구들도 준비되어 있어야 한다. 당신의 임무는 맛있는 저녁식사를 준비하는 것이고, 주방은 곧 전장이다. 만반의 준비를 갖추어야 한다는 말이다.

볶음요리를 하기 위한 기본적인 도구는 다음과 같다. 아래의 도구들이 모두 준비돼야 한다.

- 당신의 웍은 가장 센 화구 위에 올려져 있어야 한다.
- 웍 주걱과 받침대(선반이나 도구를 둘 안정적인 공간)
- 요리를 마친 각각의 재료들을 담아 놓을 볼
- 요리를 마치고 제공할 음식을 담을 접시
- 배고픈 사람들

추가적으로 어떤 요리를 하느냐에 따라 다음과 같은 도구도 필요할 수 있다.

- 이 책의 일부 레시피에서는 재료를 볶기 전, 끓는 물에 한 번 데치는 작업이 필요할 수 있다. 끓는 물이 담긴 냄비를 뜰채와 함께 다른 쪽 화구에 준비해 두면 편리하다. 특히 같은 물을 여러 번 사용할 때 꼭 준비하자.
- 고운체를 올려둔 냄비. 기름을 사용하는 벨벳팅 테크닉을 사용할 때처럼, 재료에서 기름을 걸러낼 때 유용하다.
- 부탄가스에 연결된 토치. 인덕션에서 요리하거나 화구의 화력이 약할 때 불맛을 내기 위해 필요하다.

- 주방의 후드가 약해서 환기가 잘 안되면 선풍기를 창문이나 문 밖 방향으로 틀어서 요리 도중 환기를 할 수 있다. 화재 경보기를 잠시 꺼 놓는 것도 좋다. 볶음요리는 어쩔 수 없이 연기가 많이 난다.

전장을 한번 둘러봤으니, 재료에 대해서도 이야기해보자. 재료들은 종류별로 볼에 담아 잘 정리해 두거나(웍에 넣을 타이밍이 같은 재료들은 함께 담아 두어도 좋다) 도마 위에 가지런히 두고, 웍에 쉽게 집어넣을 수 있도록 스크레이퍼를 이용하면 좋다.

지금부터는 다양한 요리 테크닉을 간단한 재료 예시로 쉽게 설명해 보겠다. 벌써부터 어렵다고? 아직 어려운 건 나오지도 않았다. 지금은 그냥 대부분의 볶음요리들이 비슷한 구성을 가지고 있다는 정도만 알아두면 된다.

식용유. 식용유는 음식을 고르게 익게 하고, 지용성 향신 성분들이 팬 곳곳에 녹아 들게 한다. 땅콩유, 콩유, 카놀라유 같은 발연점이 높고 중성인 식용유들이 적합하다. 식용유는 불맛을 내는 데도 중요한 역할을 하는데, 기름이 불에 그을리면서 그 풍미가 음식에 전달되기 때문이다.

향신유. 기름에 여러 가지 향신 재료를 넣고 볶아서 향신유를 만들 수 있다. 생강, 마늘, 고추, 그리고 쓰촨 후추 같은 다양한 향신료를 예로 들 수 있다.

단백질. 볶음요리 속의 단백질과 야채는 옷으로 보면 재킷과 바지, 그리고 넥타이로 볼 수 있다. 어떤 게 재킷과 바지이고 넥타이인지는 그때그때 다르지만, 넥타이는 항상 옵션일 뿐이다. 단백질이 주재료일 때는 보통 양념이나 염지, 혹은 벨벳팅을 통해 풍미와 식감을 향상시킨다. 부재료일 때는 보통 잘게 다져서 사용된다. 항상 일정한 크기로 잘라서 고르게 익게 하는 것도 중요하다.

야채. 야채도 일정한 크기로 잘라야 고르게 익는다. 레시피에 적힌 것이 아니라면, 야채는 한두 가지 종류로 제한하는 것이 좋다. 아니면 어느 것 하나 제대로 익지 않은 뒤죽박죽 요리가 되어 버린다. 나는 이걸 "푸드코트 신드롬"이라고 부르고 있다(통조림 영콘은 절대 쓰지 마시길*).

향을 내주는 재료. 이 재료들은 향이 아주 강해서 다지거나 얇게 썰어 음식에 고루 맛이 배게 하는 방식으로 사용된다. 이 책에서 흔히 쓸 재료로는 고추, 허브류, 마늘, 생강, 스캘리언, 레몬그라스, 절인 야채류 등이 있다.

소스. 미국식 아시아 식당에서는 볶음요리에 걸쭉하고 흐느적거리는 소스가 범벅이 되어 나오는 경우가 많다. 손님들이 슴슴한 밥과 곁들일 소스가 필요했던 결과였을까?† 아시아 현지에서도 소스가 많은 볶음요리가 존재하긴 하지만(커리와 같이 국물이 많은 요리들은 말할 것도 없고), 일반적인 아시아 정통의 볶음요리는 미국식보다 소스가 훨씬 적어 재료를 살짝 감쌀 정도로만 제공된다. 두 가지 스타일 모두 제대로 만들기만 한다면 맛있는 요리가 된다. 볶음요리에 들어가는 양념으로는 간장, 청주, 식초, 설탕, 굴소스, 칠리 소스, 발효콩 양념, 커리페이스트, 코코넛밀크, 시트러스즙 등이 있다.

농도 조절제. 볶음 소스는 옥수수 전분이나 칡 전분 같은 전분가루를 이용해 걸쭉하게 만들어서, 소스가 재료에 더 잘 코팅되게끔 만든다. 또 소스 속에 지방 성분이 잘 유화되게 만들어 기름기가 둥둥 떠다니는 것처럼 보이지 않게 만든다. 이러한 농도 조절을 위해서는 전분가루와 물을 섞은 전분물을 만들어 웍에 직접 부으면 된다. 여기서 핵심은 천천히 붓는 것이다. 농도를 옅게 만드는 방법은 물을 더 넣는 방법밖에 없기 때문이다.

가니쉬. 아이스크림 위에 뿌려져 있는 반짝이는 장식들처럼, 요리의 과정 중이 아닌 마지막에 살짝 넣어주는 재료를 가니쉬라고 한다. 땅콩이나 캐슈넛 같은 견과류나(제대로 하려면 볶는 작업도 거쳐야 하지만) 튀긴 샬롯이나 마늘, 신선한 허브나 야채, 쓰촨 후추나 큐민 같은 향신료도 예로 들 수 있다.

이제 본격적으로 요리 이야기를 해보자.

집에서도 전문가처럼 볶기: 불꽃을 쫓아서

왜 집에서 만드는 볶음요리는 식당에서 먹는 것과 전혀 다른 맛이 나는 걸까? 재료 때문에? 중국의 고대 비법이 있는 건가? 아니면 MSG?(물론 나열한 것들이 도움될 수 있다) 비밀은 바로 엄청나게 강한 화력이다. 지옥불같이 뜨거운 화력말이다. 중식 화구는 200k BTU/h†의 화력을 자랑하는데, 이는 일반적인 가정용 화구에 비해 스무 배에서 스물다섯 배는 강한 화력이다.

요즘 서구 사회에서는 중식당 주방에는 꼭 있는 "강력한 가스 버너" 없이는 맛있는 볶음요리를 만들 수 없다는 인식이 널리 퍼져 있다(나도 아마 이 잘못된 소문에 대한 책임이 있을 것 같다). 다행스럽게도 이는 사실이 아니다.

중국에 있는 가정집 주방이 모두 식당처럼 설비되어 있진 않을 것이다. 대부분의 가정집은 여러분들의 주방과 비슷한 구성일 것이고, 일반적인 볶음요리(특히 가정식)를 하기에는 충분하다(이 책에 수많은 레시피가 있다).

---

* 정말로 좋아한다면 넣어라. 요리할 때의 철칙 1번을 잊지 마시라. 다른 사람이 본인의 취향을 결정하게 하지 말라! 취향대로 먹는 것이 최고다.

† 아시아 국가의 쌀은 슴슴한 경우가 많다. 강한 맛의 요리와 곁들여 먹기 위해 그런 것이다. 나는 볶음요리와 함께 먹을 밥을 만들 땐 소금도 넣지 않는다. 물론 여러분은 여러분 방식대로 하면 된다.

‡ BTU(British Thermal Unit)는 1킬로줄(kJ)과 비슷한 양의 에너지이다.

농도조절제는 얼마나 넣어야 할까?

레시피에 적힌 전분의 양은 대략적인 예시일 뿐이다. 소스를 걸쭉하게 만들 정도의 전분을 계량하는 건 움직이는 목표물을 사격하는 것과 비슷하다. 어떤 소스든지 뜨거운 웍 속에서는 계속해서 증발하며 수분을 잃기 때문에 적당히 윤기나고 반짝이던 소스도 끈적이고 질척이는 소스가 된다. 더 나아가, 전분으로 농도를 조절한 소스는 팔팔 끓기 전까지는 완전히 되직해지지 않기 때문에 전분물은 농도를 계속 확인해 가며 조금씩 붓는 것이 좋다.

이탈리아 음식에 관심이 있다면, 파스타를 만들 때 전분기 가득한 면수를 조금씩 부어서 소스의 농도를 조절하는 걸 본 적이 있을 것이다. 볶음 소스의 농도를 잡는 것도 이와 비슷하다. 요리가 완성되어 갈 때 전분물을 살짝 더 붓고, 한번 팔팔 끓인 후 전분물을 더 넣을지 말지 결정하면 된다. 이때 조금 묽은 것 같다면 전분물을 살짝 더 넣어주자. 농도가 적당하면 바로 접시로 옮겨 담자. 전분물을 너무 많이 넣어 필요 이상으로 소스가 되직해졌다면, 물이나 육수를 살짝 넣어 다시 가열하면 된다.

중식 요리사는 전분물을 보통 세 번에 걸쳐 나눠 넣는데, 넣을 때마다 세심하게 농도를 조절하여 요리를 완성한다.

환풍구를 청소하자!

화구 위 환풍구에는 대부분 필터가 달려 있는데, 이를 주기적으로 청소해야 원활하게 작동하며 화재의 위험도 줄일 수 있다. 특히나 볶음요리 도중에 발생하는 유증기들이 필터를 잘 오염시킨다. 나는 적어도 달마다 필터를 청소하며 여러분에게도 추천한다(대부분의 필터는 식기세척기로 세척할 수 있다).

인간의 입맛이란 경험에 따른 결과이고, 나는 어린 시절을 광둥식 중식당이 즐비한 뉴욕에서 보냈기에 볶음요리가 먹고 싶을 때면 불맛 가득한 중식당 요리가 생각난다(불맛에 대해서는 42페이지 참고, 광둥식 중식에서 흔히 볼 수 있는 웍의 불길이 닿은 맛이다).

중식당의 주방을 들여다 보면, 한 손으론 웍을 열심히 흔들고, 다른 손으로는 국자를 이용해 소스와 양념으로 간을 하며, 무릎으로는 화력 조절 손잡이를 조절하는, 춤추는 요리사들을 볼 수 있다.

이렇게 고출력 화구를 이용하면 고기를 오래 익히지 않고서도 빠르게 표면에 색을 내고, 야채의 식감이 살아있으면서도 불맛이 나며 소스도 빠르게 졸여져 새로운 풍미를 만들어낸다. 이렇게 보면, 반드시 강한 화력이 받쳐줘야만 식당에서 먹는 맛을 낼 수 있는 것처럼 보인다. 똑같은 방식으로 가정식 화구에서 요리하면 고기는 먹음직스러운 색이 나기보다는 수분이 흘러나와 쪄질 것이며, 야채들은 아삭하지 않고 물컹거리게 된다.

그렇다면 질문, 집에서도 식당에서 먹는 것 같은 볶음요리를 만들 수 있을까?

당연히 그렇다! 과학 공부를 조금 해보자.

저장된 열 vs 가해지는 열

볶음요리를 이해하려면 저장된 열과 가해지는 열의 차이를 꼭 알아야 한다.

저장된 열은 말 그대로 팬이 간직하고 있는 열을 말하며 측정할 때는 온도계를 사용한다. 어떤 물체의 온도가 몇 도냐고 물어보는 건, 그 물체의 분자 속에 저장된 열의 양을 물어보는 것이다. 물체가 저장할 수 있는 열에너지의 양은 물체마다의 '열용량(물체가 온도에 따라 특정 중량에 저장할 수 있는 에너지 용량)'과 '질량(일반적인 조리도구는 금속으로 만들어진다)'에 따라 다르다. 4페이지를 참고하면 된다.

서양식 요리를 만들 땐 팬에 저장된 에너지가 아주 중요하다. 미리 예열해서 사용하는 서양식 팬은 충분한 양의 에너지를 저장할 수 있어서(품질 좋은 서양식 팬은 두껍고 밀도가 높은 무쇠나 강철로 만들어진다), 큼지막한 스테이크 한 덩어리를 집어 넣어도 온도가 많이 떨어지지 않아 고르게 익힐 수 있다. 4페이지에서 설명한 것처럼, 무거운 서양식 팬을 큼지막한 양동이에 담긴 에너지 덩어리로 비유할 수 있다. 양동이를 채우기는 시간이 걸리지만(예열에 시간이 오래 걸리는 것처럼), 일단 채우고 나면 충분한 에너지를 갖게 되는 것이다. 따라서 요리 재료를 넣어도 큰 변화 없이 온도를 유지할 수 있게 된다.

서양식 팬을 343℃까지 예열해두면, 추가로 가열하지 않아도 스테이크를 올려 충분히 먹음직스러운 색을 만들 수 있다. 아주 뜨겁게 예열해 두었기 때문에 이후로 그다지 에너지가 필요 없는 것이다.

하지만 웍이라면 이야기가 다르다. 웍은 서양식 팬에 비해 두께가 얇고 무게도 가볍다. 일반적으로 ⅓ 정도의 두께를 갖고 있다. 같은 온도라도 저장되는 열의 양이 더 적다는 것이다. 양동이의 크기가 작아서 재료를 넣으면 에너지가 금방 없어져 버린다.

그래서 웍에서 요리할 때는 열을 지속해서 가해야 한다. 예열은 당연하고 요리하는 중에도 계속 강한 불을 사용해서 재료 속으로 에너지를 전달해야 한다.

볶음요리, 웍 vs 서양식 팬(Skillets)

웍과 서양식 팬의 열 전달 방식은 왜 이렇게 차이가 날까? 또 각각 어떤 방식으로 열을 전달할까?

서양식 조리 기구는 음식에 열을 고르게 전달하도록 만들어진다. 팬의 가장자리와 중심이 비슷한 온도여야 한다는 말이다. 서양식 팬은 가운데에 알루미늄이 삽입되어 있어서 요리 시작부터 끝까지 지속적으로 고온을 유지할 수 있다. 우측의 그래프를 통해 가정식 화구 위에 올려진 서양식 팬과 웍의 평균 온도 차이를 알아볼 수 있다.

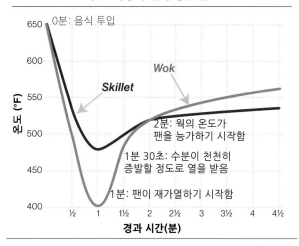

웍 vs 서양식 팬의 평균 온도

0분: 음식 투입

Skillet

Wok

2분: 웍의 온도가 팬을 능가하기 시작함

1분 30초: 수분이 천천히 증발할 정도로 열을 받음

1분: 팬이 재가열하기 시작함

온도 (℉)

경과 시간(분)

세로 축은 343℃(650℉)의 예열 온도를 나타낸다. 팬에 재료를 넣으면, 웍과 서양식 팬 모두 온도가 급격히 떨어지기 시작한다. 열에너지가 재료로 전달되는 것이다. 서양식 팬 온도가 249℃(480℉)로 떨어질 때, 웍은 저장된 에너지가 적어서 204℃(400℉)까지 떨어진다. 서양식 팬은 떨어졌던 온도를 천천히 회복하고, 온도 변화가 천천히, 완만하게, 팬 전체에 걸쳐 고르게 일어난다.

반대로 웍의 경우는 떨어진 온도의 회복이 빠르다. 하지만 떨어졌던 온도 범위가 커서 서양식 팬의 온도를 따라잡기까지 2분 가량이 걸렸다.

'출력이 낮은 화구에서는 웍보다 서양식 팬을 사용하는 게 좋은가?'라고 생각할 수도 있는 지점이다.

흠, 다른 그래프를 보자. 이번에는 화구와 직접 닿는 아래쪽 온도를 살펴볼 것이다. 이번 테스트에서는 재료를 넣고 적당한 색이 날 때까지 볶은 다음 재료를 가장자리로 밀어 놓았다.

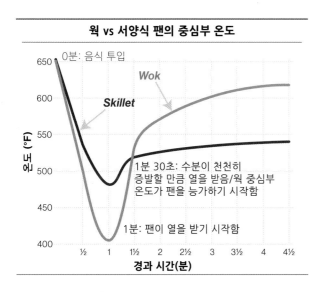

웍 vs 서양식 팬의 중심부 온도

0분: 음식 투입

Wok

Skillet

온도 (°F)

650
600
550
500
450
400

1분 30초: 수분이 천천히
증발할 만큼 열을 받음/웍 중심부
온도가 팬을 능가하기 시작함

1분: 팬이 열을 받기 시작함

½ 1 1½ 2 2½ 3 3½ 4 4½

경과 시간(분)

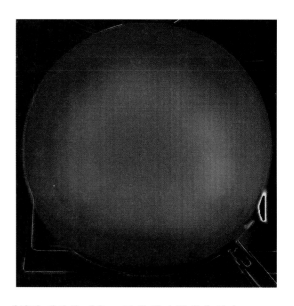

예열된 서양식 팬은 고르게 열이 분배돼 있다.

가장 중요한 부분, 즉 음식에 직접 열을 가하는 웍의 가장 아랫부분에서 서양식 팬에 비해 훨씬 빨리 온도를 회복하는 것을 볼 수 있었다. 서양식 팬은 고른 열 분배를 위해 만들어졌고, 웍은 재빠른 열 반응을 위해 만들어졌기 때문이다.

하나의 웍 안에서도 부위에 따라 온도가 다르게 나타난다. 중앙의 바닥면은 정말 뜨거운 부분이고, 가장자리 쪽은 덜 뜨겁다. 화구에서 나온 불은 웍 가장자리를 따라 위로 솟구치고, 음식 재료는 공중에 띄워지며 뜨거운 증기를 쐬게 되는 것이다. 웍이 움직이며 재료들이 가장자리로 밀려나고 바닥면의 온도가 다시 뜨겁게 올라가, 음식이 떨어지면 다시 지글지글 달굴 준비가 된다.

이 차이를 설명하기 위해서 열화상 카메라로 웍과 서양식 팬의 온도를 알아보았다.

예열된 웍은 바닥면이 아주 뜨겁고, 바깥으로 갈수록 온도가 낮아진다.

가정집 화구에서 효과적으로 볶음요리를 하려면, 한번에 많은 양의 재료를 넣지 않아야 한다. 웍의 바닥면이 계속 뜨거운 온도를 유지해야 하기 때문이다. 정통 중식은 적은 양의 요리를 여러 가지 내어 주는 경우가 흔한데, 음식을 조금씩 요리하다 보니 자연스럽게 나오는 현상이다. 하지만 요리의 가짓수를 줄이고 양을 늘리고 싶다면, **한 번에 조금씩 여러 번으로 나눠 요리하면 된다.**

나는 볶음요리를 할 때 웍이든 서양식 팬이든 고기와 야채를 450g 단위로 나눠서 요리한다(불이 약할 때는 225g으로 나눌 때도 있다). 재료가 색이 나며 익어가기 시작하면, 옆에 있는 접시로 옮겨 놓는다. 한 번의 조리가 끝나면 웍이 다시 달궈질 때까지 기다리고서 다시 시작한다. 마지막으로 양념을 하기 전에 모든 재료를 다시 섞어주면 된다.

뜨거운 웍에 차가운 기름을 부으면, 재료가 안 달라붙을까?

뜨거운 웍에 차가운 기름을 부으면 음식 재료들이 팬에 달라붙지 않을 것이라고 말하는 사람들이 있다. 팬을 아주 뜨겁게 예열한 후, 재료를 넣기 직전에 차가운 기름을 붓는 방식이다.

이게 사실일까? 더 좋은 방법은 없을까?

애초에 팬에 음식이 달라붙는 이유부터 알아볼 필요가 있다. 여러분은 아마도 음식이 팬에 달라붙는 이유가 팬 표면에 미세한 요철들이 있기 때문이고, 기름이 그 틈을 채워줘서 음식이 달라붙지 않는다는 말을 들어봤을 것이다. 사실이 아니다. 고기나 생선의 경우 금속(팬)과 실제로 분자 단위의 결합을 한다. 아주 매끄럽고 요철이 없는 표면이라 할지라도 뜨거운 철에 고기가 달라붙는 것은 당연한 일이다.*

그렇다면 예열이 효과적인 건 아닐까? 사실은, 익지 않은 날것의 단백질만 앞서 말한 결합을 한다. 단백질에 열을 가하면 표면 구조가 변하고 새로운 구조가 만들어진다. 표면 구조가 변한 상태에서는 더 이상 달라붙지 않는다. 그렇다면 우리의 목표는 뜨거운 기름을 이용해 단백질 표면이 금속 표면에 닿기 전에 익게 만들어 팬에 달라붙지 않게 만드는 것이다.

나는 서양식 요리를 할 때, 팬을 예열하기 전에 기름을 넣고 시작한다. 팬이 얼마나 뜨거운지 알아볼 수 있는 부가적 기능도 있기 때문이다. 기름이 149°~204°C로 예열되면 물처럼 흐르며 일렁이기 시작한다. 이때 볶기 시작하면 된다. 음식에 진한 색을 내고 싶다면 204°~260°C까지 예열하면 되는데, 이때는 기름에 따라 다르지만 살짝 연기가 난다. (기름에서 연기가 심하게 나고 불길이 일어나는 게 보인다면, 핸드폰은 그만 보고 이제 그만 요리를 시작하는 게 어떨까?)

그럼 사람들이 말하곤 하는 '뜨거운 팬에 차가운 기름'은 무슨 말일까? 나는 애초부터 말이 안 된다고 생각했다. 뜨거운 팬에 적은 양의 기름을 넣으면, 그 즉시 팬과 같은 온도로 가열되어 처음부터 기름을 넣고 가열한 것과 같은 효과가 난다. 그래서 서양요리를 할 때처럼 기름을 처음부터 넣고 가열하는 방식을 포함해 두 방식을 직접 비교해봤다.

그랬더니, 기름을 처음부터 넣고 가열하는 것과 달궈진 웍에 기름을 넣는 두 가지 경우 모두 음식이 달라붙는 일은 없었지만, 맛에 차이가 있었다. 볶음요리를 할 때는 보통 서양식 팬을 달굴 때보다 높은 온도까지 웍을 달군다. 차가운 웍에 기름을 넣고 가열하면, 요리를 할 만큼 웍이 가열됐을 즈음에는 기름이 이미 분해되기 시작해서 활성산소와 아크롤레인이 생성되어 볶음요리에 탄맛과 매캐한 맛이 나게 된다.

그래서 이번 실험의 결론. 명제는 맞지만, 이유는 틀렸다. †

---

* 논스틱 코팅된 웍은 다른 물질과 반응하지 않는 매끄러운 표면으로 설계되어 차가운 상태로 요리를 시작해도 이러한 유형의 분자 단위의 결합이 이뤄지지 않는다. 단점이라면 표면 코팅의 온도가 일정 이상 올라가지 않기 때문에 고기를 짙은 색이 나도록 굽기 어렵다는 것과 내구성이 약해 볶음요리 과정 중에 흔히 하는 국자로 표면을 긁는 등의 행동을 하기 어렵다는 것이다.

† 쓰촨 출신의 요리사인 Wang Gang이나 구이저우에 사는 Stephanie Li와 Christopher Thomas 커플의 유튜브 영상을 본 적이 있다면, 롱야우(longyau)라는 개념을 들어봤을 것이다. 전문 요리사들이 웍으로 요리하기 전에 사용하는 테크닉인데, 실제 사용할 양보다 훨씬 많은 양의 기름을 웍에 넣고, 이리저리 움직여 기름으로 웍을 코팅한 뒤에 여분의 기름을 덜어내는 기술이다. 이 테크닉을 연습하려면, 기름이 가득 찬 팬과 여분의 기름을 떠낼 국자가 필요하다. 볶음요리를 자주 하는 사람이라면 롱야우를 위한 기름을 담아둘 용기를 구비해두면 편리할 것이다.

연기가 보내는 신호:
웍이 얼마나 뜨거운지 알아보는 방법

그런데 잠깐, 기름을 예열하는 중에 웍이 얼마나 뜨거운지 눈으로 알아보려면 어떻게 해야 할까? 생각보다 간단하다. 웍이 알아서 해줄 것이기 때문이다. 잘 관리된 무쇠나 탄소강 팬은 겉 표면에 얇은 기름막이 형성되어 있을 것이다. 그래서 기름을 넣지 않아도, 볶음요리를 할 정도의 온도가 되면 연기가 살짝 나기 시작한다. 그래도 나는 혹시나 하는 마음에, 웍을 예열하기 전에 키친타월에 기름을 살짝 묻혀 웍 표면을 문지른다. 워낙 적은 양을 묻히기 때문에 탄 기름이 요리에 나쁜 영향을 주지 않으면서도 온도를 알아보기엔 충분할 것이다. 연기가 나기 시작하면 나머지 기름을 넣고 곧바로 재료를 투입한다. 그러면 웍의 온도가 낮아져서 기름이 타지 않는다.

나는 탄소강으로 만들어진 웍을 추천한다(5~6페이지 참고). 스테인리스강이나 알루미늄 등 기름 코팅이 되지 않은 팬들을 사용하고 있다면 연기가 올라오지 않는데, 이럴 때는 라이덴프로스트 효과를 이용하면 된다. 이 효과는 멋진 머리스타일만큼 멋진 발견을 해낸 18세기 독일 출신의 과학자 Johann Gottlob Leidenfrost의 이름을 따 붙였다. 끓는 점보다 훨씬 뜨거운 표면에 액체 한 방울을 떨어트리면 생기는 현상을 말하며, 액체가 급격히 끓으면서 마치 호버-크래프트처럼 표면과 액체 사이에 수증기가 만들어낸 완충막이 생겨 액체가 표면에서 붕 뜨게 된다. 과학 선생님이 액체 질소를 책상에 쏟는 걸 본 적이 있다면, 액체 질소가 마찰 없이 퍼진다는 것을 알 것이다.

또, 뜨거운 팬 표면에 물을 살짝 부으면 볼 수 있는 현상이기도 하다. 175℃ 이하의 표면에서는 물을 떨어트려도 곧바로 끓으며 증발해 버릴 것이다. 하지만 그 이상이라면, 라이덴프로스트 효과로 인해 물이 아무 마찰 없이 팬 위에서 춤추며 움직이는 것을 볼 수 있다. 물방울과 팬 사이의 증기 층 때문에 팬의 열에너지가 물방울로 전달되는 것이 지연되어, 증발하는 데 걸리는 시간이 더 오래 걸리는 것이다. 그래서 이 방식은 온도계나 기름 없이도 팬의 온도를 알아볼 수 있는 좋은 방법이다. 물방울이 표면에서 춤 출 정도로 뜨거운 팬이라면 볶음요리를 하기에 충분하다.

요리할 때 연기가 너무 많이 나는 것 같다고? 안타깝게도 연기와 볶음요리는(혹은 고기 시어링도) 떼려야 뗄 수 없는 관계이다. 좋은 환풍 시설이 없다면 여러분이 할 수 있는 건 두 가지가 있다. 첫째, 선풍기를 창문 방향으로 틀어 놓고 연기를 밖으로 날려 보낸다. 둘째, 화재 경보기*에 샤워캡을 씌운다(요리가 끝난 후에는 반드시 다시 벗긴나). 언제나 가장 좋은 방법은 날씨가 좋은 날에 야외에서 요리하는 거지만.

야외에서 볶음요리하기

일반적인 숯불 그릴이나 프로판가스로 작동하는 웍 전용 화구들은 웬만한 가정용 화구보다 좋은 출력을 낸다. 가장 저렴하게 임시 화구를 만들고 싶다면 침니 스타터(숯 점화통)를 사용하는 방법이 있다. 간단하다. 침니 스타터에 숯을 가득 채우고 불을 붙인다. 숯에 불이 붙어서 겉 표면에 회색 재가 생기기 시작하면, 그 위에 웍을 올려 놓고 요리를 시작하면 된다.

---

* 책 *Liquid Intelligence*의 저자이자 블로그 *Cooking Issues*의 운영자인 Dave Arnold는 '요리 감지기'라고 부른다.

여기서 주의해야 할 몇 가지 어려움이 있다. 첫 번째는 안전성이다. 음식으로 가득 찬 냄비가 높은 화구에 놓이는 것은 위험할 수 있는 일이다. 실수로 화구를 넘어뜨릴 경우를 대비하여 화구 주변에 충분한 공간을 확보하자. 두 번째는 요리하는 동안 웍이 화구의 공기 흐름을 방해하여 석탄의 연소가 멈추는 것이다. 웍을 올리기 전에 숯이 뜨겁게 타오르는지 확인하고, 요리 중에는 웍을 가끔씩 들어 올려서 산소를 공급하자. 웍으로 요리하지 않을 때는 화구에서 치우는 게 좋다. 또는 석탄에 불이 붙은 후에, 숯은 버리고 화구를 뒤집은 다음 긴 집게를 사용해 통풍구 부분에 석탄을 두어 조리할 수도 있다. 화구의 정상적인 사용 중에 연료를 공급하는 통풍구는 환기하기 충분한 정도여야 한다.

표준 웨버 케틀 그릴(Weber cattle grill)에 사용할 수 있는, 중앙에 구멍이 뚫려 웍을 고정할 수 있도록 설계된 그릴이 있다. 사용성이 좋지만, 화력 조절이 어렵고 손이 너무 뜨거워져서 보호장비가 필요하다.

좀 더 전문적인 장비를 갖추고 싶으면 레스토랑 등급의 웍 버너에 투자하는 것도 좋다. 내가 가장 좋아하는 제품은 *Outdoorstirfry*에서 찾아볼 수 있다. 이 제품은 20psi 조절기가 장착된 일반적인 가스통에 연결되며, 시간당 최대 160k BTU의 열 출력을 낼 수 있다. *Eastman Outdoor*에서 만든 Kahuna 버너는 조금 더 저렴하며 시간당 65,000 BTU라는 충분한 화력을 뿜어낸다.

야외에서 조리하기 전에

레스토랑급의 웍 버너로 요리를 시작하기 전에 몇 가지 참고사항이 있다. 뜨겁고 빠르고 격렬한 전투이므로 안전한 요리 방법은 아니기 때문이다(여러분이 굳이 어렵게 시작하지 않았으면 한다).

- 충분한 여유 공간이 있는지 확인하라
  주위가 매우 뜨거워질 수 있다. 화구에서 60cm 떨어진 곳에 있어도 꽃이 시들 수 있고, 나무에 불이 붙을 수 있다. 시작 전에 확인하자.

- 깨끗하고 마른 행주 혹은 내열장갑을 한 뭉치 준비하라
  웍을 사용할 때는 손을 보호해야 한다. 나는 웍을 흔드는 손과 주걱을 쥔 손 모두에 마른 행주(젖은 수건은 수증기 때문에 화상을 입을 가능성이 있음)를 사용한다. 무거운 웍을 사용한다면 마지막에 음식을 꺼낼 때 두 손으로 들어야 하는데, 웍을 기울이는 동안 주걱으로 음식을 긁어 줄 사람이 근처에 있으면 좋다.

- 웍을 내려놓을 수 있는 내열 공간을 근처에 두어라

  요리 중에 웍이 너무 뜨거워질 때가 있다. 이때 잠시 내려둘 수 있는 안전한 장소가 필요하다. 나는 아연으로 도금된 작은 강철통 위에 웍을 내려놓는다(이 통은 다 쓴 재를 버리기 전에 잠시 보관해두는 통이다). 또한 쌓인 설거지감을 두고 웍을 내려두어 세척할 수 있는 좋은 장소이기도 하다(부드러운 수세미를 긴 집게로 잡고 물과 함께 닦아낸다).

- 업소용 웍 버너를 사용한다면 웍을 올려놓는 지지대의 방향이 올바른지 확인하라

  이 지지대는 보통 세 면은 열려 있고 나머지 한 면에는 열 차단막이 있다. 냄비의 다른 세 면을 핥는 화염으로부터 손과 몸을 보호하기 위해 열 차단막이 사용자를 향해야 한다.

- 친구를 초대하라

  정성 들인 좋은 볶음요리를 허비하는 것보다 슬픈 일은 없다. 다시 데워진 볶음요리보다 더 슬픈 것은 없다는 말이다.

Wok Hei(웍의 숨결)

Q Wok Hei, '웍의 숨결'이라는 것을 들었다. 그게 무엇인가?

A 유년 시절, 아버지는 우리를 데리고 소고기 차우펀을 먹으러 *Sun Lok Kee*라는 광둥식 레스토랑에 가시곤 했다. 그곳은 우리가 차이나타운에서 가장 좋아하는 식당이었다(2002년, 유년 시절에 좋아했던 식당들이 많이들 불타 없어졌다). 국물 없이 볶은 차우펀의 믿을 수 없을 만큼 부드러운 소고기와 쫄깃한 쌀국수가 일품이었지만, 진짜 특별했던 건 아버지가 언급하셨던 '멋진 연기가 자욱한 맛'이었다.

아버지가 말한 그 맛은, 후에 Grace Young이 자신의 책 *The Wisdom of the Chinese Kitchen*에서 사용하기 시작한 *Wok Hei*였다. 직역하면 '웍 에너지' 또는 '웍 아로마'. 어떤 사람들은 이걸 극도로 높은 온도로 볶은 요리가 얻는 독특한

연기라고 정의하지만, 그건 결코 합의된 정의가 아니다.

Grace Young은 Wok Hei를 '웍이 볶음밥에 에너지를 불어넣어 음식에 독특한 농축된 맛과 향을 줄 때'라고 설명한다. 또 *The Chinese Kitchen*에서 Eileen Yin-Fei Lo는 '적당한 온도의 불이 웍 주위에 둥글게 말려서 음식이 최적의 맛을 내도록 정확하게 요리할 때'라고 말했다.

광둥 요리사가 차우펀을 요리하는 모습을 보면 실제로 '웍의 숨결'을 확인할 수 있다. 웍 뒤의 뜨거운 영역으로 음식이 던져지면, 에어로졸된 작은 기름방울들이 점화하며 폭발한다. 넉넉하게 큰 화구에서 웍질을 하다 보면, 그 불꽃이 웍으로 뛰어들어 내부 표면을 가로지르며 춤을 춘다. 그렇게 불에 탄 기름이 음식 위에 작고 그을린 침전물을 남긴다. 나는 이 침전물의 풍미(붉게 타오르는 석탄 위로 햄버거에서 지방이 뚝뚝 떨어지는 모습이 떠오르는 풍미)가 Wok Hei를 설명하는 말이라고 생각한다.

Q 좋은 중국 음식에는 Wok Hei가 필요한가?

A 내 친구 Steph Li와 Chris Thomas는 유명한 유튜브 채널인 *Chinese Cooking Demystified*를 운영하는 커플이다. 그들은 Wok Hei를 두고 "레스토랑에서 먹는 뜨거운 볶음요리의 첫 입, 레스토랑의 기름맛, 레스토랑에서 낼 수 있는 조금 더 깊은 음식의 색, 레스토랑의 강한 간을 포함한다."고 말한다. 또한 "중국이 아닌 나라의 가정요리사들이 Wok Hei에 집착하는 모습들은 언제나 나를 당황스럽게 만든다."고 덧붙였다. 사실 최근까지도 Wok Hei의 개념은 중국 남동부의 광둥 지역에서 주로 사용됐고, 다른 지역까지는 널리 알려지지 않았다. 모든 중국 가정식은 Wok Hei 없이도 잘 어우러진다.

이런 사실들을 마주하니 내가 가진 '좋은 중국 음식'이라는 인식의 카테고리 안에서 Wok Hei가 어째서 그렇게 큰 역할을 하고 있는 것인지 다시 생각하게 되었다. 나는 이 모든 것이 미국인들이 주로 레스토랑, 특히 광둥식 레스토랑을 통해 중국 음식을 경험한다는 사실에서 온다고 믿는다. 미국에서 주로 먹는 중국 음식은 광둥식이 가장 오래된 역사를 갖고 있다. Andrew Smith의 *Eating History: 30 Turning Points* *in the Making of American Cuisine*에 따르면, 1850년까지 샌프란시스코에 5개의 중국 식당이 있었고, 골드 러시 기간에 이주한 광둥 이민자들이 운영했다고 한다.

Wok Hei는 내가 아끼고 추구하는 맛이지만, 모든 훌륭한 웍 요리에 필수적인 것은 아니다. 그것이 바로 이 책의 레시피에 반영되어 있다: 많은 요리에 Wok Hei가 필요하지 않으며, 필요한 경우조차 배제되어도 맛있다. 반가운 소식이다. 완전한 초보자라도, 여러분이 만드는 차우펀은 맛있을 것이고, 거기서부터 더 많은 것을 얻을 수 있을 것이다.

Q 그래서 어떤 맛이고 어떻게 만들어지는가? 레스토랑에서 요리하는 건 뭐가 그렇게 다른가?

A 어떤 사람은 좋은 Wok Hei가 빠른 마이야르 반응과 캐러멜화 반응에서 나온다고 말한다. 그게 사실이라면, 음식의 색을 내기에 더 적합한 무거운 서양식 프라이팬으로 요리할 때 더 많은 Wok Hei를 만들 수 있어야 한다. 이를 시험하기 위해서 나는 세 가지 다른 방법으로 국수와 소고기, 야채를 볶아 블라인드 맛 테스트를 진행했다.

→ 첫 번째는 서양식 프라이팬으로 요리했다.

→ 두 번째는 논스틱 웍에서 음식을 부드럽게 저으며 볶았다.

→ 세 번째는 잘 길들인 탄소강 웍에서 요리했고, 더 강하게 저으며 재료를 볶았다.

예상대로 완성된 세 가지 볶음 중에서 서양식 프라이팬에서 조리한 것이 마이야르 반응과 캐러멜화 반응이 가장 잘 나타났다. 하지만 서양식 프라이팬에서 요리된 볶음과 논스틱 웍에서 부드럽게 던져진 볶음 두 가지 모두에서 뭐라 말할 만한 Wok Hei는 없었다. 화염에 직접 노출되고 격렬한 뒤적임과 함께 조리된 세 번째 볶음만이 그럴 만한 맛으로 나타났다. 그 후에 논스틱 웍과 탄소강 웍으로 테스트를 다시 진행했고, 이번에는 두 웍 모두 강하게 뒤척이며 화구의 불꽃이 음식으로 튀어 오르도록 했다.

이번 테스트에서는 논스틱 웍도 소량의 Wok Hei를 달성하긴 했지만, 탄소강 웍 수준에는 미치지 못했다.

테스트 결과 화구의 불꽃이 웍으로 빠르게 튀어 들어가도록 하는 기술과 웍 자체의 소재가 Wok Hei에 중요한 역할을 하는 것으로 나타났다.

Q Wok Hei와 관련된 다른 요소들이 있나?

A 쓰촨에 기반을 둔 요리사 Wang Gang은 자신의 유튜브 채널에서 음식에 직접 간장을 넣는 것보다 웍 둘레에 추가하는 것이 중요하다고 강조한다. Grace Young이 2010년에 집필한 책 *Stir-Frying to the Sky's Edge*에서도 같은 말이 나온다. 이 책에서는 웍 중앙에 소스를 넣으면 웍 중앙의 온도가 낮아져서 고기와 야채가 지글지글하지 않고 김을 내뿜으며 쪄진다고 한다. 분명한 사실이지만, 여기에 뭔가 다른 게 더 있다.

웍의 둘레에 간장을 뿌리면, 그 즉시 지글지글 소리를 내며 탄다. 이런 현상은 내가 멕시코의 유카탄에서 이제는 고인이 된 David Sterling 요리사의 집을 방문했을 때 배운 멕시코 요리 기술을 떠오르게 한다. 그도 신선한 소스를 예열된 팬에 부어서 소스가 곧바로 달궈지게 했다. 그러자 소스는 김이 나고 터지며 더욱 풍부한 색감과 훈연의 풍미를 갖게 됐다. 이렇게 그슬린 소스의 개념도 Wok Hei 맛의 한 가지 요인이 될 수 있을까?

이걸 시험해보기 위해서 조리방법을 조금 달리한 로메인 두 접시를 만들었다(만든 음식은 내가 다 먹어버렸지만). 첫 번째는 2테이블스푼의 간장을 웍의 둘레에 뿌리고, 동시에 2테이블스푼의 물을 웍의 중앙에 뿌리는 것으로 마무리했다. 두 번째는 물을 웍의 둘레에, 간장을 웍의 중앙에 뿌려 조리했다(테스트에 간장과 물을 사용한 것은 같은 위치에 다른 종류의 액체를 사용해 두 요리에 동일한 냉각 효과를 주기 위함이다. 하지만 하나의 요리만이 그슬린 간장의 풍미가 났다). 그 차이는 극명했다. 중앙에 간장을 넣은 요리의 면에는 생간장의 맛이 남았고, 가장자리에 간장을 뿌린 요리에는 구운 고기를 연상시키는 스모키한 풍미가 있었다.

이것이 진정한 Wok Hei의 맛을 여는 마지막 열쇠였고, 나의 소고기 차우펀은 그 어느 때보다 맛있었다.

Q 솔직하게 말해 주면 좋겠다. 그래서 Wok Hei는 어떻게 만들어지는가?

A 나는 테스트를 통해 세 가지 요소로 범위를 좁혔다.

❶ 고열로 조리해 얻을 수 있는 강한 풍미. 특히 잘 길들여진 웍의 기름막을 통해 전달되는 풍미. 그리고 요리 과정 중에 생기는 증기 속으로 끊임없이 그 음식을 던지는 행동이 만들어내는 빠른 요리(32페이지 '음식이 공중에 떠 있는 동안 어떤 일이 일어날까?' 참고).

❷ 불꽃이 웍의 뒷면을 훑고 음식으로 들어가면서 발생하는 에어로졸화된 지방의 연소.

❸ 볶음요리의 마지막 단계에서 웍의 가장자리에 첨가하는 간장 및 기타 액체 소스의 시어링.

Q 그런데 강력한 화구가 없다면 Wok Hei를 만드는 건 불가능한 것 같다. 다른 방법은 없나?

A 나도 오랜 기간 Wok Hei를 만들려면 강력한 가스 버너와 많은 연습만이 전부라고 생각했다. 하지만 합리적인 해결책을 찾았다! 불길로 음식을 가져갈 수 없다면 프로판이나 토치를 사용해 음식으로 불길을 가져오는 것이다(45페이지 '최고의 쿠킹 토치는 무엇일까?' 참고). 캠핑 스타일의 연료탱크(프로판)와 음식을 직접 불태우는 납땜 헤드(토치)는 여러분이 음식을 뒤적이고 젓는 순간에 기화된 기름의 풍미를 더해준다. 여러분이 토치를 사용할 때는 음식이 바로 타지 않도록 먼 거리이면서도, 음식이 던져질 때 날아오르는 작은 기름방울들에 불이 붙어 '탁탁' 소리를 내며 터질 정도의 가까운 거리를 찾아야 한다. 내가 가진 Iwatani Pro 토치는 10cm에서 15cm 정도가 적당하다.

한 손으로 웍 속의 음식을 던지면서 다른 손으로 토치를 사용하기는 어려울 수 있다. 친구의 도움을 받는 것도 좋은 방법이고, 마지막 단계(소스와 고명을 추가하기 전)에서 웍으로 볶은 음식을 겹치지 않게 쟁반에 펼친 뒤 토치로 몇 번 그슬려주는 것도 효과적이다.

전기 버너만 있다고?
그래도 볶을 수 있다!

전기식이나 인덕션으로도 가능하냐는 질문을 굉장히 많이 받는다. 좋은 소식은 확실히 가능하다는 것. 다만, 가스 버너로 하는 것보다 어렵다는 건 확실하다.

전기 버너로 볶는 건 왜 어려울까? 두 가지 이유가 있다.

첫째, 전기 버너는 가스 버너처럼 즉각 반응하지 않는다. 여러분은 음식을 볶을 때, 센 불에서 약한 불로 바꾸거나 심지어는 불을 끄기도 할 것이다. 가스 버너에서는 쉽게 조작할 수 있는 행위다. 더 많은 가스나 적은 가스의 즉각적인 공급은 순간적으로 더 높거나 낮은 열이라는 결과를 만든다. 반면에 전기 버너는 가열 및 냉각에 오랜 시간이 걸린다(인덕션은 전기 버너보다는 반응성이 높지만 가스 버너만큼은 아니다). 이에 대한 해결 방법은 조리 전에 화구와 웍이 잘 예열되었는지 확인하는 것과 빈 화구 하나를 약한 열로 예열해 두어서 조리 중 웍을 옮기는 것으로 열 조절이 가능하도록 만드는 것이다.

둘째, 아주 중요한 부분인데 전기 버너와 인덕션은 화구에 직접 접촉하는 팬의 일부만을 가열한다는 것이다. 즉, 바닥이 평평한 웍은 웍의 평평한 부분만 가열된다. 이 부분이 볶음요리를 할 때 열이 집중되길 바라는 부분이긴 하지만, 가스 불길은 웍의 측면으로도 그 에너지의 일부를 퍼뜨린다는 차이가 있다. 이건 Wok Hei를 만들기 위해 중요한 부분이다. 왜냐하면 가장자리의 열은 (a) 웍의 가장자리에 소스를 첨가할 때 맛을 내도록 하고 (b) 웍의 뒷면을 따라 뜨거운 공기와 증기의 기둥을 형성하여 조리 시간을 단축하며 지방의 그슬음을 촉진하기 때문이다.

이 이상의 큰 해결 방법은 없지만, 토치를 사용하는 것과 더불어서 상대적으로 바닥이 평평한 면적이 넓은 웍을 사용하는 것이 Wok Hei를 얻는 데 도움이 될 것이다(42페이지와 44페이지 참고).

이 문제를 해결하는 가장 쉬운 방법이 있다. 부탄가스로 작동하는 휴대용 가스 버너를 사는 것이다. Iwatani ZA-

3HP 휴대용 부탄가스 버너는 일반 가정용 버너보다 더 강력한 시간당 15k BTU의 인상적인 성능을 발휘한다.

볶음요리를 위한 최고의 기름

어려운 길로 걷는 걸 좋아한다면, 볶음에 적합한 기름을 찾는 것도 매우 어려운 일이다. 광둥 요리에서는 땅콩기름을, 쓰촨 요리에서는 구운 유채씨유(카이지유)를 선호한다. 구운 유채씨유(18페이지 참고)는 미국에서 흔히 볼 수 있는 순한 카놀라유와는 다른 호박색과 톡 쏘는 향을 지녔다. 일본에서는 참기름으로만 튀기거나 라드만으로 볶음을 만드는 몇 백 년 된 가게들도 있다.

나는 집에서 볶고 튀기는 음식을 할 때 거의 쌀겨유, 땅콩유, 콩유를 사용하는데, 사실상 내열성, 중성향의 기름은 대부분의 레시피에 활용할 수 있다.

볶은 음식을 위한 기름을 고를 때 유의해야 할 두 가지 중요한 요소가 있다: 바로 연기가 나는 시점인 발연점과 지방의 함량이다.

요리용 지방은 동물이나 식물에게서 채유할 수 있지만, 우리가 일반적으로 기름이라 부르는, 실온에서 액체 상태인 지방을 지칭할 때는 거의 대부분이 식물성 지방이다. 버진류 기름은 견과류, 씨앗, 또는 다른 식물을 으깨고 누르는 아주 최소한의 처리를 통해 추출되며, 이것이 유일한 방법이다. 버진 올리브유는 단백질, 효소, 미네랄, 그리고 맛을 더하는 다른 작은 물질들로 가득 차 있는데, 이 때문에 중간 정도의 높은 열로 요리하기에는 적합하지 않다. 버진 올리브유가 가진 요소들이 열에 의해 쉽게 변형되기 때문이며 한때 놀랍도록 밝고 풀이 무성했던 올리브유를 단지 매콤하고 쌉쌀한 맛이 나게 바꾸기 때문이다.

반면에 정제된 기름은 이러한 오염물질을 제거하기 위해 더 여과되고, 정제되고 처리된다. 이 과정이 기름을 더 오랫동안 보관 가능하게 하고, 더 높은 온도에서 연기가 나도록 하며, 더 중립적인 맛을 내도록 한다. 태우듯이 볶는 고

최고의 쿠킹 토치는 무엇일까?

가정용 쿠킹 토치는 라이터보다 아주 조금 더 강한, 작고 깜찍한 물건이다. 이게 뭐야? 개미들을 위한 쿠킹 토치인가?

그것 말고 다용도 토치를 사용하자. 많은 사람이 부탄보다는 프로판을 추천하는데, 나 역시 프로판이 부탄보다 더 뜨거운 열을 낸다고 생각해왔다. 사실은 거의 똑같은 온도에서 연소한다(프로판은 1,995℃, 부탄은 1,970℃). 차이가 있다면 부탄가스의 캔과 토치의 헤드가 용량이 낮아서 한 번에 연소되는 연료가 적어 프로판에 비해 같은 시간 동안 발생시키는 열이 적다는 점이다. 그렇긴 해도, 대부분의 가정 요리에는 부탄이면 충분하며, 부탄가스 캔과 부대용품의 형태 및 가격이 엄청난 강점이라고 생각한다.

평상시 가볍게 사용할 수 있는 Iwatani Pro 토치 헤드를 추천한다. 온라인에서 약 40달러에 살 수 있는데 대부분의 아시안 슈퍼마켓이나 캠핑용품 가게에서 판매하는 표준 부탄가스 캔에 사용할 수 있다. 혹시 집에 프로판가스 캔을 가지고 있는 상태라면 방아쇠처럼 사용이 가능한 높은 출력의 Bernzomatic TS4000 헤드를 추천한다.

온 요리에 필요한 것이 바로 이 정제된 기름이다.

사용하는 기름의 포화지방과 불포화지방의 비율도 요리에 영향을 미칠 수 있다. 중학교 생물 과목에서 배우는 내용인데 간단히 설명하자면, 지방은 한 분자의 글리세롤에 세 개의 지방산이 결합된 화학물질이며, 알파벳 E와 비슷하지만 옆으로 길게 늘어진 형태이다. 이 지방산은 탄소 원자의 긴 사슬로 구성되어 있고, 각각의 탄소 원자는 두 개의 수소 원자와 결합할 수 있다. 포화지방은 사슬의 모든 탄소 원자가 두 개의 수소 원자를 가지고 있는 형태를 말하며(즉, 수소 원자로 인해 포화 상태), 이때 E의 가로로 긴 부분이 곧고 뻣뻣하게 이어진다. 불포화지방은 두 개 이상의 탄소 원자가 수소 원자와 결합하지 않아 E의 가로로 긴 부분이 꼬이고 구부러진 형태이다.

이게 바로 포화도가 높은 지방이 불포화지방보다 더 단단한 경향이 있는 이유로, 직선형 지방분자들이 꼬불꼬불한 지방분자들보다 함께 묶이고 포개어지기 쉽기 때문이다.

지방의 포화도는 튀김이나 튀기듯이 조리한 음식의 바삭한 정도와도 밀접한 관련이 있다. 기름의 포화지방 함량이 높을수록 바삭해진다.

다음은 일반적인 식용유와 그 발연점, 그리고 포화지방 함량을 보여주는 표이다.

볶음요리를 할 때 최고의 기름이라면 최저 205℃ 정도의 발연점을 갖고, 비교적 포화지방의 함량이 높은 기름이다. 정제된 버터와 우지가 그 조건에 알맞지만 비쌀뿐더러 구하기도 어렵다(식물성 기름이 아니어서 활용도에도 한계가 있다).

이제 쌀겨유와 땅콩유가 차선책이 되는데, 이게 내가 집에서 볶거나 튀기는 요리를 할 때 사용하는 기름이다. 유일한 문제점이라면 조금 비싸다. 그 다음의 선택지로는 콩유가 있는데, 구하기도 쉽고 저렴하다. 대부분의 '식물성 기름'은 콩과 옥수수를 이용하고 있고, 따라서 볶음요리와 튀김요리에 사용하기에 아주 적합하다.

기름의 종류	발연점	포화지방 함량
홍화유	265℃	6%
쌀겨유	260℃	20%
옥수수유	230℃	13%
콩유	230℃	15%
정제 버터	230℃	60%
땅콩유	230℃)	18%
해바라기유	225℃	11%
카놀라유	205℃	7%
우지(소기름)	205℃	52%
포도씨유	195℃	10%
닭기름	190℃	31%
라드(돼지기름)	185℃	41%
베지터블 쇼트닝	180℃	23%
참기름	175–210℃	15%
버터	175℃	65%
코코넛유	175℃	92%
엑스트라 버진 올리브유	165–190℃	14%

볶음요리용 고기&야채 썰기

볶음요리에 사용되는 고기와 야채를 썰어야 하는 세 가지 이유가 있다.

- **첫째**, 일반적으로 볶음요리를 먹을 때는 젓가락을 사용한다. 음식을 자르기 위한 칼 없이 먹을 수 있도록 한입 크기로 제공되어야 한다.

- **둘째**, 고기와 야채를 조각으로 자르면 더 빠르고 고른 요리가 가능하다.

- **마지막으로**, 깍둑썰기 혹은 채를 써는 것은 고기와 야채의 단위부피당 표면적의 비율을 높여 양념장과 소스가 더 잘 스며들게 한다. 요리를 완성했을 때 한층 깊은 풍미가 생긴다.

요리마다 다르겠지만 고기를 가느다란 조각으로 썰거나, 작은 덩이로 깍둑 썰거나, 얇게 채를 썰거나, 심지어는 갈아서 사용할 수 있다. 후자는 고기 분쇄기*로 하고, 전자의 세 가지는 손으로 한다. 이 장의 각 섹션에서 단백질을 자르는 다양한 방법을 알아볼 테지만, 기본은 모두 동일하다: 아주 날카로운 칼, 미끄러지지 않도록 핏기를 닦은 고기(차갑고 단단해야 한다)를 준비하는 것이다. 고기를 약 15분 동안 냉동실에 두면 단단해져서 쉽게 썰 수 있다.

볶음요리 양념(마리네이드) 101

대부분 고기를 양념장에 재우는 행위는 맛을 더하기 위한 것이라고 생각한다. 하지만 여러분의 생각과는 반대로, 고기를 버무리고 장시간 재워 둔다고 그렇게 깊숙이 배지는 않는다(48페이지 '고기 기차에 자리가 없다!'와 '양념장은 얼마나 깊게 밸까?' 참고). 또한 향이 강한 재료들(마늘, 생강 또는 향신료)로 가득한 양념장을 사용한다면 고기에 조금의 풍미를 더할 수는 있겠지만, 그냥 그 양념 재료를 요리를 할 때 또는 소스에 직접 추가하는 게 풍미를 더하는 더 효과적인 방법이다.

양념장의 주된 목적은 식감을 향상하는 것이며 볶음에 사용되는 양념장도 그렇다. 대부분의 재료 또한 이를 위함이다. 다음은 양념장에 사용되는 재료들의 기본 설명이다.

일반적으로 쓰이는 양념장 재료

- **소금**. 추수감사절, 칠면조를 간할 때 소금물을 사용한다. 소금은 조리 중에도 고기가 수분을 유지하게 하고 동시에 근단백질(주로 protein myosin)을 분해하여 연육 작용을 돕는다. 또한 특정 미각 수용기로의 이온채널을 활성화시켜서 음식 고유의 맛을 향상시키고 뇌에 더 다양한 자극을 준다. 소금에 절인 닭고기는 단지 짜기만 한 것이 아니라 *더 닭고기다운* 맛을 낸다.

- **짜고 향이 있는 액체**. 아마도 간장이나 피시 소스의 유형일 것이다. 이 둘은 모두 염도가 높고(우리는 이미 염도가 어떻게 도움이 되는지 알고 있다), 감칠맛을 만들어내는 화합물인 글루탐산염과 이노신산염이 풍부하다.

- **설탕**. 설탕은 볶음요리에서 짠맛, 매운맛, 신맛의 균형을 잡는 데 도움을 준다. 또한 구운 고기나 겉을 그슬린 고기에 어두운 색과 복합적인 맛을 입히는 갈변 반응인 마이야르 반응이 일어나도록 돕는다.

- **기름**. 기름은 향신료나 고추가 들어간 양념장에 자주 첨가된다. 향신료는 지용성 향미 화합물을 갖고 있고, 기름은 그 풍미를 고기 표면에 고르게 퍼지도록 돕는다. 또한 고기를 웍에서 볶을 때 고기가 조각으로 분리되는 것을 돕기도 한다.

- **옥수수 전분**. 양념장에서 옥수수 전분의 역할은 두 가지다. 첫째, 고기에 가볍게 전분가루를 입혀 근섬유가 웍의 뜨거운 표면과 직접 접촉하는 것을 방지하여, 고기 표면이 지나치게 익거나 질겨지는 것을 막아준다. 더 중요한 둘째, 옥수수 전분에는 흡수력이 있다. 가볍게 입힌 전분

---

* 그렇다. 전통적으로 볶음용 간 고기는 큰 중식도나 셰프나이프를 사용해 손으로 다진다. 이 과정이 더 다양한 식감의 간 고기를 만들어내며, 다진 고기가 주재료인 요리에 사용하면 좋다. 엄청난 대접을 하고 싶은 게 아니라면, 그냥 슈퍼마켓에서 파는 간 고기를 사용하자.

고기 기차에 자리가 없다!

큰 유기 분자는 그 크기 때문에 고기에 많이 배어들 수 없다. 하지만 소금과 향신료 등을 포함한 '양념장'에는 다른 양념 재료를 배제하면서도 소금기가 고기에 스며들게 만드는 염석 효과가 있다.

고기를 기차로 생각해보자. 세포는 각각의 차량, 양념장은 플랫폼이다. 플랫폼에는 다양한 모양과 크기의 분자들이 기다리고 있다. 작고 재빠르게 움직이는 소금 분자와 크고 느릿느릿하게 움직이는 향기 분자가 있다. 기차가 역에 들어서면, 작은 소금 분자들은 다른 것들을 팔꿈치로 밀어내며 차량을 가득 채운다(출퇴근 시간의 뉴욕 지하철을 타봤다면 어떤 느낌인지 알 거다). 그렇게 큰 분자들은 (너무 커서) 문을 통과하고 싶어도 탈 수 없는 경우가 많아진다. 이 기차는 다른 재료가 아주 조금 섞인, 소금으로 가득 찬 차량이 된다.

양념장에 고깃덩이를 담그면, 큰 분자들 중 극히 일부만이 어떻게든 몸을 욱여 넣어 출입구를 통과한다.

양념장은 얼마나 깊이 밸까?

대부분의 양념장은 고기에 특별히 깊게 배어들지 않는다. 직접 테스트하는 쉬운 방법이 있다.

재료

모양과 크기가 비슷한 닭가슴살 반쪽 2개
(하나의 가슴살을 반으로 나눈 것을 추천)

간장 ½컵
중간 크기의 마늘 4쪽(다진 것)

방법

닭가슴살 한 쪽을 간장 ¼컵과 마늘 2쪽(다진 것)과 함께 지퍼백에 넣는다. 공기를 최대한 뺀 다음, 지퍼백을 약간 비벼서 간장이 닭고기를 완전히 덮도록 만들고 밀봉한다. 그리고 밤새 냉장고에 넣어 둔다.

다음 날, 두 번째 닭가슴살 반쪽을 남은 ¼컵 간장과 남은 마늘 2쪽(다진 것)을 지퍼백에 담고, 공기를 뺀 다음 밀봉한다. 이때도 역시 닭고기가 간장으로 잘 덮이도록 한다. 지퍼백을 냉장고에 넣고 30분에서 1시간 동안 둔다.

모든 닭가슴살을 지퍼백에서 꺼내어 키친타월로 두드려 말리고, 끓는 물에 삶거나 204℃ 오븐에서 닭고기 내부 온도가 최소 66℃가 될 때까지 굽는다. 닭가슴살이 식도록 둔 다음 반으로 자른다.

결과 및 분석

곧 여러분은 하룻밤을 재웠든 30분을 재웠든, 간장이 닭가슴살의 표면에만 색을 입히고 고기 내부로는 거의 스며들지 않았다는 것을 알게 될 것이다. 2개의 닭가슴살의 표면 부분을 조심스럽게 다듬고(도마에 묻은 즙이 닿지 않도록 주의하라) 나란히 맛을 보자. 어느 쪽도 내부에 뚜렷한 간장이나 마늘맛이 나지 않는 것을 알 수 있다.

하지만 하룻밤 재운 닭고기는 더 짜고 육즙이 풍부할 것이다. 어떻게 된 일일까? 크기가 큰 향을 내는 분자와는 달리, 소금은 세포벽을 쉽게 통과해 고기 안으로 이동한다. 소금이 스며들면 고기의 구조가 느슨해지고, 조리 시에도 수분을 유지할 수 있게 한다. 이것이 고기를 소금물에 담그는 브라이닝(brining) 또는 직접 소금을 뿌리는 큐어링(curing)의 원리이며, 이 과정을 진행한 고기가 그렇지 않은 고기보다 조리 시 더 촉촉하게 유지되는 이유이다.

가루가 조리 시 빠져나가는 고기의 육즙이나 마지막에 첨가되는 소스를 흡수한다. 풍미 가득한 고기를 위한 밑그림이라고 생각하자.

- 산. 산은 주로 와인의 형태로 첨가되는데, 가끔은 감귤류의 즙이나 식초의 형태로 첨가된다. 이는 단맛, 기름진 맛, 그리고 매운맛이 균형을 유지하도록 한다. 식초나 감귤류 즙 같은 강한 산을 사용할 때는(77페이지 '산성 테스트' 참고), 고기를 너무 오래 양념장에 재우지 않도록 각별히 조심해야 한다. 고기를 강한 산성 환경에 오래 두면 단백질이 응고되며, 아무리 주의해서 조리해도 건조하고 분필 같은 식감이 된다.

- 베이킹소다. 많은 고기 및 새우 볶음요리에 들어가는 비밀 재료. 양념장에 넣으면 고기와 해산물의 표면을 알칼리화해서 조리할 때 단백질이 결합하고 팽팽해지는 것을 어렵게 만든다. 그렇게 아주 부드러운 고기와 탱글탱글한 새우를 얻을 수 있다(자세한 내용은 123페이지 '알칼리화된 소고기' 참고).

- 달걀흰자. 베이킹소다와 마찬가지로, 달걀흰자도 꽤 알칼리성이어서 볶음요리를 할 때 고기가 부드럽게 유지되도록 한다. 고기를 볶기 전에 벨벳팅을 거칠 때, 그 양념장에 달걀흰자를 추가하기도 한다(벨벳팅에 대한 자세한 내용은 72페이지 참고).

양념장에는 이러한 기능성 재료들 외에도 백후추, 흑후추, 고추, 여러 향신료, 피클, 그리고 페이스트와 같은 재료를 사용한다.

볶음요리를 위한 고기 씻기: 생각보다 더 중요하다

대다수의 서양식 볶음요리 레시피에서는 고기를 썰어 양념장에 버무리고 따로 두는 것을 추천하지만, 중국 레시피에서는 고기의 과도한 수분을 짜내고, 자른 고기를 찬물에 씻은 다음 양념하라고 권한다. 이는 고기를 연하게 하고 소스를 더 쉽게 흡수시키며 깔끔한 맛을 위함이라고 한다.

실제로 얇게 썬 돼지고기로 테스트해봤다. 먼저 둘로 나눠 한쪽은 찬물에 깨끗이 씻고 그물망 같은 고운체를 이용해 물기를 뺀 다음 기본 양념장에 버무렸다. 다른 쪽은 씻지 않고 즉시 양념과 섞었다. 두 고기는 시각적으로도 즉각적인 차이가 있었는데, 씻은 돼지고기의 색깔이 뚜렷이 연했다.

두 고기를 30분 재우고 볶아서 맛을 보았다. 미묘하지만 분명한 차이가 있었다. 잘 씻은 돼지고기는 더 부드러워서 거의 미끄러운 식감(볶음요리에서는 양질의 식감으로 여긴다)이었고, 양념이 더 잘 뱄다. 고기를 씻고 수분을 짜내는 기계적인 과정이 근섬유를 느슨하게 하여 양념을 더 잘 흡수하고 유지하도록 한다. 굉장히 쉬운 과정이라서 나는 모든 볶음요리에 활용한다.

모든 고기볶음을 위한 기본 양념장
BASIC STIR-FRY MARINADE FOR ANY MEAT

재료

고기 450g 기준:

코셔 소금 ½티스푼(1.5g)

생추간장 또는 쇼유 1티스푼(5ml)

소흥주 또는 드라이 셰리주 1티스푼(5ml)

설탕 ½티스푼(2g)

옥수수 전분 ½티스푼(1.5g)

갓 갈아낸 백후추 한 꼬집(선택사항)

MSG 한 꼬집(선택사항, 100페이지 참고)

베이킹소다 ½티스푼(2g, 선택사항, 본문 참고)

땅콩유, 쌀겨유 또는 기타 식용유 1티스푼(5ml)

이 간단한 양념장은 대부분의 소스에 잘 섞이기 때문에 어떤 볶음요리에도 사용할 수 있는, 양념의 기본으로 생각하면 좋다. 그래서 특별한 레시피를 참고하지 않고 볶음요리를 할 때 사용한다. 베이킹소다는 양고기나 소고기처럼 질기고 붉은 고기에 사용할 때 가장 큰 효과를 내지만, 닭가슴살이나 돼지 등심에 사용해도 효과가 좋다. 닭다리살이나 돼지고기의 기름진 부위에는 군이 필요하지 않은 과정이다.

요리 방법

중간 크기의 볼에 고기를 담고 찬물을 가득 부은 다음 잘 섞는다. 고운체로 받치고 손으로 눌러 짜서 물기를 제거한 뒤 다시 빈 볼에 담는다. 양념장 재료를 넣고 손끝이나 젓가락으로 30초간 잘 휘저어준다. 볶기 전에 15분에서 30분 정도 실온에 두거나 냉장고에 밤새 보관하면 좋다.

1.1 닭고기 볶는 방법

나는 닭고기를 좋아한다. 아 그래, 난 정말로 좋아한다. 하지만 잘 조리된 닭고기를 만나는 건 어려운 일이다. 특히나 닭가슴살은 풍미를 살리는 결합조직의 특성과 지방의 촉촉한 힘이 부족하다. 매우 세심하게 양념하고 조리하지 않으면 건조하고 아무 맛도 나지 않는 요리를 마주하고 만다.

닭고기볶음을 잘 하기 위해서는 두 가지 기술을 익혀야 한다. 첫 번째는 **고기의 세척과 양념**이며 매우 적은 노력으로 육즙과 풍미를 향상시키는 기술이다(49페이지 참고).

모든 볶음요리 레시피의 기본이라고 할 수 있다. 두 번째는 **벨벳팅**, 필수적인 건 아니지만(고기에 색을 내야 하는 요리에는 사용할 수 없다) 매우 연하고 육즙이 풍부한 고기를 만들 수 있다(72페이지 참고).

닭고기 구매 및 손질 방법, Step by Step

미리 도축된 닭고기의 비용을 생각해보면, 빠르고 효율적으로 닭을 손질하는 기술은 매우 유용하다. 내가 가는 슈퍼마켓에서는 닭 한 마리를 뼈와 껍질이 없는 닭가슴살 약 0.45kg과 같은 가격에 판다. 가슴살은 물론이고 허벅지 2개, 다리 2개, 날개 2개, 뼈대, 모래주머니, 간, 염통이 보너스다. 특히나 나는 간이나 염통을 약간의 버터와 볶아서 먹길 좋아하지만, 싫다면 개들에게 줄 수도 있다.

통닭을 살 때는 도살 후 얼음에 담근 것보다는 찬 공기로 식힌 공랭식 닭이 좋다. 물로 식힌 닭고기는 고기에 액체가 흡수되어 있어서 요리 중에 흘러나와 볶음이나 구이를 어렵게 만든다. 또한 미끄러워서 만지기도 어렵고 도마에 지저분한 분홍색 액체를 남기기 일쑤다. 공랭식으로 처리된 닭이 아무래도 더 비싸지만, 분명히 그만한 가치가 있다. 구매할 때 공랭식으로 처리됐다는 표기가 없다면 대부분 물로 식힌 닭고기라고 생각하면 된다.

방목이나 유기농은 맛보다 환경에 미치는 영향과 인도적 기준에 초점을 둔 것이지만, 잘 키운 닭이 맛도 좋은 법이다(물론 더 비싸지만). 예산이 허용한다면 좋은 재료를 누려보자(닭 등급에 대한 자세한 내용은 내 다른 책인 The Food Lab을 참고하라).

닭고기를 손질하는 방법은 여러 가지가 있지만, 육수를 내거나 튀김에 사용하기 위한 용도로 날개를 떼어내고, 볶음요리 용도로 뼈에서 가슴살을 도려낸다(가끔은 데치는 용도로 도려내지 않기도 한다). 그리고 수프나 육수에 사용하기 위한 용도로 닭다리를 분리하는데, 뼈를 발라내어 볶음용으로 사용하기도 한다. 도구로는 날카로운 식칼과 작은 뼈를 부술 정도의 무거운 식칼, 비교적 큰 도마가 필요하다.

STEP 1 · 다리 벌리기

닭의 등을 위로 한 상태에서 닭다리를 잡고 닭 껍질이 팽팽해질 때까지 양쪽으로 당긴다.

STEP 2 · 표면 자르기

다리와 몸 사이를 절개하여 작업을 시작한다. 너무 깊지 않아도 된다. 껍질 부분을 칼로 베어준다. Cat Stevens*가 뭐라고 하든 첫 번째 칼질은 가장 얕아야 한다. 반대쪽 다리에도 반복한다.

STEP 3 · 관절 빼내기

두 다리를 잡고 아래로 접은 다음, 두 다리를 일종의 지렛대로 활용하여 닭의 몸통을 들어 올린다. 각 다리에서 원 모양의 관절이 튀어나올 때까지 계속하면 된다. 살살 힘을 줘라.

---

* 역자주: 영국의 싱어송라이터 Cat Stevens가 1967년 발표한 The first cut is the deepest라는 곡을 들어보자. 첫사랑이 제일 깊고 아프다고 노래했지만, 그래도 첫 칼질(cut)은 얕아야 한다.

STEP 4 · 다리 분리하기

노출된 관절에 칼날을 넣어 다리를 분리한다. 칼날을 닭고기의 등뼈와 엉덩이에 최대한 가깝게 밀착시키고 뼈의 윤곽을 따라가면 오이스터라고 불리는 어두운 색의 작은 살덩이를 찾을 수 있다. 이걸 해체하면 되는데, 못한다고 해서 걱정할 필요는 없다. 나중에 육수를 만들고 나서 손으로 떼어내도 된다. 반대쪽 다리에도 이 과정을 반복한다.

STEP 5 · 날개 제거하기

닭을 옆으로 눕힌 뒤 날개를 당겨서 펼친다. 그러면 닭봉의 뼈가 위치한 곳을 추정할 수 있다. 칼날의 뒤끝(손잡이에 가까운 부분)을 이용해 가슴살 옆면에서부터 그 관절 부위를 자른다(이때 칼을 흔들어 날개를 제거하면 된다). 칼이 관절 주위의 인대가 아니라 단단한 뼈를 건드리는 것 같으면 위치를 조정하여 다시 진행한다. 반대쪽도 마찬가지.

이 시점에서 가슴살을 떼어내어 깍둑 썰어 볶음에 사용하거나(아래 참고) 몸통 자체를 분리하여 데치거나 끓일 수 있다.

볶음용 닭가슴살 해체하기

STEP 1 · 흉골 따라 자르기

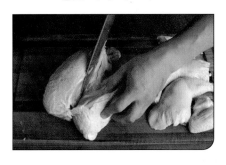

가슴뼈(흉골)의 한쪽을 칼끝으로 뼈에 최대한 밀착시킨 상태로 잘라낸다.

STEP 2 · 가슴살 해체하기

닭의 흉골과 갈비뼈를 따라 계속 자르면서, 다른 손을 이용해 뼈 없는 가슴살을 벗겨낸다. 반대쪽도 반복한다.

STEP 3 · 몸통뼈 다지기

무거운 식칼이나 중식도(막 사용해도 괜찮은 것)를 사용해 살을 다 발라낸 몸통을 작은 조각으로 잘라내면 더 효율적인 스톡을 만들 수 있다. 닭가슴살의 껍질을 스톡 재료로 추가하면 육즙을 더할 수 있다.

데치거나 삶는 용도를 위한 뼈 있는 가슴살 분리하기

STEP 1 · 등 분해하기

등을 잡은 상태로 도마에 수직으로 놓고 엉덩이 끝이 위를 향하도록 한다. 칼을 사용해 첫 번째 또는 두 번째 갈비뼈를 통과할 때까지 가슴과 등 사이의 피부와 연골을 자른다. 조금 두들겨도 괜찮은 식칼이나 중식도로 짧고 굵직

한 힘을 주며 갈빗대를 계속 잘라낸다. 또는 가금류 가위를 사용하여 양쪽의 갈비뼈를 잘라낸다. 이제 척추가 전체 가슴에서 완전히 분리되어야 한다. 육수를 위해서 더 작은 조각으로 잘라낸 뒤 따로 둔다.

STEP 2 · 가슴살 분해하기

가슴뼈가 부스러지고 가슴이 반으로 쪼개질 때까지 칼로 강하게 눌러 중앙을 잘라낸다. 이 가슴살은 이제 데치거나 끓일 준비가 되었다.

볶음용 닭가슴살 썰기

요리에 따라 닭가슴살은 얇거나 깍둑 썰어서 손질할 수 있다. 방법은 다음과 같다. 먼저 닭고기를 조심스럽게 두드려 물기를 제거한 다음 접시에 담고 냉동실에 15분 동안 넣어둔다.

STEP 1 · 결 식별하기

모든 근육에는 결이 있고 수축하는 방향으로 정렬된다. 결에 어떻게 칼을 댈지에 따라 고기의 근섬유 길이가 결정되며, 고기가 얼마나 부드럽고 질긴지에 커다란 영향을 미친다(57페이지의 '결 반대로 썰기: 삼각함수' 참고). 닭가슴살은 두 세트의 근육 결(하나는 크고 하나는 작음)로 구성되어 있으며, 그 각은 중앙의 이음새를 가로질러 서로 마주 본다.

STEP 2 · 닭고기 자르기

슬라이스할 때: 볶음용으로 자를 때는 이 이음새에 칼을 수직으로 놓고, 양쪽 근육 섬유의 약 45도 각도로 자른다. 칼을 쥐지 않은 손으로 닭가슴살을 잡고 손가락 끝을 아래로 만 다음 (손을 베지 않도록!) 닭고기를 약 6mm 두께의 길고 균일한 획으로 자른다.

슬라이버할 때: 손질한 슬라이스를 가져와 몇 개를 쌓은 뒤 성냥개비 모양으로 손질한다.

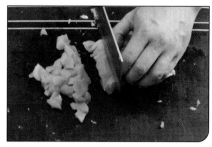

깍둑썰기: 먼저 닭가슴살을 세로로 손가락 크기로 썬다. 너비는 최종적으로 깍둑 썰 때의 치수와 같아야 한다(즉, 1.3cm 너비의 결과물을 원한다면 시작부터 1.3cm로 너비로 슬라이스하라는 말이다).

마지막으로 각 슬라이스를 네모나게 썰어준다.

NOTE: 닭가슴살의 두께는 보통 1.3cm라서 더 작은 게 필요한 산초바오(210페이지; 호이신과 잣을 넣은 상추쌈) 같은 요리를 할 때는, 먼저 6cm로 썬 다음 넓은 면으로 돌려 한 번 더 반으로 썬다. 그리고 6mm 크기로 깍둑 썰면 된다.

볶음용 닭다리살 손질하기

STEP 1 · 관절 위치 찾기

통닭다리로 시작한다면 닭다리살에서 북채를 제거해야 한다. 엄지손가락을 관절 위에 놓고 다른 손으로 허벅지뼈를 앞뒤로 움직여 관절 위치를 찾자. 이 부분을 잘라낼 것이다.

STEP 2 · 다리 잘라내기

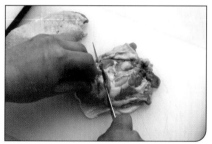

날카로운 보닝나이프나 페어링나이프를 관절에 찔러 넣는다. 이때 칼이 곧바로 통과하듯이 들어가야 한다. 잘 들어가지 않는다면 관절 사이의 공간을 찾을 때까지 칼날을 이리저리 움직여라. 다른 용도(460페이지, 아주 바삭한 한국식 프라이드 치킨의 날개 대용 또는 육수를 끓일 때 등)로 사용할 수 있는 재료인 북채는 따로 보관한다. 손으로 닭 허벅지의 껍질을 벗기고 불투명한 노란색 또는 흰색의 지방을 제거한다(약간은 있어도 괜찮다. 가장자리만 청소하자).

STEP 3 · 뼈를 찾아 절개 시작하기

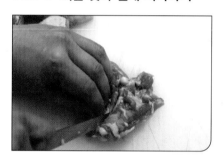

거친 면이 위로 오도록 허벅지를 뒤집고, 내부의 단일한 뼈를 찾아라. 여러분의 목표는 고기의 손실을 최소화하면서 뼈를 제거하는 것. 칼을 사용하지 않는 손의 손가락은 보호를 위해 말린 상태로 유지하고(생닭은 미끄럽다) 칼끝을 사용하여 뼈를 따라 고기를 절개한다.

STEP 4 · 뼈 드러내기

칼끝을 짧게 툭툭 치는 느낌으로 뼈의 윗부분을 드러낸다. 다치지 않도록 손가락이 칼날에서 멀리 떨어져 있는지 항상 확인하자. 깨끗한 키친타월을 사용하면 미끄럽지 않게 잡을 수 있다.

STEP 5 · 뼈 긁어내기

한 손으로 뼈의 한쪽 끝을 잡고(너무 미끄러우면 키친타월을 쓰자) 칼 밑동을 이용해 뼈에서 고기를 짧고 강하게 긁어낸다. 보닝나이프에는 이러한 작업을 위한 곡선형 덧받침이 있다. 그 외의 칼이라면 손잡이 부분과 가까운 칼날만 사용하자.

STEP 6 · 뼈에서 고기 분리하기

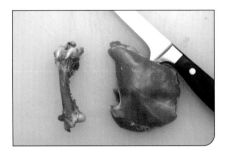

고기를 거의 다 긁어냈다면, 뼈의 끝부분을 고기에서 완전히 분리하고, 고기에 남아 있는 뼈나 연골 조각을 제거한다. 뼈는 육수용으로 보관하고 고기는 원하는 요리에 사용하자.

볶음용 닭허벅지살 손질하기

닭허벅지살은 불균일한 근육 조직과 질긴 근섬유 및 지방 때문에 슬라이스보다는 깍둑 써는 게 좋다. 껍질과 뼈가 이미 손질돼 있다면 편하겠지만, 뼈 채로 있는 걸 구매해 직접 손질해도 좋다.

STEP 1 · 지방 제거하기

칼로 과도한 지방을 제거한다.

STEP 2 · 가느다랗게 썰기

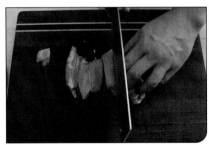

1.3cm로 가느다랗게 썬다.

STEP 3 · 깍둑 썰기

손질한 고기를 90도 돌려놓고 5mm의 네모난 모양으로 썬다.

결 반대로 썰기: 삼각함수

결의 반대로 고기를 썰면 근섬유가 짧아진다. 이건 매우 좋은 정보다. 그런데 실제로 얼마나 차이가 날까? 진실을 알아보기 위해 중학교 2학년 때 배웠던 삼각함수를 살짝 살펴보자.

정의할 것들:

→ 먼저 칼날과 고기 섬유 사이의 각도를 θ으로 정의한다.

→ 손질한 슬라이스 간의 칼을 움직이는 거리(즉, 각 슬라이스의 너비)를 w로 정의한다.

→ 이 두 가지 정의를 토대로 m의 방정식, 즉 근육 섬유의 길이를 계산한다.

다음과 같은 방정식에 도달한다.

$w/\sin(\theta)=m.$

따라서 목적이 근섬유의 길이를 최소화하는 것이라면, w를 최소화(즉, 더 얇게 썰기)하거나, $\sin(\theta)$를 최대화(즉, 결을 완전한 수직으로 절단)해야 한다.

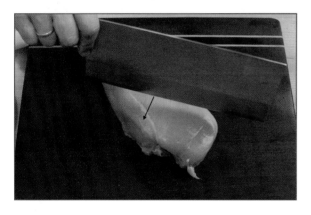

각도(θ)가 실제로 얼마나 큰 차이를 가져올까? 칼을 결의 수직으로 유지하면 $\sin(\theta)$은 1이 되고 근섬유의 길이는 각 슬라이스 너비와 정확히 동일하게 된다. 칼을 써는 간격이 1.3cm라면, 근섬유의 길이도 1.3cm가 된다. 이것은 주어진 슬라이스 간격 (1.3cm)에서 얻을 수 있는 가장 낮은 값이다.

반면, 슬라이스의 너비를 1.3cm로 유지한 채, 결의 45도 각도로 썰면 근섬유의 길이는 1.8cm로 약 40% 이상 증가하게 된다!

따라서 극단적으로 생각해보면 칼날의 각도가 근섬유의 각도에 가까워짐에 따라 $\sin(\theta)$은 0에 접근하고, m은 무한대에 접근한다. 따라서 절대불변의 수학 법칙에 따르면 근섬유의 길이는 우주 끝까지 뻗어나갈 것이다. 크고도 질긴 치킨이다!

고추와 땅콩을 곁들인 테이크아웃 치킨

어릴 적에는 토요일마다 맨해튼 음악대학에서 시간을 보냈다. 정확히 말하면 모닝사이드하이츠에서 불과 몇 블록 떨어진 *Ollie's*(미국식 중화요리 체인점) 근처이다. 내 단골 메뉴는 고추와 땅콩을 곁들인 치킨. 너무 맵지도 않고 향도 세지 않으며 고기와 야채의 균형이 꽤 잘 맞아서 흰쌀밥과 함께 한 끼 식사(런치 스페셜 $6.95)로 안성맞춤이었다.

이 요리는 쓰촨의 전통 음식인 궁바오지딩 혹은 쿵파오 치킨을 근원으로 두고 있다. 매운 건고추, 쓰촨 후추, 땅콩을 순한 소스에 넣어 만든다. 여기서 단지 대부분의 건고추를 피망과 셀러리로 바꾸면 요리가 된다(레시피는 61페이지). 중국의 테이크아웃 체인점인 *Panda Express*에서는 셀러리 대신 호박을 사용한다. 이 음식에 더 필요한 게 있다면, 대용량의 마실 차, 따뜻한 밥, 달걀국, 중식 사워수프, 포춘 쿠키 한두 개다. 아주 근사한 점심 만찬이다.

볶음요리의 기본 중의 기본을 익힐 수 있는 아주 좋은 요리다. 단계별로 한번 따리 만들어보자.

시작하기에 앞서 · 미장플라스(Mise en Place)

미장플라스는 '요리를 시작하기 전에 준비해야 할 것들'을 뜻하는 프랑스 용어이다. 여기에는 손질한 고기, 다진 야채, 다진 허브, 손질한 향신료, 요리 용기 및 용품 등이 포함된다. 여기서 중요한 점은 조리를 하는 과정에서 무언가를 찾다가 음식이 타거나 오버쿠킹되면 안 된다는 것이다.

볶음의 경우 야채를 자르고, 고기를 썰어 담고, 추가 재료를 모으고, 허브를 다지고, 소스 재료를 계량하고 결합해 두는 것을 의미한다.

따라서 요리를 시작하기 전에 미리 준비할 수 있도록 전체 레시피를 미리 살펴보는 것이 좋다. 이번 요리는 절인 닭고기 따로, 깍둑 썬 호박/셀러리/피망 따로, 땅콩과 스캘리언 조각 따로, 향신료 따로 보관해 뒀다가 나중에 재료로 추가한다. 마지막에 녹말 전분도 사용된다.

마지막으로, 재료를 섞을 수 있는 큰 믹싱볼과 요리 완료 후 담을 접시도 준비해 둔다.

이렇게 미장플라스가 완료됐다면 이제 요리할 시간이다.

STEP 1 · 웍 예열하기

대량의 볶음요리를 가정용 레인지로 할 때는 고기와 야채를 나누어 조리하는 게 좋다. 조리 과정에서 웍이 너무 많은 열을 잃지 않게 하기 위해서다. 조리된 재료들은 나중에 합치면 된다.

먼저 키친타월을 이용해 웍에 얇은 기름막을 형성한 후 열을 가한다. 연기가 날 정도로 뜨거워지면 기름을 조금 더 넣는다(39페이지의 '뜨거운 웍에 차가운 기름을 부으면, 재료가 안 달라붙을까?' 참고). 이쯤에서 대부분의 레시피는 풍미를 더하는 방법으로 다른 재료를 볶기 전에 생강 한 조각이나 다진 마늘 등의 각종 향신료를 추가하라고 한다. 하지만 분할 조리할 때는 모든 재료를 조리한 다음에 향신료를 추가해야 그 향이 꽃을 피운다. 그래야만 향료가 타지 않아 식사할 때 최대치의 향을 즐길 수 있다.

STEP 2 · 닭 볶기

이제 치킨이 들어간다. 거칠게 타오르며 연기가 나는 뜨거운 웍을 사용하면 치킨은 단 몇 분 만에 색이 변한다. 살짝 갈색으로 변하는데, 중심부는 여전히 날것이다. 하지만 따로 걱정할 필요는 없다. 치킨에 남은 잔열로 계속 익혀지며 후에 뜨거운 소스로 인해 한 번 더 가열되기 때문이다.

　보통 고기를 먼저 볶는데, 고기는 야채보다 잔열에 잘 대처하기 때문이다. 야채는 요리 후 너무 오래 방치하면 오버쿠킹되어 흐물흐물해질 수 있다.

STEP 3 · 기름 및 향신료 추가

다음 단계는 기름과 각종 향신료를 추가하는 것이다. 전통적인 볶음요리는 처음부터 이렇게 하면 되지만, 분할해서 요리할 때는 마지막 분량을 넣을 때까지 기다린 뒤에 첨가한다. 기름에는 다양한 향을 배게 할 수 있으며 여기서는 건고추, 다진 마늘, 생강 조각을 사용한다.

　중국집에서 이 요리를 먹어본 적이 있다면, 이름만으로

도 맵다는 것을 알 수 있을 것이다. 하지만 메뉴에 인쇄된 빨간색 고추 그림 하나만큼의 맵기는 아니다. 여기서 사용되는 고추는 매운맛보다는 조리했을 때의 향이 더 중요하다. 매운 걸 원한다면 고추를 갈라서 씨를 털어 넣으면 된다.

STEP 4 · 야채 볶기

이 레시피에서는 같은 크기로 네모나게 자른 셀러리와 애호박과 피망을 사용한다.

　꽤 강력한 버너를 사용하면 모든 야채를 함께 요리할 수 있겠지만, 아니라면 분할 조리하자. 다음 분량을 넣기 전에 웍이 다시 연기가 날 정도로 가열을 해야 한다. 조리된 분량은 방금 조리를 끝낸 고기와 같이 보관하면 된다. 목표는 너무 물컹해지기 전에 그을음과 색을 입히는 것이다. 이 작업은 1~2분 이상 걸리지 않는다.

STEP 5 · 땅콩과 스캘리언 추가

야채가 다 익으면 땅콩과 스캘리언 조각을 넣는다. 중국 전통 레시피에서는 생땅콩을 웍에 넣기 전에 살짝 볶거나 데치거나 튀긴다. 다행히도 이 레시피는 중국 전통 방식이 아니다. 슈퍼마켓에서 파는 볶음땅콩이면 충분하다.

STEP 6 · 재료 합치기

보관해두었던 닭고기를 웍에 다시 넣는다(분할 요리한 경우 야채와 함께).

STEP 7 · 소스를 넣는다

다음으로, 미리 준비해 놓은 소스를 웍에 투척한다. 소스는 간장, 치킨스톡, 식초, 참기름, 설탕으로 만든 간단한 것이다. 많은 미국식 중화요리가 그렇듯이 단맛과 신맛이 뚜렷하다.

STEP 8 · 소스를 걸쭉하게

마지막 단계: 옥수수 전분물을 넣고 잘 저어서 소스를 걸쭉하게 만든다. 소스가 묽으면 전분물을 조금 더 추가하고, 너무 걸쭉하면 물을 조금 붓는다. 소스가 너무 끈적하지 않으면서도 각 재료에서 윤기가 나게끔 코팅시킬 정도로 걸쭉해야 한다.

살짝 끈적이는 정도여도 괜찮다. 완전히 잘 만든 건 아니지만 이것도 경험이다.

이런 음식을 볼 때면 조금 현기증이 난다. 오해할 필요는 없다. 수천 년의 전통이 깃든 진짜 중국 음식을 볼 때 그런 거니까. 어퍼웨스트사이드의 광둥식 중국 식당들이 맛있는 데는 다 이유가 있다. 분명 이런 음식과 관련 있겠지.

미국식 중화요리 쿵파오 치킨
CHINESE AMERICAN KUNG PAO CHICKEN

분량
4인분

요리 시간
20분

총 시간
30분

NOTE
효율적인 요리를 위한 순서. 먼저 닭고기를 양념장에 넣은 뒤 닭고기에 양념이 스며드는 동안 야채를 썰고, 향신료를 다져 소스를 만든다.

재료

닭고기 재료:

뼈와 껍질이 없는 닭허벅지살 450g,
　　1.3~1.9cm 크기로 자른 것
코셔 소금 ½티스푼(1.5g)
생추간장 1티스푼(5ml)
소흥주 또는 드라이 셰리주 1티스푼(5ml)
설탕 ½티스푼(2g)
볶은 참기름 ½티스푼(3ml)
옥수수 전분 ½티스푼(1.5g)

소스 재료:

생추간장 또는 쇼유 1테이블스푼(15ml)
노추간장 2티스푼(10ml)
설탕 1테이블스푼(12g)
쌀식초 2티스푼(10ml)
소흥주 1테이블스푼(15ml)
볶은 참기름 1티스푼(5ml)

전분물 재료:

옥수수 전분 2티스푼(6g)
물 1테이블스푼(15ml)

볶음 재료:

땅콩유, 쌀겨유 또는 기타 식용유 3테이블스푼(45ml)
신선한 생강 2쪽(10g)
잘게 썬 중간 크기의 마늘 2쪽(5g)
작고 붉은 건고추(중국산 또는 아르볼 품종) 8개,
　　1.3cm로 썬 것 또는 칠리플레이크 ¼티스푼
1.3cm로 깍둑 썬 애호박 1개(145g)
1.3cm로 깍둑 썬 빨간 피망 1개(145g)
1.3cm 두께로 썬 스캘리언 2대
볶은 땅콩 ½컵(90g)

요리 방법

① 닭고기: 중간 크기의 볼에 고기를 넣고 찬물을 고기가 잠길 때까지 부은 다음 잘 씻긴다. 고운체로 밭치고 닭을 손으로 눌러 물기를 제거한다. 닭고기를 다시 볼에 넣고 소금, 간장, 술, 설탕, 참기름, 옥수수 전분을 넣는다. 30초 동안 손이나 젓가락으로 세게 저어준다. 나머지 볶음 재료를 준비하는 동안 따로 보관해둔다 (최소 15분).

② 소스: 작은 볼에 간장, 설탕, 식초, 소흥주, 참기름을 넣고 균질해질 때까지 함께 저어준 뒤 따로 보관해둔다. 옥수수 전분과 물을 별도의 작은 볼에 넣고 옥수수 전분이 녹을 때까지 포크로 젓는다.

③ 조리 전 재료 준비:

a. **양념된 닭고기** 　　　e. **소스**
b. **생강, 마늘, 마른 고추** 　f. **옥수수 전분물**
c. **애호박과 피망** 　　　g. **조리된 재료를 위한 빈 용기**
d. **스캘리언과 땅콩** 　　h. **요리를 담을 접시**

④ 볶음: 키친타월로 팬에 기름을 얇게 바른 뒤 연기가 날 때까지 센 불로 가열한다. 참기름 1테이블스푼을 넣고 휘저어서 코팅을 하고 곧바로 닭고기를 넣은 뒤 넓게 펼치며 살짝 노릇해질 때까지 약 1분간 조리한다. 겉면이 불투명해질 때까지 계속해서 뒤집으며 약 2분간 더 익힌다. 닭고기 내부는 살짝 덜 익으면 좋다. 깨끗한 믹싱볼에 옮겨 보관해둔다.

⑤ 웍을 닦은 뒤 다시 연기가 날 때까지 센 불로 가열하고 남은 기름 2테이블스푼을 둘러서 코팅한 뒤 곧바로 생강, 마늘, 고추를 넣고 고추의 색이 진해질 때까지 약 10초간 볶는다. 이어서 애호박과 피망을 넣고 부드러워질 때까지 약 1분간 볶는다. 스캘리언과 땅콩을 넣고 버무려 섞는다.

⑥ 웍에 닭고기를 다시 넣고 잘 버무린다. 웍의 가장자리 쪽으로 소스를 부으며 잘 젓는다. 옥수수 전분물을 한 번 저은 뒤에 소량만 웍에 넣는다. 소스가 걸쭉해지고 닭고기 속까지 익히기 위해 약 30초간 더 끓인다. 너무 묽으면 전분물을 추가하고 너무 걸쭉하면 물을 넣어 농도를 조절하자. 접시에 옮겨 밥과 함께 제공한다.

볶음용 피망 썰기

STEP 1 · 선 따라 자르기

도마에 피망을 똑바로 세우고 자세히 보자. 위에서 아래로 이어지는 여러 개의 움푹 패인 라인이 있는데, 이 라인으로 피망 속의 제거해야 하는 하얀 심지의 위치를 알 수 있다.

피망 옆면을 잘드는 칼로 라인 중 하나의 윤곽을 따라 아래쪽으로 슬라이스한다.

STEP 2 · 모든 면에 반복한다

과정을 반복하여 모든 옆면을 슬라이스한다. 자연스레 분리된 줄기와 씨는 그대로 버린다.

STEP 3 · 채 썰거나 깍둑썰기

채 썰기: 레시피에서 요구하는 두께로 일정하게 썬다.

깍둑썰기: 단면을 채로 자른 다음 90도로 돌려 놓고 깍둑 썬다.

볶음용 셀러리 썰기

STEP 1 · 껍질 제거하기

반드시 껍질을 벗겨야 하는 건 아니지만, 바깥의 실 같은 섬유질이 치아 사이에 끼는 불편함을 없애기 위함이다. 야채필러를 사용해 셀러리의 끈끈한 외부 층을 벗겨낸다.

STEP 2 · 셀러리 썰기

초승달 모양: 직각 또는 살짝 비스듬히 초승달 모양으로 자른다. *큐민 램*(134페이지)처럼 고기를 넓은 조각으로 자르는 요리에 사용하면 된다.

깍둑썰기: 세로로 반으로 썰거나 ¼ 크기로 썬다. 각 부위를 가로로 돌려 동일한 크기로 만들면 된다. *쿵파오 치킨*(61페이지)처럼 깍둑 썬 고기가 있는 요리에 사용하면 된다.

막대기 모양: 가로로 5~7cm 크기로 썬 다음, 각 부분을 얇은 막대 모양이 되도록 세로로 썬다. *드라이-프라이 비프*(436페이지)처럼 고기를 얇게 채 썬 요리에 사용하면 된다.

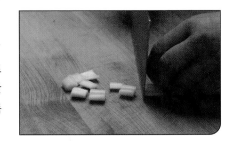

공바오지딩(쓰촨 땅콩 닭볶음)

최소 19세기부터 중국 남서부 산악 지역에서 전해져 온 쓰촨 요리. 이게 바로 진리다. 닭고기와 야채가 거의 같은 비율로 구성되는 미국식 중화요리 버전과는 달리, 쓰촨식 원조는 닭고기에 땅콩과 스캘리언을 넣어 다양한 식감을 선사한다. 요리도 몇 분 걸리지 않아 밥을 짓는 동안에 만들어 낼 수 있으며 간단한 채소볶음만 곁들여도 거의 완벽한 주중 요리가 된다(201페이지 참고).

쓰촨 요리는 대부분 매운 고추와 발효된 콩으로 폭발적인 맛을 내지만(예를 들자면 598페이지의 마파두부), 공바오지딩에는 확실히 미묘한 점이 있다. 주된 감귤류의 향과 입을 마비시키는 쓰촨 후추, 그리고 기름진 닭의 허벅지 대신 부드럽고 촉촉한 닭가슴살을 이용해 달짝지근한 글레이즈로 코팅한다.

내가 이 요리를 재탄생시키기 위해서는 Fuchsia Dunlop의 책 *Every Grain of Rice*에서 소개하는 버전보다 더 많이 벗어나야만 했다. 그래서 소개된 내용의 일부분과 청두에서 적어온 몇 개의 노트를 참고해 내 레시피를 만들었다. 레시피는 기름이 스민 한 줌의 말린 적고추와 소량의 쓰촨 통후추로 시작된다. 그래야 고추와 통후추의 풍미가

한입 한입 다 전달되고, 고운 후춧가루가 가진 쇳가루 같은 향과는 상반된 은은한 향이 나게 한다.

고추를 쉽게 손질하는 방법은 주방가위로 고추를 짧게 (약 1cm) 자르고 씨를 털어내어 맵기를 줄이는 것이다. 쓰촨 후추는 맵지 않아서 고추의 맵기와 밸런스를 잘 맞추며 묘하게 입안을 마비시키는 묘미가 있다(313페이지 '마라: 쓰촨성의 그 맛' 참고). 대부분의 아시안 마트에서 녹색 및 적색 품종의 쓰촨 후추를 찾을 수 있으며 온라인으로도 쉽게 주문할 수 있다. 쓰촨 후추의 맛은 껍질에 있는 것이라서 어둡고 윤기가 나는 씨앗은 골라내어 버려야 한다.

기름에 향이 충분히 배면 소금으로 재운 닭가슴살과 간장, 소흥주, 옥수수 전분물, 소금을 볶는다.

공바오지딩 레시피는 마늘과 생강을 손질하는 방법에 따라서도 달라진다. 처음에는 다져서 사용하는 버전을 시도했더니 부드러운 닭가슴살이 압도된다는 걸 알게 됐다. 그래서 마늘은 채 썰고, 생강은 가는 성냥개비(줄리엔) 모양으로 썰어 넣었다.

여기서 사용할 소스는 간장, 소흥주, 진강식초, 꿀을 섞은 간단한 소스다. 원한다면 아주 소량의 참기름을 추가해도 되는데, 개인적으로는 몇 방울만 첨가해도 맛에 방해가 된다고 생각한다. 그리고 옥수수 전분을 살짝만 넣는다. 모든 레시피에 식초가 들어가진 않지만, 대부분의 요리에 활기를 불어넣는 요소라고 생각한다.

이 글을 읽는 데 걸리는 시간의 절반 정도만으로도 이 요리는 끝나갈 테니, 이보다 더 간단한 주중 저녁 식사는 찾기 어려울 것이다.

공바오지딩
GONG BAO JI DING

분량
4인분

요리 시간
15분
총 시간
15분

재료

닭고기 재료:

1.3cm로 깍둑 썬 껍질 없는 닭가슴살 450g
소흥주 또는 드라이 셰리주 1티스푼(5ml)
생추간장 또는 쇼유 1티스푼(5ml)
옥수수 전분 1티스푼(약 3g)
코셔 소금 큰 꼬집

소스 재료:

꿀 1테이블스푼(15ml)
진강식초 1테이블스푼(15ml)
소흥주 또는 드라이 셰리주 1테이블스푼(15ml)
생추간장 또는 쇼유 1테이블스푼(15ml)

전분물 재료:

옥수수 전분 1티스푼(3g)
물 1테이블스푼(15ml)

볶음 재료:

땅콩유, 쌀겨유 또는 기타 식용유 3테이블스푼(45ml)
작고 붉은 건고추(얼징티아오 또는 아르볼) 6~12개,
　　줄기를 제거하고 1.3cm로 잘라 씨를 제거한 것
쓰촨 통후추 1티스푼(2g), 줄기와 검은 씨는 버리고
　　붉은 껍질만
얇게 펴 썬 마늘 4쪽(10g)
신선한 생강 1쪽(20g), 가급적 어린 것(67페이지 참
　　고)이며 줄리엔으로 썬 것
스캘리언 6대, 흰색 및 옅은 녹색 부분을 1.3cm 조
　　각으로 자른 것
볶은 땅콩 ¾컵(약 120g)

요리 방법

① **닭고기:** 중간 크기의 볼에 고기를 넣고 찬물을 고기가 잠길 때까지 부은 다음 잘 씻긴다. 고운체로 물을 빼고 닭을 손으로 눌러 물기를 제거한다. 작은 볼에 닭고기, 술, 간장, 옥수수 전분, 소금을 넣고 손끝이나 젓가락으로 30초간 힘차게 젓는다. 따로 보관해 둔다.

② **소스:** 꿀, 식초, 술, 간장을 작은 볼에 넣고 균질해질 때까지 함께 젓는다. 따로 보관해 둔다. 옥수수 전분과 물을 별도의 작은 그릇에 넣고 전분이 녹을 때까지 포크로 젓는다.

③ **조리 전 재료 준비:**

　a. **말린 고추와 쓰촨 후추**　　　e. **소스**
　b. **양념된 닭고기**　　　　　　　f. **옥수수 전분물**
　c. **마늘과 생강**　　　　　　　　g. **조리된 재료를 위한 빈 용기**
　d. **스캘리언과 땅콩**　　　　　　h. **요리를 담을 접시**

④ **볶음:** 큰 웍이나 스킬렛(서양식 팬) 바닥에 소량의 기름을 붓고 키친타월로 문지른 다음, 센 불로 연기가 날 때까지 예열한다. 식용유 1테이블스푼을 넣고 연이어 고추를 추가한다. 향은 나지만 타지는 않을 때까지 약 5초간 볶고서 즉시 닭고기를 추가한다. 닭고기 피부에서 분홍색이 없어질 때까지 약 2~2.5분 정도 계속 볶는다. 이때 닭 내부의 중앙 부분은 익히지 않는다. 빈 볼에 옮긴다.

⑤ 웍을 닦고 남은 식용유 2테이블스푼을 넣은 뒤 반짝거릴 때까지 센 불로 가열한다. 마늘과 생강을 넣고 향이 날 때까지 약 10초간 볶은 뒤 스캘리언과 땅콩을 추가해 30초를 더 볶는다.

⑥ 웍에 닭고기를 다시 넣고 잘 섞이도록 버무린다. 웍 가장자리 쪽으로 소스를 부으며 잘 저어준다. 옥수수 전분물도 한 번 잘 저은 뒤 소량만 웍에 넣어준다. 소스가 걸쭉해지고 닭고기 내부까지 익도록 약 30초를 더 끓인다. 너무 묽다면 전분물을 추가하고 너무 걸쭉하면 물을 넣어 농도를 조절한다. 접시에 옮겨 밥과 함께 즉시 제공한다.

볶음용 스캘리언 썰기

스캘리언은 볶음뿐 아니라 다양한 아시아 요리에서 달콤한 맛과 향을 내는 야채로 사용된다.

구매 및 보관하기

구매할 때는 단단하고 신선해 보이는 스캘리언을 찾아라. 녹색 부분은 곧게 서 있고 건조한 흔적이 없어야 하며 파의 바깥 부분도 단단하고 즙이 많아야 한다. 황갈색인 것은 피해라!

신선한 스캘리언은 느슨한 종이나 비닐봉지에 담아서 냉장고에 며칠 이상을 보관할 수 있다.

자른 스캘리언은 찬물을 채운 용기에 하루 정도 보관할 수 있다. 사용할 때는 고운체로 걸러서 키친타월을 깐 접시에 놓고 물기를 빼야 한다.

종종 스캘리언의 흰 부분을 물컵에 두어 초록색 잎이 자라나게 한 다음, 그걸 요리에 사용하는 사람들이 있다. 나쁜 방법은 아니지만, 흰부분을 사용할 수 없을뿐더러 초록 부분의 맛도 점점 희미해질 것이다.

스캘리언 씻기

매우 신선한 스캘리언이라면 이 단계는 건너뛴다. 하지만 슈퍼마켓에서 구매할 수 있는 대부분의 스캘리언은 바깥의 녹색과 흰색 층이 약간 흐물거리며 변색되어 있다. 이런 부분을 제거한 다음 뿌리의 끝을 찬물로 씻고, 제거한 부분에 남아 있는 얇고 미끄러운 막이 사라질

때까지 손가락으로 문질러준다.

밑동의 털이 많은 뿌리는 잘라낸다.

조각 썰기

흰색 부분과 옅은 녹색 부분을 1.3~1.9cm 길이로 자른다. 녹색 부분은 다른 용도를 위해 따로 보관해두자.

얇게 썰기

다른 섬세한 야채나 허브를 다룰 때처럼 쵸핑 모션(chopping motion)이 아닌 슬라이싱 모션(slicing motion)으로 썰어야 한다. 위아래로 칼을 움직이며 자를 텐데, 수직으로 잘라서는 안 된다. 수직일수록 손상이 가기 때문이다. 칼날의 전체 길이와 최소한의 수직 압력을 사용하여 절단해야 가장 깔끔하게 썰 수 있다.

항상 기억하자. 써는 소리가 클수록 손상도 크다는 걸. 날카로운 칼로 깔끔하게 잘라낼 때는 거의 소리가 나지 않는다.

나는 백슬라이스(back-slice)라는 방법을 선호한다. 슬라이스 할 때 칼날을 앞으로 미는 게 아니라 몸 쪽으로 당기는 방법이다.

손으로 쥘 때는 손가락 끝을 첫 번째 관절 아래쪽으로 말아야 칼로부터 안전할 수 있다. 칼의 평평한 부분을 그 관절 쪽에 대고 칼끝을 도마로 향하게 한 뒤, 칼을 천천히 뒤로 당기는 움직임으로 썬다. 칼의 평평한 부분에 댄 손의 관절로 칼날을 가이드하면서 계속 썰면 된다.

다지기

스캘리언을 7~10cm로 자른다. 이어서 세로로 반으로 자른 다음 세로로 다시 4분의 1로 자른다.

이제 4등분한 부분을 모아 수직으로 썬다. 더 잘게 다지고 싶다면 로킹 모션(rocking motion)으로 더 다져주면 된다.

스캘리언 가니쉬

쥐는 손으로 스캘리언을 살짝 뭉개면 된다.

실처럼 얇게 썬 스캘리언을 얼음물이 담긴 용기에 넣어 냉장고에 최소 30분에서 최대 하룻밤 동안 보관하면 액체를 흡수하여 단단해지고 얇은 실처럼 마른다.

찬물에 보관하면 생스캘리언의 쓴맛은 줄어들고 식감은 살아난다.

실처럼 만든 스캘리언 가니쉬는 샐러드나 국수 등 다양한 요리에 예쁜 장식이 된다. 과정은 백 슬라이스와 동일하지만 횡으로 자르는 대신 칼날과 거의 평행하게 해서 자른다. 잘게 썰려면

스캘리언 브러시

중국 식당에서 북경오리 요리를 시키면, 소스를 칠하는 용도로 스캘리언으로 만들어진 작은 브러시와 호이신 소스를 제공받는다. 이 작은 브러시를 집에서도 쉽게 만들 수 있다.

약 6cm 길이로 자르고 뿌리 끝을 가능한 밑단에 가깝게 잘라낸다.

칼을 쥐지 않은 손으로 안정적으로 쥐고서 칼을 스캘리언과 평행하게 정렬한다. 칼날 끝은 자를 위치에서 약 2cm 위에 둔다. 스캘리언 끝을 반으로 가른다.

몇 번 돌려가며 과정을 반복한다. 총 4번을 반복해서 끝을 8등분 했다.

브러시를 얼음물에 담고 냉장고에 넣는다. 최소 30분에서 최대 하룻밤 동안 담가 둔다.

볶음용 생강 자르기

생강은 다양한 방법으로 볶음요리에 사용된다. 두꺼운 동전 모양으로 껍질째 썰면, 주요 재료들을 추가하기 전에 연한 생강맛을 낼 수 있다. 요리에 생강향이 스며들도록 잘게 썰거나(120페이지 '생강을 곁들인 소고기볶음' 참고), 채 썰어서 야채처럼 취급할 수도 있다(64페이지 '공바오지딩' 참고).

구매 및 보관하기

생강은 다년생 꽃이 피는 식물의 뿌리줄기이다.* 어린 생강은 옅은 노란색을 띠며 비교적 매끄럽고 얇은 피부를 갖고 있다. 그래서 더 연한 맛과 즙이 많고 부드러운 질감으로 채 썰기에 이상적이다. 반면에 성숙한 생강은 어둡고 두꺼운 편이며 강한 맛과 질긴 섬유질을 갖고 있다. 대부분의 서양 슈퍼마켓에서는 성숙한 생강만을 찾을 수 있지만, 괜찮다. 여전히 많은 요리에 어울리는 재료기 때문이다. 아시안 마트에 들린다면 성숙한 생강과 별도로 분류되는 어린 생강을 구해두어도 좋을 것이다.

생강은 눌렀을 때 구부러지거나 파이지 않는 단단한 질감과 매끄러운 표면을 가진 것으로 구매하면 좋다. 주름지거나 말랑말랑한 것들은 피하자. 나는 손질의 편의성과 낭비를 줄이기 위해서 단면이 더 크고 가지가 적은 것을 선호한다.

성숙한 생강은 실온에서도 며칠 또는 몇 주 보관할 수 있으나 어린 생강은 느슨하게 닫힌 비닐봉지 등 부분적으로 밀봉된 용기에 담아 냉장고에 보관해야 한다.

마늘처럼 생강을 다지고 으깰 때 좋은 도구는 막자사발이다. 드레싱과 마리네이드에 사용하는 미세한 퓌레를 고려한다면 세라믹이나 금속으로 만들어진 일본식 생강 강판을 이용하는 것도 좋다. 이 강판은 당근(622페이지 '일본식 사이드 샐러드' 참고), 마늘, 무, 와사비, 양파 등 다른 야채를 갈 때도 사용할 수 있다. 마이크로플레인도 이러한 목적으로 사용된다.

다진 생강은 밀폐 용기에 담아 냉장고에 두면 며칠 동안 보관할 수 있다.

생강 손질하기

손으로 분리: 생강의 큰 줄기를 손으로 분리하고 레시피에서 요구하는 만큼만 잘라낸다.

껍질 제거: 필러 없이 껍질을 벗기는 두 가지 방법이 있다. 칼로 생강의 한 면을 잘라 안정적인 평면을 만든 다음, 칼끝을 이용해 껍질을 제거한다.

수프 스푼은 시간이 더 걸리지만 조금 더 쉽다. 스푼을 생강 표면에 대고 긁으면 된다.

어떤 방법을 사용하든 생강껍질을 간장 조금과 함께 용기에 담아 보관하는 것을 추천한다. 생강 향이 나는 간장은 드레싱, 마리네이드(양념장)와 소스를 만들 때 사용하면 아주 좋다. 계속 새 간장과 생강을 추가하며 사용하면 된다(껍질이 너무 과다해지면 오래된 것부터 버리면 된다).

---

* 생강의 식용 가능한 부분을 '생강 뿌리'라고 부르지만 사실은 뿌리줄기이다.

슬라이스 또는 동전 모양으로 썰기

기름에 향을 내는 데 사용할 경우, 껍질을 벗긴 생강을 6mm 두께의 동전 모양으로 자른다.

성냥개비 모양으로 썰기

4~5cm의 껍질을 벗긴 생강을 준비한다. 단면의 한 면을 길게 잘라 평평하고 안정적인 표면을 만든다.

날카로운 칼을 사용하여 생강을 1~3mm 두께로 자른다. 또는 일본식 만돌린을 사용해서 같은 누께로 자른다.

조각을 몇 개 쌓고 수직으로 썰면 훌륭한 성냥개비 모양을 만들 수 있다.

막자사발로 다지기

생강껍질을 벗기고 결을 가로질러 3~6mm 크기로 자른다. 막자사발에 넣고 원하는 수준까지 으깬다. 생강과 마늘을 동시에 넣어야 하는 레시피라면 이런 방식으로 으깨서 사용할 수 있다.

칼로 다지기

생강을 6mm 두께의 동전 모양으로 썬 다음, 칼의 측면으로 조각들을 세게 으깬다.

그 위에 칼로 여러 번 더 다져준다.

바질, 칠리, 피시 소스를 곁들인 치킨
CHICKEN WITH BASIL, CHILES, AND FISH SAUCE

분량
4인분

요리 시간
30분

총 시간
30분

NOTE
닭고기 대신 돼지안심을 사용해도 된다. 이탈리아산 바질 대신 태국 또는 홀리 바질을 사용해도 된다.

재료

닭고기 재료:
얇게 저민 닭가슴살 450g
코셔 소금 ½티스푼(1.5g)
피시 소스 1티스푼(5ml)
갓 간 백후추 ¼티스푼
설탕 1티스푼(2g)
베이킹소다 ½티스푼(2g)
옥수수 전분 ½티스푼(1.5g)

소스 재료:
피시 소스 1테이블스푼(15ml), 기호에 따라 추가
설탕 1테이블스푼(12g), 기호에 따라 추가
갓 간 백후추 ⅛티스푼
붉은 칠리플레이크 또는 태국식 칠리플레이크,
　기호에 따라 추가

볶음 재료:
땅콩유, 쌀겨유 또는 기타 식용유 2테이블스푼(30ml)
중간 크기의 마늘 4쪽, 반은 다지고 반은 으깬다
다진 신선한 생강 1티스푼(4g)
얇게 썬 스캘리언 1대(약 45g)
신선한 바질 2컵(약 60g)

이 레시피는 정통 태국요리와는 거리가 멀지만, 태국의 향(바질, 고추, 피시 소스)이 깃든 간단한 주중 볶음요리라고 할 수 있다. 소스마저 만들고 싶지 않을 때 해 먹을 수 있는 간편한 레시피다. 이런 요리를 할 땐 계량스푼과 저울을 쓰지 않는다. 눈으로 보고 때려 맞추면 족하다.

요리 방법

① **닭고기:** 중간 크기의 볼에 닭고기와 찬물을 넣고 힘차게 젓는다. 고운체로 물을 빼고 닭을 손으로 눌러 물기를 제거한다. 볼에 닭고기를 다시 담고 피시 소스, 백후추, 설탕, 베이킹소다, 옥수수 전분을 넣은 뒤 30초 동안 손이나 젓가락으로 세게 젓는다. 나머지 볶음 재료를 준비하는 동안 따로 보관해둔다(최소 15분).

② **소스:** 피시 소스, 설탕, 백후추, 칠리플레이크를 섞는다.

③ **조리 전 재료 준비:**

a. **으깬 마늘**
b. **양념된 닭고기**
c. **다진 마늘, 생강, 스캘리언**
d. **소스**
e. **바질 잎**
f. **요리를 담을 접시**

④ **볶음:** 웍에 식용유 1테이블스푼과 다진 마늘을 넣고 마늘이 지글지글 익으면서 노릇노릇해질 때까지 센 불로 가열한다. 닭고기를 넣고 고루 펴서 살짝 노릇해질 때까지 움직이지 않고 약 1분간 익힌다. 외부가 불투명해질 때까지 약 1분 더 뒤집어주면서 익혀준다. 볼에 옮겨놓는다.

⑤ 웍을 닦아내고 남은 한 스푼의 기름을 웍에 추가하여 센 불에 연기가 날 때까지 가열한다. 간 마늘, 생강 그리고 샬롯을 추가한 다음 향이 날 때까지 30초 정도 볶는다.

⑥ 닭고기를 다시 웍으로 옮긴 다음 닭고기가 익고 샬롯이 부드러워질 때까지 약 2분간 더 요리한다.

⑦ 소스를 추가하고 코팅이 되도록 웍을 움직여 재료를 던져준다. 바질잎을 넣고 약간 익을 때까지 함께 볶는다. 맛을 보고 기호에 맞게 피시 소스, 설탕, 고추로 간을 한 다음, 접시에 옮기고 기호에 따라 재스민 밥이나 다른 밥, 얇게 자른 오이와 함께 곧바로 제공한다.

부패된 멸치와 감칠맛 덩어리(Umami bombs)

몇 달은 된 멸치 통들…내가 Ken Oringer의 전 레스토랑인 *Clio*에서 라더 섹션(가르드 망제, 호텔이나 레스토랑에서 모든 찬 음식을 만드는 섹션)을 담당하고 있을 당시, 750ml의 피시 소스 병이 주방 바닥에 떨어지자 맡게 된 바로 그 냄새. 냄새를 맡은 건 나뿐만이 아니었다. 레스토랑의 모든 요리사와 서버와 바텐더, 그리고 손님도 있었다. 나는 유리병의 모서리가 단단한 타일 바닥에 부딪치며 수류탄처럼 폭발하는 모습을 슬로 모션으로 목격했다. 부엌은 즉시 냄새로 가득 차 밤새도록 식당을 점거했고 완전히 사라지기까지 며칠이 걸렸다.

대량의 피시 소스는 이렇게나 끔찍한 냄새가 나는 것이 사실이지만, 적절히 사용하면 무엇보다 깊은 맛과 풍부한 감칠맛을 더해준다. 발효된 생선을 기반으로 하는 조미료의 역사는 길다. 중국과 지중해에서 생선과 고기와 콩을 소금에 절이고 발효시켜 만든 조미료가 있는데, 그 역사가 기원전 3~4세기까지 거슬러 올라간다. 1세기경 간장이 중국의 국민 소스가 되면서 생선 기반의 소스는 줄어들었지만, 여전히 베트남, 태국, 인도네시아, 라오스, 캄보디아, 버마, 필리핀 등 동남아시아 전역에서는 꾸준히 사용됐다. *케캅*(13페이지 참조)이라고 하는 말레이시아 피시 소스의 형태는 현대 케첩의 선구자라고 여겨진다.

고대 그리스와 로마에서는 생선 내장을 소금에 절여 발효시킨 가룸(garum)이라고 하는 일종의 액젓을 만들었다. 가룸을 만드는 하나의 생선 통 안에서도 품질이 나뉘었다. 발효된 생선을 바구니에 넣어 짜낸 리쿠아멘(liquamen)은 상류층을 위한 것이 되었고, 남은 생선의 내장으로 짠 알렉(allec)은 값싼 조미료로 판매됐다. 결국 가룸은 생선 내장의 부산물이 아니라 주로 고등어, 멸치, 기타 기름진 생선의 발효를 통해 생산되었다.

현대에는 나폴리 조미료인 콜라투라 디 알리치(colatura di alici)가 가룸의 후손이며 우스터셔 소스도 발효 멸치에서 감칠맛을 얻어낸다. 현대의 아시안 피시 소스는 작은 어패류를 깨끗이 씻어 물기를 뺀 후 건조하고, 소금에 절인 후에 큰 나무 용기에 염지해 9개월에서 1년에 걸쳐 세균 발효하는 과정을 거친다. 이 과정에서 생선 단백질을 개별 아미노산과 기타 유기 화합물 및 미네랄로 분해한다. 피시 소스에 풍미를 더하는 게 바로 이러한 아미노산이다. 발효하는 동안 생선은 액화되어 진흙성 혼합물이 된 다음, 2주 이상의 기간 동안 걸러지고 햇볕에 숙성된다. 여기서 다시 한번 정제한 다음에야 병에 담긴다.

Q: 피시 소스(생선 액젓)는 요리에 어떤 작용을 할까? 요리에 무엇을 더하는 걸까?

A: 피시 소스는 조미료로써 세 가지의 양념 요소를 제공한다. 짠맛과 감칠맛과 단맛. 대부분의 피시 소스에는 무려 간장의 두 배 정도의 소금이 함유돼 있다(즉 간장의 절반만큼 사용해야 한다). 소금은 다른 맛을 더 쉽게 인식할 수 있는 화학적 경로를 열어주는 역할을 해서 풍미를 인식하는 데 매우 중요한 요소이다. 제대로 소금 간을 한 음식은 무염 식품보다 훨씬 맛이 강하다.

하지만 소금보다 중요한 것이 있는데, 피시 소스의 아미노산 농도이다. 동물 및 수의학 저널인 Journal of Animal and Veterinary Advances에 게재된 2010년의 연구에 따르면, 2개월간 발효된 멸치에서는 대부분의 아미노산의 농도가 감소했지만, 글루탐산과 아스파르트산과 히스타딘은 급등한다는 것을 발견했다. 이중 글루탐산과 아스파르트산은 혀의 수용체에 결합할 때 감칠맛을 유발하는 것으로 알려져 있다. 반면에 히스타딘은 달콤한 맛을 가졌는데, 실제로 많은 피시 소스가 거의 캐러멜이라고 할 만큼의 뚜렷한 단맛의 풍미를 갖고 있다.

피시 소스의 이러한 세 가지 맛(짠맛, 감칠맛, 단맛)이 모든 종류의 요리에 강력한 풍미를 불어넣기 때문에 그만한 유명세를 얻게 되었다고 생각한다.

Q: 피시 소스는 언제 사용해야 할까?

A: 몇 가지 분명한 경우가 있다. 피시 소스는 태국의 팟타이와 베트남의 쌀국수를 포함한 많은 동남아시아 요리에서 필수적인 조미료다(378페이지 참고). 하지만 거기서 멈추지 마라. 나는 아시아음식이든 서양음식이든 거의 모든 육류 기반 스튜에 피시 소스 몇 방울을 마무리 조미료로 사용한다. 적은 양을 사용한다면 텍사스 칠리 콘 카르네에서 이탈리안 라구 볼로네제, 헝가리안 굴라쉬에 이르기까지 다양한 요리에 짭짤하고 풍미 있고 달콤한 마법을 발휘한다. 심지어는 칵테일인 미켈라다나 블러디 메리, 나의 여름 그 자체인 페스토에도 추가한다. 피시 소스로 간을 하기 시작하면 그간 해왔던 소금으로 간하는 방식을 탈피하게 될 것이다.

Q: 최고의 피시 소스 브랜드?

A: 우선 피시 소스의 맛은 간장의 경우처럼 국가마다 다를 수 있다는 걸 말하고 싶다. 베트남의 *Red Boat*라는 브랜드가 있는데, 많은 베트남 피시 소스가 그렇듯이 태국 전역에서 찾을 수 있는 매운 소스인 티파롯보다 부드럽고 순한맛을 갖고 있어 인기를 끌고 있다. 맛 테스트를 하면 보통 순한 피시 소스가 상위권에 있다. 하지만 내가 본 대부분의 맛 테스트는 기본 실험 설계에 결함이 있는데, 요리와 함께 맛을 보지 않고 소스만을 맛 보는 방법을 사용하고 있다는 것이다. 이는 유용한 방식이 아니다.

내가 테스트한 결과, 부드럽고 값 비싼 피시 소스가 실제로 유의미한 차이를 주는 경우는 찍어먹는 용도인 베트남의 느억참 소스와 태국의 남쁠라프릭 소스를 만들 때뿐이었다. 이조차도 나란히 맛볼 때에만 그 차이를 느낄 것이다. 피시 소스를 그저 조미료로만 사용할 때는 저렴한 것(*Squid* 또는 *Three Crabs*)으로도 충분한 맛이 난다.

Q: 피시 소스는 어떻게 보관해야 하며 얼마 동안 사용할 수 있는가?

A: 개봉하지 않았다면 몇 년 동안 보관할 수 있지만, 일단 개봉을 하고 나면 맛이 변하기 시작한다. 방글라데시 농업 대학의 2013년 연구에 따르면, 피시 소스에는 여전히 활성 박테리아 배양이 포함되어 있다고 한다. 바실러스, 마이크로 코커스, 락토 바실러스, 슈도모나스. 이들이 병입 후에도 호기성 조건에서 피시 소스를 계속 소화하고 발효시킨다. 하지만 매번 사용한 후에 단단히 밀봉만 한다면(제대로 닫지 않으면 당신의 코가 알아챌 것이다) 풍미가 심각하게 손상되지 않아 최소 6개월은 보관할 수 있다. 여기서 더 시간이 지나면 조금씩 더 톡 쏘는듯한 매콤하면서도 강한 생선맛(좋은 맛이 아닌)으로 변하게 된다. 저렴한 피시 소스라면 그 차이조차 눈치채기 어려울 것이다. *Red Boat* 제품처럼 은은한 소스를 사용하면 개봉 후에도 냉장고에만 보관하면 박테리아 활동이 최소화되어 1년 이상 원래의 맛을 유지할 수 있다.

완벽히 밀봉되지 않은 병에서는 점차 소스의 수분이 증발한다. 결국 과염도로 이어지며 병 바닥이나 뚜껑 주위에 고체 소금 결정이 형성된다. 단백질 농도가 높을수록 단백질 침전이 발생할 수 있으며, 이는 소스 표면이 흐리거나 결정이 떠 있는 것처럼 보이게 된다. 소금이나 단백질 결정체는 피시 소스의 기호성에 영향을 미치지 않으므로 걱정할 필요는 없다.

벨벳팅: 무엇보다 육즙이 많고 부드러운 흰 고기의 비밀

볶음요리의 문제점 중 하나는 야채의 아삭한 식감을 유지하고 고기가 쪄지는 것을 방지하기 위해서 강렬한 열로 요리해야 하는데, 이 열 때문에 살코기가 말라서 거칠거나 질겨질 수 있다는 것이다. 해결책으로는 고기에 일종의 절연 보호막(뜨거운 열을 막아내는 완충작용물질)을 만들어야 한다. 닭가슴살에 빵가루를 입히거나 생선살에 반죽을 입히는 것을 예로 들 수 있다.

이러한 문제를 해결하기 위해 몇 가지의 특정 성분을 이용해 고기를 재우는 것으로 시작하는 기술인 '벨벳팅'에 입문하자.

• 달걀흰자는 고기 주위에 느슨한 단백질 매트릭스를 제공하여 팬과 직접 접촉하지 않도록 보호한다.
• 옥수수 전분은 흰자의 단백질이 너무 단단히 형성되는 것을 방지함과 동시에 내부(요리 중에 배출된 육즙)와 외부(첨가된 소스)에서 발생한 과도한 액체를 흡수한다.

• 수성 기반의 액체, 예를 들면 소흥주, 육수 또는 간장과 같은 수성 액체는 달걀 단백질을 더욱 희석시키는 동시에 풍미와 색을 더한다.

이 혼합물을 이용해 고기를 코팅하면 간단하게 볶을 수 있지만, 뜨거운 냄비에 곧장 들이키면 코팅이 고르게 달라 붙기가 어렵다. 최상의 결과를 위해서는 벨벳 고기를 살짝 초벌하면 코팅이 부드러운 초박형 젤처럼 변해 달라붙는다. 그런 다음 향신료, 야채, 소스와 함께 볶아 마무리하면 된다.

전통적으로 벨벳팅은 뜨거운 기름에서 이루어지며, 이 과정을 '통과(passing through)'라고 부른다. 고기를 벨벳으로 만드는 중식 레스토랑의 주방을 자세히 들여다보면, 요리사가 단백질을 깊은 튀김기계나 웍에 넣었다 빼는 것(고작 몇 초이다)을 볼 수 있을 것이다.

기계가 없는 집에서는 냄비 바닥에 2.5cm 정도의 기름을 부어서 진행할 수 있다. 금속 뜰채를 이용해 고기를 뜨거운 기름에 동과시키듯 넣었다가 건져낸다. 이어서 아주 고운체로 기름을 걸러낸 후에 걸러진 기름을 냄비에 다시 부어서 보관한다. 이 기름은 나중에 볶음요리를 할 때 재사용할 수 있다.

만약 볶음요리를 하기 전에 기름 한 컵을 데우는 것도 두렵다면(기름을 두려워 하는 사람이 너무 많다) 더 쉽고 익숙한 워터 벨벳팅 방법이 있다. 이 기술은 *Serious Eats*를 편집할 때 기자였던 Shao Zhi Zhong에게서 배웠다. 과정은 동일하지만 뜨거운 기름을 통과시키는 대신에, 끓는 물에 잠시간 넣어서 데치는 것이다. 완성된 요리에서 이 두 과정의 차이를 구별할 수는 있지만, 둘 다 맛이 좋으며 벨벳팅 없이 볶을 때보다 훨씬 부드럽고 육즙이 많은 고기가 된다.

고기 벨벳팅 방법

벨벳팅은 얇고 가늘게 썬 닭가슴살이나 돼지등심, 또는 얇게 썬 단단한 생선과 같은 살코기에 가장 유용하다. 벨벳팅하기 전에 고기를 씻고 꼭 짜낸 뒤 말려주는 과정을 통해 과도한 수분을 제거해야 한다(아주 중요하다). 수분이 많으면 벨벳 혼합물이 희석돼서 고기를 제대로 코팅하지 못한다. 또한 달걀도 큰 것을 사용해야 한다. 달걀흰자가 너무 적으면 효과가 없기 때문이다(너무 많아도 안 된다).

제대로 된 중국식 주방에서는 요리사가 끓는 물이나 뜨거운 기름으로 가득 찬 냄비에 고기를 짧은 시간 넣었다 빼는 과정을 거쳐서 고기를 벨벳팅한 다음, 메인 웍에 넣어 볶음요리를 완성한다. 집에서는 웍 옆에 끓는 물이 담긴 냄비를 놓고, 벨벳팅한 고기를 건질 뜰채와 과정 후에 고기에

남은 수분을 제거하기 위한 고운체를 받친 빈 그릇을 두면 된다. 집에서 볶음요리를 하기 전에 국수나 두부나 녹색 채소 등을 데칠 때도 사용할 수 있는 아주 유용한 방법이다.

만약 여러분이 여러 재료를 데칠 필요가 없다면, 위와 같은 준비 없이 웍에 물 몇 컵을 넣고 끓인 후에 고기를 넣고 30~60초 정도 벨벳팅을 해서 고기를 살짝 익힌다. 그 고기를 넓은 그릇에 두어 저절로 수분이 제거되게 놔둔다. 그동안 여러분은 웍을 씻고 닦아내면 된다. 웍의 재준비가 끝날 즘이면 벨벳팅한 고기의 수분이 제거되어 볶음요리에 사용할 준비가 된다.

기본 벨벳팅

재료

얇게 썬 고기 450g 기준:

코셔 소금 1티스푼(3~4g), 간장이나 다른 짠 액체를
    사용하는 경우 생략

소흥주, 사케, 간장 또는 육수와 같은 액체 4티스푼
    (20ml)

베이킹소다 ½티스푼(2g)

큰 달걀흰자 1개분

옥수수 전분 2티스푼(6g)

기본 벨벳팅 기술은 부드럽고 매끄러운 질감이 필요한 다양한 볶음요리의 첫 번째 단계이다. 살코기로만 된 가금류, 돼지고기 또는 단단한 생선살 요리에 효과적이다.

요리 방법

(1) 중간 크기의 볼에 벨벳팅 재료(달걀흰자, 옥수수 전분, 베이킹소다, 소흥주, 소금)를 넣고 덩어리가 없어질 때까지 포크로 잘 섞는다.

(2) 중간 크기의 볼에 고기를 넣고 찬물을 고기가 잠길 때까지 부은 다음 잘 씻긴다. 고운체로 밭치고 손으로 눌러 짜서 물기를 제거한다. 섞어 둔 혼합물과 물기를 제거한 고기를 같은 볼에 담고 손가락이나 젓가락으로 30초 동안 세차게 저어 섞는다. 냉장고에 최소 15분에서 최대 4시간 저장하여 숙성시킨다.

(3) **오일-벨벳**: 웍에 기름 1~2컵을 넣고 센 불로 163℃가 될 때까지 가열한 후에 재워두었던 고기 225g을 넣은 다음, 뜰채로 부드럽게 저어 뭉친 고기들을 분리한다. 분리되고 약 30초가 지나면 모양이 유지되므로 그때까지 요리한다. 다시 뜰채를 사용해 벨벳팅한 고기를 고운체에 걸러 물기를 제거하면 볶을 준비가 된 것이다. 웍에서 볶기 전인 살짝 익힌 벨벳 고기는 최대 2일 동안 냉장고에 보관할 수 있다. 사용한 기름은 고운체로 걸러내어 볶음이나 튀김에 재사용할 수 있다.

워터 벨벳: 큰 소금 한 덩어리로 맛을 낸 물 1L를 냄비에 붓고 센 불에 끓인 뒤, 고기가 뭉치지 않도록 한 번에 한 조각씩 떼어 넣는다. 고기를 모두 넣고 30초를 둔 뒤 고운체에 고기를 거른다. 벨벳 고기를 쟁반에 옮겨서 넓게 펼친 다음 최소 3분 동안 스팀 건조하고 볶으면 된다. 마찬가지로 볶기 전이라면 최대 2일 동안 냉장고에 보관할 수 있다.

NOTE: 이 레시피는 워터 벨벳 기술을 사용했지만, 레시피 변경 없이도 얼마든지 오일 벨벳 기술로 대체할 수 있다.

스위트&사워 치킨 또는 포크
SWEET AND SOUR CHICKEN OR PORK

분량
4인분

요리 시간
30분

총 시간
30분

NOTE
효율적인 과정을 위해서 닭고기 양념을 먼저 하고, 양념이 배는 동안에 야채를 자르고 향신료를 다지고 소스를 섞는다. 이 레시피에서는 신선한 파인애플보다 즙이 든 통조림 파인애플을 사용하는 것이 좋다.

미국에는 지역마다 다양한 형태의 새콤달콤한 닭고기 요리가 있다. 아마도 도톰하고 푹신한 반죽에 네온레드 소스를 입힌 요리이거나 바삭해질 때까지 튀겨서 새콤달콤한 소스를 곁들여 내는 요리일 것이다. 여기서 소개하는 버전은 보스턴의 사시미 바인 *Uni*에서 함께 일했던 옛 동료인 Chris Chung이 직원들을 위해 만들었던 레시피를 기반으로 한다. 호놀룰루 태생의 중국 요리사인 Chris는 오아후 주변의 여러 주방에서 경험을 쌓았고, 거기서 이 특별한 레시피를 얻었다고 한다. 파인애플 통조림(그리고 케첩!)이 재료 목록에 들어가는데, 내가 만든 레시피 중에서 파인애플 통조림을 사용하는 유일한 메뉴이다.

재료

뼈와 껍질이 없는 닭가슴살이나 허벅지살, 또는 돼지 등심 450g, 3mm 두께로 자른 것

코셔 소금 1티스푼(3g)

생추간장 또는 쇼유 2티스푼(10ml)

소흥주 또는 드라이 셰리주 2티스푼(10ml)

설탕 ½티스푼(2g)

베이킹소다 ½티스푼(2g)

큰 달걀흰자 1개분

옥수수 전분 2티스푼(6g)

소스 재료:

225~290g 용량의 파인애플 통조림 캔의 즙

케첩 3테이블스푼(45ml)

증류시킨 백식초 또는 사과식초 2테이블스푼(30ml)

생추간장 또는 쇼유 1티스푼(5ml)

설탕 2테이블스푼(25g)

전분물 재료:

전분가루 2티스푼(6g)

물 1테이블스푼(15ml)

볶음밥 재료:

땅콩유, 쌀겨유 또는 기타 식용유 3테이블스푼(45ml)

2cm 크기로 자른 적피망과 청피망 각각 1개씩

2cm 크기로 자른 양파 1개

중간 크기의 다진 마늘 4쪽(4티스푼/10g)

다진 생강 2티스푼(5g)

225~290g 용량의 파인애플 통조림 캔, 파인애플을 큼지막히 자른다

캐슈넛 1컵(선택사항)

recipe continues

요리 방법

(1) **닭고기**: 중간 크기의 볼에 닭고기를 넣고 찬물을 고기가 잠길 때까지 부은 뒤 잘 씻긴다. 고운체로 밭치고 손으로 눌러 짜서 물기를 제거한다. 물기를 제거한 닭고기, 소금, 간장, 술, 설탕, 베이킹소다, 달걀흰자, 전분을 같은 볼에 넣고 손가락이나 젓가락으로 잘 섞은 후에 최소 15분 동안 따로 보관한다.

(2) **소스**: 파인애플즙, 케첩, 간장, 설탕을 작은 볼에 넣고 골고루 잘 섞일 때까지 함께 젓는다. 한쪽에 따로 보관한다. 옥수수 전분과 물을 별도의 작은 볼에 넣고 옥수수 전분이 녹을 때까지 포크로 저어준다.

(3) **벨벳팅**: 냄비에 1L의 물을 넣고 센 불로 끓인 다음, 고기가 뭉치지 않도록 한 번에 한 조각씩 떼어 넣는다. 계속 저어주다가 물이 끓기 시작하면 닭고기가 거의 다 익을 때까지 30~60초 정도 더 끓여준다. 닭고기는 뜰채로 건져 넓은 쟁반에 펼쳐 식히고, 웍의 내용물을 버린 뒤 깨끗이 닦는다.

(4) **조리 전 재료 준비:**

a. **피망과 양파**
b. **마늘과 생강**
c. **쟁반에 펼쳐둔 벨벳 닭고기**
d. **크게 자른 파인애플 통조림과 캐슈넛(사용한다면)**

e. **소스**
f. **전분물**
g. **요리를 담을 접시**

(5) **볶음**: 약간의 기름으로 웍을 닦고 연기가 날 때까지 센 불로 가열한 뒤, 식용유 2테이블스푼을 둘러 코팅한다. 피망과 양파를 넣고 가끔씩 저어주면서 야채가 약간 노릇해질 때까지 약 1분 정도를 볶는다. 웍 중앙에 공간을 만들어 남은 기름 한 스푼을 넣은 다음 마늘과 생강을 넣고 향이 날 때까지 약 30초 동안 젓는다.

(6) 웍에 고기와 파인애플과 캐슈넛(사용한다면)을 넣고, 소스를 저어서 웍 가장자리에 부어준다. 전분물도 저은 다음 추가한다. 소스가 걸쭉해지고 닭고기가 익을 때까지 약 30초를 더 익힌다. 소스가 너무 묽으면 전분물을 추가하고, 너무 걸쭉하면 물을 더 넣어서 농도를 조절하면 된다. 접시에 담아 밥과 함께 제공한다.

산성 테스트

즉석 퀴즈: 슈퍼마켓에서 파는 발사믹 식초와 화이트 와인 중 어느 것이 산도가 높을까?

일반적으로 산도가 높을수록 더 강한 신맛이 날 거라고 생각하지만, 흥미롭게도 신맛과 실제 pH는 그렇게 연관되어 있지 않다. 이는 볶음용 재료나 다른 요리 과정에서 마리네이드의 재료를 구성할 때 알아야 할 중요한 사항이다. 비록 우리 입맛에 그렇게 강한 신맛이 느껴지지 않더라도 산도가 높은 재료로 장기간 마리네이드하면 고기가 질겨질 수 있다.

다음은 빠르고 쉽게 시연할 수 있는 실험이다.

실험 대상 물질

드라이 화이트 와인(예: 소비뇽 블랑)
물
시판용 발사믹 식초
설탕
레몬즙
레드 혹은 화이트 와인 식초

방법

화이트 와인을 조금 맛보고 입을 물로 헹군 다음, 발사믹 식초(고급이 아닌 슈퍼마켓에서 판매하는 표준적인 식초)를 맛보면 어느 것이 더 실까?

이번에는 레몬즙 1테이블스푼에 설탕 1티스푼을 넣고 설탕이 녹을 때까지 젓는다. 증류한 백식초와 맛을 비교해보자. 중간에 물로 입을 헹구는 걸 잊지 말자. 어느 것에서 더 신맛이 나는가?

결과 및 분석

발사믹 식초는 화이트 와인보다 신맛이 강했고, 화이트 와인 식초는 설탕을 넣은 레몬즙보다 신맛이 강했다. 그러나 일반적으로 화이트 와인은 발사믹 식초보다 산성이 높고, 레몬즙은 와인 식초보다 산성이 높다. 왜 더 신맛이 나지 않는 걸까?

신맛과 산도가 심도 있게 연결된 것이 아니기 때문이다. 신맛은 산성도뿐만 아니라 다양한 자극에 근거하여 뇌에서 만들어내는 감각이다. 설탕을 넣은 레몬즙을 먹었을 때처럼, 단맛은 우리의 뇌가 산도로 가는 시선을 분산시키며, 발사믹 식초에서 느꼈던 강력한 향도 비슷한 작용을 한다. 뿐만 아니라 매운맛, 쓴맛, 온도, 심지어 우리의 기분까지도 산도를 인식하는 방식을 바꿀 수 있다.

다양한 산의 상대적 pH를 아는 것은 마리네이드 재료를 구성할 때 유용한 정보이지만, 음식의 맛이 얼마나 좋은지 판단할 수 있는 센서는 여전히 얼굴의 중앙에 있는 세 개의 구멍이다. 입과 두 개의 콧구멍.

스냅피와 레몬-생강 소스를 곁들인 벨벳 치킨
VELVET CHICKEN WITH SNAP PEAS AND LEMON-GINGER SAUCE

분량
4인분

요리 시간
15분
총 시간
40분

재료

벨벳 치킨과 데친 스냅피 재료:

껍질 없는 닭가슴살 450g, 6mm 두께로 채 썬 것
코셔 소금 1티스푼(3g)
소흥주 또는 드라이 셰리주 4티스푼(20ml)
베이킹소다 ½티스푼(2g)
큰 달걀흰자 1개분
전분가루 2티스푼(6g)
다듬은 스냅피 또는 스노우피 450g

소스 재료:

생추간장 또는 쇼유 1테이블스푼(15ml)
소흥주 또는 드라이 셰리주 2테이블스푼(30ml)
저염 치킨스톡 또는 물 ¼컵(60ml)
레몬즙 1테이블스푼(15ml)
참기름 1티스푼(5ml)
설탕 2티스푼(8g)

전분물 재료:

전분 2티스푼(6g)
물 1테이블스푼(15ml)

볶음 재료:

땅콩유, 쌀겨유 또는 기타 식용유 3테이블스푼(30ml)
레몬껍질 4줄기, 야채필러로 길이 5cm 너비 2.5cm
　　로 벗긴 것
다진 마늘 2티스푼(5g)
다진 생강 2티스푼(5g)
스캘리언 3대, 1.5cm 길이로 썰어 4등분한 것
코셔 소금 약간

이 간단한 볶음요리는 벨벳이 닭고기에 미치는 효과를 잘 보여준다. 최소한의 번거로움으로 고기가 촉촉하고 부드러워지는 결과를 얻게 된다. 고기를 사용한 다른 일반적인 볶음요리와는 달리, 이 닭고기 볶음요리는 마이야르 반응에 의한 별다른 색깔이 없고(그래야 한다), 레몬즙으로부터 나오는 상큼한 신맛과 볶은 생강과 신선한 생강을 직접 소스에 첨가함으로써 얻게 되는 약간의 열로 인해 가볍고 깔끔한 맛이 난다.

나는 스냅피의 달콤하면서 아삭한 식감을 좋아해서 이 재료를 사용하지만, 크기와 모양이 비슷한 녹색 채소라면 무엇이든 대체해도 된다. 스노우피, 자른 아스파라거스, 어린 브로콜리(또는 줄기 브로콜리), 양배추가 대체될 만한 주요 재료이다. 생야채를 바로 볶아도 되지만, 더 밝은 녹색과 더 나은 식감을 얻으려면 먼저 소금물에 데쳐야 한다.

요리 방법

① **벨벳 치킨과 스냅피:** 중간 크기의 볼에 닭고기를 넣고 찬물을 고기가 잠길 때까지 부은 뒤 잘 씻긴다. 고운체로 밭치고 손으로 눌러 짜서 물기를 제거한다. 물기를 제거한 닭고기, 소금, 간장, 술, 설탕, 베이킹소다, 달걀흰자, 전분을 볼에다 한꺼번에 넣고 손가락이나 젓가락으로 30초 동안 잘 섞는다. 최소 15분에서 최대 8시간 동안 냉장고에서 재워둔다.

② 작은 냄비나 웍에 소금물을 2L 넣어 팔팔 끓인 뒤 스냅피를 넣는다. 밝은 녹색을 띠면서 아삭한 식감이 될 때까지 약 45초 정도 데친다. 뜰채로 완두콩을 건져 쟁반에 펼쳐서 식힌 후 따로 보관해둔다.

③ 웍에 물을 넣고 다시 센 불로 끓인다. 고기가 뭉치지 않도록 한 번에 한 조각씩 떼어 넣는다. 잘 저어주다가 물이 다시 끓기 시작하면 30~60초 정도 더 끓여서 닭고기를 익힌다. 닭고기를 뜰채로 건지고 쟁반에 펼쳐 식힌다. 웍에 든 내용물은 버리고 깨끗이 닦는다.

④ 소스: 간장, 술, 치킨스톡, 레몬즙, 참기름, 설탕을 작은 볼에 넣고 골고루 잘 섞은 뒤 따로 보관한다. 전분과 물을 별도의 작은 볼에 넣고 전분이 녹을 때까지 포크로 젓는다.

⑤ 조리 전 재료 준비:
a. 레몬 제스트, 마늘, 생강
b. 스캘리언
c. 데친 스냅피
d. 쟁반에 펼쳐둔 벨벳 닭고기
e. 소스
f. 전분물
g. 요리를 담을 접시

⑥ 볶음: 연기가 날 때까지 센 불로 웍을 가열하고 기름을 둘러 코팅한다. 여기에 레몬 제스트, 마늘, 생강을 넣고 향이 날 때까지 약 10초 정도 볶고, 스캘리언과 스냅피와 닭고기를 넣어 잘 섞으며 볶는다. 스냅피가 부드럽고 아삭한 식감이 날 때까지 약 30초를 볶는다.

⑦ 소스를 잘 저어 웍 가장자리에 붓는다. 이후 전분물도 잘 저어서 조금만 붓는다. 소스가 걸쭉해지고 닭고기가 완전히 익을 때까지 약 30초를 더 볶아준다. 소스가 너무 묽다면 전분물을 추가하고, 너무 걸쭉하다면 물을 넣어 농도를 조절한다. 접시에 담아 따뜻한 밥과 함께 제공한다.

피코의 싱겁지만은 않은 치킨
PICO'S NOT-SO-BLAND CHICKEN

분량
4인분

요리 시간
15분
총 시간
30분

재료

닭고기 재료:
껍질 없는 닭가슴살 450g, 6mm 두께로 자른 것
코셔 소금 1티스푼(3g)
소흥주 또는 드라이 셰리주 4티스푼(20ml)
베이킹소다 ½티스푼(2g)
큰 달걀흰자 1개분
전분가루 2티스푼(6g)

소스 재료:
국간장 또는 쇼유 1테이블스푼(15ml)
소흥주 또는 드라이 셰리주 2테이블스푼(30ml)
저염의 수제(또는 시판) 닭고기 육수 또는 물 ¼컵
　(60ml)
설탕 2티스푼(8g)
갓 간 백후추 ¼티스푼(1꼬집)

전분물 재료:
전분가루 2티스푼(6g)
물 1테이블스푼(15ml)

볶음 재료:
땅콩유, 쌀겨유 또는 기타 식용유 3테이블스푼(15ml)
다진 마늘 2쪽(5g)
생강 2쪽, 동전 크기로 잘라 채 썬 것
양송이 또는 표고 버섯 225g, 2mm 크기로 얇게
　자른 것
얇게 썬 통조림 캐슈넛 140g
코셔 소금 약간

내 여동생인 피코는 꽤 뛰어난 가정 주부이다. 날 위해 요리해줄 때도 있고, 정기적으로 요리한 사진을 보내주기 때문에 꽤나 요리를 잘한다는 것을 안다. 하지만 피코도 어렸을 때부터 잘했던 건 아니다. 어렸을 땐 요리에 무관심하면서도 음식 투정은 꽤 심했다.

피코는 아버지가 가끔 만들어주는 볶음요리를 좋아하지 않았다. 아버지가 좋아했던 생강과 바질을 곁들인 소고기 요리가 피코에게는 향이 너무 강했던 것이다 (120페이지에서 그 레시피에 대한 내 견해를 알 수 있다). 그런데 우리 엄마는 고지식한 분이셔서 음식을 남기는 걸 두고 보지 않았고, 억지로라도 모두 먹어야만 했다. 한번은 피코가 억지로 물과 함께 삼키려 했던 캐슈넛 조각이 목에 걸려 구급차를 부를 뻔한 적도 있었다.

그래서 아빠가 '피코의 싱거운 치킨'이라는 요리를 만들었다. 다른 어떤 재료도 넣지 않고 간장만 넣어서 볶는 간단한 닭가슴살 요리이다.

이건 아주 맛이 밋밋한 요리지만, 피코는 아주 좋아했다.

피코도 이제는 성인이다. 피코의 밋밋한 치킨 요리도 좀 더 향상시켜야 할 때가 왔다. 이 레시피는 닭고기의 식감을 위해 약간의 벨벳팅과 조금 더 복잡한 소스(여전히 묽지만), 버섯, 캐슈넛을 추가한 업그레이드 버전이다. 조언을 곁들이자면, 음식을 바로 삼키지 않고 씹어먹음으로써 아삭한 식감을 느낄 수 있는 것 자체가 얼마나 고마운 것인지 알았으면 한다.

피코, 이 책이 출간되고서 일주일 이내에 이 요리의 사진을 보내주길 바란다.

요리 방법

① **닭고기:** 중간 크기의 볼에 닭고기를 넣고 찬물을 고기가 잠길 때까지 부은 다음 잘 씻긴다. 고운체로 밭치고 손으로 눌러 짜서 물기를 제거한다. 물기를 제거한 닭고기, 소금, 간장, 술, 설탕, 베이킹소다, 달걀흰자, 전분을 볼에 한꺼번에 넣고 손가락이나 젓가락으로 30초 동안 잘 섞는다. 최소 15분에서 최대 8시간 동안 냉장고에서 재워둔다.

② **소스:** 간장, 술, 치킨스톡, 설탕, 백후추를 작은 볼에 넣고 골고루 잘 섞어 한쪽에 따로 보관한다. 전분과 물을 별도의 작은 볼에 넣고 전분이 녹을 때까지 포크로 잘 저어준다.

③ **벨벳팅**: 웍에 1L의 물을 넣고 센 불로 가열한다. 고기가 뭉치지 않도록 한 번에 한 조각씩 떼어 넣는다. 잘 저으며 물이 다시 끓기 시작하면 약 30~60초 정도 더 끓여 닭고기를 익힌다. 닭고기는 뜰채로 건져 넓은 쟁반에 펼쳐 식힌다. 웍의 내용물을 버리고 깨끗이 닦아준다.

④ **조리 전 재료 준비**:

a. **으깬 마늘과 생강**   e. **소스**
b. **버섯**   f. **전분물**
c. **쟁반에 펼쳐둔 벨벳 닭고기**   g. **조리된 재료를 위한 빈 용기**
d. **캐슈넛**   h. **요리를 담을 접시**

⑤ **볶음**: 연기가 날 때까지 센 불로 웍을 가열하고 기름을 둘러 코팅한다. 그 후 마늘과 생강을 넣고 15초간 볶는다. 버섯을 넣은 뒤 수분이 거의 다 날아가고 색이 날 때까지 약 4분간 볶아준다.

⑥ 웍에 닭고기와 캐슈넛을 넣고 계속 저어주며 볶는다. 소스는 웍 가장자리로 붓고 이후 전분물도 잘 저어준 뒤 살짝 붓는다. 소스가 걸쭉해지고 닭고기가 완전히 익을 때까지 볶아준다. 소스가 너무 묽으면 전분물을 추가하고, 너무 걸쭉하다면 물을 넣어 농도를 조절한다. 접시에 담아 따뜻한 밥과 함께 제공한다.

절인 고추와 당근을 곁들인 닭고기볶음
SHREDDED CHICKEN WITH PICKLED CHILES AND CARROTS

분량
4인분

요리 시간
30분

총 시간
45분

NOTES

절인 고추 개수로 매운맛을 조절한다. 절인 고추 대신에 태국고추 6개와 양조 식초(또는 쌀식초) 1테이블스푼(15ml)으로 대체할 수 있다. 레시피대로 만들면 꽤 매울 수 있다! 매운 걸 싫어한다면 고추를 빼고 동량의 식초를 넣으면 된다. 진강식초가 아니라 저렴한 발사믹 식초를 사용해도 괜찮다. 카우혼이나 풋고추는 아시아 슈퍼마켓에서 흔히 찾을 수 있는 초록색의 고추를 말한다(아나헤임, 포블라노, 할라피뇨로 대체할 수 있다). 덜 매운 요리를 위해 녹색 피망을 사용해도 좋다.

두반장을 제대로 볶으면 웍 속의 기름이 새빨간 다홍색을 띤다.

피코의 싱겁지만은 않은 치킨(80페이지)은 이름처럼 꽤나 간간하지만, 이번에 소개할 요리는 꽤나 강렬한 편이다. 어향육슬(생선향의 돼지고기라는 뜻)이라는 요리를 바탕으로 하는데, 진짜 생선 냄새가 난다는 게 아니고, 쓰촨에서 생선 요리에 주로 쓰는 맵고 시고 단 양념을 사용했기 때문이다. 쓰촨에서는 어향육슬(이 레시피도 닭고기 대신 돼지고기를 사용해도 된다)이나 *어향가지*(191페이지 참고) 같은 요리가 매우 흔하다. 요리 과정을 간단하게 설명하자면, 얇게 채 썬 닭고기를 벨벳팅하고, 절인 고추, 식초, 설탕, 생강, 마늘로 만든 소스와 함께 볶는다. 아주 맛있고 만들기 쉬운 요리이다.

생고추를 사용해도 되지만, 절인 고추를 사용하는 게 전통이다. 절인 고추가 은은한 매운맛을 내 주어 요리에 잘 어우러진다. 중국 슈퍼마켓이 아니면 절인 고추를 찾기 어려우니 직접 만들어도 괜찮다. 만들기도 쉽고, 냉장고에서 아주 오랜 기간 보관할 수 있다. 크기가 작은 태국 고추가 가장 좋지만, 프레스노, 붉은 할라피뇨, 붉은 세라노 고추 등 붉은색의 매운 고추라면 모두 괜찮다.

두반장은 브로드빈과 고추를 발효시켜 만드는 쓰촨식 양념(13페이지 참고)이다. 볶음요리를 할 때 태국의 커리페이스트나 인도의 커리 분말처럼 사용하면 된다. 요리 전 두반장을 뜨거운 기름에 넣고 기름이 붉게 물들 때까지 볶아서 사용한다. 이렇게 하면 볶음요리에 복잡한 풍미가 더해지며 음식에 전체적으로 잘 어우러진다.

요리를 효과적으로 하려면, 다른 재료를 손질하기 전에 닭고기를 먼저 양념하는 것이 좋다.

재료

닭고기 재료:

6mm 두께로 채 썬 닭가슴살 또는 돼지등심

코셔 소금 1티스푼(3g)

소흥주 혹은 드라이 셰리주 4티스푼(20ml)

베이킹소다 ½티스푼(2g)

큰 달걀흰자 1개 분량

전분가루 2티스푼(6g)

소스 재료:

절인 고추 1~6개와 그 국물 1테이블스푼
　　(15ml, NOTES 참고)

소흥주 혹은 드라이 셰리주 2테이블스푼(30ml)

설탕 1테이블스푼(12g)

생추간장 또는 쇼유 2티스푼(10ml)

진강식초 1테이블스푼(15ml, NOTES 참고)

전분물 재료:

전분가루 2티스푼(6g)

물 1테이블스푼(15ml)

볶음 재료:

땅콩유, 쌀겨유 또는 기타 식용유 3테이블스푼(45ml)

길게 채 썬 중간 크기의 당근 1개(120g)

사선으로 얇게 채 썬 풋고추 1개(NOTES 참고)

얇게 채 썬 죽순 120g

다진 마늘 2티스푼(5g)

다진 생강 2티스푼(5g)

스캘리언 2대, 5cm 크기로 썰고 4등분한 것

두반장 2테이블스푼(20g)

가니쉬 용도의 고수 한 움큼

요리 방법

①　**닭고기:** 중간 크기의 볼에 고기를 넣고 찬물을 고기가 잠길 때까지 부은 다음 잘 씻긴다. 고운체로 밭치고 손으로 눌러 짜서 물기를 제거한다. 고기를 다시 볼에 넣고, 소금, 술, 베이킹소다, 달걀흰자, 전분가루를 한꺼번에 넣는다. 손이나 젓가락으로 30초간 잘 버무린 뒤 냉장고에서 최소 15분에서 최대 8시간까지 숙성시킨다.

②　**소스:** 절인 고추, 술, 설탕, 간장과 식초를 볼에 넣고 잘 저어 따로 보관해둔다. 전분가루와 물을 별도의 볼에 섞은 뒤 포크로 섞는다.

③　**벨벳팅:** 웍에 물을 1L 붓고 센 불로 가열한 뒤 고기가 뭉치지 않도록 한 번에 한 조각씩 떼어 넣는다. 잘 저으며 물이 끓기 시작하면 30초에서 1분을 더 끓여 닭고기를 익힌다. 닭고기를 뜰채로 건져 넓은 쟁반에 펼치고 식혀준다. 웍의 내용물은 버리고 깨끗이 닦는다.

④　**조리 전 재료 준비:**

a.　**당근, 고추, 죽순**　　　　　e.　**소스**

b.　**생강, 마늘, 스캘리언**　　　f.　**전분물**

c.　**두반장**　　　　　　　　　g.　**요리를 담을 접시**

d.　**쟁반에 펼쳐둔 벨벳 닭고기**

⑤　**볶음:** 연기가 날 때까지 센 불로 웍을 가열하고 기름 2테이블스푼을 둘러 코팅한다. 당근, 고추, 죽순을 넣고 야채가 아삭하면서도 부드러워질 때까지 약 1분 정도 익힌 다음 닭고기를 둔 쟁반으로 옮겨 담는다.

⑥　웍을 닦아내고 다시 연기가 날 때까지 가열한 뒤 기름 1테이블스푼을 둘러 웍을 코팅한다. 마늘, 생강, 스캘리언을 넣고 향이 날 때까지 약 10초를 볶은 뒤 두반장을 넣는다. 기름이 분리되며 선홍빛이 날 때까지 30초 정도 더 볶는다. 닭고기와 야채를 웍에 넣어 기름이 잘 코팅되도록 섞는다.

⑦　소스를 웍 가장자리로 붓고, 전분물도 잘 저은 뒤 살짝 붓는다. 소스가 걸쭉해지고 닭고기가 익을 때까지 약 30초를 볶는다. 소스가 너무 묽다면 전분물을 추가하고, 너무 걸쭉하면 물을 넣어 농도를 조절한다. 접시에 담아 따뜻한 밥과 함께 제공한다.

고추절임
PICKLED CHILES

분량
¾컵

요리 시간
5분

총 시간
10분

재료

타이버드, 프레스노, 카이엔 등의 붉은색 매운 고추
    85g, 윗부분을 제거해 속이 보이게 한 것
마늘 2쪽(5g)
양조식초 ½컵(120ml)
코셔 소금 2티스푼(12g)

빠르고 간편하게 고추를 절이는 방법을 소개한다. 소금을 넣은 식초와 고추를 불 위에 올리고 5분 정도 가열한다. 이게 끝이다. 고추가 확실하게 절여지도록 윗부분을 제거하면 좋다. 식초가 속까지 배어들기 쉬워진다. 고추는 물 위로 떠오르는 성질이 있기 때문에 식는 과정에서 윗부분이 물 밖으로 삐져나올 수 있다. 이를 방지하기 위해서는 키친타월을 접어 표면에 올려두면 된다.

매운 고추를 만지고 난 뒤에는 손과 작업한 공간을 깨끗이 정리하는 걸 잊지 말자. 캡사이신 성분에 민감하다면 비닐장갑을 끼는 걸 추천한다.

요리 방법

모든 재료를 작은 냄비에 넣고 살짝 끓어오를 정도로 가열한다. 내열성 용기에 옮겨 담은 뒤, 내용물이 잠기도록 키친타월을 접어서 위쪽에 올려둔다(고추들이 그래도 삐져나올 수 있지만, 식초로 젖은 키친타월이 고추들을 덮고 있는 상태라면 문제 없다). 약 5분만 숙성해도 바로 사용할 수 있다. 보관을 위해서는 밀폐된 용기에 옮겨 담아 냉장고에 보관하면 된다.

불타는 매운맛: 고추와 스코빌 지수에 대하여

고추의 매운맛은 *캡사이신*이라는 화학물질에서 비롯된다. 캡사이신은 0에서부터(피망) 속이 타들어가는 지옥의 매운맛까지 다양하다. 특히 최근에는 고추를 재배하는 농가들이 캡사이신 함량이 몇 배나 높은 개량 품종을 생산하는 일이 늘고 있다.

고추에는 태좌라고 하는 씨앗을 둘러싼 흰 부분에 캡사이신이 특히나 많다. 과학자들이 말하길 캡사이신은 고추들이 씨앗까지 모조리 먹어버리는 포유류에 대항하기 위해 진화한 결과라고 한다. 새나 파충류는 고추의 매운맛을 느끼지도 않고, 씨앗을 소화하지 못하고 배출시키기 때문에 고추의 자손 번식에 도움을 준다. 캡사이신은 진균제나 살충제로써의 효과도 있어서 고추들이 곰팡이에 감염되거나 해충에게서 피해를 당하는 걸 막아주는 역할도 한다.*

매운 고추를 먹었을 때 느끼는 감각은 달거나 신 음식을 먹었을 때 느끼는 것과는 사뭇 다르다. 캡사이신은 우리가 뜨거운 물체에 반응할 때와 같은 통증 수용체들을 자극시킨다. 말 그대로, 우리의 몸은 '데였다'고 생각한다는 것이다. 다행히도 실제 화상과는 다르게 우리의 신경을 손상시키진 않는다.

고추의 매운맛을 스코빌 지수로 나타내는데, 현대에 이르러서는 화학적 계산을 통해 표현하지만, 1912년 Wilbur Scoville에 의해 처음 만들어졌을 때는 인간의 감각에 의존해 표현했다. 건조된 고추 일정량을 알코올에 용해시킨 뒤에 실험자들이 더 이상 매운맛을 느끼지 못할 때까지 설탕물을 넣어가며 맛을 보는 방식이었다. 이때 설탕물이 얼마나 들어갔느냐를 나타내는 척도가 *스코빌 지수*였다.

오른쪽 표는 일반적으로 볼 수 있는 고추들의 스코빌 지수이다. 테이스팅 노트나 다른 고추들에 대해서도 조금 더 자세히 알아보고 싶다면 웹사이트 chilipeppermadness.com를 참고하면 된다.

---

* 고추 재배자들은 이 사실을 이용하여 고추에 곤충 성분이 함유된 비료를 준다. 이러면 고추들은 자신이 곤충에게 공격당하고 있다고 믿어서 캡사이신을 더 많이 함유한 고추가 된다.

고추 이름	판매 형태	스코빌 지수
피망	생고추	0
바나나 고추	생고추	0~500
노라 고추	마른 고추	0~500
시시토 고추(꽈리고추)	생고추	50~1,000
파드론 고추	생고추	0~2,500
페페론치노	절인 고추	100~500
레드 아나헤임 고추	생고추	500~1,500
포블라노 고추	생고추(마른 형태는 안쵸라고 한다.)	500~2,500
물라토 고추	마른 고추	500~2,500
페파듀 고추	절인 고추	1,000
그린 아나헤임 고추	생고추	1,000~1,500
안쵸 고추	마른 고추	1,000~1,500
파실라 네그로 고추	마른 고추	1,000~2,000
카스카벨 고추	마른 고추	1,000~3,000
카우혼 고추	생고추	2,500~5,000
구아질로 고추	마른 고추	2,500~5,000
할라피뇨 고추	생고추	2,500~8,000
치폴레 고추	마른, 혹은 통조림된 고추	2,500~8,000
고춧가루	마른, 분말형태의 고추	5,000~8,000
레드 프레스노 고추	생고추	2,500~10,000
푸야 고추	마른 고추	5,000~8,000
헝가리안 왁스 고추	생고추	5,000~15,000
아지 아마릴로 고추	생고추	5,000~2,5000
우르파 비버 고추	마른 고추	7,500
카스카벨 고추	마른 고추	8,000~12,000
쓰촨 고추	생 혹은 마른 고추	10,000~20,000
세라노 고추	생고추	10,000~23,000
아볼 고추	마른 고추	15,000~30,000
자포네스 고추	마른 고추	15,000~36,000
타바스코 고추	타바스코 소스	30,000~50,000
카이엔 고추	생 혹은 마른 고추	30,000~50,000
페퀸 고추	마른 고추	40,000~50,000
페이싱 헤븐 고추	마른 고추	50,000~75,000
타이버드 고추(버드아이 고추)	생 혹은 마른 고추	50,000~100,000
하바네로 고추	생 혹은 마른 고추	100,000~200,000
스카치 보넷 고추	생 혹은 마른 고추	75,000~325,000
고스트 고추	생 혹은 마른 고추	300,000~400,000
캐롤리나 리퍼	생 혹은 마른 고추	2,200,000
순수 캡사이신	N/A	16,000,000

* 시시토 고추(꽈리고추)와 파드론 고추는 독특하다. 보통은 매운맛이 전혀 없지만 꽤나 매운 개체들이 종종 나타난다. 먹어보지 않고서는 매운지 아닌지 알 수 없다. 마치 고추계의 러시안 룰렛같다.

당근이나 감자 같은 단단한 야채를 볶음요리용으로 써는 방법

고등학생 시절 급식을 먹을 때나 대학생 시절 학생식당에서 식사할 때, 들어있던 당근은 어김없이 냉동된 크링클컷 당근이었다. 브로콜리, 버섯, 피망, 영콘과 함께 포장되어 '오리엔탈 믹스'라고 표기된 제품이었다. 이제 우리가 직접 썰어보자.

당근, 감자, 죽순처럼 단단한 야채들은 얇고 길게 채 썰면 볶음요리에 활용하기에 좋다(애호박도). 지금부터 어떻게 하는지 방법을 알아보자.

STEP 1 · 껍질 벗겨 손질하기

당근 껍질을 벗기고, 5~8cm 길이로 썬다.

STEP 2 · 안정한 표면 만들기

날카로운 칼로 한쪽 면을 살짝 썰어주면 당근이 흔들리지 않고 표면에 붙어 있게 된다.

STEP 3 · 판자 모양으로 썰기

당근이 흔들리지 않고 표면에 잘 붙어 있다면, 날카로운 칼을 사용해서 3mm 두께의 판자 모양으로 썬다. 혹은 강판을 사용해도 좋다.

STEP 4 · 성냥개비 모양으로 썰기

판자 모양 당근 몇 개를 겹친 뒤, 길이가 긴 방향으로 성냥개비 모양이 되도록 썬다.

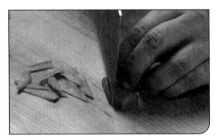

칼질이 어렵거나 성질이 급한 사람은 그냥 당근을 반으로 자른 뒤 대각선으로 얇게 잘라줘도 된다. 모양이 예쁘진 않아도 요리에 쓰기엔 별 문제가 없다.

매운맛을 이겨내는 방법

다들 이런 경험이 한 번쯤은 있을 것이다. 삼촌이 중국 식당에서 주방장에게 최대한 맵게 해달라고 요청했다가, 식당 한복판에서 기절한 것이다. 칭따오 맥주를 한입 마신 뒤 먹은 매운 음식이 삼촌을 곧장 기절시켜 버렸다. 앰뷸런스의 사이렌 소리를 듣고 겨우 정신을 차린 삼촌은 앰뷸런스를 타기 싫다고 도망쳤었다.

한번은 이런 일도 있었다. 콜롬비아에 있는 친구 집에 가서 마당에 있는 신기하게 생긴 고추를 한입 베어 물었다가 수돗가로 뛰어가 입에 호스를 한참 물고 있었다(콜롬비아 음식은 대부분 맵지 않은 편이다).

수돗가 호스와 앰뷸런스 사이렌도 좋은 방법이지만, 고추를 먹고 너무 매울 때 어떻게 대처할 방법은 없는 걸까? 우유를 마시면 좋다는 말도 들어봤을 텐데, 왜일까?

고추의 매운맛 성분인 캡사이신은 소수성 물질이다. 그렇다. 물에 녹지 않는다. 지용성 물질인 캡사이신을 없애기 위해 물을 마시는 건, 손에 묻은 바세린을 비누 없이 물로만 닦는 것과 같다. 그냥 말도 안 되는 것이다. 지방 성분이 많은 우유(무지방 우유는 불가)가 매운맛을 없애는 데 큰 도움이 된다. 크림을 마시면 더 좋다. 개인적인 테스트 끝에(과학을 위한 희생) 크리미한 그릭 요거트가 가장 괜찮은 대처라는 걸 알아냈다. 썩 좋은 기분은 아니지만 가장 효과 있는 방법은 올리브유로 입을 헹구는 것이었다.

1.2 돼지고기 볶는 방법

돼지고기는 부위마다 식감, 지방 분포, 맛 등이 다르기 때문에 조리 방법도 달리해야 한다. 빠른 조리를 자랑하는 볶음요리는 부드러운 부위를 편이나 채로 썰어 사용한다. 조금 질긴 어깨나 앞다리살(butt)*, 혹은 뒷다리나 갈빗살은 빠르게 요리하면 부드러워지지 않고 질긴 식감이 난다. 이런 부위들은 고기를 갈거나 다져서 근섬유를 잘게 잘라내는 방식 혹은 장시간 조리해서 부드럽게 만드는 방법을 사용하는 것이 좋다.

그래서 볶음요리에 사용할 수 있는 부위는 다음과 같다.

- **포크 로인(Pork loin; 허릿살)**은 옅은 색을 띠고, 지방이 적고 부드러워 구이용으로 많이 쓰인다. 구하기도 쉽고 손질하기도 쉽다. 너무 많이 익히지만 않는다면 여러 레

시피에 두루 사용이 가능하다.

- **포크 서로인(Pork sirloin; 등심)**은 살짝 더 어두운 색을 띠고, 지방과 근막이 조금 더 많다. 그래도 꽤나 부드럽다. 내가 볶음요리할 때 가장 좋아하는 부위이기도 하다.
- **컨트리 스타일 립(Country-style ribs)**은 사실 갈비가 아니다. 어깨 쪽의 등심부위로 어깻살과 등심이 섞여있다. 이 부위는 육즙이 풍부하고 풍미도 좋지만, 지방과 근막이 꽤나 섞여있다. 지방과 근막이 가끔 씹혀도 괜찮다면 등심과 같은 방식으로 손질하면 되지만, 이런 부분이 걱정된다면 제거하고 요리하면 된다.
- **텐더 로인(Tenderloin; 안심)**은 척추뼈 안쪽에 있는 돼지고기 중에서 기름기가 가장 적고 부드러운 부위이다. 대부분의 볶음요리에 사용할 수 있지만, 다른 부위보다 가격이 비싸고 퍽퍽해지기 쉽다. 그래서 나는 선호하지 않는다.
- **다짐육**은 야채나 면, 두부, 미트볼 등의 요리에 사용하거나 만두나 딤섬의 재료로 사용할 수 있다. 지방이 많은 다짐육은 만두의 재료로 사용하기 좋고, 지방이 적은 다짐육은 볶음요리에 사용하기 좋다.

닭고기만큼 기름기가 적은 돼지고기는 요리하기 전에 양념에 재워놓거나(47페이지) 벨벳팅(72페이지)한 뒤 사용하는 것이 좋다. 돼지고기는 일반적인 마리네이드 재료에 베이킹소다를 추가하면 더욱 부드럽게 만들 수 있다(117페이지 '베이킹소다 및 딥 티슈 마사지' 참고).

---

* butt(엉덩이)라는 단어 때문에 헷갈릴 수 있다. 하지만 돼지의 앞다릿살 혹은 어깻살을 영어로 pork butt라고 부르기도 한다. 옛날 돼지 가공업으로 유명한 뉴-잉글랜드 지역의 도축 및 손질 기술 때문에 붙여진 이름이라고 한다. 돼지 뒷다리도 pork ham이라는 이름으로 팔리곤 한다.

볶음요리를 위한 돼지등심 손질 방법

닭고기와 마찬가지로 돼지고기도 얇게 썰거나 채 썰거나 깍둑 썰어 사용한다. 다음 방법을 따라 해보자. 기본적인 방법은 부위와 상관 없이 비슷하다. 근막이 많은 컨트리 스타일 립을 사용한다면, 겉에 붙은 지방 덩어리들을 미리 제거하고 손질하면 된다.

STEP 1 · 결 파악하기

허릿살, 안심, 등심은 길게 근섬유가 이어지는 것을 볼 수 있다. 컨트리 스타일 립의 경우는 근섬유 반대방향으로 잘려서 나오기 때문에 굳이 고기 결을 파악하지 않아도 된다.

STEP 2 · 고기 자르기

편 썰기: 세로 방향, 약 4cm 두께로 썬다.

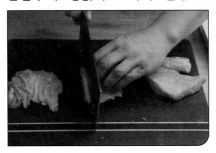

각 덩어리들을 결 반대방향으로, 6mm 두께로 썬다.

채 썰기: 위와 같은 편을 몇 개 쌓은 뒤, 성냥개비 모양으로 썬다(가로와 세로 6mm, 길이 40mm).

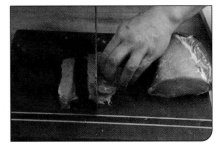

깍둑 썰기: 결 반대 방향으로 1.3cm 두께로 썬다.

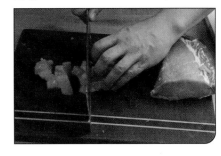

한 번에 1~2개 덩어리를 겹쳐 두고, 1.3cm 두께로 길게 썬 다음 90도 돌려 다시 1.3cm 두께로 썬다.

얇게 썬 돼지고기와 부추볶음:
볶음요리계 담백함의 대명사

볶음요리는 담백하지 않다고 생각하는 게 일반적이다. 푸드코트에서 맛보는 볶음요리들은 맵고 시고 단 소스로 범벅이다. 볶음요리뿐만 아니라 매체에 소개되는 음식들은 모두 강렬한 맛을 지니고 있다. 식당의 모든 레시피와 재료가 여러분의 첫입부터 강렬한 한방을 느끼도록 만들어지고 있다. 물론 나도 강렬하고 직관적인 맛을 좋아하지만, 담백한 음식을 즐길 때도 있어야 하는 법이다. *충칭식 프라이드치킨*(441페이지)을 며칠씩 먹는다고 질리지 않을 수도 있지만, *완벽하게 데친 닭가슴살*(565페이지)에 흰밥을 곁들일 때 비로소 "이 맛이구나!"할 때도 있다는 말이다.

나도 가끔은 스테이크에 블루치즈와 호스래디시를 곁들이지만, 보통은 소금과 후추만 뿌려 먹는 것이 좋다. *Abbey Road*의 복잡한 사운드를 좋아하지만, 가끔은 *A Hard Day's Night*의 단순한 사운드를 감상하고 싶듯이.

이처럼 모든 볶음요리가 강렬한 맛을 내야 한다는 법은 없다. 지금 만들어 볼 얇게 썬 돼지고기와 부추볶음이 그 좋은 예시이다. 얇게 썬 돼지고기를 평범한 양념에 백후추와 베이킹소다를 더해 마리네이드하고, 노란부추와 부추꽃대(90페이지 NOTE 참고), 몇 가지 향신채, 간장과 술을 더해 볶아내는 간단한 요리이다. 이게 끝이다.

얇게 썬 돼지고기와 부추볶음
SLICED PORK WITH CHIVES

분량
4인분

요리 시간
20분
총 시간
30분

NOTE

노란부추와 부추꽃대는 아시아 식품점에서 쉽게 찾을 수 있으며 리크, 양파, 샬롯으로 대체할 수도 있다. 리크를 사용한다면 아래쪽 뿌리 부분과 초록색 부분을 제거한 뒤 흰 부분을 6mm 두께의 길쭉한 모양으로 썰면 된다. 양파나 샬롯은 위와 아랫부분을 제거한 뒤 껍질을 벗기고 반으로 잘라 세로 방향으로 채 썰면 된다.

재료

닭고기 재료:

돼지고기 허릿살 450g, 5cm 두께의 성냥개비 모양으로 썬 것

설탕 ¼티스푼(2g)

갓 간 백후추 ¼티스푼(1g)

소흥주 혹은 드라이 셰리주 1티스푼(5ml)

생추간장 또는 쇼유 1티스푼(5ml)

참기름 1티스푼(5ml)

베이킹소다 ½티스푼(2g)

전분가루 1티스푼(3g)

소스 재료:

갓 간 백후추 ½티스푼(2g)

소흥주 1½테이블스푼(25ml)

생추간장 또는 쇼유 1½테이블스푼(25ml)

볶음 재료:

땅콩유, 쌀겨유 또는 기타 식용유 3테이블스푼(45ml)

5cm 길이로 자른 노란부추 100g

5cm 길이로 자른 부추꽃대 혹은 부추 100g

코셔 소금 약간

다진 마늘 2티스푼(5g)

다진 생강 2티스푼(5g)

요리 방법

① **돼지고기:** 중간 크기의 볼에 고기를 넣고 찬물을 고기가 잠길 때까지 부은 다음 잘 씻긴다. 고운체로 밭치고 손으로 눌러 짜서 물기를 제거한다. 고기, 설탕, 백후추, 술, 간장, 참기름, 베이킹소다, 전분을 같은 볼에 넣고 손이나 젓가락으로 30초간 잘 버무려준다. 실온에 15분 정도 놓아둔다.

② **소스:** 백후추, 술, 간장을 작은 볼에 넣고 섞는다. 한쪽에 따로 보관해둔다.

③ **조리 전 재료 준비:**

a. 노란부추와 부추꽃대   d. 소스

b. 양념된 돼지고기   e. 조리된 재료를 위한 빈 용기

c. 마늘과 생강   f. 요리를 담을 접시

④ **볶음:** 웍에서 연기가 날 때까지 센 불로 가열하고 기름 1테이블스푼을 팬에 둘러 코팅한다. 노란부추와 부추꽃대를 넣고 볶아 주며, 색이 나고 살짝 부드러워질 때까지 1분 정도 익히고 소금으로 간을 한다. 그 후 큰 볼로 옮겨 담아 둔다.

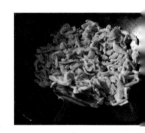

⑤ 웍을 닦은 뒤 다시 센 불에 놓고 연기가 날 때까지 달군다. 기름 1테이블스푼을 둘러 웍을 코팅한 뒤 돼지고기 절반을 겹치지 않게 넣고, 노릇노릇해질 때까지 45초 정도 섞지 않고 익힌다. 이어서 30초 정도 섞어주며 살짝 익힌 뒤 부추가 있는 볼로 옮겨 담는다.

⑥ 웍을 닦고, 다시 센 불에 놓아 연기가 날 때까지 달군다. 나머지 기름 1테이블스푼을 넣어 웍을 코팅한다. 나머지 돼지고기도 겹치지 않도록 넣고 노릇노릇해질 때까지 45초 정도 섞지 않고 익힌다. 이어서 30초 정도 섞어주며 살짝 익힌 뒤 빼놓았던 돼지고기와 부추를 넣고 웍 중앙에 공간을 만든다. 마늘과 생강을 그 중앙 공간에 넣고 잘 섞어가며 향이 나도록 30초 정도 익힌다. 소스를 넣고 잘 섞이도록 웍을 흔들어 주며 소금으로 간을 조절한다. 접시에 옮겨 담고 제공한다.

돼지고기 김치볶음
STIR-FRIED KIMCHI PORK

분량
4인분

요리 시간
20분
총 시간
30분

NOTES

고추장 대신에 삼발올렉이나 스리라차 같은 아시아 칠리 소스를 사용해도 맛있는 음식이 완성된다. 없으면 생략해도 괜찮다. 한국에서는 이 요리를 아시아 시장에서 쉽게 찾을 수 있는, 얇게 썬 신선한 삼겹살로 만든다. 삼겹살을 두껍게 썰면 너무 질겨서 먹기 힘들기 때문에 적당히 얇아야 한다. 많은 부위를 다양하게 파는 서양 슈퍼마켓이라면 정육점 카운터에 삼겹살을 얇게 잘라달라고 부탁하면 된다. 얇게 썬 돼지등심을 써도 괜찮다.

재료
닭고기 재료:
삼겹살 450g, 2.5~5cm 크기로 얇게 썬 것(NOTE 참고)
고추장 1테이블스푼(15ml, NOTES 참고)
생추간장 또는 쇼유 1티스푼(5ml)
참기름 1티스푼(5ml)
설탕 1티스푼(4g)
베이킹소다 ¼티스푼(1g)
옥수수 전분 ½티스푼(1.5g)

볶음 재료:
김치와 김칫국물 225g
땅콩유, 쌀겨유 또는 기타 식용유 3테이블스푼(45ml)
중간 크기의 양파 1개(180g), 6mm 크기로 자른 것
6mm 크기로 어슷하게 썬 할라피뇨, 세라노 또는 차이니즈 카우혼 1개
참기름 1티스푼(선택사항)
코셔 소금과 후추

앞에서 소개한 "얇게 썬 돼지고기와 부추볶음"의 반대쪽 끝에 있는 것이 바로 제육볶음이라고 알려진 한국의 고전 요리인 돼지고기 김치볶음이다. 이 요리는 매우 맛있는 재료 하나(김치!)에 의존하여 요리 내 대부분의 풍미를 얻어서 다른 향료는 거의 필요하지 않은 마법의 레시피이다. 제육볶음의 전통적인 조리법은 돼지고기 양념에 아시아 배 또는 배즙을 사용해 고기를 숙성시키는 것이다. 이는 단맛을 줄 뿐 아니라 연화작용의 효과도 있다. 하지만 여기서 소개하는 레시피를 개발할 때는 가능한 간단하게 만드는 것을 목표로 했다.

양념은 고추장(한국발효고추장, 14페이지 참고)에 약간의 간장을 섞었을 뿐이다. 아시아 배 대신에 설탕을 살짝만 사용하여 단맛을 내고, 배에 들어있는 효소 대신에 베이킹소다를 사용해 연화작용을 이끌었다. 한국의 대표적인 맛인 참기름과 후추도 등장한다.

이 요리는 김치맛에 크게 의존하기 때문에 맛있는 가게에서 사온 김치를 사용하거나 직접 만드는 것이 중요하다. 이 요리에서 중요한 건 볶음을 시작하기 전에 김치의 물기를 잘 빼는 것이다. 젖은 김치는 웍에서 김을 발생시키고, 이것 때문에 고기가 너무 익어 야채가 흐물흐물해진다. 용기 위에다 고운체를 두고, 그 안에 김치를 담아 맨손으로 꾹꾹 눌러준다. 국물은 마지막 단계에서 다시 활용하니 버리지 말고 따로 보관해둔다.

요리 방법

① **돼지고기:** 중간 크기의 볼에 고기를 넣고 찬물을 고기가 잠길 때까지 부은 다음 잘 섞어준다. 고운체로 밭치고 손으로 눌러 짜서 물기를 제거한다. 물기를 제거한 고기, 고추장, 간장, 참기름, 설탕, 베이킹소다, 옥수수 전분을 같은 볼에 넣고 손이나 젓가락으로 잘 버무린다. 실온에서 15분간 따로 보관하거나 냉장고에 최대 8시간 보관한다.

② **김치 물기 빼기:** 볼 위에 고운체를 놓고 김치를 담는다. 꼭꼭 눌러 물기를 최대한 빼내고 김치와 김칫국물을 따로 보관한다. 약 ½컵(120ml)의 국물이 있어야 한다. 이것보다 적어도 괜찮지만 많으면 버려야 한다.

③ 조리 전 재료 준비:

a. 양념된 돼지고기

b. 물기가 제거된 김치와 양파

c. 손질한 고추

d. 김칫국물

e. 깨소금

f. 조리된 재료를 위한 빈 용기

g. 요리를 담을 접시

④ 볶음: 웍에서 약간의 연기가 날 때까지 센 불로 가열하고 기름 1테이블스푼 (15ml)을 둘러 웍을 코팅한다. 절반의 돼지고기를 겹치지 않게 놓고 노릇노릇해질 때까지 45초 정도 뒤집지 않고 그대로 익힌다. 약 30초 동안 돼지고기가 타지 않도록 웍을 돌려가며 뒤섞다가 볼에 옮긴다. 웍을 닦고 기름은 더 붓고 남은 돼지고기를 이용해 과정을 반복한다. 앞에서 구웠던 고기를 담은 볼로 옮긴다.

⑤ 웍을 닦고 약한 연기가 날 때까지 센 불로 가열한 뒤 나머지 1테이블스푼 (15ml)의 기름을 추가해서 웍을 코팅한다. 물기를 뺀 김치와 채 썬 양파를 넣고, 양파가 살짝 부드러워지고 야채에 윤이 날 때까지 1분가량 저어가며 볶는다. 얇게 썬 고추를 넣고 약 30초 동안 향이 날 때까지 저어가며 볶는다.

⑥ 다시 웍에 돼지고기를 넣고 김칫국물을 넣는다. 김칫국물이 졸여져 건조해지지만, 광택이 날 때까지 계속 볶는다. 참깨를 사용한다면 지금 넣으면 된다. 간은 후추 듬뿍 소금 약간(김치가 짜면 소금은 필요 없을 수 있다). 접시에 담아 음식을 내면 완성이다.

Joyce Chen: 미국식 중화요리의 대모

1985년에 개업했고 매사추세츠주 케임브리지에 소재한 *Joyce Chen* 레스토랑은 미국 최초의 중국북부식 레스토랑 중 하나였다. (당시 중국 레스토랑은 광동요리가 지배적이었다. 1850년대 부터 뉴욕은 미국식 광동요리의 고향이라 불렸으며, 샌프란시스코에서도 광동요리가 대중화되었다.) 617 콩코드 애비뉴에 위치한 그녀의 레스토랑 덕에 케임브리지 사람들은 북경오리, 무슈포크, 맵고 새콤한 수프, 군만두(Joyce가 '북경 라비올리'라는 용어를 만듦), 완탕 수프 등의 이제는 어디서나 접할 수 있는 유비쿼터스 요리를 맛본 최초의 미국인이 되었다.

당시 케임브리지에 살고 계셨던 부모님도 이 레스토랑의 음식을 맛보시곤 주방에 있던 *Joyce Chen Cook Book*을 집어 들고 요리하셨다. 점차 책은 너덜너덜해졌고 기름얼룩은 늘어갔다. 나는 너무 어려서 그 레스토랑에서 식사한 적은 없었지만, 그 요리들을 한눈에 알아볼 수 있다.

최근에 그 책(절판됨)을 훑어봤는데, 집 식탁에서 먹었던 요리들을 즉시 알아볼 수 있었다. 아빠가 동생을 위해 만들어준 벨벳 치킨(80페이지 참고)도 있고, 엄마의 간장 소스에 완두콩과 함께 볶은 프랭크 스테이크(120페이지에 내 버전을 소개한다)도 있다. 엄마는 소고기 조각을 MSG 포장 소스에 담가 바삭하고 쫄깃할 때까지 튀겼다(436페이지 참고). 그리고 충칭포크도 있었다.

책을 넘기다 엄마가 만들어주던 잊히지 않는 충칭포크 페이지를 발견했다. 나는 그걸 먹는 날이면 저녁이 너무나 두려웠다. 그 마른 고기가 얼마나 단단했던지… 나는 엄마가 항상 요리에 등심을 사용하는 게 우리의 건강을 위해서라고 생각했는데, 132페이지에서 '1파운드(450g) 돼지고기 살코기'라고 적힌 걸 보고야 말았다. 충격적인 사실은 이 요리는 쓰촨식으로 고기를 두 번이나 조리한다는 점이다. 따라서 더 기름진 삼겹살이나 어깻살로 만드는 것이 일반적인 요리이다. (95페이지에서 내 하이브리드 버전을 소개한다.)

이런 부분이 이 책에서 발견할 수 있는 매력적인 시대착오 중 하나이다. 이 책의 서문을 쓴 유명한 심장 전문의인 Paul Dudley White의 글에서 찾을 수 있듯이, 당시에는 지방이 적었다. 그래서 조이스는 기존의 끈적끈적한 지방끼 가득한 스튜 요리를 서양인들도 먹어보게 만들기 위해서 '건강'을 셀링포인트로 사용한 것이다(지방이 없는 살코기를 사용함으로써). 이러한 이유로 서양인들이 아직 편견을 가지고 있지 않은 조미료인 MSG로 맛을 더한 지방이 없는 등심으로 대체된 것이다(50페이지 참고).

나는 단순하게 lean(기름기가 적은)이라는 단어만 생략해도 이 책의 모든 레시피를 크게 향상할 수 있다는 걸 발견했다. 어떤 사람들은 이러한 유형의 변화와 서양인 입맛에 맞추는 행위가 정통과는 거리가 먼 조리법을 만든다고 말한다. 물론 맞는 말이지만, Joyce Chen이 말하길 이것들은 '자신의 손님들'을 위해 고안된 것이라고 했다. 당시에는 중국음식을 배울 때 참고할 기본적인 정보도 없었고, 재료도 쉽게 구할 수 없었다. 진정성과 접근성 사이에서의 미세한 줄타기라는, 내가 가장 존경하는 재능을 그녀는 갖고 있었다.

Joyce가 요리계에 공헌한 사항은 단지 이것만이 아니고, 그녀는 최초의 바닥이 평평한 웍을 만든 특허의 소유자이다. 나는 집에서 요리하는 용도라면 언제나 이 웍을 추천한다.

TV에 출연해 요리하기 시작한 개척자이기도 하다. 그녀의 쇼인 *Joyce Chen cook*은 1966년부터 1967년까지 두 해 동안 진행됐다. 유색인종 여성이 주최한 최초의 전국 요리프로그램이었다. 게다가 중국어 단어를 발음하기 어려워하는 미국인들에게 번호로 메뉴를 주문하는 혁신을 보여주기도 했다. 다시 한번 감사의 말을 올린다.

기여한 목록을 더 찾아보자면 볶음 소스를 병에 담았다는 것과 폴리에틸렌 도마를 소개했다는 것도 추가할 수 있다.

이 책에서 소개하는 많은 레시피는 Joyce Chen의 제자인 부모님에게서부터 어릴 때부터 물려받은 미국식 중화요리에 대한 사랑에 큰 빚을 지고 있다. 다행히도 우리 세대는 이전과는 달리 차이나 타운이나 인터넷을 통해 재료를 간단하게 찾을 수 있다.

충칭포크, 두 가지 방법

쓰촨성의 일부였으나 1997년에 충칭시로 분리되면서 그 이름을 따 충칭포크가 되었다. 이 요리의 전통적인 쓰촨식 레시피는 양념을 가미한 물에 삼겹살을 삶아 단단해질 때까지 익힌다. 그런 다음 차게 식히고 얇게 썬 뒤 볶는다. 이 과정의 의미를 이해한다면, 아삭하면서도 부드럽고 쫄깃한 식감이 된다는 걸 알아차릴 수 있다.

이러한 이중조리 과정이 어째서 필요한 것인지 궁금해서 전통방식으로 돼지고기를 삶은 뒤 썬 것과 얇게 썰린 생삼겹살을 구매해서 비교해봤다. 큰 차이가 없었다. 전통적 방식은 끓이는 단계에서 약간의 풍미가 생기지만, 요리가 완성되면 강력한 발효된 콩의 풍미에 거의 다 묻힌다. 내 가설(말 그대로 가설)은 부드럽고 미끄러운 삼겹살을 얇게 썰기 쉽도록 식히는 과정이 도입되었다는 것이다. 요즘에는 마켓에서 미리 얇게 썬 삼겹살을 구할 수 있다.

사실 돼지의 등심이나 안심 같은 부위도 얇게 썰면 육즙이 많고 부드러운 요리를 만들 수 있다(우리 엄마처럼 30분이나 끓이지만 않는다면 말이다). 쓰촨에서는 돼지고기를 볶을 때 미국에서는 구하기 힘든 부드러운 리크와 함께 볶는다. 나는 그 대신에 비교적 쉽게 구할 수 있는 리크의 흰 부분과 스캘리언을 섞어서 사용한다. Joyce Chen의 서양식 버전이라면 녹색 양배추를 볶을 가능성이 크다. 모두 맛있고 쉬운 방식이다.

쓰촨은 얼얼하게 매운 음식으로 유명한 지역이지만 충칭포크는 상대적으로 매운맛이 덜하다. 대신에 두반장(고추된장), 티엔미엔장(tianmianjiang; 달콤한 발효 밀과 된장), 더우츠(douchi, 건조발효검은콩)라는 세 가지의 각기 다른 발효 콩의 조합으로 입맛을 돋운다. 이 맵고 달고 악취가 나는 조합이 고전적인 쓰촨식 풍미의 조합이다.

엄마가 해준 Joyce Chen의 레시피는 다른 콩은 배제하고 검은콩만 발효시켜 진행된다. 내 의견을 더하자면 단맛과 풍미를 위해 호이신 소스를 약간 추가하는 것이 좋다.

엄마의 충칭포크보다 맛있는 요리
BETTER-THAN-MY-MOM'S CHUNGKING PORK

분량
4인분

요리 시간
15분
총 시간
30분

NOTE
돼지등심이나 안심 대신 얇게 썬 삼겹살을 사용할 수 있다.

재료
돼지고기 재료:
뼈 없는 돼지고기 등심 450g, 6x25x50mm로 자른 것(NOTE 참고)
생추간장 1티스푼(5ml)
소흥주 또는 드라이 셰리주 1티스푼(5ml)
베이킹소다 ¼티스푼(1g)
옥수수 전분 1티스푼(3g)
MSG ¼티스푼(0.5g, 선택사항)

소스 재료:
굵게 다진 더우츠 2테이블스푼(12g)
호이신 소스 2테이블스푼(30ml)
노추간장 2티스푼(10ml)
저염 치킨스톡 또는 물 2테이블스푼(30ml)
땡초 또는 매운 중국 고추 ½티스푼(1.5g)

볶음 재료:
땅콩유, 쌀겨유 또는 기타 식용유 3테이블스푼(45ml)
신선한 생강 3쪽(15g)
중간 크기의 마늘 3쪽(8g), 껍질을 벗기고 칼의 측면으로 으깬 것
녹색 양배추 170g(약 3컵), 40mm 크기의 정사각형으로 자른 것

요리 방법
① **돼지고기:** 중간 크기의 볼에 고기를 넣고 찬물을 고기가 잠길 때까지 부은 다음 잘 씻긴다. 고운체로 밭치고 손으로 눌러 짜서 물기를 제거한다. 물기를 제거한 고기, 간장, 술, 베이킹소다, 옥수수 전분을 같은 볼에 넣고 손이나 젓가락으로 30초간 세차게 저어준다. 실온에서 15분간 따로 보관하거나 냉장고에 최대 8시간 보관한다.

② **소스:** 작은 볼에 더우츠, 호이신 소스, 간장, 스톡(또는 물), 후춧가루를 넣고 잘 섞는다.

③ **조리 전 재료 준비:**

a. 양념된 돼지고기

d. 소스

b. 마늘과 생강

e. 조리된 재료를 위한 빈 용기

c. 배추

f. 요리를 담을 접시

④ **볶음**: 연기가 날 때까지 센 불로 웍을 가열하고 기름 1테이블스푼(15ml)을 둘러 코팅한다. 생강 한 조각과 마늘 한 쪽을 넣고 5초간 익힌다. 즉시 양배추를 넣은 뒤 반투명해지고 반점이 갈색이 될 때까지 1~2분간 볶는다. 큰 볼로 옮긴다.

⑤ 웍을 닦고 연기가 날 때까지 센 불로 가열한 뒤 남은 기름 1테이블스푼(15ml)을 둘러 똑같이 코팅한다. 생강 한 조각과 마늘 한쪽을 넣고 5초간 익힌 뒤 돼지고기의 절반을 넣는다. 돼지고기에서 핏기가 사라질 때까지 1분간 볶는다. 삼겹살을 사용한다면 고기 가장자리가 살짝 바삭해질 때까지 약 2분간 익힌다. 배추와 함께 볼로 옮기고 웍을 닦은 다음, 남은 기름과 생강과 마늘과 돼지고기로 과정을 반복한다.

⑥ 모든 돼지고기와 양배추를 웍에 넣고 소스를 붓는다. 소스가 고르게 코팅될 때까지 볶는다. 그릇으로 옮기고 밥과 함께 서빙하면 완성이다(원한다면 요리를 끝낸 다음에 생강과 마늘은 빼도 된다).

리크(Leek)를 볶음용으로 자르는 방법

중국의 리크는 서양에서 구할 수 있는 것보다 부드러워서 볶음요리에 알맞다. 심지어 중국식 파채도 볶음에 넣을 수 있을 정도로 부드럽다. 물론 서양의 리크도 흰색과 옅은 녹색 부분만 사용하면 볶음으로 사용할 수 있다.

나는 볶음용 대파(리크)를 자를 때 일명 '다이아몬드 컷'을 사용한다. 뿌리 끝과 녹색 부분을 잘라낸 다음, 세로로 반 자르면 된다. 모래 토양에서 자라기 때문에 종종 흙이 내부에 껴 있으니 수돗물로 잘 헹궈주자.

마지막으로 45도 각도로 십자형으로 잘라서 마름모꼴 조각을 만든다. 볶기도 쉽고 젓가락으로 집기도 쉽다.

쓰촨식 회과육
SICHUAN DOUBLE-COOKED PORK BELLY

분량	요리 시간
4인분	20분
	총 시간
	1시간

NOTE

얇게 썬 생삼겹살을 사용하면 전통적 방식인 찜과 채 썰기 과정을 건너뛸 수 있다. 삼겹살을 오래 익히기 때문에 따로 볶을 필요 없이 한 번에 가능한 것이다.

재료

돼지고기 재료:

코셔 소금 2테이블스푼(20g)

팔각 1개

정향 2개

껍질을 벗기지 않은 생강 2~3쪽

껍질을 벗긴 중간 크기의 마늘 3쪽(8g)

소흥주 혹은 드라이 셰리주 ¼컵(60ml)

물 2L

삼겹살 450g

소스 재료:

티엔미엔장 2티스푼(10ml)

굵게 다진 더우츠 1테이블스푼(6g)

노추간장 1티스푼(5ml)

볶음 재료:

땅콩유, 쌀겨유 또는 기타 식용유 3테이블스푼(45ml)

5cm로 자른 스캘리언 3대

중간 크기의 리크. 흰색 부분만 세로로 4등분하고 5cm 크기로 자른 것(약 1.5컵)

두반장 1테이블스푼(15ml)

요리 방법

① **돼지고기:** 중간 크기의 볼에 소금, 팔각, 정향, 생강, 마늘, 술, 물을 넣고 소금이 녹을 때까지 저은 뒤 돼지고기를 넣고 센 불로 가열한다. 약 15분간 완전히 익을 때까지 약한 불로 끓여 ¼컵(60ml)의 육수만 남기고 나머지 육수는 버린다.

② 돼지고기를 그릇으로 옮기고 단단해질 때까지 약 30분간 냉장 보관한 다음, 6x3x50mm 크기의 정사각형으로 자른다.

③ **그 사이에 소스 만들기:** 미리 준비해둔 육수, 티엔미엔장, 더우츠, 간장을 넣고 완전히 섞일 때까지 포크로 잘 저어준다.

④ **조리 전 재료 준비:**

a. 리크와 스캘리언   d. 소스

b. 자른 돼지고기   e. 조리된 재료를 위한 빈 용기

c. 두반장   f. 요리를 담을 접시

⑤ **볶음:** 웍에서 연기가 날 때까지 센 불로 가열하고 기름 1테이블스푼(15ml)을 둘러 코팅한다. 스캘리언과 리크를 넣고 부드러워질 때까지 약 1분간 볶은 뒤 볼로 옮겨 담는다.

⑥ 웍을 닦고 연기가 날 때까지 센 불로 가열한 뒤 남은 기름 1테이블스푼(15ml)을 둘러 코팅한다. 돼지고기를 모두 넣고 살짝 노릇해질 때까지 가끔 저어주며 익힌다. 가장자리가 바삭해지도록 약 3분 정도 조리한다. 리크와 스캘리언이 담긴 볼로 옮긴다.

⑦ 웍에 남은 기름 한 스푼과 두반장을 넣고, 기름이 짙은 붉은색이 될 때까지 약 15초간 볶는다. 돼지고기와 리크, 스캘리언을 다시 웍에다 넣고 소스와 함께 볶는다. 소스가 고기에 잘 코팅될 때까지 졸여준다. 코팅이 되었다면 조리는 끝이 난다.

얇게 썬 오이와 돼지고기볶음
SLICED PORK AND CUCUMBER

분량
4인분

요리 시간
15분
총 시간
30분

오이는 볶음요리에는 잘 안 쓰이는 채소다. 생으로 먹거나 샐러드에 넣어 먹는 경우가 많지만, 조금만 볶으면 아삭한 식감이 그대로 살아있는 채소다. 돼지고기, 고춧가루와 함께 먹으면 가볍고 시원한 맛이 일품이다.

재료

돼지고기 재료:

5cm 길이로 얇게 썬 돼지고기 안심 450g
설탕 ¼티스푼(2g)
백후추 ¼티스푼(1g)
소흥주 혹은 드라이 셰리주 1티스푼(5ml)
생추간장 또는 소유 1티스푼(5ml)
참기름 1티스푼(5ml)
베이킹소다 ½티스푼(2g)
옥수수 전분 1티스푼(3g)

소스 재료:

백후추 ½티스푼(2g)
물 1.5테이블스푼(25ml)
생추간장 또는 쇼유 1.5테이블스푼(25ml)

전분물 재료:

옥수수 전분 1티스푼(3g)
물 1테이블스푼(15ml)

볶음 재료:

땅콩유, 쌀겨유 또는 기타 식용유 3테이블스푼(45ml)
중간 크기의 마늘 2쪽, 다진 것
생강 2쪽(10g)
홈메이드(84페이지) 또는 시판 고추절임 1티스푼,
　　다진 것(선택사항)
스캘리언 2대, 흰색과 옅은 녹색 부분만, 3cm 크기
　　로 자른 것
미국 혹은 영국산 오이 220g, 껍질과 씨를 제거하고
　　6mm 두께의 반달 모양으로 자른 것

요리 방법

① **돼지고기:** 중간 크기의 볼에 고기를 넣고 찬물을 고기가 잠길 때까지 부은 다음 잘 씻긴다. 고운체로 받치고 손으로 눌러 짜서 물기를 제거한다. 고기, 설탕, 백후추, 술, 간장, 참기름, 베이킹소다, 옥수수 전분을 볼에 넣고 잘 버무린다. 실온에서 15분간 보관하거나 냉장고에 최대 8시간 보관한다.

② **그 사이에 소스 만들기:** 작은 볼에 백후추, 물, 간장을 넣고 잘 섞은 후 따로 둔다. 별도의 작은 볼에 옥수수 전분과 물을 넣고 포크로 옥수수 전분이 녹을 때까지 저어준다.

③ **조리 전 재료 준비:**

a. 양념된 돼지고기　　　　e. 전분물
b. 생강, 마늘, 절인 고추　　f. 조리된 재료를 위한 빈 용기
c. 오이와 스캘리언　　　　g. 요리를 담을 접시
d. 소스

④ **볶음:** 웍에서 연기가 날 때까지 센 불로 가열하고 기름 1테이블스푼(15ml)을 둘러 코팅한다. 돼지고기의 절반을 겹치지 않게 펼쳐 넣고 노릇해질 때까지 45초 정도 섞지 않고 익힌다. 약 30초를 더 볶은 뒤 깨끗한 볼에 담아 따로 보관한다.

⑤ 웍을 닦고 연기가 날 때까지 센 불에 가열한 뒤 남은 기름 1테이블스푼(15ml)을 둘러 코팅한다. 남은 돼지고기를 같은 과정으로 볶고 볼로 옮긴다.

⑥ 웍을 닦고 연기가 날 때까지 센 불로 가열한 뒤 나머지 15ml의 기름을 둘러 코팅한다. 마늘, 생강, 고추절임(사용한다면), 스캘리언을 넣고 조리한다. 약 30초 간 향이 날 때까지 웍질을 한다. 오이와 스캘리언을 넣고 익을 때까지 약 1분간 볶 는다. 웍에 돼지고기를 다시 넣고 소스를 웍 가장자리에 뿌린다. 전분물도 살짝 추 가한다. 소스가 걸쭉해지고 고기가 익을 때까지 약 30초를 끓인다. 너무 묽다면 전분물을 추가하고, 너무 걸쭉하면 물을 넣어 농도를 맞춘다. 접시에 담아 쌀밥과 함께 제공한다.

오이를 볶음용으로 자르는 방법

가장 오래된 재배 야채 중 하나인 오이. 오 이는 나와 내 딸인 Alicia가 가장 좋아하는 채소이다. 오이는 마늘과 함께 사천식으로 으깨거나(615페이지) 달콤하고 고소한 *허 니 머스터드–미소 디핑 소스*(618페이지)를 곁들이면 좋다.

물론 볶음요리에도 훌륭한 재료이다. 샐 러드용이라면 단순히 통오이를 자르면 되 지만, 볶음을 할 때는 껍질과 씨를 제거한 다. 볶는 과정에서 껍질이 질겨질 수도 있 고, 물기가 많은 씨앗 부분은 웍에 들어가 서 좋은 점이 없기 때문이다.

요즘은 서양 슈퍼마켓에도 잉글리쉬 오 이, 아메리칸 오이, 커비 오이, 페르시안 오 이, 일본 오이를 쉽게 찾아볼 수 있다. 볶음 용으로는 보통 잉글리쉬나 아메리칸 오이 를 사용하며 생으로 먹을 때는 페르시안과 일본 오이를, 피클용으로는 커비 오이를 사 용한다.

STEP 1 · 껍질 벗기기

필러를 이용해 껍질을 벗긴다.

STEP 2 · 세로로 2등분

오이의 위와 아랫부분을 자르고, 세로로 반 자 른다.

STEP 3 · 씨 제거하기

볶을 때 오이 씨에서 물기가 생기기 때문에 손 가락으로 긁어내어 버린다.

STEP 4 · 자르기

씨를 제거한 오이 반쪽을 얇게 편으로 썬다.

MSG의 진실

여러분은 지난 24시간 이내에 글루타민산나트륨(MSG)을 섭취했을 것이다. 거의 모든 조리식품에 들어가 있는 MSG의 화학적 용어인 글루타메이트는 자연의 파마산 치즈, 완두콩, 토마토 등 다양한 것에서도 이미 존재했다. 이러한 MSG가 요리계를 완전히 바꿨다는 것을 부인할 수 없다. 마치 소금처럼 기존의 맛에 대한 인식을 높여주는데, 순수한 결정 형태의 MSG는 수프, 스튜, 소스 및 육수에 첨가하여 조화로운 감칠맛을 더한다. 토마토 수프에 첨가하면 토마토의 맛이 강해지고, 소고기 스튜에 첨가하면 더 부드러운 맛이 난다. 나도 어머니와 할머니처럼 부엌의 소금 옆에 MSG를 보관한다.

일부 독자들에겐 내가 MSG를 사용한다는 사실이 놀라울 것이다. "하지만 켄지! MSG는 해로워요. 편두통이나 천식, 무감각 등 17가지의 다른 증상들이 나타날 것이고, 때때로 전보다 더 심한 증상을 겪게 될 거에요!"라는 말이 들리는 듯하다.

또 다른 독자들의 반응도 들린다. "그렇군요…하지만 마침내 검증됐습니다. MSG로 인한 반응은 모두 상상이라는 것이요. 두통도 모두 상상에 불과합니다!"

잠깐, 두 가지 모두 현실과 동떨어진 반응이다. 먼저 MGS 사용의 역사에 대해 알아보고, 진행된 연구들이 어떤 의미를 가졌는지 알아보자.

MSG는 무엇인가?

MSG는 글루타민산(알파-아미노산)의 나트륨염으로 1908년 일본 생화학자 Kikunae Ikeda에 의해 처음 분리되었다. 강한 감칠맛을 가진 다시마에 유독 글루타민산이 가득 차 있다고 밝혀졌다. 이 글루타민산(및 기타 유사한 아미노산)의 맛을 설명하기 위해 '맛있는'으로 번역되는 *우마미*라는 용어를 만든 사람 또한 Ikeda였다. 이전까지 과학자들은 혀와 미각이 감지하는 맛을 4가지(짠맛, 단맛, 신맛, 쓴맛)로만 구분했었다.

1909년에 이르러 일본 전역에서 다시마를 채집해 순수한 결정질 MSG를 추출한 *Ajo-no-moto*라는 향미의 요소라는 뜻을 가진 브랜드가 론칭했다. 이 회사는 오늘날까지 존재하며 현대에는 MSG 수요가 많아 직접 화학물질을 추출하기보다는 대부분 합성해서 만든다. 순수한 MSG분말은 *Ac'cent* 같은 브랜드에서 판매하고 있다. 일반적으로 글루탐산이 풍부한 성분은 포장식품에 광범위하게 사용되고 있으며, 자가분해 효모추출물이나 가수분해 대두단백의 형태로 성분 표시에 기재되어 있다면 MSG가 들어 있는 것이다. 1960년대 후반까지는 MSG에 대한 모든 것들이 괜찮았다.

중국음식증후군에 대한 근거 없는 믿음

중국음식증후군이라는 용어는 1968년 Dr. Robert Ho Man Kwok의 편지가 *New England Journal of Medicine*에 실리면서 유행하기 시작했다. 박사의 추측은 오늘날의 무감각과 떨림 증상은 중식당에서 음식에 글루타민산나트륨(MGS)을 무분별하게 사용하는 것과 관련 있을 수 있다는 것이었다. 그렇게 수십 년 동안 MSG는 편두통, 무감각, 복부팽만감, 심장 두근거림 등 모든 방면에서 비난을 받아 왔다. 이 '글루타민산나트륨증후군(MSG Symptom Complex)'은 오늘날까지 여전하다.

최근에는 MSG 사용 반대를 반대하는 물결이 일고 있고, 과학계에서도 MSG가 아무런 해를 끼치지 않는다는 걸 입증한 기사가 잇따르고 있다. 이 사단은 애초에 잘못된 과학 정보를 전달한 기사에도 문제가 있다. 그러니 진짜 과학을 알아보자.

연구

Dr. John Olney가 1970년 *Nature*에 발표한 연구에 따르면, 어린 쥐에 다량의 MSG를 주입하면 망막 손상, 뇌 손상, 성인 비만이 유발된다고 했다. 이 연구에서는 인간이 경구 섭취하는 양과는 큰 차이가 있는, 그것도 유아기에 엄청난 양의 MSG를 직접 주사했다. 2000년 4월 *Journal of Nutrition*의 메타 연구에서는 영장류를 대상으로 한 MSG 관련 21개 연구 중에서 단 2개만이 구강 섭취와 신경독성 사이의 연관성을 발견했다. 이 2개뿐인 연구도 모두 Olney의 연구실에서 이뤄진 것인데, 그 이후로는 누구도 같은 결과를 얻어내지 못했다. 게다가 MSG에 가장 민감한 실험종인 생쥐에게서도 뇌 병변을 일으키려면 체중 1kg당 1g의 MSG를 먹여야 했다. 이는 77kg인 사람이 공복 상태에서 순수한 MSG 1/3컵을 섭취하는 것과 맞먹는 양이며 성인이 평균 반년 동안 섭취하는 MSG 양이다.

연방의약청(FDA; Federal Drug Administration)과 미국실험생물학회연합(FASEB; Federation of American Societies for Experimental Biology)이 사용할 수 있는 모든 실험 데이터를 활용해 메타 연구를 수행했다. 결론적으로 동물 실험에서 매우 많은 양의 MSG는 퇴행성 신경세포의 손상을 일으키고 호르몬 기능을 방해할 수 있지만, 일반적인 용량을 섭취하는 인간의 경우에는 장기적으로도 어떠한 손상을 준다는 증거가 없었다.

여기까지만 보면 'MSG 사용 반대'를 반대하는 사람들이 옳은 것 같다. 하지만 MSG증후군을 일으키는 사람들 모두가 환각을 겪은 것뿐이라고 치부할 수만은 없다. 그렇잖은가? 1993년 *Journal of Food and Chemical Toxicology*의 연구에서는 건강한 인간 그룹에서는 MSG 소비와 MSG증후군의 관련성이 거의 없다는 것을 발견했다. 사실 그 영향이 위약 효과보다 크지 않다는 것이다.

MSG를 싫어하는 사람에겐 그다지 좋은 소식이 아니다.

그런데 스스로가 *특히나* MSG에 민감하다고 생각하는 사람들은 어떨까? 여기서 그 결과가 조금 다르다. 2000년 11월, 알레르기와 면역에 대해 다루는 저널인 *Journal of Allergy and Clinical Immunology*의 연구에서 스스로 MSG에 민감하다고 답한 130명의 성인에게 MSG와 위약을 증량 투여했다. MSG에 대한 반응이 반복적인 실험에서 완전히 일치하진 않았지만, 일반적으로 위약(응답자의 13%)보다 MSG(응답자의 38%)에 더 높은 비율로 반응을 보였다.

이 연구의 결론은 MSG가 실제로 공복인 상태에서 다량(3g 이상) 투여되면 특히 민감한 사람들에게는 부작용을 일으킨다는 것이다. 따라서 MSG증후군은 실재하는 과학적 사실이다.

일화로, 나와 내 가족도 MSG증후군을 경험하곤 한다. 일주일에 여러 번 MSG를 사용하고 있지만 1년에 몇 번 정도만 부작용을 경험한다. MSG에 민감한 사람들이 이 정도의 반응 빈도를 경험한다고 하며, 어떤 상황이 반응을 유발하는지, 유발의 이유가 MSG 자체 혹은 다른 성분과의 결합 혹은 아직 확인되지 않은 요

인인지 등 불분명한 것이 많다. 인간의 신진대사는 매우 복잡하다. 더 많은 연구가 필요한 이유이다.

다른 식품의 글루타민산은 어떨까?

다시마만 글루타민산이 풍부한 것이 아니다. 표로 알아보자.

식품	글루타민산 함량(mg/100g)
다시마(거대한 해조류)	22,000
파마산 치즈	12,000
가다랑어	2,850
정어리/멸치	2,800
토마토 주스	2,600
토마토	1,400
돼지고기	1,220
소고기	1,070
닭고기	760
버섯	670
대두	660
당근	330

FDA에 따르면 일반 성인은 매일 약 13g의 글루타민산염을 천연공급원으로부터 얻고 0.55g을 MSG나 기타 공급원으로부터 섭취한다. 화학물질은 그 출처가 무엇인지에 대해 별로 신경쓰지 않으니 명백한 질문으로 이어질 수 있는 조사이다. 글루타민산염은 해조류에서 추출하든, 실험실에서 합성하든, 신체에서 생산하든, 파마산 치즈에서 소비하든 다 같은 글루타민산염이다.

질문은 이것이다. 그렇다면 왜 MSG에 민감한 사람들은 글루타민이 풍부한 음식에는 반응하지 않는가? 왜 내 여동생은 파마산

치즈와 멸치를 마음껏 먹을 수 있는가?

모든 연구에서 부작용이 나타난 사례가 거의 공복 상태에서 글루타민산을 섭취했을 때라는 점이 핵심이다. 충분한 음식과 함께 섭취하면 증상은 거의 사라졌다.

Vogue 잡지에서 오랫동안 음식특파원으로 활동하는 Jeffrey Steingarten이라는 친구가 있다. 그는 70년대와 80년대에 MSG에 민감하다고 주장하는 사람들이 급증한 이유가 당시 많은 중식 레스토랑의 식사가 MSG가 풍부한 완탕 한 그릇으로 시작했기 때문일 것이라고 말했다. 이 가설은 과학 정보와 일치해 보인다. 파마산 치즈도 글루타민산으로 가득 차 있기는 하지만, 다른 재료를 포함한 음식인 파스타나 피자와 함께 섭취한다.

덧붙여 과장하기도 했다. MSG가 그렇게 나쁘다면 어째서 중국의 모든 사람들이 두통을 안고 다니지 않느냐고. 이 표현은 인터넷과 소셜미디어에서 자주 거론되는 말이 되었다. 물론 여기에도 몇 가지 놓치면 안 될 중요한 요소들이 빠져 있다. 중국의 모든 사람이 MSG를 이용하는 건 아니라는 사실과 중국에서 자체적으로 MSG민감도를 보고한 자료가 없다는 것. 더하여 가장 중요한 것은 인간은 음식에 대해 서로 다른 반응을 보인다는 것이다. 유당불내증은 미국보다 중국에서 훨씬 흔한데, 중국의 누군가가 우유를 마시고 배가 아픈 상황에서 "미국인은 모두 복통이 있나?"라는 것과 같다. 적절한 답이 아니다.

많은 인구가 영향을 받기 시작하면서야 글루텐불내증이 실제적인 문제로서 대두된 것이라면, 우리는 사실 음식의 성분이 인체 시스템과 상호작용하는 다양한 방법을 알지 못한다는 것이다.

어떤 사람들은 중식 레스토랑의 MSG가 풍부한 국물(공복에 먹는)이 범인이라고 주장하지만, 사실은 볶음에 사용되는 땅콩기름, 조미료로 사용되는 조개류 추출물, 고수 등 다른 음식에서는 흔하게 사용되지 않는 재료들에서 오는 반응일 가능성도 충분하다. 내가 아는 한, 현재까지 이 가설을 이론으로 끌어올릴 과학적 자료는 없다.

마지막으로, MSG민감도가 존재한다고 믿든, 플라시보일 뿐이라고 믿든, 그 생각을 무너뜨릴 만한 타당한 증거가 없다는 것을 이해하자. 누군가가 부정적인 반응을 겪고 있다고 주장하거나 그런 거 같다고 말한다면 그냥 믿어라. 믿는다고 해도 기껏해야 MSG민감성이 타당한 관심사라는 것을 시사할 뿐이며, 최악의 경우라도 플라시보 효과를 겪고 있는 것뿐이다. 어느 경우든 불편함의 감정은 똑같이 현실적이며 공감해야 한다.

그래서 MSG로 요리해도 된다고?

그렇다면 MSG를 요리에 사용하는 것에 있어서 우리는 어떻게 해야 할까? 결국, MSG에 민감한 사람들은 충분히 적고 그 부작용 또한 매우 드물기 때문에 특히 MSG를 포함하지 않은 음식을 섭취한 다음이라면, 여러분의 음식에 MSG를 사용하는 것은 문제가 없을 것으로 보인다. 더욱이, 모든 증거는 최악의 경우라고 할지라도 그 영향이 장기적인 것이 아닌 단기적인 불편함이라고 이야기한다.

하지만 만약 여러분이 MSG에 민감하다고 느낀다면 반드시 피하자! 그리고 여러분은 "당신은 상상하는 것뿐이다"라고 말하는 사람들을 무시하면 된다. 여러분을 강하게 지지하는 것은 과학이다.

무슈포크의 재발견

무슈포크(Moo Shu Pork)는 Joyce Chen에 의해 미국에서 대중화된 중국 산둥 지역의 요리이다. 이 이름은 스크램블 에그와 닮았다고 전해지는 달콤한 오스만투스 꽃의 중국명인 mùxī에서 유래했다.* 그녀의 레시피는 산둥의 전통적인 버전과 매우 비슷하다. 가볍게 양념한 돼지고기를 스크램블 에그, 목이버섯, 원추리 싹(daylily buds)과 함께 볶는다. 북경에서는 원추리 싹 대신 얇게 썬 오이로 대체하기도 하고, 미국에서는 녹두나 배추로 대체하기도 한다. 볶음 자체는 비교적 순하고 간장과 소흥주, 볶은 참기름, 약간의 백후추, 약간의 생강만으로 맛을 낸다. 얇은 만다린 팬케이크에 달콤한 호이신 소스를 바르고 부리토처럼 속을 감싸 접으면 한층 풍미를 더한다.

나는 몇 년 동안 Joyce Chen 버전으로 무슈포크를 먹어왔다. 만들기 쉬우며 재료조차도 돼지고기를 제외하면 언제나 식료품 저장실에서 찾아볼 수 있는 것들이다(가장 작은 팩에 든 목이버섯과 원추리 싹을 사면 몇 년을 사용할 수 있다). 최근에 내가 너무 많은 버섯을 갖고 있다는 걸 알게 됐고, 이것이 무슈버섯이라는 맛있는 변종을 떠올리게 된 이유이다.

이 레시피는 일반적인 무슈 조리법에서 요구하는 돼지고기의 양을 줄이고, 노릇노릇하고 가장자리가 바삭해질 때까지 구운 버섯으로 대체했다. 먹다보니 맛보다는 조금 남아있는 돼지고기의 식감이 더 좋다는 걸 깨달았고, 이는 얇게 썬 닭고기나 강하게 눌린 두부로 대체될 수 있다는 걸 의미했다. 후자는 이 요리를 100% 비건 요리로 탈바꿈시킬 것이다. 이 버섯이 많은 레시피가 내게는 일반적인 것이 되어버렸다.

팬케이크를 집에서 빠르고 간단하게 만들 수도 있겠지만, 번화가의 중식당에서처럼 따뜻한 밀가루 토르띠야를 사용할 수도 있다. 최고 품질의 밀가루 토르띠야라도 만다린 팬케이크보다 두껍긴 하지만 여전히 잘 어울린다.

---

* Joyce Chen의 원서에서 이 요리는 moo shi로 음역되지만, 오늘날 많은 중식당과 요리책에서는 moo shu로 음역한다. 이는 원추리 싹과 목이버섯을 가리키는 것으로 추정되는 나무수염(Wood whiskers)을 번역한 것이다. Moo shu는 초기의 미국식 중화요리 레스토랑 메뉴에서의 오타에서 비롯되었을 가능성이 크지만, 그대로 고착되어 널리 사용되고 있다.

무슈머시룸 또는 무슈포크
MOO SHU MUSHROOMS OR MOO SHU PORK

분량
4인분

요리 시간
20분

총 시간
40분

NOTE
무슈포크를 만들고 싶다면 버섯은 생략하고 돼지고기를 340g로 늘린다. 레시피에 기재된 모든 돼지고기 양념 재료도 두 배로 늘린다. 지시대로 돼지고기를 두 번으로 나누어 볶은 후에 7단계에서 지시에 따라 두 번째로 볶은 돼지고기에 스캘리언, 목이버섯, 원추리 싹을 추가한다.

재료

마른 재료:
말린 목이버섯 ¼컵(약 15g)
말린 원추리 싹 ¼컵(약 15g)

돼지고기 재료:
돼지등심이나 닭가슴살 또는 단단한 두부 120g,
　　얇게 조각낸 것
소흥주 또는 드라이 셰리주 1티스푼(5ml)
생추간장 또는 쇼유 1티스푼(5ml)
갓 간 백후추 ¼티스푼(0.5g)
코셔 소금 한 꼬집
MSG 한 꼬집(선택사항)
옥수수 전분 1티스푼(3g)

소스 재료:
소흥주 또는 드라이 셰리주 1테이블스푼(15ml)
생추간장 또는 쇼유 1테이블스푼(15ml)
갓 간 백후추 ½티스푼(1g)

볶음 재료:
참기름 ¼컵(60ml)
큰 달걀 3개, 코셔 소금 한 꼬집을 넣고 잘 쳐댄 것
신선한 생강 2쪽
혼합 슬라이스 버섯 225g(109페이지 참고)
얇게 썬 스캘리언 2대
MSG ¼티스푼(0.5g, 선택사항)
코셔 소금과 갓 간 백후추

차림 재료:
만다린 팬케이크(106페이지) 또는 따뜻한 밀가루
　　토르티야
호이신 소스 또는 스위트빈 소스

요리 방법

① **마른 재료 불리기:** 큰 크기의 볼에 목이버섯과 원추리 싹(4배 정도 팽창한다)을 담는다. 뜨거운 물을 붓고 재료가 불 때까지 15분간 한쪽에 둔다. 물기를 완전히 뺀 뒤 목이버섯은 단단한 중심을 제거하고 얇게 썰고, 원추리 싹은 5cm 조각으로 자른다.

② **불리는 동안 돼지고기 양념하기:** 중간 크기의 볼에 고기를 담고 찬물을 가득 부은 다음 잘 씻긴다. 고운체로 밭치고 손으로 눌러 짜서 물기를 제거한다. 물기를 제거한 고기, 소흥주, 간장, 백후추, 코셔 소금 한 꼬집, MSG 한 꼬집, 옥수수 전분을 같은 볼에 넣고 손이나 젓가락으로 30초 동안 잘 버무린다. 실온에서 15분간 따로 둔다.

③ **그 사이에 소스 만들기:** 작은 볼에 소흥주, 간장, 백후추를 넣고 덩어리가 남지 않을 때까지 포크로 휘젓는다.

(**4**) **조리 전 재료 준비:**

a. 잘 쳐댄 달걀
b. 생강 조각
c. 양념된 돼지고기
d. 버섯들

e. 얇게 썬 스캘리언, 목이버섯, 원추리
f. 소스
g. 조리된 재료를 위한 빈 용기
h. 요리를 담을 접시

(**5**) **달걀:** 웍에서 연기가 날 때까지 센 불로 가열하고 참기름 2테이블스푼(30ml)을 둘러 코팅한다. 풀어둔 달걀을 가운데에 붓고 10초간 건드리지 않고 익힌다. 달걀이 완전히 굳지 않도록 30~45초 동안 주걱으로 젓고 부수면서 요리한다. 달걀을 큰 볼로 옮겨 담는다.

(**6**) 웍을 닦고 연기가 날 때까지 센 불로 가열하고 남은 참기름 1테이블스푼(15ml)을 둘러 코팅한다. 생강 한 조각을 넣고 5초 동안 지글지글 끓인다. 곧바로 돼지고기를 넣고 고기에서 핏기가 사라지고 거의 익을 때까지 약 1분간 볶는다. (무슈포크를 만드는 경우 돼지고기의 양을 두 배로 요리한다. NOTE 참고) 달걀을 옮긴 볼로 옮겨 담는다.

(**7**) 다시 웍을 닦고 연기가 날 때까지 센 불로 가열하고 나머지 참기름 1테이블스푼(15ml)을 둘러 코팅한다. 남은 생강 조각을 넣고 5초간 지글지글 끓인다. 곧바로 혼합된 버섯을 넣고 버섯의 가장자리가 살짝 노릇해질 때까지 2~3분간 볶는다. 스캘리언, 목이버섯, 원추리를 넣고 부드러워지고 향이 날 때까지 약 30초간 볶는다.

(**8**) 웍에 다시 돼지고기와 달걀을 넣고 모든 재료가 잘 섞이도록 흔들며 볶는다. 소스를 웍의 가장자리에 붓는다. 계속해서 볶으며 소금과 백후추로 맛을 낸다. 접시에 옮겨 담고 만다린 팬케이크와 호이신 소스를 함께 제공한다.

만다린 팬케이크
MANDARIN PANCAKES

분량
12개의 큰 팬케이크
또는 최대 36개의 작
은 팬케이크

요리 시간
15분
총 시간
45분

재료
다용도 밀가루 280g, 더스트용 추가
끓는 물 100ml
찬물 100ml
바르는 용도의 식물성 기름 또는 참기름

만다린 팬케이크*는 무슈포크나 북경오리를 감싸는 데 사용하는 매우 얇은 팬케이크로 정말 환상적인 음식이다. 달빛이 비치는 태국의 해변가에서 게를 먹는다거나, 일요일 오후 아무런 계획 없이 샤워한 뒤 차디찬 맥주를 마실 때 느끼는 마법 같은 느낌과는 또 다르다. 빈틈없는 카드 트릭이야말로 마법 같은 것처럼 말이다. 가볍게 표면이 부푼 부드러운 탄력의 팬케이크 하나를 집어 들면 이렇게 생각하게 된다. '도대체 어떻게 이렇게 반투명하게 얇을까?' 모든 마술이 그렇듯이 자세히 살펴보면 너무 간단해 보인다.

이 팬케이크는 내가 처음으로 요리한 요리 중 하나이다. 아버지가 밀가루와 끓는 물로 반죽을 만드는 걸 보게 됐고(놀이하듯 굴리며 유연하게 만듦), 나는 그 반죽을 더 작은 공으로 평평하게 자르며 돕게 됐다. 이 다음 단계는 진짜 요령이 필요하다. 아버지는 팬케이크를 한 번에 하나씩 펼쳐 넣지 않고 하나의 반죽 위에 기름을 얇게 바른 뒤 다른 반죽을 쌓아 한꺼번에 펴서 밀어놓았다. 그러면 뜨겁고 건조한 프라이팬에서 쌓인 반죽이 익으며 부풀어 오르기 시작한다. 양면이 모두 부풀어 오르면 아버지가 팬케이크를 팬에서 꺼냈고, 나는 팬케이크를 분리했다. 기름과 증기 덕분에 쉬운 작업이었다.

그렇게 완성된 두 장의 팬케이크는 여러분이 밀어서 펴 낸 팬케이크의 절반 두께가 된다. 뜨거운 물을 사용해 익반죽하는 이유는 전분이 물에 녹는 속도를 높이고 글루텐 형성을 담당하는 일부 단백질을 분해하기 위함이다. 이렇게 하면 반죽을 펴고 모양을 만드는 일이 쉬워질 뿐만 아니라 익혔을 때 아주 부드럽기도 하다. 글루텐 형성을 줄인다는 건 완성된 팬케이크가 찬물로 반죽한 것을 사용했을 때보다 신축성이 덜하고 탄력이 있다는 의미이다. 나는 두 가지 장점을 최대한 활용하기 위해서 끓는 물로 반죽을 시작하고(일부 단백질을 비활성화하기 위해) 찬물로 마무리(탄력을 더하기 위해)하는 것이 가장 좋다는 걸 발견했다. 반죽을 만든 다음 휴지하면 글루텐이 이완되고 전분이 물에 완전히 녹게 되는데, 이 과정은 밀어 펴내기 쉬운 부드럽고 유연한 반죽을 만드는 데 필수적이다.

만약 정말 얇고 작은 팬케이크를 만들고 싶다면, 밀대 대신 파스타 롤러를 사용할 수도 있다(반죽 공은 레시피 권장 크기의 3분의 1 정도로 만들고, ③과 ④단계보다 얇게 말지 마라. 너무 얇아지면 반죽이 붙어 떨어지지 않는다).

---

* 이 팬케이크는 함께 제공되는 음식이나 어디에서 제공되는지에 따라 춘빙(chun bing), 단빙(dan bing), 바오빙(bao bing)이라고 불리기도 한다.

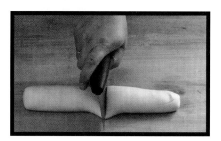

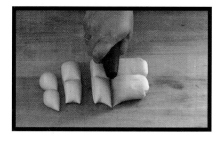

① 중간 크기의 볼에 밀가루를 첨가하고 젓가락이나 나무숟가락으로 저어가며 끓는 물을 조금씩 붓는다. 이 작업은 볼을 잡아주는 사람이 있거나 무거운 냄비 아래에 행주를 깔아 움직이지 않게 만든 다음 냄비에 볼을 올려두고 진행하는 것이 좋다. 찬물을 조금씩 넣으면서 계속 섞는다. 반죽이 얽히고설킨 공 모양이 될 때까지 혼합물을 저은 다음, 가볍게 밀가루를 뿌린 작업대 위에 반죽을 던진다.

② 반죽이 부드러운 공이 될 때까지 약 5분간 손으로 반죽한다. 반죽을 젖은 행주로 덮고 최소 30분에서 최대 2시간 동안 휴지한다.

③ 반죽을 긴 원기둥 모양으로 만든 다음 반으로 자른다. 두 원기둥 모양의 반죽을 정렬하고 12~36개의 일정한 크기의 조각이 되도록 나눈다. 대략 8인치 팬케이크 12개, 7인치 16개, 6인치 20개, 4인치 36개를 만들 수 있다.

recipe continues

④ 한 번에 두 개씩 양손으로 돌돌 말아 매끄러운 공 모양으로 만든 다음, 밀대나 와인 병을 사용해 원반 모양으로 부드럽게 밀어 6mm 두께로 펴준다.

⑤ 동그란 반죽 한 장의 윗면에 기름을 바른 다음, 다른 한 장을 그 위에 쌓는다. 밀대를 사용해 쌓은 반죽을 동그랗게 밀어준다. 원의 크기는 만든 공의 수에 따라 달라진다(③단계 참고).

⑥ 무쇠나 탄소강 등의 들러붙지 않는 프라이팬을 중간 불로 예열한 다음 동그란 반죽을 넣는다. 한쪽 표면이 약간 부풀어 오르며 갈색이 보일 때까지 1분간 둔다. 뒤집어서 다른 면도 표면이 부풀어 오르고 갈색이 보일 때까지 요리한다. 가끔 팬케이크가 너무 부풀어 올라서 두 번째 면이 팬에 잘 닿지 않을 때도 있다. 이럴 땐 평평한 주걱으로 부드럽게 눌러준다.

⑦ 익힌 반죽을 꺼내고, 아직 뜨거울 때 조심스럽게 팬케이크를 두 개로 분리한다. 접시에 옮긴 다음 깨끗한 천으로 덮어준다.

⑧ 나머지 반죽도 ④~⑦단계를 반복한다. 완성된 팬케이크는 바로 먹는 것이 좋다. 보관하려면 팬케이크를 플라스틱 랩이나 알루미늄 포일에 올린 다음 말아서 냉장고에 넣는다. 먹을 때는 전자레인지를 이용하거나 프라이팬에 한 번에 하나씩 짧게 데워 사용한다.

일반적인 아시아 버섯

버섯은 아시아 요리에서 필수적인 재료이다. 서양 품종의 버섯도 볶음요리나 다른 요리에 두루 잘 어울리지만, 더 다양한 요리를 위해서는 주요 아시아 품종의 버섯에 익숙해지면 좋다. 버섯은 흙이나 짚에서 재배 혹은 수확되기 때문에 약간의 흙이 묻어 있을 수 있다. 키친타월이나 조리용 브러시를 이용하거나 흐르는 물에 빠르게 헹구어 과도한 흙을 털어내자(일반적인 믿음과는 달리 버섯은 씻을 때 물을 사용해도 많은 수분을 흡수하지 않는다).

어떤 종류의 버섯이든 매끄러우며 흠집이 없고 마른 것이 좋다.

→ **느타리버섯(Oyster Mushrooms)**은 흰색, 갈색 또는 회청색 품종이 있다. 부드럽고 주름진 살이 있으며 희미하게 쓴 아몬드 향과(화학물질인 벤즈알데히드 때문에) 아니스향이 나는 강하지 않은 맛의 버섯이다. 볶음요리에 사용하기에 훌륭하다. 요리 전에 느타리버섯의 단단한 밑줄기는 잘라낸다.

→ **표고버섯(Shiitake Mushrooms)**은 신선한 것과 건조된 것 모두 판매한다. 어린 버섯일 때는 순한 맛이지만 좋은 감칠맛을 가지고 있고, 좀 더 성숙해지면 (특히 건조되었다가 물에 불린 것) 약간의 훈연향과 함께 강한 흙냄새와 고소한 풍미가 있다. 볶음요리, 수프와 육수, 삶거나 구이 등 다목적의 뛰어난 버섯이다. 줄기가 가죽처럼 딱딱하고 질겨서 요리 전에 손가락 끝으로 줄기와 버섯 갓이 맞닿아 있는 곳을 꼬집어 당겨서 줄기를 제거해야 한다.

→ **만가닥버섯(Shimeji Mushrooms)**은 흰색 또는 갈색의 몇 가지 종류가 있다. Beech Mushroom이나 Clamshell Mushroom이라고도 표기된다. 질감은 기분 좋게 바삭바삭하고 부드러우며, 신선한 풀향과 함께 견과류향이 난다. 생으로 먹으면 쓴맛이 나기 때문에 익혀서 먹어야 한다. 빠르게 볶아내는 것이 가장 좋지만 수프에도 흔히 사용된다. 사용하기 전에 최소한의 손질이 필요한데, 줄기 바닥에 있는 더러운 덩어리만 제거하면 된다. 손으로 버섯을 찢어서 사용할 수도 있다.

→ **목이버섯**은 25페이지의 구매 시 고려사항을 참고하고, 조리 준비에 대한 내용은 다음 페이지의 "목이버섯으로 요리하기"를 참고하라.

→ **팽이버섯**은 느타리버섯과 비슷한 향을 가졌지만 훨씬 부드러우면서 약간의 바삭바삭한 질감이 있다. 볶음요리나 국수처럼 국물이 스며드는 묽은 수프에 넣어 먹는 것이 가장 좋다. 각각의 줄기가 아래에서 하나로 합쳐진다. 요리하기 전에 줄기가 합쳐지는 바로 위에서 버섯을 잘라낸다.

→ **새송이버섯**은 Trumpet Royale, King Trumpet, Eryngii라고도 불리는 최대 5cm에 이르는 둥근 단면을 가진 크고 살이 많은 버섯이다. 느타리버섯과 팽이버섯처럼 생으로 섭취하면 매우 순한 맛이 난다. 노릇노릇하게 요리하면 전복과 비슷한 고기 같은 질감과 강한 감칠맛이 난다. 세로로 잘게 찢어 노릇해질 때까지 볶는 것이 가장 좋다. 느타리버섯이나 만가닥버섯을 손질할 때와 마찬가지로 요리 전에 밑동만 잘라내면 된다.

→ **잎새버섯**은 Hen-of-the-Woods 또는 Ram's Head라고도 불리며 주름이 많고 부피가 큰 다발로 판매된다. 아주 강하고 고소한 풍미를 가지고 있으며 긴 시간 뜨겁게 조리하여 노릇노릇하게 만들거나 약간의 기름을 이용해 가장자리가 바삭해질 때까지 통째로 굽는 것이 가장 좋다. 좋은 고기와 마찬가지로 잎새버섯은 다른 소스나 향신료와도 잘 어울리지만, 본연의 맛을 내기 위해서는 소금과 후추 한 꼬집이면 충분하다. 이런 재료는 확실히 내가 선호하는 유형이다. 버섯의 밑동을 잘라내야 하지만, 구이를 위해 통째로 남겨두거나 볶음을 위해 손가락으로 주름진 잎사귀를 찢어서 사용해도 된다.

→ **송이버섯**(사진에 없음)은 일본에서 가장 귀한 버섯으로, 최상품은 파운드(약 450g)당 최대 500달러의 가격이 매겨진다. 이 버섯은 독특하게도 매운 감귤향이 난다. 품질이 낮은 버섯은 굽거나 볶음에 사용하지만, 최상품은 트러플처럼 취급하며 생으로 얇게 잘라 뜨겁고 맑은 국물(특히 국물의 열이 버섯의 향을 방출하고 에어로졸화하는)에 사용한다. 사용하기 전 버섯의 밑동을 자른다.

목이버섯으로 요리하기

어릴 적, 작은 고무 공룡을 며칠이나 물에 넣어두면 양동이만큼 커졌던 것을 기억하는가? 목이버섯은 요리계의 마법 공룡이다.

처음에는 플라스틱처럼 딱딱하고 오그라든 덩어리지만 뜨거운 물에 넣어두면 15~20분간 천천히 물을 흡수해 크고 매끄러운 귀 모양으로 펼쳐진다.

물에 불린 후에 버섯이 나무에 붙어있던 부분을 제거해야 하는데, 이는 먹기엔 너무 딱딱한 부분이기 때문이다(해부학적으로 생각하면 인간의 귀에 있는 이주-귓구멍 앞의 작은 돌기-와 같은 부분이다). 엄지와 검지손가락으로 잡아서 떼어내면 된다.

이 덩어리를 제거하면 목이버섯을 잘게 썰 수 있다.

아침 점심 저녁 언제나 쉽게 만들 수 있는 다진 돼지고기와 홀리 바질(팟카파오 PAD KA-PRAO)

팟카파오는 태국의 흔한 길거리 음식이다. 매운 태국 고추의 향을 입힌 돼지고기와 마늘, 스캘리언, 피시 소스를 웍에다 볶고, 홀리 바질 한 줌과 달걀프라이로 마무리하는 음식이다. 실제로 태국에서는 이 요리가 얇은 비닐봉지에 쌓인 접시에 담겨 나온다. 그리고 여지없이 조그만 플라스틱 탁자에 등을 구부리고 앉아서 먹게 된다. 이 비닐봉지는 이마의 땀을 닦으려다 찢어지는 냅킨 정도로 얇다.

반면에 미국에서는 사람들이 가장 흔하게 주문하는 태국요리이지만 항상 테이블에 남는 음식이기도 하다. 여기엔 이유가 있다. 미국식 태국 레스토랑에서 팟카파오를 주문하면 잎이 들쭉날쭉한 홀리 바질(ka-prao)의 맵고 쓴맛 대신에 달콤하고 아니스맛과 유사한 퍼플 바질(bai horapa)이나 달콤한 이탈리안 바질(공포 그 자체)향을 느끼게 되기 때문이다. 홀리 바질을 대체한다는 건 정말 어려운 일이다.

홀리 바질을 찾기 위해서는 쇼핑 반경 내의 이곳저곳 먼 거리까지 뒤져가며 이동해야만 했다. 그래야만 태국의 맛을 되찾을 수 있었다. 하지만 이제는 팟바이호라파(pad bai horapa)가 팟카파오가 아니라는 사실을 인정하고, 팟바이호라파 또한 충분히 맛있을 수 있다는 것도 인정하기로 했다. 태국에서도 자주색 바질을 곁들인 볶음이 흔하게 제공되기 때문에 전통적인 면모가 떨어진다고 보기도 힘들다.*

사실 '이름'에 고집하거나 진짜 홀리 바질의 맛을 간절히 원하는 게 아니라면 별 문제가 될 건 없다(어차피 태국에 가본 적이 없다면 그 맛을 느껴보지 못했을 가능성이 크다). 태국음식 전문가인 내 친구 Leela Punyaratabandhu의 말처럼 퍼플 또는 스위트 바질로 만든 다진 고기볶음을 팟바이호라파라고 부르면 모두가 행복한 결말이 된다.

특히 점심에 초대받았을 때 더욱 그렇다(바질 종류에 대한 자세한 내용은 130페이지 '일반적으로 사용하는 요리용 바질' 참고).

강한 열에 타는 걸 방지하기 위해서 요리 끝쯤에 향료를 첨가하는 중국식 볶음과는 달리, 태국식 볶음은 애초에 적당한 열을 사용하는 경우가 많다. 이 요리는 태국 볶음요리의 삼위일체인 고추, 스캘리언, 마늘로 시작한다. 이러한 재료의 향미를 북돋는 데는 화강암으로 만들어진 막자사발만한 도구가 없지만(막자사발에 대한 자세한 내용은 576페이지 참고), 손으로 자르거나 미니초퍼를 사용해도 된다. 고기의 경우는 이미 갈려있는 것으로 구매해도 무방하다.

이미 갈린 고기를 구매했다면 15분만의 요리로 테이블에 앉을 수 있다. 하지만 조금 더 신경 써서 고급 햄버거를 만들 때처럼 직접 손으로 고기를 손질하거나 푸드프로세서를 사용하면 아주 좋다.

순수주의자들은 이 요리의 맛이 피시 소스와 약간의 팜 슈거로 인한 것이라 주장하지만, 미국이나 태국에서 자주 볼 수 있는 버전은 대부분 노추간장과 약간의 굴 소스로 맛을 낸다. 나는 더 밝고 신선한 느낌을 주는 피시 소스만 사용한 버전을 좋아하지만, 그날의 기분에 따라 다르다.

이 요리를 쉽고도 조금 더 균형 잡힌 식사로 만들고 싶다면 그린빈이나 긴 콩을 잘라 넣으면 된다. 익는 시간이 고기와 거의 같기 때문에 고기를 넣을 때 함께 추가하면 된다.

나는 어떤 버전이든 간에 가장자리가 바삭바삭하면서도 쫄깃한 달걀프라이만을 취급한다(114페이지 참고).

---

* 다들 전통을 고수하고 있는가?

바질을 곁들인 태국식 다진 돼지볶음
PAD BAI HORAPA OR PAD KAPRAO

분량	요리 시간
4인분	15분
	총 시간
	15분

NOTES

최상의 결과를 위해선 돼지등심(또는 닭가슴살, 두부, 생선, 소등심 등)을 직접 손질해야 한다. 가장 쉬운 방법은 미리 다져진 고기를 구매하는 것이다.

태국 고추는 2개만 넣어도 꽤나 맵고, 8개를 넣으면 아주 뜨겁게 타오른다(달콤한 타이-밀크티도 미리 준비해 놓자!). 살짝 순한 정도를 원한다면 할라피뇨나 세라노 고추 반 개로 대체하면 된다.

콩은 전통적으로 넣는 재료는 아니지만, 잘 볶으면 특유의 달콤함으로 고기의 부담스러움을 덜어준다. 전통적인 걸 원한다면 노추간장과 굴 소스를 빼고 피시 소스로 간을 맞추면 된다. 가장 원조에 가까운 맛을 내려면 아시아 슈퍼마켓에 가서 홀리 바질을 찾아야 한다. 태국의 퍼플 바질이나 이탈리안 바질로 대체할 수도 있다.

막자사발을 사용하면 가장 맛있는 결과를 얻을 수 있지만 없어도 큰 문제는 없다.

재료

껍질 벗긴 중간 크기의 마늘 6쪽(16g)
껍질 벗긴 중간 크기의 스캘리언 1대(45g)
줄기를 제거한 태국 고추 2~8개(4~15g, NOTES 참고)
땅콩유, 쌀겨유 또는 기타 식용유 2테이블스푼(30ml)
다진 돼지살코기(또는 닭고기, 소고기, 튀김두부, NOTES 참고) 450g
그린빈 또는 긴 콩 150g, 1.3cm로 조각낸 것 (선택사항, NOTES 참고)
피시 소스 2테이블스푼(30ml), 기호에 따라 추가
과립설탕 또는 팜 슈거 1티스푼(4g), 기호에 따라 조절
노추간장 1테이블스푼(15ml, 선택사항, NOTES 참고)
굴 소스 1테이블스푼(15ml, 선택사항, NOTES 참고)
신선한 바질잎 45g(NOTES 참고)

차림 재료:

찐 재스민 또는 단립 쌀
남쁠라프릭(선택사항, 257페이지)
완전 바삭한 달걀프라이(선택사항, 114페이지)

요리 방법

① **막자사발을 사용할 때**: 마늘, 스캘리언, 고추를 잘게 썰어 막자사발에 넣고 코셔 소금 한 꼬집도 추가한다. 대충 으깨질 때까지 막자로 두드린다(여기서 반죽을 만들 필요는 없다).

막자사발을 사용하지 않을 때: 마늘, 스캘리언, 고추를 손 또는 미니초퍼로 다진다.

② 웍이나 프라이팬에 기름과 다지거나 으깬 혼합물을 넣고 중간 불로 가열한다. 웍이 달궈지면 재료가 살짝 연해지고 기름에 향이 배도록 자주 저어가며 30초 정도 조리한다.

③ 고기나 두부를 넣고 주걱으로 살살 저어가며 핏기가 사라질 때까지 2분 정도 저어가며 조리한다. 피시 소스, 설탕, 간장(선택사항), 굴 소스(선택사항)를 넣는다. 재료들이 윤기는 있으면서도 대부분의 물기가 증발하도록 약 1분간 조리한다.

④ 웍이나 프라이팬을 불에서 내리고 바질을 넣은 뒤 잘 버무린다. 밥, 남쁠라프릭, 바삭한 달걀프라이와 함께 제공한다.

이것만이 달걀프라이이다.

우리가 먹는 대부분의 달걀프라이는 실제로 프라이(튀김)가 아니다. 튀겼지만 튀긴 게 아니라는 말이다.

내가 진짜로 튀긴 달걀을 처음 맛본 것은 태국의 길거리에서였다. 거리의 한 아주머니(이동식 웍 버너를 든)가 팟카프라오를 얹은 밥 한 접시를 내게 건넸다. 나는 잠깐만 기다려달라는 뜻으로 손을 들었고, 이내 내가 접시를 잡자 그녀는 빈 웍에 기름을 더 붓기 시작했다. 막 연기가 나기 시작할 쯤에 달걀을 넣었고, 주걱으로 뜨거운 기름이 달걀 위로 파도를 타도록 만들었다. 즉시 달걀이 펄떡이며 튀겨지기 시작했다. 30초가 지나자 달걀은 바삭바삭하면서도 실크 같은 가장자리, 부드러운 중앙, 묽은 노른자인 상태로 내 접시에 올려졌다.

신세계였다.

부드러운 질감과 순백색의 프랑스식 달걀프라이도 멋지고 훌륭하지만, 카프라오 토핑 용도의 달걀프라이는 말 그대로 튀겨져서 거품이 나며 바삭한, 그런 맛이 나야 한다. 이런 달걀프라이의 비결은 질감과 풍미의 대조이다. 조리하는 방법을 알아보자.

웍에서 연기가 날 때까지 센 불로 가열하는 동안 두 개의 달걀을 볼에 깨뜨려 준비하고, 중간 불로 줄인 다음 기름 몇 테이블스푼을 두른다. 이어서 준비해둔 달걀을 기름의 표면 위로 부드럽게 넣는다. 기름이 튀지 않게 조심하자! 달걀이 팬에 닿으면 곧바로 기름이 튀기 시작한다(이 단계에서 소금과 후추로 간을 한다). 난 기름이 튀는 것이 싫어서 행주를 겹쳐 잡고 웍을 위쪽으로 기울인다.

이렇게 하면 기름 웅덩이가 생기므로 주걱을 사용해 기름의 영향이 느슨한 달걀흰자 부분으로 뿌려준다. 달걀이 부풀어 오르고 가장자리가 바삭해지면(약 45초 정도) 접시에 옮긴다.

세상에서 가장 근사한 달걀프라이는 아닐지라도 맛과 질감은 무엇과도 비교할 수 없다.

완전 바삭한 달걀프라이
EXTRA-CRISPY FRIED EGGS

분량	요리 시간
2인분	2분
	총 시간
	2분

재료

식물성 또는 올리브유 3테이블스푼(45ml)
큰 달걀 2개
코셔 소금과 갓 갈은 후추

요리 방법

① 10인치 무쇠, 탄소강, 논스틱 팬이나 웍에 기름을 넣고 중간 불로 달군다(작은 물방울을 떨어뜨리면 즉시 지글지글 끓는다). 기름이 튀는 걸 막기 위해서 달걀을 표면 바로 위에서 깨뜨려 넣는다. 소금과 후추로 간을 맞춘다.

② 기름이 팬 측면에 고이도록 팬을 몸 쪽으로 기울인다. 주걱으로 뜨거운 기름을 익지 않은 흰자 위로 계속해서 덮어준다(basting). 이때 기름이 노른자에 닿아서는 안 된다. 달걀이 부풀어 오르고 익을 때까지 45~60초 동안 계속 베이스팅한다. 접시에 담아 제공한다.

1.3 소고기와 양고기 볶는 방법

볶음용으로 가장 좋은 건 부드러워 양념을 충분히 흡수하면서도 자체의 육향을 유지할 수 있는 부위이다. 채끝살이나 안심과 같이 비싸고 매우 부드러운 부위를 너무 얇게 썰지 않도록 한다. 소위 정육점에서 하는 커팅이 훨씬 낫다. 좋아하는 커팅 방법을 순서대로 소개한다.

- **스커트 스테이크**(Skirt steak; 안창살)는 화이타 미트(fajita meat)라고도 불린다. 앞다리 바로 뒤에 있는 배 근처 부위이다. 길이 45cm, 너비 13cm의 얇은 스트립으로 제공되며 결은 짧게 뻗어 있다. 내가 가장 좋아하는 볶음용 부위이다.

- **플랩미트**(Flap meat; 치마살)는 뉴잉글랜드 지역에선 서로인 팁(sirloin tip) 또는 고급 정육점에서 바베트(bavette)라고도 불린다. 상부 엉덩이의 바로 앞쪽 부위이다. 구하기 어려운 부위지만 도전해보길 추천한다. 되도록이면 큐브 형태 등의 손질된 것이 아닌 전체 형태를 가진 것으로 구매하면 좋다. 식감과 맛은 행어 스테이크와 비슷하지만, 크기가 크고 균일하여 도축하기 쉽다.

- **행어 스테이크**(Hanger steak; 토시살)는 옹글렛(onglet; 프랑스어)으로도 불린다. 정육점과 셰프라는 전문적 영역에서만 사용되던 것이 최근에는 널리 보급 및 사용되고 있다. 횡격막에서부터 자르면 엄청나게 두터운 부위이며 커팅에 따라 원하는 만큼 부드럽게 만들 수 있다. 조금 이상한 프리즘 모양의 결을 지니고 있어서 식별하기 어려울 수 있다. 비교적 높은 가격대이다.

- **플랭크 스테이크**(Flank steak; 업진살)는 90년대에 전 세계적인 인기를 얻기 전까지는 가장 저렴한 부위 중 하나였다. 요즘은 거의 등심만큼이나 높은 가격을 형성하고 있다. 이 부위의 장점은 어디서나 찾을 수 있다는 점이다. 치마살과는 다르게 결이 길게 뻗는다. 맛은 살짝 진하며 치마살만큼 질기진 않다.

볶음용으로 사용하기 좋은 그 외의 부위로는 등심, 뼈 없는 윗등심(chuck), 설깃살(bottom-round), 우둔살(top-round)이 있다. 이 부위들을 사용할 때는 지방과 결합조직 덩어리들을 모두 손질해야 하며 마지막에는 (반드시!) 결 반대로 썰어야 한다.

모든 고기가 그렇듯이 소고기도 잘 싸서 보관하고 구매 후 며칠 이내에 사용해야 한다. 양념할 준비가 될 때까지 고기를 자르지 말아라. 미리 자르면 표면적이 증가해서 빠르게 산화되어 변색되거나 냄새가 날 수 있다.

볶음용 소고기 써는 방법

닭고기와 돼지고기도 마찬가지지만, 볶음용 고기를 써는 이유는 근섬유를 짧게 만들어 고기의 부드러움을 극대화시키는 것이다.

STEP 1 · 결 식별하기

우선 결의 방향을 식별해야 한다. 업진살(flank)은 결이 고기의 가로 방향으로 뻗어 있다. 반면 스커트 스테이크(안창살, 오른쪽)는 결이 길이의 직각으로 뻗어 있다.

STEP 2 · 결 따라 스트립으로 썰기

고기의 결을 따라 5cm 너비의 스트립으로 길게 썬다. 업진살이라면 왼쪽 사진처럼 3개의 긴 스트립이 되고, 안창살(skirt)이라면 오른쪽 사진처럼 약 10개의 짧은 스트립이 된다.

STEP 3 · 약간 얼리기(선택사항)

칼이 완벽하게 서 있지 않거나 미끄러운 고기를 다루는 데 미숙하다면 냉동실에 약 10분 동안 얼리면 좋다.

STEP 4 · 결 반대로(수직으로) 썰기

날카로운 식칼 혹은 산도쿠 식칼을 도마에 비스듬하게 잡는다. 이 각도 그대로 고기를 매우 얇은 스트립으로 자른다. 그러면 표면적이 넓어져서 소스가 잘 스며들게 되어 조리 속도가 빨라진다.

STEP 5 · 성냥개비로 자르기

성냥개비 모양으로 고기를 사용하는 요리라면, 몇 조각을 겹겹이 쌓은 뒤에 자르면 된다.

베이킹소다 및 딥 티슈 마사지:
입안에서 녹는 부드러운 소고기의 비밀

언젠가 어느 골목의 누추한 포장마차에서 순식간에 녹는 부드러운 소고기를 맛본 적이 있을 것이다. 이게 어떻게 가능한 걸까? 일반인은 구할 수 없는 특수부위인가?

아니다. 여기엔 두 가지 비밀이 있다. 첫 번째는 격렬한 마사지다. 식당에서 일하고 있는(혹은 유튜브 채널에서) 중국인 요리사들을 보면 고기를 조심스럽게 다루지 않는 모습이 보이는데, 보통 고기를 통째로 제공하는 서양식 주방에서는 고기를 조심스럽게 다루도록 훈련 받는다. 내가 일한 거의 모든 전문 주방에서는 고기에 상처를 준다는 이유로 집게조차 사용할 수 없었다. 주걱과 손의 굳은살만이 고기를 만질 수 있는 유일한 도구였다.

그러나 볶음용 고기는 막 대할수록 좋다! 고기를 물에 격하게 씻고 힘껏 짜내어 때리고 던지며 마사지를 하면(한마디로 격한 손맛으로 고기를 재워주면), 향이 더 잘 스며들고 식감이 부드러운 고기가 된다.

더 중요한 두 번째 비밀은 베이킹소다에 있다. 베이킹소다가 어떻게 붉은 고기를 부드럽게 유지하는지 그 이유에 대해서 과학적으로 완전히 이해할 수 없지만, 적어도 단백질 결합을 방지하기 때문이란 것은 알 수 있다. 단백질이 조리될 때 교차결합과 조임 현상이 효과적으로 일어나기 위해선 상당히 좁은 pH 범위가 요구된다. 산성이 강한 양

념에 너무 오래 두면 고기가 조여져서 팬에 닿기도 전에 본질적으로 "조리"되는 것처럼, 알칼리성 양념은 그 반대 효과가 있어서 고기의 외부가 너무 익지 않도록 효과적으로 보호할 수 있다.

또한 알칼리성은 마이야르 반응을 촉진하여 고기가 더 많은 수분을 유지하면서 더 짧은 시간에 더 진한 맛을 낼 수 있게 만든다. 이건 분명 좋은 이야기다.

베이킹소다를 사용하는 가장 효과적 방법은 고기를 알칼리성 물에 담그는 것이다. 얇게 썬 고기 450g에 베이킹소다 1티스푼과 물 2컵을 넣고 세차게 잘 섞은 뒤 냉장시킨다. 몇 시간 후 흐르는 물에 고기를 헹구고(베이킹소다를 너무 많이 넣으면 맛이 변질될 수 있다) 고운체로 고기를 짜서 물기를 뺀 다음, 레시피에서 요구하는 양념으로 거칠게 마사지하면 된다.

다른 방법도 있다. 소량의 베이킹소다를 고기에 직접 바르고 마사지한 다음에 양념을 추가하는 것이다. 소량의 베이킹소다는 맛에 별다른 영향을 주지 않으면서도(특히 다른 강력한 향미가 포함된 요리에서) 고기를 확연히 부드럽고 미끈한 질감으로 만든다(이는 볶음요리에 좋다).

브로콜리를 곁들인 소고기볶음
BEEF WITH BROCCOLI

분량
4인분

요리 시간
15분
총 시간
30분

재료

소고기 재료:
스커트, 플랭크, 행어나 플랩(안창살, 업진살, 토시살,
    치마살) 450g, 볶음용으로 썬 것
베이킹소다 ½티스푼(2g)
코셔 소금 ½티스푼(1.5g)
생추간장 또는 쇼유 1티스푼(5ml)
소흥주 또는 드라이 셰리주 1티스푼(5ml)
설탕 ½티스푼(2g)
볶은 참기름 1티스푼(5ml)
옥수수 전분 ½티스푼(1.5g)

소스 재료:
생추간장 또는 쇼유 1테이블스푼(15ml)
노추간장 1테이블스푼(15ml)
굴 소스 3테이블스푼(45ml)
설탕 1테이블스푼(12g)
소흥주 2테이블스푼(30ml)

전분물 재료:
옥수수 전분 2티스푼(6g)
물 1테이블스푼(15ml)

브로콜리 재료:
브로콜리 또는 브로콜리니 340g, 머리는 한입 크기
    의 작은 꽃 모양으로 자르고 줄기는 껍질을 벗긴
    뒤 4~5cm 조각으로 대각선으로 잘라낸 것

볶음 재료:
땅콩유, 쌀겨유 또는 기타 식용유 ¼컵(60ml)
다진 마늘 2티스푼(5g)
다진 생강 2티스푼(5g)

푸드코트의 필수 요리. 마늘향이 나는 굴 소스에 브로콜리와 함께 볶은 소고기
는 중국에 뿌리를 두고 있다. 중국에서는 잎이 많은 브로콜리 품종인 가이란(gai
lan)을 사용한다.

  볶음의 기본만 갖춘다면 이 레시피는 어렵지 않다. 마늘, 생강, 스캘리언의 향이
진하게 나도록 재료를 다져서 넣으면 된다. 향이 연한 게 좋다면, 고기를 추가하기
전에 생강 한 조각과 으깬 마늘 몇 쪽을 기름에만 볶아주면 된다(서빙하기 전에 생
강과 마늘 조각은 제거한다).

요리 방법

(1) **소고기:** 중간 크기의 볼에 고기를 넣고 찬물을 고기가 잠길 때까지 부은 다음
잘 씻긴다. 고운체로 밭치고 손으로 눌러 짜서 물기를 제거한다. 고기를 다시 볼에
담고 베이킹소다도 첨가해서 30초에서 1분 정도 세게 문지르며 쳐댄다. 소금, 간
장, 소흥주, 설탕, 참기름, 옥수수 전분을 넣고 30초 이상 버무린다. 최소 15분에
서 최대 하룻밤을 재워둔다.

(2) 소스: 작은 볼에 간장, 굴 소스, 설탕, 술을 섞는다. 덩어리 없이 설탕이 모두 녹을 때까지 포크로 젓는다.

(3) 브로콜리: 웍에 1L 정도의 물에 소금으로 약간 간을 하고 끓인다. 브로콜리를 넣고 잘 저어준 다음 뚜껑을 덮는다. 가끔 팬을 흔들면서 약 1분 동안 끓인다. 브로콜리의 물기를 제거하고 쟁반에 한 겹으로 펼친다.

(4) 조리 전 재료 준비:

a. 양념한 소고기
b. 데친 브로콜리
c. 마늘과 생강
d. 소스

e. 옥수수 전분물
f. 조리된 재료를 위한 빈 용기
g. 요리를 담을 접시

(5) 볶음: 웍에다 기름을 얇게 바르고 연기가 날 때까지 센 불로 가열하고 기름 1 테이블스푼(15ml)을 둘러 코팅한다. 소고기 절반을 넣고 약 1분 정도 익혀 노릇하게 만든 뒤 큰 볼에 옮긴다. 웍을 닦고 새로운 기름(15ml)과 나머지 고기로 과정을 반복한다(고기의 양념이 과도하게 많으면 웍이 탈 수가 있다. 싱크대에서 씻어낸 후 사용하자).

(6) 웍을 닦고 연기가 날 때까지 센 불로 가열하고 남은 기름 1테이블스푼(15ml)을 둘러 코팅한다. 브로콜리의 절반을 첨가하고 약 1분 동안 부드러워질 때까지 볶는다. 소고기를 옮긴 볼로 옮긴다.

(7) 웍을 닦고 연기가 날 때까지 센 불로 가열하고 나머지 기름 1테이블스푼(15ml)을 둘러 코팅한다. 남은 브로콜리 절반을 넣고 약 1분 동안 부드러워질 때까지 볶는다. 모든 소고기와 브로콜리를 마늘, 생강과 함께 웍에 투하하고 향이 날 때까지 약 30초간 볶는다.

(8) 소스를 저은 뒤 웍 가장자리에 붓는다. 옥수수 전분물도 한번 젓고 웍에 추가한다. 소스가 걸쭉해질 때까지 약 30초간 잘 저어주며 고기를 완전히 익힌다. 너무 묽다면 옥수수 전분물을 추가하고, 너무 걸쭉하면 물을 추가해 소스의 농도를 조절한다. 하얀 밥과 함께 제공한다.

생강을 곁들인 소고기볶음(스노우피는 선택사항)
GINGER BEEF(WITH OR WITHOUT SNOW PEAS)

분량
4인분
요리 시간
15분
총 시간
30분

NOTE
스노우피는 생략하거나 스냅피, 아스파라거스, 그린빈처럼 다른 바삭바삭한 녹색 야채로 대체할 수 있다. 최상의 결과물을 원한다면 신선한 즙이 많고 껍질이 얇은 생강을 사용하면 된다. 질긴 껍질을 가진 오래된 생강은 적합하지 않다.

이 요리는 내가 어릴 적에 아버지가 자주 만들어줬던, Joyce Chen의 책에 적힌 레시피를 기반으로 한다(아버지는 아직도 만들어 먹고 있다). 어머니가 구입한 미니초퍼가 달린 핸드블렌더의 신고식을 생생히 기억한다. 오래되고 건조한 생강을 다지는 거였는데, 결과가 좋지 않았다. 다져진 게 아니라 덩어리지고 끈끈한 알 수 없는 상태가 되었다. 마치 치실 같았다.

여기서 핵심은 연하고 어린 생강을 사용해야 한다는 것이다. 다행히도 예전보다 어린 생강을 쉽게 찾을 수 있다(매끄럽고 팽팽한 껍질을 가진 것으로 구매하라). Joyce의 레시피에는 고수가 들어가지만, 바질을 사용해도 좋다. 따로 준비한 야채와 함께 중국식으로 만들어도 좋고, 간편함을 위해 녹색 야채를 웍에다 한꺼번에 넣어도 된다. 스노우피를 넣는 것을 추천한다.

재료

소고기 재료:
안창살 또는 업진살 또는 토시살 또는 치마살450g, 볶음용으로 얇게 썬 것
베이킹소다 ½티스푼(2g)
코셔 소금 ½티스푼(1.5g)
생추간장 또는 쇼유 1티스푼(5ml)
소흥주 또는 드라이 셰리주 1티스푼(5ml)
설탕 ½티스푼(2g)
옥수수 전분 ½티스푼(1.5g)

소스 재료:
노추간장 1테이블스푼(15ml)
생추간장 1테이블스푼(15ml)
소흥주 2테이블스푼(30ml)
설탕 2티스푼(4g)
갓 간 백후추 한 꼬집(선택사항)
MSG 한 꼬집(선택사항)

전분물 재료:
옥수수 전분 2티스푼(6g)
물 1테이블스푼(15ml)

스노우피 재료(선택사항, NOTE 참고):
스노우피 또는 스냅피 225g

볶음 재료:
땅콩유, 쌀겨유 또는 기타 식용유 ¼컵(60ml)
어린 생강 55g, 껍질 벗겨 푸드프로세서나 손으로 다진 것(NOTE 참고)
신선한 고수 또는 바질잎 55g(약 2컵), 굵게 다진 것

요리 방법

① **소고기**: 중간 크기의 볼에 고기를 넣고 찬물을 고기가 잠길 때까지 부은 다음 잘 씻긴다. 고운체로 밭치고 손으로 눌러 짜서 물기를 제거한다. 고기를 볼에 다시 담고 베이킹소다를 30~60초 동안 고기에 살살 문지르며 꾹꾹 눌러준다. 소금, 간장, 소흥주, 설탕, 옥수수 전분을 넣고 30초 이상 버무린다. 최소 15분에서 최대 하룻밤을 재워둔다.

② **소스**: 작은 볼에 간장, 소흥주, 설탕, 백후추, MSG를 넣고 균질해질 때까지 젓고 따로 둔다. 옥수수 전분과 물을 별도의 작은 볼에 넣고 옥수수 전분이 녹을 때까지 포크로 젓는다.

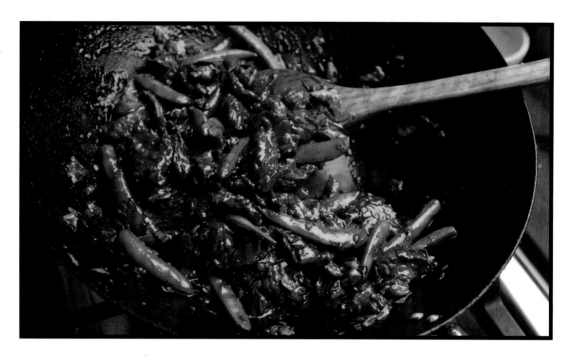

③ **스노우피(선택사항, NOTE 참고):** 웍에 약간의 소금과 물 1L를 넣고 끓인다. 스노우피를 넣어 잘 젓고 뚜껑을 덮은 뒤 1분 정도 더 데쳐준다. 밝은 초록색이면서도 여전히 단단해야 한다. 체로 건져서 쟁반이나 큰 접시에 펼쳐 식힌다.

④ **조리 전 재료 준비:**

a. 양념된 소고기   e. 소스
b. 데친 스노우피   f. 조리된 재료를 위한 빈 용기
c. 생강   g. 요리를 담을 접시
d. 고수 또는 바질

⑤ **볶음:** 웍에서 연기가 날 때까지 센 불로 가열하고 기름 1테이블스푼(15ml)을 둘러 코팅한다. 소고기의 절반을 넣고 핏기가 보이지 않을 때까지 약 45초 정도 볶고 큰 볼에 옮겨 담는다. 웍을 닦아내고 또 한 스푼(15ml)의 기름과 남은 소고기를 넣어서 이전 과정을 반복한다(고기의 양념이 과도하게 많으면 웍이 탈 수가 있다. 싱크대에서 씻어낸 후 사용하자).

⑥ 웍을 닦고 연기가 날 때까지 센 불로 가열한 뒤 남은 기름 1테이블스푼(15mm)을 둘러 코팅한다. 스노우피를 넣고(사용하는 경우) 부드럽고 아삭한 식감이 날 때까지 약 30초 정도 볶는다. 소고기를 옮긴 볼로 옮겨 담는다.

⑦ 웍을 닦고 연기가 날 때까지 센 불로 가열한 뒤 남은 기름 1테이블스푼(15ml)을 두르고, 생강을 넣어 진한 생강향이 날 때까지 약 15초간 볶는다. 여기에 미리 볶아둔 소고기와 데친 스노우피를 넣고 뒤섞으며 볶는다.

recipe continues

8 소스를 저은 뒤 웍 가장자리에 붓는다. 옥수수 전분물도 한 번 젓고 웍에 추가한다. 소스가 걸쭉해지고 고기가 완전히 익을 때까지 약 30초를 더 볶는다. 너무 묽다면 전분물을 추가하고, 너무 걸쭉하면 물을 추가해 소스의 농도를 조절한다. 고수 또는 바질잎을 넣어 살짝 섞은 후에 접시에 담아 따뜻한 밥과 함께 제공한다.

스냅피와 스노우피 다듬는 방법

나는 볶음요리를 할 때 달콤한 스냅피와 아삭한 식감의 스노우피를 자주 사용한다. 준비하기도 매우 쉽다. 콩 끝부분에 있는 섬유질 끈을 잡아당겨서 제거하면 끝이다. 손질한 콩알은 지퍼백이나 보관용 통에 담고 젖은 타월로 덮어서 냉장보관하면 된다.

아주 신선한 것이라도 보관하면 점차 원래의 단맛을 잃어가지만, 며칠 동안이라도 신선하게 보관하려면 꼭 유의해야 한다.

STEP 1 · 손가락 끝으로 줄기 끝 잡기

손가락 끝으로 줄기 끝을 잡고 껍질의 이음새 중 하나를 뒤로 구부린다.

STEP 2 · 콩에 붙어있는 끈 당기기

손가락 끝으로 잡은 줄기 끝을 콩이 붙어있는 방향을 따라 아래로 당긴다. 벗겨낼 끈이 없다면 이미 먹어도 될 만큼 부드러워진 상태이므로 괜찮다.

STEP 3 · 다른 쪽에서 과정 반복하기

다른 쪽 끝을 손 끝으로 집어 이음새 방향으로 잡아당기면서 아직 제거되지 않은 끈을 제거한다.

알칼리화된 소고기

베이킹소다의 마법이 믿기 어렵다면, 직접 시도해보자.

실험 재료

소고기 업진살 또는 안창살 340g, 길게 스트립으
로 자른 것(116페이지 참고)
베이킹소다 ½티스푼(2g)
모든 고기볶음을 위한 기본 양념장(50페이지 참조)
1레시피, 베이킹소다 생략된 것
땅콩유, 쌀겨유 또는 기타 식용유 3테이블스푼
(45ml)

실험 과정

고기를 세 개의 볼에 나누어 담을 것이다. 첫 번째 볼에 베이킹
소다와 물 한 컵을 넣고 잘 섞은 뒤 고기를 넣는다. 베이킹소다
가 잘 풀려서 알칼리화된 물이 고기 사이사이로 완전히 침투하
도록 만드는 것이다. 두 번째 볼에는 물 한 컵(베이킹소다 없이)
과 고기를 넣고 같은 과정(물과 고기를 섞어주는)을 반복한다. 세
번째 볼에는 고기만 담은 상태로 모두 냉장고에 1시간 동안 따
로 보관한다.

베이킹소다 처리한 소고기의 물기를 빼고 흐르는 물에 조심스
럽게 헹군 다음, 고운체로 밭치고 손으로 눌러 짜서 물기를 제거
한다. 볼에다 다시 넣고 기본 양념장의 ⅓을 넣어 고기를 주무르
며 마사지한다.

두 번째 볼의 고기도 고운체로 밭치고 손으로 눌러 짜서 물기
를 제거한 다음, 볼에다 다시 넣고 기본 양념장 ⅓을 넣어 고기
를 주무르며 마사지한다.

세 번째 볼에다 기본 양념장 나머지 ⅓을 넣고 고기를 주무르
며 마사지한다.

웍에서 연기가 날 때까지 센 불로 가열하고 기름 1테이블스푼
을 둘러 코팅한 다음, 첫 번째 볼의 고기를 추가해 약 1분을 볶
는다. 볼에다 옮겨 따로 담아둔다. 웍을 닦고 다른 고기들도 같은
방식으로 요리하면 된다.

요리한 고기를 하나씩 맛보자.

결과 및 분석

베이킹소다를 사용한 소고기는 다른 소고기보다 눈에 띠게 부드
럽고 육즙이 많았다. 이 소고기를 볶을 때 고기에서 수분이 적게
나온다는 걸 알 수 있었는데, 이는 베이킹소다의 알칼리성이 육류
단백질의 응고 및 조임 능력을 방해했기 때문이다. 고기의 단백질
이 덜 조여진다는 것은 육즙이 덜 짜져서 고기에 더 많이 남게 된
다는 의미가 된다. 그래서 고기가 더 맛있고 부드러운 것이다.

단순히 물로 씻은 소고기도 마사지나 물로 씻지 않고 양념한
고기보다 약간은 더 맛있고 부드러웠다.

매운 고추를 곁들인 슈레드 비프

분량
4인분

요리 시간
15분

총 시간
30분

NOTE
당근과 리크는 얇게 채 썰 수 있는 야채로 대체할 수 있다. 셀러리, 피망, 얇게 썬 표고버섯, 찬물에 15분간 담근 감자 등이 좋은 품목이다.

어렸을 때 *Hunan Balcony*(중국 음식점)에서 음식을 배달시키는 건 일종의 작은 크리스마스와 같았다. 음식이 담긴 비닐봉지가 활처럼 묶여 현관문을 두드리면, 어머니가 받았고, 우리는 멋지게 포장된 알루미늄 포일 접시(음식이 담긴)들을 식탁에 올렸다. 내 기억에는 그 음식 접시들이 마치 잘 익은 과일마냥 크기에 비해서 너무 무겁게 느껴졌었다. 우리는 뚜껑을 벗길 때 먼저 빠져나오는 증기로 보기도 전에 어떤 음식인지 알아챌 수 있었다. 엄마는 종종 '네 가지 맛의 슈레드 비프'를 주문했는데, 5cm로 길게 썬 소고기를 당근, 리크, 고추와 함께 매콤한 식초 소스로 볶은 요리였다. 동생은 이 요리를 나와는 조금 다르게, 얇게 썬 소고기를 볶아 시금치 더미 위에 얹은 요리라고 기억했다. 누가 맞을까? 이제는 문을 닫은 가게라서 인터넷을 통해 알아보았다.

뉴욕공립도서관의 'NYC메뉴' 데이터베이스에서 이 요리가 딱 한 번 언급됐다. 1984년 *Hunan Balcony*의 테이크 아웃 메뉴라고 되어 있었다. 우리 둘 다 부분적으로만 옳았는데, 잘게 찢어 볶은 소고기를 볶은 물냉이 더미 위에 올려 제공했다고 한다. 그 메뉴에 고추, 물냉이, 스캘리언, 마늘, 생강 등 다섯 가지 이상이 나열되어 있어서 네 가지의 맛이 정확히 어떤 것인지는 잘 모르겠다. 미국식 중화요리 레스토랑의 메뉴 중 "후난 비프(Hunan beef)"와 매우 유사하지만 기원이 무엇인지도 잘 모르겠다. 중국 요리 웹사이트인 *The Woks of Life*에 따르면 이 요리의 정통 후난 버전은 훈제하고 말린 소고기를 사용하여 *"쓰촨식 드라이−프라이 비프(436페이지)"*와 비슷한 식감을 제공하면서 신선한 고추의 매운맛을 느낄 수 있다고 한다.

그 기원이 어떠하든, 나는 요즘 건조한 소스에 신선한 고추와 발효된 검은콩을 곁들이는 후난식으로 나만의 요리를 만들고 있다. 이 방식을 활용하는 이유는 잘게 찢거나 다른 몇 가지 채소를 함께 볶는 것만으로도 쉽게 요리할 수 있기 때문이다. 매운 고추는 필수이지만, 그 외의 얇게 썬 스캘리언, 리크, 당근, 호박, 피망, 표고버섯, 죽순, 셀러리, 오이, 감자 등 모든 야채를 사용할 수 있다. 고기와 채소의 기본 비율을 동일하게 유지하면서, 좋아하거나 냉장고에서 잠자고 있는 어떤 재료든지 대체해서 쓰면 된다. 그냥 밥과 제공하거나 살짝 볶은 물냉이 위에 이 요리를 제공해도 좋다.

재료

소고기 재료:

안창살 또는 업진살 또는 토시살 또는 치마살 340g,
　　5cm로 세로로 자른 것(116페이지 참고)

베이킹소다 ½티스푼(2g)

코셔 소금 ½티스푼(1.5g)

생추간장 또는 쇼유 1티스푼(5ml)

노추간장 1티스푼(5ml)

소흥주 또는 드라이 셰리주 1티스푼(5ml)

설탕 ½티스푼(2g)

옥수수 전분 ½티스푼(1.5g)

소스 재료:

노추간장 1테이블스푼(15ml)

생추간장 1테이블스푼(15ml)

양조식초 1테이블스푼(15ml)

소흥주 1테이블스푼(15ml)

설탕 1테이블스푼(4g)

잘게 다진 절인 고추 6~8개(84페이지 참고), 또는
　　삼발올렉(sambal oelek)과 같은 발효한 칠리 소
　　스 1테이블스푼(15g)

MSG 1꼬집(선택사항)

전분물 재료:

옥수수 전분 1티스푼(6g)

물 1테이블스푼(15ml)

볶음 재료:

땅콩유, 쌀겨유 또는 기타 식용유 3테이블스푼(45ml)

긴 풋고추(카우혼 또는 아나헤임) 2개, 5cm로 자른
　　것(약 180g)

작고 매운 고추(프레즈노, 할라피뇨, 세라노 등) 1개,
　　2cm로 곱게 채친 것 30g)

리크 1개, 흰색과 옅은 녹색 부분만 5cm로 곱게 채
　　친 것(약 90g)

껍질 벗긴 당근 1개, 5cm로 곱게 채친 것(120g)

다진 마늘 2티스푼(5g)

다진 생강 2티스푼(5g)

굵고 거칠게 다진 더우츠(douchi; 건조 발효검은콩)
　　2테이블스푼(약 12g)

작은 건고추(얼징티아오 또는 차오티안쟈오) 24~30개

가니쉬용 볶은 참깨 약간

요리 방법

① **소고기:** 중간 크기의 볼에 고기를 넣고 찬물을 고기가 잠길 때까지 부은 다음 잘 씻긴다. 고운체로 밭치고 손으로 눌러 짜서 물기를 제거한다. 고기를 다시 볼에 담고 베이킹소다를 넣어 버무린 다음, 고기를 들어올렸다가 볼에 던지는 치대는 행위와 쥐어짜기를 30~60초 정도 반복한다. 소금, 간장, 술, 설탕, 전분을 넣고 고기를 30초 이상 양념한 후 최소 15분에서 최대 하룻밤 냉장고에 보관한다.

② **소스:** 간장, 식초, 술, 설탕, 절인 고추(또는 칠리 소스), MSG를 작은 볼에 넣고 균질하게 섞일 때까지 저은 뒤 보관하고, 전분가루와 물을 별도의 작은 볼에 넣어 잘 섞일 때까지 포크로 젓는다.

recipe continues

③ 조리 전 재료 준비:

a. 양념된 소고기

b. 신선한 고추, 리크, 당근

c. 마늘, 생강, 더우츠(발효검은콩), 건고추

d. 소스

e. 전분물

f. 조리된 재료를 위한 빈 용기

g. 요리를 담을 접시

④ **볶음:** 웍에서 연기가 날 때까지 센 불로 가열하고 기름 1테이블스푼(15ml)을 둘러 코팅한다. 소고기에 핏기가 보이지 않을 때까지 약 1분 정도 볶고 큰 볼에 옮겨 담는다.

⑤ 웍을 닦고 연기가 날 때까지 센 불로 가열한 뒤 기름 1테이블스푼(15ml)을 둘러 코팅한다. 가늘게 채썬 고추와 리크, 당근을 넣고 부드러워질 때까지 약 1분 정도 볶고 고기를 담은 볼에 넣는다.

⑥ 웍을 닦고 연기가 날 때까지 센 불로 가열한 뒤 기름 1테이블스푼(15ml)을 둘러 코팅한다. 마늘, 생강, 발효검은콩, 건고추를 넣고 향이 날 때까지 약 15초를 볶는다. 여기에 볶아둔 소고기를 넣어 뒤섞으며 볶는다.

⑦ 소스를 저은 뒤 웍 가장자리에 붓고, 전분물을 이용해 농도를 맞춘 다음 소스가 자작하게 줄어들 때까지 약 1분을 더 볶는다. 참깨를 조금 넣고 섞은 다음 그릇으로 옮겨 담고 참깨를 위에 뿌려 장식해 밥과 함께 제공한다.

바질과 피시 소스를 곁들인 태국식 소고기볶음

이 태국식 볶음요리는 내가 가장 좋아하는 도구인 막자사발과 막자로 시작된다. 나는 주로 소스에 넣는 마늘, 고추, 팜 슈거를 곱게 빻는 용도로 사용한다. 볶는 용도로 사용할 소스(257페이지 '남쁠라프릭' 참고) 말이다.

다음은 얇게 썬 소고기를 약간 변형시킨 기본 양념(베이킹소다, 피시 소스, 간장, 약간의 설탕)에 재운 다음 뜨거운 웍에 두 번으로 나눠 넣어 볶는다. 나눠서 볶은 소고기가 모두 노릇노릇할 때까지 볶아지면, 웍을 닦고 다시 가열해 마지막 단계로 돌입한다. 볶은 소고기를 곱게 썬 샬롯과 마늘, 고추와 함께 다시 볶는 것이다. (잠깐! 여기서 얇게 썬

고추와 마늘의 양을 추가하면 각각의 맛을 두 배로 늘릴 수 있다. 얇게 썬 것과 빻은 것이라는 준비방법의 차이가 다른 맛을 내기도 한다.) 이 요리의 전통적인 레시피에는 마크루트(markut*) 라임잎이 포함되지 않지만, 감귤잎 향기가 마음에 들어서 추가하는 편이다. 아시아 슈퍼마켓에서 마크루트 라임잎을 찾을 수 있지만, 없다면 청과물 상가에서 제철인 감귤류 잎사귀를 뜯어서 사용해도 된다. 귤이나 금귤(clementine)잎이 가장 괜찮았다.

---

* 동남아시아의 많은 요리에 풍미를 더하는 녹색 라임인 Citrus hystrix는 "카피르 라임(kaffir lime)"으로 알려져 있는데, 이 용어를 여기에서 굳이 언급하는 이유가 있다. 불행하게도 이 K로 시작하는 단어는 흑인 남아프리카인에 대한 인종비하용으로 사용되며, 마치 미국의 N으로 시작하는 단어와 비슷하다. 단어의 어원은 다르다지만, 태국어 이름인 마크루트도 널리 사용되고 있으므로 굳이 카피르 라임이라는 단어를 계속 사용할 마땅한 이유가 없다.

내가 사용하는 향재료들(스캘리언, 마늘, 고추)이 향을 내기 시작하고 소고기가 노릇노릇해지면 고추/마늘 소스를 넣는데, 넣자마자 재빠르게 졸여서 소스의 농도를 묽게 만들어야만 한다(촉촉하지만 너무 진하진 않은). 웍에 태국의 퍼플 바질 한 줌을 넣고 저으며 볶아주면 약 15분만에 요리가 완성된다. 이것이 바로 내가 웍을 좋아하는 이유 중 하나이다(손쉽고 빠르게 맛난 요리를 만들 수 있다는 점). 단지 하나일 뿐이다.

바질과 피시 소스를 곁들인 태국식 소고기볶음
THAI-STYLE BEEF WITH BASIL AND FISH SAUCE

분량	요리 시간
4인분	15분
	총 시간
	30분

NOTES

요리에 들어가는 고추의 개수로 매운맛을 조절하자. 고추 한 개는 적당히 매운맛. 다섯 개는 불타는 매운맛. 마크루트 라임잎은 동남아시아 슈퍼마켓에서 신선하거나 냉동된 것을 구매할 수 있다. 없다면 감귤잎을 얇게 썬 것이나 라임 제스트 1개로 대체할 수 있다. 어떤 종류의 바질을 사용해도 좋다(130페이지 참고). *튀긴 샬롯*도 아시아 슈퍼마켓에서 구매하거나 직접 만들자(255페이지).

재료

소고기 재료:

안창살 또는 업진살 또는 토시살 또는 치마살 450g, 6mm 두께 스트립으로 길게 자른 것
베이킹소다 ½티스푼(2g)
간장 1티스푼(5ml)
피시 소스 2티스푼(10ml)
설탕 1티스푼(4g)
코셔 소금 ½티스푼(1.5g)

소스 및 볶음 재료:

얇게 썬 타이버드 고추 1~5개(NOTES 참고)
얇게 썬 중간 크기의 마늘 6개(15~20g)
얇게 썬 중간 크기의 샬롯 1개(45g)
팜 슈거 1.5테이블스푼(20g)
생추간장 또는 쇼유 2티스푼(10ml)
피시 소스 1테이블스푼(15ml)
마크루트 라임잎 4개, 머리카락 두께로 썬 것
    (가운데 심은 버린다)
땅콩유, 쌀겨유 또는 기타 식용유 2테이블스푼(30ml)
태국 퍼플 바질 55g(NOTES 참고)
굵게 빻은 태국 칠리플레이크 또는 매운 건고추 플레이크(선택사항)
구매하거나 직접 튀긴 샬롯 한 줌(NOTES 참고)

요리 방법

① **소고기**: 중간 크기의 볼에 고기를 넣고 찬물을 고기가 잠길 때까지 부은 다음 잘 씻긴다. 고운체로 밭치고 손으로 눌러 짜서 물기를 제거한다. 고기를 다시 볼에 넣고 베이킹소다를 넣어 버무린 다음, 고기를 들어올렸다가 볼에 던지는 치대는 행위와 쥐어짜기를 30~60초 정도 반복한다. 간장, 피시 소스, 설탕, 소금을 넣고 최소 30초 이상 양념해 고기에 스며들게 한다.

② **소스 및 볶음**: 고추 절반, 마늘 절반, 샬롯 절반, 팜 슈거 절반을 막자사발에 넣고 갈아서 고운 페이스트로 만든다. 여기에 간장과 피시 소스를 넣고 으깨어 소스로 만든 뒤 따로 보관한다. 남은 고추, 마늘, 샬롯, 마크루트 라임잎을 작은 볼에 넣고 섞는다.

③ **조리 전 재료 준비**:

a. 양념된 소고기
b. 고추, 마늘, 샬롯, 라임잎
c. 소스(빻은 그대로 두어도 됨)
d. 바질
e. 조리된 재료를 위한 빈 용기
f. 요리를 담을 접시

④ **볶음**: 웍에서 연기가 날 때까지 센 불로 가열하고 기름 1테이블스푼(15ml)을 둘러 코팅한다. 소고기 절반을 넣고 가만히 약 1분간 익힌다. 노릇노릇하면서도 여전히 핏기가 보일 때까지 약 1분을 계속 저어주며 볶은 다음, 큰 볼에 옮겨 담는다. 남은 소고기도 같은 과정을 반복한다.

⑤ 웍에다 볶아둔 소고기와 마늘, 샬롯, 고추, 마크루트 라임잎 혼합물을 넣고 볶는다. 이 네 가지 재료의 향이 충분히 나면서 샬롯이 완전히 부드러워질 때까지 약 1분간 계속 저으며 볶는다.

⑥ 보관한 소스를 저어 웍 가장자리에 붓고 완전히 졸여질 때까지 계속 저으며 볶아준다(소고기는 촉촉해 보여야 하지만, 웍 바닥에 소스가 묽게 남아 있으면 안 된다). 이제 바질을 넣어 볶다가 피시 소스와 태국 건고추 플레이크(사용하는 경우)를 더 넣어서 맛을 낸다. 접시로 옮기고 그 위에 실처럼 가늘게 채 썬 라임잎과 튀긴 샬롯을 얹어 따뜻한 밥과 함께 제공한다.

일반적으로 사용하는 요리용 바질

바질은 100종 이상의 품종을 가져 세계에서 가장 다품종인 허브 중 하나로 꼽힌다. 품종은 다를지라도 대부분 *Ocimum basilicum*과 같은 종의 바질을 요리에 사용하고 있다.*

스위트 바질은 슈퍼마켓에서 가장 흔하게 구할 수 있는 품종이다. 중간 정도의 크기에, 다소 반짝이며 둥근 컵 형태의 잎, 달콤하고 정향 같은 향기가 있다. 제노베제(genovese) 바질은 약간 더 강한 향과 평평하고 뾰족한 잎이 있다. 나폴리탄 바질은 이중에서 가장 향이 강하며 약간의 주름진 잎과 뚜렷한 매운향이 특징이다.

소개한 세 가지 바질(이탈리아 품종) 모두 잎이 섬세해 요리 과정을 견디지 못해서 어떤 요리에서건 마지막에 첨가된다(예외가 있다면, 음식 제공 전에 바질의 잎과 줄기를 제거하는 오래 끓인 소스이거나, 나폴리탄 피자처럼 얹어서 오븐에 굽는 경우이다).

퍼플 바질은 아주 진한 자주색의 잎을 가졌다. 직접 재배할 수도 있고 파머스마켓에서 구매해도 된다. 몇몇의 "대단한" 식료품점에서 발견할 때도 있다. 맛은 부드럽고 달콤하면서도 제노베제 바질보다 훨씬 섬세한 잎을 가져서 열을 가하지 않는 샐러드의 재료나 가니쉬 용도로 사용된다.

이탈리아 품종의 바질은 태국 바질이나 홀리 바질을 사용하는 요리에도 적합하여 대체용도로 사용할 수 있다. 특히 맛이 강하고 튼튼한 구조를 가진 나폴리탄 바질이 적합하지만, 그래도 태국 바질이나 홀리 바질을 사용하는 것이 더 좋다. 아시안 슈퍼마켓이 근처에 있다면 말이다.

볶음을 위한 최고의 바질

태국의 퍼플 바질은 부드러운 녹색을 띠는 *Ocimum basilicum*의 또 다른 품종으로, 짙은 자주빛의 줄기가 있고 그 줄기와 가까울수록 색이 짙다. 뚜렷하게 매운 아니스향과 볶음에도 견딜 수 있는 단단한 구조를 지녀 볶아도 물러지지 않는다. 뿐만 아니라 태국 및 베트남식 샐러드와 스프링롤에도 탁월한데, 톡 쏘는 아린 맛이 다른 재료와 어울리며 그 재료를 돋보이게 만든다.

홀리 바질은 이 책에서 소개하는 바질 중 유일하게 다른 종의 바질이다(*Ocimum sanctum*; *Ocimum tenuiflourm*라고도 한다). 벨벳처럼 부드러운 잎(가장자리엔 톱니가 있다)과 더 강한 정향의 풍미를 가졌다. 더하여 스테비아의 감초 같은 단맛도 지녔다(둘 다 배당체라고 불리는 설탕 기반 분자가 풍부하다). 홀리 바질의 진정한 맛은 대체 불가능이기 때문에 파머스마켓이나 아시안 슈퍼마켓에서 우연히라도 발견하면 당장 구매하는 재료이다.

---

* 치와와부터 마스티프까지 모든 개는 *Canis*(개속)의 같은 종이다. 품종을 개의 종이라고 생각할 수도 있지만, 단지 선택적 교배를 통해 만들어진 것일 뿐이다. 단일 종 내에 많은 품종이 존재하는 경우도 있다. 예를 들어, 사과인 *Malus pumila* 종에는 7천 가지 이상의 사과가 있다.

페퍼 스테이크
PEPPER STEAK

분량
4인분

요리 시간
15분
총 시간
30분

재료

소고기 재료:
업진살 또는 안창살 또는 토시살 또는 치마살 450g,
　　6mm 두께로 길게 자른 것
베이킹소다 ½티스푼(2g)
생추간장 또는 쇼유 2티스푼(10ml)
소흥주 2티스푼(10ml)
설탕 ½티스푼(2g)
옥수수 전분 ½티스푼(1.5g)

소스 재료:
저염 치킨스톡 또는 물 ⅓컵
생추간장 또는 쇼유 1티스푼(5ml)
노추간장 2티스푼(10ml)
소흥주 2테이블스푼(30ml)
참기름 1테이블스푼(15ml)
설탕 1테이블스푼(12g)
곱게 간 흑후추 1테이블스푼(8g)

전분물 재료:
옥수수 전분 2티스푼(6g)
물 1테이블스푼(15ml)

볶음 재료:
땅콩유, 쌀겨유 또는 기타 식용유 3테이블스푼(45ml)
2~3cm 네모로 자른 청피망 1개(150g)
2~3cm 네모로 자른 홍피망 1개(150g)
2~3cm 두께로 길게 썬 양파 1개(180g)
다진 마늘 2티스푼(약 2쪽/5g)
다진 생강 2티스푼(5g)
흰 부분만 다진 스캘리언 3대
코셔 소금 약간

Lawton Mackall이 *Knife and Fork in New York*을 출간했을 시점에는 *Yelp*나 *Serious Eats* 혹은 *Zagat Guide*(미국의 웹사이트 기반 레스토랑 가이드)는 존재하지도 않았다. 아마도 인터넷이 있었더라면 이 책은 한 권의 책이 아니라 여러 블로그 포스팅으로 대체됐을 것이다. 17번째 챕터인 "Pagoda Provender"를 보면, 콩과 생강 소스를 곁들인 생선찜, 구운 돼지고기와 비법 소스를 곁들인 달걀말이, 토마토와 양파를 곁들인 그린 페퍼 스테이크를 소개하고 있다.

　나는 그린 페퍼 스테이크를 일반적인 페퍼 스테이크나 블랙 페퍼 비프처럼 간단한 요리로만 알고 있었지, 토마토를 곁들이는 걸 본 적이 없었다. 그래서 인터넷을 검색해보니, 몇몇 볶음 레시피에서는 소고기, 피망, 양파와 더불어 토마토도 넣는다는 사실을 발견했다. 토마토를 넣고 싶다면, 크기가 큰 것보다는 반으로 자른 방울토마토나 4등분한 로마 토마토를 추천한다. 큰 토마토는 물기가 많이 나와서 이번처럼 수분이 절제된 요리보다는 조금 더 촉촉한 요리인 *홈스타일 토마토 스크램블드 에그*(165페이지)같은 요리에 더 잘 어울린다.

요리 방법

① **소고기:** 중간 크기의 볼에 고기를 넣고 찬물을 고기가 잠길 때까지 부은 다음 잘 씻긴다. 고운체로 받치고 손으로 눌러 짜서 물기를 제거한다. 고기를 다시 볼에 담고 베이킹소다를 넣어 버무린 다음, 고기를 들어올렸다가 볼에 던지는 치대는 행위와 쥐어짜기를 30~60초 정도 반복한다. 간장, 술, 설탕, 전분을 넣고 최소 30초 이상 버무린 후 최소 15분에서 최대 하룻밤 냉장고에 보관한다.

② **소스:** 간장, 술, 육수(물), 설탕, 참기름, 후추를 볼에 넣고 잘 섞어 따로 둔다. 다른 볼에 전분가루와 물을 넣고 포크로 섞는다.

③ **조리 전 재료 준비:**

a. 소고기   e. 전분물
b. 피망과 양파   f. 조리된 재료를 위한 빈 용기
c. 마늘, 생강, 스캘리언   g. 요리를 담을 접시
d. 소스

④ **볶음:** 웍에서 연기가 날 때까지 센 불로 가열하고 기름 1테이블스푼을 둘러 코팅한다. 고기 절반을 넣고 약 1분 정도 가만히 익힌다. 이후 약 1분간은 잘 저어가며 익히고 큰 볼로 옮겨 담는다. 웍을 닦고 다시 기름 1테이블스푼을 둘러 코팅하고 나머지 고기를 넣은 뒤 같은 과정을 반복한다.

⑤ 웍을 다시 닦고 센 불로 연기가 날 때까지 가열한 후 나머지 기름 1테이블스푼을 둘러 코팅한다. 피망과 양파를 넣고 아삭하면서도 그을린 색이 나타날 때까지 1분간 볶는다.

⑥ 웍에다 볶아둔 고기를 다시 넣고 마늘, 생강, 스캘리언을 넣은 뒤 잘 저어가며 30초 정도 볶는다. 소스를 저은 뒤 가장자리에 붓고 전분물도 한 번 저어 웍에 추가한다. 소스가 걸쭉해지고 고기가 완전히 익을 때까지 약 30초간 볶는다. 소스가 너무 묽다면 전분물을 추가하고, 너무 걸쭉하면 물을 넣어 농도를 조절한다. 접시에 담아 따뜻한 밥과 제공한다.

큐민 램

큐민이 들어간 양고기를 처음 먹은 곳은 매사추세츠주 브루클라인에 있었던 쓰촨 식당인 *New Taste of Asia*였다. 얇게 썬 부드러운 양고기의 겉을 튀기듯 볶아내어 바삭바삭하면서도 속은 부드러웠다.

거기에 큐민의 머스키한 향이 어우러져 아주 복잡한 풍미를 느낄 수 있었다. 마른 고추도 잔뜩 들어있었지만 그다지 맵지는 않았고, 조금 들어가 있던 쓰촨 후추가 매워서 몇 입만에 입이 얼얼해졌다. 이 요리는 향기롭다고 표현하면 딱이다. 마늘과 간장의 향이 났고, 고수는 듬뿍 올려져 있었다.

얼마 지나지 않아서 보스턴과 뉴욕의 중식당(특히 쓰촨식) 메뉴에서도 쉽게 찾아볼 수 있었는데, 주로 "북방요리 특선"이라는 카테고리에 있었다.

사실 이 요리는 쓰촨의 정통요리가 아니다. 북방이라는 표현에서 알 수 있듯이, 중국 북서부에 위치한 신장 지방에서 유래했다. 신장 지방은 몽골, 러시아, 카자흐스탄, 파키스탄, 키르기스스탄 등에 둘러싸인 내륙 지방이다. 이 지방에는 다양한 인종이 살지만, 최근 50년은 대부분이 위구르족이라고 한다. 즉, 이 요리는 그들의 무슬림 문화권에서 기원한 것이다. 시간이 점차 지나면서 중국 곳곳에 스며들어 북부 지방의 길거리 음식으로 자리잡았고, 남부와 동부의 무슬림 식당에서도 찾아볼 수 있는 요리가 되었다. 심지어 몇 년 전에는 홍콩의 식당에서도 이 요리를 본 적이 있다.

이 요리의 문화적 배경을 살펴보니, 왜 이런 독특한 맛이 났는지 이해할 수 있었다. 하지만 이 요리 테크닉은 어디에서 기인한 걸까? 일반적인 방식은 아니다. 양고기의 바삭한 겉은 어떻게 보면 쓰촨식 마른 볶음요리와 비슷하다. 고기를 먼저 기름에 튀겨 겉 부분을 바삭하게 만들어서 볶음요리에 넣는 방식이다. 어쨌든 쓰촨식 마른 볶음요리와 일반적인 볶음요리의 중간 어디쯤에 있는 방식임은 분명하다.

Jeffery Alford와 Naomi Duguid의 책 *Beyond the Great Wall*은 중국 북부 지방과 몽골 지역의 요리에 대해 다루고 있는데, 여기에 실크로드 근처 음식점의 큐민 램 요리가 적혀 있다. 큐민과 마늘을 볶은 뒤 얇게 썬 양고기를 넣고, 숙주나물과 야채도 넣어 함께 볶는 방식이다. Mark Bittman 또한 2008년 *New York Times Diner's Journal*에서 양고기와 스캘리언을 사용해 비슷한 요리를 선보인 적이 있다. 두 레시피 모두 내 기준만큼 바삭한 양고기를 재현해내진 못했지만, 그래도 큐민을 통째로 기름에 볶아 사용하는 방법을 터득할 수 있었다.

향신료를 통으로 볶으면 깊은 향이 끌려 나와 주방을 가득히 메운다. 실제로 화학 반응을 통해 수백 종류의 새로운 방향 물질이 생성되기도 한다. 나란히 비교하며 맛보면, 확연한 차이를 느낄 수 있다. 가루로 된 큐민은 제대로 볶는 것이 불가능하고, 바삭한 느낌도 나지 않기 때문에 통 큐민(내 레시피에서는 쓰촨 후추도 통으로 들어간다)을 사용하는 것이 아주 중요하다.

여러 방식으로 조리해봤지만, 가장 좋은 방법은 평소보다 기름을 더 많이 넣어 고기를 튀기듯이 볶는 것이었다.

양고기에 큐민향을 입히기 위해서 향신료를 먼저 볶은 뒤에 마늘과 간장을 넣어 페이스트 형태로 만들어 양념했다. 양고기를 익힐 때 이 페이스트가 겉을 마르게 하고 그을리게 하면서 내가 원하던 바삭하고 풍미 넘치는 겉 표면을 만들어주었다.

마지막으로 추가할 것은 약간의 매콤함과 향기였는데, 볶은 마른 고추에 야채를 추가해 완성시켰다. 숙주나물이나 다른 야채들도 좋지만, 나는 달콤한 맛의 양파와 아삭한 셀러리를 추가했다.

혹시 여러분의 가족이 큐민과 마늘을 사랑하지 않는다면, 집에 가족이 며칠은 없을 때 만드는 걸 추천한다. 이 요리의 환상적인 향기가 집 안을 며칠씩 메울 것이기 때문이다.

큐민 램

분량
4인분
요리 시간
20분
총 시간
20분

NOTE
소고기를 사용해도 좋다. 안창살이나 업진살 또는 치마살 같은 볶음요리용 부위를 사용하면 된다.

재료

양고기 재료:
양고기 다리살 450g, 6mm 두께로 자르고 연골을 제거한 것
베이킹소다 ½티스푼(2g)

양념 재료:
큐민 3테이블스푼(15g)
쓰촨 후추 2티스푼(4g)
마른 고추 또는 아르볼 고추 12개
다진 마늘 3쪽(약 1테이블스푼/8g)
양조간장 1티스푼(5ml)

볶음 재료:
땅콩유, 쌀겨유 또는 기타 식용유 5테이블스푼(75ml)
1.3cm 크기로 길게 자른 양파 1개
셀러리 3줄기, 3등분하고 2.5cm 크기로 조각낸 것
코셔 소금 약간
잎과 부드러운 부분만 남겨둔 고수 1단

요리 방법

① **양고기**: 중간 크기의 볼에 고기를 넣고 찬물을 고기가 잠길 때까지 부은 다음 잘 씻긴다. 고운체로 받치고 손으로 눌러 짜서 물기를 제거한다. 고기를 다시 볼에 담고 베이킹소다를 넣어 버무린 다음, 고기를 들어올렸다가 볼에 던지는 치대는 행위와 쥐어짜기를 30~60초 정도 반복한다.

② **양념**: 큐민과 쓰촨 후추, 고추를 중−강 불에서 향이 나도록 약 2분간 볶은 뒤 고추만 제외하고 막자사발로 옮겨 적당한 크기로 너무 곱지 않게 빻는다. 이후 마늘을 넣고 페이스트가 될 때까지 계속 빻는다. 간장을 넣은 뒤 양고기가 든 볼에 넣고 30초간 잘 주물러 양념이 배게 한다.

③ **조리 전 재료 준비**:

a. **양념된 양고기**
b. **양파와 셀러리**
c. **고추**
d. **고수**
e. **조리된 재료를 위한 빈 용기**
f. **요리를 담을 접시**

④ **볶음**: 웍에서 연기가 날 때까지 가열하고 기름 1테이블스푼을 둘러 코팅한다. 양파와 셀러리를 넣고 약 2분간 볶은 뒤 볼로 옮겨 담는다.

⑤ 웍을 닦고 다시 센 불에 가열한 뒤 식용유 2테이블스푼을 둘러 코팅한다. 양고기 절반을 넣고 1분간 가만히 익힌다. 이후 약 1분간을 저어가며 더 익히고 양파와 셀러리가 든 볼로 옮긴다. 다시 나머지 기름 2테이블스푼을 두르며 과정을 반복한다.

⑥ 웍에서 연기가 날 때까지 센 불로 가열하고 고추를 넣은 뒤 곧바로 양고기와 야채도 넣는다. 양고기가 바삭해질 때까지 저어가며 2분 정도 볶은 뒤 소금간을 하고 고수를 넣어 섞어가며 잠시 더 볶아준다. 접시에 담아 따뜻한 밥과 함께 제공한다.

1.4 해산물 볶는 방법

청소년기에 우리 가족은 뉴욕에 살았는데, 아버지의 일터는 보스턴이라서 주말에나 뉴욕으로 내려오셨다. 일년에 몇 번은 우리가 보스턴으로 가기도 했다. 보스턴으로 갈 때면 하버드스퀘어의 *Bertucci's*(이탈리안 식당)에서 거리 공연을 보며 피자를 먹고, 차이나타운의 *East Ocean City*(중식당)로 가는 것이 정해진 코스였다. 이 중식당은 최고 수준의 소고기 볶음면(내 동생인 피코의 개인적 의견이다)과 여러 신선한 해산물(수조가 있는)을 판매하는 곳이

었다. 생선, 킹크랩, 랍스터 등 어떤 해산물이든 주방에서 바로 요리되었고, 기다리는 동안에는 블랙빈 소스를 곁들인 조개 요리, 다진 새우를 채운 고추 요리, 활새우를 껍질째 튀겨 간장에 찍어 먹는 요리 등으로 배를 채우곤 했다.

지금은 보스턴(그리고 아버지와)의 정반대에 살고 있지만, 여기서도 신선한 해산물은 얼마든지 접할 수 있다. 또, 그냥 웍에다 볶는 것보다 좋은 방법도 터득했다.

생선살은 일반 고기보다 쉽게 부스러지기 때문에 웍으로

볶음요리를 하기엔 까다로운 면이 있다. 따라서 다음의 두 가지를 명심해야 한다.

첫 번째는 생선을 잘 고르는 것이다. 농어나 바리, 숭어, 만새기, 넙치와 같은 살이 단단한 흰살 생선을 고르는 것이 좋고, 대구나 명태, 서대, 가자미 같이 요리하면 살이 부스러지는 것들은 피해야 한다. 고기와 마찬가지로 생선도 결 반대 방향으로 한입 크기로 자르되, 살짝 더 두껍게 자르는 것이 좋다.

두 번째는 테크닉인데, 바로 벨벳팅이다. 나는 생선으로 볶음요리를 할 때는 닭고기나 돼지고기로 요리할 때처럼 물을 사용해 벨벳팅한다.

생선을 물로 벨벳팅하는 방법은 다음과 같다. 소흥주와 백후추, 양조간장과 기름, 달걀흰자와 전분가루를 섞어서 양념하는 것이다. 생선살은 쉽게 부스러지기 때문에 고기를 벨벳팅할 때처럼 물로 씻고 물기를 짜내는 부분은 건너뛴다. 생선살에 전분 양념이 고루 묻게 하고, 너무 축축하거나 마르지 않도록 해야 한다. 즉, 볼에 따로 흘러나오는 액체가 없어야 하고, 생선살 표면에 마른 전분가루가 보이지 않아야 한다. 생선 종류에 따라 농도를 조절할 필요도 있는데, 물을 살짝 따라내거나 넣는 것으로 조절하면 된다.

이제 양념이 된 생선을 끓는 물에 아주 살짝만 데치면 된다. 생선 겉 표면의 발린 전분 때문에 매끄럽고 투명하게 보일 것이다.

이렇게 벨벳팅한 생선은 닭고기나 돼지고기처럼 취급해서 요리해도 된다.

목이버섯, 셀러리, 굴 소스를 곁들인 생선볶음
STIR-FRIED FISH WITH WOOD EAR, CELERY, AND OYSTER SAUCE

분량	요리 시간
4인분	15분
	총 시간
	40분

NOTE
마른 목이버섯은 아시아 슈퍼마켓이나 온라인에서
구매할 수 있다. 생표고버섯 120g으로 대체할 수도
있는데, 표고버섯의 줄기를 제거한 뒤 4등분한 다음,
아래 1단계를 건너뛰고 요리하면 된다.

재료

목이버섯 재료:
건 목이버섯 15g(NOTE 참고)

생선 재료:
살이 단단한 흰살 생선(농어, 만새기, 광어 등) 450g,
    6~12mm 크기로 자른 것
소흥주 1테이블스푼(15ml)
양조간장 1티스푼(5ml)
코셔 소금 약간
간 백후추 약간
달걀흰자 1개
옥수수 전분 2티스푼(6g)
땅콩유, 쌀겨유 또는 기타 식용유 1티스푼(5ml)

소스 재료:
저염 치킨스톡 또는 물 60ml
굴 소스 1테이블스푼(15ml)
생추간장 또는 쇼유 1티스푼(5ml)
설탕 ½티스푼(2g)
갓 간 백후추 약간
코셔 소금 약간

전분물 재료:
옥수수 전분 2티스푼(6g)
물 1테이블스푼(15ml)

볶음 재료:
땅콩유, 쌀겨유 또는 기타 식용유 2테이블스푼(30ml)
셀러리 2줄기, 1.3cm 크기로 대각으로 썬 것
다진 마늘 2티스푼(5g)
다진 생강 2티스푼(5g)
스캘리언, 흰 부분과 연한 초록 부분만 얇게 썬 것

요리 방법

① 넉넉한 크기의 볼에 마른 목이버섯(4배로 불어난다)을 넣고 아주 뜨거운 물로 잠길 때까지 부은 다음 약 15분 정도 놓아둔다. 물기를 꼭 짜내고 가운데 딱딱한 심지를 제거한 뒤 1.3cm 두께로 채 썬다.

② **벨벳팅**: 작은 크기의 볼에 생선을 넣고 술, 간장, 소금, 후추, 달걀흰자, 전분가루, 기름을 추가해 양념이 고루 묻도록 버무린다. 볼에 액체가 홍건하지 않아야 하고, 생선살에 묻은 전분가루가 마르지 않은 상태여야 한다. 물기가 있다면 따라내고, 전분가루가 말라있다면 술을 살짝 더 넣어라.

③ 웍에다 소금 살짝과 물 2L를 붓고 센 불로 가열한 뒤 코팅된 생선을 하나씩 넣어 서로 달라붙지 않게 한다. 생선을 다 넣고서 1분간 더 익힌다. 생선을 체로 건져 쟁반에 펼쳐 식힌다.

④ **소스**: 육수(물), 굴 소스, 간장, 설탕, 백후추, 소금을 볼에 넣고 잘 섞는다. 또 다른 볼에 전분가루와 물을 포크로 저어 섞는다.

⑤ **조리 전 재료 준비**:

a. **벨벳팅한 생선**　　　　　　　d. **소스**
b. **셀러리와 목이버섯**　　　　　e. **전분물**
c. **마늘, 생강, 스캘리언**　　　　f. **요리를 담을 접시**

⑥ **볶음**: 웍에서 연기가 날 때까지 센 불로 가열하고 기름 1테이블스푼을 둘러 코팅한다. 셀러리와 목이버섯을 추가하고 1분 정도 볶아 셀러리가 부드럽고 아삭해지면 볼에다 옮겨 담는다.

⑦ 웍을 다시 닦고, 연기가 날 때까지 센 불에 가열한 뒤 나머지 기름 1테이블스푼을 둘러 코팅한다. 마늘, 생강, 스캘리언을 넣고 향이 날 때까지 약 15초 정도 볶은 뒤 벨벳팅한 생선과 볶아둔 야채를 추가해 뒤섞이도록 흔들어 준다. 소스를 저은 뒤 웍 가장자리에 붓고 전분물도 한 번 저어서 추가하고 약 15초 정도 볶는다. 소스가 너무 묽다면 전분물을 추가하고, 너무 걸쭉하면 물을 추가해 농도를 조절한다. 접시에 담아 따뜻한 밥과 함께 제공한다.

생강과 스캘리언을 곁들인 생선볶음
STIR-FRIED FISH WITH GINGER AND SCALLIONS

분량
4인분

요리 시간
15분
총 시간
30분

재료

생선 재료:
살이 단단한 흰살 생선(농어, 만새기, 광어 등) 450g,
　6~12mm 크기로 자른 것
소흥주 1테이블스푼(15ml)
생추간장 또는 쇼유 1티스푼(5ml)
코셔 소금 약간
갓 간 백후추 약간
옥수수 전분 2티스푼(6g)
땅콩유, 쌀겨유 또는 기타 식용유 1티스푼(5ml)

소스 재료:
저염 치킨스톡 또는 물 60ml
소흥주 1테이블스푼(15ml)
생추간장 또는 쇼유 1티스푼(5ml)
설탕 ½티스푼(2g)
참기름 ½티스푼(2.5ml)
간 백후추 약간
코셔 소금 약간

전분물 재료:
옥수수 전분 2티스푼(6g)
물 1테이블스푼(15ml)

볶음 재료:
땅콩유, 쌀겨유 또는 기타 식용유 2테이블스푼(30ml)
5cm 크기의 생강 1쪽, 껍질을 벗겨 잘게 자른 것
2.5cm 크기로 어슷하게 썬 스캘리언 2대

요리 방법

① **벨벳팅**: 작은 크기의 볼에 생선을 넣고 술, 간장, 소금, 후추, 전분가루, 기름을 추가해 이런 양념들이 고루 묻도록 버무린다. 볼에 액체가 흥건하지 않아야 하고, 생선살에 묻은 전분가루가 마르지 않은 상태여야 한다. 물기가 있다면 따라내고, 전분가루가 말라있다면 술을 살짝 더 넣어라.

② 웍에 소금 약간과 물 2L를 붓고 센 불로 가열한 뒤 코팅된 생선을 하나씩 넣어 서로 달라붙지 않게 한다. 생선을 다 넣고서 1분간 더 익힌다. 생선을 체로 건져 쟁반에 펼쳐 식힌다.

③ **소스**: 육수(물), 술, 간장, 설탕, 참기름, 백후추, 소금을 볼에 넣고 잘 섞는다. 또 다른 볼에 전분가루와 물을 포크로 저어 섞는다.

④ **조리 전 재료 준비:**

a. **벨벳팅한 생선**　　　　　d. **전분물**
b. **생강과 스캘리언**　　　　e. **요리를 담을 접시**
c. **소스**

⑤ **볶음**: 웍에서 연기가 날 때까지 센 불로 가열하고 기름을 둘러 코팅한다. 생강과 스캘리언을 넣고 향이 날 때까지 약 30초 정도 볶은 뒤 생선을 넣고 뒤섞는다. 이어서 소스를 저어 웍 가장자리에 붓고, 전분물도 저어 추가한다. 소스가 되직해질 때까지 약 15초 정도 볶는다. 너무 묽다면 전분물을 추가하고, 너무 걸쭉하면 물을 추가해 소스의 농도를 조절한다. 접시에 담아 따뜻한 밥과 함께 제공한다.

새우볶음

미국사람들은 새우를 정말 좋아한다. 다른 어떤 해산물보다 새우의 소비량이 많다. 전역의 중국, 태국, 베트남 식당에서 가장 많이 주문하는 해산물일 것이다. 볶음요리를 하기에도 안성맞춤인데, 다른 종류의 단백질들은 칼로 썰어 먹어야 한다면, 새우는 젓가락질만으로 충분한 크기이다. 새우볶음을 만들라는 신의 계시가 분명하다.

좋은 새우 구매 방법

서양식 슈퍼마켓에서도 여러 종류의 새우(크기, 품질, 종, 손질 여부 등)를 구매할 수 있다. 새우를 구매하는 팁에 대해 간단히 알아보자.

Q 미리 조리된 새우를 사도 괜찮나?

A 퇴근 후 예정된 파티 시간에 15분 늦었고, 마침 사무실에 경품으로 받은 칵테일 소스가 있는 경우가 아니라면 미리 조리된 새우는 살 이유가 전혀 없다. 미리 조리된 새우라는 말 대신, 너무 오래 익힌 새우라는 말을 써야 한다고 생각한다.

Q 중식재료 시장에 갔다가 수조에 담긴 살아있는 새우를 봤다. 사도 괜찮나?

A 운이 아주 좋은데? 살아있는 새우는 살이 단단하고 단맛이 나며 무엇보다 신선한 맛이 난다. 무조건 구매해야 할 품목이니 파는 가게를 알아두면 좋다.

살아있는 새우를 고통없이 죽이는 방법을 소개한다. 새우를 쟁반에 펼쳐 냉장고에 15분간 넣어뒀다가 냉동실로 옮겨 15분간 더 둔다(온도가 떨어지면 새우의 신진대사와 신경이 둔해진다). 요리하기 전 실온에 5분 정도 놓아두면 된다.

Q 살아있진 않지만, 머리가 달린 새우는 찾았다. 없는 것보단 있는 게 낫지 않나?

A 살아있는 게 아니라면, 머리가 달린 새우는 되도록 피하는 게 좋다. 새우 같은 갑각류의 머리에는 효소가 들어있는데, 죽으면 이 효소가 몸으로 퍼져 살을 분해시켜 무른 식감이 되게 만든다. 하루 이틀만 지나도 큰 차이가 난다(이런 이유로 죽은 랍스터도 꼬리와 집게발을 따로 분리해 판매한다).

양식장이나 바다에서 새우를 얼리기 전에 머리를 떼내는 것도 분해 효소가 몸 전체로 퍼지는 것을 막기 위함이다. 즉, 머리가 없는 새우가 머리가 달린 새우에 비해 단단하고 통통한 살을 가졌을 확률은 거의 100%이다.

Q 그럼 껍질은 있어야 좋나? 없어야 좋나?

A 나는 껍질이 있는 새우를 추천한다. 껍질을 벗길 때 새우가 조금 손상되기 마련인데, 기계나 종사자가 벗긴 건 질이 좀 떨어지는 경향이 있다. 더욱이 껍질째로 익히는 요리도 많다. 껍질이 살에 맛을 더해줄 뿐만 아니라 온도 완충역할도 하여 새우가 너무 익지 않도록 보호하기 때문이다. *광둥식 소금후추새우*(447쪽) 요리는 새우껍질도 같이 먹는다.

껍질이 벗겨진 새우를 사야 한다면, 등이 반 정도 갈라져 있고 검은 내장이 제거된 이른바 이지필 새우를 사용하면 된다. 냉동실에 이지필 한 봉지를 넣어두자. 이 새우를 소금물에 넣으면(144페이지 '볶음용 새우의 염지' 참고) 약 15분만에 준비가 끝난다.

Q 어느 정도 크기의 새우를 사야 하나?

A 봉지에 중, 대, 특대라는 용어가 표시되어 있을 텐데, 이런 설명들은 무시하자. 규제된 용어가 아니므로 생산자와 마켓마다 제각각이다.

대신에 26-30 또는 16-20처럼 두 개의 숫자가 표기된 것을 확인하자. 이 숫자는 450g 분량의 새우의 수를 나타낸다. 26-30이라고 표기된 봉지에는 26~30마리의 새우가 있다는 말이다. 따라서 숫자가 작을수록 새우가 크다는 걸 의미한다. 평균적으로는 마리당 14g을 조금 넘는다. 15마리 이하의 새우가 든 경우라면 U15 또는 U10이라고 표기되기도 한다.

이 책의 대부분의 레시피에서는 26-40의 새우를 사용한다(대~특대 정도). 이 크기의 새우가 볶거나 튀길 때 빨리 해동되어 염지하고 조리할 수 있다.

Q 개별로 냉동된 새우와 얼음에 든 새우를 봤다. 어떤 것이 더 좋나?

A IQF는 개별급속냉동을 의미하는 용어로, 새우가 한 마리씩 냉동되고 봉지에 넣기 전에 유약을 입힌 것을 의미한다. 블록 새우는 큰 얼음 블록에 같이 얼어 있다. 일반적으로 빨리 얼릴수록 품질의 손상이 적으니 IQF 새우의 품질이 더 좋다. 해동 또한 빠르다.

Q 샀다! 보관은 어떻게 하나?

A 냉동 새우는 디데이까지 냉동실에 보관하고, 살아있는 새우는 가능한 빨리 조리해야 한다. 이미 해동된 새우는 냉장고에 보관해도 되는데, 하루 이상을 보관할 계획이라면 접시에 담아 랩으로 감싸고 아이스팩을 올려 냉장고 온도 이하로 차갑게 유지하는 것이 좋다. 이렇게 보관하면 해동된 새우라도 약 3일은 신선하게 유지된다(단, 매일 얼음을 교체해야 함).

새우 손질 방법

새우를 손질할 때 가장 어려운 단계는 등으로 흐르는 소화기관(종종 정맥이라고 돌려 말한다)을 제거하는 것이다. 새우의 껍질을 벗기거나 등을 갈라 나비모양으로 만들 생각이라면 간단하다. 끝에서 두 번째 부분까지 날카로운 칼이나 가느다란 가위로 등을 갈라주면 된다.

여기서 새우의 껍질을 제거하려면 두 번째 부분부터 마지막 부분을 잡고 새우를 위쪽으로 짜내어 꼬리살이 몸 안쪽부터 밀려나오도록 해야 한다. 껍질의 절반이 바로 떨어진다.

마지막으로 새우 윗부분에서 나머지 껍질(다리 포함)을 벗겨내고 흐르는 물에 정맥을 헹군다.

새우의 머리를 남기면서 껍질도 상하지 않길 원한다면 좀 까다롭다. 가장 좋은 방법은 새우 머리를 앞뒤로 구부려(꼬치 끝을 머리 뒤쪽과 몸통 첫 번째 부분 사이에 끼울 수 있을 정도로) 꼬치를 사용해 정맥의 시작 부분을 조심스럽게 잡아당긴 다음, 핀셋으로 빼내는 것이다. 목표는 새우껍질의 손상 없이 혈관 전체를 한번에 꺼내는 것. 이 방법이 잘 되지 않아서 답답할 수 있지만, 내가 파트장으로 몇 개월을 일하면서 수십 마리의 새우를 이 방식으로 손질했는데, 그럼에도 성공률이 100%가 되지 않았다는 걸 밝힌다.

물론 혈관을 그대로 두거나 새우를 나비 모양으로 만들어도 된다(449페이지 참고). 이렇게 한다고 해서 실제로 맛의 차이가 나타나진 않으며 특별히 신경쓰는 사람도 없다(혹시 초대한 손님 중에 구체적으로 확인하는 사람이 있다면, 다른 사람을 초대하거나 그 사람에게만 새우를 주지 않는 방법을 택하자).

베이킹소다: 통통한 새우의 비밀

딤섬전문점에서 만두피가 투명한 하고우 만두를 먹고서 새우가 어찌 이리 통통하고 탱글탱글한지 감탄한 적이 있나? 나는 경험이 있다. 중국어로는 Shuangcui라고 하며 "파삭한"으로 번역된다. 난 그저 요리하는 방식의 차이라고만 생각했는데, 훌륭한 웹사이트인 *Rasa Malaysia*의 게시물을 보고 나서야 비로소 그 이상의 것이 있다는 걸 알게 됐다. 그 기사에서 요리연구가인 Bee Yinn Low가 홍콩~캘리포니아의 요리사들과 이야기를 나누면서 새우를 더욱 통통하게 만드는 비결이 알칼리성 물에 담겨 있다는 것을 발견했다.

난 일반물(내가 사용한 물은 pH 7.5로 약간 알칼리성이다), 소금물, 베이킹소다를 첨가한 물(pH 8~9 사이)에 새우를 넣고, 또 물에 넣지 않은 새우로도 실험을 했다.

소금물에 넣은 새우는 조금 더 육즙이 풍부해졌다. 소금물에 절이면 고기가 수분을 유지하는 데 도움이 된다. 반면 베이킹소다에 넣은 새우는 식감이 개선되었다. 입에 넣으니 탱글탱글하게 새우가 터질 것만 같았다. 베이킹소다와 소금을 결합하면 탱탱하고 육즙이 풍부한 새우가 만들어졌다.

놀랍게도 이런 결과가 어떤 효과에 의해서인지를 설명하는 연구가 거의 없지만, 일부 추가 연구가 *Food Science and Technology International* 2011년 8월호에 실린 적이 있다. 말레이시아 연구원들이 더 높은 pH 레벨의 용액에 담근 새우가 요리하는 동안 더 많은 수분을 유지하는 동시에 일부 근육 단백질을 가용화한다는 걸 발견했다. 이는 베이킹소다가 들어간 새우의 부드러움과 통통한 질감을 설명하는 기사이다. 그 연구에서는 2.5%의 소금과 2%의 베이킹소다를 함유한 소금물에 새우를 담그면 최적의 결과를 얻었다고 하는데, 내가 집에서 직접 테스트한 결과도 비슷했다.

또한 알칼리성 환경은 새우껍질과 살 사이의 매끄러운 단백질 층을 분해하는 역할을 한다. 그래서 알칼리성 물에 담가두면 이 단백질 층이 새우 표면에 더 부드럽고 쫄깃한 식감을 선사한다. 일부 요리사들은 이 단백질 층을 제거하려고 15분~1시간 동안 차가운 흐르는 물에 새우를 씻으라고 권장하는데, 짧은 시간 알칼리성 물에 담그는 것과 비슷한 결과를 낳는다.

새우를 물로 씻는 건 너무 많은 물이 들기 때문에 알칼리성 물에 담그는 걸 추천한다. 볶음이나 칵테일 새우 등 새우를 준비할 때마다 사용하는 방법이다.

Q 냉동 새우? 전혀 문제가 되지 않는다

A 일반적인 새우를 해동하는 방법은 실온에 15분간 두는 것이다. 어느 날 '해동과 염장을 동시에 할 순 없을까?'란 생각이 들었다.

대답은 Yes이다. 주로 냉동 새우를 다루는 나 같은 사람들에겐 엄청난 희소식이다. 소금물을 만든 다음 냉동실에서 꺼낸 새우를 넣어주면 끝이다. 다만 소금물에 얼음 조각이 담기면 안 된다. 새우만으로도 충분히 차갑게 유지된다.

볶음용 새우의 염지

NOTE

12.5g은 크리스털 코셔 소금 1⅓테이블스푼 또는 모튼 코셔 소금 1테이블스푼 또는 식용 소금 2.5티스푼 분량이다. 새우가 소금물에 완전히 잠기기만 한다면, 새우의 양은 관계 없다.

재료

염지 용액 재료:

아주 차가운 물 500ml

소금 12.5g(NOTE 참고)

베이킹소다 10g(약 2티스푼)

새우 재료:

새우 최대 900g, 껍질 유무 상관없음

각얼음 1컵

요리 방법

볼에 물, 소금, 베이킹소다를 넣고 모두 녹을 때까지 젓는다. 새우를 넣고 저어서 분리시켜주고 염수가 새우의 모든 면에 닿도록 담근다. 각얼음을 넣고 최소 15분에서 최대 30분 동안 담가둔다.

마늘, 스캘리언, 고추를 곁들인 까서 먹는 새우
PEEL-AND-EAT SHRIMP WITH GARLIC, SCALLIONS, AND CHILES

분량	요리 시간
4인분	10분
	총 시간
	25분

NOTES

12.5g은 다이아몬드 크리스털 코셔 소금 1⅓테이블스푼 또는 모든 코셔 소금 1테이블스푼 또는 식용 소금 2.5티스푼 분량이다. 이 레시피는 걸프 연안에서 자연산으로 잡히는 매우 달콤하고 풍부한 맛의 단새우 또는 로열 레드 새우 같은 살아있는 작은 새우를 사용하면 좋다.

재료

새우 재료:

아주 차가운 물 500ml
소금 12.5g(NOTES 참고)
베이킹소다 2티스푼(10g)
껍질 벗기지 않은 새우 145g
각얼음 1컵

볶음 재료:

땅콩유, 쌀겨유 또는 기타 식용유 3테이블스푼(45ml)
마늘 8쪽(20~25g), 3mm로 두께로 썬 것
얇게 썬 매운 고추(세라노, 할라피뇨, 타이버드) 1개
편으로 얇게 썬 스캘리언 2대
코셔 소금과 갓 간 백후추
향긋한 간장기름 디핑 소스 1레시피(146페이지, 선택사항)

내 아내 Adri는 테이블(또는 해변)에 앉아서 천천히 맨손으로 새우를 까서 먹는 걸 제일 좋아한다. 질 좋은 새우는 감칠맛이 나서 올리브유나 카이지유에 재빨리 볶으면 소금을 넣지 않아도 맛있다. 달달한 튀긴 마늘과 함께하면 최고인데, 마늘에서는 새우맛이 나고, 새우에선 마늘향이 나게 된다. 누가 이 상호작용에서 더 이득을 보는진 모르겠지만, 모두가 승자라는 건 먹어보는 순간 누구나 알 수 있다.

요리 방법

① **새우:** 볼에 물, 소금, 베이킹소다를 넣고 모두 녹을 때까지 젓는다. 새우를 넣고 저어서 분리시켜주고 염수가 새우의 모든 면에 닿도록 담근다. 각얼음을 넣고 최소 15분에서 최대 30분 동안 담가둔다. 키친타월로 두드려 말리거나 야채탈수기를 이용해 수분을 완전히 제거한다.

② **볶음:** 웍에서 연기가 날 때까지 센 불로 가열하고 기름을 둘러 코팅한다. 즉시 마늘과 고추를 넣고 마늘의 가장자리가 옅은 황금빛이 될 때까지 15~30초 동안 볶는다. 물기를 뺀 새우를 넣고 약 1분 정도 익을 때까지 볶는다. 스캘리언을 넣고 소금과 백후추로 간을 한 다음 접시로 옮겨 디핑 소스(원하는 경우)와 함께 제공한다.

향긋한 간장기름 디핑 소스
SOY AND FRAGRANT OIL DIPPING SAUCE

분량
½컵

요리 시간
5분
총 시간
5분

재료

굵게 다진 마늘 1쪽
껍질 벗긴 6mm 조각 생강
코셔 소금
얇게 썬 스캘리언 1대
매운 건고추 티스푼(3g)
쓰촨 후추 ¼티스푼(0.5g, 선택사항)
팔각 꼬투리 1개(선택사항)
땅콩유, 쌀겨유 또는 기타 식용유 3테이블스푼(45ml)
생추간장 3테이블스푼(45ml)
진강식초 또는 쌀식초 2테이블스푼(15ml)
물 1테이블스푼(15ml)
설탕 1테이블스푼(12g)

볶음이나 간단하게 삶거나 찐 해산물(새우, 게, 랍스터, 생선)에 찍어먹기 좋은 담백하고 향긋한 디핑 소스이다. 만두, 데친 닭, 냉면 소스로도 좋다.

요리 방법

(1) 절구에 마늘, 생강, 코셔 소금 한 꼬집을 넣고 빻아서 한 덩어리로 만든다. 작은 내열성 볼에 혼합물을 긁어서 담고 스캘리언을 추가한 뒤, 고추, 쓰촨 후추(선택사항), 팔각(선택사항)을 넣고 포크나 젓가락으로 저어 섞는다.

(2) 웍이나 작은 프라이팬에 연기가 날 때까지 센 불로 가열한 뒤 만든 혼합물을 넣고 젓가락이나 포크로 젓는다. 뜨거운 기름을 넣으면 재료들이 빠르게 지글지글하며 좋은 향기를 내뿜는다. 간장, 식초, 물, 설탕이 녹을 때까지 젓는다. 완성된 디핑 소스는 밀폐된 용기에 담아 냉장고에서 몇 주 동안 보관할 수 있다.

쿵파오 새우
KUNG PAO SHRIMP

분량
4인분

요리 시간
25분
총 시간
40분

NOTE
12.5g은 다이아몬드 크리스털 코셔 소금 1⅓테이블스푼 또는 모튼 코셔 소금 1테이블스푼 또는 식용 소금 2.5티스푼 분량이다.

재료
새우 재료:
아주 차가운 물 500ml
소금 12.5g(NOTE 참고)
베이킹소다 2티스푼(10g)
껍질 벗긴 큰 새우 450g(약 31~40개)
각얼음 1컵
소흥주 또는 드라이 셰리주 1티스푼(5ml)
생추간장 또는 쇼유 1티스푼(5ml)
옥수수 전분 1티스푼(약 3g)

소스 재료:
꿀 4티스푼(20ml)
진강식초 1테이블스푼(15ml)
소흥주 또는 드라이 셰리주 1테이블스푼(15ml)
생추간장 또는 쇼유 4티스푼(20ml)

전분물 재료:
옥수수 전분 1티스푼(3g)
물 1테이블스푼(15ml)

볶음 재료:
땅콩유, 쌀겨유 또는 기타 식용유 3테이블스푼(45ml)
작고 붉은 건고추 6~12개, 줄기와 씨앗을 제거하고 가위로 자른 것
쓰촨 후추 1티스푼(2g), 붉은 껍질만(줄기와 검은 씨는 버림)
얇게 썬 중간 크기의 마늘 4쪽(12g)
신선한 생강 20g(67페이지 참고), 가능한 어린 생강으로 껍질을 벗겨 얇게 썬 것
스캘리언 6대, 흰색과 옅은 녹색 부분만 1.3cm 크기로 자른 것
캐슈넛 또는 볶은 땅콩 120g

recipe continues

전통의 쓰촨 공바오지딩이나 미국식 중화요리인 쿵파오 치킨에서, 닭 대신 껍질 벗긴 작고 통통한 새우나 한입 크기로 자른 새우로 대체할 수 있다. 다른 것이 있다면, 통통함을 위해 새우에 베이킹소다 염수를 사용한다는 것이다. 나는 이 요리에 땅콩 대신 캐슈넛을 사용한다. 모양과 크기가 새우를 닮았고 더 달면서도 순한 맛이 새우의 맛과 잘 어울리기 때문이다.

요리 방법

① **새우**: 물, 소금, 베이킹소다를 볼에 넣고 모두 녹을 때까지 젓는다. 새우를 넣고 저어서 분리시켜주고 염수가 새우의 모든 면에 닿도록 담근다. 각얼음을 넣고 최소 15분에서 최대 30분 동안 담가둔다. 키친타월로 두드려 말리거나 야채탈수기를 이용해 수분을 완전히 제거한다.

② 다른 볼에다 술, 간장, 옥수수 전분을 담고 잘 저어 섞는다.

③ **소스**: 꿀, 식초, 소흥주, 간장을 작은 볼에 넣고 균질해질 때까지 저은 후 따로 둔다. 옥수수 전분과 물을 별도의 작은 볼에 넣고 옥수수 전분이 녹을 때까지 포크로 저어준다.

④ **조리 전 재료 준비:**

a. **말린 고추와 쓰촨 후추**   e. **소스**
b. **절인 새우**   f. **전분물**
c. **마늘과 생강**   g. **조리된 재료를 위한 빈 용기**
d. **스캘리언과 캐슈넛**   h. **요리를 담을 접시**

⑤ **볶음**: 웍에서 연기가 날 때까지 센 불로 가열하고 기름 1테이블스푼(15ml)을 둘러 코팅한다. 곧바로 고추와 쓰촨 후추를 넣고 약 5초간 볶아 향을 낸다. 이제 새우를 넣고 익을 때까지 약 3분간 계속 볶는다. 볼에 옮겨둔다.

⑥ 웍을 닦고(바닥에 껍질이 눌러 붙어 있을 수 있으며, 이런 경우 싱크대에서 문질러 닦아야 한다. 다음 과정이 급하지 않으므로 서두르지 않아도 된다) 나머지 기름 2테이블스푼(30ml)을 두르고 센 불에서 가열한다. 마늘과 생강을 넣고 약 10초간 볶아 향을 낸다. 스캘리언과 캐슈넛을 넣고 30초간 볶는다.

⑦ 웍에다 새우를 포함해 모든 것(소스 및 전분물 제외)을 넣어 섞는다. 소스는 잘 저어 웍 가장자리에 붓고 전분물도 저어 추가한다. 소스가 걸쭉해지고 새우가 익을 때까지 약 30초간 볶는다. 너무 묽다면 전분물을 추가하고, 너무 걸쭉하면 물을 추가해 소스의 농도를 조절한다. 그릇에 옮겨 따뜻한 밥과 함께 제공한다.

블랙빈 소스를 곁들인 새우(또는 생선)고추

나는 뉴욕의 차이나타운에서 해산물로 속을 채운 고추를 먹으며 자랐다. 긴 녹색 고추(아시아 슈퍼마켓에서 "녹색 고추" 혹은 "카우혼"으로도 판매된다)를 반으로 갈라 잉어와 새우 반죽을 채워 노릇노릇하게 팬에 튀긴 음식이다. 함께 제공되는 간장 소스와 먹어도 되고(146페이지 '향긋한 간장기름 디핑 소스'도 잘 어울린다), 윤이 나는 짜고 발효된 블랙빈 소스(black bean sauce)와 먹어도 된다. 이 음식은 마치 러시안 룰렛 같았는데, 순한 고추 사이에 숨어 있는 매운 고추 때문에 한번씩 입에 불이 나기 때문이다.

이 요리는 광둥성 주강 삼각주의 요람인 순덕에서 유래되었다. 청두와 함께 유네스코 미식의 도시로 지정된 중국의 두 도시 중 하나이다. 홍콩의 길거리에서는 가지와 비터 멜론에 같은 반죽을 채워 튀기고 나무 꼬치에 끼워 판다(일명 "삼박자"라고 알려진 조합).

완전한 전통식은 신선한 황어(흰살 잉어의 일종이며 뼈가 얇아 제거하기 어렵다)와 긴 피망을 사용해야 한다. 집에서 만들 때는 흰살 바다물고기(농어, 대구, 새우 등)를 선택하

는데, 보통 새우를 쓴다. 새우는 저렴하면서도 속을 채우기 쉽게 응집력 있는 반죽으로 만들 수 있다. 긴 피망을 찾기 어렵다면 가느다란 고추로 대체하자. 순한 것을 원하면 쿠

바넬레, 매운 것을 원하면 할라피뇨를 사용한다. 손님이 많으면 모두 사용하는 것이 좋다.

속은 새우나 생선을 칼로 잘게 다져서 만든다. 깍둑썰기로 시작해서 잘게 다지고, 칼의 납작한 부분을 이용해 고운 반죽이 될 때까지 으깬다(믹서기를 사용하면 시간이 단축된다). 그런 다음 소흥주, 옥수수 전분(혼합물을 더 부드럽게 만듦), 스캘리언, 소금, 설탕, 백후추와 섞는다. 반죽하는 단계는 정말 중요한데, 목표는 단백질(주로 미오신)이 교차결합하도록 촉진해서 속에 탄력 있는 쫄깃한 질감을 부여하는 것이다.

버무릴수록 점점 속이 끈적해지면서 볼 옆면에 얇은 단백질 막이 남는 게 보일 것이다. 한 움큼을 들고 손바닥을 뒤집어도 손에 달라붙는 정도여야 한다.

고추에 속을 채우려면 먼저 길게 반으로 자르고 찬물에 헹군다. 모든 씨와 내용물을 씻어서 제거하고 옥수수 전분에 버무린 뒤 만들어 둔 새우나 생선 속을 채운다(이렇게 하면 속이 촉촉한 표면에 달라붙고 외부 표면에는 매끄러운 질감이 생겨 소스가 달라붙기 쉬워진다). 웍에 기름을 둘러 코팅하고 가열한 뒤 고추를 넣는다. 속을 채운 면이 노릇해질 때까지 익힌 다음 고추를 뒤집어 반대쪽 면도 노릇하게 부드러워질 때까지 요리한다.

블랙빈 소스를 곁들인 해산물로 속을 채운 고추
SHRIMP-OR FISH-STUFFED CHILES IN BLACK BEAN SAUCE

분량	요리 시간
4인분	25분
	총 시간
	35분

NOTES

중국산 긴 녹색 고추("그린혼", "카우혼"이라고도 표기된다)를 찾을 수 없다면, 쿠베넬레 4개 또는 청피망 3개 또는 할라피뇨 10~12개로 대체할 수 있다. 피망을 사용한다면 절반이 아니라 세로로 4등분하면 된다. 나는 이 요리를 먹을 때 주로 블랙빈 소스를 즐기지만, *향긋한 간장기름 디핑 소스*(146페이지)도 잘 어울린다. 디핑 소스를 사용한다면 블랙빈 소스 재료와 7단계는 생략한다.

재료

속 재료:

껍질 벗긴 새우(또는 농어나 대구) 340g
소흥주 1테이블스푼(15ml)
물 1테이블스푼(15ml)
옥수수 전분 2테이블스푼(약 18g)
코셔 소금 1티스푼(3g)
설탕 ½티스푼(2g)
갓 간 백후추 ½티스푼(1g)
얇게 썬 스캘리언 1대

고추 재료:

긴 피망 6개(NOTES 참고)
옥수수 전분 1테이블스푼(약 9g)
땅콩유, 쌀겨유 또는 기타 식용유 4테이블스푼(60ml)

블랙빈 소스 재료(NOTES 참고):

땅콩유, 쌀겨유 또는 기타 식용유 1테이블스푼(15ml)
다진 마늘 2티스푼(5g)
다진 생강 2티스푼(5g)
굵게 다진 더우츠 2테이블스푼(약 12g)
소흥주 1테이블스푼(15ml)
굴 소스 1테이블스푼(15ml)
노추간장 1티스푼(5ml)
설탕 1티스푼(4g)
저염 치킨스톡 또는 물 160ml
옥수수 전분 2티스푼(6g), 차가운 물 1테이블스푼
　(15ml)에 섞은 것
얇게 썬 스캘리언 1대

요리 방법

① **속:** 식칼이나 무거운 셰프나이프를 사용해 새우나 생선을 잘게 다진다. 고운 반죽이 될 때까지 약 5분간 계속 뭉치고 다지기를 반복한다. 또는 믹서기를 사용해도 되며 옆면에 붙는 재료들을 긁어주며 사용한다.

② 반죽을 중간 크기의 볼에 옮기고 소흥주, 물, 옥수수 전분, 소금, 설탕, 백후추, 스캘리언을 추가한 뒤 손이나 포크로 끈적임이 없어질 때까지 거칠게 버무린다. 볼의 벽에 얇은 막이 생기며 반죽을 거꾸로 잡아도 손에 달라붙어 있을 때까지 해야 한다. 약 3분 정도 걸릴 것이다.

③ **고추:** 고추를 세로로 반으로 자른 뒤 꼭지를 제거하고 흐르는 물에서 씨와 속을 제거한다. 수분을 털어내고 7~8cm 길이로 자른다(할라피뇨는 자르지 않고 그대로 사용해도 좋다). 큰 볼에 고추와 옥수수 전분을 넣어 모든 면에 전분이 묻을 때까지 버무린다(전분이 부족하면 추가한다). 칼이나 젓가락 또는 숟가락을 사용해 고추에 속을 채우고, 속을 매끄럽게 다듬는다. 속이 보이는 부분이 위로 향하게 접시로 옮긴다.

④ 칼이나 젓가락 또는 숟가락을 사용해 고추에 속을 채우고, 속을 매끄럽게 다듬는다. 속이 보이는 부분이 위로 향하게 접시로 옮긴다.

⑤ 조리 전 재료 준비:

a. 속을 채운 고추   d. 전분물

b. 소스용 마늘, 생강, 블랙빈(더우츠)   e. 소스용 얇게 썬 스캘리언

c. 소흥주, 굴 소스, 노추간장, 설탕, 소스용 치킨스톡   f. 요리를 담을 접시

⑥ 웍에 기름 절반을 넣고 중간 불로 끓지만 연기가 나진 않을 때까지 가열한다. 웍을 불에서 내리고 속을 채운 고추의 속이 천장을 보도록 조심스럽게 기름에 넣는다. 웍을 중간 불로 되돌리고 속이 노릇노릇하게 익을 때까지 약 3분간 웍을 가끔 휘저으며 볶는다. 젓가락이나 집게를 사용해 고추를 조심스레 뒤집어서 반대쪽도 살짝 갈색이 되고 주름 잡힌 것처럼 보일 때까지 약 1분 정도 조리한다. 익힌 고추를 접시에 옮겨 담고 남은 기름과 고추로 이 과정을 반복한다. *향긋한 간장기름 디핑 소스(146페이지)와 함께 제공하거나 7단계의 블랙빈 소스를 만든다.*

⑦ 소스: 웍에 기름을 넣고 중간 불로 달군 뒤 마늘, 생강, 더우츠를 넣고 약 15초간 볶아 향을 낸다. 소흥주, 굴 소스, 간장, 설탕, 스톡을 넣고 끓이고 전분물을 휘저어 추가한다. 소스가 숟가락 뒷면을 쉽게 흐르지 않고 묻어 있을 정도로 걸쭉해질 때까지 약 1분간 조리한다. 스캘리언을 넣고 섞은 뒤 고추를 얹어 제공한다.

광둥식 블랙빈 소스를 곁들인 조개찜
CANTONESE-STYLE CLAMS IN BLACK BEAN SAUCE

분량	**요리 시간**
NOTE 참고	10분
	총 시간
	15분 + 조개 손질 30~60분

NOTE

조개는 크기나 계절 및 산지에 따라 먹을 수 있는 살의 양이 전체 무게와 크게 다를 수 있다. 따라서 구매할 때 직접 판단하거나 상인에게 분량을 확인해야 한다. 조개의 해감을 위해 30분 동안 차갑고 짠 물(물 1L당 다이아몬드 크리스털 코셔 소금 약 3테이블스푼 또는 모튼 코셔 소금 2테이블스푼, 즉 2.5% 소금물)에 담갔다가 물기를 뺀다. 물에 모래가 남지 않을 때까지 반복한다.

재료

땅콩유, 쌀겨유 또는 기타 식용유 2테이블스푼(30ml)
다진 마늘 3티스푼(7g)
다진 생강 2티스푼(5g)
다진 작은 고추(타이버드, 세라노, 프레즈노) 1개
   (선택사항)
굵게 다진 더우츠 2테이블스푼(12g)
소흥주 1테이블스푼(15ml)
굴 소스 1테이블스푼(15ml)
노추간장 1티스푼(5ml)
설탕 1티스푼(4g)
해감된 조개(새끼대합, 바지락, 꼬막) 680~1,100g
   (NOTE 참고)
물 ⅓컵(80ml)
1.3cm 크기로 자른 스캘리언 1대
옥수수 전분 1테이블스푼(9g), 차가운 물 2테이블
   스푼(30ml)에 섞은 것

마늘이 들어간 국물에 찐 조개는 이탈리아의 '링귀네 알레 봉골레'부터 포르투갈의 '포르코 알렌테자나', '광둥식 블랙빈 소스를 곁들인 조개찜'에 이르기까지 지역을 막론한 풍미의 조합이다. 웍은 조개찜을 하기에 이상적인 그릇이다. 모서리가 각져서 단단한 껍데기를 젓기 어려운 네덜란드 오븐과는 달리, 웍은 부드러운 경사면으로 조개를 이리저리 움직이기 쉬워서 소스에 굴리며 빠르고 고르게 요리할 수 있다.

광둥식 블랙빈 소스를 곁들인 조개찜은 달콤하면서 약간의 쓴맛을 가진 조개와 맵고 짭짤하며 감칠맛이 나는 블랙빈 소스를 결합한 광둥의 대표 음식이다. "풍미가 가득한 음식"에 대해 얘기한다면, 이런 음식을 말하면 된다. 조개를 먹을 때면 딸에게 항상 하는 말이 있다. 살만 발라먹지 말고, 윤이 나는 소스가 잔뜩 묻은 껍데기도 빨아 먹어보라고.

요리 방법

① 웍에 기름을 두르고 중간 불로 달군 뒤 마늘, 생강, 고추, 더우츠를 넣고 약 30초간 볶아 향을 낸다. 소흥주, 굴 소스, 간장, 설탕, 조개, 물을 넣고 저어주며 끓인다. 뚜껑을 덮고 조개가 모두 열릴 때까지 가끔 웍을 흔들고 불을 조절하면서 약 3분간 끓인다.

② 불을 세게 올리고 스캘리언을 넣어 섞은 뒤 옥수수 전분물을 저어 넣는다. 소스가 숟가락 뒷면을 쉽게 흐르지 않고 묻어 있을 정도로 걸쭉해질 때까지 뒤척이며 볶는다. 접시로 옮겨 제공한다.

조개 구매 및 보관 방법

Q 볶음요리에 가장 좋은 조개는 무엇인가?

A 양식이든 자연산이든, 조개는 언제나 먹을 수 있고 맛까지 좋은 해산물 중 하나이다. 볶음용으로 구매할 때는 신선도가 가장 중요해서 살아있는 조개를 사야 한다. 조개가 죽으면 특유의 약한 쓴맛이 매우 빠르게 강해진다. 살아있는 조개는 중국 어시장의 소금물 탱크나 일반 슈퍼마켓의 얼음 위에 둔 그물에서 판매하는 걸 볼 수 있다. 거주하는 국가나 지역에 따라 조개의 종류가 다를 수 있다. 내가 추천하는 조개는 다음과 같다.

→ 크기별 대합(Littlenecks, topnecks, cherrystones): 뉴잉글랜드에서는 콰호그(Quahogs)로 알려진 단단한 조개류이다. 아메리칸 인디언인 내러갠섯족의 단어인 poquahock에서 코호그(ko-hog)로 발음되던 것이라고 한다. 모두 대합이며 새끼대합(Littlenecks)이 가장 작고 topnecks와 cherrystones가 그 뒤를 잇는다. 이 조개들은 껍데기가 매우 단단하며 옅은 회색에서 황갈색까지 다양하다. 깨끗하고 짠 맛과 함께 달콤한 맛이 난다.

→ 바지락(Manila clams)은 대합과 비슷하지만 껍질이 조금 더 얇고 색도 황갈색부터 적갈색까지 다양하다. 대합보다 약간 더 달콤하고 덜 짜다.

→ 꼬막(Cockles)은 전 세계에 분포하는 작은 이매패류이다. 양식 꼬막은 뉴질랜드에서 주로 수출하며 자연산은 여러 해안에서 볼 수 있다. 일반적으로 대합이나 바지락보다 작으며 30% 정도 더 빨리 익는다.

→ 대서양 맛조개(Atlantic razor clams)는 접힌 이발사의 면도날(razor blade)과 비슷하다고 Atlantic razer clams라 불린다. 길고 가늘며 부서지기 쉬운 껍데기와 완전히 닫히지 않는 긴 관 모양을 하고 있다. 북동부에서는 이 조개가 물고기를 사냥하는 것도 볼 수 있지만, 그 외의 지역에서는 발견하기가 어렵다. 대합이나 바지락과 달리 쓴맛이 없고 부드럽고 달콤하다. 이 조개를 발견한다면 반드시 구매해라! 정말 좋은 조개이다. 단, 태평양 맛조개와 혼동하지 말자. 태평양 맛조개는 크기가 훨씬 크다. 물론 빵가루에 묻혀 튀기면 맛있지만, 볶음요리에는 적합하지 않다.

Q 집에서 조개를 보관하는 방법은?

A 살아있는 조개를 샀다면, 그날 바로 요리하는 게 최고다! 꼭 보관해야 한다면 뚜껑 없이 용기에 담아 냉장고에 보관한다. 단단히 랩을 싸거나 비닐봉지에 넣으면 안 된다. 조개가 질식해서 빨리 상할 뿐이다. 싱싱한 조개라면 냉장고에서 며칠은 선도를 유지한다.

Q 먹어도 되는 상태인지 알아보는 방법은?

A 살아있는 대합, 바지락, 꼬막은 냉장고 안에서도 살짝 벌려져 있거나 부드럽게 닫혀있다. 여전히 살아있는지 확인하는 가장 쉬운 방법은 살짝 눌러서 조개가 입을 꽉 다무는지 보는 것이다. 살아있다면 조개들은 입을 꽉 닫아버린다. 닫히지 않는 맛조개가 있다면 관을 한번 만져봐라.

조개가 단단히 닫혀 있는 상태가 먹기 좋은 상태일 가능성이 큰 것이다. 신선하고 짠 냄새가 난다면 요리해도 된다. 죽은 조개는 비린내가 날 수밖에 없다. 익혀도 입을 벌리지 않는 조개라도 냄새가 괜찮다면 먹어도 된다.

Q 꼭 해감을 해야 하나?

A 반드시 필요하다고 말할 순 없지만, 조개 안에 들어있는 모래를 제거할 뿐더러 요리하는 동안 배출할 수분을 충분히 확보해서 고르게 찌고 익히는 데도 도움이 된다.

조개 해감 방법을 소개한다. 2.5%의 소금물을 만들어야 한다. 물 1리터당 소금 25g을 녹이면 된다. 다이아몬드 크리스털 코셔 소금은 3테이블스푼, 모튼 코셔 소금은 2테이블스푼,

식용 소금은 리터당 1테이블스푼. 이 소금물에 조개를 담그고 30분 동안 냉장 보관하면 바닥에 모래가 생긴다. 깨끗한 물로 갈아가며 모래 없이 깨끗해질 때까지 과정을 반복하면 된다.

마늘, 사케, 버터를 곁들인 조개술찜
CLAMS WITH GARLIC, SAKE, AND BUTTER

분량
4인분

요리 시간
10분

총 시간
15분 + 조개 손질 30~60분

이 레시피는 마늘, 버터, 조개 등이 주는 전통적인 서양식 맛과 약간의 사케와 간장을 결합한 것이다. 이 국물은 국수, 쌀, 빵과 곁들여도 좋다.

NOTE

조개를 해감하기 위해 차가운 소금물(리터당 다이아몬드 크리스털 코셔 소금 약 3테이블스푼 또는 모튼 코셔 소금 2테이블스푼, 2.5% 소금물)에 30분 동안 조개를 담근 다음 물기를 따라낸다. 물에 모래가 남지 않을 때까지 반복한다.

재료

무염 버터 1테이블스푼(15g)
얇게 썬 마늘 3쪽(8g)
얇게 썬 샬롯 1개(45g)
매운 칠리플레이크 한 꼬집
드라이 사케 120ml
생추간장 또는 쇼유 1티스푼(5ml)

해감한 조개(대합, 바지락, 꼬막, NOTE 참고)
굵게 다진 고수 한 줌
얇게 썬 스캘리언 1대
옥수수 전분 1티스푼(3g), 차가운 물 1테이블스푼
(15ml)에 섞은 것

요리 방법

① 웍에 버터를 넣고 중간 불에서 녹을 때까지 가열한다. 마늘, 스캘리언, 칠리플레이크를 넣고 마늘이 부드럽지만 색이 변하지 않을 만큼 30초간 조리한다. 사케와 간장을 넣고 센 불로 끓인다. 조개를 넣고 저은 뒤 뚜껑을 덮어 조개가 열릴 때까지 약 6분간 가끔 웍을 흔들고 불을 조절하며 계속 끓어오르도록 한다.

② 고수와 스캘리언을 넣은 뒤 전분물도 저어서 넣는다. 소스가 조금 걸쭉해질 때까지 저어가며 요리한다. 너무 묽으면 전분물을 추가하고, 너무 걸쭉하면 물을 추가해 소스의 농도를 조절한다. 접시에 옮겨 바로 제공한다.

1.5 달걀, 두부, 야채 볶는 방법

옛날 웍 광고들은 아이러니하게도 야채를 요리하는 이상적인 냄비라고 선전하면서도 최악의 방법으로 야채를 볶는 모습을 보여주곤 했다. *브로콜리, 셀러리, 양파, 당근, 피망을 가득 담은 웍으로 10분이면 노릇노릇한 조리를!*

웍은 야채를 요리하기에 훌륭한 냄비이다. 야채를 볶으면 밝고 바삭바삭한 것부터 검게 그슬린 것, 쫄깃한 것, 부드러운 것 등 다양하게 만들 수 있다. 그러나 이런 결과를 얻으려면 최소한의 연구와 연습이 필요하다.

이번에는 달걀, 두부, 야채를 볶는 기본적인 방법을 다룬다. 아시안 요리에서 흔히 그렇듯이, 대부분의 채소 요리는 야채를 기본으로 하지만 비채식 재료(고기 또는 해산물 기반의 소스)에 의존해 식감과 풍미를 더한다. 또 대부분이 베지테리언이나 비건을 위한 대체품이 있다.

웍으로 만드는 스크램블드 에그

요리 방법에 따라 다르지만, 서양식 스크램블드 에그는 단단하고 푹신한 것부터 부드럽고 크림 같거나 촉촉한 소스 같은 것까지 다양하다. 웍으로 요리하면 서양식보다 훨씬 다양하게 만들 수 있다.

가장 부드러우며 극단적인 형태로는 소스와 수프 사이의 형태가 있다. *소고기 달걀덮밥*(156페이지) 및 *랍스터 소스를 곁들인 새우볶음*(159페이지) 등에서 사용된다.

여기서 좀 더 단단하게 만들면 홈스타일 토마토 스크램블드 에그(165페이지)가 된다. 이 스펙트럼의 맨 끝에는 *태국식 오믈렛 카이자오*(168페이지) 같은 푹신한 갈색의 스크램블드 에그 요리가 있다.

내가 달걀을 좋아하는 가장 큰 이유 중 하나가 바로 이 놀라운 다양성 때문이다.

소고기 달걀덮밥
SLIPPERY EGG WITH BEEF

분량	**요리 시간**
4인분	15분
	총 시간
	30분

NOTE

나는 주로 얇게 썬 소고기를 사용한다. 샤브샤브나 스키야키 또는 한국식 바비큐용으로 사용되는 얇게 썬 목심(Chuck roll), 꽃등심(Rib eye) 또는 갈비(Short ribs)는 아시안 슈퍼마켓에서 찾을 수 있다. 결 반대로 얇게 썬 치마살을 사용해도 좋다(볶음용 소고기 자르는 방법은 116페이지 참고). 더 싸고 빠르고 쉬운 요리를 위해서 다진 고기를 사용할 수도 있다. 다진 고기를 사용한다면 1단계에서 베이킹소다를 문지르고 헹구는 과정을 생략한다. 식물성 대체육인 임파서블(Impossible)이나 비욘드(Beyond)를 사용해도 잘 어울린다.

어렸을 때부터 알던 요리는 아니지만, 환상적인 중국요리 웹사이트인 *Woks of Life*에서 이 레시피를 보자마자 내게 딱 맞는 요리일 거라고 느꼈다. 재료와 준비 면에서 규동(235페이지)이나 오야코동(233페이지) 같은 일본의 쌀 요리와 닮았는데, 가장 큰 차이점은 소고기를 끓이지 않고 볶는다는 것과 육수가 끈적끈적하다는 것, 부드럽게 스크램블된 달걀이 있다는 것이다.

내 레시피는 본래의 광둥식 레시피에서 일본의 사케와 미림의 풍미를 더한 것이다. 이 기술은 매우 다재다능하다! 얇게 썰거나 저민 소고기를 사용해도 되고, 모든 종류의 간 고기(식물성 대체육 포함)를 사용해도 된다. 야채를 추가하는 방법도 간단한데, 얼린 완두콩에 반들반들한 달걀물을 바르면 윤기가 나면서 맛있다. 젓가락으로 밥 덩어리를 퍼 올리고 달걀과 소고기가 입에 닿을 때까지 서로 간신히 붙어있는 정도가 좋다.

이 요리의 비법이라면, 달걀을 부을 때 웍에서 만들어지는 소스의 점성에 유의하는 것이다. 소스가 숟가락 뒷면을 쉽게 흐르지 않고 묻어 있을 정도로 점성이 있어야 하고, 수증기 기포가 천천히 터지지만 끓지는 않으며, 너무 끈끈해져 반죽처럼 되어선 안 된다. 다행히도 이를 조절하는 건 쉬운 일이다. 너무 묽으면 끓이면서 졸이면 되고, 너무 걸쭉하면 물을 추가하면 된다.

recipe continues

재료

소고기 재료:

얇게 썬 소고기 340g(NOTE 참고)

베이킹소다 ¼티스푼(1g, 선택사항, NOTE 참고)

생추간장 또는 쇼유 1티스푼(5ml)

코셔 소금 ½티스푼(2g)

옥수수 전분 ½티스푼(1.5g)

소스 재료:

사케 2테이블스푼(30ml)

미림 1테이블스푼(15ml)

생추간장 또는 쇼유 1테이블스푼(15ml)

백후추 한 꼬집

코셔 소금 한 꼬집

저염 치킨스톡 또는 다시물 또는 물 500ml

전분물 재료:

옥수수 전분 2테이블스푼(18g)

물 120ml

볶음 재료:

땅콩유, 쌀겨유 또는 기타 식용유 1테이블스푼(15ml)

동전 2개 크기의 생강(선택사항)

1.3cm 크기로 자른 스캘리언 2대

잘게 썰거나 절구로 으깬 마늘 2쪽(10g)

코셔 소금과 백후추

해동한 냉동 완두콩 100g(선택사항)

큰 달걀 4개, 가볍게 풀어 코셔 소금 한 꼬집 넣은 것

밥 4그릇

요리 방법

① **소고기:** 중간 크기의 볼에 고기를 넣고 찬물을 고기가 잠길 때까지 부은 다음 잘 씻긴다. 고운체로 받치고 손으로 눌러 짜서 물기를 제거한다. 고기를 다시 볼에 담고 베이킹소다를 넣어 버무린 다음, 고기를 들어 올렸다가 볼에 던지는 치대는 행위와 쥐어짜기를 30~60초 정도 반복한다. 간장, 소금, 전분을 추가하고 고기를 30초 이상 양념한 후 최소 15분에서 최대 하룻밤 냉장고에 보관한다.

② **소스:** 중간 크기의 볼에 사케, 미림, 간장, 백후추, 소금, 육수(또는 물)를 넣고 고르게 섞은 뒤 따로 둔다. 별도의 작은 볼에 전분과 물을 넣고 다 녹을 때까지 포크로 젓는다.

③ **볶음:** 웍에 기름을 얇게 바르고 연기가 날 때까지 센 불로 가열한 뒤 기름 1테이블스푼을 둘러 코팅한다. 생강을 넣고 15초간 지글지글 끓인다. 소고기를 넣고 살짝 노르스름해질 때까지 약 1분간 볶는다. 스캘리언과 마늘을 넣고 약 30초간 볶아 향을 낸다.

④ 만든 소스와 완두콩(사용한다면)을 넣고 끓인다. 전분물도 저은 뒤 웍에 넣는다. 소스가 숟가락 뒷면을 쉽게 흐르지 않고 묻어 있을 정도로 걸쭉해질 때까지 2~3분간 끓인다. 기호에 따라 소금과 백후추로 간을 한다. 국물 위에 거품이 많이 떠 있다면 국자로 걷어내자.

⑤ 약한 불로 줄이고 달걀 혼합물을 소스에 붓는다. 약 30초면 달걀이 부드러운 띠를 형성하며 이때 국자 또는 웍 주걱으로 아주 천천히 저어준다. 밥이 담긴 각각의 그릇에 고르게 나누어 제공한다.

버섯 달걀덮밥
SLIPPERY EGG WITH MUSHROOMS

분량
4인분

요리 시간
15분
총 시간
30분

재료

소스 재료:
사케 2테이블스푼(30ml)
미림 1테이블스푼(15ml)
생추간장 또는 쇼유 1테이블스푼(15ml)
백후추 한 꼬집
코셔 소금 한 꼬집
저염 치킨스톡 또는 다시물 또는 물 500ml

전분물 재료:
전분 2테이블스푼(18g)
물 120ml

볶음 재료:
땅콩유, 쌀겨유 또는 기타 식용유 1테이블스푼(15ml)
동전 2개 크기의 생강(선택사항)
혼합 버섯 225g(얇게 썬 표고버섯, 양송이버섯, 손질
    된 만가닥버섯, 대충 썬 느타리버섯, 잎새버섯)
1.3cm 크기로 자른 스캘리언 2대
잘게 썰거나 절구로 으깬 마늘 2쪽(10g)
코셔 소금과 백후추
해동한 냉동 완두콩 100g(선택사항)
큰 달걀 4개, 가볍게 풀어 코셔 소금 한 꼬집 넣은 것
밥 4그릇

버섯과 달걀은 모든 요리에서 자연스레 어울리는 한 쌍이며 버섯은 특히나 미끌거리는 달걀과 잘 어울린다. 나는 아시안 버섯을 사용하지만, 아무 버섯이나 사용해도 된다.

요리 방법

① **소스:** 중간 크기의 볼에 사케, 미림, 간장, 백후추, 소금, 육수(또는 물)를 넣고 고르게 섞은 다음 따로 둔다. 별도의 작은 볼에 전분과 물을 넣고 다 녹을 때까지 포크로 젓는다.

② **볶음:** 웍에 기름을 얇게 바르고 연기가 날 때까지 센 불로 가열한 뒤 기름 1테이블스푼을 둘러 코팅한다. 생강을 넣고 15초간 지글지글 끓인다. 소고기를 넣고 살짝 노르스름해질 때까지 약 1분간 볶는다. 스캘리언과 마늘을 넣고 약 30초간 볶아 향을 낸다.

③ 만든 소스와 완두콩(사용한다면)을 넣고 끓인다. 전분물도 저은 뒤 웍에 넣는다. 소스가 숟가락 뒷면을 쉽게 흐르지 않고 묻어 있을 정도로 걸쭉해질 때까지 2~3분간 끓인다. 기호에 따라 소금과 백후추로 간을 한다. 국물 위에 거품이 많이 떠 있으면 국자로 걷어내자.

④ 약한 불로 줄이고 달걀 혼합물을 소스에 붓는다. 약 30초면 달걀이 부드러운 띠를 형성하며 이때 국자 또는 웍 주걱으로 아주 천천히 저어준다. 밥이 담긴 각각의 그릇에 고르게 나누어 제공한다.

랍스터 소스를 곁들인 새우(또는 두부)볶음
SHRIMP OR TOFU WITH LOBSTER SAUCE

분량
4인분

요리 시간
15분
총 시간
30분

NOTES

새우 대신 두부를 사용할 수 있다(요리 방법 참고).
레시피의 소금 12.5g의 경우 다이아몬드 크리스털
코셔 소금 1⅓테이블스푼, 모튼 코셔 소금 1테이블
스푼, 식용 소금 2½티스푼 분량이다. 돼지고기는 없
어도 된다.

이번 레시피는 (이 책에서) 이름에 바다생물이 들어가지만 재료로 들어가진 않는, 두 가지 요리 중 첫 번째다(두 번째 요리가 어떤 건지 알겠다면 보너스 포인트). 말했다시피 바닷가재가 들어가지 않는다. 중국의 역사학자인 Leo와 Arlene Chan의 *Toronto Life* 인터뷰에 따르면, 미국 북동부의 광둥 이민자들이 랍스터를 새우로 대체한 것이라고 한다. 뉴욕의 *Shun Lee Palace*와 같은 레스토랑에서는 소흥주와 치킨스톡을 섞은 반투명 혼합물에 전분과 반-스크램블된 달걀흰자로 걸쭉하게 만든 다음 간 돼지고기, 스캘리언, 생강, 마늘을 사용한다.

북미사람들이 랍스터 소스에 맛을 들이면서 바닷가재 가격이 오르고, 결국 더 저렴한 새우로 대체되어 랍스터 소스를 곁들인 새우 요리가 탄생했다. 그것이 전국에 퍼지면서 오늘날에는 많은 버전이 지역별로 존재한다. 북부의 보스턴과 토론토에서는 같은 기본 소스에 노추간장과 발효검은콩을 더해 갈색의 그레이비로 변형됐고, 서부 해안에서는 돼지고기 대신 당근, 옥수수, 버섯 등의 야채를 넣는다.

나는 노추간장과 발효검은콩이 첨가되지 않은 게 더 좋았고, 야채를 추가하는 건 좋았다. 만가닥버섯이나 표고버섯은 새우와 요리하기 참 좋은데, 요리 시간이 같아서 소스를 만들기 전에 함께 넣어 볶을 수 있기 때문이다.

홈메이드 또는 시판의 치킨스톡이 이 요리에 딱 맞는다. 여기에 어쨌든 발생하는 새우껍질을 이용하면 새우향도 더해 풍미를 보충할 수도 있다. 또 다른 변형 레시피가 있다. 새우와 돼지고기를 완전히 빼고, 빠르게 볶은 채소 위에 소스를 끼얹어 제공하는 것이다(207페이지 '랍스터 소스를 곁들인 스노우피순볶음' 참고).

recipe continues

재료

새우 재료(NOTES 참고):

아주 차가운 물 500ml

소금 12.5g(NOTES 참고)

베이킹소다 2티스푼(10g)

껍질 벗긴 큰 새우 340g

각얼음 한 컵

소스 재료:

소흥주 2테이블스푼(30ml)

저염 치킨스톡 또는 물 240ml

새우껍질

설탕 ½티스푼(2g)

백후추 한 꼬집

코셔 소금 한 꼬집

전분물 재료:

전분 1테이블스푼(3g)

물 1테이블스푼(15ml)

볶음 재료:

땅콩유, 쌀겨유 또는 기타 식용유 2테이블스푼(30ml)

만가닥버섯(끝을 잘라낸 것) 또는 표고버섯(줄기를

    버리고 갓을 얇게 썬 것) 175g

다진 마늘 2티스푼(5g)

다진 생강 2티스푼(5g)

다진 스캘리언 2대, 흰색 및 녹색 부분 따로 준비

간 돼지고기 120g

코셔 소금과 백후추

해동된 냉동 완두콩 70g(선택사항)

큰 달걀의 흰자 2개분, 가볍게 풀어 코셔 소금 한 꼬

    집 넣은 것

요리 방법

① **새우**: 볼에 물, 소금, 베이킹소다를 넣고 녹을 때까지 젓는다. 새우를 넣고 저어서 분리시켜주고 새우를 소금물에 완전히 담근다. 얼음을 넣고 15분에서 30분 동안 그대로 둔다. 키친타월로 두드리거나 야채탈수기를 이용해 물기를 완전히 제거한다.

② **소스**: 소흥주, 육수(또는 물), 새우껍질, 설탕, 백후추, 소금을 작은 볼에 넣어 섞는다. 보글보글 끓는 물에 넣어 10분간 둔다. 새우육수를 걸러 따로 보관하고 껍질은 버린다. 별도의 볼에 전분과 물을 넣고 녹을 때까지 포크로 젓는다.

③ **볶기 전에 그릇을 준비하라:**

a. 소금물에 담근 새우와 버섯　　e. 전분물

b. 마늘, 생강, 스캘리언의 흰 부분　　f. 풀어 놓은 달걀흰자

c. 간 돼지고기　　　　　　　　　g. 조리된 재료를 위한 빈 용기

d. 소스　　　　　　　　　　　　h. 요리를 담을 접시

④ **볶음**: 웍에서 연기가 날 때까지 센 불로 가열하고 기름 1테이블스푼을 둘러 코팅한다. 새우와 버섯을 넣고 새우가 분홍빛이 돌 정도로 반쯤 익힌다. 새우 하나를 잘라서 확인 가능하며 가운데가 반투명해야 한다. 버섯은 약 2분간 볶아 부드럽게 만든다. 새우와 버섯을 각각의 볼에 담아둔다.

⑤ 웍을 닦고 연기가 날 때까지 센 불로 가열한 뒤 기름 1테이블스푼을 둘러 코팅한다. 마늘, 생강, 스캘리언의 흰 부분을 넣고 약 15초간 볶아 향을 낸다. 바로 돼지고기를 넣어 핏기가 가실 때까지 주걱을 이용해 약 1분간 볶는다.

⑥ 소스를 저어 웍에 넣고 끓인다. 전분물을 젓고 추가한다. 소스가 숟가락 뒷면을 쉽게 흐르지 않고 묻어 있을 정도로 걸쭉해질 때까지 약 1분간 끓인다. 소금과 백후추로 간을 하고 완두콩(사용하는 경우)를 넣고 젓는다.

⑦ 달걀 혼합물을 소스에 붓고 국자나 주걱으로 들어 올려 농도를 테스트한다. 30초 정도 저으며 익혔을 때 리본 모양으로 비교적 천천히 흘러내린다면 딱 적합한 농도이다. 새우와 버섯을 소스에 다시 넣고, 새우가 완전히 익을 때까지 약 30초간 끓인다. 접시에 옮겨 손질된 스캘리언을 뿌린다.

랍스터 소스를 곁들인 두부와 완두콩

레시피 재료에서 새우 재료 항목을 생략하고 치킨스톡 대신에 야채스톡을 사용해 소스를 만든다. 4단계에서는 버섯만 볶으면 된다. 순두부 조각낸 것과 해동된 완두콩 140g을 6단계의 소스에 버섯과 함께 적절히 섞는다. 그리고 레시피대로 요리를 완성하면 된다.

크리미한 스크램블드 에그(왐포아 에그)
CREAMY LAYERED SCRAMBLED EGG(WHAMPOA EGG)

2020년 9월, 친구인 Steph Li와 Christopher Thomas의 유튜브 채널인 *Chinese Cooking Demystified*에 "광둥식 스크램블드 에그(Cantonese Scrambled Eggs)"라는 제목의 영상이 올라왔다. 이 영상은 금방 엄청난 인기를 얻었는데, 그만한 이유가 있다. 영상에 나온 달걀 요리가 정말 시각적으로 기가 막혔기 때문이다. 달걀을 영상처럼 만드는 방법은 다음과 같다. 옥수수 전분물과 참기름 한 방울로 달걀을 푼 다음 비계로 기름칠한 뜨거운 웍에 붓는다. 웍을 화구에 올렸다 내렸다 하는 식으로 달걀이 익는 정도를 조절할 수 있다. 달걀의 바닥면이 하얗게 익어갈 때쯤 주걱으로 밀어 올려서 익지 않은 부분들을 바닥으로 흐르게 한다. 밀어 올리며 뒤집어주면 층이 있는 스크램블드 에그가 되며 윗 부분이 바닥부터 올라오는 간접 열에 의해서만 익혀져 촉촉한 상태가 된다.

그들이 보여준 이 놀라운 기술은 수많은 왐포아식 스크램블드 에그를 만드는 테크닉 중 하나이다.

이 요리의 기원은 정확하지 않은데, 광둥의 왐포아 정박지(주강삼각주의 주요 정박지이자 광둥으로 가는 해상무역로를 잇는 필수적인 곳)에 있는 보트민족으로 알려진 탕카(Tanka)에 의해 만들어졌다고 한다. 이 요리의 요리사 버전 레시피는 스크램블드 에그에 피시 소스와 라드로 간을 맞추고, 웍에 얇게 편 뒤 주걱으로 적절히 휘저어 황금빛 결을 만들어 올린다. 노점상 버전 레시피는 초고속으로 15초 내에 달걀을 웍에서 빼내어 일회용 접시에 촉촉하게 접힌 상태로 올리는 것이다(나는 이 두 가지 버전을 수없이 시도하며 다양한 유형의 실패를 거듭했다).

어떤 요리사들은 흰자만 따로 풀어 부드러운 거품을 만든 뒤에 노른자와 조미료를 추가한다고 한다. 그렇게 거품기가 생긴 스크램블을 센 불에서 고속으로 익히면서 지속적으로 뒤집고 흔들어 달걀의 갈변을 방지한다. 그러다 반쯤 익지 않은 상태에서 접시로 옮겨 잔열로 요리를 마무리한다.*

유튜브 채널 *Serious Eats*의 Sho Spaeth는 자신의 가족이 개발한, 종이마냥 얇은 오믈렛을 반쯤 익힌 뒤 겹겹이 쌓아, 액체 상태의 달걀이 잔열로 인해 서서히 익혀지는 버전을 선보였다(이건 내가 충분히 따라할 수 있다).

내가 시도한 위의 테크닉 중 가장 마음에 드는 건 Steph와 Chris의 레시피였다. 옥수수 전분물을 달걀에 푸는 테크닉이 이 요리를 만들 때 쉬이 벌어지는 실수를 방지해준다. 달걀은 단지 몇 초 차이로 오버쿠킹되기 때문이다. 이것이 요리사 버전을 마스터하기 어려운 이유 중 하나다. 달걀은 열에 가해지면 3차원적 단백질 매트릭스가 형성되는데, 이것이 조여지면 순식간에 형태가 변할 수 있다. 익히는 정도를 조절하기 까다로운 이유다. 결국에는 수분이 빠져나갈 정도로 팽팽해진다.

---

* 일본, 한국, 대만에서 유행하는 "토네이도 오믈렛"이라는 비슷한 레시피가 있다. 이 요리는 뜨거운 팬에 잘 풀어진 달걀을 붓는 것으로 시작된다. 달걀이 익기 시작하며 가장자리 주변에서 거품이 일어날 때쯤, 젓가락으로 달걀 양쪽을 팬의 중앙으로 모으며 팬을 천천히 회전시킨다. 그러면 토네이도가 형성되면서 윤기가 있는 커드 형태로 덮인다. 이 오믈렛을 볶음밥 위에 올려서 먹는다(나도 이 요리를 성공한 적은 없다. 노력이 부족해서도 아니다).

분량
2~3인분(NOTE 참고)

요리 시간
10분

총 시간
10분

NOTE

이 레시피는 모든 재료를 인분에 따라 곱해주고 4
단계를 반복하기만 하면 몇 인분이든 쉽게 만들 수
있다. 피시 소스 대신에 소금 ½티스푼과 옵션으로
MSG ¼티스푼을 넣어도 된다. 또는 달걀을 소금 한
꼬집과 약간의 간장으로 간을 해도 된다. 버터 대신
에 라드나 렌더링된 베이컨 지방을 사용해도 된다. 1
단계에서 지방을 달걀에 풀기 전에 웍이나 전자레인
지로 지방이 약간 녹을 때까지 가열한다.

옥수수 전분물은 달걀의 단백질 구조가 간섭되는 것을 예방하고, 너무 단단히
결합되는 것도 방지함으로써 실패할 확률을 줄여준다. 이렇게 조리하면 살짝 오버
쿠킹된 달걀도 촉촉하고 부드러운 상태를 유지한다. Mandy Lee의 블로그 *Lady
and Pups*에서도 촉촉한 스크램블드 에그 레시피에 이 테크닉을 사용한다. 내가
광둥에서 본 대부분의 레시피도 달걀에 정제된 라드를 추가하는 걸 권장한다. 확
실히 달걀 요리에 풍부함을 더해주면서 부드러움도 유지시켜준다. 나는 라드를 집
에 두고 사용하지 않기 때문에 버터로는 어떤 효과가 날지 궁금했다. 덜 포화된 기
름은 풍부함이 덜하기 때문이다. 그래서 나는 부드러운 프렌치 오믈렛을 만들 때
와 같은 방식으로 버터를 작은 큐브로 썰어 넣었다. 달걀이 익을 때 버터가 녹으면
서 익는 과정을 관리 가능한 속도로 늦춰주며 맛도 풍성하게 하는 이중 목적을 달
성했다(부엌에 베이컨 비계를 담은 용기를 보관해 둔다면, 이 요리에 훌륭한 변형
을 줄 수 있다. 거의 액화될 때까지 가열한 다음, 내 레시피에 들어가는 버터나 라
드 대신 사용하면 된다).

'너무 많이 익힌다'는 것 외에 이 요리를 실패하는 또 다른 방법은 웍을 제대로
예열하지 않는 것이다. 달걀을 넣을 때 웍이 너무 차가우면 바닥에 들러붙고 마는
데, 원래는 웍 바닥에 있는 뜨거운 지방에 닿자마자 지글거리며 튀겨지기 시작해
야 한다. 매우 넓은 링 모양을 가진 서양식 버너를 사용하면 웍의 중앙 부분이 제
대로 예열되지 않는 경우가 있다. 그래서 예열하는 동안 웍을 움직여주며 중앙 부
분도 어느 정도 가열하는 시간을 줘야 한다.

랍스터 소스에 흰자를 다 써서 노른자만 무수히 남아 고민이라면, 달걀 요리를
할 때 남은 노른자들을 같이 넣어 크리미함을 더하면 된다.

recipe continues

재료

큰 달걀 6개(또는 달걀 4개와 노른자 4개)
피시 소스 2티스푼(10ml, 선택사항, NOTES 참고)
옥수수 전분 1티스푼(3g), 물 1테이블스푼(15ml)을 섞은 것
작은 큐브로 자른 무염 버터 2테이블스푼(약 30g, NOTES 참고)
땅콩유, 쌀겨유 또는 기타 식용유(또는 라드나 베이컨 지방) 2테이블스푼(30ml)
얇게 썬 스캘리언 또는 차이브 한 줌(선택사항)

요리 방법

①　큰 볼에 달걀을 거품기, 포크, 혹은 젓가락으로 잘 푼다. 이 과정은 최소 1분이 소요되며 달걀이 완전히 부드러워진다. 풀린 달걀을 주걱으로 들어 올렸다가 흘려 내리며 눈에 띄는 가닥이나 덩어리가 없는지 확인한다. 있다면 더 젓는다.

②　달걀에 피시 소스(사용하는 경우), 옥수수 전분물, 버터를 넣고 휘저어 섞는다(버터는 이 단계에서 고체 상태를 유지한다).

③　센 불에 웍을 올리고 연기가 날 때까지 가열한다. 이때 웍으로 버너 주위를 움직여주며 고르게 가열되도록 한다. 불은 중간~약한 불로 줄이고 기름 1테이블스푼(15ml)을 둘러 코팅한다. 웍에 달걀 혼합물 절반을 추가하면 즉시 거품이 일어나기 시작해야 한다. 오믈렛을 가능한 한 넓게 만들기 위해 웍을 잘 돌려준다. 달걀이 슬슬 액체 형태를 벗어날 때까지 15~30초간 계속 휘젓는다. 웍을 불에서 빼고, 주걱을 사용해 오믈렛을 한쪽에서 반대쪽으로 조심스럽게 밀어 올리며 층층이 쌓는다. 오믈렛을 완전히 접어선 안 된다. 마지막 단계에서 남은 액체성 스크램블을 맨 위에 올려야 한다. 그렇게 오믈렛이 한쪽에 모이면 꺼내서 접시에 담는다(깨져서 여러 부분으로 나뉘어져도 OK).

④　키친타월로 웍을 닦고 연기가 날 때까지 센 불로 다시 가열한 뒤 중간 불로 줄인다. 나머지 절반의 달걀 혼합물로 이 과정을 반복하고 접시에 올렸던 오믈렛 위에 또 올려주면 끝이다. (원한다면) 접시 위에다 스캘리언 또는 차이브를 흩뿌리고 20~30초 동안 그대로 둔 다음 제공한다.

홈스타일 토마토 스크램블드 에그
HOME-STYLE TOMATO AND SCRAMBLED EGGS

어느 날 아침, Adri가 토마토와 스캘리언으로 스크램블드 요리를 만드는 모습을 보고 나는 깜짝 놀랐다. 내 아내는 콜롬비아에서 자랐기 때문에 미국으로 건너올 때까진 중국 음식에 대해 잘 알지 못했기 때문이다. 이건 토요일 오후에 다니던 일본어와 음악 학교 사이에 어머니가 가끔 만들어주던 간단한 점심요리였다. 어머니는 할머니에게서 그 요리를 자연스레 배웠다고 한다. 할머니는 이 요리를 토타마(totama)라고 불렀는데, 토마토와 일본어로 달걀을 뜻하는 타마고(tamago)를 부르는 할머니만의 합성어다.

중국의 토마토 달걀프라이 Fanqie chao dan은 어디서나 볼 수 있으면서도 손님에게는 내놓지 않는 요리이다(그래서 아이들은 자기 가정만의 버전에 물든다). 레스토랑 음식이 아니기 때문에 메뉴에도 없다. 미국 요리책에서 버터 토스트 레시피를 찾을 수 없는 것처럼 중국 요리책에도 나오지 않을 것이다. Francis Lam이 *New York Times*에 쓴 기사가 있다. "공기처럼 존재하며 [중국요리에서] 보이지 않는 것"이라고 말했다.

이 요리의 콜롬비아 버전은 huevos pericos라고 하는데, 놀라운 것은 중국과 어떤 연결도 없었는데도 독자적으로 토마토와 달걀이 함께 조리되었을 때의 마법 같은 맛을 발견한 결과라고 한다. 로마에서는 uova all'Amatriciana, 나폴리에서는 ova' 'mpriatorio라고 불린다.

recipe continues

프랑스에서도 토마토 달걀요리인 oeufs Provencal이 있다. 아랍은 shakshuka, 터키는 menemen, 파르시는 tomato per eedu, 멕시코는 huevos rancheros(터키의 menemen은 양파를 추가한다는 부분 때문에 논쟁이 있다). 간혹 케첩을 곁들인 아침용 달걀프라이 샌드위치에 목숨 거는 사람들도 있다. 이렇듯 달걀과 토마토의 조합은 문화의 경계를 넘나들며 만국의 '맛있음'에 존재한다.

가정식 중국 요리에 사용할 수 있는 기술은 매우 다양하므로 누군가에게 옳고 그름을 강요당할 필요 없이 자신이 좋아하는 방법을 사용하면 된다. 당신이 좋아하는 방법이 맞는 방법이다. 내가 가장 좋아하는 조리법은 토마토를 곁들인 스크램블드 에그보다는 밥을 위한 토마토 달걀 소스라고 보면 된다. 따라서 *크리미한 스크램블드 에그*(162페이지)와 미끈거리는 형태(156~158페이지의 덮밥에 사용되는 달걀 형태)의 중간 단계의 테크닉을 사용한다.

나는 얇게 썬 토마토를 웍에 넣기 전에 먼저 스캘리언 흰 부분을 살짝 볶아준다. 로마 또는 방울토마토는 큰 토마토보다 펙틴 함량이 높기 때문에 이 요리에 적합하다. 펙틴 함량이 높을수록 더 걸쭉하고 농축된 소스가 만들어지므로(산 마르자노와 같은 로마식 토마토가 이탈리아 파스타 소스로 적합하다고 인정받는 것과 같은 이유), 요리가 너무 물러지는 걸 막아주기 때문이다.

토마토가 분해되어 농축되기 시작하면 토마토를 소스로 만들 차례다. 이를 위해 먼저 옥수수 전분물을 추가해서 토마토물을 걸쭉하게 만들고 덩어리들을 분해시키면 된다. 이쯤에서 멈춰도 완벽하지만, 토마토향을 더욱 강화하고 싶다면 YouTube 채널 *Taste of Asian Food*의 KP Kwan에게서 배운 트릭을 사용하자. 바로 케첩을 추가하는 거다. 맞다. 케첩이다. 나의 오랜 친구이자 동료인 Chichi Wang도 *Serious Eats*의 레시피에서 동일한 내용을 제안했다. 그녀는 "중국요리에서 케첩이 공식적인 소스인지에 대한 논쟁은 온종일로도 끝나지 않을 것이지만, 내 생각에는 케첩이 토마토의 맛을 더 토마토답게 만든다." 그녀의 말이 맞다. 약간의 케첩은 농축된 토마토 풍미를 더하는 동시에 단맛과 신맛을 더해줌으로써 요리의 균형을 유지시킨다.

이 시점에서 많은 레시피는 웍에서 토마토 소스를 덜어내고 달걀을 따로 요리하지만, 나는 토마토 소스에 바로 달걀을 집어 넣는 걸 선호하며 피시 소스와 촉촉한 버터와 전분물로 농도를 맞춘다.

분량	요리 시간
2~3인분	15분
	총 시간
	15분

NOTES

피시 소스 대신 소금 ½티스푼과 옵션으로 MSG ¼티스푼을 넣어도 된다. 버터도 생략할 순 있지만 권장하지 않는다.

재료

달걀 재료:

큰 달걀 6개

피시 소스 2티스푼(10ml, 선택사항, NOTES 참고)

작은 큐브로 자른 무염 버터 2테이블스푼(약 30g), (NOTES 참고)

전분물 재료:

옥수수 전분 2티스푼(6g)

물 60ml(¼컵)

볶음 재료:

땅콩유, 쌀겨유 또는 기타 식용유 2테이블스푼(30ml)

다진 스캘리언 4대, 짙은 녹색 부분은 따로 보관한다

로마 토마토 또는 큰 방울토마토 230~340g

코셔 소금과 갓 간 백후추

케첩 1테이블스푼(15ml)

설탕 1티스푼(4g)

요리 방법

① **달걀**: 큰 볼에 달걀을 거품기, 포크 혹은 젓가락으로 잘 푼다. 이 과정은 최소 1분이 소요되며 달걀이 완전히 부드러워져야 한다. 풀린 달걀을 주걱으로 들어 올렸다가 흘러 내리며 눈에 띄는 가닥이나 덩어리가 없는지 확인한다. 있다면 더 젓는다.

② **옥수수 전분물**: 별도의 작은 볼에 옥수수 전분과 물을 넣고 녹을 때까지 포크로 젓는다.

③ 옥수수 전분물의 절반(나머지 반은 따로 둔다), 피시 소스, 버터를 달걀이 든 볼에 넣고 휘핑하여 섞는다(버터는 이 단계에서 고체 상태를 유지한다).

④ **볶음**: 웍에 기름을 바르고 연기가 날 때까지 가열한다. 스캘리언의 흰 부분과 옅은 녹색 부분을 추가하고 약 15초간 볶아 향을 낸다. 토마토, 소금 한 꼬집, 백후추 약간, 케첩, 설탕을 넣어 토마토가 물러지면서 물이 생길 때까지 약 2분간 잘 젓는다. 어느 정도의 모양은 유지하는 게 좋다. 나머지 옥수수 전분물을 저은 뒤 웍에 추가한다.

⑤ 소스가 걸쭉해지면 달걀 혼합물을 넣고 약 1분 동안 달걀이 아주 살짝 익을 때까지 계속 부드럽게 젓는다. 소스는 물기가 없으면서 실크처럼 부드럽고 풍부한 맛이 있어야 한다. 스캘리언의 녹색 부분을 넣고 소금과 백후추로 간을 한 후 접시로 옮겨 밥과 함께 제공한다.

태국식 오믈렛
카이자오
THAI-STYLE OMELET KHAI JIAO

만약에 오믈렛 조리의 격렬함을 나타내는 척도가 있다면, 맨 왼쪽(가장 젠틀한)에는 하얗고 실크처럼 부드러운 프렌치 오믈렛이 위치할 것이고, 조금 오른쪽에는 약간 더 진한 색의 약간 더 질긴 미국식 오믈렛이 있을 것이다. 맨 오른쪽은 어떤 요리일까? 바로 태국의 카이자오이다. 태국식 오믈렛은 커스터드처럼 밀도가 있기보다는 푹신하고 가벼운 편이다. 그리고 짙은 갈색을 띠는 바삭한 가장자리와 여러 겹의 질감을 느낄 수 있다.

따뜻한 밥 위에 이 오믈렛을 얹어 내는 이 요리는 태국 전역의 보편적인 길거리음식이다. 가장 간단한 버전은 정말 간단하다. 약간의 피시 소스와 후추로 간을 한 달걀을 소량의 기름을 두른 뜨거운 웍에서 조리하는 것이다. 달걀이 투입되면서 함유한 수분이 빠르게 증기로 전환되어 오믈렛의 가장자리 주변이 극적으로 부풀어 오른다(잘 조리된 오믈렛은 이러한 바삭하고 푹신한 가장자리가 많다). 약 20초 동안 조리하면 바닥면이 황금빛 갈색이 되는데, 이때 뒤집으면 된다(뒤집을 때 뜨거운 기름이 튀는 것을 방지하기 위해 두 개의 주걱을 사용한다). 20초 더 지나면 완성.

이 요리에서 주의할 점은 딱 세 가지이다. 첫 번째는 기름의 온도. 달걀이 제대로 부풀어 오르려면 달걀을 붓기 전에 기름이 아주 뜨겁게 달궈져 있어야 한다. 나는 190℃가 될 때까지 센 불로 예열한다. 그리고 달걀을 넣고 나서 불을 살짝 줄인다(온도계가 없다면 연기가 날 때까지 달궈주면 된다). 둘째, 달걀은 확실하게 풀려 있어야 한다. 웍에 넣기 전에 흰자나 노른자 덩어리가 없어야 하며, 거품기가 많이 보여야 한다. 참고로, 푼 달걀을 적당히 높은 곳에서 떨어뜨리면 모양이 더 불규칙해지면서 바삭한 가장자리가 더 많이 형성된다. 셋째, 밥 한 접시를 미리 준비하고 요리를 시작한다. 이 오믈렛은 웍에서 막 꺼냈을 때는 푹신하고 바삭하고 가볍지만, 몇 분만 지나도 축축해지면서 기름이 많아지므로 바로 밥에 올려 먹어야 한다.

분량
1인분

요리 시간
6분

총 시간
7분

NOTE
이 요리는 1인분만 가능한 대신 과정이 매우 신속하다. 두 개 이상의 오믈렛을 만들기 위해선 달걀 혼합물을 양에 맞게 미리 풀어놓으면 된다. 첫 오믈렛을 제공하고서 웍을 비우거나 남은 기름을 걸러낼 필요 없이 레시피대로 기름을 다시 채우고 예열하면 된다. 첫 번째 오믈렛을 만들고 남은 달걀찌꺼기가 두 번째 오믈렛의 일부가 된다.

재료
큰 달걀 8개
피시 소스 1티스푼(5ml)
설탕 약간(선택사항)
갓 간 백후추 약간(선택사항)
땅콩유, 쌀겨유 또는 기타 식용유 ½컵(120ml)

차림 재료:
미리 준비해 둔 밥 한 그릇
스리라차 또는 *남쁠라프릭*(257페이지)

혹시 더 푸짐한 식사를 원한다면 걱정할 필요 없다. 태국식 오믈렛은 무한히 다양해서 내가 좋아하는 몇 가지를 레시피 뒤에 포함시켜 뒀다. 추가할 재료들을 잘게 썰고(서양식 오믈렛이나 프리타타를 위한 재료를 손질할 때를 생각하면 된다) 그 총량을 오믈렛 2개당 약 85g 이하로 유지한다면, 그 이후는 당신의 창의력을 펼치면 된다. 냉장고에 남은 재료들을 써먹기 아주 좋은 방법이다. 이런 오믈렛은 달걀에 들어갈 재료를 손님이나 가족에게 맞춤으로 조리할 수 있는 재밌는 방법이기도 하다.

요리 방법

① 중간 크기의 볼에 달걀을 깨트린다. 피시 소스, 설탕(사용한다면), 백후추(사용한다면)를 추가한다. 거품기, 포크 혹은 젓가락으로 잘 푼다. 이 과정은 최소 1분이 소요되며 달걀이 완전히 부드러워진다. 풀린 달걀을 주걱으로 들어 올렸다가 흘려 내리며 눈에 띄는 가닥이나 덩어리가 없는지 확인한다. 있다면 더 젓는다. 풍성해지면서 거품기가 있어야 한다.

② 즉시 확인 가능한 온도계로 190℃가 나올 때까지 또는 희미한 연기가 날 때까지 웍에 기름을 두르고 센 불로 가열한다. 즉시 달걀 혼합물을 웍 중앙에 붓고 3~5초에 걸쳐 일정한 흐름으로 불을 중간으로 줄인다(야외용 웍 버너를 사용한다면, 열을 매우 낮게 줄여야 한다). 달걀이 즉시 부풀어 오르면서 튀겨지기 시작해야 한다.

③ 웍을 살살 돌려가며 주걱 뒷면을 이용해 달걀 혼합물을 건드리면서 가장자리와 바닥면이 금빛의 갈색이 될 때까지 약 30초간 익힌다. 2개의 주걱(170페이지의 사진 참고)을 사용하여 오믈렛을 조심스럽게 뒤집는다.

④ 다시 달걀을 살며시 건드리면서 색이 날 때까지 20초간 익혀준다. 넓은 주걱으로 달걀을 들어올려 여분의 기름을 빼낸 뒤 즉시 밥 위에 올려 스리라차 또는 남쁠라프릭과 함께 제공한다.

recipe continues

태국식 오믈렛 만들기, Step by Step

STEP 1 · 달걀 풀기

거품이 생길 때까지 달걀을 치면 더 풍성한 오믈렛이 된다.

STEP 2 · 푼 달걀을 뜨거운 기름에 넣기

뜨거운 기름에 높은 곳에서 일정한 흐름으로 달걀을 부으면 바삭한 부분이 많이 생성된다.

STEP 3 · 조심스럽게 오믈렛 뒤집기

오믈렛을 뒤집을 때 기름이 튈 수 있다. 이를 방지하기 위해서 두 개의 주걱을 이용한다. 하나로는 오믈렛을 들어올리고, 다른 하나로는 받치며 살며시 내려놓는다.

STEP 4 · 즉시 제공한다

오믈렛을 바로 올려 먹을 수 있도록 밥 한 접시를 미리 준비해 둔다. 스리라차나 남쁠라프릭을 잊지 말자.

다진 돼지고기와 샬롯을 곁들인 태국식 오믈렛

레시피를 기준으로, STEP 1의 달걀 혼합물에 다진 돼지고기 55g과 얇게 썬 샬롯 1개를 추가하고 계속해서 쳐준다. 이어서 나머지 단계를 그대로 진행하면 된다(돼지고기는 다 익을 테니 걱정할 필요 없다!).

그린빈, 칠리 및 허브를 곁들인 태국식 오믈렛

레시피를 기준으로, STEP 1의 달걀 혼합물에 1.3cm 크기로 자른 그린빈 한 줌과 잘게 썬 고추(타이칠리, 할라피뇨, 세라노 등), 다진 스캘리언, 다진 바질(또는 고수)을 추가한다. 그리고 나머지 단계를 그대로 진행하면 된다.

게, 새우(또는 굴)를 곁들인 태국식 오믈렛

레시피를 기준으로, STEP 1의 달걀 혼합물에 게살, 다진 새우, 손질된 굴(캔이나 훈제도 OK), 다진 스캘리언, 고수를 추가한다. 나머지 단계를 그대로 진행하면 된다.

야채 in the Wok

대학시절 동아리 모임이 있던 어느 오후, 요리사인 Clint 에게 저녁을 대접받았다. 나는 주방으로 향했고, 메뉴는 소고기와 브로콜리, 야채볶음(브로콜리, 당근, 강낭콩, 적피망)이었다. Clint는 나무 숟가락으로 커다란 냄비 안의 내용물을 저으며 대화를 이어나갔는데, 냄비에는 삐져나온 생야채와 조리로 인한 증기가 가득했다. 야채 요리에는 충분한 시간인 10분이 지나자 요리가 완성됐는데, 일부는 아직 익지 않은 날것이었고 일부는 너무 많이 익어서 칙칙한 갈색으로 부드러워진 상태였다. 거기에 주로 급식 용도로 쓰이는 다용도 데리야끼 소스 몇 컵을 벌컥벌컥 부어댔다.

30분 정도가 지나 저녁식사 시간이 되었을 때, "볶음"은 이미 단조롭고 칙칙한 야채 스튜로 변해있었다. 그때 나는 소스로 흥건한 브로콜리를 먹으면서 Clint는 요리사가 아니라 말 잘하는 대화 전문가가 되는 게 나았을 거라는 생각을 했다(아시아 음식만이 그랬다. 치킨수프와 팬 피자는 환

상적이었다).

서양 요리가 웍과 접목된 이후로, 웍은 간편하지만 야채와 건강을 고려하는 요리에서는 문제를 일으킨다는 인상을 얻게 됐다. 하지만 웍을 사용한다는 건 매우 매력적인 이야기다. 우리는 모두 맛있는 중국 레스토랑에서 완벽히 조리된 야채요리를 먹어본 기억이 있을 것이다. 야채의 선명함과 아삭함을 유지하면서도 풍미와 소스와 스모키한 웍 헤이가 겹겹이 쌓인 복합적인 맛을 가진 요리. 반면에 그린빈과 피망을 구별하기 어려울 만큼 오랫동안 조리된 Clint 스타일의 잡색 야채 믹스 요리도 경험했을 것이다. 그래, 그런 것이다.

비결은 무엇일까? 여러분은 야채를 어떻게 볶고 있나?

웍에서 야채를 요리할 때의 규칙은 고기를 요리할 때와 비슷하다. 기본적인 규칙을 알아보자(물론 이 책에는 여기서 소개할 규칙들을 완전히 무시하는 레시피도 몇 개 있다).

야채볶음 규칙 #1:
야채를 균일한 한입 크기로 자르기

웍으로 하는 야채볶음은 대부분 야채를 1~2분 이상 요리하지 않는다. 그 짧은 시간 내에 야채를 익히면서 풍미도 잡아야 한다. 청경채나 로메인 상추 같은 채소는 굵게 다지고, 그린빈이나 브로콜리 같은 녹색 채소는 2.5~5cm 크기로 비스듬히 썰고, 당근이나 무 같은 뿌리채소는 빠르게 가열되도록 얇게 썰어야 한다.

야채볶음 규칙 #2:
야채는 씻은 후 완전히 말리기

기억하기: 한 방울의 물을 증발시키려면, 그 물의 온도를 동결 상태에서 끓는 온도까지 높이는 에너지의 약 5배 이상의 에너지가 필요하다는 것. 야채에 수분이 남아 있으면, 그 수분이 웍의 온도를 현저히 낮추어 최적의 맛을 내지 못하게 한다. 먼저 데쳐서 사용할 것이 아니라면 씻은 야채는 볶기 전에 야채탈수기 등으로 물기를 제거하는 것이 좋다(다음 규칙 참고).

야채볶음 규칙 #3:
녹색 야채는 데치거나 전자레인지 이용하기

아스파라거스, 브로콜리, 그린빈, 청경채와 같은 녹색 채소는 특히나 열에 약하다. 생으로 볶을 순 있지만, 골고루 익히기가 매우 어렵다. 웍과 직접 닿는 부분은 빨리 익지만 닿지 않는 부분은 전혀 에너지를 흡수하지 못하기 때문이다. 아무리 계속 저어주더라도 웍과 먼, 맨 위쪽에 있는 야채들은 조리되는 것조차 쉽지 않다. 녹색 야채를 데치면 고르게 익으면서 색깔도 더 좋다(자세한 내용은 173페이지 "볶음용 녹색 채소 데치기" 참고).

야채볶음 규칙 #4:
몽땅(모든 야채) 요리하지 않기

웍에다 넣는 야채의 종류가 많아질수록 완벽한 요리를 제공하기가 어려워진다. 자신만의 야채볶음 레시피를 만들 계획이라면(당연히 그렇게 해야 한다!) 본인이 통제할 수 있는 만큼의 옵션을 고수하자. 세 가지의 다른 야채를 같은 품질로 요리하는 것도 굉장히 어려운 일이다.

야채볶음 규칙 #5:
너무 많은 양을 한꺼번에 넣지 않기

야채는 높은 수분 함량과 타지 않고 부드러워지는 경향으로 인해서 고기보다 한꺼번에 많은 양을 요리하기 어렵다. 한번에 약 200g의 생야채나 약 400g의 데친 야채 이상을 요리하지 않아야 한다. 이보다 많은 양을 요리해야 한다면 한 번에 요리할 만큼(1배치)으로 나누고, 계속해서 그 양만큼(1배치)씩만 요리해서 별도의 그릇에 옮겨두었다가 마지막에 한꺼번에 웍에다 넣은 뒤 소스와 함께 볶으며 마무리하면 된다.

야채볶음 규칙 #6:
너무 익히지 않기

야채는 익으면서 세포를 묶고 있는 펙틴 접착제가 분해되기 시작한다. 동시에 세포 자체가 수분을 잃어서 야채가 축 늘어지게 되고, 밝은 선명한 색과 신선한 맛을 잃게 된다. 야채를 볶을 때 가장 중요한 단계는 조리가 끝났을 때 웍에서 바로 꺼내는 것이다.

볶음용 녹색 채소 데치기

녹색 채소를 볶기 전에 채소를 뜨거운 물에 데치고 얼음물로 식히는 행위가 내겐 언제나 당연한 것이었다. 이게 정말로 필요한 단계일까? 이를 테스트하기 위해서 굴 소스를 곁들인 중국식 브로콜리 두 개를 볶아봤다(205페이지).

1. 브로콜리를 끓는 물에 45초간 데친 후 찬물로 식힌다. 건져내어 물기를 뺀 다음 볶는다.
2. 생야채 상태로 직접 볶는다.

이 둘 사이엔 눈에 띄는 차이가 있었다. 생야채볶음은 익기까지의 시간도 더 오래 걸렸고, 웍이 가진 열의 방향성과 센 강도 때문에 고르고 부드럽게 요리하기 어려웠다. 그래서 어떤 부분은 그슬려 부드럽게 익었고, 어떤 부분은 익지 않은 날것이라서 섬유질 때문에 질겼다. 반면에 데친 브로콜리는 훨씬 더 선명한 녹색을 띤 채로 데쳐졌다.

브로콜리를 요리하든, 완두콩을 요리하든 심지어 콩나물을 요리하든 마찬가지였다. 날것으로 조리한 야채도 '나쁘지 않다' 정도는 되어서 밤에 급하게 요리해야 한다면 그럴 수도 있다. 하지만 조금의 시간만 더 투자해서 데치는 게 훨씬 낫다.

그럼 얼음물로 식히는 건 필요한 행위일까? 데친 후 곧바로 웍에 넣어 요리하면 되는데, 그래야만 하는 이유가 있을까?

그래서 또 다른 두 배치의 브로콜리를 데쳐서 요리해 봤다. 한 배치만 찬물에 넣어 식혔고 다른 한 배치는 데친 다음 쟁반에 옮겨놓고 나머지 볶음 재료를 준비했다.

놀랍게도 데치고 얼음물로 식힌 브로콜리보다 데치기만 한 브로콜리가 낫다는 것이 밝혀졌다. 이유가 뭘까? 얼음물로 식히니 야채가 빠르게 식긴 했지만, 젖을 수밖에 없었고, 야채탈수기로도 물기를 완전하게 제거할 수 없었다. 웍에 젖은 야채가 추가되면 웍은 빠르게 식고 만다(기억하기: 물을 증발시키는 데는 단순히 물을 가열하는 것보다 훨씬 더 많은 에너지가 필요함). 따라서 웍에서 요리하는 시간이 더 길어지므로 브로콜리가 너무 익어버리고 마는 것이다.

반면에 데쳐서 김이 나는 채로 내버려 두면, 야채에 묻은 뜨거운 물은 쉽게 증발하기 때문에 빠르게 식어 건조해진다. 색도 이상하게 변하지 않는다. 웍질을 할 즈음이면, 데친 야채들은 밝은 녹색으로 완벽하게 건조되어 소스와 버무릴 준비가 되어 있을 것이다.

한 끼를 위해 여러 야채 요리를 할 때

야채를 데쳐서 볶음요리를 하려고 할 때는 우선 웍에 소금물을 넣고 불을 올린 다음 다른 재료를 준비하기 시작한다. 물이 끓으면 야채를 데친 다음 웍과 야채의 물기를 제거한다. 이제 볶을 준비가 되었다. 그런데 잠깐, 만약에 두 가지 야채 요리를 만들어야 하는데 모두 데친 야채를 사용하는 레시피라면 어떻게 해야 할까?

예를 들어 *브로콜리를 곁들인 소고기볶음*(118페이지)을 만들고, *올리브와 쓰촨 후추를 곁들인 봄채소볶음*(176페이지)도 만든다고 가정해보자. 한 가지 방법은 모든 야채를 차례대로 데치는 것이다. 물을 끓이고 브로콜리를 데친 다음 쟁반에 옮겨서 식히고, 아스파라거스와 스냅피를 차례로 데치는 방식이다.

사실, 녹색 채소를 데쳐두는 건 미리 해두기 좋은 일이다. 앞으로 며칠 동안 볶음요리를 만들 예정이라면, 모든 녹색 채소를 끓는 하나의 웍을 이용해 모두 데치고(연속적으로 데치는 걸 의미한다), 건조시킨 뒤 냉장고에 보관하면 된다.

또 다른 방법으로 나는 때때로 전자레인지를 사용하기도 한다.

만약 "가장 실망스러운 요리책"이 무엇인지 투표하는 인터넷 게시글이 있다면, 1999년에 출간된 *Microwave Cooking for One*이라는 책이 상위권에 오를 것이다. 과하다고? 이건 전자레인지가 받고 있는 경멸에 비해서는 약하게 말한 것이다.

믿을지 모르겠지만, 세계에서 가장 위대한 레스토랑들도 전자레인지를 이용해 녹색 채소를 조리한다. 진짜다!(첫 번째 책인 *The Food Lab*에서 전자레인지로 데치는 방법을 소개했었다).

그렇다면 왜 녹색 채소를 데칠 때 전자레인지가 좋을까? 그 작동하는 원리를 빠르게 살펴보자. 마이크로파는 전자기 복사의 한 형태이다. 무섭게 들리겠지만 두려워할 필요는 없다. 모든 형태의 EM방사선이 위험한 것은 아니기 때문이다. 오히려 이게 없었다면 우리는 많은 곤경에 처했을 것이다. 주위의 방사선을 알아보자. 피부에 바르는 자외선차단제가 차단하는 자외선이 EM방사선이다. 브루스 배너를 헐크로 변화시키는 감마선도 EM방사선이고, 뼈를 관찰하기 위한 X-ray도 EM방사선이다. 아이폰에 음악을 전송하는 기지국 및 Wifi 라우터도 EM방사선을 사용한다. 불의 따뜻한 빛도, 히터에서 방출되는 열도, 우리가 눈으로 보는 빛도.

아무튼, 전자레인지는 "유전체 가열"이라는 프로세스로 작동한다. 기본적으로 쌍극자(양전하와 음전하의 불균형이 있는 분자)는 전자기장에서 정렬이 되는데, 전자레인지 측면에 있는 마그네트론에서 마이크로파를 쏴서 쌍극자가 빠르게 진동(정렬)하게 만들어 열을 생성한다.

물이 이러한 쌍극자 중 하나로, 산소 쪽은 음전하를 띠고 수소 쪽은 양전하를 띤다(지방과 설탕도 쌍극자이지만 물보다는 훨씬 약하다). 야채는 대부분 물로 구성되어 있기 때문에 전자레인지에서 매우 효율적으로 가열된다. 이게 바로 볶음요리에 희소식인 부분이다. 큰 냄비에 물을 넣어 끓이는 수고로움도 없고 불과 몇 분 만에 준비할 수 있기 때문이다.

유일한 단점? 고르지 않게 조리되는 경향이 있다는 점이다. 약간은 고르지 않게 익혀진 야채를 그냥 쓰거나 15-20초마다 전자레인지 속 재료를 뒤집어 줘야 한다. 또, 겨자잎이나 중국 브로콜리처럼 강한 맛을 가진 브라시카스 같은 종류는 끓는 물에서 익혀야만 특유의 쓴맛이 희석되기도 한다.

전자레인지를 이용해 야채를 찜하는 방법을 소개한다.

STEP 1 · 준비

필요에 따라 야채의 껍질을 벗기고 다듬고 잘라서 준비한다. 전자레인지용 그릇*에 야채를 넣고 물 몇 스푼을 첨가한다.

STEP 2 · 커버

플라스틱 랩으로 덮거나 전자레인지 이용이 가능한 작은 그릇을 뚜껑처럼 이용해 덮어준다.

SETP 3 · 요리

전자레인지 이용 중간중간 15초 간격으로 저어주며 야채가 부드러워질 때까지 조리한다. 보통 1분 정도 소요된다.

---

* 믿거나 말거나지만, 금속 그릇도 이용이 가능하다. 요즘의 전자레인지는 금속 그릇도 문제없이 다룰 수 있다. 그러나 포크나 알루미늄 포일같이 날카롭거나 구겨진 금속 물체를 사용해선 안 된다. 자유롭게 움직이는 전자가 불규칙한 모양의 금속에서는 한 점에 모이게 되어 전하의 차이가 크게 발생한다. 금속 물체 자체의 내부나 물체와 마이크로파 벽 사이에서 공기가 플라즈마로 변환될 때 생기는 방전인 아크가 발생할 수 있다. 이는 피뢰침이 번개를 끌어당기는 원리와 동일하다. 단, 전류를 안전하게 지면으로 유도하는 것이 아니라, 전자레인지 내부의 것들을 손상시킬 수 있다는 점만 다르다.

볶음용으로 야채를 준비하는 방법

채소	준비 방법
브로콜리(서양식)	브로콜리 꽃잎 덩어리를 한입 크기로 분리한다. 두꺼운 줄기는 껍질을 벗긴 뒤 세로로 절반이나 4등분하고, 2.5~5cm 크기로 어슷하게 썬다. 끓는 소금물에 1분간 데친 다음, 물기를 제거하고 쟁반에 펼쳐 자연 건조시킨다.
브로콜리니 또는 가이란(중국식 브로콜리)	2.5~5cm 크기로 어슷하게 썬다. 끓는 소금물에 1분간 데친 다음, 물기를 제거하고 쟁반에 펼쳐 자연 건조시킨다.
나파배추, 청경채 등의 배추와 녹색 채소	속을 제거한 뒤 2.5~5cm 크기의 정사각형으로 자른다.
당근	껍질을 벗긴 뒤 가늘게 채 썰거나 세로로 절반이나 4등분한 뒤 뾰족하게 사선으로 썬다.
콜리플라워	속을 제거한 뒤 브로콜리 꽃잎 덩어리를 한입 크기로 분리한다. 끓는 소금물에 1분간 데친 다음 물기를 제거하고 쟁반에 펼쳐 자연 건조시킨다.
셀러리	2.5~5cm 크기의 조각으로 어슷 썰거나 큐브로 자른다.
생옥수수	옥수수 알맹이만 잘라낸다.
가지	조각 낸 뒤에 6% 염수 용액(물 1L당 소금 60g)에 10~20분 동안 담근 뒤 야채탈수기나 키친타월로 톡톡 두드려 수분을 제거한다.
스냅피, 스노우피, 그린빈, 아스파라거스류의 녹색 채소	다듬은 뒤 한입 크기로 어슷하게 썬다. 끓는 소금물에 1분간 데친 후 물기를 제거하고 쟁반에 펼쳐 자연 건조시킨다.
케일, 콜라드 그린, 겨자류의 진녹색 채소	단단한 줄기를 제거하고 잎을 큼지막하게 자른다. 끓는 소금물에 1분간 데친 다음, 물기를 제거하고 쟁반에 펼쳐 자연 건조시킨다.
경수채, 다채, 시금치류의 잎채소	씻긴 뒤 야채탈수기로 수분을 제거한다.
로메인, 양상추 등의 상추류	큼지막하게 자르고 씻긴 뒤 야채탈수기로 수분을 제거한다.
버섯	밑둥을 제거한다. 너도밤나무버섯, 팽이버섯류의 작은 버섯은 통째로 사용해도 되고, 큰 버섯들은 작게 슬라이스한다.
양파	길게 자르거나 네모나게 썬다.
피망이나 꽈리, 아나헤임 등의 고추	길게 자르거나 네모나게 썬다.
감자(러셋 또는 유콘 골드)	껍질을 벗기고 성냥개비 크기로 채 썬 뒤 녹말이 보이지 않을 때까지 여러 차례 물로 씻는다.
감자(신종 또는 핑거링)	진한 소금물에 부드러워질 때까지 삶은 후 물기를 제거한다.
무와 작은 순무	깨끗하게 문질러서 닦는다. 잎사귀를 제거하고 한입 크기로 자른다.
완두콩 새싹, 파바빈 새싹 등의 새싹 채소	씻긴 뒤 야채탈수기로 수분을 제거한다.
스캘리언	2.5~5cm 크기로 어슷하게 썬다.

올리브와 쓰촨 후추를 곁들인 봄채소볶음

SPRING VEGETABLES WITH OLIVES AND SICHUAN PEPPERCORNS

분량
4인분

요리 시간
15분

총 시간
30분

재료

녹색 채소 재료:

코셔 소금
아스파라거스 225g, 5cm 크기로 어슷하게 썬 것
냉동 완두콩 120g, 껍질 벗기고 해동된 것
슈거스냅피 225g, 날카롭게 이등분한 것

볶음 재료:

땅콩유, 쌀겨유 또는 기타 식용유 3테이블스푼(45ml)
표고버섯 120g, 줄기 제거 후 6mm 크기로 자른 것
작고 매운 건고추(아르볼 등) 4개, 줄기는 제거하고
　　1.3cm 크기로 자른 것
쓰촨 후추 1티스푼(2g)
블랙 올리브(칼라마타) 80g, 씨를 빼고 다진 것
다진 마늘 1테이블스푼(7.5g)
다진 생강 1테이블스푼(7.5g)
생추간장 또는 쇼유 1테이블스푼(15ml)
진강식초 또는 발사믹 식초 1테이블스푼(15ml)

이 레시피는 만찬회에서 마파두부와 함께 제공할 목적으로 계획했던 그린빈볶음에서 시작됐는데(일반적이라고 할 수 있는 만찬회 메뉴이다), 당시는 이른 봄이었으므로 내가 가장 좋아하는 봄철 활동인 채소 섹션을 둘러보며 새로운 재료로 레시피를 변경하기로 결심했다.

아스파라거스, 완두콩, 스냅피도 기름진 요리가 대부분인 청두식 요리에서는 일반적인 재료가 아니지만, 미국에서는 중국에는 없는 서양 브로콜리를 중국식 테이크아웃 메뉴에 넣어 가장 흔한 야채로 바꾸는 데 성공했다. 이처럼 더 멀리 가지를 뻗어보는 건 어떨까? 사실, 나는 냉장고 뒤에서 시들고 있는 올리브 몇 개를 추가함으로써 중국요리에서 한 발짝 더 나아가게 되었다고 생각한다. 이렇게 전통적인 쓰촨식 요리 조합인 겨자뿌리피클(올리브와 유사한 맵고 짠맛이 나는 야차이)과 롱그린빈볶음이라는 요리가 탄생한 것이다.

그리고 우연히 파머스마켓에서 다양한 버섯을 발견하게 됐는데, 이 버섯들이 녹색 채소에 매우 잘 어울려서 볶음에 몇 개 추가하게 되었다. 입이 떡 벌어질 정도로 맛있었다.

그 우연한 저녁식사 이후로 동일한 베이스와 기술을 적용해서 다른 야채와 다른 버섯들을 사용해 요리했다. 이 방법은 아직까지 한 번의 실패도 없었기 때문에 나는 결국에 "모든 야채를 볶은" 사람이 될 것이다(피들헤드, 스노우피, 그린빈은 모든 곳에 잘 어우러진다. 버섯은 아무거나 사용할 수 있지만 잎새버섯이 특히 맛있다).

요리 방법

① **녹색 채소:** 상당량의 끓는 물에 소금을 넉넉히 넣어 야채 데칠 물을 준비한다. 아스파라거스, 완두콩, 슈거스냅피를 넣고 1분간 데친다. 데친 야채를 건져서 큰 접시나 쟁반으로 옮겨 펼쳐서 식힌다.

② **볶음**: 웍에서 연기가 날 때까지 센 불로 가열하고 기름 1테이블스푼(15ml)을 둘러 코팅한다. 버섯을 넣고 부분적으로 노릇노릇하고 바삭해질 때까지 약 1분간 볶는다. 데친 야채를 둔 쟁반으로 옮겨 함께 식힌다.

③ 웍에서 연기가 날 때까지 센 불로 가열하고 남은 2테이블스푼(30ml)을 둘러 코팅한다. 즉시 건고추와 쓰촨 후추를 넣고 10초간 볶아 향을 낸다. 여기에 즉시 올리브, 마늘, 생강을 넣고 자주 저어가며 약 30초간 볶아 향을 낸다. 볶아둔 버섯과 데친 야채를 넣고 뒤섞으며 볶는다. 웍 가장자리에 간장과 식초를 넣고 저어가며 다른 재료들과 섞는다. 접시에 옮겨 제공한다.

매운 고추와 간장을 곁들인 옥수수버섯볶음
STIR-FRIED CORN AND MUSHROOMS WITH HOT PEPPERS AND SOY BUTTER

분량
4인분
요리 시간
15분
총 시간
15분

NOTE
냉동 옥수수를 사용할 수 있다. 해동하고 키친타월을 덧댄 야채탈수기로 수분을 제거하면 된다.

재료
땅콩유, 쌀겨유 또는 기타 식용유 2테이블스푼(30ml)
생강 2쪽(10g)
표고버섯 175g, 밑동은 버리고 얇게 썬 것
얇게 썬 마늘 4쪽(12g)
매운 고추 12개(차이니즈 카우혼 또는 아나헤임 또는 할라피뇨 또는 세라노 등, 취향에 따라 개수 조절), 반으로 갈라 줄기와 씨와 중심을 제거하고 어슷하게 썬 것
신선한 옥수수 알갱이 260g(옥수수 4개 분량, NOTE 참고)
무염 버터 2테이블스푼(30g)
노추간장 또는 쇼유 1테이블스푼(15ml)
코셔 소금 약간

간장과 버터를 곁들인 구운 옥수수는 일본의 흔한 길거리 음식이다. 이 레시피에서는 그 흔한 맛(간장과 버터와 옥수수)을 간단한 볶음요리에 결합하기로 했다.

옥수수는 참 독특한 야채다. 진짜로 야채는 아니기 때문이다. 옥수수는 곡물이며 다른 곡물들처럼 각각의 알갱이들이 '과피'라고 하는 단단한 층으로 덮여 있다. 이 층이 장기간의 조리에도 견딜 수 있는 내구력을 가져서 옥수수를 '너무 익히는' 일은 거의 불가능에 가깝다. 이런 특성은 볶을 때 특히 유용하다. 웍에 든 옥수수가 흐물흐물해질 걱정 없이 구수하고 맛있는 구이를 만들 수 있기 때문이다.

옥수수는 매운 고추와 잘 어울려서 여기에 얇고 어슷하게 썬 긴 피망(고추도 가능) 몇 개와 질감과 감칠맛을 위한 표고버섯을 몇 개 추가한다. 돼지고기나 닭고기의 반찬으로 밥과 비벼 먹어도 맛있다.

recipe continues

요리 방법

① 웍에서 연기가 날 때까지 센 불로 가열하고 기름 1테이블스푼(15ml)을 둘러 코팅한다. 생강 1쪽을 넣고 지글거리며 10초간 볶는다. 즉시 버섯을 추가하고 부분적으로 노릇하면서 바삭해질 때까지 약 1분간 볶는다. 마늘과 고추를 넣고 노릇노릇하고 향이 날 때까지 약 30초간 볶는다. 볼에 옮겨 따로 보관한다.

② 웍에서 연기가 날 때까지 센 불로 가열하고 남은 기름 1테이블스푼(15ml)을 둘러 코팅한다. 남은 생강을 넣고 10초간 센 불로 볶는다. 옥수수를 넣고 옥수수가 부풀어 올라 물집이 생기면서 노릇노릇해질 때까지 약 5분간 가끔씩 저어가며 볶는다.

③ 웍에다 볶아둔 버섯, 마늘, 고추를 다시 넣고 버터도 넣는다. 간장을 웍 가장자리에 붓고 버터가 녹을 때까지 섞는다. 기호에 따라 소금으로 간을 하고 접시로 옮겨 제공한다.

타이거 스킨 페퍼
TIGER-SKIN PEPPERS

어느 해 여름, 국토횡단 도로 여행을 떠났을 때 칠리 구이 시즌이 한창인 뉴멕시코주의 해치를 가로질렀던 기억이 난다. 스치는 냄새가 아주 매혹적이었다. 검게 그을린 훈제향이 나면서도 달콤했고, 풀 내음이 났고, 뜨거웠다.

몇 년이 지난 여름, 지구 반대편(충칭)의 어느 레스토랑에서 같은 향기를 맡았고, 그래서 특선 요리를 주문하게 됐다. 내 테이블에 놓인 접시에서 흘러나오는 냄새를 들이마셨을 때, 나는 뉴멕시코를 여행하던 그 여름으로 되돌아가고 말았다. 그래, 나는 검게 그을린 고추의 향을 좋아하나 보다.

그 요리의 이름은 *hupi qingjiao*, 또는 "타이거 스킨 페퍼"라고 불렸다. 후추껍질이 탄 채로 갈라져 생긴 줄무늬가 호랑이 털 같아서라고 한다. 후추맛을 보완하기 위한 몇 가지 보조재료만 추가하면 만들 수 있는 간단한 칠레식 요리이다. 충칭에서는 샤오 칭지아오(xiao qingjiao; 문자 그대로 '작은 피망')라고 부르는 적당히 매운 후난 고추로 요리를 만들지만, 여기 미국에서는 구할 수 있는 모든 고추를 사용하고 있다. 그래서 나는 뉴멕시코주의 *Hatch chile season*이 돌아오면 언제나 이런 고추들을 확보하러 간다. 아나헤임 고추(같은 품종의 더 온화한 캘리포니아 품종)나 아시안 마켓에서 찾을 수 있는 기다란 청고추로 대체해도 좋다.

고추를 굽는 기술은 여러 가지지만, 가장 좋아하는 건 그을음을 많이 내는 기술이다. 마른 웍에서 고추를 조리한 뒤 주걱 바닥으로 고추를 세게 눌러 웍과 고추가 꽉 닿도록 만든다. 웍의 온도가 적당해지면, 열과 압력에 의해서 고추가 지글대다 갈라지며 동시에 주걱의 진동도 느낄 수 있다.

고추가 검게 그슬린 채로 부드러워지면 간장으로 맛을 낸 마늘을 빠르게 볶는 일만 남았다. 레시피에는 돼지고기를 넣는 옵션도 소개하지만, 선택사항일 뿐이다. 나는 대부분 고추만을 주인공으로 삼는다.

recipe continues

분량	요리 시간
4인분	10분
	총 시간
	10분

NOTES

이 레시피는 적당히 맵거나 아주 많이 매운 고추를 함께 사용할 수도 있다. 카우혼, 패드론, 세라노, 할라피뇨 등 원하는 맵기에 따라 고추 품종을 선택한다. 돼지고기는 선택사항이다. 생략하고 싶다면 2단계에서 볶는 부분을 건너뛰고 바로 마늘을 넣으면 된다.

재료

줄기를 제거한 매운 청고추(해치 또는 아나헤임 등) 350g(NOTES 참고)
땅콩유, 쌀겨유 또는 기타 식용유 2테이블스푼(30ml)
간 돼지고기 60g(선택사항, NOTES 참고)
다진 마늘 2테이블스푼(15g)
생추간장 또는 쇼유 1테이블스푼(15ml)
코셔 소금 한 꼬집
설탕 한 꼬집

요리 방법

① 마른 웍을 중간 불에서 연기가 날 때까지 가열한다. 고추를 넣고 한 겹으로 펴서 가끔씩 젓기도 하고 주걱으로 꾹꾹 눌러가며 고추와 웍이 잘 밀착되게 만들며 익힌다. 고추에 물집이 생기고 모든 면이 노릇노릇해질 때까지 총 약 6분간 요리한다. 구운 고추를 그릇에 옮겨 따로 둔다.

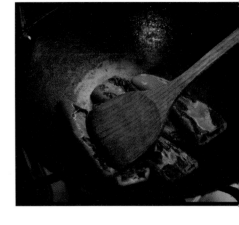

② 웍에서 연기가 날 때까지 중간 불로 가열하고 기름을 둘러 코팅한 다음 돼지고기(사용한다면)를 추가한다. 돼지고기의 핏기가 보이지 않을 때까지 약 30초간 볶다가 마늘을 추가하고 15초를 더 볶아 향을 낸다. 웍에다 고추를 다시 넣고 뒤섞는다. 웍 가장자리에 간장을 붓고 소금과 설탕 한 꼬집으로 간을 한다. 잘 버무려 접시에 담고 따뜻한 밥과 함께 제공한다.

쓰촨식 그린빈볶음

쓰촨식 그린빈볶음
SICHUAN-STYLE BLISTERED GREEN BEANS

내가 세상에서 제일 좋아하는 야채 요리는 고추와 절인 야채가 들어간 쓰촨식 그린빈볶음인 간볜쓰지더우(Gan bian si ji dou)이다. 그을린 그린빈껍질과 아삭한 식감, 입안을 간지럽히는 쓰촨 후추, 쿰쿰한 야차이(중국식 갓 뿌리절임), 그리고 마늘과 생강향이 어우러진 산뜻하고 맛 좋은 요리라고 설명할 수 있겠다.

대다수 식당에서는 그린빈을 통째로 튀겨서 겉 표면이 쭈글쭈글해지고 부풀어 올라 터지게 만드는데, 이렇게 하면 그슬려지는 부분이 없기 때문에 최고의 맛을 끌어내기 어렵다. 그래서 튀기듯 볶는 방법을 사용하는 것이 좋다(436페이지 참고). 이 방법을 위해서는 웍에 아주 뜨거운 기름을 적당량 붓고(적당량이란 재료가 잠기지 않으면서도 콩이 그을리며 볶아질 수 있을 양), 콩이 다 익으면, 기름을 따라낸 후 향신재료와 함께 다시 살짝 볶아주면 된다.

집에서 따라 하기도 쉬운 방법이고, 레시피도 자세히 적을 테니 꼭 참고하기 바란다. 이 방법을 사용하면 쓰고 남은 기름이 한 컵 나오는데, 재사용해도 전혀 문제 없는 기름이다. 하지만 뜨거운 기름을 걸러낸다는 게 거슬린다고 느낄 사람이 있을 테니, 남는 기름 없이 비슷한 결과를 낼 수 있는 방법을 연구해봤다.

시도했던 여러 방법 중, 끓는 물에 데친 후 기름을 살짝 둘러 볶는 방법이 있는데, Fuchsia Dunlop이 사랑하는 방법으로 알려져 있다. 아주 산뜻하고 아삭한 콩 요리를 만들 수 있는 방법이다. 혹시 당신이 그린빈을 아삭하게 먹는 걸 좋아한다면, 내 레시피의 튀기듯 볶는 방법을 생략하고, 물에 데치는 방법을 사용하라.

하지만 나는 이 방법 대신 오븐을 사용하는 방법에 눈길이 갔다. 오븐을 충분히 예열한 뒤에 그린빈에 기름을 살짝 둘러서 넣어주면 비슷한 효과를 얻을 수 있다는 걸 발견했다. 일반적인 오븐에서는 최대 온도인 287℃로 예열을 해도 겉 표면이 그을릴 쯤에는 이미 물렁한 식감이 되어버리지만, 브로일러(그릴)를 사용한 방법은 다른 결과가 있었다. 브로일러를 최대한 뜨겁게 달군 후에 그린빈을 그릴 바로 아래에 놓아 두었더니 빠른 시간만에 원하는 색과 모양을 얻을 수 있었다. 이후의 과정은 간단하다. 다진 돼지고기(생략 가능)와 마늘, 생강, 쓰촨 후추, 야차이를 볶다가 부스러진 건고추와 그린빈을 넣은 뒤 간을 하면 완성이다.

recipe continues

분량	요리 시간
4인분	20분
	총 시간
	20분

NOTES

그린빈을 튀기듯 볶지 않고 브로일링하는 방법을 사용하려면, 사용하는 기름의 양을 1테이블스푼(15ml)으로 줄이면 된다. 이 요리에는 녹색의 쓰촨 후추가 들어가 꽤나 얼얼한 맛이 난다. 순한 맛을 원한다면 붉은 쓰촨 후추를 사용하고, 사용량을 1 혹은 ½티스푼으로 줄이면 된다. 야차이는 온라인으로 주문하거나 아시안마켓에서 구매할 수 있는데, 없다면 잘게 다진 사우어크라우트나 김치와 잘게 다진 케이퍼를 섞어서 사용하면 된다. 돼지고기는 선택사항인데, 넣지 않겠다면 3단계의 볶음을 생략하고 바로 쓰촨 후추, 마늘, 생강을 넣으면 된다.

재료

콩 재료:

땅콩유, 쌀겨유 또는 기타 식용유 120ml

그린빈 또는 롱빈 450g, 5cm 크기로 자른 것

코셔 소금 약간

볶음 재료:

땅콩유, 쌀겨유 또는 기타 식용유 1테이블스푼(15ml), 튀기듯 볶는 방법을 사용한다면 쓰고 남은 기름을 사용한다

다진 돼지고기 60g(선택사항, NOTES 참고)

녹색 쓰촨 후추 2티스푼(4g)

다진 마늘 1테이블스푼(7.5g)

다진 생강 1테이블스푼(7.5g)

잘게 다진 야차이 2테이블스푼(20g)

매운 건고추 6개, 꼭지를 제거하고 2.5cm 크기로 자른 것

생추간장 2티스푼(10ml)

진강식초 혹은 발사믹 식초 2티스푼(10ml)

설탕 1티스푼(4g)

요리 방법

① **웍으로 콩 부풀려 터트리기(브로일러를 사용한다면 2단계로 건너뛴다):** 웍에서 연기가 날 때까지 센 불로 가열하고 그린빈 절반을 넣어 겉 표면이 그을리고 부풀어 터질 때까지 약 4분간 볶는다. 체를 사용해 쟁반으로 옮긴 뒤 따로 둔다. 다시 연기가 날 때까지 기름을 달군 뒤 나머지 그린빈을 넣어 같은 과정을 반복한다. 이후 코셔 소금으로 그린빈의 간을 한다. 웍의 기름을 체로 걸러낸 뒤 1테이블스푼만 볶음용으로 남겨두고 나머지는 다른 요리에 사용하면 된다. 이제 3단계로 넘어가자.

② **브로일러로 콩 부풀려 터트리기:** 오븐 속 선반을 브로일러 바로 아래까지 옮긴 후 알루미늄 포일을 트레이에 깐다. 포일에 그린빈을 겹치지 않게 놓는다. 그린빈이 부풀어 터지고 살짝 그을린 색이 될 때까지 브로일러의 세기에 따라 2~5분간 익히면 된다. 그 후 그린빈을 볼로 옮겨 담는다.

③ **볶음:** 웍에서 연기가 날 때까지 센 불로 가열하고 기름 1테이블스푼을 둘러 코팅한다. 돼지고기를 넣고 핏기가 보이지 않을 때까지 약 45초 정도 볶은 뒤 바로 쓰촨 후추, 마늘, 생강, 야차이를 넣고 약 15초 볶아 향을 낸다. 이어서 건고추를 넣고 향이 배도록 15초를 더 볶는다.

④ 그린빈을 웍에 넣고 향이 배도록 뒤섞은 다음, 간장과 식초를 웍 가장자리에 붓는다. 이어서 설탕을 넣고 잘 섞은 뒤 소금간을 한다. 접시에 담아 제공한다.

간장버섯볶음
SOY-GLAZED MUSHROOMS

분량
4인분

요리 시간
10분

총 시간
10분

NOTE
잎새버섯을 사용해도 맛있는 레시피. 잎새버섯을 사용한다면 질긴 기둥 부분을 잘라내고, 갓 부분을 한입 크기로 잘라 사용하면 된다.

재료

땅콩유, 쌀겨유 또는 기타 식용유 2테이블스푼(30ml)

4등분한 표고버섯(줄기 제거) 또는 양송이버섯 340g

다진 마늘 2티스푼(5g)

다진 생강 2티스푼(5g)

생추간장 또는 쇼유 1티스푼(5ml)

설탕 2티스푼(8g)

참기름 1티스푼(5ml)

얇고 어슷하게 썬 스캘리언 2대

볶음 참깨 2티스푼

코셔 소금

갓 간 흑후추

버섯볶음은 아주 간단하면서도 속이 꽉 차고, 부드러운 맛과 바삭한 맛이 공존하는 감칠맛이 풍부한 요리이다. 반찬으로도 좋고, 샐러드나 다른 볶음요리에 넣어도 좋다. 출출한 밤에 냉장고 앞에 서서 집어 먹으면 더 맛있게 느껴진다.

아무 버섯이나 맛있는 요리로 만드는 레시피이지만, 표고버섯이나 잎새버섯을 사용하면 더 바삭한 표면과 알찬 속살을 즐길 수 있다.

요리 방법

웍에서 연기가 날 때까지 달군 후 기름을 둘러 코팅한다. 버섯을 넣고 겉면이 노릇노릇하고 바삭해질 때까지 약 5분간 볶는다. 버섯이 탈 것 같으면 불을 줄이면 된다. 마늘과 생강을 넣고 약 15초 볶아 향을 낸 뒤 웍 가장자리에 간장을 부어 잘 섞어준다. 설탕, 참기름, 스캘리언, 참깨를 넣고 버섯에 잘 묻도록 더 볶은 다음, 소금과 후추로 간을 해서 접시에 담아 제공한다. 조금 식힌 후에 밀폐 용기에 담으면 냉장고에 1주일간 보관할 수 있다. 샐러드나 수프에 넣어도 되고 다른 볶음요리를 할 때 마지막에 넣어줘도 된다.

마라향 햇감자볶음
STIR-FRIED NEW POTATOES WITH HOT AND NUMBING SPICES

분량
4~6인분

요리 시간
20분
총 시간
40분

NOTE
마라 대신 여러 향신료를 적용해 볼 수 있다. 볶은 큐민과 머스터드를 곁들인 커리 향신료(186페이지) 등 여러분이 좋아하는 어떤 향신료를 넣어도 좋다.

재료

감자 재료:
작은 크기의 노란 햇감자 900g
코셔 소금 약간

볶음 재료:
땅콩유, 쌀겨유 또는 기타 식용유 ¼컵(60ml)
다진 마늘 4쪽(4티스푼/20g)
다진 스캘리언 2대
마라 향신료(185페이지) 2~3테이블스푼(약 20g)

이 요리를 처음 먹은 건 실크로드의 동쪽 끝인 중국 산시성의 성도인 시안의 길거리에서였는데, 이 지역의 다른 요리들처럼 무슬림의 영향을 받은 향신료 요리라고만 생각했었다. 하지만 Fuchsia Dunlop과 Steph Li의 의견을 듣고서야, 최근 관광산업의 부흥에 힘입어 만들어진 현대요리라는 사실을 알았다. 뭐, 그래도 맛만 있으면 되지.

내가 경험한 길거리 노점상은 이동식 카트에 두 개의 화구가 달린 것이었다. 하나는 평평한 철판이었는데 작은 햇감자들이 한 겹으로 펼쳐져 부쳐지고 있었다. 주문이 들어오면 이 감자들은 웍으로 옮겨져 고추, 마늘, 스캘리언, 고추기름, 큐민, 회향, 팔각 등의 맛이 강하고 따뜻한 느낌을 주는 향신료들과 함께 볶아졌다. 여기서 일종의 마법의 가루가 사용되는 걸 봤는데, Li가 중국 브랜드의 치킨파우더라는 걸 알려줬다. 나는 집에서 *Knorr* 브랜드의 치킨파우더를 사용한다. 채식주의자를 위해서라면 이것 대신에 약간의 소금에 MSG를 더해 사용하면 된다(위의 향신료들은 닭날개나 감자튀김에 사용하면 아주 좋다. 452페이지 참고).

또한 감자를 소금물에 삶으면, 길거리 상인들이 철판에서 감자를 (얇게) 익힌 것과 비슷한 효과가 난다는 걸 알아냈다. 삶고, 볶고, 향신료와 볶는 기본적인 기술들 뿐이지만, 어떤 향신료를 사용해도 잘 어울리는 레시피이다(NOTE 참고).

요리 방법

① **감자:** 넉넉한 크기의 냄비에 감자를 넣는다. 감자가 5cm 이상 잠기도록 차가운 물을 붓고 소금간을 세게 한다(아주 짠 바닷물 맛). 센 불로 가열한 뒤 끓어오르면 감자가 잘 익을 때까지(칼이 쑥 들어갈 정도) 약 10분 정도 익힌다. 쟁반에 펼쳐서 식힌다.

② **볶음:** 감자가 다 식고 수분이 날아가면, 웍에 기름 3테이블스푼(45ml)을 둘러 코팅한다. 감자를 넣고 겉이 노릇노릇하고 바삭해질 때까지 약 4분간 볶는다.

③ 웍 가운데에 공간을 만들어 나머지 기름을 붓고 마늘, 스캘리언, 향신료들을 넣어 15초간 볶아 향을 낸다. 감자에 골고루 배도록 15초 정도 볶은 뒤 소금으로 간을 한다. 접시에 담아 제공한다.

마라 향신료
HOT AND NUMBING SPICE BLEND

분량	요리 시간
¼컵	10분
	총 시간
	10분

NOTES
2~3배 분량을 만들어두고 나중에 요리할 때 사용할 수도 있다. 야채 요리나 고추기름을 만들 때, 혹은 아무 튀김 요리에 뿌려 먹어도 좋다. 채식주의자는 치킨파우더만 빼면 된다. 대신 소금 ½티스푼과 MSG ¼티스푼을 넣자(선택사항).

재료
팔각 1개
회향 1티스푼(2g)
빨간 쓰촨 후추 2티스푼(4g), 검은 씨와 잔가지 제거
통 백후추 1티스푼(2g) 또는 간 백후추 ½티스푼
큐민 2티스푼(5g)
매운 건고추 2개
코셔 소금 1티스푼(4g)
설탕 1티스푼(4g)
치킨파우더 1티스푼(3g)

요리 방법
① 마른 웍에 팔각, 회향, 쓰촨 후추, 백후추, 큐민 절반을 넣고, 중간 불로 잘 저어가며 1분간 볶아 향을 낸다. 이어서 건고추를 넣어 1분 더 볶은 뒤 작은 볼로 옮겨 식힌다. 웍에다 남은 큐민 절반을 넣고 1분간 볶고 다른 볼로 옮긴다.

② 볼로 옮긴 향신료들이 식으면, 첫 번째 볼에 담긴 향신료들을 막자사발이나 향신료 분쇄기에 넣어 간 다음 소금, 설탕, 치킨파우더를 추가한다. 다시 한 번 곱게 간 뒤 볼로 옮긴다.

③ 두 번째 볼의 큐민은 대충 갈아 굵은 입자가 남게끔 하고, 참깨와 함께 2단계의 향신료와 섞는다. 밀폐용기에 담아 찬장에 보관하면 1년 정도 보관할 수 있다. 좋은 냄새가 난다면 사용해도 괜찮다는 의미이다.

볶은 큐민과 머스터드를 곁들인 커리 향신료
BLISTERED CUMIN AND MUSTARD CURRY SPICE BLEND

분량
¼컵

요리 시간
10분

총 시간
10분

재료
땅콩유, 쌀겨유 또는 기타 식용유 2테이블스푼(30ml)
큐민 1테이블스푼(6g)
검은 겨자씨 1테이블스푼(6g)
커리파우더 2테이블스푼(18g), S&B 오리엔탈 커리
파우더 또는 SUN BRAND Madras 커리파우더
코셔 소금 1티스푼(4g)

요리 방법

① 웍을 중간 불에 올리고 기름, 큐민, 겨자씨를 넣어 계속 저으며 씨앗들이 톡톡 터질 때까지 1~2분 정도 볶는다. 씨앗이 터지는 소리가 줄어들 때까지 계속해서 볶은 다음, 고운체에 걸러 볼에 담는다(쓰고 남은 기름은 다음 볶음요리나 드레싱 혹은 국수에 뿌려 먹어도 된다). 볶아진 향신료를 키친타월을 깐 쟁반에 펼쳐서 기름기를 뺀다.

② 작은 크기의 볼에 볶인 큐민과 겨자씨를 넣고 커리파우더와 소금도 추가해 섞는다. 밀폐용기에 담아 찬장에 보관하면 1년 정도 보관할 수 있다(좋은 냄새가 난다면 사용해도 괜찮다는 의미이다.)

감자채 볶기

감자를 얇게 채 썰어 물로 헹구고 전분기를 없앤 다음 향신채와 볶는 요리는 쓰촨과 한국에서 쉽게 볼 수 있는 요리다.

물을 갈아가며 여러 차례 전분기를 씻어내는 게 핵심인데, 이를 통해 두 가지 효과를 얻기 때문이다. 첫째는 당연하게도 전분기가 제거된 덕분에 볶을 때 들러붙거나 물컹해지지 않게 된다는 것이다.

둘째는 조금 생소한 사실인데, 감자를 채 썰면 세포 안에 있던 효소가 흘러나와 감자 세포를 연결하고 유지하는 펙틴질과 결합한다. 여기에 감자와 수돗물에 있는 칼슘의 도움으로 구조가 더 단단해진다. 즉, 감자가 다 익었을 때도 단단하고 아삭한 식감을 내게 된다는 말이다. 감자채볶음 특유의 아삭한 식감의 이유이다(189페이지 참고).

한국에서 감자채볶음은 흔한 반찬이며 온도에 상관 없이 언제나(차갑거나 뜨겁게) 맛있게 먹을 수 있다. 감자채를 물로 헹구고, 기름을 두른 팬에 양파와 당근을 넣어 같이 볶은 뒤 후추, 참기름, 참깨로 마무리하는 간단한 볶음요리이다. 쓰촨식 버전은 쓰촨 후추, 마늘, 건고추, 간장, 식초를 넣어 조금 더 복잡한 풍미를 낸다. 내가 아는 한 감자를 요리하는 가장 빠른 요리인데, 감자채(채칼을 쓰면 훨씬 쉽다, 187페이지 참고)를 물에 헹궈둔 상태라면 5분 안에 끝마칠 수 있다.

볶음용 감자를 채 써는 방법

감자채를 만드는 가장 쉬운 방법은 푸드프로세서나 채칼(만돌린)을 이용하는 것이다. 볶음요리용은 3mm 두께로 써는 것이 적당하다. 나는 일본제인 *Benriner*의 만돌린을 사용한다. 슬라이서만 있다면 감자를 3mm 두께로 슬라이스하고 4단계부터 시작하면 된다.

채칼이나 푸드프로세서가 없어도 약간만 연습
한다면 걱정할 필요 없다.

STEP 1 · 껍질 벗겨 손질하기

감자의 껍질을 벗긴 후 미끈거리지 않을 때까
지 물로 헹궈 전분기를 제거한다.

STEP 2 · 평평하게 만들기

날카로운 칼로 한쪽 면을 살짝 썬다. 이렇게 하
면 감자가 흔들리지 않고 표면에 달라붙는다.

STEP 3 · 판자 모양으로 썰기

감자가 흔들리지 않고 표면에 잘 붙어 있다면,
날카로운 칼을 사용해서 3mm 두께의 판자 모
양으로 썬다. 또는 슬라이서를 이용해 3mm 두
께로 썰어도 된다.

STEP 4 · 성냥개비 모양으로 썰기

판자 모양의 감자 몇 개를 겹친 뒤에 길이가
긴 방향으로 성냥개비 모양이 나도록 썬다.

한국식 감자채볶음
KOREAN STIR-FRIED SHREDDED POTATOES

분량
4인분(반찬 기준)

요리 시간
10분

총 시간
10분

NOTES

1.5~2배 분량으로 만들어도 좋지만, 이렇게 양을 늘리면 감자를 볶을 때 1~2분 정도 더 볶아야 한다. 수돗물이 미네랄 함량이 적은 연수라면 감자를 볶을 때 너무 흐물흐물해질 수 있다. 이럴 때는 감자를 식초 탄 물에 데치는 방법을 사용한다. 물 2L에 양조식초 2테이블스푼(30ml)을 넣고 끓인 다음, 물에 헹군 감자채를 넣고 30~45초 정도 데친다. 쟁반에 펼치고 김이 날아가면 조리를 시작하면 된다.

재료

감자 1개(225g)
땅콩유, 쌀겨유 또는 기타 식용유 2테이블스푼(30ml)
얇게 썬 양파 ½개(60g)
껍질 벗겨 얇게 채 썬 당근 ½개(60g)
참기름 2티스푼(10ml)
볶은 참깨 약간(선택사항)
코셔 소금과 간 흑후추

요리 방법

① 껍질 벗긴 감자를 얇게 채 썬 다음(187페이지 참고) 맑은 물이 나올 때까지 차가운 물에 여러 번 헹군다. 이후 야채탈수기를 사용하거나 깨끗한 키친타월로 닦아 물기를 제거한다.

② 웍에서 연기가 날 때까지 가열한 후 기름을 둘러 코팅한다. 감자를 넣고 반투명해질 때까지 2~3분간 볶은 다음 양파와 당근을 넣고 30초 정도 더 볶는다. 마지막에 참기름과 참깨를 넣고 소금과 후추로 간을 한 뒤 접시에 담아 제공한다.

물로 헹군 감자의 과학

채 썬 감자가 통감자나 깍둑썰기한 감자보다 덜 으스러지는 이유가 무엇일까?

답은 감자의 세포 속에서 흘러나온 펙틴 메틸에스테라제(PME)와 감자 및 수돗물에 든 칼슘 이온에 있다. 펙틴은 야채의 세포 구조를 에워싼 탄수화물인데, 효소인 PME는 펙틴을 변성시킨다. 식품제조공정에서도 냉동이나 가공된 야채 혹은 과일의 형태를 유지시키기 위해서 사용하는 물질이다(2014년 *Applied Biochemistry and Biotechnology*에 게재된 논문*에 의하면, PME처리한 펙틴은 칼슘이온과 결합해 냉동이나 조리할 때 형태를 잘 유지한다고 한다).

감자를 자르면 PME와 칼슘이온이 둘 다 흘러나오는데, 두껍게 자른 감자는 표면적이 적어 그 양 또한 적다. 웹사이트 *Cooking Issues*의 운영자인 Dave Arnold는 감자튀김을 튀기기 전에 PME를 묻히고 요리하는데, 이렇게 하면 촉촉한 속과 바삭한 겉의 차이가 두드러진다고 한다. 얇게 썬 감자는 표면적이 매우 넓어서 PME와 칼슘이 식감에 미치는 영향이 아주 커진다. 실험을 했더니, 얇게 채 썰거나 슬라이스한 감자들을 경수인 수돗물에 담그니 45분간 삶아도 형태를 그대로 유지했다.

어떤 물을 사용하느냐도 감자의 식감에 영향을 주는데, 대부분의 수돗물은 칼슘이온이 풍부해서 채 썬 감자를 단단하게 만드는 데 도움을 준다. 그래서인지 나와 내 친구들이 미시간주의 숲 속 산장에서 만든 해시브라운은 집에서 만들 때보다 단단하고도 바삭한 맛이 난다(미네랄이 많은 우물을 사용해서 요리했기 때문). 바꿔 말하면, 연수인 수돗물을 사용하거나 증류수를 사용한다면 감자채가 흐물흐물하고 물렁이는 식감이 된다는 말이다.

감자를 산성을 띤 물에 데친 다음 사용한다면 연수나 증류수를 사용해도 괜찮다. 1975년 *Science of Food and Agriculture*에 게재된 논문†에 따르면, 감자를 산성으로 요리하면 칼슘이온이 펙틴과 결합했을 때보다 더욱 단단해진다고 한다. 내 책 *The Food Lab*에 포함된 감자칩 레시피에도 이 방법이 쓰이는데, 얇게 썬 감자를 식초 탄 물에 데쳐서 단단하고 바삭한 식감을 낸다. 이 원리를 볶음요리에도 적용할 수 있다.

물이 연수이거나 요리 도중 감자가 너무 물렁해진다면, 냄비에 양조식초를 끓인 후 이미 물로 헹군 감자채를 다시 한 번 30~45초 정도 데치자.

---

* "주요 식품응용분야에서 사용할 수 있는 감자 펙틴 메틸에스테라제의 대규모 단일 단계 부분 정제", Robin Eric Jacobus Spelbrink 및 Marco Luigi Federico Giuseppin.

† "조리된 감자의 질감: 조리된 감자의 압축 강도에 대한 이온 및 pH의 영향", J. Carey Hughes, Alex Grant, Richard M. Faulks.

쓰촨식 감자채볶음

SICHUAN-STYLE HOT AND SOUR STIR-FRIED SHREDDED POTATOES

분량	요리 시간
4인분(반찬 기준)	10분
	총 시간
	10분

NOTES

1.5~2배 분량으로 만들어도 좋지만, 이렇게 양을 늘리면 감자를 볶을 때 1~2분 정도 더 볶아야 한다. 수돗물이 미네랄 함량이 적은 연수라면, 감자를 볶을 때 너무 흐물흐물해질 수 있다. 이럴 때는 감자를 식초 탄 물에 데치는 방법을 사용한다. 물 2L에 양조식초 2테이블스푼(30ml)을 넣고 끓인 다음, 물에 헹군 감자채를 넣고 30~45초 정도 데친다. 쟁반에 펼치고 김이 날아가면 조리를 시작하면 된다.

재료

감자(화이트 또는 유콘 골드) 1개(225g)
땅콩유, 쌀겨유 또는 기타 식용유 2테이블스푼(30ml)
붉은 쓰촨 후추 2티스푼(4g), 검은 씨와 잔가지 제거
다진 마늘 1테이블스푼(7.5g)
작고 매운 건고추(아르볼 등) 1개, 줄기는 제거하고
    1.3cm 크기로 자른 것(씨를 제거하면 덜 맵다)

생추간장 또는 쇼유 1티스푼(5ml)
진강식초 또는 발사믹 식초 2티스푼(10ml)
설탕 1티스푼(4g)
코셔 소금 약간

요리 방법

① 껍질 벗긴 감자를 얇게 채 썬 다음(187페이지 참고) 맑은 물이 나올 때까지 차가운 물에 여러 번 헹군다. 이후 야채탈수기를 사용하거나 깨끗한 키친타월로 닦아 물기를 제거한다.

② 웍에서 연기가 날 때까지 가열한 후 기름을 둘러 코팅한다. 쓰촨 후추, 마늘, 건고추를 넣고 약 10초 정도 볶아 향을 낸 뒤 곧바로 감자를 추가한다(마늘과 고추가 타지 않도록 주의). 감자가 반투명해질 때까지 1분 30초~2분간 볶고 웍 가장자리에 간장과 식초를 붓는다. 설탕을 넣고 소금으로 간을 한 뒤 접시에 담아 제공한다.

쓰촨식 어향가지
SICHUAN- STYLE FISH-FRAGRANT EGGPLANT

분량
4인분

요리 시간
25분

총 시간
25분

NOTE

홈메이드 고추절임은 84페이지를 참고하자. 좀 더 순한 요리를 원한다면 절인 고추를 생략하고, 레시피 내 피클의 물을 백식초로 대체하면 된다. 돼지고기는 선택사항이며, 생략한다면 완전히 채식주의자의 음식이 된다.

이 요리는 *절인 고추와 당근을 곁들인 닭고기볶음(82페이지)*처럼 해산물은 들어가지 않지만 생선향이 나는 요리이다. 가지를 연기가 자욱하고 부드러워질 때까지 볶은 다음 고추, 마늘, 생강, 식초에 때로는 다진 돼지고기까지 추가해 맛을 낸 퀵 소스를 곁들이면 최소한의 노력으로도 풍미 가득한 요리를 만들 수 있다.

집에서 요리하기에 매우 간단하며 노력에 대비해서 맛도 매우 훌륭하다. 까다로운 게 있다면 바로 가지를 다루는 일이다. 볶기 전에 찌거나 소금에 절여야 형태도 크게 뭉개지지 않고 과도한 수분을 흡수하지 않는다(194페이지 "볶음용 가지 구매 및 염장" 참고).

가지는 브라우닝의 이점이 여실히 드러나는 재료이다. 일반 가지는 밋밋하고, 특색이 없고, 묽고, 무미건조해서 좋아하는 사람이 몇 없는 게 당연할 정도이다. 그래서 많은 가지볶음 레시피에선 가지를 볶기 전에 우선 고루 튀기고 있다. 나는 웍을 이용해 약간 튀기는 버전을 선호한다. 가지를 나란히 놓고 모든 면이 갈색이 될 때까지 하나하나 뒤집어주는 다소 질서 있는 접근 방식을 취한다. 이렇게 하면 요리가 덜 기름지게 된다.

결론: 가지가 소금물에 절여지고, 갈색으로 튀겨지며 향료와 소스를 입는 1~2분간에 사람들은 행복의 탄사를 내뱉고 만다. 하지만 가지가 접시에 담기고 나면 그보다 더한 행복감을 얻을 수 있다.

재료

가지 재료:

코셔 소금
중국식 또는 일본식 가지 450g, 볶음용으로 썬 것
　(193페이지 참고)
옥수수 전분 2티스푼(6g)

소스 재료:

진강식초 또는 발사믹 식초 2티스푼(10ml)
고추절임 2티스푼(10ml, NOTE 참고)
생추간장 2티스푼(10ml)
노추간장 1티스푼(5ml)
설탕 1테이블스푼(12g)
저염 치킨스톡 또는 물 2테이블스푼(30ml)
코셔 소금 한 꼬집
MSG 한 꼬집(선택사항)
옥수수 전분 1티스푼(3g)

볶음 재료:

땅콩유, 쌀겨유 또는 기타 식용유 6테이블스푼(90ml)
다진 돼지고기 60g(선택사항)
다진 마늘 2테이블스푼(15g)
다진 생강 2티스푼(5g)
두반장 1테이블스푼(12g)
다진 고추절임 1티스푼(4g, 선택사항, NOTE 참고)
스캘리언 2대, 흰색 및 옅은 녹색 부분은 2.5cm로
　자르고 짙은 녹색 부분은 장식용으로 얇게 썬다
다진 신선한 고수 한 줌, 장식용(선택사항)

recipe continues

요리 방법

① **가지**: 중간 크기의 볼에 2L의 물과 코셔 소금 120g을 넣고 섞는다. 여기에 가지를 넣고 깨끗한 키친타월을 덮은 뒤 꾹꾹 눌러 가지가 소금물에 잠기게 한다 (10~20분). 가지를 꺼내 야채탈수기를 이용하거나 키친타월로 수분을 제거한다. 새로운 볼에 옮겨 옥수수 전분을 뿌리고 버무린 뒤에 잠시 둔다.

② **가지 절여지는 동안 소스 만들기**: 작은 볼에 식초, 고추절임 물, 간장, 설탕, 육수(또는 물), 소금, MSG, 옥수수 전분을 넣고 덩어리가 남지 않을 때까지 포크로 섞는다. 소스 또한 가지 옆에 따로 빼 둔다.

③ **조리 전 재료 준비**:

a. 절인 가지   d. 소스
b. 다진 돼지고기(사용한다면)   e. 조리된 재료를 위한 빈 용기
c. 마늘, 생강, 두반장, 스캘리언, 고추절임(사용한다면)   f. 요리를 담을 접시

④ **볶음**: 웍에서 연기가 날 때까지 센 불로 가열하고 기름 4테이블스푼(60ml)을 둘러 코팅한다. 중간 불로 줄인 뒤 가지를 추가하고 가끔 뒤집어가며 4분 동안 조리해 부드럽고도 모든 면이 갈색이 되도록 만든다. 빈 볼에 옮겨 따로 둔다.

⑤ 웍에서 연기가 날 때까지 센 불로 가열하고 남은 기름 2테이블스푼(30ml)을 둘러 코팅한다. 마늘, 생강, 두반장, 스캘리언의 희고 옅은 부분, 다진 고추절임을 넣고 30초 정도 기름이 짙은 붉은색으로 향이 날 때까지 뒤섞으며 볶는다. 웍 가장 자리로 소스를 붓고, 소스가 걸쭉하고 윤기가 날 때까지 약 15초간 볶는다.

⑥ 웍에다 가지를 넣어 소스와 버무린다. 소스가 너무 걸쭉하다면 물을 추가한다. 접시에 옮겨 스캘리언과 잘게 썬 고수로 장식하고 제공한다.

볶음용 가지 써는 방법

볶음용으로 가지를 써는 두 가지 방법이 있다. 취향대로 선택하라.

METHOD 1 · 롤 컷

굴려가며 썰면 한입 크기의 쐐기 모양이 된다.

STEP 1 · 꼭지 제거

먼저 줄기 끝을 다듬는 것부터 시작한다. 가지의 손실을 줄이기 위해서 과육 위에 늘어진 줄기의 가장자리를 뒤로 당겨서 다듬는다.

STEP 2 · 첫 조각 썰기

칼을 가지를 기준으로 45도 각도로 잡고, 상단에서 한입 크기의 V자로 썬다.

STEP 3 · 돌려가며 썰기

가지를 ¼만큼 굴려서 같은 각도로 다시 썬다.

STEP 4 · 돌려가며 반복

모두 썰 때까지 ¼만큼 굴려가며 썬다.

METHOD 2 · 바통

바통도 한입 크기의 작은 조각이다. 롤 컷과 같은 방법으로 줄기부터 다듬는다.

STEP 1 · 가로로 썰기

가지를 세로로 썬다.

STEP 2 · 다시 썰기

반으로 자른 면이 아래로 가도록 놓고 다시 반으로 썬다. 크기가 유달리 크다면 세로로 3등분하거나 4등분한다.

STEP 3 · 조각으로 썰기

가지를 5~7.5cm 크기로 조각낸다.

볶음용 가지 구매 및 염장

아시아 슈퍼마켓에 가면 다양한 아시아 가지를 볼 수 있다. 당신이 여태껏 가지 파마산을 만들 때 얇게 썰어 튀기는 동그란 가지밖에 몰랐다면 익숙하지 않을 이야기겠지만. 동남아시아 시장에 간다면 순수한 흰색의 달걀 모양을 한 가지(식물의 이름이 유래된 품종, 가지는 영어로 Eggplant이다)부터 완두콩보다 작은 녹색 가지까지 아주 많은 가지를 찾을 수 있다. 그러나 일반적으로 레시피에서 사용하는 가지는 세 종류이다.

→ 일본 가지는 짙은 자주색~검은색이며 동그란 가지(globe eggplant)의 축소판처럼 생겼다. 이 가지는 밀도가 높고 부드러운 맛을 내기 때문에 대부분의 레시피에 사용할 수 있다. 품질이 좋을수록 크기에 비해 무겁다.

→ 중국 가지는 옅은 보라색~짙은 보라색이며 길고 가늘다. 볶음에 넣으면 부드럽고 달고 쫄깃해지며 소스의 풍미를 잘 흡수한다. 품질이 좋은 것은 줄기 아래에 새하얀 껍질이 있고, 전체적으로 흠이 없고 반짝이는 것이다.

→ 태국 가지는 일반적으로는 녹색이지만 보라색과 흰색 품종도 있다. 둥글게 생겼고 크기는 골프 공만하다. 일반적으로 커리 혹은 샐러드에 사용된다.

볶음용도로는 주로 중국이나 일본 가지를 사용하지만, 어떤 것이든 그대로 썰어서 볶지 않는다. 그냥 썰어서 볶으면 냄비의 모든 기름을 흡수하면서 달라붙어 타버리기 때문이다. 가뜩이나 생가지는 익히는 데 시간도 오래 걸려서 타는 문제가 악화된다.

왜 그런 걸까? 가지는 자신의 해면질 세포 구조 내에 많은 공기를 갖고 있기 때문이다. 공기가 절연체 역할을 해서 열이 아주 천천히 가지에 전달되는 것이다. 이게 바로 크기에 비해 무거운 가지를 사야 한다는 이유 중 하나이다. 밀도가 높은 가지는 공기가 적어서 더 고르게 익어 맛과 질감이 좋다.

이 문제를 해결할 순 없을까? 몇 개의 테크닉을 테스트해봤다.

들어봤을 만한 방법을 소개한다. 가열하거나 소금을 사용해 가지의 내부 세포 구조를 분해해 보는 것이다. 예전에는 가지가 부드러워질 때까지 찌는 방법을 썼다. 방법은 간단하다: 가지 조각을 넣은 대나무 찜기를 끓는 물 위에서 약 10분간 찐다.

찜기가 있다면 찜이 매우 효과적인 방법이 된다. 매우 부드러워지며 한 덩어리로 엉겨 붙지 않는다. 단지 웍에서 아주 짧게 몇 번만 저어주면 된다.

전자레인지로 가지를 익히는 건 주로 미국식 가지 파마산을 만들려고 브레딩 할 때 사용하는 기술이다. 볶음에는 적합하지 않다. 가지 조각들이 쭈글쭈글해져서 내가 원하는 벨벳 같은 질감이 덜하기 때문이다.

이제 남은 건 염지. 일반적으로 염장은 마른 땅에서 이뤄진다. 가지에 약간의 소금을 뿌린 다음, 소금이 삼투압을 통해 수분을 끌어내어 세포 구조가 붕괴될 때까지 그대로 두는 것이다. 그런데 내 직관에는 반하는, 가지를 소금물에 담그라는 레시피를 보게 됐다. 애초에 과도한 수분을 제거하려는 목적이었던 게 아니란 말인

가? 그래서 두 가지 방법을 나란히 테스트해보기로 했다. 또한 대조군으로 무염수에 담근 가지와 아무 처리하지 않은 가지도 테스트했다.

소금물에 10분 정도 담갔는데 별 차이가 없어 보였지만, 키친타월로 말리고 무게를 재보니 쪼그라들어 있었다. 삼투압 현상이다. 가지 외부의 소금 농도가 가지 내부의 다른 용질 농도보다 높으면, 균형을 맞추기 위해 세포의 물을 바깥쪽으로 밀어낸다는 현상이다. 물 1L당 소금 60g가 효과가 있었다.

아무튼 기름을 두른 뜨거운 웍에서 같은 방법으로 가지 4개를 모두 요리했다. 소금에 절인 가지와 소금물에 절인 가지는 무염수에 담그거나 아무 처리하지 않은 가지보다 더 빨리 익으며 갈색으로 변했다.

그중에서도 소금물에 절인 가지가 최고였다. 여전히 본연의 좋은 즙을 유지하면서도 갈색으로 변하고 부드러워졌다. 소금에 절인 가지는 2등이였다. 그 이유는 소금에 절인 가지는 충분히 절여지지 않아서 요리하기가 쉽지 않았기 때문이다. 가지를 소금물에 담그는 것이 그냥 소금에 절이는 것보다 쉽다. 소금에 절이려면 큰 선반이 필요했는데, 소금물에 절이는 건 볼 한 개면 충분했다.

마늘의 모든 것

마늘과 양파 같은 파속 식물과 관련된 방향족 화합물들을 lachrymators(강한 최루성 물질)라고 총칭하는데, 눈물을 뜻하는 라틴어 어근에서 유래됐다고 한다. 마늘 냄새를 담당하는 것은 알리신인데, 흥미로운 건 흠집이 없는 생마늘과 양파에는 존재하지 않는다는 것이다. 이러한 화합물은 세포가 터지고 전구체 화학물질이 결합하고 반응하여 새롭고 자극적인 분자를 형성한 후에만 생성된다. 각 세포의 활성 전구체가 많을수록, 파열되는 세포가 많을수록 더 많은 화합물이 생성되기 때문에 마늘을 썰거나 다지는 행위가 마늘의 풍미에 큰 영향을 미친다.

그럼 쇼핑에서부터 시작해보자. 두 가지 형태의 마늘이 있다. 통마늘과 껍질 벗긴 마늘.*

생마늘은 세포가 파열되는 즉시 마늘향이 발생하고 계속해서 강해진다. 때문에 다진 마늘, 마늘장, 마늘추출물 등 미리 잘라서 나오는 마늘들은 마늘의 신선한 맛이 부족하거나 과한 알리신 형성 탓에 맛이 너무 자극적일 수 있다. 마늘은 사용 직전에 썰어 먹어야 하는 재료 중 하나이다.

테스트에서는 마늘이 핵심적인 맛이거나 생으로 제공되는 요리에서, 사용 직전에 껍질을 벗긴 마늘이 더 신선한 향이 나는 걸 발견했다(하지만 껍질이 벗겨진 마늘을 사용하면 시간소비가 줄어드는 건 사실이다).

다음은 마늘을 사용하는 몇 가지 방법이다.

→ 막자사발로 으깨는 방법이 가장 많이 사용된다. 무거운 화강암 막자사발을 사용하면 몇 초 걸리지 않아 살짝 으깬 것부터 부드러운 반죽에 이르기까지 원하는 마늘의 질감을 얻을 수 있다. 레시피에서 다진 마늘을 필요로 한다면, 내 선택은 막자사발이다(보너스: 다진 마늘과 생강을 모두 사용하는 레시피라면, 생강의 껍질을 벗기고 얇게 썬 다음 마늘과 함께 빻으면 된다).

이 방법의 유일한 단점은 많은 세포를 부수기 때문에 으깬 후 10~15분 이내에 사용하지 않으면 매운맛이 강해진다는 것이다. 그러므로 요리를 시작하기 직전까지는 으깨지 말자.

→ 칼로 내려쳐 다지거나 중식도 혹은 산도쿠 칼로 위아래로 움직이며 자르면 마늘을 원하는 만큼 잘게 다질 수 있다. 날카로운 칼은 뭉툭한 막자사발보다 세포의 파열이 적다. 그래서 이 방법은 마늘을 생으로 사용하려는 레시피에 가장 적합하다(317페이지 '단단면', 615페이지 '쓰촨식 으깬 오이 샐러드' 참고). 막자사발이 없다면 이 방법을 볶은 마늘에 사용해도 좋다.

→ 마늘프레스나 마이크로플레인을 사용하면 엄청난 양의 마늘즙을 짜낼 수 있다. 짜내고 몇 분 후면 매우 맵고 톡 쏘는 맛이 날 수 있기 때문에, 생으로 먹을 마늘에 사용하기는 추천하지 않는다. 볶음요리에 사용할 계획이라면 조리 과정을 시작하기 직전에 프레스나 대패질을 해서 소요시간을 최소화하는 것이 가장 좋다.

→ 칼로 썰면 마늘의 맛이 부드러워지며 완성된 요리에서도 그 맛과 질감을 즐길 수 있다. *광둥식 후추소금새우*(447페이지) 요리에는 젓가락으로 집어먹을 수 있는 달콤하고도 부드러운 마늘 조각이 있는데, 거의 새우 못지않게 중요한 요리의 일부이다.

→ 칼의 측면으로 으깨면 볶음용 기름에 마늘향만 추가하는 정도로 마늘을 사용할 수 있다. 이렇게 하면 과도한 매운맛 없이 달콤한 마늘 맛을 낼 수 있다.

---

* 예외로, 과립마늘과 마늘가루가 있다. 생강가루의 경우처럼 신선한 형태(통마늘)와는 전혀 다른 맛이 나지만, 그 자체의 풍미가 있고 향신료 혼합에 유용하다(또는 피자에 뿌릴 때).

볶음용 마늘 써는 방법

STEP 1 · 마늘을 분리한다

도마 위에 통마늘을 놓고 손바닥을 대고 살짝 앞으로 눌러 분리한다.

STEP 2 · 다듬기

사용하려는 마늘의 아랫부분을 잘라낸다(나머지는 실온에서 며칠, 냉장고에서 몇 주 보관할 수 있음).

STEP 3 · 부드럽게 으깨고 껍질을 깐다

칼의 평평한 면을 마늘에 올리고 부드러우면서도 빠르게 두드린다. 그러면 껍질이 느슨해져서 손으로 쉽게 제거할 수 있다.

써는 방법

STEP 1 · 안정적으로 만들고…

마늘의 가장 넓은 부분을 얇게 썰어 평평한 표면을 만들고, 도마에 그 표면을 댄다.

STEP 2 · …썰기

칼을 사용하지 않은 손으로 마늘을 잡고(손가락 끝을 안으로 말아 유지하라) 원하는 두께로 썬다. 일반적으로 3mm 정도이다.

막자사발로 으깨는 방법

사발에 껍질을 벗긴 마늘과 소금 한 꼬집을 넣고(소금이 마찰을 더해줘서 마늘이 사발 주위로 미끄러지는 걸 방지한다), 막자를 사용해 원하는 만큼 으깨면 된다.

칼로 다지는 방법

STEP 1 · 으깨고…

마늘 위에 칼의 평평한 면을 올리고(또는 중식도를 얹어) 세게 두드려 마늘을 부순다(섬유질이 분리된다).

STEP 2 · …다지기

칼을 앞뒤로 흔들어 으깨진 마늘을 원하는 만큼으로 잘게 다진다(또는 산도쿠나 중국 식칼을 이용해 곧게 들어 위아래로 칼질을 한다). 다진 마늘은 즉시 사용해야 한다.

사케와 미소를 곁들인 가지볶음
STIR-FRIED EGGPLANT WITH SAKE AND MISO

분량	요리 시간
4인분	30분
	총 시간
	30분

재료

가지 재료:

코셔 소금

중국식 또는 일본식 가지 450g, 볶음용으로 자른 것
　　(193페이지 참고)

소스 재료:

흰색 또는 노란색 또는 갈색의 미소 1테이블스푼
　　(약 115g)

쇼유 또는 타마리 1테이블스푼(15ml)

사케 3테이블스푼(45ml)

설탕 2티스푼(8g)

볶음 재료:

땅콩유, 쌀겨유 또는 기타 식용유 ¼컵(60ml)

다진 마늘 1티스푼(2.5g)

다진 생강 2티스푼(5g)

비스듬히 얇게 썬 스캘리언 2대

시치미토가라시(고추가 든 일본 향신료; shichimi
　　togarashi) 또는 매운 고춧가루(선택사항)

이 요리는 일본의 고전적인 요리로, 가지 자체에는 *어향가지*(191페이지)처럼 기본적인 처리를 하지만, 사케와 된장, 간장, 설탕을 사용해서 기존의 달콤하고 짭짤한 일본 전통의 맛보다 훨씬 더 미묘한 맛이 난다. 밥 위에 가지와 오이를 올리고 *허니 머스터드 미소 디핑 소스*(618페이지) 또는 차가운 시금치와 *멘쯔유*(231페이지)를 곁들이면 아주 편안한 느낌의 일본 가정식을 즐길 수 있다.

요리 방법

① **가지**: 중간 크기의 볼에 2L의 물과 120g의 코셔 소금을 섞은 뒤 볶음용으로 자른 가지를 넣고 깨끗한 키친타월을 덮는다. 꾹꾹 눌러 가지를 소금물에 담근 후 10~20분을 절인다. 가지를 꺼내어 야채탈수기를 이용하거나 키친타월로 수분을 제거한다.

② **가지가 절여지는 동안 소스 만들기**: 작은 볼에 된장과 간장을 넣고 포크로 잘 섞은 다음, 사케와 설탕을 넣고 다시 섞는다.

③ **볶음**: 웍에서 연기가 날 때까지 센 불로 가열하고 기름 3테이블스푼(45ml)을 둘러 코팅한다. 열을 중간 불로 줄이고 가지를 넣어 가지가 부드럽고 살짝 갈색이 될 때까지 3~4분간 볶는다.

④ 가지를 웍 가장자리로 밀어내고 중앙에 생긴 공간에 남은 기름 1테이블스푼(15ml)을 붓는다. 마늘, 생강, 스캘리언 흰 부분을 넣고 약 15초간 볶아 향을 낸다. 소스를 추가하고 가지에 잘 스며들 때까지 약 3분간 더 볶는다. 접시로 옮겨 스캘리언과 시치미토가라시(사용한다면)를 뿌리고 밥과 함께 제공한다.

사케와 미소를 곁들인 단호박볶음
STIR-FRIED KABOCHA SQUASH WITH SAKE AND MISO

분량
4인분

요리 시간
25분
총 시간
25분

재료

작은 단호박 ½개(450g), 씨앗과 속을 제거한 것
땅콩유, 쌀겨유 또는 기타 식용유 1테이블스푼(15ml)
드라이 사케 120ml
흰색 또는 노란색 미소 3테이블스푼(45g)
쇼유 또는 타마리 2티스푼(10ml)
설탕 1티스푼(4g)
시치미토가라시 또는 매운 고춧가루 한 꼬집
　　(선택사항)

사케와 된장을 입히면 맛있는 또 다른 채소, 바로 호박이다. 레시피에서 사용하는 호박은 카보차(kabocha; 단호박)라는 짙은 오렌지색의 과육과 짙은 녹색 껍질을 가진, 조리하면 고구마와 유사한 풍미와 질감을 내는 일본 호박이다. 껍질을 벗길 필요가 없다는 점에서 가장 좋아하는 호박이다. 익히면 껍질이 살처럼 부드럽고 연해져서 손질하기가 쉽다. 반으로 갈라서 씨와 속을 도려내고 줄기도 잘라낸 뒤 끓이거나 볶아서 먹으면 된다.

이 호박은 밥 반찬으로도 맛이 좋고, 하루 정도는 실온이나 냉장고에 보관해서 샐러드용으로 넣어 먹으면 맛있다.

요리 방법

① 단호박을 2.5cm 너비의 웨지로 자른 다음, 가로로 6mm 크기로 자른다.

② 웍에서 기름 아지랑이가 일렁일 때까지 중간 불로 가열한다. 단호박을 추가하고 부드러워지기 시작할 때까지 약 5분간 가끔씩 저어주며 요리한다. 센 불로 올리고 사케 60ml를 추가한다. 약 2분간 더 볶아서 사케를 증발시킨다.

③ 남은 사케와 된장, 간장, 설탕을 넣는다. 단호박이 부드러워지고 된장 혼합물이 잘 배어들기까지 약 4분간 볶는데, 호박이 부서지지 않도록 부드럽게 웍질을 한다. 접시에 옮겨 매운 고춧가루(사용한다면)를 뿌린 다음 제공한다.

단호박 재료 준비 방법

단호박이 버터넛이나 도토리처럼 단단하진 않아도, 가벼운 칼로는 썰기 어려울 수 있다. 이럴 때는 접시에 담아 전자레인지로 2분간 조리하면 껍질이 부드러워져서 썰기 편해진다.

STEP 1 · 절반으로 썰기

줄기가 위로 향하게 호박을 놓고 줄기를 따라 가운데를 반으로 자른다.

STEP 2 · 씨앗 제거

씨와 쫄깃한 과육을 숟가락으로 제거한다.

STEP 3 · 줄기 제거

호박 줄기가 아래를 향하게 잡고 칼끝으로 줄기를 자른다.

조림이나 볶음용

STEP 1 · 웨지로 썰기

호박을 웨지로 자른다.

STEP 2 · 조각내기

각 웨지를 조각으로 자른다(볶음에는 얇은 조각, 끓이면 두꺼운 조각).

튀김용

STEP 3 · 줄기 제거

자른 면이 아래로 향하도록 호박 절반을 잡고 4~6mm 조각으로 썬다.

잎이 많은 야채볶음

최근 몇 년간 아시아의 육류 소비가 증가하고 있긴 하지만,
여전히 일반 식단에서는 야채가 큰 역할을 한다. 여기서 알
아볼 것은 그중의 하나인 야채볶음이다(아주 단순한 녹색
의 잎이 많은 야채볶음). 야채에 어울리는 다양한 풍미와
소스가 있지만, 내가 가장 좋아하는 네 가지 방법을 소개한
다. 이 네 가지 기법만 갖춘다면 파머스마켓이나 슈퍼마켓
에서 구매할 수 있는 어떤 야채도 다룰 수 있다!

　기법마다의 기본을 설명하고, 오른쪽 표를 통해 어떤 유
형의 야채와 적합한지, 그리고 시도하기 좋은 샘플 레시피
를 설명한다.

종류	흔한 예
옅은 녹색의 아삭한 야채	배추, 양배추, 양상추, 꽃상추, 로메인
잎이 많고 달콤한 야채	스노우피잎, 파바빈잎, 아마란스, 시금치, 말라바시금치
잎이 많고 단단한 야채	겨자잎, 물냉이, 유맥채, 다채, 국화잎, 순무잎, 경수채
줄기가 많고 아삭한 야채	브로콜리니, 가이란, 모닝글로리(공심채), 청경채, 유채, 미나리과, 근대

잘 어울리는 야채: 줄기가 많고 아삭한 야채 (가이란, 유채, 청경채) 또는 잎이 많고 단단한 야채(다채, 물냉이, 겨자잎)

마늘 소스를 곁들인 훈제 청경채볶음
SMOKY BOK CHOY WITH GARLIC SAUCE

분량	**요리 시간**
4인분	15분
	총 시간
	15분

NOTE

이 레시피는 201페이지 표에 있는 "줄기가 많고 아삭한 야채" 또는 "잎이 많고 단단한 야채"에 있는 모든 야채를 사용할 수 있다. 단단한 줄기를 잘라내고 5~7.5cm 크기로 썰어야 한다. 청경채처럼 넓은 야채는 세로로 2~4등분하면 된다. 볶으면서 토치를 사용하기 어렵다면, 토치를 사용해줄 보조자를 구하거나 4단계에서 청경채를 30초간 볶은 뒤 쟁반에 펼친 다음 토치로 훈연향이 날 때까지 약 15초간 앞뒤로 쓸어주면 된다. 청경채를 다시 웍으로 옮기고 5단계로 넘어간다.

Wok hei, 훈연을 더하는 "웍의 숨결(42페이지 참고)"은 순한 향의 야채에는 생기를 불어넣고, 숨결이 닿은 단순한 갈릭 글레이즈를 통해 줄기나 잎이 많은 야채의 자연스러운 풍미를 두드러지게 한다. 야외용 웍 버너를 사용하는 게 아니라면, 토치를 사용해서 훈연의 향을 더할 수 있다. 간단하면서도 안전하고 재미도 있다.

볶음용 재료 준비를 위해 야채를 데칠 때는 잎보다 굵은 줄기 부분을 먼저 물에 넣어야 조리가 쉽다.

요리 방법

1. **야채:** 1.4L의 약한 소금물을 웍에 넣고 끓인다. 청경채 줄기를 넣고 잘 저은 다음 뚜껑을 덮고 가끔 흔들어가며 30초간 끓인다. 잎을 추가하고 약 15초간(여전히 밝은 녹색이며 아삭한) 뜰채를 이용해 저어주며 끓인다. 청경채의 수분을 제거하고 쟁반에 펼쳐둔다.

2. **전분물:** 별도의 작은 볼에 전분과 물을 넣고 녹을 때까지 포크로 젓는다.

3. **볶음:** 웍에서 연기가 날 때까지 센 불로 가열하고 기름을 둘러 코팅한다. 마늘과 생강을 넣고 향은 나지만 갈색으로 변하지 않을 때까지 약 10초간 볶는다.

재료

야채 재료:

코셔 소금

청경채 340g, 각 줄기를 5~7.5cm 세로로 자르고
잎과 흰 줄기는 씻어 따로 둔다(NOTE 참고)

전분물 재료:

전분 ½티스푼(15g)
물 1테이블스푼(15ml)

볶음 재료:

땅콩유, 쌀겨유 또는 기타 식용유 1테이블스푼(15ml)
갓 다진 마늘 1테이블스푼(8g)
갓 다진 생강 2티스푼(10g)
설탕 ½티스푼(2g)
백후추 한 꼬집

④ 즉시 쟁반에 둔 청경채를 넣고 30초간 볶는다. 이어서 5~7.5cm 정도 거리를 두고 토치를 이용해 약 15초간 훈연하는데, 웍을 흔들어 야채를 뒤섞으며 골고루 불길로 쓸어준다(야채의 기름이 튀고 타면서 타닥거리는 소리가 들리며 주황 불꽃이 작게 터질 것이다. NOTE 참고).

⑤ 야채가 부드러우면서도 아삭할 때까지 약 30초간 볶는다. 설탕을 넣고 기호에 따라 소금과 백후추로 간을 한다. 전분물을 저어 웍에 추가한 뒤 약 15초간 세게 볶아 코팅한다. 접시에 담아 흰 밥과 제공한다.

볶음 기법 2:
고추와 식초 사용

잘 어울리는 야채: 옅은 녹색의 아삭한 야채(배추, 양배추, 양상추, 로메인)

식초와 고추를 곁들인 배추볶음
STIR-FRIED NAPA CABBAGE WITH VINEGAR AND CHILES

분량	요리 시간
4인분	10분
	총 시간
	10분

NOTE

최상의 결과를 얻으려면 단단한 배추의 밑둥을 잘라서 먼저 15~30초간 볶다가 나머지 부분을 추가해 고루 익혀야 한다.

재료

소스 재료:

설탕 1티스푼(4g)
진강식초 또는 발사믹 식초 2테이블스푼(30ml)
생추간장 1테이블스푼(15ml)

볶음 재료:

땅콩유, 쌀겨유 또는 기타 식용유 2테이블스푼(30ml)
갓 다진 마늘 8g
작고 매운 건고추(아르볼 또는 자포네스) 2개, 줄기를 제거하고 1.3cm로 자른 것(덜 매운 버전은 씨를 제거한다)
작은 배추 1개(450g), 심을 제거하고 잎은 2.5~5cm로 자른다
코셔 소금

나는 가끔 햄버거 파티나 타코 파티를 개최하는데, 통째로 산 양상추가 ¾이나 남곤 한다. 남은 양상추로 무얼 할 수 있을까? 당연하게도, 볶는다! 가장 파릇할 때를 지나서 부드러워지기 시작한 양상추일지라도 볶으면 맛있다. 녹색 야채에 식초와 건고추를 곁들이는 건 전형적인 쓰촨식 요리인데, 보통은 배추를 사용하지만 옅은 녹색의 아삭한 야채라면 무엇이든 잘 어울린다.

요리 방법

① **소스:** 작은 볼에 설탕, 식초, 간장을 섞고 따로 둔다.

② **볶음:** 웍에서 연기가 날 때까지 센 불로 가열하고 기름을 둘러 코팅한다. 마늘과 생강을 넣고 향은 나지만 갈색으로 변하지 않을 때까지 약 10초간 볶는다. 곧바로 배추를 넣어 숨은 죽지만 여전히 아삭할 때까지 1~2분간 볶는다. 소스를 웍 가장자리에 붓고 대부분 졸아들 때까지, 그리고 야채가 부드러우면서도 아삭할 때까지 약 1분 정도 더 볶는다. 소금으로 간을 하고 접시에 옮겨 제공한다.

볶음 기법 3: 굴 소스 사용

잘 어울리는 야채: 줄기가 많고 아삭한 야채(청경채, 유채, 공심채)

굴 소스를 곁들인 가이란볶음
CHINESE BROCCOLI WITH OYSTER SAUCE

분량
4인분
요리 시간
20분
총 시간
20분

NOTE
나는 이 요리의 마지막 단계에서 튀긴 마늘이나 튀긴 샬롯을 곁들이는 걸 좋아한다. 구매한 걸 사용해도 되고, 집에서 튀겨도 된다(255페이지 참고). 추가하지 않아도 무방하다.

굴 소스를 곁들인 가이란볶음은 예부터 딤섬의 곁들임 요리이지만, 워낙 맛있어서 다양한 형태의 변형이 (미국은 말할 것도 없다) 아시아 전역에 퍼져 있으며 꼭 딤섬과 제공되는 것도 아니다. 고기나 두부로 만든 볶음이나 조림의 곁들임 요리로도 좋다. 굴 소스를 기반으로 하는 모든 요리처럼 요리의 품질이 굴 소스의 품질에 달려있으니, 첫 번째 재료로 "굴"이 표기된 제품을 사용하면 좋다.

중국 브로콜리인 가이란은 아시안 슈퍼마켓에서 쉽게 구할 수 있다. 아삭한 줄기와 시금치를 닮은 부드러운 잎을 지녔다. 오래된 것은 약간 뻣뻣하고 강한 맛이 있기 때문에 가늘면서 밝은 녹색 줄기의 가이란을 찾아야 한다. 줄기에 꽃이 있다면(매우 작은 브로콜리 꽃처럼 보인다) 어둡거나 옅은 녹색이어야 한다. 노란색 작은 꽃이 있다면, 전성기를 지난 가이란이라고 생각하면 된다. 이 요리에 가이란 대신 브로콜리니를 사용해도 된다.

재료

야채 재료:
가이란(중국 브로콜리) 또는 브로콜리니 450g, 거친 줄기를 잘라낸 것
코셔 소금

소스 재료:
굴 소스 3테이블스푼(45ml)
옥수수 전분 1티스푼(3g)
저염 치킨스톡 또는 물 3테이블스푼(45ml)
소흥주 1테이블스푼(15ml)
생추간장 또는 쇼유 1테이블스푼(15ml)
설탕 ½티스푼(2g)

볶음 재료:
땅콩유, 쌀겨유 또는 기타 식용유 1테이블스푼(15ml)
갓 다진 마늘 3쪽(8g)
갓 다진 생강 2티스푼(10g)
튀긴 마늘 또는 튀긴 샬롯 몇 스푼(선택사항, NOTE 참고)

요리 방법

① **야채:** 1.4L의 약한 소금물을 웍에 넣고 끓인다. 가이란을 넣고 잘 저은 다음 뚜껑을 덮고 가끔 흔들어가며 약 30초간 끓인다(여전히 단단하면서도 밝은 녹색인 상태). 가이란의 수분을 제거하고 쟁반에 펼쳐둔다.

recipe continues

② **소스:** 작은 볼에 굴 소스와 전분을 섞는다. 같은 볼에 육수(또는 물), 소흥주, 간장, 설탕을 넣고 설탕이 녹을 때까지 젓는다.

③ **볶음:** 웍에서 연기가 날 때까지 센 불로 가열하고 기름을 둘러 코팅한다. 마늘과 생강을 넣고 향은 나지만 가장자리가 갈색으로 변하기 시작할 때까지 약 30초간 볶는다. 가이란을 넣어 마늘과 생강 기름에 버무리며 볶는다. 요리를 담을 접시로 옮긴다.

④ 웍을 센 불에 다시 올리고 (닦지 않아도 된다) 만든 소스를 넣는다. 소스가 약간 걸쭉해질 때까지 약 45초간 졸이고 접시에 담긴 가이란 위로 붓는다. 튀긴 마늘을 뿌린 뒤(사용한다면) 제공한다.

베이컨과 굴 소스를 곁들인 태국식 가이란볶음
PAD KHANA BACON KROP

분량
3–4인분
요리 시간
10분
총 시간
10분

| **NOTE**
이 요리의 전통 버전을 원한다면 판체타를 바삭하게 튀긴 삼겹살(1.3cm 큐브로 자른 것, 434페이지 참고) 225g로 대체하면 된다.

재료
땅콩유, 쌀겨유 또는 기타 식용유 1테이블스푼(15ml)
두껍게 썬 판체타 120g
갓 다진 마늘 5쪽(약 5티스푼/15g)
얇게 썬 매운 고추 또는 절인 매운 고추
가이란 340g, 잎은 대충 자르고 줄기는 2.5~5cm로 썬 것
굴 소스 1½테이블스푼(25ml)
노추간장 또는 쇼유 1테이블스푼(15ml)
설탕 1테이블스푼(12.5g)

이 요리(*Pad khana moo krop*)는 굴 소스를 곁들인 가이란볶음을 태국식으로 재해석한 것이다. 전통 버전에서는 고추, 마늘, 굴 소스로 볶은 가이란에 바삭바삭한 삼겹살로 구성된다. 나는 단지 이 요리만을 위해서 삼겹살을 튀기진 않고, 434페이지에서 남은 튀긴 삼겹살이 있을 때만 사용한다. 대신에 두껍게 썬 베이컨이나 판체타를 사용하는데, 비록 전통적이진 않지만 맛도 좋고 총 소요 시간도 크게 줄어든다. 피곤한 평일 밤을 위한 완벽한 대체이다.

굴 소스를 곁들인 *가이란볶음*과 달리 이 버전에서는 가이란을 얇게 썰고 아주 잠깐 볶아서 아삭한 식감이 유지되게 한다.

요리 방법
웍에 기름을 두르고 센 불로 연기가 날 때까지 가열한다. 판체타 또는 베이컨을 넣고 잘 익고 바삭해질 때까지 1~2분간 저어가며 조리한다. 취향에 따라 마늘과 고추를 넣고 약 15초간 볶아 향을 낸다. 가이란을 넣어 15초를 더 볶고, 굴 소스, 간장, 설탕을 추가한 뒤 숨이 살짝 죽을 때까지 30초를 볶는다. 접시에 담아 제공한다.

볶음 기법 4:
랍스터 소스 사용

잘 어울리는 야채: 잎이 많고 달콤한 야채(스노우피잎, 파바빈잎, 시금치) 또는 잎이 많고 단단한 야채(다채, 국화잎, 물냉이)

랍스터 소스를 곁들인 스노우피순볶음
SNOW PEA SHOOTS WITH LOBSTER SAUCE(WITH OR WITHOUT CRABMEAT)

분량	요리 시간
4인분	30분
	총 시간
	30분

NOTE

게살이 없어도 맛있는 요리이지만, 더 퇴폐적인 맛을 원한다면 달콤한 게살과 새콤한 야채의 조합만한 게 없다. 서쪽 해안에서는 던저니스 크랩(Dungeness crab)을 사용하지만, 갓 잡은 게는 무엇이든 좋다. 큼직큼직한 킹크랩이나 대게살은 진짜 별미이다. 주머니가 가벼울 때는 게맛살도 완벽한 대안이다. 스노우피잎은 스노우피순이라고도 불리며 봄철의 파머스 마켓이나 아시안 시장에서 찾을 수 있다. 구하기 어렵다면, 보통의 완두순이나 물냉이 또는 아무 볶음용 잎채소로 대체해도 된다.

*Pea shoots with lobster sauce*는 내 어린 시절에 뉴욕과 뉴잉글랜드의 광둥 해산물 식당에서 먹던 요리 중 하나인데, 그 지역 외에서는 찾기가 너무도 어려운 요리였다(이 요리의 기원도 찾기 어렵다). *랍스터 소스를 곁들인 새우볶음*(159페이지)과 마찬가지로 이 요리에도 랍스터가 들어가지 않으며, 그저 반투명한 소스와 부드럽고 맛있는 끈적한 달걀흰자가 얹어진 간단한 야채볶음이다. 고급 레스토랑에서는 게살덩어리를 넣은 요리를 판매하기도 한다.[*]

게의 알이나 말린 가리비 등, 해산물과 완두콩의 조합이 다른 중국 요리에도 존재하긴 하지만, 아시아에서 이런 요리의 구체적인 기원을 도저히 찾을 수 없었다. 나는 이 조합이 광둥계 미국 요리사들의 훌륭한 각색이라고 확신한다.

recipe continues

---

[*] $5.99의 점심 스페셜을 제공하는 레스토랑에서 단일 요리 주문 비용은 적어도 $20 이상이다. 부모님과 함께 방문해서 사주실 때만 주문할 수 있었던 요리이다.

재료

소스 재료:

소흥주 2테이블스푼(30ml)
옥수수 전분 1테이블스푼(8g)
저염 치킨스톡 또는 물 ¾컵(180ml)
설탕 ½티스푼(2g)
백후추 한 꼬집
코셔 소금

볶음 재료:

땅콩유, 쌀겨유 또는 기타 식용유 1테이블스푼(15ml)
다진 마늘 2티스푼(5g)
다진 생강 2티스푼(5g)
스노우피잎 225g, 줄기를 2.5~5cm로 찢은 것
　　(NOTE 참고)
달걀흰자 2개 분량, 가볍게 풀어 코셔 소금 한 꼬집
　　넣은 것
게살 90~120g(선택사항)

요리 방법

① **소스**: 작은 볼에 소흥주와 전분을 섞고 전분이 녹을 때까지 젓는다. 같은 볼에 육수, 설탕, 백후추, 소금을 첨가한 다음 따로 둔다.

② **조리 전 재료 준비**:

a. 마늘과 생강　　　　　　　　d. 전분물
b. 잎채소　　　　　　　　　　e. 풀어둔 달걀흰자와 게살(사용한다면)
c. 소스　　　　　　　　　　　f. 요리를 담을 접시

③ **볶음**: 웍에서 연기가 날 때까지 센 불로 가열하고 기름을 둘러 코팅한다. 마늘과 생강을 넣고 약 15초간 볶아 향을 낸다. 곧바로 스노우피잎을 넣고 숨은 죽지만 여전히 밝은 녹색일 때까지 1~2분간 볶는다(잎채소가 시들지 않는다면 물을 약간 추가한다). 요리를 담을 접시로 옮긴다.

④ 웍을 센 불에 다시 올리고 만든 소스를 저어 추가한다. 소스가 숟가락 뒷면을 쉽게 흐르지 않고 묻어 있을 정도로 걸쭉해질 때까지 약 1분간 끓인다. 기호에 따라 소금과 백후추로 간을 한다.

⑤ 소스에 달걀흰자와 게살(사용한다면)을 뿌린 다음 국자나 웍 주걱으로 달걀이 부드러운 리본을 형성할 때까지 약 30초간 부드럽게 저어준다. 소스를 야채 위에 붓고 곧바로 차려낸다.

잣과 호이신 소스를 곁들인 양상추두부쌈(산초바오)

P.F. Chang's(쇼핑몰 프랜차이즈보다 정직하게 음식을 제공하는 곳)에 가본 적 있다면 산초바오와 양상추 랩에 익숙할 것이다. 나는 어릴 적에 뉴욕의 차이나타운에 있는 광둥식 레스토랑인 *Phoenix Garden*에서도 이런 요리들을 먹었는데, 지금은 문을 닫았다(무려 수십 년 동안 두 번의 화재 피해를 입었다). *P.F Chang's*에서 볼 수 있는 조금 엉성했던 요리와는 달리 *Phoenix Garden*에서는 사용한 재료들이 분명히 구별됐다. 잣, 잘게 썬 캐슈넛, 다양한 야채를 다진 스쿼브(식용 새끼비둘기)와 함께 볶은 요리였다. 얼음처럼 차가운 양상추에 호이신 소스를 조금 바르고 볶인 재료들을 쌓아 타코처럼 손으로 먹었다. 아삭하고 바삭하며 부드러운 질감들을 저마다의 조각으로부터 느낄 수 있는 요리이다.

메뉴에 스쿼브라고 적혀 있기도 하고, 가격 면에서도 비둘기를 사용했을 거라는 믿음이 가지만, 특별한 맛을 느낄 순 없었다. 닭고기나 돼지고기 또는 두부라고 해도 믿을 만했다. 대부분의 중국 요리가 그렇듯이 고기는 주재료가 아니라, 야채의 식감을 보완하는 부재료에 불과하다. 아주 좋은 소식인데, 여러분이 요리할 때도 닭고기, 돼지고기, 두부를 별다른 걱정 없이 사용할 수 있다는 뜻이다.

이 책의 거의 모든 레시피가 재료를 양념장에 재우는 것으로 시작하지만, 이 요리는 예외이다. 작게 큐브로 자른 재료들이 조리 시간을 단축시키며 양념에 재우지 않더라도 소스를 잘 흡수한다.

일반적으로 산초바오는 캐슈넛을 사용하는데, 캐슈넛은 요리한 후에도 바삭한 식감을 유지하기 때문이다. 생캐슈넛을 찾기는 어려운 일이어서(준비도 좀 성가시다) 통조림 캐슈넛으로 대체해도 문제는 없다. 나는 물론 신선한 재료를 사용하는 걸 선호하지만 말이다. 어느 날 오후, 집 근처의 라틴 파머스마켓을 서성이다가 히카마(Jicama)가 쌓여 있는 것을 발견하고서 캐슈넛의 식감과 매우 비슷하다는 걸 알았다. 히카마를 깍둑 썰어 볶음에 사용해보니, 캐슈넛처럼 묽지만 바삭하면서 부드러운 맛을 냈다. 바로 내 단골 야채가 되었다(나는 아직도 히카마를 구하지 못할 때를 대비해서 캐슈넛 통조림 몇 개를 보관하고 있다).

나머지 재료는 간단하다. 아삭함과 풍미를 더하기 위해서 깍둑 썬 셀러리, 깊은 황금빛 갈색이 될 때까지 기름에 천천히 구운 잣, 향을 내기 위한 표고버섯, 마늘, 생강, 스캘리언. 그리고 마무리를 위한 신선한 고수잎까지. 소스로는 소흥주, 간장, 호이신 소스, 진강식초(또는 발사믹)를 전분과 섞어 사용한다.

완성된 요리는 바삭함과 부드러움, 신선함, 그리고 견과류의 맛이 훌륭하게 혼합된 '식감과 풍미'의 집합체이다. 나는 이걸 차가운 양상추에 호이신 소스를 발라서 함께 제공한다. 양상추를 싫어한다면 다른 잎채소를 사용해도 된다. 속을 채우다 보면 어쩔 수 없이 지저분해지지만, 그것도 즐거움의 하나이니까. 그렇지 않나?

산초바오
SAN CHOI BAO

분량
4인분

요리 시간
30분

총 시간
30분

NOTE
단단한 두부 대신에 잘게 썬 닭
가슴살이나 돼지고기 살코기를
사용해도 된다. 히카마 대신 통
조림 캐슈넛이나 껍질 벗긴 생
캐슈넛을 사용할 수 있다.

재료

두부 재료:
단단한 두부 400g

소스 재료:
소흥주 또는 드라이 셰리주 1테이블스푼(15ml)
노추간장 1테이블스푼(15ml)
진강식초 또는 사이다식초 2티스푼(10ml)
호이신 소스 ¼컵(60ml)
스리라차 또는 삼발올렉과 같은 칠리 소스 2티스푼
　　(10ml, 선택사항)

전분물 재료:
전분 1티스푼(3g)
물 1테이블스푼(15ml)

볶음 재료:
잣 ¼컵(40g)
땅콩유, 쌀겨유 또는 기타 식용유 ¼컵(60ml)
표고버섯 70g, 줄기를 제거하고 6mm로 자른 것
다진 마늘 1테이블스푼(7.5g)
다진 생강 1테이블스푼(7.5g)
스캘리언 3대, 흰 부분과 옅은 녹색 부분 얇게 썬 것
히카마 120g, 껍질 벗기고 6mm 큐브로 썬 것(사과
　　반 개 크기의 히카마, NOTE 참고)
셀러리 60g, 6mm 큐브로 썬 것(큰 줄기 1개)
갓 다진 고수잎 한 줌
코셔 소금
백후추

차림 재료:
양상추 1통 또는 녹색 상추, 개별 잎으로 따서
　　사용하기 전까지 얼음물에 보관한다
호이신 소스

요리 방법

① 두부를 키친타월로 눌러 과도한 수분을 제거한 다음 6mm 큐브로 썬다. 따로 둔다.

② **소스:** 작은 볼에 술, 간장, 식초, 호이신 소스, 칠리 소스(사용한다면)를 넣고 섞은 뒤 따로 둔다. 별도의 볼에 옥수수 전분과 물을 넣고 전분이 녹을 때까지 포크로 젓는다.

③ **조리 전 재료 준비:**

a. 깍둑 썬 두부   f. 소스
b. 잣   g. 옥수수 전분물
c. 표고버섯   h. 고수
d. 마늘, 생강, 스캘리언   i. 조리된 재료를 위한 빈 용기
e. 히카마와 셀러리   j. 요리를 담을 접시

④ **볶음:** 웍에 잣과 기름 1테이블스푼(15ml)을 넣고 중간 불에 올린다. 견과류가 잘 구워질 때까지 약 5분간 자주 저으며 볶는다. 빈 볼에 옮겨 따로 보관한다.

⑤ 웍을 다시 센 불에 올려 연기가 날 때까지 가열한다. 남은 기름 1테이블스푼(15ml)을 둘러 코팅한다. 두부 또는 닭고기를 넣고 자주 저어주며 두부가 전체적으로 노릇노릇해질 때까지 6~8분간 조리한다. 잣이 든 볼로 옮긴다.

⑥ 웍을 닦고 연기가 날 때까지 센 불로 가열한 뒤 기름 1테이블스푼(15ml)을 둘러 코팅한다. 표고버섯을 넣고 한번씩 저어주면서 전체적으로 노릇노릇해질 때까지 약 3분간 볶는다. 두부와 잣을 함께 믹싱볼로 옮긴다.

⑦ 웍을 닦고 연기가 날 때까지 센 불로 가열한 뒤 남은 기름을 둘러 코팅한다. 마늘, 생강, 스캘리언을 넣고 약 15초간 계속 저으며 볶아 향을 낸다. 히카마와 셀러리를 넣고 섞는다.

⑧ 웍에 두부, 버섯, 잣을 넣고 뒤섞는다. 소스를 웍 가장자리에 붓고 옥수수 전분물도 추가한다. 소스가 걸쭉해지고 재료에서 윤기가 날 때까지 약 30초간 저어가며 조리한다. 고수(장식용으로 조금 남겨두자)를 넣고 소금과 백후추로 취향에 따라 간을 한다. 따뜻한 접시로 옮겨 남겨둔 고수를 흩뿌린다.

⑨ 상추와 호이신 소스를 함께 제공한다. 상추 밑 바닥에 약간의 호이신 소스를 바르고 속 안에도 조금 붓는다. 손으로 먹으면 된다.

한국식 기름떡볶이
STIR-FRIED KOREAN RICE CAKES AND KOREAN CHILE PASTE

가래떡은 찐 쌀을 반죽으로 쳐서 만든다는 부분이 일본의 모찌와 비슷하지만, 더 쫄깃하고 밀도가 높은 떡이다. 중국에서는 녠가오(nian gao)라고 부르며 다양한 모양과 질감을 갖고 있다(대부분 단맛이 나는 편이다).

가래떡이 면은 아니지만 볶음, 국, 스튜 등 다양한 요리에 비슷한 용도로 쓰인다. 이러한 떡을 볶으면 떡볶이라고 부르는 것이다(이 요리는 내 친구인 장수현이 소개해줬다). 건축과 학부생인 우리의 하루는 기숙사에서 밤샘 공부하는 것과 보스턴 패커드코너 부근의 저렴하고도 푸짐한 $7짜리 한식을 먹는 것으로 이루어져 있었다. Color라는 식당이었는데(지금은 닫았다), 우리의 지갑을 지켜주면서도 식욕을 자극하는 곳이었다. 나는 그렇게 떡에 사로잡히고 말았다.

유명한 건축가가 된 그녀의 경력은 아름답고도 기능적이겠지만, 내 경력이 더 맛있다고 확신한다. 여러분은 매콤한 붉은 소스로 끓인 국물떡볶이(540페이지)가 익숙하겠지만, 좀 더 현대적인 스트릿푸드가 바로 기름떡볶이다. 고춧가루, 참기름, 스캘리언, 간장, 물엿 등을 듬뿍 넣어서 맛은 비슷하지만, 찹쌀을 천천히 튀겨서 수분이 모두 증발하고 매콤달콤한 양념이 떡의 바삭한 겉면에 끈적하게 달라붙는다.

이 책에서 소개하는 대부분의 볶음요리와는 달리, 이 요리는 약간의 여유를 두고 진행하는 게 좋다. 시간이 걸리더라도 소스를 졸여가며 떡에 소스가 잘 배게 해야 한다. 나는 웍에 약간의 버터를 첨가하는데, 고소하게 구워진 버터향이 풍미를 더하고 떡이 캐러멜화 될 때 더 좋은 색이 나도록 돕는다. 이런 부분들을 생략하고 비건 요리로 만들어도 좋다.

분량	요리 시간
4인분	15분
	총 시간
	30분

NOTE

한국에서는 전통적으로 막대 모양의 떡을 사용하지만, 원반 모양의 떡도 사용할 수 있다. 냉동 떡이라면 1단계에서 10분 정도 더 담가서 해동한 뒤 시작하면 좋다. 이 정도 양의 고추장과 고춧가루는 적당히 매운 요리가 되지만, 기호에 따라 더하거나 빼자.

재료

한국 또는 중국 쌀떡 450g

땅콩유, 쌀겨유 또는 기타 식용유 1테이블스푼(15ml)

얇게 썬 스캘리언 4~5대

다진 마늘 1테이블스푼(7~8g)

무염 버터 1테이블스푼(15g)

고추장 2테이블스푼(30ml), 혹은 기호에 맞게(NOTE 참고)

고춧가루 2테이블스푼(10g), 혹은 기호에 맞게

설탕 2테이블스푼(24g)

생추간장 2테이블스푼(30ml)

참기름 1테이블스푼(30ml)

참깨 1테이블스푼(8g)

요리 방법

① 큰 볼에 떡을 담고 물을 부어 따로 둔다. 웍에 기름을 둘러 중간 불로 가열한 뒤 스캘리언과 마늘을 넣고 색은 변하지 않으면서 부드러워질 때까지 약 2분간 저어가며 볶는다. 버터를 넣고 녹을 때까지 저은 다음 고추장, 고춧가루, 설탕, 간장, 참기름을 추가한다. 떡의 수분을 제거하고 웍에 추가한다. 떡에서 떨어지는 소량의 물 정도는 들어가도 괜찮다.

② 수시로 저어주며 소스가 완전히 졸여지고 떡과 스캘리언에서 지글지글 소리가 날 때까지 볶아준다. 이 단계가 바로 충분히 시간을 둬야 하는 부분이다. 목표는 떡이 부드러운 상태에서 소스가 완전히 코팅되는 것이다. 10분도 되기 전에 떡이 너무 익거나 소스가 줄어들 것 같다면 열을 줄여야 한다. 떡이 부드럽고 캐러멜화 되면 고춧가루를 더 넣어 기호에 맞게 간을 한다. 접시에 담은 뒤 참깨를 뿌리고 이쑤시개로 찍어 먹으면 된다.

궁중떡볶이
RICE CAKES WITH PORK, SHRIMP, PINE NUTS, AND VEGETABLES

떡볶이의 가장 유명한 모습은 고추장이지만, 그 역사는 20세기 중반부터 시작됐을 뿐이며, 심지어는 한국에 고추가 등장하기 전부터도 떡볶이는 존재했다. 예를 들어, 궁중떡볶이 또는 왕실떡볶이는 소고기, 야채, 잣을 넣고 볶은 떡에 간장과 참기름으로 간을 하는 요리이다. 볶음요리에 잣을 사용한다는 아이디어가 매우 흥미로웠고, 떡을 간장에 졸이며 바삭하게 코팅된 겉면을 만드는 것도 흥미로웠다. *소고기 차우펀*(365페이지)과 *닭고기 팟씨유*(372페이지)에서도 간장을 졸여 면을 코팅한다(중국 남부, 특히 상하이와 그 주변에서 이와 유사한 볶음요리를 볼 수 있다).

이 책에서 소개하는 레시피들도 그렇지만, 이 레시피도 하나의 고정된 레시피라기보다는 청사진에 가깝다고 생각한다. 스냅피 대신 모든 녹색 야채를 사용할 수 있고, 돼지고기나 새우 대신 아무 고기 또는 두부를 사용할 수 있다. 양배추는 방울양배추, 펜넬, 청경채로 대체할 수 있고 표고버섯 대신 다양한 버섯을 섞어 사용해도 좋다. 재료를 사러 갈 때 레시피를 읽어보고 가자. 당신의 뇌가 사야 할 재료를 알려줄 것이다. 아니면 레시피에 쓰인 재료들을 그대로 찾은 뒤 더 좋은 재료로 대체할 수는 없을지 생각해도 좋다. 마치 건축처럼.

분량
4인분

요리 시간
15분
총 시간
30분

NOTE

냉동 떡을 사용한다면 1단계에서 10분 정도 더 담가서 해동한 뒤 시작하면 좋다. 더 좋은 맛을 위해서는 다진 돼지고기와 다진 새우 대신에 약 225g의 *The Mix*(280페이지)를 사용하면 된다. 돼지고기와 새우를 생략하고 야채 비율을 각각 약 55g씩 늘리면 비건용 레시피가 된다.

재료

한국 또는 중국 쌀떡 450g
코셔 소금
완두콩 120g, 또는 식감이 바삭한 녹색 야채를 약 4cm로 썬 것
잣 ¼컵(40g)
땅콩유, 쌀겨유 또는 기타 식용유 ¼컵(60ml)
채 썬 녹색 양배추 1컵(120g)
스캘리언 4대, 4~5cm로 어슷하게 썬 것
표고버섯 120g, 줄기는 제거하고 갓은 4등분한 것
다진 돼지고기 120g
새우 120g, 껍질을 벗기고 약 1cm로 썬 것
다진 마늘 2티스푼(5g)
생추간장 2테이블스푼(30ml)
설탕 1테이블스푼(12g)
참기름 2티스푼(10ml)

요리 방법

① 큰 볼에 떡을 담고 물을 부어 따로 둔다.

② 약한 소금물 1L를 웍에 넣고 센 불로 끓인다. 녹색 야채를 추가하고 질감과 빛깔을 그대로 유지한 채로 약 1분간 볶는다. 야채의 수분을 제거하고 쟁반에 펼쳐 식힌다. 떡의 수분도 제거한다.

③ 웍을 닦고 잣을 넣어 중간 불로 계속 저으며 볶는다. 약 3분이면 노릇노릇해지고 구수한 향이 코를 찌른다. 큰 볼로 옮겨둔다.

④ **볶음:** 웍에서 연기가 날 때까지 센 불로 가열하고 기름 1테이블스푼(15ml)을 둘러 코팅한다. 양배추와 스캘리언을 넣고 볶는다. 약 2분 정도 양배추가 부분적으로 노릇해질 때까지 10~15초마다 저어가며 볶는다. 잣을 담은 볼로 옮긴다.

⑤ 웍을 닦고 연기가 날 때까지 센 불로 가열하고 남은 기름 1테이블스푼(15ml)을 둘러 코팅한다. 버섯을 넣고 부분적으로 노릇해질 때까지 약 2분간 볶는다. 잣과 양배추가 담긴 볼로 옮긴다.

⑥ 웍을 닦고 연기가 날 때까지 센 불로 가열하고 남은 기름 1테이블스푼(15ml)을 둘러 코팅한다. 수분을 제거한 녹색 야채를 넣고 부분적으로 노릇해질 때까지 약 1분간 볶는다. 같은 볼로 옮긴다.

⑦ 다시 웍을 닦고 가열하고 기름 1테이블스푼을 둘러 코팅한다. 돼지고기와 새우를 넣고 돼지고기는 핏기가 가시고, 새우는 투명하지 않을 때까지 약 1분간 볶는다. 볼에 담아두었던 재료들을 모두 웍에 추가한다. 수분이 증발하고 떡이 노릇노릇해질 때까지 약 2분간 볶는다. 접시에 옮겨 즉시 제공한다.

2

쌀

일본계 미국인 가정에서 태어난 나는 쌀밥을 먹으며 자랐고, 지금껏 정말 많은 밥을 먹었다. 우리 가족은 밥을 *마파두부*(598페이지)나 일본식 커리와 함께 먹었고, 남은 밥에 날달걀을 섞어 *타마고-카케 고항*(230페이지)을 만들기도 했다. 여행을 갈 때면 우리 할머니는 오니기리(소금과 MSG로 맛을 낸 일본 주먹밥)로 가득 채운 도시락을 준비했다. 우리는 김으로 싼 오니기리를 그냥 먹거나, 우메보시와 함께 곁들여 먹었다. *후리카케*(521페이지)를 뿌린 밥은 어느 때나 든든한 메뉴였다. 일본어로 식사를 뜻하는 '고항(gohan)'이라는 단어는 쌀밥을 의미하기도 한다.

마찬가지로, 콜롬비아인인 내 아내도 쌀밥을 주식으로 먹으며 자랐고, 그렇다 보니 우리 딸아이도 밥을 먹으며 자라고 있다. 아주 많이 먹으며 말이다.

우리는 이 장에서 쌀에 대해 많은 것을 배울 예정이다. 읽으면서 모든 레시피가 쌀을 사용하는 건 아니라는 걸 알 수 있을 것이다. 이 책의 이름과 맞진 않아도 내가 가장 좋아하는 쌀을 즐기는 방법을 공유하지 않는 것은 부끄러운 일이다. 기대 이상으로 맛있을 수 있다는 점에 대해 미리 사과를 드린다.

쌀에 관한 Q&A

아시아에 있어 쌀이란 유럽의 빵이나 멕시코의 옥수수와 비견되는 '문화적 초석'이라고 볼 수 있다. 하지만 과연 어떤 점에서 차별성을 보인다고 할 수 있을까? 우선, 쌀이 소비되는 양을 가장 먼저 꼽을 수 있다.

Q 전 세계적으로 얼마나 많은 쌀이 소비되고 있나?

A 아시아, 중동, 아프리카, 중남미 전역의 주식인 쌀은 세계 인구의 60% 이상의 주요 영양 공급원이다. 세계에서 가장 널리 생산되는 곡물은 옥수수이지만(연간 약 8억 5천만 톤, 쌀은 7억 2천5백만 톤), 인간이 소비하는 양에 있어 가장 우위에 선 곡물은 쌀이다(세계적으로 재배되는 옥수수의 대부분은 동물 사료로 사용되거나 다른 성분으로 가공되는 데 쓰인다).

쌀은 놀라울 정도로 다른 곡물에 비해 생산에 더욱 많은 노동력과 자원이 필요하다. 아시아 지역을 여행할 때면 여전히 사람의 손으로 가꾸어진 논밭이 펼쳐진 모습을 볼 수 있다. 생산뿐 아니라 가공하는 것도 쉬운 일이 아니다. 밀이나 옥수수처럼 갈아서 먹지 않고 형태 그대로 먹는다는 점도 독특한 점이다.

Q 이해가 안 된다. 곡물을 가루로 만드는 것보다 필요한 노동력이 많다고? 가루로 만드는 일도 하나의 작업(노동력)이지 않나?

A 곡물에는 겨, 배아, 배유라는 세 가지 주요 부분이 있다. 정제된 밀가루(흔히 비스킷을 굽는 데 사용하는 흰 밀가루)에서는 겨와 배아가 완전히 배제되지만, 통곡물 가루에는 이 요소들이 그대로 포함되어 있다. 밀가루나 가공된 곡물은 겨와 배아를 제거하는 과정이 산업화되어 효율적인 시스템으로 처리된다. 밀은 정선 과정과 제분 공정을 거치고 체질을 하여 원치 않는 물질들을 걸러낸다.

반면에 쌀은 밀가루와 달리 일반적으로 가루가 아닌 곡물 형태로 소비되기 때문에 공정 과정에서 각 곡물의 외부 층을 조심스럽게 제거해야 한다.

Q 아, 무슨 말인지 알겠다. 하지만…

A 잠깐, 아직 설명이 끝나지 않았다. 쌀은 밀과 옥수수처럼 겨 층을 가지고 있을 뿐 아니라 그 위에 껍질(왕겨)을 가지고 있다. 비유하자면, 어린아이의 옷을 벗겨주는 것과 비슷하다고 볼 수 있다. 재킷과 바지를 벗겨주는 동안 아이들이 가만히 있게 하는 건 쉽지 않은 일이다. 티셔츠와 속옷에 다다를 때쯤이면 이미 난리를 피우고 있을 것이고 그때는 *Tumble leaf*(미국 아이들이 좋아하는 애니메이션)도 별 도움이 되지 않을 테니 말이다. 쌀은 외투를 두른 밀과 같다. 밀, 옥수수와 마찬가지로 쌀에도 제거해야 하는 겨와 배아가 있지만 그것 외에도 또 하나의 껍질이 있는 것이다. 건강에 그렇게 좋다는 "통곡물"인 현미도 건조 및 포장을 하기 전에 이 껍질을 제거한다.

Q 와, 추가 작업이 꽤 번거로운 것 같다! 그럼 다음 질문으로…

A 그게 다가 아니다! 껍질(왕겨), 쌀겨, 배아가 모두 제거된 후 쌀은 배유의 외부 막을 형성하는 지방과 단백질 층인 호분 층을 제거하기 위해 더 정제된다. 바로 이 부분이 현미를 너무 오래 보관하면 산패되는 부분이다. 이를 제거해야 쌀의 보관 가능 기간을 연장할 수 있다.

Q 이제 끝났나? 그렇다면 이제…

A 여기서 더 골치 아파진다! 옥수수와 밀은 상대적으로 적은 품종(단작물)이 대량으로 재배되는 반면 쌀에는 말도 안 되게 많은 종류의 품종이 존재한다. 향긋한 인도 바스마티 쌀로 스시를 만들거나 끈적끈적한 태국 쌀을 콩과 엔칠라다와 함께 식탁에 낸다고 상상해보라. 세계의 주식인 쌀이지만, 로컬의 음식인 것이다. 아시안 슈퍼마켓에 가보면 쌀의 종류가 쌀알만큼이나 다양한 것을 볼 수 있다.

Q 그래, 알겠다. 알겠어. 그런데 왜 아시아인들은 밀과 옥수수를 섭취하지 않고, 그 모든 도정 과정을 굳이 고수해가며 쌀을 섭취하나?

A 이 질문에 대해 명확하게 답변하긴 어렵지만, 분명한 건 인간은 특정한 취향을 발전시켜 왔다는 것이다. 우리는 통곡물을 좋아한다. 물론 좋아하는 척하는 사람도 있겠지만, 럭셔리한 레스토랑에 가서도 파로 리소토를 시키는 사람이 있을 것이다. 그렇다면 쌀은? 우리는 쌀도 좋아한다. 알갱이로 이루어진 쌀을 좋아하기 때문에 아무리 복잡한 과정이라도 거쳐서 먹는 것이다.

쌀은 남미와 아프리카와 아시아, 세 대륙이 저마다의 품종으로 생산해 왔는데, 오늘날에는 주로 Oryza sativa라는 아시아 품종을 주로 섭취하고 있다. 남미 품종은 스페인 사람이 신대륙에 왔을 때 아시아 품종으로 대체되었고, 아프리카 품종은 아프리카 내에서만 섭취한다.

Q 동네 중국식당은 스시식당과 다른 쌀을 쓰고, 인도식당과도 다른 쌀을 쓴다는 걸 알게 됐다. 왜 그런가?

A 쌀은 크게 두 품종으로 나눌 수 있다. 인디카와 자포니카이다.

자포니카 쌀은 중국 북부, 일본 및 한국의 산악 지역과 같은 온대 또는 고지대 지역에서 재배된다. 미국에서 판매되는 자포니카는 대부분 캘리포니아산이다. 인디카 품종보다 곡물 알갱이의 길이가 짧은 편이다. 리소토에 사용되는 아르보리오 쌀, 파에야에 사용되는 봄바 쌀, 스시에 쓰이는 쌀, 중국식당의 찐 쌀을 포함해 대부분의 중립미와 단립미는 자포니카 품종이다. 자포니카는 특유의 질감도 갖고 있는데, 촉촉한 덩어리로 뭉쳐지기도 하고, 전분을 추출하면 크리미한 소스가 되기도 한다(리소토와 파에야의 경우).

인디카 쌀은 인도, 동남아시아, 미국 남부와 같은 열대 및 아열대 저지대 지역에서 재배된다. 자포니카와 달리 쌀알이 뭉치지 않고 알알이 요리돼서 부들부들한 질감을 갖고 있다. 캐롤라이나 쌀이 인디카 품종이다. 바스마티 쌀과 재스민 쌀과 페르시아 음식점에서 쓰이는 쌀, 그리고 루이지애나 크리올 팥과 쌀(Louisiana Creole red beans and rice)이라는 요리에 들어가는 쌀도 인디카 품종이다.

흥미롭게도 일본과 중국처럼 끈적끈적한 쌀 품종을 주로 소비하는 국가에서는 젓가락으로 밥을 먹는다. 그리고 인디카를 선호하는 지역은 포크나 숟가락이나 손으로 먹는다. 다양한 종류의 쌀에 대한 자세한 내용은 224페이지의 차트를 참고하라.

Q "콘버티드 라이스"라는 건 무엇인가?

A 콘버티드 라이스는 일반적으로 인디카 품종의 장립미나 중립미를 껍질(왕겨), 겨, 배아가 제거되기 전에 미리 삶아 건조한 것이다. 미리 삶아두면 집에서 밥을 더욱 빠르게 지을 수 있을 뿐 아니라, 외층의 일부 영양분이 중추까지 스미는 효과도 생긴다. 가장 잘 알려진 콘버티드 라이스는 *Uncle Ben's*이다.

Q 가끔 아시아 식료품점에서 "생두(New Crop)"라는 라벨이 붙은 상품이 보인다. 이건 무슨 뜻인가?

A 말 그대로 올해 첫 수확한, 또는 가장 최근에 수확한 쌀을 일컫는다. 자포니카 쌀은 콩이나 기타 건조 제품과 마찬가지로 유통 기한이 길긴 해도 무기한은 아니며, 시간이 지남에 따라 전분 입자가 조이듯 모이며 표면 단백질이 곡물 표면에 단단한 층을 형성하기 시작한다. 그래서 생두 자포니카 쌀은 그렇지 않은 쌀보다 향이 더 잘 퍼지고 부드러우며 끈적하다. 많은 나라에서 생두 쌀은 연간 사치품으로 취급된다. 나는 보통 12월 초쯤부터 생두가 보이기만 하면 집어 드는 편이며, 요리하기 전에 절대 쌀을 씻지 않는다! 신선할 뿐더러 더 쉽게 물을 흡수하기 때문이다. 자포니카 쌀과 달리 쌀알이 뭉치지 않고 분리되는 인디카 쌀은 더욱 쉽게 숙성된다. 특히 바스마티 쌀은 1년 이상 숙성하면 쌀알의 질감이 개선되며 더 깊은 향을 낼 수 있다.

Q 그럼 어떤 품종이 최고의 쌀인가? 지금 인터넷에서 이 주제로 논쟁을 벌이는 중이라 무척이나 궁금하다.

A 당신의 입장이 무엇이든, 특정 쌀을 최고의 쌀로 꼽는 입장이라면, 유감이다. 그건 오산이다. 최고의 쌀이 무엇이냐는 질문에 대한 답은 모두 상황과 개인 취향에 달려 있다. 어떤 사람들은 고소한 맛과 쫄깃한 식감, 건강상의 이점 때문에 현미를 좋아한다. 또 누군가는 중립미의 촉촉한 덩어리 또는 태국 재스민 쌀의 꽃 향을 선호한다.

내가 집에서 짓는 쌀은 대부분 캘리포니아에서 재배된 자포니카 품종이다. 성장하는 과정에서 우리 가족은 자포니카 쌀을 먹었고, 그래서 아직도 내 식료품 저장실에 늘 자리하고 있다. 고시히카리는 먹기 좋은 한입 크기로 잘 뭉쳐져 젓가락으로도 떠먹을 수 있는 쌀 품종이다. 제대로 밥을 지으면 섬세한 꽃 향과 기분 좋게 단단한 씹는 맛이 있다(알덴테 파스타라고 생각해도 좋다). 나는 흰색(백미)과 갈색(통곡물) 품종으로 시판되는 캘리포니아 프리미엄 브랜드인 *Tamaki Gold*를 선호한다.

그렇다고 사용하는 쌀 품종을 제한하지는 않고 자유로이 사용하는 편이다. 인도식 요리를 하면 바스마티 쌀을 사용할 것이고, 태국 음식을 만든다면 재스민 쌀이나 찹쌀을 사용할 것이다.

캘리포니아에서 재배되는 자포니카 품종인 칼로스 쌀은 세계에서 가장 대중적인 중립미이다. 약간의 향이 나며 매우 부드럽고 적당히 끈적끈적하다. 중국음식점에서 짓는 밥이 대개 이 쌀을 사용하는데, 특히나 볶음밥에 이상적이다(268페이지). 내가 중국식 볶음요리에 애용하는 칼로스 쌀 브랜드는 *Kokuho Rose*이다.

Q 그래서… 쌀을 씻어야 하나 말아야 하나? 무슨 차이인지는 모르겠지만, 일단 내게는 항상 쌀을 씻어서 밥을 짓는 아시아인 장모님이 있다.

———

A 쌀을 씻으면 쌀알 표면에 붙은 전분이 일부 제거되어, 씻지 않은 쌀보다 뭉치지 않고 알갱이가 분리된다. 그래서 쌀을 씻을지 말지는 개인의 취향과 사용하려는 브랜드가 무엇인지에 달려 있다. 인디카 품종을 사용한다면 전분을 줄이기 위해 헹구는 게 좋지만, 그러면 표면에 있는 전분과 함께 미량의 비타민과 미네랄까지 제거된다. 씻는 대신 파스타처럼 물을 많이 넣고 끓이기만 해도 전분을 제거할 수 있다(더불어 어렵지 않게 물과 쌀의 완벽한 비율을 맞출 수 있다).

나도 안다. 쌀을 씻지 않는 게 신성모독처럼 느껴진다는 것을. 하지만 맛으로도 실패할 수 없는 신성모독이다!

자포니카 품종의 경우 쌀이 너무 덩어리지거나 끈적거릴 때는 헹구는 게 좋을 수도 있지만, 나는 매우 특수한 상황이 아닌 이상에야 끈적이는 것에 크게 신경 쓰지 않는다(예를 들어, 스시를 만들 때는 너무 끈적거리는 밥을 사용하지 않는 게 낫다).

다른 쌀들에 비해 가공이 되지 않은 쌀인 현미는 씻어도 거의 효과가 없다(당신의 장모님이 아시아인이라서 발생하는 상황은 내가 도와줄 수 없는 영역이다).

내가 쌀을 꼭 씻는 경우가 있다면, 그건 밥을 짓자마자 볶음밥에 사용하려고 할 때가 유일하다(270페이지 참고). 전분이 많으면 웍 안에서 덩어리지게 되고, 그러면 더 많은 기름을 넣어야 한다. 결과적으로 무겁고 기름기가 많아지는 것이다. 그러니 쌀을 씻어 전분을 제거하면 이런 문제를 방지할 수 있다.

Q 자포니카 쌀이 인디카 쌀보다 끈적하다는 건 알겠는데, 그럼 찹쌀은 무엇인가? 스시용 밥과 똑같은 것인가? 글루텐 프리 식단을 하고 있는 사람이 찹쌀을 먹어도 되는가?

———

A "찹쌀"은 단순히 "끈적끈적한 쌀"을 의미하는 게 아니다! 가끔 스시용 밥이나 중국음식점에서 나오는 흰 쌀밥도 "찹쌀밥"이라고 하는데, 사실은 "인디카 쌀보다는 찰진" 밥이라고 하는 게 맞다. 실제 찹쌀은 아밀로스 함량이 매우 낮고 아밀로펙틴 함량은 높아 접착제처럼 끈적끈적한 몇 가지 특정 품종을 뜻한다(인디카와 자포니카 모두에 있다). 익지 않은 찹쌀은 불투명한 흰색 외관으로 인해 일반 쌀과 쉽게 구별된다. 그들은 투명한 백악처럼 보인다.

찹쌀은 달콤한 망고와 코코넛 시럽을 곁들여 먹는 태국식의 망고찹쌀밥에 사용되는 것으로 유명하다. 또한 다양한 중국식 딤섬에 사용되는 것으로도 유명한데, 찹쌀을 대나무잎에 찌고 참깨 페이스트로 감싼 후 튀겨서 만두로 만드는 것이다. 또는 볶음용 떡으로 만들기도 한다. 찹쌀은 미얀마에서도 매우 대중화되어 있다.

찹쌀은 이런 요리 외에도 사용되곤 한다. 내가 좋아하는 방법 중 하나는 찹쌀을 말리고 빻아서 사용하는 것인데(내가 찹쌀을 갖고 다니게 된 주된 이유이다), 이걸 *째우*(440페이지 참고) 같은 디핑 소스에 넣어 풍미를 더하거나 라오(Lao) 또는 아이산 타이 랍(Isan Thai larp) 샐러드에 뿌려 먹는다.

찰기(glutinous)를 글루텐(glutenou)과 혼동해서는 안 된다. 전자는 접착제와 같은 찹쌀의 질감을 나타내고 후자는 밀가루와 물이 결합될 때 형성되는 단백질 기질인 글루텐을 나타낸다. 찹쌀에는 글루텐이 포함되어 있지 않으며, 따라서 글루텐 프리 식단에 완벽하게 어우러진다.

Q "깨진(broken)" 쌀이라는 건 대체 무엇인가? 불량품을 사고 싶은 사람도 있나?

A 말 그대로 깨진, 더 작은 조각으로 부서진 쌀알이다. 일반적으로 콘지(249페이지)나 걸쭉한 죽 같은 요리에 사용되는데, 전분이 더 쉽게 빠지고, 쌀알도 잘 분해되기 때문이다. 깨지지 않은 일반 쌀로도 괜찮은 콘지를 만들 수 있지만, 깨진 쌀은 더 싸고 더 빨리 익기 때문에 아시아 가정의 죽 요리에 가장 대중화되어 있다.

Q 실제로 찌지도 않은 걸 "찐 밥(steamed rice)"이라고 부르는 이유는 무엇인가?

A 글쎄, 아마도 그게 "끓인 쌀"이나 내가 밥을 지을 때 자주 하는 표현인 "중간은 찐 밥, 위는 생 쌀밥, 맨 아래는 탄 밥"보다는 더 그럴듯하게 들려서 그런 걸지도 모르겠다. 하지만 어떤 쌀밥은 말 그대로 쪄서 만들기도 하는데, 가령 태국식 찰밥(sticky rice)은 전통적으로 끓는 물 위에 얹은 대나무 바구니 속에서 쪄진 쌀밥이다.

Q 아시아 시장에 갑자기 나타난 '전자레인지에 데워먹는 즉석밥'에 대해 어떻게 생각하는가?

A 훌륭한 간편식이다. 전자레인지에서 90초 정도 돌리면 되고, 맛도 꽤 괜찮다. 내가 선호하는 것보다 약간 더 진 밥일 때가 많지만 말이다. 딸에게 해줄 간단한 간식이 필요할 때나 출출하지만 뭔가 거창하게 만들기는 귀찮은 야밤에 주로 사용한다. 가장 큰 단점은 포장과 가격인데, *Tamaki* 같은 좋은 브랜드의 제품은 1인분에 약 $1.75이고, 사용할 때마다 재활용할 플라스틱이 나온다. 그러니, 훨씬 더 좋은 방법은 밥을 지을 때 당장 필요한 양보다 조금 더 많이 만들어 여분을 보관해 두는 것이다.

Q 보관해둔 여분의 밥을 재가열하는 가장 좋은 방법은? 다시 데워도 맛이나 식감이 괜찮은가?

A 나는 밀폐용기에 담아 냉장고에 보관하거나, 금방 먹지 않을 거 같다면 지퍼백에 넣어 길게는 1주까지도 보관한다. 지퍼백에 넣고 공기를 모두 짜내 밀봉한 뒤, 급속 냉동 및 해동을 위해 밥을 평평하게 눌러 납작하게 보관한다.

밥은 다른 전분 기반 식품과 마찬가지로 식은 후 그대로 두면 신선한 맛이 사라지고 쿰쿰해진다. 밥의 전분은 느슨한 젤 같은 구조에서 단단한 결정 구조로 되돌아가 밥알 하나하나가 건조하고 불쾌할 정도로 단단하게 변하는 것이다. 신선한 맛이 없어진다는 건 건조와는 별개의 현상이다. 빵과 밥은 수분을 잃지 않고도 부패할 수 있고, 부패하지 않고도 수분을 잃을 수 있다. 즉, 완벽하게 밀폐된 용기에 넣어도 냉장고에서 식으면서 변질된다는 말이다.

다행히 차가운 밥은 되살리기가 매우 쉬운데, 몇 가지 방법을 알아보자. 가장 간단한 방법은 전자레인지를 사용하는 것인데, 냉장실에 보관했든 냉동실에 보관했든 전자레인지에 돌리면 다시 신선한 상태로 되살아난다. 증기가 빠져나갈 수 있게 보관 용기의 뚜껑을 살짝 열거나 전자레인지 전용 그릇에 밥을 옮겨 담아서 전자레인지를 작동시킨다. 밥 한 그릇당 60초 정도 가열한 다음(해동하지 않은 상태라면 90초) 원하는 만큼 뜨거워질 때까지 15초 간격으로 가열한다.

전자레인지가 없다면 찜기가 달린 냄비에 끓는 물과 함께 그릇째 넣고 다시 데울 수 있다. 냄비에 뚜껑을 덮고 밥이 완전히 데워질 때까지 가열해주면 된다.

또 다른 대안은 원래대로 복원하려고 애쓰지 않는 것이다. 오래 냉장 보관된 찬밥은 볶음밥(268페이지)과 콘지(249페이지) 요리에 안성맞춤이다.

Q 아, 질문 하나 더! 중국이나 일본음식점에서 사이드로 나오는 밥은 냄새는 좋아도 맛이 밋밋한 경우가 있었다. 왜 그런 것인가?

A 아시아에서는 소금 간이 되지 않은 맹물로 밥을 짓는 반면, 서구에서는 대부분 밥을 할 때 소금 간을 한다. 아마 이런 밥에 익숙해서일 것이다. 나는 일본계 미국인 가정에서 자라서 그런지 소금 간이 된 일본식 밥은 좀 이상하게 느껴진다. 캐롤라이나에서 재배된 쌀 품종을 가지고 소금 간 없이 밥을 짓는 게 이상한 것처럼 말이다.

아시아에서 밥을 지을 때 소금 간을 하지 않는 이유는 명확하지 않지만, 아마도 밥을 양념이 된 다른 요리들과 함께 먹는다는 게 가장 유력한 이유일 것이다. 밋밋하고 싱거운 밥은 일종의 미각 세정제 역할을 한다. 기름지고 짠 볶음요리의 강한 풍미를 중화해주는 것이다.

사실 많은 나라에서 소금 간을 하지 않은 담백한 쌀밥과 반찬을 함께 먹는다. 하지만 밥이 주재료인 요리에서는 간을 하는 경우도 있다. 볶음밥은 소금이나 간장, 굴 소스로 간을 하며, 스시용 밥은 식초, 소금, 설탕으로 간을 한다. 할머니가 장거리 자동차 여행을 위해 싸주셨던 주먹밥은 모양을 내기 전에 밥에다 소금과 MSG로 간을 하곤 했다. 그리고 *타마고-카케 고항*(230페이지)은 달걀과 짠 간장을 섞은 밥인데, 나는 그 위에 짭조름한 후리카케를 얹어 먹는 것도 좋아한다.

쌀 품종

세계적으로 쌀 품종이 매우 다양하기 때문에 모든 품종을 다루지는 않을 것이다. 여기서 소개하는 쌀들은 미국에서 자주 보거나 구매할 수 있는 것들이다.

Chart

자포니카

유형	설명	먹어볼 수 있는 곳	인기 브랜드
칼로스	캘리포니아산 중립미(중간 크기의 쌀알). 국제쌀협회가 개최한 국제 쌀 콘퍼런스에서 "세계 최고의 쌀"로 선정되는 등 다양한 국제 수상 경력이 있음.	중국식 볶음밥에 사용됨. 현지 중국음식점에서 맛볼 수 있음.	*Nishiki, Kokuho Rose, Botan*
고시히카리	칼로스보다 끈적끈적한 일본산 단립미.	스시 또는 일본음식점의 일본식에 사용됨. 볶음요리에 사이드로 곁들여도 좋은 다양성을 가짐.	*Tamaki Gold, Kagayaki, Sekka*
아르보리오	아르보리오 이탈리아산 단립미.	리소토에 주로 사용됨. 대체품종: 카르나롤리, 비아로네, 나노	미국에서는 *Riceselect* 브랜드의 아르보리오 쌀을 쉽게 구할 수 있지만, 나는 그냥 수입상가로 가서 이탈리아 브랜드를 찾아 구매한다.
봄바	스페인산 단립미.	전통적인 스페인식 쌀 요리인 파에야에 들어가며, 크리미하고 리소토 같은 질감을 줌.	포장에 "*D.O.P. Calasparra*"라고 표기된 수입 브랜드를 찾을 것.

인디카

유형	설명	먹어볼 수 있는 곳	인기 브랜드
바스마티	낟알이 아주 길고 향이 뚜렷하게 좋으며 푹신한 곡물. 일반적으로 고유의 향을 위해 1년 이상 묵힌다.	인도, 파키스탄, 중동음식점	*Daawat, Royal, Tilda*
재스민	태국의 "홈 말리 라이스" 요리로 유명하며, 향긋한 꽃향이 나고 중립미보다 약간 긴 쌀임.	태국음식점에서는 꼭 사용하는 쌀이며, 일부 중국음식점에서도 사용함	아시안베스트의 *Red Elephant, Dynasty*
흑미	"금단의 쌀"로 알려진 통곡물 쌀로, 검은색의 외부 겨 층이 그대로 남아 있음. 익히면 보라색으로 변함.	일부 중국음식점	*Lotus, Lundberg*
미국산 롱그레인	익히면 밥알 하나하나가 개별적으로 약간의 향이 있는 장립미.	미국 남부 또는 학교 매점	*Carolina, Lundberg, Canilla*

밥 짓는 도구들

밥을 짓거나 식탁에 낼 때 특별한 도구가 필요한 건 아니지만, 유용하다고 생각되는 도구들이 있다.

밥솥 또는 압력솥

냄비나 웍을 사용해서도 밥을 지을 수 있지만(226페이지 '밥솥이나 압력솥 없이 밥 짓는 방법' 참고) 밥솥(또는 전기 압력솥)을 사용하면 그보다 훨씬 더 일관되고 쉽게 밥을 지을 수 있다. 타이머를 맞춰두거나 버너의 불꽃 세기를 조정할 필요 없이, 밥과 물을 넣고 뚜껑을 덮은 채 버튼만 누르고 나면 나머지 식사 준비에 집중할 수 있다.

대나무 밥주걱

일반 금속 또는 나무로 된 주걱을 사용해도 괜찮지만 쌀밥용으로 설계된 '손잡이가 짧고 볼이 넓은' 대나무 주걱이 훨씬 더 좋다. 칼로스나 일본 스시용 쌀처럼 끈적끈적한 쌀 품종을 다룰 때는 더더욱 말이다. 짧은 손잡이는 찹쌀을 퍼낼 때 더 큰 지렛대 효과를 제공하며, 통기성이 우수한 대나무 표면은 금속이나 나무 숟가락보다 훨씬 더 쉽게 쌀밥을 주걱에서 분리해 접시에 덜어낼 수 있게 한다. 대나무 밥주걱은 온라인이나 아시아 슈퍼마켓, 또는 주방용품점에서 약 $5 정도로 구매할 수 있다.

나무 웍 뚜껑

웍을 사용하여 밥을 지을 때는 웍에 꼭 맞는 나무 뚜껑을 사용하면 밥을 더 고르게 익힐 수 있다. 나는 온라인에서 *Zhen San Huan*이라는 중국 제조업체의 제품을 구매했는데, 이 업체는 고객의 웍 크기에 맞춰 가벼운 뚜껑을 제작해준다(자세한 내용은 9페이지 참고).

물의 양

밥 짓는 방법은 대부분 비슷하지만 밥을 짓는 데 필요한 물의 양은 쌀 알갱이 크기와 품종에 따라 다르다. 나는 쌀을 사면 식료품 저장실에 있는 투명한 밀폐 용기에 넣고 (내가 선택한 용기는 옥소 팝 컨테이너, 메이슨자) 거기에 쌀의 품종과 물과 쌀의 비율이 인쇄된 라벨을 붙인다. 예를 들어, 내 고시히카리 쌀이 담긴 용기에는 "고시히카리, 1.1:1"이라고 표시되어 있는데, 이는 물 1.1L 대 쌀 1kg을 나타낸다. 다음은 일반적인 쌀 품종들에 대한 물 비율이다. 단, 압력솥을 사용할 때는 뚜껑을 덮은 냄비나 밥솥에 비해 증발을 통한 수분 배출이 적기 때문에 표에 나타난 비율보다 물을 조금 더 '적게' 넣어야 한다는 점을 유의해야 한다.

쌀 품종	부피에 따른 물과 쌀의 비율 (가스레인지 또는 밥솥)	부피에 따른 물과 쌀의 비율 (압력솥)
일본 스시용 쌀 (고시히카리)	1.2 : 1	1.1 : 1
재스민 쌀	1.5 : 1	1.4 : 1
미디엄그레인 미국 쌀	1.5 : 1	1.4 : 1
롱그레인 미국 쌀	2 : 1	1.8 : 1
칼로스	1.3 : 1	1.2 : 1
바스마티	1.75 : 1	1.7 : 1
흑미 또는 적미	1.5 : 1	1.4 : 1

밥 짓는 가장 좋은 방법과 걱정 없이 밥솥을 사용하는 방법

난 밥을 못한다. 나의 많은 결점 중 고작 하나일 뿐이지만, 부엌에서 나를 가장 당황스럽게 하는 결점이었다. 어떤 스시 장인에 대해 들은 적이 있는데, 생선 다루는 일과 기술들을 전수받으려면 수십 년간 밥만 지었어야 했다고 한다. 어느 정도의 짓궂음은 명예와 규율을 고양하는 합리적인 방법일 수 있겠지만(너무 과했다), 밝혀진 바와 같이 훌륭한 밥을 짓는 능력과 좋은 밥을 제공하는 능력 사이에는 아무런 상관관계가 없다.

거의 모든 현대 일본 가정에서 하는 일, 즉 밥솥을 구하는 방법을 택하기를 권한다. 휘황찬란한 걸 고를 필요는 없다. 가장 심플한 밥솥이라고 해도 버튼 하나만 누르면 훨씬 더 고르고 일관되게 밥을 지을 수 있다. 밥솥은 간단하지만 독창적인 센서 메커니즘을 통해 작동하는데, 냄비 바닥의 온도가 물의 끓는점(100℃) 이상으로 올라가는 즉시, 전원이 꺼지고 가열이 멈춘다. 이는 액체가 쌀에 흡수되었음을 나타낸다.

Zojirushi 같은 브랜드의 고급 모델은 곡물에 따라 설정이 다를 것이고, 냄비의 내용물을 모니터링하고 퍼지 논리 회로를 사용해 자동으로 설정을 조정할 것이며, 아침이나 퇴근 시간에 맞춰 따뜻한 밥을 제공할 수 있게 하는 타이머가 내장되어 있다. 또한 밥을 따뜻하게 유지하는 능력도 탁월하다. 이런 밥솥을 사용하는 건 지속적으로 아무런 문제 없이 밥을 짓는 가장 좋은 방법이다. 뿐만 아니라 온도가 들락날락하거나, 따로 타이머를 맞춘다거나, 밥이 잘 안 익을까 걱정되는 마음에 뚜껑을 열어 김이 빠져나가 밥이 제대로 익지 않는 상황들에서도 벗어날 수 있다.

나는 압력솥으로 전기 멀티쿠커를 사용한다. 이 다용도 밥솥은 밥을 더 빨리 지을뿐더러 대부분의 전용 밥솥과는 다른 여러 유용한 작업을 수행할 수 있다. *InstantPot*이라는 브랜드는 다양한 크기와 기능을 가진 고급 모델부터 저가형 모델까지 다양한 모델을 만든다. 기능과 성능에 투자할 돈이 충분하다면, 전기 멀티쿠커를 위한 최고의 선택은 *Breville Fast-Slow Pro*라는 제품이다.

압력솥에 밥을 지으려면 쌀과 포장지에 기재된 만큼의 물을 넣고 압력솥을 약하게(7.5psi) 설정한다. 압력이 가해진 후 백미는 5분 동안, 현미는 10분 동안 취사한다. 가해진 압력을 조금씩 여러 번 풀어주거나, 급하지만 않다면 자연스럽게 두어 풀어지게 한다.

나는 밥을 잘 못 지어도, 내 멀티쿠커는 잘 짓는다.

밥솥이나 압력솥 없이 밥 짓는 방법, Step by Step

사실 나는 압력솥이나 밥솥 없이도 밥 짓는 법을 알고 있는데, 별로 어렵지 않다. 다음은 밥 짓는 기본 단계이다.

STEP 1 · 쌀 계량 및 씻기(선택사항)

쌀을 헹구면 전분이 씻겨나가 덜 뭉치고 덜 끈적거리게 된다. 이게 좋은지 나쁜지는 개인의 취향과 용도에 달려 있다. 나는 밥을 지어서 바로 볶음밥에 넣는 경우가 아니라면 굳이 쌀을 씻지 않는다(270페이지).

쌀을 씻지 않는다면 이 단계는 아주 간단해진다. 225페이지의 비율 표를 참고해 쌀과 물의 양을 측정한 다음, 큰 냄비에 넣는다. 쌀과 물을 합친 것이 냄비 높이의 ¾이 안 되게 채워질 만큼 충분히 큰 냄비여야 한다. 만약 당신의 웍 사이즈에 꼭 맞는 나무 뚜껑이 있으면 냄비 대신 웍을 사용할 수도 있다.

쌀을 씻어서 발생하는 한 가지 문제가 있다면, 헹굴 때 쌀이 물을 흡수해 물의 비율이 맞지 않게 된다는 점이다. 이 문제를 해결하기 위해서는 먼저 쌀과 물을 부피로 측정한 다음, 액체 계량컵에 넣고 컵 측면에서 물의 높이를 확인하고 기록한다.

이어서 고운체로 쌀을 걸러내고, 흐르는 시원한 물에 물이 맑아질 때까지 헹군다. 물이 맑아졌다는 건 표면의 과도한 전분이 제거되었다는 걸 의미한다. 그렇게 씻어낸 쌀을 다시 액체 계량컵으로 옮기고, 이전에 기록해둔 높이까지 다시 물을 채우면 된다.

마지막으로 완벽하게 계량된 쌀과 물을 조리 용기로 옮긴다.

STEP 2 · 원하는 만큼 간하기

일반적으로는 볶음요리나 다른 아시아 요리와 함께 식탁에 오르는 밥에는 간을 하지 않는다. 강렬한 맛을 내는 요리에 간을 하지 않은 순한 대응물을 제공하는 것이다. 하지만 그럼에도 소금 간을 한 밥을 좋아한다면, 밥을 짓기 전에 소금 한두 꼬집 정도를 물에 넣으면 된다. 이 단계에서 개인 취향에 따라 월계수잎, 계피 조각, 팔각 등 기타 향신료를 더해가며 간을 할 수도 있다.

STEP 3 · 끓이기

쌀과 물을 넣고 센 불에 끓이면서 쌀이 냄비 바닥에 눌어붙지 않도록 한두 번 젓는다.

STEP 4 · 익히기

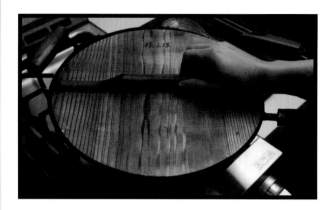

밥이 끓으면 냄비나 웍을 꼭 맞는 뚜껑으로 덮는다(조금 헐거운 경우, 뚜껑을 젖은 키친타월로 감싸서 올리면 더 단단히 고정할 수 있다). 불의 세기는 가장 약하게 줄이고 10분 동안 그대로 둔다. 요리 중 웍 안을 슬쩍 들여다보고 싶은 마음이 들 수도 있지만, 그러면 증기와 열이 빠져버리니 절대 열어보지 말고 절대 휘젓지 말아야 한다!

STEP 5 · 뜸 들이기

불을 완전히 끄고 5~10분 정도 더 놔두면 물이 잘 흡수된다. 그리고 이 시점에서 뚜껑을 덮어 제공할 준비가 될 때까지 따뜻하게 보관한다.

2.1 덮밥

밥 한 공기... 맛있긴 한데 조금 지루하다. 몬스터트럭 쇼나 외계인이 나오지 않는 영화처럼 밋밋하다. 얼마나 지루한지 '백미(white rice)'라는 용어가 다른 지루한 것들을 설명할 때 사용되기도 한다. 관련한 이야기를 더 풀어놓을 수도 있지만, 그러면 너무 지루해질까 봐 여기서 그친다.

어떻게 하면 밥 한 그릇을 지루하지 않게 먹을 수 있을까? 바로 밥 위에 무언가를 얹는 것이다. 간단한 조림, 볶음, 구이, 절임을 얹은 밥 한 그릇은 일본과 다른 아시아 국가들의 주식이다. 내 성장 과정에서도 우리 가족은 못해도

일주일에 한 번은 이런저런 형태의 돈부리(덮밥요리 및 그 그릇 자체를 말하는 일본식 명칭)를 먹었다. 돈부리를 만드는 전형적인 방법들도 소개해볼까 한다. 바닥이 평평한 14인치 웍(4인분에 가장 적합한 크기)이나 그보다는 더 작은 프라이팬을 사용해 1~2인분을 만들어낼 수 있다. 모든 레시피의 크기와 양은 조절 가능하다.

타마고-카케 고항

Alicia(딸)에게 아침식사로 뭘 먹고 싶냐고 물을 때마다 항상 이렇게 말하곤 한다. "달걀, 밥, 간장을 먹고 싶어요." 예전엔 팬케이크였는데, 지금은 타마고-카케 고항으로 바뀐 것이다.

시리얼에 우유를 붓는 걸 제외하고, 내가 처음으로 배운 레시피가 타마고-카케 고항(Tah-MAH-go KAH-keh GOHhahn, 문자 그대로 "달걀 덮은 밥") 만들기였는데, 이 요리는 일본의 가장 간단한 힐링푸드이다. 내가 뉴욕에서 자랄 때, 일본인인 우리 할머니와 할아버지가 우리집 바로 아래 층에 살았다. 주말이면 가끔 엄마는 우리를 할머니

집에서 자게 했는데, 바닥에 깔린 두꺼운 이불 위에서 보리차와 요구르트맛 청량음료인 칼피스를 마시다 잠들곤 했다. 그리고 다음날 아침이면 거실로 가서 간단하게 차를 마시고 타마고-카케 고항을 먹었다.

먼저, 우리는 각자 따끈한 밥 한 그릇에 달걀을 깨서 넣은 다음, 약간의 간장과 소금 한 꼬집, 일본 브랜드의 순수 MSG 분말인 *Aji-No-Moto*를 살짝 뿌려 간을 했다. 그리고 젓가락으로 밥을 휘저었는데, 그러면 달걀이 섞이며 옅은 노란색으로 변하고 거품이 생기면서 커스터드와 머랭 사이의 가볍고 거품이 많은 현탁액이 되어 밥을 휘감았다. 일본인들은 이런 종류의 미끄럽고 부드러운 질감을 좋아한다. 여기에 조금 더 과감하게 무언가를 추가하고 싶다면 잘게 썬 말린 김이나 약간의 후리카케를 얹을 수 있다. 후리카케는 일반적으로 흰밥과 함께 먹지만 타마고-카케 고항에도 잘 어울리는 혼합 조미료이다.

타마고-카케 고항은 내 평생의 주식이었다(내 아내는 내가 타마고-카케 고항을 먹는 걸 처음 봤을 때 약간 비위 상해 하긴 했다). 아침이나 야식으로 간단히 먹을 수 있는 든

든하고 맛있는 음식이다. 먹다 남은 밥은 언제든지 타마고-카케 고항을 만들기 위해 전자레인지에 데워보자. 내게는 너무 간단하고 흔한 음식이라 몰랐는데, 인스타그램에 사진을 올리고 나서야(순식간에 내 피드 중 '좋아요'가 가장 많은 게시글이 되었다) 요즘 아이들은 "TKG"라고 부르며 유행하고 있다는 것을 알았다.

이 요리는 이제 스포트라이트를 받을 준비가 되었다. 나는 솔직히 달걀밥을 파는 푸드트럭이 이미 오스틴에 존재하거나 브루클린의 멋진 요리사가 수비드 달걀을 얹은 양념한 밥을 제공한다고 해도 놀랍지 않을 것이다.

좋은 소식은 이 요리를 먹기 위해 어딘가로 찾아갈 필요가 없다는 것이다. 이건 2분짜리 레시피이며(손이 아무리 느려도 최대 3분), 만드는 데 필요한 재료 중 대부분은 이미 가지고 있을 것이다. 우선 밥 한 그릇으로 시작하자. 달걀 한 개당 밥 한 컵 정도가 적당하다. 상하지만 않았다면 밥은 차갑거나, 미지근하거나, 뜨겁거나, 또는 그 중간이어도 아무 상관이 없다. 냉장고에 남은 밥이 있다면 그것을 꺼내 그릇에 담아 접시로 덮고 전자레인지에 1분 정도 돌리면 끝이다. 그래서 나는 내 소울푸드를 위해 항상 즉석밥을 준비해둔다.

다음으로 필요한 건 달걀이다. 날것인 채로 먹기 때문에 품질이 좋고 깨끗한 달걀을 사용해야 하며, 깨뜨릴 때도 깔끔하게 깨뜨려야 한다. 위생이라든지 꺼려지는 부분이 있다면, 저온살균 달걀을 사거나(또는 수비드 서큘레이터를 사용해 57℃(135℉)에서 2시간 동안 직접 저온살균), 아니면 달걀을 끓는 물에 살짝 데쳐 수란으로 만들어 먹어도 된다. 수란은 날달걀보다는 조금 더 무거운 맛이 날 테지만,

거의 차이가 없다.

사람마다 달걀을 넣는 방식이 다르겠지만, 가능한 방법들을 모두 테스트했더니 별 차이가 없어서 그냥 자신에게 가장 쉬운 방법을 사용하면 된다. 밥에 달걀을 넣고 간을 맞춰 저어라.

할머니는 항상 아주 간단한 조미료를 사용했다. 어떤 사람들은 다시(또는 혼다시)를 추가하길 좋아하는데, 짭짤하고 스모키한 풍미가 더해진다. 단맛을 더하려면 미림을 흩뿌리면 된다. 난 둘 다 상관없이 사용하는 편이나, 주위에 병에 담긴 쯔유(메밀 국수용 농축 소스)가 있다면, 그걸 사용한다. 쯔유에는 모든 양념이 섞여 있기 때문이다.

진짜 비결은 달걀 휘젓기에 있다. 세차게, 그리고 골고루 잘 섞이도록 계속 저어야 한다. 밥에 계란 덩어리가 남아있지 않고, 완벽하게 잘 섞이도록 계속 저어야 한다. 쿠키 반죽을 만들 때 버터와 설탕을 잘 섞어야 하는 것처럼, 밥과 계란을 잘 섞어야 공기 층이 들어가게 될 것이다. 이렇게 하면 계란의 단백질 성분들이 늘어나며 서로 엉켜서 밥과 계란이 하나가 된 것과 같은 느낌을 준다. 다 저으면 리소토보다도 더 끈적하게 출렁이며 서서히 가라앉는 것을 볼 수 있을 것이다. 하지만 보이는 것에 비해 훨씬 가벼운 맛을 낸다!

이 상태 그대로 먹어도 되지만, 더 맛있게 먹고 싶다면 내가 하는 방법을 따라 하길 바란다. 달걀 노른자를 하나 더 얹어라. 당신을 막을 할머니는 지금 여기에 없다.

타마고-카케 고항
TAMAGO-KAKE GOHAN

분량	요리 시간
1인분	2분
	총 시간
	2분

재료

따뜻한 흰 쌀밥 1~1.5컵

큰 달걀 1개

큰 달걀노른자 1개(선택사항)

생추간장, 가급적이면 일본산 우스쿠치 쇼유

코셔 소금

Aji-No-Moto 또는 *Ac'cent* 브랜드의 MSG 분말
(선택사항)

미림(선택사항)

혼다시(선택사항, NOTES 참고)

후리카케(선택사항, NOTES 참고)

얇게 썰거나 찢은 김(선택사항)

NOTES

혼다시는 일본 시장과 대부분의 슈퍼마켓에서 찾을 수 있는 분말 다시이다. 후리카케는 일반적으로 해초, 말린 가다랑어, 참깨 등이 섞인 조미료 혼합물이다. 어느 일본 시장에서나 찾을 수 있다.

요리 방법

그릇에 밥을 담고 가운데를 얕게 움푹 판다. 움푹 파인 부분에 달걀을 깨뜨려 넣는다. 간장 ½티스푼, 소금 한 꼬집, MSG 한 꼬집(선택사항), 미림 ½티스푼(선택사항), 혼다시 한 꼬집(선택사항)으로 간을 한다. 달걀을 젓가락으로 세차게 저어 섞는데, 옅은 노란색 거품이 일며 질감이 푹신해져야 한다. 맛을 보고 기호에 따라 간을 조절한다. 후리카케와 김(선택사항)을 뿌리고 상단에 작은 홈을 만들어 여분의 달걀노른자(선택사항)를 하나 더 올린다. 그런 다음 바로 제공한다.

간장, 다시, 미림: 일본 요리의 심장

짭조름한 간장, 훈연한 맛이 나는 다시 육수, 달콤한 미림의 조합은 일본 요리의 핵심이다. 프랑스에 치킨스톡과 버터가 있고 멕시코에 말린 고추가 있다면 일본에는 간장-다시-미림이 있다. 이들은 셀 수 없이 많은 맛있는 요리에 사용된다. 차가운 메밀국수나 소면을 찍어 먹거나 우동 한 그릇의 기본 육수가 되기도 한다. 스키야키를 만들기 위해 얇게 썬 쇠고기와 함께 넣어 끓이기도 하고, 튀김을 찍어 먹기도 한다. 여기저기 두루두루 사용된다.

일본 슈퍼마켓에서 멘쯔유(mentsuyu; 국수 소스)나 간단히 쯔유(tsuyu)라고 표시된 농축 간장-다시-미림 병을 볼 수 있다. 병의 뒤쪽 레이블을 보면 다양한 요리에 대한 희석 수준이 나와 있다. 그것을 구매하거나(대부분의 브랜드 제품은 좋거나 훌륭한 수준이다), 아니면 집에서 직접 쉽게 만들 수도 있다. 만드는 데 10분 정도 걸리며, 냉장고에 무기한 보관할 수 있어서 언제나 쉽게 사용할 수 있다.

밥 한 공기용 김 잘게 썰기

김은 해조류의 일종인 김을 얇게 눌러 만든 것이다. 일본 슈퍼마켓에서는 다양한 형태의 김을 찾을 수 있는데, 스시 혹은 김밥용 김, 한입 크기로 양념한 스낵 스트립, 고명용으로 잘게 썬 김 등 여러 가지가 있다. 굳이 잘라진 재료를 구매하려고 할 필요는 없는데, 일반적으로 전지 김이 더 저렴하고 집에서도 간단하고 쉽게 김을 자를 수 있기 때문이다.

김을 잘게 자를 때 칼을 사용해도 되지만, 가장 효과적인 방법은 김을 몇 번 접어 팽팽한 묶음으로 만든 다음 날카로운 주방가위로 잘라내는 것이다. 김은 밀봉된 봉지 안에 그대로 보관해야 한다(보통 재밀봉 가능한 포장재에 담겨 판매되고 있다).

농축 멘쯔유(간장-다시-미림 혼합물)
HOMEMADE CONCENTRATED MENTSUYU

NOTES
미림 대신 사케 ¾컵(180g)에 설탕 ½컵(150g)을 섞어 사용해도 된다. 가츠오부시는 가다랑어를 훈연하여 말린 뒤 포를 뜬 것인데, 일본 식품점에서 쉽게 구할 수 있다(516페이지).

재료
사케 ½컵(120ml)
미림 1컵(240ml)(NOTES 참고)
쇼유 ½컵(120ml)
가츠오부시 15g(NOTES 참고)
다시마 15g

요리 방법
작은 냄비에 사케와 미림을 넣고 끓기 시작하면 알코올 냄새가 날아갈 정도로 약 2분간 더 끓여준다. 그 다음 간장과 가츠오부시, 다시마를 넣고 2분 더 끓인다. 식힌 다음 고운체로 걸러내 밀폐용기에 담아 두면 냉장고에서 오랫동안 보관 가능하다.

쯔유 희석하기

농축된 쯔유를 만들었으니 이제 각각의 요리에 쯔유를 어느 정도 희석해서 사용하는지 알아보자.

요리명	쯔유와 물의 비율	방법
냉소바 또는 소면	1:3	쯔유와 찬물을 섞어 소스를 만들고, 거기에 차가운 면을 찍어 먹는다.
뜨거운 우동 또는 소바	1:6	쯔유와 끓는 물을 섞은 뒤 면 위에 붓는다.
돈부리(밥 한 그릇)	1:4	희석한 쯔유에 돈부리 재료를 넣고 끓인다(230페이지부터 시작되는 돈부리 레시피 참고).
오뎅(나베 요리)	1:8	테이블 위에 둔 냄비에 쯔유와 물을 넣고 끓인다. 신선한 채소, 버섯, 얇게 썬 고기, 두부, 면 등을 넣으며 즉석에서 조리한다.
덴푸라(471페이지)	1:3	쯔유와 찬물을 섞는다. 기호에 따라 곱게 간 무를 섞은 다음(선택사항), 뜨거운 튀김을 찍어 먹는다.
히야야코(621페이지)	1:1	쯔유와 찬물을 섞은 뒤 연두부 위에 부어준다. 그리고 그 위에 가츠오부시와 스캘리언을 올린다.
아게다시 두부(446페이지)	1:3	쯔유와 뜨거운 물을 섞은 뒤 튀긴 두부 위에 부어준다. 그리고 그 위에 가츠오부시, 곱게 간 무, 스캘리언을 올린다.

오야코동

오야코동은 일본의 소울푸드이다.

일본어로 '오야'와 '코'는 각각 부모와 자식을 뜻하는 말로, 여기에서는 닭과 달걀을 의미한다. 우선 클래식한 일본식 '단짠' 조합인 다시, 간장, 사케, 미림 또는 설탕을 준비한다(이 모든 것 대신 231페이지에서 소개한 쯔유를 희석해 사용해도 된다). 모든 재료를 살짝 끓인 뒤, 채 썬 노란 양파를 넣는다. 자주 만들어 먹을 것 같다면 돈부리용 팬을 구매해도 되는데, 돈부리용 재료를 끓이는 용도로 만들어진 작은 냄비 모양의 팬이다. 아니면 20cm 정도의 팬을 가지고 2인분씩 만들거나 웍을 사용해 4인분씩 만드는 것도 나쁘지 않다.

나는 일반적인 레시피보다 육수를 조금 더 많이 사용하는데(달걀 세 개당 육수 한 컵), 육수를 졸여서 양파를 부드럽게 만들고 육수의 맛이 깊어지게 만드는 걸 선호하기 때문이다. 얇게 썬 닭고기를 넣기 전에 육수와 양파를 넣고 5분 정도 팔팔 끓여주면 충분히 부드러워진다.

닭고기의 경우 뼈와 껍질이 없는 허벅지살을 사용하는데, 조리 후에도 촉촉한 부위이기 때문이다. 물론 닭가슴살을 사용해도 된다. 여기서는 닭고기를 얇게 썰어 퍽퍽해지

지 않게 금새 익히는 것이 포인트이다. 허벅지살은 5~7분, 닭가슴살은 3~4분이면 충분하다.

닭고기가 다 익으면 얇게 썬 스캘리언을 조금 넣는다. 만약 참나물을 구할 수 있다면 꼭 넣어주자. 참나물은 파슬리와 비슷한 맛을 내는 일본산 허브인데, 훨씬 은은한 맛을 낸다. 물냉이와 비슷한 향이 나지만 알싸한 맛은 나지 않는다.

그다음 달걀을 넣는 단계에서는 달걀을 너무 풀지 않는 것이 중요하다. 흰자와 노른자가 완전히 섞이지 않게끔 풀어줘야 한다. 젓가락으로 살살 풀어준 뒤 *계란국*(545페이지)을 만들 때처럼 국물 위로 조심스럽게 부어주면 된다. 고전적인 레시피에 따르자면 달걀이 굳기 직전 정도로 익혀야 하지만, 개인 취향에 따라 익히는 정도를 조절해도 된다. 다만 달걀은 불을 끈 뒤에도 익기 때문에, 약간 덜 익었다 싶을 때 불을 끄는 것이 좋다.

달걀이 익으면 팬 위의 재료들을 밥 위로 부으면 된다. 국물이 많아 보일 수 있지만 괜찮다. 국물이 밥을 적실 정도여야 한다.

조금 더 멋스럽게 식탁에 내고 싶다면, 달걀노른자 하나를 미리 빼두었다가 마지막에 얹어주면 된다.

오야코동
OYAKODON

분량	요리 시간
2인분	15분
	총 시간
	15분

NOTES

양을 늘려 두 배로 만들고 싶다면, 작은 팬 대신 웍으로 요리하면 된다. 혼다시는 다시를 분말 형태로 만든 것으로, 일본 슈퍼마켓이나 규모 있는 일반 슈퍼마켓에서 구매할 수 있다. 다시, 간장, 사케, 미림, 설탕 대신 농축 멘쯔유(231페이지) ½컵을 물 1컵에 희석하여 대체할 수 있다. 닭가슴살을 좋아한다면 그렇게 하라. 참나물은 파슬리와 비슷한 허브이다. 일본 식품점에서 찾아볼 수 있고, 구할 수 없다면 빼도 무방하다. 토가라시는 일본식 고춧가루인데, 이치미(고춧가루만 들은 것)와 시치미(고춧가루와 다른 재료가 섞인 것)로 나뉜다. 두 종류 모두 사용 가능하다. 조금 더 풍부한 맛을 내고 싶다면 사용하는 달걀 네 개 중, 노른자 두 개는 따로 빼놓는다. 달걀흰자는 나머지 달걀 2개와 함께 풀어놓고, 노른자는 식탁에 내기 직전에 올려주면 된다.

재료

홈메이드 *다시*(519~521페이지) 또는 혼다시
    (NOTES 참고) 1컵(240ml)
쇼유 1테이블스푼(15ml), 간 조절을 위해 약간 더
    필요할 수 있음
드라이 사케 2테이블스푼(30ml)
미림 2테이블스푼(30ml)
설탕 1테이블스푼(15ml), 간 조절을 위해 약간 더
    필요할 수 있음
채 썬 양파 1개(170g)
껍질과 뼈를 제거한 닭허벅지살 340g(NOTES 참고)
얇게 썬 스캘리언 3대
참나물 2줄기(선택사항, NOTES 참고)
달걀 3~4개(NOTES 참고)

차림 재료:
뜨거운 밥 2~3공기 분량
토가라시(NOTES 참고)

요리 방법

① 다시, 간장, 사케, 미림, 설탕을 중간 크기의 팬에 담아 중간 불로 끓인다. 끓기 시작하면 양파를 넣고 살짝 부드러워질 때까지 5분간 익힌다.

② 닭고기를 넣고 잘 익게끔 중간중간 저어가며 5~7분 정도 끓인다. 이때 국물이 반 정도로 졸면 된다. 그다음 스캘리언 절반과 참나물 2줄기를 넣고 간장과 설탕으로 간을 조절한다. 달콤하고 짭조름한 맛이 나면 된다.

③ 불을 아주 약하게 줄인 다음 중간 크기의 볼에 달걀을 넣고 젓가락으로 살짝 푼다. 달걀을 조금씩 살살 부어가며 팬 위로 고루 퍼지게 한다. 살짝 저어준 뒤, 뚜껑을 덮고 달걀이 원하는 만큼 익을 때까지 1~3분 정도 익혀준다.

④ 밥을 큰 대접이나 밥공기 2개에 나눠 담은 다음, 팬에 담긴 내용물을 밥 위로 부어준다. 원한다면 마무리로 달걀노른자를 그릇 가운데에 얹어 주고(NOTES 참고) 나머지 스캘리언과 토가라시로 장식해 준 다음 곧바로 상에 내면 된다.

규동

Saturday Night Fever(영화, 1978)의 첫 씬에서는 John Travolta가 골목길에 난 창을 통해 피자를 두 조각 주문하고, 두 조각을 서로 겹쳐 먹으며 길을 걸어가는 장면이 나온다. 사실 이 장면이 일본에서 연출되긴 힘들었을 것이다. 왜일까? 디스코가 유행이 아니어서도 아니고, 일본 사람들이 John Travolta를 싫어해서도 아니고, 피자를 싫어해서도 아니다.

정답은 바로 음식을 걸어가면서 먹는다는 점인데, 일본에서는 보기 힘든 장면이다. 세븐일레븐에서 피자맛 호빵을 샀다면 집에 가서 먹어야 한다. 스타벅스에서 커피를 사도 가게 안에서 다 마시고 밖으로 나간다.

이런 이유에서인지, 일본의 패스트푸드 문화는 미국과는 사뭇 다르다. 샌드위치나 손으로 들고 먹는 메뉴보다는 마시거나 그릇에 담겨 퍼먹는 음식이 많다. 물론 서양과의 문화 교류가 많아지면서 바뀌는 추세이긴 하지만, 라멘, 커리, 그리고 덮밥 종류가 아직도 대세인 편이다.

규동은 *Yoshinoya*라는 패스트푸드 덮밥 체인점에 의해 전 세계에 이름을 알리게 되었다. *Yoshinoya*가 1899년부터 오래간 규동을 판매해온 덕분에 오래된 패스트푸드 메뉴 중 하나로 자리매김할 수 있었던 것이다. 햄버거보다도 수십 년 앞서 유명세를 떨친 것이 규동이다. 일본의 어느 쇼핑몰에 가도 푸드코트에서 규동을 찾을 수 있을 것이다.

엄청나게 좋은 점은 누구라도 집에서 아주 쉽게 만들 수 있다는 점이다. 규동은 팬 하나만 있으면 아무 경험과 요리 실력이 없는 사람도 만들 수 있는 아주 쉬운 요리이다. 물만 끓일 줄 알면 규동을 만들 수 있다고 말할 정도이다.

맛있는 규동을 만들기 위한 몇 가지 포인트가 있는데, 첫 번째는 소고기이다. 아주 얇게 저민 소고기 꽃등심이나 목심 부위를 사용해야 한다. 일본 슈퍼마켓에 가면 규동을 만들기 좋은 소고기를 찾을 수 있을 텐데, 찾을 수 없다면 필리 치즈 스테이크용 소고기를 사용하면 된다(냉동이어도

상관없다!). 또는, 동네 정육점에서 로스트비프를 최대한 얇게 썰어달라고 요청해 사용하면 된다. 이미 살짝 익은 고기여도 괜찮다.

이것마저 안 된다면 스테이크용 목심을 구매한 후, 살짝 단단해질 때까지 냉동실에 넣어둔 뒤 칼로 최대한 얇게 자르면 된다. 이때 약간 갈라지고 찢어져도 상관없다. 규동은 고기 형태가 완벽하지 않아도 되는 요리이다.

나머지 부분은 오야코동과 비슷한데, 양파를 간장-다시-사케-미림 육수에 끓인 후 고기를 넣고, 살짝 더 끓여주면 된다. 무를 좋아한다면, 양파와 함께 무를 몇 조각 넣어도 좋다.

아주 얇게 썬 소고기를 사용하기 때문에 냄비에 넣으면 곧바로 익을 것이다. 졸아든 육수가 고기에 바로 스며들게 하는 것이 우리의 목표인데, 일반적인 고기조림 과정이라면 몇 시간이 걸렸겠지만 아주 얇게 썬 고기는 몇 분이면 양념이 밴다. 나는 조리 과정 마지막 즘에 생강을 약간 갈아 넣는 것을 좋아하는데, 이렇게 하면 생강의 알싸한 맛을 잘 느낄 수 있다.

*Yoshinoya*에서는 규동 위에 연붉은색의 베니쇼가(붉은 생강초절임)와 토가라시를 살짝 얹어준다. 어떤 규동이든 수란과 채 썬 파를 얹어 먹으면 맛없을 수가 없는 맛이 된다.

진짜 일본식으로 먹고 싶다면, 날달걀을 얹어 타마고-카케 고항처럼 비벼 먹으면 된다. 물론 취향에 따라 다르겠지만, 이걸 싫어하는 사람처럼 '맛알못'인 사람이 또 있을까?

규동
GYUDON

분량	요리 시간
2인분	15분
	총 시간
	15분

NOTES

양을 늘려 두 배로 만들고 싶다면, 작은 팬 대신 웍으로 요리하면 된다. 혼다시는 다시를 분말 형태로 만든 것으로, 일본 슈퍼마켓이나 규모 있는 일반 슈퍼마켓에서 구매할 수 있다. 다시, 간장, 사케, 미림, 설탕 대신 농축 *멘쯔유*(231페이지) ½컵을 물 1컵에 희석하여 대체할 수 있다. 얇게 썬 소고기는 일본 슈퍼마켓에서 구매하거나 정육점에 가서 얇게 썰어달라고 해도 되고, 필리 치즈 스테이크용 냉동 소고기를 구매해도 된다. 냉동 상태의 고기라도 얇기 때문에 따로 해동하지 않고 사용해도 되는데, 조리 시간을 살짝 더 늘려 주고, 저을 때 붙어 있는 고기가 잘 떨어지게끔만 하면 된다. 베니쇼가는 연붉은 색의 초절임 생강이다. 토가라시는 일본식 고춧가루인데, 이치미(고춧가루만 들은 것)와 시치미(고춧가루와 다른 재료가 섞인 것)로 나뉜다. 두 종류 모두 사용 가능하다. 위의 모든 재료들은 일본 슈퍼마켓이나 규모 있는 일반 슈퍼마켓에서 구매할 수 있다.

수란을 얹는 대신 달걀프라이를 얹거나 오야코동처럼 푼 달걀을 팬 위에 뿌려 익혀도 된다(233페이지).

재료

홈메이드 *다시*(519~521페이지) 또는 혼다시
　(NOTES 참고) 1컵(240ml)
쇼유 1테이블스푼(15ml), 간 조절을 위해 약간 더
　필요할 수 있음
드라이 사케 2테이블스푼(30ml)
미림 2테이블스푼(30ml)
설탕 1테이블스푼(15ml), 간 조절을 위해 약간 더
　필요할 수 있음
채 썬 양파 1개(170g)
얇게 썬 소 꽃등심 또는 목심 340g(NOTES 참고)
간 생강 1티스푼(5ml)
코셔 소금

차림 재료:

뜨거운 밥 2~3공기 분량
수란 2개(선택사항, NOTES 참고)
채 썬 스캘리언
베니쇼가(NOTES 참고)
토가라시(NOTES 참고)

요리 방법

① 다시, 간장, 사케, 미림, 설탕을 중간 크기의 팬에 담아 중간 불로 끓인다. 끓기 시작하면 양파를 넣고 살짝 부드러워질 때까지 5분간 익힌다.

② 소고기를 넣고 저어가며 육수가 졸고 양념이 배도록 약 5분간 익힌다. 그다음 생강을 넣고 1분 더 끓인 뒤 소금과 설탕으로 간을 맞춘다.

③ 밥 위에 소고기와 소스를 얹어준 다음 수란, 채 썬 스캘리언, 베니쇼가, 토가라시를 얹어 곧바로 제공하면 된다.

카츠동

미국에서는 튀긴 음식이라면 최대한 바삭함을 유지하는 것이 그 요리의 포인트라고 생각한다. 눅눅한 치킨까스나 어니언링을 먹을 거라면 애초에 튀긴 이유가 없기 때문이다.

하지만 일본에서는 재료를 튀긴 뒤에 국물이나 소스에 담가 먹는 요리가 흔하다. 예를 들면 *아게다시 두부*(단단하게 튀긴 두부를 국물에 담가 부드럽고 미끈한 식감으로 만든 음식, 446페이지)나 덴푸라 우동(바삭한 새우튀김을 우동에 담가 먹는 요리), 그리고 오차즈케(튀긴 해산물이나 야채 위에 뜨거운 차를 부어 먹는 음식) 등이다.

실은 나조차도 말로만 들었을 때는 별로일 것 같다고 생각했지만, 실제로 먹어보면 독특한 풍미와 식감을 가진 요리들이다. 튀김옷을 입혀 튀기면 겉 부분의 수분이 날아간

자리에 양념을 듬뿍 머금을 공간이 남게 된다. 멕시코식 고추 튀김요리인 칠레 렐레노(Chiles rellonos)도 비슷한 원리를 사용한 요리라고 할 수 있다. 아직도 별로인 것처럼 들린다면, 이렇게 튀긴 다음 소스에 담가 놓은 요리의 입문격인 카츠동을 살펴보자. 먹다 남은 치킨카츠나 돈카츠를 달걀과 함께 간장-다시 국물에 끓여 밥 위에 얹어 먹는 요리이다.

어차피 먹다 남은 튀김요리를 다시 바삭하고 촉촉하게 만들기는 어려우니, 그냥 눅눅함을 안고 가는 이 요리를 한 번 시도해 보는 건 어떨까?

조언 한마디 하자면, 눅눅함만 수용한다면 맛으로 그 상처를 덮을 수 있다.

카츠동
KATSUDON

분량	요리 시간
2인분	15분
	총 시간
	15분

NOTES

양을 늘려 두 배로 만들고 싶다면, 작은 팬 대신 웍으로 요리하면 된다. 혼다시는 다시를 분말 형태로 만든 것으로, 일본 슈퍼마켓이나 규모 있는 일반 슈퍼마켓에서 구매할 수 있다. 다시, 간장, 사케, 미림, 설탕 대신 농축 *멘쯔유*(231페이지) ½컵을 물 1컵에 희석하여 대체할 수 있다.

재료

홈메이드 *다시*(519~521페이지) 또는 혼다시
    (NOTES 참고) 1컵(240ml)
쇼유 1테이블스푼(15ml), 간 조절을 위해 약간 더
    필요할 수 있음
드라이 사케 2테이블스푼(30ml)
미림 2테이블스푼(30ml)
설탕 1테이블스푼(15ml), 간 조절을 위해 약간 더
    필요할 수 있음
채 썬 양파 1개(170g)
먹다 남은 *카츠*(465페이지) 225~340g, 1.3cm
    두께로 썬 것
큰 달걀 4개
채 썬 스캘리언 2대, 연한 부분만 잘게 썰어 사용한다

차림 재료:

밥 2공기

요리 방법

① 다시, 간장, 사케, 미림, 설탕을 중간 크기의 팬에 담아 중간 불로 끓인다. 끓기 시작하면 양파를 넣고 살짝 부드러워질 때까지 5분간 익힌다.

② 카츠를 넣고 1분 더 끓인다. 이때 작은 볼에 달걀과 스캘리언을 함께 넣고 풀어 준비한다. 달걀을 카츠와 국물 위로 붓고 뚜껑을 덮은 뒤 아주 부드러운 건 1분, 중간 정도는 2분 정도 익힌다. 밥 위에 국물, 달걀 그리고 카츠를 얹어준 뒤 채 썬 스캘리언으로 장식하고 상에 낸다

산쇼큐동(삼색 덮밥)

SANSHOKU DON

분량
2인분

요리 시간
15분
총 시간
15분

NOTES

산쇼큐동에는 흔히 돼지고기와 닭고기를 사용하지만, 다진 고기라면 채식주의자용 콩고기도 상관 없다. 냉동 완두콩을 해동해서 사용하는 대신 얇게 썬 스냅피 한 컵이나 꽉 채운 시금치잎 두 컵을 사용해도 좋다. 스냅피나 시금치를 소금물에 1분 정도 데친 후, 차가운 물에 넣고 식혀 야채탈수기에 넣거나 키친타월로 두드려 물기를 제거하면 된다.

이것 역시도 내가 어렸을 적 많이 먹던 요리 중 하나이다. 번역하면 '3가지 색 덮밥'이라는 뜻이다. 달콤하게 볶아낸 다진 고기와, 스크램블드 에그, 그리고 완두콩이나 스노우피 같은 녹색 채소(우리 어머니는 시금치를 사용해 만들곤 했지만)를 사용해서 밥 위에 파이 차트 모양으로 올린 요리이다. 요리한 그 즉시 따뜻한 상태에서 먹어도 좋지만, 도시락용으로도 좋다.

고기, 달걀, 녹색 채소 등 재료들을 각각 따로 요리해서 냉장고에 보관해둔 뒤 따뜻한 밥 위에 얹어 먹으면 밥의 열기가 재료를 자연스레 데운다. 산쇼쿠동은 베니쇼가나 쯔께모노(일본식 채소절임)를 얹어 먹는 것이 일반적이다.

재료

고기 재료:

땅콩유, 쌀겨유 또는 기타 식용유 1테이블스푼(15ml)

다진 생강 1테이블스푼(7.5g)

다진 고기 340g(NOTES 참고)

쇼유 2테이블스푼(30ml)

사케 2테이블스푼(30ml)

미림 2테이블스푼(30ml)

설탕 1테이블스푼(12.5g)

달걀 재료:

큰 달걀 3~4개

미림 2테이블스푼(30ml)

코셔 소금

땅콩유, 쌀겨유 또는 기타 식용유 1티스푼(5ml)

차림 재료:

뜨거운 밥 4공기

해동된 냉동 완두콩 1컵(NOTES 참고)

고명용 베니쇼가 또는 쯔케모노(선택사항)

요리 방법

① **고기**: 웍이나 팬에 기름을 둘러 중간 불로 예열한 다음 생강을 넣고 약 30초간 볶아 향을 낸다. 다진 고기를 넣고 나무주걱이나 스푼으로 으깨며 약 2분간 볶는다. 간장, 사케, 미림, 설탕을 넣고 수분이 날아갈 때까지 몇 분 더 볶은 뒤 볼에 옮겨 담고 옆에 둔다.

② **달걀**: 달걀에 미림과 소금을 살짝 넣고 풀어준다. 웍이나 팬에 기름이 코팅될 정도로만 살짝 두른 뒤 연기가 날 때까지 센 불에서 가열한다. 불을 끄고, 나머지 기름을 넣고, 곧바로 푼 달걀을 넣는다. 다시 중간 불로 가열하면서, 달걀이 완전히 익어 조각조각 부서질 때까지 저어서 스크램블드 에그를 만든다. 그 후 다른 볼에 옮겨 담고 옆에 둔다. 요리된 고기와 달걀은 밀폐용기에 담아 냉장고에 3일간 보관 가능하다.

③ **차림**: 접시에 뜨거운 밥을 담고 그 위에 고기, 달걀, 녹색 채소를 파이 차트처럼 각각 구분 지어 얹는다. 그 후 필요하다면 베니쇼가와 쯔케모노를 곁들여 먹으면 된다.

미소로 양념한 구이

사이쿄미소(단맛이 나는 미소의 한 종류), 사케, 미림을 섞어 생선이나 채소에 발라 굽는 것은 감칠맛을 증폭시키는 방법 중 하나이다. 주로 생선이나 가지에 바르는 양념이지만 호박이나 고구마, 스캘리언, 브로콜리, 옥수수, 심지어 서양식 재료인 베이컨이나 햄버거 패티에도 잘 어울린다 (정말이다, 이어서 설명하는 은대구 구이에 쓰이는 사이쿄 미소 양념을 햄버거 패티에 발라 먹어보면 나한테 감사의 편지라도 쓰고 싶어질 것이다).

사이쿄미소 양념을 바른 은대구 또는 연어 덮밥

뉴욕에 있는 레스토랑인 *Nobu Matsuhisa*, 노부하면 미소로 양념한 은대구가 떠오를 정도이지만, 사실 거기서 만들어낸 요리는 아니다. 카스즈케라고 하는 전통 일식 테크닉에서 유래된 요리인데, 사케를 만들고 남은 누룩 찌꺼기 속에 생선이나 채소를 묻어 재워놓는 기술이다. 일본 슈퍼마켓에 가면 은대구를 누룩 찌꺼기에 미리 양념해 놓은 제품을 구매할 수도 있다.

노부식 레시피에서는 미소와 사케를 사용하는데, 일단 재료를 구하기 쉽고 맛도 충분히 있다. 저녁식사에 초대한 손님들을 깜짝 놀라게 할 만한 요리를 찾고 있지만, 준비 시간을 5분 이상 투자할 수 없다면 이 요리가 제격이다. 정말로 단 5분이면 된다.

이 요리는 기름기가 많은 생선이라면 무엇이든 잘 어울리지만, 개인적으로는 은대구나 메로, 그리고 연어를 사용했을 때 가장 맛있는 것 같다. 이 생선들은 풍부한 맛과 녹는 식감, 그리고 지방이 많아 완전히 익혀도 부드러운 맛을 내기 때문에 훈제하기 좋은 생선으로 알려져 있고, 같은 이유로 구이용으로 쓰기에도 적합하다. 은대구의 경우에는 정말로 오버쿡 하기가 쉽지 않은 생선이다. 아닐 것 같다고? 어디 한번 해 보시라.

노부식 레시피는 생선을 미소, 사케, 미림을 섞은 양념에 3일간 재워두라고 하지만, 하루만 재워 두어도 3일간 재워둔 것과 비슷하게 양념이 잘 배면서 훨씬 더 부드러운 식감을 낸다. 시간이 없다면 그냥 15~30분만 양념해도 상관없

다. 그렇다면 이제 어떻게 하는지 알아보자.

STEP 1 · 양념에 재우기

양념은 미소, 사케, 설탕, 간장, 약간의 기름을 섞어 간단하게 만든다. 미소와 간장은 둘 다 짠맛이 나기 때문에 생선 단백질을 부드럽게 만들고, 염지 과정을 통해 요리할 때 생선살의 수분이 잘 보존될 수 있도록 한다. 두 재료는 모두 감칠맛을 담당하는 글루타민산염이 풍부하고, 설탕은 빠르게 색을 내는 것을 도와준다. 여기에 기름은 열 전달을 도와주기 때문에 표면에 고르게 색이 나게 한다.

양념을 잘 섞은 뒤 생선 살코기를 넣고, 최소 15분에서 며칠간 재워주면 된다(30분 이상 양념할 때는 지퍼백에 담아 냉장고에 넣어 놓는 것이 좋다).

STEP 2 · 오븐에 굽기

재운 살코기를 포일을 깐, 테두리가 있는 오븐 쟁반에 옮긴 다음, 오븐의 예열된 열선 아래에 놓기만 하면 된다. 조금 더 그럴듯한 식사를 차리고 싶다면, 얇게 썬 단호박과 같은 채소를 쟁반에 추가하고 굽기 전에 소스를 뿌려주면 된다.

쟁반을 포일로 덮는 이유는 무엇이냐고? 글쎄, 포일을 덮으면 청소가 간단해질 뿐만 아니라 재료 보호의 역할도 한다. 생선의 특정 부위만 빠르게 구워지는 것을 발견했다면 포일의 가장자리를 위로 접어서 요리되는 동안 그 부위만 빨리 익지 않게 보호할 수 있다.

윗면이 캐러멜화되고 생선이 딱 익을 때까지만 구운다. 완료되었는지 어떻게 알 수 있을까? 간단하다. 뼈를 건드려보면 알 수 있다. 생선이 이제 막 속까지 익은 시점에서는 뼈를 핀셋으로 살살 잡아당기는 것만으로도 뼈가 발려야 한다. 뼈가 없는 생선이라면 얇은 금속 꼬치나 케이크 테스터로 찔러보면 알기 쉽다. 완전히 익었다면 테스터가 저항 없이 들어가야 한다. 생선이 덜 익었다면, 테스터가 살코기 층 사이의 막을 뚫고 나오는 걸 느낄 수 있다.

STEP 3 · …

이 과정에서 3단계는 존재하지 않는다. 생선 표면이 살짝 그을릴 때쯤이면 중심부의 내부 온도가 약 46.1~51.6℃ ('완전 레어'에서 '미디엄 레어'라고도 함)일 것이다. 그럼 먹을 준비가 됐다.

미소로 양념한 대구 또는 연어구이
MISO-GLAZED BROILED BLACK COD OR SALMON

분량
4인분
요리 시간
15분
총 시간
45분

NOTES
생선껍질이 제거되어 있지 않아도 괜찮다. 요리를 통해 생선이 익으면 쉽게 떨어진다.

재료
흰 미소 ¼컵(75g), 가급적이면 사이쿄미소
사케 ¼컵(60ml)
미림 2테이블스푼(30ml)
쇼유 2티스푼(10ml)
땅콩유, 쌀겨유 또는 기타 식용유 1테이블스푼(15ml)
설탕 ¼컵(50g)
은대구 또는 연어 살코기 4개(개당 150~200g)
10cm 길이로 자른 스캘리언 8대
가니쉬용 얇게 썬 스캘리언 1대

차림 재료:
흰 쌀밥 4컵
얇게 썬 오이
절인 생강
참깨

요리 방법

① 미소, 사케, 미림, 간장, 기름, 설탕을 섞어 양념을 만들고 생선의 모든 표면에 발라준다. 다음 단계로 바로 진행하거나, 최상의 결과를 얻기 위해 최소 30분에서 최대 2일 동안 재워둔다(30분 이상 재울 경우 지퍼백에 담아 냉장고에 보관하면 좋다).

② 브로일러 받침대가 열원에서 7~10cm 떨어지게 조정하고 브로일러 또는 토스터 오븐 브로일러를 높은 온도로 예열한다. 쟁반에 알루미늄 포일을 깔고, 생선의 껍질이 아래로 향하게 놓는다. 남은 양념을 묻힌 스캘리언을 생선 주위에 뿌린다. 생선의 윗면이 잘 그을렸고, 가느다란 꼬챙이를 사용해 고기 중심부를 찔러봤을 때 저항이 전혀 느껴지지 않을 때까지 굽는다. 은대구는 10분, 연어는 5분 정도 구우면 된다. 빠르게 익어서 탈 위험이 있는 부분은 알루미늄 포일을 접어 감싸준다.

③ 생선이 익으면 핀셋으로 조심스럽게 뼈를 제거한다(저항이 없어야 함). 껍질이 있으면 얇은 금속주걱을 살코기와 껍질 사이에 밀어 넣어 껍질을 들어올린다. 껍질은 포일에 남겨두고, 밥그릇 위에 구운 생선과 구운 스캘리언을 옮긴다. 그리고 오이, 생강, 얇게 썬 스캘리언, 참깨로 장식한다.

미소로 양념한 가지구이
(나스덴가쿠)
NASU DENGAKU

깊고 풍부한 맛의 붉은 미소는 구운 가지의 스모키한 풍미를 위해 반드시 넣어야 하는 재료이다. 이 고전적인 일본의 채소요리는 단독으로 먹어도 맛있고 밥 한 그릇과 같이 먹어도 맛있다. 이 요리는 브로일러 또는 그릴과 브로일러를 사용해 만들 수 있는 요리다. 가지는 3단계까지 조리해 두고 냉장고에 최대 3일 동안 보관한 후 4단계로 진행하면 된다.

분량	요리 시간
4인분	30분
	총 시간
	30분

재료
미림 2테이블스푼(30ml)
드라이 사케 2테이블스푼(30ml)
적색 또는 갈색 미소 ¼컵(75g)
설탕 ¼컵(50g)
일본 또는 이탈리아 또는 중국 가지 4개(450g), 줄기를 자르고 세로로 반으로 자른 것
땅콩유, 쌀겨유 또는 기타 식용유 1테이블스푼(15ml)

차림 재료:
흰 쌀밥 4컵(선택사항)
볶은 참깨 2개(가니쉬용)
얇게 썬 스캘리언 2대(가니쉬용)

재료

① 작은 볼에 미림, 사케, 미소, 설탕을 넣고 균질한 반죽이 될 때까지 포크로 섞은 뒤 따로 보관해 둔다.

② 가지의 모든 표면에 식용유를 바른다.

③ **그릴로 시작하기:** 가스 또는 숯불 그릴을 센 불로 예열한다. 가지를 자른 면이 아래로 향하도록 두고 그릴 자국이 나타날 때까지 약 1분 30초 정도 굽는다. 가지를 45도 돌리고 체크 무늬의 해시 마크가 나타날 때까지 1분 30초 더 굽는다. 그런 다음 가지를 뒤집어 부드러워질 때까지 약 4분 동안 계속 굽는다. 가지를 큰 접시에 옮기고 약간 식힌 후에는 4단계를 진행한다.

브로일러로 시작하기: 브로일러 받침대가 열원에서 10~15cm 떨어지게 조정하고 브로일러를 높은 온도로 예열한다. 쟁반이나 호일을 깐 브로일러팬에 가지의 자른 면이 위로 향하게 놓고 노릇노릇 그을리며 완전히 부드러워질 때까지 약 5분간 굽는다. 그런 다음 오븐에서 꺼내 4단계를 진행한다.

④ 모든 가지의 절단면에 미소 소스를 바른다. 쟁반이나 포일을 깐 브로일러팬에 소스를 바른 가지의 자른 면이 위로 향하게 놓고, 소스가 캐러멜화될 때까지 약 4분간 굽는다. 접시나 밥 그릇에 옮겨 통깨와 스캘리언을 뿌린 후 식탁에 내면 된다.

비빔밥

돈부리가 일본의 소울푸드라면 비빔밥은 한국의 소울푸드이다. 적어도 16세기부터 존재해 왔고 결코 유행에 뒤떨어진 적이 없다. 그 이유는 쉽게 알 수 있는데, 비빔밥은 무한히 변화무쌍해서, 귀찮을 때는 간단하게, 더 좋은 맛을 위해서는 정교하게 원하는 대로 만들어 먹을 수 있다.

비빔밥이라는 단어를 해석하자면 "혼합된 밥"이다. 그 이름에서 알 수 있듯이 밥과 재료를 섞은 음식이다. 대표적으로 생채소, 살짝 볶아낸 채소나 김치처럼 절인 채소에 고추장이나 된장을 비벼 먹는다. 종종 익힌 양념고기와 달걀프라이를 위에 얹어 내기도 한다.

비빔밥을 맛있게 먹는 가장 좋은 방법은 돌솥이라고 불리는 무거운 돌 그릇에 담는 것이다. 그릇을 오븐이나 가스레인지 위에서 예열한 뒤 밥을 넣기 전에 참기름을 얇게 입혀 지글지글 끓게 하여 바삭한 갈색의 껍질을 만든다. 채소, 고기, 달걀, 밥을 섞어 식사를 하고 난 다음 숟가락으로 누룽지를 긁어낸다. 마지막으로, 거기에 뜨거운 물이나 보리차를 넣어 숭늉이라는 음식을 만들어 먹으며 식사를 마무리한다. 돌솥이 없다면? 걱정하지 않아도 된다. 웍으로도 밥을 잘 구워 누룽지를 만들 수 있다.

비빔밥은 수백 년 전, 값싼 채소와 고기 몇 조각만으로 푸짐한 식사를 하기 위한 농민 요리로 개발되었다. 나는 냉장고에서 우연히 발견한 재료들로 비빔밥을 만드는 걸 좋아하는데, 살짝 볶은 채소, 생채소, 절인 채소만으로도 괜찮은 비빔밥이 만들어진다(고기가 없어도 말이다).

비빔밥을 요리하는 것은 재료를 하나하나 만들어야 한다는 것을 생각할 때 약간 어렵게 보일 수 있지만, 사실 그것은 매우 합리적이고 간단한 과정이다. 비빔밥에 들어가는 모든 재료는 다음의 세 가지 방법 중 하나로 만들어진다. 날것, 데친 것, 살짝 볶은 것. 일의 흐름상 먼저 재료를 준비하고, 웍이나 소스팬에 소금물 두 컵을 넣고 끓여야 하는 재료들을 데친 다음, 팬을 비우고 다시 불 위에 올려서 볶아야 할 재료들을 간단히 볶는다. 난 비빔밥 재료를 볶을 때는 웍에 든 기름을 닦아내는 행위를 하지 않는다. 마지막으로, 고명을 얹어 식탁에 내기 직전에 웍으로 밥을 바삭바삭하게 만들 수 있다.

다음은 재료에 대한 몇 가지 아이디어이다.

재료	준비
오이, 애호박, 무, 호박	얇게 썰고 소금을 뿌린 다음 10분 동안 따로 둔다. 여분의 수분을 짜내고 참기름, 다진 마늘, 참깨로 간을 맞춘다. 아니면 참기름을 조금 넣어 1분간 볶고 소금과 참깨로 간을 맞춘다.
당근, 표고버섯, 양송이 버섯, 가지, 피망	곱게 채 썰거나 얇게 썰어 참기름과 함께 부드럽고 아삭해질 때까지 볶는다. 소금과 후추로 간을 맞춰준다.
숙주나물, 시금치, 그 외 다른 나물들	연한 나물은 끓는 물에 1분, 콩나물이나 숙주는 3분 정도 데친 다음 찬물에 헹군다. 물기를 짜낸 후 참기름과 다진 마늘로 버무려준다.
소고기, 닭가슴살, 돼지고기	고기를 얇게 조각내거나 성냥개비 모양으로 잘라준다. 고기 약 110g당 간장 2티스푼, 참기름 1티스푼, 다진 마늘 1티스푼, 꿀이나 설탕 2티스푼을 넣어준다. 식용유를 넣고 고기가 살짝 익을 때까지 중간 센 불에서 약 1분간 볶는다. 마지막으로 깨를 뿌린다.

비빔밥
BIBIMBAP

분량
4인분

요리 시간
45분
총 시간
45분

재료

토핑 재료:

볶은 참기름

구운 참깨

다진 마늘(선택사항)

얇게 썬 스캘리언(선택사항)

생추간장 또는 쇼유

콩나물 또는 숙주나물 약 140g

신선한 시금치 약 85g

중간 크기의 당근 1개, 껍질을 벗기고 반으로 자른
    뒤 세로로 비스듬히 얇게 썬 것

코셔 소금

커비 또는 일본 오이 1개(또는 미국 오이 ½개), 껍질
    을 벗기고 세로로 갈라 반달 모양으로 자른 것

얇게 썬 표고버섯의 갓 120g

갈거나 얇게 썬 소고기 120g, 아시아 슈퍼마켓에서
    샤브샤브나 불고기용으로 판매하는 소고기 또는
    얇게 썬 필리 치즈 스테이크용 소고기

꿀 2티스푼(10ml)

차림 재료:

흰 쌀밥 4컵(800g)

날달걀 노른자 또는 달걀프라이

비빔밥 소스(247페이지) 1레시피

요리 방법

① **토핑**: 참기름, 참깨, 마늘(사용한다면), 스캘리언(사용한다면), 간장이 든 병과 볼들을 주방에 위치시키고 토핑을 둘 자리를 만든다. 주방에 작은 볼 6개를 놓으면 된다.

② 웍이나 작은 소스팬에 물 2컵(500ml)을 넣고 끓인다. 콩나물을 넣고 3분간 조리한다. 구멍 뚫린 국자로 콩나물을 건져내고 손으로 만질 수 있을 때까지 차가운 물로 식힌 다음, 짜내거나 야채탈수기에 돌려 물기를 제거한다. 그런 다음 작은 볼 중 하나에 담아둔다.

③ 끓는 물에 시금치를 넣고 1분간 조리한다. 물기를 빼고, 식히고, 짜는 과정을 반복하고 두 번째 볼에 담아둔다.

④ 웍을 비우고 중간 센 불로 올려 웍이 완전히 마르게 한다. 참기름 2티스푼(10ml)을 넣고 기름이 끓을 때까지 달군 다음, 당근과 소금 한 꼬집을 넣어 살짝 익을 때까지 볶는다. 그런 다음 세 번째 볼에 담아둔다.

⑤ 웍을 중간 센 불로 올린다. 참기름 2티스푼(10ml)을 넣고 기름이 끓을 때까지 달군 다음, 오이와 소금 한 꼬집을 넣어 살짝 익을 때까지 1분 정도 볶는다. 그런 다음 네 번째 작은 볼에 옮겨 담아둔다.

⑥ 웍을 중간 센 불로 올린다. 참기름 2티스푼(10ml)을 넣고 기름이 끓을 때까지 달군 다음, 버섯과 소금 한 꼬집을 넣어 노릇노릇해질 때까지 3분 정도 볶는다. 그런 다음 다섯 번째 작은 볼로 옮긴다.

⑦ 소고기에 간장 2티스푼(10ml), 꿀 2티스푼(10ml), 참기름 1티스푼(5ml), 다진 마늘 약간(사용한다면), 참깨를 조금 뿌려 간을 맞춘다. 웍을 중간 센 불로 올린다. 참기름 2티스푼(10ml)을 넣고 기름이 끓을 때까지 달군 다음, 소고기를 넣어 노릇노릇해질 때까지 약 3분간 볶는다. 그런 다음 여섯 번째 작은 볼에 옮겨 담아둔다.

⑧ 이제 모든 채소에 참기름 1티스푼, 깨 조금, 간장 조금, 다진 마늘 또는 스캘리언 조금을 넣어 맛을 내준다. 맛을 보며 알맞게 간을 하면 된다.

⑨ 흰 쌀밥과 제공하기: 인원수대로 준비한 그릇에 밥을 담고, 각자 원하는 토핑을 고르게 한 뒤 달걀프라이나 날달걀 노른자(원한다면)를 넣고, 원하는 만큼 소스를 곁들여 마무리한다. 재료를 잘 섞을 수 있도록 큰 그릇이면 좋다.

바삭바삭한 밥(누룽지)과 먹는 방법: 웍을 닦고 연기가 살짝 날 때까지 센 불로 올린다. 참기름 1테이블스푼을 둘러 코팅한 다음, 밥을 넣고 평평하게 눌러준다. 웍 바닥에 붙은 밥이 바삭바삭해질 때까지 중간 약한 불에서 1분 정도 익힌다(웍 주걱으로 아래를 직접 들여다보면서 확인하자). 밥을 웍에 얹은 채로 먹거나 개별 그릇에 옮겨 담아서 먹으면 되는데, 각각 담아줄 때는 바삭바삭한 누룽지 부분을 함께 떠서 주는 것이 좋다.

비빔밥 소스
BIBIMBAP SAUCE

분량
¾컵

요리 시간
2분
총 시간
2분

재료
고추장 ½컵(120ml)
볶은 참기름 2테이블스푼(30ml)
설탕 2테이블스푼(25g)
사이다식초 또는 쌀식초 2테이블스푼(30ml)
다진 마늘 1테이블스푼(8g)
검은 깨 또는 구운 참깨 2테이블스푼(또는 혼합)
물 ¼컵(60ml)

이 달콤하고 매운 소스는 비빔밥과 궁합이 좋지만, 그 외 다른 요리들에도 많이 사용된다. 닭날개튀김이나 구이, 고기나 야채구이 등에도 아주 잘 어울린다.

요리 방법
모든 재료를 볼에 넣고 균일하게 섞이도록 젓는다. 소스를 밀폐된 용기에 담아 냉장고에 넣어두면 오랫동안 보관할 수 있다.

2.2 죽, 콘지, 그 외의 쌀죽

쌀죽, 그루엘(Gruel), 무쉬(Mush), 팝(Pap). 이 단어들은 맛에 관한 설명이나 어떤 힌트 없이도 누군가에게 콘지가 무엇인지 설명하기 좋은 단어이다. 난 이것들이 부드럽고, 크림 같고, 편안하고, 강렬한 풍미가 있는 것으로 묘사하고 싶다. 태국에서 아침 식사로 먹고, 홍콩의 딤섬 집에서 먹고, 싱가포르에서 저녁에 술을 마시고 난 다음 24시간 영업하는 행상에서 먹기도 하는데, 이처럼 아시아 전역에서 하루 종일 먹는 이유가 있다.

중국의 저우(zhou), 한국의 죽, 인도네시아의 부부르(bubur), 일본의 오카유(okayu) 등으로 알려진 콘지는 그 자체로도 마음에 안식이 되는 요리지만, 양념과 함께 곁들이면 정말 빛을 발한다. 신선한 생강, 백후추, 스캘리언을 곁들인 콘지가 담긴 냄비에 남은 로스트 치킨이나 칠면조를 넣어 끓이면 든든한 한 끼 식사로 변신한다. 시저 샐러드에 쓸 만큼 아삭하지도 신선하지도 않은 로메인 상추도 콘지에서는 역할을 찾을 수 있다. 언젠가 파머스 마켓에서 구매했던 옥수수와 케일로 점심용 푸짐한 콘지를 만들 수 있다는 말이다. 무슨 말인지 이해했을 거라고 생각한다.

아시아에서는 깨진 쌀알이 든 싸구려 포대를 사다가 죽을 만드는 경우가 많지만, 미국에서는 그런 깨진 쌀알을 찾기가 쉽지 않다. 괜찮다. 보통 쌀로도 쉽게 만들 수 있다. 내가 집에서 가장 많이 사용하는 쌀은 일본 쌀이나 아밀로펙틴이 많이 함유된 품종들인데, 이 품종들은 콘지에 부드럽고 혀를 감싸는 식감(극단적인 예로는 리소토가 있다)을 더해준다. 물론 재스민 쌀로도 훌륭하고 향기로운 콘지를 만들 수 있다.

콘지를 만드는 가장 간단한 방법은 밥을 물이나 육수에 넣고 가스레인지 위에서 끓이는 것인데, 시간이 많이 걸린다. 끓이는 과정에서는 손이 많이 가지 않지만, 시작부터 마무리까지 한 시간 정도 걸린다.

다행히도 그 과정을 빠르게 할 수 있는 몇 가지 방법이 있다. 내가 선호하는 몇 가지 방법을 소개한다.

압력솥 사용하기: 압력솥에 쌀과 물을 넣어(압력솥을 사용하면 가스레인지를 사용할 때처럼 수분이 증발하지 못하므로 물의 양을 10% 정도 줄인다) 밥솥을 완전히 닫고 고압(12~15psi)에서 20분간 익힌다. 압력이 자연스럽게 방출되도록 놔둔 다음(빠르게 방출시키면 안 된다. 녹말 상태의 물이 거품이 되어 방출 밸브에서 뿜어져 나올 것이다) 밥솥을 열고, 원하는 정도로 걸쭉해질 때까지 저으면서 마저 끓인다.

하룻밤 담가두기: 이 방법은 좋아하는 요리 중 하나인 스틸 컷 오트밀을 요리하는 방법에서 영감을 받았다. 오트밀을 전날에 미리 건조하게 볶아둔 다음, 물에 밤새 담가두면 다음날 아침에 빠르게 요리할 수 있다. 이 기술을 쌀에도 적용하는 것이다. 냄비에 물과 밥을 넣어 섞는다(누룽지맛을 좋아한다면 밥을 구워서 사용한다). 그런 다음 뚜껑을 덮고 하룻밤 둔다. 다음 날 아침, 가끔 저어주며 끓이면 부드러운 콘지가 약 30분 만에 완성된다.

절구로 빻기: 마른 쌀을 절구와 절굿공이로 빻아서 잘게 부수어 더 많은 전분이 방출되게 만들고 난 후에 끓이면 조리에 걸리는 시간을 약 25% 줄일 수 있다.

남은 밥 사용하기: 냉장고에서 하루 묵은 밥은 30분 정도만 끓이면 콘지를 만들 수 있다. 다만, 물의 양을 밥 한 컵에 4컵 정도로 줄여야 한다. 미리 얼려서 보관해둔 밥이 있다면, 조리시간이 더욱 단축된다. 얼고 해동하는 과정에서 쌀알이 갈라져 녹말이 훨씬 더 빨리 방출되기 때문이다. 얼린 밥 한 컵을 가져다가 물이나 육수 4컵과 함께 냄비에 넣고 데우며, 밥이 녹고 끓어오를 때까지 젓는다. 20~30분 안에 완벽하게 크리미한 콘지가 완성될 것이다.

기본 콘지
BASIC CONGEE

분량
4인분

요리 시간
10분

총 시간
1시간

재료
단립미 또는 재스민 쌀 ½컵(100g)
저염 치킨스톡 또는 야채스톡 또는 물(단립미 사용 시 6컵, 재스민 사용 시 5컵)

요리 방법
웍이나 큰 소스팬에 밥과 육수(또는 물)를 넣은 뒤 센 불에서 가끔 저으며 끓인다. 약한 불로 줄여 쌀이 부드럽고 죽 형태로 걸쭉해질 때까지 가끔씩 저어주면서 총 1시간 정도 요리한다.

NOTE
이 레시피가 콘지를 만드는 가장 간단한 방법이다. 더 빠르게 만들기 위한 몇 가지 방법은 248페이지를 참고하면 된다. 쌀알이 조금 더 많이 씹히길 원한다면, 쌀의 가장자리가 반투명해질 때까지 1테이블스푼의 기름에 약 3분 정도 볶은 후 육수를 넣고 지시대로 진행하면 된다.

"The Mix"를 곁들인 기본 콘지
(돼지고기, 새우, 마늘, 생강)

기본 콘지의 지침대로 조리한 뒤, 쌀이 부드러워졌을 때 "*The Mix*(280페이지)" 레시피 하나 분량을 넣고 거품기를 이용해 콘지 전체에 골고루 퍼지도록 저어가며 익힌다. 새우를 넣고 익을 때까지 약 1분간 더 조리한다. 그런 다음 스캘리언과 고수를 고명으로 얹어 제공하면 된다. 고추기름이나 삼발올렉을 기호에 맞게 곁들일 수 있도록 식탁에 따로 제공하면 좋다.

콘지 재료를 준비하는 방법

콘지 한 냄비를 요리할 때 복잡하지 않은 깨끗한 맛을 고수하는 것은 좋은 생각이다. 한두 개의 파속 식물(양파와 스캘리언, 스캘리언과 마늘 등), 세 종류의 채소, 한 종류의 고기나 다른 단백질은 성공적인 콘지를 위한 좋은 청사진이다.

예외가 있다면, 봄철일 것이다. 봄은 짧지만 달콤하고 담백한 녹색의 농산물이 풍부하기 때문이다. 일 년 중 놀랍게 맛깔스러운 식사를 하기 가장 좋고도 쉬운 시기이다. 손님들은 어떤 재료가 이런 감탄할 맛을 주는지 모를 것이다. 봄의 거의 모든 녹색 채소들은 큰 준비 없이 콘지에 사용할 수 있고, 어떤 것이든 잘 어울린다. 따라서 색다른 변화를 주거나 시장에서 마음에 든 채소를 집어들어 사용할 수 있다. 나는 봄 채소들과 버섯을 조합하는 걸 좋아한다.

콘지 냄비에 들어갈 다양한 재료를 준비하는 방법은 다음과 같다.

범주	재료	방법
고기/단백질	가공육(햄, 베이컨, 스팸 등)	6mm 크기 주사위 모양으로 자른다. 요리 마지막 순간에 넣고 젓는다.
고기/단백질	조리된 닭고기	한입 크기로 잘게 썬다. 요리 마지막 순간에 넣고 젓는다.
고기/단백질	다진 고기(간 돼지고기, 닭고기 등)	그냥 두거나 고기 약 110g당 약간의 간장과 옥수수 전분 ½티스푼(1g)을 넣고 재워둔다. 거품기로 저어 뭉친 고기를 풀고 핏기가 보이지 않을 때까지 1~2분간 조리한다.
고기/단백질	두부	단단한 두부나 양념한 두부 또는 튀긴 두부를 얇고 길게 채 썰거나 정육면체로 잘라 사용한다. 요리가 마무리되기 2분 전에 콘지에 추가하면 된다.
해산물	새우	껍질을 벗기고, 내장을 제거하고, 1.3cm 크기로 자른다. 새우의 크기가 너무 작으면 자르지 않고 통째로 남겨둔다. 요리 마지막 순간에 넣고 젓는다.
해산물	게살	껍질 조각들을 골라내서 버린다. 요리 마지막 순간에 넣고 젓는다.
해산물	조리된 연어, 참치	포크로 살살 부서뜨린다. 요리 마지막 순간에 넣고 젓는다.
해산물	절인 대구	밤새 깨끗한 물에 담그고 중간중간 물을 몇 번 갈아준다. 포크를 사용하여 작은 조각으로 만든다. 요리가 마무리되기 20분 전에 넣고 젓는다.
해산물	훈제한 생선(연어, 은대구, 청새치)	포크를 사용하여 살살 잘게 부순다. 요리 마지막 순간에 넣고 젓는다.
채소	아스파라거스	상단 5cm 아래부터 줄기 부분의 껍질을 벗기고, 질긴 밑동은 자르거나 꺾어서 제거한다. 직선 또는 사선으로 6mm 길이로 자르고 꼭지 부분(팁)은 통째로 쓰거나 세로로 이등분한다. 요리를 식탁에 내기 2분 전에 콘지에 넣어 조리한다.
채소	피망, 고추	6mm 크기 주사위 모양으로 자른다. 쌀과 육수를 넣기 전, 요리를 시작할 때 기름과 함께 볶는다.
채소	브로콜리, 콜리플라워	송이 부분을 1.3cm 크기로 쪼갠다. 단단한 줄기 부분은 껍질을 벗긴 다음 6mm 크기 주사위 모양으로 잘라준다. 요리를 식탁에 내기 4분 전에 콘지에 추가하면 된다.
채소	양배추, 방울양배추	얇게 채 썬다. 쌀과 육수를 추가하기 전에 기름으로 살짝 볶아주거나 요리 마무리 2분 전에 추가한다.

범주	재료	방법
채소	셀러리	단단한 겉 줄기의 껍질을 벗긴다. 각각의 대를 서너 개의 얇은 막대 모양으로 나눈다. 6mm 크기 주사위 모양으로 자른다. 쌀과 육수를 넣기 전, 요리를 시작할 때 기름과 함께 볶아준다.
채소	옥수수	대에서 옥수수의 알을 떼어낸다. 요리를 식탁에 내기 3분 전에 콘지에 추가한다.
채소	오이	껍질을 벗겨 세로로 쪼갠 뒤 숟가락으로 씨를 제거하고 4등분한다. 요리를 식탁에 내기 5분 전에 콘지에 추가한다.
채소	잉글리시피(완두콩)	꼬투리에서 콩을 꺼낸다. 요리를 식탁에 내기 3분 전에 콘지에 넣어 조리한다.
채소	파바빈	꼬투리에서 콩을 꺼낸다. 끓는 소금물에 2분간 데친 후 물기를 빼고 얼음물에 넣어 식힌다. 각각의 콩에서 옅은 연두색 껍질을 떼어내어 버린다. 요리를 식탁에 내기 1분 전에 콘지에 추가한다.
채소	단단하고 아삭한 뿌리채소(당근, 파스닙, 순무, 래디시, 루타바가, 히카마, 또는 캐슈넛 등)	6mm 크기 주사위 모양으로 자르거나 더 작게 자른다. 쌀과 육수를 넣기 전, 요리를 시작할 때 기름과 함께 볶아준다.
채소	그린빈	윗부분과 아랫부분을 손가락으로 끊는다. 이때 딸려 나오는 끈도 모두 제거한다. 6mm 크기로 편 썬다. 요리를 식탁에 내기 3분 전에 콘지에 넣어 조리한다.
채소	케일	단단한 심을 제거한다. 잎을 얇게 채 썰거나 대충 찢거나 네모나게 자른다. 요리를 식탁에 내기 5분 전에 콘지에 넣어 조리한다.
채소	리크	뿌리와 짙은 녹색잎 끝 부분은 잘라서 버린다. 옅은 녹색 부분과 흰색 부분만 세로로 4등분한 다음 6mm 크기 주사위 모양으로 자른다. 쌀과 육수를 넣기 전, 요리를 시작할 때 기름과 함께 볶는다.
채소	상추	잎을 분리하고 얇게 채 썰거나 네모나게 자른다. 요리를 식탁에 내기 1분 전에 콘지에 넣어 조리한다.
채소	버섯	얇게 채 썬다. 쌀과 육수를 넣기 전, 요리를 시작할 때 기름과 함께 볶는다.
채소	양파와 샬롯	작게 다진다. 쌀과 육수를 넣기 전, 요리를 시작할 때 기름과 함께 볶는다.
채소	스캘리언	뿌리를 다듬고 버린다. 얇게 채 썰고, 요리를 식탁에 내기 직전에 추가하거나 테이블에서 고명으로 사용한다.
채소	스냅피	윗부분과 아랫부분을 손가락으로 끊는다. 이때 딸려 나오는 끈도 모두 제거한다. 6mm 크기로 편 썬다. 요리를 식탁에 내기 2분 전에 콘지에 넣어 조리한다.
채소	스노우피	윗부분과 아랫부분을 손가락으로 끊는다. 이때 딸려 나오는 끈도 모두 제거한다. 6mm 크기로 편 썬다. 요리를 식탁에 내기 2분 전에 콘지에 넣어 조리한다.
채소	주키니 또는 다른 부드러운 호박류	6mm 크기 주사위 모양으로 자른다. 쌀과 육수를 넣기 전, 요리를 시작할 때 기름과 함께 볶는다.
허브	신선한 허브(고수, 민트, 파슬리, 로즈마리 등)	줄기에서 잎사귀를 떼어내고 다진다. 요리를 식탁에 내기 직전에 넣고 섞는다.

돼지고기 미트볼을 곁들인 태국식 쌀죽
THAI-STYLE JOOK WITH PORK MEATBALLS

분량
4인분

요리 시간
30분
총 시간
1시간 30분

이 요리는 피시 소스와 백후추로 맛을 낸 작은 돼지고기 미트볼을 넣어 만드는 정통 태국식 쌀죽이다. 테이블에서 날달걀을 휘저어 넣으면 풍부한 풍미가 더해진다. 내 친구 Leela Punyaratabandhu는 그릇에 콘지를 조금 담고 달걀을 얹은 다음, 다시 콘지 한 국자를 더하여 콘지의 잔열로 달걀을 부드럽게 익히는 방식을 추천한다. 그렇게 담으면 콘지를 먹으려고 저을 때 그릇 중간에 있는 달걀이 놀라움을 선사한다. 나는 시금치, 양상추 또는 로메인 상추와 같은 녹색 잎채소를 추가하는 것도 좋아하는데, 부드럽고 달콤한 맛이 더해진다. 집에 달콤한 태국식 무절임이 있다면 추가하자. 이 음식에 매우 잘 어울린다.

재료

레몬그라스 1개

단립미 또는 재스민 쌀 ½컵(100g)

저염 치킨스톡 또는 야채스톡 또는 물(단립미 사용
시 6컵, 재스민 쌀 사용 시 5컵)

갓 간 백후추 ½티스푼

피시 소스

미트볼 재료:

다진 고기 225g

갓 간 백후추 ¼티스푼

피시 소스 1티스푼(5ml)

코셔 소금 ½티스푼(2g)

생추간장 또는 쇼유 1테이블스푼(15ml)

갓 다진 중간 크기의 마늘 2개(2티스푼/5g)

설탕 1테이블스푼(12.5g)

차림 재료(모두 선택사항이지만 권장함):

녹색 잎채소 90g, 케일(두꺼운 중앙 줄기는 버리고
잎만 거칠게 다진 것), 시금치, 다진 양상추, 다진
로메인 상추 등

달걀 4개

다진 고수

얇게 썬 스캘리언

다진 달콤한 태국 무절임

튀긴 샬롯(254페이지)

프릭남쏨(256페이지)

남쁠라프릭(257페이지)

요리 방법

① 레몬그라스를 칼등으로 12번 정도 두드려 흠을 내어 향이 나도록 한다. 웍이나 큰 냄비에 쌀, 레몬그라스, 물(또는 육수)을 넣고 섞는다. 센 불로 끓이면서 가끔 저어준다. 약한 불로 줄이고 쌀이 완전히 부드럽고 죽 형태로 걸쭉해질 때까지 가끔씩 저어주며 총 1시간 정도 요리한다. 콘지가 완성되면 레몬그라스는 꺼내서 버린다. 기호에 따라 백후추와 피시 소스로 간을 한다. 콘지는 약한 불에서 끓이며 가끔 저어주는데, 너무 걸쭉해지면 물로 희석하면 된다.

② **미트볼:** 작은 볼에 다진 고기, 백후추, 피시 소스, 소금, 간장, 마늘, 설탕을 넣고 섞는다. 균일하고 끈적해질 때까지 약 30초 동안 손으로 섞는다. 손을 씻고 젖은 손으로 고기 반죽을 한 티스푼 정도 집어서 작은 공 모양으로 만든다. 끓고 있는 콘지에 미트볼을 넣고 뚜껑을 덮은 다음 미트볼이 단단해지기 시작할 때까지 약 1분간 끓인다.

③ **차림:** 채소를 넣고 젓는다. 채소가 숨이 죽고 미트볼이 완전히 익을 때까지 약 3분 동안 조리한다.

④ 그릇 4개에 아주 뜨거운 콘지를 담고 그 위에 날달걀을 깨뜨려 넣는다. 다시 남은 콘지를 그릇에 나누어 담는다(달걀이 콘지 사이에 위치한다). 달걀이 살짝 익을 수 있도록 제공하기 전에 몇 분간 그대로 둔다. 그리고 그 위에 고수, 스캘리언, 태국식 무절임, 튀긴 샬롯을 고명으로 얹는다. 프릭남쏨이나 남쁠라프릭은 기호에 맞게 곁들일 수 있도록 식탁에 따로 제공한다.

튀긴 샬롯
FRIED SHALLOTS

분량
약 1½컵

요리 시간
25분

총 시간
25분

재료
껍질 벗긴 샬롯 450g
식용유 2컵(500ml)
코셔 소금

NOTES
분량이 많아 보일 수 있지만,
그렇지 않다.

지금은 문을 닫은 보스턴 엘리엇 호텔의 레스토랑인 *Clio*에서 일했을 적에, 내 고정 업무 중 하나가 바로 전체 라인을 위한 튀긴 샬롯을 만드는 것이었다. 쉬운 일은 아니었는데, 튀긴 샬롯을 샐러드나 사시미의 바삭바삭한 고명으로도 사용하고, 수프와 스튜의 풍미를 더하는 고명으로도 사용하고, 소스나 렐리시 등의 조미료에도 사용하는 등 수많은 요리에 사용하기 때문이었다. 그런데 이건 문제의 일부에 불과했다. 진짜 문제는 튀긴 샬롯의 중독적인 맛 때문에 모든 라인의 조리사부터 주방장, 음식을 나르는 웨이터에 이르기까지 모든 사람들이 근무 내내 몰래 한 움큼씩 먹곤 한다는 것이었다. 언젠가 튀긴 샬롯을 만든 뒤 잠깐 산책을 나갔다 돌아왔더니 빈 용기를 발견한 적도 있었다. 난 아직까지도 그때의 꿈을 꿀 때마다 식은 땀을 흘리며 깨곤 한다.

나는 더 이상 라인 조리사는 아니지만, 그렇다고 해서 고통이 그렇게 완화되지도 않았다. 집에서 튀긴 샬롯을 만들려면, 내 아내인 Adri가 하루 종일 집에 없는 날만을 기다려야 했다. 조리하며 공기 중에 남게 되는 달콤한 향을 도저히 숨길 수 없기 때문이었다. 그녀가 눈치채는 순간 볼 장 다 본 것이다. 내가 아무리 많은 샬롯을 튀겨도, 하루면 사라져 버린다.

요점은, 그만큼 맛있다는 것이다.

하지만 제대로 만들기가 굉장히 까다로운 편이다. 덜 익으면 흐물흐물하고 느끼하지만, 조금이라도 더 익으면 뒷맛이 써 전혀 입에 맞지 않는 음식이 된다. 더 어려운 건, 고르게 익히기 위해서는 완벽히 고르게 썰어야 한다는 것이다. 내 경우엔 다행스럽게도, 수천 개의 샬롯을 튀겨가면서 몇 가지 요령을 터득했다는 것이다. 이걸 만들어본 적 없는 사람도 성공적으로 만들 수 있는 요령이다.

나와 같은 고통을 겪고 싶지는 않다면, 언제든 아시안 슈퍼마켓에 가서 튀긴 샬롯을 구매하자(병에 든 튀긴 샬롯은 간이 덜 되어 있기 때문에, 사용하기 전에 소금으로 간을 해야 한다). 덧붙여서, 더 맛있게 만들려면 샬롯과 같은 두께로 얇게 썬 신선한 레몬그라스를 추가하면 좋다. 사용된 기름(샬롯향이 나는 맛있는)은 걸러서 보관해두고, 볶음요리에 좋은 향긋한 *파-생강기름*(566페이지)의 베이스로 사용하거나 샐러드 드레싱에 사용하면 좋다.

요리 방법

① 만돌린을 사용하여 샬롯을 15mm 두께의 원형으로 자른다. 쟁반에 키친타월을 6겹 깐다. 큰 내열용기나 중간 크기의 냄비에 체를 걸쳐둔다.

② 중간 크기의 냄비나 웍에 샬롯과 기름을 넣고 섞는다. 중간-센 불에 두고 샬롯이 거품을 내기 시작할 때까지 2~3분 동안 자주 저어가며 요리한다. 샬롯이 노릇노릇해질 때까지 8~10분 정도 고르게 익도록 저어주면서 튀긴다(샬롯은 기름을 거르고 나서도 잠시간 계속 익기 때문에 너무 어두운 색이 될 때까지 익히지 않는다). 빠르게 내용물을 체에 거른다.

③ 샬롯을 준비해둔 쟁반에 곧바로 펼쳐 담고 소금으로 간을 한다. 키친타월의 맨 윗장을 조심스럽게 들어올려 부드럽게 샬롯을 굴리면서 기름기를 닦아내고, 바로 밑의 키친타월에 샬롯을 붓는다. 맨 아랫장의 키친타월까지 샬롯을 닦아낸 다음(기름기가 대부분 빠질 때까지) 실온에서 완전히 식히고 밀폐용기에 넣어 보관한다.

튀긴 샬롯 만들기, Step by Step

STEP 1 · 샬롯을 손질하고 만돌린으로 자르기

샬롯의 끝을 자르고 껍질을 벗긴 다음 만돌린을 이용해 원형으로 자른다. 그저 *Benriner*라는 브랜드의 25달러짜리 플라스틱 일본식 만돌린이면 충분하다. 두께는 15mm로 조정하면 되는데, 신용카드 2장을 겹친 두께이다.

STEP 2 · 랜딩 패드 준비

샬롯이 다 익으면, 기름의 잔열로 인해 너무 익기 전에 즉시 체로 걸러 과도한 기름을 제거해야 한다. 이를 위해 고운 체를 걸친 내열용기와 기름을 닦아낼 6겹의 키친타월을 깐 쟁반을 준비한다.

STEP 3 · 천천히 가열하기

웍이나 냄비에 샬롯과 차가운 식용유를 넣고 섞는다. 샬롯 450g당 기름 2컵이 적당한 비율이다. 웍을 중간-센 불에 두고 익히기 시작한다. 찬 기름에 튀기는 것은 샬롯을 고르게 익히는 데 도움이 된다.

STEP 4 · 계속 저어주기

열이 올라오면 샬롯이 고르게 익도록 계속 젓는다(젓는 걸 멈추면 웍 가장자리에 있는 샬롯이 중앙에 있는 샬롯보다 더 강하게 지글거리게 된다. 그러니 계속 저어야 한다). 샬롯이 노릇노릇해지고 지글지글 끓는 것이 느려질 때까지 총 10~12분 동안 요리한다.

recipe continues

STEP 5 · 곧바로 거르기

샬롯이 균일하게 노릇노릇 튀겨지면 고운체에다 붓는다. 체를 흔들어 기름을 털어낸 뒤 키친타월이 깔린 쟁반에 펼쳐 담는다.

STEP 6 · 기름기 제거 및 간하기

키친타월 맨 윗장의 한쪽 끝을 잡고 부드럽게 흔들면서 샬롯을 굴려 바로 아래에 있는 타월로 옮긴 다음, 샬롯의 기름기를 첫 장으로 부드럽게 닦아낸다. 첫 장을 버리고 곧바로 샬롯을 다시 한 겹으로 펼친 뒤 모든 타월을 쓸 때까지

과정을 반복한다. 그러면 샬롯의 기름기가 대부분 제거되며 조금 식는다.

STEP 7 · 소금 간 및 보관하기

샬롯에 소금을 넉넉히 뿌려 간을 한다. 실온에서 완전히 식을 때까지 약 30분 동안 그대로 둔다. 밀봉 가능한 용기에 옮겨 서늘하고 빛이 들지 않는 식료품 저장실에 최대 3개월 동안 보관한다. (당신의 집도 우리 집과 사정이 비슷하다면, 배우자가 샬롯을 발견하고 먹어 치우기까지 3시간 정도 소요됨)

태국식 테이블 조미료

모든 태국의 식탁에는 취향에 맞게 음식의 맛을 조절할 수 있도록 조미료 세트가 제공된다. 나는 최소한 프릭남쏨과 몇 가지 남쁠라프릭(다음 레시피 참고), 구운 칠리플레이크를 제공한다. 방콕에서는 종종 백설탕도 제공되는 걸 볼 수 있다.

프릭남쏨
PRIK NAM SOM

분량
1컵

요리 시간
3분
총 시간
3분

프릭남쏨은 *팟씨유*(372페이지 참고) 같은 면 요리와 특히 잘 어울리는 필수 조미료이다. 죽이나 수프, 달걀요리와도 잘 어울린다.

재료
증류 백식초 ½컵(120ml)
끓는 물 ½컵(120 ml)
설탕 1테이블스푼(12.5g)

마늘 몇 쪽
얇게 썬 세라노 또는 타이 버드고추 ½컵

요리 방법
병에 모든 재료를 넣고 식힌다. 시원하고 빛이 들지 않는 식료품 저장실에 무기한 보관할 수 있다.

남쁠라프릭

NAM PLA PRIK

분량
약 ½컵

요리 시간
2분
총 시간
2분

가장 기본적인 남쁠라프릭은 조리법이나 특별한 기술의 필요 없이 단순히 피시 소스(남쁠라)와 얇게 썬 타이버드고추(프릭)의 조합이다. 다른 버전은 마늘, 샬롯, 라임즙, 설탕까지도 포함한다. 난 간단하게 얇게 썬 고추와 피시 소스로 만든 버전과 다양한 피시 소스와 고추, 마늘, 설탕으로 몇 달간 보관할 수 있는 버전도 구비하고 있다. 라임즙이 조미료에 산도를 더해주긴 하지만 유통기한을 줄이기 때문에, 나는 라임즙을 따로 식탁에 제공하는 걸 선호한다.

이 정도로 많은 양의 고추를 작업할 때는 반드시 장갑을 끼거나 작업 후 손을 깨끗이 닦아야 한다. 일반적이진 않지만, 나는 절구를 사용하는 걸 좋아한다. 마늘과 고추의 풍미를 한껏 드러낼 수 있고, 제거하기 어려운 고추와 마늘향이 도마에 배는 것도 방지할 수 있다. 고추를 썰 때 작은 분쇄기나 푸드프로세서를 이용할 수도 있는데, 퓨레 같은 고추를 원하는 건 아니므로 거칠게 잘리도록 중간중간 기계를 멈춰가며 사용해야 한다(과정에서 나온 고추의 즙 때문에 눈이나 코를 다칠 수 있으니 뚜껑을 열 때 조심하자).

재료

신선한 타이버드고추 10~30개, 빨간색 또는 빨간색
　　과 녹색이 혼합된 것
중간 크기의 마늘 2~4쪽(선택사항)
팜 슈거 2테이블스푼(선택사항)
피시 소스 ½컵

차림 재료:
라임 웨지

요리 방법

고추는 꼭지를 잘라내고 굵게 다진다. 마늘(사용한다면)의 껍질을 벗긴 다음 칼의 옆면으로 으깬다. 절구에 고추와 마늘을 넣고 절굿공이로 으깨어 거친 반죽을 만든다. 설탕(사용한다면)을 추가해 설탕이 녹고 혼합물이 고운 반죽이 될 때까지 절굿공이로 으깬다. 피시 소스를 넣고 균일하게 섞일 때까지 젓는다. 밀봉된 용기로 옮긴다. 남쁠라프릭은 실온에서 며칠 또는 냉장고에서 몇 달 이상 보관할 수 있다. 원한다면 식탁에 내기 직전에 신선한 라임즙을 약간 넣고 저어서 제공한다.

베이컨, 구운 옥수수, 스캘리언, 고수를 곁들인 치즈 콘지
CHEESY CONGEE WITH BACON, CHARRED CORN, SCALLIONS, AND CILANTRO

분량
4인분

요리 시간
30분
총 시간
1시간 30분

재료

단립미 또는 재스민 쌀 ½컵(100g)

저염 치킨스톡 또는 야채스톡 또는 물(단립미 사용 시 6컵, 재스민 쌀 사용 시 5컵)

식용유 1티스푼(5ml)

1.3cm로 조각낸 베이컨 120g

생옥수수 알갱이 약 175g(약 2개분)

잘게 썬 치즈 또는 슬라이스 치즈 60g, 체다 또는 잭 또는 스위스 치즈 등

잎과 부드러운 줄기를 잘게 썬 고수

얇게 썬 스캘리언 3대

코셔 소금과 갓 간 흑후추

베이컨, 옥수수, 스캘리언, 치즈는 미국요리인 그리츠와 잘 어울린다. 그래서 이 재료들을 유사한 콘지에 사용하면 어떨까 하는 생각을 했는데, 환상적인 조합이었다. 특히 취향에 맞게 고추기름을 뿌린다면 더 잘 어울린다. 248페이지에서 설명한 '하룻밤 담가두기'를 사용하기에 알맞은 아침에 먹는 콘지이다.

요리 방법

① 웍이나 큰 냄비에 쌀과 함께 물(또는 육수)을 넣고 섞는다. 센 불에서 가끔 저어주며 끓인다. 약한 불로 줄이고 쌀이 부드럽고 죽 형태로 걸쭉해질 때까지 가끔씩 저어주면서 총 1시간 정도 요리한다. 요리된 콘지는 따뜻하게 유지한다(웍에서 요리했다면 냄비로 옮긴다. 다음 단계에서 웍이 필요하다).

② 웍에 기름을 넣고 중간 불로 달군다. 베이컨을 넣어 잘 익고 바삭해질 때까지 약 4분간 잘 저어주며 조리한다. 베이컨은 볼에 담아 한쪽에 두고, 웍에 남은 기름(베이컨 지방)을 센 불로 연기가 날 때까지 재가열한다. 옥수수를 넣고 뒤섞어 베이컨 지방을 입힌 다음 웍과 닿은 면이 검게 그을릴 때까지 움직이지 않고 약 45초 동안 요리한다. 대부분의 옥수수가 약간씩 검게 그을릴 때까지 총 3분 정도 저으며 뒤척인다.

③ 콘지에 옥수수와 치즈를 넣고 치즈가 녹을 때까지 저어준다. 고명으로 쓸 베이컨, 고수, 스캘리언을 남겨두고 나머지는 콘지에 넣고 젓는다. 기호에 따라 소금과 후추로 간을 한다. 남겨둔 베이컨, 고수, 스캘리언을 곁들여 바로 제공한다.

시든 상추와 버섯을 곁들인 콘지

CONGEE WITH WILTED LETTUCE AND MUSHROOMS

분량
4인분

요리 시간
15분

총 시간
1시간 15분

NOTES
표고버섯 대신 수분을 보충한 목이버섯을 사용할 수 있다. *간장버섯볶음*(183페이지)을 추가해도 좋다(볶는 단계는 건너뛰기).

재료

단립미 또는 재스민 쌀 ½컵(100g)
저염 치킨스톡 또는 야채스톡 또는 물(단립미 사용 시 6컵, 재스민 쌀 사용 시 5컵)
땅콩유, 쌀겨유 또는 기타 식용유 1테이블스푼(15ml)
얇게 썬 표고버섯 120g(NOTES 참고)
절구로 으깨어 다진 마늘 2쪽(5g)
소흥주 1테이블스푼(15ml)
생추간장 또는 쇼유 1티스푼(5ml)
1.3cm로 자른 로메인 상추 1뭉치
얇게 썬 스캘리언 3대
코셔 소금과 갓 간 백후추

서양식 레스토랑에서 일한다면, 시든 양상추는 퇴비통 외에는 향할 곳이 없다는 걸 알 것이다. 하지만 상추가 꼭 아삭하고 단단해야 할 필요는 없다고 생각을 전환하면 시든 상추를 맛있게 활용할 수 있다. 내가 가장 좋아하는 방법은 시든 상추를 콘지에 넣는 것이다. 양상추, 로메인과 같은 상추는 특유의 촉촉하면서도 아삭한 식감을 유지하면서도, 생상추일 때보다 더 농축된 풍미를 가진다.

요리 방법

① 웍이나 큰 냄비에 쌀과 함께 물(또는 육수)을 넣고 섞는다. 센 불에서 가끔 저어주면서 끓인다. 약한 불로 줄이고 쌀이 부드럽고 죽 형태로 걸쭉해질 때까지 가끔씩 저어주면서 총 1시간 정도 요리한다. 요리된 콘지를 따뜻하게 유지한다(웍에서 요리했다면 냄비로 옮긴다. 다음 단계에서 웍이 필요하다).

② 약한 연기가 날 때까지 센 불에서 웍을 달군 뒤 기름을 둘러 코팅한다. 버섯을 넣고 부드러워질 때까지 약 1분간 볶은 뒤, 마늘을 넣고 향이 날 때까지 약 15초간 볶는다. 소흥주와 간장을 넣고 졸여질 때까지 약 30초간 섞어주며 볶는다.

③ 버섯을 콘지에 옮겨 넣는다. 센 불로 콘지를 끓인 다음 로메인을 추가하고 로메인의 숨이 죽을 때까지 약 1분간 저어준다. 고명용은 남겨두고 나머지 스캘리언을 모두 넣고 젓는다. 소금과 백후추로 간을 한다. 고명용으로 남겨둔 스캘리언을 뿌리고 제공한다.

닭죽(닭고기와 채소를 곁들인 한국식 콘지)

죽은 한국식 콘지이다. 단순히 물이나 육수에 쌀을 넣고 익히는 다른 많은 종류의 콘지와 달리 한국식 콘지는 이탈리아의 리소토처럼 쌀을 기름에 볶는 것으로 시작한다. 그리고 첫 번째 볶음 단계를 거치면 쌀알이 약간 씹히면서도 크림 같은 형태의 콘지를 얻게 된다.

이것 외에도 한국 죽의 특징이 있는데, 바로 애호박이나 스캘리언 같은 채소를 쌀알과 거의 같은 크기로 다져 넣고 쌀과 함께 무지개 빛깔을 입힌다는 것이다(셀러리, 호박, 감자, 고구마 등 다른 채소는 흔하게 사용되지 않음). 닭고기와 약간의 향료를 물에 넣고 끓인 다음 닭고기를 잘게 찢는 것이 그 특징이다. 많은 레시피에서 닭 한 마리를 통째로 끓인 다음, 그 국물을 이용해서 쌀을 익히라고 소개하지만, 난 닭을 통째로 조리할 때 닭가슴살이 퍽퍽하지 않으면서도 닭다리살을 잘 익히는 건 어려운 일이라고 생각한다. 그래서 닭 한 마리 대신에 빠르고 고르게 익힐 수 있는 뼈와 껍질이 있는 닭가슴살을 이용한다.

닭죽(닭고기와 채소를 곁들인 한국식 콘지)
DAKJUK

분량
4~6인분

요리 시간
45분

총 시간
1시간 45분

NOTES
뼈와 껍질이 있는 닭을 사용해야 살이 부드럽고 육수의 맛이 깊다. 구할 수 없다면 순살을 사용해도 큰 문제는 없다. 채소도 원한다면 푸드프로세서로 다져도 된다. 칼로 적당하게 썬 뒤 푸드프로세서에 넣고 곱게 다지면 된다.

재료
닭고기와 육수 재료:
뼈와 껍질이 있는 닭가슴살 450g, 또는 순살 닭가슴살 340g
동전 크기의 신선한 생강 4조각
굵게 다진 스캘리언 3대
마늘 6쪽(15~20g), 칼 옆면으로 으깬 것

콘지 재료:
찹쌀 ¾컵(150g)
식용유 1테이블스푼(30ml)
껍질 벗겨 잘게 썬 당근 1개(120g, NOTES 참고)
잘게 썬 애호박 1개(120g, NOTES 참고)
껍질 벗겨 잘게 썬 셀러리 2개(90g, NOTES 참고)
얇게 썬 스캘리언 2대
코셔 소금과 갓 간 백후추
볶은 검정색 또는 흰색 참깨(선택사항)
볶은 참기름 몇 방울

요리 방법

① **닭고기와 육수**: 큰 소스팬이나 웍에 닭고기, 생강, 스캘리언, 마늘을 넣고 섞는다. 물 2L를 넣고 끓인다. 즉석 온도계에 약 68℃가 나올 때까지 뚜껑을 덮고 중간중간 닭고기를 뒤집어주면서 30분 정도 익힌다. 닭고기가 익는 동안 쌀을 찬물에 불려 놓는다.

② 닭고기가 익으면 접시에 옮겨 담아 충분히 식을 때까지 두고, 육수는 걸러낸 뒤 따로 보관한다(찌꺼기는 버린다). 소스팬이나 웍을 한번 닦아준다.

③ **콘지**: 불려둔 쌀의 물을 따라낸다. 소스팬이나 웍에 기름을 두르고 중간 불로 연기가 날 때까지 가열한다. 불린 쌀을 넣고 쌀알이 반투명해질 때까지 약 2분간 저어가며 끓인다. 당근, 애호박, 셀러리를 넣고 채소가 약간 부드럽되 갈색이 나지는 않게끔 약 1분 동안 저으면서 조리한다. 준비해둔 육수를 넣고 웍 바닥에 붙은 쌀을 긁어내 준다. 뭉근하게 끓이면서 쌀이 죽이 될 정도로 완전하게 부드러워질 때까지 30~40분 동안 한 번씩 저어가며 조리한다.

④ 그 사이 닭고기를 손질한다(뼈나 껍질이 붙어 있으면 제거한다). 죽이 완성되면 손질한 닭고기와 스캘리언을 넣되, 고명으로 쓸 스캘리언을 조금 남겨둔다. 기호에 따라 소금과 백후추로 간을 한다. 준비해둔 스캘리언과 참깨를 흩뿌리고 참기름을 살짝 둘러준다.

길쭉한 채소(애호박, 여름호박, 당근 등)를 자르는 다양한 방법

호박, 당근, 파스닙 등 가느다란 가지처럼 길쭉하면서 단단한 채소들을 자르는 방식(채, 성냥개비 썰기, 깍둑썰기 등)도 본질적으로는 다른 야채를 썰 때와 동일한 과정이다. 애호박을 예시로 자르는 방법을 알아보자.

STEP 1 · 짧은 길이로 조각내기

날카로운 식칼이나 산도쿠 칼을 사용하여 호박을 5~7.5cm 길이로 자른다. 이렇게 길이가 줄어들면 편으로 썰거나 성냥개비 모양으로 썰기가 수월해진다.

STEP 2 · 안정적인 면 만들기

도마에 썬 호박 덩이를 잡고, 한쪽 면을 썰어서 평평한 표면을 만든다. 평평한 면을 도마에 붙여서 호박이 흔들리지 않게 한다. 그러면 다음 단계들에서 호박을 안정적으로 자를 수 있다.

편으로 자르기

칼을 쥐지 않는 손으로 채소를 안전하게 잡는다. 우발적인 부상을 방지하기 위해 손가락을 안쪽으로 오므리고, 특히 엄지손가락을 손바닥 쪽으로 넣는다. 칼을 쥐고, 반대편 손의 손가락 관절 부분에 칼 옆면을 평평하게 댄 뒤에 채소를 얇고 고르게 편으로 자른다. 자른 재료를 3~4개 쌓는다.

성냥개비로 자르기(채로 썰기)

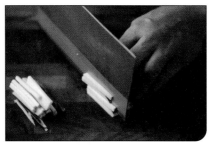

칼을 쥐지 않는 손으로 채소를 안전하게 잡는다. 우발적인 부상을 방지하기 위해 손가락을 안쪽으로 오므리고, 특히 엄지손가락을 손바닥 쪽으로 넣는다. 칼을 쥐고, 반대편 손의 손가락 관절 부분에 칼을 대고 채소를 얇고 고르게 채로 썬다.

깍둑썰기 또는 다지기

채 썬 것을 90도 회전한다. 칼을 쥐지 않는 손으로 채소를 안전하게 잡는다. 우발적인 부상을 방지하기 위해 손가락을 안쪽으로 오므리고, 특히 엄지손가락을 손바닥 쪽으로 넣는다. 칼을 쥐고, 반대편 손의 손가락 관절 부분에 칼을 대고 채소를 잘게 썬다.

호박과 잣을 곁들인 콘지

CONGEE WITH PUMPKIN AND PINE NUTS

분량
4인분

요리 시간
30분

총 시간
1시간 30분

재료

식용유 1테이블스푼(15ml)

작은 리크 1개(90g), 흰색 및 옅은 녹색 부분만 잘게 다진 것

갓 다진 중간 크기의 마늘 2쪽(2티스푼, 5g)

단립미 또는 재스민 쌀 ½컵(100g)

저염 치킨스톡 또는 야채스톡 또는 물(단립미 사용 시 6컵, 재스민 쌀 사용 시 5컵)

카보차 호박 225g(작은 단호박의 절반 정도), 껍질과 씨를 제거한 후 1.3cm 크기로 깍둑 썬 것

흑설탕 또는 메이플 시럽 1테이블스푼

코셔 소금과 갓 간 흑후추

무염버터 3테이블스푼(45g)

잣 ¼컵(35g)

잘게 다진 신선한 고수 몇 테이블스푼

얇게 썬 스캘리언 3대

쌀과 카보차 호박을 함께 끓이면 확연하게 밝은 오렌지 빛의 죽이 된다. 카보차는 조리 전 껍질을 벗길 필요가 없는 몇 안 되는 호박 품종 중 하나이지만(530페이지 '카보차 호박조림' 참고) 이 특정 요리에선 호박이 거의 완전히 분해되어야 하므로 껍질을 제거하는 것을 추천한다. 약간의 흑설탕이나 메이플 시럽을 곁들이면 호박 본연의 단맛이 강화된다. 마지막으로 버터에 천천히 구운 잣을 콘지 위에 뿌려주며 마무리한다.

요리 방법

① 더치오븐이나 웍에 기름을 둘러 연기가 살짝 날 때까지 약한 불로 가열한다. 리크를 추가해 부드러우면서도 갈색이 나지는 않게끔 약 4분 정도 저으며 볶는다. 마늘을 넣고 향이 날 때까지 약 30초간 볶는다. 쌀, 호박, 물(또는 스톡), 흑설탕(또는 메이플 시럽)을 추가한다. 쌀과 호박이 완전히 물러지고 국물이 부드럽고 걸쭉해질 때까지 약 1시간 동안 뭉근하게 끓인다.

② 포테이토 매셔나 거품기를 이용해 호박이 쌀과 거의 합쳐지되 호박의 형태가 어느 정도는 남게끔 으깬다. 기호에 따라 소금과 후추로 간을 한다. 콘지를 따뜻하게 유지한다.

③ 웍이나 작은 스킬렛에 버터를 넣어 녹을 때까지 약한 불로 가열한다. 잣을 추가해 전체적으로 고르게 노릇해지고 고소한 향이 날 때까지 약 5분 동안 지속적으로 저어준다. 또는 전자레인지로 잣을 토스트하는 방법도 있다(264페이지).

④ 고명으로 쓸 소량의 스캘리언과 고수를 남겨두고, 잣의 절반과 고수, 스캘리언을 콘지에 넣어 볶는다. 나머지 절반의 잣, 고수, 스캘리언을 콘지 위에 얹어 제공한다.

견과류 토스트하기: 전자레인지와 친해지자

좋은 음악과 마찬가지로 좋은 요리책은 펼 때마다 어떠한 보람이 있어야 한다. 좋은 예로 Harold McGee의 저서인 *On Food and Cooking*이 있다. 이 책을 넘길 때면 전에는 그냥 지나쳤던 무언가를 깨닫기 일쑤다. 그 책의 503페이지의 견과류 조리법 섹션에 "견과류는 전자레인지에서도 토스트할 수 있다"라고 적혀 있다.

그렇다. 전자레인지는 음식을 효율적으로 신속하고 고르게 가열하며, 특히 견과류와 같은 작은 재료들은 외부와 내부까지 동일한 비율로 익힐 수 있다.

몇 번의 테스트 후에 한 가지 깨달은 것이 있는데, 전자레인지로 견과류를 토스트할 수는 있지만 오븐에 굽는 것만큼 훌륭하진 않다는 것이다. 전자레인지로는 구운 견과류 특유의 고소항 향이 주방을 가득 메울 뿐, 갈변이 제대로 이뤄지지 않고 깊은 맛이 잘 나지 않는다.

오븐으로 구울 때의 문제라면, 외부보다 내부가 더 빨리 익는다는 것이다. 대부분의 사람들은 바깥쪽 위주로 구워진 견과류에 입맛이 맞춰져 있다.

그렇다면 해결책은? 제공하기 전에 약간의 기름이나 녹인 버터에 생견과류를 버무리는 것이다. 나는 견과류 한 컵당 식용유 1티스푼을 넣고 버무린 후 전자레인지용 접시에 한 겹으로 펼친다. 전자레인지에 넣고 견과류가 노릇하고 고르게 구워질 때까지 1분 간격으로 꺼내어 뒤섞은 뒤 다시 돌린다. 견과류의 양에 따라 3~8분 정도 소요되며 스킬렛이나 오븐으로 하는 것보다 더 깊고 균일한 맛을 낼 수 있다.

파에야, 리소토, 콘지: 진득한 밥 시리즈

본질적으로 콘지와 이탈리아식 리소토는 크게 다르지 않다. 둘 다 자포니카 쌀에서 추출되는 끈적한 아밀로펙틴을 이용하며 원하는 맛을 입힐 수 있는 빈 캔버스와 같은 역할을 해주기도 한다. 유일한 차이점은 국물의 양과 조리 시간이다. 그런 점에서 봄바 쌀(또 다른 자포니카 품종)로 만든 스페인 파에야도 별반 다르지 않다. 진득한 밥 시리즈를 도표로 작성하면 다음과 같이 한쪽 끝에는 파에야가 있고 다른 한쪽 끝에는 콘지가 위치할 것이다.

요리	액체의 양	조리 온도	최종 텍스처
파에야	매우 적음	매우 높음	전반적으로 건조하고 살짝 크리미한 느낌
리소토	보통	보통	점성 있게 흐를 정도의 상당한 수분
콘지	매우 많음	매우 낮음	밥알의 형태가 어느 정도 보존된 걸쭉한 수프 느낌

이 세 가지 요리의 유사성을 생각해봤을 때 기존의 리소토와 파에야를 콘지 베이스로 조리하면 어떤 요리가 나올지 몹시 궁금했다. 그리고 그 결과는 아주 훌륭했다. 리소토 버전의 경우, 봄철 콤보라 할 수 있는 버섯과 녹색 채소(아스파라거스, 완두콩, 스냅피, 파바빈, 스노우피 모두 이 요리에 적합함)로 시작해서 약간의 화이트 와인과 파마산 치즈로 맛을 내보았다(뭐이 이 정도의 산도를 감당할 수 있을지 의문을 품은 적이 있는가? 그렇다면 이제 알게 될 것이다. 걱정할 것 없다. 괜찮을 거라 장담한다). 나는 미소와 간장을 첨가하는 아시안 풍미에 약간 의존하는 스타일인데, 이탈리아식 리소토에도 이런 재료를 추가하는 경우가 있다. 한편, 파에야 버전의 콘지는 사프란, 훈연된 스페인 초리조, 그리고 새우껍질을 이용해 풍미가 강화된 육수로 더 깊고 풍부하게 맛을 끌어올리는 편이다. 여기서 한 가지 질문을 던지자면, 그럼 이렇게 생성된 콘지와 파에야, 리소토의 혼합체를 대체 뭐라 불러야 하는가? 리손지? 빠에죽? 독자들의 도움이 필요할 거 같다.

버섯과 봄채소를 곁들인 콘지
MUSHROOM AND SPRING VEGETABLE CONGEE

분량
3~4인분

요리 시간
30분

총 시간
1시간 30분

NOTES
이 리소토 버전의 콘지는 250 페이지의 차트에서 소개하는 봄철 채소의 모든 조합을 사용할 수 있다.

재료

저염 치킨스톡 또는 야채스톡 또는 물(단립미 사용 시 6컵, 재스민 쌀 사용 시 5컵)

말린 포르치니 또는 표고버섯 30g

단립미 또는 재스민 쌀 ½컵(100g)

엑스트라 버진 올리브유 ¼컵(60ml)

무염버터 ¼컵(50g)

여러 가지 신선한 버섯 700g, 표고버섯, 크레미니, 느타리버섯, 살구버섯 등을 다듬고 얇게 썬 것

코셔 소금과 갓 간 흑후추

잘게 썬 스캘리언 3대

갓 다진 중간 크기의 마늘 2쪽(5g)

생추간장 또는 쇼유 2티스푼(10ml)

가벼운 미소된장 1테이블스푼(15ml)

드라이 화이트 와인 또는 소흥주 ½컵(175ml)

봄철 채소 325g(NOTES 참고)

잘게 간 파르미지아노-레지아노 치즈 30g

잘게 다진 신선한 파슬리 한 줌

잘게 다진 신선한 타라곤잎 한 줌

요리 방법

① 전자레인지용 용기에 물(또는 육수), 말린 버섯을 담고 전자레인지에 넣어 높은 출력 모드로 끓기 시작할 때까지 돌려준다. 전자레인지에서 꺼내어 버섯을 도마로 옮기고 한입 크기로 썬다. 버섯을 건져낸 물에는 쌀을 넣고 따로 보관해둔다.

② 웍에 기름과 버터를 두르고 중간-센 불에서 거품이 가라앉을 때까지 젓는다. 생버섯을 넣고 소금과 후추로 간을 한 뒤 과도한 수분이 증발하고 버섯이 노릇노릇 구워질 때까지 약 8분간 한 번씩 저어주며 조리한다.

③ 스캘리언, 마늘, 다진 버섯을 넣고 수시로 저어가며 숨이 죽고 향이 날 때까지 약 4분간 볶는다. 웍에 있는 재료들과 잘 어우러질 정도의 간장과 미소된장을 추가하여 잘 젓는다.

④ 와인을 추가한다. 알코올 냄새가 죽고 와인이 완전히 증발할 때까지 약 2분간 젓는다.

⑤ 육수와 밥을 넣는다. 소금 큰 한 꼬집을 넣고 센 불로 올려 육수가 끓도록 한다. 쌀을 한 번 휘저으면서 밥알이 물 위의 팬 측면에 달라붙지 않도록 한다. 뚜껑으로 웍을 덮고 불을 줄여 뭉근하게 끓인다. 밥이 익고 죽처럼 걸쭉해질 때까지 약 1시간 동안 한 번씩 저어주며 조리한다.

⑥ 센 불로 올리고 준비해놓은 봄철 채소들을 웍에 넣어 도표에 설명된 시간만큼 뭉근하게 끓인다. 웍을 불에서 빼고 치즈를 넣어 완전하게 섞이도록 빠르게 젓는다. 소금으로 간을 하고 허브를 넣어 저어준 다음 제공한다.

새우, 사프란, 초리조를 곁들인 콘지
CONGEE WITH SHRIMP, SAFFRON, AND SPANISH CHORIZO

분량
4인분

요리 시간
30분
총 시간
1시간 30분

NOTE
스페인산 훈제 파프리카는 *Pimenton de la vera*로
도 판매되며 단맛(dulce), 중간(agridulce), 매운맛
(picante)이 있다. 나는 중간 맛을 주로 사용하지만
어떤 것이든 괜찮다.

재료
새우 450g, 껍질은 벗긴 후 보관
베이킹소다 ¼티스푼(1g)
파프리카가루 1티스푼(5g), 가급적이면 스페인산
　　훈제 파프리카를 사용할 것(NOTES 참고)
코셔 소금
엑스트라 버진 올리브유 3테이블스푼(45ml)
중간 크기의 마늘 8쪽(20~25g)
스페인 초리조 180g, 세로로 반 갈라 껍질을 버리고
　　6~13mm 크기 반달 모양으로 자른 것
동전 크기의 신선한 생강 2쪽
6mm로 자른 스캘리언 8조각
단립미 또는 재스민 쌀 ½컵(100g)
작은 건고추(쓰촨 또는 아르볼) 8개, 매운 걸 원하지
　　않는다면 생략
사프란 실 한 꼬집
말린 월계수잎 2장
저염 치킨스톡 또는 야채스톡 또는 물(단립미 사용
　　시 6컵, 재스민 쌀 사용 시 5컵)
해동된 냉동 완두콩 ½컵(60g)
다진 고수잎 한 줌

이 콘지는 향긋한 새우와 초리조볶음으로 시작된다. 새우와 초리조를 조리할 때
나오는 스모키한 붉은색 기름이 밥맛을 내는 베이스가 되지만, 밥 없이 그 자체를
하나의 사이드로 내놓아도 좋다. 불평할 사람은 한 명도 없을 것이다.

요리 방법

① 중간 크기의 볼에 껍질을 벗긴 새우, 베이킹소다, 스페인 파프리카, 소금 크
게 한 꼬집, 올리브유 1테이블스푼(15ml)을 넣고 버무린다. 마늘 4쪽을 다져 추가
한다. 새우를 잘 버무려주고 따로 보관해둔다.

② 남은 올리브유 2테이블스푼(30ml)과 스페인 초리조를 웍에 넣고 중간–약한
불에서 볶는다. 초리조의 지방이 녹고 겉면이 바삭해지기 시작할 때까지 약 8분
동안 수시로 저어주며 조리한다. 홈이 있는 요리스푼으로 웍에서 초리조를 건져내
깨끗한 볼로 옮긴다.

③ 남은 마늘 4쪽을 칼 옆면으로 으깬다. 웍에 남아 있는 초리조 기름에 새우껍
질, 생강, 다진 마늘을 넣고 중간–약한 불에 둔다. 새우껍질이 붉어지고 마늘에
갈색이 나기 시작할 때까지 약 7분 정도 지속적으로 저어가며 볶는다. 홈이 있는
요리스푼을 사용하여 웍에서 마늘, 생강, 새우껍질을 걸러내어 버리고, 다른 스푼
으로 웍 안에 있는 재료를 세게 눌러 재료에서 나오는 지방을 최대한 살려준다.

④ 센 불로 올리고 새우향이 밴 초리조 지방에서 살짝 연기가 나기 시작할 때까
지 가열한다. 재워둔 새우를 즉시 넣어 겉면이 노릇노릇 구워질 때까지 약 2분간
볶는다. 스캘리언을 넣고 1분간 더 볶는다. 새우와 스캘리언을 초리조와 함께 볼
에 옮기고 냉장고에 따로 보관한다.

⑤ 웍을 다시 중간–약한 불로 가열한다. 쌀과 건고추를 넣고 자주 저어가며 고
추 냄새가 진해지고 쌀알의 겉면이 반투명해질 때까지 약 2분간 조리한다. 사프란
과 월계수잎을 넣고 30초간 볶는다.

⑥ 물이나 육수를 넣고 센 불로 올려 끓인다. 쌀을 한 번 휘저으면서 밥알이 물 위의 팬 측면에 달라붙지 않게 한다. 뚜껑으로 웍을 덮고 불을 줄여 뭉근하게 끓인다. 밥이 익고 죽처럼 걸쭉해질 때까지 약 1시간 동안 한 번씩 저어가며 끓여준다.

⑦ 해동된 완두콩, 고수, 새우, 스캘리언, 초리조를 고명용으로 조금씩 남겨두고 나머지는 콘지에 넣어 섞는다. 그리고 남겨둔 완두콩, 고수, 새우, 스캘리언, 초리조를 고명으로 얹어 즉시 제공한다.

2.3 볶음밥

우리 가족은 대체로 밥을 많이 먹는 편이다. 밥을 많이 먹는다는 건, 또한 밥이 많이 남는다는 것을 의미하고, 그 말인즉슨, 적어도 한 달에 한두 번 정도는 점심이나 저녁 식사에 볶음밥이 등장한다는 것이다.

동(남)아시아의 거의 모든 나라에는 저마다 고유한 볶음밥 요리가 있다. 이 모든 요리의 기원은 남은 밥을 사용하는 수단으로 볶음밥이 처음 개발된 6~7세기의 중국으로 거슬러 올라간다. 고급 레스토랑 버전도 존재하지만, 볶음밥은 철저히 검소함을 중점으로 하는 농민의 음식이다.

내가 집에서 볶음밥을 만들 때면, 이 요리는 특정한 레시피라기보다는 테크닉, 즉 일련의 단계라는 생각이 든다. 그런 의미에서 볶음밥은 궁극적으로 남은 밥 처리용으로써의 잠재력을 극대화할 수 있다. 남은 치킨 덩어리들이 있다면? 볶음밥에 투척! 잔칫날에 먹고 남은 고깃덩어리? 이것도 같이 볶아버리면 끝이다! 아스파라거스 줄기 몇 개와 찢긴 케일잎 한 줌? 이것 또한 볶음밥 한 그릇에 안성맞춤이다. 한마디로 웬만한 건 다 웍으로 볶아버릴 수 있다.

볶음밥에 대한 미신 깨부수기

볶음밥을 만들 때 꼭 따라야 한다고 이야기되는 규칙들이 많다. 실험으로 파헤쳐보기 정말 안성맞춤인 소재이다.

볶음밥에는 다양한 종류가 있다. 중국(및 미국의 전통적인 중국음식점)에서는 일반적으로 소금과 약간의 간장(또는 다른 소스)과 소량의 향료 및 고기로 가볍게 간을 한다. 미국식 중화요리에서는 더 크게 손질한 고기와 더욱 많은 소스로 요리하는 걸 찾아볼 수 있다. 재스민 쌀로 만든 태국식 볶음밥은 피시 소스로 맛을 내는 경우가 많으며 인도네시아에서는 달콤한 간장과 새우장을 사용한다. 어떤 방식의 볶음밥이든지 공통적으로 적용되는 한 가지 사실이 있다. 바로, 밥알 하나하나가 살아있어야 한다는 것이다. 끈적하고 덩어리진 볶음밥을 먹고 싶어 하는 사람은 없다. 그렇다면 어떻게 해야 할까?

미신 #1·중립미를 사용해야 한다

진실: 볶음밥으로 가장 좋은 밥은 당신이 남긴 (모든 종류의) 밥이다.

완벽한 볶음밥은 밥의 질감이 결정한다. 그러니까, 남은 밥을 모두 사용한다는 의미와 더불어 이를 받쳐주는 질감에 있다는 말이다. 난 여러 시도를 통해 알갱이가 살아있으면서 겉면은 튀긴 듯 쫄깃하고, 씹는 맛은 부드러운 그런 쌀을 찾고 있었다. 알갱이마다의 맛과 식감을 느낄 수 있을 만큼 분리되어 있으면서도 젓가락이나 숟가락으로 집어 들 수 있을 정도의 끈적한 쌀 말이다.

볶음밥 레시피들은 대부분 중국에서 사용하는 중립미를 사용하라고 하지만, 태국식 볶음밥은 향기로운 재스민 쌀을 사용하고, 일본식 볶음밥은 단립미인 스시용 쌀을 사용하기도 한다. 나는 장립미(캐롤라이나 및 바스마티 쌀)와 즉석 밥(*Uncle Ben's* 등)을 포함해 방금 말한 모든 쌀로 볶음밥을 만들어봤다(현미, 야생쌀, 흑미 품종으로는 테스트하지 않았다).

테스트를 하기 전부터 어느 정도의 참사를 예상했지만, 놀랍게도 모두 괜찮은 결과를 낳았다. 장립미 품종은 볶는 과정에서 살짝 깨지기도 했고, 볶음밥 특유의 쫄깃한 식감을 주는 쌀의 탱탱함이 부족해 가장 번거로웠지만, 결과적으로는 무난해서 남은 밥을 해치우기에 아주 훌륭했다. 다음은 내가 볶음밥용으로 가장 좋아하는 쌀 종류이다.

- **재스민 쌀:** 끈적임(쉽게 떠먹기 위한 것)과 쌀알의 독립성(우수한 질감을 위한 것)이 완벽하게 균형을 이루는 태국산 중립미 품종이다. 재스민 쌀은 요리에 고유한 향을 가미하므로, 가벼운 볶음요리에 사용하면 재스민 쌀 본연의 맛을 끌어낼 수 있다.
- **중립미 백미:** 중국음식점에서 흔히 볼 수 있는 종류의 쌀이다. 재스민 쌀과 마찬가지로 중립미이며, 균형을 잘 잡아 쌀알이 제각각 따로 노는 동시에 잘 뭉치기도 한다. 재스민보다 꽃향이 덜하기 때문에 다용도로 활용하기 좋다.
- **스시용 쌀:** 일본 스시용 쌀은 입자가 매우 짧고 중립미보다 더 끈적거리거나 딱딱한 경향이 있다. 그래서 뭉치지 않게 볶는 게 조금 더 어려워지지만, 덕분에 가장 쫄깃한 식감을 낼 수 있다.

미신 # 2 · 하루 묵은 밥을 사용하라

진실: 하루 묵은 밥도 좋지만 갓 지은 밥도 좋다.

볶음밥은 하루 묵은 밥으로 만드는 것이 가장 좋고, 튀기면 뽀얗게 변한다는 말을 들은 적이 있다. 이것이 정말 사실일까? 그렇다면 볶음밥에 사용하기에 묵은 밥이 갓 지은 밥보다 더 좋은 이유는 무엇일까?

밥을 지은 후 그대로 두면 몇 가지 현상이 나타난다. 첫째, 증발 현상이 일어나 밥이 건조해진다. 둘째, 전분 역행 현상이 일어난다. 전분 역행 현상이란, 쌀이 조리되면서 팽창되고 부드러워진 젤라틴화된 전분이 다시 식는 과정에서 재결정화되어 단단해지고 덜 끈적거리게 되는 것이다. 빵에서도 이와 같은 일이 일어난다. 예전에 알게 된 내용인데, "오래된 또는 숙성된" 빵을 요구하는 대부분의 레시피가 실제로는 "건조한" 빵에 초점을 두고 있다는 걸 알았다.

그래서 쌀을 다룰 때는 '오래된' 또는 '건조한' 중에서 어디에 초점을 두어야 할지 알 수 없었고, 여러 차례 테스트를 진행했다. 건조함을 테스트하기 위해 상온에서 선풍기 아래에 놓아둔 밥을 사용했는데, 이는 완전히 말라버리지는 않되 빠르게 건조하기 위함이었다. 숙성 정도를 테스트하기 위해서는 밥을 밀폐용기에 넣어 냉장고에 보관해 전분이 마르지 않고 재결정화되도록 했는데, 시도해본 냉장 보관 시간은 30분에서 12시간까지 다양했다. 그 가운데 나는 많은 사람들이 평소에 그러는 것처럼 밀폐용기가 아니라 중국식 테이크아웃 용기에 담아서 보관해보기도 했다(이 경우는 숙성과 동시에 건조해질 것이 분명했지만).

그런 다음 소량의 식용유로 각 밥을 차례로 볶았다.

결과는 매우 흥미로운 반전을 보여주었다. 우선, 선풍기 아래에 두었던 모든 밥(건조하며 숙성되지 않은)은 볶음밥용으로 괜찮았고, 밀폐용기에 보관했던 밥은 전부 별로였다. 이는 건조함이 볶음밥의 필수 요소임을 알려준다. 밀폐되지 않은 용기에 넣고 1~6시간 정도 보관한 밥은 예상한 대로 제대로 볶기가 더 까다로웠지만, 그보다 더 오래 보관한 밥일수록 점차 볶기가 수월해졌고, 12시간 동안 보관해두었던 밥은 수분이 날아가 볶음에 이상적이었다.

하지만 여기에서 더 중요한 반전은, 갓 지은 밥으로도 잘만 볶아졌다는 사실이다. 실제로 갓 지은 밥이 밀폐되지 않은 용기에 담아 1~6시간 냉장 보관한 밥보다 더 나았다. 무슨 일일까? 내가 진행한 테스트들의 결과로 건조함이 중요한 요소임이 밝혀졌는데 갓 지은 밥은 이 중에서 가장 촉촉한 버전이 아닌가?

꼭 그렇다고 볼 수도 없는 게, 갓 지은 밥을 접시에 펼치면 표면의 수분이 증발하면서 김이 신속하게 빠져나가기 때문이다. 이게 아주 중요한 부분이다. 밥알 표면의 수분이 웍의 온도를 떨어뜨리면서 서로 달라붙게 만드는 중요 요소인 것이다.

선풍기 밑에 두었던 밥이 잘 볶아졌던 이유가 바로 이것이다. 반면, 냉장고에 쌀을 보관하면 증발 속도가 느려지고, 밥알 내부의 수분이 외부로 나오면서 표면에 수분을 더해 볶는 게 어려워진다. 하지만 결국 조리하는 과정에서 표면의 수분이 다시 증발하여 밥을 튀기기가 더 쉬워진다.

다음은 개인 취향에 따라 선택할 수 있는 밥 다루기 권장 사항이다.

선풍기로 말린 밥: 지은 밥을 쟁반에 깔고 1시간 정도 선풍기 아래에 두면 바싹 마르면서도 질기지 않은, 딱 원하는 상태의 밥이 나온다.

갓 지은 밥: 밥이 아직 뜨거울 때 접시나 쟁반에 펼쳐놓고 밥알 표면의 수분이 약간 증발하도록 몇 분간 두면 갓 지은 밥으로도 훌륭한 볶음밥을 만들 수 있다.

하루 묵은 밥: 뭉치는 경향이 있으므로 볶기 전에 손으로 잘게 풀어준다. 또한 밥 내부는 갓 지은 밥보다 건조하기 때문에 밥알이 너무 딱딱해지지 않도록 더 빨리 볶아내야 한다. 즉, 하루 묵은 밥도 훌륭한 볶음밥이 된다.

미신 # 3 · 쌀은 반드시 씻어야 한다

진실: 씻지 않은 쌀이어도 하루 묵혔다 사용하면 좋다.

쌀알의 과도한 전분은 밥이 뭉치거나 질어지는 원인이 된다. 갓 지은 밥이 많은 수분을 증발시킨다 해도 그것이 씻지 않은 쌀로 만든 것이라면 이러한 현상이 두드러질 수 있다. 따라서 밥을 짓기 전에 쌀을 씻는 것이 좋은데, 찬물에 30초간 헹구면 충분하다.

하지만 쌀을 씻지 않아도 하루가 지나면 전분이 재결정화되어 더 이상 뭉치거나 끈적거리지 않게 된다. 즉, 씻지 않은 쌀로 만든 밥이어도 하루 묵혀서 사용하면 잘 볶을 수 있다는 것이다. 이는 자연스럽게 다음 미신으로 이어진다.

미신 # 4 · 볶기 전에 밥을 잘게 풀어줘야 한다

진실: 이건 사실이다!

덩어리지거나 눌어붙은 밥을 사용할 경우, 웍에 넣기 전에 손으로 풀어주거나 웍에 넣은 후 국자 바닥으로 덩어리들을 쪼개주는 것이 좋다. 이렇게 하면 쌀이 깨지거나 부서지지 않고 밥알이 서로 분리된다.

나는 기름을 웍에 둘러 데우기 전, 아직 차가운 상태의 기름에 밥을 먼저 비비는 것도 괜찮지 않을까 생각해봤지만, 좋은 생각은 아니었다. 차가운 기름은 뜨거운 기름만큼 잘 퍼지지 않으므로 평소보다 더 많은 양의 기름을 사용하게 된다. 밥은 되도록이면 손으로 잘 풀어주고 기름은 웍에서 사용하는 게 가장 좋다.

밥이 풀어졌으면 볶음밥을 할 준비가 됐다. 대부분의 볶음요리보다 관대한 볶음밥이지만(고기나 녹색 채소와 달리 밥은 오버쿡하기 어렵다), 여전히 빠르게 조리해야 하는 요리이므로 웍을 불에 올리기 전에 꼭 나머지 재료들을 미리 준비해 두어라.

미신 # 5 · 뜨거운 상태를 유지할 것. 매우 뜨거운 상태!

진실: 딩동댕! 사실이다!

내 인생을 통틀어 볶음밥을 요리할 때 가장 많이 한 실수가 있다면, 바로 웍을 충분히 뜨겁게 데우지 않고 한 번에 너무 많은 밥을 넣어 요리한 것이다. 무슨 일이 일어나는지 한번 시도해 보라. 그리고 웍 중앙에 뭉친 밥 덩어리를 긁어낸 다음 다시 책으로 돌아오자.

볶음밥을 요리할 땐 밥을 넣기 전에 팬이 아주 뜨겁게 달궈졌는지 확인해야 한다. 그래야만 밥알 내부의 수분이 과다분출되지 않아서 (찌는 게 아니라) 볶을 수 있다. 밥알의 외부가 잘 그을리고 약간의 식감을 얻게 되는 것이다.

강력한 제트 엔진 웍 버너가 있는 중국음식점에서는 웍을 뜨겁게 달구는 게 매우 쉬운 일이라서 많은 양의 밥도 잘 볶을 수 있다. 하지만 우리가 주로 사용하는 서양식 버너의 열 출력은 일반적으로 웍 버너의 약 10분의 1밖에 되지 않는다. 이를 보완하기 위한 두 가지 전략이 있다.

첫 번째 방법은 예열이다. 환풍기를 켜고 연기 감지기의 플러그를 뽑은 채 끝없이 달구는 것이다. 두 번째 방법은, 한 번에 밥 한 컵 정도만 넣고 웍 안에서 밥알이 기름에 잘 코팅되도록 잘 저어가며 볶는 것이다. 탱글탱글하고 황금빛 갈색을 띠는 볶음밥을 만들려면, 예상보다 시간이 조금 더 걸릴 테니 인내심을 갖고 계속 저으면서 볶아야 한다.

밥 한 공기가 다 볶아질 때마다 그릇에 옮겨 담는다. 준비한 밥이 다 볶아지면, 모두 다시 웍에 넣는다.

불에 그을린 맛(스모키한 *웍 헤이*)을 특징으로 하는 볶음밥들이 있는데, 이런 맛을 내려면 고출력 설정으로 볶거나, 토치를 사용하면 된다(44페이지).

미신 # 6 · 추가 재료는 원하는 대로 추가한다

진실: 배치(한번 요리하는 데 정해진 양)로 요리하는 경우 추가 재료를 원하는 만큼 추가할 수 있다.

볶음밥은 밥이 핵심재료이다. 다양한 재료들과 섞어 간단히 볶음밥을 만들 수 있지만, 기본 규칙은 추가로 섞는 재료들의 역할이 볶음밥에 맛과 풍미를 더하는 풍미향상제

로 사용돼야 한다는 것이다.

하지만 언제나 그렇듯 모든 규칙은 깨지게 되어 있다. 여러분의 부엌이나 냉장고에 있는 재료들을 모조리 넣어 볶는다고 해도 말리지 않겠다. 다만, 조금씩 양을 나누어 조리한 뒤에 모든 조리가 끝나면 한꺼번에 웍에 넣고 섞어서 볶으라는 것이다. 276페이지의 도표에는 내가 좋아하는 볶음밥 재료들을 어떻게 준비하면 되는지 적혀 있다.

나는 웬만하면 볶음밥에 밝은 녹색 요소를 추가하려고 한다. 잘게 다진 풋고추, 향료(고수, 바질, 파 등), 신선한 채소(완두콩, 다진 스냅피 등).

미신 # 7 · 소스는 맛의 지름길

진실: 제발 소스는 적당히 사용하자.

일부 볶음밥 레시피에는 간장과 굴 소스(또는 호이신 소스)를 많이 사용하라고 적혀있는데, 이건 말도 되지 않는 소리다. 소스로 밥을 흠뻑 적실 거라면, 애초에 뭐 하러 밥알이 건조하고 각각의 알갱이로 분리되는지 확인하는 번거로움을 거친다는 것인가? 소스를 너무 많이 사용하면 밥이 덩어리지고 딱딱해져 엉망이 된 볶음밥을 얻게 될 것이다.

좋은 기술과 품질 좋은 쌀을 사용하면 소스가 많이 필요하지 않다. 간장 또는 참기름 약간으로 볶음밥이 가진 스모키한 웍 헤이를 압도하지 않으면서도 풍미를 더할 수 있다. 굴 소스, 피시 소스, 케캅마니스(나시고랭에 사용되는 인도네시아 달콤한 간장) 같은 다른 아시아 소스도 모두 효과적이다. 각자의 취향에 맞게 마음껏 즐기면 된다(일부 불쌍하고도 그릇된 영혼들은 케첩과 우스터 소스로 밥을 볶기도 한다).*

나는 소스만으로 간을 맞추기보다는 코셔 소금(그리고 MSG)을 약간 첨가하는 편이다. 마른 소금은 소스 같이 과도한 수분을 추가하지도 않고, 쌀의 미묘한 맛을 방해하지도 않는다.

---

* 내가 그들을 심판하지 아니하리니 그들의 심판은 다음 생에 임할 것이다.

볶음밥에 달걀 추가하기

볶음밥에 달걀을 추가하는 방법에 대해 논의하는 세 개의 학파가 있다. 점점 더 복잡해지고 있으며 어느 하나가 언제나 옳은 방법인 것은 아니다. 가장 큰 노력이 들어가는 방법이라고 해서 가장 간단한 방법보다 더 나은 것도 아니다. 당신이 어떤 결과물을 원하느냐에 달려 있을 뿐.

METHOD 1 · 날달걀 넣기

밥을 볶을 때 날달걀을 깨뜨려 넣는 방법이다. 달걀이 각각의 밥알 위에 얇은 코팅을 형성하고 완성된 요리에 녹아들어 쌀에다 약간의 응집력을 준다. 매우 간단하고 완벽한 방법이다.

METHOD 2 · 달걀을 위한 공간 만들기

밥을 볶은 후 웍 옆면으로 밥을 밀어서 웍의 바닥이 드러나게 한다. 그 공간에 기름을 조금 두르고 달걀을 깨뜨려 넣어서 주걱이나 국자로 달걀을 잘게 부순 뒤 저으며 볶는다. 달걀과 쌀이 골고루 잘 섞이게 만들면 된다.

   굉장히 간단할 뿐만 아니라, 이따금 의도치 않은 달걀덩이를 맛볼 수 있다. 나는 이 방법을 자주 사용한다.

METHOD 3 · 달걀 따로 요리하기

훈련받은 볶음밥 요리사가 선호하는 방법이다. 냄비 바닥에 기름을 넉넉히 두르고(달걀이 충분히 잠기도록), 아주 살짝 풀어놓은 달걀을 뜨거운 기름에 넣는다. 달걀이 부풀어 오르고 약간의 갈색이 나게 한 후 웍에서 꺼내기 직전에 다른 재료를 넣고 계속해서 볶는다. 달걀은 결국에는 작게 다져져서 볶음밥에 섞이게 된다. 일부 고급 음식점에서는 달걀흰자와 노른자를 따로 볶은 볶음밥을 볼 수 있는데, 이는 풍미에 더 많은 변화를 주기 위해서이다. 제대로 하면 달걀이 고슬고슬하고 바삭하게 나오는데, 이는 다른 두 방법보다 훨씬 더 공기가 잘 통하고 가벼운 요리를 만드는 방법이 된다.

볶음밥 만들기, Step by Step

다음은 볶음밥 한 그릇의 기본 청사진이다.

STEP 1 · 밥을 잘게 분리하기

하루 묵은 밥을 사용한다면 밥을 잘게 부숴 밥 알갱이들을 분리시켜야 한다. 생쌀을 사용할 경우엔 밥을 지은 후 쟁반에 펼쳐 통풍이 잘 되는 곳이나 선풍기 아래에서 1시간 정도 식힌 후 볶는다. 쌀이 너무 끈적거린다면 밥을 잘게 부술 때 밥 한 컵당 옥수수 전분을 ½티스푼까지 뿌리면 된다 (다음 페이지의 사이드바 참고).

STEP 2 · 준비한 재료 모으기

볶음밥 재료 준비는 다음과 같이 구성되어야 한다.

- 기름이 든 디스펜서
- 미리 깨 놓은 달걀
- 고기 조각 60~90g(사용한다면)
- 채소 120~150g(조리 시간에 따라 별도의 볼에 분류)
- 잘게 부순 밥 450g
- 다진 마늘, 생강, 스캘리언, 고추 등의 향료(사용한다면)
- 소스 몇 티스푼(5~15ml, 두 가지 이상의 소스 또는 조미료를 사용하는 경우 미리 혼합해둘 것)
- 건조 조미료 및 고명용 재료(허브, 파속 채소)

달걀을 처음부터 볶을지(273페이지 'METHOD 3' 참고), 아니면 마무리로 단순히 달걀을 추가할지(272페이지 'METHOD 1' 또는 'METHOD 2' 참고) 결정해야 한다.

STEP 3 · 요리 시작하기

웍을 데우고, 기름을 약간 두르고, 재료가 완전히 익을 때까지 볶기 시작한다. 고기 조각(또는 달걀, 273페이지의 METHOD 3으로 요리하는 경우)부터 볶고, 그다음에 채소를 볶는다. 웍이 너무 가득 차지 않도록 필요한 양을 여러 번으로 나누어 조리하고, 조리된 재료는 옆에 둔 볼에 옮겨 담는다.

STEP 4 · 밥 볶기

모든 부재료가 조리되면, 웍을 다시 데워 기름을 조금 더 두르고 밥을 볶는다. 덩어리진 밥은 국자 바닥으로 눌러 부수고, 웍 헤이(불맛)를 원한다면 토치로 그을리면 될 것이다. 모든 볶음요리와 마찬가지로 웍과 밥의 온도를 계속 뜨겁게 유지하기 위해 필요한 전체 양을 배치로 나눠 여러 번 작업하기를 바란다. 밥이 단단해지고 색이 변할 때까지 계속 저어준다. 272페이지의 METHOD 1 또는 METHOD 2에 따라 달걀을 추가한다면, 지금 이 단계에서 수행하면 된다.

STEP 5 · 향신 재료 추가

웍에 든 밥에 마늘, 생강, 스캘리언, 고추를 넣고 향이 날 때까지 볶은 다음, 볼에 옮겨두었던 것들을 모두 웍에다 넣는다. 마지막 양념(간장, 피시 소스, 소금, 백후추, 다진 허브 등)을 첨가한 후 섞으며 볶아준다. 그리고 접시에 옮겨 담아 제공한다.

밥이 너무 축축해!

특정 쌀 품종, 날씨, 보관 조건에 따라 하루 묵은 밥도 약간 촉촉하고 끈적거려서 덩어리진 것들을 부수기 어려울 수 있다. 볶음 요리에 사용할 밥이 알갱이로 분리되지 않을 때는 쓰촨의 요리사 Wang Gang에게 배운 비법을 사용할 수 있다(그의 YouTube 또는 Weibo 채널 참고). 끈적이는 밥 한 컵에 쌀가루나 옥수수 전분 ½티스푼을 뿌려서 버무리면 과도한 수분이 잡혀 밥 알갱이를 분리하는 데 도움이 된다(참고로, 미리 파쇄된 치즈에 분말 셀룰로오스를 첨가하여 치즈가 봉지에 다시 뭉치는 것을 방지하는 것과 같은 원리이다).

볶음밥 재료 준비하는 방법

볶음밥 재료를 준비할 때의 목표는 각각의 재료를 자르거나 조리하는 데 걸리는 시간이 모두 비슷하게끔 맞추는 것이다. 고기도 볶음밥 재료 중 가장 금방 익는 재료와 동일한 시간에 익을 수 있을 정도로 작게 잘라야 한다.

범주	재료	방법
고기	가공육(햄, 베이컨, 스팸 등)	6mm 크기 주사위 모양으로 자른다
고기	가공 소시지(라창, 초리조, 페퍼로니, 살라미 등)	필요한 경우 케이싱을 제거한다. 6mm 크기 주사위 또는 반달이나 상현달 모양으로 자른다.
고기	익힌 치킨	한입 크기로 자르거나 6mm 크기 주사위 모양으로 자른다.
고기	다진 고기(간 돼지고기, 닭고기 등)	고기 약 110g당 약간의 간장과 옥수수 전분 ½티스푼을 넣고 재워둔다.
고기	남은 스테이크나 구운 고기 조각	6mm 크기 주사위 모양으로 자른다.
해산물	새우	껍질을 벗기고, 1.3cm 크기 조각으로 자르거나 새우가 너무 작으면 그대로 남겨둔다.
해산물	게살	껍질 조각들을 골라내서 버린다.
해산물	조리된 연어 또는 참치	포크로 살살 부서뜨린다.
해산물	절인 대구	밤새 깨끗한 물에 담그고 중간중간 물을 몇 번 갈아준다. 포크를 사용하여 작은 조각으로 만든다.
해산물	훈제한 생선(연어, 은대구, 청새치)	포크를 사용하여 살살 잘게 부순다.

범주	재료	방법
채소	아스파라거스	상단 5cm 아래부터 줄기 부분의 껍질을 벗기고, 질긴 밑동은 자르거나 꺾어서 제거한다. 직선 또는 사선으로 6mm 길이로 자르고 꼭지 부분(팁)은 통째로 쓰거나 세로로 이등분한다.
채소	스냅피	손가락 끝으로 양 끝을 끊는다. 이때 딸려 나오는 끈도 모두 제거한다. 6mm 크기로 편 썬다.
채소	스노우피	손가락 끝으로 양 끝을 끊는다. 이때 딸려 나오는 끈도 모두 제거한다. 6mm 크기로 편 썬다.
채소	잉글리시피	꼬투리에서 콩을 꺼낸다. 끓는 소금물에 2분간 데친 후 건져 찬물에 담가 식힌다. 볶기 전에 잘 말려 물기를 제거한다.
채소	그린빈	손가락 끝으로 껍질콩의 양끝을 제거하면서 양옆의 끈을 떼어낸다. 긴 껍질콩을 한입 크기로 자른다. 끓는 소금물에 2분간 데친 후 건져 찬물에 담가 식힌다. 볶기 전에 잘 말려 물기를 제거한다
채소	파바빈	꼬투리에서 완두콩을 꺼낸다. 끓는 소금물에 2분간 데친 후 건져 찬물에 담가 식힌다. 옅은 녹색의 콩 껍질을 일일이 벗겨 제거한다. 볶기 전에 잘 말린다.
채소	단단하고 아삭한 뿌리채소(당근, 파스닙, 순무, 래디시, 루타바가, 히카마, 또는 물밤 등)	6mm 크기 주사위 모양으로 자른다.
채소	옥수수	대에서 옥수수의 알을 떼어낸다. 볶을 때 옥수수 알갱이를 웍에 넣고 약간의 갈색이 날 때까지 가만히 조리하다가 색이 나기 시작하면 저어준다. 옥수수 알갱이가 전체적으로 그을음(약간 탄 듯한)이 생길 때까지 계속 젓는다.
채소	양파, 샬롯	잘게 다진다.
채소	스캘리언	다듬고 뿌리는 버린다. 흰색 및 옅은 녹색 부분을 6~13mm 크기로 어슷썰기 한다. 녹색 부분은 고명으로 쓰기 위해 잘게 썰어 따로 보관한다.
채소	리크	뿌리와 짙은 녹색잎 끝 부분은 다듬고 잘라 버린다. 옅은 녹색 부분과 흰색 부분을 세로로 4등분한다. 6mm 크기로 어슷썰기 한다.
채소	셀러리	질긴 외부 껍질은 모두 벗긴다. 세로로 길쭉하게 3~4등분해서 쪼갠다. 6mm 크기로 어슷썰기 한다.
채소	피망, 기타 고추 종류	6mm 크기 주사위 모양으로 자른다.
채소	애호박 종류	6mm 크기 주사위 모양으로 자른다.
채소	오이	껍질을 벗기고 세로로 길게 쪼갠 후 숟가락으로 씨를 제거한다. 그리고 세로로 다시 4등분한 다음 6mm 크기로 어슷썰기 한다.
채소	양배추, 방울양배추	얇게 썬다.
채소	브로콜리, 콜리플라워	송이 부분을 1.3cm 크기로 쪼갠다. 단단한 줄기 부분은 껍질을 벗긴 다음 6mm 크기 주사위 모양으로 자른다.
채소	버섯	얇게 썬다.

야채-달걀볶음밥
BASIC VEGETABLE AND EGG FRIED RICE

분량
2~3인분

요리 시간
15분
총 시간
15분

NOTE

매우 간단한 이 볶음밥은 앞으로 시작될 볶음밥 여정의 청사진이다. 이 볶음밥을 베이스로, 276페이지 도표에 나온 채소나 육류, 해산물 등을 추가할 수 있다. 갓 지은 밥을 활용하고 싶다면, 밥을 짓기 전 쌀을 잘 씻은 뒤, 다 된 밥을 쟁반에 펼쳐놓고 바람이 드는 창가나 선풍기에 1시간 정도 놓아둔다. 이후 2단계로 넘어가면 된다. 3단계에서는 토치를 사용하여 밥에 웍 헤이(불맛)를 추가할 수 있다.

재료

쌀밥 2컵 340g(NOTES 참고)
땅콩유, 쌀겨유 또는 기타 식용유 4테이블스푼(60ml)
살짝 푼 달걀 2개
잘게 썬 작은 크기의 양파 1개(120g)
중간 크기의 당근 1개(85g), 껍질 벗겨 작은 주사위 모양으로 자른 것
얇게 썬 스캘리언 2대(30g)
갓 다진 중간 크기의 마늘 2쪽(2티스푼, 5g)
생추간장 또는 쇼유 1테이블스푼(15ml)
구운 참기름 1티스푼(5ml)
해동한 냉동 완두콩 120g
코셔 소금과 갓 간 백후추

요리 방법

① 하루 묵은 쌀을 사용한다면, 볼에 옮기고 손으로 밥을 부수어 밥알을 분리해 준다.

② 웍에서 살짝 연기가 날 때까지 센 불로 가열한다. 식용유 3테이블스푼(45ml)을 넣고 웍을 코팅한다. 중간 불로 줄이고 달걀을 웍 중앙에 부은 후 달걀이 부풀어 오르고 가장자리가 노릇노릇해질 때까지 약 30초 동안 저어주면서 요리한다. 웍 주걱을 사용하여 웍 바닥에서 달걀을 풀어주고 조심스럽게 뒤집어 15초 더 요리한 후 달걀을 꺼내서 다른 볼에 옮겨 담는다.

③ 빈 웍에서 살짝 연기가 날 때까지 센 불로 가열한다. 양파와 당근을 넣고 살짝 부드러워지고 향이 날 때까지 약 1분 동안 계속 저으면서 볶는다. 달걀을 담은 볼로 옮겨 담는다.

④ 빈 웍에서 살짝 연기가 날 때까지 센 불로 가열한다. 남은 기름 1테이블스푼(15ml)을 넣고 웍을 휘저어 코팅한다. 밥을 넣고 약 3분 동안 밥이 옅은 갈색이 되고 살짝 쫄깃한 식감이 될 때까지 저어가며 볶는다. 스캘리언과 마늘을 넣고 향이 날 때까지 약 30초간 볶는다.

⑤ 채소와 달걀을 웍에 다시 넣고 주걱을 사용해 달걀을 작은 조각으로 부수고 모든 재료를 뒤섞는다. 거기에 간장, 참기름, 완두콩을 넣는다.

⑥ 기호에 따라 소금과 후추로 간을 한 다음 볼에 옮겨 담고 바로 제공한다.

베이컨-달걀볶음밥
BACON AND EGG FRIED RICE

어머니가 해주시던 미국식 베이컨, 달걀, 양파, 후추 듬뿍 볶음밥이다. 나는 중국식 베이컨을 사용하는 것을 좋아하는데, 일반적으로 조금 더 오래 숙성시키며 계피와 팔각 같은 따뜻한 향신료로 더 스모키한 맛을 내기 때문이다. 대부분의 대형 아시아 슈퍼마켓의 고기 섹션에서 중국식 건조 소시지 근처에서 찾을 수 있다. 중국식 베이컨은 이렇게 빠르게 조리되는 요리에서는 너무 질겨지므로, 반드시 껍질을 벗겨낸 뒤 사용해야 한다.

분량
2~3인분

요리 시간
15분
총 시간
15분

NOTE
갓 지은 밥을 활용하고 싶다면, 밥을 짓기 전 쌀을 잘 씻은 뒤, 다 된 밥을 쟁반에 펼쳐놓고 바람이 드는 창가나 선풍기에 1시간 정도 놓아둔다. 이후 2단계로 넘어가면 된다. 베이컨 대신 라창(중국식 소시지)을 사용해도 좋다. 3단계에서는 토치를 사용하여 밥에 웍 헤이(불맛)를 추가할 수 있다.

재료
쌀밥 2컵 340g(NOTES 참조)
땅콩유, 쌀겨유 또는 기타 식용유 3테이블스푼(45ml)
살짝 푼 달걀 2개
베이컨 또는 중국식 베이컨 4조각, 6mm 크기 조각으로 자른 것(NOTES 참조)
잘게 썬 작은 크기의 양파 1개(120g)
잘게 썬 스캘리언 2대
생추간장 또는 쇼유 1테이블스푼(15ml)
볶은 참기름 1티스푼(5ml)
코셔 소금과 갓 간 흑후추

재료

① 하루 묵은 쌀을 사용하는 경우 볼에 옮기고 손으로 잘게 부숴 분리해준다.

② 웍에서 살짝 연기가 날 때까지 센 불로 가열한다. 기름을 둘러 웍을 코팅하고 열의 세기를 중간 정도로 낮춘다. 달걀을 웍 중앙에 붓고 달걀이 부풀어 오르고 가장자리가 노릇노릇해질 때까지 약 30초 동안 저어준다. 주걱을 사용하여 웍 바닥에 있는 달걀을 풀고 조심스럽게 뒤집어 15초 정도 더 휘저어 볶는다. 달걀을 볼에 옮겨 따로 둔다.

③ 빈 웍에 베이컨을 넣고 약 2분간 중간 불에서 저어가며 바삭해질 때까지 볶는다. 양파를 넣어 양파가 약간 부드러워지고 향이 날 때까지 약 1분 동안 계속 저으면서 볶는다. 달걀을 담은 볼에 베이컨과 양파를 옮겨 담는다.

④ 앞서 볶은 베이컨 지방이 담긴 웍을 살짝 연기가 날 때까지 센 불로 가열한다. 밥을 넣고 밥이 옅은 갈색이 되고 바삭하며 살짝 씹히는 식감이 될 때까지 약 3분 동안 저어가며 볶는다. 여기에 스캘리언을 넣고 향이 날 때까지 30초 동안 볶는다.

⑤ 볶아놓은 베이컨, 양파, 달걀을 웍에 다시 넣고, 주걱을 사용해 달걀을 작은 조각으로 잘게 부수어 다른 재료들과 섞는다. 거기에 간장과 참기름을 넣고 기호에 따라 소금과 후추로 간을 한 다음, 접시에 옮겨 담아 바로 제공한다.

"The Mix"

"*The Mix*"는 샌프란시스코에 있는 현대식 중국음식점인 *Mr. Jiu's*를 운영하는 내 친구 Brandon Jew가 다목적 양념 혼합물이라고 부르는 것인데, 그의 몇 가지 메뉴에 들어가는 '양념한 돼지고기와 새우를 섞어 만든 혼합물'이다. 그 아이디어가 너무 좋아서 나도 비슷한 혼합물을 만들어 냉동실에 보관해두었다. 만두의 속재료로 사용할 수 있고(414페이지), 파전의 재료로 사용할 수 있으며(396페이지), 바삭한 볶음면의 토핑으로 볶아 사용할 수도 있다(359페이지). 동그랗게 빚어 끓는 육수에 떨어뜨릴 수도 있고, 블랙빈 소스로 속을 채운 고추 대신 새우 속을 넣어도 좋다(150페이지). 정말로 다양하게 사용할 수 있다!

일단 만들고 나서 지퍼락 백에 옮겨 공기를 짜내고 평평하게 눌러 밀봉하면 몇 달을 냉동실에서 보관할 수 있다. 이렇게 평평하게 누른 혼합물은 냉장고에 두면 하룻밤 사이에 해동되거나, 실온에 둔 쟁반에서 1시간 정도 또는 싱크대에 채운 물에 담아 약 10분이면 해동된다.

The Mix는 짭짤하고 약간 달콤하다. 백후추로 매운맛을 더하고, 간장, 마늘, 생강은 향을 더하며 설탕은 단맛을 더한다. 옥수수 전분은 요리할 때 수분을 유지하는 데 도움이 된다. 마지막으로 베이킹소다를 조금 넣어 돼지고기에는 더 탄력 있는 식감을 주고, 새우에는 단단하고 육즙이 많은 바삭함을 준다.

THE MIX(양념한 돼지고기와 새우 베이스)

분량
340g

요리 시간
5분

총 시간
5분

요리 방법
볼에 모든 재료를 넣고 혼합물이 약간 끈적거리는 느낌이 들 때까지 약 1분 동안 손으로 세차게 섞는다. 밀폐용기에 담아 최대 3일까지 냉장 보관해 사용하거나, 지퍼백에 담고 납작하게 눌러 공기를 빼낸 후 밀폐하여 최대 3개월간 냉동 보관해 사용할 수 있다.

재료
간 돼지고기 225g
약 6mm 크기로 잘게 조각낸 생새우 120g
갓 간 백후추 ¼티스푼(1g)
생추간장 1테이블스푼(15ml)
다진 마늘 2티스푼(5g)
다진 생강 2티스푼(5g)
설탕 1티스푼(4g)
옥수수 전분 1티스푼(3g)
베이킹소다 ¼티스푼

The Mix를 곁들인 달걀볶음밥
EGG FRIED RICE WITH "THE MIX"

이 볶음밥 레시피는 미국식 중화요리 음식점에서 "스페셜 볶음밥"이라고 불리는 양저우식 볶음밥과 비슷하다. 돼지고기와 새우를 대신해서 "The Mix"를 사용했는데, 일반 새우와 슈퍼마켓에서 구할 수 있는 잘게 썬 중국식 차슈, 중국식 소시지, 베이컨을 섞어 사용해도 좋다. 이 레시피는 굴 소스를 넣어 감칠맛을 더한 맛있는 레시피이다.

분량
2~3인분

요리 시간
30분
총 시간
30분

NOTE
갓 지은 밥을 활용하고 싶다면, 밥을 짓기 전 쌀을 잘 씻은 뒤, 다 된 밥을 쟁반에 펼쳐놓고 바람이 드는 창가나 선풍기에 1시간 정도 놓아둔다. 이후 2단계로 넘어가면 된다. 3단계에서 웍 헤이(불맛)를 추가하기 위해 가스 토치를 사용해도 좋다.

재료
쌀밥 2컵(340g, NOTES 참고)
땅콩유, 쌀겨유 또는 기타 식용유 4테이블스푼(60ml)
살짝 푼 달걀 2개
The Mix(280페이지) 170g
잘게 다진 양파 1개(120g)
껍질 벗겨 작은 주사위 모양으로 썬 당근 1개(90g)
다진 스캘리언 2대(30g)
굴 소스 1티스푼(5ml)
생추간장 또는 쇼유 1티스푼(5ml)
구운 참기름 1티스푼(5ml)
해동된 냉동 완두콩 120g
코셔 소금과 갓 간 백후추

재료
① 하루 묵은 쌀을 사용하는 경우 볼에 옮기고 손으로 잘게 부숴 분리해준다.

② 웍에서 연기가 날 때까지 센 불로 달군 후 식용유 3테이블스푼(45ml)을 둘러 코팅한다. 그다음 중간 불로 줄인 뒤, 달걀을 웍 가운데에 붓고 웍을 이리저리 돌려가며 달걀 지단 가장자리가 황금빛 갈색이 돌 때까지 30초 정도 익힌다. 주걱을 사용해 달걀을 바닥에서 떼어낸 뒤, 조심히 뒤집어 15초 정도 더 익혀주고 다른 볼에다 옮겨 한쪽에 둔다.

③ 다시 웍에서 연기가 나기 시작할 때까지 센 불로 달군다. 나머지 식용유 1테이블스푼(15ml)을 둘러 코팅한 뒤 "The Mix"를 넣고 새우와 돼지고기가 겨우 익을 때까지 1분 정도 볶는다. 양파와 당근을 넣고 1분 정도 계속 볶은 뒤 달걀이 담긴 볼로 옮긴다.

④ 웍에서 연기가 나기 시작할 때까지 센 불로 달군 후 밥을 넣고 잘 저어가며 볶는다. 약 3분 정도 볶으면 밥이 옅은 갈색으로 변하며 쫄깃하게 변할 것이다. 그다음 스캘리언을 넣고 향이 날 때까지 약 30초 정도 볶는다.

⑤ 돼지고기, 새우, 채소, 달걀을 웍에 넣은 뒤 주걱을 사용해 달걀을 잘게 부수며 모든 재료가 섞이게 볶는다. 굴 소스, 간장, 참기름, 완두콩을 넣고 다시 볶은 다음, 소금과 후추로 간을 하고, 접시에 옮겨 담아 제공한다

그린빈볶음밥

BLISTERED GREEN BEAN FRIED RICE

분량
2~3인분

요리 시간
25분

총 시간
25분

이 볶음밥 레시피는 일반적인 볶음밥과는 약간 다르게, 채소와 밥의 비중을 똑같이 해보았다. 불에 그을린 그린빈을 아주 많이 사용했고, 태국식으로 마늘, 스캘리언, 태국 고추, 백후추, 피시 소스, 태국 바질을 사용해 맛을 냈다.

NOTE
갓 지은 밥을 활용하고 싶다면, 밥을 짓기 전 쌀을 잘 씻은 뒤, 다 된 밥을 쟁반에 펼쳐놓고 바람이 드는 창가나 선풍기에 1시간 정도 놓아둔다. 이후 2단계로 넘어가면 된다. 3단계에서 웍 헤이(불맛)를 추가하기 위해 가스 토치를 사용해도 좋다.

재료
재스민 또는 흰 쌀밥 2컵(340g, NOTES 참고)
땅콩유, 쌀겨유 또는 기타 식용유 5테이블스푼(75ml)
살짝 푼 달걀 2개
야드롱빈 또는 그린빈 225g, 다듬고 2.5cm 크기로 자른 것
얇게 썬 스캘리언 2대
갓 다진 중간 크기의 마늘 2쪽(5g)
얇게 썬 태국 고추 1~3개, 사이드로 낼 것은 추가로 준비할 것
생추간장 또는 쇼유 1티스푼(5ml)
피시 소스 1티스푼(5ml), 사이드로 낼 것은 추가로 준비할 것
굵게 다진 태국 또는 이탈리아 바질 30g
코셔 소금과 갓 간 백후추
설탕

차림 재료:
4등분한 라임 1개
얇게 썬 오이 1개

요리 방법

① 하루 묵은 쌀을 사용하는 경우 볼에 옮기고 손으로 잘게 부숴 분리해준다.

② 웍에서 연기가 날 때까지 센 불로 달군 후 식용유 3테이블스푼(45ml)을 둘러 코팅한다. 그다음 중간 불로 줄인 뒤, 달걀을 웍 가운데에 붓고 웍을 이리저리 돌려가며 달걀 지단 가장자리가 황금빛 갈색이 돌 때까지 30초 정도 익힌다. 주걱을 사용해 달걀을 바닥에서 떼어낸 뒤, 조심히 뒤집어 15초 정도 더 익혀주고 다른 볼에다 옮겨 한쪽에 둔다.

③ 다시 웍에서 연기가 나기 시작할 때까지 센 불로 달군 후 식용유 1테이블스푼(15ml)을 넣고 코팅한다. 그린빈을 넣고 잘 저어가며 그을린 색이 날 때까지 3분 정도 볶는다. 그다음 달걀이 담긴 볼에 옮겨 담는다.

④ 웍에서 연기가 나기 시작할 때까지 센 불로 달군 후 나머지 식용유 1테이블스푼(15ml)을 넣고 코팅한다. 그다음 밥을 넣고 잘 저어가며 볶는다. 약 3분 정도 볶아주면 밥이 옅은 갈색으로 변하며 쫄깃하게 변할 것이다. 이후 마늘, 고추, 스캘리언을 넣고 향이 날 때까지 약 30초 정도 볶는다.

⑤ 그린빈, 달걀을 웍에 넣은 뒤 주걱을 사용해 달걀을 잘게 부수어 모든 재료를 섞으며 볶는다. 간장, 피시 소스, 바질을 넣고 소금, 백후추, 설탕으로 간을 맞춘 뒤 접시에 담아 라임, 오이와 함께 제공한다.

옥수수와 꽈리고추를 곁들인 돼지고기볶음밥
EASY PORK FRIED RICE WITH CORN AND SHISHITO PEPPERS

분량
2~3인분

요리 시간
15분
총 시간
15분

NOTE

갓 지은 밥을 활용하고 싶다면, 밥을 짓기 전 쌀을 잘 씻은 뒤, 다 된 밥을 쟁반에 펼쳐놓고 바람이 드는 창가나 선풍기에 1시간 정도 놓아둔다. 이후 2단계로 넘어가면 된다. 스페인식 염장 초리조는 살라미나 페퍼로니처럼 막대기 모양으로 생겼다. 나는 *Palacios*라는 브랜드의 제품을 선호하는데, *LaTienda.com* 같은 온라인 마켓에서 구할 수 있다. 스페인식 초리조는 멕시코 스타일 생초리조와는 맛이 확연히 다르다. 3단계에서 웍 헤이(불맛)를 추가하기 위해 가스 토치를 사용해도 좋다.

재료

쌀밥 2컵(340g, NOTES 참고)
땅콩유, 쌀겨유 또는 기타 식용유 2테이블스푼(30ml)
다진 스페인 생초리조 90~120g, 껍질을 제거하고
　　잘게 다진 것(NOTES 참고)
옥수수 알갱이 170g, 옥수수 1~2개에서 잘라낸 것
스캘리언 2대, 흰 부분과 초록색 부분을 따로 분리해
　　얇게 썬 것
얇게 썬 꽈리고추 12개 또는 잘게 다진 청피망 1개
　　(170g)
생추간장 또는 쇼유 1티스푼(5ml)
구운 참기름 1티스푼(5ml)
코셔 소금
신선한 다진 고수 한 움큼

다른 볶음요리들처럼, 이 레시피도 냉장고에 남은 재료들을 정리하다가 만들었다. 돼지고기 안심이 조금 남아 있었고, 마침 여름이라 옥수수와 꽈리고추도(둘은 아주 잘 어울리는 조합이다) 아주 많이 남아 있었다. 그리고 우리 집 냉장고에 늘 떨어지지 않고 꼭 있는 스페인식 초리조도 발견했다. 이걸 다 섞으면 어떻게 될까? 바로 옥수수와 고추를 넣은 돼지고기볶음밥이다.

잘게 다진 초리조를 볶은 뒤, 따로 빼둔 다음 옥수수를 초리조기름에 볶는다. 옥수수를 볶을 때는 웍에서 충분히 볶아서 탄 듯한 색이 나게 만들면 된다. 다른 채소들과는 다르게 옥수수는 오래 익혀도 물러지지 않고 맛도 그대로이다. 오히려 색이 진해질수록 맛이 강해진다. 반면, 꽈리고추는 뜨거운 열에 빠르게 익혀야 아삭한 식감을 느낄 수 있다.

초리조가 없다고 걱정하지 않아도 된다. 이 레시피에는 햄, 베이컨을 사용해도 좋고, 아니면 고기 없이 만들어도 된다.

꽈리고추는 청피망으로 대체할 수도 있고, 아예 넣지 않아도 된다. 쓰다 남은 양파가 있다면, 스캘리언 대신 넣어도 좋다. 이런 간단한 레시피를 이용해 요리할 때는 재료가 없다고 해서 전전긍긍할 필요 없이 마음 편하게 생략해도 된다는 말이다.

요리 방법

① 하루 묵은 쌀을 사용하는 경우 볼에 옮기고 손으로 잘게 부숴 분리해준다.

② 웍에서 연기가 날 때까지 센 불로 달군 후 식용유 1.5티스푼(8ml)을 둘러 코팅한다. 초리조를 넣어 기름이 녹아 나오고 초리조 가장자리가 바삭해질 때까지 1분 정도 볶아준 다음, 기름은 웍에 둔 채 초리조만 건져 볼에 담아 놓는다.

③ 다시 웍에서 연기가 나기 시작할 때까지 센 불로 달군다. 옥수수를 넣고 가끔 저어가며 살짝 그을린 색이 날 때까지 4분 정도 볶아준 다음 초리조가 있는 볼로 옮겨 담는다.

④ 웍에서 연기가 나기 시작할 때까지 센 불로 달군 후 식용유 1.5티스푼(8ml)을 둘러 코팅한다. 스캘리언 흰 부분과 고추를 넣고 스캘리언이 살짝 부드러워지고 향이 날 때까지 1분간 볶아준 다음, 초리조가 있는 볼로 옮겨 담는다.

recipe continues

⑤ 다시 웍에서 연기가 나기 시작할 때까지 센 불로 달군 후 나머지 식용유를 넣고 코팅한다. 밥을 넣고 잘 저어가며 볶는데, 약 3분 정도 볶아주면 밥이 옅은 갈색으로 변하며 쫄깃하게 변할 것이다.

⑥ 옥수수, 초리조, 고추 혼합물을 웍에 넣는다. 거기에 간장과 참기름도 넣고 골고루 섞어준 다음 기호에 따라 소금으로 간을 한다. 스캘리언 초록 부분과 고수를 얹고 곧바로 제공하면 된다.

태국식 게살볶음밥

아내인 Adri는 게만 보면 사족을 못쓴다. 예전에 방콕에 갔을 때 재래시장에서 발라져 있는 게살 450g을 먹어 치운 적이 있다. 갓 나온, 스티로폼 트레이 위에 올려진 게살을 하나씩 집어 남쁠라 프릭 소스에 찍어 손가락까지 쪽쪽 빨며 먹었다. 무려 자신의 몸무게에 1퍼센트나 되는 걸 다 먹은 것이다!

게를 좋아하는 사람들에게 동남아시아는 천국이다.* 타이 카오팟푸(khao pad pu; 게살볶음밥)는 향기로운 재스민 쌀밥에 마늘과 고추를 섞은 다음 스크램블한 달걀, 게살, 스캘리언, 약간의 피시 소스를 넣고 만든 볶음밥으로, 고수와 오이를 곁들여 식탁에 낸다. 나는 아내의 게 사랑을 누구보다 잘 알기에 이 태국식 게살볶음밥을 만들어줬다. 게살 마니아들을 위한 요리기 때문이다.

볶음밥을 만드는 대략적인 방법은 알고 있으니, 이번 레시피에 대해 차근차근 설명해보려고 한다. 기존의 뜨거운 기름에다 밥을 곧장 넣은 뒤 향신채를 볶는 방법을 사용하지 않는다. 향신채를 먼저 기름에 볶아 향신유를 만들고 밥을 넣을 것이다. 이 방식은 태국식 볶음요리에서는 꽤나 흔한 방법으로, 중국식 볶음요리보다 조금 더 약한 화력에서 조리해 웍 헤이(불맛)를 절제하는 방식이다.

기름에다 다진 마늘과 고추를 넣고 볶자. 매운맛에 민감하다면 고추를 빼고 만들어도 좋다. 나중에 사이드로 내면 된다.† 이어서 마늘과 고추로 만들어진 향신유에 밥과 스크램블한 달걀을 넣는다.

놀이공원에 가서 놀이기구를 탈 때, 이제 좀 재밌어지려는 찰나에 끝나는 기분을 아는가? 나는 웍으로 요리할 때도 종종 그 느낌을 받는다. 이제 막 볶음밥을 제대로 볶아보려고 하는데 요리가 끝나는 것이다.

이제 마지막 두 재료, 게살과 스캘리언만 넣으면 된다. 나는 게살을 큰 덩어리로 넣는 것을 좋아하는데, 내가 사는 지역에서는 던저니스 크랩 살을 한입 크기로 찢어 사용한다. 동부에 산다면 큰 사이즈의 꽃게살을 쉽게 구할 수 있을 것이다. 가능한 큰 걸 사용하자.

냉동이나 생꽃게살이 가장 좋겠지만, 구하기 어려우면 게살 통조림을 사용해도 괜찮다. 통조림 속의 게살은 가끔 비릿한 향이 날 때도 있으니 주의해야 한다. 게살과 함께 얇게 썬 스캘리언을 넣은 후엔 불을 줄이고 살짝 데워주기만 하면 된다. 게살을 오버쿡하는 것은 금물이다!

재스민 쌀의 은은한 향기 때문에, 다른 양념을 강하게 할 필요 없이 피시 소스 약간과 소금, 백후추로만 간 하면 된다. 볶음밥을 옮겨 담은 접시에 고수 약간을 넣고 오이로 장식하면 되는데, 식탁에 낼 때는 피시 소스와 고추를 사이드로 제공한다. 식탁에 앉아 있는 사람이 Adri 같은 게살 애호가라면, 피 튀기는 쟁탈전이 시작되기 전에 약간 물러나 있는 게 좋을 것이다.

---

* 주문하기 전에 잘 살펴보는 게 좋다. 베트남 휴양지의 레스토랑에서 우리는 "게살 수프"와 "진짜 게살 수프" 두 종류의 음식을 파는 것을 보았다. 물론 뒤에 있는 걸 주문했다.

† 매운 것을 싫어하는 사람과의 만남은 결국 매운맛과 사랑하는 사람 둘 중 하나를 선택하는 결말을 맞는 것 같기도 하다.

게살볶음밥
CRAB FRIED RICE

분량	요리 시간
2~3인분	30분
	총 시간
	30분

NOTE

갓 지은 밥을 활용하고 싶다면, 밥을 짓기 전 쌀을 잘 씻은 뒤, 다 된 밥을 쟁반에 펼쳐놓고 바람이 드는 창가나 선풍기에 1시간 정도 놓아둔다. 이후 2단계로 넘어가면 된다.

재료

재스민 쌀밥 2컵(340g, NOTES 참고)
땅콩유, 쌀겨유 또는 기타 식용유 2테이블스푼(30ml)
얇게 썬 태국고추 1~3개, 매운맛 취향에 따라 조절
　　하되 사이드로 낼 양까지 고려해 준비할 것
갓 다진 중간 크기의 마늘 2쪽(2티스푼, 5g)
큰 달걀 1개
코셔 소금
게살 115g
얇게 썬 스캘리언 2대
피시 소스 2티스푼(10ml), 사이드로 낼 양은 추가로
　　준비할 것
갓 간 백후추
신선한 다진 고수 ¼컵(60ml)

차림 재료:

4등분한 라임 1개
얇게 썬 오이 1개

요리 방법

① 하루 묵은 쌀을 사용하는 경우 볼에 옮기고 손으로 잘게 부숴 분리해준다.

② 웍에서 연기가 날 때까지 달군 후 기름 1테이블스푼(15ml)을 둘러 코팅한다. 이후 마늘과 고추를 넣고 향이 날 때까지 약 10초 정도 볶는다. 그다음 밥을 넣고 잘 저어가며 볶는다. 약 4분 정도 볶아주면 밥이 옅은 갈색으로 변하고 쫄깃쫄깃한 식감을 가지게 된다.

③ 밥을 웍 가장자리 쪽으로 몰아놓고, 남은 기름 1테이블스푼(15ml)을 붓는다. 달걀을 기름 위쪽으로 깬 뒤 소금을 약간 뿌리고 주걱으로 스크램블한 다음 밥과 잘 섞어준다.

④ 게살, 스캘리언, 피시 소스를 넣고 잘 섞어가며 볶는다. 게살에 열이 전달되고 스캘리언이 살짝 부드러워질 정도로 1분 정도 볶아주면 된다. 백후추, 소금으로 간을 맞춘 뒤 고수를 넣어준다.

⑤ 오이, 라임과 함께 그릇에 담고, 피시 소스와 고추는 따로 담아서 제공한다.

스팸-김치볶음밥

현재 상황: 며칠 전 저녁 식사 때 남은 밥, 냉장고에 몇 달간 방치된 김치(생각해보니 몇 달이 아니라 거의 1년 정도인 것 같다. 시큼하고 쿰쿰할 거란 말이다), 스팸은… 어디서 났더라? 8년 전 *Serious Eats*에 스팸을 종류별로 리뷰하는 기사

를 썼었는데, 모조리 먹으려다가 너무 짜서 기절했던 기억이 있다. 스팸은 내 어두침침한 식료품 저장실에서 저절로 생기는 게 아닐까…? 더러운 천과 밀을 방치하면 쥐가 저절로 생기듯이 말이다.

어쨌든 간에 이제는 스팸을 처리할 때다. 거기에 달걀, 양파, 몇 가지 향신채들을 더해주면 이제 한국계 미국인의 궁극적인 야식, 스팸-김치볶음밥을 만들 준비가 다 된 것이다. 술 마시고 난 다음에 먹으면 더 맛있다! 식탁에 앉지도 않고, 속옷 차림으로 부엌 한편에 기대서 말이다.

이제 시작하자. 김치를 손으로 꼭 짜서 물기를 최대한 제거해준다. 왜냐하면 김치를 한 번 볶을 것인데, 물기가 많으면 볶기가 힘들기 때문이다. 국물도 나중에 쓸 일이 있으니 버리지 말고 한쪽에 두자.

그다음 잘게 썬 스팸을 볶기 시작한다. 스팸에 기름기가 가득하긴 하지만, 그래도 처음에는 기름을 약간 둘러줘야 한다. 스팸이 바삭해질 때까지 볶아준 후, 양파와 김치를 넣고 함께 볶는다. 그리고 모든 재료를 볼에 옮겨 담아 웍을 비운다.

그다음 빈 웍에 밥을 넣어 볶아주고, 더 매운맛을 위해 스캘리언, 마늘, 고추를 넣어 향을 낸 다음 김치와 스팸을 다시 넣고 섞으며 볶는다.

이제 간을 할 차례다. 센 불에 웍을 놓고 김칫국물을 부어주면 수분이 금세 증발할 것이다. 그 다음 피시 소스를 넉넉히 넣고, 참기름을 살짝, 흑후추를 잔뜩 뿌려주면 된다. 참기름과 후추는 *SESAME STREET*의 버트와 어니라는 캐릭터들처럼 정말 잘 어울리는 콤비다.

김치볶음밥을 만들 때 한 가지 팁이 있다면, 조리할 때 웍을 가만히 두어 밥이 바닥에 눌어붙도록 하는 것이다. 그러면 바닥이 바삭바삭해지면서 파에야나 돌솥비빔밥의 누룽지 같은 식감을 낼 수 있다.

구수한 향과 바삭한 식감이 더해지면서 "꽤나 괜찮은" 음식에서 "밥 먹을 때 말 걸지 마시오" 정도의 음식으로 맛의 격이 높아진다. 거기에 가장자리를 바삭하게 익힌 달걀프라이와 핫 소스를 얹어 먹으면… 여기가 어딘지는 모르겠지만, 좋은 곳임은 확실하다.

아침이든 저녁이든, 집에서 속옷 차림으로 있다면 그때가 바로 김치볶음밥을 먹기 좋을 때다. 웍과 열정을 함께 꺼내든지, 음식을 뱃속으로 내려보내며 바지도 같이 내려보자. 둘 다 해도 되고 둘 다 안 해도 되고, 사실 난 지금 너무 취했고 배고파서 별로 신경 쓸 수가 없다.

스팸-김치볶음밥
KIMCHI AND SPAM FRIED RICE

분량
4인분
요리 시간
30분
총 시간
30분

NOTE
갓 지은 밥을 활용하고 싶다면, 밥을 짓기 전 쌀을 잘 씻은 뒤, 다 된 밥을 쟁반에 펼쳐놓고 바람이 드는 창가나 선풍기에 1시간 정도 놓아둔다. 이후 2단계로 넘어가면 된다.

재료
쌀밥 2컵(340g, NOTES 참고)
국물을 포함한 김치 340g
땅콩유, 쌀겨유 또는 기타 식용유 3테이블스푼(45ml)
스팸 1통(340g), 6~13mm 크기 주사위 모양으로 자른 것
잘게 다진 큰 크기의 양파 1개(340g)
스캘리언 4대, 흰 부분과 연한 초록 부분 얇게 썬 것
갓 다진 중간 크기의 마늘 2쪽(2티스푼, 5g)
얇게 썬 홍고추 또는 청고추 1개, 할라피뇨, 세라노, 타이버드 등의 고추를 사용할 것
갓 간 흑후추
피시 소스 2티스푼(10ml)
구운 참기름 1티스푼(5ml)
신선한 다진 고수 ½컵(14g)
코셔 소금

차림 재료:
완전 바삭한 달걀프라이 4개(선택사항, 114페이지)
핫 소스

요리 방법

① 하루 묵은 쌀을 사용하는 경우 볼에 옮기고 손으로 잘게 부숴 분리해준다. 고운체 아래에 볼을 받치고 김치를 올려 물기를 꽉 짠다. 그다음 국물은 따로 놓아두고 김치는 다진다.

② 웍에 식용유 1테이블스푼(15ml)을 두르고 중간-센 불로 달군다. 스팸을 넣고 저어가며 바삭해질 때까지 볶아준 다음, 잘게 썬 김치와 양파를 넣고 부드러워질 때까지 약 4분간 볶는다. 그 후 볼에 옮겨 담아 한쪽에 둔다.

③ 빈 웍에서 연기가 나기 시작할 때까지 달군 후 식용유 1테이블스푼(15ml)을 둘러 코팅한다. 그다음 밥을 넣고 잘 저어가며 볶는다. 약 4분 정도 볶아주면 밥이 옅은 갈색으로 변하고 쫄깃쫄깃한 식감을 가지게 된다.

④ 밥을 웍 가장자리 쪽으로 밀어낸 뒤 가운데에 나머지 식용유 1테이블스푼(15ml)을 넣는다. 그리고 스캘리언(고명용으로 조금 남겨둔다), 마늘, 고추를 넣고 1분간 볶는다. 이후 밥과 함께 잘 섞은 뒤 양파, 김치, 스팸도 넣고 섞는다. 김칫국물을 넣고 후추를 넉넉히 뿌려준다. 마지막으로 피시 소스, 참기름, 고수(고명용으로 조금 남겨둔다)를 넣고 잘 섞으며 볶은 뒤 소금간을 한다.

⑤ 제공하기 전, 웍을 가만히 1분간 내버려 두면, 볶음밥 아랫부분이 바삭해진다. 아랫부분이 위로 오도록 조심히 퍼서 접시에 담아 제공한다. 바삭하게 튀긴 달걀프라이와 스캘리언, 고수, 그리고 핫 소스를 곁들여 내면 된다.

나시고랭: 가장 쿰쿰한 맛의 볶음밥
NASI GORENG: THE FUNKIEST OF FRIED RICES

분량
4인분
요리 시간
30분
총 시간
30분

NOTE
갓 지은 밥을 활용하고 싶다면, 밥을 짓기 전 쌀을 잘 씻은 뒤, 다 된 밥을 쟁반에 펼쳐놓고 바람이 드는 창가나 선풍기에 1시간 정도 놓아둔다. 이후 2단계로 넘어가면 된다.

재료

향신료 페이스트 재료:
굵게 다진 샬롯 1개(30g)
마늘 2쪽(5g), 칼 옆면으로 눌러 으깬 것
굵게 다진 태국 고추 2개 또는 일반 고추 1개, 취향에 따라 준비할 것
코셔 소금
테라시, 발라찬 등 아시아식 새우페이스트 ½티스푼 (선택사항)

밥 재료:
땅콩유, 쌀겨유 또는 기타 식용유 3테이블스푼(45ml)
조리해 찢어둔 닭가슴살 또는 통새우 120~180g (선택사항)
재스민 쌀밥 2컵(340g, NOTES 참고)
케캅마니스 1½테이블스푼(22.5ml, 291페이지)
6mm 크기로 사선으로 썬 스캘리언 2대
갓 간 백후추

차림 재료:
완전 바삭한 달걀프라이 4개(114페이지)
튀긴 샬롯
슬라이스한 토마토 1개
얇게 썬 오이 1개

인도네시아식 볶음밥인 나시고랭은 크게 두 가지 독특한 풍미를 낸다. 첫 번째는 케캅마니스(서양의 케첩과 같은 어근에서 온 이름이다)라고 하는 달콤한 간장에서 나오는 단맛과 따뜻한 느낌의 향신료 향이고, 두 번째는 인도네시아식 새우페이스트인 테라시(말레이시아에서는 벨라찬이라고 한다)에서 나오는데 향이 꽤나 강하다. 피시 소스가 음식에 은은하게 맛을 내는 편이라면, 새우페이스트를 넣은 음식은 꽤나 강력하게 존재감을 풍긴다. 모두가 좋아할 맛은 아니지만, 한 번쯤 시도해볼 만하다. 입에 맞다면 아무 요리에 넣어도 잘 어울리기 때문이다.

나시고랭의 레시피는 무궁무진하지만, 내가 본 것 중 가장 맛있고 흥미로운 레시피는 인도네시아 *Serious Eats*에서 본 Pat Tanumihardja의 레시피였다. 그는 향신채를 절구에 빻아 커리페이스트처럼 만드는데, 나도 이 방식이 가장 맛있다고 생각해서 채용해 따르고 있다.

recipe continues

요리 방법

(1) 향신료 페이스트: 샬롯, 마늘, 고추를 절구에 넣고 소금을 살짝 넣은 뒤 페이스트가 되도록 빻아준 다음 새우페이스트를 넣고 계속 갈아 잘 섞는다.

(2) 하루 묵은 쌀을 사용하는 경우 볼에 옮기고 손으로 잘게 부숴 분리해준다.

(3) 밥: 웍에 기름 2테이블스푼(30ml)을 두르고 중간-센 불로 달군다. 향신료 페이스트를 넣어 부서지고 갈색이 나기 시작할 때까지 약 2분간 저으며 조리한다. 그런 다음 닭고기나 새우를 넣고 완전히 익도록 볶아준 뒤 볼에 옮겨 놓고 웍을 닦는다.

(4) 웍에서 연기가 나기 시작할 때까지 센 불로 달군 후 나머지 기름 1테이블스푼(15ml)을 둘러 코팅한다. 그다음 밥을 넣고 잘 저어가며 볶는다. 약 4분 정도 볶아주면 밥이 옅은 갈색으로 변하고 쫄깃쫄깃한 식감을 가지게 된다. 그다음 닭고기나 새우를 넣고 섞어준다.

(5) 고명용을 제외한 나머지 모든 재료와 케캅마니스와 스캘리언을 넣고, 스캘리언이 살짝 부드러워질 때까지 약 1분간 잘 볶는다.

(6) 차림: 접시에 옮겨 담고 달걀프라이, 튀긴 샬롯, 얇게 썬 스캘리언을 올린 뒤 토마토, 오이, 케캅마니스를 곁들여 낸다.

케캅마니스

kecap manis

분량
1컵 반

요리 시간
30분

총 시간
30분

재료

노추간장 1컵(240ml)

흑설탕 1컵(225g)

당밀 2테이블스푼(30ml)

갓 다진 중간 크기의 마늘 2쪽(5g)

6mm 두께로 자른 생강 2쪽

계피 1개

팔각 1개

흑후추 1티스푼(3g)

정향 2개

케캅마니스는 발효된 콩과 팜 슈거를 섞어 만든 인도네시아 간장으로, 중국의 티엔미엔장과 비슷한 걸쭉한 시럽 같으며 짜고 달콤한 풍미를 선사한다. 실제로 물을 조금 타서 묽게 하면 티엔미엔장을 대체하기에 적당하다. 주요 차이점이라면 케캅마니스는 발효된 콩의 짠맛을 균형 있게 해주는 따뜻한 성질의 향신료로 맛을 낸다는 것이다. 만약 케캅마니스를 구하기가 어렵거나 한 병을 통째로 보관하고 싶지 않다면, 그냥 집에 있는 재료로 만들면 된다. 간장에 향신료를 넣고 흑설탕(팜 슈거를 사용해도 된다)으로 직접 만들 수 있다. 이 과정은 약 15분이 소요될 것이다.

요리 방법

작은 소스팬에 모든 재료를 넣고 섞는다. 중간 불로 끓이면서 타지 않게 자주 저어준다. 약간 줄어들고 걸쭉해지고 설탕이 완전히 녹을 때까지 약 15분간 끓여준다. 실온에서 식힌 다음, 고운체로 된 거름망으로 걸러낸다. 밀폐된 용기에 담아 냉장고에 넣어두면 최소 몇 달에서 몇 년까지 보관할 수 있다.

❸

국수

국수(면)를 알자!

지난 몇 년간 아시아에서 먹었던 모든 국수들을 아내인 Adri와 기록하기 시작했다(사실 기록은 나의 몫이었고, 아내는 국수가 지겹다는 새로운 표현을 찾으려고만 했다). 베이징에서는 길고 가느다란 국수를 먹었고, 우한에서는 손으로 반죽한 넓고 납작한 국수에 고추기름을 뿌려 먹었다. 사이공에서는 납작한 쌀국수를, 방콕에서는 볶음면을 먹었다. 청두에서는 입을 마비시키는 쓰촨 후추와 고추를 넣은 밝은 노란색의 알칼리성 밀로 만든 국수, 감자라이서로 으깬 고구마 전분 반죽을 면으로 삼은 국수를 같이 먹었다. 인도네시아의 아침 식사로는 진한 간장 볶음국수를 먹고, 말레이시아에서는 점심으로 매운 코코넛 육수에 베르미첼리를 먹었다.

또 시안에서는 오이와 고수를 넣은 찐 콩으로 만든 전분 면을 먹었고, 충칭으로 가서 다진 돼지고기와 절인 겨자뿌리를 섞은 면을 먹었다. 나가노의 눈 덮인 산비탈에서는 메밀국수를 먹고, 교토에서는 야키소바를 먹었다.

상하이에서는 참기름과 고추기름을 넣은 연한 백색 밀국수*, 치앙마이에서는 카레에 튀긴 달걀면, 싱가포르에서는 바삭바삭하게 팬에 볶은 국수를 먹었다. 국수들이 테이블에 오르기까지 당겨지고, 깎이고, 밀려지고, 비틀리고, 반죽되고, 잘리고, 썰리고, 쪄지고, 던져지는 등 사랑스럽게 다뤄지는 모습들을 봤다. 아침으로 국수, 점심도 국수, 간

---

* 그래…오로지 국수만 시켰었다. 이때 이후로 아내는 면이라곤 찾아볼 수 없는 거리로 사라져버렸다(그런 거리는 아주 드물다). 아마도 뒤에 언급할 샤오롱바오를 찾으러 갔을 것이다.

식으로 국수, 저녁도 국수, 야식까지 국수. 국수에 싫증이 나는 사람이 있다면, 분명 분위기를 깨는 재미없는 사람일 것이다(Adri 이야기가 아니다).

너무 다양해서 좀 불편한가? 걱정하지 않아도 된다. 나도 그러니까. 국수를 자주 먹는 일본 가정에서 자랐음에도 아시아 슈퍼마켓에서 국수를 살 때는 여전히 약간의 긴장이 된다. 낯선 언어로 표시된, 모두 비슷해 보이는 수십 개의 포장지 중에서 하나를 골라야 하기 때문이다.

좋은 소식이 있다! 몇 가지 기본 사항들을 배워서 전반적인 이해가 가능해지면, 다양한 제품이 그저 브랜드에 지나지 않는다는 걸 알게 될 것이다. 또한 까르보나라를 만들기 위해 들린 슈퍼마켓에서 *Barilla*의 면을 살 수밖에 없었더라도(*De Cecco*가 없어서), 괜찮다는 걸 알게 될 것이다. 용도에 딱 맞는 국수를 사지 않았다는 이유로 저녁을 망칠 확률은 매우 낮다.

그럼에도 발생하는 역경은 국수의 카테고리와 특정 상황에서 어떤 요리가 최선인지를 이해하는 것으로 개선할 수 있다. 나는 불가능하다고 말하기보다는 그저 유용하게 활용할 수 있는 방법을 소개하려는 것이다(최선을 다하고 있다). 이 가이드에서는 식별에 도움을 주는 몇 가지의 일반적인 면 관련 용어를 확인할 수 있다. 이어서 미국에서 접할 수 있는 아시아의 면과 집에서 요리할 때 가장 유용하다고 생각하는 면을 자세히 설명한다.

도저히 아시아 면을 구할 수 없어도 걱정하지 말자. 제대로 요리만 한다면 파스타를 이용해서도 아시아 국수요리를 만들어 맛있게 먹을 수 있다(300페이지 '간단한 팁 하나로 스파게티를 라멘으로 바꾸자' 참고).

면 용어

국수를 만들기 전에 면의 포장지나 레시피를 볼 때 알아둬야 할 몇 가지 기본적인 용어들이 있다. 대부분의 국수 레시피는 진짜 까다로운 사람이 아닌 한, 면이라고 말할 수 있는 범주의 것을 모두 사용할 수 있다. 어떤 종류의 밀면도 다른 것으로 대체될 수 있다. 베르미첼리 스타일의 면을 사용해야 한다면 쌀, 녹두, 고구마 등 어떤 것으로 만든 베르미첼리든 사용해도 된다.

미엔, 멘, 메인(Miàn, mien, or mein)

밀국수 또는 멘(mien)을 가리키는 중국어. 많은 일본의 국수, 이를 테면 라**멘**과 소**멘**도 어원이 같다.

피엔, 펀(Fěn or fun)

밀이 아닌 녹말로 만든 중국 국수. 호펀(hor fun; 365페이지 소고기 차우펀에 들어가는 넓적한 쌀국수)이나 미펀(mi fun; 볶음요리 혹은 국물요리에 쓰이는 얇게 밀린 쌀국수)이 있다.

차우(Chow)

차우는 "볶음". 한자로는 炒인데, 火(불 화)와 少(작을 소)로 구성되어 있어 빠른 조리를 의미한다. 미엔(miàn)이나 피엔(fěn)과 합치면 차우메인(chow mein)과 차우펀(chow fun)이라는 전통적인 면볶음이 된다(영어에서는 "먹어치우다"를 뜻하는 chow down에서 chow를 사용하기도 한다).

라미엔(Lāmiàn)

라미엔은 "수타면". 여기서 Lā는 "당기다"라는 뜻이다. 밀가루 반죽을 손으로 늘려서 면을 만든 요리이다. 면의 두께는 반죽을 얼마나 길게 늘어뜨리냐에 따라 달라진다. 장인은 단단한 반죽으로 들고, 꼬고, 접고, 펴기를 반복해서 수백 미터 길이의 천사 머릿결 같은 가느다란 면을 만들어 낸다. 넓고 뭉툭해서 더 쫄깃한 식감을 가진 수타면도 있다. 파파델레(pappardelle)와 카펠리니(capellini)라고 생각하면 된다.

알칼리성 국수(Alkaline noodle)

아시아 국수 중 몇몇(특히 라멘과 일부의 중국 국수)은 알칼리성 미네랄이 첨가된 물로 만든다. 일본어로 간수(kansui)라고 하는 이 액체는 라멘의 특징적인 노란색, 탄력 있고 미끄러운 식감, 그리고 형용하기 어려운 맛을 더해 준다. 나는 알칼리성 면이 약간 유황향이 나고, 약간 비누 같으며, 달걀맛이 난다고 생각한다(모두 좋은 의미로).

베르미첼리(Vermicelli)

얇은 면이라면 그 무엇이든. 보통은 쌀로 만들지만 녹두나 고구마 전분으로도 만든다.

면을 구분하는 방법

이탈리아 사람들이 파스타로 유명할진 몰라도, 아시아는 생면이나 마른 면 등의 면의 다양성에서 압도적이다.* 공평하게 말하자면 아시아가 유리한 출발을 했다고 할 수 있다. 우리가 아는 파스타는 12세기나 13세기경 이탈리아에서 개발된 것이지만, 중국은 수 천 년이나 국수를 먹어왔다. 2005년에 (베이징의 중국과학원 지질학·지구물리학 연구소의) Houyuan Lu 박사가 이끄는 고고학 그룹이 중국 북서부의 신석기시대 유적지인 라자에서, 무려 4,000년 된 밀폐된 토기를 발견했고 그 안에서 면 반죽을 만들기 위해 사용한 기장껍질을 확인했다. 기장으로 만든 반죽은 밀가루에서 볼 수 있는 글루텐 형성 단백질이 부족해서 오늘날의 밀을 기반으로 하는 아시아 국수의 탄력과 식감은 없었겠지만, 메밀 소바 등의 밀로 만들어지지 않은 국수와는 어느 정도 유사했을지도 모른다.†

3세기 중반 한나라 때부터 국수는 이미 한족 생활의 주요한 부분이었다. 첫 번째 밀레니엄이 끝날 무렵에 중국 전역에 밀 생산이 널리 퍼지면서 쫄깃하고 탄력 있는 밀국수가 표준이 되었다. 국수가 중국의 곳곳과 아시아의 다른 지역까지 진출하면서 다양한 곡물과 채소로 만들어지며 수많은 형태가 생겨났다. 오늘날 중국에서 볼 수 있는 국수만 해도 그 다양성은 정말 놀랍다. 아시아의 다른 지역까지 넓혀서 보면 이루 다 말할 수 없을 정도이다.

백과사전을 쓰려는 것이 아니기에 모든 내용을 다루진 않을 것이다. 대신 여러분이 슈퍼마켓에서 찾을 수 있는 가장 흔한 면의 종류들과 내가 좋아하는 흔하지 않은 몇 가지 면들에 초점을 맞출 것이다.

밀면 Wheat Noodle

라미엔 Lāmiàn

외관: 황백색~노란색이며 길고 얇다.

원산지: 중국

주성분: 밀

모양 형성 방법: 손으로 펴서 만들며 생면 또는 건면으로 판매

용도: 볶음국수와 국물국수 모두 어울리는 만능의 면이다. 무인도에 가져갈 면을 하나 고르라면 바로 이것. *단단면*(317페이지)이나 *자장미엔*(326페이지)의 베이스로 이상적이며, *타이 바질과 땅콩 페스토를 곁들인 국수*(324페이지)나 *상하이식 참깨국수*(323페이지)에는 곁들여 제공한다.

조리 및 보관: 생라미엔은 사용하기 전에 끓는 물에 익혀야 한다. 중국 면은 대부분 소금에 절여 만들기 때문에 조리할 때 이탈리아 파스타처럼 소금물을 사용할 필요가 없다. 그냥 오래 끓인 물이면 충분하다. 끓는 물에 면을 넣고 알단테로 익힌 후 즉시 뜨거운 육수로 옮기거나 물기를 털고 잘 말려서 볶거나 차갑게 내놓는다.

대체할 수 있는 재료: 알칼리성 물에 조리된 생라멘 또는 이탈리아 스파게티 또는 카펠리니(300페이지 '간단한 팁 하나로 스파게티를 라멘으로 바꾸자' 참고).

---

* 좋다. 토지가 약 150배 더 크고, 인구는 71배 더 많다. 그 다양성을 가늠하는 데 약간의 도움이 되지 않나?

† 메밀은 밀이라는 이름에도 불구하고 실제로 밀과 관련이 없으며, 글루텐 형성 단백질을 포함하지 않는다.

로메인 Lo Mein

외관: 짙은 노란색이며 길고 얇다. 일반적으로 라미엔보다는 약간 두껍다.

원산지: 중국

주성분: 밀과 달걀

모양 형성 방법: 손으로 펴고 말아서 자른다.

용도: 미국에서는 "lo mein" 또는 "for lo mein"이라는 라벨이 붙은 국수나 면을 볼 수 있다. 중국요리에서의 로메인은 완탕면처럼 얇거나 약간 두꺼운 정도이며, 일반적으로 소스나 육수에 섞어 먹거나 완탕면처럼(면, 삶은 만두, 채소, 국물) 먹는다. 미국의 로메인은 더 두꺼운 달걀면으로 야채와 고기(또는 해산물)를 간장을 베이스로 한 소스와 볶아서 만든다. 이 면은 *표고버섯, 차이브, 구운 양배추를 곁들인 미국식 중화요리, 로메인볶음*(348페이지)에 사용된다.

조리 및 보관: 끓는 물에 면을 넣고 알단테로 익힌 후 즉시 뜨거운 수프로 옮기거나 물기를 털어 잘 말린 뒤 볶거나 차갑게 내놓는다.

대체할 수 있는 재료: 생라미엔을 끓는 물에 익힌 뒤 수분을 제거하면 로메인처럼 볶을 수 있으며 간수에 조리한 스파게티도 마찬가지이다(300페이지 '간단한 팁 하나로 스파게티를 라멘으로 바꾸자' 참고). 쿠미안(Cumian)은 상하이식 국수요리에 일반적으로 사용하는 두꺼운 직사각형의 면이다.

차우메인 Chow Mein

외관: 짙은 노란색이며 얇고 길다. 로메인보다는 얇다.

원산지: 중국

다른 이름: 홍콩면 또는 튀김면

주성분: 밀과 달걀

모양 형성 방법: 손으로 펴고 굴리고 밀어서 만든다.

용도: 아시아 슈퍼마켓에서 "chow mein"이라는 라벨이 붙은 면을 발견할 수 있다. 보통 프라이팬으로 조리한다.

조리 및 보관: 생차우메인은 볶기 전에 삶아야 한다. 미리 익혀놔서 볶기만 하면 되는 상태로 판매하기도 한다. 기름에 볶아 바삭바삭하게 만든 후 재료를 얹거나 소스를 추가해 마무리하면 된다.

대체할 수 있는 재료: 완탕면은 기본적으로 생차우메인이라서 삶고 건조시키면 볶음에도 사용할 수 있다.

완탕면 Wonton Noodle

원산지: 중국

다른 이름: 완탄미(Wantan mee; 말레이시아), 바미키아오(bami kiao; 태국)

주성분: 밀과 달걀

모양 형성 방법: 밀대와 판을 사용하여 원 모양으로 펴고 자른다. 또는 기계 성형

정통 용도: 이 얇고 탄력 있는 면은 중국식 완탕 수프(554페이지 '최고의 완탕 수프' 참고)나 다른 양념을 얹어 살짝 데쳐 먹는다. 또한 동남아시아 전역에서 바미무댕(bami mu daeng; 구운 돼지고기를 곁들인 태국식 국수)과 마미(mami; 필리핀식 국수) 같은 국수와 건면 요리에 흔하게 사용된다.

대체할 수 있는 재료: 완탕면 대신 라미엔이나 라멘을 사용할 수 있지만, 달걀맛이나 딱딱한 식감을 기대할 수는 없다.

비앙비앙미엔 Biangbiang Miàn

원산지: 중국

다른 이름: 유포미엔(Youpo chemian), 손으로 찢은 국수

주성분: 밀

모양 형성 방법: 직사각형 반죽을 손으로 길게 늘인 다음 세로로 반으로 찢어서 만든다. 전문인들은 반죽을 늘이는 과정에서 국수가 팔보다 길어지게 만든다. 밀가루 반죽을 위아래로 휘몰아치며 기름이 묻은 테이블 상판에 반복적으로 부딪치게 만든다.

정통 용도: 삶아서 수프나 고소한 샐러드에 제공된다.

대체할 수 있는 재료: 말린 이탈리아 파파델리나 알칼리성 물에 조리된 아주 넓은 파스타(300페이지 '간단한 팁 하나로 스파게티를 라멘으로 바꾸자' 참고).

량피 Liangpi

원산지: 중국

다른 이름: 냉면

주성분: 밀 전분

모양 형성 방법: 밀 반죽을 물에 헹구어 녹말을 배출한다. 반죽은 버리고 녹말을 함유한 물을 하룻밤 휴지시켜 녹말이 그릇 바닥으로 가라앉게 만든다. 위에 있는 맑은 물은 따라내고, 아래에 남은 녹말 반죽을 납작한 시트에 부어 쪄낸 다음 먹을 크기로 자른다.

정통 용도: 보통 차갑게 먹고, 고추기름, 마늘, 참깨, 식초, 오이, 녹두나물, 고수와 같은 다양한 조미료와 고명을 곁들인다.

라멘(생면) Ramen(Fresh)

원산지: 중국을 경유한 일본(일본에서 라멘은 독자적인 정체성을 가지고 있지만, 여전히 중국의 국수요리라고 생각한다).

주성분: 밀가루

모양 형성 방법: 알칼리성 반죽을 사용해 손으로 펴고 굴리고 밀어서 만든다.

정통 용도: 라멘은 국물과 함께 소비되는 경우가 가장 많지만, 히야시츄카(냉면 샐러드, 343페이지)나 츠케멘(tsukemen; 국물 없는 면을 소스에 찍어먹는 요리)에도 사용된다. 일본의 길거리 음식이자 바 음식인 우스터 소스로 볶아서 만드는 야키소바(352페이지, 소바라는 단어가 있지만 라멘으로 만듦)를 만들기도 한다.

대체할 수 있는 재료: 알칼리수로 조리된 라미엔 또는 이탈리아 스파게티 또는 카펠리니(300페이지 '간단한 팁 하나로 스파게티를 라멘으로 바꾸자' 참고).

라멘(건면) Ramen(Dried)

원산지: 일본

다른 이름: 인스턴트 라멘

주성분: 밀가루와 지방

모양 형성 방법: 탈수되어 유통기한이 긴 조리용 블록으로도 판매한다. 저렴한 브랜드 제품은 면을 튀겨서 여분의 수분을 제거해 약간 더 빨리 익지만 식감은 떨어진다. 좋은 브랜드의 제품(내가 좋아하는 건 *Myojo Chukazanmai*)은 면을 자연 건조해서 탄력 있고 자연스러운 식감이 된다.

정통 용도: 야식, 급식, 안주. 인스턴트 라멘 한 그릇도 매우 만족스러운 식사가 될 수 있다(건강하지는 않더라도…).

대체할 수 있는 재료: 없음

소멘 Somen

원산지: 일본

주성분: 밀

모양 형성 방법: 늘이거나 말아서 잘라낸다. 소멘은 얇고, 얇고, 얇다. 이탈리아의 엔젤 헤어 파스타보다도 얇다. 심지어 말린 형태인데도 아주 얇은 덕분에 소스를 잘 흡수하며 기록적일 만큼 빠르게 조리할 수 있다.

정통 용도: 보통은 얼음 위에다 차갑게 식혀서 차가운 간장 국물에 담가 먹는 여름 간식이다. 끝없는 폭포를 따라 흘러내리는 삶은 국수를 젓가락으로 건져 소스에 찍어 먹는 식당도 있다. 국물국수처럼 먹을 수 있게 뜨거운 국물이 제공되기도 한다.

대체할 수 있는 재료: 매우 얇은 엔젤 헤어 파스타

우동 Udon

원산지: 일본

주성분: 밀

모양 형성 방법: 보통은 말아서 자르며 때로는 늘인다. 일본에는 매우 다양한 우동 면이 있지만, 대부분 넓고 납작하며 요리 후에도 통통하게 씹히는 맛이 유지된다. 건조 혹은 신선냉동 상태로 판매된다.

정통 용도: 간소한 다시와 콩 베이스 국물 또는 카레에 넣어 먹는다. 뜨겁게도 먹고 차갑게도 먹는다.

대체할 수 있는 재료: 베이킹소다 기술을 이용해 말린 링귀네 또는 페투치네(300페이지 '간단한 팁 하나로 스파게티를 라멘으로 바꾸자' 참고).

소바 Soba

원산지: 일본

주성분: 메밀 또는 메밀과 일반 밀의 혼합물

모양 형성 방법: 말아서 자른다.

정통 용도: 소바는 다시를 베이스로 한 육수에 뜨겁게 말거나, 다시를 베이스로 한 조미료와 함께 차갑게 담가 후루룩 마실 수 있도록 제공된다. 메밀은 정제된 밀가루처럼 글루텐을 쉽게 형성하지 않기 때문에 섬세한 소바 면 제작은 숙달하기 어려운 것으로 알려져 있다.

대체할 수 있는 재료: 없음.

쌀면 Rice Noodle

호펀 Hor Fun

원산지: 중국

다른 이름: 샤혜펀(Shahe fěn), 차우펀(chow fun; '차우'는 볶음이라는 뜻을 가졌다. 서양에서는 볶는 음식을 차우펀이라고 부르기도 한다. 꿰띠아오(kway teow; 말레이시아, 싱가포르), 센야이(sen yai; 태국), 포(pho; 베트남)

주성분: 쌀

모양 형성 방법: 쌀 전분물을 평평하고 넓은 표면에 붓고 찐 다음 자른다.

정통 용도: 생호펀은 *소고기 차우펀*(365페이지), *닭고기 팟씨유*(Pad See Ew; 372페이지), 차꿰띠아오(char kway teow)에서 간장과 함께 볶거나 육수나 건더기 같은 재료와 함께 제공된다. 얇은 쌀국수는 동남아시아 전역에서 국수로 사용된다. 포(Pho) 쌀국수는 조리면에서 호펀과 비슷하지만 훨씬 더 섬세하다.

대체할 수 있는 재료: 없음.

라이스 스틱 Rice stick

원산지: 중국

다른 이름: 반포(베트남), 팟타이누들, 잔타분 또는 찬타분(태국), 또는 넓적한 쌀국수

주재료: 쌀

모양 형성 방법: 호펀과 동일하지만 일반적으로 더 얇고 섬세하며 말린 채로 판매된다. 호펀은 생면으로 판매된다.

정통 용도: 쌀국수나 보트국수(태국) 등 국수로 먹거나 베트남식 스프링롤과 샐러드에 넣어 볶는다. 쌀국수는 워낙 섬세하기 때문에 국물에 과도하게 익기 쉽고, 볶음에는 깨지기 쉬우니 각별한 주의가 필요하다.

대체할 수 있는 재료: 얇은 라이스 스틱은 당면으로 대체할 수 있고, 수프와 볶음용에 쓰이는 두꺼운 라이스 스틱은 밀로 만든 면으로 대체할 수 있다.

떡 Rice Cakes

원산지: 중국

다른 이름: 떡(한국), 상하이식 녠가오(nian gao; 중국), 모찌(일본)

주재료: 찹쌀

모양 형성 방법: 전통적인 방식은 찹쌀을 찧어 끈적끈적한 반죽에 넣고 모양을 낸 후 찌는 것이다. 지금은 기계로 압출해서 만든다. 한국의 떡은 짧은 원통 모양을 하고 있는 반면, 상하이식의 녠가오는 어슷썰기 한 원반 모양을 하고 있다. 일본의 모찌는 네모난 케이크 또는 당고라고 불리는 작은 공 모양으로 만든다.

정통 용도: 한국과 중국을 포함한 아시아 국가에는 부드럽고 끈적한 것부터 단단하고 쫄깃한 것까지 매우 다양한 떡이 있다. 고소한 요리나 달콤한 요리 모두에 잘 맞으며 구이, 조림, 찜, 굽거나 볶을 수도 있다. 김치가 들어간 *국물 떡볶이*(540페이지) 뿐만 아니라, 수많은 한국과 중국의 국물/볶음요리의 주재료이다. 일본의 부드러운 모찌는 굽거나 삶아 먹는다(아이스크림을 얹어 디저트로 먹기도 한다). 떡은 한국, 중국, 일본의 설날 전통 음식이다.

대체할 수 있는 재료: 없음.

기타 전분면

시라타키 Shirataki

원산지: 일본

주재료: 곤약(참마 전분)

다른 이름: 이토콘냐쿠(Ito konnyaku) 또는 악마의 혀(Devil's tongue noodle)

모양 형성 방법: 시라타키 면은 참마 전분(글루코만난) 혼합물을 끓는 물에 넣거나 참마 전분 혼합물을 고체 시트로 굳힌 후 손이나 기계로 썰어서 만든다. 보통 녹말 물을 포함한 밀봉된 포장상태로 판매된다. 사용하기 전에 깨끗한 물로 헹궈야 한다.

정통 용도: 간단한 드레싱과 함께 차갑게 제공되는 훌륭한 음식이다. 프라이팬으로 튀기거나 구워서 수프에 넣을 수도 있다.

대체할 수 있는 재료: 없음

당면 Bean Thread Noodles

원산지: 중국

다른 이름: 펜시(Fensi; 중국), 셀로판 누들, 글라스 누들, 당면(한국)

주성분: 녹두, 고구마, 감자, 타피오카 전분

모양 형성 방법: 녹말 같은 반죽물을 끓는 물에 넣어 만든다.

정통 용도: 당면은 정말로 다용도로 사용할 수 있다. 볶거나, 수프나 뜨거운 전골에 넣거나, 만두 속을 채우거나, 따뜻한 면이나 차가운 면 샐러드에 사용할 수 있다.

대체할 수 있는 재료: 얇은 라이스 스틱(베르미첼리)

간단한 팁 하나로 스파게티를 라멘으로 바꾸자

2014년의 어느 평범한 목요일 오후였다. 할렘의 아파트 발코니에서 피자 오븐을 테스트하고 있었는데(당시에는 목요일이면 항상 했던 일이다), 엄마가 내게 문자를 보냈다. "지금 베이킹소다로 스파게티를 끓이면 라멘을 만들 수 있다는 일본 요리 블로그를 읽고 있는데, 들어본 적 있니?"

들어본 적 없었을 뿐더러, 당장 불 뿜는 피자 오븐 몇 개와 조리를 시작해야 하는 피자 반죽이 내 앞에 있었기 때문에 더 생각해 볼 여유도 없었다. 2주 후 *Serious Eats*의 동료인 Daniel Gritzer가 라멘을 구할 수 없을 때, 만드는 방법을 추천해 달라고 문자를 보내고서야 나는 엄마의 문자를 다시 떠올릴 수 있었다(당시에는 라멘을 사려면 전문점을 찾아가야만 했다). 한 번쯤 시도해볼 만한 것 같았다.

라멘(그리고 다른 알칼리성 면)은 독특한 노란색과 쫄깃한 식감, 그리고 약간의 유황 냄새가 난다(면을 만들 때 사용되는 알칼리성 미네랄 워터인 간수 때문이다). 서양의 알칼리성 면을 만드는 레시피에서는 반죽에 직접 베이킹소다를 첨가하거나, 먼저 베이킹소다를 구워 탄산수소나트륨을 더 강한 알칼리성을 가진 탄산나트륨으로 변환시키기도 한다(17페이지 참고). 하지만 이미 만들어진 면을 알칼리성 물에 끓여도 비슷한 결과를 얻을 수 있다는 건 참 유혹적이었다.

난 두 개의 냄비를 나란히 두고서 하나는 보통 물을 채우고, 다른 하나에는 물과 물 1L당 베이킹소다 몇 티스푼을 첨가했다. 그리고 같은 양의 소금을 넣고 얇은 스파게티 면을 익혔다. 알칼리성에 익힌 면이 더 짙은 노란색을 보이는 등 외관 차이가 두드러졌다. 좋은 조짐이다!

알칼리성 면을 한입 베어 물었을 때 이 실험이 성공적이라는 걸 알았다. 향도 더 진했고, 더 쫄깃했고, 후루룩 넘길 수 있는 매끈한 질감이 있었다. 일반 물에 삶은 면보다 확실히!

'진짜' 알칼리성 면만큼 좋진 않지만, 면을 수프에 넣거나 양념하는 요리를 할 때 사용할 수 있는 좋은 대안이다. 진짜 알칼리성 면을 구할 수 없을 때, 반죽부터 면을 만들고 싶지 않다면 말이다.

Q: 면을 직접 만들 가치가 있나?

A: 안심되는 말을 하자면, 면은 사도 된다.

솔직히 말하자면 나도 면을 직접 만드는 일이 거의 없다. 이러한 기술을 평생의 업으로 삼은 전문가들이 있는 현대 시대에서 그럴 필요가 없기 때문이다. 아시안 슈퍼마켓에서 살 수 있는 면은 훌륭하고 저렴하며 접근성도 좋다. 아마도 집에서 만드는 것보다 맛도 좋을 거다.

하지만 거주하는 국가마다 접근성 등이 다를 수도 있고, 한 끼를 처음부터 100% 만들고 싶을 때도 있다. 이럴 때를 대비해서 집에서 면을 만드는 세 가지 방법을 소개한다. 첫 번째, 라멘 스타일의 알칼리성 면을 만드는 기술. 이 기술은 단연 가장 노동 집약적이며 첫 도전에 성공할 가능성이 낮다. 나머지 두 개의 방법은 손으로 뽑아내는 수타면인데 훨씬 쉬우면서도 재미있다.

여러분은 다음 세 가지 유형 중 하나에 속할 것이다.

A. 면을 아주 좋아하는 면 대식가.

B. 고생을 마다하지 않는 사람.

C. 면 요리를 좋아하고 친구들, 가족들과 새로운 것을 시도하는 것을 즐기는 사람.

1. A 유형이라면 면을 사라.

2. B 유형이라면 Sho Spaeth가 *Serious Eats*에서 소개한 수제 알칼리성 면을 만드는 가이드를 참고하면 좋다. 이 책보다 훨씬 더 깊이 있게 다루고 있다(뭐 덧붙일 말이 필요 없다). "How to Make Ramen Noodles from Scratch"를 검색하면 된다.

3. C 유형이라면 수타면이 바로 당신의 것이다. 이것도 *Serious Eats*에 Tim Chin이 소개한 "How to Pull Off Thin Hand-Pulled Lamian Noodles"를 검색해 참고하면 된다.

3.1 뜨거운 국수와 파스타

국수를 즐기는 가장 쉬운 방법은 다양한 맛의 토핑과 조미료로 옷을 입히는 것이다. 이탈리아의 파스타는 음식이 제공되기 전에 팬에서 소스와 섞어 내어놓는 방식인데, 마치 서양식 샐러드처럼 모든 재료를 한 그릇에 담아 섞어내는 방식도 다양한 면 요리에서 볼 수 있다. 노점이나 패스트푸드점 요리사들은 다진 마늘, 설탕, 식초, 간장, 으깬 향신료, 매운 고추기름, 참깨페이스트, 콩페이스트, 다진 허브 등 요리에 사용할 양념과 향료를 용기에 채워 준비해둔다. 이렇게 준비해두어야 갓 요리한 국수 위로 재료들을 빨리 얹어서 골고루 섞고 제공할 수 있기 때문이다.

이런 노점들을 참고해서 냉장고에 조미료와 고명을 채워둬도 좋은데, 나라면 냉장고 선반 1개 반 정도를 그 용도로 사용할 것이다(내가 아는 대부분의 요리사들도 그렇다). 그럼 언제든지 6가지 맛의 고추기름, 발효한 콩페이스트, 소스, 드레싱, 동서양의 각종 피클, 건조 및 발효한 고기, 안초비, 국물 베이스, 다양한 향신료 등으로 밋밋한 식사를 풍미 가득하게 만들 수 있다. 냉장고에 이런 재료들과 생면이나 건면이 있다면 끓는 물만 더해서 간단하고도 맛있는 식사를 만들 수 있다.

우마미 오일("XO 페퍼로니 소스")
UMAMI OIL("XO PEPPERONI SAUCE")

분량	요리 시간
약 2컵	45분
	총 시간
	45분

NOTES

페퍼로니와 베이컨은 미리 잘린 것으로 사두면 손으로 다지기 쉽다. 냉동실에 15분 정도 둔 뒤에 다지면 훨씬 쉽다. 혹시 나처럼 통짜 페퍼로니와 베이컨의 품질을 좋아하는 사람이라면 푸드프로세서를 이용하는 것도 하나의 방법이다. 페퍼로니와 베이컨을 단단하게 얼린 다음 커다란 구멍이 있는 격자무늬 판이 장착된 푸드프로세서에 밀어 넣으면 된다.

초리조를 사용한다면, 멕시코식 초리조나 "chorizo" 라고 표기된 라틴 아메리카 소시지와 혼동하지 말고 살라미와 같은 단단한 질감의 스페인식 건조 경화 초리조를 구매해야 한다.

푸드프로세서가 없다면 네모난 강판에 통짜 페퍼로니와 베이컨을 갈아도 된다(손을 다칠 수 있기 때문에 장갑을 착용하자). 또는 칼로 잘게 다진다.

이 레시피의 기름에는 한국산 고춧가루를 주로 사용한다. 너무 맵지 않으면서도 좋은 풍미를 제공하기 때문이다. 더 맵게 하려면 쓰촨 고추나 얼징티아오, 또는 태국 고춧가루를 추가한다.

XO 소스는 홍콩 요리사들이 만든 현대식 조미료로 글루타메이트와 이노신산이 풍부하게 함유되어 있어 감칠맛을 내는데, 그 풍요로움과의 연관성으로 인해 XO 꼬냑에서 이름을 따오게 되었다. 나는 *Clio*의 주방에서 매달 몇 번씩이나 이 소스를 대량으로 만들었다. 말린 가리비와 새우에 수분을 공급한 뒤 잘게 썰고, 스페인산 이베리코 햄의 껍질을 썰어서 끈적하고 기름지고 강한 향이 나는 혼합물이 될 때까지 많은 향신료와 함께 졸였다.

집에서는 말린 가리비를 사용하는 일이 거의 없고, 통짜 페퍼로니는 항상 구비하고 있기 때문에 재료를 달리한 동일한 기술을 이용해서 면 요리에 환상적인 스모키 파프리카향을 냈다. 또한 짭짤한 감칠맛을 위해서 으깬 안초비 몇 개와 말린 포르치니버섯, 간장, 설탕, 피시 소스, 굴 소스, 소흥주 같은 여러 일반적인 XO 소스 재료도 추가했다.

이 소스는 시간이 좀 걸리긴 해도 꽤나 간단하게 만들 수 있다. 좋은 소식이라면 냉장고에서 거의 무기한 보관할 수 있어서 많은 양의 소스를 만들어둘 수 있다는 것이다. 나처럼 자기 전에 한 숟가락씩 몰래 빼먹지 않는다면 말이다.

재료

저염 치킨스톡 또는 다시 1컵(240ml)
말린 포르치니버섯 또는 표고나 잎새버섯 15g
다진 마늘 6쪽(20g), 칼의 평평한 면으로 으깬 것
생강 1쪽, 동전 두께 5cm 길이로 썬 것
굵게 다진 샬롯 2개(90g)
잘게 다진 페퍼로니 또는 스페인식 건조 경화 초리조 120g(NOTES 참고)
잘게 다진 베이컨 또는 판체타 120g(NOTES 참고)
카놀라유 또는 식물성 기름180ml
기름에 잠긴 안초비 6개, 다진 것
한국산 고춧가루 1테이블스푼(NOTES 참고)

말린 월계수잎 2장
통짜 팔각 1개
소흥주 ½컵(120ml)
굴 소스 2테이블스푼(45ml)
피시 소스 1테이블스푼(30ml)
생추간장 또는 쇼유 2테이블스푼(30ml)
흑설탕 2테이블스푼(24g)

recipe continues

요리 방법

① 치킨스톡을 작은 소스팬에 담아 가열하거나 전자렌지용 용기에 담아 김이 날 때까지 데운 다음, 말린 버섯을 넣고 불을 꺼 5분 동안 버섯이 붇도록 둔다. 버섯을 육수에서 건져낸 다음 대충 자른다.

② 버섯, 마늘, 생강, 샬롯을 푸드프로세서(또는 작은 분쇄기)에 넣어 약 12번 짧게 작동시켜 잘지만 퓌레가 되지 않을 만큼으로 썬다. 또는 도마에 올리고 칼로 다져도 된다.

③ 웍에 페퍼로니, 베이컨, 기름을 넣고 중간 불로 가열한 뒤 베이컨과 페퍼로니가 거품을 내기 시작하면 저어가며 조리한다. 베이컨과 페퍼로니가 바삭바삭하고 노릇하게 변할 때까지 약 8분 동안 자주 저어주며, 요리하는 내내 일정하게 거품이 나도록 한다. 안초비를 넣고 섞은 다음 1분간 더 조리한다.

④ 2단계에서 만든 혼합물을 넣고 야채가 살짝 노릇해질 때까지 계속 저어주며 약 2분간 조리한다. 이 단계에서 너무 노릇해지지 않아야 한다. 자칫하면 쓴맛이 나게 된다. 고춧가루, 월계수잎, 팔각을 넣고 30초간 저어가며 볶아 향을 낸다.

⑤ 곧바로 소흥주를 넣고 잘 저어준 다음 30초간 끓인다. 미리 데워 놓은 육수, 굴 소스, 피시 소스, 간장, 흑설탕을 추가한다. 중간 불로 줄이고 웍 바닥에서 재료가 타지 않도록 가끔씩 저어가면서 더 이상 국처럼 묽지 않고, 기름 층이 있는 걸쭉한 잼 같아질 때까지 약 15분간 조리한다. 웍을 불에서 내리고 식힌 다음 월계수잎과 팔각을 제거하고 밀봉 가능한 용기로 옮긴다. 냉장고에서 최대 몇 개월 보관할 수 있다.

XO 페퍼로니 국수
Noodles with XO Pepperoni Sauce

포장지에 표기된 지시사항을 따라서 면을 요리하고, 곧바로 접시에 담는다. 간장이나 쇼유 한 스푼과 흑식초(또는 진강식초)를 조금 얹는다. XO 페퍼로니 소스 몇 스푼과 잘게 썬 스캘리언을 올리고 젓가락으로 섞은 뒤 제공한다. 기호에 따라 면을 삶을 때 숙주나 채 썬 양배추도 함께 넣었다가 국수와 같은 접시에 제공한다.

XO 페퍼로니 소스의 다른 용도

- 볶음밥을 만들 때 조리 단계에서부터 섞거나 테이블 조미료로 사용한다.
- 굽거나 찐 야채 위에 올린다(특히 브로콜리나 가이란에 사용하면 꽃과 잎 부분에 묻어 잘 어울린다).
- 조개류 및 갑각류를 볶을 때 한 스푼 더한다.
- 이 책에서 소개하는 아무 가지볶음 레시피에 사용한다.
- 통으로 구운 옥수수에 뿌린다.

- 토마토 소스 파스타의 고명으로 사용한다.
- 생선, 조개, 고기 등을 구운 요리에 고명으로 사용한다.
- 샐러드, 특히 후추맛이 강하거나 쓴 맛이 강한 샐러드에 약간 추가한다.

고추기름을 곁들인 구운 마늘-참깨 소스
BURNT GARLIC SESAME AND CHILE OIL

분량
약 1컵
요리 시간
15분
총 시간
15분

NOTES
덜 매운 버전은 타이버드 고추 대신에 한국 또는 쓰촨 고춧가루를 사용한다.

재료
카놀라유 또는 식물성 기름 ¼컵(60ml)
갓 다진 마늘 12쪽(30~40g)
참기름 ¼컵(60ml)
신선한 타이버드 고추 2개, 다진 것(NOTE 참고)
볶은 참깨 6테이블스푼(50g)
설탕 1티스푼(4g)
코셔 소금

이 소스에 대한 아이디어는 몇 년 전 일본 남부의 후쿠오카에 아주 잠깐 머물렀을 때 시작되었다. 원조 *Ippudo* 라멘 분점에서 매운 참기름 조미료를 본 것이다. 진득하고 크림과 같은 질감의 기름진 그 작은 병에 든 재료는 가게에서 산 평범한 육수를 마법처럼 풍미 가득하게 바꾸는가 하면, 그 달콤하면서 짭짤한 감칠맛으로 단순한 면 요리를 한 단계 승격시켰다. 나는 이 소스를 한 달 정도 만에 다 써버렸는데 그 이후로 다시 구매할 방법을 찾을 수 없었다.

그래서 나만의 방식으로 마늘향이 나는 참깨 소스를 만들어 냉장고에 보관하기로 했다. 기름 베이스로는 마유를 사용하기로 결정했다.

마유는 간 마늘을 기름에 볶아 검게 익힌 후 기름진 진흙 같은 형태로 갈아 만든 조미료이다.* 그 자체로는 쓴맛이 강하지만 고소하고 짭짤한 재료와 함께 사용하면 독특하고도 훌륭해진다. 이걸 기본으로 하고 참기름, 타히니페이스트, 다양한 종류의 고추장 등 다양한 향신료들로 실험한 결과 최종 레시피를 만들어 냈다. 푹익힌 마늘과 참기름을 믹서기에 넣고 간 다음 깨끗한 팬에 옮긴다. 이 혼합물에 조금 더 톡 쏘고 신선한 향을 주기 위해 익히지 않은 간 마늘도 조금 추가하고 고추장보다 선명한 매운 맛을 내는 타이버드 고추도 더한다. 이것들을 거품이 일 때까지 가열한 다음 풍미가 스며들도록 식히면 된다.

마지막으로 볶은 참깨를 막자사발로 아주 거친 페이스트가 되도록 간 다음 설탕과 소금으로 간을 한다. 이렇게 만든 소스는 진득하고 크림 같은 질감의 기름기를 가져서 면에 달라붙는다. 한입 한입 풍미를 더하는 정말로 꿈 같은 소스이다.

---

* 이 검게 익힌 마늘은 1주일 간의 저온 숙성 과정을 거친 "흑마늘"과는 다른 것이다.

요리 방법

① 웍에 카놀라유와 10쪽 분량의 다진 마늘을 넣고 노릇한 색이 될 때까지 중간 약한 불에서 저어가며 볶는다. 불을 줄이고 마늘이 완전히 검게 변할 때까지 10분 정도 자주 저어가며 볶는다(마늘이 매우 끈적끈적해진다).

② 혼합물을 내열 볼에 옮기고 참기름을 넣는다. 믹서기에 넣고 약 30초 동안 완전히 갈릴 때까지 돌린다. 다시 웍에 넣고 고추와 남은 마늘을 더한다. 약한 불로 고추와 생마늘에서 거품이 나기 시작할 때까지 부드럽게 볶는다. 불을 끄고 식힌다.

③ 참깨는 막자사발이나 푸드프로세서를 사용하여 큰 조각들이 조금 남도록 거칠게 간다. 참기름 혼합물에 참깨와 설탕을 넣고 젓는다. 기호에 따라 소금으로 간을 한 다음 밀봉 가능한 용기에 옮겨 담는다. 냉장고에서 최대 2개월 동안 보관할 수 있다.

고추기름을 곁들인 구운 마늘-참깨국수

포장지에 표기된 지시사항에 따라 면을 요리하고 곧바로 접시에 담는다. 간장(또는 쇼유) 한 스푼, 고추기름을 곁들인 구운 마늘참깨 소스 몇 스푼, 다진 스캘리언, 채 썬 오이를 추가한다. 다 섞어서 비빈 다음 후루룩 먹는다.

고추기름을 곁들인 구운 마늘-참깨 소스의 다른 용도

- 브로콜리, 그린빈, 아스파라거스와 같은 불이나 오븐에 구워 먹는 녹색 채소 위에 뿌린다.
- 샐러드 드레싱에 사용한다. 특히 오이, 토마토, 옥수수, 후추와 잘 어울린다.
- 국수 한 그릇에 얹는다.
- 구운 고기와 해산물을 찍어 먹거나 스테이크, 돼지갈비 또는 닭고기의 소스로 사용한다.
- 부드럽게 데친 달걀을 밥 위에 올리고 그 위에 뿌린다.
- 버섯, 양파, 고추의 볶음양념으로 사용한다.

상하이식 스캘리언(파)기름
SHANGHAI-STYLE SCALLION OIL

분량
2½컵

요리 시간
15분

총 시간
15분

NOTES
덜 매운 버전은 타이버드 고추 대신에 한국 또는 쓰촨 고춧가루를 사용한다.

재료
땅콩유, 쌀겨유 또는 기타 식용유 2컵(500ml)
스캘리언 180g(8개), 2.5cm 크기로 자르고 흰색, 옅은 녹색, 짙은 녹색를 나누어 따로 준비
중간 크기 샬롯 2개(90g), 얇게 썬 것(선택사항)
코셔 소금 1티스푼(4g)

스캘리언(파)기름은 간단한 국수부터 양념장, 찍어 먹는 소스까지 다방면으로 사용되는 고전적인 상하이 조미료이다. 만들기도 쉬우며 거의 모든 감칠맛이 나는 요리와 잘 어울린다.

일부 스캘리언기름 레시피에서는 완전히 바삭하고 노릇노릇할 때까지 요리하라고 하지만, 나는 곳곳이 황금빛 갈색을 띠고, 일부는 여전히 즙이 있는 채로 부드러운 상태에서 요리를 멈추는 걸 선호한다. 물론 내 취향일 뿐이니, 달콤함과 파삭파삭한 질감을 선호한다면 완전히 노릇노릇하게 볶으면 된다. 불을 꺼도 몇 분 동안은 뜨거운 기름으로 인해 계속 요리될 것이기 때문에 중간중간 맛을 보다가 원하는 정도보다 조금 일찍 불을 꺼야 한다.

요리 방법

① 웍에 기름, 스캘리언의 흰 부분과 옅은 녹색 부분, 샬롯(사용한다면)을 넣고 스캘리언에서 부드럽게 거품이 일 때까지 중간 불로 가열한다. 불을 줄이고 아주 천천히 거품이 생성되며 유지되도록 한다. 스캘리언과 샬롯이 주름지기 시작하고 가장자리가 약간 노릇해질 때까지 약 8분간 자주 저어가며 볶는다. 샬롯은 요리하는 동안 계속 일정하게 거품이 나야 한다.

② 스캘리언의 짙은 녹색 부분과 소금을 추가하고 스캘리언과 샬롯이 전체적으로 옅은 갈색이 될 때까지 약 4분 더 끓이며 계속 저어준다. 불을 끄고 식힌 다음 밀폐 용기에 담아 냉장고에 보관한다(최대 2개월).

상하이식 스캘리언기름을 곁들인 국수
Shanghai-Style Noodles with Scallion Oil

포장지에 표기된 지시사항에 따라 면을 요리하고 익은 면을 찬물에 살짝 헹군다. 2인분 기준으로 스캘리언기름(스캘리언 조각과 함께) ¼컵(60ml), 생추간장 또는 쇼유 2테이블스푼(30ml), 노추간장 1테이블스푼(15ml), 그리고 설탕 2티스푼(8g)을 불에 올려 설탕이 녹고 소스가 끓기 시작할 때까지 가열한다. 면을 추가하고 소스와 잘 버무린 다음 완전히 데워질 때까지 요리한다. 음식을 담을 접시에 옮긴 다음 제공한다.

스캘리언기름의 다른 용도

- 볶음요리 마무리 전에 기름 몇 티스푼을 뿌리면 더욱 강한 풍미가 생긴다.
- 156~168페이지에서 소개하는 달걀요리의 달걀을 볶는 단계에서 사용한다.
- 국물요리 위에 몇 방울을 떨어뜨린다. 국물의 열기로 인해 향이 퍼진다(여러분이 좋아하는 인스턴트 라멘의 격을 한 단계 상승시키는 가장 쉬운 방법이다).

- 고기를 양념할 때 참기름 대신 사용한다.
- 샐러드 드레싱에 약간 추가한다.
- 피자, 감자튀김, 구운 감자 위에 뿌린다.
- 중국식 파전(394페이지) 또는 만다린 팬케이크(106페이지) 반죽에 참기름 대신 바른다.
- 만두를 찍어 먹기 위한 간장과 식초에 더한다(또는 만두 소 자체에 추가한다).
- 찌거나 데친 닭고기나 생선에 풍미와 기름기를 더하기 위해 사용한다.

쓰촨 마라-고추기름

SICHUAN MÁLÀ (HOT AND NUMBING) CHILE OIL

분량	요리 시간
2½컵	20분
	총 시간
	45분

NOTES

정통의 맛을 내려면 1단계에서 얼징티아오와 차오티안쟈오(화초하늘고추)를 통으로 사용한다. 정통을 고수하려는 목적이 아니라면 원하는 고추나 여러 고추를 섞어 사용하면 더 좋다(고추의 맵기를 예상하려면 84페이지의 스코빌 지수 관련 표를 참고하자). 나는 최소 두 가지 유형의 통 고추를 사용하지만, 하나만 사용해도 문제는 없다.

구운 유채기름인 카이지유는 쓰촨 요리의 필수적인 요소이다. 온라인 매장인 *Mala Market*이나 잘 갖춰진 중국 슈퍼마켓에서 찾을 수 있으며, 다른 것들보다 훨씬 어둡고 호박색을 띠며 "rapeseed"라고 표기된 병을 찾으면 된다.

4단계에서 고춧가루를 추가하는데, 한국 고춧가루보다 쓰촨의 얼징티아오가 훨씬 더 맵다.

재료

건고추 60g(아르볼, 자포네스, 빠시야, 캘리포니아, 네그로, 안쵸 등, NOTES 참고)

쓰촨 후추 3테이블스푼(15g)

기름 2컵(500ml), 가급적 카이지유(NOTES 참고)

칼 옆면으로 살짝 으깬 마늘 4쪽(10~15g)

칼 옆면으로 으깬 생강 1쪽(30g)

굵게 다진 중간 크기의 샬롯 1개(약 45g)

시나몬 스틱 1개

말린 월계수잎 3장

통짜 팔각 2개

펜넬 씨 1테이블스푼(8g)

5cm 크기의 오렌지 제스트 1개, 신선한 오렌지를 야채필러로 깎은 것

마무리:

얼징티아오 가루 또는 한국 고춧가루 ¾컵(75g, NOTES 참고)

흰깨 2테이블스푼(16g, 선택사항)

MSG ½티스푼(2g, 선택사항)

코셔 소금 1티스푼(4g)

일본 라멘에 바삭하게 튀긴 마늘과 함께 넣어 달콤하면서도 매운 맛을 내는 버전부터 감칠맛이 풍부한 간장 소스를 가미한 차오저우식의 치우차우, 바삭하게 튀긴 고추와 땅콩을 곁들인 트렌디한 스타일의 라오간마까지 아시아 전역에서는 다양한 고추기름이 사용된다. 그중에서도 쓰촨—마라 고추기름은 가장 만들기 복잡하지만, 가장 만족스러운 것 중 하나라서 냉장고에 항상 구비하고 있다.

다양한 레시피를 책이나 온라인에서 찾을 수 있는데, 풍미를 강조하기 위해 고춧가루 더미 위로 뜨거운 기름을 붓기도 하고, 소량의 고추를 약간 볶은 뒤에 갈아서 남은 기름과 다시 조리하기도 한다. 대부분은 시나몬, 팔각, 생강 같은 따뜻한 향신료의 향을 기름에 배게 만드는 걸 필수로 한다. 아마도 온라인에서 레시피를 찾다보면 내가 게시한 다양한 고추기름 레시피를 발견할 수 있을 텐데, 나는 고추기름을 만들 때 레시피대로 정확히 똑같은 방법을 사용하진 않는다.

난 내 상황에서 최적인 방법을 만들어 나간다. 그래서 보관 중인 고추 종류에 따라, 향신료 보관함을 열었을 때의 내 기분에 따라 레시피가 조금씩 다르다.

일반적으로는 얼징티아오를 갈아서 쓰거나(314페이지 '쓰촨 후추와 쓰촨 고추 구매하기' 참고) 한국 고춧가루를 사용한다. 둘 다 맵기보다는 풍미를 우선하는 고추이지만, 한국 것이 더 순하다. 매운 걸 잘 먹지 못하지만 고추기름의 맛과 향을 좋아한다면 한국 고춧가루를 추천한다. 나는 간 고추에 추가적으로 같은 양의 통짜 건고추를 추가해서 만든다. 정통 요리법은 차오티안쟈오나 샤오미라 같은 고추를 사용하지만, 내가 사는 지역에서도 고품질의 다양한 멕시코 건고추를 구매할 수 있기 때문에 고추를 섞어가며 고추기름을 만든다. 과일향이 나는 과히요 또는

스모키한 향과 건포도향이 나는 안쵸도 정말 맛있는 고추기름을 만들어낸다.

방법을 소개한다. 마른 웍에 고추를 구워 향을 내고 푸드프로세서나 막자사발로 간다(막자사발로 갈면 질감도 더 좋고 쉽다. 푸드프로세서는 칼날 주위에 고추가 겉도는 경향이 있다). 다음으로 마늘, 생강, 샬롯, 계피, 월계수잎, 팔각, 펜넬, 신선한 오렌지 제스트를 이용해 기름에 다양한 향을 살짝 입힌다. 향을 입히기 위한 이상적인 온도의 폭은 비교적 좁은 편인데, 93℃ 이하에서는 풍미 전달 및 변형이 거의 일어나지 않지만 120℃ 이상에서는 향을 뿜어내기도 전에 타버린다. 이러한 이유로 향을 입히는 동안 정확한 디지털 또는 딥프라이용 온도계를 사용하는 것이 좋다. 107℃에서 약 30분 정도 입히는 것이 목표다.

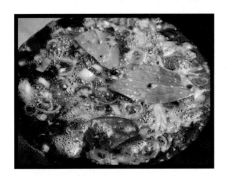

기름에 향이 입혀지면 향재료들을 걸러내어 버리고, 구운 고추와 간 고추를 넣어 재가열한다. 다른 향료와 마찬가지로 고추도 120℃가 넘지 않도록 천천히 가열해야 탄 냄새 없이 향과 색을 낼 수 있다. 센 불에 지글지글하게 무작정으로 넣는 것보다 방금 소개한 방법이 기름의 풍미를 훨씬 잘 살린다고 생각한다. (더 드라마틱한 것을 원한다면 걱정 말라. 601페이지 '*물에 삶은 소고기*'에는 손님들 앞에서 선보일 수 있는 즉석 구이 테크닉이 포함되어 있다. 손님들이 아주 만족할 거라 약속한다.)

이렇게 완성된 기름에 참깨, MSG(꼭 추가할 필요는 없고 100페이지의 'MSG의 진실' 참고), 소금으로 간을 한다.

요리방법

① 주방가위로 통짜 고추를 1.3cm 크기로 자르고 씨를 제거한다. 마른 웍이나 소스팬에 손질해 놓은 고추와 쓰촨 후추 1테이블스푼(5g)을 넣고 중간 불에서 계속 젓거나 흔들면서 향과 색이 살짝 날 때까지 약 2분간 굽는다. 구운 고추를 푸드프로세서나 막자사발을 이용해서 마트에서 파는 칠리플레이크(한국식 고춧가루처럼 미세하지 않고 작은 조각으로 되어 있다)나 통소금처럼 3~6mm 크기로 으깨어 따로 둔다.

recipe continues

② 웍에 남은 쓰촨 후추 2테이블스푼(10g), 기름, 마늘, 생강, 샬롯, 시나몬 스틱, 월계수잎, 팔각, 펜넬 씨, 오렌지 제스트를 추가한다. 중간 약한 불로 거품이 올라올 때까지 가열한 뒤 거품이 다시 어느 정도 사그라들도록 불을 줄인다(기름의 온도가 95°~105℃여야 함). 마늘과 샬롯이 옅은 황금빛 갈색을 띠고 기름에 향이 깊게 배도록 약 30분간 조리한다.

③ 고운체로 기름을 걸러내고 건더기는 버린다(익은 마늘과 샬롯은 다져서 달걀이나 면 요리에 넣어 먹어도 좋다. 상당히 맛있다).

④ 다시 웍에 기름을 두르고 손질된 고추와 쓰촨 후추를 추가한 뒤 중간 약한 불에서 지속적으로 저어가며 거품이 일어날 때쯤, 열을 살짝 줄인다(기름의 온도 95~105℃). 기름이 진한 붉은색을 띠고 약간 고소한 향이 날 때까지 5~7분간 저어가며 조리한다. 웍을 불에서 내리고 참깨, MSG, 소금을 넣어 섞으면 완성. 완전히 식힌 다음 밀봉 용기에 옮긴다. 최상의 결과를 얻고 싶다면 냉장고에 하룻밤 재우는 게 좋다. 냉장고에서 몇 개월 이상 보관할 수 있다.

건고추 준비 방법

어느 나라의 것이든 모든 건고추는 고추기름을 만들 때 맛과 질감을 개선하기 위해서 줄기와 씨앗을 제거해야 한다. 가장 쉬운 방법은 주방가위를 사용하는 것이다. 얼징티아오나 아르볼 같은 작은 고추는 상단을 잘라내고 거꾸로 뒤집어 씨를 털어내면 된다. 캘리포니아나 안쵸 같은 큰 고추는 가위로 줄기를 자르고 옆면 한쪽을 잘라서 벌린 다음 손가락으로 씨와 안쪽의 흰 부분을 긁어내고 균일한 조각으로 자르면 된다.

마라: 쓰촨성의 그 맛

Fuchsia Dunlop의 고전 요리책인 *The Food of Sichuan*에서 그녀는 중국어 속담인 *shi zai zhongguo, wei zai sichuan*을 번역했다. "중국은 음식의 천국이지만, 쓰촨은 맛의 천국이다."라고. 서양에서는 쓰촨이 매운 요리로만 유명한 경향이 있지만, 이는 지극히 작은 부분에 불과하다. 물론 쓰촨 음식이 매운 편이라는 건 사실이지만 말린 고추, 절인 고추, 생고추, 발효된 고추장, 진홍색 고추기름 등 다양한 방법으로 고추를 요리에 스미게 만들어서 여러 가지 다른 맛으로 요리의 균형을 잡는다. 예를 들어, "생선향(yu xian wei)" 요리는 절인 재료와 많은 마늘을 사용해서 고추의 맵기를 완화한다(191페이지 '어향가지' 또는 82페이지 '절인 고추와 당근을 곁들인 닭고기볶음'에서와 비슷한 경우). "신비한 맛(guai wei)"은 고추기름에 식초, 간장, 참깨, 마늘, 쓰촨 후추, 설탕 등 각자가 독자적인 맛을 가지고 있는 재료들을 모조리 섞어버림으로써 새로운 맛, 음, 그러니까 특이한 맛을 이끌어낸다(물론 맛있다! 568페이지 '뱅뱅 치킨' 참고).

마라의 "입을 마비시키는 매운맛"은 쓰촨성의 가장 유명한 향수출품이자 가장 단순한 재료 중 하나다. 이는 *마파두부*(598페이지)나 *물에 삶은 소고기*(601페이지, 이건 뭐 고추조림소고기라고 불러야 맞지 않나?)와 같은 요리의 맛을 생각하면 된다. 핵심은 쓰촨 후추와 건고추의 조합이다. 이게 그렇게 매력적인 이유는 무엇일까? 내 생각에는 두 재료의 서로 균형을 이루는 특징 때문이다. 마파두부 첫입에는 과일향이 나는 볶은 고추의 복합적인 향과 쓰촨 후추의 시트러스한 향이 뒤섞여 난다. 그리고 나서 고추의 캡사이신 성분이 빠르게 작용하며 혀에 열기가 느껴지기 시작한다. 맵기가 맛을 압도할 때쯤, 마라 특유의 마비되는 맛이 올라오고 맵기가 가라앉기 시작하면서 혀를 간지럽힌다. 이런 맛이 롤러코스터처럼 여러 감각을 순식간에 일으키기 때문에 숟가락을 놓지 못하게 되는 것이다.

쓰촨 후추와 쓰촨 고추 구매하기

미국은 1968년부터 2005년까지, 감귤 나무에 박테리아 감염이라는 영향을 미칠 수 있다는 이유로 쓰촨 후추의 수입을 금지했고, 2005년부터 2007년에는 저온살균 과정을 거친 경우에만 수입을 허가했다. 하지만 이러한 열처리는 쓰촨 후추 특유의 향과 효능을 극도로 저하시켜서, 구매할 수 있게 됐더라도 그 본연의 맛을 느낄 수 없는 상태였다. 2000년대 중반에 식탁에 앉아서 수많은 쓰촨 후추 봉지들을 뜯으며 향긋한 쓰촨 후추껍질을 골라내기 위해 검은 씨, 말린 잎, 잔가지 더미를 수없이 걸러냈던 기억이 있다.

오늘날에도 여전히 "맛이 떨어지는 향신료"를 살 수밖에 없을 수도 있지만, 그래도 재료가용성의 진정한 황금시대에 살고 있다고 생각한다. 쓰촨 후추와 쓰촨성 및 인근 귀주성에서 수입되는 다양한 고추들의 품질은 온라인이든 오프라인 슈퍼마켓이든 상관없이 탁월할 것이다. 여러분이 눈여겨 봐야 할 것들을 소개한다.

쓰촨 통후추

중국에서는 화쟈오, 일본에서는 산쇼라고 알려진 쓰촨 후추는 사실 후추가 아니라 중국 가시나무 열매의 껍질이다. 이 재료가 요리에 더해주는 건 가벼운 감귤류의 소나무향이지만, 생리학적 효과도 중요하게 봐야 한다. 쓰촨 후추는 전통적인 의미에서의 매운 맛을 내진 않는다. 오히려 가벼운 마취제처럼 혀와 입술을 마비시키고 따끔거리게 만든다. 이런 반응을 일으키는 화학물질은, 2개의 칼륨 채널을 억제하여 가벼운 접촉 수용체를 자극하는 것으로 밝혀진 화합물인 하이드록시-알파 산쏠이다. 쓰촨 후추를 설명하는 가장 적절한 표현이 "미각 세포를 간질이다"인데, 말 그대로 당신이 그렇게 느끼도록 맛을 속이기 때문이다(23페이지 '쓰촨 후추를 먹으면 왜 혀가 아릴까?' 참고). 가시나무에는 여러 아종이 있지만, 일반적으로 쓰촨 후추는 빨간색과 녹색의 가시나무에서 채취한다(후자는 더 강력한 마비 효과와 향을 가졌다).

쓰촨 후추의 품질은 크게 다를 수 있는데, 잔가지와 검은 씨가 많이 포함된(골라내서 버려야 함) 저품질 버전과 봉지를 뜯자마자 바로 사용할 수 있는 강력한 마취 효과와 향을 가진 순한맛의 최상품이 있다. *Soeos*와 *SNS*라는 브랜드가 일관되게 높은 수준을 유지한다. 또한 *themalamarket.com* 또는 *spicyelement.com*에서 우수한 쓰촨 후추를 구할 수 있다.

쓰촨 후추는 밀봉된 용기에 담아 서늘하고 어두운 식료품 창고에 보관해야 한다. 이런 창고에서는 향이나 마비 효과가 현저히 저하되기 전까지 약 1년을 보관할 수 있다.

간 쓰촨 후추

중국 슈퍼마켓에서 간 쓰촨 후추와 쓰촨 후추기름도 볼 수 있지만, 품질이 매우 다양할 뿐더러 향신료는 갈리고 나면 빠르게 맛을 잃기 때문에 기피하는 편이다. 레시피에서 간 쓰촨 후추를 요구한다면 직접 굽고 갈아서 사용하는 것이 좋다. 잔가지와 검은 씨앗을 제거하기 위해서 후추 열매를 직접 분류하자. 껍질을 웍에 넣고 강렬한 꽃향이 방을 가득 채울 때까지 중간 약한 불로 끊임없이 저어가며 볶는다. 몇 분은 걸린다. 다음으로 막자사발로 옮겨 고운 가루와 흰 껍질이 나올 때까지 갈아준다. 이 상태에서 그대로 사용해도 되지만, 더 나은 결과를 원한다면 껍질을 걸러내면 된다. 밀폐된 용기에 담아 어두운 식료품 저장실에 보관하면 몇 주 동안 사용해도 괜찮다(점차 맛이 떨어지기 시작한다).

쓰촨 건고추

쓰촨 요리는 쓰촨 후추의 얼얼한 맛과 균형을 이루기 위해 다양한 종류의 건고추를 사용한다. 가장 중요한 품종으로는 얼징티아오와 차오티안쟈오가 있다.

얼징티아오는 향긋한 꽃향의 적당한 맵기를 가진 탁월한 고추이다. "진짜" 쓰촨 고추기름의 필수 성분으로 사용되는 고추함량의 대부분을 차지한다. 보통 온라인이나 중국마켓에서 "er jing tiao" 또는 "mild Sichuan chile"라고 판매된다(여기서 순하다는 말은 상대적인 표현이다!). 영어 소문자 j 모양과 진한 붉은색으로 구별할 수 있으며 한 가지 건고추만 필요하다면 이걸로 하면 된다.

차오티안쟈오는 열매가 위를 향하며 자라기 때문에 "하늘을 보는 고추"라고도 불린다. zidantou(탄두)는 차오티안쟈오의 가장 흔한 품종이며 때때로 그 이름으로 판매되기도 한다. 얼징티아오보다 맵지만 못 참을 정도는 아니며 짙은 붉은색을 가져 고추기름에 어두운 색을 더한다고 알려져 있다. 이 고추는 외관이 매우 매력적이라서 고추가 메인인 요리에 적합하다. 하지만 *충칭식 프라이드 치킨*(441페이지) 또는 *물에 삶은 소고기*(601페이지)와 같이 압도적으로 맵지는 않다. 차오티안쟈오를 구할 수 없다면 아르볼, 자포네즈, 혹은 페킨 모두 괜찮은 대체품이다. 태국산인 타이버드를 사용해도 무방하다. 다만 압도적으로 매울 뿐이다.

여타의 인기 있는 쓰촨성 고추 중에는, 태국산 고추와 비슷하게 작고 매운 샤오미라와 짧고 뭉툭한 등롱쟈오가 있다. 등롱쟈오는 랜턴 칠리라고도 하는데, 차오티안쟈오와 비슷한 맛과 맵기를 가지고 있다.

쓰촨 후추와 마찬가지로 고품질의 쓰촨 고추도 온라인으로 구하는 게 가장 쉽다. 나는 *themalamarket.com* 또는 *spicyelement.com*에서 구매한다.

슈퍼마켓에서 살 때는 표면이 매끄럽고 흠집이 없으며 손으로 어느 정도 구부릴 수 있는 고추를 찾아라(대부분 투명한 비닐봉지에 담겨 판매되기 때문에 얼마나 유연하고 촉촉한지 쉽게 알 수 있다). 갈라지거나 갈변하거나, 구부리거나 집었을 때 쉽게 부서지는 고추는 좋지 않다. 나는 신선도를 유지하기 위해 건고추를 모두 지퍼백에 담아 냉동실에 보관한다. 건고추는 1년 이상 냉동실에 보관 가능하다.

단단면

청두에서 아주 짧은 시간을 보내면서, 쓰촨성의 "단단면"이 미국의 버거와 같은 음식이라는 걸 알게 됐다. 어디서든 쉽게 찾을 수 있고, 기본 재료(면, 고추기름, 절인 야채, 쓰촨 후추, 식초) 외에는 딱히 정해진 틀이 없다. 게다가 대부분이 저렴하며 빠르게 제공된다. *Dan*이라는 이름은 국수장수가 두 개의 보따리를 메고 다니며 한쪽에서는 면을, 다른 한쪽에서는 토핑을 꺼내어 얹어주는 막대기에서 온 것이라고 한다. "보따리국수"로 알려진 이 음식은 청두와 충칭의 전형적인 길거리 음식이며 홍콩에 기반을 둔 요리작가인 Man Wei Leung에 따르면 1841년부터 청두와 충칭의 길거리에서 빠르고 저렴한 식사로 오랫동안 사랑 받아온 요리라고 한다.

더 나아가서, 이 요리는 국물과 함께 낼 수도 있고 국물 없이 낼 수도 있다. 참깨나 땅콩이 있을 수도 있고 없을 수도 있다. 국수와 함께 삶은 콩나물이나 녹색 채소가 포함될 수도 있다. 가끔씩은 부드러운 구운 참깨장 한 덩어리를 쓰기도 하고, 기름에 튀긴 다진 돼지고기를 올리기도 하며, 생마늘이나 설탕을 뿌리기도 한다. 한마디로, 고추기름과 쓰촨 후추만 제대로 만들면 나머지는 본인 마음대로 한다는 것이다.

냉장고에 이미 *쓰촨식 마라-고추기름*을 한 가득 만들어 두었다면 축하한다! 빠르고 맛있는 식사를 위한 길에 95%는 도달한 거나 다름없다. 없다고? 310페이지로 돌아가 만들어라. 후회하지 않을 것이라고 약속한다.

그게 대체 뭐길래 이렇게 말하냐고? 45분 동안이나 향료를 돌볼 기분이 아니라고? 뭐. 그럴 수도 있지. 괜찮다.

나는 많은 요리작가가 시판용 고추기름으로는 단단면을 만들 수 없다고 말하는 걸 들어왔다. 물론 그들의 말이 사실일 수도 있지만, 내 생각엔 마트에서 구매한 고추기름으로도 훌륭한 단단면을 만들 수 있다. 내가 좋아하는 브랜드는 *Mom's Málà*이지만 중국 슈퍼마켓의 쓰촨 섹션에서 무

작위로 고른 고추기름도 충분히 좋은 결과를 낳았다. *Lao Gan Ma Spicy Chili Crisp*라는 제품은 튀긴 스캘리언과 대두를 많이 첨가해서 전통적인 쓰촨 마라-고추기름과는 다른 맛을 가지고 있지만, 단단면에 안성맞춤인 맛이다. 그 외에도 여타의 경쟁업체(예: Fly by Jing의 *Sichuan Chili Crisp* 또는 David Chang의 *Chili Crunch*)의 제품들도 탁월한 맛을 낸다.

단단면의 맛을 한 차원 높일 수 있는 유일한 다른 재료는 수이미야차이(sui mi ya cai)가 있다. 이는 쓰촨 남동부의 이빈에서 생산되는 반-건조 숙성된 짭짤한 겨자다. 일반 마트에서는 구하기 어려워서 보게 된다면 유사 제품인 숙성된 겨자뿌리의 자차이(zha cai)를 찾을 가능성이 크다. 야차이 대신 자차이를 사용할 수도 있지만 같은 감칠맛을 내기는 어려워서 *themalamarket.com*(또는 *Amazon*)을 통해 *Yibin Sui Mi Yacai Co.*라는 회사에서 나온 이빈 수이미야차이(Yibin sui mi ya cai)를 주문한다. 나는 기름진 다진 돼지고기와 함께 야차이를 볶고 완전히 마를 때까지 조리하여 특유의 감칠맛에 신경을 쏟는다.

단단면
Dan Dan Noodles

분량	요리 시간
4인분	15분
	총 시간
	15분

NOTES

가장 좋은 건 직접 만든 쓰촨 마라-고추기름을 쓰는 것이다(310페이지). 야차이(ya cai; 숙성 겨자)를 구할 수 없다면 자차이(zha cai; 숙성된 겨자뿌리)를 사용하거나 소금에 절여 잘게 썬 양배추와 물기를 뺀 케이퍼를 같은 비율로 조합하여 사용해도 무방하다(정말이다). 국물 있는 버전을 선호하는 경우, 물기를 뺀 면을 준비하고, 면을 넣기 전에 접시에다 면수를 넣으면 된다.

재료

빨간 쓰촨 후추 2티스푼(4~5g)

소스 재료:

중국산 참깨페이스트 2테이블스푼(30ml) 또는 타히니 4티스푼(20ml), 또는 무가당 땅콩버터를 섞은 참기름 2티스푼(10ml)

따뜻한 물 2테이블스푼(30ml)

생추간장 또는 쇼유 2테이블스푼(30ml)

진강식초 또는 발사믹 식초 2테이블스푼(30ml)

설탕 2티스푼(8g)

쓰촨 마라-고추기름 ½컵(120ml, NOTES 참고)

신선한 다진 마늘 2티스푼(5g)

돼지고기 재료:

땅콩유, 쌀겨유 또는 기타 식용유 1테이블스푼(15ml)

갈거나 잘게 썬 돼지고기 180g, 지방이 많은 것

야차이 또는 자차이 ¼컵(NOTE 참고)

소흥주 1테이블스푼(15ml)

생추간장 또는 쇼유 1테이블스푼(15ml)

차림 재료:

코셔 소금

생밀면 450g

시금치나 청경채 같은 채소 120g(선택사항)

녹두 콩나물 60g(선택사항)

땅콩튀김(319페이지) ¼컵(40g), 막자사발로 적당히 부순 것

얇게 썬 스캘리언 4~5대

요리방법

① 마른 웍에 쓰촨 후추를 넣고 센 불에서 향이 날 때까지 약 1분간 볶는다. 막자사발 또는 향신료 분쇄기로 옮기고 가루로 만들어 따로 보관한다.

② **소스:** 중간 크기의 볼에 참깨페이스트와 물을 넣고 완전히 부드러워질 때까지 젓는다. 간장, 식초, 설탕, 고추기름, 마늘, 쓰촨 후춧가루 절반을 넣고 균질해지고 설탕이 녹을 때까지 젓는다. 소스를 4개의 개별 볼에 고르게 분배하거나 하나의 큰 볼에 부어 나눠먹도록 한다.

③ **돼지고기:** 웍에서 연기가 날 때까지 센 불로 가열하고 기름 1테이블스푼(15ml)을 둘러 코팅한다. 돼지고기를 넣고 핏기가 사라질 때까지 약 1분 동안 주걱으로 돼지고기를 으깨면서 조리한다. 숙성된 겨자 뿌리를 추가하고, 과도한 수분이 모두 증발해 재료들이 웍에 달라붙기 시작할 때까지 약 1분 더 저어가며 조리한다. 쓰촨 후춧가루를 크게 한 꼬집 넣고 버무린다. 웍 가장자리에 와인과 간장을 붓고 증발할 때까지 젓고 흔들면서 계속 끓인다. 작은 볼에 옮긴다.

recipe continues

④ **마무리:** 너무 짜지 않은 소금물 2.8L를 웍이나 큰 냄비에 넣고 센 불에 올린다. 물이 끓기 시작하면 면과 녹색 채소들, 그리고 콩나물(사용한다면)을 넣고 면 포장지의 지시사항대로 익힌다. 면이 익기 직전까지만 끓이는 게 좋으며 몇 분이면 된다.

⑤ 면을 건져내며 면수도 조금 남겨둔다. 요리를 제공할 접시에 면을 분배하고 면수를 위에 몇 숟갈씩 뿌린다. 조리한 돼지고기를 그 위에 올리고 간 쓰촨 후추 남은 것과 스캘리언을 흩뿌려 즉시 제공한다.

땅콩튀김
FRIED PEANUTS

분량
1컵
요리 시간
5분
총 시간
25분

NOTE
땅콩튀김에 사용한 기름을 커피 필터가 깔린 고운체로 걸러내면 볶음이나 튀김요리에 재사용할 수 있다.

재료

생땅콩 1컵(150g)
땅콩유, 쌀겨유 또는 기타 식용유 1컵

땅콩은 면과 자주 곁들이는 아삭함과 고소한 맛을 더해주는 재료이다. 가장 간단한 방법은 구운 소금에 절인 땅콩을 구매하는 것이다. 막자사발 또는 프라이팬 밑부분으로 가볍게 부수어 면 요리에 뿌리면 된다. 땅콩을 손수 튀기면 맛과 식감이 최상이다. 여타의 땅콩보다 훨씬 더 바삭하고 깊고 고소한 향이 난다. 대량으로 만들기 쉽고 시원하고 어두운 식료품 창고에 오래 보관할 수도 있다. 단단면, 팟타이 등의 대표적인 토핑이다.

요리 방법

① 웍에 땅콩과 기름을 넣고 뒤섞는다. 땅콩에서 거품이 일어날 때까지 가끔씩 저어주면서 중간 강한 불로 가열한다. 불을 줄여서 땅콩 주변에 약간의 거품만 유지되도록 하고(기름 온도는 약 120℃) 온도를 유지한 채로 고소한 향이 나고 옅은 황금빛 갈색이 될 때까지 중간중간 저어주며 약 20분간 튀긴다.

② 고운체나 뜰채로 땅콩을 건져서 몇 겹의 키친타월을 깐 쟁반에 펼친다. 땅콩을 한 김 식히고 키친타월로 여분의 기름을 제거한다. 완전히 식으면 밀폐용기에 담아 어둡고 서늘한 곳에 보관한다. 2~3개월 정도 품질을 유지할 수 있다(땅콩은 산패되면 약간의 비린내가 나기 시작하지만, 여전히 안전하게 먹을 수 있다. 단지 아주 좋은 맛이 아닐 뿐이다).

맵고 얼얼한 땅콩튀김

맵고 얼얼한 땅콩튀김은 간식이나 안주용으로 탁월하다. 만들고 싶다면, 갓 튀긴 땅콩 한 컵과 185페이지의 *마라 향신료* 몇 스푼을 투척하라. 완전히 식히고 밀폐용기에 담아 창고에 두면 몇 주간 보관할 수 있다.

중국식 참깨페이스트와 몇 가지 대체품

사용되는 재료를 비교해보면 중국식 참깨페이스트와 중동식 타히니가 매우 흡사해 보이지만, 나란히 두고 자세히 보면 상당히 다르다는 걸 알 수 있다. 껍질을 벗긴 생참깨로 만든 타히니는 옅은 황갈색이고 부드러운 맛이 나는 반면, 중국식 참깨페이스트는 볶은 통참깨로 만든다. 이 차이로 중국 참깨페이스트는 훨씬 더 고소한 향과 어두운 색을 띠면서 타히니보다는 약간 묽은 경향이 있다.

중국 참깨페이스트는 괜찮은 아시안 슈퍼마켓에서는 비교적 쉽게 찾을 수 있지만, 서양 슈퍼마켓에서는 몇 가지 대체품을 구매해야 한다(특별히 어려운 부분은 없다).

초보자 모드 · 참기름을 곁들인 타히니 또는 땅콩 버터

가장 쉬운 방법은 타히니 또는 무가당 땅콩 버터(저어야 하는 천연 재료)를 참기름과 결합하는 것이다. 원래부터 땅콩과 참깨의 맛의 스펙이 유사하며 여기에 참기름을 약간 더해줌으로써 원하는 맛에 더 가까워진다.

중국식 참깨페이스트는 타히니(또는 무가당 천연 땅콩 버터) 2, 볶은 참기름 1, 이렇게 2:1로 대체할 수 있다. 참깨페이스트 1테이블스푼을 만들고 싶으면 타히니(또는 땅콩 버터) 2티스푼(10ml)에 참기름 1티스푼(5ml)를 섞으면 된다. 동일한 비율(2:1)을 사용하면 분량을 늘려 만들 수도 있다. 밀폐용기에 담아 냉장고에 영구적으로 보관할 수 있다.

보통 난이도 · 타히니볶음

더 높은 레벨의 맛을 원한다면 시도할 것이 있다. 타히니의 색이 어두워지고 고소한 향이 날 때까지 볶는 것이다. 난 이 방법을 유튜브 채널인 *Chinese Cooking Demystified*의 사셴 땅콩국수 소스 에피소드를 보면서 생각해냈다. Chris Matthews와 Steph Li가 소스를 만들 때 땅콩 버터를 볶아 중국식 땅콩페이스트의 맛을 내는 것이 내게 아이디어를 주었다.*

이 방법은 타히니와도 잘 어울리는 기발한 아이디어다. 먼저 웍에 참기름 ¼컵(60ml)을 두르고 중간 불로 끓을 때까지 가열한 다음, 볶은 타히니 ½컵(120ml)을 넣고 불을 줄여 페이스트가 될 때까지 조리한다. 잘 볶으면 아몬드 색이 난다. 이 작업은 20분 동안 가장 낮은 열에서 몇 분마다 거품기로 천천히 젓거나, 약 5~7분 동안 중간 약한 불에서 지속적으로 저어야 한다. 과하게 익히면 쓴맛이 날 수 있으므로 미리 꺼내어 식히는 것이 좋다.

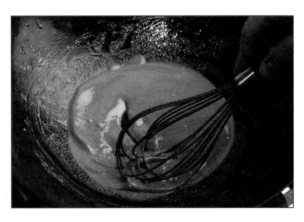

전문가 모드 · 직접 만들기

마지막 방법은 직접 만드는 것이다. 참깨를 황금빛 갈색이 될 때까지 볶은 다음 참기름으로 빻아 부드럽고 비단결 같은 반죽이 되도록 한다(321페이지). 푸드프로세서를 사용하면 매우 쉽고 막자사발은 약간 어려울 수 있다.

---

* 이 유튜브 채널에서 수많은 중국 가정식 요리들의 레시피를 찾아볼 수 있다.

홈메이드 참깨페이스트
HOMEMADE SESAME PASTE

분량
4인분

요리 시간
15분
총 시간
30분

재료
참깨 1컵(약 120g)
참기름 2~4테이블스푼(30~60ml)

요리 방법

① 마른 웍에 참깨를 넣어 중간 약한 불로 가열하고, 참깨가 황금빛 갈색이 나고 고소한 향이 나도록 계속 저어가며 약 8분간 볶는다. 볶은 참깨를 볼에 옮겨 식힌다.

② **푸드프로세서로 마무리하려면**: 참깨가 식으면 믹서 볼에 옮겨 담는다. 참기름 2테이블스푼(30ml)을 넣고 참깨가 걸쭉한 반죽이 될 때까지 간다. 작동시킨 상태에서 참기름을 조금씩 뿌린다. 일부 참깨의 경우 적절한 농도를 얻으려면 (참기름이) 더 필요할 수 있다. 밀봉된 용기에 옮겨 냉장고에 최대 몇 개월 보관할 수 있다.

③ **막자사발로 마무리하려면**: 참깨가 식으면 큰 사발로 옮긴다. 참깨가 걸쭉한 페이스트가 될 때까지 원을 그리며 갈아준다. 사발 옆면과 막자에 묻어있는 참깨 페이스트를 숟가락으로 긁어낸다. 참기름 2테이블스푼(30ml)을 넣고 부드러워질 때까지 원을 그리며 계속 간다. 막자를 들어 올렸을 때 반죽이 천천히 가라앉을 정도로 묽은 상태가 될 때까지 참기름을 더 붓는다. 밀봉된 용기에 옮겨 냉장고에 최대 몇 개월 동안 보관할 수 있다.

상하이식 참깨국수(마장미엔)

마장미엔(*Ma jiang miàn*; 참깨 소스와 고추기름을 한 국자 곁들인 상하이식 밀국수)은 짧은 재료 목록과 간단한 준비만으로 영혼을 만족시킬 수 있는 음식 중 하나이다. 마르게리타 피자, 치즈 스테이크, 땅콩버터와 딜 피클 샌드위치를 생각해 보라. 상하이 토박이이자 *Serious Eats*의 독자인 Ken Phang의 추천으로 나는 혼자 옌둥 로드의 *Wei Xang Zhai*라는 레스토랑에 갔었는데 이 가게는 한 세기 동안 뜨거운 참깨국수를 판매해 온 것으로 유명하다.

식당은 작고 허름했지만 군더더기 없는 곳이었고, 완전히 낯선 사람과 어깨를 나란히 하고 앉는 곳이었다. 당직 경찰관부터 점심을 먹으러 온 정장 차림의 남성, 완벽하게 차려 입은 젊은 남성과 쇼핑백을 든 여성까지 다양한 고객이 있었다. 메뉴판을 훑어봤지만 별 의미가 없었는데, 거의 모든 품목이 '품절'이라고 표시되어 있었기 때문이다. 그런데 메뉴판이 얼마나 너덜너덜하게 낡았는지 적어도 몇 년 동안 품절이었던 것 같았다. 사람들이 먹고 있는 건 고기 베이스의 소스를 얹은 국수와 참깨국수, 이렇게 두 가지뿐이었다. 내가 여기에 온 이유는 후자였다.

티켓으로 주문하는 복잡한 시스템을 눈치껏 알아내야 했고, 테이블을 쟁취해야 했고, 자꾸만 팔꿈치가 옆 사람과 부딪혔지만, 일단 먹기 시작하면 그것들은 아무런 문제가 되지 않았다. 이유? 국수가 완벽에 가까웠기 때문이다.

신선하고 탄력 있는 면발, 간장으로 간을 맞춘 고추기름 위에 참깨땅콩 소스를 한 국자 얹어서 맵고도 짭짤하면서 크림 같은 맛이 원-투-쓰리 펀치로 줄줄이 따라왔다.

레스토랑에서는 이러한 풍미들을 고기 소스에서 추출한 지방을 입혀 강화한 고추기름으로 낸다. 나는 영국인들이 토스트에 바르곤 하는 강한 감칠맛 효모 추출물인 마마이트(marmite, 베지마이트도 괜찮다)를 고추기름에 약간 섞어서 감칠맛을 더하거나, 조금 더 특별한 맛을 위할 때는 약간의 배러댄부용(Better Than Bouillon)을 넣어 고추기름을 강화한다.

간단 팁: 참깨 소스는 면이 너무 식으면 걸쭉하고 입자가 거칠어지므로 되도록 빨리 먹는 게 좋다. 현지인의 조언을 따르자면, 접시에 눈앞에 놓이자마자 멈추지 말고 후루룩 먹어라.

상하이식 참깨국수(마장미엔)
SHANHAI-STYLE SESAME NOODLES(MA JIANG MIÀN)

분량	요리 시간
2인분	10분
	총 시간
	10분

NOTES

최상의 결과를 얻으려면 집에서 만든 고추기름을 사용할 것(310페이지). 이 레시피는 분량을 2~3 배로 쉽게 늘릴 수 있다. 국수가 식으면 소스의 입자가 거칠어지고 걸쭉해지기 때문에 준비되는 즉시 제공해야 한다.

재료

참깨 소스 재료:

갓 다진 마늘 1쪽(약 4g/1티스푼)

시판 혹은 홈메이드의 중국 참깨페이스트 2테이블스푼(30ml, 321페이지) 또는 참기름 2티스푼(10ml)을 섞은 타히니 4티스푼(20ml)

크림 피넛버터 2테이블스푼(30ml, 가급적 저어야 하는 무첨가 종류로)

설탕 1티스푼(4g)

생추간장 또는 쇼유 1테이블스푼(15ml)

쌀식초 2티스푼(10ml)

차림 재료:

시판 혹은 홈메이드의 침전물이 있는 고추기름 ¼컵(60ml, NOTES 참고)

생추간장 또는 쇼유1테이블스푼(15ml)

MARMITE 또는 *VEGEMITE* 또는 *BETTHER THAN BOUILLON* 비프베이스(선택가능)

코셔 소금

생밀면 225g

얇게 썬 스캘리언 한 줌

요리 방법

① **소스**: 중간 크기의 볼에 마늘, 참깨, 땅콩 버터, 설탕, 간장, 쌀식초를 넣고 포크로 저으며 섞는다(꽤 걸쭉할 테지만 괜찮다).

② **차림**: 작은 볼에 고추기름, 간장, 마마이트(사용한다면)를 넣고 마마이트 덩어리가 부서질 때까지 포크로 젓는다. 두 개의 볼에 나눠 담는다.

③ 웍에 옅은 소금물 2.8L를 넣고 끓인다. 참깨 소스를 넣은 볼에 끓는 물을 몇 스푼 넣고 부드러워질 때까지 젓는다. 소스가 크림 같고 묽게 풀릴 때까지 뜨거운 물을 계속 추가하며 저어주는데, 총 4~5테이블스푼이면 된다. 웍에 면을 넣고 면 포장지에 적힌 지시사항에 따라 익을 때까지 단 몇 분만 끓인다.

④ 면의 물기를 빼고 접시에 나누어 담는다. 면 위에 참깨 소스를 나누어 올리고, 파를 뿌린 후 바로 제공한다. 먹을 때는 소스와 비벼서 먹으면 된다.

타이 바질과 땅콩 페스토를 곁들인 국수
NOODLES WITH THAI BASIL AND PEANUT PESTO

분량
4인분

요리 시간
15분
총 시간
15분

NOTES

최상의 결과를 얻으려면 막자사발을 이용해 레시피에 쓰인 대로 따르면 된다. 급하게 만들어야 한다면 푸드프로세서를 이용한다. 푸드프로세서를 사용할 경우, 넓은 쟁반에 마늘, 생강, 고추, 바질잎, 고수잎을 올리고 15분 동안 냉동하여 세포 구조가 파열되도록 하고, 실온에서 몇 분간 해동한 뒤 갈아준다. 땅콩과 올리브유를 추가해 다시 작동시켜서 부드러운 소스를 만든다. 두부 대신에 데치거나 구운 남은 닭고기 한 컵을 잘게 찢어 넣어도 된다.

처음부터 읽어왔다면 지금쯤, 내가 가장 좋아하는 도구가 막자사발이라는 걸 알 것이다. 향채를 분쇄하거나, 향신료를 갈거나, 향긋한 페이스트 및 소스를 만들 때 이보다 더 좋은 건 없다. 얼마나 좋아하냐면 리구리아 페스토 레시피를 이 책에 포함시키지 않은 게 부끄럽게 느껴질 정도이다. 빻아서 만든 이탈리아 페스토는 푸드프로세서나 믹서기로 만든 것과는 비교할 수 없는 크림 같은 질감과 강렬한 향이 있다(576페이지 '막자사발은 주방에서 가장 과소평가된 도구' 참고).

이런 부분들이 다음의 아이디어를 떠올리게 했다: 리구리아 페스토에 들어가는 재료인 이탈리아산 스위트 바질, 마늘, 잣, 파마산 치즈, 올리브유 등 대신에 일반적인 태국요리의 재료를 사용하면 어떨까? 결국 커리페이스트와 크게 다르지 않을 것 같았다. 나는 태국식 바질과 고수, 마늘과 생강, 튀긴 땅콩, 피시 소스, 올리브유, 약간의 매운 고추를 섞어서 답을 찾았다. 간단하고도 맛있었다.

샌프란시스코식 베트남 마늘국수(330페이지)와 마찬가지로 나는 이 요리에 아시아 국수 대신 마른 이탈리아 파스타를 사용한다(비록 적당히 잘 어울리는 정도에 불과하지만). 태국의 커리페이스트는 사용하기 전에 볶아서 풍미를 더하는 게 일반적인데, 이 페스토는 이탈리아 페스토처럼 사용해야 가장 맛있다. 바로 "빻은 후에는 조리하지 말 것"이다. 대신 뜨거운 파스타 위로 얹고 충분한 면수를 추가하면 크림처럼 부드러운 소스가 된다. 리구리아에서는 데친 그린빈과 감자를 파스타 및 페스토와 함께 직접 섞는 게 일반적이다. 내 레시피에서는 그린빈은 사용하지만, 감자 대신 단단한 두부를 튀겨서 사용한다(잘게 찢은 닭고기를 넣어도 되고, 아무것도 넣지 않아도 된다).

재료

페스토 재료:

굵게 다진 마늘 3쪽(8g/1테이블스푼)

6mm 크기의 껍질 벗긴 생강 1쪽

굵게 다진 청고추(할라피뇨 또는 세라노 또는
　　　타이버드) 1개

코셔 소금

땅콩튀김(319페이지) ¼컵(40g), 장식으로 사용할
　　　으깬 땅콩 약간

신선한 태국 또는 스위트 바질잎 약 2컵

신선한 고수잎과 가는 줄기 약 1컵

피시 소스 1테이블스푼(15ml), 취향에 따라 추가

삼발올렉 또는 스리라차 같은 칠리 소스 1테이블스
　　　푼(15ml, 선택사항)

엑스트라 버진 올리브유 ½컵(120ml)

두부(선택사항) 재료:

매우 단단한 두부 225~340g, 1.2x1.2x5cm 크기로
　　　길게 자르고, 사이에 키친타월을 두고 단단히 눌
　　　러 표면 수분을 건조시킨다

땅콩유, 쌀겨유 또는 기타 식용유 1테이블스푼(15ml)

국수 재료:

코셔 소금

마른 스파게티면 450g

그린빈 또는 야드롱빈 340g, 손질하고 3.8cm 조각
　　　으로 자른 것

요리 방법

①　페스토(NOTES 참고): 무거운 막자사발에 마늘, 생강, 고추, 코셔 소금 한 꼬집을 넣어 섞고 페이스트가 될 때까지 찧는다. 땅콩을 추가해 끈적끈적하고 약간 덩어리진 페이스트가 될 때까지 빻는다. 바질잎을 한 번에 한 줌씩 넣으면서 완전히 으깨질 때까지 찧는다. 고수잎도 같은 방법으로 계속한다. 피시 소스와 고추 소스를 넣고 원을 그리며 빻는다. 크림 같은 유화 소스가 될 때까지 기름을 조금씩 부어가며 찧는다. 기호에 따라 소금으로 간을 하고 따로 둔다.

②　두부(선택사항): 웍에서 연기가 날 때까지 센 불로 가열하고 기름을 둘러 코팅한 뒤 불의 세기를 중간으로 줄인다. 두부를 넣고 한 겹으로 펼친 다음 바닥에 깔린 면이 바삭해질 때까지 가끔 웍을 부드럽게 흔들어가며 약 3분간 조리한다. 두부를 뒤집어서 다시 바닥을 향한 면이 바삭해질 때까지 약 3분간 조리한다. 두부를 큰 볼에 옮겨 담는다.

③　국수: 지름 30cm의 프라이팬이나 소테팬에 약간의 소금물을 만들어 넣고 센 불로 끓인다. 파스타를 추가하고 덩어리지지 않도록 몇 번 저은 다음, 면 포장지의 지시사항보다 약 1분 정도 덜 삶아서 면을 알덴테로 조리한다. 마지막으로 그린빈을 넣고 3분간 둔다. 파스타 삶은 물 1컵을 남기고 나머지 물은 버린다.

④ 두부가 담긴 볼에 파스타와 그린빈을 옮긴다. 페스토를 떠서 미리 준비한 면수와 함께 볼에 넣는다. 파스타와 페스토를 버무리고 크림 소스가 파스타와 그린빈을 덮을 때까지 물을 더 추가한다. (젓가락으로 면을 쉽게 건질 수 있어야 한다. 면이 덩어리로 뭉친다면 끓는 물을 더 넣는다.) 기호에 따라 소금 또는 피시 소스로 간을 한다. 으깬 땅콩으로 장식하고 바로 제공한다.

자장미엔(베이징 "튀김 소스" 국수)

ZHAJIANG MIÀN(BEIJING "FRIED SAUCE" NOODLES")

분량
4인분

요리 시간
15분

총 시간
30분

NOTES

티엔미엔장은 밀로 만든 중국 북부의 달콤한 발효 소스이다. 나는 미국의 중국 시장에서 쉽게 찾을 수 있는 *Koon Chun* 브랜드를 사용한다. 대체품으로는 두반장이나 미소와 호이신 소스를 섞은 것, 또는 한국 된장 등 거의 모든 발효 된장이 있다. 원한다면 다진 돼지고기 대신에 3~6mm로 깍둑썰기한 삼겹살 170g을 사용해도 된다(정통 버전은 다진 돼지고기 대신 지방덩어리를 사용한다).

어머니의 평일 저녁 단골 메뉴 중 하나는 1962년 *Joyce Chen Cook Book*의 레시피에서 착안한 "베이징국수"라는 요리였다. 미소된장, 호이신 소스, 간장으로 맛을 낸 고기 소스에 스파게티를 버무리고 채 썬 오이와 콩나물을 올렸다(레시피에서는 냉동 시금치와 무가 필요하지만, 난 한 번도 함께 사용해 본 적 없다). 몇 년이 지나고 책을 다시 보고서야 이 요리가 베이징의 유명한 볶음국수인 자장미엔을 의미한다는 걸 깨달았다. 이제야 어떻게 된 일인지 이해할 수 있었다.

1962년에 Joyce Chen이 책을 집필할 당시에는 호이신 소스와 된장(미소장)은 이국적이어도 구할 수 있는 재료였을 것이고, 산둥식 자장미엔에 사용되는 티엔미엔장(tianmianjiang; 밀과 콩을 넣어 발효시킨 중국의 표준 된장)은 구할 수 없었을 것이다.

내가 베이징에서 먹었던 버전과 비교하면 Chen의 미국친화적 버전도 야채 토핑에서만큼은 엄청난 차이는 없었다. 오이, 콩나물, 무는 일반적인 재료이기 때문이다. 냉동 시금치보다는 신선한 콩들을 사용할 수도 있었겠지만.

그래서 이 레시피에서 찾기 어려운 재료라면 티엔미엔장 하나인데, 제대로 갖춰진 아시아 슈퍼마켓에 가면 소스와 조미료 코너에서 찾을 수 있다. 정 어렵다면 온라인으로 주문하자. 이 요리는 지역마다 만드는 방식이 크게 다른데, 쓰촨 지방에서는 매운 두반장으로 만들며 광둥에서는 호이신 소스를 사용한다. 따라서 어떤 발효 콩 소스를 사용해도 무방하다. Joyce Chen이 추천하는 미소장과 호이신 소스 조합은 서양 슈퍼마켓에서 쉽게 구할 수 있는 것들이다.

이 레시피는 어떤 밀면도 적합하지만, 베이징에서는 직사각형 단면의 비교적 두껍고 튼튼한 밀면으로 만든다. 아시아 슈퍼마켓에서 "쿠미안(cumian)"으로 판매되는 면이다. 일본 우동면을 사용해도 괜찮다.

재료

소스 재료:

땅콩유, 쌀겨유 또는 기타 식용유 2테이블스푼(30ml)

쓰촨 통후추 1테이블스푼(5g)

팔각 1개

갈은 돼지고기 175g(NOTES 참고)

다진 마늘 2티스푼(5g)

다진 생강 2티스푼(5g)

티엔미엔장 ¼컵(120ml, NOTES 참고)

노추간장 1테이블스푼(15ml)

저염 치킨스톡 또는 물 ½컵(120ml)

차림 재료:

생밀면 450g

코셔 소금

얇게 채 썬 오이 90g

얇게 채 썬 당근 90g

무 또는 수박무 60g, 얇은 반달 모양 또는 얇게

　채 썬 것

완두콩 60g, 끓는 물에 1분간 데친 것

숙주 60g, 다듬어 끓는 물에 1분간 데친 것

요리 방법

①　**소스:** 웍에 기름, 쓰촨 후추, 팔각 1개를 넣고 센 불로 지글지글 끓을 때까지 가열한다. 불을 약하게 줄이고 향긋한 향신료 향이 날 때까지 약 2분간 젓는다. 향신료를 건져내어 제거하고 웍에 향을 낸 기름만 남긴다.

②　돼지고기, 마늘, 생강을 넣고 불의 세기를 센 불로 올린다. 돼지고기에 향이 어우러지고 바삭하고 황금색으로 변할 때까지 약 3분간 저어주며 으깬다.

③　된장(티엔미엔장)과 간장을 넣고 소스에서 기름이 빠져나가며 보글보글 끓을 때까지 약 2분간 저으며 끓인다. 물(또는 육수)을 넣어 소스가 풍부하고 걸쭉한 페이스트가 될 때까지, 그리고 기름이 다시 분리되어 지글지글 끓기 시작할 때까지 약 15분간 끓인다. 이제 불은 끈다.

④　그동안 큰 냄비에 소금물을 끓인 뒤 면을 넣어 익힌다. 면 포장지의 지침사항을 따른다. 면의 물기를 빼고 접시로 옮겨 담고 소스, 오이, 당근, 무, 완두콩, 숙주도 넣는다. 음식을 제공하기 직전에 모든 재료를 섞는다.

미국식 베트남 마늘국수: 진정한 샌프란시스코식 음식

마늘국수가 샌프란시스코의 음식은 아니다. 라이스-로니(Rice a Roni; 쌀과 국수가 섞인 형태의 요리)니까. 하지만 진정한 샌프란시스코식 음식이라서 직접 만들어 볼 가치가 있다.

나는 베트남 음식을 참 좋아해서 베트남 여행에 많은 시간을 투자했지만, 마늘국수란 건 들어본 적도 없다. 샌프란시스코의 베이 에리어로 이사하고서야 알게 됐는데, 당연하게도 이 요리가 베트남의 음식이 아니기 때문이다. 마늘국수는 *Thanh Long* 레스토랑의 Helene An이 샌프란시스코에서 개발한 미국식 베트남 요리다. Helene의 가족인 Trans 가문은 하노이 외곽의 귀족이었고, 1955년 북베트남을 탈출하여 남베트남 도시인 달랏에 재정착했다. 1975년, Helene은 남편과 세 딸을 데리고 다시 한 번 도주해야

했고, 결국 무일푼으로 샌프란시스코에 정착하게 됐다고 한다. 1968년부터 아우터 선셋 지역에서 작은 델리를 운영하는 시어머니인 Diana에게 의탁한 것이다.

*Thanh Long*의 역사에는 약간 모호한 구석이 있다. 헬Helene의 딸은 1975년에 이곳에 도착했을 때 분명 이탈리아 음식점이었다고 주장하고 있고, "웨스트코스트 최초의 정통 베트남 레스토랑"이라고 개점일을 광고하는 포스터에는 Helene이 도착하기 4년 전인 1971년 7월 1일로 날짜가 적혀 있다. 그 포스터의 메뉴에 구운 게(아마도 구운 던저니스 크랩?)는 있었지만 마늘국수는 없었다.

어쨌든 중국요리와 프랑스요리 모두 경험이 있는 Helene은 정통성보다는 현지 고객에게 어필할 수 있는 특별한 요리를 개발하면 가게가 잘 될 것이라는 생각을 갖고

있었고, 마침 방문한 이탈리안 레스토랑인 *Nob Hill*에서 실망스러울 정도로 싱거운 마늘 스파게티를 먹은 뒤 그 유명한 마늘국수를 고안해냈다고 한다.

한 움큼의 마늘과 많은 비밀 재료(내 미뢰와 모방 레시피들에 따르면 피시 소스, 굴 소스, 간장, 다량의 버터, 약간의 파마산 치즈)로 맛을 낸 강력한 혼합물이 무기다. 감칠맛의 파티에 모든 유명인사가 초대된 맛이다. 이 요리를 고안한 이후로 Helene의 가족은 샌프란시스코와 로스앤젤레스에 호화로운 레스토랑 제국을 건설했다. 그 이유는 추측하기 어렵지 않다.

나는 이 요리가 개발된 지 거의 40년 만인 2014년에서야 맛을 보게 됐다. 샌프란시스코의 미션 디스트릭트로 이사한 지 얼마 되지 않아 친구의 저녁식사 초대를 받은 것이다. 샌프란시스코의 복잡한 날씨를 이해하지 못해서 티셔츠 하나만을 입은 채로 친구의 검은색 베스파(이탈리아산 스쿠터)를 타고 샌프란시스코의 구불구불한 거리와 언덕을 통과했다. 친구와 네 번째 국수를 다 비웠을 때, 짙은 안개가 자욱하게 깔렸고 영상 10도 이하로 기온이 떨어졌다. 흠뻑 젖어 몸을 떨며 집에 도착했을 때는 '다음에 올 때는 꼭 재킷을 입어야겠다'는 생각뿐이었다.

집에서 만들기

나는 가게와 거리가 멀기도 하고, 몇 차례 갈 때마다 오래 기다려야 했어서, 직접 나만의 레시피를 만들기로 했다. 그간 먹어온 Helene의 오리지널 레시피에서 영감을 받을 수 있었다. 신선한 마늘을 막자사발로 살짝 빻은 뒤 버터를 넣어 부드럽게 마늘향을 낸다. 마늘의 칼칼하고 아린 맛이 사라지고 부드러운 단맛이 나기 시작하면 감칠맛 3종 세트인 간장, 피시 소스, 굴 소스를 추가한다. 그 사이에 다른 버너에다 스파게티를 큰 프라이팬으로 조리했다.

분명히 "스파게티" "프라이팬"이라고 말했다. *Thanh Long*의 국수는 부드럽고 신선한 밀면이지만, 나는 말린 이탈리아 스파게티를 사용하는 게 더 좋다. 알 덴테 바로 아래 단계로 조리하고 마늘 소스를 곁들인 팬으로 마무리하면, 역시 이탈리아라며 고개를 끄덕거리게 된다. 많은 책에서 파스타를 요리할 때는 펄펄 끓는 물 한 통이 필요하다고 말하지만, 나는 훨씬 적은 양의 물로 요리하는 걸 선호한다. 적절한 알 덴테 바이트(약간의 씹히는 식감)를 유지하는 데는 차이가 없으면서 몇 가지 장점이 있다(전문가도 블라인드테스트로 큰 냄비에서 조리한 스파게티와 프라이팬에 소량의 물로 조리한 스파게티의 차이를 구분할 수 없다). 첫째는 속도가 더 빠르다는 것이다. 큰 냄비의 물이 끓을 때까지 기다릴 필요가 없다. 또 물을 절약할 수 있고, 마지막으로 소스가 파스타에 달라붙는 방식을 개선하기도 한다.

내가 이탈리아 식당에서 일할 때 한 번에 6개의 생면 파스타를 끓일 수 있는 약 57kg짜리 가스 점화 파스타 기계를 가지고 있었다. 파스타 한 접시를 완성하려면 소스를 곁들인 팬에 삶은 파스타를 추가한 뒤, 거기다 면수를 넣어 센 불로 요리했다. 녹말이 많은 면수는 소스를 유화하는데 도움이 돼서 소스가 크림 같아지고 가벼워진다. 면수를 넣지 않은 소스는 기름지고, 부서지고, 파스타끼리 달라붙기까지 한다. 시간이 지나면서 기계 안의 물이 점점 면수가 될수록 고객에게 제공되는 요리가 점점 좋아지게 되는 것이다. 이렇게 유화된 소스는 면에 더 잘 달라붙는다.

집에서는 마른 파스타를 삶을 때 물의 양을 줄이는 것만으로도 같은 효과를 얻을 수 있어서 전분 함량이 더 농축된 면수를 만들 수 있다.

내 스파게티가 알단테가 될 때쯤(일반적인 권장 시간보다 2분 짧음), 집게로 전분질 액체가 달라붙어 있는 스파게티를 냄비에 옮긴 후, 면이 완전히 익고 액체가 숟가락으로 떠먹고 싶어지는 크림 같은 마늘 소스가 될 때까지 가능한 가장 센 불로 요리한다.

샌프란시스코식 베트남 마늘국수
SAN FRANCISCO-STYLE VIETNAMESE AMERICAN GARLIC NOODLES

분량	요리 시간
4인분	15분
	총 시간
	15분

NOTE

국수 자체는 매우 맛있고도 간단하다. 간단하다고 해서 멋을 부리지 말라는 뜻은 아니다. 해산물과 아주 잘 어울리기 때문에 생새우나 껍질째 볶은 새우를 마늘과 함께 넣어도 훌륭한 옵션이 된다. 최근들어 나는 타라코(tarako) 또는 멘타이코(mentaiko; 일본식 명태알 절임)를 추가하고 있다. 스시 스타일의 날치알이나 연어알도 좋은 옵션이고, 게살이나 캐비어도 좋다.

재료

무염버터 4테이블스푼(60g)
갓 다진 마늘 20쪽(60~70g), 막자사발로 다진 것
굴 소스 4티스푼(20ml)
생추간장 또는 쇼유 2티스푼(10ml)
피시 소스 2티스푼(10ml)
마른 스파게티면 450g
파마산 또는 페코리노 로마노 치즈가루 30g
얇게 썬 스캘리언(선택사항)

요리 방법

① 웍이나 소스팬에 버터를 중간 불로 녹인다. 마늘을 넣고 향이 나지만 갈색이 되지 않을 때까지 약 2분간 젓는다. 굴 소스, 간장, 피시 소스(3종 감칠맛 세트)를 넣고 고루 섞이도록 젓는다. 불을 끈다.

② 다른 화구에 센 불로 프라이팬을 달구고 약간의 물(2.5cm 높이)을 끓인다. 파스타를 넣고 덩어리지지 않도록 몇 번 저은 다음 알 덴테가 될 때까지 가끔 저으면서 요리한다(포장지의 권장 조리 시간보다 약 2분 짧음). 집게를 사용하여 삶은 파스타를 물기를 제거하지 않고 마늘 소스로 옮겨 담는다. 온도를 뜨겁게 올린 뒤에 치즈를 넣고 소스가 크림처럼 되고 유화될 때까지 약 30초간 세게 젓는다. 소스가 너무 묽은 것 같으면 계속 졸여서 농도를 맞춘다. 기름기가 많아 보이면 면수를 더 부어 다시 유화한다. 스캘리언(사용한다면)을 넣고 즉시 제공한다.

3.2 차가운 국수

어렸을 적 도쿄에서 지금은 돌아가신 할머니와 함께 작은 라멘 가게에서 식사를 한 적이 있다. 자리에 앉아 주문을 하려는데, 내가 카모소바(뜨거운 오리 육수에 메밀면이 담긴 요리)를 고르자, 할머니는 이렇게 후덥지근한 날에 누가 뜨거운 국수를 먹냐며 깔깔 웃으셨다. 대신 히야시츄카를 골라 주셨는데, 차갑게 식힌 면에 각종 야채와 토핑을 넣고, 새콤한 양념장을 부어 먹는 일종의 면 샐러드였다.

당연하게도, 할머니 말이 맞았다.

차가운 파스타를 대표하는 미국식 파스타 샐러드는 마요네즈 범벅이라서 생각만 해도 속이 더부룩해지는 맛이지만, 히야시츄카는 상큼한 소스에 버무려진 차가운 면 샐러드가 정말 깔끔하고 맛있었다. 심지어 만들기도 쉽다. 국수를 미리 삶아서 물기를 빼두고 냉장 보관하면 먹고 싶을 때 드레싱만 뿌려서 먹으면 된다. 피크닉이나 포트럭 파티에 갈 때, 또는 간단한 점심으로 먹기에 완벽한 요리가 된다.

샐러드용 면 준비하기(자연 건조)

면을 삶은 뒤에는 흐르는 차가운 물에 헹궈서 식히는 방법이 가장 효과적인데, 시간이 촉박할 때 사용하기는 괜찮지만 몇 가지 단점도 있다. 첫째로, 표면의 전분기를 씻어내기 때문에 소스가 면에 잘 묻지 않을 수도 있다. 그리고 둘째로는, 면에 물기가 남아 있어 요리가 싱거워질 수 있다는 점이다.

그래서 사실상 가장 좋은 방법은 면을 삶은 뒤 자연건조시키는 것이다. 그렇다면 이제 어떻게 하는지 알아보자.

STEP 1 · 물기 빼기

고운체로 면을 받쳐 물기를 뺀다(레시피에 따라 면수를 조금 남겨 놓아야 할 수도 있다).

STEP 2 · 식용유와 버무리기

면이 서로 달라붙지 않도록 체 위로 식용유를 조금 부은 뒤(450g당 2티스푼 정도) 젓가락으로 잘 젓는다.

STEP 3 · 넓게 펼쳐두기

쟁반 위에 너무 겹치지 않도록 면을 고루 펼쳐 놓는다. 대량이라면 쟁반을 여러 개 사용해야 한다.

STEP 4 · 식히기

자연 건조 중에 서로 달라붙지 않도록 젓가락으로 가끔씩 저어준다. 선풍기를 사용하면 조금 더 빨리 식겠지만, 사용하지 않아도 10분 ~15분이면 마른다.

면이 다 식으면 조리를 계속 진행하거나, 밀폐용기에 담아 냉장고에 며칠간 보관할 수 있다.

쓰촨식 냉면
SICHUAN-STYLE COLD NOODLES

분량	요리 시간
4인분	15분
	총 시간
	15분

NOTE

면과 소스는 미리 만들어 밀폐용기에 담아두면 최대 3일간 냉장 보관할 수 있다. 매운 음식을 못 먹는 손님에게 제공할 때는 향신유를 만들 때 고추를 넣지 말고, 테이블에 고추기름을 제공해서 취향껏 먹게 하면 된다. 중국 *참깨페이스트*(320~321페이지) 한두 스푼을 소스에 넣으면 "guai wei(신비한 맛의 소스)"를 만들 수 있다.

재료

면 재료:

코셔 소금
밀가루 생면 450g
땅콩유, 쌀겨유 또는 기타 식용유 약간

드레싱 재료:

쓰촨 후추 2티스푼(3g)
중간 크기의 마늘 2쪽(5g)
껍질 벗긴 6mm 크기 생강 1쪽
코셔 소금
얇게 썬 스캘리언 4대
쓰촨 얼징티아오 또는 한국 고춧가루 등 매운 칠리
　　플레이크 1티스푼(3g)
팔각 1개
땅콩유, 쌀겨유 또는 기타 식용유 ¼컵(60ml)
생추간장 3테이블스푼(45ml), 입맛에 따라 추가
진강식초 또는 쌀식초 2테이블스푼(15ml), 입맛에
　　따라 추가
물 1테이블스푼(15ml)
설탕 2티스푼(8g)
중국 참깨페이스트 2테이블스푼(선택사항)
고추기름, 제공할 때 뿌림

2016년부터 2018년까지, Adri와 나는 거의 격주로 이웃의 포트럭 베이비샤워나 아이들 생일파티에 참석하곤 했다. 그 와중에 내 친구인 Jimmy Sun도 파티에 와 있는 걸 볼 때마다 묘하게 기분이 좋았다. 그 친구의 존재만으로 기분이 좋아진 게 아니라(아니 이것도 맞는 말이다) 파티에 항상 차가운 면 샐러드를 만들어왔기 때문이다. 주특기라고 하는 그 요리가 정말로 맛있었다. 물기를 잘 뺀 면을 볼에 담아 왔고, 고추기름이 담긴 유리병과 흑식초와 향신유로 만든 드레싱 유리병도 챙겨왔다. 그렇게 파티에 도착해서는 면과 드레싱을 섞은 뒤 고추기름은 취향에 맡겼다. 난 항상 이 요리를 첫 번째로 먹곤 했다(어쩔 땐 테이블 아래로 여유분을 숨겨놓기도 했다).

Jimmy는 이 요리를 어머니인 Lucia Huang에게서 배웠다고 했는데, 집에 전해져 내려오는 레시피라고 했다. 이 리앙미엔(냉면)은 쓰촨성의 길거리 노점과 집집마다 여러 레시피가 존재한다고 한다. 기본적인 틀은 비슷한데, 기름이나 물을 고추, 쓰촨 후추, 팔각, 마늘, 생강, 스캘리언과 같은 향신채를 사용해서 우려낸 뒤, 삶아서 식힌 면을 이 액체와 흑식초, 간장과 함께 비비는 것이다.

물을 사용하려면 끓는 물에다 향신채를 넣고 차를 우리듯 우려내어 드레싱 베이스로 사용하면 되고, 기름을 사용하려면 146페이지의 *향긋한 간장기름 디핑* 소스처럼 향신채를 내열 용기에 담고 뜨거운 기름을 부어 향을 우려내면 된다. 난 기름을 사용하는 방식을 선호하는데, 물을 사용한 것보다 향이 훨씬 더 깊기 때문이다.

미리 만들 경우에는 꼭 면과 드레싱을 따로 보관해야 불상사를 막을 수 있다.

요리 방법

① 큰 냄비나 웍에 물을 가득 넣고 소금으로 간을 한 뒤 끓인다. 물이 끓으면 면을 넣고 달라붙지 않게 젓가락으로 잘 저은 뒤 면 종류에 따라 알맞게 익힌다(보통 90초). 고운체에 받쳐 물기를 뺀 뒤, 흐르는 차가운 물로 한번 식힌 다음 식용유를 약간 부어 달라붙지 않게 한 뒤 따로 둔다(331페이지의 자연 건조 방법을 사용하면 더 좋다).

② **드레싱**: 쓰촨 후추를 막자사발로 빻은 뒤 마늘, 생강, 소금 약간을 추가해 페이스트 형태로 만든다. 그 다음 스캘리언(가니쉬 용도로 남겨둔 것)과 고추, 팔각(사용한다면, NOTE 참고)을 추가하고 젓가락으로 잘 젓는다.

③ 웍이나 작은 팬에 기름을 두르고 연기가 날 때까지 가열한 뒤 만든 드레싱 페이스트 위로 붓는다. 이어서 젓가락이나 포크로 저어주면 곧 지글거리면서 아주 좋은 향이 나는데, 간장, 식초, 물, 설탕을 추가하고 졸여질 때까지 계속 섞어준다.

④ 소스와 면을 볼에 넣고 잘 섞은 뒤 취향에 따라 간장과 식초로 간을 한다. 썰어둔 스캘리언을 뿌려서 장식하고, 고추기름을 곁들여 제공한다.

나는 항상 곤약면을 구비한다

나는 건강식을 챙겨먹는 사람이 아니다. 그저 과식하지 않는 게 건강식이라고 생각하는 사람인데, 내 주치의도 아직까지는 내 생각이 내 몸과 맞는 방식이라고 생각하는 것 같다. 이번 사이드바에서 다룰 곤약면은 보통 건강식으로 인식되곤 하는데, 그게 사이드바에서 다루는 이유가 아니며 내가 항상 구비해두는 이유도 아니다.

내가 곤약면이나 이와 비슷한 전분을 먹기 시작한 건 꽤나 오래된 일이지만, 서양식 슈퍼마켓에서도 물로 포장된 면을 볼 수 있게 된 건 얼마 되지 않았다. *처음엔 또 시작이군. 또 다른 "건강식"이야.* 라고 생각했었다. 번쩍이는 포장지와 "0칼로리", "글루텐프리" 등의 문구로 큰 인기를 얻었지만 내용물은 사실 내가 원래부터 알고 있던 전통의 일본 곤약면 그대로였다. 곤약면은 일본의 지방마다 그 생김새가 다른데, 구약나무의 뿌리에서 추출한 글루코만난으로 만들어진다는 것은 동일하다. 이 전분 성분이 사람은 소화할 수 없는 섬유질로 이루어져 있기 때문에, 0칼로리이자 탄수화물이 없는 식품이 만들어 지는 것이다.

이런 탄수화물이나 섬유질, 칼로리 이야기만 하니 지루하다고? 나도 그렇다. 곤약면을 다이어트식품으로 먹는 사람이라면 흥미로울 수도 있겠지만. 내가 곤약면을 좋아하는 진짜 이유는(그리고 아마도 당신이 좋아할 이유는) 곤약면의 식감 때문이다. 곤약면을 이야기할 때 여기에 집중할 필요가 있다. 곤약면 자체로는 아무 맛도 안 나는 음식이 되겠지만, 반대로 말하면 어떤 소스를 뿌리든 맛이 잘 배어든다는 뜻이다. 미끌거리고 번들거리는 곤약면은 스파게티도, 젤리도 아닌 그 중간의 무언가인 애매한 식감이지만, 바로 이 부분이 식사에 즐거움을 주는 부분이다.

한창일 때는 라면 두어 봉지를 가뿐히 먹었지만 지금은 속만 부대끼는 당신에게도 곤약면(온갖 소스를 뿌려 먹어도!)은 전혀 부담이 가지 않는 가벼운 음식이다. 밀가루로 된 면을 먹을 땐 벌써부터 속이 부대낄 것을 걱정하게 되는데, 곤약면은 그렇지 않다.

편리성은 말할 것도 없다. 물에 한번 헹궈 물기만 빼주면 준비가 끝난다. 여기다 드레싱만 하면 바로 먹을 수 있다. 일반 밀면을 삶으려고 물을 끓이는 시간보다 곤약면을 준비해 소스를 넣고 비비는 요리 전체 시간이 더 짧을 정도이다. 편리성 측면에서 곤약면을 이길 재료가 없다.

곤약면은 따뜻하게 먹어도 맛이나 편리성 측면이 달라지지 않는다. 끓는 물이 든 냄비에 면을 바로 넣어 요리해본 적이 있나? 그러면 안 될 완벽한 이유가 있다: 밀면을 육수에 직접 넣고 끓이면 전분이 많이 나와 걸쭉해지기 십상이지만, 곤약면은 바로 넣고 끓여도 괜찮은 걸 넘어서서 더 낫기까지 하다. 면에 향이 잘 스며들 뿐 아니라 물을 따로 끓여야 할 필요도 없는 곤약면. 냄비나 웍에 육수를 넣고, 헹궈낸 곤약면을 추가한 뒤 끓이기만 하면 된다.

아직도 곤약면 먹기를 망설이는 사람을 위해 한마디 하자면, 서양 사람들의 입에는 이 미끌거리는 식감이 익숙하지 않을 수 있지만, 동양 음식에서는 꽤나 흔한 식감이라는 것이다. 이 식감이 싫은 사람들은 어쩔 수 없겠지만, 그게 아니라면 꼭 한번 시도해 보는 걸 추천한다. 다음에 소개할 매콤한 곤약면과 오이 샐러드로 시작해 보는 건 어떤가?

매콤한 곤약면과 오이샐러드
SPICY SHIRATAKI AND CUCUMBER SALAD

분량	요리 시간
전체 요리 기준 2인분	15분
	총 시간
	15분

NOTES

직접 만든 *쓰촨 마라–고추기름*(310페이지)을 사용하
면 좋다. 미국 품종의 오이를 사용할 때는 썰기 전에
껍질을 벗기고 씨를 제거한다.

재료

곤약면 1봉지(225g)
쓰촨 마라–고추기름 ¼컵(60ml, NOTES 참고)
갓 다진 중간 크기의 마늘 1쪽(1티스푼/4g)
중국식 *참깨페이스트*(321페이지) 2테이블스푼
　　(30ml) 또는 참기름 2티스푼(10ml)을 섞은 타히
　　니 4티스푼(20ml)
생추간장 또는 쇼유 1테이블스푼(15ml)
진강식초 또는 발사믹 식초 1테이블스푼(15ml)
설탕 2티스푼(8g)
미국이나 영국오이 ½개 또는 일본이나 페르시아
　　오이 1개(120g), 성냥개비 모양으로 자른 것
　　(NOTES 참고)
흰 부분과 연한 초록 부분만 얇게 썬 스캘리언 ¼컵
다진 고수 한 움큼
볶은 참깨 크게 한 꼬집
막자사발로 살짝 빻은 *땅콩튀김*(319페이지) ¼컵
　　(40g)

요리 방법

① 곤약면을 체에 밭쳐 찬물로 30초간 헹구고 물기를 뺀다.

② 고추기름, 마늘, 참깨페이스트, 간장, 식초, 설탕을 볼에 넣고 순가락으로 잘
섞는다. 그 다음 오이, 스캘리언, 고수, 참깨, 곤약면을 넣는다. 잘 섞은 뒤 취향에
따라 고추기름, 참깨페이스트, 설탕, 간장, 식초를 추가해 간을 맞춘다. 접시에 옮
겨 담고 땅콩을 올린 뒤 제공한다

오이 채 써는 방법

면을 이용한 샐러드에서는 가늘게 썬 오이를 쉽게 볼 수 있다. 채 썬 오이는 편으로 썰거나 크게 썬 오이보다 면과 더 잘 어우러지고, 젓가락으로 집었을 때도 면과 함께 먹기 훨씬 편하다.

나는 면 요리에 올릴 오이로는 껍질이 얇은 영국이나 페르시아오이를 선호하며 미국 품종의 오이를 사용할 때는 껍질을 벗기고 수분이 많은 씨 부분을 제거한 뒤 채를 썬다.

STEP 1 · 길이에 맞춰 썰기

오이 양끝을 제거한 뒤 5~7cm 길이로 썬다.

STEP 2 · 아래를 평평하게 만들기

한 번에 한 조각씩, 오이의 한쪽 면을 살짝 잘라내어 단면을 평평하게 만들고 도마바닥과 맞닿게 한다. 여기서 슬라이서를 이용해 약 3mm 두께의 판자 모양으로 썰면 3단계를 건너 뛰고 4단계로 가면 된다.

STEP 3 · 판자 모양으로 썰기

오이가 도마 위에 평평하게 고정되어 있다면, 칼의 끝부분을 이용해 당겨 썰면서 오이를 약 3mm 두께의 판자 모양으로 썬다. 오이를 당겨 썰어야 칼에 오이가 붙지 않아 가지런히 정리하기 쉽다.

STEP 4 · 채 썰기

판자 모양의 오이를 3~4개씩 겹쳐 놓고 약 3cm 두께로 채 썰면 된다.

푸드트럭식 참깨닭국수

1999년 여름, 케임브리지 켄달 광장의 연구실에서 시간당 $8를 받으며 일했다. 하지만 점심만큼은 왕처럼 먹을 수 있었는데, 아시안 푸드를 저렴하게 가득 담아주는 *Goosebeary's*라는 푸드트럭 덕분이었다. 아마 그 해 여름에 먹었던 영양분의 75%는 거기서 먹은 참깨닭국수라고 해도 과언이 아닐 것이다.

이 푸드트럭은 2010년 초반에 문을 닫았는데, 푸드트럭의 음식이 미식가의 영역이 되어가면서 스티로폼 그릇이 사용되지 않을 바로 그 무렵이었다. 난 아직도 이 요리를 만들 때마다 1999년의 여름이 생각난다.

이 요리는 분명 쓰촨식 리앙미엔(냉국수)이나 *상하이식 마장미엔*(323페이지)의 영향을 받았겠지만, 미국식으로 만들어진 그 자체만으로도 충분한 매력이 있다. 중국계 요리

사인 Martin Yan과 *New York Times*의 Sam Sifton에 따르면, 차갑게 먹는 참깨국수의 시작은 1970년대 뉴욕 차이나타운에서 *Hwa Yuan*이라는 식당을 운영하던 쓰촨 출신의 Shorty Tang(레스토랑계 새로운 화신)이었다고 한다. 그는 차갑게 식힌 면을 땅콩버터와 중국식 참깨페이스트, 간장, 식초, 마늘, 생강, 고추기름, 설탕으로 양념하고 채 썬 오이와 볶은 땅콩을 고명으로 올렸다.

멋대로 땅콩닭국수

SESAME CHICKEN NOODLES MY WAY(OR YOUR WAY)

분량
4인분

요리 시간
30분

총 시간
30분

NOTES

다른 재료를 준비하기 전 닭고기를 먼저 삶기 시작하는 걸 추천한다. 먹다 남은 구운 치킨. 전기구이 통닭을 사용해도 괜찮다. 먹다 남은 닭고기는 준비재료를 생략하고 2단계를 건너뛰고 5단계에서는 치킨스톡(또는 물)을 이용해 6단계로 넘어가면 된다. 4단계에서 쓰고 남은 닭 육수는 보관해 두었다가 다른 레시피에 사용하면 된다.

2단계에서 설탕이 들어있지 않은 순수 땅콩버터를 사용할 때는 설탕이나 꿀 한 티스푼을 넣어 주면 된다. 면은 미리 삶아 둔 다음 밀폐용기에 담아 3일간 냉장 보관할 수 있다.

나는 제일 먼저 닭가슴살을 물에 넣고 몇 조각의 생강과 스캘리언을 썰어 넣은 뒤 66℃까지만 익힌다(조리 중 최고 온도 말이다). 식약처에서는 닭고기를 74℃ 이상으로 익혀야 한다고 말하지만 무시해도 된다. 건강에 아무런 문제가 없고, 훨씬 촉촉하고 맛있는 닭고기를 얻을 수 있다(561페이지 '닭고기와 식품 안전' 참고). 닭고기를 삶는 게 귀찮다면, 닭고기 없이 만들어도 되고 먹다 남은 구운 치킨, 전기구이 통닭을 사용해도 된다.

닭고기를 삶는 동안에 오이와 스캘리언을 채 썰고, 땅콩버터 베이스의 소스(식초, 간장, 고추-마늘 소스, 설탕)를 만들면 된다.

레시피에 적힌 소스를 그대로 만들어도 좋지만, 레시피는 말 그대로 가이드라인일 뿐이다. 나조차도 집에서 만들 때는 똑같이 만들지 않기 때문이다. 여러분의 취향대로 땅콩버터 대신 다른 견과류 페이스트를 사용해도 된다. 참기름, 타히니 약간이나 중국식 참깨페이스트를 넣어도 좋다. 마늘과 생강도 취향대로 사용하면 된다. 사이다식초, 라임즙, 발사믹 등의 아무 식초나 감귤류 즙을 사용해도 된다. 매운 맛이 싫다면 핫소스를 빼고, 매콤하게 먹고 싶다면 양을 늘리면 된다. 또, 여러분의 기분에 따라, 또는 땅콩버터가 가당 종류인지 자연 종류인지에 따라 단맛을 조절하면 된다.

결국 여러분이 찾는 것이 크리미함, 신맛, 짠맛, 단맛, 매운맛 등의 조화로운 균형이고, 이것이 어떠한 방식으로든 여러분이 만드는 음식에 잘 표현되어 나타난다면, 각각의 세부 사항이 달라지더라도 상관이 없다. 즉, 입맛에 맞게 재료를 조절해 맛있게만 만들면 된다는 말이다.

닭고기의 질감을 조절할 수 있다는 점과는 별개로, 닭고기를 직접 삶아서 얻는 이점은 요리 과정 끝에 생강향이 나는 맛있는 맑은 닭 육수를 얻을 수 있다는 것이다. 닭고기를 삶을 때 생긴 이 맑은 닭 육수는 이 책에서 소개한 어떤 레시피에서든 치킨스톡 대신 사용할 수 있다.

재료

면 재료:

코셔 소금
베이킹소다 2티스푼(6g)
스파게티 또는 링귀니 또는 페투치니 면 450g
땅콩유, 쌀겨유 또는 기타 식용유 약간

닭고기 재료(NOTES 참고):

껍질과 뼈를 제거한 닭가슴살 225g
동전 크기로 편 썬 생강 2쪽
5cm 크기로 어슷하게 자른 스캘리언 2대

소스 재료:

땅콩버터 ⅓컵(80ml, NOTES 참고)
참기름 2테이블스푼(30ml)
다진 마늘 1테이블스푼(8g)
다진 생강 2티스푼(5g)
진강식초 또는 쌀식초 2테이블스푼(30ml)
생추간장 또는 쇼유 3테이블스푼(45ml)
삼발올렉, 스리라차 등의 핫소스 1테이블스푼(15ml,
    선택사항)
설탕 또는 꿀 1테이블스푼(12g, NOTES 참고)

차림 재료:

미국이나 영국 오이 1개 또는 일본이나 페르시아 오
    이 2개(180g), 성냥개비 모양으로 자른 것
얇게 채 썬 스캘리언 3대(65페이지 참고)
굵게 다진 고수 한 움큼
볶은 참깨 크게 한 꼬집
할라피뇨나 세라노 등 매운 청고추 1개, 반으로 길게
    갈라 씨를 제거한 후 어슷하게 썬 것
막자사발로 빻은 *땅콩튀김* ¼컵(40g)

요리 방법

① 큰 냄비나 웍에 물을 가득 넣고 소금으로 간을 한 뒤 끓인다. 베이킹소다와 면을 넣고 달라붙지 않게 젓가락으로 저어 준 뒤 알 덴테로 익힌다(봉지에 적힌 지침보다 1분 정도 짧게). 그 다음 체에 밭쳐 물기를 제거하고 식용유를 약간 넣어 달라붙지 않게 한 뒤 쟁반에 펼쳐 식힌다.

② **닭고기:** 물 2L를 웍이나 냄비에 넣고 닭고기, 생강, 스캘리언을 넣은 다음 물이 끓기 시작하면 불을 최대한 약하게 줄인 후 닭고기의 내부의 온도가 65.5℃가 될 때까지 15~20분가량 끓인다.

③ **그 동안 소스 만들기:** 땅콩버터, 참기름, 마늘, 생강, 식초, 간장, 핫소스, 설탕(또는 꿀)을 섞어 소스를 만든다. 꽤 되직하게 만드는 것이 좋다.

④ 닭고기가 다 익으면 집게로 건져 도마로 옮기고, 국자로 물 표면의 거품을 걸러낸다. 육수를 고운체로 잘 걸러 따로 두고 들어있던 스캘리언과 생강은 버린다.

⑤ 닭 육수를 땅콩 소스에 넣어 농도를 조절하는데, 소스가 부드러워질 때까지 4~5테이블스푼 정도면 된다. 나머지 육수는 밀폐용기에 담아 다른 레시피에 사용하면 된다. 완전히 식혀 냉동하면 몇 달간 보관할 수 있다.

⑥ 포크 2개를 사용해 닭고기를 잘게 찢은 다음 소스가 담겨있는 볼에 넣는다.

⑦ 면도 소스가 담겨있는 볼에 넣는다. 그 다음 오이, 스캘리언, 고수, 참깨, 고추를 넣고 소스가 골고루 묻도록 섞는다. 추가로 간장, 식초, 설탕, 고추 소스를 이용해 취향대로 간을 맞춘 다음 으깬 땅콩을 올려 제공하면 된다.

감귤류 과일과 허브를 곁들인 분쫀똠
(BÚN TRỘN TÔM; 베트남식 새우 쌀국수 샐러드)

베트남식 샐러드는 여러 가지 맛과 향, 그리고 식감을 가진 재료들과 산뜻한 드레싱을 사용해 손쉬운 한 끼가 되곤 한다. 이번에 만들어볼 레시피는 차게 식힌 쌀국수와 삶은 새우, 포멜로, 땅콩과 여러 가지 허브를 사용한 것으로, 아내와 함께 사이공의 장마철 소나기 속에서 쪼그리고 앉아 먹었던 기억을 재현한 것이다. 가볍고 산뜻한 음식인 동시에 포만감을 주는 한 끼이다.

이어서 채 썬 당근(또는 도추아 đồ chua라고 불리는 베트남식 당근과 무초절임), 생 숙주, 채 썬 오이, 민트와 고수(바질을 넣어도 좋다) 크게 한 줌, 한입 크기로 썬 자몽(포멜로를 사용하면 더 좋다. 자몽보다 크고 과즙이 덜하고 덜 쓴 사촌격의 과일이다)을 올린다. 마지막으로, 으깬 땅콩과 튀긴 샬롯을 올려 식감을 살린다.

드레싱은 라임즙, 마늘, 설탕, 피시 소스를 이용해 만든 베트남식 만능 소스인 느억참(nước chấm)을 사용했다.

먼저 새우를 껍질째 찬물에 넣고 중간 강한 불로 가열해 물이 살짝 끓을 때까지 기다린다. 불을 끄고 2분간 둔 뒤 물기를 빼고 차가운 물로 식힌다. 이렇게 온도를 천천히 올리면 끓는 물에 새우를 넣고 삶은 것보다 골고루 익으며 고무처럼 질긴 식감 대신 맛있게 익은 새우가 된다(140페이지 '좋은 새우 구매 방법' 참고).

*Bún*은 베트남어로 쌀국수라는 뜻인데, 뜨거운 물에 몇 분 담가 두었다가 찬물에 헹구면 된다. 이번 레시피의 경우, 새우를 삶고 난 물에 쌀국수를 담가 새우의 풍미가 국수에 배도록 했다.

새우와 국수 준비가 끝나면, 음식을 담을 볼에 아삭아삭하게 자른 상추나 양배추를 담고 그 위에 국수를 올린다.

감귤류 과일과 허브를 곁들인 분쫀똠
(베트남 새우 쌀국수 샐러드)

BÚN TRỘN TÔM(VIETNAMESE SHRIMP AND RICE NOODLE SALAD)
WITH CITRUS AND HERBS

분량	요리 시간
4인분	30분
	총 시간
	30분

NOTES

채식주의자는 새우 대신에 약 1.3x1.3x5cm 크기로 자른 두부로 대체하거나(새우와 똑같은 방법으로 익힌다) 그냥 생략하면 된다(느억참은 채식주의자용으로 대체한다). 나는 신선한 당근 대신에 *도추아*(베트남식 절임 당근과 무초절임, 342페이지)로 만드는 것을 좋아한다. 만약 미국 오이를 사용한다면, 채 썰기 전에 껍질을 벗기고 씨를 제거한다. 자몽 대신 포멜로를 사용하면 더 좋다.

재료

새우와 국수 재료:

큰 생새우 120g, 가급적 껍질이 있는 것
건조 쌀 베르미첼리 120g

샐러드 재료:

잘게 썬 로메인 상추 또는 녹색 양배추 120g
얇게 채 썬 작은 당근 1개(120g), 만돌린을 이용하거나 강판으로 갈아도 된다(NOTES 참고)
미국이나 영국 오이 또는 일본이나 페르시아 오이 1개(120g), 얇게 채 썬 것(NOTES 참고)

녹두 1컵(약 90g)
신선한 새싹 1컵(30g)
듬성듬성 자른 민트 및 고수 1컵(30g)
큰 자몽 1개, 껍질 벗기고 중과피 제거해 한입 크기로 자른 것(NOTES 참고)
느억참(343페이지) ½컵(120ml)
땅콩튀김 ½컵(80g), 절구에 부드럽게 으깬 것(319페이지)
튀긴 샬롯(255페이지)

요리방법

① **새우와 국수:** 새우와 2L의 물을 웍이나 큰 소스팬에 넣고 센 불로 가열한다. 물이 끓기 시작하면 불을 끄고 새우가 살짝 익을 때까지 약 2분간 그대로 둔다(새우를 반으로 잘라서 확인할 수 있다. 불투명해야 한다).

② 새우가 익으면 고운체로 건져낸다(새우 삶은 물은 버리지 않는다). 새우가 더 익지 않도록 찬물에 담가 식힌다. 다 식었으면 물기를 빼고, 껍질을 제거하고, 새우들을 세로로 반 자른 뒤 등을 따라 흐르는 내장을 제거하고 씻어낸다.

③ 새우 삶은 물을 다시 센 불에 올려 끓이다가 끓어오르면 국자로 거품을 걷어낸다. 면을 넣고 젓가락으로 몇 번 저어 뭉치지 않고 부드러워질 때까지 끓인다(포장 지침 참조, 일반적으로 5분 정도). 면을 건지고 흐르는 찬물에 헹군 뒤 물기를 뺀다.

④ **샐러드:** 큰 샐러드 볼 바닥에 양상추를 깐다. 익힌 면, 당근(또는 도추아), 오이, 숙주, 민트잎, 고수잎, 새우, 자몽(또는 모든 감귤류)을 얹고 느억참을 뿌린 다음 땅콩과 튀긴 샬롯을 뿌린다. 먹기 전에 섞어 먹는다.

도추아(베트남식 당근절임 및 무초절임)
ĐỒ CHUA(VIETNAMESE PICKLED CARROT AND DAIKON)

분량
약 1L

요리 시간
10분

총 시간
10분(최상의 맛: 하루 이상의 숙성이 필요하다)

NOTE

가장 쉬운 방법은 당근과 무를 만돌린이나 채칼로 손질한 뒤 칼로 자르는 것이다. 당근과 무를 채 써는 방법은 529페이지를 참고하면 된다. 또는 껍질을 벗긴 당근과 무를 상자형 강판의 큰 구멍에 갈아도 괜찮다.

도추아는 당근과 무를 사용해서 간단하고 쉽게 만드는 베트남식 피클을 말하며, 다양한 베트남 요리에 곁들임 요리로 제공된다. 샐러드에 섞어서, 그릴에 구운 고기요리와 함께, 샌드위치 안에, 또는 월남쌈을 만들 때의 속에 넣는 재료로 사용된다.

가장 쉬운 방법은 당근과 무를 만돌린이나 야채 채칼로 손질한 후, 칼로 자르는 것이다. 당근과 무를 손으로 채 써는 방법은 529페이지를 참고하면 된다. 또한 껍질을 벗긴 당근과 무를 상자형 강판의 큰 구멍에 갈아도 괜찮다.

재료

껍질 벗겨 5~7cm 길이로 채 썬 당근 1개(225g)
껍질 벗겨 5~7cm 길이로 채 썬 무 1개(225g)
편으로 얇게 썬 신선한 고추(할라피뇨 또는 프레즈노 또는 세라노 등) 1개(선택사항)

설탕 ¼컵(50g)
코셔 소금 1테이블스푼(9g)
물 1컵(240ml)
쌀식초 ½컵(120ml)

요리 방법

당근, 무, 고추(사용한다면), 설탕, 소금을 큰 볼에 넣고 섞는다. 손으로 소금과 설탕이 녹을 때까지 버무린다. 물과 쌀식초를 넣는다. 4L 크기의 유리병에 담아 보관한다. 피클은 즉시 사용해도 되지만, 최상의 결과를 위해서 하룻밤 이상 냉장 보관한다. 유리병에 넣은 후 한 달 안에 사용해야 한다.

느억참
NƯỚC CHẤM

분량	요리 시간
약 ½컵	5분
	총 시간
	5분

NOTES

라임즙으로 만든 느억참의 상미기한은 냉장 보관으로 일주일이다. 그 이상 지난 느억참은 사용하지 말자. 식초로 만들면 유통기한은 무기한이다. 피시 소스를 같은 양의 생추간장과 마기 리퀴드 아미노(Maggi liquid aminos)로 대체하면 채식주의자용 소스를 만들 수 있다.

재료

굵게 다진 중간 크기의 마늘 1쪽
굵게 다진 버드아이 고추 1개(선택사항)
코셔 소금 한 꼬집
흑설탕 또는 팜 슈거 2테이블스푼(25g)
라임즙 또는 증류 식초 2테이블스푼(약 45ml/라임 3개, NOTES 참고)
피시 소스 2테이블스푼(30ml)
물 또는 코코넛 워터 ¼컵(30ml)
아주 얇게 채 썬 당근 30g(선택사항)

느억참은 베트남의 소스이며 지역에 따라 다르지만 모든 버전이 달콤하고 시큼하고 짠 재료(보통 설탕, 라임즙이나 식초, 피시 소스)가 균형을 이루고 있는 것이 특징이다. 때로는 마늘이나 고추, 코코넛 워터로 맛을 낸다. 태국의 *남쁠라프릭*(257페이지)과 비슷하지만 더 부드러운 맛이 난다. 구운 고기, 해산물, 야채의 디핑 소스로 사용하거나 샐러드 드레싱, 스프링 롤의 디핑 소스로 사용한다.

나는 느억참을 만들 때 막자사발을 이용하는데, 마늘과 고추를 분해하고 설탕을 녹여서 소스를 만들기 쉽기 때문이다.

요리 방법

막자사발에 마늘과 고추를 넣고 묽은 반죽이 될 때까지 소금 한 꼬집과 함께 찧는다. 설탕, 라임즙, 피시 소스, 물을 넣고 섞는다. 느억참은 라임즙으로 만들 경우 최대 일주일 냉장고에 보관할 수 있고, 식초로 만들 경우 무기한으로 냉장고에 보관할 수 있다.

히야시츄카
HIYASHI CHŪKA

분량	요리 시간
2인분	20분
	총 시간
	20분

NOTES

특별한 토핑에 집착할 필요가 없다. 일반적인 토핑으로 잘게 썬 상추, 길게 썬 스냅피(또는 스노우피), 길고 잘게 썬 햄(또는 구운 돼지고기), 얇고 길게 썬 수리미(게맛살), 잘게 썬 죽순, 조리된 새우 등이 있다. 중요한 건 토핑을 다채롭고 조화롭게 사용하는 것이다. 무엇이든 사용할 수 있다는 게 제일 큰 매력이다.

*히야시츄카*는 우리 할머니가 가장 좋아하는 국수다. 글자 그대로(일본어로) "차디찬 중화"로 번역된다. 중국이라는 말이 들어간다는 건 이 라멘이 중국 라미엔의 후손이며, 일본인들에게 여전히 이 요리가 중국요리라고 여겨진다는 사실을 의미한다. 면을 익히고 찬물에 식힌 다음, 종이처럼 얇은 오믈렛, 신선한 야채 듬뿍, 햄이나 구운 돼지고기, 새우, 게, 수리미(게맛살) 같은 해산물을 포함한 다양한 토핑과 함께 낸다. 어떤 토핑을 넣어야 하는지 정해진 규칙은 없지만, 경험에 의하면 색 배합이 이루어지는 게 좋다. 가능하면 토핑을 얇게 잘라서 면과 섞이고 함께 집히게 만들면 좋다.

recipe continues

재료

오믈렛 재료:

큰 달걀 2개
설탕 한 꼬집
코셔 소금 한 꼬집
식물성 기름

소스 재료:

물 또는 다시 2테이블스푼(30ml)
간 생강 ½티스푼(2g)
생추간장 또는 쇼유 2테이블스푼(30ml)
쌀식초 1테이블스푼(15ml)
설탕 2테이블스푼(25g)
참기름 1테이블스푼(15ml)
고추기름 1티스푼(5ml, 선택사항)
볶은 참깨 2티스푼(5g, 선택사항)

샐러드 재료:

라멘 생면 225g
미국이나 영국 오이 ½개 또는 일본이나 페르시아
　　오이 1개(약 120g), 얇게 채 썬 것
신선한 완두콩 30g, 또는 기타 작고 부드러운 채소
　　(선택 사항)
옥수수 알맹이 약 ¾컵
방울토마토 90g, 4등분한 것
얇게 썬 무 또는 순무 90g
스캘리언 3~4대, 흰 부분만 아주 얇게 편으로 썬 것
　　(65~66페이지 참고)

요리 방법

① **오믈렛:** 달걀, 설탕, 소금을 완전히 섞는다. 웍 또는 논스틱 프라이팬에 기름을 둘러 연기가 날 때까지 센 불로 가열한다. 불에서 내려놓고 다시 얇게 기름을 코팅한다(바로 보글보글할 것이다). 달걀 혼합물 ¼을 붓고 웍을 돌려주며 매우 얇은 오믈렛을 만든다. 달걀 혼합물이 거의 바로 익어야 한다. 가늘고 유연한 뒤집개로 오믈렛의 한쪽 가장자리를 풀어준 뒤 손끝이나 젓가락으로 조심스럽게 집어 도마 위에 올려놓는다. 남은 달걀로 반복하면서, 총 4개의 오믈렛을 도마 위에 쌓는다.

② 오믈렛을 돌돌 말아 올린 다음 아주 얇게 잘라 따로 둔다.

③ **소스:** 물(또는 다시), 생강, 간장, 식초, 설탕, 참기름, 고추기름, 깨(사용한다면)를 작은 볼에 넣고 설탕이 녹을 때까지 섞는다.

④ **샐러드:** 라멘을 포장지 안내문에 따라 조리한 다음, 물기를 빼고 찬물에 헹군다. 두 개의 개별 접시에 나누어 담는다(일반적으로 히야시츄카는 넓고 얕은 접시를 쓴다). 위에 토핑을 배열하고 드레싱을 붓거나 별도의 볼에 담아서 제공한다.

3.3 볶음면

일반 볶음요리와 마찬가지로 면을 볶을 때 가장 중요한 부분은 열을 관리하는 것이다. 재료가 빠르고 고르게 익도록 하고, 웍을 흔들며 볶아서 재료가 가만히 쩌지기보다는 신선하게 생기를 유지하도록 만드는 것이다. 일반 볶음을 요리할 때와 다른 점이라면 금속으로 된 주걱이나 집게로 세게 저으면 면이 부서지기도 한다는 것이다. 그래서 전문요리사라면 호펀과 같은 섬세한 면류를 볶을 때는 어떤 도구도 사용하지 않고 웍을 뒤척이는 것만으로 조리한다.

하지만 그럴 필요까지는 없다. 주걱이나 집게를 부드럽게 다루기만 하면 된다. 물론 국수 몇 가닥이 부러질 수도 있겠지만, 여전히 맛있을 뿐이다.

로메인 볶는 방법

로메인을 직역하면 "볶은 국수"라는 뜻인데, 광둥에서는 일반적으로 완탕면만큼 얇은 면이나 그보다 약간 두꺼운 달걀면(egg noodle)을 삶아서 굴 소스(또는 간장)와 데친 녹색 야채와 향유(또는 라드)를 얹고 간단한 토핑을 곁들여 제공된다. 더 복잡하게는 삶아서 익힌 육류, 해산물, 비싼 XO 소스를 넣는다.

서양의 로메인은 달걀면(달걀+밀)으로 그 자체로 두껍기도 해서 소스로 코팅되고 잠시간 내버려 두어도 씹을 때 느낄 수 있는 좋은 식감이 유지된다. 무려 한 번에 많은 양을 볶아두고 주중에 나누어 먹을 수 있을 정도이다. 그래도 품질에 큰 차이가 없다.

다음은 미국식 중화볶음 로메인을 볶는 기본 단계이다.

STEP 1 · 면 삶기

달걀면볶음의 첫 단계는 면을 끓는 물에 살짝 익히는 것이
다. 일부 레시피에서는 면이 완전히 익을 때까지 끓인 뒤
찬물에 식히라고 하는데(물론 그래도 된다), 나는 더 쉬운
방법을 좋아하는 사람이다. 면이 부드러워질 때까지 데친
다음(1분 정도) 접시에 옮기고 약간의 기름을 둘러 뭉치지
않게 한다. 이렇게 덜 익은 상태로 두어도 면에 묻은 물에
남아있는 열이 다른 볶음준비가 완료될 때까지 계속 면을
익힌다. 게다가 면을 볶으려고 웍에 추가할 때 과도한 수분
이 없게 만들어주기도 한다.

　주의: 어떤 브랜드들은 면을 미리 삶아서 팔기도 한다.
이 경우에는 끓는 물에 10초에서 15초정도 담가 살짝 익힌
뒤 볶으면 된다.

STEP 2 · 면 외의 재료는 단일 재료별 조리

강력한 야외 웍 버너를 가지고 있다면, 식당에서 하는 것처
럼 웍에 연속적으로 재료를 첨가하는 방식으로 요리할 수
있지만, 일반 가정용 웍 버너로는 따로따로 요리해야 한다.
예를 들어 표고버섯, 양배추, 차이브로 간단한 볶음을 한다
면 우선으로 잘게 썬 양배추를 새콤달콤하고 고소한 맛이
날 때까지 볶을 것이다.

　양배추가 다 익으면 웍을 비운 다음 기름을 조금 더 넣고
다시 데운 뒤(뜨거운 연기가 나는 것을 꼭 확인해야 한다!),
준비해 둔 얇게 썬 표고버섯을 넣는다. 버섯의 해면 같은
살에는 많은 물과 빈 공간이 있는데, 그 살점이 부서질 때
까지 충분히 오래 익혀 맛을 집중시켜야 한다. 버섯이 지글
지글 끓고 갈색으로 변해야 한다.

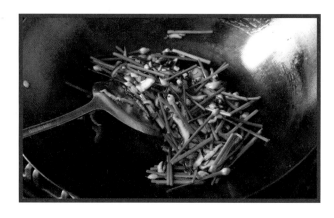

　버섯까지 준비가 되면, 이제 차이브나 스캘리언을(다시
한 번 말하지만, 미리 썰어서 따로 전용 볼에 담아둔다) 한
움큼 넣고, 숨이 죽을 만큼 충분히 볶는다(바삭바삭하게).
버섯과 파속 채소는 양배추와 같이 넣어 둔다.

STEP 3 · 면 볶기

재료가 모두 익으면 면을 볶으면 된다(물론 웍을 예열하고 기름을 두른 후). 이쯤이면 면의 표면이 말라 있어서 웍에다 넣고 뒤척이며 분리하기가 쉽다. 지금은 주걱을 부드럽게 다루는 노력을 해야 하는 단계이다. 젓고 뒤척이기보다는 밑에서 부드럽게 퍼 올려 면을 뒤집거나, 주걱 머리를 웍 바닥에 박고 오목한 면이 뒤로 향하게 하여 뒤척여서 면을 움직이면 된다. 집게를 사용하고 싶다면 나일론팁 집게(금속은 면을 부신다)를 쓰면 된다.

STEP 4 · (선택사항): 웍 헤이 추가

볶음면에 스모키한 웍 헤이의 풍미를 조금 더하고 싶다면, 바로 토치를 사용할 때이다. 볶을 때 웍에다 직접 토치를 사용해도 되고, 면을 쟁반으로 옮긴 뒤에 사용해도 된다.

조리된 면과 토핑을 내열쟁반 위에 펼쳐 놓고, 쟁반 위로 불길이 5~7cm 정도 올라오도록 훈연향이 날 때까지 토치로 쓸어준다. 적정 거리를 유지하고 있다면 오렌지색의 작은 불꽃이 면과 야채에서 탁탁거리는 소리가 들린다. 기름 방울이 증발하고 연소되는 소음의 광경이다(웍 헤이에 대한 자세한 내용은 42페이지 참고).

STEP 5 · 향신유를 만들고, 모든 걸 웍에다!

면까지 준비가 됐으면, 웍을 다시 데우고 향신료(마늘, 스캘리언, 생강 등)를 기름에 살짝 볶은 다음, 이제까지의 모든 것을 웍에다 넣고 소스도 추가한다. 테이크아웃 식당의 국수는 글로피 소스(gloppy sauce)를 넣는 경우도 많다. 나는 국수를 먹을 때 적당량의 소스만 사용하는 걸 좋아한다. 그게 어느 정도냐고? 한 가닥 한 가닥을 가볍게 코팅할 정도는 되지만 접시 바닥에 고이는 정도는 아닌 정도이다.

표고버섯, 차이브, 구운 양배추를 곁들인 미국식 중화요리, 로메인볶음

CHINESE AMERICAN STIR-FRIED LO MEIN WITH SHIITAKE, CHIVES, AND CHARRED CABBAGE

분량	요리 시간
4인분	30분
	총 시간
	30분

NOTE
어떤 로메인은 미리 삶아서 판매하기도 한다. 갓 만든 로메인은 겉모습이 파슬파슬한 반면, 미리 조리된 로메인은 면이 달라붙지 않도록 첨가한 기름 때문에 반짝반짝 빛나 보인다. 미리 조리된 면을 사용한다면 1단계에서 10초에서 15초 동안만 끓이면 된다.

재료
국수 재료:
코셔 소금
로메인 생면 450g(NOTE 참고)
땅콩유, 쌀겨유 또는 기타 식용유 조금

소스 재료:
참기름 1티스푼(5ml)
쇼유 또는 생추간장 1테이블스푼(15ml)
노추간장 1테이블스푼(15ml)
소흥주 1테이블스푼(15ml)
갓 간 백후추 ½티스푼(1g)
백설탕 1티스푼(4g)

볶음 재료:
땅콩유, 쌀겨유 또는 기타 식용유 3테이블스푼(45ml)
나파배추 또는 얇게 썬 배추 225g(큰 포기 ½가량)
얇게 썬 표고버섯 170g
3cm로 자른 차이브 또는 스캘리언 120g
다진 마늘 1테이블스푼(8g)
다진 생강 1테이블스푼(8g)
코셔 소금과 갓 간 백후추

요리 방법

① 웍에 소금물 3L를 넣고 끓인 뒤 면을 넣고 집게나 젓가락으로 저어가며 1분간 익힌다(NOTE 참고). 고운체로 물을 따라내고 기름을 조금 부어 버무려서 면이 엉겨붙지 않도록 만들고, 쟁반에 펼쳐 둔다.

② **소스:** 참기름, 간장, 소흥주, 후추, 설탕을 작은 볼에 넣어 잘 섞는다. 따로 둔다.

③ **볶음:** 웍에서 연기가 날 때까지 센 불로 가열하고 기름 1테이블스푼(15ml)을 둘러 코팅한다. 양배추를 넣고 부드러워질 때까지 약 2분간 저어가며 볶는다(그슬리기도 한다). 다른 쟁반에 옮겨 둔다.

④ 다시 웍에서 연기가 날 때까지 센 불로 가열하고 기름 1테이블스푼(15ml)을 둘러 코팅한다. 버섯을 추가해 수분이 날아가고 약간 갈색이 돌며 부드러우면서도 아삭해질 때까지 규칙적으로 저으며 3분간 요리한다. 차이브나 스캘리언을 넣어 약 1분간 저어가며 살짝 익을 때까지 볶고, 배추가 담긴 쟁반에 배추, 버섯, 차이브를 한 겹씩 깐다. 면과 야채는 각각의 내열쟁반에 올려준다.

⑤ ***스모키 웍 헤이*(선택사항):** 토치에 불을 붙이고 불길과 쟁반의 거리를 5~7cm 정도 둔 채로 쟁반당 약 15초씩 훈연향이 날 때까지 야채와 면을 굽는다(야채와 면의 기름이 튀고 타면서 '탁탁'하는 소리가 들리고 주황색 불꽃이 터지는 걸 볼 수 있다). 집게로 면과 야채를 뒤섞고 다시 토치를 사용한다.

⑥ 웍에서 연기가 날 때까지 가열하고 기름 1테이블스푼(15ml)을 둘러 코팅한다. 마늘과 생강을 넣고 약 10초간 볶아 향을 낸다. 바로 면을 넣고 뒤적거리며 익힌다. 야채를 웍에 다시 넣고 면과 잘 섞이도록 젓는다. 소스를 웍 가장자리에 붓고 모든 재료를 넣는다. 소스가 면에 코팅될 때까지 볶고 소금과 백후추로 간을 한다. 접시에 옮겨서 제공한다.

굴 소스, 양상추, 버터를 곁들인 중국식 로메인볶음

CHINESE-STYLE LO MEIN WITH OYSTER SAUCE, LETTUCE, AND BUTTER

분량
2인분

요리 시간
10분

총 시간
10분

NOTE
이 레시피는 미국에서 "wonton noodles", "Hong Kong chow mein", "panfried noodles"로 판매되는 중국식 로메인 면을 사용하는 게 최상이지만, 그 어떤 면이나 파스타를 사용해도 된다. 포장지 지침사항을 따라 끓이면 되고, 만약 미리 삶긴 면이라면(기름진 외관을 하고 있을 것이다) 15초만 끓여서 풀어지게만 만들면 된다.

재료
얇은 달걀면 225g, 가급적 생면
로메인 상추 또는 잎으로 분리한 청경채 120~170g
무염버터 3테이블스푼(45g)
굴 소스 ¼컵(60ml)
1cm로 잘게 썬 스캘리언 2대

이 요리는 매우 간단하다. 삶은 면과 야채, 그리고 재료 몇 개만 있으면 된다.

이 버전은 중국에서 먹는 방식과 가까워서 미국에서 볼 수 있는 볶음요리와는 다르다. 뜨거운 면에 소스나 조림된 고기의 육즙을 곁들여 먹는 방식이다. 이 요리의 가장 간단한 형태는 삶은 완탕면에 굴 소스와 라드를 섞은 것인데, *Chinese Cooking Demystified*의 내 친구 Chris와 Steph은 라드가 핵심이라고 말했다. 진정한 중국요리의 맛을 원한다면 냉장고에 라드를 보관하는 조그만 공간을 만들면 좋다. 나도 그렇게 하고 있다.

어느 밤, 이 책의 화보 촬영을 준비할 무렵에 냉장고에 구비한 라드가 다 떨어졌다는 걸 알았다. 그때서야 나조차도 없는데 여러분이 갖고 있을 리 없다는 생각을 했다(혹시 갖고 있나? 그런 선견지명이 있는 사람들을 존경한다). 10분짜리 레시피를 따르려고 라드를 만들거나 슈퍼마켓에 들려야 한다고? 그렇다면 이 레시피가 무슨 소용이 있겠는가?

대부분 냉장고에 라드를 구비하진 않더라도 버터는 구비할 것이다. 나는 즉흥적으로 버터를 사용하기로 했고, 훌륭한 결과가 나왔다. 버터를 바른 굴 소스는 나의 맛 조합 리스트에 추가됐다.

요리 방법

① 포장지의 지시사항에 따라 면을 익히고, 마지막 30초에 양상추를 추가한다(청경채를 사용한다면 1분). 면의 물기를 빼고 면수를 ½컵 남겨둔 채로 한쪽에 둔다. 웍을 화구에 다시 올린다.

② 버터, 굴 소스, 면수를 웍에 넣고 거품이 나고 유화될 때까지 센 불로 가열한다. 면과 야채도 다시 추가하고 웍을 불에서 내린 후 젓가락으로 뒤집어 올리며 양념을 묻힌다. 소스는 크림처럼 매끄러워서 면이 이리저리 미끄러질 수 있어야 한다. 뭉치기만 한다면 물 한 방울을 더해주면 된다. 너무 묽으면 몇 분간 센 불로 가열해 소스의 농도를 조절한다.

③ 면과 야채를 2개의 접시에 나누어 담고 스캘리언을 얹어 제공한다.

버섯, 당근, 바질, 단간장을 곁들인 간단볶음면
EASY STIR-FRIED NOODLES WITH MUSHROOMS, CARROTS, BASIL, AND SWEET SOY SAUCE

분량	요리 시간
4인분	30분
	총 시간
	30분

NOTES

어떤 로메인은 미리 삶아서 판매하기도 한다. 갓 만든 로메인은 겉모습이 파슬파슬한 반면, 미리 조리된 로메인은 면이 달라붙지 않도록 첨가한 기름 때문에 반짝반짝 빛나 보인다. 미리 조리된 면을 사용한다면 1단계에서 10초에서 15초 동안만 끓이면 된다.

케캅마니스는 인도네시아의 달콤한 간장이다. 아시아 슈퍼마켓에서 찾거나 291페이지의 레시피를 따르면 비슷한 조미료를 만들 수 있다. 삼발올렉은 인도네시아식 소금에 절인 칠리페이스트이다. 스리라차와 같은 페이스트로 대체할 수 있다.

이 간소하고 간단한 채식 요리는 달콤하고 향기로운 인도네시아의 케캅마니스와 밝고 매운 삼발올렉으로 풍미가 한껏 오른다. 인도네시아식 볶음면인 미고랭과 비슷하지만, 미고랭에는 고기, 달걀, 양배추, 토마토(또는 케첩)가 들어가는데 이번에는 버섯과 당근(내 딸이 절대로 질려하지 않는 야채들)을 섞고 마지막에 숙주나물과 바질을 잔뜩 넣어 산뜻한 향을 추가했다. 달걀프라이와 함께 제공되는 이 음식은, 평일 저녁 메뉴나 느긋한 주말 아침 식사로 집에서 먹을 수 있는 음식이다.

전통적인 미고랭을 원한다면 간단히 양념된 닭고기 약간(50페이지 '모든 고기볶음을 위한 기본 양념장'을 사용한다)이나 소금에 절인 새우(144페이지 '볶음 새우의 염지' 참고)를 볶는 것으로 레시피를 시작해 따로 보관해두고, 버섯은 잘게 썬 양배추로 바꾸고, 바질은 생략하면 된다.

재료

면 재료:

코셔 소금

로메인 생면 450g(NOTES 참고)

땅콩유, 쌀겨유 또는 기타 식용유 약간

소스 재료:

볶은 참기름 1티스푼(5ml)

노추간장 1티스푼(5ml)

생추간장 1테이블스푼(15ml)

케캅마니스 1½테이블스푼(22ml, NOTES 참고)

삼발올렉 또는 기타 칠리 소스 1테이블스푼(15ml,
      NOTES 참고)

설탕 1티스푼(4g)

볶음 재료:

땅콩유, 쌀겨유 또는 기타 식용유 3테이블스푼(90ml)

얇게 썬 버섯(크레미니 또는 양송이 또는 표고버섯)
      170g

채 썬 당근 170g

얇게 썬 샬롯 1개(약 45g)

얇게 썬 스캘리언 2대

다진 마늘 2티스푼(5g)

숙주 1컵(120g)

신선한 태국 또는 이탈리아 바질잎 30g

코셔 소금과 갓 간 백후추

차림 재료:

완전 바삭한 달걀프라이 4개(114페이지)

삼발올렉

요리 방법

① 웍에 소금물 3L를 넣고 끓인 뒤 면을 넣고 집게나 젓가락으로 저어가며 1분 간 익힌다(NOTES 참고). 고운체로 물을 따라내고 기름을 조금 부어 버무려서 면 이 엉겨붙지 않도록 만들고, 쟁반에 펼쳐 둔다.

② **소스:** 작은 볼에 참기름, 간장 두 종류, 케캅마니스, 삼발올렉, 설탕을 넣고 설탕이 녹을 때까지 젓는다.

③ **볶음:** 웍에서 연기가 날 때까지 센 불로 가열하고 기름 2테이블스푼(30ml)을 둘러 코팅한다. 버섯을 넣고 노릇노릇해질 때까지 저어가며 2분간 조리한다. 당근, 샬롯, 스캘리언, 마늘을 넣고 당근과 샬롯이 부드러워질 때까지 1분 정도 볶는다.

④ 남은 식용유 15ml를 넣고 곧바로 면을 넣은 다음 잘 뒤적이며 뜨거워질 때까 지 볶는다. 숙주와 바질잎을 추가한다. 소스를 휘저은 다음 웍 가장자리에 붓는다. 모든 재료를 넣고 소스가 면에 잘 묻을 때까지 1분 정도 볶는다. 소금과 백후추로 간을 하고 접시로 옮긴 뒤 달걀프라이를 올리고 고추기름을 곁들여 제공한다.

야키소바(일본 볶음면)
YAKISOBA(JAPANESE FRIED NOODLES)

분량
3~4인분

요리 시간
15분

총 시간
30분

NOTE

일본 식료품점을 가면 야키소바용 면을 찾을 수 있는데, 분말 소스가 포함된 것들이 있다. 나는 이 분말 소스를 사용하지 않고 직접 만드는 걸 선호한다. 대부분의 브랜드 제품은 조리할 필요 없이 뜨거운 물을 부어서 느슨하게 만들기만 하면 된다. 야키소바 전용 면을 찾을 수 없을 땐 라멘 생면이나 중국식 알칼리성 밀면을 사용할 수 있다. 끓는 물에 알 덴테로 삶고 물기를 제거한 뒤 기름을 조금 버무려 둔다. 이어서 레시피에 따라 진행하면 된다.

Ao-nori(말린 녹색 김), *Beni-shoga*(붉은생강절임), *Kewpie*(마요네즈)는 일본 슈퍼마켓에서 구매하거나 온라인으로 주문한다. 이오노리는 작은 봉지에 담겨 있으며 보통 김/조미료 코너에 있다. 베니쇼가는 병에 담겨 판매되며 냉장 코너의 가리(스시 생강) 옆에 진열되어 있다. 큐피는 일본의 마요네즈 브랜드로 MSG를 첨가해 독특한 감칠맛을 낸다.

일본 음식은 두 갈래로 나뉘어 있다. 교토의 가이세키요리(일본식 정찬)나 도쿄의 고급 스시 등 유명하고 화려한 음식들은 대부분 섬세함과 깔끔함과 단순함을 특징으로 하는 반면에, 호머 심슨의 분장용 샷건 같은 갈래도 있는데, 재료에 묵직하고도 달콤하고 짭짤한 소스와 많은 조미료를 묻히는 것이다. 일본 요리사가 오므라이스를 만드는 인기영상을 본 적이 있나? 바로 그런 면이다(닭고기 볶음밥에 액체 형태의 달걀오믈렛과 케첩 맛의 데미글라스 소스를 한 국자씩 얹는 요리였다).

야키소바도 이런 갈래에 속하는 것이며 거의 100년의 역사를 감안하면 그 시조의 하나가 아닐까 싶다. 문자 그대로 "튀긴(야키)" "국수(소바)"라는 뜻이다. 국물에 메밀면이 담기는 일본요리 때문에 소바라는 용어에 익숙할 것이다. 그런데 야키소바는 "라멘의 원조"로 알려진 중국식 밀면인 츄카소바의 면(즉, 밀면)을 사용한다. 축제, 스포츠 행사, 초등학교 운동회에서 흔히 볼 수 있는 길거리 음식이다. 보통 *테판*이라고 부르는 넓고 납작한 철판 위에서 엄청난 양을 한꺼번에 만든다. 미국에서 햄버거를 만들 때 사용하는 철판과 비슷하다. 야키소바 요리사는 양배추, 당근, 양파를 기름진 삼겹살 조각과 함께 볶은 다음, 삶은 면을 잔뜩 얹고 모종 삽같이 생긴 짧고 뭉툭한 주걱으로 모조리 버무린다.

일본에 살아본 사람이라면 누구나 이 주걱이 면, 돼지고기, 야채를 뒤척일 때 내는 *소리*를 안다. 달콤하고 짭짤한 우스터 소스를 걸쭉하게 졸여 마무리한 요리를 접시에 옮긴 다음 고명으로 *Ao-nori*(말린 녹색 김)와 *Beni-shoga*(밝은 붉은 생강 절임)를 올린다. 종종 그 위에 일본식 *Kewpie* 마요네즈를 뿌리기도 한다.*

---

* 오코노미야키(일본식 달걀양배추 팬케이크)와 타코야키(구형의 문어 팬케이크)와 같은 몇 가지 전통적인 일본 길거리 음식에도 동일한 소스(또는 그 일부)를 사용한다.

재료

소스 재료:

우스터 소스 2테이블스푼(30ml), 가급적 일본 브랜드
    *Bulldog*에서 판매하는 진한 제품

케첩 2테이블스푼(30ml)

굴 소스 1테이블스푼(15ml)

쇼유 또는 생추간장 1테이블스푼(15ml)

설탕 또는 꿀 1테이블스푼(12g)

볶음 재료:

땅콩유, 쌀겨유 또는 기타 식용유 1테이블스푼(15ml)

생삼겹살 또는 베이컨 120g, 2.5cm로 깍둑 썬 것

얇게 썬 흰 또는 노란 양파 ½(약 90g)

5~7cm 채 썬 당근 ½(약 90g)

얇게 채 썬 녹색 양배추 ½(약 170g)

3.5cm 정도로 자른 스캘리언 3대

야키소바 면 450g, 뜨거운 물에 헹군 것

코셔 소금과 갓 간 흑후추

가니시 재료:

Ao-nori, *Beni-shoga*, *Kewpie* 마요네즈(모두
    선택사항, NOTE 참고)

요리 방법

① **소스:** 우스터 소스, 케첩, 굴 소스, 간장, 설탕(또는 꿀)을 작은 볼에 넣고 설탕이 녹을 때까지 저은 뒤 따로 둔다.

② **볶음:** 웍에 기름을 넣고 중간 불로 달군다. 돼지고기를 넣어 고기에서 기름이 나오고 부분적으로 갈색이 되고 바삭해질 때까지 3분 정도 볶는다.

③ 센 불로 올린 다음 양파, 당근, 양배추를 넣고 야채가 부드러워지고 약간 갈색이 될 때까지 2분 정도 볶는다. 스캘리언을 넣고 섞은 다음 모든 것을 접시에 옮겨 넣고 기름과 돼지고기 지방은 웍에 남겨둔다.

④ 웍에서 연기가 날 때까지 센 불로 가열하고 면을 넣어 뒤척이면서 뜨거워질 때까지 1분간 볶는다. 야채와 돼지고기를 추가하고 모든 재료가 섞이도록 버무린다. 소스가 모든 걸 완전히 코팅할 때까지 저어가며 조리하고 소금과 후추로 간을 한다. 접시에 옮겨 담아 *Ao-nori*와 *Beni-shoga*를 뿌리고, *Kewpie* 마요네즈(원한다면)를 두른 다음 제공한다.

차우메인(Chow Mein)의 다양한 얼굴

미국에서 중국국수를 명명하는 방법은 약간 혼란스럽다. 내가 자란 뉴욕과 보스턴에서의 로메인은 소스와 함께 볶은 두꺼운 달걀국수를 가리켰고, 반들반들하고 탱탱한 면발이 특징이었다.

반면 문자 그대로 "볶음면"으로 번역되는 차우메인은 몇 가지 다

른 요리를 가리키기도 한다. 내가 어렸을 때 차우메인은 *Chun King* 브랜드의 캔에 담긴 바삭바삭한 튀긴 면으로, (만다린 오렌지 통조림과 함께) "아시안" 샐러드에 토핑으로 사용되거나 학교 식당에서 알 수 없는 고기, 셀러리와 함께 제공되었으며 그 위에 간장 베이스의 갈색 그레이비가 한 국자 얹히곤 했다. *Chun King* 브랜드는 냉동 피자와 피자 롤을 발명한 간편 식품의 거물 Jeno Paulucci가 설립했다. 1995년 *La Choy*가 흡수했고, 여전히 같은 통조림 볶음면을 생산하고 있다.

이 버전의 차우메인은 량미엔황(liang miàn huang) 또는 "두 노란 얼굴(two yellow face)"이라고도 하는 홍콩식 볶음면에서 파생된 것이라고 생각한다: 얇은 달걀국수를 양쪽 면이 황금색이 될 때까지 바삭하게 튀겨낸 일종의 국수 케이크로, 그 위에 짭짤한 돼지고기와 야채볶음이 함께 나온다.

혼란스럽게도 "홍콩식" 차우메인은 볶은 면도 아니고 홍콩에서 온 것도 아니다. 홍콩의 미슐랭 작가인 Man Wai Leung에 따르면 이 요리는 중국 중부 해안의 상하이와 쑤저우에서 시작되어 1950년대에 홍콩으로 전파되었다. 그것은 광둥과 차오저우 지역 사회에 곧바로 받아들여지고 변형되었으며 당시 상하이 재계의 거물들을 위한 딤섬 홀과 찻집인 *Luk Yu*와 *Lin Heung*의 메뉴에 포함되었다.

"홍콩식" 차우메인은 때로 얇은 달걀국수를 전 형식으로 튀긴 량미엔황에서 파생된 광둥 요리인 "슈페리어 간장볶음면"을 가리키기도 한다. 얇은 달걀면을 삶아 팬에 튀긴 후, 완전히 바삭해지기 전에 부숴서 스캘리언, 숙주, 간장을 넣고 볶아 부드럽고 쫄깃한 식감이 조화를 이루는 요리이다.

그리고 내가 서부 해안으로 이사했을 때 그곳의 "차우메인"은 동부 해안에서 "로메인"이라고 부르는 것과 비슷한 볶음면이고, "로메인"이라는 단어가 면 자체만을 말한다는 것에 다시 한번 놀랐다(많은 부분에서 서해안의 명명 체계가 실제 중국어 정의에 더 가깝다). 만약 여러분이 미네소타에 살고 있다면 1950년대에 샌프란시스코와 뉴욕 사람들이 찹 수이(chop suey)라고 불렀던, 고기와 야채를 짭짤하게 섞은 *서브검(subgum)*을 얹은 차우메인을 볼 수 있을 것이다.

당신이 매사추세츠의 노스쇼어 출신이라면? 1930년대 폴 리버 마을에서 시작된 "차우메인 샌드위치"는 바삭하게 튀긴 면과 넘칠 정도의 갈색 그레이비 소스와 햄버거 빵으로 만든다. 이 샌드위치 자체는 Atlas Obscura가 1875년부터 존재해 왔다고 주장하는 햄버거 빵에 콩나물과 고기가 들어 있는 세일럼 찹 수이(Salem chop suey)의 후예이다.*

헷갈리겠지만, 걱정할 필요 없다. 이런 역사를 되짚어가는 것과는 별개로 다양한 형태의 차우메인을 즐기는 데는 문제가 없다.

---

* 우리가 알고 있는 햄버거 빵이 1916년 세인트루이스 박람회에서 Walter Anderson에 의해 공개되었다는 걸 고려하면, 나는 이 주장을 한 알의 소금…간장 한 술로 여기겠다.

바삭한 차우메인-전 만들기(량미엔황)

"이건 너무 좋잖아! 겉은 바삭하고 속은 쫄깃해!"

나는 바삭한 전 스타일의 차우메인이 먹고 싶을 때마다 이글루 옆에 두 마리의 북극곰이 서 있는 만화 *The Far Side*가 생각난다. 비결은 어떻게 완벽한 균형을 이루느냐에 있다.

이 바삭한 전을 만드는 방법은 여러 가지가 있지만, 모든 방법의 시작은 면을 조리하는 것부터이다. 생면이나 건면을 삶거나 반조리된 면을 뜨거운 물에 불리는 것이다(반조리된 면은 웍에 넣기 전에 끓는 물에 넣어 면을 푸는 밑작업이 필요하다).

많은 레스토랑에서 면을 튀겨 완전히 바삭바삭한 전을 만든다. 사람들이 바삭바삭한 걸 선호하기 때문이라고 할 수도 있겠지만, 내가 보기엔 최고의 식사 경험을 위해서라기보다는 요리사의 편의를 위한 것이라는 느낌이 강하다. 조금 더 '주의'가 필요한 다른 방법도 있는데, 팬에 적은 양의 기름을 둘러 튀기면 겉은 바삭하면서도 속은 부드럽고 쫄깃하게 만들 수 있다. 볶음의 즙이 스며든 면의 바삭한 부분은 역시, 정말로 식감이 좋다. 하지만 전문가의 영역을 말하는 것이니, 처음 만드는 거라면 과감하게 더 많은 기름을 사용하는 것이 좋다고 생각한다. 그냥 이런 방법이 있다는 것이다.

많은 바삭한 차우메인-전 레시피(위에서 설명한 '주의'가 필요한 레시피가 아니다)가 몇 티스푼의 기름만 사용하라고 하는데, 내가 테스트한 결과 최소 ¼컵의 기름을 사용해야 정말 좋은 바삭함을 얻을 수 있었다(½컵을 사용하면 더 잘 된다). 기름이 너무 많은 게 아니냐고 생각될 수 있지만, 웍에서 전을 꺼내고 나면 대부분의 기름은 웍에 남아 있다.

면을 천천히 익히는 것 또한 중요한데, 너무 빨리 만들려고 하면 바삭한 층이 형성되기도 전에 웍 표면에 직접 접촉하는 면이 타기 시작할 것이다. 나는 뜨거운 기름에 면을 넣고, 불을 줄인 다음 천천히 익도록 둔다.

처음에는 웍에 전이 너무 달라붙는 거 같다고 느낄 수 있는데, 걱정하지 않아도 된다. 껍질을 바삭하게 굽는 닭고기 구이나 연어구이를 요리해본 적이 있나? 바삭한 껍질은 요리가 완성되어 팬에서 꺼내도 된다는 신호이며 억지로 떼내면 안 된다는 걸 알 것이다. 바삭한 면도 똑같다. 면이 바삭바삭하고 단단해지면 웍을 부드럽게 소용돌이처럼 돌리면서 풀어내야 한다. 덩어리가 팬에서 계속 움직이게 만드는 건 균질한 요리를 위한 또 다른 핵심이다(완벽한 치즈구이도 이렇게 구워야 한다).

일단 한쪽 면이 황금빛으로 바삭바삭해지면 조심스럽게 접시로 밀어서 옮긴다. 이때 최대한 기름은 웍에 남겨야 한다. 이어서 다른 접시에 뒤집어 반대 면이 되게 만들고 다시 웍에 밀어 넣는다. 이렇게 하면 웍에서 직접 뒤집는 것보다 훨씬 안전하고 확실하다.

반대 면도 똑같이 익히지만 한 가지 예외가 있다. 면이 바삭바삭해지면 주걱으로 면을 고정시키고 웍에서 기름을 덜어낸 뒤, 계속 휘저으며 조리한다. 그러면 맛있는 구운 향이 나며 진한 갈색이 되고 더 바삭해진다. 면 위에 소스 가득한 볶음을 올리더라도 그 향이 지속된다.

이 과정을 모두 잘 진행하면, 식감의 정점에 오른 요리가 완성된다. 이글루보다도 더 맛있을 것이다.

바삭한 차우메인-전(량미엔황)
CRISPY CHOW MEIN NOODLE CAKE WITH TOPPINGS (LIANG MIÀN HUANG)

분량
4인분

요리 시간
30분
총 시간
30분

NOTE
홍콩식의 볶음면은 "chow mein" 또는 "for chow mein"이라고 표기되어 있다. 대부분 미리 조리된 얇은 달걀면이다(포장지에 "바로 조리 가능" 또는 유사한 문구가 있을 것이다). 생면은 밀가루가 묻어 있으며 포장지에 쓰인 지시에 따라 일반적으로 45~60초 정도 삶아야 한다. 건면을 사용할 수도 있다. 포장지의 지시를 따라 조리하면 된다.

재료

전 재료:
코셔 소금
차우메인 생면 또는 완탕 건면 또는 볶음용 면 225g(NOTE 참고)
땅콩유, 쌀겨유 또는 기타 식용유 ½컵(120ml)

차림 재료:
바삭한 차우메인-전을 위한 표고버섯과 청경채 토핑(357페이지) 또는 *새우 토핑*(358페이지) 1레시피

요리 방법

① 옅은 소금물 1L를 냄비에 넣고 센 불로 끓인다. 면을 넣고(면을 넣은 직후에는 윅이 끓지 않게 되지만 괜찮다) 젓가락으로 몇 번 저어 푼 다음, 체에 받쳐 물기를 뺀다. 생면이나 건면을 사용한다면 포장지의 지시를 따르면 되는데, 보통 생면은 45초, 건면은 몇 분 삶는다. 쟁반에 면을 펼쳐서 식으면서 쪄지도록 둔다. 2~3분에 한 번씩 젓가락으로 면을 뒤집어주며 골고루 식힌다. 면을 만지면 마른 느낌이 들 때까지 약 10분간 식히면 된다.

② 면을 큰 접시에 옮기고 지름 25cm 정도의 원으로 만든다. 온도계로 윅의 기름이 175℃가 될 때까지 중간 불로 가열한다. 면을 뜨거운 기름에 조심스럽게 밀어 넣고 주걱을 사용하여 면이 동그라미가 되도록 모양을 잡아주면서 조심스럽게 눌러준다(너무 많이 누르지는 않는다).

③ 계속 윅을 소용돌이처럼 돌리면서 주걱으로 부드럽게 밀어서 윅 바닥에 눌러붙지 않게 약 1분간 조리한다. 한쪽 면이 황금빛 갈색이 되고 아주 바삭해질 때까지 윅을 계속 돌려주며 8~12분간 조리한다.

④ 윅에서 접시로 전을 옮기는데, 최대한 윅에 기름을 남겨야 한다. 크고 평평하며 테두리가 없는 냄비 뚜껑이나 접시를 전이 담긴 접시에 거꾸로 놓고 뒤집은 다음, 다시 윅에다 조심스럽게 밀어 넣는다. 반대면도 황금빛 갈색으로 바삭해질 때까지 3단계를 반복한다.

⑤ 윅 주걱으로 전을 잡고 윅을 기울여 기름을 덜어낸다(이 기름은 다른 볶음요리에 활용할 수 있으니 보관해둔다). 윅을 다시 화구에 올리고 중간 불로 높인 다음, 전이 더 진한 갈색으로 맛있는 구운 향이 날 때까지 2분 정도 더 조리한다. 더 맛있게 구워진 면이 보이도록 접시에 옮긴다. 위에다 올릴 볶음을 조리하면 된다.

바삭한 차우메인-전 만들기, Step by Step

바삭한 차우메인-전을 위한 표고버섯과 청경채 토핑
SHIITAKE AND BOK CHOY TOPPING FOR CRISPY CHOW MEIN

분량
4인분

요리 시간
5분

총 시간
5분

NOTES
원하는 버섯을 아무거나 한입 크기로 썰어서 섞을 수 있다. 채식주의자라면 치킨스톡 대신 채식주의자용 굴 소스와 야채 스톡을 사용한다.

재료

전분물 재료:
옥수수 전분 1테이블스푼(9g)
물 2테이블스푼(30ml)

볶음 재료:
땅콩유, 쌀겨유 또는 기타 식용유 2테이블스푼(30ml)
얇게 썬 표고버섯 225g(NOTES 참고)
잎을 분리한 작은 청경채 225g
으깨어 굵게 다진 마늘 2쪽(5g)

스캘리언 3대, 4cm로 조각낸 것
소흥주 1테이블스푼(15ml)
생추간장 2티스푼(10ml)
노추간장 2티스푼(10ml)
굴 소스 2테이블스푼(30ml)
설탕 1티스푼(4g)
저염 치킨스톡 1컵(240ml)
코셔 소금과 갓 간 백후추

요리방법

① **전분물**: 작은 볼에 전분가루와 소량의 물을 넣고 전분이 녹을 때까지 저은 다음 따로 둔다.

recipe continues

② **볶음**: 웍을 연기가 날 때까지 센 불에서 달구고 기름을 둘러 코팅한다. 버섯을 넣어 수분을 뱉어내고 곳곳이 노릇해질 때까지 4분 정도 볶는다. 청경채, 마늘, 스캘리언을 넣고 청경채가 부드러워지고 마늘향이 날 때까지 1분 정도 저어가며 조리한다.

③ 소흥주, 간장 두 종류, 굴 소스, 설탕, 치킨스톡, 소금 한 꼬집, 백후추 크게 한 꼬집을 넣고 끓어오르게 한 다음 30초 동안 볶는다.

④ 전분물을 저어서 웍에 추가한다. 소스가 그레이비 같은 농도로 걸쭉해질 때까지 약 1분 간 졸인다. 기호에 따라 소금과 후추로 간을 한 다음 청경채, 버섯, 소스를 전 위에 올려 제공한다.

바삭한 차우메인-전을 위한 새우 토핑
SHRIMP TOPPING FOR CRISPY CHOW MEIN

분량
4인분

요리 시간
5분

총 시간
5분

NOTE
12.5g은 다이아몬드 크리스털 코셔 소금 ⅓테이블스푼 또는 몰튼 코셔 소금 1테이블스푼 또는 일반 소금 2½ 티스푼이다.

재료

새우 재료:
아주 차가운 물 2컵(500ml)
소금 12.5g(NOTE 참고)
베이킹소다 2티스푼(10g)
새우 340g, 약 1.3cm로 자른 것, 껍질은 벗겨서
　　따로 보관한다
얼음 한 컵

육수 재료:
땅콩유, 쌀겨유 또는 기타 식용유 1테이블스푼(15ml)
동전 크기의 신선한 생강 2쪽
굵게 다진 스캘리언 1대
저염 치킨스톡 1½컵

전분물 재료:
옥수수 전분 2티스푼(6g)
물 1테이블스푼(15ml)

볶음 재료:
땅콩유, 쌀겨유 또는 기타 식용유 1테이블스푼(15ml)
4cm로 자른 스캘리언 4대
설탕 ½티스푼(2g)
소흥주 1테이블스푼(15ml)
생추간장 2티스푼(10ml)
코셔 소금과 갓 간 백후추

요리 방법

① **새우:** 볼에 물, 소금, 베이킹소다를 넣고 소금과 베이킹소다가 녹을 때까지 젓는다. 새우를 추가해 소금물이 골고루 스며들도록 젓는다. 얼음을 넣고 최소 15분에서 최대 30분간 새우를 소금물에 넣어 둔다. 키친타월로 두드려 말리거나 야채탈수기로 수분을 완전히 제거한다.

② **그 동안 소스 만들기:** 웍에 기름을 넣고 센 불로 달군다. 새우껍질, 생강, 스캘리언을 넣고 껍질이 분홍색이 될 때까지 1분 정도 볶는다. 치킨스톡을 넣고 끓이다가 약한 불로 줄여 약 1컵이 될 때까지 10분 정도 졸인다. 고운체로 걸러 건더기를 버리고 따로 둔다.

③ **전분물:** 옥수수 전분과 물을 작은 볼에 넣고 전분이 다 녹을 때까지 포크로 젓는다.

④ **볶음:** 연기가 날 때까지 센 불에서 웍을 달구고 기름을 둘러 코팅한다. 새우와 스캘리언을 넣고 겉이 투명하지 않을 때까지 30초 정도 볶는다. 준비한 새우 소스, 설탕, 소흥주, 간장을 추가한다.

⑤ 전분물을 저어 웍에 넣는다. 소스가 그레이비 같은 농도로 걸쭉해질 때까지 약 1분간 졸인다. 입맛에 따라 소금과 후추로 간을 하고 새우, 스캘리언, 그레이비 소스를 전 위에 올려 제공한다.

"The Mix"로 만드는 바삭한 차우메인

내 친구 Brandon Jew의 돼지고기와 새우 혼합물인 "*The Mix*(280페이지)"를 구비해 뒀다면, 바삭한 차우메인−전에 사용할 맛있는 그레이비 소스를 쉽고 빠르게 만들 수 있다. The Mix 340g을 기름 한 스푼과 함께 센 불에서 볶다가 돼지고기가 완전히 익고 새우 겉이 투명하지 않을 때까지 약 45초간 볶는다. 소흥주 1테이블스푼(15ml), 생추간장과 노추간장 각 1티스푼(5ml), 굴 소스 1테이블스푼(15ml)을 웍의 가장자리에 붓고 스톡 1컵, 옥수수 전분 1테이블스푼(9g)과 물 2테이블스푼(30ml)을 섞은 전분물도 넣어준다. 걸쭉해질 때까지 끓인 다음 얇게 썬 스캘리언을 면 위에 올려 제공한다.

숙주와 스캘리언을 곁들인 광둥식 고급진 간장볶음면
ANTONESE SUPERIOR SOY SAUCE NOODLES
(WITH BEAN SPROUTS AND SCALLIONS)

분량
2인분

요리 시간
15분
총 시간
30분

NOTE

홍콩식의 볶음면은 "chow mein" 또는 "for chow mein"이라고 표기되어 있다. 대부분 미리 조리된 얇은 달걀면이다(포장지에 "바로 조리 가능" 또는 유사한 문구가 있을 것이다). 생면은 밀가루가 묻어 있으며 포장지에 쓰인 지시에 따라 일반적으로 45~60초 정도 삶아야 한다. 건면을 사용할 수도 있다. 포장지의 지시를 따라 조리하면 된다.

재료

소스 재료:

생추간장 1테이블스푼(15ml)
노추간장 2티스푼(10ml)
갓 간 백후추 ½티스푼(1g)
소흥주 1티스푼(5ml)
볶은 참기름 1티스푼(5ml)
설탕 ½티스푼(2g)

면 재료:

코셔 소금
홍콩식 볶음용 면 225g, 가급적 차우메인 생면
   (NOTE 참고)

볶음 재료:

식물성 기름 3테이블스푼(45ml)
얇게 썬 노란 양파 55g(큰 양파 ¼개)
스캘리언 4대, 5cm로 자르고 세로로 얇게 썬 것
5cm로 자른 차이브 또는 어린 리크(선택사항)
숙주 약 1컵
코셔 소금과 갓 간 백후추

홍콩 딤섬 클래식, 광둥식 간장국수는 깔끔함과 식감의 조합으로 유명하다. 이 요리에 사용되는 기술만 숙달했다면 면, 양파, 숙주, 간단한 간장 소스만으로 쉽게 요리할 수 있다.

이 국수의 요리 방법이 돋보이는데, *쑤저우식 량미엔황*(356페이지)의 파생이다. 같은 방식으로 면을 삶고 바삭해질 때까지 튀긴다(량미엔황만큼 바삭하진 않다). 이 면은 결국 볶을 것이라서 한번에 뒤집는다거나 두 접시를 사용하는 방법을 사용하지 않아도 된다. 조각나더라도 그냥 뒤집자.

이 요리는 웍 헤이로 맛이 크게 향상되는 요리 중 하나이다. 따라서 야외용 웍 버너를 사용해서 면과 야채를 볶거나, 44페이지에 설명한 토치를 이용하는 방법을 사용한다. 웍 헤이에 필수적인 과정 중 하나인 뜨겁게 달궈진 웍 가장자리에 소스를 떨어뜨려 맛의 변화를 주는 것도 잊지 말자.

요리 방법

① **소스:** 작은 볼에 간장, 백후추, 소흥주, 참기름, 설탕을 넣고 설탕이 녹을 때까지 젓고 따로 둔다.

② 옅은 소금물 1L를 냄비에 넣고 센 불로 끓인다. 면을 넣고(즉시 끓기를 멈추지만 괜찮다) 젓가락으로 몇 번 저어 푼 다음, 체에 밭쳐 물기를 뺀다(생면이나 건면을 사용한다면, 포장지의 지시를 따르면 되는데 보통 생면은 45초, 건면은 몇 분 정도 삶는다). 쟁반에 면을 옮겨 식으면서 조금 쪄지도록 둔다. 2~3분에 한 번씩 젓가락으로 면을 뒤집어가며 골고루 식힌다. 면을 만졌을 때 마른 느낌이 들 때까지 약 10분간 식힌다.

③ **조리 전 재료 준비:**

a. 면
b. 양파, 스캘리언, 차이브 또는 리크(사용한다면)
c. 숙주

d. 소스
e. 조리된 재료를 위한 쟁반
f. 요리를 담을 접시

④ **볶음**: 웍에서 연기가 날 때까지 중간-강한 불로 가열하고 기름 2테이블스푼 (30ml)을 둘러 코팅한다. 면을 조심스레 넣고 주걱으로 살살 푸는데, 면이 약간 달라붙을 수 있지만 괜찮다. 면이 붙었다고 휘젓거나 건드리면 안 된다. 면을 건드리지 않은 채로 웍을 조금씩 움직여주면서 바닥면이 고르게 열을 받을 수 있도록 조리한다.

⑤ 주걱을 뒤집어 들어서 웍 바닥에 붙은 바삭한 면의 테두리를 조심스럽게, 완전히 떼어 내고 조심스럽게 뒤집는다. 숙련되면 팬케이크 뒤집듯이 웍의 움직임만으로 면을 뒤집을 수 있게 된다. 아니면 주걱으로 부분부분 뒤집어도 된다. 면이 조금 찢겨도 큰 문제가 없다.

⑥ 뒤집은 면도 동일하게 익히고, 주걱으로 뭉친 부분들을 풀어준다. 면을 쟁반에 넓게 펼친다.

⑦ 웍을 닦고 연기가 날 정도로 재가열한다. 남은 기름 1테이블스푼(15ml)을 둘러 코팅한다. 양파, 스캘리언, 차이브(또는 어린 리크)를 추가한다. 야채가 살짝 타는 느낌으로 색을 내주고 숨이 죽을 때까지 약 1분간 볶은 다음, 또 다른 쟁반으로 옮긴다.

⑧ **스모키 *웍 헤이*(선택사항)**: 토치의 불길이 대상과 5~7cm 정도의 거리를 둔 채로 쟁반에 담긴 야채와 면을 쐬어준다. 15초 정도면 훈연향이 난다. 야채와 면에 묻은 기름이 튀면서 작은 불꽃이 보이고 장작 타는 소리가 날 것이다. 면과 야채를 집게로 뒤섞은 뒤 다시 토치를 사용해준다.

⑨ 웍을 센 불에서 연기가 날 정도로 가열하고, 야채와 면을 다시 추가한다. 숙주도 추가한다. 한 번 저은 소스를 웍의 가장자리에 붓고 주걱 뒷면을 이용해 뒤섞어서 면과 야채에 소스가 골고루 배도록 볶는다. 웍에 국물이 남지 않을 정도로 졸이고 면을 태우듯이 바삭하게 조리한다.

⑩ 입맛에 따라 소금, 후추로 간을 한다. 접시에 옮겨 제공한다.

소고기와 피망을 곁들인 차우메인
CHOW MEIN WITH BEEF AND PEPPERS

분량
4인분

요리 시간
30분
총 시간
30분

NOTE

홍콩식의 볶음면은 "chow mein" 또는 "for chow mein"이라고 표기되어 있다. 대부분 미리 조리된 얇은 달걀면이다(포장지에 "바로 조리 가능" 또는 유사한 문구가 있을 것이다). 생면은 밀가루가 묻어 있으며 포장지에 쓰인 지시에 따라 일반적으로 45~60초 정도 삶아야 한다. 건면을 사용할 수도 있다. 포장지의 지시를 따라 조리하면 된다.

이 레시피는 부드러운 절인 소고기와 피망, 양파, 면으로 만드는 만족스런 한 그릇 만찬이다. 심지어 다음날 데워서 먹어도 맛있다.

재료

소고기 재료:

소고기 450g, 6mm 두께의 스트립으로 자른 것
　　(업진살, 안창살, 토시살 또는 치마살)
베이킹소다 ½티스푼(2g)
간장 2티스푼(10ml)
소흥주 2티스푼(10ml)
설탕 ½티스푼(2g)
옥수수 전분 ½티스푼(1.5g)

면 재료:

코셔 소금
홍콩식 볶음용 면 225g, 가급적 차우메인 생면(NOTE 참고)

소스 재료:

참기름 1티스푼(5ml)
생추간장 또는 쇼유 1테이블스푼(15ml)
노추간장 1테이블스푼(15ml)

굴 소스 1테이블스푼(15ml)
소흥주 1테이블스푼(15ml)
갓 간 통후추 1티스푼(2g)
설탕 1티스푼(4g)

볶음 재료:

땅콩유, 카놀라유 또는 식물성 기름 6테이블스푼
　　(90ml)
녹색 피망 1개, 심지 제거하고 6mm로 조각낸 것
붉은 피망 1개, 심지 제거하고 6mm로 조각낸 것
6mm로 자른 양파 1개
다진 마늘 2티스푼(5g)
다진 생강 2티스푼(5g)
숙주나물 1컵
코셔 소금과 갓 간 흑후추

요리 방법

① 옅은 소금물 1L를 냄비에 넣고 센 불로 끓인다. 면을 넣고(즉시 끓는 걸 멈추지만 괜찮다) 젓가락으로 몇 번 저어 푼 다음, 체에 밭쳐 물기를 뺀다(생면이나 건면을 사용한다면, 포장지의 지시를 따르면 되는데 보통 생면은 45초, 건면은 몇 분 정도 삶는다). 쟁반에 면을 옮겨 식으면서 조금 쩌지도록 둔다. 2~3분에 한 번씩 젓가락으로 면을 뒤집어 주며 골고루 식힌다. 면을 만지면 마른 느낌이 들 때까지 약 10분 동안 식힌다.

② 소고기: 중간 크기의 볼에 고기를 넣고 찬물을 고기가 잠길 때까지 부은 다음 잘 씻긴다. 고운체로 밭치고 손으로 눌러 짜서 물기를 제거한다. 고기를 다시 볼에 담고 베이킹소다를 넣어 버무린 다음, 고기를 들어올렸다가 볼에 던지는 치대는 행위와 쥐어짜기를 해준다. 간장, 소흥주, 설탕, 옥수수 전분을 넣고 적어도 30초 정도 잘 버무린 뒤 최소 15분에서 최대 하룻밤 재워둔다.

3 소스: 작은 볼에 참기름, 간장, 굴 소스, 술, 후추, 설탕을 넣고 잘 섞은 뒤 따로 둔다.

4 조리 전 재료 준비:

a. 면

b. 양념된 소고기

c. 피망과 양파

d. 마늘과 생강

e. 콩나물

f. 소스

g. 조리된 재료를 위한 빈 용기

h. 요리를 담을 접시

5 볶음: 웍에서 연기가 날 때까지 가열한 뒤 기름 2테이블스푼(30ml)을 둘러 코팅한다. 면을 추가하고 주걱으로 조심스럽게 한 층으로 편다. 이때 면이 약간 달라붙을 수도 있지만 괜찮다. 면이 붙었다고 휘젓거나 건드리지 않는다. 면을 건드리지 않고 웍을 조금씩 움직이면서 바닥면이 고르게 열을 받을 수 있도록 1분간 조리한다.

6 주걱을 뒤집어 들고 웍 바닥에 바삭하게 익은 면을 조심스럽게 완전히 떼어낸 뒤 뒤집는다. 숙련되면 팬케이크 뒤집듯이 웍의 움직임만으로 면을 뒤집을 수 있게 된다. 아니면 주걱을 사용하여 부분부분 뒤집어도 된다. 면이 조금 찢기는 것은 큰 문제없다.

recipe continues

⑦ 뒤집은 면도 동일하게 익히고, 주걱으로 뭉친 부분들을 풀어준다. 면을 쟁반에 펼쳐 식힌다.

⑧ 웍을 닦고 연기가 날 정도로 재가열한 뒤 남은 기름 1테이블스푼(15ml)을 둘러 코팅한다. 준비해둔 소고기의 절반을 넣고 웍과 닿은 밑면이 색이 잘 나도록 움직임 없이 약 1분간 조리한다. 이어서 약 1분 정도는 잘 저어가며 익혀주되 부분적으로 분홍빛이 유지되도록 한다. 볼에 옮긴다. 웍을 닦고 남은 기름 1테이블스푼(15ml)으로 나머지 소고기를 동일하게 조리한 후 같은 볼로 옮긴다.

⑨ 웍을 닦고 연기가 날 때까지 다시 센 불로 가열한다. 남은 기름 1테이블스푼(15ml)을 둘러 코팅한다. 피망과 양파를 넣고 태우듯이 볶는다. 약 1분 정도 볶아서 아삭한 식감을 유지해야 한다. 소고기를 담아 둔 볼로 옮긴다.

⑩ 다시 연기가 날 때까지 웍을 재가열한다. 나머지 기름(15ml)을 둘러 코팅한다. 마늘과 생강을 추가하고 약 10초간 볶아 향을 낸다. 곧바로 면을 넣어 뜨거워질 때까지 저어가며 조리한다. 소고기와 야채를 다시 웍에다 넣는다. 숙주나물을 추가한다. 소스를 한번 젓고 웍 가장자리에 붓는다. 소스가 면에 배고 소고기가 완전히 익을 때까지 잘 볶는다. 입맛에 맞게 소금과 후추로 간을 한다. 접시에 옮기고 즉시 제공한다.

볶음쌀국수와 다른 전분면
Stir-Fried Rice and Other Starch Noodles

밀가루에 함유된 글루텐 단백질의 힘 없이는 쌀, 숙주나물, 타피오카 등 여타의 전분으로 만든 면은 쉽게 깨지거나 끈 적해지므로 볶음요리에 사용할 때는 기술에 변화를 줘야 한다. 여기서는 밀가루가 아닌 전분 볶음면에 집중한다.

소고기 차우펀

우리 가족이 저마다 취향이 다르긴 해도, 마지막 만찬으로 한 가지 요리만 고르라고 한다면 여지 없이 광저우식 소고 기 차우펀을 고를 것이다.

    광저우 관광청에 따르면 말려서 튀긴 소고기 호펀(hor fun; 서양에서는 일반적으로 "소고기 차우펀"이라고 부름) 은 광저우에서 아침, 점심, 저녁식사로 가장 흔한 요리다. 이 요리의 기원은 명확하지 않지만, 일본이 광둥을 점령했 을 당시(1938년) 노점상을 운영하던 Xus 모자가 만들었다 는 이야기가 전해 내려온다. 그 당시 호펀 면은 전분으로 걸쭉하게 만든 그레이비 같은 소스와 함께 제공됐다.

어느 날, 일본 순찰대원과 그의 부하들이 호펀을 먹으려고 줄을 섰는데, 전분이 떨어지고 없었다고 한다.* 기존의 걸쭉한 소스를 만들 수 없는 상황에서 목숨을 잃을까 두려웠던 어머니는 임기응변으로 면을 건식으로 볶고, 소고기를 볶은 다음, 간장이 면에 완전히 흡수될 때까지 졸이고 스캘리언과 숙주나물로 마무리했다. 이렇게 가족들의 목숨을 구해준 국물 없는 소고기 차우펀이 탄생하게 된 것이다.

몇 년 동안 내 가족, 부모님과 두 자매들은 보스턴과 몬태나, 콜로라도, 서부 해안 등 미국 전역에 퍼져 있었고, 누군가 새로 이사할 때마다 "거기는 제대로 된 차우펀을 먹을 수 있나?"라고 물었다. 내가 이 레시피를 개발하게 된 주요 동기 중 하나는, 몬태나주 보즈먼으로 이사한 누나가 엄청난 화력을 지닌 버너 없이도 불맛을 내는 차우펀을 만들 수 있도록 돕는 것이었다(쓸만한 토치 하나만 있으면 된다. 이런 토치는 하나쯤 꼭 가지고 있어야 한다).

소고기 차우펀은 프렌치 오믈렛에 비유되는 경우가 많은데, 조리 기술이 매우 중요한 요리라서 요리사의 실력을 가늠하는 척도로 사용할 수 있는 간단한 요리이기 때문이다. 이 요리를 완벽하게 만들기 어려운 이유는 무엇일까? 바로 이 두 가지다. *웍 헤이와 웍질 테크닉.*

테크닉

웍 헤이는 이미 장황하게 설명했지만, 그만큼 중요한 요소가 없기 때문이다. 웍의 탄소강 재질로 인한 열 전도율과 불이 재료에 직접 닿는 현상들로 인해 생겨나는 이 불맛은, 간장이나 소금(또는 MSG)으로 간을 하는 것만큼이나 중요한 맛의 요소다. 강력한 야외용 버너를 구매할까 말까 고민하고 있다면, "완벽한 소고기 차우펀"을 떠올려 봐라. 결정이 쉬워질 것이다. 그런 이유에서 이 레시피는 고출력 버너와 가정용 레인지를 이용할 때의 세부적인 지시사항을 모두 다루고 있다.

웍질은 왜 중요할까? 모든 볶음요리에서 가장 중요한 이유가 있다. 음식이 자체의 증기로 던져지면서 수증기가 지속적으로 증발과 응축을 하고 이를 통해 조리과정이 촉진되는 과정에서 더 복잡한 향과 풍미가 생긴다(과학적인 내용은 32페이지 '음식이 공중에 떠 있는 동안 어떤 일이 일어날까?' 참고). 차우펀의 경우는 부차적인 기능도 있다. 웍질을 잘하면 주걱이나 국자의 사용을 최소화할 수 있어서 차우펀 면이 부서질 가능성이 줄어든다는 점이다. 물론 이것이 면의 맛 자체에 영향을 끼치진 않지만, 품질의 향상과 완벽을 추구한다면 시도해 볼 가치가 있다.

소고기, 야채, 그리고 소스

소고기 차우펀의 재료는 간단하다. 소고기로 시작하는데, 나는 안창살이나 업진살을 사용한다. 결의 반대로 얇게 슬라이스한 다음 베이킹소다로 고기를 버무려 최대한 연하게 만든다. 간장, 소흥주, 그리고 약간의 옥수수 전분을 넣어서 조리할 때 소고기가 부드럽고 매끄럽게 유지되도록 한다. 예전에는 소고기를 일반적인 팬프라이 방식으로 조리했지만, 몇 차례의 테스트 이후로 방식을 바꿨다. 웍에 충분한 양의 기름을 넣어 뜨겁게 가열하고, 고기가 잠기듯 조리한 다음 기름을 제거하는 방식이다. 나는 이 방식을 "Pass through(통과)"라고 부른다. 기름을 많이 사용하는 방법이지만, 기름지거나 느끼한 맛을 더하진 않고, 오히려 소고기 표면에 코팅을 형성해 고기가 고르게 익으면서도 너무 익지 않게 한다.

스캘리언과 숙주나물은 전통적인 야채 콤비다. 나는 얇게 썬 양파, 스캘리언, 마늘을 숙주나물과 함께 볶는다.

소스도 역시 간단하다. 간장(생추와 노추의 혼합)을 넣을 때 그슬린 맛을 내기 위해 웍 가장자리에 붓는데, 이게 바로 소스다. 몇몇 차우펀 레시피에는 약간의 더우츠(douchi; 발효검은콩)를 넣는데, 개인적으로는 웍 헤이와 그슬린 간장의 맛을 방해하는 재료라고 생각한다(웍 헤이가 불가능한 상황에서는 좋은 옵션일 수 있다).

---

* 왜 대부분의 요리의 기원에 대한 이야기는 어떤 재료가 부족한 것에서부터 시작될까?

면

이 레시피에서 가장 까다로운 부분은 적합한 면을 찾는 것이다. 샤허펀(shahe fen)으로도 불리는 호펀 면은 가는 쌀가루 반죽을 뭉쳐질 때까지 찐 다음 칼을 이용해 넓은 면으로 자르고 약간의 기름을 발라 달라붙는 것을 방지한다. 문제는, 호펀 생면은 유연하고 탄력이 있지만 냉장 보관하면 뻣뻣해진다는 것이다. 휘어지기보다는 볶거나 펴려고 하면 깨져버린다.

이건 모두 전분의 퇴화와 관련이 있다. 조리된 전분은 유동적이고 가단성(충격에 깨지지 않고 늘어나는 성질) 있는 구조를 가지고 있다. 이것이 바로 신선한 빵을 탄력 있게 만들고 갓 구운 옥수수 토르티야를 유연하고 탄력 있게 만드는 요소다. 하지만 식어버리면 전분이 결정 구조를 취하면서 뻣뻣해지게 된다. 전분 퇴화(retrogradation)라고 하는 이 과정을 우리는 멎음(stalling)이라고 하며, 이게 바로 오래된 빵이 씹기 어려운 이유다.* 일부 전분은 이러한 퇴화를 되돌릴 수 있다. 오래된 빵을 오븐에 다시 데우거나 오래된 잉글리쉬 머핀을 구우면 다시 부드러워진다. 그러나 또 다른 전분들은 이러한 퇴행을 부분적으로만 되돌릴 수 있다. 재가열한 옥수수 토르티야가 새것만큼 탄력이 없고, 냉장 보관한 호펀 면을 사용하기 어려운 이유다.

쌀 전분은 옥수수 전분만큼 최악은 아니다. 냉장 보관한 호펀 면을 끓는 물에 넣어 아주 조심스럽게 떼어내 적당히 유연해지도록 만들어 사용할 수 있다. 차우펀용으로 넓은 쌀 건면을 사용해도 된다. 어떤 방법이든 맛있겠지만, 나처럼 완벽한 차우펀을 추구한다면 생면을 쓰는 것만이 답이다. 다행히도 집에서 가장 쉽게 만들 수 있는 면이다. Grace Young과 Pailin Chongchitnat 두 사람이 훌륭한 쌀면 만들기 가이드를 온라인에서 무료로 제공하고 있다.

전자레인지로 냉장 면 데우기

냉장고에 너무 오래 보관해서 뻣뻣하고 질긴 면을 소생시키려면 전자레인지를 사용하면 된다. 면을 전자레인지용 접시에 놓고 뜨거운 물이 담긴 머그잔을 옆에 두고 같이 돌린다(이 물이 증기를 만들어 면이 마르는 것을 방지한다). 면의 속까지 부드러워질 때까지 20초 간격으로 돌린다(면 450g당 약 2분, 한번에 돌리면 골고루 익지 않을 수 있다). 전자레인지에서 면을 꺼낸 후 손으로 만질 수 있을 정도로 식으면 원하는 크기로 자르고 살살 떼어내어 큰 볼에 기름을 두르고 버무린다. 볶을 준비가 될 때까지 달라붙지 않도록 한번씩 손가락으로 젓는다.

---

* 일반적인 믿음과는 달리, 빵이 오래됐다고 해서 반드시 마르진 않는다. 하지만 전분 퇴화와 건조해지는 현상은 종종 관련이 있기도 하다.

소고기 차우펀(토치 버전)
BEEF CHOW FUN ON A HOME BURNER(THE TORCH METHOD)

분량
4인분

요리 시간
20분
총 시간
35분 또는 최대 하룻밤

NOTE

최상의 결과를 위해서는 호펀 생면을 현지 마켓에서 사거나 집에서 만든다(367페이지). 냉장 호펀 면 또는 건면을 사용하는 경우 사용하기 전에 한번 끓여야 한다. 웍에 물 3L를 끓인 뒤 면을 넣고 부드러워질 때까지 약 1분 동안 면을 풀어주며 익힌다(건면을 사용하는 경우 몇 분 더 소요된다. 포장지 지침을 참고하라). 물기를 빼고 기름 2티스푼을 넣어 면이 달라붙지 않게 만들고 쟁반에 펼쳐 둔다. 최소 5분 동안 자연 건조시킨다.

일반 가정용 버너에서도 만들 수 있도록 설계된 레시피이다. 이 요리의 특징인 웍 헤이를 살리기 위해 블로우-토치를 사용한다. 토치 없이도 맛은 있지만, 사용해보는 걸 강력히 추천한다. 아주 큰 차이가 난다(토치의 종류에 대한 정보는 45페이지 참고).

꽤 많은 단계를 거치지만, 전체적인 과정은 간단하다. 각 단계가 각 재료의 최고의 맛을 낼 수 있도록 설계되어 있다.

재료

소고기 재료:

얇게 썬 소고기 225g, 치마살, 안창살, 토시살 또는 업진살

베이킹소다 ¼티스푼(1g)

코셔 소금

노추간장 1티스푼(5ml)

생추간장 1티스푼(5ml)

소흥주 1티스푼(5ml)

옥수수 전분 1티스푼(1g)

소스 재료:

생추간장 또는 쇼유 4티스푼(20ml)

노추간장 2티스푼(10ml)

소흥주 1테이블스푼(15ml)

볶음 재료:

땅콩유, 쌀겨유 또는 기타 식용유 ½컵(120ml)

얇게 썬 노란 양파 ½개(약 90g)

다진 마늘 2티스푼(5g)

5cm로 자른 스캘리언 3대

숙주나물 90g(약 1컵)

호펀(차우펀) 면 340g, 가급적 생면(NOTE 참고)

코셔 소금과 갓 간 백후추

MSG(선택사항)

요리 방법

① **소고기**: 중간 크기의 볼에 고기를 넣고 찬물을 고기가 잠길 때까지 부은 다음 잘 씻긴다. 고운체로 밭치고 손으로 눌러 짜서 물기를 제거한다. 고기를 다시 볼에 담고 베이킹소다를 넣어 버무린 다음, 고기를 들어올렸다가 볼에 던지는 치대는 행위와 쥐어짜기를 해준다. 소금, 소흥주, 간장, 옥수수 전분을 넣고 적어도 30초 정도 잘 버무린 뒤 최소 15분에서 최대 하룻밤 재워둔다.

② **소스**: 작은 볼에 간장과 소흥주를 섞는다.

③ **조리 전 재료 준비:**

a. 양념된 소고기

b. 내열그릇과 고운체

c. 면

d. 소스

e. 양파, 마늘, 스캘리언, 숙주나물

f. 조리된 야채를 놓아둘 쟁반

g. 요리를 담을 접시

④ **볶음**: 내열 그릇에 고운체를 놓고 웍 근처에 준비해 둔다. 기름에서 살짝 연기가 올라올 정도로 웍을 가열한다. 온도계로 175°~190℃ 정도가 나와야 한다. 가장 강력한 버너 위에 웍을 놓고 고기를 추가한 뒤 가장 센 불로 핏기가 사라질 때까지 약 45초간 저어가며 익힌다. 고운체로 소고기와 기름을 건져내고, 소고기를 쟁반에 옮겨 둔다. 웍을 닦는다.

⑤ 웍을 다시 가열하고 걸러낸 소고기 기름 1테이블스푼(15ml)을 둘러 코팅한다. 양파, 마늘, 스캘리언, 숙주나물을 넣고 야채가 부드러우면서 아삭한 식감을 유지하도록 약 1분간 볶는다. 불맛(웍 헤이)을 살리기 위해 토치에 불을 붙여 야채를 쓸어준다(웍질을 하면서). 또는 7단계에서 설명하는 쟁반을 사용하는 방법으로 진행한다. 소고기가 담긴 쟁반에 겹치지 않게 옮긴다.

⑥ 웍을 센 불로 재가열하고 걸러낸 소고기 기름 1테이블스푼(15ml)을 둘러 코팅한다. 면을 넣고 부서지지 않도록 주의하면서 살짝 그슬릴 정도인 1~2분 동안 볶는다. 소스의 절반을 웍 가장자리에 붓고 소스가 증발할 때까지 계속 볶는다. 면을 새로운 쟁반에 평평히 옮긴다. 웍을 닦는다.

⑦ **스모키 *웍 헤이*의 경우(선택사항)**: 토치로 5~7cm 정도의 높이에서 각 쟁반의 야채와 면을 쓸어준다. 스모키한 향이 날 정도인 15초 정도면 된다(야채와 면에 묻은 기름이 튀면서 작은 불꽃이 보이거나 장작 타는 것과 비슷한 소리가 날 수 있다). 면, 야채, 소고기를 집게로 조심스레 뒤집은 다음 다시 토치로 쓸어준다.

⑧ 웍을 다시 센 불에 올려 재가열한 후 모든 재료를 넣고 웍질하면서 면이 부서지지 않도록 조심히 잘 섞는다. 남은 소스를 웍의 가장자리에 붓는다. 소스가 완전히 증발하고 면이 지글지글 끓어오를 때까지 약 1분간 조리한다. 7단계에서 설명한 쟁반에 펼쳐두는 방법을 사용하지 않는다면, 토치로 웍에다 직접 불길을 쏘아 불맛을 낸다. 소금, 백후추, MSG(사용한다면), 간장으로 간을 맞춘다. 접시에 옮기고 즉시 제공한다.

소고기 차우펀(야외용 버너 버전)
BEEF CHOW FUN ON AN OUTDOOR WOK BURNER

NOTE

최상의 결과를 위해서는 호펀 생면을 현지 마켓에서 사거나 집에서 만든다(367페이지). 냉장 호펀 면 또는 건면을 사용하는 경우 사용하기 전에 한번 끓여야 한다. 웍에 물 3L를 끓인 뒤 면을 넣고 부드러워질 때까지 약 1분 동안 면을 풀어주며 익힌다(건면을 사용하는 경우 몇 분 더 소요된다. 포장지 지침을 참고하라). 물기를 빼고 기름 2티스푼을 넣어 면이 달라붙지 않게 만들고 쟁반에 펼쳐 둔다. 최소 5분 동안 자연 건조시킨다.

재료

소고기 재료:

얇게 썬 소고기 225g, 치마살, 안창살, 토시살 또는 업진살

베이킹소다 ¼티스푼(1g)

코셔 소금 ½티스푼(1.5g)

노추간장 1티스푼(5ml)

생추간장 1티스푼(5ml)

소흥주 1티스푼(5ml)

옥수수 전분 1티스푼(1g)

소스 재료:

생추간장 또는 쇼유 4티스푼(20ml)

노추간장 2티스푼(10ml)

소흥주 1테이블스푼(15ml)

볶음 재료:

땅콩유, 쌀겨유 또는 기타 식용유 ½컵(120ml)

호펀(차우펀) 면 340g, 가급적 생면(NOTE 참고)

얇게 썬 노란 양파 ½개(약 90g)

다진 마늘 2티스푼(5g)

5cm로 자른 스캘리언 3대

숙주나물 90g(약 1컵)

코셔 소금과 갓 간 백후추

MSG(선택사항)

이 레시피는 고출력 야외용 버너를 최대한 활용할 수 있도록 설계했다. 열 출력이 최소 65,000BTU/hour인 버너를 권장하며, 120–130,000BTU/hour의 버너라면 더욱 좋다. 가연성 물질들은 최대한 멀리 두고, 발에 걸려 넘어질 수 있는 호스 등의 그 어떤 것이든 점검하고, 시작하기 전에 모든 재료와 도구들을 준비한다. 안전을 위해 재빨리 웍을 내려놓을 수 있는 공간을 따로 마련하여 음식이 타는 것도 방지한다. 열을 견딜 수 있는 표면이어야 하며, 잠시 뒀다 재정비하고 다시 버너에 올릴 것이다. 지속적으로 예열하거나 조리하지 않을 땐 버너를 *끄거나* 가장 약한 불에 두어야 한다. 또한 요리를 시작하기 전에 해당 요리의 모든 과정을 시뮬레이션 해보는 것이 좋다. 이 요리는 매우 빠르게 진행된다!

빠른 진행 탓에 소스를 미리 섞어놓을 수도 있지만, 개인적으로 간장과 소흥주는 각각의 플라스틱 소스병에 담아두는 것을 선호한다. 편하게 손으로 짜서 사용하는 병이어야 한다.

요리 방법

① **소고기:** 중간 크기의 볼에 고기를 넣고 찬물을 고기가 잠길 때까지 부은 다음 잘 씻긴다. 고운체로 밭치고 손으로 눌러 짜서 물기를 제거한다. 고기를 다시 볼에 담고 베이킹소다를 넣어 버무린 다음, 고기를 들어올렸다가 볼에 던지는 치대는 행위와 쥐어짜기를 해준다. 소금, 소흥주, 간장, 옥수수 전분을 넣고 적어도 30초 정도 잘 버무린 뒤 최소 15분에서 최대 하룻밤 재워둔다.

② **소스:** 작은 볼에 간장과 소흥주를 섞는다.

③ **조리 전 재료 준비:**

a. 양념된 소고기

b. 내열 그릇과 고운체

c. 면

d. 소스

e. 양파, 마늘, 스캘리언, 숙주나물

f. 조리된 야채를 놓아둘 쟁반

g. 요리를 담을 접시

④ **볶음:** 내열 그릇에 고운체를 놓고 웍 근처에 준비해 둔다. 기름에서 살짝 연기가 올라올 정도로 웍을 가열한다. 온도계로 175°~190℃ 정도가 나와야 한다. 고기를 추가한 뒤 가장 센 불로 핏기가 사라질 때까지 약 45초간 저어가며 익힌다. 불을 끈다. 고운체로 소고기와 기름을 건져내고, 소고기를 쟁반에 옮겨 둔다. 웍을 닦는다.

⑤ 웍을 다시 가열하고 걸러낸 소고기 기름 1테이블스푼(15ml)을 둘러 코팅하고 면을 넣어 볶는다. 면이 웍 뒤쪽에 생기는 뜨거운 증기와 넘실대는 불길에 닿으며 탁탁 소리를 내면서 그을릴 때까지 약 45초간 냄비를 옆으로 기울이며 볶는다(면이 너무 거칠어지지 않도록 주의하고, 주걱이나 국자를 최대한 사용하지 말 것). 소스 절반을 웍 가장자리에 붓고 소스가 졸여질 때까지 약 30초간 볶는다. 면을 소고기를 담은 쟁반으로 옮겨 둔다.

⑥ 연기가 날 때까지 웍을 센 불로 가열하고 걸러낸 소고기 기름을 한 스푼(15ml)을 더 둘러 코팅한다. 양파, 마늘, 스캘리언, 숙주나물을 넣고 야채가 부드러워지고 불꽃이 야채 속까지 들어가 군데군데 그을릴 때까지 웍을 기울이며 약 30초간 볶는다.

⑦ 면과 쇠고기를 웍에 다시 넣고 볶은 야채들과 섞는다. 소금, 백후추, MSG(사용하는 경우)로 간을 한다. 남은 소스를 웍 가장자리에 붓는다. 소스가 완전히 졸여지고 면이 지글지글 끓기 시작할 때까지 약 1분간 저어가며 볶는다. 접시에 옮기고 바로 제공한다.

닭고기 팟씨유
PAD SEE EW WITH CHICKEN

분량	요리 시간
4인분	15분
	총 시간
	30분

NOTE

최상의 결과를 위해서는 호편 생면을 현지 마켓에서 사거나 집에서 만든다(367페이지). 냉장 호편 면 또는 건면을 사용하는 경우 사용하기 전에 한번 끓여야 한다. 웍에 물 3L를 끓인 뒤 면을 넣고 부드러워질 때까지 약 1분 동안 면을 풀어주며 익힌다(건면을 사용하는 경우 몇 분 더 소요된다. 포장지 지침을 참고하라). 물기를 빼고 기름 2티스푼을 넣어 면이 달라붙지 않게 만들고 쟁반에 펼쳐 둔다. 최소 5분 동안 자연 건조시킨다.

팟씨유는 "튀긴 간장"이라는 태국어에서 왔으며, 광둥식 차우펀에서 파생된 여러 쌀국수 볶음 중 하나이다. 만드는 과정은 거의 동일하고, 유일한 차이점은 재료에 있다. 팟씨유는 파속 식물 대신에 가이란(중국 브로콜리)을 사용하는데, 나는 브로콜리의 색을 유지하기 위해 볶기 전에 잠시 데친다. 소고기를 사용할 수 있지만 달걀프라이와 닭고기가 훨씬 더 일반적으로 사용된다. 마지막으로 간장 외에도 굴 소스(때로는 피시 소스)를 사용하여 면에 간을 한다. 좋아하는 태국식 테이크-아웃 가게의 맛을 제대로 느끼고 싶다면 태국식 진한 간장(*Healthy Boy*가 인기 있는 브랜드임)을 사용하는 것이 좋다.

차우펀과 팟씨유의 또 다른 차이점은 제공되는 방식이다. 차우펀은 보통 단독으로 먹는데, 팟씨유는 *프릭남쏨*(256페이지)을 곁들여야 요리 한 그릇이 완성된다.

나는 팟씨유에 *웍 헤이*가 필수적이라고 생각하지 않지만, 368페이지와 370페이지에 소개된 차우펀 요리 과정과 동일한 방법(토치/야외용 버너)으로 *웍 헤이*를 입혀도 된다.

재료

닭고기 재료:
얇게 썬 닭 살코기 175g
생추간장 1티스푼(5ml)
옥수수 전분 1티스푼(4g)
베이킹소다 ¼티스푼(1g)
코셔 소금 한 꼬집

소스 재료:
생추간장 1테이블스푼(15ml)
노추간장 1테이블스푼(15ml)
굴 소스 1테이블스푼(15ml)
설탕 1테이블스푼(12g)

볶음 재료:
식물성 기름 60ml(¼컵)
가이란 또는 일반 브로콜리 또는 브로콜리니 170g, 줄기가 6mm보다 넓지 않게 세로로 자른 것
큰 달걀 1개, 작은 볼에 깨둔다
갓 다지거나 빻은 중간 크기의 마늘 4쪽(10~15g)
호펀(차우펀) 면 340g, 가급적 생면(NOTE 참고)
코셔 소금
생추간장
갓 간 백후추

차림 재료:
방콕식 테이블 조미료 세트, *프릭남쏨*(256페이지), *남쁠라프릭*(257페이지), 설탕, 태국 칠리플레이크 등

요리 방법

① **닭고기**: 중간 크기의 볼에 고기를 넣고 찬물을 고기가 잠길 때까지 부은 다음 잘 씻긴다. 고운체로 밭치고 손으로 눌러 짜서 물기를 제거한다. 고기를 다시 볼에 담고 베이킹소다, 간장, 옥수수 전분, 소금을 넣어 고르게 분포될 때까지 30초간 버무린다. 다른 재료를 준비하는 동안 뚜껑을 덮고 15분 이상 따로 둔다.

② **소스**: 작은 볼에 간장, 굴 소스, 설탕을 넣고 설탕이 녹을 때까지 젓는다.

③ **조리 전 재료 준비**:

a. **양념된 닭고기**   e. **소스**
b. 데친 **브로콜리**   f. **면**
c. **달걀**   g. **조리된 재료를 놓아둘 그릇**
d. **마늘**   h. **요리를 담을 그릇**

④ **볶음**: 요리할 준비가 되면 웍에 식물성 기름을 얇게 두르고 센 불로 연기가 날 때까지 가열하고 기름 1테이블스푼(15ml)을 둘러 코팅한다. 닭고기를 넣고 가끔 저어가며 1분 정도 조리하면 거의 익는다. 깨끗한 볼에 옮겨 담는다.

⑤ 웍을 닦고 연기가 날 때까지 센 불로 가열한 뒤 남은 기름 1테이블스푼(15ml)을 둘러 코팅한다. 브로콜리를 넣고 부분적으로 살짝 그을릴 때까지 약 1분간 볶는다. 닭고기가 담긴 볼로 옮긴다.

⑥ 다시 웍을 닦고 남은 기름 2테이블스푼(30ml)을 둘러 반짝거릴 때까지 가열한 다음, 달걀을 기름 중앙에 직접 투하한다. 이때 기름이 많이 튀므로 볼을 웍 근처에 대어 튀는 걸 방어한다. 달걀은 즉시 부풀어 오르면서 탁탁 터지는 소리가 나야 한다. 약 15초간 조리해 바삭하게 익으면서 흰자위 부분이 터질 정도로 부풀어 오르게 한 다음 뒤집어준다(부서져도 괜찮다). 마늘을 추가해 볶다가 주걱으로 달걀을 깨서 약 30초간 볶아 향을 낸다.

⑦ 마늘향이 나는 기름에 면을 넣고 섞어 주면서, 즉시 소스를 웍 가장자리에 부어 저어가며 볶는다. 미리 볶아둔 닭고기와 브로콜리를 추가해서 면이 지글지글 끓기 시작할 때까지 약 1분간 볶아준다. 기호에 따라 소금, 생추간장, 백후추로 간을 맞춘다. 접시로 옮기고 테이블 조미료와 함께 제공한다.

팟타이

해외에서의 인기는 물론이고 태국의 국민음식인 팟타이. 이런 팟타이의 역사가 그리 길지 않다는 점이 참 흥미롭다. 팟타이의 발전과 채택은 자연스러움과는 거리가 멀다. 오히려 제2차 세계대전이 시작되기 전, 태국의 험난한 정치 환경과 Plaek Phibunsongkhram(이하 피분송크람) 총리가 통치한 전체주의 정부의 산물이었다. 짧은 역사 수업을 시작하게 된 것에 양해를 부탁한다. 곧 국수 이야기로 돌아올 것이다.

피분송크람은 1932년 샴 혁명(Siamese Revolution)에서 거의 800년간 이어진 태국의 절대 군주제를 번개처럼 빠른 쿠데타로 종식시킨 인민당의 야전 원수이다. Manopakorn Nititada(이하 니티타다)가 초대 총리로 임명된 입헌군주제 민주주의 국가로 선포되었지만, 피분송크람과 인민당의 민간 지도자인 Pridi Banomyong(이하

파놈용)이 반대 방향으로 정부를 밀어붙이면서 민주주의는 오래가지 못했다. 파놈용은 좌파 경제 의제를 추진하고, 피분송크람은 이탈리아와 독일 지도자들로부터 전체주의라는 영감을 얻었다.

권력 투쟁은 피분송크람이 주도한 제3자의 반란으로 끝났다. 대중적 지지와 군사적 지지를 모두 얻고 1938년 12월 총리의 자리에 올라 곧 공식적으로 태국으로 개명될 국가의 사실상 전체주의 독재자가 되었다. 피분송크람은 1939년까지 동쪽에는 프랑스령 인도차이나, 서쪽은 영국령 버마, 제국주의 일본의 중국 침략으로 인해 태국도 실존적 위협에 직면했다고 생각했으며 독립을 유지하는 열쇠는 더 많은 문명화와 통일된 태국 문화에 있다고 여겼다.

태국이 추축국과 동맹을 맺고 제2차 세계 대전에 참전하자, 피분송크람은 태국인이 외국인에게 자신을 표현하는

방법부터 국기, 군대 및 국가를 기리는 법, 가능한 한 태국 제품을 사용하는 것까지 모든 것을 통제하는 일련의 문화적 명령을 제정했다. 이러한 명령으로 인해 태국 북부, 중부, 남부의 이질적인 문화를 통합하고, 건강을 증진하고, 준비 비용이 저렴한 음식을 만들려고 했다. 그 요리가 팟타이가 되었다는 것은 전적으로 우연이다. 피분송크람의 아들인 Nitya가 2009년 식품연구 저널인 *Gastronomica* 인터뷰에서 팟타이는 아버지 가족의 조리법이며 나이든 이모가 발명한 요리라고 주장한 적도 있다.

영양인류학자이자 책 *Materializing Thailand*의 저자인 Penny Van Esterik에 따르면 태국 정부는 다양한 단백질 공급원인 땅콩, 달걀, 고기를 깨끗한 팬에 센 불로 조리해 먹도록 밀어붙였다. 기존 태국의 주식인 쌀, 칠리페이스트, 생잎 등의 요리에서의 건강한 전환이었다. 이 요리의 이름은 kuai-tiao phat thai(태국 볶음 쌀국수)였는데 팟타이라고 축약되며 레시피가 전국으로 퍼져나갔다. 그이후로 태국의 주식이 되었다.

외국인들은 팟타이를 순수한 태국요리로 인식할 가능성이 높은데, 이것 또한 어느 정도 의도된 것이다. 20세기 후반부터 오늘날까지 태국 정부는 팟타이를 관광객들에게 매력적인 태국의 맛으로 홍보하고 있다. 그러나 태국 내부에서는 팟타이가 항상 태국의 요리로 간주되는 건 아니다. 태국의 요리사이자 기자이자 강사인 Sirichalerm Svasti에 따르면 팟타이의 두 가지 핵심 요소인 면과 볶음부터 논쟁의 대상조차 될 수 없다고 한다. 둘 다 18세기 중국 이민자들이 가져온 중국 수입품이기 때문이다. 맛은 태국 특유의 단맛, 신맛, 톡 쏘는 맛, 매운맛이긴 하지만.

팟타이 팬트리

팟타이의 새콤달콤하면서도 아리고 매운 맛은 팜 슈거, 타마린드 펄프, 피시 소스, 고추라는 네 가지 기본 재료에서 만들어진다. 그리고 케케묵은 맛도 나며 냄새가 고약한 말린 새우와 새우페이스트, 달콤하게 톡 쏘는 절인 무(피클), 마늘과 샬롯과 파속 식물들의 향, 아삭한 숙주나물과 같은 일련의 보조 맛으로 강화된다. 그 외에도 네 가지 단백질 공급원을 들 수 있는데, 매우 단단한 두부, 으깬 땅콩, 스크램블 에그, 새우가 있다.

팟타이를 만드는 건 간단할 수 있어도, 그 안에서는 엄청나게 많은 것들이 작용하고 있다.

팜 슈거와 라임즙 대신에 백설탕을 사용하거나, 타마린드 대신 식초를 사용하는가 하면 보조 재료의 일부 또는 전부를 생략하는 레시피도 찾을 수 있다. 이런 레시피 중에서도 꽤 많은 수가 맛있는 국수를 만들 수 있다. 시답잖은 마켓밖에 들릴 수 없었다면, 구비하고 있는 재료만으로 요리하는 것을 추천한다. 어느 재료를 사용해도 팟타이를 망치는 일은 없을 것이다.

반면에 조금 벗어나 당신 방식대로 하고 싶다면, 진정한 팟타이, 약간의 짭짤하고 펑키한 풍미와 바삭바삭하고 쫄깃한 질감으로 가득한 팟타이, 방콕의 거리에서 찾을 수 있는 팟타이, 그 어떤 팟타이도 진정한 '팟타이'가 될 수 있다. 어떤 재료든 꼭 넣어야 하는 것이 아니라 당신의 입맛에 맞추기 위한 재료일 뿐이다.

부추와 두부를 제외한 모든 재료는 식료품 저장실이나 냉장고에서 무기한으로 보관할 수 있으니 낭비되는 일은 없을 것이다.

- **팜 슈거**는 반 축축한 상태로 항아리에 보관된 채로, 또는 작은 덩어리로 판매되는 원당이다. 독특한 캐러멜향이 나서 *남쁠라프릭*(257페이지) 또는 *쩨우*(440페이지)와 같은 찍어먹는 소스나 팟타이 같은 요리에 풍미를 더해준다.

- **말린 새우**는 짠맛과 소금에 절인 맛이 나며 볶을수록 부드러워지는 쫄깃한 식감이 특징이다. 팟타이에 아주 그만이다. 물에 담그고 잘게 잘라 XO 소스에 추가할 수 있고 (303페이지, 이 레시피에서 페퍼로니와 함께 말린 새우 한 줌을 추가한다), 그린 파파야 샐러드에 말린 새우를 빻아서 넣어먹을 수도 있다. 중국, 일본 및 동남아 슈퍼마켓에서 찾을 수 있다.

- **새우페이스트**는 다양한 형태로 제공되며 일반인은 쉽게 경험하지 못할 독특한 맛을 가지기도 한다. 여러 훌륭한 태국 요리책 *Bankok: Recipes and Stories from the Heart of Thailand*의 저자인 내 친구 Leela Punyaratabhandu는 나로서는 온라인에서밖에 찾을 수 없는 밝은 붉은색의 기름에 튀긴 새우페이스트를 추천한다. 나는 특히나 중국의 새우페이스트가 독특하고 강한 향을 내고 싶을 때 사용하면 아주 좋다는 걸 알게 됐다.

- **태국 단무지**는 내가 Leela에게 관심을 갖지 않았다면 결코 접하지 못했을 또 다른 재료이다. 이 단무지는 짠맛과 단맛, 두 가지가 있다. 짠맛은 맛과 질감이 쓰촨 야차이

(Sichuan Ya Cai; 겨자 줄기)와 비슷하지만 짠맛이 더 강하고 조금 더 달콤하다. 달콤한 맛은 팟타이에 필요한 부분이다. 태국 단무지는 볶음밥이나 다른 볶음국수 요리에 추가하거나, 수프에 넣어 졸이거나, 죽에 넣어 저어 먹거나(249페이지), 태국식 오믈렛에 뿌리거나 올려서 먹을 때도(168페이지) 훌륭하다. 태국 단무지가 없을 경우, 정통은 아니라도 맛있는 걸 좋아한다면 일본 단무지로 대체해도 좋다. 개봉 후에는 냉장고에 보관할 것.

- **매우 단단한 두부**는 중국에서 dougan 또는 **"건조 두부"**로 알려져 있는데, 할루미 치즈나 파니르처럼 조밀한, 거의 치즈와 같은 질감이 될 때까지 압축된 두부이다. 일반적으로 진공 포장되어 판매되며 두부 겉 표면이 노란색으로 염색된 경우가 많다. 나는 동남아 마켓과 꽤 큰 중국 마켓에서 이 두부를 찾을 수 있었다. 보통의 단단한 두부도 괜찮지만, 이 재료는 팟타이 믹스에 또 다른 흥미로운 질감을 더한다. 구운 두부는 차선책이다.

- **중국 부추(갈릭 차이브)**는 속이 빈 원통 모양의 스캘리언보다 줄기가 납작하고 풀처럼 가느다란 부추속이다. 나는 중국 또는 동남아시아 슈퍼마켓에서 부추가 진열되어 있지 않은 농산물 코너를 본 적이 없다. 일본 슈퍼마켓에서는 일본 이름인 nira를 볼 수 있다. 스캘리언보다 훨씬 순하고, 향신료라 하기보다는 야채에 가까우므로, 만약 대용으로 스캘리언을 쓴다면 양을 절반으로 줄인다. 부추를 팟타이에 넣고 볶은 후 생으로 사이드로 제공한다(일반적으로 숙주나물 더미 옆에, 때로는 바나나 꽃 조각 옆).

면

팟타이에 사용되는 면은 건쌀국수이다. 마켓에 가면 몇 가지 너비의 제품을 찾을 수 있다. 팟타이는 너비가 약 6mm인 국수로 만들지만, 더 얇거나 두꺼워도 되니 스트레스 받지 말고 구매하면 된다. 생면을 최소한의 소스로 빠르게 볶는 차우펀이나 팟씨유와는 달리, 팟타이 면은 물에 잠시만 담가서 부분적으로만 수분을 보충한다. 요리하는 중에 계속해서 수분을 흡수하며 부드러워지고 맛있어진다.

팟타이 테크닉에 어려움이 있다면 면을 완벽하게 익혀야 한다는 것이다. 부드러우면서도 퍽퍽하지 않은 상태에서 소스가 완전히 졸여지고 흡수된다. 그렇게 하면 소스의 설탕이 약간 캐러멜화되기 시작하며 면 가장자리 주변이 약간 쫄깃하게 되고, 부드러우면서도 퍽퍽하지 않은 국수가 완성된다. 말처럼 어렵지는 않은 과정이다. 단지 요리할 때 웍 안에서 무슨 일이 일어나고 있는지 주의를 기울여야 할 뿐이다. 소스에서 기름이 빠져 나오고, 보글보글 끓는 소리에서 바삭한 튀김 소리로 바뀌면 캐러멜화 지점에 이른 것이다.

주의해야 할 두 가지 시나리오가 있다:

- **여전히 면은 질긴데 소스가 부족하다면**, 불을 낮춰서 소스의 증발을 늦추고 면이 부드러워질 시간을 조금 더 준다. 비상시(면이 대부분 익지 않은 상태에서 소스가 완전히 증발해 재료가 기름에서 지글지글 끓는 경우) 약간의 물을 부어 부드러워질 시간을 주면 된다.

아마도 다음과 같은 반대 시나리오에 직면할 가능성이 더 크다.

- **소스가 줄어드는 것보다 면이 빨리 부드러워진다면**, 화력을 최대한 올려서 웍질하며 면을 최대한 움직인다. 이 두 가지 조치는 증발을 촉진해서 소스를 줄이는 데 효과적이다.

튀기는 단계가 시작되면 면을 옆으로 밀고 새우와 달걀을 볶을 수 있다. 이 단계에서 웍을 들어 불길과 약간 떨어진 위치로 옮기고, 새우와 달걀이 요리되는 부분에 열을 전달한다. 마지막으로 두부, 숙주나물, 부추(차이브)를 추가할 준비가 될 때까지 국수가 익는 속도를 늦추는 것이 좋다. 재료를 모두 볶은 후 차려낸다.

팟타이
PAD THAI

분량
2~3인분

요리 시간
15분

총 시간
30분

NOTE

태국 고추는 상당히 맵기 때문에 취향대로 조절한다. 더 순한 맛을 위해 한국 고춧가루나 쓰촨의 얼징티아오로 대체할 수 있다(아예 생략해도 된다). 새우, 태국 단무지, 새우페이스트는 모두 옵션이다. 자세한 내용은 375페이지의 "팟타이 팬트리"를 참고하면 된다. 가장 통통하고 육즙이 풍부한 새우는 144페이지의 염지 지침을 따르면 되고, 중국 부추(일본명은 nira)는 실파처럼 보여도 잎이 큰 이파리가 있으며 실파보다 부드러운 맛이 있다. 중국 부추를 찾을 수 없다면 꽃이 핀 차이브, 노란 차이브, 스캘리언을 사용해도 된다. 스캘리언을 사용한다면 양을 절반으로 줄인다.

재료

면 재료:

팟타이 면 170g, 6mm 너비의 건쌀국수

소스 재료:

팜 슈거 또는 흑설탕 60g
피시 소스 3테이블스푼(45ml)
타마린드 펄프 3테이블스푼(45ml, 381페이지)
태국 고춧가루 1티스푼(선택사항, NOTES 참고)

볶음 재료:

식물성 기름 60ml (¼컵)
얇게 썬 샬롯 1개(45g)
갓 굵게 다진 마늘 3쪽(8g)
작은 건새우 2테이블스푼(5g, 선택사항, NOTES 참고)
새우페이스트 1테이블스푼(15ml, 선택사항)
잘게 썬 단무지 3테이블스푼(20g, 선택사항, NOTES 참고)

껍질 벗긴 큰 새우 225g(NOTES 참고)
큰 달걀 2개
숙주나물 1컵(약 90g)
중국 부추 5~6개(약 90g), 5~7cm 크기로 얇게 썬 것(NOTES 참고)
구운 두부 또는 매우 단단한 두부 120g, 1.3 x 1.3 x 5cm 블록으로 자른 것.

차림 재료:

막자사발로 빻은 땅콩튀김 ½컵(80g, 319페이지)
라임 웨지
중국 부추(일본명 nira)
숙주나물
방콕식 테이블 조미료 세트, 프릭남쏨(256페이지), 피시 소스(257페이지 남쁠라프릭), 설탕, 태국 칠리플레이크 등

요리 방법

① **면**: 볼에 면을 넣고 따뜻한 물을 잠기도록 붓는다. 약 20분간 가끔씩 저어가며 담가두어 부서지지 않고 구부러지지만, 흐물거리지 않을 정도로 부드럽게 푼다. 체로 걸러서 따로 둔다.

② **소스**: 팜 슈거를 막자사발로 완전히 으깨질 때까지 찧는다. 피시 소스, 타마린드 펄프, 고춧가루를 넣고 설탕이 녹을 때까지 원을 그리며 빻는다. 막자사발이 없으면 조리대에서 무거운 냄비의 밑바닥으로 팜 슈거를 부수고 피시 소스와 타마린드 펄프를 넣고 저어서 녹일 수도 있다.

③ 조리 전 재료 준비:

a. 마늘과 샬롯

b. 면

c. 소스, 말린 새우, 새우페이스트, 단무지(사용한다면)

d. 생새우

e. 달걀

f. 숙주나물, 중국 부추와 두부

g. 요리를 담을 접시

④ **볶음**: 웍에 기름 2테이블스푼(30ml)을 두르고 센 불로 반짝일 때까지 가열한다. 마늘과 샬롯을 넣고 30초간 볶아 향을 내지만 갈색이 되지 않아야 한다.

⑤ 면을 넣고 소스, 건새우, 새우장, 단무지를 차례로 넣는다. 면이 소스의 절반 정도를 흡수할 때까지 약 45초 동안 세게 저으며 볶는다.

⑥ 면을 웍 옆으로 밀고, 버너가 비어있는 공간을 위주로 가열하도록 웍 위치를 조절한다. 빈 공간에 새우를 넣고 반투명하지 않을 때까지 약 45초간 가끔씩 저어가며 뒤집는다. 모든 재료를 웍에 넣는다.

⑦ 국수와 새우를 다시 웍 옆으로 밀어 공간을 만들고, 빈 공간을 위주로 가열하도록 웍 위치를 조절한다. 남은 기름 2테이블스푼(30ml)을 넣고 달걀을 넣는다. 약 10초 정도 후 끓기 시작하면 주걱으로 부수고 스크램블한다.

⑧ 숙주나물, 부추, 두부를 넣고 함께 버무리고 약 1분 정도 더 볶아서 부추와 숙주나물의 숨이 죽고 면이 부분적으로 그을리고 바삭해지게 만든다.

⑨ 접시에 옮겨 담고 땅콩을 뿌린다. 라임 조각, 부추, 숙주나물, 테이블 조미료를 함께 제공하여 취향대로 먹을 수 있게 한다.

recipe continues

팟타이 만들기, Step by Step

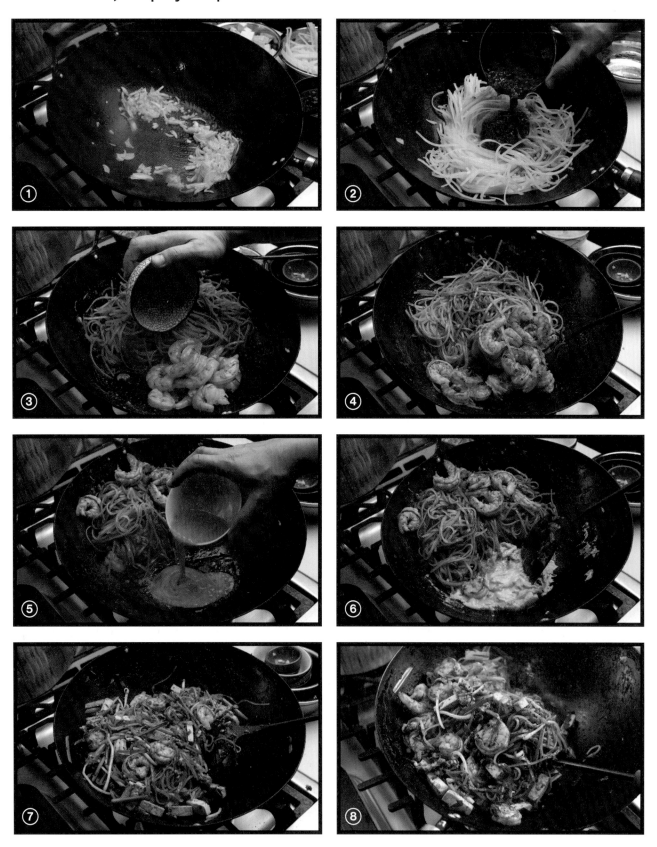

타마린드 사용 방법

타마린드는 아프리카 원산 활엽수나무의 열매로, 동남아시아와 남아메리카에 널리 퍼져 있고, 끈적하면서 아주 신맛이 나는 갈색 콩깍지 모양의 과일이 열린다. 타마린드는 아래 세 가지 종류가 일반적으로 판매된다.

- **농축 타마린드**는 웬만해서는 구매하지 않는다. 플라스틱이나 유리병에 담겨 나온다. 아주 소량으로 사용할 때는 별 상관이 없지만, 농축이라는 이름과는 달리 타마린드 특유의 신맛을 내는 데 한계가 있다.

- **타마린드를 원물 상태로** 구매하는 것이 2순위 옵션인데, 직경 약 2.5cm, 길이 15cm 정도의 손가락 크기이다. 비닐로 싼 종이 상자에 담아서 판매하는 경우가 많다. 요리에 사용하려면 겉의 딱딱한 껍질을 부수고 안의 과육을 따뜻한 물에 담가 직접 페이스트를 추출한다.

- **블록 형태로 판매되는 타마린드** 과육을 사용하는 게 가장 좋은 옵션이다. 대부분의 식재료가 자연 그대로의 상태일수록 풍미가 좋다고 생각하지만, 타마린드는 예외이다. 블록 형태지만, 원물과 차이가 없다고 해도 무방할 정도이다. 사용하기도 훨씬 편하다.

타마린드 과육은 아시안 슈퍼마켓이나 라틴 슈퍼마켓에서 쉽게 찾아볼 수 있다. 보통 비닐 포장에 싸여 실온 보관되고 있을 것이고, 사용 시에는 필요한 만큼만 부스러트려 사용하며 나머지는 다시 밀봉하여 몇 달간 냉장 보관할 수 있다. 산도와 당도가 높아서 박테리아나 곰팡이가 잘 피지 않기 때문이다(난 아무리 오래된 타마린드를 먹어도 배탈 난 적이 없다).

타마린드는 먹을 수 없는 질긴 섬유질과 씨앗이 많아서 꼭 따뜻한 물을 이용해 손질해야 한다. 그 방법을 알아보자.

STEP 1 · 뜨거운 물 넣기

필요한 만큼 타마린드를 쪼갠 뒤 볼에 넣고 동량의 뜨거운 물을 붓는다.

STEP 2 · 주무르기

손가락으로 타마린드를 잘 주물러 과육을 푼다. 큰 덩어리들 위주로 주무르면 된다. 그러다 보면 진흙 같은 질감의 액체에 섬유질(경우에 따라 딱딱한 씨도)이 풀어져 있는 상태가 될 것이다.

STEP 3 · 걸러 내기

고운체에 볼을 받치고 과육을 걸러 낸다. 고무 스패츌러를 사용해 체를 꾹꾹 눌러가며 걸러 내면 된다. 체에 남은 섬유질과 씨앗은 버린다.

완성된 타마린드 과육은 냉장으로 몇 주간 보관할 수 있으며 샐러드 드레싱, 소스, 칵테일 등을 만들 때 라임이나 레몬즙 대신 사용할 수 있다.

마의상수(쓰촨식 당면요리)
ANTS CLIMBING TREES
(SICHUAN CELLOPHANE NOODLES WITH PORK AND CHILES)

분량	요리 시간
2인분	15분
	총 시간
	30분

NOTE

당면은 녹두 전분으로 만든 제품을 구매하면 된다. 쓰촨 후추는 빨간색 혹은 녹색 모두 사용 가능하다. 쓰촨 후추는 까만색 씨앗이나 잔가지가 없도록 제거한다. 고추절임은 직접 만들거나 시판 제품도 사용 가능하며(84페이지의 레시피 참조) 태국 고추나 세라노, 할라피뇨 등으로 대체해도 된다. 온라인이나 중국 슈퍼마켓에서 구매할 수 있는 *Pixian* 두반장을 사용하는 것을 추천한다.

재료

면 재료:

마른 녹두당면 120g(NOTES 참고)

소스 재료:

생추간장 2테이블스푼(30ml)
노추간장 1티스푼(5ml)
설탕 1티스푼(4g)
저염 치킨스톡 또는 물 ½컵(120ml)

볶음 재료:

땅콩유, 쌀겨유, 콩유 또는 유채씨유 ¼컵(60ml)
녹색 쓰촨 후추 1테이블스푼(5g, NOTES 참고)
다진 돼지고기 120g
다진 마늘 4티스푼(10g, 중간 크기 4쪽)
다진 스캘리언 3대(녹색 부분 약간을 가니시 용으로 따로 빼 놓는다)
다진 고추절임 1개(NOTES 참고)
두반장 2테이블스푼(24g)
다진 고수 한 움큼

창의적인 음식이름을 이야기할 때는 중국과 영국을 빼놓을 수 없다. 영국의 토드 인 더 홀(Toad in the Hole; 요크셔 푸딩에 소세지가 든 요리), 럼블데썸프(Rumbledethump; 스코틀랜드식 감자와 양배추가 든 파이. 감자와 양배추를 나무주걱으로 반죽에 섞는 소리에서 따온 이름), 이튼 메스(Eaton Mess; 딸기와 머랭과 크림이 든 디저트, Eaton school에서 유래한 이름), 중국의 에그플라워수프(Egg Flower soup; 달걀이 꽃처럼 핀 계란탕), 드렁크 치킨(Drunk Chicken; 술에 절여 만든 닭고기 요리), 앤츠 클라이밍 트리즈(Ants Climbing Trees; 마의상수; 다진 고기와 당면이 나무에 오르는 개미 같다고 해서 붙은 이름). 이와는 달리 미국은 스팸(Spam), 록키 마운틴 오이스터(Rocky Mountain Oysters), S&%t on a Shingle처럼 지루한 이름들만 가득하다.

*Cook's Illustrated*에서 견습 요리사로 일하던 시절, 일주일에 한번씩은 동료 견습 요리사들과 브루클린 빌리지의 워싱턴 가에 있는 *Sichuan Garden*(지금은 주인의 아들이 옛 쓰촨식 메뉴와 칵테일을 파는 현대식 주점을 운영한다)에 식사를 하러 갔다. 그곳에서 새콤한 고추 드레싱이 뿌려진 소 내장 요리나, 튀긴 그린빈, 그리고 마의상수를 자주 먹었던 기억이 난다.

이 요리는 두 가지 버전이 있는데, 하나는 돼지고기, 쓰촨 후추, 두반장, 간장, 향신채와 함께 볶아서 볶음면 형태로 요리하는 것이고, 하나는 면이 잠기도록 닭 육수를 충분히 부어 국물이 있는 형태로 만드는 것이다. 볶음면 형태는 면이 서로 달라붙고 쉽게 불어서 먹기가 불편하기 때문에 나는 보통 국물이 있는 버전을 먹는다. 면이 국물을 빨아들여 젤리처럼 변하고, 그 와중에 탱글함은 살아있는 그 식감이 좋기 때문이다.

요리 방법

① **면**: 면을 볼에 넣은 뒤 아주 뜨거운 물을 부어 덮는다. 면이 부드러워질 때까지 약 15분간 불리면 된다. 그 후 물기를 뺀 뒤 따로 둔다.

② **소스**: 간장, 설탕, 치킨스톡을 작은 볼에 넣고 섞은 뒤 설탕이 녹을 때까지 젓는다.

③ **조리 전 재료 준비:**

a. 쓰촨 후추
b. 돼지고기
c. 마늘, 스캘리언, 고추절임, 두반장

d. 소스
e. 당면
f. 요리를 담을 접시

④ **볶음**: 웍에서 연기가 날 때까지 센 불로 가열하고 쓰촨 후추를 넣어 10초간 볶아 향을 낸다. 돼지고기를 넣고 익어서 색이 나기 시작할 때까지 2분 정도 더 볶는다.

⑤ 마늘, 스캘리언, 고추절임, 두반장을 넣고 향이 나고 기름에 붉은 빛이 돌 때까지 45초 정도 볶는다. 소스를 넣는다.

⑥ 소스가 끓기 시작하면 면을 돼지고기 위로 얹는다. 면이 소스를 흡수하도록 30초 정도 그대로 놓아 둔 뒤 아래에 깔린 소스를 면 위로 조심스럽게 끼얹는다. 너무 세게 저으면 면이 달라붙을 수 있으니 주의한다. 소스가 면에 거의 다 흡수되고 졸아들면 남겨두었던 스캘리언의 초록 부분과 고수를 넣은 다음 접시에 옮겨 담아 제공한다.

❹

튀김
—

사람들은 왜 집에서 튀김요리를 해 먹지 않을까? 이 질문에 대해 내가 자주 들은 대답으로는 주방이 지저분해지고, 비용이 많이 들고(남은 기름을 처리할 방법이 없다), 위험하고, 몸에 안 좋은 것 같아서 등이 있다.

그런데 웍을 사용하면 앞의 세 가지 문제는 해결할 수 있다. 네 번째 이유는 여러분들이 결정할 몫이다. 튀김은 당연히 기름지다. 높은 온도에 튀기면 재료에 기름이 덜 스며든다는 속설이 있지만, 사실은 바삭하게 튀겨질수록 기름이 더 많이 흡수되는 게 일반적이다(이 이야기는 잠시 뒤에 다시 하겠다). 튀김을 먹으면서 건강 걱정을 하려거든 먹는 양을 줄이거나, 친구를 많이 초대해서 당신이 먹을 수 있는

양이 적어지게 만들면 된다. 그게 아니면 헬스장 이용권을 결제하거나, 아기를 낳거나 강아지를 입양해서 온종일 집 안 곳곳을 뛰어다니면 된다.

이번 파트에서는 웍을 이용해 튀김요리를 하는 방법과 건식 튀김요리 등 여러 가지 형태의 튀김에 대해 알아본다. 반죽을 사용해 튀기는 방식과 반죽 없이 속살만 드러내서 튀기는 방식도 포함되어 있다(다시 말하지만, 여러분의 속살이 아니라 재료의 속살을 드러내서 튀기는 것이다, 당신이 위험한 모험을 즐기는 사람이 아니길 바란다).

4.1 부침요리

부친다는 것은 적당한 양의 기름을 이용해 중간 정도의 불세기로 음식을 익히는 것을 말한다. 서양식 볶음(sauté)은 재료를 고루 익히기 위해 팬 안의 재료들을 자주 움직여 줘야 하지만,* 부침은 중간 세기의 불을 사용해 재료를 한두 번 정도만(때로는 아예 뒤집지 않는다) 뒤집어 고루 황금빛 색이 돌게 하고, 바삭한 겉면이 만들어지게끔 한다.

잘 길들여진, 바닥이 평평한 형태의 웍은 부침요리를 하기에 안성맞춤이다. 웍 가장자리의 완만한 경사가 기름이 튀거나 음식이 바깥으로 튕겨 나가는 것을 방지하고 음식과 웍 사이로 스패츌러를 넣기도 쉽다.

잘 길들여진 무쇠 팬이나 코팅 팬을 사용해도 무방하다.

한국식 팬케이크, 부침개

부침개(한국식 팬케이크를 통칭하는 말로 종류가 매우 다양하다)처럼 만들기 쉽고 빠르고 간단한 음식은 드물다. 밀가루, 메밀가루, 녹두가루, 쌀가루와 같은 곡식 가루들을 이용해 반죽을 만드는데, 녹두 반죽에 고사리, 돼지고기, 숙주, 김치를 넣은 녹두 부침개나 배추에 반죽을 살짝 묻혀 부친 배추 부침개도 있고, 김칫국물과 고춧가루를 넣어 색

이 붉은 김치전과 파(스캘리언)와 달걀을 넣어 부친 부산의 유명한 동래파전도 있다.

간단히 말하면 밀가루, 전분, 차가운 물, 추가 재료 한두 개만 있다면 요리를 시작한 지 10분 안에 간식이나 간단한 점심, 그리고 막걸리(한국의 쌀로 만든 술)의 안주 역할을 모두 할 수 있는 음식이 만들어진다는 것이다.

간단함을 넘어서서, 부침개는 응용에도 최적화되어 있다. 냉장고에 남아있는 호박 반 개, 양파 약간, 파 한 단, 시들어버린 케일, 당근 조각, 베이컨, 햄, 다진 고기, 또 냉동실에 있는 새우와 오징어, 냉장고 구석의 김치까지. 모두 부침개로 변신할 준비가 되어 있는 재료들이다.

부침개 반죽은 어떤 재료를 사용하느냐에 따라 조금씩 달라질 수 있지만, 만드는 것이 너무 쉽고 저렴하기 때문에 직접 만들어보면서 당신만의 노하우를 쌓는 것이 좋다.

---

* 서양식 볶음과 웍을 사용한 볶음이 비슷하다고 보는 사람도 있겠지만, 서양식 볶음은 비교적 낮은 온도에서 재료가 고르게 익게끔 조리하므로 센 불로 연기가 많이 나게 조리하는 웍 볶음과는 차이가 있다.

밀가루 100% 레시피의 경우 글루텐 함량이 높아 두툼하고 묵직한 반죽이 나온다. 조금 더 바삭하고 가벼운 반죽을 만들고 싶다면 옥수수 전분이나 감자 전분을 사용하면 된다 (나는 밀가루와 전분을 4:1로 섞어서 쓴다). 반죽에 달걀을 섞으면 부풀어 오르며 오믈렛과 두꺼운 크레페 사이의 식감을 낸다. 반죽에 탄산수를 넣으면 가장자리가 조금 더 바삭해지면서 반죽 안쪽은 살짝 부풀게 되고, 베이킹소다를 넣으면 서양식 팬케이크처럼 푹신한 질감이 만들어진다(나는 달걀이나 베이킹소다를 넣지 않는다. 부침개 특유의 쫄깃한 질감을 좋아하기 때문이다. 탄산수 반죽은 가끔 한다).

어떤 재료를 넣든 간에, 부침개 반죽을 만들 때 꼭 지켜야 하는 두 가지는 차가운 물을 사용해야 하고(정확히는 얼음 물), 너무 많이 휘젓지 말아야 한다는 것이다. 위 두 규칙 모두 글루텐 형성을 최소화하기 위한 것으로, 글루텐이 너무 많이 형성되면 질기고 무거운 질감의 부침개가 되기 때문이다. 부침개 반죽은 미국식 팬케이크 반죽보다는 훨씬 묽어야 하는데, 숟가락으로 떴을 때 페인트처럼 주르륵 흐르는 농도가 적당하다. 나는 반죽을 최소화하고 야채, 해산물, 고기를 최대한 많이 넣는 걸 선호한다. 반죽은 재료를 서로 엉기게 할 정도로만 넣는다.

재미있는 사실 한 가지를 말해주자면, 한국의 김치와 독일의 사워크라우트는 모든 레시피에서 서로 대체할 수 있다는 것이다. 사워크라우트를 넣어서 전을 만들거나 핫도그나 루벤 샌드위치에 김치를 넣어 만들어 보면 당신의 미각에 좋은 경험이 될 것이다.

김치(또는 사워크라우트) 부침개
KIMCHI OR SAUERKRAUT BUCHIMGAE(KOREAN-STYLE PANCAKES)

분량	요리 시간
4인분	15분
	총 시간
	30분

NOTES

김칫국물이 부족하다면 차가운 물을 조금 더 넣는다. 한국 고춧가루는 많이 맵지 않기 때문에 더 매운맛을 원하면 매운 고춧가루나 으깬 고추를 넣어주면 된다. 부침개는 너무 뜨겁지 않게 상온으로 먹어도 되지만, 여러 장을 부치는 경우 다 준비가 될 때까지 쟁반 위에 철망을 올리고 그 위에 얹어 90°C로 맞춘 오븐에 보관하면 된다. 모두가 주방에 모여 부치자마자 나눠 먹는 것도 좋은 방법이다.

재료

얇게 썬 김치 170g과 김칫국물 ¼컵(60ml, NOTES 참고)
얇게 썬 양파 60g
스캘리언(파) 2대, 반으로 갈라 4cm로 썬 것
중력분 120g(약 ¾컵)
전분(옥수수 또는 감자) 30g(¼컵)
설탕 2티스푼(8g)
고춧가루 1티스푼(3g, NOTES 참고)
차가운 물 180ml(약 ¾컵)
부칠 때 필요한 땅콩유, 쌀겨유 등의 식용유
부침개 디핑 소스(391페이지)

김치 부침개는 신맛이 강한 묵은 김치로 만들어야 제맛이다. 김치 대신 사워크라우트로 만들어도 맛있는 레시피이다.

요리 방법

① 볼에다 김치, 김칫국물, 양파, 스캘리언(파), 밀가루, 전분, 설탕, 고춧가루, 물을 넣고 숟가락으로 잘 젓는다(과하게 섞지 않는다). 반죽의 농도는 볼을 기울였을 때 흐르는 정도면 된다.

② 바닥이 평평한 웍이나 20~25cm 직경의 코팅 팬에 기름 2테이블스푼(30ml)을 붓고 반짝일 때까지 중간-센 불로 가열한다. 그 후 얇은 부침개를 만들 정도의 반죽을 붓고 숟가락 뒷면으로 넓게 퍼트린다(위 레시피 양으로는 25cm 부침개 2개, 또는 20cm 부침개 3개 정도를 만들 수 있다). 이후 부침개 반죽이 바삭하게 익도록 2분간 그대로 두어 익힌 다음 스패츌러를 부침개와 팬 사이에 넣어 반죽이 팬에 달라붙지 않도록 뒤적인다.

③ 부침개가 고루 익도록 부침개를 팬 안에서 돌려 가며 어두운색이 날 때까지 총 5분 정도 익힌다. 그다음 넓적한 스패츌러로 부침개를 뒤집고 반대쪽 면도 색이 나도록 4분간 익힌다.

④ 부침개를 도마 위로 옮기고 나머지 반죽을 팬에 올려 2~4단계를 반복한다. 그다음 피자 슬라이서나 칼로 자른 뒤 양념장(디핑 소스)과 함께 제공한다.

해물파전

HAEMUL PAJEON
(KOREAN-STYLE SEAFOOD AND SCALLION PANCAKES)

분량
4인분

요리 시간
15분
총 시간
30분

NOTES

다음과 같은 해산물을 이용하면 좋다: 껍질과 내장을 제거하고 한입 크기로 자른 새우, 링 모양이나 막대 모양으로 자른 오징어, 생굴이나 훈연 굴 또는 통조림 굴, 생물 조개나 통조림 조개, 냉동 홍합이나 통조림 홍합, 굵게 다진 게살이나 게맛살, 잘게 부순 참치나 연어 통조림

재료

해물 믹스 225g(NOTES 참고)
스캘리언(파) 6대, 반으로 갈라 약 4cm로 썬 것
중력분 120g
전분(옥수수 또는 감자) 30g
설탕 2티스푼(8g)
차가운 물 180ml(약 ¾컵)
큰 달걀 1개
부칠 때 필요한 땅콩유, 쌀겨유 등의 식용유
부침개 디핑 소스(391페이지)

해물파전은 새우, 자른 오징어, 굴, 조개, 홍합, 게, 게맛살, 통조림 참치나 연어 등 어떤 해물이든 사용해서 만들 수 있다. 해물을 넣지 않고 스캘리언(파)의 양을 배로 늘려서 파전을 만드는 것도 가능하다. 부침개는 너무 뜨겁지 않게 상온으로 먹어도 되지만, 여러 장을 부치는 경우 다 준비가 될 때까지 쟁반 위에 철망을 올리고 그 위에 얹어 90℃로 맞춘 오븐에 보관하면 된다. 모두가 주방에 모여 부치자마자 나눠 먹는 것도 좋은 방법이다.

요리 방법

① 해물, 스캘리언(파), 밀가루, 전분, 설탕, 물, 달걀을 볼에 넣고 숟가락으로 잘 젓는다(과하게 섞지 않는다). 반죽의 농도는 볼을 기울였을 때 흐르는 정도면 된다.

② 바닥이 평평한 웍이나 20~25cm 직경의 코팅 팬에 기름 2테이블스푼(30ml)을 붓고 반짝일 때까지 중간-센 불로 가열한다. 그 후 얇은 부침개를 만들 정도의 반죽을 붓고 숟가락 뒷면으로 넓게 퍼트린다(위 레시피 양으로는 25cm 부침개 2개, 혹은 20cm 부침개 3개 정도를 만들 수 있다). 이후 부침개 반죽이 바삭하게 익도록 2분간 그대로 두어 익힌 다음 스패츌러를 부침개와 팬 사이에 넣어 반죽이 팬에 달라붙지 않도록 뒤척인다.

③ 부침개가 고루 익도록 부침개를 팬 안에서 돌려 가며 어두운색이 날 때까지 총 5분 정도 익힌다. 그다음 넓적한 스패츌러로 부침개를 뒤집고 반대쪽 면도 색이 나도록 4분간 익힌다.

④ 부침개를 도마 위로 옮기고 나머지 반죽을 팬에 올려 2~4단계를 반복한다. 그다음 피자 슬라이서나 칼로 자른 뒤 양념장(디핑 소스)과 함께 제공한다.

부침개 디핑 소스
PANCAKE DIPPING SAUCE

분량
½컵

요리 시간
2분

총 시간
2분

NOTES
얇게 썬 스캘리언(파), 다진 마늘, 구운 참깨, 고춧가루 등을 넣어 맛을 조절할 수 있다.

요리 방법
모든 재료를 섞고 설탕이 녹을 때까지 젓는다. 밀폐된 용기에 담아 냉장고에 2주까지 보관할 수 있다.

재료
생추간장 또는 쇼유 3테이블스푼(45ml)
쌀식초 또는 흑식초 2테이블스푼(30ml)
물 2테이블스푼(30ml)
참기름 1티스푼(5ml)
설탕 1테이블스푼(12g)
얇게 썬 스캘리언(파) 1대
다진 생강 2티스푼(약 10g, 선택사항)

아주 쫄깃한 중국식 파전 만드는 방법
(총요우빙; Cong You Bing)

내가 고등학생 때 처음으로 혼자 요리하는 방법을 배운 요리가 바로 총요우빙(파전튀김)이다. 나는 이 요리 방법을 '독학'했다고 생각하는데, 그러니까 내 말은, "튀김 반죽과 파"가 어려워 봤자 얼마나 어려웠겠냐는 거다.

물론 그 당시의 나는 글루텐 발달이나 라미네이트 페이스트리(laminated pastries) 같은 건 전혀 몰랐다. 내가 생각한 요리 방법(촘촘하고 반죽이 많은 덩어리)으로는 최고의 중국 식당들이 제공하는 바삭바삭하고, 가볍고, 다층적인 음식을 만들 수 없었다. 그러나 나는 의학계에 *내가만들었으니맛있을거다니즘(Imadethismyselfsoitmusttasteawesomosis)*이라고 알려진 끔찍한 증후군에 걸리면서 나의 명백한 실패를 완전히 잊고 말았다.

내가 한 일은 다음과 같다. 여섯 가지 간단한 단계를 거쳤다.

STEP 1: 밀가루와 물을 반죽이 될 때까지 섞는다.

STEP 2: 많이 반죽한다(그게 좋다는 말을 들었었다).

STEP 3: 파(스캘리언)를 넣는다.

STEP 4: 좀 더 반죽한다.

STEP 5: 밀대로 펴서 튀긴다.

STEP 6: 무거운 질감을 분산시키기 위해 많은 양의 소금, 식초, 간장을 함께 낸다.

어느덧 5~6년이 빠르게 지나고, 거실에 앉아 *Yan Can Cook*(중국요리 쇼)의 에피소드를 보는데 머릿속이 하얗게 변하기 시작했다. 무슨 에피소드냐고? 파전 만드는 방법이었다. 소개하는 과정이 솔직히 꽤 단순하고도 기발했다. 뜨거운 물 반죽과 라미네이션이라는 두 가지 독특한 특징을 결합하는 방식이었다.

뜨거운 물 반죽

대부분의 서양식 빵과 페이스트리는 밀가루를 반죽하기 전에 상온의 액체를 첨가해 탄력 있고 쫄깃한 구조를 만들어주는 글루텐을 형성한다. 냉수로 반죽한 반죽은 누르면 튀어나오고 늘리면 수축한다. 피자 반죽이 적어도 몇 시간 동안 휴지되어야 글루텐이 이완되어 반죽을 밀어 늘릴 수 있는 이유이다.

파전, 만두피, 중국식 전, 그리고 몇몇의 다른 중국 페이스트리를 만드는 데 사용되는 뜨거운 물 반죽은 약간 다르게 작용한다. 밀가루에 끓는 물을 직접 첨가해서 단백질을 변형시킬 뿐만 아니라 작은 조각으로 부순다. 어느 정도는 글루텐이 형성될 수 있지만, 요리된 단백질은 날것만큼 늘어나거나 달라붙지 않기 때문에 냉수 반죽의 신축성이나 탄력성과는 비교도 할 수 없다.

공기가 통하는 구멍이 뚫린 빵을 만들기엔 좋지 않은 방법이지만, 부드러운 만두피나 약간 쫄깃쫄깃한 파전을 만든다면 아주 적합한 방법이다. 뜨거운 물 반죽의 장점은 차가운 물 반죽만큼 탄력성이 좋지 않다는 것이다. 따라서 롤-아웃(반죽을 펴는 작업)이 매우 쉽다. 생각해보자, 50개의 만두피를 만들어야 한다거나 파전을 만들 때 아주 긍정적인 부분이다.

파전의 또 다른 흥미로운 부분은 반죽을 굴리는 방법이다.

라미네이트 페이스트리(LAMINATED PASTRIES)

세계에서 가장 유명한 라미네이트 페이스트리는 아마도 크루아상일 테지만, 나는 감히 파전이 가장 널리 소비되고 있다고 추측한다. 라미네이트 페이스트리가 정확히 뭘까? 생물학적으로 효모로 발효시킨 빵이나 베이킹소다나 베이킹파우더를 사용해 화학적으로 빠르게 발효시킨 빵과는 달리, 라미네이트 반죽은 지방과 증기를 통해 발효된다. 두 가지 기본 요소로 이루어져 있다: 지방 층과 지방 층으로 분리된 얇은 반죽 층.

기름기 없는 반죽은 완전히 발효되지 않고(예: 퍼프 페이스트리, 파전, 필로, *파테브릭*; *páte a brick*), 효모로 발효되거나(예: 크루아상, 데니쉬), 베이킹파우더(예: 몇몇 쫄깃하고 층이 진 과자)로 발효될 수 있다. 마찬가지로 지방 층은 올리브유(특정 필로 레시피), 버터(퍼프 페이스트리), 파전의 경우 얇은 참기름과 밀가루 페이스트 같은 다양한 지방일 수 있다.

이 아이디어는 얇은 지방의 층으로 분리된 점점 더 얇은 페이스트리 층에서, 물이 증기로 변환되고 층 사이에서 팽창하여 페이스트리가 부풀어 오를 것이라는 것이다. 완벽한 라미네이트 페이스트리, 즉 얇고도 부드러운 페이스트

리 구조를 만들어 낸다는 의미이다. 일부는 라미네이트 페이스트리를 사용하면 선형으로 층이 생성된다. 예를 들어, 필로는 한 번에 한 층씩 쌓아서, 요리사가 각 층에 버터나 기름을 수작업으로 발라준다. 비교적 쉽지만 시간이 많이 걸리는 과정이다.

다른 것들, 이를 테면 퍼프 페이스트리는 수학의 힘을 사용하여 수백, 심지어 수천 개의 층을 매우 빠르게 쌓는다. 이것이 어떻게 작용하는가 하면: 얇고 고른 버터의 판을 밀가루 반죽 위에 놓고, 반죽으로 버터를 감싸듯이 접는다. 이것을 3등분하여 접어서 3겹으로 만든 다음 밀대로 밀어서 다시 동일한 크기와 모양으로 만든다. 처음에는 한 겹의 레이어였겠지만 지금은 3겹일 것이다. 이 과정을 다시 반복하면 최대 9겹 레이어가 된다. 대부분의 퍼프 페이스트리 조리법은 최소 4번 접기를 권장해서 총 81개의 층을 제공한다. 극도로 세심하게 취급하고 차가운 대리석 표면과 함께하면 최대 8번 접을 수 있어 무려 6,561단이나 된다.

파전도 비슷하게 만들어진다. 여러 번 접고 또 접는 대신에, 납작한 반죽 원반에 참기름과 밀가루를 바르고 파(스캘리언)를 뿌린 다음 섞어서 젤리-롤 스타일로 만든다. 통나무 형태로 말은 반죽을 다시 뱀이 똬리 트는 듯한 모양으로 돌돌 감은 후 다시 평평하게 펴고, 이번에는 파(스캘리언)를 반죽 안으로 집어넣는다. 이 기술은 대략 3~5겹의 반죽을 만든다. 나중에 뜨거운 기름에 살짝 튀기면 끝이다. 바삭바삭하고, 약간 쫄깃쫄깃하고, 씹히는 맛이 있고, 맛있다.

더 많은 층을 원한다고? 문제없다: 과정을 반복해 레이어 수를 2의 거듭제곱으로 늘리면 된다. 핀으로 굴려 납작한 원을 그리며 기름 혼합액을 바르고 젤리-롤처럼 말아서 뱀처럼 감은 뒤 두 번째 핀으로 또 감아 더 많은 기름 혼합액을 바른다. 파를 깔고 다시 젤리-롤처럼 말아 뱀처럼 감은 뒤 마지막으로 세 번째 굴린 것을 팬으로 튀긴다.

적당한 열과 충분한 양의 기름과 지속적으로 젓는 것이 골고루 노릇노릇하게 익은 얇은 층을 얻는 가장 좋은 방법이다.

중국식 파전
CHINESE-STYLE SCALLION PANCAKES

분량	요리 시간
파전 4장	15분
	총 시간
	30분

NOTES
푸드프로세서 없이도 이 레시피를 만들 수 있다. 밀가루가 든 큰 볼에 끓는 물을 넣으면서 나무 숟가락이나 젓가락으로 젓는다. 뭉치면 밀가루를 묻힌 작업대 위에 놓고 5분 동안 고슬고슬해질 때까지 반죽한다. 지시대로 진행하자. 전은 4단계의 마지막에 만들어지고, 냉동해서 장기간 보관할 수 있다. 쟁반이나 접시에 펼쳐서 얼린 후, 포일 등으로 장마다 분리해서 지퍼팩 냉동 봉투에 넣는다. 전을 튀기기 전에 실온에서 녹여야 한다.

재료
반죽 재료:
중력분 285g(약 2컵), 작업대에 뿌릴 분량 추기
끓는 물 1컵(240ml)

기름 혼합물 재료:
참기름 1컵(60ml)
중력분 2테이블스푼(18g)

요리하기:
얇게 썬 파(스캘리언) 2컵(약 12개/100g)
땅콩유, 쌀겨유 또는 기타 식용유, 필요한 만큼
코셔 소금

차림 재료:
부침개 디핑 소스(391페이지)

요리 방법

① **반죽**: 밀가루를 푸드프로세서용 볼에 넣는다(NOTES 참고). 프로세서를 작동시킨 상태에서 끓는 물을 약 ¾컵(180ml) 정도 천천히 넣는다. 15초간 돌린다. 만약 반죽이 날에서 겉돈다면, (섞일 때까지) 한 번에 물 1테이블스푼(15ml)씩 추가하면 된다. 밀가루를 묻힌 작업대 위에 옮겨 놓고 매끄러운 공이 되도록 몇 번 반죽한다. 볼로 옮겨 젖은 수건이나 비닐 랩으로 덮고 실온에서 적어도 30분 동안 둔 다음 냉장고에 밤새도록 둔다.

② **기름**: 작은 볼에 참기름과 밀가루를 넣고 젓가락이나 숟가락으로 젓는다.

③ **요리**: 반죽을 4등분하고 각각을 부드러운 공 모양으로 굴린다. 한 번에 공 하나씩 작업한다. 밀가루를 살짝 바른 작업대 위에 굴려서 지름 20~25cm의 원으로 만든다. 페이스트리 브러시를 사용하여 원 위에 기름 혼합물을 매우 얇게 바른다. 원을 젤리-롤처럼 말아 올린 다음, 끝을 아래로 집어넣으면서, 그 롤을 팽팽한 나선형으로 꼰다. 손으로 부드럽게 편 다음, 20~25cm의 원으로 다시 굴린다.

④ 기름을 한 겹 더 바르고 파(스캘리언) ¼을 뿌린 후 다시 젤리-롤처럼 만다. 나선형으로 비틀고 부드럽게 평평하게 만든 다음 약 18cm의 원(팬 바닥에 딱 맞아야 함)으로 다시 굴린다.

⑤ 기름 2테이블스푼을 바닥이 평평한 웍이나 지름 약 20cm의 프라이팬(탄소강, 무쇠, 논스틱)에 넣고 끓을 때까지 중간-센 불에서 가열한 후 파전을 추가한다. 첫 번째 면이 고른 황금빛 갈색이 될 때까지 팬을 부드럽게 흔들면서 약 2분간 굽는다. 주걱이나 집게로 조심스럽게 뒤집고, 두 번째 면도 황금빛 갈색이 될 때까지 팬을 부드럽게 흔들면서 2분 정도 더 굽는다. 키친타월이 깔린 접시로 옮겨서 기름기를 뺀다. 소금으로 간을 하고 여섯 조각으로 자른다. 즉시 디핑 소스와 함께 제공하면 된다. 남은 파전도 3~5단계를 반복한다.

파전 만들기, Step by Step

치즈파전
CHEESY SCALLION PANCAKES

분량	요리 시간
파전 4장	15분
	총 시간
	30분

NOTES
푸드프로세서 없이도 이 레시피를 만들 수 있다. 밀가루가 든 큰 볼에 끓는 물을 넣으면서 나무 숟가락이나 젓가락으로 젓는다. 뭉치면 밀가루를 묻힌 작업대 위에 놓고 5분 동안 고슬고슬해질 때까지 반죽한다. 지시대로 진행하자. 전은 4단계의 마지막에 만들어지고, 냉동해서 장기간 보관할 수 있다. 쟁반이나 접시에 펼쳐서 얼린 후, 포일 등으로 장마다 분리해서 지퍼팩 냉동 봉투에 넣는다. 전을 튀기기 전에 실온에서 녹여야 한다.

재료
반죽 재료:
중력분 205g(약 2컵), 작업대에 뿌릴 분량 추가
끓는 물 1컵(240ml)

기름 혼합물 재료:
카놀라유 ¼컵(60ml)
중력분 2테이블스푼(18g)

요리하기:
얇게 썬 파(스캘리언) 2컵(약 12개/100g)
간 체다 치즈 225g
땅콩유, 쌀겨유 또는 기타 식용유, 필요한 만큼
코셔 소금

차림 재료:
부침개 디핑 소스(391페이지)

어느 새벽 2시, 프로젝트에 지쳐 쉬던 중에 부엌에서 태어난 레시피다. 냉장고를 뒤적거리다가 파전 테스트에서 남은 파(스캘리언) 무더기와 체다 치즈 한 덩어리를 발견했다. 체다-파 비스킷도 맛있는데, 체다-파전은 어떨까? 내 나름대로 만들어보기 시작했다.

기본적인 파전 롤링 방법을 알고 나면 변형을 주기가 정말 쉽다. 여기서 치즈를 추가하는 것 외의 유일한 차이점은 구운 참기름 대신에 중성 유채기름을 넣는다는 것이다. 참기름과 치즈는 좀 과해 보였기 때문에.

반죽을 말아서 꼬고 납작하게 만들어 튀기면 튀긴 케사디야와 닮은 모습이 나오지만, 파전처럼 얇고 가벼운 층의 모습도 보인다. 보통은 파전처럼 얇게 말 수 없기 때문에 요리 시간이 추가로 소요되는데, 한 장당 몇 분 정도이다. 여기에 다진 돼지고기와 새우 혼합물(280페이지 'The Mix' 참고) 같은 다양한 속을 추가할 수 있다.

요리 방법
① **반죽:** 밀가루를 푸드프로세서용 볼에 넣는다(NOTES 참고). 프로세서를 작동시킨 상태에서 끓는 물을 약 ¾컵(180ml) 정도 천천히 넣는다. 15초간 돌린다. 만약 반죽이 날에서 겉돈다면, 섞일 때까지 한 번에 물 1테이블스푼(15ml)씩 추가하면 된다. 밀가루를 묻힌 작업대 위에 옮겨 놓고 매끄러운 공이 되도록 몇 번 반죽한다. 볼로 옮겨 젖은 수건이나 비닐 랩으로 덮고 실온에서 적어도 30분 동안 둔 다음 냉장고에 밤새도록 둔다.

② **기름 혼합물:** 작은 볼에 카놀라유와 밀가루를 넣고 젓가락이나 숟가락으로 젓는다.

③ **요리하기:** 파(스캘리언)와 치즈를 중간 크기의 볼에 넣고 잘 섞는다.

④ 반죽을 4등분하고 각각을 부드러운 공 모양으로 굴린다. 한 번에 공 하나씩 작업한다. 밀가루를 살짝 바른 작업대 위에 굴려서 지름 20~25cm의 원으로 만든다. 페이스트리 브러시를 사용하여 원 위에 기름 혼합물을 매우 얇게 바른다. 원을 젤리-롤처럼 말아 올린 다음, 끝을 아래로 집어넣으면서, 그 롤을 팽팽한 나선형으로 꼰다. 손으로 부드럽게 편 다음, 20~25cm의 원으로 다시 굴린다.

⑤ 기름을 한 겹 더 바르고 파(스캘리언)와 치즈 혼합물 ¼을 뿌린 후 다시 젤리-롤처럼 만다. 나선형으로 비틀고 부드럽게 평평하게 만든 다음 약 18cm의 원(팬 바닥에 딱 맞아야 함)으로 다시 굴린다.

⑥ 기름 2테이블스푼을 바닥이 평평한 웍이나 지름 약 20cm의 프라이팬(탄소강, 무쇠, 논스틱)에 넣고 끓을 때까지 중간-센 불에서 가열한 후 파전을 추가한다. 첫 번째 면이 고른 황금빛 갈색이 될 때까지 팬을 부드럽게 흔들면서 약 2분간 굽는다. 주걱이나 집게로 조심스럽게 뒤집고, 두 번째 면도 황금빛 갈색이 될 때까지 팬을 부드럽게 흔들면서 2분 정도 더 굽는다. 키친타월이 깔린 접시로 옮겨서 기름기를 뺀다. 소금으로 간을 하고 여섯 조각으로 자른다. 즉시 디핑 소스와 함께 제공하면 된다. 남은 파전도 3~5단계를 반복한다.

돼지와 새우로 속을 채운 파전

파전을 돼지고기와 새우로 채우는 아이디어는 내 친구이자 초기 요리에 영감을 준 Ming Tsai에게서 나왔는데, 나도 참여한 그의 쇼인 *Simply Ming*의 에피소드를 촬영할 때 유사한 파전을 만들었었다.

The Mix(280페이지) 225g을 땅콩유나 쌀겨유 등의 중성유 1테이블스푼(15ml)과 함께 센 불에서 돼지고기와 새우가 익을 때까지 주걱으로 부수며 볶는다. 혼합물의 물기를 잘 **빼고**, *중국식 파전*(394페이지)의 3단계 전에 얇게 썬 파(스캘리언)와 함께 넣고, 지시대로 조리를 계속하면서, 일반 파 대신에 돼지고기/새우/파 혼합물로 전을 채운다. 디핑 소스와 함께 제공하면 된다.

아침식사용 파전 샌드위치
SCALLION PANCAKE BREAKFAST SANDWICHES

분량
2인분

요리 시간
15분
총 시간
15분

재료
약 1.3cm로 자른 베이컨 120g
중국식 파전(394페이지) 1개
간 체다 치즈 90g
무염버터 1테이블스푼(15g)
큰 달걀 2개
코셔 소금과 갓 간 흑후추

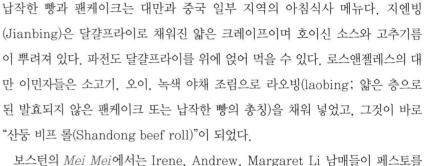

납작한 빵과 팬케이크는 대만과 중국 일부 지역의 아침식사 메뉴다. 지엔빙(Jianbing)은 달걀프라이로 채워진 얇은 크레이프이며 호이신 소스와 고추기름이 뿌려져 있다. 파전도 달걀프라이를 위에 얹어 먹을 수 있다. 로스앤젤레스의 대만 이민자들은 소고기, 오이, 녹색 야채 조림으로 라오빙(laobing; 얇은 층으로 된 발효되지 않은 팬케이크 또는 납작한 빵의 총칭)을 채워 넣었고, 그것이 바로 "산둥 비프 롤(Shandong beef roll)"이 되었다.

보스턴의 *Mei Mei*에서는 Irene, Andrew, Margaret Li 남매들이 페스토를 바른 파전으로 다양한 재료를 쌓아 샌드위치를 만든다. 노른자가 흐르는 달걀프라이와 녹은 체다 치즈를 겹쳐 접는다.

아침식사용 파전 샌드위치는 베이컨을 약간 넣어 웍에서 갈색으로 익힌 다음, 렌더링한 베이컨 지방을 사용하여 팬케이크를 튀기는 것을 선호한다.

냉동실에 해동해서 요리할 수 있는 팬케이크를 쌓아 두면 빠르고 쉬운 브런치나 점심식사로도 좋다. 집에서 만든 파전을 얼려도 좋지만, 시판용도 정말 훌륭하다. 그것들은 해동하지 않고 바로 요리한다(아시아 슈퍼마켓 냉동식품 코너에서 찾을 수 있다).

요리 방법

① 베이컨을 중간 불에서 굽는다. 베이컨이 바삭바삭하게 구워질 때까지 약 4분간 자주 저으며 조리한다. 구멍 뚫린 스푼을 사용하여 베이컨을 작은 볼에 옮긴다.

② 파전은 *중국식 파전*(394페이지)의 5단계 조리법(기름 대신 베이컨 지방을 사용)을 따라 조리한다. 전을 뒤집고 치즈와 베이컨을 윗면에 골고루 펴서 두 번째 면이 익는 동안 녹인다(6조각이 아닌 4조각으로 자른다).

③ 한편, 버터를 프라이팬(무쇠 또는 탄소강 또는 논스틱)에 넣고 거품이 가라앉을 때까지 녹인다. 달걀도 추가한 뒤 원하는 정도로 요리한다. 뒤집어가며 조리해도 된다. 소금과 후추로 간을 맞춘다.

④ 전 오른쪽에 있는 두 개의 사분면에 각각 한 개의 달걀을 놓고, 왼쪽에 있는 사분면들을 오른쪽으로 접는다. 도마 위로 옮겨서 칼로 달걀과 달걀 사이를 갈라 삼각형 모양의 샌드위치 두 개로 만든다. 즉시 제공한다.

더 좋고 빠르고 쉬운
음식의 냉동과 해동 방법

냉동고는 음식을 장기 보관하기엔 좋지만, 품질의 손실을 최소화하면서 빠르게 해동할 수 있어야만 유용하다. 그래서 비밀이 뭘까?

자, 시간과 공기는 냉동식품의 가장 큰 적이다. 음식이 천천히 얼면, 식품 내에 큰 얼음 결정이 형성된다. 이 들쭉날쭉한 결정들이 세포 구조를 손상시키며 해동했을 때 음식이 흐물흐물해지고 젖게 된다. 한편, 공기에 직접 노출되면 승화로 이어지는데, 이는 고체 얼음에서 냉동고 연소의 원인이 되는 기체 상태의 수증기로의 상변화이다. 더 좋은 품질의 냉동식품을 위한 핵심은 음식이 냉동되고 해동되는 시간을 최소화하는 것인데, 표면적 대 부피의 비율을 최대화하면 된다. 바로 평평하게 얼려야 한다는 걸 의미한다.

음식을 얼리는 모양이 놀라운 차이를 만든다. 이걸 증명하기 위해서 나는 각각 1L의 물을 두 개의 용기에 담아 얼렸다. 하나는 원통형 용기이고 하나는 지퍼락에 넣어 얼렸다. 그리고 나서 카운터에다 45분간 해동시켰다. 그리고 그 녹은 물의 양을 비교해봤다.

원통에 얼린 원기둥 얼음은 한 컵도 안 되는 물로 녹았고, 지퍼백에 납작하게 얼린 얼음은 두 컵이 넘는 물로 녹았다. 맞다. 양이 두 배일뿐만 아니라, 두 배 이상 빨리 해동되었고 두 배 이상 빨리

얼기도 했다. 이건 음식의 질뿐만 아니라 편리함에도 큰 차이를 만든다.

음식을 납작하게 얼리는 방법

주의할 것은 일반 지퍼락은 통기성이 있어서 시간이 지남에 따라 연소되기 때문에 냉동고용이라고 특별히 표기된 지퍼락을 사용해야 한다.

다진 고기, 스튜 같은 반-고형물의 경우

다진 고기나 진한 소스처럼 가단성(깨지지 않고 늘어지는 성질)이 있는 고형물과 반-고형물을 얼리려면, 지퍼백을 사용해야 한다. 가장 쉽고 깔끔한 방법은 영구적인 마커를 사용해 지퍼락에 음식을 넣은 날짜와 이름을 적는 것이다. 지퍼백의 입구를 뒤집어서 음식이 지퍼에 끼지 않게 넣고, 봉지가 가득 차면 다시 뒤집어서 조금만 남기고 잠근다. 입구 반대쪽의 모서리부터 조금 열린 입구로 공기를 최대한 짜준다. 공기가 모두 밀려 나오면 완벽히 잠근 다음 내용물을 평평하게 만든다. 알루미늄 쟁반 위에 올려 냉장고로 옮겨서 완전히 얼 때까지 납작하게 유지되도록 한다.

수프 및 육수 같은 액체의 경우

액체를 보관할 때도 지퍼백에 라벨을 붙이고 똑바로 세운 다음, 가장자리를 접어서 안정적으로 만들어(적당한 크기의 용기가 있다면, 지퍼백을 용기에 넣고 지퍼백 입구를 용기 가장자리에 접으면 더 안정적이다) 액체를 붓는다. 이번에도 조금만 남기고 입구를 잠근다. 봉지를 천천히 평평하게 펴면서 입구 쪽으로 공기를 밀어내고 완벽히 잠근다. 알루미늄 쟁반에 옮겨서 얼린다.

납작하게 얼리는 방법의 또 다른 좋은 점은 냉동고가 깔끔하게 정리된다는 것이다. 얼린 팩은 서로 겹쳐 쌓거나, LP 레코드 보관하듯 옆으로 꽂아 보관할 수 있다.

닭고기 조각이나 스테이크 같은 단단한 고형물의 경우

스테이크, 새우, 닭고기 조각 같은 딱딱한 음식은 평평하게 얼지 않을 수 있다. 최선의 선택은 그것들을 한 층으로 배열한 다음, 봉투에서 공기를 제거하는 것이다. 물론, 진공청소기를 사용할 수도 있지만, 진공팩은 비쌀뿐더러 모든 사람들이 진공청소기를 구비하고 있는 것도 아니다. 대신, 당신은 냉동고용 지퍼백, 약간의 물, 물 변위법이라고 불리는 기술을 사용할 수 있다.

역시 지퍼백에 라벨을 붙이고, 음식을 넣은 뒤 조금만 남기고 입구를 잠근다. 이어서 냄비나 물통 안에 지퍼백을 넣는데, 지퍼백이 점차 잠기면서 수압이 변해 공기를 밖으로 밀어낼 것이다. 완전히 물에 잠기기 직전에 지퍼백을 완전히 잠그고 꺼내면 된다. 이때 사용한 물을 낭비하지 말자. 그냥 물이다.

더 나은 해동? 알루미늄을 사용한다

음식을 해동할 때 냉장고로 옮겨서 하룻밤 해동시키는 것도 좋지만, 급한 상황이면 어떡할까? 싱크대에 찬물을 채워 담가 놓는 것도 하나의 방법이지만 적어도 내가 사는 곳에서는 물이 아주 중요하면서도 부족한 자원이다. 그래서 또 다른 옵션으로 알루미늄 쟁반을 사용한다.

알루미늄은 부엌에서 가장 좋은 열전도체라서 음식을 빠르고 균일하게 데울 수 있다(트리플 팬에 알루미늄 코어가 사용되는 이유이다). 그뿐만 아니라 공기에서 나오는 열을 해동해야 할 음식으로 전달하는 데도 탁월하다. 나는 똑같은 냉동 스테이크 두 개를 하나는 나무 도마 위에 두고 하나는 알루미늄 쟁반 위에 두었다.

쟁반 위의 스테이크는 도마 위의 것보다 절반도 안 되는 시간만에 해동되었다. 바쁜 와중에 품질도 안전도 확보할 수 있는 좋은 소식이다.

알루미늄 트릭은 스테이크, 갈비, 생선, 새우와 같은 딱딱한 음식과 마찬가지로 납작하게 얼린 음식에도 똑같이 잘 작동한다. 파전을 포함하여 해동해야 하는 모든 음식을 말하는 것이다.

팬에 구운 "갈릭 넛트" 팬케이크
PANFRIED "GARLIC KNOT" PANCAKES

분량	**요리 시간**
4인분	30분
	총 시간
	2시간 30분

재료

피자 도우 340g

속 재료:

무염버터 2테이블스푼(30g)
엑스트라 버진 올리브유 2테이블스푼(30ml)
으깨고 굵게 다진 마늘 6쪽(15–20g)
코셔 소금 한 꼬집
다진 파슬리 또는 바질 또는 고수잎 15g(약 ⅓컵)
식물성 기름 또는 올리브유
파마산 치즈 가루
마리나라 디핑 소스(또는 렌치 드레싱, 그렇게나 원
   한다면)

뉴욕에서 자라던 어린 시절에는 적어도 일주일에 두 번은 피자 한 조각과 갈릭 넛트(마늘빵의 일종) 몇 개를 점심이나 저녁으로 먹곤 했다. 나는 갈릭 넛트를 기준으로 피자 가게를 골랐는데, 가장 좋았던 곳은 브로드웨이의 오래된 피자 가게인 *Pizza Town II*였다. 그곳에는 싸인이 된 Paul McCartney Wings Over America 투어 포스터 아래에 피자 진열장이 있었는데, 거기엔 항상 마늘향이 가득한 버터와 파마산 치즈 가루가 뿌려진 통통한 넛트가 가득 담긴 그릇이 있었다. 기본 피자 한 조각에 $1.50였고, 남은 50센트로 갈릭 넛트를 세 개 추가할 수 있었다. 더 생각할 필요도 없는 결정이었다.

생각해보면, 갈릭 넛트는 피자 가게에서 남은 피자 반죽을 이용할 수 있는 아주 좋은 메뉴였다. 어느 오후였다. 전날에 피자 파티를 해서 냉장고에는 꽤나 많은 도우가 남아있었고, 이걸 처리할 방법이 필요한 상황이었다. 오븐을 켜고 싶지는 않아서 피자 도우를 프라이팬에 구우면 어떨까 싶었다. 피자 도우에 기름을 발라 모양을 바꿔서 만드는 갈릭 넛트가 중국식 파전과 크게 다르지 않다는 생각이 들었다.

이 생각은 피자 도우에 마늘 버터를 바르고 평평하고 꼬인 납작한 빵(파전처럼)으로 만든 다음 팬에 굽는 아이디어로 이어졌다. 폭신하고 쫄깃한 피자 도우, 바삭한 황금빛 갈색의 팬케이크, 버터, 마늘, 파마산의 향이 듬뿍 묻어나 내가 기대했던 것보다 훨씬 좋았다.

몇 가지 주의해야 할 사항이 있다. 먼저 팬케이크가 부풀어 오르고 가볍게 나오도록 하기 위해 굽기 전에 충분한 시간을 휴지해야 한다는 것이다. 두 번째는 팬케이크가 구워지면서 부풀어 올라 웍에서 떨어질 수 있다는 것이다. 가장 큰 거품을 조심스럽게 뒤집고 터뜨리면 이 문제를 완화할 수 있다.

요리 방법

① 피자 도우를 반으로 나누고 각각 부드러운 공 모양으로 빚는다. 조리대 위에 놓고 각각의 공에 랩을 씌운 다음 볼을 뒤집어 덮는다. 한 시간 휴지한다.

② **그동안 속 만들기:** 웍에 버터와 올리브유를 넣고 중간 불로 버터가 녹고 거품이 가라앉을 때까지 가열한다. 마늘을 넣고 소금으로 간을 한 다음 향이 날 때까지 약 1분간 젓는다. 파슬리를 넣고 섞는다. 볼에 옮겨 식힌다.

recipe continues

③ 한 번에 하나의 반죽 공만 사용해서, 기름을 약간 바른 조리대 위에 반죽을 지름 20cm 정도 원으로 편다. 숟가락을 사용하여 마늘과 파마산 치즈 혼합물의 ¼을 반죽 위에 펴 바른다. 젤리-롤처럼 반죽을 돌돌 만 다음, 단단한 나선형으로 비틀어 끝을 아래로 밀어 넣는다. 손으로 부드럽게 눌러 평평하게 한 다음, 20cm 원으로 다시 밀어 편다. 두 번째 반죽 공도 같은 과정을 반복한다. 랩으로 덮고 부피가 약 2배가 될 때까지 실온에서 한 시간 정도 둔다.

④ 요리할 준비가 되면 바닥이 평평한 웍이나 지름 25cm의 프라이팬(탄소강 또는 무쇠 또는 논스틱)에 기름 ¼컵(60ml)을 두르고 중간 불로 달구다가 희미하게 일렁거리기 시작하면 준비한 반죽을 조심스럽게 추가한다. 첫 번째 면이 고른 황금빛 갈색이 될 때까지 약 3분간 팬을 부드럽게 흔들면서 집게나 작은 주걱을 사용하여 아래에 갇힌 공기를 빼내고, 형성되는 기포를 모두 눌러준다(과도하게 부풀어 오르면 공기가 빠져나갈 수 있도록 팬케이크를 찢어야 할 수도 있다). 주걱이나 집게로 조심스럽게 뒤집고(기름이 튀지 않도록 주의한다) 두 번째 면도 균일한 황금빛 갈색이 될 때까지 약 3분 동안 팬을 부드럽게 흔들면서 계속 요리한다. 키친타월을 깐 접시로 옮겨 기름을 뺀다. 두 번째 반죽도 같은 과정을 반복한다.

⑤ 구운 팬케이크에 남은 마늘 혼합물을 바르고 파마산 치즈가루를 뿌린다. 피자 모양으로 자르고 찍어 먹을 마리나라 소스와 함께 제공한다.

손쉬운 토르티야 "지엔빙"
EASY TORTILLA "JIAN BING"

분량
1인분

요리 시간
10분

총 시간
10분

NOTES

치킨, 베이컨, 햄, 여분의 스크램블 에그, 잎채소 또는 볶은 옥수수를 포함하여 어떤 종류의 속 재료를 자유롭게 추가해도 좋다.

재료

땅콩유, 쌀겨유 또는 기타 식용유 1테이블스푼(15ml)

20~25cm 밀가루 토르티야 1개

큰 달걀 1개

얇게 썬 스캘리언 1대

굵게 다진 고수잎과 가는 줄기 한 줌

흰색 또는 검은깨 조금

코셔 소금 한 꼬집

호이신 소스 2티스푼(10ml)

고추기름 2티스푼(10ml, 310페이지)

2014년 7월 19일, 중국 베이징:

오늘 아침식사로 모든 주요 대도시에서 볼 수 있는 지엔빙(중국식 달걀말이 크레이프)을 먹었다. 미국 전역의 차이나타운에서 왜 유명하지 않은지 도무지 알 수 없을 정도로 정말 맛있는 음식이다.* 반죽을 베이스로 한 크레이프로 한쪽에 고수, 스캘리언과 함께 달걀을 묻히고 몇 가지 소스(호이신 또는 이와 유사한 콩 소스 및 고추기름)도 바른 다음, 종종 바오추이(*baocui*)를 함께 넣어 접는 방식이다. 바오추이는 베이징의 특산물로 바삭하게 튀겨 부풀어 오른 크래커이다.

본질적으로는 바삭한 탄수화물을 감싸고 있는 부드러운 탄수화물이다. 우리는 크래커와 함께 으깬 닭고기가 든 것을 주문했다. 김이 모락모락 나면서 안에 든 크래커가 약간 부드러워지지만 여전히 식감과 풍미의 멋진 조합을 얻을 수 있다.

내가 저 여행 일기를 쓴 이후로 몇 년간, 지엔빙을 판매하는 가게가 미국 양쪽 해안에 나타나기 시작하는 걸 보았다. 그래서 적어도 몇몇 사람들은 나와 같은 생각이구나 싶었다.

집에서 이 요리를 만들 때, 가게에서 구매한 밀가루 토르티야를 사용해서 빠르고 쉽게 만든다.

그러기 위해서 웍 바닥에 밀가루 토르티야를 튀기는 것으로 시작한다. 그 사이 고수와 스캘리언을 달걀과 함께 휘저어 섞고 토르티야 위에 부은 뒤 코팅될 때까지 주걱 끝으로 펴 바른다. 한쪽 면이 바삭해지면 곧바로 달걀 묻은 면이 바닥으로 가도록 뒤집어서 튀긴다.

마지막으로 한 번 더 뒤집어 달걀 묻은 면에 호이신 소스와 고추기름을 바르고 깔끔한 삼각형으로 접는다. 모험적인 요리사들은 더 정통적인 요리를 위해 달걀 묻은 면이 바깥쪽을 향하도록 접는다. 크레이프를 기반으로 해서 만드는 전통적인 것만큼 화려하지는 않지만, 식감과 맛이 좋고 그 자체로 환상적인(그리고 빠르고 간단한) 아침식사가 되고 간식이 된다.

recipe continues

---

* 내가 찾지 못한 걸지도…

요리 방법

① 바닥이 평평한 웍이나 프라이팬(탄소강 또는 무쇠 또는 논스틱)에 기름을 넣고 중간 불로 약간 반짝일 때까지 달군 다음 토르티야를 넣는다.

② 토르티야가 익는 동안 작은 볼에 달걀, 스캘리언, 고수, 통깨, 소금을 넣고 섞는다. 혼합물을 토르티야 위에 붓고 고무 주걱이나 금속 주걱 끝을 사용하여 얇고 고르게 편다. 토르티야가 황금빛 갈색이 되고 첫 면이 바삭해질 때까지 총 3분 정도 요리한다. 달걀물 바른 쪽이 아래를 향하도록 뒤집는다. 중간–약 불로 줄이고 달걀물이 익을 때까지 30초 정도 더 요리한다. 토르티야를 다시 뒤집어 달걀물 바른 면이 위로 오게 한다.

③ 달걀이 발린 면에 호이신 소스와 고추기름을 솔솔 발라준다. 전체를 반으로 접어 반원을 만든 다음 다시 반으로 접어 ¼원을 만든다. 웍에서 꺼내어 냅킨으로 싸서 손으로 먹는다.

만두튀김
Panfried Dumplings

나의 어린 시절 요리에 대한 기억은, 거실에 있는 낮고 넓은 일제 떡갈나무 테이블과 그 아래에 놓인 70년대 스타일의 밝은 주황색 카펫 위에 책상다리를 하고 있는 것으로 시작한다. 두어 달에 한 번씩, 어머니는 우리 남매에게 만두소와 가게에서 사 온 만두피를 주고 TV 앞에 앉게 했다. 전통적인 돼지고기 만두소가 아닌 간 소고기로 만든 만두소였다. 우리 아파트 옆의 리버사이드 드라이브, 코튼 클럽과 132 스트리트 사이에는 대규모 육류 절단기와 정육점이 많았고, 햄버거가 저렴했다. 우리 남매는 TV 앞에 앉아 만두를 빚어 쟁반에 가지런히 늘어놓았다.

엄마는 그날 저녁에 만두 한 묶음을 프라이팬에 튀겼고, 일부는 다음날의 도시락용으로 튀기고, 나머지는 얼렸다. 만두가 다 떨어질 때까지 격주로 먹었고, 다 먹고 나면 또 만들었다.

70년대에 조부모께서 일본에서 보내주신 떡갈나무 테이블은 지금도 시애틀 집의 거실에 있다. 이제는 거실에 TV가 없지만 여전히 만두소를 채울 때 사용하고 있다. 커버린 내 딸이 만두 빚는 것을 돕기도 한다(수년간 먹기 전문가였다).

다양한 소를 넣어 빚은 만두는 찌거나 삶거나 튀기는 등 다양한 방식으로 조리되며 일본식 교자(gyoza)부터 중국식 궈티에(Guo tie)와 하가우(har gao), 티베트식 모모스(momos), 튀르키예식 만티(manti), 심지어 폴란드식 피에로기(pierogi)까지 그 종류가 광대하다. 모락모락 김이 나고 쫄깃한 만두피에 풍미 가득한 소가 든 완벽한 만두를 한입 베어 먹는 것에는 문화적 경계를 뛰어넘는 특별한 만족감이 있다. 만두를 좋아하지 않는 사람을 만나본 적이 있나? 없을 것이다.

집에서 만두를 만들 때 가장 어려운 부분은 반죽을 만들고 펴는 것인데 100% 필요한 부분은 아니다. 우리가 자라면서 만들었던 교자는 집에서도 레스토랑에서도 쓰는 전형적인 일본 교자용 시판 만두피를 사용했다. 중국식의 더 두꺼운 피 또한 중국식 궈티에나 쟈오쯔(jiao zi)를 만들기 좋다.

뭐 그렇다고 집에서 피를 만드는 게 특별히 어려운 일은 아니다. 파전처럼 만두피도 익반죽으로 만들며 신축성 있는 빵 반죽보다는 훨씬 뻑뻑한 반죽이다. 이 반죽은 부서지지 않는 가단성이 있어서, 나무로 된 밀대(맥주병이나 와인병도 된다)를 사용하면 균일하고 얇은 원으로 쉽게 밀 수 있다. 찌거나 삶으면 약간 반투명해지면서 튀겼을 때의 바삭함과 대비되는 기분 좋은 탄력이 있다.

만두소를 채우고 빚는 방법

만두를 빚기 전에 먼저, 이 과정을 더 효율적으로 하기 위한 작업 공간을 마련해야 한다(몇 년 동안 비효율적인 방법으로 해보았기 때문에, 준비를 잘하는 것이 얼마나 큰 차이를 만드는지 알고 있다).

모두에게 필요한 것은 다음과 같다:

- 도마, 가급적이면 나무로 된 것(만두피가 쉽게 달라붙지 않는다)
- 수제나 시판의 원형 만두피 한 묶음, 마르는 것을 방지하기 위해 비닐 랩이나 촘촘하고 깨끗한 키친타월로 싸서 보관한다
- 만두소 한 그릇과 소를 펼치기 위한 숟가락 및 작은 금속 재질의 주걱
- 만두피의 가장자리를 적실 물이 든 작은 볼
- 만두를 빚는 중간중간 손과 도마를 닦아 건조하게 유지하기 위한 깨끗한 행주
- 완성된 만두를 놓을 유산지를 깐 쟁반

시판용 냉동 만두피를 사용하는 경우 시작하기 전에 완전히 해동되었는지 확인한다.

전통적인 주름만두를 만드는 방법

일본식 교자 또는 중국 궈티에나 쟈오쯔를 만드는 가장 전통적인 방법을 소개한다. 약간의 연습이 필요한 방법이기도 하다. 처음 만드는 것들이 보기 예쁘지 않아도 걱정하지 말자. 만두피가 만두소를 잘 감싸고 있기만 하다면 맛있을 테니 말이다.

만약 만두피를 접을 때 공중에 들고 있는 것이 어렵다면, 도마에 피를 내려놓고 해도 된다. 모양은 조금 다르게 나오겠지만, 그래도 괜찮다. 나는 어릴 때부터 이 만두를 만들어 왔지만, 완전히 내 손으로만 만들 수 있게 되기까지 몇 년이 걸렸고 만두당 30초의 벽을 넘을 수 있을 때까지는 훨씬 더 오래 걸렸다. 만두 장인들은 10초도 안 되는 시간 만에 만두를 빚는다고 한다!

STEP 1 · 숟가락으로 소 덜어내기

나는 만성적으로 과식을 하는 사람이라서, 부리토든 타코든 샌드위치든 기회만 있다면 더 많은 속으로 꽉꽉 채우려고 한다. 그래서 계속해서 덜 넣도록 스스로 추슬러야 한다. 만두도 예외는 아니다. 처음 만두를 빚는 거라면 1~2티스푼 정도만 속을 채우는 게 좋다. 모양을 잘 빚게 되면 그때 1테이블스푼 정도 더 늘릴 수 있게 될 것이다.

만두소를 채우는 진짜 좋은 방법을 소개한다. 몇 년이 걸려 얻은 정보인데, 만두소를 피 중간에 작은 공 모양으로 넣지 않는 것이다. 공 모양으로 넣으면 가장자리를 삐져나

오며 만두피의 봉인을 망가뜨린다. 대신 만두피에 소를 펼치자. 이렇게 하면 접을 때 만두소가 구부러지며 만두피와 함께 모양이 잡히게 된다.

STEP 2 · 가장자리를 물로 적시기

손가락 끝을 물에 담그고 만두피의 가장자리를 아주 살짝 적신 다음 깨끗한 행주로 손가락의 수분을 제거한다. 중요한 건 만두피의 가장자리가 너무 많이 젖지 않아야 한다는 것이다.

STEP 3 · 솔기 꼬집기

오른손의 중지와 약지로 만두를 부드럽게 받치고, 왼손은 만두를 타코처럼 접은 상태를 유지한다. 오른손의 엄지와 검지를 사용하여 가까운 솔기를 꼬집으며 만두를 닫는다.

STEP 4 · 한쪽 면을 따라 주름잡기

계속해서 만두를 부드럽게 받친 상태로 왼손의 엄지와 검지를 사용하여 가까운 가장자리부터 작은 주름을 만든다. 왼손의 약지와 새끼손가락은 만두의 끝부분을 받치고 속이 짓눌려 새어 나오지 않도록 한다.

STEP 5 · 계속 주름 만들기!

끝 부분에 도달할 때까지 솔기를 계속 모아 붙이면서 공기를 빼낸다.

recipe continues

STEP 6 · 만두 모양 만들기

만두피를 모아 붙이다 보면, 주름진 자연스러운 초승달 모양이 되는 걸 볼 수 있다. 만두를 도마 위에 평평하게 놓고 손가락으로 모양을 조정하여 바닥은 평평하고 옆면은 바깥쪽으로 통통해지도록 만든다. 완성된 만두는 쟁반에 옮기고 손을 닦은 다음 새로운 만두를 빚는다.

더 쉽게 주름만두를 만드는 방법

소개한 전통 방식이 어렵게 느껴진대도 시름을 거둬라. 만두를 반으로 접어서 반달 모양으로 만들고 공기를 빼내기만 하면 된다. 한 면에 주름을 만드는 것보다 더 쉬운 방법도 있다. 요령은 만두의 절반은 중앙에서 바깥쪽으로 주름지게 하고, 또 절반은 주름이 중앙을 향하도록 만드는 것이다. 왼쪽과 오른쪽이 서로 대칭이어야 한다. 이 방법도 만두피를 도마 위에 올려놓은 채로 진행할 수 있다.

STEP 1 · 중앙 봉인

만두소를 피에 바른 다음 가장자리를 물로 촉촉하게 적시는 것부터 시작한다. 타코처럼 들어올려 중앙부터 봉인한다.

STEP 2 · 주름 만들기

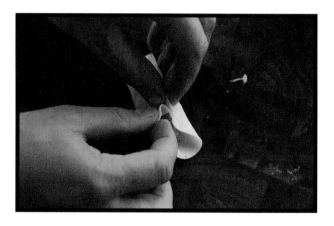

중앙을 꼬집은 상태에서 앞쪽 가장자리를 따라 주름을 만들고, 주름이 중앙을 향하도록 접어 밀봉하면서 중앙에서 오른쪽 모서리로 향하게 한다.

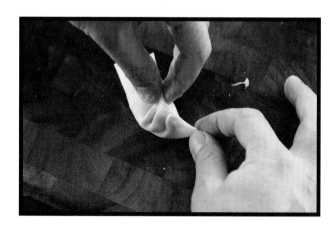

모서리에 도달할 때까지 주름을 계속 만들어가며 밀봉하고, 이동하면서 공기를 짜낸다.

만두가 완전히 밀봉될 때까지 주름이 다시 중앙을 향하도록 왼쪽 가장자리에 주름을 만드는 과정을 반복한다.

STEP 3 · 만두 모양 만들기

만두를 통통하게 부풀려 바닥을 평평하게 만들고 초승달 모양으로 조정한다. 만두를 유산지에 옮겨 놓고 반복한다.

만두 냉동 방법

빚은 만두는 즉시 요리할 수 있고, 나중에 사용하기 위해 바로 냉동해도 된다. 만두를 얼리려면 쟁반 전체를 뚜껑을 덮지 않은 상태로 냉동실에 넣고 완전히 얼 때까지 30분 정도 재운 뒤, 만두를 지퍼락에 옮겨 공기를 최대한 빼내어 밀봉하면 최대 2개월간 보관할 수 있다. 이렇게 냉동한 만두는 해동하지 않고 바로 조리할 수 있다.

만두 요리 방법

만두를 요리하는 방법에는 삶기, 찌기, 튀기기 등 여러 가지가 있으며 찌거나 끓인 후 팬에 튀기거나 "potsticker" 방법을 사용하는 하이브리드 방법도 있다.

끓이는 것은 가장 간단한 방법이며 피를 상대적으로 두껍고 부드럽게 만든다. 끓는 물에 넣고 만두가 물에 뜰 때까지 기다린 다음, 속이 완전히 익도록 1~2분 더 익힌다. 뜰채를 이용해 웍에서 꺼내고 접시에 옮겨 담은 다음 찍어 먹을 소스와 함께 제공한다.

웍을 위한 대나무 찜기가 있다면 **찌는 것**도 아주 간단하다(찜기가 꼭 필요하다). 이 방법으로는 피가 약간 얇고 신축성이 있는 만두가 나온다. 만두가 서로 붙지 않도록 찜기에 양배추 잎이나 유산지, 또는 재사용 가능한 실리콘 판을 사용해야 한다. 찜의 다른 장점은 여러 개의 찜통 바구니를 겹겹이 쌓으면 엄청난 양의 만두를 한 번에 쪄낼 수 있다는 것이다. 웍에 물을 몇 인치 넣고 센 불에 끓인 다음, 찜통을 웍에 직접 넣고 만두가 완전히 익을 때까지 10~12분 동안 찐다. 찜통 바구니를 큰 접시에 옮겨 담아 제공한다.

만두를 **튀길 때**는 약 165℃ 정도의 기름에 만두를 넣고 완전히 익을 때까지 4~5분간 튀기면 만두피에 기포 방울 이 생기고 바삭바삭해진다. 뜰채로 만두를 꺼내어 랙에 휴 지하거나 키친타월에 올려 기름을 뺀다. 뜨겁게 먹을 수도 있지만, 다음 날 차갑게 먹으면 만두피가 소스를 잘 흡수했 으면서도 바삭함을 어느 정도 유지하는 상태를 즐길 수 있 다(튀김만두는 일본에서 도시락 반찬으로도 자주 사용하는 음식이다).

만두를 **팬에서 조리하는 것**은 내가 가장 좋아하는 방법 이며 두 가지 방법이 있다. 첫 번째 방법은 찌거나 끓이는 것으로 시작해서 약간 식히면서 자연 건조한 다음, 적당히 달궈진 웍에 두 테이블스푼의 기름을 둘러 튀겨서 만두 바 닥이 황금빛 갈색으로 바삭하게 만드는 것이다. 이 방법은 떼어내기 쉬워서 특히 많은 양의 만두를 요리할 때 좋다. 모든 만두를 대나무 찜통에 넣고 찌는 것부터 시작한다. 다 익으면 웍을 비우고 기름을 약간 두른 다음, 여러 번 나누 어 조리하면 된다. 뜨거울 때 먹으면 좋다.

군만두(Potsticker) 방식은 조금 더 간결하고 적은 양의 만두를 조리할 때 쓰기 좋은 방법이지만, 오류의 여지가 조 금 있다. 만두에 양념이 잘 되었고, 웍 코팅이 잘 되어 있어 도 만두가 서로 달라붙을 가능성이 있기 때문이다(그래서 군-만두라고 불린다). 웍은 치워두고 눌어붙지 않는 프라 이팬을 사용하자!

군만두 만드는 방법, Step by Step

이 기술은 만두의 바닥은 바삭하고 윗면은 쫄깃하게 만든 다. 만두를 바삭해질 때까지 튀긴 다음 뚜껑을 덮고 쪄서 속과 만두피 위쪽을 완전히 익히고, 마지막으로 바닥이 다 시 바삭해질 때까지 튀긴다. 요즘에는 찌는 단계에서 일반 물 대신 전분물을 사용하는 것도 유행인데, 전분물을 사용 하면 모든 만두를 하나로 묶는 바삭바삭한 전분 레이스 시 트가 만들어진다. 일본에서는 이 기술을 *하네츠키 교자* 또 는 *날개 달린 만두*라고 부른다.

STEP 1 · 튀기기

무쇠나 논스틱 프라이팬에 기름 2테이블스푼을 넣고 생만 두 또는 냉동만두의 평평한 면이 아래로 향하게 넣어중간 불로 튀긴다.

STEP 2 · 황금색이 될 때까지

만두가 황금빛 갈색이 되고 바닥 표면에 고르게 기포가 생길 때까지 계속 튀긴다(팬을 휘젓는 것을 멈추면 안 된다!).

STEP 3 · 물 추가

팬에 물 반 컵(지름 20-25cm 프라이팬을 사용하는 경우. 30cm 팬을 사용한다면 ¾컵)을 한꺼번에 추가한다(빠르게 넣어야 덜 튀기도 하고 깔끔하게 유지된다).

STEP 4 · 뚜껑을 덮고 조리

불을 중간 불로 올린 후 즉시 뚜껑을 덮는다.

STEP 5 · 완전히 익히기

물이 증발하면서 만두의 윗부분과 속을 부드럽게 익히고 만두피 또한 최적의 탄력있는 질감으로 튀겨진다.

STEP 6 · 다시 튀기기

뚜껑을 열고 물이 완전히 증발할 때까지 계속 조리한다. 만두만 조리할 경우에는 팬을 적당히 움직여서 바닥에 달라붙지 않도록 한다. 전분물을 사용하는 경우, 만두가 바삭바삭해지고 팬의 가장자리에서 떨어지는 것을 볼 수 있을 것이다. 얇은 금속 주걱을 사용하여 한 번씩 만두를 옮기고, 팬을 화구 위에서 적당히 돌리면서 색이 고르게 나게끔 한다.

recipe continues

STEP 7 · 더욱 바삭하게!

만두의 바닥이 더욱 바삭해질 때까지 계속해서 조리한다.

STEP 8 · 접시에 뒤집어서 마무리

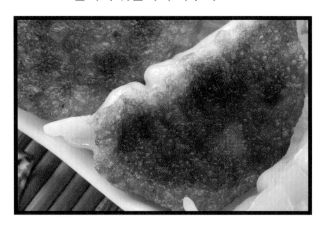

불을 끄고 팬 위에 접시를 뒤집어 올린 뒤, 만두의 바삭한 면이 위로 올라오도록 한꺼번에 뒤집어 플레이팅한다. 소스와 함께 바로 제공한다.

만두날개(Dumpwings) 만들기

요즘에는 찌는 단계에서 일반 물 대신 전분물을 사용하는 것이 유행이다. 이렇게 하면 만두들을 모두 이어주는 바삭바삭한 전분 층이라는 요소가 요리에 더해진다. 일본에서는 이 기술을 *하네츠키 교자* 또는 *날개 달린 만두*라고 부른다. 나는 그냥 만두날개라고 부르지만.

과정은 간단하다. 방금 보여줬던 군만두(Potsticker) 방법을 따르기만 하면 되는데, 추가로 3단계에서 물 대신 전분물을 추가하면 된다. 전분물은 옥수수 전분 또는 타피오카 전분 1테이블스푼(9g; 후자는 더 딱딱하고 유리 같은 전분 층이 형성됨), 중력분 1티스푼, 그리고 물 반 컵(120mL)을 뭉치지 않게 잘 섞어서 만든다(지름 30cm 팬을 사용할 경우엔 양을 두 배로 잡는다). 그 후 원래 레시피 그대로 진행하면 된다. 이 전분물은 점점 질어지며 거품이 날 것이고, 증기 때문에 뭔가 잘못된 것 아닌가 하는 생각이 들 것이다. 하지만 괜찮다. 계속 줄여주기만 하면 된다. 전분물이 증발하면 결국 바삭한 전분 층만 남아 갈변하기 시작한다. 처음에는 가장자리 쪽에서부터 전분 층이 생겨나며, 멈추지 않고 계속해서 더욱 바삭해질 때까지 조리한 뒤 얇은 금속 주걱을 사용해 만두 전체를 팬 바닥에서 살며시 떼낸다. 접시를 뒤집어 올린 뒤 만두날개가 위로 오도록 통째로 뒤집어 플레이팅한다.

이 기술은 무쇠팬 또는 탄소강 웍에서도 가능하지만, 여기서만큼은 고품질의 논스틱팬을 강력하게 추천한다. 전분 층이 팬에 달라붙는 걸 최소화할 수 있기 때문이다.

홈메이드 만두피
HOMEMADE DUMPLING WRAPPERS

분량
약 40개의 만두피

요리 시간
30분
총 시간
1시간

NOTES

푸드프로세서 없이도 이 레시피대로 만들 수 있다. 밀가루가 든 큰 볼에 끓는 물을 부으면서 나무 주걱이나 젓가락으로 젓기만 하면 된다. 반죽이 뭉치면 밀가루를 뿌린 작업대에 올려 매끄럽고 윤기가 날 때까지 5분 정도 치댄다. 레시피대로 진행한다. 원하는 만두소를 약 450g 사용한다(다음 페이지에 레시피 포함).

재료

중력분 2컵(280g), 여분의 묻힘용 밀가루 조금
끓는 물 1컵(240ml)

요리 방법

① 푸드프로세서용 볼에 밀가루를 넣는다. 프로세서를 작동시키고 도우가 형성될 때까지 천천히 물을 붓는다(계량해 놓은 물을 사용하기 전에 도우가 만들어질 수 있다). 반죽이 생성되면 그대로 프로세서에서 30초 더 돌게 놔둔다. 밀가루를 묻힌 손으로 공처럼 빚은 후 볼에 옮겨 담는다. 젖은 수건을 덮고 30분 이상 휴지시킨다.

② 휴지된 반죽을 총 8개의 반죽으로 나눈 뒤 각각 5개의 공으로 만들어 총 40개의 공을 만든다. 밀가루를 충분하게 흩뿌린 작업대에서 각 반죽-공을 지름 9~10cm 원으로 편다. 완성된 만두피에 밀가루를 흩뿌리고 하나씩 쌓은 다음 사용할 때까지 비닐로 덮어둔다. 더 효율적으로 작업하기 원한다면, 동료 한 명과 같이 작업하는 것을 추천한다. 한 명은 만두피를 펴는 일을 담당하고 다른 한 사람은 만두소를 채우고 모양을 잡는 일을 담당하면 된다.

돼지고기 새우만두
PORK AND SHRIMP DUMPLINGS

분량
만두 40개 정도

요리 시간
30분
총 시간
1시간

NOTES
돼지고기와 새우 대신 아무 만두 속을 사용해도 좋다(예: 415, 417, 418페이지). 280페이지의 "The Mix"를 만들어 뒀다면 당장 만두소로 사용할 수 있다. 차이브 대신 스캘리언 3대를 사용해도 된다.

재료
다진 돼지고기 225g
생새우 170g, 껍질 벗겨 6mm 크기로 다진 것
갓 간 백후추 ¼티스푼
간장 2티스푼(10ml)
다진 마늘 2티스푼(5g)
다진 생강 2티스푼(5g)
잘게 썬 차이브 8대(NOTES 참고)
설탕 2티스푼(9g)
옥수수 전분 1티스푼(4g)
베이킹소다 ¼티스푼
홈메이드(413페이지) 또는 시판 만두피 40개

요리 방법
① 모든 만두소(NOTES 참고)를 볼에 넣고 손가락으로 잘 섞는다. 혼합물이 살짝 끈적한 느낌이 들 때까지 약 1분간 계속한다.

② 만두피 중앙에 만두소 2~3티스푼(10~15g)을 바른다. 손끝이나 브러시에 물을 묻혀 만두피 가장자리를 살짝 적신다. 반으로 접고 오른쪽 아래 모서리를 꼬집는다. 만두 전체가 밀봉되도록 반복해서 꼬집어 일정한 모양으로 주름을 만든다. 만두를 도마에 올려 최종적으로 모양을 잡는다(모양 잡기에 대한 자세한 내용은 406페이지 참고).

③ 완성된 만두를 유산지를 깐 쟁반에 옮긴다. 나중에 사용할 만두는 냉동한다(냉동 지침은 409페이지 참고). 끓이거나 찌거나 튀기는 등 다양한 방식으로 먹으면 된다(자세한 요리 지침은 409페이지 참고).

맛을 봐서 생고기 간 맞추는 방법

만두소의 간이 적절하게 됐는지 추측하기는 쉽지 않다. 특히 소금에 절인 야채(양배추라든지)를 추가했다면 더욱 그렇다. 이럴 때는 내 친구인 Chef Mike(일명 전자레인지)의 도움을 받는다. 만두 속 한 스푼을 전자레인지용 접시에 놓고 전자레인지에 돌려 완전히 익히는 것이다(10초 정도 걸린다). 이제 맛을 볼 수 있고, 이걸 기반으로 원하는 간이 될 때까지 소금, 설탕, 백후추, 기타 조미료를 추가하면 된다.

전자레인지가 없다면 만두소 약간을 팬으로 익혀서 확인하자.

일본식 돼지고기 배추 교자소
JAPANESE-STYLE PORK AND CABBAGE GYOZA FILLING FOR DUMPLINGS

분량	요리 시간
만두 40개 분량	15분
	총 시간
	30분

NOTES

만두를 만들고 요리하는 방법은 405~414페이지를 참고하라.

이 레시피는 다이아몬드 크리스털 코셔 소금을 사용하며 몰턴 코셔 소금을 사용한다면 ⅔ 정도만 사용한다. 일반 소금은 절반만 사용한다. 양배추 손질에 대한 자세한 내용은 416페이지 '배추 또는 기타 야채 손질하기 Step by Step'을 참고한다.

재료

잘게 다진 배추 340g

코셔 소금 2티스푼(6g, NOTES 참고)

다진 돼지 어깨살 340g

갓 간 백후추 ¾티스푼(약 2g)

갓 다진 마늘 2쪽(약 2티스푼/8g)

갓 다진 생강 1티스푼(3g)

다진 스캘리언 2대(60g)

설탕 2티스푼(8g)

돼지고기나 닭고기를 배추와 섞어서 만드는 일본식 만두를 교자라고 하며 주로 일식 라멘 가게에서 판매한다. 나는 교자 만두소를 부드럽게 접는 것부터 푸드프로세서를 이용하는 방법 또는 스탠드 믹서로 반죽하는 방법 등 다양한 방식을 보았다. 이런 방식들을 하나씩 직접 테스트해보니, 보통은 많이 반죽할수록 더 좋은 질감이 된다는 걸 알게 됐다. 반죽을 하면 돼지고기 단백질이 풀리기도 하고, 단백질들이 서로 교차 결합하며 더 견고한 구조를 형성해 약간의 탄력을 만들기도 한다. 이렇게 만들어진 구조가 만두소가 촉촉한 상태를 유지할 수 있도록 물기를 보존하기도 한다. 그러니까 반죽을 덜 하면 물기가 다 빠져버린 미트볼처럼 되는 것이다. 좋은 예가 아니다.

그렇다고 해서, 이 과정만을 위해 값비싼 장비를 살 필요는 없다고 생각한다. 손으로 힘차게 반죽하고, 한 움큼 집어서 쥐어짜고, 위아래로 접기를 반복하면 충분하다. 소시지처럼 혼합물이 약간 끈적거리기 시작하면 거의 다 된 것이다.

이 만두소는 일본의 라멘 가게와 이자카야(요리주점)에 가면 만나볼 수 있다. 만두도 중국에서 일본으로 전해진 것이지만, 라멘처럼 그 이후로 계속 현지인의 입맛에 맞춰져 왔다. 가게에서 판매하는 교자도 시판용 만두피로 만들어지기도 하니, 꼭 수제 만두피로 만들어야 한다는 부담을 가질 필요가 없다.

요리 방법

① **배추(NOTES 참고):** 큰 볼에 배추와 소금 1.5티스푼(4g)을 넣고 섞는다. 고운체에 받쳐 볼 위에 둔다. 15분 동안 실온에 둔다.

② 배추를 깨끗한 행주 중앙에 놓고 가장자리를 모아준 뒤 비틀어서 배추의 과도한 수분을 짠다. 액체는 버리면 된다.

③ 돼지고기, 물기를 뺀 배추, 남은 소금 ½티스푼(2g), 백후추, 마늘, 생강, 스캘리언, 설탕 티스푼(2g)을 큰 볼에 넣고 혼합물이 균일하며 끈적거림이 느껴질 때까지 깨끗한 손으로 반죽한다. 티스푼 하나 정도만 따로 전자레인용 접시에 옮겨 10초간 돌린 뒤 맛을 본다. 입맛에 따라 소금, 백후추, 설탕 등을 추가하여 간을 맞춘다.

배추 또는 기타 야채 손질하기
Step by Step

만두소에 재료를 추가할 때 중요한 첫 단계는 야채에 깃든 과도한 물기를 제거하는 것이다. 방법은 다음과 같다.

STEP 1 · 심지 제거하기

우선 배추를 길게 반으로 자르고 단단한 심지를 제거한다. 배추와 돼지고기의 최적의 비율을 찾기 위해 다양하게 테스트했는데, 기존의 레시피들은 대부분 배추를 적게 사용하고 있었다. 나는 1:1 비율을 추천한다. 통통한 만두 40~50개를 충분히 채울 수 있다.

STEP 2 · 배추 채썰기

날 선 식칼로 배추를 아주 얇게 썬다. 푸드프로세서를 사용한다면 큰 날을 이용해도 좋다.

STEP 3 · 배추 다지기

배추를 채 썬 후 칼로 곱게 다지거나 푸드프로세서(일반 칼날)에 넣어 곱게 다진다.

STEP 4 · 소금에 절이기

다음은 수분 제거 단계다. 배추를 소금에 절인 뒤 약 15분 동안 가만히 두면 삼투압 현상으로 인해 세포벽 내부에서 액체가 밖으로 빠져나온다.

　나는 배추 225g당 1티스푼(4g)의 코셔 소금을 사용하며, 볼 위에 고운체를 두고 그 위에 배추를 올려서 물기를 뺀다. 배추를 깨끗한 키친타월 중앙으로 옮긴다.

STEP 5 · 과도한 수분을 짜내기

타월의 가장자리를 모아서 배추를 과도하다 싶을 정도로 짠다. 무자비해져야 한다. 액체가 계속 나온다면 충분히 짜지 않은 것이다. 작업이 끝나면 배추의 부피가 ¾ 정도 줄어들었을 것이다. 무게로는 절반 정도?

엄마의 소고기 야채 만두소
MY MOM'S BEEF AND VEGETABLE FILLING FOR DUMPLINGS

분량
만두 40개 분량

요리 시간
10분
총 시간
10분

NOTES
만두를 만들고 요리하는 방법은 409~414페이지를 참고하라.

재료
냉동 시금치 120g
다진 소고기 340g
당근 60g, 껍질 벗겨 강판의 큰 구멍으로 간 것
간장 2티스푼(10ml)
갓 다진 생강 2티스푼(5g)
다진 스캘리언 2대(약 60g)
설탕 1테이블스푼(12.5g)
옥수수 전분 1티스푼(4g)
갓 간 백후추 ½티스푼(2g)

어렸을 적, 어머니는 요리의 재료로 다진 돼지고기보다는 다진 소고기를 자주 사용했다. 집 근처에 각종 육류 마트가 있었고 만두, 마파두부, 미국식 이태리 고기 소스, 미트 로프, 햄버거 등 소고기를 사용하는 요리들을 자주 먹었기 때문이다. 어머니의 만두에는 교자의 전형적인 재료인 양배추 대신에 냉동 시금치와 당근이 들어 있었다. 시금치는 실용적이었고, 당근은 우리에게 야채를 더 많이 섭취시키려는 어머니만의 방법이었다.

요리 방법

① 냉동 시금치를 볼에 담고 뜨거운 물을 붓는다. 해동될 때까지 5분 동안 그대로 둔다. 고운체에 받쳐 물기를 뺀 다음 손이나 깨끗한 키친타월로 시금치를 감싸서 가장자리를 모아 비틀어 여분의 물기를 최대한 짜낸다. 짜내는 과정에 대한 자세한 내용은 416페이지 '배추 또는 기타 야채 손질하기 Step by Step'을 참고한다. 짜낸 물은 버리면 된다.

② 볼에 모든 재료를 넣고 약간 끈적한 느낌이 날 때까지 약 1분 동안 손가락으로 세게 문지른다.

가지, 버섯, 당근이 들어간 채식 만두소
VEGETARIAN EGGPLANT, MUSHROOM, AND CARROT FILLING FOR DUMPLINGS

분량 만두 60~80개 분량	**요리 시간** 20분
	총 시간 20분 및 식힐 시간

NOTES

만두를 만들고 요리하는 방법은 409~414페이지를 참고하라. 사용하지 않는 만두소는 공기를 뺀 지퍼백에 넣어 평평하게 눌러준 뒤 냉동 보관하면 언제든지 사용할 수 있다.

재료

일본 또는 중국 가지 2개(450g), 줄기를 제거하고 5cm 조각으로 자른 것

땅콩유, 쌀겨유 또는 기타 식용유 2테이블스푼(30ml)

작은 크기의 당근 1개(120g), 껍질을 벗기고 강판으로 갈거나 칼로 매우 잘게 썬 것

중간 크기의 표고버섯 12개(120g), 줄기를 제거하고 갓을 다진 것

다진 마늘 2티스푼(5g)

다진 생강 2티스푼(5g)

다진 스캘리언 2대

소흥주 1테이블스푼(15ml)

생추간장 또는 쇼유 1테이블스푼(15ml)

노추간장 1티스푼(5ml)

미소 된장 1테이블스푼(15ml)

굵게 다진 더우츠 2티스푼(약 4g)

소금과 갓 간 백후추

내가 채식 만두를 접할 때 걱정하는 문제 중 하나는 바로 만두소의 질감이다. 고기는 근육 세포로 이루어져 있어서 강력하고 탄력 있는 단백질 구조를 형성한다. 이건 생리학적인 부분이다. 우리의 근육은 부서지거나 터지거나 찢어지기보다는 수축하거나 모양을 변형하는 방식으로 대응하도록 설계되어 있고, 반면에 식물 세포는 수축하거나 변형하는 대신에 모양을 유지하도록 설계되어 있다. 이것이 고기를 베이스로 하는 만두소가 만두피 없이도 더 조밀하고 균일한 질감을 갖는 이유다. 야채 베이스의 만두소는 그 형태를 만두피로 잡아두는 경우가 많다. 게다가 만두피를 접을 때 만두소가 흘러내리는 경향이 있어서 작업하기도 어렵게 만든다.

이젠 가지에 대해 알아보자. 내 책인 *The Food Lab*을 읽었다면, 터키 버거 레시피에서 다진 칠면조 고기의 질감과 수분 유지력을 향상하기 위해 가지를 사용했다는 걸 알 것이다. 가지는 수분과 지방을 유지하는 능력, 밀도가 높은 질감과 풍미를 흡수하는 능력이 있어서 만두소를 채우는 데에도 탁월한 재료가 된다.

먼저 손질한 가지를 쪄서 연하게 만든 다음 당근, 표고버섯, 마늘, 생강, 소량의 미소 된장, 더우츠를 넣고 볶는다. 고기 베이스의 만두소처럼 조밀하고 감칠맛도 나면서 작업하기가 수월해진다.

요리 방법

① 웍에 물을 5cm 정도 채우고 끓인다. 손질한 가지를 대나무 찜기(필요한 경우 찜기 2개 쌓기)에 한 칸 깔고 뚜껑을 덮은 뒤 가지가 완전히 연해질 때까지 약 10분 동안 찐다. 따로 둔다.

② 웍을 비우고 센 불에서 재가열한다. 기름을 둘러 웍을 코팅한다. 당근, 버섯, 마늘, 생강, 스캘리언을 넣고 버섯과 당근이 어느 정도 연해질 때까지 약 2분 정도 볶는다. 소흥주, 간장, 미소 된장, 더우츠를 넣고 미소 된장이 균일하게 섞일 때까지 약 1분간 볶는다.

③ 가지를 넣고 중간 불로 줄인 후 거품기, 포테이토 매셔, 페이스트리 커터 등으로 저어가며 으깬다. 가지가 완전히 형태를 잃고 혼합물이 걸쭉해지도록 약 2분간 계속한다. 기호에 따라 소금과 백후추로 간을 한다. 혼합물을 쟁반이나 큰 접시에 옮기고 평평하게 펼쳐 놓는다. 사용하기 전에 차게 식을 때까지 냉장 보관해 둔다.

4.2 튀김요리

부침은 웍이 아니라 프라이팬에서도 충분히 가능한 작업이다. 웍만이 가진 진정한 장점은 딥-프라이에 있다. 가스레인지 위에서 웍을 능가하는 건 없다! 웍이 튀기는 용도로 좋은 이유가 무엇이냐고? 좋은 질문이다. 먼저 딥프라이잉에 대한 궁금증을 해소해보자.

모든 궁금증에 답변한다: 딥프라잉

웍이 튀김에 가장 이상적인 이유는 무엇인가?

답은 웍의 모양에 있다. 웍의 곡선형 측면은 더치 오븐이나 일반 팬의 수직 측면과 비교해 몇 가지 장점을 갖고 있다.

더 안전하다. 뜨거운 기름에 음식을 추가하면 수증기 거품이 쌓이기 시작한다. 높고 좁은 냄비를 사용한다면 그 수증기가 나갈 수 있는 길은 위로 솟구치는 것밖에 없다. 반면에 측면이 둥근 웍에서는 거품이 퍼질 수 있는 충분한 공간이 있다. 표면적이 증가하여 거품의 구조를 약화시켜 터지게 만든다.

덜 지저분하다. 기름에 음식을 튀기면 기름이 사방으로 튈 수밖에 없다. 옆면이 수직인 냄비를 사용하면 결국 그 기름이 가스레인지나 바닥으로 튀지만, 경사진 웍을 사용하면 기름이 튀다 잡히는 경우가 많아 보다 깔끔하게 레인지를 유지할 수 있다.

움직임을 위한 더 많은 공간을 제공한다. 웍의 경사면은 거름망이나 긴 젓가락으로 음식을 건지거나 움직이기 쉽게 한다. 또한 재료가 서로 겹치는 것을 방지한다. 이 두 가지 요소가 더 효율적이고 균일한 튀김을 가능하게 만드는 것이다.

도구들(기물/기구들)

Q 튀김에 필요한 도구나 기물은 무엇이 있을까?

A 최소한 아래의 세 가지 도구가 필요하다(그리고 두려움을 버리려는 마음…).

→ **웍.** 가정 주방에서 쓸 수 있는 이상적인 튀김 용기이다.

→ **온도계.** 효과적인 튀김을 위해서는 적절한 온도를 유지하는 것이 필수이다. 냄비 클립이 달려 있어서 튀김 용기에 부착해 사용할 수 있는 튀김용 온도계나 곧바로 온도를 읽을 수 있는 온도계가 좋다. *Thermoworks*의 써마펜 온도계 또는 비교적 가성비가 좋은 *Thermopop* 온도계가 있다.

→ **철제 뜰채.** 음식을 튀길 때 튀김을 젓는 용도, 다 튀겨서 꺼내는 용도, 기름을 깨끗하게 유지하기 위해 찌꺼기를 건져내는 용도로 사용한다.

또한 다음과 같은 것들도 필요할 수 있다.

→ **철제 튀김받침대(랙).** 갓 튀긴 음식에서 떨어지는 기름이 다시 웍으로 떨어지도록 웍에 다는 반원형 받침대이거나 웍 옆에 튀김을 보관하는 테두리가 있는 쟁반.

→ **고운체.** 사용한 기름을 재사용하거나 보관하기 위해 찌꺼기를 걸러내는 도구.

→ **밀봉용기.** 요리 중간중간, 사용한 기름을 보관하거나 버리기 위해 따로 두는 밀봉용기.

→ **깔때기.** 사용한 기름을 용기로 쉽게 옮기는 도구.

→ **소화기.** 혹시 모를 화재에 대비하는 도구. 기름으로 인한 화재에 적합한 것인지 확인한다. 수성 소화기는 기름으로 인한 화재에서는 상황이 악화될 수 있다.

튀기는 방식은 요리에 어떻게 작용하는 걸까?

Q 튀기면 무슨 일이 벌어지길래 그렇게 맛있을까?

A 튀김은 몇 가지 주요 공정으로 나뉜다.

→ **탈수:** 대부분의 튀김 음식에는 어느 정도의 수분이 들어 있다. 물은 100℃에서 끓지만, 튀김용 지방은 일반적으로 훨씬 더 뜨거운 150~205℃ 사이에서 끓는다. 음식이 기름에 담기면, 즉시 그 뜨거운 기름의 에너지가 음식의 수분을 증기로 전환시키는 데 사용된다. 이것이 튀김을 할 때* 볼 수 있는 급격한 버블링의 원인이며 튀김의 중요한 첫 단계이다. 탈수의 가장 분명한 이점은 반죽과 빵가루가 바삭바삭해진다는 것이다. 하지만 상당한 양의 표면 수분이 증발하기 전까지는 음식의 온도가 물의 끓는점을 초과하기 매우 어렵다는 점에 유의하는 것도 중요하다. 바로 이 점이 탈수가 '중요한 첫 단계'인 이유로 만들기 때문이다.

→ **브라우닝 및 캐러멜화:** 식품 과학자들이 "마이야르 브라우닝"이라고 부르는 용어가 있다. 마이야르는 단백질과 탄수화물이 분해되는 과정에서 성분이 재결합하여 새로운 화합물을 형성하고, 음식에 갈색 빛을 내면서 구수하게 구운 향기를 주는 것을 말한다. 캐러멜화는 설탕을 가열하면 발생하는 것과 비슷한 과정이다. 이 두 가지 과정은 튀기고 있는 음식이 물의 끓는점을 초과해 수분이 충분히 증발되었을 때 가능하다.

→ **확장:** 물에 젖고 되직한 반죽은 그 안에 갇힌 가스의 팽창으로 인해 물이 수증기로 빠르게 변할 뿐만 아니라, 푹신하고 가벼우며 바삭바삭해진다(예: 베이킹파우더 또는 효모로 이산화탄소 가스를 생성하는 반죽, 소다수로 만든 반죽 또는 달걀흰자를 휘핑하여 공기를 주입한 반죽의 경우). 일부 반죽에서는 알코올(주류)이 사용되는데, 알코올은 상대적으로 끓는점이 낮으므로 보다 격렬하고 빠르게 증기로 전환되어서 이 효과를 높일 수 있다(이런 이유로 해서 이 섹션의 몇

---

* "끓는 기름"이라는 표현을 들어 보았을 것이다. 사실 튀김 중에 끓는 것은 기름이 아니라 음식 내부의 수분이다. 정상적인 상황에서는 기름이 끓을 수 없다. 끓는 온도가 연기 지점(연기를 방출하는 온도)과 인화점(자발적으로 화염으로 분출하는 온도)보다 훨씬 높기 때문이다.

가지 레시피에는 보드카로 만든 반죽이 포함된다).

→ **단백질 응고:** 가열하면 원시 단백질의 구조가 조여진다. 탈수와 함께 느슨한 반죽과 빵가루가 단단하고 선명한 구조를 형성하게 만든다.

→ **기름 흡수:** 물이 증기 형태로 음식에서 빠져나가면, 그 틈에 기름이 흡수된다. 일반적으로 기름 온도가 높을수록 더 많은 수분 증발이 일어나서 더 많은 기름을 흡수하게 된다. 과도한 기름 흡수가 음식의 맛을 기름지게 만드는 것은 아니라는 것을 명심하길 바란다. 이에 대해서는 잠시 후에 자세히 알아보기로 하자.

Q 좋다... 단번에 많은 일이 벌어지고 있는데, 모든 작업이 동시에 완료되도록 하려면 어떻게 해야 할까?

A 잘 만들어진 레시피와 기름의 온도를 주의 깊게 모니터링한다면 그렇게 많은 작업이 필요하진 않다. 튀김이 아름다운 점은 요리사가 수고롭게 무언가를 하지 않아도 모든 일이 한꺼번에 진행된다는 것이다. 그래서 좋은 튀김 요리사의 작업은 몇 가지로 귀결된다.

→ **웍을 사용할 때는 손잡이를 스토브 뒤쪽을 향하게 하고,** 가능하면 뒤쪽에 있는 버너를 사용해 부딪히거나 밀려날 가능성을 최소화한다. 작업 공간이 충분한지 확인한다(지금은 친구나 아이가 주방에 들어올 때가 아니다).

→ **기름 온도를 적절하게 유지하라.** 기름이 너무 뜨겁거나 차가우면 튀김에 너무 기름기가 많거나 바삭하지 않거나 겉이 타고(내부는 익지도 않은) 쓴 맛이 날 수 있다. 튀김 공정 중에는 항상 즉석 온도계나 튀김 온도계를 사용해 기름 온도를 주시하자.

→ **서로 떼어 놓을 것.** 튀김 반죽 속에 가득 들어있는 야채를 상상해 보자. 이것들을 한번에 기름에 떨어트리면, 큰 덩어리로 뭉쳐서 튀겨질 것이다. 이보다 더 끔찍한 점은 덩어리의 중심에 있는 야채와 반죽은 제대로 익지도 않는다는 것이다. 이를 방지하기 위해서는, 항상 재료를 한 조각씩 기름에 넣어서 서로 달라붙지 않게 만들어야 골고루 익는다. 크기가 큰 재료의 경우 천천히 넣어 주어야 반죽이 부풀어 오르면서 재료를 떠오르게 만든다. 이렇게 해야 바닥에 달라

붙어버리는 경우를 방지할 수 있다.

→ **기름을 두려워하지 말 것.** 뜨거운 기름이 무섭다고 기름과 멀리 떨어진 높은 곳에서 재료를 떨어뜨리면 손과 발에 기름이 튄다. 두려움을 없애고 기름 표면 가까이에 가져가 살짝 넣으면 오히려 기름이 덜 튄다.

→ **계속 움직일 것.** 추운 날에 바람이 불면 훨씬 더 춥게 느껴지는 걸 경험한 적 있나? 몸 주위의 공기는 체온으로 인해 점차 따뜻해지는데, 바람이 그런 공기를 밀어내고 새로운 차가운 공기를 당신에게 운반하기 때문이다. 튀김 중에도 비슷한 일이 발생한다. 웍으로 음식을 요리하면, 음식을 둘러싼 기름이 에너지를 잃어 온도가 낮아져 튀김을 비효율적으로 만든다. 기름을 젓고, 뜰채나 집게로 음식을 계속 저으면 뜨거운 새로운 기름에 부딪히며 효율적이고 고르게 튀길 수 있다.

튀김의 섬세한 바삭함을 잘 설정해야 한다. 앞에서 말한 규칙을 무시할 유일한 때는 음식을 처음 넣었을 때이다. 튀김을 기름에 넣고 너무 일찍 흔들면(휘저으면) 바삭한 튀김의 반죽이 부서져 벗겨질 수 있다. 튀김 반죽과 빵가루가 재료에 붙어 떨어지지 않을 수 있도록 잠시 기다린 뒤 진행해야 한다. 일반적으로 10~15초 정도.

→ **튀김기름을 깨끗하게 유지하라.** 음식을 튀기면 반죽 조각, 빵가루 부스러기, 둥둥 떠다니는 야채 찌꺼기가 보이기 시작한다. 이러한 찌꺼기 부표물은 기름에 더 빨리 분해되거나 타서 다음 튀김 재료의 표면에 붙어버린다. 그래서 나는 튀김을 할 때 냄비 옆에 작은 내열 용기를 둔다. 튀길 때는 찌꺼기 부산물을 계속 건져 담는 용도로 사용하고, 튀기지 않을 때는 튀김에 사용할 도구들을 놓아둔다.

→ **술 마시고 튀김을 하지 말 것.**

기름에 관한 모든 것

 Q 튀김에 가장 좋은 기름은 무엇일까?

A 튀김에 사용하기 좋은 기름의 조건은 다음과 같다. 먼저 중성적인 맛을 가지고 있어야 하고(엑스트라 버진 올리브유나 참기름 등은 피한다),* 둘째로 발연점이 높아야 한다. 대부분의 기름의 발연점은 튀김을 하기에는 충분하기 때문에 요리 중에 온도 체크만 잘 한다면 크게 신경 쓸 부분은 아니다. 포화지방 비율이 높은 지방을 사용하면 (단일 또는 다중 불포화 지방에 비해) 더 바삭하게 튀길 수 있고, 안정적이라서 분해되기 전에 더 많이 재사용할 수 있다. 하지만 지방이 너무 포화되면 고형화되어 입안에서 밀랍 또는 반죽처럼 변할 수 있다. 절대로 피해야 할 일이다.

튀김은 땅콩유나 쌀겨유 및 야채 쇼트닝이 가장 좋은 결과를 만든다. 대두유, 옥수수유 및 식물성 기름도 좋은 선택이며 저렴하기도 하다.

Q 기름이 과열될 수도 있을까? 그럴 경우엔 어떤 위험이 있을까?

A 지방이 뜨거워지면 결국 분해되기 시작하여 활성 산소와 아크롤레인이라고 불리는 위험한 화합물을 형성하는데, 이는 음식에 매캐한 탄 맛이 나게 한다. 지방이 고온에서 오래 있을수록 이 화합물은 더 농축된다. 이 농축이 발생하는 온도는 기름의 발화점, 즉 휘발성 화합물이 증발하기 시작하는 온도와 관련이 있고, 예외가 있기는 하지만 보통 눈에 띄는 푸르스름한 연기를 생성한다. 예를 들어 엑스트라 버진 올리브유는 190℃라는 상대적으로 낮은 발화지점을 가지고 있지만, 항산화 함량이 높기 때문에 다른 지방보다 고온에서 안정적이다.

즉, 기름에서 연기가 난다면 일반적인 튀김 온도 이상으로 가열했다는 뜻이므로 즉시 불을 꺼야 한다. 시원한 새 기름을 첨가하는 것이 가장 빠른 냉각 방법이다. 절대 싱크대에 붓거

나, 물이나 얼음을 넣어선 안 된다!

발화점을 넘으면 인화점이라는 온도가 있다. 이것은 실제 화염이 피어오르기 시작해 기름 표면을 가로질러 자연 발화가 일어날 수 있는 온도이다. 기름이 이렇게 뜨거워지지 않도록 할 것!

다음 페이지에 일반적인 조리 지방, 발화점, 인화점 및 포화지방 함량에 대한 차트가 있다.

---

* 때로는 음식에 특정 기름의 향이 나기를 원할 때가 있다. 도쿄의 어떤 튀김 전문점은 참기름으로만 튀기기도 한다.

지방	발화점	인화점	포화지방함량
홍화씨유	265°C	315°C	9%
팜유	260°C	320°C	50%
정제 올리브유	240°C	315°C	13%
쌀겨유	230°C	320°C	25%
콩유	230°C	330°C	15%
땅콩유	230°C	335°C	17-20%
정제버터	230°C	295°C	62%
옥수수유	230°C	325°C	13%
카놀라유	230°C	325°C	7%
식용유	205°-230°C	310°-320°C	15%
해바라기씨유	225°C	315°C	11%
식물성 기름	205°-230°C	310°-320°C	15%
식물성 쇼트닝	195°C	310°C	31%
포도씨유	195°C	315°C	10%
라드	195°C	325°C	40%
코코넛유	195°C	295°C	86%
엑스트라 버진 올리브유	190°C	315°C	13%

Q 제대로 튀긴 음식에는 기름이 흡수되어 있지 않다고 들었다. 이게 사실인가?

A 나도 오랫동안 믿었던 이야기다. 내가 들었던 주장은 다음과 같다.

충분히 높은 온도에 음식을 튀기면, 물이 증발하며 빠져나가는 힘이 음식에 흡수되는 기름을 막는다는 것이다. 매력적인 설명이라고 생각하지만 잘못된 말이다. 토르티야의 기름 흡수에는 어떤 요인이 영향을 미치는지에 대해서 1997년 *Journal of Food Engineering*에서 발표된 연구가 있다. 튀김 과정 자체에서 기름 흡수가 비교적 덜한 건 사실이지만(흡수된 총 기름의 약 20%), 오히려 뜨거운 기름에서 꺼내는 순간 빠르게 냉각되면서 토르티야 칩의 열린 기공 공간 내의 압력이 떨어지고 기름의 표면 장력은 급격하게 증가한다.

따라서 표면에 묻은 기름이 내부로 매우 빠르게 흡수된다. 칩이 흡수하는 전체 기름의 약 64%가 냉각 중에 발생하며 기름에서 꺼낸 지 단 10초 이내에 이뤄지는 일이라고 한다.

흡수되는 기름의 양은 식품에서 수분이 증발하면서 확보되는 공간의 양과 관련이 있는 것이다. 뜨거운 기름에 음식을 오래 튀길수록 더 많은 수분이 강제로 배출되므로, 결과적으로 더 많은 지방을 흡수하게 된다. 기름의 신선도와도 관련이 있는데, 신선할수록 더 많이 흡수된다. 표면에 남은 지방이 줄어든다는 말이기도 하다.

Q 잠깐만... 아주 낮은 온도에서 튀긴 음식을 먹었는데 적절한 온도에서 튀긴 음식보다 기름기가 많았던 적이 있다. 이유가 뭘까?

A 두 가지 이유가 있다. 첫 번째는 낮은 온도로 튀긴다는 건 음식 내부에 더 많은 수분이 남아 있다는 말이다. 내부에 수분이 많을수록 기름이 흡수될 공간이 적어서 표면에 기름이 그대로 남게 된다. 그래서 제대로 튀긴 음식보다 기름기가 많아 보이고, 맛도 그렇게 느껴진다. 두 번째 이유는 부적절하게 튀긴 음식은 여전히 반죽이나 빵가루에 많은 수분이 남아 있어서 제대로 바삭해지지 않기 때문이다. 이 축축함이 표면의 기름기와 결합해서 기름기가 많은 것으로 인식하게 되는 것이다.

튀긴 음식에 첨가되는 기름의 총량은 음식이 제대로 튀겨졌는지 아닌지, 기름이 오래되었는지 신선한지 여부에 상관없이, 크게 변하지 않는다. 변화하는 것은 코팅의 수분 함량과 기름의 분포와 기름기에 대한 주관적인 감각이다.

Q 잘 알겠다. 하지만 칼로리 섭취량이 좀 걱정되는데, 튀긴 음식에 첨가되는 기름의 양을 실제로 줄이는 방법이 있을까?

A 산업체 정도의 규모라면, 저지방 감자 칩과 같은 제품은 튀김 기계에서 나오자마자 음식을 원심 분리하는 특수 장비를 사용해서 만든다. 야채탈수기처럼 표면의 액체가 흡수되기 전에 제거하는 것이다. 집에서는 야채탈수기에 여러 겹의 키친타월(측면과 하단에 덧댄다. 뜨거운 기름이 야채탈수기를 녹이는 걸 방지하기 위함)로 겹겹이 싸 이 기술을 모방할 수 있다. 뜰채로 튀김기에서 음식을 건져내고 위아래로 몇 번 흔들어 기름을 어느 정도 제거한 다음, 즉시 야채탈수기로 옮겨 회전시킨다(목표는 기름에서 꺼낸 후 5~10초 이내에 회전시키는 것이다).

너무 복잡해 보인다면, 키친타월로 기름기를 빼는 것만으로도 약 25% 정도 기름 흡수가 감소할 수 있다. 하지만 키친타월 위에 너무 오래 두면 접촉하는 음식 부분이 약해지고 눅눅해진다(반대로 튀김 건조용 랙에 올려서 식히면 튀김이 눅눅해지지 않고 바삭함을 유지한다).

내 생각에 튀긴 음식에서 칼로리 섭취를 줄이는 가장 쉽고 좋은 방법은 튀김의 크기를 줄이는 것과 튀김 자체가 매일 먹을 수 있는 일상적 음식이 아니라는 걸 깨닫는 것이다.

Q 집에서 튀김을 하곤 싶은데, 기름 낭비 같아 보인다. 기름을 다른 용도로 재사용할 수 있나?

A 물론 걸러내서 튀김이나 볶음 등에 재사용할 수 있지만, 그 수명은 무엇을 튀겼는가에 따라 다르다. 튀긴 음식에 입자상 물질이 많을수록 기름의 수명이 짧아지고, 재사용하기 전에 더 철저히 걸러내야 한다.

기름을 사용할 때 가장 쉬운 것부터 나열하자면 다음과 같다.

→ **물(젖은) 반죽을 사용해 튀긴 음식**(예: 471페이지 튀김, 또는 460페이지 한국식 프라이드 치킨): 이 음식들은 기름을 잘 오염시키지 않는다. 기름에 넣을 때 재료에 묻은 여분의 반죽이 떨어지지 않도록 조심하면 더 좋다.

→ **튀김옷을 입히지 않고 튀긴 음식**(예: 431페이지 꽈리고추튀김, 또는 434페이지 바삭한 삼겹살튀김): 이러한 음식은 튀김을 마친 후 여과하거나 걸러낼 필요가 없다. 이렇게 튀김옷 없이 튀겨진 음식들, *마라 소금과 후추를 곁들인 닭날개*(452페이지) 또는 *드라이-프라이 비프*(436페이지) 같은 경우는 젖은 튀김옷으로 튀긴 음식들에 비해 단백질로 가득한 육즙을 더 많이 방출하므로 기름의 수명을 더 빠르게 단축시키는 경향이 있다.

→ **판코 또는 빵가루로 튀김옷을 입힌 음식**(예: 465페이지 카츠, 또는 467페이지 고로케): 판코 빵가루는 음식의 표면적을 증가시켜 아주 바삭한 요리를 만들 수 있지만, 표면적이 늘어난다는 것은 기름과의 접촉면이 늘어난다는 뜻이기도 하다. 그래서 더 빠르게 기름 분해가 발생하게 된다. 또한 아무리 조심스럽게 발라도 빵가루가 떨어져서 웍의 뜨거운 바닥면과 접촉하여 타버린다. 이는 기름이 분해되는 속도를 가중시킨다.

→ **마른 반죽으로 튀김옷을 입힌 음식**(예: 485페이지 제너럴 쏘 치킨, 또는 494페이지 오렌지 필 비프): 밀가루만 입힌 마른 반죽은 수많은 미세 입자를 기름에 흘리게 되는데, 이

는 식품과의 표면 접촉이 많다는 것을 의미하므로 기름 분해가 더 빨라진다. 이런 튀김 부산물(미세한)은 고운체로도 걸러낼 수 없이 미세하기 때문에 해당 튀김기의 기름 속에서 다른 부산물보다 더 오랜 시간을 남아 있게 된다.

Q 기름을 다시 사용하고 싶다면 튀긴 후 어떻게 해야 할까?

A 먼저 뜰채를 사용하여 기름에서 큰 덩어리의 부유물을 제거한 다음 기름을 식힌다. 밤에 청소하기 직전까지 프라이어를 끄는 걸 잊곤 하는 튀김 요리사의 말로는 뜨거운 기름을 거르고, 그걸 보관용기로 옮기는 일은 전혀 즐겁지 않다. 튀김용 웍을 스토브 뒤쪽으로 밀고 뚜껑을 덮어 먼지나 기타 물건이 떨어지지 않도록 한 다음 그대로 둔다. 이상적인 온도는 화상 입을 위험 없이 처리할 수 있을 정도로 식은 상태이다. 너무 차가운 기름은 점성이 높기 때문에 효과적으로 거르기 어렵다.

기름이 식으면 걸러내이 보자. 빈죽이나 빵가루를 입힌 튀김을 요리했다면 고운체로 가볍게 거르면 충분하고, 밀가루 코팅을 입혔다면 고운체에 키친타월이나 커피 스트레이너 등 여러 겹의 무명천을 깔아 더 미세한 필터를 만들어 걸러야 한다. 여과한 기름을 뚜껑이 딱 맞는 용기로 옮긴다. 어두운 식료품 보관실이나 냉장고에 보관해둔다.

Q 보관한 기름이 사용하기 좋은 상태인지 구별하는 방법이 있을까?

A 튀김을 할 때, 기름이 즉시 튀지 않고 거품을 생성하며 표면에 모여서 떠다니기만 한다면, 더 이상 효과적으로 무언가를 튀기지 못할 거라는 신호이다. 비린내 생성의 시작이기도 하다. 너무 오래된 기름으로 조리하면 음식이 바삭해지거나 갈색으로 변하지 않는다.

Q 사용한 기름은 어떻게 처분해야 할까?

A 소량이라면 비누와 뜨거운 물과 함께 배수구에 흘려보내면 된다. ¼컵 이상인 경우에는 깔때기를 사용해 용기에 담아 일반 쓰레기통에 버려야 한다(지역마다 다를 수 있다. 구청에 문의하여 기름을 어디에 버려야 하는지 확인할 것).

Q 근데 왜 기름을 무기한으로 사용할 순 없나? 무슨 일이 벌어지는 거야?

A 두 가지 이유가 있다: 산화(酸化)와 가수분해.
산화는 글리세롤 골격에 붙어 있는 세 개의 지방산 사슬로 구성된 큰 지방 분자가 점점 더 작은 구성 부분으로 분해되는 과정이다. 먼저 유리지방산, 과산화물, 다이엔으로 분해되고, 그다음 카르보닐, 알데히드, 트리엔으로 분해되며, 마지막으로 악취가 나는 케톤 및 단쇄 탄화수소와 같은 3차 생성물로 분해된다.

산화는 기름을 이용해 튀김을 할 때만 발생하는 게 아니다. 룸메이트가 화구 위나 창턱에 보관해둔 카놀라유 한 병을 연 적이 있다면(여러분들은 절대 그렇게 하지 않으리라 믿는다), 병 입구 주위에 끈적거리고 척척한 느낌이 나고 일종의 비린내 나는 향기를 맡았을 것이다. 당신은 산화 기름에 익숙하다! 가수분해는 기름, 물, 열(즉, 무언가를 튀길 때마다)을 결합할 때 발생하며 산화 과정을 크게 가속화한다.

기름은 분해되면서 점차 기름을 조리에 사용하게 만든 좋은 특성들(열을 효과적으로 전달하고 수분을 제거하는 특성)의 능력이 줄어들기 시작한다. 이것이 오래된 기름으로 조리하면 눅눅한 튀김이 되는 이유이다.

Q 산화는 적이구나? 그럼 어떻게 멈출 수 있을까? 어떤 도구를 사용해야 할까?

A 기름은 계속 산화되는 상태에 있어서, 막을 수 있는 방법은 없다. 하지만 보관환경과 사용을 제어하면 그

속도를 크게 늦출 수는 있다. 기름의 산화를 가속화하는 몇 가지 요인을 알아보자.

→ **빛은 산화를 촉진한다.** 매일 사용하는 기름은 착색 유리나 차광 금속 용기에 보관한다. 자주 사용하지 않는 기름은 어두운 식료품 저장실에 보관한다.

→ **열은 산화를 촉진한다.** 일상적인 사용을 위해 조리대에 기름을 보관하는 경우 조리대 측면에 잘 보관할 것.

→ **수분은 산화를 촉진한다.** 기름을 걸러 내어 보관할 때 바닥에 물이 많은 액체 층이 없는지 확인하고, 있다면 상단의 깨끗한 기름만 조심스레 따라내고 하단의 액체를 버린다. 깨끗하고 건조한 용기에 저장된 기름을 습기가 차지 않도록 잘 밀봉하여 보관한다.

→ **공기 접촉은 산화를 촉진한다.** 기름은 적절한 크기의 용기에 담아 보관할 것. 약간의 기름을 큰 대형 용기에 보관하면 작은 용기에 보관한 것보다 빠르게 산화한다.

튀김, 레스토랑 VS 집

Q 집보다 식당에서 튀긴 음식의 질이 좋은 이유는 무엇인가?

A 이 질문에 대한 몇 가지 답이 있지만, 무엇보다 장비이다. 레스토랑 튀김기는 일반적으로 약 45.5L, 매우 많은 양의 기름이 들어간다. 기름 먹는 하마다. 기름의 양이 많을수록 실온이나 차가운 음식을 튀길 때 기름 온도가 떨어지는 속도가 상대적으로 느려진다. 즉 효율적으로 튀길 수 있다는 뜻이다. 많은 양의 기름은 신선하고 뜨거운 기름에 노출될 공간이 많다는 뜻도 되어서 요리의 속도와 균일성이 증가하기도 한다.

이러한 핸디캡을 효과적으로 극복하려면 기름의 온도가 크게 떨어지지 않도록 조금씩 튀기는 것이 중요하며, 더 중요한 것은 요리 전반에 걸쳐 기름 온도를 신중하게 모니터링하는 것이다.

음식을 첨가할 때 기름의 온도가 갑작스럽게 떨어지기 때문에, 레시피에서 요구하는 튀김 온도보다 더 높은 온도로 예열하면 좋다.

Q 잠깐... 집에서 사용하는 기름으로는 여섯 번 정도만 튀길 수 있다면, 식당에서는 어떻게 관리하는 건가? 여섯 번의 주문마다 기름을 교체하나?

A 다시 말하지만 레스토랑은 이점이 있다. 재료로만 생각해도 레스토랑은 수명이 매우 길게 제조된 특수 기름을 이용할 수 있다. 또한 상업용 튀김기는 가열 요소(또는 튜브)가 기름 보관 칸 바닥과 떨어져 있다는 장점이 있다. 집에서는 튀길 때 약간의 빵가루만 가라앉아도 웍 바닥에서 타버리지만, 레스토랑에서는 빵가루가 발열체 아래로 떨어지더라도 타는 것을 방지할 수 있다.

튀김 레시피 문제 해결

Q 음식의 색이나 익힘 정도를 알맞게 하려고 계속 레시피를 수정하며 고치려고 노력하고 있다. 문제를 해결할 수 있는 방법은 없나?

A 사용하는 코팅의 유형과 요리하는 음식의 크기에 따라 다르다. 이미 괜찮은 레시피라면 적절한 조리 온도를 제공하겠지만, 새 레시피를 만들거나 수정하려는 경우라면 어떨까?

다음은 문제를 해결하거나 레시피를 조정하는 데 도움이 되는 몇 가지 간단한 규칙이다.

→ **음식이 완전히 익기 전에 코팅이 갈변하는 경우:** 튀김 온도를 낮추고 조리 시간을 늘린다. 이렇게 하면 코팅이 타기 시작하기 전에 내부의 음식이 익도록 할 수 있다.

→ **코팅 레시피를 수정하는 것도 고려해 볼 수 있다.** 설탕과 말린 허브 또는 파프리카와 같은 일부 향신료는 코팅이 더 빠르게 갈변하게 만든다. 레시피에서 줄이거나 제거하면 도움이 될 것이다. 단백질 함량이 높은 밀가루는 옥수수 전분, 감자 전분, 쌀가루보다 빠르게 갈변한다. 밀가루의 일부를 이 중 하나로 대체하면 갈변 속도가 줄어든다.

→ **코팅은 완벽해 보이지만 내부의 음식물이 너무 익은 경우:** 튀김기 온도를 올리고 조리 시간을 줄인다. 튀김기 조리 시

간이 짧을수록 너무 익히는 시간이 줄어들고, 온도가 높을
수록 더 빨리 갈변이 발생한다.

→ **작은 조각의 음식 레시피를 더 큰 음식에 사용하려고 변환
하는 경우**: 온도를 낮추고 조리 시간을 늘린다. 음식 덩어리
가 클수록 속까지 익는 데 더 오랜 시간이 걸리므로 바깥의
코팅이 타지 않도록 기름 온도를 약간 낮춰야 한다. 예를 들
어, 얇은 닭고기 순살 튀김은 175℃에서 4~5분 동안 튀기
면 적당하지만 뼈가 있는 닭 허벅지살은 100℃에서 10~12
분이 필요할 것이다.

→ **반대로 음식이 작을수록 튀김 온도가 높아지고 튀김 시간은
짧아진다.**

→ **빵가루를 입히거나 반죽을 입힌 음식의 코팅이 거칠게 느껴
지는 경우**: 밀가루에서 나오는 글루텐의 과잉이 문제일 가
능성이 크다. 밀가루의 일부를 옥수수 전분, 감자 전분 또는
쌀가루로 교체하고, 선택한 코팅으로 덮은 직후 음식을 튀
길 것(튀김하기 전에 밀가루가 오래 젖을수록 글루텐이 더
많이 발생한다).

튀김옷 없는 튀김

튀김옷을 입히지 않고 튀긴 음식은 기름에 직접 튀긴 식품이며 빵가루나 반죽으로 이루어진 중간층이 필요하지 않다. 이 방식은 튀김의 풍미와 질감의 잠재력을 최대한 활용한다. 방울양배추, 브로콜리, 꽈리고추와 같은 야채는 달콤한 견과류 같은 풍미를 얻고, 달걀은 푹신하고 바삭바삭하

며, 드라이-프라이한 고기는 소스와 풍미가 아주 잘 스며든다. 이 방식의 가장 큰 단점은 음식을 보호해주는 바삭한 빵가루나 반죽이 없어서 기름맛이 강할 수 있다는 것이다. 이 문제를 보완하기 위해서 대부분의 음식이 산성의 풍미 가득한 소스와 짝을 맞춘다.

피시 소스, 샬롯, 고추를 곁들인 방울양배추튀김

튀긴 방울양배추는 단점이라곤 찾아볼 수 없다. 견과류의 향, 약간은 달콤한 맛, 부드럽지만 여전히 바삭한 속살. 이 모든 것이 구불구불하고 바삭한 가장자리와 소스 코팅에 완벽한 작은 공간들에 결합된다. 이 음식은 그야말로 풍미 폭탄이며, 당신 앞에서 터지기 직전이라고 생각하면 된다.

목표는 요리가 거의 끝났을 때 방울양배추의 안쪽은 살짝 익은 상태고 바깥은 구불진 갈색이 되도록 만드는 것이다. 아주 완벽한 기술이다. 기름을 충분히 사용하지 않거나 한 번에 양배추를 너무 많이 넣으면 실패할 수 있다. 기름의 온도가 급격히 떨어지면서 양배추가 너무 익고 기름지게 된다. 이 경우만 제외하고는 기름을 뜨겁게 가열한 뒤에 방울양배추를 넣고 기다리면 성공이다.

단 몇 분 후면 선명한 황금빛 갈색의 반짝거리는 모습으로 등장한다. 더 멋지고 훌륭한 요리를 원하나? 그렇다면 거기에 얇게 썬 샬롯을 추가하면 된다. 곱슬곱슬 튀겨진 샬롯은 달콤하고 향긋한 최고의 양파링이 된다. 여기에 소금, 후추만 더 추가하면 요리가 완성되지만 피시 소스, 라임즙, 매운 고추를 넣은 태국식 드레싱을 곁들이면 훨씬 더 맛있다.

recipe continues

분량

4인분

요리 시간

20분

총 시간

20분

NOTES

레시피에서 요구하는 양의 버드아이 고추면 상당히 매운맛이 난다. 취향에 맞게 조절하자. 할라피뇨 또는 프레즈노 같은 순한 고추로 대체해도 좋다.

재료

굵게 다진 타이버드 고추 2~3개(NOTES 참고)

중간 크기의 마늘 3쪽(8g)

팜 슈거 또는 연한 갈색 설탕 1테이블스푼(15ml)

피시 소스 1테이블스푼(15ml)

라임즙 1테이블스푼(15ml)

굵게 다진 고수잎과 줄기 한 움큼

땅콩유, 쌀겨유 또는 기타 식용유 1.5L

방울양배추 450g, 줄기를 다듬고 바깥 잎을 제거해 반으로 자른 것

얇게 썬 중간 크기의 샬롯 3개(약 130g)

요리 방법

① 막자사발에 고추와 마늘을 넣고 빻아서 거친 페이스트를 만든다. 여기에 팜 슈거 혹은 갈색 설탕을 넣고 끈적거릴 때까지 빻는다(실제로 꽤나 끈적거릴 것이다). 피시 소스와 라임즙을 추가하고 원을 그리며 섞는다. 고수잎을 넣고 같이 섞는다.

② 쟁반에 키친타월을 세 겹 깔아 놓는다. 웍에 기름을 붓고 190℃로 가열한 뒤 방울양배추와 샬롯을 넣으면 기름 온도는 약 160℃로 떨어진다. 불의 세기를 조절해 이 온도를 유지한다. 방울양배추가 진한 황금빛 갈색이 될 때까지 약 4분간 뜰채로 젓는다. 키친타월이 깔린 쟁반에 옮기고 흔들어서 과도한 기름을 털어낸다.

③ 방울양배추와 샬롯을 큰 볼에 옮기고 드레싱을 넣는다. 버무려서 제공한다.

허니-발사믹 드레싱을 곁들인 브로콜리튀김
FRIED BROCCOLI WITH HONEY AND BALSAMIC VINEGAR

분량
4인분

요리 시간
20분
총 시간
20분

재료
꿀 3테이블스푼(45ml)
발사믹 식초 1테이블스푼(15ml)
케이퍼 2테이블스푼(15g), 물기를 빼고 굵게 다진 것
다진 파슬리 한 움큼
땅콩유, 쌀겨유 또는 기타 식용유 1.5L
브로콜리 565g, 꽃잎은 한입 크기로 자르고 줄기는
　껍질을 벗겨 1.3cm 두께의 대각선으로 썬 것
잣 60g(⅓컵)
얇게 썬 중간 크기의 샬롯 3개(130g)
코셔 소금과 갓 간 흑후추

방울양배추처럼 브로콜리도 튀기면 고소하고 달콤한 맛이 아주 일품이다. 허니 발사믹 드레싱과 잣, 케이퍼를 곁들이면 고소함이 극대화된다. 브로콜리 대신에 컬리플라워를 이용해도 된다.

요리 방법

① 꿀, 식초, 케이퍼, 파슬리를 큰 볼에 넣어 섞은 뒤 따로 둔다.

② 쟁반에 키친타월을 세 겹 깔아 놓는다. 웍에 기름을 붓고 190℃까지 가열한 뒤 브로콜리, 잣, 샬롯을 넣어 튀기면 기름 온도가 약 160℃까지 떨어진다. 불의 세기를 조절해 온도를 유지한다. 브로콜리 가장자리가 황금빛이 나기 시작할 때까지 뜰채를 사용해 잘 저어가며 약 4분간 조리한 다음 쟁반에 옮겨 담고 기름기를 뺀다.

③ 튀겨낸 재료들을 드레싱이 있는 볼로 옮겨서 잘 섞은 뒤 소금과 후추로 간을 하고 제공한다.

꽈리고추튀김
FRIED SHISHITO PEPPERS

분량
간식 혹은 반찬 기준
3~4인분

요리 시간
5분
총 시간
5분

재료
꽈리고추 또는 파드론 페퍼 340g
땅콩유, 쌀겨유 또는 기타 식용유 1L
코셔 소금

꽈리고추는 파드론 페퍼와 비슷하지만 크기가 살짝 큰 일본 원산의 고추로 얇은 껍질과 풋풋한 냄새가 특징이다. 그리 매운 편은 아니지만, 가끔 매운 개체가 존재한다. 이 책에서 소개하는 레시피 중 가장 간단하다. 고추와 기름과 소금만 있으면 된다.

요리 방법
볼에 키친타월을 세 겹 깔아 놓는다. 웍에 기름을 붓고 175℃까지 가열한 뒤 고추를 넣는다(기름이 튈 수 있으니 조심한다). 뜰채로 저어가며 고추에 물집이 잡힐 때까지 20초 정도 튀긴 뒤 볼로 옮겨 소금으로 간을 하고 기름기를 뺀다. 바로 제공한다.

바삭한 삼겹살튀김

태국 야시장에서 가장 눈에 띈 것은 태국식으로 바삭하게 튀긴 황금빛 삼겹살인 무끄롭(mu krop)이었다. 덩어리 채로 두었다가, 주문하면 바로 중식도로 썰어주는데, 바삭하게 부풀어 오른 껍질 아래로 숨겨진 새하얀 비계와 육즙과 살이 드러난다. 이 삼겹살 요리는 팟카나 무끄롭(pad khana mu krop; 태국식 삼겹살과 가이란볶음, 206페이지)의 필수 재료이기도 하다. 필리핀에서는 레촌 카와리(lechón kawali)라고 불리는데(lechón은 스페인어로 새끼 돼지라는 말이고, kawali는 필리핀에서 웍을 뜻한다), 이 요리를 돼지 간이 들어간 매콤새콤한 소스와 함께 먹는다. 아내인 Adri의 고향 콜롬비아에서는 치차론(chicharrón)이라고 하며, 중국에서는 시오 박(sio bak)이라고 부른다. 이렇게 여러 나라와 문화에서 바삭한 삼겹살 요리가 사랑받는 데에는 이유가 있지 않을까?

돼지껍데기를 튀기면 부풀어 오른다. 왜일까? 껍데기 내부의 수분이 수증기로 변하면서 순간적으로 부풀고, 부푼 껍질이 뜨거운 기름 때문에 마르며 그대로 굳어버리는 것이다. 하지만 단순히 튀긴다고 돼지껍데기가 이렇게 변하진 않는다. 직접 해보면 알겠지만, 그저 씹을 수 없을 정도로 질긴 껍데기가 될 뿐이다.

풍선껌을 불어본 적이 있다면, 씹자마자 부는 것보다 이리저리 씹어 늘인 다음에 부는 게 훨씬 쉽다는 걸 알 것이다. 이처럼 돼지껍데기도 먼저 부드럽게 만들어 줘야 한다. 먼저 한 번 익혀서 질긴 결합조직을 부드럽게 만들어야 한다.

첫 단계는 식초와 소금을 넣은 물에 삼겹살을 넣고 한 시간 정도 삶는 것이다. 그러면 고기가 수축하면서 고기 내부의 이물질이 스며 나와서, 고기를 튀겼을 때 얼룩덜룩해지는 걸 방지할 수 있다. 또한 결합조직도 느슨해지고 지방도 녹아 나온다. 껍질에 칼집을 내기도 쉬워지는데, 칼집을 내면 껍질이 더 많이 부풀어 오른다. 조금 더 신경 쓴 요리를 만들고 싶다면 월계수잎, 통후추, 마늘과 같은 향신채를 넣어도 좋다.

돼지껍데기에 칼집을 내는 방법은 다음과 같다. 잘 드는 칼과 약간의 인내심을 준비하고, 껍질에 평행선이나 X자 모양으로 칼집을 내는 것이다. 이때 칼이 살까지 들어가면 육즙이 흘러나와서 껍질이 잘 부풀지 않게 되니 껍질에만 칼집을 내도록 주의해야 한다.

또 다른 방법은 쇠꼬챙이나 포크를 이용해 구멍을 내거나(1평방인치 기준 15~20개의 구멍을 내면 된다), 자카드(손잡이 하나에 꼬치가 여러 개 달린 고기 연육기)로 구멍을 내는 것이다. 이 방법들도 껍질에만 구멍을 내야 한다.

감자튀김처럼 바삭한 삼겹살을 위해서는 두 번에 걸쳐 요리하면 좋다(물에 삶는 것까지 치면 세 번이다). ①비교적 저온에서 튀겨 결합조직을 부드럽게 만들면서 껍질의 수분을 날리고, 상온에서 레스팅한 뒤에 ②고온으로 튀기는 것이다. 문제가 있다면, 첫째 단계를 진행할 때는 껍질의 수분이 수증기로 바뀌면서 껍질이 폭발하며 기름이 사방으로 튄다는 것이다. 상상만 해도 끔찍하다.

이 끔찍한 문제를 방지하기 위해 고안해낸 방법이 있다. 첫 번째 단계에서 튀기는 대신에 190℃ 정도의 오븐에서 20~30분간 익혀서 수분을 날리는 것이다.

그 뒤에 고기를 레스팅해서 한김 식으면, 뜨거운 기름이 담긴 웍에 껍질이 위로 가도록 놓는다. 껍질이 기름에 잠기지 않을 정도여야 하고, 국자로 뜨거운 기름을 껍질에 끼얹으며 조리한다. 그러면 곧바로 껍질이 부풀어 오르며 미세한 기포가 무수히 생기는데, 이게 바로 바삭한 식감의 핵심이다. 껍질을 위로 두는 이유는 껍질에 가해지는 압력을 최소화해서 잘 부풀게 만들기 위해서다.

껍질이 잘 부풀고 나면, 이제는 뒤집어서 껍질이 아래를 향하게 둔다. 이렇게 하면 더욱 바삭하고 먹음직스러운 색이 난다.

다 조리된 삼겹살을 꺼내어 철망 위에 올려 살짝 식힌 뒤, 껍질을 칼로 긁어보면 당신이 방금 얼마나 대단한 일을 했는지 알 수 있다. 이런 바삭함이라니… 이런 걸작에는 뭔가 보상이 있어야 한다. 바로, 먹어볼 기회를 얻은 것이다.

바삭한 삼겹살튀김
CRISPY FRIED PORK BELLY

요리 방법

① 삼겹살 껍질 부분이 위로 가도록 웍에 넣고, 잠기도록 물을 부은 뒤 식초, 후추, 월계수잎, 마늘, 소금 2테이블스푼(20g)을 넣는다. 물이 끓으면 아주 약한 불로 줄인 뒤 뚜껑을 덮고 1시간 동안 익힌다. 삼겹살을 꺼내 살짝 식히고 물과 향신채들은 제거한다.

② 오븐을 190℃로 예열하고 철망을 받친 쟁반을 준비한다. 포크나 쇠꼬챙이 또는 자카드를 이용해 껍데기에 구멍을 낸다. 이때 살까지 구멍을 뚫지 않도록 조심한다. 살 느는 갈을 사용해 6mm 간격으로 갈집을 내노 된다.

③ 남은 소금 10g과 베이킹소다를 섞어 삼겹살에 전체적으로 바른 다음 철망을 받친 쟁반에 놓고 15분간 둔다. 그다음 오븐에 넣고 겉 표면이 바짝 마르도록 25분간 구운 뒤 꺼내서 15분간 식힌다.

④ 웍에 기름을 붓고 중간 불로 160℃까지 가열한 다음 집게와 넓은 스패츌러를 이용해 조심스럽게 삼겹살을 기름 안으로 넣는다. 이때도 껍질이 위로 가도록 하며, 껍질 부분은 기름에 잠기지 않아야 한다. 스패츌러로 뜨거운 기름을 껍질로 끼얹으면 곧장 부풀어 오르는 것을 볼 수 있을 것이다. 껍질이 모두 부풀어 기포가 생기지 않을 때까지 약 3분간 계속 기름을 끼얹는다.

⑤ 조심스럽게 삼겹살을 뒤집는다. 이때 기름이 웍 밖으로 튀지 않도록 주의한다. 불을 세게 올리고, 삼겹살의 색이 고루 나고 바삭해질 때까지 기름을 끼얹으며 3~4분간 더 튀긴다.

⑥ 삼겹살을 철망을 받친 쟁반으로 껍질이 위로 가도록 옮겨 살짝 식힌 다음, 중식도나 잘 드는 칼을 이용해 두툼하게 썬다. 다시 한입 크기로 자른다. 수캉 서서완이나 남쁠라프릭과 함께 제공한다.

분량
6인분

요리 시간
30분

총 시간
2시간

NOTE
비계와 살의 비율이 적당한 껍질이 붙은 삼겹살(오겹살)을 구매한다. 껍질에 털이나 변색이 있다면, 토치를 사용해 살짝 그슬린 뒤 칼로 긁어내면 된다.

재료
껍질이 붙은 통삼겹살 900g
양조식초 2테이블스푼(30ml)
통후추 1테이블스푼(8g)
월계수잎 3장
가로로 썬 마늘 1뿌리
코셔 소금 3테이블스푼(35g)
베이킹소다 ½티스푼(2g)
땅콩유, 쌀겨유 또는 기타 식용유 2L

차림 재료:
수캉 서서완(435페이지) 또는 *남쁠라프릭*(257페이지) 약간

수캉 서서완(필리핀식 매콤한 고추-식초 소스)
SUKANG SAWSAWAN(PHILIPPINE CHILE-VINEGAR DIPPING SAUCE)

분량
1컵

요리 시간
5분
총 시간
5분

NOTES

입맛에 따라 고추 종류를 바꿔서 만들면 된다. 할라피뇨(보통 맛), 프레스노(매운 맛), 스카치보넷(불타는 맛). 사탕수수 식초는 필리핀식 식초이며 구하기 어렵다면 일반 양조식초나 쌀식초를 사용하면 된다.

재료

통후추 1티스푼(3g)
굵게 다진 마늘 4쪽(10~15g)
굵게 다진 타이버드 고추 2~3개(NOTES 참고)
굵게 다진 적양파 60g
코셔 소금 1티스푼(3g), 더 필요할 수 있다
황설탕 또는 흑설탕 2테이블스푼(25g), 더 필요할 수 있다
생추간장 또는 쇼유 또는 피시 소스 1테이블스푼 (15ml)
식초(사탕수수 또는 코코넛) ¾컵(180ml)

서서완은 필리핀에서 바비큐나 튀긴 고기와 함께 먹는 소스류를 부르는 말이다. 이번에 만들어 볼 버전은 새콤하고 매콤한 맛에 설탕으로 달콤함을 추가하고 마늘과 양파로 풍미를 더했다. 용기에 담아 몇 달간 냉장 보관할 수 있으며 시간이 지남에 따라 맛이 깊어진다. 마늘과 양파, 고추를 막자사발로 빻아서 사용하면 맛이 더 좋다.

요리 방법

① 먼저 막자사발에 통후추를 넣고 살짝 빻은 뒤 마늘, 고추, 양파, 소금을 넣어 알갱이가 어느 정도 살아있는 페이스트 형태로 빻는다. 이어서 설탕을 넣고 끈적해질 정도로 약 30초간 원을 그리며 빻으면 끈적한 페이스트가 만들어진다.

② 간장 또는 피시 소스를 넣어 계속 원형으로 저어가며 식초를 조금씩 넣는다. 마지막으로 취향에 따라 소금이나 설탕으로 간을 맞춘 뒤 뚜껑이 있는 용기에 담아 냉장 보관한다. 몇 달간 보관할 수 있으며 하루 이상 숙성한 뒤 먹는 것이 좋고, 시간이 지날수록 맛이 좋아진다.

드라이 프라이
Dry Frying

드라이 프라이는 쓰촨 지방에서 사용하는 요리 테크닉이다. 기본적으로 고기(소고기, 양고기, 돼지고기 등의 단백질)나 야채(완두콩, 가이란)를 많은 양의 기름에 그대로 넣어 중간 온도로 튀기는 것이다. 반죽이나 가루를 묻히지 않고 그대로 튀기기 때문에 수분이 증발하면서 재료의 맛이 진해진다. 또 바깥 부분이 건조해지면서(그래서 드라이 프라이라는 이름이 붙었다) 색이 난다.

보통은 이렇게 한 번 튀겨낸 다음에 강한 향신채 약간과 함께 짧게 볶아서 말라있는 재료의 표면에 향을 더한다. "소스"라고 부를 만한 것이 들어가지 않고, 이 때문에 선호의 차이가 있을 수 있다. 결과적으로는 바삭한 식감에 풍미가 진한 요리가 완성된다.

쓰촨식 드라이-프라이 비프

일부 레시피는 가정용으로 만들 때는 아주 소량의 기름(2테이블스푼 정도)을 사용하라고 하지만, 이러면 탈수 효과를 일으킬 수 없어서 고기가 쪄지고, 색이 과해져서 좋지 않은 방법이다. 물론 대충이 아니라 제대로 한다는 건 번거로운 일이지만, 훨씬 맛있는 결과물을 얻을 수 있다. 쓰고 남은 기름은 걸러서 다음 요리에 사용하면 되는데, 재료와 직접 닿은 기름이라서 다른 기름들보다 빨리 산패된다. 즉, 냉장 보관하는 것이 좋다.

식당에서는 뜨거운 기름에 재료를 넣는 방식을 사용하지만, 가정에서는 기름이 튀는 걸 방지하기 위해서 차가운 기름에 재료를 넣고 함께 가열하는 방식을 사용하자(고기만 가능한 방식이다. 야채는 뜨거운 기름에 넣어야 한다). 처음에는 기름이 뿌옇게 보이지만, 고기의 수분이 날아가고 나면 일반 튀김요리 때처럼 보이게 된다. 이때쯤 재료의 상태를 확인하면 된다.

겉 표면이 살짝 쫀득하면서 속은 아직 촉촉한 정도, 군데군데 노릇할 때쯤 꺼내어 볶음요리에 사용하면 된다.

분량	요리 시간
3~4인분	30분
	총 시간
	45분

NOTES

잘게 자른 고추 때문에 맵게 느껴질 수 있다. 취향대로 고추를 빼거나 양을 줄이면 된다. 걸러낸 기름은 식힌 후 망에 걸러 냉장 보관하면 다음에 사용할 수 있다. 이 요리에는 셀러리와 당근을 자주 사용하지만, 대신 채 썬 피망을 사용하거나 추가해도 된다.

재료

소고기(여기서는 업진살 사용) 450g, 성냥개비 모양으로 썬 것(116페이지 참고)

땅콩유, 쌀겨유 또는 기타 식용유 1컵(240ml)

다진 마늘 2티스푼(5g)

다진 생강 2티스푼(5g)

두반장 2테이블스푼

얼징티아오나 아르볼 등의 매운 건고추 6개, 씨앗을 제거하고 가위로 잘게 자른 것(NOTES 참고)

간 쓰촨 후추 ½티스푼(2g)

셀러리(또는 중국 셀러리) 2줄기, 6mm 두께로 대각선으로 자른 것

채 썬 당근 1개(170g)

간장 1테이블스푼(15ml)

진강식초 1테이블스푼(15ml)

소흥주 1테이블스푼(15ml)

설탕 2티스푼(8g)

코셔 소금

요리 방법

① 큰 볼에 키친타월을 두 겹 깔아 놓는다. 웍에 기름과 고기를 넣고 중간중간 잘 저어가며 중간–센 불로 가열한다. 고기에서 많은 양의 수분이 나오며, 시간이 지나면 지글지글 소리와 함께 튀겨지기 시작한다. 고기에 짙은 갈색이 나고, 가장자리는 바삭하지만 속은 아직 촉촉한 정도가 될 때까지 약 10분 정도 익힌다. 고기를 키친타월을 깔아 둔 볼로 옮겨 기름기를 뺀 다음 중간 크기의 볼로 옮겨 담는다.

② 뜨거운 기름은 체에 걸러 내열 용기(커다란 소스팬 등)로 옮겨 둔다.

③ 웍을 닦고 연기가 날 때까지 센 불로 가열한다. 불을 중간 불로 살짝 줄인 뒤 걸러낸 기름 2테이블스푼(30ml)을 둘러 코팅한다. 마늘, 생강, 두반장을 넣고 기름이 붉은 빛이 돌 때까지 30초 정도 볶는다.

④ 다시 불을 세게 올린 다음 매운 고추, 쓰촨 후추, 소고기, 셀러리, 당근을 넣고 셀러리와 당근이 아삭하게 익을 때까지 약 1분간 볶는다.

⑤ 간장, 식초, 소흥주를 웍 가장자리로 붓고 설탕을 넣는다. 재료가 잘 섞이고 수분이 없어지도록 1분간 더 볶은 다음 입맛에 따라 소금으로 간을 하고 접시에 옮겨 담아 제공한다.

건고추 자르는 방법

쓰촨식 드라이 프라이에 사용하는 매운 고추는 중국 슈퍼마켓에 가면 미리 잘린 것도 구매할 수 있다. 하지만 주방가위만으로도 직접 자를 수 있는데, 고추의 꼭지 부분을 잡고 대각선으로 최대한 얇게 자르면 된다. 씨가 있어도 상관하지 말고 자르면 된다.

꼭지 직전까지만 잘라서 사용하고 꼭지는 버린다. 이제 손가락으로 고추를 솎아 주면 대부분의 씨가 빠져나온다. 고추는 용기로 옮겨 담고(씨가 조금 남아 있어도 괜찮다) 씨앗은 버린다.

누아 켐(태국식 소고기 육포)
NUA KEM(THAI-STYLE BEEF JERKY)

분량
간식 또는 전채 기준
3~4인분

요리 시간
20분

총 시간
일광 건조: 5~6시간,
오븐 사용: 2~3시간

NOTES
며칠 전부터 고기를 미리 양념해서 말려 놔도 좋다. 이 요리는 보통 째우(Jaew)라고 하는 소스(440페이지), 찰밥, 쏨땀(그린 파파야 샐러드; 619페이지)과 함께 제공되지만 남쁠라프릭(257페이지), 수캉 서서완(435페이지), 스리라차(Shark 브랜드를 추천한다)를 곁들여도 좋다.

서양의 태국 식당에 가면 누아 켐 옆에 "태국식 소고기 육포"라는 설명이 적혀 있지만, 사실 육포라기에는 부드럽고도 촉촉한 요리이다. 간장, 피시 소스, 설탕에 고기를 양념한 뒤 햇빛에 말리면, 양념이 얇은 막을 형성한다(바깥에 생고기를 두는 게 거슬린다면 가장 낮은 온도로 맞춘 오븐을 사용해도 된다). 그 다음 캐러멜화 되도록 튀겨 표면은 바삭하고 쫀득하면서도 속은 여전히 촉촉하고 풍미가 넘치는 요리가 된다. 겉이 수분 없이 말라 있기 때문에 째우 소스를 잘 흡수하는 스펀지 같은 역할을 한다.

요리 방법
① 중간 크기의 볼에 간장, 피시 소스, 설탕, 백후추를 넣고 설탕이 녹을 때까지 젓는다. 고기를 넣고 잘 버무린다.

재료

생추간장 또는 쇼유 2티스푼(10ml)

피시 소스 2테이블스푼(30ml)

흑설탕 또는 황설탕 또는 그래뉴당 1테이블스푼
    (12g)

간 백후추 ½티스푼(2g)

업진살 또는 안창살 450g, 결 반대방향으로 1.3cm
    두께로 포 뜬 것

땅콩유, 쌀겨유 또는 기타 식용유 2컵(480ml)

째우(440페이지) 1컵

② 철망을 받친 쟁반에 고기를 올려놓고, 햇빛 아래에서 45~60분마다 뒤집어 가며 표면이 완전히 마를 때까지 말린다. 또는 최대한 낮은 온도로 예열된 오븐 (51~80℃, 낮으면 낮을수록 좋다)에서 30~45분마다 뒤집어가며 표면이 완전히 마를 때까지 말린다. 3단계로 넘어가거나, 고기를 밀폐용기에 담아 냉장고에서 5 일간 보관할 수 있다.

③ 웍에 기름을 붓고 중간 불에서 160℃까지(온도계로 확인한다) 가열한 다음 고기를 넣고 잘 저어가며 135~163℃에서 튀긴다. 이때 5분간 익혀 표면은 바삭 하지만 속은 부드러운 정도로 만든다. 키친타월을 깐 접시에 올려 기름기를 빼고 째우와 함께 곧바로 제공한다.

째우

Jaew

분량
1컵

요리 시간
10분
총 시간
10분

NOTES
*프릭폰(Prik pon)*은 구워서 빻은 태국 고춧가루이고 *카오쿠아(Khao khua)*는 볶은 찹쌀가루이다. 두 재료 모두 동남아 식료품점이나 큰 아시아 슈퍼마켓의 동남아시아 코너, 또는 온라인에서 구매할 수 있다.

재료
중간 크기의 마늘 4쪽(10g)
팜 슈거 1테이블스푼(8g)
프릭폰 1테이블스푼(8g, NOTES 참고)
카오쿠아 1테이블스푼(8g, NOTES 참고)
피시 소스 ½컵(120ml), 입맛에 따라 추가
라임즙 3테이블스푼(45ml, 라임 약 3개 분량),
　　입맛에 따라 추가
얇게 썬 샬롯 1개(45g), 입맛에 따라 추가
잘게 다진 고수 한 움큼(20g)

생고추와 피시 소스로 만드는 *남쁠라프릭*(257페이지)이 가장 잘 알려진 태국의 디핑 소스일 수는 있어도, 내가 가장 좋아하는 소스는 째우이다. 건고추로 만들어서 더 새콤하고 향이 좋다. 구운 고기와 아주 잘 어울리기 때문에 주로 까이양(kai yang; 태국식 닭구이)이나 무핑(mu ping; 돼지고기 꼬치)에 곁들여 먹는다(누아 켐을 찍어 먹어도 아주 맛이 좋다. 438페이지).

건고추라면 어떤 종류든 사용할 수 있지만, 태국의 프릭폰을 사용해 보는 걸 추천한다. 강렬한 매운맛과 훈연향, 그리고 과실맛이 조화된 풍미가 있다. 또 다른 중요 재료는 카오쿠아인데, 찹쌀을 볶아서(221~222페이지 참고) 가루로 만든 것이다. 동남아시아 마켓이나 온라인으로 쉽게 구할 수 있다. 직접 만들기도 쉬운데, 찹쌀 ½컵을 웍에 넣고 중간 불로 볶은 다음 갈색이 나면 막자사발로 갈면 된다.

하지만 아무 고추나 사용하고, 카오쿠아를 사용하지 않아도 충분히 맛있는 소스가 되니, 재료가 없다고 너무 걱정하지 말자(정통 태국음식을 좋아하는 사람에겐 비밀이다).

요리 방법
막자사발에 마늘과 팜 슈거를 넣고 페이스트가 될 때까지 빻는다. 그다음 *프릭폰*, *카오쿠아*, 피시 소스, 라임즙을 넣고 액체가 될 때까지 간다. 샬롯과 고수잎을 넣고 취향에 따라 피시 소스, 라임즙, 고춧가루를 더해 간을 맞춘다.

전분으로 코팅한 튀김
Starch-Coated Fried Foods

전분을 입혀 튀긴 음식은 밀가루 반죽과 빵가루를 묻혀 만든 음식에 비해 바삭하거나 딱딱한 식감은 덜하지만, 소스를 흡수하기 좋은 얇고 바삭한(약간) 표면을 가졌다.

게다가 튀김옷이 얇아서 튀긴 재료의 자연스러운 풍미를 보존하기도 좋다.

충칭식 프라이드 치킨
CHONGQING-STYLE DRY-FRIED CHICKEN

나는 소심하게 "라 지 지"라고 말했다.

혼란스러운 눈빛.

"라 쥐 지?"

더 깊은 혼란.

"라 쥐 직"

아내와 함께한 충칭, 호스텔 주인의 머리 위로 갑자기 느낌표가 나타났다. "아, 라쯔지!"

'그게 바로 내가 말한 거야!'라고 속으로 생각했다. 호스트는 분명 우리를 도우려 했겠지만, 내 억양이 방해했을 것이다. 주인은 지도를 손에 들고 건물 주위에 원을 그려가며 길을 알려 주었다. 그 원정에서 나는 호스트와 겪었던 이벤트를 두 번이나 더 반복해야 했다. 한 번은 레스토랑의 호스트, 한 번은 웨이터. 내가 원한 건 건고추와 쓰촨 후추로 볶은 프라이드 치킨이었다. 금빛의 닭튀김에는 엄청나게 많은 고추가 박혀 있었고, 쓰촨 후추의 향과 솔향과 감귤류의 향이 섞여 있었다.

recipe continues

분량
4인분

요리 시간
15분
총 시간
40분

NOTES

쓰촨 건고추에 대한 자세한 내용은 313~315페이지를 참고한다. 이 요리에서 고추는 먹기 위한 것이라기보다 향과 시각적 매력을 위한 것이다. 걸러낸 기름은 식힌 후, 밀폐용기에 담아 냉장 보관하면 다음 튀김요리에 사용할 수 있다.

재료

닭고기 재료:

1.3cm 덩어리로 자른 닭 허벅지 순살 450g

생추간장 또는 쇼유 2티스푼(10ml)

소흥주 2티스푼(10ml)

코셔 소금 2티스푼(8g)

달걀 1개

옥수수 전분 또는 감자 전분 1테이블스푼

땅콩유, 쌀겨유 또는 기타 식용유 2L

볶음 재료:

다진 마늘 2테이블스푼(15g)

다진 생강 2테이블스푼(15g)

얇게 썬 스캘리언 2대

얼징티아오 건고추 45g(약 1컵), 2.5cm로 자른 것 (NOTES 참고)

마른 차오티안쟈오(화초하늘고추) 45g(약 1컵), 2.5cm로 자른 것(NOTES 참고)

쓰촨 고추 또는 한국 고춧가루 1테이블스푼(8g)

녹색 또는 빨간색 쓰촨 후추 2테이블스푼(약 20g)

설탕 1티스푼(4g)

구운 땅콩 또는 *땅콩튀김* ¼컵(40g, 319페이지)

구운 참깨 2테이블스푼(15g)

드라이 프라이로 풍미가 강화된 바삭하면서도 쫄깃한 닭고기, 입이 뻥 뚫릴 정도로 많은 양의 쓰촨 후추, 먹을수록 점차 차오르는 고추의 열기. 모두 분명 아는 맛이었다.

미국에서 먹던 대부분의 버전들과 충칭에서 먹은 버전의 가장 큰 차이점은 뼈의 유무였다. 원조인 쓰촨에서는 닭의 뼈를 잘게 썰어 넣어 만들었다. 그래서 입 안에서 고기와 골수를 빨아먹은 뒤 전용 접시에 뱉어내야 했다. 미국에서도 이런 식으로 먹는 요리를 몇 번 경험했었다. 인정할 것은 내 레시피(고추 더미에서 육즙이 촉촉한 너겟을 집어 먹는)가 손이 더 많이 간다는 것이다. 미국에서는 닭고기를 묽은 반죽이나 진흙 같은 반죽과 함께 튀기는 경우가 많고, 나도 그렇다.

일단 튀김이라는 장벽만 넘어서면(그리고 이제는 넘어서야 한다), 놀라울 정도로 만들기 쉬운 요리이다. 일부 레시피는 닭을 볶기 전에 한 번 튀기라고 하지만, 나는 두 번 튀기는 것이 더 낫다(대부분의 튀긴 요리가 그렇다)는 것을 발견했다. 물론 두 번 튀기는 사이에 식히는 과정은 필수이다.

한 번 튀기는 방식의 문제점은 외관이 완벽하게 바삭바삭해질 때쯤이면 내부의 고기도 많이 익어서 건조하고 질겨지기 쉽다는 것이다. 한 번 튀기고 나서 레스팅한 뒤에 다시 튀기면, 외부로 빠져나가는 수분을 보호해서 어느 정도의 촉촉함을 유지할 수 있다. 겉은 바삭바삭하고 속은 촉촉한 치킨이 탄생하는 것이다.

마주할 수 있는 유일한 어려움은 적절한 재료를 구하는 것. 다양한 풍미와 열기의 조합을 원한다면 최소한 얼징티아오 또는 차오티안쟈오 등의 고추를 사용해야 하고, 덩롱쟈오(쓰촨 등불고추)를 추가하면 아주 좋다. 쓰촨 후추도 녹색을 사용하는 게 좋은데, 빨간색보다 더 강한 얼얼한 맛이 나기 때문이다. 온라인이나 큰 중국 슈퍼마켓에서 찾을 수 있는 재료들이지만, 아르볼 고추와 빨간 쓰촨 후추를 사용한다고 해도 충분히 얼얼한 맛을 느낄 수 있다.

요리 방법

① **닭고기:** 고기, 간장, 소흥주, 소금, 달걀, 전분을 중간 크기의 볼에 섞는다. 닭고기가 끈적끈적하게 전분 혼합물에 완전히 코팅될 때까지 손으로 마사지한다. 따로 옆에 두고 최소 15분에서 최대 1시간 동안 재워 둔다.

② 웍에 기름을 붓고 175℃로 가열한다. 닭고기를 넣고 휘저어서 조각을 분리한 후 불을 조절해 150℃~160℃로 온도를 유지하고 닭고기에 연한 황금빛 갈색이 나고 표면이 바삭해질 때까지 약 1분간 조리한다. 뜰채로 건져서 쟁반으로 옮겨 5분간 식힌다.

③ **볶음:** 웍의 기름을 190℃로 가열한다. 센 불로 올리고 닭고기를 넣고 저으며 진한 황금빛 갈색으로 바삭해질 때까지 45초간 익힌다. 뜰채로 건지고 쟁반으로 옮긴다. 뜨거운 기름을 고운체로 걸러 내열 용기(예: 큰 소스 팬)에 조심스럽게 담아둔다.

④ 웍을 닦고 연기가 날 때까지 센 불로 가열한다. 중간 불로 줄인 뒤 기름 3테이블스푼(45ml)을 둘러 코팅한다. 마늘, 생강, 스캘리언, 건고추, 고춧가루, 쓰촨 후추를 넣고 30초간 볶아 향을 낸다. 닭고기와 설탕, 땅콩, 참깨를 넣고 30초간 더 볶는다. 접시로 옮겨 바로 제공한다.

가라아게(일본식 양념치킨)

가라아게(karaage). 이 단어의 어원은 명확하지 않다. *아게(age)* 부분은 튀김을 뜻하는 일본어인데, 이 정도는 여러 단어로 쉽게 확인할 수 있다. 하지만 *가라(kara)*는 명확하지가 않은 게 철자법에 따라 두 가지 다른 의미를 가질 수 있기 때문이다. 보통 唐이라고 쓰며, 튀기는 스타일의 기원인 중국의 당나라를 뜻한다. 하지만 가라아게라는 음식이 중국에서 발생했다는 증거를 찾기 어려워서, 일부 신문이나 음식 작가들은 空자를 사용한다. 이는 "비었다"는 뜻이다.

후자는 말이 된다. 일본의 대표적인 튀김 방법으로 튀김옷(덴푸라 등)이나 빵가루 코팅(카츠 등)이 있지만, 가라아게는 튀기기 전에 밀가루나 녹말가루를 뿌린다. 어머니에게 가라아게가 어떤 음식 같냐고 물었더니, "카츠도 튀김도 아니냐"라는 답을 들었다.

오늘날에는 거의 같은 뜻으로 사용하는 *타츠타아게(tatsutaage)*라는 용어로 들어봤을 수도 있는데, 엄밀히 말하면, 타츠타아게는 가루를 털고 튀기기 전에 고기를 양념에 재우지만 가라아게는 재우는 과정이 없다는 차이가 있다. 지금이야 가라아게를 주문했을 때 약간의 콩과 생강에 재운 음식이 나와도 뭐라 하는 사람은 없을 것이다. 마찬가지로 가라아게도 엄밀히 말하면 돼지고기, 문어, 우엉을 재료로 사용하는 음식이지만, 지금은 별다른 수식어가 없다면 닭의 허벅지를 사용하는 게 일반적이다.

기본 가라아게 양념장은 생강, 사케, 간장이지만 얼마든지 다른 맛을 추가할 수 있다. 마늘과 참기름은 미림, 굴 소스, 큐피 마요네즈처럼 흔한 선택이다. 내 어머니

는 간장, 사케, 생강으로 양념한 다음 일본 커리가루를 감자 전분에 뿌리기도 했다.

간장은 가라아게의 진정한 핵심인데, 닭고기를 업그레이드하는 두 가지 요소를 갖고 있다. 바로 소금과 단백질 분해 효소. 근육 단백질은 가열되면 수축하는데, 그러면 고기에서 육즙이 짜내어져서 단단하고 건조해진다. 양념장, 소금물, 마른 반죽에 든 소금이 이러한 근육 단백질을 분해해서 고기의 수축을 완화해 부드럽게 만든다. 단백질 분해 효소는 간장이 가진 효소로, 단백질을 분해하고 소금의 효과를 높인다(파파야즙, 파인애플즙, 상업용 고기 연화제가 고기를 부드럽게 하는 것과 같은 방법이다).

전분 코팅한 가라아게는 일반 프라이드 치킨처럼 바삭바삭하지 않다(절대로!). 얇은 녹말 옷은 바삭바삭한 껍질을 만드는 게 목적이 아니라, 표면을 건조하게 만들거나 소스로부터의 침범을 막는 것이다. 하지만 두 번 튀기게 되면 전보다는 더 바삭해질 것이다.

치킨 가라아게(간장, 사케, 생강으로 양념한 일본식 프라이드 치킨)

CHICKEN KARAAGE(JAPANESE-STYLE FRIED CHICKEN WITH SOY, SAKE, AND GINGER MARINADE)

분량
4인분

요리 시간
15분
총 시간
30분

NOTES
취향에 따라 껍질이 있거나 없는 닭허벅지살을 사용한다. 전분은 감자나 옥수수 어떤 걸 사용해도 괜찮지만, 감자 전분이 더 바삭한 식감을 만든다. 사용한 기름은 걸러서 다른 요리에 사용할 수 있다.

재료
뼈 없는 닭허벅지살 450g(약 4개), 지방을 다듬고 약 2.5cm로 자른 것(NOTES 참고)

다진 생강 1테이블스푼(8g)

생추간장 또는 쇼유 1테이블스푼(15ml)

사케 1테이블스푼(15ml)

코셔 소금 ½티스푼(2g)

감자 전분 또는 옥수수 전분 ⅓컵(45g, NOTES 참고)

밀가루 ⅓컵(45g)

땅콩유, 쌀겨유 또는 기타 식용유 1L

레몬 웨지 1개

이 간단한 레시피는 사케나 차가운 맥주와 완벽하게 어울리는 안주이다. 차갑게 식혀서 도시락에 넣기도 한다. 가장 간단한 곁들임인 레몬 웨지를 사용하며, 일본 스타일의 큐피 마요네즈나 7가지 향신료 혼합물 시치미토가라시를 가루로 만들어 곁들일 수도 있다.

맛의 변화를 위해, 양념장에 다음 중 하나를 추가해 보는 것도 좋다.

→ **다진 마늘 2쪽**

→ **굴 소스 1테이블스푼(15ml)**

→ **일본 커리가루 1테이블스푼(8~10g)**

→ **날것 또는 구운 흰색 또는 검은색 참깨 ¼컵(30~40 g), 전분/전분 혼합물에 넣을 것**

요리 방법

① 중간 크기의 볼에 닭고기, 생강, 간장, 사케, 소금을 넣고 닭고기가 양념장에 완전히 묻을 때까지 버무린다. 뚜껑을 덮고 최소 30분에서 최대 24시간 동안 냉장 보관한다.

② 큰 볼에 전분과 밀가루를 섞는다. 양념장에서 닭고기 조각을 꺼내고 밀가루 혼합물에 넣어 잘 코팅되도록 섞는다. 고운체에 코팅된 닭고기를 넣고 흔들어서 전분과 밀가루를 제거한다.

③ 웍에 기름을 붓고 175℃로 가열한다. 닭고기를 넣고 저어서 조각들을 분리하고, 온도를 150°에서 160℃로 유지되도록 불을 조절하며 옅은 황금빛 갈색으로 가장자리가 바삭바삭하게 익기까지 약 1분 30초 정도 조리한다. 뜰채로 건져서 쟁반으로 옮겨 담는다.

④ 웍의 기름을 190℃까지 가열한다. 센 불로 조절하고, 닭고기를 넣어 저어가며 노릇노릇해질 때까지 45초에서 1분 동안 익힌다. 뜰채로 건져 기름기를 뺀 후 접시에 옮겨 담는다. 닭고기와 레몬 웨지와 함께 제공하면 된다.

아게다시 두부
(두부 간장튀김)

AGEDASHI TOFU
(FRIED TOFU WITH
SOY-DASHI)

분량
4인분

요리 시간
30분

총 시간
30분

NOTES

1단계에서 다시(간장과 미림의 혼합물) 대신에 쯔유를 사용해도 된다. *Dilute* 쯔유는 1½컵(360ml)의 물에 ½컵(120ml)의 비율로 희석한다. 최상의 맛을 위해서는 집에서 만든 다시를 사용하는 것이 좋다(519~521페이지). 또는 아시아 마켓 슈퍼마켓의 국제물품 섹션에서 판매하는 "가루 혼다시"를 사용할 수도 있다. 사용한 기름은 걸러서 다른 용도를 위해 보관해둘 수 있다.

재료

간장-다시 재료(NOTES 참고):

다시 1½컵(360ml, NOTES 참고)
미림 3테이블스푼(45ml)
생추간장 또는 쇼유 2테이블스푼(30ml)

두부 재료:

감자 또는 옥수수 전분 ⅓컵(45g, NOTES 참고)
중력분 ⅓컵(45g)
포장된 단단한 연두부 1개(340g), 약 2cm 큐브 모양으로 자른 것
땅콩유, 쌀겨유 또는 기타 식용유 1L
얇게 썬 스캘리언 2대, 사용할 때까지 얼음물에 보관
　(선택사항)
가츠오부시 크게 1꼬집(선택사항)
간 무 60g

서양에서는 바삭한 음식에 집착하는 경향이 있다. 입에 들어갈 때까지 바삭함이 유지되어야 할 정도이다. 그런데 일본에서는 의도적으로 부드러운 튀김을 만든다. *유부초밥*은 바삭하게 튀긴 두부를 간장과 미림에 푹 절인 뒤 밥으로 속을 채운 요리이다. 바삭한 새우튀김이 우동이나 소바 국물에 절여져 함께 나오는 것도 일반적인 메뉴이다.

이 레시피는 가벼운 질감을 가진, 부풀어 오른 튀김 코팅이 스펀지처럼 육수와 소스를 흡수하고 붙잡는 데 매우 효과적인 매체라는 아이디어로 시작한 것이다. 예를 들어, 아게다시 두부를 보자면 부드러운 두부에 녹말가루를 묻혀 바삭바삭해질 때까지 튀긴 다음, 간장과 미림으로 양념한 옅은 다시 육수와 함께 제공된다(손수 만들거나, 시판용 쯔유 농축물로 이 육수를 만들 수 있다. 231페이지 참고). 튀김옷에 국물이 흡수되어 부드러워진다.

내가 가장 좋아하는 요리일 뿐 아니라, 내 딸(생후 6개월부터)도 가장 좋아하는 요리이다.

요리 방법

①　간장 다시: 작은 소스팬에 다시, 미림, 간장을 넣고 약간 끓어오를 때까지 중간 불로 가열한다. 불을 줄이고 뚜껑을 덮어 사용할 준비가 될 때까지 따뜻하게 유지한다.

②　두부: 큰 볼에 전분과 밀가루를 섞고 두부를 추가한다. 두부에 밀가루 혼합물을 잘 코팅시킨다. 고운체에 넣고 부드럽게 흔들어 과도한 녹말과 밀가루를 제거한다.

③ 웍에 기름을 붓고 190℃로 가열한다. 두부를 넣고 저어서 분리시킨 후 불을 조절해 기름의 온도를 160°~175℃로 유지한다. 두부가 노릇노릇하고 바삭해질 때까지 약 2분간 조리한다. 두부를 뜰채로 건져 물기를 빼고 접시로 옮겨 담는다. 접시에 뜨거운 간장 다시를 붓고 스캘리언, 가츠오부시, 무(사용한다면)를 갈아서 제공한다.

광둥식 소금후추새우
CANTONESE PEPPER AND SALTY SHRIMP

Phoenix Garden. 과한 거 아닌가 싶을 정도로 끈적끈적한 소스, 지저분한 테이블, 약간 무례한 웨이터. 뉴욕에서 가장 맛있다고도, 정통 광둥식이라고도 말할 순 없지만, 지난 몇 년간 우리 가족이 얼마나 먹었던지 세상에, 셀 수가 없다. 우리 가족이 1983년에 처음 뉴욕으로 이사했을 때, 이 레스토랑은 엘리자베스 스트리트 몰에 있었다. 어둑하고 기름진 연기 사이로 비치는 초록빛의 푸른 형광등 불빛 아래서 한 시간 이상의 줄을 서곤 했다. 아삭아삭한 껍질을 가졌고, 많은 즙을 지닌 소금과 후추의 맛이 나는 새우를 맛보기 위해서였다. 그곳엔 신선한 마늘과 고추가 높이 쌓여 있었다. 아직까지 이때(이 레스토랑의 전성기다!) 먹었던 새우와 견줄 수 있는 새우가 없다.

여담이지만, 어둑하고 기름진 연기는 수년 동안 제대로 정비되지 않은 환기구 때문이었고, 결국 불이 나서 문을 닫아야 했다. 그래서 이후로 몇 년간은 조지워싱턴 강을 건너 뉴저지에 있는 2호점을 다니곤 했다. 2호점을 운영하는 사람이 1호점 운영자의 일란성 쌍둥인지는 몰라도, 드라이 프라이 차우펀과 블랙빈 소스 조개는 이전처럼 웍 헤이(Wok hei)가 훌륭했다.

애비뉴에 있는 세 번째이자 마지막 가게는 원래 주인의 아들들이 운영했다가 2010년대 후반에 문을 닫았는데, 여동생들과 내가 이미 그 지역을 떠난 후였다. 아무튼 그 이후로는 그 새우를 먹을 수 있는 방법이 스스로 만드는 것밖에 없었다. *Phoenix Garden*의 레시피를 모방한 이 레시피는 내 여동생인 Pico가 바다라곤 찾아볼 수 없는 몬태나에서도 바삭하고 짭짤한 새우를 먹을 수 있게 돕는 차원에서 만들어졌다.

사실 놀라울 정도로 간단하다. 껍데기가 붙어 있는 새우를 나비모양으로 손질하고, 통통하게 만들어줄 베이킹소다 염수에 넣고, 옥수수 전분과 섞은 뒤 바삭하게 튀긴다. 마지막으로 향신료와 소금과 후추 혼합물을 함께 볶아주면 끝.

소금과 후추의 혼합은 간단하게 간 백후추와 소금을 사용해도 되지만, 최고의 맛을 원한다면 통후추와 소금을 같이 볶은 뒤 갈아주면 된다. 소금을 탄소강 웍에 구우면 황금빛 빛깔과 함께 웍 헤이의 독특한 향이 소금에 더해진다(451페이지 '모든 요리에 웍 헤이를 추가하려면 소금을 굽자' 참고).

recipe continues

분량	요리 시간
4인분	20분
	총 시간
	35~40분

NOTES

소금 12.5g은 다이아몬드 크리스털 코셔 소금 1⅓ 테이블스푼 또는 모튼 코셔 소금 1테이블스푼 또는 테이블 소금 2½테이블스푼이다. 이 요리에서는 새우의 껍질도 먹지만, 싫으면 제거해도 괜찮다. 여기서는 새우를 나비모양으로 손질하는데, 새우가 튀겨지는 면적이 늘어나도록 등을 갈라 펼쳐주는 것이다 (449페이지의 단계별 지침 참고). 이지-필 새우(손쉽게 껍질을 제거할 수 있는 새우)는 이미 나비모양으로 손질되어 있으니 참고하라. 걸러낸 기름은 식혀서 밀봉 용기에 담아 냉장 보관해 다른 용도로 사용한다.

재료

새우 재료:

아주 차가운 물 0.5L
소금 12.5g(NOTES 참고)
베이킹소다 10g(약 1½티스푼)
껍질 있는 큰 새우 450g, 내장을 제거하고 나비모양으로 손질한 것(NOTES 참고)
얼음 한 컵
옥수수 전분 ¼컵(30g)
땅콩유, 쌀겨유 또는 기타 식용유 1L

볶음 재료:

얇게 썬 중간 크기의 마늘 10쪽(30~40g)
얇게 썬 스캘리언 4대
얇게 썬 매운 녹색 고추(카우혼 또는 아나헤임 또는 할라피뇨 또는 세라노 등) 1개
얇게 썬 매운 붉은 고추(프레즈노 또는 레드 세라노 등) 1개
건식 구운 소금과 후추 블렌드(450페이지 참고) 2티스푼(15g)

요리 방법

① **새우:** 물, 소금, 베이킹소다를 볼에 넣고 소금과 베이킹소다가 녹을 때까지 젓는다. 새우를 넣고 저어서 분리시켜 소금물이 골고루 스미도록 한다. 얼음을 넣고 새우를 최소 15분에서 최대 30분 동안 둔다. 물기를 제거한다.

② 웍에 2L의 물을 넣고 끓인다. 물기를 제거한 새우를 끓는 물에 넣는다. 새우가 단단하고 밝은 분홍색이 될 때까지 약 45초간 저으면서 익힌다. 물기를 잘 빼서 쟁반이나 큰 접시에 옮겨 몇 분간 말린다. 볼에 옮겨 담고 새우에 옥수수 전분을 잘 묻힌다.

③ 웍을 닦고 기름을 넣은 후 200℃까지 가열한다. 센 불로 올리고 새우 절반을 넣어 바삭바삭하게 익을 때까지 저어주며 1분 정도 계속 튀긴다. 뜰채로 건져 쟁반이나 큰 접시에 옮겨 담는다. 기름을 200℃로 다시 가열하고 남은 새우로 과정을 반복한다. 뜨거운 기름은 내열 용기(예: 큰 소스팬)에 조심스럽게 옮긴다.

④ **볶음:** 웍을 닦고 연기가 날 때까지 강한 불로 가열한 뒤 기름 2테이블스푼(30ml)을 둘러 코팅한다. 마늘, 스캘리언, 녹색과 붉은색 고추를 넣고 향기가 날 때까지 약 30초간 볶는다. 새우와 소금과 후추를 넣고 버무린다. 접시로 옮겨서 바로 제공하면 된다.

소금후추새우 준비하는 방법

광둥식 소금후추새우는 형태가 완전한 새우로 만드는 것이 가장 좋다. 머리까지 온전히 붙은 살아 있는 새우는 최고의 선택이다. 정 없다면 머리가 없는 냉동 새우여도 괜찮다.

이지-필(EZ-peel) 새우는 이미 손질이 되어 있어 준비 작업이 필요 없기 때문에, 이 요리에 관한 한 가장 쉬운 선택이다. 다른 새우는 다음의 과정을 거쳐야 한다.

STEP 1 · 주둥이와 더듬이 자르기

살아있는 새우를 사용할 때는 인도적으로 죽이기 위해서 냉동실에 몇 시간 동안 놓아두자. 작업하기 전에 해동하면 된다.

새우 머리 앞에는 날카롭고 뾰족한 부리 모양의 돌기가 있어 먹을 때 찔릴 수 있다. 간단히 주방가위로 잘라주면 이런 사건을 방지할 수 있다. 나는 밑부분의 더듬이까지 잘라내는데, 먹는 부위도 아닐뿐더러 플레이팅에도 도움이 되지 않기 때문이다.

STEP 2 · 다리 자르기

새우를 한 손에 들고, 등을 펴서 다리가 모두 드러나도록 한다. 주방가위를 이용해서 자른다.

STEP 3 · 나비모양 만들기, 내장 제거

주방가위를 새우 복부의 첫 번째 부분(껍질이 있는 새우라면 머리 껍질 뒤의 첫 번째 조각) 밑으로 밀어 넣고, 등을 따라 꼬리 앞의 마지막 부분까지 자른다(아마도 총 5개의 마디를 잘라야 한다). 새우를 헹군 뒤 손가락으로 등을 벌리면 어두운 계통의 소화기관들이 보인다. 모두 끄집어내면 된다.

건식 구운 소금과 후추 블렌드
Dry-ROASTED SALT AND PEPPER BLEND

분량
½컵(대략 75g)

요리 시간
30분

총 시간
30분

NOTES

쓰촨 후추는 빼도 좋다. 구운 소금과 후추를 향신료 분쇄기로 갈아도 된다. 갈기 전에 완전히 식혀야 한다.

재료

백후추 6테이블스푼(약 60g)
녹색 또는 빨간색 쓰촨 후추 4티스푼(약 16g, 선택사항)
코셔 소금 ¼컵(35g)

분쇄하기 전에 소금과 후추를 웍으로 드라이 로스팅하면 약간의 훈연향이 밴다. 이것은 부분적으로 굽고 있는 향신료에게서 비롯하는 맛이지만, 또한 소금 표면에 흔적을 남기는 웍의 기화된 중합체와 기름에서 만들어진다. 구운 소금과 후추를 사용하면 음식을 웍에 조리하지 않았을 때도 웍 헤이의 맛을 낼 수 있다. 볶거나 구운 야채 또는 고기, 샐러드 간 맞추기, 또는 훈연향을 더하고 싶은 곳에 한 꼬집 넣으면 음식의 맛이 향상된다.

요리 방법

① 마른 웍에 모든 재료를 넣고 중간 불로 자주 뒤집으며 7~10분 볶아 향을 낸다. 연기가 날 수 있으니 환풍구를 켜야 한다. 적어도 부엌을 가로질러 연기를 빼낼 방법을 사용해야 한다(선풍기 등).

② 큰 접시나 쟁반에 옮겨서 완전히 식힌다. 무거운 막자사발이나 향신료 분쇄기로 옮겨서 가루로 만든다. 완전히 식힌 다음 밀폐용기에 보관하면 유통기한 없이 계속 사용할 수 있다.

모든 요리에 웍 헤이를 추가하려면 소금을 굽자

웍에다 소금을 굽는 건 *광둥식 소금후추새우* 같은 요리에 쓰이는 전통적인 기술인데, 마치 웍 헤이를 연상시키는 약간의 훈연향이 소금에 밴다(42페이지 참고). 그리고 누르스름한 갈색으로 눈에 띄게 변한다. 사실은, Nacl(염화나트륨; 즉 소금)은 매우 안정적인 분자라서 일반적으로 웍을 사용하는 온도에서는 반응하지 않는다(무려 801℃에서 녹는다). 내가 사용하는 코셔 소금은 순수 99.83%의 염화나트륨이다(일부 소금엔 요오드 또는 고결 방지제가 첨가되어 있어 가열하면 색이 변한다).

그렇다면 색과 맛이 변하는 원인이 무엇일까? 나는 SNS에 이 질문을 올려서 여러 금속공학자와 화학자들에게 실험을 제안했다.

우선 스테인리스강 프라이팬과 탄소강 웍에 소금을 넣고 가열해봤다. 315℃에서 5분간 가열하자, 스테인리스강 프라이팬의 소금은 변하지 않았고, 탄소강 웍의 소금은 갈색을 띤 노르스름한 색으로 변했다. 이를 통해 단지 소금의 화학적 변화만이 문제가 아니라는 것을 확인했고, 탄소강 그 자체나 강철 표면에서의 변화와 관련이 있다고 생각했다. 나는 이 실험을 진행할 때, 탄소강에서는 연기가 났지만 스테인리스강은 나지 않았다는 것에 주목했다.

몇몇 사람이 소금이 철과 만나면 강력한 자성이 소금에 영향을 미칠 것이라는 의견을 제안해서, 직접 갈색 소금 위에서 강한 희토류 자석을 움직여봤다. 아무런 변화가 없었다. 다음으로는 물 한 컵에 소금을 녹여봤다. *오호라!* 소금이 완전히 용해되었지만, 표면에 갈색의 덩어리진 침전물이 남았다. 손가락으로 침전물을 문지르자 그것이 아주 작은 입자라는 걸 알 수 있었다. 굽는 과정에서 증발하는 조미료의 침전물이 그 색과 맛의 원인일 거라는 나의 의심을 확인하는 것 같았다.

이게 사실이라면, 소금이 웍에 직접 닿지 않더라도, 조미료에서 연기가 나면 그런 색과 맛을 얻어야 했다. 이를 실험하기 위해서 알루미늄 포일로 작은 그릇을 만들어 소금을 한 층 채웠다. 스테인리스 스푼에도 소금을 담았다. 이 그릇과 스푼을 웍에 넣고 뚜껑을 덮은 뒤 가열했다.

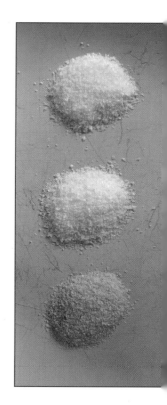

두 소금 모두 구운 소금의 갈색을 띠었다! 게다가 같이 넣었던 스푼과 알루미늄 포일 그릇, 그리고 웍의 뚜껑까지 유사한 황갈색 아지랑이가 묻어 있었다.

이 모든 건 구운 소금의 색과 풍미가 웍에서 증발한 기름과 조미료의 침전물(웍 헤이의 훈연향을 구성하는 물질과 똑같은 것)로부터 나온다는 걸 나타낸다. 구운 소금이 웍 헤이의 풍미를 일부 가진 것을 고려하면 완전히 일리가 있는 말이다. 일반 소금 대신에 구운 소금을 사용하면 약간의 훈연향을 더할 수 있다는 것이다.

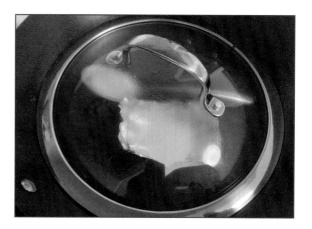

마라 소금과 후추를 곁들인 닭날개튀김
MÁLÀ SALT AND PEPPER CHICKEN WINGS

분량	요리 시간
4-6인분	30분
	총 시간
	30분

NOTES
이 레시피는 실제로 필요한 양보다 더 많은 구운 마라 소금을 만든다. 다음 사용을 위해 보관해두자(구운 재료들이나 튀긴 음식에 뿌리자). 사용한 기름도 걸러서 보관해 다른 용도로 사용한다.

재료

닭고기 재료:
봉과 날개로 분리된 닭날개 700g
코셔 소금 1테이블스푼(12g)
감자 전분 ½컵(60g)

소금 재료:
통 커민 씨앗 1테이블스푼(6g)
빨간 또는 녹색 쓰촨 후추 1테이블스푼(3g)
펜넬 씨앗 2티스푼(4g)
백후추 1티스푼(2g)
팔각 1개, 조각내고 어두운 씨앗은 제거한 것
매운 건고추(차오티안쟈오 또는 아르볼 또는 자포네스 등) 4개
코셔 소금 2테이블스푼(24g)
밝거나 어두운 갈색 설탕 2테이블스푼(25g)

요리하기:
땅콩유, 쌀겨유 또는 기타 식용유 3L
얇게 썬 스캘리언 4대
굵게 다진 고수잎과 가는 줄기 한 줌

바삭하게 튀긴 닭날개는 쓰촨과 산시의 길거리 음식에서 영감을 얻은 레시피로, 약간의 달콤함을 얹은 맵고 얼얼한 구운 향신료와 소금을 혼합해 버무린다. 향신료는 커민, 펜넬, 팔각, 백후추, 쓰촨 후추, 건고추를 마른 웍에 소금과 함께 구운 후 갈아서 설탕과 섞어서 만든다.

덧붙여서, 이 혼합물은 천천히 훈제하는 돼지 갈비 또는 어깨살에 사용하기에 훌륭한 럽이다.

요리 방법

① **닭고기:** 큰 볼에 고기와 소금을 넣고 버무린다. 전분가루를 추가해 닭날개에 고루 묻힌다. 고운체에 넣어 흔들어 과도한 가루를 제거한다. 쟁반에 봉과 날개를 한 겹으로 펼친 뒤 따로 둔다.

② **구운 마라 소금:** 웍에 커민, 쓰촨 후추, 펜넬, 백후추, 팔각, 건고추, 소금을 넣고 섞는다. 중간 불로 자주 저으면서 향이 날 때까지 7~10분 정도 굽는다. 연기가 날 수 있으므로 환풍구를 사용하고, 없다면 적어도 부엌의 연기를 배출할 방법을 찾는다(선풍기 등).

③ 큰 접시나 쟁반에 옮겨 완전히 식힌 뒤 막자사발이나 향신료 분쇄기를 사용해 가루로 만든다. 완전히 식으면 설탕을 넣고 섞는다.

④ **요리:** 웍에 기름을 붓고 205°C가 되도록 가열한다. 봉과 날개를 넣고 뜰채나 젓가락으로 저어 분리시킨다. 불을 조절해 기름의 온도를 160°~175°C로 유지하면서, 약 8분간 자주 저어서 날개가 황금빛 갈색으로 바삭해지게 만든다. 기름을 빼고 큰 볼에 옮긴다.

⑤ 스캘리언과 고수를 넣고 모든 것을 함께 버무린다. 향신료 혼합물로 넉넉하게 간을 한 다음 곧바로 제공한다.

생강과 스캘리언을 곁들인 광둥식 바닷가재튀김
CANTONESE STIR-FRIED LOBSTER WITH GINGER AND SCALLIONS

내가 대학 진학을 준비하던 시절, 아버지와 남매들과 함께 드라이 스타일 비프 차우편의 본고장인 보스턴 차이나타운의 *East Ocean City*에 갔던 좋은 추억이 있다. 최고로 좋았던 순간은 레스토랑 앞의 거대한 수조 앞에 서서 우리의 저녁을 직접 고르는 것이었다. 팔 길이만한 다리를 내미는 스파이더 크랩도 있었고, 털이 많은 게도 있었는데, 여름에는 역시 바닷가재가 제격이다.

우리가 고른 갑각류는 곧장 주방으로 이동해 조리되었고, 그 사이 우리는 블랙빈 소스를 곁들인 조개, 새우페이스트가 든 매운 녹색 고추, 껍데기와 함께 볶은 새우를 간장에 찍어 먹었다.

마침내 바닷가재가 다시 우리에게 왔을 때는 큰 덩어리로 변해 있었고, 레이스 같이 생긴 껍데기는 바삭바삭했고, 소스가 얇게 발라져 있었다. 얇게 썬 생강과 다진 스캘리언을 함께 버무려서 달콤하고도 매운향이 났으며, 한입 물면 바닷가재의 짠맛이 퍼졌다.

이런 랍스터를 먹을 땐 지저분해지기 마련이다. 껍데기에서 살점을 빼내는 유일한 방법이 찌르고, 들어올리고, 빨아먹는 것뿐이기 때문이다. 하지만 난 이런 방식의 식사가 좋다. 먹는 걸 온연히 또 오래 즐길 수 있기 때문이다.

recipe continues

분량	요리 시간
4인분	40분
	총 시간
	40분

NOTES

바닷가재 분해 방법에 대한 자세한 내용은 단계별 사진을 참고한다. 걸러낸 기름은 식힌 후 밀폐용기에 담아 냉장고에 보관하면 다른 용도로 사용할 수 있다.

재료

소스 재료:

간장 1테이블스푼
옥수수 전분 2티스푼(약 6g)
소흥주 또는 드라이 셰리주 ¼컵(80ml)
저염 치킨스톡 ½컵(120ml)

바닷가재 재료:

바닷가재 2마리 (각 575g 정도), 가급적 껍데기가
    부드러운 것
옥수수 전분 ¼컵(30g)
땅콩유, 쌀겨유 또는 기타 식용유 1L

볶음 재료:

얇게 썬 중간 크기의 마늘 10쪽(30~40g)
얇게 썬 스캘리언 4대
얇게 썬 매운 녹색 고추(카우혼 또는 아나헤임 또는
    할라피뇨 또는 세라노 등) 1개
얇게 썬 매운 붉은 고추(프레즈노 또는 레드 세라노
    등) 1개
건식 구운 소금과 후추 블렌드(450페이지 참고)
    2티스푼(15g)
구황부추 12대, 약 5cm 조각으로 자른 것(선택사항)

현재 이 레시피의 버전을 만들기 위해 많은 연구를 했고, 정말로 만족한다. 난 조금 매운 음식을 좋아하기 때문에 녹색의 중국 고추를 추가했고, 일반 부추(차이브)보다 부드럽고 달콤한 맛을 내는 구황부추 한 줌도 추가했다.

조리 과정은 3단계지만 각 단계가 빨라서 처음부터 끝까지 30분도 채 걸리지 않는다. 바닷가재는 익기 시작해서 약간 단단해질 때까지 미리 찐다. 찜기를 사용하거나 웍에서 바로 익혀도 된다. 그런 다음 바닷가재를 부수고 덩어리, 껍데기 등으로 나눈다. 무거운 중식도를 사용하는 게 좋고, 잘 드는 식칼을 사용할 수도 있다. 자른 덩어리에 전분가루를 입혀 겉이 바삭해질 때까지 튀긴다.

마지막으로 바닷가재 덩어리를 소흥주, 간장, 소스와 볶아서 향을 낸다. 튀긴 바닷가재의 바삭하고 끈적한 껍질은 향기로운 소스가 스며들기에 완벽하다. 내가 아는 한, 바닷가재를 먹는 가장 맛있는(인상적이고 독특하기도 한) 방법 중 하나이다.

요리 방법

① **소스:** 작은 볼에 간장과 전분가루를 넣고 전분이 녹을 때까지 젓는다. 소흥주와 치킨스톡을 추가하여 섞은 다음, 따로 둔다.

② **바닷가재:** 냄비나 웍에 물을 2.5cm 가량 채우고 끓인다. 바닷가재를 넣고 뚜껑을 덮은 다음 3분 동안 찐다(찜기를 사용하거나 웍에 바로 넣어도 된다). 바닷가재를 꺼내어 도마에 올린 다음 살짝 식힌다. 물을 버리고 웍을 닦는다.

③ 바닷가재의 꼬리와 집게발을 비틀어 떼낸다. 바닷가재의 머리는 장식으로 사용하기 때문에 내장을 제거하고 깨끗하게 헹군다. 무거운 중식도나 식칼을 이용해 꼬리를 세로로 2등분하고 다시 가로로 3등분하여 6조각을 만든 다음 큰 볼에 옮겨 담는다. 양 집게발의 관절을 자르고 꼬리와 함께 볼에 담는다. 각 집게발을 반으로 잘라 살이 보이게 한 다음 전분가루를 입힌다.

④ 큰 웍에 기름을 붓고 190℃가 되도록 가열한 다음 불을 조절해서 온도를 유지한다. 준비해둔 바닷가재 조각 중 반절을 뜨거운 기름에 한 번에 하나씩 조심스럽게 추가한다. 가끔 뜰채로 저어주고 옅은 황금빛 갈색으로 겉이 바삭해질 때까지 약 1분 30초 정도 튀긴다. 고운체를 올린 볼 위에다 옮겨서 바닷가재의 기름을 뺀다. 나머지 바닷가재로 같은 과정을 반복한다. 뜨거운 기름은 내열용기(예: 큰 소스팬)에 고운체를 놓고 따라낸다.

⑤ **볶음:** 웍을 닦고 연기가 날 때까지 다시 센 불로 가열한 뒤 걸러둔 기름 2테이블스푼을 둘러 코팅한다. 마늘, 스캘리언, 녹색 고추, 적색 고추를 넣고 향이 날 때까지 약 30초간 볶는다. 바닷가재와 소금-후추 블렌드를 넣고 버무린다. 소스를 저어 웍 가장자리에 붓는다. 소스가 거품을 만들고 걸쭉해질 때까지 계속 저으며 졸여서 랍스터와 야채를 코팅한다. 접시에 옮겨 담아 바닷가재 머리와 구황부추로 장식하고 제공한다.

광둥식 바닷가재튀김 만들기, Step by Step

STEP 1 · 바닷가재 찌기

무거운 칼끝을 바닷가재 머리 중앙에 놓고, 빠르게 강하게 눈 사이를 쪼개어 즉시 죽인다.

바닷가재는 웍에다 바로 찔 수 있다. 물을 끓이고 바닷가재를 넣은 다음 뚜껑을 덮고 몇 분만 두면 살이 단단해진다.

STEP 2 · 분해하기

바닷가재를 꼬리, 집게, 관절 조각으로 나눈다. 장식용으로 사용할 머리는 내장을 제거하고 헹군다.

STEP 3 · 꼬리 자르기

꼬리를 세로로 반으로 자른 다음, 다시 가로로 세 조각낸다.

recipe continues

STEP 4 · 집게발 나누기

집게발의 관절을 모두 자른다. 작은 집게발은 날카로운 칼 끝으로 조금 갈라서 살과 연골을 제거한다. 큰 집게발은 무거운 칼을 이용해 반으로 자른다. 껍데기가 매우 강하면 중식도로 깨거나 수건을 올린 뒤 칼등으로 세게 쾅쾅 두드려 깨야 할 수도 있다.

STEP 5 · 전분 입히기

바닷가재 조각에 전분가루를 입힌다.

STEP 6 · 튀기기

웍에 기름을 붓고 175~190℃로 가열한다. 여러 번으로 나누어 요리한다. 1분 정도 튀긴 다음 꺼내어서 가재의 기름을 제거해야 한다.

STEP 7 · 향신료 볶기

연기가 날 때까지 웍을 달군 다음, 향신료를 넣고 계속 저어가며 볶는다.

STEP 8 · 바닷가재 볶기

소스와 바닷가재를 추가한다. 소스가 걸쭉해지고 바닷가재와 야채에 윤기가 날 때까지 볶는다. 너무 오래 익히지 말 것!

튀김옷과 가루 묻히기

튀김옷은 밀가루나 전분으로 만든 걸쭉한 액체로, 튀김에 푹신한 코팅을 입히거나 한국식 프라이드 치킨처럼 바삭한 코팅을 하는 데 사용된다. 둘 다 세 가지의 목적을 가진다.

- 음식의 겉 부분에 질감과 바삭함을 더한다.
- 기름의 뜨거운 열로부터 음식 내부를 보호해 촉촉함과 풍부한 육즙을 유지한다.
- 양념이나 찍어 먹는 소스가 달라붙을 수 있는 표면을 만든다.

가루 묻히기는 튀김옷을 입히는 것과 유사하지만, 액체 반죽에 전분을 모두 첨가하지 않고, 튀기기 직전에 튀김옷을 입힌 음식에 다시 한 번 전분가루를 묻히는 별도의 과정을 거친다.

한국식 프라이드 치킨
KOREAN FRIED CHICKEN

몇 년 전, 아내인 Adri가 첫 5km 달리기를 완주했다. 그녀를 축하하기 위해서 필요한 건 샴페인도, 실외데이트도, 영화도 아니었다. 그저 치킨이었다.

우리는 많아야 일 년에 몇 번 정도만 치킨을 먹어서(맛이 없어서가 아니라), 먹을 때마다 세상에서 가장 맛있는 치킨이라는 생각을 하게 된다. 미국 남부 사람들에게는 미안하지만, 가장 맛있는 치킨을 만드는 곳은 한국이다. 이보다

잘하는 곳은 없다.

한국식 프라이드 치킨은 미국식 치킨과 크게 다르다. 두껍고 딱딱한 튀김옷 대신, 달걀껍질처럼 얇고도 바삭한 튀김에 촉촉한 속을 가진 치킨이다.

목표는 간단하지만, 이루기 위해서는 수고가 좀 필요하다.

튀김옷

실험에는 빠르게 익으면서 크기가 균일한 닭날개를 이용했다.

한국 치킨의 튀김은 닭을 겨우 덮을 정도로 얇은 반죽을 사용해서 만들어진다. 첫 번째 임무는 그리 얇은 반죽이 닭에 달라붙게 하는 방법을 찾는 것이었다. 닭 껍질은 자연적으로 물이 섞인 튀김옷을 밀어내는 특성을 가졌는데, 아주 좋은 특성이다! 반대되는 상황이었다면 닭이 반죽을 스펀지처럼 계속 흡수했을 것이다. 생닭을 바로 반죽물에 담그면 반죽은 닭에 달라붙지 않고 미끄러진다. 화가가 그림을 그리기 전에 프라이머를 발라서 물감이 잘 묻도록 하는 것처럼 닭고기도 밑작업이 필요하다.

여러 방법을 시도했는데 밤새 말려 보기도 하고(성공적이지만 시간이 너무 오래 걸린다), 소금을 뿌려 물을 조금 빼내어 보기도 하고, 소금과 베이킹파우더를 섞은 혼합물을 묻혀 보기도 하고(베이킹파우더가 표면의 pH를 올려 작은 기포를 만들어서 표면적이 넓어졌고, 넓어진 표면적으로 인해 튀김옷이 더 잘 달라붙게 되었다. 덕분에 바삭한 튀김 완성), 옥수수 전분만을 묻혀 표면의 수분을 흡수해 반죽이 더 잘 달라붙게도 해봤다.

가장 좋은 방법은 네 가지 방법을 모두 조합하는 거였다. 닭날개에 옥수수 전분/코셔 소금/베이킹파우더 혼합물을 묻힌 다음, 랙에 펼쳐 1시간 자연 건조했다(밤새 두면 더 좋지만 15분 정도로도 효과가 있다). 여기에 가루를 입히면 튀김옷이 쉽게 달라붙는다. 그런데 어떤 반죽이 가장 좋을까?

No 2: 전분

튀김의 목표는 두 가지인데, 첫째로 뜨거운 기름이 반죽 내부의 수분과 공기를 증발시켜 축축한 반죽을 마른 튀김옷으로 바꾸는 것이다. 둘째는, 반죽 내의 단백질이 단단해져 튀김옷을 뻣뻣하고 바삭하게 만드는 것. 그렇게 튀김을 하는 동안 단백질과 탄수화물이 갈색으로 변하면서 새로운 맛을 내는 화합물이 생성된다. 결국 세 가지인 셈이다.

튀김은 효율적인 건조, 경화, 발색과 같은 다양한 목적이 있다.

반죽 레시피는 어디에 해당할까? 튀김옷은 바삭함과 튀김의 구조 사이에서 균형을 이루게 한다. 밀가루와 물을 섞으면 끈적끈적한 글루텐이 형성되기 시작하는데, 적당한 글루텐은 튀김의 형태를 만드는 데 도움이 되지만, 너무 많이 형성되면 딱딱하고 가죽처럼 질긴 튀김이 돼버린다.

순수한 물과 밀가루 반죽으로 튀긴 닭날개와 옥수수 전분과 물 반죽으로 튀긴 닭날개를 비교해보자. 옥수수 전분의 단백질 함량은 0이라서 물과 결합했을 때 글루텐이 형성되지 않는다.

100% 밀가루를 사용하면 글루텐이 너무 많이 형성되어

튀김옷이 너무 단단해지고, 질기고, 기름지게 된다. 반면, 100% 옥수수 전분은 상대적으로 색 변화가 적은 튀김옷을 만든다(밀가루의 단백질이 색깔 내는 것을 돕기 때문).

더 바삭한 닭날개를 위해 계속 연구했는데, 내가 직면한 난제는 이것이었다. 달걀껍질처럼 단단하지 않고 얇은 튀김옷을 만들고 싶었는데, 밀가루나 전분에 물을 추가하면 튀김옷이 단단해진다는 것이었다.*

이상한 말이지 않나? 반죽이 묽어지면 더 부드러운 튀김옷이 되어야 하는 게 아닌가? 여기서 범인은 또다시 과도한 글루텐이었다. (더)묽은 반죽에서는 글루텐을 형성하는 단백질이 더 쉽게 움직이며 작용하기 때문이었다. 이게 바로 상대적으로 건조한 빵 반죽은 글루텐을 형성하기 위해 더 많은 반죽을 필요로 하면서도, 얇은 팬케이크 반죽은 몇 번만 저어도 과도한 글루텐이 형성되는 이유였다.

그래서 해결책은 무엇일까?

술에서 얻은 단서

영국의 요리사인 Heston Blumenthal의 팬이라면, 그의 완벽한 피시앤칩스 레시피의 재료 중 하나가 보드카라는 걸 알 것이다. 이 아이디어를 처음 들었을 때, 보드카의 강한 휘발성 때문에, 튀기면 반죽의 수분이 빠르게 증발하고 빠르게 갈색으로 변해서 더 바삭해질 거라고 생각했다. 피시앤칩스 레시피에서 아주 완벽하게 작용했다.

하지만 내 목적을 위해서는 이보다 중요한 요소가 있는데, 바로 글루텐의 형성을 제한하는 것이다.

---

* 마치 누군가의 입을 열고 싶으면 편안한 의자와 푹신한 쿠션을 제공해야 하는 것처럼 말이다.

Cook's Illustrated에서 일하던 시절, 동료들과 함께 '실패하지 않는 파이 도우'라고 부르는 레시피를 만들었다. 동일한 목표를 위해서 동일한 원칙을 세워 연구했다. '글루텐의 형성을 제한하면서 반죽에 수분을 더 잘 공급한다', '보드카의 알코올 도수는 40%이고, 알코올에서는 글루텐이 형성되지 않기 때문에 물을 사용할 때보다 더 많은 보드카를 반죽에 추가해도 글루텐의 함량은 유지된다(또는 감소되기까지 한다)'는 것이다.

이게 바로 내가 치킨을 위해 찾던 것이었다.

난 두 묶음의 닭날개를 튀겼다. 하나는 밀가루, 전분, 베이킹파우더, 물 반죽이고 다른 하나는 물 일부를 보드카로 대체한 반죽을 사용했다. 똑같은 비율이지만 완전히 다른 결과를 얻었는데, 보드카를 사용한 반죽이 눈에 띄게 더 바삭하고 가벼우며 식감도 좋고 소스를 잘 흡수한 것이다.

더 좋은 건 미리 만들어둔 반죽의 유통기한이 대폭 연장된다는 것이었다. 유튜브를 보고, 개와 산책하고, 아이와 놀고, 소득세 신고를 마쳐도 여전히 얇고 바삭한 자태를 유지할 것이다.

모든 튀김이 그렇듯, 식힌 후 짧게 한 번 더 튀기면 훨씬 더 바삭하다. 끈적끈적한 소스에 담겼던 것조차도!

이 레시피의 치킨은 간장과 생강 소스 또는 달콤한 한국산 칠리 소스(레시피 참고)와 함께 먹으면 아주 좋다. 좋아하는 소스를 자유롭게 사용해도 좋다.

아주 바삭한 한국식 프라이드 치킨
EXTRA-CRISPY KOREAN FRIED CHICKEN

분량
4인분

요리 시간
1시간

총 시간
1시간 30분(또는 밤새)

NOTES
가능하면 날개 끝이 붙어 있는 것을 사용하는 것이 좋다. 보드카의 알코올은 요리 중에 증발하기 때문에 튀김옷에 남지 않는다. 보드카가 없다면 120ml의 물과 3테이블스푼(45ml)의 증류식초를 섞어서 대체할 수 있지만, 그리 바삭하게 만들어지지 않는다.

재료

닭고기 재료:
코셔 소금 1테이블스푼(12g)
옥수수 전분 ⅓컵(45g)
베이킹파우더 ½티스푼(2g)
닭날개와 봉 1.5kg(NOTES 참고)

튀김 재료:
옥수수 전분 ¾컵(90g)
중력분 ¾컵(110g)
베이킹파우더 ½티스푼(2g)
코셔 소금 1테이블스푼(12g), 필요에 따라 추가
찬물 ¾컵(180ml)
보드카 ¾컵(180ml)
땅콩유, 쌀겨유 또는 기타 식용유 3L
달콤한 생강–간장 글레이즈(461페이지) 또는 *한국식 스위트&스파이시 칠리 소스*(461페이지) 1레시피
(선택사항)

요리 방법

① **닭고기:** 큰 볼에 소금, 옥수수 전분, 베이킹파우더를 넣고 균일하게 섞는다. 닭고기를 넣고 모든 면에 혼합물이 묻도록 섞는다. 랙으로 옮기고 흔들어서 과도한 가루를 털어낸다. 뚜껑을 덮지 않은 상태로 냉장고로 옮겨 최소 30분에서 최대 하룻밤 동안 둔다.

② **튀김:** 옥수수 전분, 밀가루, 베이킹파우더, 코셔 소금을 큰 볼에 넣고 균일하게 섞는다. 물과 보드카를 넣고 매끄러운 반죽이 될 때까지 휘젓는다. 너무 걸쭉하면 물을 2테이블스푼 더 추가한다. 거품기로 리본을 그렸을 때 표면에서 곧바로 사라지는, 묽은 페인트 정도의 농도로 만든다.

③ 웍에 기름을 붓고 175℃로 가열한다.

④ 반죽에 닭고기의 ⅓을 넣은 뒤 한 조각씩 들어 올려 과도하게 묻은 반죽을 손가락으로 툭툭 털어준다. 닭고기를 뜨거운 기름에 조심스럽게 넣는다. 나머지 닭고기도 반복한다(전체 닭고기의 ⅓씩). 불을 조절해서 요리하는 내내 150~160℃의 온도를 유지해야 한다. 뜰채나 구멍이 뚫린 주걱을 사용하여 닭고기가 고루고루 황금빛 갈색이 되고 전체적으로 바삭해질 때까지 약 8분간 휘저으며 튀긴다. 랙으로 옮기고 소금으로 간을 한다.

⑤ 모든 닭고기가 익으면 10분간 식힌 다음, 기름을 190℃로 다시 데운다. 기름 온도를 160~175℃로 유지하면서 약 3분간 바삭하게 튀긴 다음 다시 랙에 올려 식힌다.

⑥ 그대로 제공해도 되고, 달콤한 간장 생강 글레이즈나 한국식 스위트&스파이시 칠리 소스, 또는 취향에 맞는 소스를 버무려 제공한다.

달콤한 생강-간장 글레이즈
SWEET SOY-GINGER GLAZE

분량
약 ¾컵

요리 시간
10분
총 시간
10분

NOTES
한국 고춧가루는 비교적 순한 편이다. 얼징티아오 또는 안초 같은 순한맛 고춧가루나 후레이크로 대체할 수 있다.

재료
간장 ½컵(120ml)
쌀식초 2테이블스푼(30ml)
미림 ¼컵(60ml)
황설탕 150g(¾컵)
다진 마늘 2티스푼(5g)
다진 생강 2티스푼(5g)

한국 고춧가루 ½티스푼(NOTES 참고)
참기름 2티스푼(10ml)
옥수수 전분 1테이블스푼(9g)
물 1테이블스푼(15ml)
볶은 참깨 2테이블스푼(15g)
얇게 썬 스캘리언 2대

요리방법
작은 소스팬에 간장, 식초, 미림, 흑설탕, 마늘, 생강, 고춧가루, 참기름을 넣고 중간 불에서 설탕이 녹을 때까지 젓는다. 옥수수 전분과 물을 잘 섞어서 소스에 부어 잘 젓는다. 소스가 어느 정도 졸여져서 걸쭉해질 때까지 약 3분 정도 끓인다. 볼에 옮겨 5분 정도 식히고 깨와 스캘리언을 추가한다. 한국식 프라이드 치킨과 함께 제공한다.

한국식 스위트&스파이시 칠리 소스
SWEET AND SPICY KOREAN CHILE SAUCE

분량
약 ¾컵

요리 시간
10분
총 시간
10분

요리 방법
큰 볼에 고추장, 간장, 식초, 설탕, 마늘, 생강, 참기름을 넣고 잘 섞는다. 고추장은 농도가 일정하지 않을 수도 있다. 최대 2테이블스푼(30ml) 정도의 물을 추가하여 숟가락으로 떠서 뒤집었을 때 겨우 흘러내릴 정도의 농도로 맞춘다. 한국식 프라이드 치킨과 함께 제공한다.

재료
고추장 ¼컵(60g)
생추간장 또는 쇼유 2테이블스푼(30ml)
쌀식초 1테이블스푼(15ml)
황설탕 3테이블스푼(35g)
다진 마늘 2티스푼(5g)
다진 생강 2티스푼(5g)
참기름 1테이블스푼(15ml)

일본의 카츠와 기적의 튀김옷

일본요리에 익숙하지 않다면, 비교적 간단해 보이는 요리인 카츠를 보고 특별한 게 없다고 생각할 수 있다. 겉보기엔 단순한 고깃덩어리에 튀김옷을 입혀 튀긴 것처럼 보이기 때문이다. 하지만 일본 쇼핑몰 내 푸드코트에 가면, 카츠는 마치 미국의 피자처럼 음식 문화에 확고한 자리를 잡고 있고, 국민 음식으로 간주된다는 걸 알 수 있다. 좋아하지 않을 수 없는 요리라고 생각한다. 금빛 갈색으로 물든 튀김옷과 육즙이 넘치는 고기, 달짝지근한 소스와 아삭하게 채 썬 양배추. 그리고 흰 밥. 집에서도 쉽게 해 먹을 수 있는 맛있는 평일의 저녁식사라고 장담한다.

요즘 판코 빵가루의 인기를 감안하면, 일식 외의 카츠와 유사한 요리들도 카츠와 근본적인 차이가 없음을 알 수 있다. 다른 점은 딱 두 가지다. 카츠는 꼭 판코 빵가루(서양식 빵가루와는 확연히 다름)로 만들어야 한다는 것이고 다른 하나는 소스가 함께 나와야 한다는 것이다. 달고 짭짤한 우스터 풍의 진한 소스를 얹지 않았다면 카츠라고 볼 수 없다.

나는 누구나 반할 나만의 카츠 소스 레시피를 갖고 있는데, 고백하자면 거의 일종의 케첩과 같다. 수제 케첩이 결코 *Heinz* 케첩을 능가할 수 없듯이, 카츠 소스도 *Bull-Dog*의 것을 넘어설 수 없다. 하얀 뚜껑을 가진 이 소스병은 어렸을 때부터 언제나 냉장고에 구비되어 있었다.

카츠라는 단어는 가이라이고('외래어'라는 뜻의 일본말)이다. 영어 단어인 커틀릿(cutlet)을 일본어로 가장 근접하게 말하면 카츠레츠(katsuretsu)가 되며, 이를 줄여서 카츠(katsu)가 됐다. 그 앞에 돼지를 뜻하는 한자어인 돈을 붙이면 돈카츠, 즉 빵가루를 입힌 튀긴 돼지고기가 된다(돼지 육수로 만든 라면 국물인 돈코츠와 혼동하지 말라). 이해가 되나? 좋다. 이제 더 재미있는 내용을 알아보자.

고기 선별하기

대부분의 카츠가 돼지고기로 만들어지지만 닭고기도 많이 쓰이고, 일부 지역에서는 소고기나 햄 또는 햄버거 버전으로 만들기도 한다. 나는 돼지고기나 닭고기, 단단한 두부나 템페를 사용한다.

돼지고기는 지방이 풍부한 것을 사용하여 조리하는 동안 육즙이 최대한 보존되도록 한다. 내가 가장 선호하는 부위는 돼지의 등심이다. 또는 최대한 등심에 가까운 채끝살을 사용해도 된다. 단, 갈비뼈 중앙 부분은 피하는 것이 좋다. 이런 부위는 팬이나 숯불에 구워 먹는 게 더 낫다. 지방의 줄무늬가 잘 뻗어있으면서 밝고 어두운색이 섞여있으면 좋은 부위다.

개당 120~140g 정도의 고기 포션을 구입한 후 6mm 정도의 두께로 두드린다. 가장 쉬운 방법은 튼튼한 지퍼백의 측면을 오려내고 고기를 안에 넣어 연육 망치나 무거운 프라이팬 밑면으로 적당히 두드리는 것이다. 너무 과하게 두드리면 고기가 찢길 수 있으니 주의해야 한다. 가능한 힘을 빼고 최대한 고르게 두드려야 한다.

닭의 가슴살이나 허벅지살의 경우 조금 다른 방식으로 진행해야 한다.

닭의 허벅지 순살은 돼지고기처럼 취급해도 된다. 지퍼백에 넣어 두들기면 끝이다. 닭가슴살은 두꺼운 편이라서(요즘 슈퍼마켓에서 파는 큰 닭들을 봐라) 먼저 긴 조각으로 썰어줘야 한다. 어렵지 않다. 54페이지를 참고하면 된다.

닭가슴살의 또 다른 문제는 지방이 적어서 건조해지기 쉽다는 것이다. 하지만 염지가 그 문제를 해결해줄 것이다. 다음 두 덩이의 닭가슴살을 살펴보자.

왼쪽은 염지를 해서 부드럽고 육즙이 보존된 것이고 오른쪽은 염지하지 않아 건조한 것이다.

염지를 안 하면 못 쓸 정도냐고? 꼭 그런 건 아니지만, 급할 때라면 더욱 지방이 많아 건조해지지 않는 허벅지살이나 돼지고기를 사용하는 걸 추천한다. 닭가슴살은 적어도 3~4시간 정도 염지하는 게 좋다.

빵가루 묻히기

카츠는 밀가루를 묻히고 달걀에 담가 빵가루를 입히는 고전적인 튀김옷 입히기 방법을 사용한다. 가장 쉬운 방법은 밀가루, 달걀, 빵가루를 각각 3개의 얕은 그릇에 담아두고 한 번에 한 덩이씩 작업하는 것이다. 한 손으로 고기를 집어 양면에 밀가루를 입히고(이 손을 '마른 손'이라고 하자), 같은 손으로 집어 달걀 그릇으로 옮긴다. 다른 손('젖은 손'이라고 하자)을 사용해 달걀을 입히고, 같은 손으로 집어 올려 물기를 턴 뒤에 빵가루 그릇으로 옮긴다. 다시 마른 손으로 빵가루를 고기 위에 올려주며 잘 묻히면 된다. 튀김옷이 잘 입혀졌으면 마른 손으로 고기를 들어 뒤집어서 또

빵가루를 묻힌다. 이렇게 여러 차례 빵가루를 쌓아 두꺼운 층을 만들고 꾹 잘 눌러준다.

튀김옷을 입힌 커틀릿을 접시에 옮겨놓고 나머지 조각들을 똑같이 반복한다.

항상 궁금했던 게 하나 있다. 고기를 달걀에 담그기 전에

왜 굳이 밀가루를 묻히는 걸까? 밀가루 없이 달걀만으로도 빵가루는 잘 붙을 텐데 말이다.

그래서 두 개의 고깃덩이로 테스트했다. 하나는 기존의 방식대로 했고, 다른 하나는 달걀과 빵가루만 묻혔다.

밀가루를 사용한 전통적인 방식이 더 균일한 빵가루 막을 형성하는 데 도움을 줘서, 더 고른 갈변 현상을 일으킨다는 결과가 나왔다. 밀가루를 입히지 않으면, 마치 프라이머를 바르지 않고 페인트칠을 한 것처럼 오른쪽 사진과 같이 얼룩진 튀김옷이 만들어진다. 밀가루는 한마디로 프라이머이다. 게다가 고기의 육즙을 더 잘 보존하는 방법이기도 하다. 밀가루를 입히지 않으면 튀김옷이 벗겨진 부분에 기름이 직접적으로 접촉하면서 건조하거나 질겨진다. 건너뛰고 싶은 과정이긴 하지만, 입혀야만 하는 것이다.

튀기기

카츠를 튀기는 과정은 매우 직관적이며 기름을 얇게 두른 프라이팬이나 기름을 두껍게 부은 웍에서 할 수 있다. 나는 덜 지저분하면서 전체적으로 더 고른 색을 내는 웍에서 조리한다. 다른 여러 레시피에서는 조리하는 동안에 단 한 번만 뒤집으라고 하지만, 나는 오히려 여러 번 뒤집어야 카츠가 더 고른 색을 낸다는 걸 알았다. 핵심은, 첫 면을 뒤집어도 빵가루가 떨어지지 않을 정도로만 익힌 다음 뒤집는 것이다. 1분 30초 정도면 충분하다. 그런 다음 반대 면을 1분 30초 정도 더 튀겨주고 남는 시간 동안 수시로 뒤집어 주면서 황금빛 색을 내면 된다.

카츠는 젓가락으로 먹는 음식이라서 잘라서 제공해야 한다. 날 선 칼로 카츠를 얇은 조각으로 자르자.

잘게 채 썬 양배추, 레몬 조각 약간, 충분한 카츠 소스와 함께 제공한다. 완전한 일식 느낌을 내고 싶다면 흰밥과 일식 피클을 곁들이면 된다.

이게 바로 커틀릿이고, 일본식 슈니첼이고, 동양식 밀라니스고, 카츠다! 원하는 대로 불러라. 어찌 됐든 맛있으니까.

일식 카츠
JAPANESE KATZU

분량
3~4인분

요리 시간
30분
총 시간
30분(닭가슴살 휴지가 필
요하면 4~8시간 추가)

재료

순살 닭가슴살 225g 2개 또는 순살 닭허벅지 110~
    140g 4개 또는 순살 돼지등심 110~140g 4개
코셔 소금과 갓 간 통후추
중력분 1컵(약 140g)
큰 달걀 3개, 확실하게 푼 것
일본식 판코 빵가루 1.5컵(약 140g)
땅콩유, 쌀겨유 또는 기타 식용유 1L

차림 재료:

잘게 썬 녹색 양배추
레몬 웨지
찐 밥
일본식 피클(스노모노, 선택사항)
시판 또는 홈메이드 돈카츠 소스(467페이지)

요리 방법

① **닭가슴살을 사용하는 경우:** 각 가슴살을 2개의 덩이로 자른다(자세한 내용은 54페이지 참고). 한 개씩 튼튼한 지퍼백에 넣고 연육 망치나 무거운 8인치 프라이팬 바닥으로 6mm 두께가 될 때까지 너무 세지 않게 두드린다. 소금과 후추로 넉넉하게 간을 한다. 최상의 결과를 위해서는 냉장고에서 최소 4시간 이상 혹은 하룻밤 동안 재워둔다. 3단계로 넘어간다.

② **닭허벅지살이나 돼지고기를 사용하는 경우:** 닭허벅지살이나 돼지고기를 한 개씩 지퍼백에 넣고 연육 망치나 무거운 8인치 프라이팬의 바닥으로 6mm 두께가 될 때까지 너무 세지 않게 두드린다. 소금과 후추로 넉넉하게 간을 한다. 즉시 3단계로 넘어간다.

③ 넓고 얕은 그릇 3개 또는 벽이 있는 접시 3개에 각각 밀가루, 풀어둔 달걀, 빵가루를 채운다. 한 번에 하나의 고기 조각을 든다. 한 손으로 고기 양면에 밀가루를 입히고 과도하게 묻은 부분을 털어낸다. 달걀물 그릇으로 옮겨 반대 손으로 고기를 뒤집으며 양면을 적시고 과도하게 묻은 달걀물을 털어낸다. 빵가루 그릇으로 옮겨 처음 사용한 손으로 고기 위에 빵가루를 올린다. 양면을 모두 진행하고서 깨끗한 접시로 옮긴 뒤 나머지 고기도 같은 과정을 진행한다. 첫 번째 손은 마른 재료만 만지고, 두 번째 손은 젖은 재료만 만지는 게 포인트이다.

④ 웍에 기름을 붓고 즉석 온도계로 175℃가 나올 때까지 센 불로 가열한다. 최대한 기름이 몸에 튀지 않도록 고기를 몸 반대 방향으로 기름에 천천히 눕힌다. 필요에 따라 열을 조절(150~160℃)하여 거세면서도 안정적인 기포를 유지하고 약 1분 정도 웍을 조금씩 흔들어서 고루 익힌다. 카츠를 반대 면으로 뒤집어 약 1분 30초 정도 튀긴다. 이어서 약 3분간은 수시로 뒤집어주면서 색이 잘 나도록 조리한다. 키친타월로 옮겨 기름을 제거하고 즉시 소금으로 간을 한다.

⑤ 카츠를 얇은 조각으로 자르고 썬 양배추, 레몬 조각, 흰 밥, 일식 피클(원하는 경우), 카츠 소스와 함께 즉시 제공한다.

닭가슴살을 커틀릿으로 포션하기

이 기술은 평일 저녁식사에 필수적이다. 일반 닭가슴살보다 커틀릿이 더 빠르게 조리되기 때문이다. 치킨카츠 같은 요리에 적합하다.

가장 어려운 단계는 자르는 단계. 날카로운 칼과 약간의 연습이 필요하다. 부엌에서 활동한 경험이 부족한 사람은 닭가슴살에 구멍 몇 개는 내어야지 익숙해지겠지만, 그래도 괜찮다. 여전히 맛있기 때문이다.

일단 가슴살 포만 잘 뜬다면 두드리는 작업은 재미있고 쉬운 편이다. 단지 너무 세게 두드리면 최종 두께를 조절하기가 어려울 수 있고, 고기에 구멍이 생길 수도 있다는 것뿐이다. 해보면 쉽다.

STEP 1 · 가슴살 포 뜨기

뼈와 껍질이 제거된 닭가슴살을 도마에 놓고 칼을 잡지 않은 손바닥으로 평평하게 잡는다. 날카로운 식칼 또는 필렛나이프를 이용해 수평으로 두 조각으로 나눈다. 도마 가장자리 쪽에서 하면 더 수월할 것이다.

STEP 2 · 지퍼백 자르기

적당한 크기의 지퍼백에 측면을 칼로 잘라서 분리한다. 키친랩 여러 겹으로 할 수도 있지만, 두드릴 때 찢어지는 경우가 많다. 지퍼백과 지퍼백 사이에 끼인 닭고기에 주름이 생기지 않도록 지퍼백을 평평히 편다.

STEP 3 · 연육 작업(두드리기)

연육 망치나 튼튼한 8인치 프라이팬 바닥으로 너무 세지 않게 두드린다. 고기에 구멍이 나지 않도록 천천히 일정한 힘으로 한다. 팬을 직접 위아래로 움직이는 것보다 약간씩 옆으로 움직여 커틀릿의 모양을 잡는다. 목표는 일정한 두께와 모양이다.

STEP 4 · 완성!

완성된 닭고기의 두께는 약 6mm가 되어야 한다.

홈메이드 돈카츠 소스
HOMEMADE TONKATSU SAUCE

분량
약 1컵

요리 시간
5분
총 시간
5분

재료
케첩 ½컵(120ml)
우스터 소스 ¼컵(60ml)
생추간장 또는 쇼유 1테이블스푼(15ml)
설탕 1테이블스푼(12g)

돈카츠 소스는 우스터 소스와 그레이비 사이에 존재하는 걸쭉한 갈색 소스다. 판코 빵가루를 묻힌 튀긴 음식이라면 뭐든지 잘 어울린다.

요리 방법
모든 재료를 혼합하여 설탕이 녹을 때까지 거품기로 잘 섞는다. 돈카츠 소스는 냉장고에 무기한 보관할 수 있다.

고로케(일본식 감자 크로켓)
KOROKKE(JAPANESE POTATO CROQUETTES)

덴푸라와 카츠처럼 고로케도 다른 문화에서 도입된 일본의 인기 음식이다. 프랑스의 크로켓에서 유래한 것으로, 크로켓과 스페인의 크로케타스처럼 부드러운 속(대부분 으깬 감자)에 빵가루를 입혀 튀긴 요리다. 고로케는 크로켓보다 큰 경향이 있다. 옛날 *Nokia* 벽돌 핸드폰 크기의 통통한 원형 모양을 갖고 있다.

으깬 감자에 다진 고기나 야채를 섞는 게 일반적이다. 우리 어머니는 냉장고 야채 서랍에 있는 야채들을 사용했다. 약간의 양파와 다진 소고기(교자 속, 마파두부, 미트 소스 스파게티에 사용되는!)를 볶는 것으로 시작해서 물기를 빼고 거칠게 으깬 감자와 섞었다. 냉동실에 냉동 옥수수, 완두콩, 시금치가 있을 때도 고로케의 재료가 됐다. 깍둑 썬 당근, 참치 통조림, 냉동 브로콜리, 남은 전기구이 통닭, 심지어 햄까지도. 언젠가는 강판에 간 치즈까지 등장해서 너무 놀란 적도 있었다. 엄마는 닭의 간까지 넣은 적이 있다고 한다. 내 기억엔 없는 일이지만, 시중에서 판매하던 것이라면 믿을만한 이야기다.

고로케는 뜨겁게 먹지만 차갑게 먹는 경우도 많다. 포크와 나이프로 접시에 담아 먹거나 냅킨으로 감싸서 포장해 차에서 먹기도 한다. 세븐일레븐에서는 흰 빵 슬라이스 사이에 끼워진 채로 판매되는 모습도 볼 수 있다(탄수화물 위에 탄수화물… 아주 많은 탄수화물을 섭취하게 될 음식이다).

recipe continues

전 세계에서 판매되는 고로케의 유일한 공통점은 판코 빵가루에 황금색 크러스트로 코팅되어 있다는 것과 달콤짭짤한 돈카츠 소스가 함께 제공된다는 것이다.

난 고로케 레시피라는 게 약간 의미 없게 느껴지기도 하는데, 내가 아는 요리 중에 고로케가 가장 규범적이지 않기 때문이다. 고로케 속을 추가할 때는 단 세 가지의 규칙만 지키면 된다.

- **추가한 재료가 익었는지 확인하라.** 고로케를 튀길 때 가열하긴 하지만, 별도로 추가한 미리 익히지 않은 야채와 고기는 덜 익을 수 있다. 생고기라면 살짝 볶고, 야채는 데치거나 볶아서 사용해야 한다는 말이다(냉동 야채는 미리 데쳐진 것이므로 별도로 조리할 필요가 없다).

- **너무 젖은 재료는 추가하지 말아라.** 젖은 재료를 사용하면 고로케 내부에 증기가 발생할 수 있다. 최악의 경우 증기가 쌓여 튀김옷에 구멍이 생기고, 기름이 내부로 들어가 기름지고 느끼한 고로케가 된다. 볶거나 데친 야채와 다진 고기 모두 수분을 제거한 뒤 섞어야 한다.

- **감자가 모든 재료를 합칠 수 있을 만큼 충분한지 확인하라.** 고로케에 무엇을 추가하든 튀기기 전에도 모양이 쉽게 유지되어야 한다. 즉, 감자가 재료의 50% 이상을 차지해야 한다.

어릴 땐 집에 인스턴트 매쉬 포테이토가 항상 있었는데, 딱히 먹은 기억은 없다. 마흔한 살이 된 지난해에 들어서야 어디에 쓰였던 것인지 알게 됐다. 어머니는 실수로 고로케 속이 너무 젖었거나 재료를 뭉칠 만큼 감자가 충분하지 않을 때 매쉬 포테이토를 썼던 것이다. 이 트릭은 정말 훌륭했다!*

---

* 뿐만 아니라 그만한 가치가 있는 최고의 간이 식품이다. 같은 비율의 우유와 버터로 수분을 재보충하고 소금과 후추를 듬뿍 뿌린다면 말이다.

분량	요리 시간
12~16개 정도	30분
	총 시간
	1시간

NOTES

튀기지만 않았다면 빵가루를 입힌 고로케는 얼려 놓아도 무방하다. 냉동된 상태로 바로 튀길 수도 있다 (이 경우에는 2분 더 튀긴다). 원하는 속 재료를 자유롭게 추가해도 좋다. 일반적으로는 완두콩, 녹두, 옥수수, 시금치 등 냉동 야채(해동 후 물기 제거), 간 치즈, 통조림 참치, 닭고기, 볶은 버섯 등이 있다. 재료를 추가할 때는 재료가 익혀졌는지(냉동 야채는 조리할 필요 없음), 물기가 제거 되었는지, 감자가 속 재료의 50% 이상인지 등을 확인해야 한다. 재료가 잘 뭉치지 않을 때는 인스턴트 매쉬 포테이토를 1테이블스푼 추가하면 된다.

재료

적갈색 감자 900g, 껍질을 벗기고 5cm로 자른 것
코셔 소금
땅콩유, 쌀겨유 또는 기타 식용유 1테이블스푼(15ml)
다진 고기 225g
다진 작은 양파 1개(120g)
다진 마늘 2티스푼(5g)
다진 작은 당근 1개(120g)
무염버터 2테이블스푼(30g)
갓 간 후추

튀김옷 재료:

중력분 1컵(약 140g)
큰 달걀 3개, 확실하게 푼다
일본식 판코 빵가루 1.5컵(140g)

튀김 재료:

땅콩유, 쌀겨유 또는 기타 식용유 1L

차림 재료:

시판 또는 *홈메이드 돈카츠 소스*(467페이지)

요리 방법

① 큰 소스팬에 감자를 넣고 소금 한 꼬집을 넣은 찬물을 붓는다. 센 불로 끓이다가 약한 불로 줄이고 칼이나 꼬치가 감자에 쉽게 들어갈 정도로만 익힌다(끓어오른 뒤 10~15분 정도). 물을 충분히 빼내고 소스팬에 다시 넣어 충분히 식을 때까지 증기 건조한다.

② 그동안 웍에 기름을 둘러 연기가 날 때까지 달군다. 고기를 추가하고 핏기가 사라질 때까지 약 2분 동안 주걱이나 포테이토 메셔로 부수면서 조리한다. 양파, 마늘, 당근을 추가하고 웍을 돌리면서 야채가 살짝 연해지고 물기가 증발할 때까지 약 5분 동안 조리한다. 버터를 넣고 불에서 웍을 내린다.

③ 포테이토 매셔를 사용해 감자에 뭉친 부분이 없도록 잘 으깬다. 소금과 후추를 넉넉히 뿌린다. 고기와 야채 혼합물을 추가하고 주걱으로 모든 것을 함께 섞어 합친다. 맛을 보고 기호에 따라 소금이나 후추로 간을 한다.

④ 만질 수 있을 만큼 식으면 혼합물 약 120g를 집어 컴퓨터 마우스 크기의 1.9~2.5cm 두께의 패티를 만든다. 쟁반이나 큰 접시로 옮기고, 혼합물이 모두 소진될 때까지 계속해서 패티를 만든다. 다음 단계로 넘어가기 전에 패티를 15~30분 정도 냉장 보관하며 식힌다.

⑤ **튀김옷**: 넓고 얕은 그릇 3개 또는 테두리가 높은 접시 3개에 각각 밀가루, 풀어둔 달걀, 빵가루를 채우고 한 번에 하나의 패티씩 작업한다. 첫 번째 손으로 밀가루를 입히고 여분을 털어낸 뒤 달걀 그릇으로 옮긴다. 반대 손으로 패티를 뒤집어가며 달걀물을 양면에 모두 코팅한다.

recipe continues

여분의 달걀물을 털어내고 빵가루 그릇으로 패티를 옮긴다. 다시 첫 번째 사용한 손으로 패티 위에 빵가루를 퍼 올려 부드럽게 눌러주면서 양면 모두에 빵가루를 잘 묻힌다. 패티를 쟁반이나 접시에 다시 놓고 동일한 방법으로 나머지 패티를 반복한다. 이 작업이 제대로 수행된다면, 첫 번째 손은 마른 재료만 만지고 두 번째 손은 젖은 재료만 만지게 돼서 과정이 덜 지저분하다. 빵가루를 입힌 패티는 냉장고에 며칠 동안 보관할 수 있으며 몇 달 동안 냉동 보관할 수 있다.

⑥ **요리**: 온도계로 175℃가 나올 때까지 센 불로 기름을 가열한다. 집게나 손으로 패티를 뜨거운 기름 위에 살며시 눕히고 겹치지 않을 정도로만 추가한다(패티 4~6개). 필요에 따라 불을 조절하여(150°~160℃) 거세면서도 안정적인 기포를 유지하고 약 1분 정도 웍을 흔들고 패티를 뒤집어서 고른 색이 나게 한다. 황금빛 갈색이 나야 하며 패티 중앙도 충분히 뜨거워져야 한다. 총 4분 정도 소요된다(냉동된 상태면 6분).

⑦ 다 익은 패티는 키친타월을 깐 접시에 옮기고 소금으로 간을 한다. 바로 제공하거나 차갑게 식힌 뒤 돈카츠 소스와 함께 제공한다.

카보차 스쿼시(단호박) 또는 고구마 고로케
Kaboch Squash or Sweet Potato Korokke

감자 대신 호박이나 고구마로도 고로케를 만들 수 있다. 고구마는 감자와 동일한 방법으로 만들면 되고, 카보차 스쿼시는 약 900g의 것을 쪼개고 씨를 긁어내고 큰 덩어리로 잘라서 찜기에 넣어 연해질 때까지 약 20분을 익히면 된다. 줄기는 버리고 감자와 동일하게 진행하면 된다.

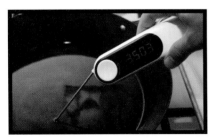

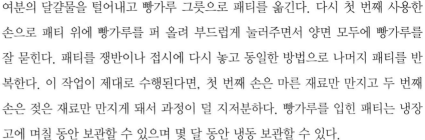

일본식 튀김, 덴푸라

덴푸라는 일본의 가장 오래되고 인기 있는 전통요리 중 하나이며, 포르투갈 선교사들이 일본에 16세기에 소개하면서부터 시작됐다. 단어 자체가 포르투갈어에서 차용한 것으로*, 선교사들이 먹던 튀긴 해산물 '템포라(Tempora)'를 일컫는다. 현대의 일본에서의 덴푸라는 푸드코트 및 쇼핑몰에서 찾을 수 있는 저렴한 일상적 음식부터 한 명의 튀김 장인이 준비하는 고급의 코스 요리에 이르기까지 다양하다. 1923년부터 참기름에 튀긴 덴푸라를 팔기 시작했다는 도쿄의 튀김가게인 츠나하치에서 먹었던 식사를 기억한다. 식사도 훌륭했지만, 그것보다 튀겨지기 직전에 나와 어머니의 지갑으로 뛰어든 구루마에비(일본 새우)가 강렬하게 기억에 남아 있다(물론 맛있었다).

　나는 튀김의 장인은 아니지만, 횟집의 요리사로서 몇 가지 팁을 제시할 만큼은 오랫동안 튀김요리를 해왔다. 여기서 다룰 튀김요리의 기본 규칙은 일본식 튀김인 덴푸라에 관해서지만, 전반적인 튀김의 가볍고 통풍이 잘 되는 바삭한 코팅과 눅눅하거나 두꺼운 코팅의 차이를 만드는 요소들(세 가지 주요 요소)을 다루고 있다.

- **반죽을 너무 많이 섞지 말아라.** 액체를 추가한 후에는 가능한 한 빨리 액체와 반죽을 섞어야 한다. 너무 많이 저으면 글루텐 발달이 촉진되어 반죽의 가벼운 바삭함이 사라진다. 튀김 반죽을 섞는 가장 좋은 방법은 먼저 마른 혼합물을 넓은 그릇에 넣고, 액체를 한번에 모두 넣어서 한 손으로는 젓가락으로 빠르게 저으면서 다른 손으로 그릇도 세게 흔드는 것이다. 반죽을 다 저었을 때, 반죽에는 물기가 남아 있지 않아야 하지만, 여전히 거품과 덩어리가 많이 남아 있어야 한다.

- **얼음처럼 차가운 탄산수나 보드카/탄산수 혼합물을 사용한다.** 액체를 차갑게 유지하면 글루텐 형성이 억제된다. 탄산수를 이용하면 거품이 생겨나 튀길 때 반죽을 가볍게 만든다. 보드카는 글루텐 형성을 제한하는 동시에 반죽의 휘발성은 증가시켜 더 빨리 튀겨지고 얇은 질감을 만든다.

- **튀기는 동안 재료가 계속 움직이게 한다.** 튀김 재료를 튀김기 안에 넣고, 계속 뜰채로 젓고 뒤집어 기름을 회전시켜야 한다. 빠르고 균일하게 요리할 수 있다.

---

* 일본어에는 paraiso (パライソ; 낙원), shabon (シャボン; 비누) 등 포르투갈어에서 유래한 말이 여럿 있다.

다용도 튀김 반죽

분량
4컵

요리 시간
2분
총 시간
2분

이 다용도 튀김 반죽은 우리 레스토랑인 *Wursthall*에서 제공하는 튀김 요리에 수년간 사용해왔던 레시피이다(마음에 드는 상업용 튀김 믹스를 찾을 때까지 사용했었다). 탄산수와 부드럽게 섞으면 우리의 *사워크라우트 양파튀김*(477페이지 참고)을 위한 훌륭한 반죽이 된다. 또는 양념으로 간을 한 뒤 버터밀크와 달걀을 섞어 닭고기를 밤새 재운 다음, 마른 혼합물을 더 많이 부어서 두 번 튀기면 가장 인기 있는 메뉴인 한국식 핫−프라이드 치킨 샌드위치를 만들 수도 있다. 반죽의 베이스로 사용하거나 반죽 옷으로 사용하면 가볍고 바삭하게 튀겨진다.

재료
쌀가루 2컵(225g)
다목적 밀가루 2컵(300g)
베이킹파우더 1테이블스푼(15g)
고운 소금 1테이블스푼(15g)

요리 방법
볼에 모든 재료를 섞는다. 사용하지 않을 때는 서늘하고 어두운 식료품 저장고에 보관한다.

일반적인 튀김 재료 준비 방법

재료	준비
채소	
아보카도	껍질과 씨를 제거하고 두꺼운 웨지 모양으로 자른다.
피망	1.3cm 너비의 고리 모양으로 자르거나 조각낸다.
브로콜리와 콜리플라워	2.5cm 크기의 작은 꽃송이로 자른다.
버터넛 스쿼시(땅콩호박)	껍질을 벗기고 씨를 뿌리고 6mm 조각으로 자른다.
양배추 또는 사워크라우트	잘게 썬다.
당근	껍질을 벗기고 6mm 얇게, 또는 납작하게 자른다.
가지	지름 약 1.3cm 원형으로 자른다.
녹두	끝을 다듬는다.
카보차 스쿼시(단호박)	씨를 제거하고 6mm 조각으로 자른다.
케일	각 잎에서 중앙의 단단한 줄기를 제거한다.
버섯	깨끗이 씻어 얇게 썬다. 얇은 표고버섯이나 느타리버섯은 통째로 남겨둔다.
오크라	줄기 끝을 다듬는다.
양파	1.3cm 고리 형태로 자르거나 잘게 썬다.
고구마	껍질을 벗기고 6mm 조각으로 자른다.
호박	1.3cm 원형 또는 막대기로 자른다.
해산물	
생선	얇은 필레 또는 스트립으로 자른다.
새우	원하는 경우, 마지막 꼬리 부분의 껍질만 남기고 다른 껍질과 다리를 제거한다. 새우를 납작하게 펴서 꼬치 또는 이쑤시개를 세로로 길게 꽂아 튀겨지는 동안 새우가 곧게 펴지도록 만든다. 요리 후에는 꼬치를 제거한다.
오징어	몸통은 얇은 고리 모양으로 자르고 다리는 통째로 남겨두거나 분리한다.

야채튀김 또는 해산물튀김

분량
3~4인분

요리 시간
15분
총 시간
15분

재료
땅콩유, 쌀겨유 또는 기타 식용유 2L
다용도 튀김 반죽(472페이지 참고) 1컵
80프루프(40도) 보드카 60ml(¼컵)
얼음처럼 차가운 탄산수 ⅔컵(160ml)
튀김용으로 준비된 야채 또는 해산물 340g
　　(473페이지 참고)

차림 재료(선택사항):
레몬 웨지 또는 원하는 디핑 소스(475~476페이지
　　레시피 참고)

473페이지의 도표에 따라 반죽 배치당 튀길 재료를 최대 340g까지 준비한다. 다음 배치를 만들 때는 새로운 반죽을 추가해 섞는다. 바삭한 식감을 더하려면 뜨거운 기름에 야채와 해산물을 넣은 직후 손끝으로 반죽을 흩뿌린다.

요리 방법

① 웍을 센 불에 올리고 기름을 190℃로 가열한 다음, 온도를 유지하기 위해 필요한 만큼 열을 조절한다. 큰 접시나 쟁반에 키친타월을 두 겹으로 깔아준다.

② 큰 볼에 반죽 혼합물을 넣는다. 보드카와 탄산수를 넣고 한 손에는 볼을, 다른 한 손에는 젓가락을 잡고 그릇을 앞뒤로 흔들면서 액체와 마른 재료가 대부분 섞일 때까지 젓가락으로 세게 젓는다. 다량의 기포와 마른 밀가루 덩어리가 남아 있어야 한다.

③ 반죽에 야채(또는 해산물)를 넣고 손으로 살살 펴며 코팅하고, 몇 조각씩 집어 올리면서 여분의 반죽을 제거한다. 뜨거운 기름에 넣을 때는 한 조각씩 넣는다(이때 가능한 한 손이 기름 표면과 가까워야 한다). 온도는 175℃를 유지하면서 몇 조각씩 튀긴다. 젓가락이나 뜰채로 저어가며 서로 뭉치지 않도록 분리시키고 뒤집어주며 신선한 기름에 지속적으로 노출시킨다. 반죽이 바삭하고 옅은 금색이 될 때까지 약 1분간 계속 튀긴다.

④ 튀김을 키친타월을 깐 접시나 쟁반에 옮기고 즉시 소금을 뿌린다. 레몬 또는 디핑 소스와 함께 제공한다.

튀김용 간장-다시 디핑 소스
SOY-DASHI DIPPNG SAUCE FOR TEMPURA

분량
1컵

요리 시간
5분

총 시간
5분

감칠맛 나는 다시와 짠 간장과 달콤한 미림의 균형 잡힌 조합은 튀김의 고전적인 곁들임 소스이다.

NOTES
*Hondashi*는 대부분의 슈퍼마켓에서 찾을 수 있는 분말 다시이다. 또한 홈메이드의 농축 *멘쯔유*(231페이지) ¼컵과 물 ¾컵을 섞어서 만들 수도 있다.

재료
홈메이드 *다시*(519~521페이지) 또는 *혼다시*
    (NOTES 참고) ¾컵(180ml)
미림 3테이블스푼(45ml)
생추간장 또는 쇼유 1테이블스푼(15ml)

차림 재료:
무 60g, 가장 작은 강판에 갈아 무즙을 낸다.

요리 방법
모든 재료를 섞는다. 간장 다시는 냉장고에 최대 4일 동안 보관할 수 있다.

튀김용 식초-캐러멜 디핑 소스
VINEGAR-CARAMEL DIPPING SAUCE FOR TEMPURA

분량
4인분

요리 시간
15분

총 시간
15분

이 식초-캐러멜 디핑 소스는 이탈리아식 아그로돌체(새콤달콤하다) 소스를 기반으로 하며 프리토 미스토 등의 튀긴 해산물에 곁들여서 제공된다. 매우 간단하며 특히 호박이나 고구마튀김과 함께 먹으면 매우 맛있다.

재료
설탕 ½컵(100g)
물 ¼컵(60ml)
소금 한 꼬집

화이트 와인 또는 샴페인 식초 ½컵(120ml)
얇게 썬 매운 적고추(프레즈노 또는 레드 세라노 또
    는 타이 버드) 1개

요리 방법
중간 크기의 소스팬에 설탕, 물, 소금을 넣고 중간 정도 세기의 열로 데우면서 끓을 때까지 포크로 젓는다. 황금빛 꿀 빛깔이 날 때까지 약 6분 동안 부드럽게 저으면서 계속 끓인다. 바로 식초를 한 번에 모두 넣고(거품이 심하게 생긴다) 얇게 썬 고추도 넣은 다음, 캐러멜이 녹을 때까지 젓는다. 불에서 내리고 식힌다. 소스는 몇 달 동안 냉장고에 보관할 수 있다.

고춧가루 요거트 렌치 드레싱
GOCHUGARU YOGURT RANCH DRESSING

분량
약 1컵

요리 시간
5분
총 시간
5분

한국식 고춧가루로 맛을 낸 이 렌치 드레싱은 덴푸라(우리 레스토랑에서도 사워크라우트 덴푸라와 함께 제공했었다)나 다른 튀긴 음식에 찍어 먹으면 매우 맛있다. 또한 간단한 샐러드나 생야채에 찍어 먹기에도 좋다. 나는 과립형 마늘과 신선한 마늘의 조합이 그 "렌치한" 풍미에 필수적이라는 걸 알게 됐다.

재료

전지방 그리스 스타일 요구르트 ½컵(120ml)
마요네즈 ¼컵(60ml)
과립 마늘 2티스푼(6g)
과립 양파 1티스푼(3g)
다진 마늘 2티스푼(5g)
다진 딜 15g

갓 간 후추 1티스푼(3g)
다진 차이브 8g
레몬 또는 라임주스 1테이블스푼(15g)
고춧가루 2작은술(6g)
코셔 소금

요리 방법
중간 크기의 볼에 모든 재료를 넣고 골고루 섞는다. 소금으로 간을 한다. 드레싱은 최대 2수 농안 냉장고에 보관할 수 있다.

튀김용 허니-미소 마요네즈
HONEY-MISO MAYONNAISE FOR TEMPURA

분량
1컵

요리 시간
5분
총 시간
5분

이 달콤하고 짭짤한 마요네즈는 내가 보스턴에 있는 Ken Oringer의 *UNI*에서 요리사로 일하며 배운 레시피를 기반으로 한다. 덴푸라(또는 감자튀김)나 생야채, 특히 오이에 아주 잘 어울린다.

재료

마요네즈 ¾컵(180ml)
노란 미소 된장 2테이블스푼(35g)

꿀 2테이블스푼(30ml)
쌀식초 1테이블스푼(15ml)

요리 방법
중간 크기 볼에 모든 재료를 넣고 골고루 섞는다. 냉장고에 몇 주 동안 보관할 수 있다.

사워크라우트 양파튀김
TEMPURA SAUERKRAUT AND ONIONS

분량
3~4인분
요리 시간
15분
총 시간
15분

NOTES
사워크라우트에 매운맛을 추가하고 싶다면, 절반을 잘게 썬 배추김치로 대체하면 된다.

재료
땅콩유, 쌀겨유 또는 기타 식용유 2L
사워크라우트 340g
얇게 썬 붉은색 또는 노란색 양파 60g
얇게 썬 시판 또는 홈메이드 *고추절임*(84페이지) 30g
다용도 튀김 반죽(472페이지) 1컵
80프루프(40도) 보드카 ¼컵(60ml)
얼음처럼 차가운 탄산수 ⅔컵(160ml)

차림 재료:
고춧가루 요거트 렌치 드레싱(476페이지)

이 레시피는 2019년 10월에 영감을 받았다. 부주방장인 Erik Drobey와 함께 *Wursthall*에서 프라이드 치킨 샌드위치를 위한 새로운 공식과 다양한 튀김 믹스를 만들어 실험하던 중이었었다. 이때 주방에는 Carlos Gonzalez라는 요리사가 저녁 메뉴로 사워크라우트를 준비하고 있었다. 나는 변덕이 발동해 사워크라우트 한 움큼, 얇게 썬 적양파(버거 스테이션에서 꺼낸 것)와 퀘소 프레첼 딥, 절인 프레즈노 고추를 튀김 반죽 그릇에 넣었다. 나는 그것들을 모두 섞은 다음 튀김기에 뿌리듯이 넣고 튀기기 시작했다.

이 조합이 어찌나 맛있는지 감탄을 금치 못했다. 사워크라우트에서는 구운 양배추의 고소한 향을 얻었고, 양파에서는 프레즈노 고추의 매운맛에 약간의 단맛을 더했다. 튀김은 처음에는 가볍지만 소금에 절인 양배추와 고추의 산도가 튀김을 더욱 화사하게 만들었다. 일주일 후 *고춧가루 요거트 렌치 드레싱*(476페이지)을 곁들였더니 메뉴에 올릴 정도로 맛있었다. 코로나 바이러스의 등장으로 레스토랑 운영 관련한 변경이 생겨 몇 달 후 메뉴에서 제외되었지만, 사워크라우트 튀김과의 인연은 아직 끝나지 않았다고 확신한다.

요리 방법

① 웍을 센 불에 올리고 기름을 190℃로 가열한 다음, 불을 조절해 온도를 유지한다. 큰 접시나 쟁반에 키친타월을 두 겹으로 깐다.

② 고운체를 이용해 사워크라우트의 물기를 가능한 한 많이 짜낸다. 양파와 고추를 넣고 잘 섞는다.

③ 큰 볼에 반죽 혼합물과 보드카와 탄산수를 넣고 한 손에는 그릇을, 다른 한 손에는 젓가락을 잡고 앞뒤로 흔들면서 액체와 마른 재료가 대부분 섞일 때까지 젓가락으로 세게 젓는다. 다량의 기포와 마른 밀가루 덩어리가 남아 있어야 한다.

④ 소금에 절인 사워크라우트/양파/고추 혼합물을 넣고 버무린다. 손끝으로 느슨하게 반죽 한 움큼을 집어서 여분의 반죽은 볼에 다시 떨어지도록 한 다음, 혼합물을 기름에 천천히 넣는다. 모든 혼합물이 기름에 들어갈 때까지 계속 추가한다. 온도를 가능한 한 175℃에 가깝게 유지하기 위해 열의 온도를 높인다. 즉시 젓가락이나 뜰채로 휘저어 가장 큰 덩어리를 부수되, 혼합물이 엉키지 않도록 한다. 반죽이 완전히 바삭하고 옅은 금색이 될 때까지 총 1분 정도 계속 튀긴다.

⑤ 튀김을 키친타월을 깐 접시나 쟁반으로 옮기고 즉시 소금을 뿌린다. 고춧가루 요거트 렌치 드레싱과 함께 제공한다.

4.3 미국식 중화요리의 바삭하고 촉촉한 요리법

이제는 *General Tso*라는 닭고기 요리를 미국의 국민 요리 중 하나로 인정할 때가 왔다고 생각한다. *Fortune Cookie Chronicles*의 저널리스트이자 작가인 Jennifer Lee는 2008년 TED Talk에서 다음과 같이 질문했는데, 여러분 스스로에게도 이 질문을 해 보기 바란다. "미국식 애플파이와 비교했을 때, 중국 음식을 일 년에 몇 번이나 먹습니까?"

나로 말하자면, 중국음식 vs 애플파이의 비율은 대략 30 대 1이다.

아주 간단한 인터넷 검색에 따르면 2015년 미국에는 46,700개의 중국 식당이 있었다. 이는 맥도날드, 버거킹, 웬디스, 타코벨, KFC를 모두 합친 것보다 많다. *General Tso*, *General Gau*(대학시절 알게 된 곳), *Cho's*, *Caus's*, *Joe's*, *Ching's*, *Chang's(P.F Chang's!)* 등 또는 해군에서까지 쏘 제독(Admiral Tso's)이라고 부르는 메뉴는 어느 식당에 가더라도 찾을 수 있다.

이 요리의 기원은 논쟁의 여지가 있는데, 원래 *Zuo Zongtang*(장군 쭤중탕)에서 유래된 말이지만 1885년 그가 죽기 전까지, 그조차도 이 요리를 맛보지 못했을 것이기 때문이다. Lee가 알아본 바로는 그의 후손들(많은 사람이 여전히 장군의 고향인 샹인에 거주하고 있음)도 이 요리를 가문의 전통으로 인정하지 않으며, 심지어는 중국음식이라고 생각하지도 않는다고 한다.

내 친구 Francis Lam이 *Salon.com*의 2010년 기사로 알린 게 있다. 뉴욕의 *Red Farm*의 소유주이자 아마도 세계 최고의 중국계 미국인 요리 전문가인 Ed Schoenfeld

가 말하길, 1949년 혁명 이후 대만으로 망명한 후난성 출신 요리사 Peng Jia가 원조라고 주장했다. 타르트 소스에 버무린 큰 검은 닭 살코기 덩어리로 만든 이 음식은 단맛보다 짭조름한 맛이 더 강했다.

뉴욕에 기반을 둔 요리사 Tsung Ting Wang(T.T. Wang으로 더 잘 알려져 있음)은 대만의 Peng Jia에게서 이 레시피를 배워 소스에 바삭바삭한 튀김옷과 설탕을 넣고 이름을 *General Ching's*로 바꾸었다. 달콤한 소스와 메뉴 이름 덕분에 곧 아주 유명해졌고, 미국 전역과 전 세계 중국 식당에 진출했다(이 과정에서 이름이 약간씩 변했다). 이 유명한 일화는 2014년 트라이베카 영화제에서 음식의 기원을 찾는 장편 영화인 *제너럴 쏘를 찾아서(Search for General Tso)*로 제작되어 있다.

정말 말이 되는 이야기다. 미국인은 단 음식, 튀긴 음식, 그리고 치킨을 좋아한다.

요리사 Wang이 뉴욕에 소재한 자신의 레스토랑 *Shun Lee Palace*(1971년 개업했으나 1983년 별세했다)에서 대중화시킨 요리는 *General Tso*뿐만이 아니었다. 오렌지 비프와 농어를 통째로 바삭하게 튀긴 요리를 대중화한 공로도 인정받을 만하다(혼자서 만든 게 아닐지라도). 오렌지 비프는 얇게 썬 소고기에 빵가루를 입혀 바삭하게 튀긴 다음, 말린 오렌지 껍질로 맛을 낸 달콤하고 톡 쏘는 소스를 버무린 요리로 미국식 중화요리 레스토랑의 단골 메뉴가 됐다. 사용된 재료가 닭고기, 소고기, 생선인 이유는 뭘까? Wang과 그의 비즈니스 파트너인 Michael Tong은 항상 뉴욕의 유대인들이 이 재료들에 높은 관심을 갖는다는 걸 잘 알고 있었다. 뉴욕 유대인 공동체의 많은 가정에는 크리스마스에 중국음식을 주문하는 관습이 있다. 이건 *Shun Lee*와 미드타운의 경쟁자들 덕분이라고도 할 수 있다.

이때부터 "쫀득쫀득하고 새콤달콤한 소스에 버무린 바삭한 튀김요리"라는 레퍼토리는 전국으로 확대됐다. 캘리포니아에 기반을 둔 체인 식당인 *Panda Express*의 수석 주방장인 Andy Kao는 1987년 그들의 시그니처 메뉴인 오렌지 치킨을 만들었다. 현재 2,000개가 넘는 지점에서 피

망, 양파, 바삭하게 튀긴 소고기 조각을 *General Tso* 스타일의 다크하고 달콤한 식초 소스에 볶은 *Beijing Beef*와 함께 제공한다. *Honey Walnut Shrimp* 역시 바삭하고 달콤하고 톡 쏘는 튀김이다.

이 요리의 세부사항은 단백질, 야채, 소스 등 다양하지만 기본은 동일하다. 샌더스 대령(KFC 창업자)이 자랑스러워할 바삭바삭하고 우악스럽게 생긴 거친 튀김옷으로 코팅된 음식에, 덩어리를 완전히 감싸지만 눅눅하거나 연하게 만들진 않고(적어도 그러지 않는 시늉이라도) 강력한 풍미와 광택이 나는 걸쭉한 소스에 버무려지는 것. 흰밥 위에 얹어서 함께 먹으면 미국에서 가장 인기 있는 요리를 맛볼 수 있게 된다.

어느 체인점을 가도 이 요리는 맛있다. 하지만 집에서 만들 때의 내 목표는 충격적일 정도로 바삭바삭한, 놀랍도록 향기로운, 폭발적인 맛이다. 다른 어떤 수식어를 넣어도 좋다. 나는 아시아에서 육지 전쟁에 가담해서는 절대 안 된다는 것을 알 만큼은 똑똑하다. 하지만 다행히도 이건 내 부엌에서 싸울 수 있는 전투였다. 나는 소매를 걷어붙이고 전장으로 향했다.

튀김옷

테스트를 시작하기 위해서 다양한 책과 온라인 자료를 훑어보던 중, 내 목표(닭을 소스와 함께 볶아도 미치도록 바삭바삭한 튀김옷을 만드는 것)를 향하기 위한 문제 중 일부를 해결한다고 주장하는 레시피를 찾아냈다. 대개 비슷했지만, 양념한 후에 마른 전분이나 밀가루를 묻힌다든지, 백색육이나 적색육을 사용하라든지(560페이지 참고), 양념의 두께에 차이가 있었다(일부는 간장과 포도주만, 다른 건 플러스 달걀, 다른 건 두꺼운 반죽을 사용했다).

어떤 접근 방식이 최상의 초기 결과를 제공하는지 테스트하기 위해 다음과 같은 몇 가지의 작업 레시피를 모아보았다.

- 간장과 와인을 사용한 얇은 마리네이드: 튀기기 전에 옥수수 전분 묻힘
- 달걀흰자 마리네이드: 튀기기 전에 옥수수 전분 묻힘
- 전란 기반 마리네이드: 튀기기 전에 옥수수 전분 묻힘
- 옥수수 전분으로 만든 달걀 베이스 반죽: 튀김 전에 건조 코팅 없음
- 옥수수 전분으로 만든 달걀 베이스 반죽: 튀김 전에 건조 코팅
- 밀가루와 옥수수 전분으로 만든 달걀 베이스 반죽: 튀김 전에 건조 코팅 없음
- 밀가루와 옥수수 전분으로 만든 달걀 베이스 반죽: 튀김 전에 건조 코팅

다음은 몇 가지 결과 사진들이다.

간단한 옥수수 전분 코팅.

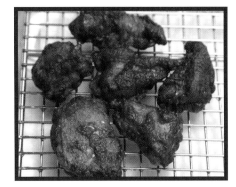

옥수수 전분으로 걸쭉하게 만든 달걀 베이스 반죽: 나중에 건조 코팅 없음.

두껍고 달걀 같은 마리네이드: 이후 옥수수 전분으로 건조 코팅.

달걀은 전혀 없고 액체 마리네이드만 있다: 이후 옥수수 전분으로 건조 코팅.

모두 괜찮아 보이지만, 소스를 추가하기 전에도 오랫동안 바삭한 상태를 유지하지 못했다. 테스트에서 한 가지는 확실했다. 두꺼운 달걀 베이스 마리네이드가 얇은 마리네이드보다 낫다는 것. 얇은 마리네이드는 튀김기에서 나온 지 몇 초 만에 가루처럼 되고, 두 번 튀기면 가루가 연해졌다. 마른 가루 코팅 반죽을 묻히기 전에 마리네이드에 약간의 전분을 첨가하는 것이 훨씬 좋았다.

다른 성과라면? 어두운 고기(Dark meat; 요리하면 검어지는 고기로 닭다리 고기 등)가 좋다는 것이다. 하얀 가슴살은 건조하고 뻑뻑해지는데, 이 문제는 약간의 마리네이드로 완화할 수 있지만(마리네이드의 간장이 염수 역할을 해 수분을 유지한다), 이것부터가 조리 시간이 증가하는 영향이 있고, 심지어 염장을 해도 어두운 고기만큼 육즙이

없다는 것이다. 참고 삼아 말해두지만, *General Tso*는 결코 건강 식품이 아니다.

내가 찾은 튀김옷 레시피들이 그다지 만족스럽지 못했다. 그래서 직접 해답을 찾아보기로 마음먹었다.

튀김옷을 두 번 입히는 건 어떨까? 일단 달걀흰자, 간장, 와인, 베이킹파우더(베이킹파우더가 튀김옷을 조금 더 가볍게 만든다는 걸 알아냈다), 옥수수 전분으로 만든 마리네이드에 닭고기를 재워 둔 다음, 옥수수 전분, 밀가루, 베이킹파우더를 섞은 가루를 묻혔다(밀가루와 전분을 섞으면 전분만 묻히는 것보다 튀겼을 때 색이 더 잘 난다). 그다음 다시 마리네이드에 담갔다가, 덧가루를 한 번 더 입히는 과정을 거쳐 아주 두꺼운 튀김옷을 완성했다.

튀김옷이 두꺼우니 당연히 바삭하게 만들어질 거라고 생각하긴 했지만, 너무 과하게 바삭한 게 흠이었다. 닭고기가 얇은 부분에서는 튀김옷이 너무 과해서 치킨이라기보다는 딱딱한 크래커 같았다. 이렇게 튀김옷을 두 번 입혀 반죽을 팽창시키려는 시도는 실패했고, 이번엔 *아주 바삭한 한국식 프라이드 치킨*(460페이지) 레시피를 참고해서 조금 다른 방법으로 접근해 보았다.

그래서 찾은 해법은? 바로 보드카와 옥수수 전분을 섞어서 만든 묽은 반죽을 사용하는 것이다. 튀길 때 보드카가 빠르게 증발해 반죽이 바삭해지고, 글루텐 형성도 억제됐다. 그래서 이 반죽에 닭허벅지살을 튀긴 다음, 소스와 함께 볶아 먹어봤다.

소스를 묻혔을 때 덜 눅눅해진다는 부분에서는 성공이었지만, 내가 *General Tso* 치킨에서 기대하는 맛과는 거리가 있었다. 소스를 잡아두려면 튀김옷에 더 크고 많은 틈이 있어야 했다.

이런 생각을 하다 보니 내 첫 번째 책인 *The Food Lab*에서 만들었던 미국식 프라이드 치킨 레시피가 떠올랐다. 내가 제일 좋아하는 비법인데, 덧가루에 반죽을 뿌려 닭고기에 튀김가루들이 달라붙도록 해서 튀길 때 표면적이 넓어지게 하는 테크닉이다.

위의 방법과 한국식 프라이드 치킨에서 사용한 보드카를 사용하는 방법을 조합해서 시너지 효과를 이끌어 냈고, 드디어 최고의 결과를 만들어냈다.

직접 한 번 봐 보시라. 제일 중요한 부분이 아직 남아 있는데, 소스를 머금은 튀김옷이 계속 바삭한 상태를 유지했다는 것이다. 심지어 다음날 전자레인지를 사용해 데웠는데도 갓 튀긴 것처럼 바삭했다(그리고 튀겨줄 때 두 번 튀겨주는 방법을 사용한다면, 며칠간 바삭함이 유지되었다).

미국식 중화요리를 위한
아주 바삭한 닭고기 또는 소고기튀김 만들기, Step by Step

목표를 포착했으니, 이제 방아쇠를 당기는 일만 남았다. 레시피를 다듬고 또 다듬어서, 아래의 레시피가 완성되었다. 이 레시피는 튀긴 뒤 걸쭉한 소스를 묻혀 먹는 *General Tso* 치킨이나 오렌지 비프와 같은 요리에 최적화되어 있는데, 레시피에 따라 마리네이드의 맛내기 재료만 조금 바꿔주면 된다.

STEP 1 · 마리네이드 만들기

달걀흰자와 노추간장, 그리고 소흥주와 보드카 2테이블스푼씩을 섞는다.

STEP 2 · 고기 양념하기

그 다음 마리네이드 절반은 따로 빼놓고(추후에 덧가루에 수분이 필요할 때 사용할 예정), 전분가루 3테이블스푼, 베이킹소다 ¼티스푼(와인에 산성 성분이 들어 있어 베이킹파우더가 아닌 베이킹소다를 사용한다), 닭고기(혹은 소고기, 새우, 두부 등) 약 450g을 넣고 손으로 골고루 주물러 버무린다.

그다음 냉장고에 넣고 몇 시간 정도 양념이 배도록 두면 좋지만, 시간이 없다면 바로 다음 단계로 진행해도 괜찮다. 큰 차이는 없을 것이다.

STEP 3 · 따로 빼놓았던 마리네이드와 덧가루 섞기

그다음 밀가루와 옥수수 전분 각각 ½컵, 베이킹파우더 ½티스푼, 소금 ½티스푼으로 덧가루를 만든 다음 마리네이드를 붓는다.

STEP 4 · 잘 섞어주며 덩어리 만들기

손가락이나 거품기를 사용해 잘 섞는다. 덧가루와 마리네이드가 만나 작은 덩어리가 생기도록 하면 된다.

STEP 5 · 고기에 튀김옷 묻히기

작은 튀김옷 덩어리가 생긴 덧가루 반죽에 닭고기를 넣는다. 이때 한 번에 다 넣어 두고 한 조각씩 떼어내며 덧가루를 입혀도 되지만(손이 더러워질 것이다), 내가 선호하는 방식은 한 손을 덧가루가 들어있는 통에 넣고 다른 손으로는 닭고기를 한 조각씩 넣어 가며 가루가 골고루 묻을 수 있도록 끼얹는 것이다. 덧가루를 계속 끼얹다 보면 골고루 가루가 묻는다.

STEP 6 · 튀기기

일반적으로 알고 있는 튀김요리의 주의사항을 잘 떠올리며 요리한다. 온도계를 이용해 175℃의 온도를 유지하고, 한 조각씩 조심스럽게 넣는다(떨어뜨리지 말 것!). 그다음 잘 저으면서 균일하고 바삭하게 익힌다.

고기가 바삭하게 잘 익었다면(약 4분 정도 걸린다) 기름기를 뺀 다음 소스를 묻힌다. 조금 더 완벽한 결과를 얻고 싶다면 기름기를 뺀 고기를 완전히 식힌 다음(냉장고에서 뚜껑을 닫지 않은 상태로 며칠 정도 보관이 가능하다) 190℃에서 2분간 다시 튀기면 더욱 바삭하게 만들 수 있다.

바삭, 말 그대로 바삭해진다. 이렇게 두 번 튀긴 고기는 산에 올라 춤추고 목욕탕에서 쉰 다음 샴페인 한 잔, 숙취로 시달리는 다음 날이 되어서도 여전히 바삭하다(내 이야기 아니다).

STEP 7 · 소스와 함께 볶기

웍에는 아직 뜨거운 기름이 들어있을 테니, 소스에 들어가는 재료는 튀김을 하기 전 미리 웍으로 볶아 두었다가, 튀김을 한 후 다른 프라이팬에서 소스와 함께 볶는 작업으로 마무리한다.

튀김에 소스를 골고루 묻히기 위해서는 꽤나 고생해서 볶아야 할 테지만, 그 결과는 여러분들께 충분한 보상이 될 것이다!

제너럴 쏘 소스

중식당 메뉴를 보다 보면 *General Tso* 옆에 빨간 고추 모양이 한두 개 붙어 있는 걸 볼 수 있는데, 이는 매운 정도의 표시라기보다는 새콤달콤 정도의 표시라는 표현이 더 맞을 것이다. 소흥주, 간장, 쌀식초, 치킨스톡, 설탕으로 맛을 낸 소스를 전분물로 걸쭉하게 만들어 내는 음식이기 때문이다.

여러 레시피를 찾아보고, 뉴욕과 샌프란시스코에 산재한 중식당에서도 수없이 먹어 봤지만, 대부분의 식당이 많은 설탕을 넣어 아주 달았고, 가정용 레시피는 아주 단 레시피부터 설탕이 거의 들어가지 않는 레시피까지 다양했다. 설탕이 많이 들어가더라도 새콤한 맛과 밸런스만 맞는다면 좋을 수 있다. 소흥주 2테이블스푼(30ml)과 식초 2테이블스푼(30ml), 그리고 그래뉴당 ¼컵(50g)과 함께 간장, 참기름, 치킨스톡을 넣었고, 거기에 삼총사인 생강, 마늘, 스캘리언과 마른 고추를 몇 개 넣어 맛을 냈다.

식당에서는 튀김기나 튀김용 웍에 재료를 튀기는 동안 다른 웍에서 소스를 만들어서 튀겨진 재료를 소스가 든 웍으로 넣어 마무리하지만, 집에는 웍이 1개라서 프라이팬에 소스를 만들어야 했다.

웍을 사용하지 않으면 제맛이 나지 않을까 걱정되어 두 가지 방법으로 테스트해 보았는데, 첫째는 연기가 날 정도로 기름을 달군 뒤 향신채를 넣어 30초 정도 볶고, 소스 재료를 넣은 다음 농도가 잡히도록 끓이는 전통적인 방식이고, 둘째는 차가운 팬에 향신채와 기름을 넣고 불을 켠 다음 향이 나기 시작하면 소스 재료를 넣는 방식이다.

나는 당연히 첫 번째 방법이 훨씬 맛이 좋을 것이라고 예상했지만, 블라인드 테스트를 해보니 놀랍게도 거의 모든 사람이 두 번째 방식으로 만든 소스가 마늘, 생강, 스캘리언의 향이 소스와 더 잘 어우러지며 더 맛있다고 느꼈다. 이렇게 알게 된 *General Tso*(그 외 소스와 볶아 먹는 모든 튀김 레시피)의 가장 큰 장점은 소스를 미리 만들어 두고서 닭고기가 준비되었을 때 데운 뒤 같이 볶기만 하면 된다는 것이라고 할 수 있겠다.

제너럴 쏘 치킨
GENERAL TSO'S CHICKEN

분량	요리 시간
4~6인분	45분
	총 시간
	1시간~며칠

내 방식대로 재구성한 미국식 중화요리의 대표 요리이다. 보드카를 넣은 튀김옷을 두 번 튀겨 아주 바삭하게 만들었다. 여기에 새콤달콤하고 매콤한 소스와 버무린다. 몇 시간 또는 며칠 뒤에도 바삭함이 살아 있는 튀김이다. 식었을 때 전자레인지에 데워 먹어도 그 바삭함이 느껴질 정도이다.

재료

닭고기 재료:

달걀흰자 1개
생추간장 또는 쇼유 1테이블스푼(15ml)
소흥주 2테이블스푼(30ml)
80프루프(40도) 보드카 2테이블스푼(30ml)
베이킹소다 ¼티스푼(1g)
옥수수 전분 3티스푼(9g)
1.3~1.9cm 조각으로 자른 뼈와 껍질을 제거한
    닭고기 허벅지살 450g

덧가루 재료:

중력분 ½컵(70g)
옥수수 전분 ½컵(60g)
베이킹파우더 ½티스푼(3g)
코셔 소금 ½티스푼(3g)

소스 재료:

생추간장 또는 쇼유 2테이블스푼(30ml)
노추간장 1테이블스푼(15ml)
옥수수 전분 1티스푼(3g)
소흥주 2테이블스푼(30ml)
양조식초 2테이블스푼(30ml)
저염 치킨스톡 또는 물 3테이블스푼(45ml)
설탕 ¼컵(50g)
참기름 1티스푼(5ml)
땅콩, 카놀라 또는 기타 식용유 2티스푼(10ml)
다진 마늘 2티스푼(5g)
다진 생강 2티스푼(5g)
다진 스캘리언 1대
스캘리언 6~8대, 흰 부분과 옅은 초록 부분만
    1.3cm로 썬 것
마른 건고추(차오티안쟈오 또는 아르볼 등) 8개 또는
    고추 플레이크

마무리 재료:

땅콩유, 쌀겨유 또는 기타 식용유 2L
밥(상에 낼 때)

요리 방법

①　**닭고기**: 큰 볼에 달걀흰자를 거품이 살짝 날 정도로 푼 다음 간장, 소흥주, 보드카를 넣고 잘 섞은 뒤 절반 가량을 작은 볼에 덜어 옆에 둔다. 큰 볼에 담긴 나머지 절반에 베이킹소다와 옥수수 전분을 넣고 섞어 준 뒤 닭고기를 넣고 손으로 주물러 양념을 골고루 묻힌다. 냉장고에 넣고 하룻밤 재워 두거나, 시간이 없다면 다른 재료를 준비할 동안 잠시 옆에 둔다.

② **덧가루**: 밀가루, 옥수수 전분, 베이킹파우더, 소금을 큰 볼에 넣고 잘 섞는다. 작은 볼에 덜어 놓은 마리네이드를 넣고 보슬보슬한 덩어리들이 생기도록 잘 저은 다음 한편에 놓아둔다.

③ **소스**: 간장과 옥수수 전분을 중간 크기의 볼에 넣고 포크로 덩어리가 남지 않을 정도로 잘 섞는다. 소흥주, 식초, 닭육수, 설탕, 참기름을 넣고 저은 뒤 한편에 놓아둔다.

④ 식용유, 마늘, 생강, 다진 스캘리언, 고추를 팬에 넣고 향이 올라오게끔 중간 불로 약 3분 정도 볶는다. 타지 않게 주의한다. 그다음 소스를 모두 붓고 설탕이 바닥에 눌어붙지 않도록 잘 저어가며 소스의 농도가 잡힐 때까지 1분 정도 끓이고, 썰어 놓았던 스캘리언을 넣는다. 이후 불을 끄고 놓아둔다.

⑤ **마무리**: 웍에 기름을 붓고 중간 불에서 160℃까지 가열한 다음 기름 온도가 유지되도록 불을 조절한다. 그다음 마리네이드해 놓았던 닭고기를 한 조각씩 덧가루 볼로 옮기고, 볼을 흔들어 가루를 골고루 묻힌다. 손으로 닭고기를 살짝 눌러서 가루가 잘 달라붙도록 하는 것도 방법이다.

⑥ 닭고기를 한 조각씩 집어서 가루를 한 번 털어낸 다음 예열해 놓은 기름으로 조심스럽게 집어넣는다(떨어뜨리지 말 것!). 닭고기를 모두 넣은 후에는 젓가락이나 뜰채로 잘 젓고, 화력을 조절해 160~175℃로 온도를 맞추고, 닭고기가 바삭해지도록 약 4분 정도 튀긴다. 그다음 뜰채로 건진 닭고기를 키친타월을 깔아 놓은 쟁반으로 옮겨 기름기를 뺀다.

⑦ **아주 바삭한 식감을 위한 두 번 튀기기(선택사항)**: 튀겨낸 닭고기를 완전히 식힌다. 또는 미리 튀긴 다음 뚜껑을 덮지 않고 냉장고에서 이틀까지 보관해둘 수 있다. 닭고기를 식히는 동안 기름을 한 번 걸러낸 뒤 다시 190℃로 예열한 다음 닭고기를 넣고 잘 저어가며 완전히 바삭해질 때까지 약 2분간 더 튀긴다. 그다음 뜰채로 닭고기를 건져 키친타월을 깔아 놓은 쟁반으로 옮기고 기름기를 뺀다.

⑧ 닭고기를 소스가 담겨있는 팬에 넣는다. 스패츌러로 잘 섞어가며 소스를 고루 묻힌 후 곧바로 밥과 함께 제공하면 된다.

먹다 남은 순살 치킨 + 웍 = 맛있는 제너럴 쏘 치킨

일단 이번에 소개할 팁은 내가 발견한 것이 아님을 분명히 밝힌다. 2011년에 *Serious Eats* 구독자와 대화하면서 들은 이야기인데, 그는 내 쿵파오 치킨 레시피를 따라 하려다가, 집에 닭고기가 없다는 것을 깨달았다고 한다. 그나마 먹다 남은 순살 치킨을 발견해서 이를 활용했다고 한다.

이 이야기를 듣고 나는 아주 훌륭한 발상이라고 생각했는데, 어쨌거나 전통적으로 중식 닭튀김 요리들은 이런 닭고기 튀김 조각들로

만들기 때문이다. 그래서 근처 파파이스로 가서 순살 치킨과 새우튀김을 사 온 뒤, 각각 제너럴 쏘 치킨, 오렌지 치킨, 참깨 치킨 소스를 넣고 버무려 보았다. 결과는 아주 훌륭했다. 집에서 만든 것만큼 바삭하지는 않았지만, 집에서 직접 튀기는 번거로움 없이도 간단하게 이런 요리들을 먹을 수 있는 좋은 방법 중 하나가 될 것이다. 팁을 하나 더 주자면, 냉장고에 있는 먹다 남은 치킨을 다시 튀기면 더욱 바삭하게 먹을 수 있다.

제너럴 쏘 치킨과 가족들

고등학교 때 물리를 가르쳤던 Harless 선생님은 항상 이렇게 말하곤 했다. "켄지야, 인생의 목표는 바로 게으르게 살기 위해 열심히 사는 거란다." 대학 첫 학기의 수업은 모두 학점이 아니라 pass/fail을 평가하는 방식으로 이루어졌는데, 고등학교 때 들은 이 말을 기억한 나는 턱걸이 점수로 열역학 과목을 통과했다. 선생님이 이러라고 나에게 그 말을 해준 건 아닐 테지만, 어쨌든 나는 이 일로 조교님에게 맥주 한 팩도 선물로 받았으니, 선생님에게 감사할 따름이다.

선생님이 한 말의 뜻은 아마도 어떤 문제를 해결하기 위해 시간을 투자했다면, 그 시간을 헛되이 보내지 말고 꼭 기억해 두었다가 비슷한 문제가 나타났을 때 일석이조로 문제를 해결할 수 있게 하라*는 것이었을 것이다.

예를 들자면, 제너럴 쏘 치킨 레시피를 연구했던 수많은 시간들의 결과를 이제 제너럴 쏘의 가족이라고 할 수 있는 오렌지 치킨, 참깨 치킨, 스프링필드식 캐슈넛 치킨, 오렌지 비프 등 미국식 중화요리에도 적용해 볼 수 있다는 것이다.

선생님 보고 계시죠? 선생님 말대로 게으르게 살기 위해 열심히 노력했어요. 이제 중국집에서 음식을 주문할 필요도 없이 살게 되었습니다.

---

* 조금 헷갈리겠지만, 이때의 일석이조는 석(돌멩이)이 곧 새이고(닭고기), 조(새)가 바로 소스를 머금은 바삭한 미국식 중화요리라고 할 수 있겠다.

캘리포니아식 오렌지 치킨
CALIFORNIA-STYLE ORANGE CHICKEN

분량
4~6인분

요리 시간
45분
총 시간
1시간~며칠

오렌지 치킨은 1987년 *Panda Express*의 총괄 요리사인 Andy Kao가 하와이에서 개발한 메뉴이다. 2017년 오렌지 치킨 탄생 30주년을 맞아 진행된 인터뷰에서, 공동 창립자 Andrew Cherng은 오렌지 치킨이 제너럴 쏘 치킨의 변형이라고 말한 바 있다. 이 오렌지 치킨은 아주 잘 팔렸다. 아주 아주 잘 팔렸다. 2019년 기준 미국 내에 2,200개의 매장이 있게 된 아주 큰 기여를 한 메뉴라고 할 수 있다.

공식적으로 발표된 성분표에 따르면, 오렌지 치킨의 소스는 물, 설탕, 양조식초, 간장을 섞어 만든 소스에 전분을 넣어 농도를 잡았고, 생오렌지 대신 오렌지 추출물을 이용해 오렌지맛을 냈다. 집에서는 생오렌지의 과즙과 껍질을 사용해 훨씬 더 상큼하고 신선한 맛이 나는 소스를 만들 수 있다. 일반적으로는 오렌지의 쓴맛 나는 껍질 안쪽 부분이 들어가지 않게 조심하라고 했을 테지만, 여기서는 오렌지 껍질의 쓴맛이 달콤한 소스와 조화로운 맛을 만들어 낸다.

향신채로는 마늘과 생강만을 사용했고, 스캘리언은 마지막에 고명으로만 사용했다. 그리고 후추플레이크를 살짝 뿌려 매콤함을 더했다(원한다면 마른 고추를 통으로 사용해도 된다).

재료

닭고기 재료:
달걀흰자 1개
생추간장 또는 쇼유 1테이블스푼(15ml)
소흥주 2테이블스푼(30ml)
80프루프(40도) 보드카 2테이블스푼(30ml)
베이킹소다 ¼티스푼(1g)
옥수수 전분 3티스푼(9g)
1.3~1.9cm 크기 조각으로 자른 뼈와 껍질을 제거한
　　닭고기 허벅지살 450g

덧가루 재료:
중력분 ½컵(70g)
옥수수 전분 ½컵(60g)
베이킹파우더 ½티스푼(3g)
코셔 소금 ½티스푼(3g)

소스 재료:
생추간장 또는 쇼유 2테이블스푼(30ml)
옥수수 전분 1테이블스푼
양조식초 3테이블스푼(45ml)
갓 짠 오렌지즙 ½컵(120ml)과 5cm 길이로 잘라낸
　　오렌지 제스트 3개

설탕 ¼컵(50g)
참기름 1티스푼(5ml)
매운 칠리플레이크 한 꼬집
땅콩, 카놀라 또는 기타 식용유 2티스푼(10ml)
다진 마늘 2티스푼(5g)
다진 생강 2티스푼(5g)

마무리 재료:
땅콩유, 쌀겨유 또는 기타 식용유 2L
함께 제공할 흰밥
함께 제공할 얇게 썬 스캘리언

요리 방법

① **닭고기**: 큰 볼에 달걀흰자를 거품이 살짝 날 정도로 푼 다음 간장, 소흥주, 보드카를 넣고 잘 섞은 뒤 절반 가량을 작은 볼에 덜어 옆에 둔다. 큰 볼에 담긴 나머지 절반에 베이킹소다와 옥수수 전분을 넣고 섞어 준 뒤 닭고기를 넣고 손으로 주물러 양념을 골고루 묻힌다. 냉장고에 넣고 하룻밤 재워 두거나, 시간이 없다면 다른 재료를 준비할 동안 잠시 옆에 둔다.

② **덧가루**: 밀가루, 옥수수 전분, 베이킹파우더, 소금을 큰 볼에 넣고 잘 섞는다. 작은 볼에 덜어 놓은 마리네이드를 넣고 보슬보슬한 덩어리들이 생기도록 잘 저은 다음 한편에 놓아둔다.

③ **소스**: 간장과 옥수수 전분을 중간 크기의 볼에 넣고 포크로 덩어리가 남지 않을 정도로 잘 섞는다. 식초, 오렌지즙, 오렌지 제스트, 설탕, 참기름, 칠리플레이크를 넣고 섞은 뒤 한편에 놓아둔다.

④ 식용유, 마늘, 생강을 큰 팬에 넣고 향이 올라오게끔 중간 불로 약 3분 정도 볶는다. 타지 않게 주의한다. 그다음 소스를 모두 붓고 설탕이 바닥에 눌어붙지 않도록 잘 저어가며 소스의 농도가 잡힐 때까지 5분 정도 끓인다. 이후 불을 끄고 놓아둔다.

⑤ **마무리**: 웍에 기름을 붓고 중간 불로 175℃까지 가열한 다음 기름 온도가 유지되도록 불을 조절한다. 그다음 마리네이드해 놓았던 닭고기를 한 조각씩 덧가루 볼로 넣고, 볼을 흔들어 가루를 골고루 묻힌다. 손으로 닭고기를 살짝 눌러서 가루가 잘 달라붙도록 하는 것도 방법이다.

⑥ 닭고기를 한 조각씩 집어서 가루를 한 번 털어낸 다음 예열해 놓은 기름으로 조심스럽게 집어넣는다(떨어뜨리지 말 것!). 닭고기를 모두 넣은 후에는 젓가락이나 뜰채로 잘 젓고, 화력을 조절해 160~175℃로 온도를 맞추고, 닭고기가 바삭해지도록 약 4분 정도 튀긴다. 그다음 뜰채로 건진 닭고기를 키친타월을 깔아 놓은 쟁반으로 옮겨 기름기를 뺀다.

⑦ **아주 바삭한 식감을 위한 두 번 튀기기(선택사항)**: 튀겨낸 닭고기를 완전히 식힌다. 혹은 미리 튀긴 다음 뚜껑을 덮지 않고 냉장고에서 이틀까지 보관해둘 수 있다. 닭고기를 식히는 동안 기름을 한 번 걸러낸 뒤 다시 190℃로 예열한 다음 닭고기를 넣고 잘 저어가며 완전히 바삭해질 때까지 약 2분간 더 튀긴다. 그다음 뜰채로 닭고기를 건져 키친타월을 깔아 놓은 쟁반으로 옮기고 기름기를 뺀다.

⑧ 닭고기를 소스가 담겨있는 팬에 넣는다. 스패츌러로 잘 섞어 가며 소스를 고루 묻힌 후 곧바로 밥과 다진 스캘리언을 곁들여 제공한다.

참깨 치킨
SESAME CHICKEN

분량
4~6인분

요리 시간
45분
총 시간
1시간~며칠

재료

닭고기 재료:

달걀흰자 1개
생추간장 또는 쇼유 1테이블스푼(15ml)
소흥주 2테이블스푼(30ml)
80프루프(40도) 보드카 2테이블스푼(30ml)
베이킹소다 ¼티스푼(1g)
옥수수 전분 3티스푼(9g)
1.3~1.9cm 크기 조각으로 자른 뼈와 껍질을 제거한
　　닭고기 허벅지살 450g

덧가루 재료:

중력분 ½컵(70g)
옥수수 전분 ½컵(60g)
베이킹파우더 ½티스푼(3g)
코셔 소금 ½티스푼(3g)

소스 재료:

생추간장 또는 쇼유 2테이블스푼(30ml)
노추간장 1테이블스푼(15ml)
옥수수 전분 1티스푼(3g)
소흥주 2테이블스푼(30ml)
양조식초 2테이블스푼(30ml)
저염 치킨스톡 또는 물 3테이블스푼(45ml)
설탕 5테이블스푼(65g)
참기름 1티스푼(5ml)
땅콩, 카놀라 또는 기타 식용유 2티스푼(10ml)
다진 마늘 2티스푼(5g)
다진 생강 2티스푼(5g)
볶음 참깨 2~3테이블스푼

마무리 재료:

땅콩유, 쌀겨유 또는 기타 식용유 2L
함께 제공할 밥

참깨 치킨은 오렌지 치킨보다 더 쉬운 레시피라고 할 수 있다. 다른 점이라면, 참깨 치킨이 살짝 더 달다는 것과 고추가 들어가지 않으며 참기름이 약간 더 들어가고, 마지막에 참깨를 한 움큼 뿌린다는 것이다.

요리 방법

①　닭고기: 큰 볼에 달걀흰자를 거품이 살짝 날 정도로 푼 다음 간장, 소흥주, 보드카를 넣고 잘 섞은 뒤 절반 가량을 작은 볼에 덜어 옆에 둔다. 큰 볼에 담긴 나머지 절반에 베이킹소다와 옥수수 전분을 넣고 섞어 준 뒤 닭고기를 넣고 손으로 주물러 양념을 골고루 묻힌다. 냉장고에 넣고 하룻밤 재워 두거나, 시간이 없다면 다른 재료를 준비할 동안 잠시 옆에 둔다.

②　덧가루: 밀가루, 옥수수 전분, 베이킹파우더, 소금을 큰 볼에 넣고 잘 섞는다. 작은 볼에 덜어 놓은 마리네이드를 넣고 보슬보슬한 덩어리들이 생기도록 잘 저은 다음 한편에 놓아둔다.

③　소스: 간장과 옥수수 전분을 중간 크기의 볼에 넣고 포크로 덩어리가 남지 않을 정도로 잘 섞는다. 소흥주, 식초, 치킨스톡, 설탕, 참기름을 넣고 젓고 한편에 놓아둔다.

④　기름, 마늘, 생강을 팬에 넣고 향이 올라오게끔 중간 불로 약 2분 정도 볶는다(갈변하지 않을만큼). 그다음 소스를 모두 붓고 설탕이나 전분이 바닥에 눌어붙지 않도록 잘 저어가며 숟가락 뒷면을 쉽게 흐르지 않고 묻어 있을 정도로 농도가 잡힐 때까지 1분 정도 끓인다. 이후 참깨를 넣고 저은 후 불을 끈다.

⑤　마무리: 웍에 기름을 붓고 중간 불에서 175℃까지 가열한 다음 기름 온도가 유지되도록 불을 조절한다. 그다음 마리네이드해 놓았던 닭고기를 한 조각씩 덧가루 볼에 넣고, 볼을 흔들어 가루를 골고루 묻힌다. 손으로 닭고기를 살짝 눌러서 가루가 잘 달라붙도록 하는 것도 방법이다.

(6) 닭고기를 한 조각씩 집어서 가루를 한 번 털어낸 다음 예열해 놓은 기름으로 조심스럽게 집어넣는다(떨어뜨리지 말 것!). 닭고기를 모두 넣은 후에는 젓가락이나 뜰채로 잘 젓고, 화력을 조절해 160~175℃로 온도를 맞추고, 닭고기가 바삭해지도록 약 4분 정도 튀긴다. 그다음 뜰채로 건진 닭고기를 키친타월을 깔아 놓은 쟁반으로 옮겨 기름기를 뺀다.

(7) **아주 바삭한 식감을 위한 두 번 튀기기(선택사항):** 튀겨낸 닭고기를 완전히 식힌다. 혹은 미리 튀긴 다음 뚜껑을 덮지 않고 냉장고에서 이틀까지 보관해둘 수 있다. 닭고기를 식히는 동안 기름을 한 번 걸러낸 뒤 다시 190℃로 예열한 다음 닭고기를 넣고 잘 저어가며 완전히 바삭해질 때까지 약 2분간 더 튀긴다. 그다음 뜰채로 닭고기를 건져 키친타월을 깔아 놓은 쟁반으로 옮기고 기름기를 뺀다.

(8) 닭고기를 소스가 담겨있는 팬에 넣는다. 스패츌러로 잘 섞어 가며 소스를 고루 묻힌 후 곧바로 밥과 함께 제공하면 된다.

스프링필드식 캐슈넛 치킨
SPRINGFIELD-STYLE CASHEW CHICKEN

분량
4~6인분

요리 시간
45분

총 시간
1시간~며칠

튀김옷을 입혀 튀기고 소스를 뿌리는 최초의 미국식 중화요리는 아마 미주리주 스프링필드에서 왔을 것이다. 그곳에서 중국 이민자이자 제2차 세계대전의 영웅인 Wing Yin Leong이 1963년 말에 레스토랑 *Leong's Tea House*를 열고 스프링필드식의 캐슈넛 치킨을 만들었다. *General Ching's*가 뉴욕에 나타나기 무려 8년 전이었다. 그의 말에 따르면, 이 요리는 현지인의 입맛에 맞추기 위한 시도였다고 한다. 치킨을 으깬 감자와 함께 제공하는 대신, 밥과 함께 제공했다. 루를 이용해서 걸쭉하게 만드는 치킨 그레이비 소스 대신, 전분가루로 걸쭉하게 만들고 굴 소스로 맛을 낸 뒤 스캘리언과 캐슈넛을 한 움큼 더 얹었다. Leong은 2020년 7월에 세상을 떠났지만, 중국식당과 학교식당에서 캐슈넛 치킨이 계속 제공되면서 스프링필드의 주식으로 자리 잡게 되었다.

David Leong(Wing Yin Leong의 미국 이름)이 캐슈넛 치킨 레시피를 너그럽게 공유했기 때문에 온라인에서 쉽게 찾을 수 있다. 닭고기 자체는 기본적으로 남부 스타일의 미국식 프라이드 치킨이며, 우유와 달걀을 베이스로 한 반죽으로 마늘가루, 카이엔 고추, 백후추로 맛을 낸 중력분(밀가루)이 필요하다.

이 책의 레시피도 그의 레시피에서 부분적으로 영감을 받았지만, 미국식 중화 프라이드 치킨에 대한 다른 실험과 연구들을 통해 습득한 몇 가지 기술과 팁, 그리고 남부식 프라이드 치킨에 대한 개인적인 선호도를 담았다(백후추 대신 흑후추를 많이 넣는 등). Leong의 오리지널 레시피를 찾아보고 이 책의 것과 비교한 다음, 어떤 맛과 기술을 접목시켜 자신만의 레시피를 만들고 싶은지 직접 생각해보는 것을 강력 추천한다.

재료

닭고기와 마리네이드 재료:
달걀 1개
생추간장 또는 쇼유 1테이블스푼(15ml)
80프루프(40도) 보드카 2테이블스푼(30ml)
버터밀크 또는 우유 ¼컵(60ml)
베이킹소다 ¼티스푼(1g)
중력분 ⅓컵(60g)
갓 간 흑후추 ½티스푼(1g)
마늘가루 ½티스푼(1g)
카이엔 ¼티스푼(0.5g)
1.3~1.9cm 크기 조각으로 자른 뼈와 껍질이 없는
　　닭고기 허벅지살 450g

소스 재료:
저염 치킨스톡 또는 물 1.5컵(360ml)
굴 소스 ¼컵(60ml)
생추간장 2테이블스푼(30ml)
설탕 1티스푼(4g)
갓 간 흑후추 또는 백후추 ½티스푼(1g)
참기름 ½티스푼(5ml)
다진 생강 1티스푼(2.5g)
옥수수 전분 1½테이블스푼(4.5g)
물 2테이블스푼(30ml)

덧가루 재료:
밀가루 ½컵(70g)
옥수수 전분 ½컵(60g)
베이킹파우더 ½티스푼(3g)
갓 간 흑후추 1½테이블스푼(3g)
마늘가루 1티스푼(2g)
카이엔 ¼티스푼(0.5g)
코셔 소금 ½티스푼(3g)

마무리 재료:
땅콩유, 쌀겨유 또는 기타 식용유 2L
생캐슈넛 ½컵(75g)
썬 스캘리언 2대
함께 제공할 찐 밥

요리 방법

① **마리네이드와 치킨**: 달걀, 간장, 보드카, 버터밀크, 베이킹소다, 밀가루, 흑후추, 마늘가루, 카이엔을 큰 볼에 넣고 섞는다. 닭고기를 넣어 손가락으로 돌려가며 완전히 버무린다. 남은 재료들을 준비하는 동안 한쪽에 두거나 다음 단계로 가기 전에 냉장고에 하루 재운다.

② **소스**: 치킨스톡, 굴 소스, 간장, 설탕, 후추, 참기름, 생강을 작은 소스팬에 넣고 섞는다. 옥수수 전분과 물을 작은 볼에 넣고 옥수수 전분이 녹을 때까지 포크로 젓는다. 섞은 것을 소스팬에 부은 후 중간 불에서 젓고 졸여서 소스가 숟가락 뒷면을 쉽게 흐르지 않고 묻어 있을 정도로 걸쭉해질 때까지 5~10분 정도 요리한다. 소스를 옆에 두고 따뜻하게 유지한다.

③ **덧가루**: 밀가루, 옥수수 전분, 베이킹파우더, 후추, 마늘가루, 카이엔, 소금을 큰 볼에 넣고 잘 섞는다.

④ **마무리**: 웍에 기름을 붓고 중간 불로 175℃까지 가열한 다음 기름 온도가 유지되도록 불을 조절한다. 건식 코팅 혼합물에 닭고기 양념장(마리네이드)을 몇 테이블스푼 정도 뿌리고 손가락을 이용해 밀가루 덩어리로 만든다. 마리네이드 해둔 닭고기를 한 조각씩 덧가루 볼로 넣고 흔들어서 가루를 골고루 묻힌다. 모든 고기에 가루를 묻혔으면, 손으로 고기를 돌려가며 덧가루를 뿌려준다. 완전히 코팅되었는지 확인한다.

⑤ 닭고기를 한 조각씩 집어서 가루를 한 번 털어낸 다음 예열해 놓은 기름으로 조심스럽게 집어넣는다(떨어뜨리지 말 것!). 닭고기를 모두 넣은 후에는 젓가락이나 뜰채로 잘 젓고, 화력을 조절해 160~175℃로 온도를 맞추고, 바삭해질 때까지 약 4분 정도 튀긴다. 닭고기를 건져 키친타월을 깔아 놓은 쟁반으로 옮겨 기름기를 뺀다.

⑥ **아주 바삭한 식감을 위한 두 번 튀기기(선택사항)**: 튀겨낸 닭고기를 완전히 식힌다. 또는 미리 튀긴 다음 뚜껑을 덮지 않고 냉장고에서 이틀까지 보관해둘 수 있다. 닭고기를 식히는 동안 기름을 한 번 걸러낸 뒤 다시 190℃로 예열한 다음 닭고기를 넣고 잘 저어가며 완전히 바삭해질 때까지 약 2분간 더 튀긴다. 그다음 뜰채로 닭고기를 건져 키친타월을 깔아 놓은 쟁반으로 옮기고 기름기를 뺀다.

⑦ 캐슈넛을 기름에 넣고 약 45초 동안 연한 황금빛 갈색이 될 때까지 튀긴다. 캐슈넛은 기름에서 꺼낸 후에도 계속 조리가 되기 때문에 너무 익히지 않는다. 닭고기가 담긴 볼로 옮긴다.

⑧ 닭고기와 캐슈넛을 접시에 옮겨 담는다. 소스를 국자로 얹고 스캘리언을 흩뿌린 후 밥과 함께 바로 제공한다.

쓰촨과 옛-뉴욕을 거쳐온 오렌지 필 비프
Orange Peel Beef, by Way of Sichuan and Old New York

뉴욕에서 자란 나는 거의 모든 *Shun Lee* 레스토랑에 오렌지 비프가 있던 걸 기억한다. 대부분의 메뉴가 후난이나 쓰촨식의 중화요리를 하는 미국 음식점에서 영감을 받은 것이었다. 얇게 썰어 바삭하게 튀긴 소고기와 건고추와 천피(진피), 약간 쓰지만 향기로운 만다린 껍질 소스로 만든(천피 구매 및 보관 방법 참고) 향신료로 만들어졌다. 난 이게 참 좋았는데, 오늘날에는 오래된 뉴욕 식당들이 사라지고 다른 지역의 식당들(더 정통의 쓰촨식에 가까운)로 대체되면서 오렌지 비프 스타일의 음식을 접하기가 어려워졌다. 특히 서해안에서는 오렌지 비프를 주문하면 더 달고 덜 맵고 원래의 쓴맛은 없는 *Panda Express*식의 오렌지 치킨이 나오기도 한다.

내가 추억하는 *Shun Lee*의 오렌지 비프는 얇게 썬 살코기 소고기를 건조하게 튀긴 다음 천피, 고추, 팔각과 계피와 같은 따뜻한 향신료, 생강과 마늘, 설탕으로 맛을 낸 소스로 요리하는 천피뉴러우(Chen pi Niu rou; 말린 오렌지껍질 소고기)에 뿌리를 두고 있다. 소스가 완전히 마를 때까지 졸여서, 응축된 풍미의 시럽이 소고기를 코팅한다.

내가 제공하는 레시피는 쓰촨 오리지널 소스와 *Shun Lee*의 바삭하게 튀긴 소고기를 조합해서 두 가지 버전 모두에 경의를 표한다. 일반적으로 볶음요리에는 업진살이나 안창살을 추천하지만, 이 요리는 안심과 허벅다리살이 더 잘 어울린다. 원조인 쓰촨식과 유사한 경험을 위한다면 레시피의 소고기 양념과 튀기는 단계를 436페이지에서 설명하는 'Dry Frying'으로 대체하면 된다.

재료

마리네이드와 소고기 재료:
큰 달걀의 흰자 1개
생추간장 또는 쇼유 1테이블스푼(15ml)
소흥주 2테이블스푼(30ml)
80프로프(40도) 보드카 2테이블스푼(30ml)
베이킹소다 ¼티스푼(1g)
옥수수 전분 3테이블스푼(9g)
리본으로 자른 소고기 450g, 안심 또는 허벅다리살 또는 치마살 또는 안창살 또는 트라이팁 또는 플랫아이언

덧가루 재료:
중력분 ½컵(70g)
옥수수 전분 ½컵(60g)
베이킹파우더 ½티스푼(3g)
코셔 소금 ½티스푼(3g)

소스 재료:
생추간장 또는 쇼유 1테이블스푼(15ml)
노추간장 1티스푼(5ml)
옥수수 전분 2티스푼(6g)
땅콩유, 쌀겨유 또는 기타 식용유 2티스푼(10ml)
빨간 쓰촨 통후추 2티스푼(2g)
다진 마늘 2티스푼(5g)
다진 생강 2티스푼(5g)
작고 매운 건고추(차오티안쟈오 또는 아르볼 또는 자포네스) 4개
팔각 1개
계피 1개
설탕 3테이블스푼(35g)
양조식초 3테이블스푼(45ml)
참기름 2티스푼(10ml)
천피 4조각(10g, NOTES 참고)
저염 치킨스톡 또는 물 1컵(240ml)
2.5cm로 자른 스캘리언 2대
코셔 소금

마무리 재료:
땅콩유, 쌀겨유 또는 기타 식용유 2L

<table>
<tr><td>**분량**
4~6인분</td><td>**요리 시간**
45분
총 시간
1시간 15분~며칠</td></tr>
</table>

NOTES

*천피*는 말린 귤껍질이다. 온라인이나 규모가 있는 중국 슈퍼마켓이나 한약방에서 구매할 수 있다. 천피를 찾을 수 없다면, 신선한 과일(귤 또는 오렌지)의 껍질을 사용해도 된다. 신선한 껍질을 사용할 때는 3단계의 담그는 과정을 생략하고 5단계에서 천피를 물에 담그는 것 대신에 신선한 껍질을 물 1컵과 함께 넣으면 된다.

요리 방법

① **마리네이드와 소고기:** 큰 볼에 달걀흰자를 거품이 살짝 날 정도로 푼 다음 간장, 소흥주, 보드카를 넣고 잘 섞은 뒤 절반 가량을 작은 볼에 덜어 옆에 둔다. 큰 볼에 담긴 나머지 절반에 베이킹소다와 옥수수 전분을 넣고 섞어 준 뒤 소고기를 넣고 손으로 주물러 양념을 골고루 묻힌다. 냉장고에 넣고 하룻밤 재워 두거나, 시간이 없다면 다른 재료를 준비할 동안 잠시 옆에 둔다.

② **덧가루:** 밀가루, 옥수수 전분, 베이킹파우더, 소금을 큰 볼에 넣고 잘 섞는다. 작은 볼에 덜어 놓은 마리네이드를 넣고 보슬보슬한 덩어리들이 생기도록 잘 저은 다음 한편에 놓아둔다.

③ **소스:** 간장과 옥수수 전분을 작은 크기의 볼에 넣고 포크로 덩어리가 남지 않을 정도로 잘 섞어 한편에 놓아둔다.

④ 기름과 쓰촨 후추를 큰 소스팬이나 냄비에 넣고 향기가 날 때까지 중간 불에서 약 1분간 볶는다. 구멍이 뚫린 스푼으로 쓰촨 후추를 걷어내고, 마늘과 생강을 넣고 중간 불로 올린다. 향이 나고 부드럽되 타지는 않을 정도까지 저으면서 약 2분간 요리한다. 고추, 팔각, 계피를 넣고 자주 저으면서 구운 향이 날 때까지 약 30초 동안 볶는다.

⑤ 설탕, 식초, 참기름, 천피, 치킨스톡을 넣는다. 끓어오를 때까지 약한 불로 10분 동안 끓인다. 간장/전분 혼합물을 저어서 소스에 넣는다. 소스가 끓고 걸쭉해질 때까지 약 1분간 저어가며 계속 조리한다. 스캘리언을 넣는다. 맛을 내기 위해 간을 맞추고 불을 끈다.

⑥ **마무리:** 웍에 기름을 붓고 중간 불에서 175℃까지 가열한 다음 기름 온도가 유지되도록 불을 조절한다. 그다음 마리네이드해 놓았던 소고기를 덧가루 볼로 한 조각씩 넣고, 흔들어서 가루를 골고루 묻힌다. 다 흔든 뒤에 손으로 소고기를 살짝 눌러가며 가루가 잘 달라붙도록 하는 것도 방법이다.

⑦ 소고기를 한 조각씩 집어서 가루를 한 번 털어낸 다음 예열해 놓은 기름으로 조심스럽게 집어넣는다(떨어뜨리지 말 것!). 소고기를 모두 넣은 후에는 젓가락이나 뜰채로 잘 젓고, 화력을 조절해 160~175℃로 온도를 유지하고, 소고기가 바삭해지도록 약 4분 정도 튀긴다. 그다음 뜰채로 건진 소고기를 키친타월을 깔아 놓은 쟁반으로 옮겨 기름기를 뺀다.

recipe continues

⑧ **아주 바삭한 식감을 위한 두 번 튀기기(선택사항):** 튀겨낸 소고기를 완전히 식힌다. 또는 미리 튀긴 다음 뚜껑을 덮지 않고 냉장고에서 이틀까지 보관해둘 수 있다. 소고기를 식히는 동안 기름을 한 번 걸러낸 뒤 다시 190℃로 예열한 다음 소고기를 넣고 잘 저어가며 완전히 바삭해질 때까지 약 2분간 더 튀긴다. 그다음 뜰채로 소고기를 건져 키친타월을 깔아 놓은 쟁반으로 옮기고 기름기를 뺀다.

⑨ 소고기를 소스가 담겨있는 팬에 넣는다. 스패출러로 잘 섞어 가며 소스를 고루 묻힌 후 곧바로 밥과 함께 제공하면 된다.

천피(진피) 구매 및 보관 방법

후난이나 쓰촨에서는 광둥성 신후이에서 나는 특정 종류의 만다린 껍질을 말려서 오렌지 비프를 만든다. 열매는 작고 둥글며, 녹색일 때 따면 얇은 껍질 밑에 오렌지 과육이 숨겨져 있다. 천피를 위해서 껍질(중과피와 함께)을 완전히 떼어낸 다음 끈으로 묶어 2~3주간 밖에 매달아 건조하면 향이 생기고 진갈색으로 변한다. 약간 쓰면서도 놀랍도록 향기로운 천피는 최소 1세기부터 중국 의학에 사용되어 왔다.

솔직히 말하면, 천피의 맛은 신선한 오렌지와는 전혀 연관이 없다. 그래서 신선한 오렌지즙이나 오렌지껍질을 사용한 오렌지 비프는 천피로 만드는 오렌지 비프와 상당히 다르다.

천피는 온라인이나 중국 슈퍼마켓의 말린 재료 또는 허브 코너에서 비교적 쉽게 찾을 수 있고, 덜 익은 탠저린(tangerines)이나 사츠마(satsumas) 같은 얇은 껍질의 오렌지색 감귤류를 구매해서 직접 천피를 만들 수도 있다. 전통적인 방법은 열매의 껍질을 조심스럽게 3등분한 다음, 세 개의 꽃잎을 가진 꽃처럼 껍실을 벗기는 것이다. 식섭 천피를 만들 때는 크고 통통하게 껍질을 3등분하고(과육은 다 제거한 채로) 원하는 대로 껍질을 벗겨도 된다. 껍질을 끈으로 묶을 수도 있지만, 철망 받침대가 있는 쟁반에 펼쳐 놓고 햇빛 아래에 2주 동안 놓아두는 것이 효과적이고 더 쉽다.

건고추처럼, 천피는 건조하면서도 가죽처럼 부드러워야 한다. 몇 달 동안 서늘하고 어두운 찬장에서 밀폐된 용기에 보관하거나 지퍼백에 담아 냉동실에서 무기한 보관할 수 있다.

두부를 맛있게 만드는 방법

간장을 조금 뿌린 순두부도 매우 훌륭하지만, 친구나 사랑하는 사람에게 두부도 식감이 풍부하고 맛있다는 걸 알려주고 싶다면 팬프라이나 튀김으로 약간의 바삭함과 갈색을 내는 것도 좋은 방법이다.

두부를 튀기는 데는 세 가지 기본적인 기술이 있는데, 각각의 기술과 어울리는 두부가 따로 있다.

- **팬프라이드 두부**는 바삭바삭하고 갈색이 될 때까지 기름에 얇게 구워진 두부이다. 단단한 두부나 조금 더 단단한 면 두부를 사용한다.

- **튀긴 두부**는 코팅 없이 튀긴 두부이다. 튀기게 되면, 두부의 겉면은 습기를 가두는 밀폐된 장벽을 형성해서 요리 중에 부풀어 오르게 된다. 디핑 소스와 함께 튀긴 두부 자체만으로도 먹을 수 있고, 다른 볶음요리에 섞어서 먹기도 한다. 튀긴 두부는 단단한 두부를 쓰는 것이 좋다. 또는 단단한 비단 두부나 부드러운 면 스타일의 두부를 사용하여 바삭한 외관과 부드러운 내부 사이의 질감 대조를 강조하는 것도 좋은 방법이다.

- **코팅+튀긴 두부**는 전분 같은 반죽으로 코팅한 두부이다. 디핑 소스와 함께 먹거나 소스에 볶아 먹는다. 이 기술을 위해서는 단단하거나 매우 단단한 면 스타일의 두부가 가장 좋다(연두부로 만드는 아게다시 두부는 제외, 446페이지).

두부의 종류

아시아 전역에 걸쳐 엄청나게 많은 종류의 두부와 관련 상품이 있지만, 우리는 두 가지 주요 형태인 연두부와 일반 두부만 이야기할 것이다. 모든 두부는 두유에 응고제를 첨가해서 만드는데, 두유는 우유가 치즈를 만드는 것과 유사한 방법으로 두유의 단백질이 서로 결합하게 만들어 단백질이 엉킨 젤처럼 된 매트릭스를 생성한다. 연두부와 일반 두부는 각각 다른 두 가지 응고제를 사용해서 만들며, 약간 다른 과정과 다른 조리 방법을 가지고 있다. 이 두 가지 범주 내에서 최종 수분 함량에 따라 커스터드 같은 부드러움부터 다양한 수준의 단단함을 만들어낼 수 있다. 서양의 몇몇 두부 브랜드는 '소프트'와 '실크(비단)'를 혼동하지만, 두 가지는 직교적인 척도(즉, 단단한 비단 두부도 있고 부드러운 면 두부도 있다는 것)이다.

일본에서는 키누고시 도후, 한국에서는 연두부로, 중국에서는 후아두부 또는 시가오두부로 알려진 비단두부는 두유에 석고(황산칼슘) 용액을 첨가해서 만든다. 석고는 콩 단백질이 그대로 남아 있는 안정적인 형태로 응집되도록 만든다. 대표적으로 연두부는 포장지에 직접 응고(그래서 플라스틱 용기나 판지 테트라팩의 모양에 부합)되며, 잘리거나 배수되지 않아 수분 함량이 매우 높고, 부스러지기보다는 잘리는 부드러운 식감을 가지고 있다.

연두부는 배수가 되지 않아 단단하든 부드럽든 수분 함량이 비슷하다(고정제 첨가량과 관련이 있다). 이 때문에, 가장 단단한 비단 두부조차도 "부드러운"이라는 라벨이 붙은 일반 두부에 비해도 더 부드럽다.

연두부는 간단하게 튀김옷을 입혀 튀겨서 차갑게 먹거나(621페이지 히야야코) 수프나 스튜로 요리해 먹는다. 나는 *마파두부*(598페이지) 같은 요리에는 단단한 연두부를 사용하는 걸 선호한다. 전통적인 선택은 아니지만, 전형적인 순두부 스타일에 가장 가깝다.

일본에서는 모멘도후, 한국에서는 모두부, 중국에서는 라도후로 알려진 일반 또는 압착 두부는 두유에 염화마그네슘이나 염화칼슘을 첨가해서 만든다. 치즈가 만들어질 때 우유 단백질이 그렇듯, 물을 남겨두고 침전되는 스펀지처럼 미세한 질감의 응고물이 만들어진다. 뭉치지 않은 응유는 한국에서는 순두부라고 부르고 서양에서는 "엑스트라 소프트"로 판매되고 있다. 더 단단한 스타일의 두부를 만들려면, 응유는 팽팽하게 당기고, 천으로 된 틀로 포장하고, 과도한 물기를 빼기 위해 누른다. 수분이 얼마나 빠지느냐에 따라 각양각색의 단단함이 생긴다.

모두부는 표면에 천 곰팡이 같은 느낌을 줄 것이며, 연두부보다 더 바삭바삭한 식감을 가지고 있다. 팬프라이, 튀김, 볶음과 같은 더 격한 요리 기술에도 견딜 수 있다.

두부 굽는 방법

바삭바삭함은 두부 단백질의 겉면이 탈수된 것 때문이며, 갈색이 되는 건 이러한 단백질과 탄수화물이 약 150℃ 이상의 온도에 노출되어 마이야르 반응을 촉진해서 이다. 두부튀김의 핵심은 말리는 것이다. 두부를 건조하게 만들수록 바삭바삭하고 갈색으로 변하는 반응이 더 효율적으로 일어나, 바삭바삭한 외관과 촉촉하고 부드러운 내부 사이의 대조가 더 좋아질 것이다.

내가 말하는 "건조"는 두부의 수분을 짜내는 것과는 근본적으로 다른 것이다. 두부 사이에 수건을 놓고 눌러서 두부의 수분을 빼내는 건 두부의 내부로부터 수분을 짜내는 행위이다. 이렇게 하면 중간 정도의 부드러운 두부가 단단한 두부로, 단단한 두부가 더 딱딱한 두부로 바뀌게 된다. 레시피에서 요구하는 것보다 더 부드러운 두부를 갖고 있는 게 아니라면, 이 과정을 해야 할 설득력 있는 이유가 없다.

그러니까, 두부를 말리라는 건 두부의 표면을 말하는 것이다. 두부는 물에 담겨서 판매되니까 포장지에서 꺼냈을 때 젖어 있기 마련이다. 목표는 내부는 촉촉하게 유지하면서도 표면을 깨끗하고 건조하게 만드는 것이다. 키친타월로 두부를 아주 부드럽게 누르거나 전자레인지에 살짝 돌리면 충분히 말릴 수 있다. 가장 믿을 만한 방법은 *Asian Tofu*의 작가인 Andrea Nguyen이 제안한 방법이 있다: 뜨거운 소금물을 그 위에 붓는 것이다.

말리라면서 물을 붓는 게 역설적으로 보일 수 있지만, 끓는 물은 실제로 두부의 더 많은 수분을 표면으로 빠져나오게 하고 너 쉽게 마르게 하며, 소금은 얇게 썬 조각들에 부드럽게 간을 맞출 것이다. 또한 뜨거운 물은 냉장된 두부에 있는 차가운 물보다 훨씬 빨리 증발한다.

수건 사이에 두부를 두고 누르거나 소금에 절인 끓는 물을 붓고 닦아주는 등 어떤 방법을 선택하든 두부는 튀기기 전에 겉면이 말라야 한다. 혀가 얼마나 마를 수 있는지 보기 위해 혀를 내밀고 몇 분 동안 방치해 본 적이 있는가? 두부도 그런 느낌이어야 한다.

일단 두부가 건조해지면, 기름이 잘 묻은 웍이나 프라이팬에 양쪽 면이 깊은 갈색으로 바삭바삭해질 때까지, 스패튤러를 사용하여 뒤집어줘야 한다. 천천히 굽는 것이 핵심이다: 얇게 썬 두부를 더 천천히 부드럽게 갈색으로 구울수록, 타지 않으면서도 더 고르고 더 깊은 색으로 만들 수 있다.

간장마늘 소스를 곁들인 간단히 구운 두부

SIMPLE PANFRIED TOFU WITH SOY-GARLIC DIPPING SAUCE

분량
4인분

요리 시간
10분

총 시간
15분

NOTES

나는 두부를 두 입 크기로 자르는 걸 좋아하지만, 두께만 1.3cm라면 원하는 크기로 잘라도 된다.

재료

소스 재료:

생추간장 또는 쇼유 3테이블스푼(45ml)

물 1테이블스푼(15ml)

설탕 2티스푼(8g)

다진 마늘 1테이블스푼(8g)

참기름 2티스푼(10ml)

얇게 썬 스캘리언 1대

구운 참깨 칠리 소스 크게 한 꼬집(삼발올렉 또는 스리라차 등)

두부 재료:

단단한 두부 1개 340g, 약 5x3.8cm 크기의 직사각형 판으로 자른다(NOTES 참고).

땅콩유, 쌀겨유 또는 기타 식용유 2테이블스푼(30ml)

얇게 썬 스캘리언 2대

팬프라이드 두부는 표면이 스펀지 같은 질감으로 되어 있어 간단한 간장 양념에 찍어 먹기 좋다.

요리 방법

① **소스:** 모든 소스 재료들을 작은 볼에 넣고 설탕이 녹을 때까지 포크로 젓는다.

② **두부:** 거름망이나 고운체에 두부 조각을 가능한 한 서로 겹치지 않게 놓는다. 냄비나 주전자 가득 물을 끓인다. 끓는 물을 두부 조각 위에 붓고, 두부가 몇 분 동안 공기 건조되도록 놔둔다. 고양이 혀처럼 촉감이 약간 끈적거리고 건조해야 한다.

③ 웍을 센 불에서 약간의 연기가 날 때까지 가열한다. 불을 중간 불로 줄이고 기름을 둘러 코팅한다. 한 번에 한 조각씩 두부를 펼쳐 깔고(웍의 옆면을 조금 올라가야 한다) 가끔 팬을 부드럽게 돌려주면서 첫 번째 면이 바삭해질 때까지 약 5분간 요리한다(두부가 조금이라도 달라붙으면, 얇은 금속 스패츌러로 웍에서 부드럽게 떼어내기 전에 몇 분 동안 흐트러짐 없이 요리해야 한다). 웍의 두부를 큰 접시로 옮기고 웍을 중간 불로 돌려놓는다.

④ 두부들을 뒤집은 다음(가장자리가 서로 달라붙을 수 있으므로 부드럽게 분리해야 한다), 웍에 다시 넣고 팬을 부드럽게 휘저으면서 두 번째 면도 바삭해질 때까지 5분 정도 더 요리한다. 접시에 옮겨 담고 스캘리언을 뿌린 후 바로 제공하면 된다.

마늘과 블랙빈 소스를 곁들인 구운 두부
PANFRIED TOFU WITH GARLIC AND BLACK BEAN SAUCE

분량
4인분

요리 시간
30분
총 시간
35분

재료

두부 재료:
단단한 두부 1개 340g, 두께 2.5cm 정사각형으로
　자른 것

소스 재료:
소흥주 1테이블스푼(15ml)
생추간장 1테이블스푼(15ml)
노추간장 1티스푼(5ml)
저염 치킨스톡 또는 물 3테이블스푼
설탕 1티스푼(4g)

전분 재료:
옥수수 전분 2티스푼(6g)
물 1테이블스푼(15ml)

볶음 재료:
땅콩유, 쌀겨유 또는 기타 식용유 3테이블스푼(45ml)
다진 마늘 1테이블스푼(7.5g)
다진 생강 2티스푼(5g)
스캘리언 1대, 흰색과 연두색 부분만 6mm로 잘게
　썬 것
굵게 다진 더우츠 2테이블스푼(약 12g)

이 간단한 두부 요리는 팬프라이한 두부와 블랙빈 소스를 볶아 만든다. 나는 두부의 바삭바삭한 갈색 껍질, 스펀지 같은 내부, 그리고 모든 것을 덮는 부드러운 소스 사이에서의 질감의 대조를 사랑한다.

요리 방법

① **두부:** 거름망이나 고운체에 두부들을 가능한 한 서로 겹치지 않게 놓는다. 냄비나 수전자 가득 물을 끓인다. 끓는 물을 두부 위에 붓고, 몇 분 동안 공기 건조되도록 놔둔다. 고양이 혀처럼 촉감이 약간 끈적거리고 건조해야 한다.

② **소스:** 소흥주, 간장, 치킨스톡(또는 물), 설탕을 작은 볼에 넣고 잘 섞어 옆에 따로 둔다. 옥수수 전분과 물을 다른 작은 볼에 넣고 옥수수 전분이 녹을 때까지 포크로 섞는다.

③ **볶음:** 웍을 센 불에서 약간의 연기가 날 때까지 가열한다. 불을 중간 불로 줄이고 기름 2테이블스푼(30ml)을 둘러 코팅한다. 한 번에 한 조각씩 두부를 펼쳐 깔고(웍의 옆면을 조금 올라가야 한다) 가끔 팬을 부드럽게 돌려주면서 첫 번째 면이 바삭해질 때까지 약 5분간 요리한다(두부가 조금이라도 달라붙으면, 얇은 금속 스패츌러로 웍에서 부드럽게 떼어내기 전에 몇 분 동안 흐트러짐 없이 요리해야 한다). 웍에서 두부를 큰 볼로 옮기고 웍을 중간 불로 돌려놓는다.

④ 두부들을 뒤집은 다음(가장자리가 서로 달라붙을 수 있으므로 부드럽게 분리해야 한다), 웍에 다시 넣고 팬을 부드럽게 휘저으면서 두 번째 면도 바삭해질 때까지 5분 정도 더 요리한다. 두부를 접시에 옮겨 놓고 한쪽 옆에 둔다.

⑤ 연기가 가볍게 날 때까지 웍을 센 불로 올려놓는다. 남은 1테이블스푼(15ml)의 기름을 둘러 코팅한다. 즉시 마늘, 생강, 스캘리언, 더우츠를 넣고 향기가 날 때까지 10초 정도 볶는다. 소스를 젓고 웍 가장자리를 따라 붓는다. 옥수수 전분 물도 저어서 웍에 넣는다. 소스가 걸쭉해질 때까지 약 15초 동안 저으면서 요리한다. 두부를 웍에 다시 넣고 섞어서 소스를 입힌다. 접시에 옮겨 담고 바로 제공하면 된다.

한국식
매운 두부조림
KOREAN-STYLE
SPICY BRAISED TOFU

분량	요리 시간
4인분	20분
	총 시간
	25분

재료

소스 재료:

생추간장 또는 쇼유 3테이블스푼(45ml)

물 ¼컵(60ml)

2티스푼(8g) 설탕

다진 마늘 2티스푼(5g)

참기름 2티스푼(10ml)

얇게 썬 스캘리언 1대

고춧가루 1테이블스푼(8g), 입맛에 따라 가감

볶은 참깨 크게 한 꼬집

두부 재료:

6mm 두께로 자른 단단한 두부 340g

땅콩유, 쌀겨유 또는 기타 식용유 2테이블스푼(30ml)

일반적으로는 조림이 질긴 고기를 부드럽게 하기 위한 길고 느린 과정으로 생각하지만, 생각보다 꽤나 많은 조림요리가 빠르게 조리된다. 조림은 갈색을 내고 풍미를 주기 위해서 굽는 것으로 시작하고, 음식의 표면에 식감을 더한 다음, 소스류의 액체에 넣어 끓이는 혼합 조리법이다. 두부조림은 두부를 노릇하게 굽는 것으로 시작해 매운 간장 소스에 끓이는 것으로 마무리된다. 처음부터 끝까지 요리하는 데 25분밖에 걸리지 않는 조림요리이다.

요리 방법

(1) **소스:** 작은 볼에 모든 소스 재료를 넣고 설탕이 녹을 때까지 포크로 저어준다.

(2) **두부:** 거름망이나 고운체에 두부들이 가능한 한 서로 겹치지 않게 놓는다. 냄비나 주전자 가득 물을 끓인다. 끓는 물을 두부 위에 붓고, 몇 분 동안 공기 건조되도록 놔둔다. 고양이 혀처럼 촉감이 약간 끈적거리고 건조해야 한다.

(3) **볶음:** 웍을 센 불에서 약간의 연기가 날 때까지 가열한다. 불을 중간 불로 줄이고 기름을 둘러 코팅한다. 한 번에 한 조각씩 두부를 펼쳐 깔고(웍의 옆면을 조금 올라가야 한다) 가끔 팬을 부드럽게 돌려주면서 첫 번째 면이 바삭해질 때까지 약 5분간 요리한다(두부가 조금이라도 달라붙으면, 얇은 금속 스패츌러로 웍에서 부드럽게 떼어내기 전에 몇 분 동안 흐트러짐 없이 요리해야 한다). 웍에서 두부를 큰 접시로 옮기고 웍을 중간 불로 돌려놓는다.

(4) 두부들을 뒤집은 다음(가장자리가 서로 달라붙을 수 있으므로 부드럽게 분리해야 한다), 웍에 다시 넣고 팬을 부드럽게 휘저으면서 두 번째 면도 바삭해질 때까지 5분 정도 더 요리한다. 두부를 접시에 옮겨 놓고 한쪽 옆에 둔다.

(5) 불을 중간 약한 불로 줄인다. 소스를 웍에 넣고 두부를 뒤집어가며 소스가 각 조각을 덮는 시럽처럼 졸아들 때까지 약 2분간 요리한다. 곧바로 제공한다.

두부를 튀기는 방법

두부튀김은 매우 간단하다. 그냥... 튀기면 된다. 특별한 전처리가 필요하지 않고 튀김옷이 필요하지도 않다. 원한다면, 팬에서 두부를 구울 때처럼 표면을 말려도 되는데, 두부를 뜨거운 기름에 투하할 때 기름이 덜 튀기는 정도의 영향은 있지만 요리 시간을 크게 좌우하지는 않는다.

두부튀김도 모든 튀김과 마찬가지로 기름의 온도를 유지하고 음식을 계속 움직여 주는 것이 효과적인 튀김의 핵심이다. 두부는 중간 정도로 부드러운 두부를 사용하여 부드럽고 촉촉한 내부와 바삭한 겉의 대조를 돋보이게 하면 좋다.

두부를 튀기면 풍선처럼 부풀어 오르는데, 매우 멋지긴 해도 수플레가 무너지는 것처럼 오래 지속되는 것은 아니다. 기름에서 빠져나오는 순간, 두부를 부풀리던 내부의 수증기와 팽창된 공기가 식고 수축해서 두부는 다시 납작해져 버린다.

튀긴 두부는 구운 두부와 매우 유사하게 사용할 수 있다. 찍어 먹는 소스와 함께 사용하거나, 짧게 볶아내거나, 조금 더 길게 조려낸다. 사실 여러분은 이번에 다룬 구운 두부 요리 중 어느 것이든 튀긴 두부로 대체할 수 있다.

새우 두부튀김
SHRIMP-STUFFED FRIED TOFU

분량
4–6인분

요리 시간
30분
총 시간
30분

NOTES
이 요리를 하다 보면, 튀길 때 두부에서 새우 덩어리가 튀어나오는 경우가 있을 것이다. 큰 문제는 아니다. 이런 일이 생기면, 차려낼 때 내 것과 바꿔놓으면 된다. 여전히 맛있다.

우리 가족이 광둥 음식을 먹으러 갈 때마다 어머니는 항상 속을 채운 두부를 주문했다. 오래된 뉴욕 스타일의 중국계 미국인 식당들은 사라지고, 다양한 중국 지방의 음식을 만드는 식당이 생겨나고 있어서 요즘에는 흔하게 찾을 수 있는 메뉴가 아니다. 그래도 아직까지는 뉴욕의 오래된 중국 식당을 가면 찾을 수 있다.

다행인 점은 집에서 만들기 아주 쉬운 요리라는 것이다. 부드러운 두부 윗면에 작은 홈을 파고, 그 홈에 옥수수 전분을 묻혀 잘게 다진 새우 반죽을 넣는다. 그런 다음 통째로 튀겨 새우 반죽이 위로 오도록 하여 간장 소스와 함께 제공한다.

요리 방법

① **새우 속**: 새우를 중식도나 주방용 칼로 잘게 다진다. 작은 볼에 다진 새우, 참기름, 소흥주, 간장, 옥수수 전분, 백후추, 소금을 넣고 섞는다. 혼합물이 끈적거리고 모양이 잘 잡힐 때까지 포크로 저어준다. 또는 모든 재료를 작은 다지기에 넣고 끈적끈적한 반죽이 될 때까지 다진다.

② **소스**: 작은 볼에 간장, 물, 설탕, 스캘리언 흰 부분을 넣고 설탕이 녹을 때까지 저은 다음 따로 보관한다(8단계에서 고명으로 사용할 녹색 부분은 따로 둔다).

재료

새우 속 재료:

껍질 벗긴 새우 120g

참기름 ½티스푼(2.5ml)

소흥주 ¼티스푼(1.25ml)

생추간장 또는 쇼유 ¼티스푼(1.25ml)

옥수수 전분 ½티스푼(1.5g), 고명용으로 조금 더
　준비

갓 간 백후추 약간

코셔 소금 크게 한 꼬집

소스 재료:

생추간장 2테이블스푼(30ml)

물 1테이블스푼(15ml)

설탕 1½티스푼(6g)

얇게 썬 스캘리언 1대, 녹색 부분과 흰 부분 따로
　준비

두부 재료:

부드러운 두부 340g

마무리 재료:

땅콩유, 쌀겨유 또는 기타 식용유 2L

③ **두부**: 두부를 수평으로 반 자르고 위쪽과 아래쪽 절반을 쌓아 둔다. 가운데를 세로로 자른 다음 십자형으로 두 번 자르면 총 12개의 직사각형 두부가 나온다. 두부를 큰 접시에 놓고 ¼티스푼을 사용하여 각 두부 조각의 윗면 중앙에 작은 홈을 낸다.

④ 얕은 접시에 옥수수 전분을 한 층 채운다. ¼티스푼을 사용하여 새우 반죽을 뜬 다음 옥수수 전분가루에 굴려 가루를 묻힌다. 정밀할 필요는 없지만 반죽을 대략 같은 크기의 공 12개로 나눈다.

⑤ 젓가락이나 손가락으로 새우 반죽 덩어리를 집어 두부 조각의 홈에 넣고 부드럽게 눌러 붙인다. 나머지 새우 반죽 공과 두부 조각으로 과정을 반복한다.

⑥ 두부는 한 번에 한 덩어리씩 집어서 새우 면이 아래로 향하도록 뒤집은 다음 옥수수 전분이 담긴 접시에 살살 눌러가며 새우 반죽 덩어리를 살짝 평평하게 하고 두부의 윗면에 옥수수 전분을 얇게 얹는다. 두부 조각을 큰 접시에 새우가 위로 향하게 하여 놓고 여분의 전분 가루를 털어낸다.

recipe continues

⑦ **마무리:** 즉석 온도계로 190℃가 될 때까지 센 불에서 웍의 기름을 가열한다. 두부를 기름에 한 조각씩 조심스럽게 넣는다. 불을 조절하여 175°~190℃의 온도를 유지하면서 두부를 부드럽게 움직이고 새우 속이 터지지 않도록 하면서 황금빛 갈색이 되고 바삭해질 때까지 4분 정도 튀긴다. 키친타월을 깐 접시로 옮겨 기름을 뺀다.

⑧ 접시에 새우가 위로 향하게 하여 놓고 준비해둔 고명용 스캘리언을 뿌린 다음, 바로 찍어 먹을 소스와 함께 제공한다.

Sidebar

두부를 양념해야 할까?

두부를 양념한다는 건 쉬운 일처럼 들리지만, 나는 추천하지 않는다. 연두부가 아닌 이상에야 두부는 스펀지 같은 질감을 가져 양념을 너무 쉽게 많이 흡수한다. 그래서 너무 빨리 갈색이 되고 양념장 맛만 나는 두부가 되고 만다. 나는 두부에서 두부의 맛이 나는 걸 선호하기 때문에 요리한 후에 양념장을 직접 발라서 맛을 내는 방식을 사용한다.

마찬가지로 향신료를 적절하게 볶아 균형 맞춰 사용하는 것도 맛있을 순 있지만, 여전히 요리한 후에 소스를 발라 먹는 편이 더 낫다. 두부를 바삭하게 요리하는 건 꽤나 시간이 걸리는 일이어서 미리 양념을 하면 태워먹기도 쉽다.

바삭한 양념 두부튀김

소파에서 잠옷을 입고 뒹구는 날도 있고, 새벽부터 해 질 녘까지 천 쪼가리도 두르지 않는 날도 있고, 두꺼운 겨울 코트와 긴 내복이 적절한 날도 있다. 마찬가지로 두부를 튀길 때 튀김옷이나 가루를 사용하지 않기도 하고, 무언가를 묻혀 요리하기도 할 것이다.

미국식 중화요리의 소스 가득한 볶음요리를 만들 생각이라면, 여러분은 두부가 소스를 흡수할 수 있고, 소스를 뿌린 후에도 바삭하도록 보호막을 만들어 주는 바삭바삭한 반죽 옷을 만들어줘야 한다. 두부에 밀가루, 감자 전분, 쌀가루, 옥수수 전분을 다양하게 섞어 팬에 볶기도 하고 튀김을 하기도 해 보니 옥수수 전분을 살짝 묻혀 튀긴 것이 가장 바삭하고 깔끔한 맛이 났다. 불행히도 그 바삭함이 오래가지는 못한다. 따라서 부드러운 코팅이 매력적인 *아게다시 두부*(446페이지) 같은 요리에는 적합하지만 소스가 가득한 볶음요리에는 적합하지 않다.

소고기나 닭고기에 사용하는 밀가루 코팅을 두부에 묻히는 것은 어려웠는데, 물기가 있는 반죽이라면 어떨까? 나는 한국식 치킨의 반죽 레시피를 만드는 데 오랜 시간을 보냈다(460페이지). 두부에도 동일한 코팅 효과가 있을까?

실제로 효과가 있었다. 두부에 옥수수 전분을 빠르게 묻히고 옥수수 전분, 물, 보드카 혼합물에 담근 다음, 175℃의 기름 2L가 담긴 웍에 넣고 튀긴다. 그러면 두부가 튀겨진 후에 볶음으로 마무리해도 여전히 바삭해서 거의 모든 볶음요리에 고기 대신 사용할 수 있다. 특히 제너럴 쏘의 두부, 참깨 두부, 브로콜리와 마늘 소스를 곁들인 바삭한 두부와 같이 바삭하고 소스가 가득한 미국식 중화요리로 만들어 먹으면 더욱 맛있다. 채식주의자용으로 만들기 위해서는 치킨스톡 대신 야채스톡이나 물을 사용하면 된다.

브로콜리와 마늘 소스를 곁들인 바삭한 두부튀김
CRISPY FRIED TOFU WITH BROCCOLI AND GARLIC SAUCE

분량	요리 시간
4인분	40분
	총 시간
	40분

재료

소스 재료:
소흥주 또는 드라이 셰리주 ¼컵(60ml)
저염 야채스톡 또는 물 ¼컵(60ml)
생추간장 또는 쇼유 2테이블스푼(30ml)
양조식초 2테이블스푼(30ml)
블랙빈 소스 1테이블스푼(15ml)
설탕 2테이블스푼(25g)
참기름 1티스푼(5ml)

전분 재료:
옥수수 전분 2티스푼(6g)
물 1테이블스푼(15ml)

두부 재료:
중력분 ½컵(70g)
옥수수 전분 ½컵(60g)
베이킹파우더 ½티스푼(3g)
코셔 소금 ½티스푼(3g)
찬물 ½컵(120ml)
보드카 ½컵(120ml)
땅콩유, 쌀겨유 또는 기타 식용유 2L
매우 단단한 두부 340g, 1.3x5cm 크기의 조각으로
　　자르고 키친타월로 닦아 건조한 것

브로콜리 재료:
한입 크기로 자른 브로콜리 450g
약한 소금물 1L

볶음 재료:
다진 마늘 2티스푼(5g)
다진 생강 2티스푼(5g)
함께 제공할 찐 밥

요리 방법

① **소스:** 작은 볼에 소흥주, 스톡, 간장, 식초, 블랙빈 소스, 설탕, 참기름을 넣고 섞은 다음 따로 보관한다. 옥수수 전분과 물을 다른 작은 볼에 넣고 전분이 녹을 때까지 포크로 젓는다.

② **두부:** 밀가루, 옥수수 전분, 베이킹파우더, 소금을 함께 섞는다. 물과 보드카를 넣고 매끄러운 반죽이 될 때까지 휘젓고, 반죽이 너무 걸쭉하면 물 2테이블스푼(30ml)을 추가한다. 볼에 담긴 반죽 표면에 거품기로 리본을 그렸을 때 즉시 사라지는 묽은 페인트 정도의 농도가 되어야 한다. 두부 조각을 넣고 조심스럽게 섞어 반죽을 묻힌다.

③ 웍에 기름을 넣고 즉석 온도계상 175℃가 될 때까지 센 불로 가열한 후, 온도가 유지되도록 불을 조절한다. 두부를 한 조각씩 집어 여분의 반죽을 털어주고 뜨거운 기름에 조심스럽게 넣는다. 웍이 가득 찰 때까지 남은 두부로 반복한다. 뜰채나 구멍이 뚫린 주걱을 사용해 두부가 균일하게 연한 황금빛을 띠고 바삭바삭해질 때까지 약 6분 동안 튀긴다. 뜰채로 두부를 건지고 키친타월을 깐 쟁반에 옮겨 담아 기름을 뺀다.

④ **아주 바삭한 식감을 위한 두 번 튀기기(선택사항):** 튀긴 두부를 조리대 위에서 완전히 식히거나 뚜껑을 덮지 않은 상태로 냉장고에서 최대 2일 동안 둔다. 그 동안 기름을 걸러내고 고형물은 버린다. 기름을 190℃로 다시 가열하고 휴지시킨 두부를 넣어 바삭해질 때까지 약 2분간 더 튀긴다. 뜰채로 두부를 건지고 키친타월을 깐 쟁반에 옮겨 기름을 뺀다.

⑤ **브로콜리:** 고운체로 기름을 거른 다음 내열용기에 담는다. 키친타월로 웍을 닦고 소금물을 1L 넣어 센 불로 끓인다. 브로콜리를 넣고 잘 저은 후, 뚜껑을 덮고 가끔 팬을 흔들어 밝은 녹색이지만 여전히 단단할 때까지 약 1분 동안 끓인다. 브로콜리의 물기를 제거하고 쟁반이나 큰 접시에 겹치지 않게 펼쳐준다.

⑥ **볶음**: 약한 연기가 날 때까지 웍을 센 불로 달군다. 걸러낸 기름을 1테이블스푼(15ml) 둘러 코팅한다(나머지 기름은 다른 용도로 보관). 브로콜리의 절반을 넣고 부드러워질 때까지 약 1분간 볶는다. 쟁반에 다시 옮겨 둔다. 웍을 닦고, 가볍게 연기가 날 때까지 센 불로 다시 달구고 거른 기름을 한 스푼(15ml) 더 둘러서 코팅한다. 나머지 브로콜리의 절반을 넣고 부드러워질 때까지 약 1분간 볶는다. 모든 두부와 브로콜리를 마늘, 생강과 함께 웍에 다시 넣는다. 향이 날 때까지 약 30초 동안 볶는다.

⑦ 소스를 저어 웍에 추가한다. 전분물을 저어 조금 넣은 다음 소스가 걸쭉해질 때까지 30초 정도 요리한다. 너무 묽으면 전분물을 추가하고 너무 걸쭉하면 물을 더 추가하여 소스의 농도를 조절한다. 음식을 담을 접시에 옮겨 곧바로 밥과 함께 제공한다.

⑤

끓이고 삶기

나는 낚시를 하며 자란 사람이지만, 낚시는 그저 물고기를 잡는 것이 전부라고 생각했다. 어느 바다에서 살이 오른 무지개 송어를 낚든, 줄무늬 농어를 낚든, 매사추세츠 해안 어귀에서 감성돔을 낚든, 그건 전부 행동에 관한 것이었다. 하지만 아버지와 우리 남매의 낚시 여행을 돌이켜보면, 즐거웠던 기억들이 대부분 낚시 자체보다는 과정의 미묘한 부분에서 온 것임을 깨닫는다. 몬태나에 있는 누나 집 근처의 얼음 둑에서 장화를 신고 다니거나, 아버지의 배를 타고 보스턴 항구로 나가서 볼로냐 샌드위치와 케이프코드 칩을 먹었던 기억.* 물론 낚시 자체도 멋지지만, 훨씬 더 많은 것이 담겨 있다고 생각한다.

마찬가지로, 웍을 광둥식 볶음요리의 강렬한 열기, 코 끝이 얼얼한 고추와 볶은 쓰촨 통후추의 향, 활활 타오르는 불꽃 사이로 춤추며 뛰노는 음식 등의 극단적인 모습과 연관시키기 쉽다. 이 파트에서는 웍 요리의 차분한 면에 초점을 맞추고자 한다. 끓이고 삶는 것, 질긴 고기나 탄수화물이 많은 뿌리채소를 부드럽고도 고소하게 만드는 기술이다. 가장 은은한 된장국부터 진한 태국식 커리나 김치찌개까지 다양한 레시피를 소개한다.

웍 요리의 차분한 면, 스톡을 만들고 사용하는 기본부터 시작하자.

스톡(육수)의 기본

스톡(육수)과 브로스(Broth; 육수)는 모두 야채와 동물의 뼈와 결합조직을 함께 끓여서 만든다. 수분이 많아 묽을 수도 있고(야채스톡처럼), 젤라틴을 넣은 것처럼 걸쭉할 수도 있다(동물의 결합조직이 젤라틴으로 분해되어 스톡에 추가된다). 생뼈와 야채로 만들거나 구운 재료를 사용할 수도 있다. 후추, 월계수잎 또는 생강과 같은 향료를 포함할 수도 있고, 물에 닭뼈를 넣어 끓이는 것처럼 단순할 수도 있다.

스톡과 브로스의 차이점에 대한 논쟁이 많다(불투명한 유백색의 소위 "뼈 육수"를 얘기하기도 전에). 일부(과거의 나포함)는 결합조직과 뼈를 포함하는 것이 스톡과 브로스를 구별하는 요소라고 말하고, 다른 이들은 스톡은 요리를 위한 기본 구성 요소인 반면, 브로스는 이미 소금으로 간을 하여 먹을 준비가 된 것이라고 한다. 솔직히 말해서 별로 중요하지 않은 부분이다. 이 용어들은 맞바꿔 써도 무방하다.

그보다 중요한 건, 여러분이 이것들을 만들거나 구매하는 방법, 요리에 활용하는 방법이다. 여기서는 스톡을 기본이라고 생각하자(육수라고도 표현하였음).

---

* 그 사건들이 특히 기억에 남는 이유가 있다. 얼음처럼 차가운 날의 갤러틴강에서 아내인 Adri가 처음으로 플라잉 낚시를 한 날이었다. Adri는 45분 동안 긴 장화를 신고 허벅지 높이까지 차오른 얼음물에 서 있다가 그만뒀다. 근데 그녀가 신었던 장화에 구멍이 뚫려 있던 걸 발견하고서 장화를 벗는 걸 돕고, 왜 아무 말도 하지 않았느냐고 물었다. "원래 그런 줄 알았지. 겁쟁이처럼 보이고 싶지 않았어!"라고 했다. 볼로냐 사건도 그냥 먹기만 한 것이 아니었다. 볼로냐에 눈과 코를 만들고 얼굴에 얹은 다음 서로를 볼로냐페이스라고 불렀다.

A 본질적으로는 크게 다르지 않다. 서양식과 동양식 스톡 모두 재료의 풍미를 끌어내기 위해 물에 재료를 끓여서 만든다. 보통은 버리게 되는 재료들을(닭뼈, 햄의 뼛조각, 거친 허브의 줄기, 야채껍질, 마른 향료 등) 스톡의 재료로 사용해서 그 재료들의 풍미와 영양소를 끄집어내어 요리에 더하는 방법으로 사용된다(예: 레시피의 물 대신 스톡 사용).

스톡을 동양과 서양으로 구분하기 위해선 극히 광범위하게 일반화를 해야 해서, 스톡을 만드는 데 사용되는 수많은 테크닉과 깊이 있는 이해를 원한다면 서양과 동양 각각의 요리에 대해 더 깊이 파고들어야 한다. 이 책 한 권으로는 한계가 있다.

큰 차이점은 재료 선택에 달려 있는데, 서양에서의 스톡(육수)은 일반적으로 뼈와 연골조직, 그리고 미르포아(mirepoix)라고 하는 당근, 셀러리, 양파의 혼합물로 만들어진다. 마늘과 스캘리언(다른 유형의 파 포함)도 포함될 수 있고, 월계수잎, 후추, 파슬리, 백리향과 같은 허브와 향료도 포함될 수 있다. 돼지고기 스톡, 사슴고기 스톡, 양고기 스톡 등이 있지만 서양에서 가장 많이 사용되는 건 닭뼈와 송아지뼈(많은 연골조직으로 인해 매우 풍부한 젤라틴을 형성함), 그리고 생선뼈이다.

대조적으로, 육류 기반의 아시아계 육수는 신선한 생강, 스캘리언, 마늘과 같은 재료를 주요 채소로 자주 사용하고, 그을린 양파와 생강을 사용하기도 한다(일부 라면이나 쌀국수처럼). 닭 육수도 흔히 사용되지만 국가 및 지역에 따라 돼지고기(특히 젤라틴이 풍부한 족발과 머리), 햄, 양고기, 소고기도 사용된다. 말린 해산물은 아시아 전역에서 고깃국물(broths)에 광범위하게 사용된다. 말린 다시마와 가다랑어로만 만든 일본 다시처럼 맛이 살짝 묽을 수도 있고, 말린 가자미, 관자, 새우를 곁들인 완탕 수프 베이스용 만능 스톡처럼 맛이 아주 강할 수도 있다.

각종 향료들의 사용법도 아시아 전역에서 매우 다양하게 나타난다. 전통적인 태국의 똠양꿍은 레몬그라스, 갈랑갈, 마크루트 라임잎, 스캘리언, 마늘, 고추 등 다양한 향으로 맛을 낸다.

대만의 소고기 국수는 회향, 팔각, 계피와 같은 따뜻한 향신료를 사용해 붉은 국물을 낸다. 남베트남 쌀국수는 고수와 레몬 바질 같은 허브와 설탕으로 맛을 낸 반면, 북베트남 쌀국수는 더 깔끔하고 단순한 맛에 중점을 둔다.

요점은 스톡에는 수많은 종류와 경우의 수들이 존재한다는 것.

A 나는 집에서 시판되는 스톡, 부이용 페이스트, 파우더, 큐브를 꽤나 광범위하게 사용한다. 뿐만 아니라 자주 만들기도 하고, 매일 사용하기도 한다. 수제 스톡을 사용할 때는 국물이 많고 향이 많은 수프를 만들 때다. *떡을 곁들인 생강삼계탕*(544페이지) 또는 *최고의 완탕 수프*(554페이지) 같은 요리는 특정 향료로 맛을 낸 스톡에 의존하기 때문에 만들어 넣어야만 원하는 맛이 난다.

반면에 *핫&사워 수프*(546페이지) 또는 *똠양꿍*(597페이지)처럼 수많은 다른 조미료에 의존하는 수프는 수제 스톡으로 만든다고 나쁠 건 없지만 큰 영향을 끼치진 않는다. 마찬가지로 볶음용 소스나 *오야코동*(233페이지) 또는 *규동*(235페이지) 같은 일본식 돈부리를 끓일 때는 스톡을 만들어서 사용하면 맛과 식감을 향상시킬 수 있다. 물론 시판 스톡, 부이용, 혼다시를 사용한 스톡을 사용해도 큰 문제는 없다.

A 이건 어떤 재료를 사용하느냐에 달려있다. 대부분의 향료는 비교적 빠르게 향을 스톡에 포함시키는데, 20~30분이면 얇은 생강 조각, 양파 덩어리, 마늘, 마른 향신료 등 허브가 낼 수 있는 향들이 모두 스톡에 밴다고 볼 수 있다. 반면에 고기와 뼈는 시간이 조금 더 걸리는데, 이것도 고기 종류와 크기에 따라 달라진다. 잘게 썬 닭의 몸통뼈나 날개는 약 45분, 닭 한 마리와 소고기 정강이뼈 또는 돼지 족발 같은 경우는 몇 시간에 이르기까지 광범위하다.

연골조직의 콜라겐은 섬유질의 흰색 힘줄과 황색을 띠는 조직으로 고기가 뼈에 붙게 하고, 또한 뼈끼리 연결되도록 돕는다(피부에 탄력 있는 신축성을 부여하기도 한다). 스톡을 만들 때는 콜라겐 자체를 추출하려고 하진 않고, 오히려 그 콜라겐을 젤라틴으로 만든다. 자연 상태에서 콜라겐은 단단하게 엮인 3개의 가닥으로 이루어진 단백질인데(이러한 구조는 삼중나선이라고 알려져 있다), 물에 끓이면 그 구조가 풀리고 가수분해되어 젤라틴이 형성된다. 이는 무게와 길이가 다양하며 일련의 단백질과 펩타이드를 느슨하게 연결시키는 기능을 한다. 뜨거울 때는 육즙이 되고 식으면 젤리 같은 고체로 응고된다. 젤라틴의 농도에 따라 스톡을 찐득찐득한 액체부터 고무공처럼 탄력 있는 고체까지 다양한 형태로 만들 수 있다.

콜라겐이 젤라틴으로 변환되는 조건은 물과 열뿐만 아니라 끓이는 시간에도 달려있다. 그래서 치킨스톡을 처음 1시간 정도 끓였을 때는 그다지 맛의 큰 변화가 없을 수 있지만, 몇 시간을 더 끓이면 젤라틴이 형성되면서 맛의 깊이가 생긴다. 콜라겐은 다양한 형태로 존재하며 동물이 살아있을 적에 더 많은 움직임을 했던 개체일수록 젤라틴 전환에 더 많은 시간에 걸린다.

예를 들어, 돼지뼈의 콜라겐은 가벼운 닭뼈보다 추출하는 데 시간이 더 오래 걸리고, 송아지뼈는 또 더 오래 걸린다. 송아지 육수는 12시간에서 24시간까지 걸릴 수 있다. 반면에 바다의 반무중력 환경에서 생활하는 생선은 짧은 시간 내 콜라겐을 추출할 수 있다. 무려 45분이면 변화가 나타나기 시작한다.

다음 페이지의 차트는 각 재료별 콜라겐 추출에 걸리는 시간을 파악하는 데 도움이 될 것이다. 자신만의 스톡을 만들 때, 보통은 냄비에 준비한 모든 재료를 쏟아 붓고 충분히 끓인 뒤 걸러내어서 사용하겠지만, 풍미와 바디감을 극대화하고 싶다면 시간이 걸리는 재료(결합조직이 많은 뼈)를 먼저 넣고, 시간이 덜 걸리는 재료(야채 및 향료 등)를 점진적으로 추가해 완료 시간을 맞추면 좋다. 향료를 지나치게 끓이면 오히려 스톡의 향이 서서히 증발하기 때문이다. 공기 중에 향이 가득하다면, 스톡에는 그 향이 없다는 의미이다.

참고로 어린 동물일수록 연골조직은 많고 발달된 근육은 적다. 충분한 시간을 끓이면 송아지뼈가 소고기뼈보다 훨씬 더 많은 양의 젤로틴을 추출한다.

일반적인 스톡 재료와 조리 시간

재료	조리 시간(향)	조리 시간(바디)	NOTES
조개껍질	30분	해당 사항 없음	풍미를 더하기 위해 조개껍질을 굽거나 볶는다
생선뼈	45분	45분~1.5시간	칼로 대강 썬다
말린 해산물(새우, 가리비, 가자미 등)	45분~1시간	해당 사항 없음	
닭뼈	1시간	4시간	칼로 대강 썬다. 날개와 발은 더 많은 바디를 제공하지만 맛은 그렇지 않다.
돼지뼈	1.5시간	4~6시간	갈변을 원하면 살짝 볶는다.
양뼈	1.5시간	4~6시간	갈변을 원하면 살짝 볶는다.
돼지 족발	해당 사항 없음	6~8시간	살짝 데친 다음 물기 제거 및 문지르듯이 한 번 닦아주고 깨끗한 물을 추가하여 더 깔끔한 스톡을 만든다.
소뼈	2~3시간	4~6시간	살짝 데친 다음 물기 제거 및 문지르듯이 한 번 닦아주고 깨끗한 물을 추가하여 더 깔끔한 스톡을 만든다.
송아지뼈	2~3시간	12~24시간	갈변을 원하면 살짝 볶는다.
다진 야채(당근, 양파, 셀러리 등)	45분	해당 사항 없음	갈변을 원하면 살짝 볶는다.
허브(파슬리, 타임, 고수 등)	30분	해당 사항 없음	
건조 향신료(팔각, 계피, 정향, 흑후추, 쓰촨 후추 등)	30분	해당 사항 없음	사용하기 전에 마른 웍이나 프라이팬으로 살짝 굽는다.
얇게 썰거나 빻은 향료(샬롯, 마늘, 생강, 스캘리언, 마크루트 라임, 레몬그라스 등)	20~30분	해당 사항 없음	막자사발 또는 칼의 평평한 면으로 향료를 으깨주면 향이 더 잘 추출된다.

 스톡에 있어서 바디란 무엇이고 왜 중요한가?

바디는 젤라틴이 스톡에 더해주는 무언가를 일컫는 말이다. 점도의 동의어라고 볼 수 있는데, 젤라틴이 많이 함유된 스톡은 점성이 높고, 이렇게 많을수록 입안에서 느낄 수 있는 풍미가 더 오래 지속된다. 서양에서는 이러한 깊은 맛의 스톡을 주(jus) 또는 데미글라스(demiglace)로 농축시키는 경우가 많다. 극한의 농축과정을 거쳐서 고기나 야채 위에 올리는 끈적한 소스로도 사용한다. 아시아에서는 라면, 쌀국수, 대만식 소갈비조림국수(608페이지) 같은 오래 끓인 국물이나 상하이식 샤오롱바오 또는 셩젠바오(샤오롱바오의 군만두 버전)에서 이러한 종류의 끈적끈적하고 풍부한 국물을 찾을 수 있다.

 바디가 있어야만 맛이 좋은가?

그건 아니다. 다시 같은 여러 가벼운 스톡은 평범한 물보다도 바디가 덜하다. 어떤 경우에는 계란국(545페이지) 또는 핫&사위 수프(546페이지)에 옥수수 전분물을 추가하듯이 증점제의 역할로 스톡에 첨가하기도 한다. 이때는 젤라틴 함량이 스톡의 최종 질감에 거의 영향을 미치지 않으므로 짧은 시간을 끓인 스톡을 사용하거나 구매한 스톡을 개선시키는 목적으로 사용한다.

Q 시판용 스톡도 쓸만한가?

A 시판용 저염 치킨스톡은 내가 유일하게 추천하는 시판용 스톡이다. 저염 버전은 요리의 염분 함량을 조절하는 데 필수적이다. 일반적인 볶음요리는 짠맛이 강해서 육수까지 짠맛을 더해버리면 간을 맞추기가 매우 어렵다. 보통 시판용의 치킨스톡은 시판용 비프스톡(대부분 가수분해된 대두 단백질 및 기타 풍미 증진제임)보다 고기의 함량이 더 높다. 시판용 야채스톡은 아직 추천할 만한 제품을 찾지 못했다(물론 여러분이 애용하는 브랜드가 있다면 그걸 사용하자). 특수한 향료나 고기 부위가 필요하지 않다면 시판용 스톡을 아무 볶음요리용 소스나 수프에 곁들여도 좋다.

Q 시판용 스톡을 다른 요리에 사용하려면 어떻게 변형시켜야 하는가?

A 시판용 스톡으로 집에서 만든 스톡을 대체하는 가장 효과적이면서 맛있고 간편한 방법은, 스톡의 주 재료인 고기는 생략하고 특정 향료는 추가하여 끓이는 것이다. 예를 들어 *매일 사용할 치킨-생강스톡*(542페이지)에서는 닭고기, 생강, 스캘리언을 한 시간 정도 끓이는데, 닭고기 대신 시판용 저염 치킨스톡을 사용해서 20~30분간 끓이면 생강과 스캘리언의 풍미를 추출하면서도 요리 시간은 반으로 줄일 수 있다.

Q 분말 또는 농축된 부이용은 어떤가?

A 분말 부이용은 대부분의 볶음요리 소스에 좋은 효과를 가지다 주지만, 극도로 짠 경향이 있어서 간 조절에 각별히 주의해야 한다(소스에 추가적인 소금 간은 모두 배제하고 부이용을 맨 마지막에 추가하여 간을 맞추는 것이 좋다). 분말 부이용보다 훨씬 더 좋은 것은, *Better Than Bouillon*의 농축 부이용이다. 현저히 더 깊은 맛을 낸다. 나는 이 브랜드의 저염 치킨 부이용과 비프 부이용을 항상 내 냉장고에 비치해 둔다. 시판용 야채스톡의 경우 분말이나 농축 부이용 모두 품질이 좋지 않은 경향이 있다.

*Hondashi*라는 브랜드로 판매되는 농축 다시는 집에서 만든 다시와 매우 유사하며 여러 용도로 사용할 수 있다(다시에 대한 자세한 내용은 515페이지 참고). 하나 정도 구비해 놓을 가치가 있다.

기본 스톡(육수)

닭고기나 콤부의 무게를 매우 정확하게 정하는 건 쓸데없는 짓이다. 이건 마치 "완벽한 거품 목욕 재료"들의 비율 공식을 만드는 것과 비슷한 느낌이다.

일관성이 핵심인 레스토랑에서 일하는 게 아니라면 정확한 계량법은 중요한 포인트가 아니다. 스톡은 남은 닭뼈나 냉장고 야채칸에서 싱싱함을 잃어가는 야채를 사용하는 걸 중점으로 해야 한다. 나도 집에서 스톡을 만들 때는 모든 것을 확인해서 가진 걸 최대한 활용한다. 닭의 여분의 다리뼈, 날개, 목을 봉지에 가득 찰 정도로 담아 얼려 놓고 필요할 때 냄비에 넣어 스톡을 만든다. 스캘리언과 생강이 있다면 간단한 중국식 스톡으로 만들거나 기분에 따라 햄뼈나 베이컨을 넣어 숙성된 돼지고기 맛을 낼 때도 있다. 만약 새우 및 돼지고기 만두를 만들고 나서 새우껍질이 남아 있다면 핫&사워 수프에 새우향을 더할 것이다. 우연히 정원으로 귤을 따러 나가게 된다면 귤잎 몇 개를 따서 똠양꿍에 넣을 것이다. 요점은, 레시피대로 만들어도 되지만 때로는 당장 가지고 있는 재료 중에서 즉흥적으로 만들 때 제한을 두지 말라는 것이다. 몇 리터를 만들든 조리 시간과 노력은 거의 동일하기 때문에 복잡한 스톡일수록 대량으로 만들어 두는 게 가장 효율적이다. 여분의 스톡은 지퍼백에 평평하게 넣어 얼려놓을 수 있다(399페이지 참고). 냉동되면 주어진 레시피에 필요한 만큼만 떼어내고 나머지는 그대로 넣어 놓으면 된다.

다시(Dashi): 세계에서 가장 단순한 스톡, 액체 우마미(감칠맛)

간장, 사케, 미소된장이 아니라 '다시'야 말로 일본의 대표적인 맛이다. 이는 스톡, 수프, 소스에 사용되고, 야채를 끓이거나 고기를 볶을 때 사용된다. 간단한 미소된장국 한 그릇, 푸짐한 라멘 한 그릇, 스시 레스토랑의 여러 오마카세 코스요리 등 일본 음식을 먹어 본 적이 있다면 분명 다시를 맛본 적이 있을 것이다.

좋은 소식은 만들기가 매우 쉽다는 것이다. 물론 어떤 사람은 다시가 일종의 예술이라고 주장하며 수십 년간 장인 밑에서 견습을 받은 요리사만이 진정한 다시가 무엇인지 안다고 말한다. 그렇게 믿고 싶으면 그렇게 믿으라고 하면 된다. 할머니께서 아직 살아 계셨다면, 이렇게 간단한 것이 그렇게까지 진지하게 받아들여진다는 말에 킥킥 웃으셨을 거다.

우리는 다시를 "스톡"이라고 부르지만 대부분의 스톡과는 달리 다시는 금방 만들어진다. 마치 차 한 잔을 끓이듯이 몇 분이면 완성된다. 가장 일반적인 다시는 콤부(거대 해초)와 가츠오부시(훈제 및 말린 가다랑어)라는 두 가지 재료로 만들어진다. 때로는 니보시(작은 말린 정어리)나 말린 표고버섯과 같은 다른 재료를 추가할 수도 있고, 콤부와 표고버섯만으로 만든다면 일반 다시처럼 사용할 수 있는 훌륭한 비건 다시가 된다.

모든 다시 재료들 중 공통된 주제는 감칠맛이다. 콤부는 감칠맛을 유발하는 화합물인 글루타민산이 풍부하고, 현대적 합성 기술이 개발될 때까지 시판용 MSG 생산의 주요 공급원이었다(자세한 내용은 100페이지의 'MSG의 진실' 참고). 말린 가다랑어와 정어리에는 이노시네이트가 함유되어 있는 반면, 버섯에는 글루탐산의 감칠맛 효과를 향상시키는 두 가지 유기 화합물인 구아닐레이트가 함유되어 있어 몇 배 더 효과적이다. 짠맛과 마찬가지로 감칠맛은 풍미를 향상시키는 역할을 한다.

그래서 다시와 함께 조리되는 음식은 독특한 풍미와 만족스러운 품질을 자랑하게 되는 것이다.

기본 다시 재료 장보기

요리 과정의 측면에서는 다시는 참 간편한 레시피 중 하나이지만, 재료가 여러분을 힘들게 할 수 있다. 내 어릴적에는 콤부와 가츠오부시를 찾으려면 무조건 일본 슈퍼마켓에 가야 했다. 요즘엔 서양 슈퍼마켓에서도 쉽게 찾을 수 있고 온라인을 이용하면 더 쉽다.

콤부는 몇 가지 종류가 있다. 나는 일반적으론 짙은 녹색이나 검은색이며 7~8cm 너비 및 가장자리가 살짝 말려 있는 히다카 콤부를 주로 사용한다(매장에서 가장 저렴한 종류다). 히다카 콤부는 조리할 때 부드럽고 유연해지는 만능 콤부라서 다시를 끓인 후에도 계속해서 조리하여 강렬한 감칠맛을 자랑하는 *콤부 츠쿠다니*(밥 토핑, 520페이지)를 만들 수도 있다.

그 외의 콤부 품종은 다음과 같다:

- **리시리(Rishiri) 콤부:** 짙은 갈색이며 가장자리가 많이 구겨져 있고 매우 강렬한 염수를 만든다.
- **라우수(Rausu) 콤부:** 얇고 넓은 잎과 다량의 분만 광물 침전물이 있다. 히다카 콤부보다 약간 비싸고, 만능은 아니지만 다시 만들기에는 탁월하다.
- **마(Ma) 콤부:** "콤부의 왕"이라고도 불리는 이 콤부는 맛이 가장 미묘하며 매우 투명하고 약간 달콤한 염분이 있는 다시를 만든다. 매우 비싸다.

가츠오부시는 가다랑어를 발효하고 훈제하고 건조한 것이다. 고체 형태는 단단한 나무 블록같으며 세계에서 가장 잘 보존되는 식품 중 하나다. 한때 일했었던 보스턴의 *UNI*라는 레스토랑에서 잊혀진 서랍에 담겨 있던 가츠오부시 한 블록을 발견한 걸 기억한다. 주방장인 Ken Oringer에게 그게 거기에 얼마나 오래 있었는지 물었고, 아마도 4년 전 개업한 날부터 그 서랍에 있었다고 했다. 그럼에도 나는 이게 마치 하나의 신선한 덩어리처럼 느껴졌다(맛과 향은 나빠졌지만).

제대로 만들고 싶다면 전문매장이나 온라인에서 단단한 가츠오부시 덩어리를 구할 수 있고, 전용 나무 대패로 직접 잘라 쓸 수 있다. 가츠오부시는 가장 단순한 아라부시(arabushi; 숙성된 짙은 갈색)부터 고가의 혼커리부시(honkarebushi; 건조 후 아스페르길루스 글라우쿠스를 뿌린)까지 다양한 형태로 존재한다.

할머니 세대에는 조리에 사용할 가츠오부시는 갓 깎아 쓰는 게 일반적이었지만, 요즘에는 일본 가정에서도 그렇게 하는 사람은 많지 않다. 대신 슈퍼마켓에서 미리 손질한 가츠오부시를 구매해서 쓴다. 콤부보다 더 다양한 종류를 찾을 수 있으며, 다시 한번 강조하지만 다시를 만들 땐 저렴한 재료를 찾으면 된다. 스톡용 가츠오부시는 애완용 톱밥 크기 정도의 조각으로 판매된다. 나는 약 85~110g 정도 크기의 봉지로 구매한다.

훨씬 더 가는 가츠오부시는 가느다란 연필 부스러기 정도의 크기와 모양이며 일반적으로 옅은 분홍색을 띠고 고명으로 사용된다. 깎은 가츠오부시 작은 한 꼬집은 다시 드레싱으로 사용되어 차가운 시금치 샐러드 오히타시(ohitashi) 또는 쇼유로 간을 한 순두부 위에 얹고는 한다. 후자는 내가 어렸을 때 가장 좋아했던 간식이었다. 나는 스톡 또는 토핑용 가츠오부시를 식료품 창고에 보관한다.

포장을 개봉하면 밀폐된 용기에 담아 서늘한 식료품 창고에 몇 달 동안 보관하거나 냉동실에서 최대 1년 동안 보관할 수 있다.

니보시(Niboshi)는 말린 작은 정어리인데, 다시에 구아닐레이트를 더욱 강력하게 추출해내어 우마미(감칠맛) 풍미를 향상한다. 일반적으로 니보시의 머리와 내장은 불쾌한 비린내를 내기 때문에 육수를 만들기 전에 제거하지만, 나는 내장을 제거하진 않는다(애초에 다시를 만들 때 니보시를 사용하는 일이 적긴 하다). 그 비린내는 개인 취향에 맡기자. 니보시에 관심이 있다면 봉지를 열어 냄새를 맡아보라. 그 냄새가 맛있게 느껴진다면 머리와 내장을 제거하지 않고 다시를 만들어도 좋다.

인스턴트 다시

가정집 주방에서 가장 무난하고 빠르게 다시를 만드는 방법은 *Aji-No-Moto*사에서 출시한 건조 과립 형태의 혼다시를 사용하는 것이다. 과연 세상에서 가장 미묘하게 맛있는 다시일까? 그렇진 않다. 간장과 미림을 섞어서 요리에 사용하거나 더 강한 맛의 재료를 끓일 때 사용하는가? 정확하다. 혼다시로 만든 미소된장국은 진짜 다시로 만든 된장국과 비교하면 맛이 조금 지루하고 1차원적이지만, 1차원적인 미소된장국도 충분히 맛있다.*

나는 사실 다시를 만들어 쓰기보다는 혼다시 가루를 애용한다.

인스턴트 다시의 다른 유용한 버전은 미리 혼합된 주입형 버전이다. 한마디로, 티백 안에 티 재료 대신 미리 혼합된 다시 재료가 들어있다고 보면 된다. 대부분 콤부, 가츠오부시, 표고버섯, 니보시 또는 우루메(다른 유형의 말린 정어리 같은 생선)의 조합이다. 티처럼 뜨거운 물에 담그면 몇 분 후에 훌륭한 다시가 준비된다. 일본 슈퍼마켓이나 온라인의 혼다시 근처에서 이러한 제품을 찾을 수 있다.

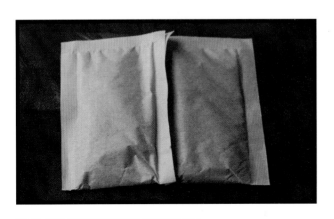

이치반과 니반 다시

다시의 두 가지 주요 형태로 이치반 다시(첫 번째 다시)와 니반 다시(두 번째 다시)가 있다. 이치반 다시는 콤부와 가츠오부시의 첫 번째 추출물이며 주로 레스토랑에서 사용된다. 요점은 비교적 낮은 온도에서 재운 콤부와 가다랑어를 사용하는 것이다. 그렇게 함으로써 무겁고 강한 맛보다는 비교적 맑고 가벼운 스톡을 만들 수 있다. 동시에, 스톡이 끓지 않아서 수정처럼 맑은 국물을 만들 수 있으며 전통적인 일식 수프인 스이모노(전통적 코스요리의 일부)에 적합하다. 또한 대부분의 사람들이 집에서 굳이 하지는 않는다(나는 절대 안 한다).

니반 다시는 첫 번째 다시에서 사용한 가다랑어 조각과 콤부를 더 많은 물을 넣고 10분 정도 더 오랜 시간 끓여서 남은 맛을 추출하여 만든다. 결과는 훨씬 더 강렬하고 약간 불투명하면서 훈연향이 나는 짭짤한 스톡이다. 이러한 스톡은 식당에서 소스, 고기찜, 야채조림 및 기타 재료의 베이스로써 다용도로 사용된다.

콤부와 가다랑어 각 15g이면 이치반과 니반을 각 1L씩 만들 수 있다.

또는 내 방법대로 해도 된다. 이치반 다시를 건너뛰고 처음부터 살짝 끓인 다시를 만든다. 이치반 다시보다 진하지만 니반 다시보다는 풍미가 더 복잡한 약 1리터 반의 다시가 완성된다. 가정용으로 이상적이다.

---

* 숙취해소에 특히 좋다!

다시 만들기

다시를 올바르게 만드는 방법에 대해 많은 논쟁이 있는데, 예전에 일하던 사시미 식당에서는 아침에 콤부를 찬물에 담가서 오후가 될 때까지 재웠다. 그러고 나서 물이 아주 살짝 끓자마자 불에서 내리고 콤부를 넣어 5분 정도 우려낸 후 걸러내어 이치반 다시를 만들었다(그런 다음 콤부와 가츠오부시를 더 끓여서 니반 다시로 만들거나, 얇게 썰어 고명으로 썼다).

요점은 콤부를 끓여버리면 섬세한 미각을 괴롭힐 수 있는 약간의 쓴맛이 난다는 것이다. 가츠오부시는 저온에서 재웠느냐, 뭉근하게 끓였느냐, 완전히 삶았느냐에 따라 확실히 맛이 다르다. 저온에서 재웠다면 가벼우면서도 스모키한 감칠맛이 날 것이고, 뭉근하게 끓이면 약간의 신맛과 함께 약간의 비린내가 날 것이다. 일정 시간 동안 완전히 끓여내면 확실한 신맛과 비린내가 나는 국물이 된다. 나는 가츠오부시를 삶는 걸 추천하지 않는다.

내 집에서는 다시를 간단하게 만든다. 콤부와 물을 섞어서 뭉근하게 5분간 끓인 다음, 불을 끄고 가츠오부시를 넣고, 5분간 더 끓인 후 걸러서 사용한다. 욕심을 내고 싶다면 콤부를 데우기 전에 찬물에 더 오래 담가둔다(심지어 상온에서 밤새도록 재워도 괜찮다).

기본 다시
BASIC DASHI

분량
1.5L

요리 시간
5분
총 시간
10분 또는 최대 하룻밤

NOTES

콤부는 해초, 가츠오부시는 말린 훈제 가다랑어다. 일본 마트나 서양식 슈퍼마켓에서 찾을 수 있다. 더 빠르게 만들려면 초기 저온에서 재우는 단계를 생략할 수도 있다. 걸러낸 가츠오부시는 애완동물(혹은 사람)을 위한 탁월한 간식으로 만들거나 홈메이드 후*리카케*(밥 토핑, 521페이지의 레시피 참고)로 만들 수도 있다. 히다카 콤부를 사용한 경우(516페이지 참고) 얇게 썰어 *츠쿠다니*(520페이지)로 만들 수 있다.

재료

물 1.5L
콤부 15g(약 4x6인치 조각, NOTES 참고)
가츠오부시 20~25g(가다랑어, NOTES 참고)

요리 방법

1. 소스팬이나 웍에 물과 콤부를 추가한다. 뚜껑을 닫고 실온에서 몇 시간 또는 최대 하룻밤을 둔다(선택사항, NOTES 참고).

2. 중간~센 불에 뭉근하게 끓이면서 팔팔 끓어오르지 않도록 계속 주시하며 불을 조절한다. 5분 동안 뭉근하게 끓인다. 불에서 내리고 가츠오부시를 넣고 5분간 우려낸 다음 찌꺼기를 버리거나 다른 용도를 위해 남겨둔다(NOTES 참고). 다시는 밀폐된 용기에 담아 냉장고에서 최대 5일 동안 또는 냉동실에서 몇 달 동안 보관할 수 있다.

비건 콤부 다시

가장 단순한 형태의 비건 다시는 콤부와 물로만 만들 수 있다. 가츠오부시를 생략하되 저온에서 재우는 과정을 포함한 다시 레시피를 그대로 시행하라.

비건 표고버섯 다시

가츠오부시 대신에 말린 표고버섯 15g를 사용하여 다시 레시피를 그대로 따른다. 저온에서 재우는 것과 조리하는 과정 그대로 따라 한다. 끓인 표고버섯은 수프, 스튜, 볶음요리에 추가할 수 있다.

남은 콤부로 만드는 츠쿠다니
TSUKUDANI FROM SPENT KOMBU

분량	**요리 시간**
½ 컵 정도	15분
	총 시간
	콤부에 따라 25분 이상

NOTES
콤부만, 또는 콤부와 니보시를 혼합하여 사용할 수 있다(니보시로 다시를 만들었다면). 약간의 가츠오부시가 웍에 들어가더라도 걱정할 필요는 없다.

재료
다시 1회분을 만들고 남은 콤부
다시 1회분을 만들고 남은 니보시(선택사항)
생추간장 또는 쇼유 2테이블스푼(30ml)
사케 2테이블스푼(30ml)
미림 2테이블스푼(30ml)
설탕 1티스푼(4g)
눌
볶은 흰색 또는 검은 참깨 1티스푼(3g)

츠쿠다니는 현재 도쿄의 섬인 츠쿠다시마의 이름을 따서 명명된 요리다. 김이나 생선을 간장과 미림에 버무려 밥에 곁들여 먹는 반찬이다. 간장의 높은 염도와 미림의 당도는 액체가 끈적끈적한 유약으로 변함에 따라 더욱 농축되어 해산물을 효과적으로 보존한다. 17세기 에도 시대부터 일본에서 인기 있는 반찬이었다.

일본의 세 가지 주요 맛인 짠맛, 단맛, 감칠맛을 모두 갖고 있다. 맛이 아주 강하기 때문에 소량으로도 충분하다. 할머니는 냉장고에 항상 다양한 맛의 츠쿠다니를 넣어두셨고, 뜨거운 밥 위에 젓가락으로 한 꼬집 올려놓으셨다. 티스푼 몇 개 만으로 밥 한 그릇을 완벽하게 간은 한다.

요리 방법
① 사용한 콤부를 2.5cm 길이로 자른 다음, 다시 반대로 최대한 얇게 잘라 짧은 성냥개비 모양으로 만든다.

② 콤부, 니보시(사용한다면), 간장, 사케, 미림, 설탕, 충분한 물을 웍이나 프라이팬에 넣고 설탕이 녹을 때까지 젓는다. 액체가 완전히 졸아들어 걸쭉하고 시럽처럼 될 때까지 15~20분 동안 젓가락으로 한 번씩 저어가면서 약한 불에서 조리한다. 콤부 한 조각을 집어서 맛을 본다. 매우 부드러워야 한다. 여전히 단단하거나 안쪽 중앙에 안 익은 맛이 나면 물 120ml를 넣고 저으면서 다시 졸인다. 콤부가 부드러워질 때까지 반복한다.

③ 통깨를 섞는다. 혼합물을 밀봉 가능한 용기에 옮기고 완전히 식힌 다음 냉장보관한다. 냉장고에서 바로 꺼내 사용하여 밥그릇 위에 올려놓는다. 몇 달 또는 최대 1년까지 보관할 수 있다.

남은 가츠오부시로 만드는 후리카케

HOMEMADE FURIKAKE FROM SPENT KATSUOBUSHI

분량
¾ 컵 정도

요리 시간
15분
총 시간
25분

NOTES

*Ao-nori*도 일본의 많은 거리 음식과 밥 토핑으로 사용되는 녹색 해초 가루이다. 알루미늄 팬에서 후리카케를 빠르고 고르게 식힐 수 있다(알루미늄이 음식을 가열하고 냉각하는 데 왜 그렇게 좋은지에 대한 내용은 4페이지 참고).

재료

다시 1회분을 만들고 남은 가츠오부시(또는 말린 가츠오부시에 물 몇 스푼을 넣어 적신 것) 약 15g
쇼유 또는 생추간장 2티스푼(10ml)
설탕 2티스푼(8g)
미림 1테이블스푼(15ml)
볶은 흰색 또는 검은 참깨 2테이블스푼(16g)
말린 건새우, 작은 건멸치, 아오노리(NOTES 참고), 동결 건조된 시소, 토가라시 또는 잘게 부순 김 가루와 같은 추가 건조 성분 최대 2테이블스푼

수제 및 시판용 후리카케는 동일한 요리 용도(흰 밥 위에 뿌린다. 아내는 손에 놓고 간식으로 먹지만)를 갖고 있지만, 질감과 맛이 상당히 다르다. 뭐가 낫냐기보다는 단지 "다르다"라고 말하는 게 맞겠다. 수제로 만든 것도 먹지만 때로는 *Kraft*에서 만든 제품인 맥앤치즈를 찾을 때가 있듯이 말이다.

가장 큰 차이점은 시판용 제품에는 일반적으로 달걀노른자, 와사비 또는 시소와 같은 동결 건조 성분이 많이 포함된다는 것이다. 간장과 설탕을 넣어 바삭바삭한 과립으로 만들어진 시판 제품들은 상업용 기계를 사용하여 조심스럽게 가츠오부시를 말리는 반면, 수제 후리카케는 바삭바삭한 조각들과 부드러운 덩어리가 만나 더 복합적인 질감을 갖는 경향이 있다.

시판용 후리카케나 *Just One Cookbook*을 쓴 요코하마 태생의 레시피 개발자인 Namiko Chen의 후리카케 레시피를 기반으로 하는 이 레시피는 요즘 온라인에서 찾을 수 있는 후리카케 믹스 대다수보다 낫다. 후리카케 믹스는 일반적으로 노리(nori), 참깨, 보니토 플레이크(bonito flake, 얇게 깎아낸 말린 가다랑어), 토가라시(togarashi) 또는 고추의 건조한 혼합물로 구성된다. 나에게 있어서 간장과 설탕을 이용해 요리하는 과정은 후리카케의 풍미 프로파일의 필수적인 부분이다. 일단 여러분 수중에 다음의 재료가 조금이라도 있다면, 이런 재료들도 추가하는 실험을 자유롭게 시도해 보라. 양귀비 씨앗, 작은 건멸치, 건새우 등.

후리카케를 만들 때, 모든 설탕 혼합물과 마찬가지로, 뜨거울 때의 질감은 냉각되고 나서는 같지 않다는 걸 참고하기 바란다. 팬에서 후리카케는 촉촉하고 부드러워 보일지 모르지만, 차가워지기 시작하면 바삭바삭 굳기 시작한다.

요리 방법

① **남은 가츠오부시를 사용하는 경우:** 웍이나 넓은 프라이팬 또는 소스팬에 가츠오부시를 넣고 낮은 온도에서 가츠오부시 조각들이 분리될 정도로 마를 때까지 조심스럽게 10~15분 정도 저어주며 조리한다. 점차 촉촉한 가츠오부시의 큰 덩어리들이 부서지는데 작은 조각들이 타지 않도록 주의 깊게 봐야 한다. 나는 젓가락이 최고의 도구라고 생각한다.

recipe continues

② 간장, 설탕, 미림을 넣고 젓가락으로 저어주며 수분이 완전히 증발하고 가츠오부시가 서로 붙기 시작해 촉촉한 덩어리가 되어 부드럽게 정착될 때까지 약 10분 동안 쌓아놓는다. 설탕이 팬의 바닥이나 측면에서 가볍게 캐러멜화 되기 시작하는 것을 보거나 캐러멜의 희미한 향기를 맡을 수 있는데, 이것은 가츠오부시 조리가 끝났다는 표시이다.

③ 가츠오부시를 알루미늄 팬(NOTES 참고)이나 테두리가 있는 금속 팬으로 옮기고, 식으면 손가락 끝을 사용하여 작은 부스러기로 만든다. 완전히 식으면 볼에 옮기고 참깨와 첨가하는 다른 재료를 넣은 다음, 손끝을 사용하여 원하는 정도의 고운 가루의 크기가 될 때까지 잘게 부순다. 밀봉된 용기에 실온에서 최대 2개월 동안 보관한다.

이것이 다시 사용의 전부? 아무것도 버리지 말 것!

서양식 스톡을 만들고 남은 고형물을 활용할 방안은 그다지 없다. 스톡을 만들고 건져낸 당근과 셀러리를 강아지의 저녁으로 주긴 하지만(양파나 마늘 등 알륨 성분이 들어간 재료는 개에게 유독한 성분이니 주어선 안 된다), 사용된 뼈와 야채와 향신료 등은 결국 버리기 마련이다.

하지만 다시는 다르다. 콤부와 가츠오부시를 넣은 다시를 사용하면 밥을 위한 맛있는 토핑으로 사용할 수도 있다. 콤부의 츠쿠다니, 그리고 가츠오부시의 니보시, 후리카케.

고맙게도 다시는 만들기 매우 쉽고, 만들 때 사용된 콤부와 가츠오부시를 분리해내는 것도 쉽다. 니보시는 가츠오부시에 얽히는 경향이 있긴 하지만, 다행스럽게도 츠쿠다니에는 약간의 가츠오부시 정도는 섞여도 괜찮다. 마찬가지로 니보시도 후리카케에 악영향을 미치진 않기 때문에 완벽히 분리하려고 노력할 필요까지는 없다.

가장 좋은 점이라면 둘 다 매우 긴 유통기한을 가져서 바로 조리된 쌀만 있다면 바로 첨가해서 먹을 수 있다는 것이다. 후리카케는 식료품저장실, 츠쿠다니는 냉장고에 보관한다.

미소된장국 MISO SOUP

중학교 때는 학교를 빠지려고 여러 핑계를 대며 아픈 척하고는 했다. 한번은 일주일 내내 가짜로 감기를 앓은 적이 있었는데, 덕분에 *젤다의 전설*을 정복할 수 있었다. 다음 주에 또 가짜 감기를 핑계로 *네버엔딩 스토리*(고전적인, 매 순간이 마법 같은 영화이며 내 딸도 좋아하는 영화)를 볼 수 있었다. 그러나 가장 좋았던 건 엄마가 만든 미소된장국을 먹는 것이었다. 밥 다음으로 내가 가장 많이 먹은 음식이었고, 여전히 가장 좋아하며 편안하게 먹을 수 있는 음식 중 하나이다.

분량	요리 시간
4인분	5분
	총 시간
	5분

NOTES

미소된장국에는 다양한 야채를 첨가할 수 있다. 시금치나 완두콩의 순 같은 신선하고 부드러운 채소나무, 당근, 양파, 순무 같은 얇게 썬 제철 채소를 넣어보는 것도 좋다. 양배추, 청경채, 근대 같은 더 풍성한 채소도 얇게 썰어 사용한다. 주사위 모양으로 썬 튀긴 두부, 얇게 자른 베이컨, 곱게 간 닭고기, 얇게 썬 돼지고기를 추가할 수 있다. 남은 밥과 스크램블드 에그에 뜨거운 미소된장국을 끼얹어 먹어도 맛있으며, 작은 새조개나 바지락은 요리 과정 끝에 넣어 조개가 열릴 때까지 끓인다. 얇게 자른 버섯 또는 숟가락 크기의 조각으로 자른 모든 종류의 버섯은 미소된장국에도 환영받는 첨가물이다. 이러한 모든 재료들은 2단계의 시작 부분에 첨가되어 제공되기 전에 매우 부드럽게 끓일 수 있다.

기본 미소국에도 다시와 미소 그 이상의 맛이 있으며, 훌륭한 미소국의 비밀은 훌륭한 다시로부터 시작한다. 우리는 훌륭한 다시를 만드는 방법을 알고 있으니, 나머지는 간단하다.

미소 된장 자체에 관해서는, 여러분이 원하는 모든 종류의 발효된 콩페이스트를 사용할 수 있다. 흰 된장, 붉은 된장, 진한 된장은 일본의 여러 지역에서 모두 사용되고 있다.

미소 된장이 국물에 섞일 때 덩어리가 남아있진 않은지 확인하고 싶을 것이다. 이 작업을 수행하는 몇 가지 방법이 있다. 어떤 사람들은 베샤멜 소스를 만드는 것과 같이 냄비에 미소 된장을 넣고 천천히 뜨거운 국물을 일정하게 부어 주면서 미소 된장과 국물이 잘 섞이도록 젓가락이나 거품기로 세차게 저으면 된다고 말한다.

직접 해보니, 거품기와 고운체를 사용하는 것이 더 쉽다는 걸 알아냈다. 거품기의 끝부분을 된장 용기에 직접 밀어 넣고, 필요한 만큼의 된장을 비틀어 끄집어낸다(한 컵에 1테이블스푼 정도).

다음으로, 고운체를 뜨거운 다시 국물이 있는 냄비 안에 넣는다. 고운체 안쪽에서 거품기를 저어서 거품기에 묻어 있던 모든 미소 된장이 고운체를 통과할 때까지 눌러주면, 크고 거친 덩어리만 남아서 쉽게 버릴 수 있다.

다른 재료의 사용은 전적으로 당신에게 달려 있다. 나는 말린 해초인 미역의 질감과 맛을 좋아한다. 뜨거운 물에서 별도로 조리할 수 있지만, 인내심이 없는 편이어서 단지 뜨거운 국에 마른미역을 추가해 저절로 부드러워지게 만들 뿐이다(조그맣게 자른 단단한 두부도 내 필수품!). 나는 국물에서 가열되면서 미끄러운 질감으로 변하는 두부를 좋아한다. 미소국에 들어간 스캘리언이 그러한 것처럼. 풍성한 미소국을 만들고 싶다면, 나라면 느타리버섯 또는 미끄러운 네임코버섯을 첨가할 것이다. 작은 조개 또는 새조개는 미소국에 넣는 전통적이며 맛있는 첨가물이다.

recipe continues

재료

다시 750ml

흰색 또는 빨간색 또는 갈색의 미소 된장 6테이블스
　푼(90g)

단단한 실크 두부, 1.3cm 큐브로 자른 것 170g

말린 미역 해초(선택사항) 7.5g(약 2테이블스푼)

얇게 썬 스캘리언 2대(선택사항)

수제 다시를 사용하더라도 미소 된장국을 만드는 데 걸리는 시간은 0%부터 100%까지 15분밖에 걸리지 않아서, 전날 밤에 술을 너무 많이 먹었을 때도 아침에 감사히 먹을 수 있는 요리이다. 민감한 위장을 매우 편안하게 하고, 내가 아는 게 맞다면 숙취 해소에도 아주 좋다.

요리 방법

① 중간 크기의 냄비 또는 웍에 국물을 서서히 끓이다가(끓어올라 생긴 거품은 냄비의 바닥에서 조금씩 올라오는 정도여야 하고 거품이 격렬하게 올라올 정도로 세차게 끓이면 안 된다), 뜨겁지만 끓지 않을 정도로 열을 낮게 낮추어 유지한다. 거품기를 사용하여 미소 된장을 용기에서 꺼낸다(또는 숟가락을 사용하여 고운체에 바로 넣어도 된다). 거품기를 사용하거나 혹은 수저를 사용하여 고운체를 통해 미소 된장을 국물에 풀고, 조금 더 빠르게 하기 위해서는 체를 흔들면서 풀면 된다. 체를 통과하지 않은 덩어리는 버린다.

② 두부와 미역을 넣고 미역이 불려질 때까지 5분 정도 서서히 끓여준다. 곱게 썬 실파를 얹어(사용한다면) 즉시 제공한다.

미소 된장 구매 및 보관 방법

일반 슈퍼마켓에서는 밝거나 어두운 된장만 볼 수 있지만, 일본 마켓에가면 밝은 갈색에서부터 짙은 갈색, 오렌지색, 붉은 갈색에 이르기까지 광범위한 갈색의 무지개를 발견할 수 있다.

　모든 된장은 동일한 기본 과정을 통해 만들어진다. 곡물 또는 맥각류(일반적으로 콩, 보리, 쌀, 기장, 호밀, 그리고 최근에는 병아리콩과 퀴노아)는 분쇄되어서 소금과 곰팡이균(Aspergillus oryzae, 일본어로 koji)과 함께 발효된다. 단백질이 풍부하게 생성된 페이스트는 무겁고 펑키한 것부터 가볍고 약간 달콤한 것까지 다양한 짭짤한 맛을 갖고 있다. 된장의 색이 어두울수록, 사용된 대두의 비율이 높을수록 향이 강해진다. 나는 집 냉장고에 세 종류의 된장을 보관한다.

→ **아카미소**(Aka miso; 빨간 된장)는 풍부한 맛을 가지고 있으며 미소된장국, 풍성한 볶음요리, 마리네이드(예: 243페이지 '미소로 양념한 가지구이'), 국수, 구운 야채나 신선한 야채에 찍어먹는 소스로 탁월하다.

→ 일반 **시로미소**(Shiro miso; 흰 된장)는 샐러드 드레싱(620페이지 '참깨 비네그레트를 곁들인 야채샐러드'), 마리네이드, 가벼운 된장국, 가벼운 볶음요리(199페이지 '사케와 미소를 곁들인 단호박볶음')에 잘 어울리는 가벼운 맛을 지닌 옅은 노란색 된장이다.

→ **사이쿄 미소**(Saikyo miso)는 교토산 흰 된장의 하나로, 쌀 함량이 높아 특히나 부드럽고 단맛이 있다. 사이쿄 야키(saikyo-yaki; 미소로 양념한 대구 또는 연어구이와 같이 생선을 사이쿄 미소에 마리네이드 해서 준비하는 과정, 242페이지)에 사용된다.

미소 된장은 오랫동안 방부제로 사용되어 왔으며(냉장 보관이 가능해지기 전에는 생선을 보존하기 위해 콩이나 쌀된장으로 포장했다. 이 생선과 쌀의 조합이 현대 스시의 기원이다), 우수한 유통기한을 가지고 있다. 밀폐용기에 담아 냉장고에 보관하면 몇 달 또는 몇 년 동안 보관할 수 있다. 미소는 재밀봉 가능한 용기로 판매되지만, 때로는 비닐봉지에 담겨 판매되기도 한다. 이럴 때는 모서리를 잘라내어 필요한 만큼짜낸 다음, 별도의 밀폐용기에 담아 냉장고에 보관한다.

혼다시 = 최고의 감칠맛

Dashinomoto(문자 그대로 다시의 기초) 또는 인스턴트 다시는 과립 형태의 건조된 다시로 내 식료품 저장실에 언제나 구비해두는 재료이다. 닭고기 부용 분말로 치킨스톡을 만들고, 소고기 부용 분말로 비프스톡을 만드는 것처럼 이걸 이용하면 일식 다시를 만들 수 있다. 그러나 분말 부이용과는 달리, 혼다시 분말은 여러 용도로 사용하기에 적합한 대용품이다. 가장 인기 있는 브랜드는 글루타민산나트륨의 발견과 추출을 이뤄내 우마미 제국을 건설한 회사인 *Aji-No-Moto* 회사가 만든 혼다시이다. 이름은 hontou(진짜)와 dashi라는 단어의 축약형이며, 그 이름에 충실하게 실제 다시로 만들어졌다(비록 다른 풍미 증강제가 많이 들어 있기는 하지만).

실제 다시를 증발시키고 동결 건조한 다음 글루타민산나트륨(MSG), 이노신산나트륨, 석신산이나트륨(MSG에 증식 효과를 제공함), 소금 및 설탕과 결합해 만든 치킨스톡 분말이나 치킨 부이용은 주로 소금 맛이 나지만, 과립화된 다시는 절대 감칠맛의 집합체와 같고, 상대적으로 나트륨이 적어 실제 다시를 포함하지 않는 다양한 요리에도 감칠맛을 더하기에 아주 유용하다.

나는 *The Food Lab*에서 서양 수프와 스튜에 멸치, 피시 소스, 마마이트와 같은 감칠맛 폭탄을 사용하여 고기맛을 강화하는 방법에 대해 광범위하게 서술했다. 위 감칠맛 폭탄 목록에 인스턴트 다시를 추가하기를 권한다. *Tex-Mex* 칠리 콘 카르네, 프렌치 보우프 부르기뇽 또는 이탈리아 라구 볼로네즈에 다시 1티스푼을 첨가하면 즉시 맛의 퀄리티가 높아지며 혼다시의 맛 자체는 아주 미묘해서 어떤 종류의 비린내도 남기지 않는다.*

건조 과립으로 제공되기 때문에 팝콘에 뿌리거나, 마요네즈에 혼합하거나, 구이 또는 로스팅처럼 액체를 첨가하기 적절하지 않은 요리에 감칠맛 풍미를 첨가하기 위해 사용될 수도 있다.

다음은 내가 가장 좋아하는 몇 가지 용도이다.

혼다시 달걀

스크램블드 에그를 만들 때 혼다시 ½티스푼(약 1g)과 소금 한 꼬집을 달걀 두 개와 함께 넣고 섞는다. 또는 반숙이나 완숙 달걀을 먹을 때 혼다시를 직접 뿌린다.

혼다시 마요네즈

혼다시 ½티스푼(약 1g), 설탕 ½티스푼(2g), 쌀식초 1티스푼(5ml)을 마요네즈 한 컵에 넣어 섞으면 일본식 마요를 쉽게 만들 수 있다(Kewpie). 특히 삶아서 식힌 야채 종류와 잘 어울린다.

혼다시 팝콘

혼다시 1티스푼(약 2g), 코셔 소금 1티스푼(3g), 설탕 1티스푼(4g)을 막자사발 또는 향신료 분쇄기로 함께 갈아준다. *후리카케*(521페이지), 아오노리(말린 녹색 해초), 구운 참깨 및 시치미 또는 시치미토가라시(일본의 일곱 가지 향신료 또는 고추 블렌드)를 넣어 맛을 낸 다음 버터 팝콘에 넣어 섞는다.

혼다시 리소토, 귀리, 그릿

리소토, 귀리, 그릿, 폴렌타 또는 기타 짭짤한 곡물에 소금 대신 혼다시로 간을 하면 감칠맛이 향상되고 미묘한 바다 향기를 풍긴다. 새우와 그릿 또는 해산물 리소토와 같은 해산물 기반 요리에 특히나 탁월하다.

*Hondashi*가 가장 인기 있는 브랜드이긴 하지만, 경쟁자도 많다. *Kayanoya*는 된장국이나 끓인 야채 요리와 같이 다시가 가장 중요하거나 중간 정도 중요한 요리에 추천하는 프리미엄 브랜드이다.

---

* 참고: 정어리나 고등어 같은 비린내가 강한 재료를 포함시킨 혼다시와 인스턴트 다시 버전이 있다. 난 서양요리에는 이것들을 사용하지 않는다.

다시에 끓이고, 다시를 입힌 요리

이제 위대한 다시를 만드는 법은 알았으니(525페이지 참고), 가장 간단한 일본요리인 "니모노"에 사용해보자. 니모노는 양념한 국물인 "시루"에 신선한 재료를 넣고 끓이면서 요리하는 것이다. 시루는 여러 가지 재료로 양념될 수 있지만 간장, 사케, 미림, 설탕을 곁들인 다시가 가장 일반적이다. 된장과 식초 또는 감귤류 즙 같은 재료도 일부에서는 찾아볼 수 있다. 간단한 야채 준비부터, 고기를 준비하고, 야채스튜에 이르는 등 준비할 것이 다양할 순 있지만, 조리가 복잡하지는 않다.

니모노는 전통적으로 넓은 테라코타 캐서롤 그릇 위에 *오토시부타*를 덮는 요리이며, 오토시부타는 그릇보다 작게 만들어져서 끓일 때 음식이 잠겨 있게 만드는 역할을 한다. 이를 통해 재료가 단일하고 균일한 층으로 부드럽게 요리되게 만든다. 웍이나 넓은 소테팬을 사용할 때 그에 맞는 오토시부타를 만들어 사용하면 그 역할을 아주 잘 수행할 것이다. 양피지 한 장으로 쉽게 만들 수 있다.

양피지 오토시부타 만드는 방법, Step by Step

아주 간단하다. 양피지 한 장을 사용 중인 용기에 맞는 원으로 자르는 것이다. 만두를 찔 때 대나무 바구니에 깔면 아주 유용하다. 일본식 전골 요리에 사용하면 수증기는 증발하게 두면서 재료를 촉촉하게 유지하기 때문에 좋다. 또한 서양식 스튜요리와 조림에도 유용하며 뚜껑 없이 조리하는 요리의 이점(오븐에서 더 많은 증발과 갈변)과 뚜껑을 덮은 요리의 이점(재료를 부드럽게 만들고, 스튜의 윗 부분이 건조해지는 걸 방지)을 얻고 싶을 때에도 유용하다.

방법은 다음과 같다.

STEP 1 · 양피지 시트를 ¼로 접기

요리 용기보다 크고 평평한 양피지 시트를 반으로 한 번, 수직 방향으로 한 번 접는다. 동그랗게 말린 양피지보다는 평평하게 펴진 양피지 시트가 도움이 될 것이다(가능은 하다).

STEP 2 · 삼각형으로 접기

양피지를 직각 삼각형으로 접는데, 처음 두 겹의 교차점(펼쳐진 양피지 시트의 중심)에 점을 맞춘다.

STEP 3 · 삼각형을 더 날씬하게 만들기

양피지를 한두 번 더 접어 더 가느다란 삼각형을 형성하고 접힌 꼭지점은 동일한 중심점에 유지한다.

STEP 4 · 가장자리 트리밍

요리 용기 중앙에 위치한 가장 뾰족한 삼각형 끝을 잡는다. 주방가위를 사용하여 삼각형의 뒤쪽 가장자리를 다듬어 요리 용기보다 약간 작아지도록 한다. 평평한 웍을 사용하는 경우 웍 바닥의 면적보다 약간 *크게* 만든다.

STEP 5 · 팁 다듬기

삼각형의 상단부 1.3cm 정도를 잘라낸다. 이렇게 하면 증기가 배출될 수 있는 구멍이 되어 양피지 뚜껑이 국물 표면에서 튀어 오르지 않도록 한다.

STEP 6 · V자 모양으로 잘라내기(노치 만들기)

찜 용기에 깔아 사용하는 경우 양쪽 가장자리에 2.5cm 간격으로 V자 모양의 노치를 만든다.

STEP 7 · 펼치기

양피지 뚜껑을 펼치고 냄비에 얼마나 완벽하게 잘 맞는지 보면서 놀라움을 경험해 보라.

일본 무조림

SIMMERED DAIKON RADISH

분량
4인분

요리 시간
5분

총 시간
25~30분

NOTES

혼다시는 일본 슈퍼마켓이나 잘 갖춰진 슈퍼마켓에서 찾을 수 있는 분말 다시이다. 이 레시피는 다이콘(일본 무)의 날카로운 모서리를 약간 비스듬히 다듬어주면 보기에 좋다(다이콘으로 브레이징하는 방법에 대한 단계별 지침은 529페이지 참고). 서서히 졸이며 익힌 다이콘은 그대로 제공하거나 다른 재료를 추가할 수 있는데, 심플함을 유지해 제공하기 위해서 함께 제공할 곁들임은 한두 가지를 선택한다.

재료

홈메이드 *다시*(519~521페이지) 또는 혼다시에 상응하는 것(NOTES 참고) 2컵(480ml)
생추간장 1테이블스푼(15ml)
사케 2테이블스푼(30ml)
미림 1테이블스푼(15ml)
설탕 1티스푼(4g)
다이콘(일본 무) 1개(약 450g), 껍질 벗겨 4cm 조각으로 잘라 모서리 부분을 비스듬히 깎은 것(NOTES 참고)

차림 재료(모두 선택사항, NOTES 참고):

시금치 또는 작은 청경채 또는 타소이 같은 잎이 많은 채소, 마지막 단계에 넣어 몇 분 동안만 다이콘과 함께 끓인다.
냉동 완두콩 ½컵(70g), 요리 마지막 순간에 국물에 추가해 해동시킨다.
곱게 채친 신선한 생강, 송송 썬 스캘리언, 또는 볶은 참깨를 위에 솔솔 뿌려준다.
각각의 졸인 다이콘 위에 작은 양의 와사비 한 방울을 올려놓는다.
스위트&스파이시 미소 디핑 소스(617페이지)를 작은 물방울 모양으로 추가한다.

약간의 간장, 술, 미림, 설탕을 넣고 다시로 뭉근하게 끓인 다이콘은 실온에서 또는 냉장고에서 바로 꺼내도 아주 괜찮은 고전적인 일본식 요리이다. 다이콘은 끓이면 독특하게도 즙이 많아지면서 아삭아삭한 식감을 갖게 된다. 설명하기는 어렵지만 마치 아삭아삭하고 다시로 가득 찬 풍선을 깨무는 것과 같다고 할 수 있다. 야채를 기반으로 한 밑반찬으로 엄청난 풍미를 선사한다.

어떤 사람들은 거의 유약이 될 때까지 국물을 졸여서 다이콘에 매우 강렬한 짭짤하고 달콤한 맛을 나게 하는 걸 좋아한다. 나는 보통 국물을 조금 더 연하게 두어, 충분한 국물과 함께 그릇에 담아 제공한다(잎이 많은 채소 또는 완두콩은 요리 마지막 단계에서 뜨거운 국물에 추가되는 게 좋다). 다이콘의 껍질을 벗기고 원반 모양으로 자른 다음 가장자리를 비스듬히 깎는다(야채필러나 칼을 이용한다). 일본에서 "멘토리"라고 알려진 이 기술은 단순한 외관 그 이상의 일을 한다: 가장자리를 비스듬히 깎아내면 무가 서서히 끓을 때 쪼개지거나 떨어져나가는 걸 방지할 수 있다. 어린이를 위한 테이블이나 옷장을 만든 적 있다면, 가장자리를 둥글게 만들어 놓아야 어린이와 가구 모두가 보호된다는 걸 알 것이다. 비슷한 기술이 *니쿠자가*(532페이지 '소고기 감자스튜')의 감자에 사용된다. 다이콘은 약 20분 만에 익지만, 이 기술을 쓰면 무가 깨지지 않고 최대 45분까지 졸여질 수 있다. 다이콘이 오버쿡 되는 것도 어려운 일이기 때문에, 국물을 아무리 졸여도 쉽게 흐무러지지는 않을 것이다.

다이콘을 차갑게 제공하거나 남은 음식을 먹을 계획이라면 지퍼백에 넣고, 약간의 틈을 남겨두고 밀봉한 뒤 내부의 공기를 짜내며 국물이 나오기 직전에 완전 밀봉한다. 이렇게 가능한 많은 공기를 제거해야 한다. 무를 채운 지퍼백을 평평한 접시 또는 테두리가 있는 쟁반(국물이 새는 걸 막기 위해)에 놓고 최대 며칠 냉장고에 보관할 수 있다. 이 휴지기 동안에도 국물이 무에 풍미를 계속 더할 것이다.

요리 방법

① 다시, 간장, 사케, 미림 및 설탕을 평평한 웍 또는 넓은 프라이팬 또는 소테팬에 넣어 섞는다. 다이콘 조각을 추가하고 한 층으로만 정렬한다(다이콘이 완전히 잠기지 않아도 괜찮다).

② 팔팔 끓이다가 뚜껑을 덮고(최상의 결과를 얻으려면 오토시부타 또는 양피지 뚜껑을 사용할 것. 526페이지 참고) 요리하고, 부드러운 거품을 유지하기 위해 불

의 세기를 조정하고, 다이콘 조각을 10~15분마다 조심스럽게 뒤집어 다이콘이
완전히 부드러워지고 국물이 원하는 만큼 줄어들 때까지 요리한다(최소 20분에서
최대 45분, 끓일수록 국물은 더 미묘하고 강력한 맛을 가진다. 맛을 보고 언제 요
리를 끝낼 것인가는 여러분의 판단에 따르면 된다).

③ **차림**: 부수적인 곁들임 재료를 추가하고, 접시에 옮겨 바로 제공한다. 익은
다이콘은 국물과 함께 지퍼백에 담아 공기를 빼고 밀봉한 뒤 냉장고에서 최대 며
칠간 보관할 수 있다. 차갑게 제공해도 훌륭한 요리다.

다이콘(일본 무) 구매, 보관, 준비

영국의 일부 지역에서 *mooli*로 알려진 다이콘은 아삭아삭하고 물기가 많은 질감과 부드러운 맛을 지닌 크고 흰 뿌리채소로, 날것일 때는
약간 후추 같은 매운 맛이 있고, 절이거나 요리하면 부드러운 유황향*이 나는 짭짤한 맛으로 변한다. 일본요리에서 매우 중요한 야채로,
강판에 갈아 국수 또는 튀김을 위한 디핑 소스에 넣거나, 국물에 넣어 졸이거나, 수프나 스튜에 첨가하거나, 피클로 만들어 밥 토핑에 사
용한다.

구매할 때는 매끄럽고 단단한 피부, 밝고 신선하게 보이는 줄기잎(여전히 붙어있는 경우) 및 직선의 원통형 몸체(요리하기가 더 쉬움)가
있는 다이콘을 찾는다. 다이콘은 비닐봉지에 담아 냉장고에 넣으면 일주일 이상 보관 가능하다. 살짝 흐물흐물해지기 시작한 무는 강판에
갈아 사용할 수 없지만, 피클이나 조림에는 사용할 수 있다.

다이콘을 끓이는 것의 문제점 중 하나는 날카로운 모서리가 부서지는 경향이 있다는 것이다. 이로 인해 부스러기가 국물에 떨어져 국
물을 탁하게 만들어 좋지 않은 모양이 될 수 있다. 이 문제를 해결하기 위해, 일본 요리사들은 야채의 가장자리를 모따기 하거나 비스
듬히 구부려 날카로운 각도를 완화시키는 멘토리(mentori)라는 기술을 사용한다. 이 기술은 프랑스식 통감자구이(pommes de terre
fondantes)를 위해 감자를 모따기 하는 프랑스 기술과 유사하다. *니쿠자가*(532페이지)와 같은 조림 감자에 잘 어울리는 기술이다.

STEP 1 · 다이콘 껍질을 벗긴다.

다이콘에서 껍질을 제거하기 위해 야채필러를
사용한다.

STEP 2 · 다이콘 자르기

다이콘을 4cm 직경의 원반 모양으로 자른다.

STEP 3 · 가장자리 비스듬히 잘라내기

날카로운 칼이나 야채필러를 사용하여 얇게 썬
다이콘의 가장자리 주위를 1.25cm 크기로 비
스듬히 깎아낸다. 완성된 다이콘은 모따기, 로
젠지 같은 모양을 가져야 한다.

---

* 말하자면… 다이콘 무는 방귀 냄새가 난다. 좋게 표현하면 귀여운 아기 방귀.

카보차 호박조림(단호박조림)
KABOCHA NO NIMONO

분량
4인분

요리 시간
5분

총 시간
25~35분

재료

홈메이드 또는 인스턴트 다시 2컵(500ml)

생추간장 1테이블스푼(15ml)

사케 2테이블스푼(30ml)

미림 1테이블스푼(15ml)

카보차 호박 반 개(약 450g), 씨앗 제거하고 1.25cm
    크기로 자른 것(단계별 지침은 200페이지 참고)

동전 크기로 얇게 썬 신선한 생강 1개

양념한 다시에 끓여 졸인 일본 카보차 호박은 촘촘하고 육질적인 식감과 호박, 미림, 설탕의 달콤한 맛을 가져 짭짤한 간장과 다시와 함께 아주 좋은 균형을 이룬다. 카보차에는 천연의 단맛이 있기 때문에 다이콘 때와는 달리 설탕을 생략한다. 생강의 매운맛은 특히 졸인 카보차 호박과 잘 어울린다. 시치미토가라시(일본의 일곱 가지 향신료 블렌드)가 잘 어울리는 것과 같다.

요리 방법

① 다시, 간장, 술, 미림, 생강을 평평한 웍이나 넓은 프라이팬 또는 소테팬에 넣고 섞는다. 카보차 조각을 추가하고 단층으로 정렬한다(카보차가 완전히 잠기지 않아도 괜찮다).

② 팔팔 끓으면 뚜껑을 덮고(최상의 결과를 얻으려면 오토시부타 또는 양피지 뚜껑을 사용한다. 526페이지 참고), 카보차가 부드럽지만 부서지지 않을 만큼(부드러운 거품을 유지)으로 불의 세기를 조정하며 20~30분간 조리한다. 바로 제공하거나 최상의 맛을 위해 잠시 식힌 뒤에 재가열한 뒤 제공한다.

간장 다시와 가츠오부시를 곁들인 데친 잎채소(오히타시)
SIMMERED GREENS WITH SOY DASHI AND KATSUOBUSHI(OHITASHI)

분량	요리 시간
2~4인분	10분
	총 시간
	10분

NOTES

데쳐서 먹을 수 있는 부드러운 잎채소라면 어떤 것이든 사용 가능하다. 미리 데쳐서 양념해 놓았다가, 냉장고에 며칠간 보관할 수 있다. 혼다시는 다시를 분말 형태로 만든 것으로, 일본 슈퍼마켓이나 규모 있는 슈퍼마켓에서 구매할 수 있다.

재료

잎채소 재료:

코셔 소금
시금치, 베이비 케일, 비트잎, 물냉이, 미즈나 같은 부드러운 잎채소 145g

소스 재료:

미림 1테이블스푼(15ml)
사케 2티스푼(10ml)
생추간장 혹은 쇼유 2티스푼(10ml)
홈메이드 *다시*(519~521페이지) 또는 혼다시 ⅓컵 (80ml)

차림 재료:

볶은 참깨와 얇게 포 뜬 가츠오부시

데친 잎채소를 차게 식혀 간장 다시와 함께 제공하는 이 요리는 일본에서 식사에 흔히 곁들여지는 반찬이다. 시금치, 쑥갓, 민들레잎, 비트잎, 순무잎, 물냉이 등 먹을 수 있는 잎채소라면 어떤 것으로도 만들 수 있다. 이 요리에서 중요한 점은 채소를 데친 후에는 물기가 없어야 한다는 것이다. 물기가 있으면 소스가 싱거워지기 때문이다. 손을 사용해도 되지만, 키친타월로 감싼 후 양 끝을 돌려 물기를 짜주는 방법이 가장 효과적이다.

요리 방법

① **잎채소:** 웍에 물을 붓고 소금을 살짝 넣은 뒤 센 불로 끓이고 채소를 넣어 잘 저어가며 약 1분 정도 데친다. 건져 내어 차가운 물로 식을 때까지 잘 헹군다.

② 물기를 뺀 채소를 키친타월이나 보자기 가운데에 놓고 양 끝을 말아 주머니 모양으로 만든 뒤 싱크대 위에서 양 끝을 비튼다. 물기가 최대한 빠지도록 양 끝을 비틀며 꽉 짜면 된다.

③ **소스:** 미림, 사케, 간장, 다시를 중간 크기의 볼에 넣고 섞는다.

④ 채소를 볼에 넣고 소스에 잘 버무린다. 이렇게 준비한 채소는 냉장고에서 이틀간 보관할 수 있다.

⑤ **차림:** 상에 낼 준비가 되면 채소를 접시에 담고 남은 양념을 위에 붓는다. 그리고 볶은 참깨와 가츠오부시 포를 얹어 내면 된다.

일본식 소고기 감자스튜(니쿠자가)
JAPANESE BEEF AND POTATO STEW(NIKUJAGA)

분량
4인분

요리 시간
20분

총 시간
40분

NOTES
샤브샤브나 스키야키 또는 불고기용으로 얇게 썬 꽃
등심, 갈비, 목심 등을 사용하면 된다. 얇게 썬 돼지
고기나 삼겹살 또는 간 돼지고기를 사용해도 되는데,
취향에 따라 고기를 아예 넣지 않아도 된다.

재료
곤약면 1봉지(약 225g)
땅콩, 쌀겨 또는 기타 식용유 1테이블스푼(15ml)
6mm 두께로 채 썬 작은 크기의 양파 1개
얇게 썰거나 간 소고기 225g
껍질 벗겨 4cm로 썬 중간 크기의 당근 1개
껍질 벗겨 4cm로 썬 큰 크기의 감자 1개
홈메이드 *다시*(519~521페이지) 또는 혼다시 2컵
    (500ml)
생추간장 3테이블스푼(45ml)
사케 ¼컵(60ml)
미림 2테이블스푼(30ml)
설탕 1테이블스푼(12g)
냉동 완두콩 ½컵(선택)

19세기 일본 해군에서 개발된 니쿠자가는 영국식 비프스튜와 비슷한 음식을 만들
어 보려는 노력에서 시작되었다. 그렇게 탄생한 것이 소고기, 양파, 감자, 당근과
같은 영국식 스튜 재료에 다시, 미림, 사케, 간장과 같은 일본식 양념이 합쳐진 요
리인데, 여기에 곤약면을 더해 육수의 풍미가 면에 스며들게 했다(곤약면에 대해
서는 300페이지 참고).

큼지막한 고기 덩어리를 푹 끓여 만드는 서양식 비프스튜와는 다르게, 니쿠자가
는 얇게 썬 혹은 간 소고기를 사용해 야채가 익을 정도로만 끓인다.

요리 방법

① 곤약면을 체에 밭쳐 찬물로 30초간 헹군 뒤 물기를 뺀다.

② 웍이나 팬에 기름을 두르고 중간–센 불로 예열한 다음 양파를 넣고 1분간 익
힌다. 고기를 넣고 핏기가 거의 보이지 않을 때까지 익힌다.

③ 당근, 감자, 곤약면을 넣어 잘 젓고 다시, 간장, 사케, 미림, 설탕을 추가해 아
주 약하게 끓인 뒤 떠오르는 거품을 걷은 다음 뚜껑을 덮고 조리한다(오토시부타
나 종이 포일을 덮는 것이 가장 좋다, 526페이지 참고). 아주 약한 불로 야채가 잘
익게끔 20분에서 30분 정도 끓이면 된다. 그 후 완두콩을 넣고 곧바로 제공한다.
식힌 뒤 다시 짧게 끓여서 내면 맛이 더욱 좋다.

니쿠자가 만들기, Step by Step

삶은 달걀에 대한 집착

지난 20년간, 삶은 달걀의 껍데기를 매끈하고 부드럽게 깔 수 있는 방법을 찾기 위해 집착해왔다. 요리사로 입문한 지 얼마 안된 시절 보스턴의 *No. 9 Park*에서 내가 맡은 일 중 하나가 반숙으로 삶은 달걀을 데친 아스파라거스 위에 얹는 요리를 만드는 일이었다. 2009년 *Serious eats*에 *Food Lab*을 연재할 때도 첫 주제가 삶은 달걀 껍데기를 잘 까는 방법에 대한 연구였고, 2019년 *New York Times*에 연재한 요리 칼럼의 주제도 마찬가지였다. 삶아보기도 하고, 압력솥에 넣기도 하고, 오븐으로 굽거나 찌거나 하는 등 수도 없는 달걀을 수많은 사람들과 함께 까 보면서 어떤 부분이 껍질을 잘 까지게 하는데 관여하는지(나와 실험자들 모두 달걀의 조리방식을 모른 채로 공정한 심사가 되도록 했다)에 대해 한평생 연구해 보았다. 이 정도면 달걀에 대한 내 집착이 어느 정도인지 알겠는가? 입에서 닭똥 냄새가 날 지경이다.

이러한 실험 끝에 가장 중요한 부분이 뭔지 찾아냈다. 바로 달걀을 요리하기 시작한 온도이다. 나머지 부분은 그저 거들 뿐.

여섯 개의 달걀은 찬물에 넣고 끓이기 시작했고, 나머지 여섯 개는 끓는 물에 넣었다.

찬물일 때 넣고 삶은 달걀은 흰자 속 단백질이 응고되어 껍질 안쪽 막과 붙어버리게 된다. 끓는 물이나 예열된 찜기에 넣고 익힌 달걀은 단백질 응고 속도가 빨라 껍질에 달라붙기 전에 곧바로 익어 버린다. 이 둘의 차이는 하늘과 땅만큼 크다. 껍질을 깠을 때, 찬물일 때 넣은 달걀은 끓는 물에 넣은 달걀보다 망칠 확률(달걀흰자가 뜯어지는 등)이 아홉 배나 높았고, 완벽하지 않을 확률(흰자에 흠집이 나는 등)은 두 배였다.

이것 이외에는 크게 중요한 것이 없었다. 오래된 달걀과 신선한 달걀의 차이도 없고(아침에 낳은 달걀, 2주가 지난 달걀, 한 달 지난 달걀로 실험했다) 식초, 베이킹소다, 소금을 넣은 물 또한 큰 차이가 없었다. 실온에 놓아둔 달걀은 차가운 달걀보다 1분 정도 먼저 익지만, 껍질을 까는 데는 차이가 없었고, 압력솥으로 익힌 달걀은 껍질이 잘 까졌지만, 일반적인 삶은 달걀보다 식감이 뻑뻑했다. 구운 달걀도 껍질은 잘 까졌지만, 시간이 아주 오래 걸리고 유황 냄새가 많이 났다.

더해서, 달걀을 물에 완전히 담가 끓이거나 끓는 물에 반 정도만 담근 채 뚜껑을 덮어 익히는 것의 차이가 크지 않다는 것도 발견했다. 오히려 두 번째 방식으로 달걀을 익히면 조금 더 부드럽게 익었는데, 아마 수증기로 찌는 것이 끓는 물보다는 섬세한 조리방법이기 때문일 것이다.

웍을 이용하는 것도 좋은 방법이다. 냄비를 사용하면 달걀을 넣을 때 금이 가기 쉽지만, 웍은 옆면이 경사져 있어 달걀을 굴려 넣으면 금이 가지 않게 할 수 있다.

위에서 언급한 것들과는 다르게 삶은 달걀에 영향을 미치는 조건이 하나 있는데, 뭉툭한 부분에 핀으로 구멍을 내는 것이다.

달걀의 뭉툭한 부분에는 오래될수록 부풀어 오르는 공기주머니가 있다(달걀 껍데기는 기공이 있어서 안쪽 수분이 증발하게 되고, 이에 따라 공기주머니가 커진다). 이 부분이 커지면 삶은 달걀이 오목한 모양이 되거나 삶는 도중 터져 버릴 수도 있다. 그래서 여기에 구멍을 내면 공기가 쉽게 빠져나가서 이러한 단점을 방지할 수 있게 된다.

완벽하게 껍질이 까지는 삶은 달걀

분량
1~12개

요리 시간
2분
총 시간
15분

NOTES
실온 보관한 달걀은 조리 시간을 1분 줄이면 된다.

재료
냉장 보관한 달걀 1~12개(NOTES 참조)

이 테크닉은 약 87%의 확률로 달걀 껍데기를 매끈하게 깔 수 있다(내가 아는 한 이것보다 높은 확률로 깔 수 있는 방법은 없다!).

요리 방법

① 웍 안에 물을 2L 넣고 팔팔 끓인다. 그동안 달걀의 뭉툭한 부분에 핀으로 구멍을 낸다.

② 물이 끓으면 웍 가장자리 경사면을 통해 조심스럽게 달걀을 넣는다. 모두 넣었으면 뚜껑을 덮고 시간을 잰다(반숙: 6분, 중간: 8분 30초. 완숙: 11분).

③ 달걀이 다 익으면 물을 뺀 후 흐르는 차가운 물에서 곧바로 껍질을 까면 된다. 보관을 원한다면 접시로 옮겨 담아 식힌 후 냉장고에서 최대 2일간 보관한 다음 껍질을 까서 사용하면 된다.

아지츠케 타마고(맛달걀)

AJITSUKE TAMAGO

분량
6개

요리 시간
5분(달걀 삶는 시간 제외)
총 시간
4~12시간

재료
물 1컵(240ml)
사케 1컵(240ml)
간장 ½컵(120ml)
미림 ½컵(120ml)
설탕 ½컵(100g)
반숙 또는 중간 정도로 삶은 달걀(껍질 제거) 6개
　(535페이지 참고)

아지츠케 타마고(맛달걀)는 삶은 달걀을 사케, 간장, 미림, 설탕 양념에 재워 안쪽까지 맛이 스며들도록 만든 것이다. 라멘에 토핑으로 올라가 있는 것을 흔히 볼 수 있는데, 달걀만 먹어도 아주 맛있기 때문에 알아두면 좋은 레시피이다.

양념을 볼에 담고 달걀을 넣으면 된다. 이게 끝이다. 이때 삶은 달걀이 양념 위로 뜨게 되는데, 가라앉은 부분만 양념이 배게 되는 문제가 생긴다. 해결 방법은 비닐봉지에 재료들을 모두 넣고 공기를 빼내어 양념이 달걀을 감싸도록 하는 것이다. 이렇게 하면 문제가 해결되지만 약간 번거롭다. 더 쉬운 방법이 있는데, 키친타월로 볼에 든 달걀을 덮어 버리면 된다.

이렇게 하면 타월이 양념을 빨아들여 달걀 위쪽까지 양념이 닿게 한다. 피클을 만들 때나 야채의 갈변을 막으려고 레몬즙을 넣은 물에 담가 놓을 때에도 자주 사용하는 방법이다.

요리 방법

① 물, 사케, 간장, 미림, 설탕을 중간 크기의 볼에 넣고 설탕이 녹도록 잘 젓는다.

② 달걀을 알맞은 크기의 볼에 넣은 뒤 달걀이 잠기거나 능능 뜰만큼 양념을 붓는다. 그 후 키친타월 두 겹을 위에 올려 양념이 달걀에 잘 배도록 한다. 냉장고에 넣고 4~12시간 숙성하면 되는데, 12시간이 지나면 달걀을 건져낸다. 달걀은 밀폐용기에 담아 3일간 보관할 수 있다. 차갑게 먹어도 좋고, 끓는 물이나 국수를 만들 스톡에 넣어 데워 먹어도 된다.

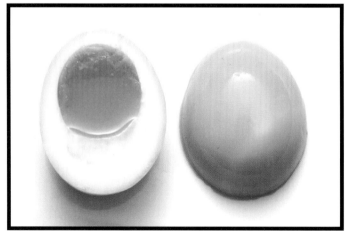

마리네이드의 한계

대학 시절에 50명이서 함께 살았던 적이 있다. 그중 한 명이 닭가슴살이 필요한 사람은 공짜로 가져가라는 이메일을 보낸 적이 있는데, 3일 동안 양념에 재워둔 것이니 아주 부드럽고 맛있을 것이라고 했다.

공짜로 준다하니 당연히 받아 와서 친구들과 함께 구워 먹었는데, 아주 형편 없었다. 물컹거리는 식감에 알갱이가 씹히는 듯한 맛이었다. 그날의 교훈은 마리네이드를 오래 한다고 맛있어지는 건 아니라는 것이었다. 마리네이드는 음식 겉면을 양념하기에 아주 좋은 방식이지만, 너무 오래 놓아두면 표면의 화학 구조를 변화시킨다.

위 이야기에서 닭가슴살을 재웠을 이탈리아식 산성 마리네이드는 단백질을 분해시켜 물컹거리는 식감을 만들고, 가열되면서 수분을 빠르게 방출해 퍽퍽한 식감을 만든다.

아지츠케 타마고의 경우 소금이라는 용의자가 존재한다.

소금이 음식에 많은 영향을 끼친다는 것을 모르는 사람은 없을 것이다. 베이컨이나 햄에 사용되는 소금은 수분을 제거하는 것뿐 아니라 근 내 단백질을 분해시켜 새로운 식감을 만든다(베이컨과 생삼겹살은 같은 부위이지만 식감이 완전히 다르듯 말이다).

아지츠케 타마고 역시 마찬가지이다. 적당한 시간 동안 마리네이드에 담가 놓는 것은 달걀의 표면에 달콤 짭짤한 풍미를 가져다 주고, 최소 겉 표면에만 간이 배어도 충분한 맛을 낸다. 하지만 너무 오래 담가 놓으면 양념이 달걀 가운데까지 스며들게 되고 이렇게 되면 우리의 의도와는 다르게 노른자가 굳어버리는 현상이 발생한다.

아래 사진은 3일간 마리네이드한 달걀인데, 가장 가운데 부분을 제외하고는 노른자가 굳어 버린 것을 볼 수 있다(하루 이틀이 더 지나면 완전히 굳어 버렸을 것이다). 이런 달걀은 흰자는 고무 같은 식감이 나고 노른자는 질겅거리는 식감이 난다. 이러한 방식을 극한으로 끌어낸 것이 중국의 송화단인데, 익히지 않은 생오리알을 소금과 찻잎으로 묻어 숙성시킨 것이다. 이렇게 하면 삶은 달걀처럼 단단하지만 사실은 익히지 않은 오리알이 만들어진다.

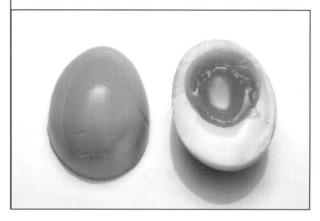

가츠오부시 데빌드 에그
KATSUOBUSHI DEVILED EGGS

분량
데빌드 에그 8개

요리 시간
20분(달걀 삶는 시간 제외)

총 시간
20분(달걀 삶는 시간 제외)

NOTES

카라시는 일본식 겨자분말이다. 구할 수 없다면, 중국 겨자, 잉글리시 머스터드 분말, 디종 머스터드, 잉글리시 머스터드 페이스트 2티스푼(10ml)을 사용하면 된다.

재료

껍질 벗긴 삶은 달걀 6개(535페이지 참고)
쌀식초 혹은 양조식초 2티스푼(10ml)
카라시 1티스푼(2g)
마요네즈 3 테이블스푼(45g)
혼다시 1티스푼(3g)
코셔 소금

마무리 재료:

얇게 썬 스캘리언
시치미토가라시
가츠오부시 포
말돈 소금

난 데빌드 에그의 광팬이다. *Wursthall*을 오픈하기도 전에 이미 메뉴에 오른 가장 인기 있는 애피타이저였다. 우리는 매운 독일 머스터드를 속에 채우고 겨자씨 피클을 위에 얹어서 겨자맛이 강하게 만들었다. "Wursthall Deviled Eggs"라고 검색하면 레시피를 찾을 수 있다. 이번 레시피에서는 일본 겨자와 혼다시, 가츠오부시를 사용해서 만드는데, 이 또한 내가 가장 좋아하는 방식이다.

요리 방법

① 달걀을 반으로 잘라 노른자를 빼낸 뒤 노른자만 푸드프로세서에 넣는다. 가장 모양이 예쁜 흰자 반쪽 8개만 추리고 흐르는 물에 씻어 둔다. 식초, 카라시, 마요네즈, 혼다시를 푸드프로세서에 추가해서 곱게 갈아 준 다음 소금간을 한다.

② 위의 페이스트를 파이핑백이나 지퍼백에 넣어 둔다. 달걀흰자와 페이스트는 냉장고에서 하루 동안 보관할 수 있다.

③ **마무리:** 지퍼백 한쪽 귀퉁이를 잘라 내용물을 짜낼 수 있게 한다. 접시에 페이스트를 살짝 짜서 달걀흰자를 고정시키고 나머지는 흰자 위에 넉넉히 짜준다. 그 후 스캘리언, 토가라시, 가츠오부시, 소금을 올린 후 곧바로 상에 낸다.

김치 순두부찌개
KOREAN SOFT TOFU AND KIMCHI SOUP

분량	요리 시간
4~6인분	15분
	총 시간
	30분

NOTES
순두부찌개 육수는 보통 다시마와 마른 멸치를 사용해 만든다. 519페이지를 참고해 다시를 만들어도 되고, 원하는 다시를 사용해도 된다. 필수 재료는 아니지만, 나는 김치를 넣는 버전을 좋아한다. 김치에는 프로바이오틱스가 들어 있어 냉장고에서 거품이 생기며 발효되는데, 그렇게 발효시킨 김치가 이번 요리에 사용하기에 아주 안성맞춤이다. 작게 자른 무나 팽이버섯, 조개, 새우를 넣어도 좋은데, 이 경우 3단계에서 넣고 알맞게 익히면 된다(무는 15분, 버섯이나 해물은 2~3분). 버섯으로 만든 비건 다시와 비건 김치를 사용하면 비건식 요리가 된다.

재료
신 김치(국물 포함) 1컵(225g, 선택사항)
식용유 1테이블스푼(15ml)
2.5cm로 어슷하게 자른 스캘리언 6대
다진 마늘 1테이블스푼(8g)
고추장 2테이블스푼(30g)
생추간장 1테이블스푼(15ml), 취향에 맞게 가감
고춧가루 3 테이블스푼(20g), 취향에 맞게 가감
다시 1L(NOTES 참고)
순두부 680g
달걀 1인당 1개(선택사항)

한국의 찌개에는 수많은 종류가 있다. 감기에 걸릴 때면 항상 순두부찌개가 먹고 싶어지는데, 아마 내가 자란 곳이 펠리세이드파크의 조지워싱턴브리지 지역이기 때문일 수 있다. 이곳은 미국에서 가장 한국인 인구 비율이 높은 곳으로 52%가 한국계이다. 날씨가 쌀쌀해지고 감기 기운이 있다 싶으면 포트리로 가는 다리를 건너 순두부찌개를 파는 한국 식당에 가곤 했다.

순두부찌개는 돼지고기, 소고기, 버섯, 해산물 등 다양한 종류가 있는, 고춧가루와 고추장을 넣어 해산물 스톡 베이스로 만드는 음식이다. '순두부'라는, 아주 부드러운 두부 종류를 사용하는데, 국물 안에서 뜨겁게 데워진 두부의 식감이 훌륭하다. 이번에 만들어볼 버전은 무, 버섯, 스캘리언과 순두부를 다시에 넣고 끓인 것이다. 순두부찌개는 돌솥에 요리하는 경우가 많은데, 웍을 사용해도 좋을 것이다. 영양가 있고 감기 기운을 뚝 떨어지게 하는 이 요리를 보양식이라고 말할 수 있겠다.

요리 방법

① 김치를 사용하는 경우, 김치를 체에 밭쳐 물기를 꼭 짜서 김치는 먹기 좋게 썰고 국물은 따로 놓아둔다.

② 웍이나 돌솥, 냄비에 기름을 두르고 중간–센 불로 예열한 다음 스캘리언, 마늘, 김치를 넣고 저어가며 1분간 볶는다.

③ 김칫국물, 고추장, 간장을 넣고 야채들과 함께 섞으며 볶은 다음 고춧가루와 다시를 넣는다. 그리고 무가 익을 정도로 15분간 끓인다.

④ 두부와 스캘리언의 초록색 부분을 넣고 조심스럽게 섞은 뒤, 다시 끓어오르면 고춧가루와 간장으로 간을 맞추고 달걀을 깨서 국물에 넣는다. 달걀은 풀어도 좋고, 그대로 익혀 먹어도 좋다.

국물떡볶이(김치 버전)
SPICY KOREAN RICE CAKE STEW WITH KIMCHI

분량	요리 시간
4인분	15분
	총 시간
	30분

NOTES

혼다시는 다시를 분말 형태로 만든 것으로, 일본 슈퍼마켓이나 규모 있는 일반 슈퍼마켓에서 구매할 수 있다. 막대 모양 떡을 사용하는 것이 일반적이지만, 얇게 썬 떡을 사용해도 된다. 냉동된 떡은 찬물에 담가 해동해 두었다가 1단계에서 국물에 넣기 전 물을 따라내고 사용하면 된다. 이 요리는 온도를 유지해줄 뜨거운 접시에 담아 이쑤시개와 함께 내면 파티용 요리로 안성맞춤이다.

재료

땅콩, 쌀겨 또는 기타 식용유 1테이블스푼(15ml)

삼겹살 또는 베이컨 120g, 3mm 두께로 슬라이스
한 다음 사각형 모양으로 자른 것

김칫국물 30ml

2.5cm로 자른 김지 120g

다진 마늘 2티스푼(5g)

홈메이드 *다시*(519~521페이지) 또는 혼다시 2컵
(475ml)

한국식 또는 중국식 떡 450g

고추장 3테이블스푼(45ml)

고춧가루 1테이블스푼(5g)

설탕 1테이블스푼(12g), 간 조절을 위해 약간 더
필요할 수 있음

간장 2티스푼(10ml)

5cm 크기로 자른 스캘리언 4~5대

갓 간 흑후추

이 요리는 *기름떡볶이*(212페이지)의 형제 격인 한국의 요리이다. 김치와 삼겹살은 넣지 않아도 되지만, 나는 넣고 만드는 걸 좋아한다. 삼겹살에서 기름이 나오도록 볶은 후 다른 재료들을 넣으면 풍부한 풍미와 함께 고추장의 매운맛과도 잘 어울리고, 소스에 윤기도 내준다. 여기에 더해 달걀프라이나 삶은 달걀과 함께 먹으면 더욱 좋다.

요리 방법

(1) 웍에서 연기가 살짝 나기 시작할 때까지 센 불로 달군 후 삼겹살을 넣고 약 4분간 볶는다. 그 후 김치와 김칫국물을 넣고 김치에 색이 나고 수분이 날아갈 때까지 약 3분간 볶은 뒤 마늘, 생강을 넣고 약 30초간 더 볶아 향을 낸다. 다시, 떡, 고추장, 고춧가루, 설탕, 간장을 넣고 불을 약하게 줄인 뒤 떡이 부드럽게 익도록 약 10분간 끓인다.

(2) 스캘리언을 넣고 국물이 걸쭉해지도록 2~5분 정도 더 끓인 다음 후추, 설탕, 간장으로 간을 하고 접시에 옮겨 담아 제공한다.

한국식 커리떡볶이
KOREAN RICE CAKE CURRY STEW

분량	요리 시간
4인분	10분
	총 시간
	25분

NOTES
냉동 떡을 사용할 경우 1단계 국물에 넣기 직전 찬물에 해동시켜 물기를 빼야 한다. 한국 커리가루는 밀가루도 포함된 순한 커리가루다. 없으면 밀가루 1테이블스푼(8g)에 일본식 커리가루(S&B 오리엔탈 커리가루 등) 2테이블스푼(15g)을 섞어 사용하면 된다.

재료
땅콩유, 쌀겨유 또는 기타 식용유 1테이블스푼(15ml)
6mm 크기로 자른 양파 1개
껍질 벗겨 다진 당근 1개
다진 마늘 2티스푼(5g)
다진 생강 2티스푼(5g)
오뚜기 등 한국 커리가루 3테이블스푼(25g, NOTES 참고)
물 또는 다시 3컵(700ml)
떡 340g
설탕 1테이블스푼 (12g)
생추간장 2티스푼(10ml)
갓 간 흑후추

이번 레시피는 한국식 요리의 변형으로 양파와 당근을 첨가한 커리맛 베이스를 사용한다. 원한다면, 한입 크기의 닭고기 덩어리나 얇게 썬 소고기 또는 돼지고기를 추가할 수 있다.

요리 방법
웍에 기름을 넣고 중간 강한 불로 가열해 끓인다. 양파와 당근을 넣고 양파가 갈색으로 변하기 시작할 때까지 약 4분간 젓는다. 마늘과 생강을 넣고 약 30초간 볶아 향을 낸다. 커리가루를 넣고 웍에 든 모든 것이 커리가루와 기름으로 코팅될 때까지 약 30초간 젓는다. 물(또는 다시), 떡, 설탕, 간장을 넣는다. 불을 조절해 떡과 야채가 완전히 부드러워지고 소스가 걸쭉해질 때까지 10~15분 정도 끓인다. 후추로 간을 해서 맛을 내어 제공한다.

스톡 베이스의 수프와 스튜

매일 사용할 치킨-생강스톡
EVERYDAY CHICKEN AND GINGER STOCK

분량
2L

요리 시간
10분

총 시간
1시간 45분, 식히는 시간

NOTES

치킨스톡을 만들 때, 고기와 결합조직이 붙어 있는 부위로 구성되어 있는지 확인해야 한다. 만약 가슴살이 들어가 있다면, 고기가 익자마자 건져내고 뼈를 넣어서 조리를 이어간다.

모든 스톡이 그렇듯, 매우 잘 얼고 해동 또한 잘 된다. 특히 지퍼백에 평평하게 얼려두고 알루미늄 쟁반에 올리면 해동 속도가 더 빨라진다(399페이지 참고). 또한 스톡을 얼음트레이에 얼리고 꺼내어 지퍼백에 담아도 된다. 아마 약 30g의 크기를 갖게 될 것이며 조리대에서 빠르게 해동된다(전자레인지에서 더 빨리 해동된다).

재료

닭고기 부위(NOTES 참고) 1.5~1.8 kg
1.3cm로 슬라이스한 생강 6쪽(60g)
통 스캘리언 6대
백후추 1티스푼

이 간단한 육수(스톡)가 다양한 레시피의 기초가 되는 이상적인 스톡(육수)이다. 빠르고 쉬운 닭고기 수프를 위해 남은 닭고기와 야채를 추가해주면 된다. 치킨스톡이 필요한 볶는 조리법에서 이 스톡을 사용하면 된다. 소금과 백후추(원한다면 MSG)로 간을 한 후 컵으로 덜어내어 홀짝홀짝 마셔 본다.

서양식 스톡과 마찬가지로 닭의 결합조직과 껍질이 많을수록 젤라틴이 더 많이 추출되어 육수가 풍부해진다. 뼈에 더 많은 고기를 남길수록 더 많은 맛을 갖기도 한다. 나는 때때로 닭 한 마리를 통째로 사서, 볶음용으로 가슴살을 보관하고, 스톡을 위해 몸통과 날개와 다리를 보관하는 일을 한다. 이렇게 스톡을 다 만든 후에 수프나 샐러드에 사용하기 위해 닭다리살을 살만 따로 분리해 보관할 수 있다.

내가 완탕 수프에 사용하는 *슈페리어스톡*(549페이지) 등 좀 더 복잡한 스톡을 만들 때도 이 베이스 스톡부터 시작해 아로마와 다른 베이스 재료를 첨가해 맛을 돋우기만 하면 된다.

요리 방법

① 모든 재료를 웍이나 큰 소스팬 또는 냄비에 넣고 섞는다. 찬물로 모든 걸 덮고 센 불로 끓인다. 물이 끓어오르면 불을 약한 불로 조절해 유지한다. 떠오르는 찌꺼기를 표면에서 걷어내고, 모든 내용물이 물에 잠기도록 뒤적여준다. 물이 부족하면 보충해주면서 총 1시간 반을 끓인다(닭가슴살이 들어 있다면, 20분 정도 끓인 후에 꺼내서 살은 샐러드나 수프에 사용하고 뼈는 다시 넣어 계속 끓인다).

② 스톡을 고운체로 거른다. 사용한 허벅지나 다리살에서 고기를 골라내어 샐러드나 수프를 위해 남겨두고 남은 뼈는 버린다. 스톡을 실온까지 식힌 후 밀봉된 용기에 담아 냉장고에 최대 1주일 보관할 수 있으며 냉동고에 무기한 보관할 수 있다(NOTES 참고).

최고의 닭 수프를 위해서는 생강과 떡을 넣어라

이 간단한 닭고기 수프는 2012년 12월 어느 음울한 날, 서울에서 아내 Adri와 어머니 Keiko와 함께 먹었던 삼계탕 한 그릇에서 영감을 받았다. 닭 한 마리 통째에 안에는 밥을 채우고 마늘, 인삼, 대추로 맛을 낸 육수에 끓인 후, 스캘리언 한 움큼으로 마무리하는 전통적인 한국요리이다. 이 요리는 여름의 가장 더운 날에 따뜻하게 먹는 게 관례이지만, 그날은 비에 젖은 우리를 따뜻하게 만들어주기 위해 만들어진 것처럼 보였다.

콜롬비아인이 수프를 좋아하지 않는다는 건 마치 보스턴 토박이들이 2004년 10월 27일에 있었던 일(월드시리즈 우승)을 잊거나 스타워즈 팬들이 한 샷 퍼스트(Han Shot First)를 잊었다는 것과 같다. Adri도 2013년에 귀화하여 미국 시민이지만, 여전히 수프를 사랑한다. 나는 다른 나라에 충성을 맹세한 후에도 수프만은 계속 사랑해야 한다는 콜롬비아의 어떤 규칙이 있다고 확신한다. 만약 그녀에게 수프를 충분히 공급하지 못한다면 어떤 결과가 초래될지 모르지만, 나는 알고 싶지도 않다. 그래서 지난 몇 년 간, 나는 만들기 쉽고 먹기 쉬운 간단한 버전으로 이 수프를 개조했다.

내 레시피도 통닭이지만, 통째로 요리하는 것보다 잘게 잘라 요리하면 맛이 더 쉽게 추출된다. 조각이 다 익으면 육수에서 건져내어 채 썬 뒤 식탁에서 먹기 좋게 만든다. 게다가 찾기도 힘들고 비싼 인삼뿌리 대신에 오래된 생강을 사용하기로 했다. 가끔은 먹다 남은 밥을 넣을 때도 있지만 주로 한국의 떡을 사용하는 걸 좋아한다. 그 떡들이 포근한 육수에서 토실토실 부풀어 오르는 모습이 너무 좋다.

나파배추는 생강 닭 육수에 잘 어울

리고, 얇게 썬 양파, 스캘리언, 중국 황색 부추에 마늘을 둘러 *고추절임*(84페이지)과 함께 먹어도 훌륭한 음식이다(차이브를 사용하거나 생략해도 된다).

왜 이렇게 많은 마늘류 향신료를 쓰냐고? 짐작이지만 어렸을 때 목이 아프면 엄마가 스캘리언 다발을 반다나로 싸서 목에 묶고 가만 누워있으라고 했었는데, 그래서 그런 것 같다. 엄마는 이게 정말로 도움이 될 것이라고 믿었는지, 아니면 감기 핑계로 학교를 빠지려고 연기하는 나를 벌하려고 한 것인지는 모르겠다.

요점은, 양파가 감기를 잘 낫게 하는지도 모르겠고, 인터넷으로 검색을 해봐도 대부분 자연치료계의 지지를 받는다고 나와있어서 의심이 절로 든다. 내가 아는 건 파블로프의 개처럼 추운 계절이 올 때마다 스캘리언과 그 비슷한 것들이 먹고 싶어진다는 것이다.

완성된 수프는 매우 향기롭고, 따뜻하고, 먹기 쉽다. 가장 중요한 건 Adri가 좋아한다는 것이다. 스캘리언(파), 차이브(부추), 마늘은 내 수프뿐만 아니라 우리 결혼생활의 화목함을 위해서도 중요한 재료들이다.

떡을 곁들인 생강삼계탕
CHICKEN AND GINGER SOUP WITH RICE CAKES

분량	요리 시간
4~6인분	30분
	총 시간
	1시간 30분

NOTES

닭 한 마리를 삶을 때 어떻게 잘라야 하는지에 대한 단계별 지침은 52페이지를 참고한다. 이 레시피의 1단계에 사용하는 육수와 닭고기 대신에 *매일 사용할 치킨-생강스톡*(542페이지)과 전기구이 통닭 또는 구운 치킨 또는 백숙을 먹다 남은 고기와 육수를 사용해도 된다. 노란색이나 중국산 부추를 찾을 수 없다면 생략할 수도 있고, 마늘 모양이나 차이브와 같은 부드러운 마늘류로 대체할 수도 있다.

나는 여기에 떡을 넣는 걸 좋아하지만 쌀국수, 우동, 밥을 추가할 수도 있다. 삼발올렉이나 스리라차 같은 톡쏘는 절인 고추를 사용하면 좋다.

재료

육수 재료(NOTES 참고):

통닭 1마리(약 1.8kg), 끓이기 위해 조각으로 자른다 (52페이지 참고)
1.3cm로 얇게 썬 생강 6쪽(60g)
갓 다진 중간 크기의 마늘 4쪽(10~15g)
굵게 다진 양파 1개(150g)
굵게 다진 스캘리언 3대(약 60g)
통 백후추 2티스푼(8g)

차림 재료:

코셔 소금
굵게 썬 나파배추 4컵(약 225g)
한국식 또는 중국식 떡 170g(NOTES 참고)
껍질을 벗긴 생강 30g, 아주 잘게 썰어준다
황색 부추 또는 차이브 60g, 5cm 조각으로 자름 (NOTES 참고)
굵게 다진 신선한 고수잎과 가는 줄기(15g, 약 ½컵)
얇게 썬 스캘리언 2대
홈메이드 및 시판 *고추절임*(84페이지, NOTES 참고)

요리 방법

① **육수:** 닭고기, 생강, 마늘, 양파, 스캘리언, 통후추를 웍이나 큰 냄비에 넣는다. 찬물로 재료를 모두 덮고 5cm 정도 더 넣어준다. 강한 불에 끓인 뒤 끓어오르면 약한 불로 줄이고, 닭가슴살 조각이 완전히 익을 때까지 규칙적으로 표면에서 찌꺼기와 지방을 걷어내면서 약 20분 동안 요리한다. 닭가슴살 조각을 작은 볼에 옮기고 뚜껑을 덮고 한쪽에 보관해 둔다. 다리 조각이 부드러워질 때까지 약 1시간 정도 더 끓여준다. 다리 조각들을 제거하고 가슴과 함께 볼에 담아둔다. 고운체로 육수를 거르고 뼈는 버리고 육수를 냄비에 다시 담는다.

② **차림:** 육수에 소금으로 간을 하여 맛을 낸다. 배추와 떡을 넣는다. 끓는 물에 넣고 떡이 다 익을 때까지 가끔 저으면서 약 8분간 요리한다. 닭이 충분히 식으면 손가락으로 고기를 대충 채 썰고 뼈를 버린 뒤, 고기를 냄비에 다시 넣고 약한 불로 끓인다. 얇게 썬 생강, 차이브, 고수, 스캘리언을 넣고 젓는다. 따뜻한 그릇에 국자로 떠서 뜨고 별도의 볼에 고추절임을 담아 함께 제공한다.

계란국
EGG DROP SOUP

분량	요리 시간
4인분	15분
	총 시간
	30분

NOTES
만약 *매일 사용할 치킨-생강스톡*을 가지고 있지 않다면, 시판용 저염 육수 1.5L에 스캘리언 4대, 생강 몇 쪽, 백후추 1티스푼을 추가한다. 원한다면 뼈를 넣어 15분 동안 끓이고 걸러낸 뒤 지침대로 진행하면 된다.

재료
매일 사용할 치킨-생강스톡(542페이지, NOTES 참고) 1.5L
옥수수 전분 4테이블스푼(30g) + 1티스푼(2.5g)
소금과 백후추
달걀 4개
잘게 썬 스캘리언 2대

나는 오랫동안 달걀국을 정말 싫어했다. 온종일 중국 뷔페의 스팀 테이블 위에 앉아 먹던 것이기 때문이다. 점성 있는 점액질의 노란색 고무 조각 같은 달걀이 둥둥, 가끔은 이상하게 잘게 썰린 버섯들도 있었다.

반면에 최고의 달걀국도 있다. 생강, 스캘리언, 백후추의 향과 함께 닭고기와 달걀의 강렬한 풍미가 있는 맑으면서도 약간 걸쭉한 육수여야 한다. 달걀은 부드럽고, 비단결 같고 크고 작은 커드들이 있어야 하며 식감도 담당하지만 대부분의 맛과 풍부함도 제공한다.

그걸 어떻게 만드냐고? 두 가지 간단한 단계가 있다. 첫째는 우리가 이미 성취한 단계로, 바로 맛깔스러운 육수를 만드는 단계이다. *매일 사용할 치킨-생강스톡*도 아주 완벽하지만, 조금 더 나아간 걸 원한다면 닭뼈를 추가해 맛을 높일 수 있다.

둘째는 달걀을 추가하는 것이다. 중국어로 달걀꽃이라 부르는 기술은 정말 하기 쉽다. 관건은 옥수수 전분 약간과 함께 푼 달걀을 천천히 국으로 부으면서(가랑비처럼) 소용돌이로 휘젓는 것이다(전분이 단백질 연결을 방해하여 달걀이 고무처럼 되는 걸 방지함).

이 달걀의 가랑비를 내리는 가장 좋은 방법으로는 작은 그릇 위에 젓가락 두 개 또는 포크를 대고 달걀을 천천히 부어내리는 것이다. 이때 국은 뜨겁거나 끓지 않는 것이 중요하다. 달걀을 비교적 큰 커드로 만들고, 이어서 달걀을 뿌린 후에 휘저어 원하는 크기로 분해할 수 있다.

요리 방법

① 옥수수 전분 4테이블스푼과 물 4테이블스푼을 작은 볼에 넣고 균일해질 때까지 포크로 섞는다. 웍이나 소스팬에 스톡을 넣고 가열한다. 옥수수 전분물도 추가한 뒤 끓을 때까지 가열한다. 불을 약한 불로 줄인 뒤 소금과 백후추로 맛을 낸다.

② 작은 볼에 달걀, 소금 한 꼬집, 그리고 남은 옥수수 전분 1티스푼(2.5g)을 넣고 균일해질 때까지 섞는다. 젓가락 한 쌍이나 포크를 그릇 가장자리에 들고, 달걀 혼합물을 천천히 국물에 부으면서 포크나 젓가락을 혼합물 그릇에 대고 앞뒤로 빠르게 흔들어 혼합물이 흐드러지며 떨어지게 한다. 15초간 가만히 두었다가 달걀을 원하는 크기로 분해하기 위해 부드럽게 젓는다. 스캘리언을 넣고 저어준다.

핫&사워 수프(산라탕)

산라탕과 나는 영화에서나 나올법한 그런 관계를 가지고 있다. 와이프가 비행기를 탔을 때 즐겨보는 비극적인 사랑이야기가 나오는 영국 영화같은 부류 말이다.

나는 6살 때 뉴저지 길가에 있는 중국 식당에서 산라탕을 처음 만났다. 물론 예전에 웨이터가 산라탕을 들고 지나가면서 풍기는 냄새를 슬쩍 맡은 적도 있었고, 12번 테이블에 앉아있는 작자와 산라탕이 약혼한 사이라는 것도 알고 있었다. 그 냄새를 맡고 있자니 참을 수 없었다. 산라탕에 대해 조금 더 알고 싶었지만 그러자니 갓난아기때부터 사랑해 온 완탕 수프에게 등을 돌리는 기분이 들었고, 괜히 잘못했다간 평생 계란국이나 먹는 신세가 되어 버리는게 아닌가 하는 기분도 들었다.

사실대로 말하자면, 나에게 있어서 산라탕의 첫인상은 그다지 좋지 않았다. 전분물이 풀어져 있어 걸쭉한 국물은 맛은 있었지만 시큼한 식초맛과 백후추의 알싸함은 여섯살짜리에게는 무리가 있었다. 여덟 살때 쯤에는 부모님이 Joyce chen의 요리책에 나와있는 레시피로 한 달에 한 번 가량 산라탕을 만들어 주시던 시기가 있었는데, 그때 부모님을 도와 목이버섯을 손질했던 기억도 있고, 그 당시 뉴욕에서 쉽게 찾아보기는 힘들었던 고수를 두고 "코리앤더"라고 부를 것인지 "실란트로"라고 부를 것인지에 대해 토론했던 기억도 있다.

그때 이후로 산라탕에 대한 내 마음은 커져만 갔다. 산라탕은 베이징(백후추과 흑식초를 사용한 레시피)과 쓰촨(말린 고추를 넣어 매콤하게 만드는 레시피)식 버전이 존재하고, 두 레시피 모두 훌륭하지만, 내가 가장 좋아하는 스타일은 뉴욕의 오래된 광능식 음식점에서 나올 빕한 스타일이라고 할 수 있다. 색이 어둡고 백후추과 식초가 넉넉히 들어갔으며, 전분물을 넣어 끈적한 질감이다. 거기에 두부, 돼지고기, 백합줄기, 목이버섯을 넣고 달걀을 살짝 풀어낸다. 식당에서는 분명 한 번에 많이 만들어 놓고 하루종일 두었다가 데워 나가는 경우가 많을 것이기 때문에, 집에서 만들면 갓 만든 신선한 맛을 느낄 수 있다.

예전에는 국물을 넣기 전에 재료를 볶아서 맛을 더해주는 과정을 생략했는데, 최근에는 생각을 바꿔서 재료를 한 번 볶아서 넣는 방법을 자주 사용하고 있다. 산라탕에 버섯이 많이 들어가는 것을 좋아하는 사람에게(나를 포함해서) 꽤나 유용한 방법임을 깨달았기 때문이다.

전분물을 사용해 국물을 걸쭉하게 만드는 것은 사람마다 의견이 분분한데, 일부 중국 전통 레시피는 닭이나 돼지의 피를 넣어서 국물을 걸쭉하게 만드는 경우도 있고, 아예 걸쭉하지 않게 하는 곳도 있다. 나는 내가 어렸을때 먹던 방식 그대로, 전분물을 사용해 국물을 걸쭉하게 만드는 것을 좋아한다.

정말 중요한 부분은, 상에 내기 직전에 식초와 후추를 넣어야 한다는 것이다. 두 재료 모두 향이 날아가 버릴 수 있기 때문이다. 가장 좋은 방법은 후추와 식초를 손님 상에 두어서 손님이 직접 넣어 먹도록 하는 것이다. 신선한 백후추와 식초의 향기는 둘이 먹다가 하나 죽어도 모를 맛의 차이를 가져온다.

산라탕은 내가 정말 사랑하는 요리이지만, 이 레시피를 나만 알고 있을 정도로 이기적인 사람은 아니기 때문에 여러분과 공유하고자 한다.

분량	요리 시간
6인분	30분
	총 시간
	1시간 45분

NOTES

만약 *매일 사용할 치킨-생강스톡*을 가지고 있지 않다면, 시판용 저염 스톡 1.5L를 사용해서 스캘리언 4대, 생강 몇 쪽, 백후추 1티스푼을 추가한다. 원한다면 뼈를 넣어 15분 동안 끓이고 걸러낸 뒤 지침대로 진행하면 된다. 목이버섯은 말린 원추리와 함께 아시아 슈퍼마켓이나 온라인에서 찾아볼 수 있다. 진강식초를 구할 수 없다면 흑식초나 발사믹 식초로 대체해도 된다.

재료

건조 재료(NOTES참조):
말린 중국 목이버섯 ¼컵(8g)
말린 원추리 꽃봉오리 ¼컵(8g)

볶음 재료:
땅콩유, 쌀겨유 또는 기타 식용유 1테이블스푼(15ml)
얇게 썬 표고버섯이나 느타리버섯 등의 버섯 120g
뼈 없는 돼지 어깻살 또는 등심 170g, 5cm로 자른 것(선택사항)
소흥주 2테이블스푼(30ml)

마무리 재료:
매일 사용할 치킨-생강스톡(542페이지, NOTES 참고) 1.5L
얇게 채 썬 단단한 두부 170g
옥수수 전분 4테이블스푼(30g) + 1티스푼(2.5g)
달걀 2개

차림 재료:
코셔 소금
갓 간 백후추 1½ 테이블스푼(5g), 취향에 따라 가감
진강식초 또는 흑식초 ¼컵(60ml), 취향에 따라 가감 (NOTES 참고)
참기름 1티스푼(5ml), 취향에 따라 가감
잘게 썬 스캘리언 2대
고수 한 줌, 잎은 굵게 다지고 줄기는 잘게 썬 것

요리 방법

① **건조 재료들 물에 넣어 불리기:** 목이버섯과 원추리 꽃봉오리는 4배 정도 부풀어 오르므로, 그만큼 큰 볼이나 계량컵에 넣어준다. 뜨거운 물로 덮어 약 15분간 따로 둔다. 물기를 완전히 뺀다. 목이버섯은 질긴 중심부를 제거한 후 얇게 썰고, 원추리는 5cm로 자른다.

② **볶음:** 웍에서 연기가 날 때까지 센 불로 가열하고 기름을 둘러 코팅한다. 신선한 버섯을 넣고 가장자리가 살짝 갈색이 될 때까지 2~3분간 볶는다. 돼지고기를 넣고 핏기가 보이지 않을 때까지 약 1분간 계속 볶는다. 목이버섯과 원추리를 넣고 여분의 수분을 없애기 위해 짧게 볶는다. 웍 가장자리에 소흥주를 부어 섞는다.

③ **마무리:** 스톡과 두부를 넣고 끓인다. 옥수수 전분 4테이블스푼과 물 4테이블스푼을 작은 볼에 넣고 균일해질 때까지 포크로 섞는다. 웍에 붓는다. 국물이 걸쭉해져야 한다.

④ 작은 볼에 달걀, 소금 한 꼬집, 남은 옥수수 전분을 넣고 균질해질 때까지 섞는다. 젓가락 한 쌍이나 포크를 그릇 가장자리에 들고, 달걀 혼합물을 천천히 국물에 부은 다음, 포크나 젓가락을 앞뒤로 빠르게 흔들어 달걀 혼합물을 부슬부슬하게 만든다. 15초간 가만히 두었다가 달걀을 부드럽게 저어서 원하는 크기로 분해한다.

⑤ **차림:** 제공하기 직전에, 소금으로 간을 하고 백후추와 식초를 넣고 젓는다. 참기름, 스캘리언, 고수를 뿌린다. 입맛에 맞게 넣을 수 있도록 식탁에 백후추, 식초, 참기름을 같이 낸다.

슈페리어스톡의 재료들

슈페리어스톡은 닭고기, 돼지고기, 말린 조개류를 조합하여 육류와 조개류에서 추출한 다양한 아미노산과 펩타이드가 시너지 효과를 발휘해 궁극의 감칠맛을 내는 중국산 육수이다. *Mastering the Art of Chineses Cooking*의 저자인 Eileen In-Fei Lo에 따르면, 승통(최고의 수프)이라고 알려진 광저우의 식당 요리사들에 의해 개발된 것이라고 한다. 이 스톡은 내가 세상에서 제일 좋아하는 국물요리 중 하나인 완탕 수프의 베이스로 쓰인다. 이 스톡을 다른 강한 맛을 내는 재료들과 볶거나 수프에 사용하긴 좀 지나쳐도, 육즙이 풍부한 국물에서는 비교할 수 없는 깊이를 낸다.

슈페리어스톡을 위한 수많은 레시피가 있으며 말린 가리비와 새우, 신선한 돼지고기, 말린 귤과 말린 용안과 같은 향신료, 그리고 원하는 어떤 것이든 자유롭게 넣을 수 있다. 고기와 헤물의 조합만 갖춘다면 실패하기가 어렵다.

다음은 내가 자주 사용하는 재료들이다:

닭뼈. 닭고기 뼈는 가격이 저렴하며 적당한 풍미를 가져 다른 맛을 압도하지 않고 중성적인 맛을 제공한다.

돼지뼈. 목살, 다리뼈 등 다양한 부위를 사용해봤지만, 젤라틴으로 전환되는 결합조직을 대량으로 포함해 스톡에 풍성한 식감을 주는 족발을 주로 사용한다. 족발에는 스톡을 흐리게 만드는 불순물이 첨가된 골수가 많이 들어있어

서 한 차례 물에 끓이고 물기를 제거한 뒤 흐르는 물에 문질러 씻어줘야 한다. 이 과정 이후에 깨끗한 물로 만들면 된다.

진화 햄(중국 햄). 적어도 10세기부터 만들어지던 진화지방의 소금 햄이며 미국의 컨트리 햄이나 프로슈토 및 세라노 같은 유럽식 햄과 상당히 비슷하다. 유럽과 미국의 햄들과는 달리 진화 햄은 그대로 먹거나 음식과 함께 먹지 않고 주로 국과 스튜의 맛을 내는데 쓰인다. 컨트리 햄처럼 진화 햄도 데쳐서 조리하지 않으면 스톡이 참을 수 없을 정도로 짜게 된다는 걸 힘들게 배웠다. 그리고 족발과 함께 데쳐 먹을 수도 있다. 프로슈토나 판세타, 베이컨이나 소금 돼지고기 한 덩이로 대체할 수 있다.

건어물. 말린 가리비, 새우, 넙치는 육류의 감칠맛을 높여준다. 직접 테스트해보니 강한 해산물 향 없이 감칠맛을 첨가하기엔 가리비가 가장 좋지만, 가장 비싸며 비교적 구하기도 어렵다. 그래서 해산물 기반의 감칠맛을 내고 싶을 때는 다시마나 말린 새우를 사용하며, 생새우를 넣는 요리일 때는 껍질도 함께 사용한다.

향신료. 생강과 스캘리언이 기본이다. 나는 나파배추 몇 잎을 사용하는 것도 좋아한다. 좋은 스톡을 만드는 많은 레시피에는 말린 버섯, 귤껍질, 말린 롱안 같은 재료들이 사용된다.

슈페리어스톡
SUPERIOR STOCK

분량
2L

요리 시간
15분
총 시간
3시간 30분

NOTES
콤부(다시마)는 거대한 해조류로, 대부분의 아시아 식료품점에서 찾을 수 있다. 노란 부추는 중국 식료품점에서 찾을 수 있다. 말린 새우나 건어물은 중국이나 다른 아시아 슈퍼마켓에서 찾을 수 있다. 물론 생략할 수도 있다. 새우가 포함된 레시피를 요리할 때는 새우껍질을 보관해 두고, 스톡을 끓일 때 추가할 수 있다.

모든 스톡이 그렇듯, 매우 잘 얼고 해동 또한 잘 된다. 특히 지퍼백에 평평하게 얼려두고 알루미늄 쟁반에 올리면 해동 속도가 더 빨라진다(399페이지 참고). 또한 스톡을 얼음트레이에 얼리고 꺼내어 지퍼백에 담아도 된다. 아마 약 30g의 크기를 갖게 될 것이며 조리대에서 빠르게 해동된다(전자레인지에서 더 빨리 해동된다).

이 스톡은 "최고의 완탕 수프"에 필수적이다. 매우 고소한 맛을 가지고 있어서 어떤 국물에도 적합하다.

재료
큰 식칼로 조각낸 닭의 등과 날개 부분의 뼈와 살 900g
돼지족발 680g
진화 햄, 컨트리 햄 또는 프로슈토 또는 세라노 90g
콤부 15g(NOTES 참고)
말린 새우 또는 건어물 30g(옵션, NOTES 참고)
거칠게 다진 스캘리언 4대
얇게 썬 생강(약 45g)
배추잎 4개

요리 방법
① 닭고기, 족발, 햄을 큰 냄비나 웍에 넣고 섞고 재료들이 덮일 정도로 물을 채워 10분간 센 불로 끓인다. 내용물만 건져내어 물기를 제거하고 흐르는 찬물에 뼈와 고기의 찌꺼기나 핏물을 문질러 깨끗이 씻는다. 꼬챙이나 젓가락을 사용해 뼈의 틈새에 박힌 부드러운 응고 물질들을 모두 제거한다.

② 씻은 뼈와 햄을 냄비나 웍에 다시 넣는다. 콤부, 말린 새우(또는 건어물), 스캘리언, 생강, 배추잎을 넣고 센 불로 끓인다. 끓어오르면 약한 불로 줄이고 육수가 깊은 맛이 날 때까지 뚜껑을 열고 약 3시간을 끓인다.

③ 집게를 사용해 뼈를 꺼내고 고운체로 육수를 거른다. 당일에 사용한다면, 국자로 육수에 뜬 지방을 제거해야 한다(또는 밤새 육수를 냉장시킨 후 다음날 위에 뜬 고형 지방을 건어내도 된다). 육수를 실온에서 식힌 후 밀봉된 용기에 담아 냉장고에 최대 1주일 보관할 수 있으며 냉동고에 무기한 보관할 수 있다(NOTES 참고).

맑은 국물을 위한 포인트: 뼈를 데치고 문지르는 것의 중요성

돼지족발이나 크게 자른 소고기나 송아지뼈 등을 사용하는 스톡 레시피들은 하나같이 스톡을 만들기 전에 뼈를 데치고 문지르라고 말할 것이다. 나도 완탕 수프 조리법을 연구할 때 이 단계를 건너뛰면 스톡이 갈색이 되고 매우 흐려진다는 걸 알았다. 그 이유는 끓는 과정에서 처음 몇 분 동안 뼈에서 침출되는 응고된 혈액, 단백질, 기타 불순물 때문이다. 그래서 조리 전에 뼈를 끓는 물에 잠깐 데쳐 문질러 씻은 뒤, 깨끗한 물로 스톡을 만들면 더욱 깔끔하고 맑고 풍미가 있었다.

안 믿기는가? 씻어내려는 이유는 다음과 같다.

이런 사태를 방지하는 가장 쉬운 방법은 뼈를 물에 끓인 다음, 모든 걸 싱크대에 부어버리는 것이다. 그리고 나서 손가락이나 젓가락을 사용해 뼈 틈새에 낀 것들을 빼내고 흐르는 차가운 물에 뼈를 문질러 씻는다.

깨끗한 물을 넣고 다시 끓일 때, 표면에 뜨는 물질은 지방과 소량의 깨끗하고 하얀 찌꺼기인데, 누군가는 이것들도 꼼꼼히 걷어내려 하지만, 나는 처음 15분 정도 내에 응고되는 불순물만 제거한 뒤로는 따로 걷어내지 않는 편이 더 맛있다는 걸 알게 됐다.

자차이 로우쓰 미엔
(돼지고기와 자차이가 들어간 쓰촨식 수프)
ZHA CAI ROUSI MIAN(SICHUAN PORK AND PICKLE SOUP)

분량	요리 시간
4~6인분	15분
	총 시간
	30분

NOTES

돼지고기나 닭고기 대신 단단한 두부를 사용해도 좋다(1단계에서 씻는 것과 강하게 주무르는 것 대신 양념을 조심스레 묻힌다). 자차이는 겨자과의 착채절임이다. 겨자잎절임과 비슷하지만 더 자극적이고 무와 같은 향이 나며 중국 슈퍼마켓의 냉장 코너에서 통째로 캔에 들어 있는 것이나 얇게 썰려 캔, 병, 봉지에 담겨 있는 것을 찾을 수 있다. 찾을 수 없다면 사워크라우트나 김치를 사용해도 된다. 맛은 다르지만 여전히 맛있게 즐길 수 있다. 면도 넣든 넣지 않든 맛있다.

이 요리는 자차이, 얇게 썬 돼지고기, 면으로 만드는 간단하며 고전적인 쓰촨식 수프이다. 돼지고기, 아삭아삭한 야채절임, 그리고 전분기가 있는 부재료가 어우러지는 요리로, 우크라이나의 사워크라우트, 돼지고기, 감자를 넣은 수프인 카리스누악(Kapustnyak)이 지독하게 생각난다. 그래서 자차이가 없다면, 사워크라우트가 대체할 수 있는 가장 좋은 재료이다.

시중에서 구매한 치킨스톡이나 *매일 사용할 치킨-생강스톡(542페이지)*을 사용할 수 있다. 슈페리어스톡을 사용하면 전통적이지도 않고 좀 과도하다고 느껴질 순 있지만 매우 훌륭하다. 갖고 있는 아무 스톡이나 사용해도 무관하다. 레시피가 매우 간단하다.

재료

돼지고기 재료:

얇게 썬 돼지등심 또는 닭가슴살 170g
　(NOTES 참고)
소흥주 또는 드라이 셰리주 1티스푼(5ml)
생추간장 또는 쇼유 1티스푼(5ml)
백후추 ¼티스푼(0.5g)
코셔 소금
MSG 한 꼬집(선택사항)
옥수수 전분 1티스푼(3g)

수프 재료:

코셔 소금
땅콩, 쌀겨 또는 기타 식용유 1테이블스푼(15ml)
돼지고기와 비슷하게 썬 자차이 170g(NOTES 참고)
생강 몇 쪽+굵게 다진 스캘리언+스톡으로 10분간
　끓인 육수 또는 *슈페리어스톡(549페이지)* 또는
　매일 사용할 치킨-생강스톡(542페이지) 또는 시
　판용 저염 치킨스톡 1.5L
한입 크기로 자른 청경채 또는 어린 청경채 또는
　가이란 또는 배추 225g
백후추
생밀면 225g
편으로 썬 스캘리언 3대

recipe continues

요리 방법

① **돼지고기(또는 닭고기나 두부):** 중간 크기의 볼에 고기를 넣고 찬물로 고기를 덮은 뒤 잘 씻긴다. 고운체로 밭치고 손으로 눌러 짜서 물기를 제거한다. 돼지고기를 다시 볼에 담고 소흥주, 간장, 백후추, 소금 약간, MSG(사용한다면), 옥수수 전분을 추가한다. 최소 30초 동안 고기를 양념한 다음 적어도 15분에서 최대 밤새 양념장에 재운다.

② **수프:** 냄비에 소금물을 넣고 센 불로 끓인다. 그동안 웍에서 연기가 날 때까지 센 불로 달궈 기름을 두르고 코팅한다. 돼지고기를 넣고 핏기가 사라지고 가장자리가 살짝 갈색이 될 때까지 약 2분간 볶은 뒤 자차이를 넣고 1분간 더 볶는다. 육수와 청경채를 넣고 끓이다가 소금과 백후추로 간을 한다.

③ 냄비의 물이 끓으면 포장지에 적힌 지시에 따라 면을 삶는다. 면을 접시에 나누어 담고 국물, 돼지고기, 자차이, 청경채도 나누어 담는다. 스캘리언을 고명으로 뿌리고 곧바로 제공한다.

최고의 완탕 수프

몇 년 전, 난 뉴욕에서 먹어볼 만한 모든 완탕 수프를 맛보는 걸 목표로 삼았었고, 제대로 된 완탕(만두) 수프는 저렴한 전채 요리가 아니라 그 자체로 가치 있는 음식이 될 수 있다는 걸 알게 됐다. 바비큐 가게에서 파는 미국식 중화로 구운 돼지고기 육수에 두꺼운 피의 완탕을 곁들인 수프도 있고, 상하이 식당에서는 닭고기 육수에 국수, 돼지고기, 청경채를 곁들인 완탕 수프도 있다. 도시 내 몇몇 푸저우 식당에서는 Pac-Man의 유령처럼 생긴 수십 가닥의 혜성 모양의 완탕과 많은 양의 자차이와 마른 새우가 든 수프를 볼 수 있다.

하지만 내가 가장 좋아하는 버전은 홍콩에서 볼 수 있는 새우와 돼지고기가 풍부하게 들어간 것이다. 국물은 돼지고기(때로는 닭고기), 말린 햄, 말린 해산물(말린 가자미와 새우알)로 맛을 낸 슈페리어스톡이 사용된다. 만두가 다른 곳들보다 속이 꽉 차 있고, 작고 둥글게 접혀 있으며 깨물었을 때 얇은 피 사이로 튀어나오는 돼지고기와 새우 육즙이 가득 차 있다. 새우는 씹힐 때 아삭아삭한 소리가 난다.

이게 바로 내가 원하는 완탕 수프이다. 여러분이 슈페리어스톡을 만들기만 하면 만두와 합치는 건 간단한 문제이다.

만두 소

홍콩식 만두의 소는 일반적으로 생강, 구황부추, 간장, 참기름으로 맛을 낸 돼지고기와 약간의 새우로 만들어진다. 새우와 돼지고기를 함께 가는 것이 가장 간단한 방법이지만, 나는 새우를 그대로 사용하는 걸 선호한다. 만두마다 통통하고 아삭하게 씹히는 새우가 들어있게 만드는 것이다. 새우를 만두에 넣기 전에 알칼리성 소금물에 담그면 통통하고 아삭한 식감의 새우가 된다(자세한 내용은 143페이지 참고).

만두 피는 가능한 가장 얇은 것(둥근 것 말고 사각형 종류)을 사용한다. 일반 밀가루 피와 달걀노른자로 강화한 피 중 하나를 선택해야 한다면, 후자다. 끓을 때 조금 더 잘 견디며 요리했을 때 좋은 식감이 되기 때문이다(일부 브랜드의 피는 흰색과 노란색이 모두 들어 있는데, 단순히 달걀처럼 보이기 위해 식용 색소를 사용한 것일 수 있다).

여러분이 원하는 방식으로 완탕(만두)을 만들자. 가장 쉬운 방법은 혜성 모양의 만두이다. 손에 피를 놓고 소량의 소와 새우를 넣은 다음, 꼭꼭 짜면서 닫는 것이다. 거의 비슷한 방법으로 삼각형 모양의 피를 도마 위에 놓고 소를 올린 다음 피를 접을 수도 있다. 어느 경우든, 끓일 때 터지지 않도록 공기를 최대한 짜내고, 밀봉하기 전에 물을 묻힌 손가락이나 요리용 붓으로 피를 적셔서 단단히 붙여야 한다.

더 멋진 "마름(Water caltrop)" 모양을 만들고 싶다면 555페이지의 단계별 지침을 따른다.

최고의 완탕 수프
THE BEST WONTON SOUP

분량	요리 시간
4~6인분	30분
	총 시간
	40분 + 육수를 끓이는 시간

NOTES

육수와 만두 모두 미리 만들어 얼려둘 수 있다. 완탕을 얼리려면 양피지를 깐 접시에 놓고 랩으로 느슨하게 덮은 다음 완전히 얼 때까지 약 1시간 동안 냉동실에 두었다가 비닐봉지로 옮긴다. 요리할 때 1~2분 정도 더 끓이면 냉동 상태에서 바로 사용할 수 있다.

육수를 끓일 때 새우껍질을 추가할 수 있다. 구황부추는 중국 식료품 가게에서 찾을 수 있는데, 구할 수 없는 경우에는 녹색 부추나 스캘리언으로 대신할 수 있다.

재료

완탕 재료:

껍질 벗기 작은 새우 24마리(NOTES 참고)
베이킹소다 ½티스푼(2g)
코셔 소금
물 ¼컵(60ml)
간 돼지고기 340g
다진 마늘 2티스푼(5g)
다진 생강 2티스푼(5g)
설탕 2티스푼(8g)
간장 1티스푼(5ml)
볶은 참기름 2티스푼(10ml)
얇게 썬 구황부추(NOTES 참고) 30g
가급적 얇은 완탕 피 24개

마무리 재료:

슈페리어스톡(549페이지) 2L
한입 크기로 자른 배추잎 8장(약 340g)
완탕면 340g(선택사항)
얇게 썬 스캘리언 3대

이 홍콩식의 완탕 수프는 돼지고기와 해산물을 기본으로 한 슈페리어스톡에 통통한 돼지고기와 새우 완탕을 넣어 만든다. 원한다면 완탕면도 한 줌 추가할 수 있다.

요리 방법

① **완탕**: 새우를 작은 볼에 담고 베이킹소다, 소금 1티스푼(3g), 물을 넣은 다음 손가락으로 섞는다. 최소 15분에서 최대 하루 동안 냉장고에 따로 보관한다. 다음 과정으로 갈 때 물기를 제거한 후 사용한다.

② 중간 크기의 볼에 돼지고기, 마늘, 생강, 설탕, 간장, 참기름, 부추 분량의 반, 소금 1티스푼(3g)을 넣고 저으며 균일하게 섞는다. 간을 확인하려면 양념장의 소량을 전자레인지용 볼에 넣고 전자레인지에 10초간 돌린다. 간을 맞추고 필요에 따라 소금을 더 넣는다.

③ 555페이지의 지침에 따라 완탕 피에 1테이블스푼(약 15g)의 완탕 소와 새우 한 마리를 넣고 완탕 모양을 잡는다.

④ **마무리**: 육수를 끓이고 완탕과 배추를 넣은 다음 완탕이 익을 때까지 약 3분간 끓이다가 마지막 순간에 완탕면을(사용한다면) 넣는다. 나머지 부추와 스캘리언을 넣고 불에서 내려 1분간 식힌 다음 곧바로 제공한다.

완탕 만들기, Step by Step

고전적인 완탕의 모양은 Fuchsia Dunlop의 환상적인 저서인 *Every Grain of Rice*에서 "마름(water caltrops)"이라고 칭한 것이다(이 책이 없다면 지금 주문하길!). 삼각형을 만든 다음, 삼각형의 "두 팔"을 서로 가로질러 접는 방법이다(이 완탕은 "접힌 팔"이라는 뜻의 쓰촨 용어 *Choushou*라고 불린다).

이 완탕을 만들 때에는 사각형의 완탕 피 중앙에 소를 한 스푼 정도 넣는다.

방법은 다음과 같다.

STEP 1 · 완탕 피 준비

소를 넣으려면 정사각형의 완탕 피를 손에 쥐거나 도마 위에 평평하게 둔다.

STEP 2 · 완탕 소 넣기

완탕 피 중앙에 소를 한 스푼 정도 넣고(적게 사용할수록 만들기가 더 쉽다), 그 위에 새우 한 마리를 놓는다(사용한다면).

STEP 3 · 가장자리 적시기

물을 묻힌 손가락을 이용해 완탕 피 가장자리를 적신다.

STEP 4 · 꼬집기

두 모서리를 모아 꼭꼭 눌러서 삼각형을 만든 다음, 나중에 끓일 때 터지지 않도록 공기를 최대한 빼면서 가장자리를 밀봉한다.

STEP 5 · 모서리 붙이기

접힌 모서리를 적신 다음, 서로를 향해 당겨서 교차하여 가운데에서 만나도록 한다.

가장 흔한 실수는 완탕의 "배"를 가로질러 "팔"을 접어서 거의 원통형이 되는 것이다. "팔"을 삼각형의 뾰족한 끝에서 아래로 당겨야 한다. 그래야만 "배"가 통통해지고 소스를 묻히기에 좋은 초승달 모양이 된다.

STEP 6 · 요리 준비

완성된 완탕은 망토를 두른 작은 구처럼 통통해야 한다.

STEP 7 · 반복

과정을 반복해 완탕을 계속 만든다. 나중에 사용할 것은 양피지를 깐 접시에 담아 냉동실에서 얼린다. 완탕이 완전히 얼면 플라스틱 지퍼락으로 옮겨 보관하면 사용할 때 냉동 상태에서 바로 조리할 수 있다.

쓰촨식 핫&사워 완탕(산라 챠오쇼우)
SICHUAN-STYLE HOT AND SOUR WONTONS(SUANLA CHAOSHOU)

분량	요리 시간
약 40개, 전채 또는	1시간
가벼운 식사로 6~8	**총 시간**
인분	1시간

재료
완탕 재료:

간 돼지목살 450g
코셔 소금 8g, 필요한 경우 더 추가
설탕 1테이블스푼(12g), 필요한 경우 더 추가
잘게 간 백후추 1티스푼(3g), 필요한 경우 더 추가
다진 스캘리언 또는 차이브 20g(2대 정도)
다진 마늘 2티스푼(5g)
소흥주 또는 드라이 셰리주 2티스푼(10ml)
얇은 정사각형 완탕 피 40개

소스 재료:

핫&사워 칠리 소스(558페이지) 1레시피

요리하고 차려내기:

가볍게 빻은 땅콩튀김(319페이지, 선택사항) 2테이
　블스푼(15g)
굵게 다진 고수잎과 가는 줄기 작은 한 줌

달콤하고 맛있고 미끈하며 육즙이 풍부하고 부드럽다. 매콤하고 새콤하고 마늘향이 가득하며 정말, 정말 맛있다.

이 모든 수식어는 식초, 마늘, 고추기름으로 만든 강렬한 향의 소스로 코팅된 쓰촨식 완탕인 *산라 챠오쇼우(Suanla Chaoshou)* 한 그릇을 먹을 때 머릿속에 떠오를 수식어들이다.

난 쓰촨식 미국요리의 초기 개척자 중 하나인 케임브리지의 오래된 레스토랑인 *Mary Chung's*에서 이 요리(Mary는 "Suan La Chow Show"라고 불렀다)를 처음 맛봤다. 콩나물 위에 완탕이 차려졌는데, 적당히 매운 고추기름과 약간의 식초가 곁들여졌다. 그 후 몇 년간 미국 전역과 쓰촨에서 이 요리를 먹었는데, 점차 소스에 더 많은 식초와 더 매운 고추기름을 사용한 버전이 좋아지기 시작했다. 아무튼, 10년 동안 살던 그 지역에서 즐겼던 고추기름을 곁들인 완탕과 충칭식 맵고 얼얼한 닭 요리와 마파두부를 떠올리면 *Mrs. Chung*의 성공에 감사하게 된다.[*]

아시안 요리가 그렇듯, 이 요리도 맛만큼이나 질감의 대비가 중요하다. 완탕의 피는 미끄럽고 부드러워야 하며, 달콤하고 순한 돼지고기 소(달콤하지만 질리지 않는)가 넘쳐야지만, 심겁게 느껴질 정도의 빗이어야 한다. 완넝은 소스와 비교힐 때 전체적으로 싱겁다. 진강식초, 간장, 바삭하게 튀긴 건고추를 사용한 소스는 어떻게 보면 지나치게 강한 맛이라서 완탕과 대조된다. 소스에는 기호에 따라 땅콩이나 참깨를 추가할 수 있다.

완탕의 경우, 나는 차이브(또는 스캘리언), 약간의 마늘, 백후추, 소금, 설탕, 약간의 소흥주(또는 드라이 셰리주)로 맛을 낸 기름기가 많은 간 돼지고기를 사용한다. 정육점에서 지방이 좀 많은 돼지고기 목살을 갈아달라고 하거나 진열대에서 가장 하얗고 줄무늬가 있는 간 고기를 찾으면 된다.

---

[*]　그녀는 내 짧은 록-스타 경력의 하이라이트이기도 하다. Mary Chung의 딸과 그 남편이 센트럴스퀘어에서 운영하는 레스토랑인 *All-Asia Lounge*에서 *The Emotions*라는 밴드가 연주하곤 했는데, 내가 가끔 게스트로 참여했던 밴드이다.

요리 방법

① **완탕**: 중간 크기의 볼에 돼지고기, 소금, 설탕, 백후추, 스캘리언, 마늘, 소흥주를 넣고 혼합물이 균일하게 섞이고 끈적거리기 시작할 때까지 깨끗한 손으로 1분 정도 반죽한다. 1티스푼 정도를 전자레인지용 볼에 옮겨 약 10초 정도 돌린다. 간을 확인하고 기호에 따라 소금, 후추, 설탕으로 맛을 조절한다.

② 완탕 피 하나에 1테이블스푼(약 12g)의 소를 넣고 555페이지를 참고해 완탕을 빚는다.

③ **요리하고 차려내기**: 웍이나 큰 냄비에 물을 끓인다. 한 번에 15개에서 20개의 완탕을 약 4분 동안 익힌다. 완탕을 건져 따뜻한 접시에 옮긴다. 그 위에 *핫&사워 칠리* 소스를 올린다. 땅콩과 다진 고수를 뿌리고 곧바로 제공한다. 나머지 완탕도 같은 과정을 반복한다.

완탕, 만두, 국수를 위한 핫&사워 칠리 소스(산라 칠리 소스)
HOT AND SOUR CHILE SAUCE FOR WONTONS, NOODLES, OR DUMPLINGS

분량	요리 시간
½컵(120ml)	5분
	총 시간
	5분

재료

홈메이드 또는 시판용 건더기가 있는 고추기름(310
    페이지) ¼컵
볶은 참기름 1테이블스푼(15ml)
혼합 식초 3테이블스푼(45ml), 진강식초 또는 쌀식초
    2테이블스푼+발사믹 식초 1테이블스푼으로 만
    든 것
간장 2테이블스푼(30ml)
설탕 1테이블스푼(12g)
다진 마늘 1테이블스푼(8g)
볶은 땅콩 1테이블스푼(8g)

산라 소스는 *산라 챠오쇼우*(Suanla Chaoshou, 556페이지)의 완벽한 동반자다. Suanla는 문자 그대로 시고 매운맛이라는 뜻으로, 식초와 고추기름의 조합이다.

그래, 사실 조금 더 복잡하긴 하다. 가게에서 구매한 고품질의 고추기름을 사용할 수도 있지만(근처 아시안 마트에서 진한 붉은빛의 건더기가 있는 병을 찾아라), 집에서 만든 *쓰촨 마라-고추기름*(310페이지) 또는 건더기가 있는 아무 수제 고추기름을 사용하는 게 더 좋다. 나머진 간단하다. 진강식초와 간장에 설탕을 넣고 설탕이 녹을 때까지 섞은 뒤 마늘과 참기름을 첨가해 풍미를 추가한다. 완전히 전통적인 방법은 아니지만, 식감을 위해서 으깬 땅콩을 추가하는 것도 좋다.

대부분의 쓰촨요리가 그렇듯이 이 소스도 상당히 기름지다. 소스 표면의 고추기름에 진홍색 줄무늬가 있어야 한다. 완탕을 집어 올리면, 붉은 소스가 완탕에 반들반들하게 묻어 식초와 함께 바삭하게 구운 고추와 땅콩이 들러붙을 것이다.

덧붙여 이 소스는 다른 여러 요리의 베이스로 사용할 수도 있다. 참깨페이스트를 추가하면 *뱅뱅 치킨*(568페이지)의 필수 풍미인 "Mysterious Flavor(신비한 맛)" 소스로 바뀐다. 또한 *마라-고추기름 비네그레트*를 끼얹은 *아스파라거스와 두부 샐러드*(559페이지)와 같이 간단하게 데친 녹색 채소와 두부의 드레싱으로 사용해도 좋다.

요리 방법

작은 볼에 고추기름, 참기름, 식초, 간장, 설탕, 마늘, 으깬 땅콩을 넣고 설탕이 녹을 때까지 젓는다. 사용할 준비가 될 때까지 따로 보관한다. 소스는 밀폐된 용기에 담아 냉장고에서 최대 2주 동안 보관할 수 있다.

마라-고추기름 비네그레트를 곁들인 아스파라거스와 두부 샐러드

ASPARAGUS AND
TOFU SALAD
WITH MALA CHILE OIL
VINAIGRETTE

분량	요리 시간
4~6인분	30분
	총 시간
	30분

재료

소스 재료:

홈메이드 또는 시판용 건더기가 있는 고추기름(310
페이지) ¼컵

참기름 1테이블스푼(15ml)

혼합 식초 3테이블스푼(45ml), 진강식초 또는 쌀식초
2테이블스푼+발사믹 식초 1테이블스푼으로 만
든 것

간장 2테이블스푼(30ml)

설탕 1테이블스푼(12g)

다진 마늘 1테이블스푼(8g)

볶은 참깨 1테이블스푼(8g)

샐러드 재료:

코셔 소금

끝을 자르고 5cm로 자른 얇은 아스파라거스 450g

매우 단단한 두부 280g, 훈제하거나 양념한 것도
좋으며 5cm 길이의 성냥개비 모양으로 자른 것

편으로 썬 스캘리언 4대

아스파라거스가 중식에서 사용하는 재료는 아니지만, 그렇다고 해서 사용하지 못할 건 없다. 나는 벨벳 치킨과 레몬과 함께 볶거나 브로콜리를 곁들인 미국식 중화요리인 *브로콜리를 곁들인 소고기볶음*(118페이지)에 브로콜리 대신 넣어 볶는 걸 좋아한다. 중국에는 가능한 모든 걸 재료로 사용하는 음식 문화가 있다. 아스파라거스가 청두 근처의 서늘하고 안개 낀 산에서 자랐다면, 쓰촨 음식 메뉴에서 녹색 채소를 사용하는 전채 요리나 반찬으로 제공됐을 거라는 데 의심의 여지가 없다.

적어도, 나는 사용하겠다는 말이다. 차갑고 아삭한 아스파라거스와 달콤하고 맵고 신 비니그레트에 버무린 단단한 두부를 함께 제공하는 이 요리는 고추기름, 쓰촨 통후추, 식초를 사용한 전채요리에서 영감을 받았다. 사실 소스는 먼저 소개한 쓰촨식 핫&사워 수프에 사용한 것과 동일하다. 난 소스를 흡수해 부드러운 두부와 아삭한 아스파라거스가 서로 조화를 이루는 걸 정말 좋아한다.

중국 식당 메뉴에서 이 요리를 찾을 수 있을까? 찾을 수 없을 것이다. 하지만 한 입 베어 물면 쓰촨의 안개 덮인 언덕으로 곧장 이동하는 요리이다. 내게 충분한 승리감을 준다.

요리 방법

① **소스:** 작은 볼에 고추기름, 참기름, 식초, 간장, 설탕, 마늘, 참깨를 넣고 설탕이 녹을 때까지 젓는다. 사용할 준비가 될 때까지 따로 보관한다(소스는 밀폐용기에 담아 냉장고에서 최대 2주까지 보관 가능하다).

② **샐러드:** 큰 냄비에 소금물을 넣고 센 불로 끓인다. 아스파라거스를 넣고 가끔 저어주며 아스파라거스가 밝은 녹색이 되고 부드럽게 부러질 때까지 약 1분간 요리한다. 채반에 건져내어 완전히 식을 때까지 흐르는 찬물에 헹군다. 쟁반에 깨끗한 헝겊이나 두 겹의 키친타월을 깔고 흔들어 완전히 말린다.

③ 큰 볼에 아스파라거스, 두부, 스캘리언을 섞는다. 드레싱을 저어 간을 하고 야채를 잘 버무려 곧바로 제공한다.

쉽고 맛있고 안전하게 닭가슴살 데치는 방법
Safe (and Juicy!) Poached Chicken Breasts

나는 닭가슴살을 좋아한다. 항상 그랬던 건 아니고, 옛날엔 다이어트를 하는 사람들과 강한 맛을 두려워하는 사람들이나 좋아하는 부위라고 생각했다. 제대로 요리하면 닭다리 살만큼이나 육즙이 풍부하고 다양한 맛을 완벽히 표현할 수 있다는 사실을 발견하기 전까지 말이다. 그 비결은 부드럽고 촉촉하게 만드는 조리 테크닉과 온도 조절을 위한 세심한 주의력이다.

말로는 쉽지만 실제로는 쉽지 않다(여기서는 심층 분석을 할 테니 바로 실행하고 싶다면 564페이지의 "짧은 버전"으로 건너 뛰어라).

포칭(데치기)은 유럽과 아시아 전역에서 닭고기를 요리할 때 사용하는 고전적인 기술이지만, 미국에서는 갈색의 바삭하지 않은 음식은 먹을 가치가 없다고 여기는 경향이 있어서 별다른 반응이 없던 기술이었다. 그 이유 중 하나

로 기름의 저렴함과 튀겼을 때 생기는 천연 방부제 특성으로 인해 큰 인기를 얻었던 튀김의 매력을 들 수도 있겠다(튀긴 음식은 건조하고 딱딱한 껍데기에 쌓여 있어 세균이나 곰팡이 오염이 적다). 하지만 이것보다는 닭고기를 어떤 방법으로 데치든 분필처럼 건조해지고 마는, 74°C까지 익히라고 권고하는 USDA 사람들의 탓이 더 크다.

이건 바로 근육의 구조, 특히나 가슴살을 형성하는 근육 때문이다. 우리 모두 알다시피 가금류는 두 종류의 고기가 있다.

붉은 고기(적색육, Dark meat)는 수축 속도가 느린 근육으로 구성된다. 이는 닭의 허벅지살, 다리살 등의 근육처럼 닭이 평생을 꾸준히 사용하는 근육들이다. 자주 사용하기 때문에 결합조직이 많고, 그에 따라 많은 혈액 공급을 요구하여 더 강한 풍미와 어두운 색을 가지게 된다. 실제로 요리할 때 붉은 고기는 결합조직의 분해로 인한 습윤 효과로 육즙이 더 잘 유지된다.

흰 고기(백색육, Light Meat)는 수축이 빠른 근육으로 이루어져 있다. 이들은 가슴과 날개를 포함하여 드물게 그리고 짧게 불쑥 사용되는 근육이다.* 수축이 빠른 근육은 강하고 꾸준한 혈액 공급을 필요로 하지 않아서 일반적으로 풍미가 더 은은하고 색이 밝다. 흰 고기는 결합조직이 없어 건조해지기 쉽다.

붉은 고기와 흰 고기의 이러한 차이는 야생 조류에게도 존재하지만, 가축화된 닭고기에는 이러한 차이를 강조하는 또 다른 요소가 있다. 현대의 닭은 매우 빠르게 성장하고

---

* 날개는 엄밀히 말하면 흰 고기지만 결합조직과 껍질의 비율이 매우 높고, 특히 날개 아랫부분은 흰 고기라기보다 붉은 고기에 가깝다.

지방과 결합조직이 적은 거대한 가슴을 갖도록 사육된다. 따라서 여러분이 사용하는 보통의 슈퍼마켓 닭가슴살은 자연의 닭가슴살보다 훨씬 더 풍미가 옅고 쉽게 마른다. 게다가 어린 동물들은 성체보다 부드러운 뼈와 더 많은 결합조직을 가지고 있으며, 요즘은 보통 5~7주 사이에 도축된다.

나는 닭가슴살을 안 좋아한다고 해서 비난하지는 않는데, 대부분 텁텁하고 맛이 그다지 없는 건 사실이기 때문이다. 이런 걸 굳이 먹어야 할까? 차라리 닭을 통째로 데쳐서 닭다리를 먹어치우고, 아무것도 모르는 손님에게 닭가슴살을 먹는 수고를 떠넘기면 되는 거 아닌가? 아니면 그냥 버린다던가? 그러나 최근들어서 닭가슴살 같은 흰 고기가 더 좋아지기 시작했다. 여러분도 나처럼 느낄 수 있길 바랄 뿐이다. 제대로 데치고(서양에서는 포칭이라고 한다) 간만 잘한다면 닭가슴살이 얼마나 육즙이 풍부하고 맛있는지 알게 될 것이다.

수분과 육즙을 어떻게 유지할 수 있을까? 몇 가지 방법이 있다. 수비드 머신을 사용하면 물의 온도를 매우 정확한 온도(1도 이내의 정확도)로 유지할 수 있어 진행하기 매우 수월하다. 100불 이내의 수비드 머신을 장만했다는 가정하에 닭가슴살 삶는 법을 알려주겠다(만약 최신식 증기 주입식 오븐이 있어도 똑같이 하면 된다).

고전 방식은 웍이나 소스팬에 온도계를 사용하는 것이다. 약간의 주의가 필요하겠지만 죽을 젓는다거나 이를 닦고 치실질 하는 것 이상은 아니다. 포칭을 하기 전에 식품 안전에 대해 조금 알아둘 필요가 있다.

닭고기와 식품 안전

고기의 안전한 조리 온도와 관련해서 잘못 인식하고 있는 경우가 있다. 레스토랑에서 일하거나 식품안전/위생전문가 수업을 들어본 적 있다면, 아마 박테리아가 번식하기 최적의 온도인 4℃~60℃의 "위험구간"에 대해 들어봤을 것이다. 이 구간 안의 온도에서 4시간 이상 유지된 음식을 먹으면 안 된다고 강조했을 것이다. 또한 닭고기를 안전하게 섭취하려면 75℃까지 완전히 익혀야 한다는 말도 들었을 것이다.

그러나 수비드 테크닉처럼 현대적인 기술을 사용하면 60℃ 밑으로도 4시간 넘게 조리할 수 있다. 닭의 흰 살코기에 대한 필자의 추천은 66℃인데, 학교에서 배운 74℃보다 훨씬 낮다. 무슨 이유에서 일까? 66℃로 익힌 닭을 먹어도 되긴 하는 걸까?

요점은 이것이다: 식품 안전에 대한 산업 표준은 정확성보다는 이해하기 쉽게 설계되었다. 누구나 이해할 수 있도록 만들어 전반적인 안전을 보장하기 위함이다. 하지만 단세포 유기체인 박테리아는 놀랍도록 복잡해서 어떤 ServSafe(식품안전/위생) 차트에서든 계단함수로 정리되지 않는다.

예를 들어 닭고기에 있는 살모넬라균의 경우, USDA가 찾고자 하는 것은 7.0 log10 값의 박테리아 감소다. 즉, 닭고기 한 조각에 서식하는 박테리아 10,000,000개 중 1개만 살아남는 경우다. 저온 살균, 즉 열처리를 통해 식품의 병원체를 파괴하는 과정은 시간과 온도에 대한 함수다. 온도가 높을수록 시간이 덜 걸린다. 다음은 살모넬라균에 대해 지방 함량이 5%인 닭고기를 안전하게 저온 살균하는 데 걸리는 시간을 보여주는 USDA 자체 문헌의 차트다.

온도	살모넬라균 7.0 log10 감소 달성 시간
58℃	68.4분
60℃	27.5분
63℃	9.2분
66℃	2.8분
68℃	47.7초
71℃	14.8초
74℃	2초 미만

위에서 볼 수 있듯이 74℃에서의 저온 살균 달성은 아주 짧은 시간에 이뤄진다. 마치 개미집에 다이너마이트를 집어넣는 것과 같다.

반면에 58℃에서는 박테리아가 열에 의해 서서히 죽는데 1시간이 조금 넘게 걸린다(사실, 수비드나 최신식 스팀 오븐처럼 1도의 오차조차 없는 장비가 있다면 54℃의 낮은 온도에서도 닭고기를 저온 살균할 수 있다. 다만, 너무 생고기 느낌이 나서 굳이 그럴 필요까지는 없다).

66℃에서는 2.8분이 걸린다. 딱 2.8분이다! 그 뜻은 닭고기가 66℃ 이상에서 최소 2.8분 동안 유지된다면 74℃로 조리된 닭고기만큼 안전하다는 것이다. 나처럼 육즙이 풍부한 치킨을 좋아한다면 좋은 소식이 아닐 수 없다.

나는 닭고기를 데친 후 심부 온도가 66℃에 도달하자마자 물에서 꺼내면 몇 분 동안 그 온도를 유지한다는 것을 알게 됐다. 또한 박테리아는 54℃에서 66℃로 가열될 때 더욱 빠르게 소멸된다.

솟아나는 의문

열로 조리하는 음식에 있어서 열역학의 일반적인 원리가 있다. 즉, 동일한 매체(예: 오븐의 뜨거운 공기, 튀김기의 기름, 웍의 끓는 물)가 주어지면 그 매체의 온도가 높을수록 음식 내부에 구축되는 온도의 차이가 증가한다.

예를 들어 프라임 립을 205℃ 오븐에서 중심이 54℃가 될 때까지 로스팅하면 단면에 뚜렷한 "과녁 모양" 패턴이 나타난다(층이 형성된다). 고기의 바깥 층은 어두운 웰던이 되고 중앙에 근접할수록 점차 레어에 가까워진다. 반면에 동일하게 중심이 54℃가 될 때까지 95℃에서 로스팅하면 과녁 모양의 패턴이 거의 나지 않는다. 단면이 밑에서 위에까지 동일하게 분홍색을 띨 것이다.*

삶을 때도 같은 논리가 적용된다. 팔팔 끓는 물에 닭가슴살을 투척하면 중심부가 70℃만 되어도 바깥쪽이 심하게 조리된다. 반면에 닭고기를 먼저 찬물에 넣고 서서히 열이 올라오게끔(웍 바닥에서 조그만 기포가 올라오기 시작할 정도) 끓이면 닭고기가 훨씬 더 부드럽고 균등하게 익고 육즙(및 풍미)을 유지한다.

닭고기가 익을 때 열이 살짝 줄어들게끔 두면 더욱 좋아진다. 바이치에지(Bai qie ji; 광둥식 닭고기 수육)를 만들 때 사용하는 광둥식 테크닉이 있는데, 뜨거운 물에 통닭을 넣고 끓인 다음, 고기 내부에 찬물이 남지 않도록 몇 번 들어올렸다 놨다를 반복한 후 불을 끄고 잔열로 마저 익히는 것이다. 나는 이 테크닉이 약간 일관성이 떨어질 수도 있음을 알게 됐다. 예를 들어, 냄비의 모양과 크기, 부엌의 온도와 공기 흐름은 조리 시간에 영향을 준다. 하지만, 열을 최대한 낮게 설정함으로써 개선시킬 수 있다.

뼈와 껍질이 손질된 닭고기 대신 뼈와 껍질이 모두 있는 것을 사용하는 것도 도움이 된다. 껍질은 지방이 많으면서 우수한 단열재다. 실제로 단열은 피부의 주요 기능 중 하나다. 해면질 또는 골수로 채워진 공동이 있는 뼈도 단열에 탁월하다. 이러한 속성은 열이 고기에 부드럽고 천천히 도달하게 한다.

온도가 육즙에 미치는 영향

닭을 더 뜨겁게 익힐수록 더 많은 육즙이 날아간다는 걸 알곤 있었지만, 보다 정확하게 측정하는 방법을 알고 싶었고, 또 주관적인 맛에 대한 관점에서도 알아보고 싶었다. 이를 테스트하기 위해 수비드 머신으로 여러 개의 동일한 닭가슴살을 57~74℃ 범위 안에서 익히고, 각 샘플별로 손실된 수분의 양과 맛을 측정해 보았다. 양적인 관점에서 그 차이는 상당했다. 66℃에 익힌 닭가슴살은 60℃로 조리된 것보다 2배 이상의 수분을 방출했다. 흥미롭게도 수분 손실의 양은 온도의 증가에 따라 일관적으로 증가하지 않았다. 59℃ 밑으로는 손실이 거의 없지만 59~60℃ 지점에서 대폭 증가한다. 또한 60~65℃에서는 다시 일관적으로 증가하다가 66℃ 지점에서 또다시 대폭 증가한다.

추가적으로, 닭고기 지방은 약 38℃에서 녹기 시작하지

---

* 이렇게 저온으로 굽고 나서 프라임 립을 시어링하는 걸 추천한다. 이 내용은 나의 첫 번째 책 *The Food Lab*과 *Serious Eats*, 그리고 *Cook's Illustrated* 잡지에서 광범위하게 다룬 적이 있다. 이 테크닉은 보통 인터넷에서 "리버스 시어링(reverse searing)"이라고 불린다.

만 지방액이 실질적으로 방출되는 것은 두 번째 지점인 66°C에 도달했을 때이다. 시식을 해봤을 때 전체적으로 모든 샘플들이 다 육즙이 많은 편이었지만, 가장 낮은 온도로 익힌 것이 가장 육즙이 많았다. 그러나 질감에 있어서 육즙이 전부는 아니다. 닭가슴살은 연함과 질김 사이의 완벽한 균형을 이뤄야 하며, 씹는 맛이 있어야 한다. 다만, 씹는 게 일이 될 정도로 질겨선 안 된다.

온도가 질감에 미치는 영향

마찬가지로, 더 높은 온도에서 익힘에 따라 질감도 극적으로 변하는데, 육즙과 달리 실제로 먹을 때 확실히 식별 가능한 차이를 가져온다. 사진에서 볼 수 있듯이, 낮은 온도(왼쪽)에서 높은 온도(오른쪽)로 갈수록 점점 끈끈하고 건조해 보이는 걸 확인할 수 있다. 68℃ 정도에 도달하면 과도하게 익힌 닭고기와 마찬가지로 수비드 닭고기 또한 불쾌한 섬유질의 끈적끈적한 질감을 갖기 시작한다(그래도 여전히 기존의 레시피보다 훨씬 덜하다). 이 설명은 수비드로 조리한 닭고기에 관한 것이다. 보다 전통적인 포칭 테크닉으로 조리된 닭고기는 전체적으로 육즙이 덜하다.

60℃: 매우 부드럽고 육즙이 많다.

60℃로 조리된 닭고기는 매우 부드럽고 육즙이 많으며 매끄러우면서도 탄력이 있다. 또한 완전히 불투명하며 질기거나 팁팁하지 않다. 본인 취향에 따라 장단점이 될 수 있지만, 보통 입 안에서 녹는 편이다. 나는 63℃가 닭가슴살

을 따뜻하게 차려내는 데 이상적이라고 생각하지만, 추운 환경에서는 더 높은 온도에서 조리하는 걸 선호한다.

66℃: 육즙이 많고 부드러우며 약간 쫄깃하다.

66℃ 지점을 넘으면 상황이 좀 더 일반적으로 보이기 시작한다. 닭고기는 여전히 촉촉하고 부드러우면서도 특유의 쫄깃함을 보여준다. 샐러드처럼 차갑게 나가는 경우에 내가 선호하는 온도다.

71℃: 육즙이 있지만 단단하고 질긴 편이다.

웰던 수비드 치킨의 식감을 정확히 표현하기는 어렵다. 예를 들어 고등학교 식당에서 만든 전통적인 구운 치킨의 질감을 상상해 보라. 씹을 때 잇몸에 붙는 그런 끈적함과 질긴 느낌의 식감에 풍부한 육즙을 더한 것이라고 보면 된다. 만약 전통적인 구운 치킨을 선호하지만 더 촉촉하기를 바란다면 이 온도가 이상적일 것이다.

기타 고려 사항: 향료, 식히기, 자르기

닭고기를 일반 물에 데칠 수 있지만, 나는 생강과 스캘리언이라는 고전적인 조합을 사용하는 걸 좋아한다. 이렇게 하면 닭고기에 향이 살짝 배기도 하지만, 더 중요한 것은 데치는 물의 맛이 끌어올려져 스톡이 된다는 것이다. 같은 물을 사용하여 닭가슴살을 몇 개 더 포칭하거나 새로운 스톡을 만들 때 물 대신 사용하면 풍미를 더욱 끌어올릴 수 있다. 또한 쌀을 요리할 때 물 대신 사용하여 닭고기와 함께 차려낼 수도 있다.

닭고기를 포칭하고 웍에서 바로 따끈하게 먹을 수 있지만, 나는 소스에 찍거나 샐러드용으로 차게 먹는 것을 선호한다. 포칭한 닭고기를 찬물에 식히면 닭껍질에 바삭함이 더해진다(바삭하면서도 푸석푸석한 차가운 닭껍질이 맛있게 들리지 않는다면, 아마…당신과 나는 함께하기 어려울 것이다. 우리의 관계를 잠시 끊는 걸 고려해야 할지도 모를 정도이다).

닭고기를 식히면 뜨거울 때보다 단단하기 때문에 깔끔하게 자르기가 더 수월해진다. 전통적인 중국 방식에선 닭고기를 뼈와 통째로 잘라 손님들이 먹을 때 직접 뼛조각을 발라내도록 한다. 하지만 자르기 전에 뼈를 제거하는 게 먹기에 더 쉽고, 특히 집에 아이들이 있는 경우 안전하게 먹을 수 있다.

짧은 버전: 닭가슴살 데치기(포칭)

웍으로 데치는 경우:

- **뼈와 껍질이 있는 닭가슴살**로 시작하라. 손질된 가슴살보다 보온성이 더 좋아서 육즙을 더 잘 보존한다.

- **찬물에서부터** 닭가슴살을 서서히 가열한다.

- **끓어오르면 불을 줄여서** 최대한 부드럽게 익힐 수 있도록 한다.

- **디지털 온도계를 사용**하여 조리 과정을 모니터링하고, 가장 큰 조각의 가장 차가운 부분이 66℃(보통 불을 줄인 후 약 25분)에 도달하면 닭가슴살을 꺼낸다.

- **닭가슴살을 얼음물에 담가** 더 이상 익지 않게 하고 껍질이 바삭해지도록 한다.

- **액체를 걸러서** 가벼운 치킨스톡으로 사용하거나 밥을 지을 때 물 대신 사용하라.

- **뼈를 발라내고** 썰어서 소스와 함께 내거나 다져서 샐러드로 내면 된다.

양파의 매운맛 조절하기

양파의 매운맛은 눈물샘을 자극하는 화학물질인 Lachrymators에 의한 것으로 "울다"라는 뜻의 라틴어에서 유래했다. 이러한 화합물은 사실 온전한 양파에 자연적으로 존재하지는 않는다. 양파 세포의 전구물질로 인하여 세포가 파열될 때 결합하여 생성된다. 그래서 생양파에서는 향이 그렇게 강하게 나지 않다가, 양파를 써는 동시에 매운향이 뿜어져 나오는 것이다.

요리하면 이 매운맛이 사라지긴 하지만, 양파를 생으로 먹을 때도 이 매운맛을 조절할 수 있는 방법은 없을까?

두 가지 테크닉이 있다. 첫 번째는 양파의 적도와 반대 결로 자르는 것이다(어니언링 용도로 자르는 방식). 양파 세포는 극에서 극으로 정렬된다. 즉, 그 방향으로 자를 때 더 적은 수의 세포 파열이 발생하며, 파열된 세포가 적으면 더 적은 수의 lachrymators가 생성된다(다진 양파를 오랫동안 놔두면 매운맛이 증가한다. 양파를 채 썰어서 밀폐용기에 담아 냉장고에 보관한 후 며칠 뒤 꺼내서 뚜껑을 열어본 적 있는가?).

두 번째 테크닉은 단순히 이러한 자극적인 물질들을 씻어내는 것이다. 그러나 가장 효과적인 방법은 뭘까? 나는 냉수와 온수에 번갈아 담그기, 헹구기, 담그는 시간 등 및 가시 나른 방법을 시도해봤다.

매우 많은 양의 물을 사용하지 않는 한 양파향을 희석시킬 정도로 불리기는 어렵다. 가장 빠르면서도 쉬운 방법이 있다. 흐르는 따뜻한 물에 모든 자극 물질들을 씻어내는 것이다. 화학 및 물리적 반응의 속도는 온도에 따라 증가한다. 양파는 따뜻한 물에서 휘발성 물질을 더 빠르게 방출한다. 약 45초면 몹시 매운 양파도 금방 매운맛을 벗겨낼 수 있다.

이 방법은 양파의 아삭함에 대한 걱정도 할 필요 없다. 그 어느 뜨거운 수돗물도 약 60°~66℃에 불과하고, 식물 세포를 유지시켜주는 탄수화물인 펙틴은 약 83℃까지 분해되지 않는다. 뜨거운 물에 헹군 후 양파를 찬물에 옮겨 샐러드나 샌드위치에 넣을 때까지 양파는 통통하고 아삭한 상태를 유지한다.

완벽하게 데친 닭가슴살

분량
데친 닭가슴살 반쪽
4개

요리 시간
15분
총 시간
40~60분

재료
뼈와 껍질이 있는 닭가슴살 2개 또는 손질된
　　닭가슴살 반쪽 4개(450~675g)
굵게 다진 스캘리언 6대
신선한 생강 4쪽(약 15g)
찬물 3L

요리 방법

①　웍에 닭고기, 스캘리언, 생강, 물을 넣고 섞는다. 센 불로 물이 끓기 시작할 때까지 가열하고 집게로 닭고기를 한 번씩 뒤집어준다. 물은 심부 온도계로 약 94°C가 나와야 한다.

②　물이 끓어오르면 가장 약한 불로 줄이고 뚜껑을 덮는다. 그 사이에 얼음 몇 컵과 찬물 3L가 담긴 큰 통을 준비해둔다.

③　약 25분 동안, 닭고기의 가장 크고 두꺼운 부분의 온도를 몇 분마다 확인하고 65°C에 도달하면 물에서 꺼낸다. 닭고기를 얼음물에 넣고 15분 정도 식힌다. 이제 닭고기를 손질하여 레시피에 적용하면 된다.

향기로운 스캘리언(파)-생강기름
FRAGRANT SCALLION- GINGER OIL

나는 하이난 치킨라이스나 광둥식 데친 닭고기를 몇 년간 먹어왔는데, 함께 나오는 간단한 소스를 즐겨 먹으면서도 그게 어떻게 만들어지는지 전혀 생각해보지 않았다. 이 테크닉을 언제 어디서 배웠는지 정확히 기억나진 않지만, 테스트를 해봤던 일은 기억한다. 내가 아주 예전에 너무나 맛있어서 맛보라고 Adri까지 깨웠던 날이었다.

이럴 때 그녀는 보통 엄지손가락을 치켜들고 한 번 씩 웃은 뒤 다시 잠자리에 눕는다(참고로 나는 고대 천문학자나 뱀파이어 헌터처럼 대부분의 일을 야밤에 한다). 물론, 요즘 집에 아이가 있어서 아내는 나와의 공감보다 잠을 더 중요하게 생각하긴 한다. 그 말인즉슨, 내가 전날 밤에 요리한 음식 맛을 보여주려면 다음날 아침까지 기다려야 한다는 것이다. 장점도 있는데, 이제는 두 명의 실험대상이 있다는 것과 그들 중 한 명은 열광적이라는 것이다.*

이 파-생강기름은 믿을 수 없을 정도로 단순할 뿐만 아니라 굉장히 활용적이며 맛도 훌륭하다. 또한 만드는 재미도 쏠쏠하다. 재료 위에 지글지글 뜨거운 기름을 붓는 것은 아이에게 감동을 선사하는(안전한 거리에서) 요리 테크닉 상위 5가지 중 하나다. 덧붙여서 만약 더 자세한 하이난식 치킨라이스 레시피를 찾고 있다면 Adam Liaw의 레시피를 찾아볼 것을 추천한다.

분량
약 1½컵(360g)

요리 시간
10분

총 시간
10분

재료
식용유 1컵(240ml)
얇게 썬 스캘리언 170g(대략 18대, 1½컵)
나신 생강 30g
코셔 소금

요리 방법

① 작은 소스팬에 기름을 붓고 중간 불에서 은은하게 연기가 날 정도로 가열한다. 가열되는 동안 내열 그릇에 스캘리언과 생강을 넣고 소금으로 간을 한다. 기름이 뜨거워지면 스캘리언과 생강 위에 붓는다. 몇 초 동안 지글지글 끓어야 한다. 식도록 따로 둔다.

② 밀폐용기에 담아 냉장고에서 수개월까지 보관할 수 있다. 구운 고기나 데친 고기, 가금류, 해산물 등 밥이나 국수 위에 올려서 먹으면 된다. 혹은 수프에 살짝 뿌리거나 간장과 식초를 섞어 만두를 찍어 먹거나 생각할 수 있는 그 어떤 것과도 조합해보아라.

---

* 이 부분은 바뀔 수도 있다. 얼마 전 나는 딸에게 세제곱 법칙과 어째서 육상 동물의 크기에는 제한이 있는지에 대해 이야기하고 있었는데, 손으로 "멈춰"라는 사인을 보내고는 말했다. "아빠, 됐어. 말 안 해줘도 돼."라고…

캐슈넛과 미소 드레싱을 곁들인 데친 닭고기와 양배추 샐러드

POACHED CHICKEN AND CABBAGE SALAD WITH CASHEWS AND MISO DRESSING

분량
3~4인분

요리 시간
20분 + 치킨 포칭 시간

총 시간
20분 + 치킨 포칭 시간

NOTES

이 샐러드는 565페이지의 지침에 따라 데친 닭고기 또는 남은 닭고기로 만들 수 있다. 이 드레싱은 원하는 어떤 샐러드에든 사용할 수 있지만 특히 양배추, 무와 같은 아삭한 재료와 잘 어울린다. 코울슬로와 잘 어울린다면 이 드레싱과도 잘 어울릴 것이다.

재료

드레싱 재료:

흰색 또는 노란색 미소된장 2테이블스푼(30g)
신선한 레몬즙 1테이블스푼(15ml, 레몬 1개)
미림 2티스푼(10ml)
가급적 일본산의 마른 머스터드 ½티스푼(1g)
엑스트라 버진 올리브유 1테이블스푼(15ml)
다진 마늘 1티스푼(2g)

샐러드 재료:

데친 닭가슴살 반쪽 2개 340~450g(NOTES 참고)
잘게 썬 적색 또는 녹색 양배추 340g
얇게 썬 스캘리언 2대
으깨어 구운 캐슈넛 ¾컵(75g), 막자사발 또는
　　팬 밑면으로 으깬 것
코셔 소금과 갓 간 통후추

이 간단한 치킨 샐러드의 드레싱은 사시미급 참치에 미소와 미림으로 만든 크림 드레싱을 얹은 간단한 요리인 일본식 누타(nuta)를 베이스로 한다. 이 베이스에 레몬즙 조금을 추가하고, 데친 닭고기 다진 것, 잘게 썬 양배추, 적양파(뜨거운 물에 헹군 것, 564페이지의 "양파의 매운맛 조절하기" 참고), 얇게 썬 스캘리언, 막자사발에 으깨어 구운 캐슈넛을 함께 버무렸다.

정말 다양한 재료들과 조화를 이룰 수 있는 다용도의 샐러드 베이스다. 옥수수, 완두콩, 방울토마토, 오이, 아보카도, 무, 당근 등 많은 재료와 어울린다.

요리 방법

① **드레싱**: 미소, 레몬즙, 미림, 마른 머스터드, 올리브유, 마늘을 큰 볼에 넣어 잘 섞는다.

② **샐러드**: 닭고기는 먹기 좋은 크기로 썬다. 양배추, 스캘리언, 캐슈넛과 함께 볼에 넣는다. 모든 재료를 잘 섞고 기호에 따라 소금과 후추로 간을 한다. 맛을 다시 한번 더 보고 접시로 옮긴 후 남은 캐슈넛을 올려 제공한다.

뱅뱅 치킨
Bang Bang Chicken

Google 검색을 신뢰한다면, 대부분의 사람들이 "뱅뱅 치킨"이라는 말을 들었을 때 프라이드 치킨과 새우, 쌀, 그리고 아시아 전역에서 먹는 크림 코코넛 칠리를 넣은 *Cheesecake Factory*(미국 체인 레스토랑)의 퓨전요리를 떠올릴 것이다. 맛은 나쁘지 않을 수 있지만, 실제 쓰촨식 뱅뱅 치킨과 비슷한 건 치킨이라는 점 말곤 없다. 나는 음식 이름을 뭔가 전통적이게 들리게 하는 전략에 익숙하다. 나도 비슷한 체인 레스토랑에서 일을 했었는데, 그을린 참치를 참기름, 간장, 생강으로 만든 "폰즈 디핑 소스"와 함께 서빙했다. 진짜 감귤즙과 다시로 만드는 진정한 폰즈와는 거리가 멀었다. 나는 그 직장에서 겨우 몇 달밖에 버틸 수 없었다.

*Bang Bang Ji Si*라는 이름은 쓰촨요리의 "신비한 맛"이라 불리는 소스에 버무리기 전, 질긴 닭가슴살을 연육 망치로 내려칠 때 나는 소리에서 유래했다. 쓰촨에선 쓰촨 후추, 마늘, 구운 참깨페이스트, 설탕, 진강식초, 고추기름 등 다양한 자극적인 재료들을 조합한다.

나는 이 고전적인 소스를 만드는 데 사용하는 방법을 여러 가지로 테스트해봤다. 현재 내가 가장 좋아하는 방법은 막자사발로 으깨는 것인데, 재료에서 더 깊은 풍미를 이끌어내고 소스와 더 잘 결합하도록 도움을 준다. 나는 먼저 쓰촨 후추, 생마늘, 참깨, 약간의 설탕을 함께 갈아서 페이스트로 만들고, 그 후에 액체 재료를 추가하여 안정적인 에멀션으로 만든다. 만약 닭고기를 포칭해서 나온 스톡을 드레싱에 조금 추가하면 더 균일한 소스가 된다.

이 소스는 차가운 포칭된 고기, 뜨겁거나 찬 국수나 두부, 오이와 양배추와 같은 시원하고 아삭한 야채에 잘 어울린다.

닭의 경우는 다행스럽게도 별다른 복잡한 과정은 없다. 단순히 뼈를 제거한 후 얇게 썰거나(껍질을 벗긴 상태로!) 다진 다음, 드레싱에 버무리고 가니쉬로 스캘리언과 참깨를 올리기만 하면 된다. 소스는 구매한 전기구이 통닭에도 매우 적합하다.

분량	요리 시간
3~4인분	20분 + 포칭 시간
	총 시간
	20분 + 포칭 시간

NOTES

쓰촨 마라-고추기름(310페이지)을 쓰거나 구매한 고추기름을 사용해도 된다. 이 샐러드는 565페이지의 지침에 따라 포칭한 닭고기, 구매한 전기구이 통닭 또는 남은 닭고기로 만들 수 있다. 수비드로 조리했다면 2단계의 포칭 스톡 대신 수비드용 백에 있는 스톡을 사용하라. 남은 치킨을 사용할 경우 포칭 스톡 대신 집에서 만든 저염 치킨스톡이나 물을 사용하여 소스를 걸쭉하게 만들 수 있다.

"신비한 맛 소스"는 더 많은 양을 만들 수 있으며 냉장고에 몇 주 동안 보관할 수 있다. 뜨거운/찬 국수나 두부, 삶은 완탕이나 만두, 아삭아삭한 야채, 찬 가금류나 고기에 사용하라. 추수감사절 다음날 먹다 남은 칠면조구이에 특히 안성맞춤이다.

재료

신비한 맛 소스 재료:

구운 쓰촨 통후추 2티스푼(4g)

설탕 1테이블스푼(12g)

다진 마늘 1테이블스푼(8g)

볶은 참깨 1테이블스푼(8g)

참깨페이스트 1테이블스푼(15ml), 가급적 중국식

쇼유 또는 생추 간장 1테이블스푼(15ml)

진강식초 2테이블스푼(30ml), 또는 쌀식초 1테이블스푼과 발사믹 식초 1테이블스푼을 섞은 것

참기름 1테이블스푼(15ml)

침전물이 있는 고추기름 ¼컵(60ml, NOTES 참고)

포칭 스톡 2테이블스푼(30ml, NOTES 참고)

샐러드 재료:

포칭한 닭가슴살 반쪽 2개(340~450g)

얇고 어슷하게 썬 스캘리언 2대

구운 흰색 또는 검은색 참깨(가니쉬 용도)

요리 방법

① **신비한 맛 소스**: 쓰촨 통후추를 막자사발로 가루가 되도록 간다. 설탕, 마늘, 참깨를 넣고 거친 반죽이 될 때까지 간다. 참깨페이스트, 간장, 식초를 넣고 원을 그리며 부드러운 덩어리가 될 때까지 빻는다. 참기름, 고추기름과 침전물, 포칭 스톡을 넣고 젓는다. 따로 보관해둔다.

② **닭고기를 써는 경우**: 껍질을 벗긴 닭고기를 얇게 썰어 접시에 담는다. 숟가락으로 닭고기 위와 주위에 드레싱을 뿌린다. 스캘리언으로 장식하고 참깨를 뿌린 다음 즉시 제공한다.

닭고기를 다지는 경우: 닭껍질은 버린다. 닭고기를 먹기 좋은 크기로 다져 큰 볼에 담는다. 드레싱과 스캘리언 반 대를 추가한다. 함께 버무려 고기를 코팅하고 접시에 옮겨 드레싱 그릇에 남은 모든 액체를 긁어내어 추가한다. 남은 스캘리언으로 장식하고 참깨를 뿌린 후 바로 제공한다.

튀긴 샬롯, 마늘, 레몬그라스를 곁들인 바나나 블러썸과 치킨 샐러드

SPICY CHICKEN AND BANANA BLOSSOM (OR CABBAGE) SALAD WITH FRIED SHALLOTS, GARLIC, AND LEMONGRASS

분량
4인분

요리 시간
1시간

총 시간
1시간

NOTES

가능하다면 작고 달콤한 태국 샬롯과 마늘을 사용한다. 태국 마늘을 사용할 때는 껍질을 남긴 채로 볶을 수 있다. 마크루트 라임잎은 태국 슈퍼마켓에서 찾아볼 수 있다. 레몬그라스는 대부분의 아시아 시장이나 서양 슈퍼마켓의 특산품 코너에서 볼 수 있다.

태국 고추는 맵기가 다를 수 있다. 으깨기 전에 맛을 보고 양을 조절한다. 드레싱은 단맛의 균형을 맞추기 위해 꽤 매워야 한다. 팜 슈거는 태국 시장에서 찾아볼 수 있다. 없다면 흑설탕으로 대체한다.

이 샐러드는 565페이지를 참고해 닭을 삶거나 남은 닭고기로 만들 수 있다.

바나나 꽃은 동아시아나 인도 식료품점에서 찾아볼 수 있다.

이 샐러드는 내가 싱가포르 탄종파가르 근방에 사는 내 절친인 Yvonne Ruperti와 그녀의 남편 Hallam과 함께 살 때 만든 샐러드다. Yvonne와 나는 *Cook's Illustrated* 잡지에서 룸메이트이자 직장 동료로 몇 년을 함께 보냈던 사이로, 내가 이렇게 좋아하는 사람과 부엌에서 함께할 시간을 보낼 기회를 놓쳤다면 정말 후회로 막심했을 것이다.

바나나 블러썸과 치킨 샐러드는 방콕에서 꽤 흔히 볼 수 있는 요리다. 모든 거리의 구석마다 있다곤 할 수 없지만 충분히 많다. 클래식한 버전은 포칭한 닭고기, 얇게 썬 바나나 블러썸, 샬롯, 코코넛, 마늘, 고추, 팜 슈거, 피시 소스로 만든 매콤달콤한 드레싱으로 만든다. 내 레시피는 시작은 비슷해도 살짝 엇나간 버전이다. 그리고 바나나 꽃이 피기 힘든 환경이라면 아삭한 양배추로 대신한다.

내가 처음 해봤던 것은 샐러드 베이스에 튀긴 샬롯을 추가하는 것이었다. 드레싱을 추가하면 바삭함을 잃어버리지만, 그 대가로 독특한 달콤하고 짭짤한 맛을 얻는다. 그리고 막자사발로 으깨 놓은 마늘 한 뭉치와 얇게 썬 레몬그라스와 라임잎을 추가했다. 모두 기름의 일부분이 된다(재료들을 찾을 수 없다면, 어떤 감귤류 잎도 무방하다). 마지막으로 드레싱의 베이스 향을 만들기 위해 땅콩을 튀겨보았다. 수많은 튀긴 재료들이 담긴 그릇들로 주방이 가득 찼고, 또한 샐러드 드레싱에 추가할 향긋한 기름도 많아졌다.

나는 드레싱에 코코넛 밀크는 넣지 않기로 결정했는데, 튀긴 음식에 이미 풍부한 향이 배어 있기 때문이다. 대신에 마늘, 고추, 팜 슈거를 사용하여 달콤하고 매운 페이스트를 만들었다. 그리고 신선한 라임즙과 설탕을 이용해 묽게 만들었다.

이런 샐러드를 만들 때는 올바른 순서로 드레싱을 하는 것이 중요하다. 나는 가장 흡수력이 좋은 닭고기부터 시작한다. 또한 드레싱을 하고 오래 둘수록 더 풍부하게 향을 흡수한다. 다음으로 나는 신선한 허브(민트와 고수)와 함께 양배추를 추가한다.

마지막으로, 튀긴 것들을 추가하고, 제공하기 직전에 샐러드 위에 뿌릴 일부를 남겨두어 최소한의 바삭함을 유지했다.

재료

향신유 재료:

땅콩유, 쌀겨유 또는 기타 식용유 ½컵(120ml)

얇게 썬 중간 크기의 샬롯(유럽 또는 태국산) 3개
(약 130g, NOTES 참고)

막자사발로 굵게 으깬 중간 크기의 마늘 9쪽(약 3테
이블스푼/30~40g, NOTES 참고), 태국 마늘은
12~15쪽

신선한 레몬그라스 줄기 2개, 옅은 아랫 부분의 질긴
겉잎은 제거하고 부드러운 속만 잘게 다진 것 (약
¼컵, NOTES 참고)

마쿠르트 라임잎 4개, 줄기는 버리고 가능한 한
얇게 썬 것(NOTES 참고)

코셔 소금

드레싱 재료:

굵게 다진 태국 매운 고추 4~10개(NOTES 참고)

막자사발로 굵게 으깬 중간 크기의 마늘 9쪽
(약 3테이블스푼/30~40g, NOTES 참고)

팜 슈거 3테이블스푼(약 25g, NOTES 참고)

태국 피시 소스 2테이블스푼(30ml), 간을 맞추기 위
해 필요하면 더 추가

신선한 라임즙 2테이블스푼(30ml, 2개), 맛을 내기
위해 필요하면 더 추가

으깬 태국 고추(또는 굵게 빻은 빨간 건고추) 1테이
블스푼(6g), 맛을 내기 위해 필요하면 더 추가

샐러드 재료:

껍질과 뼈를 제거한 데친 닭가슴살 반쪽 2개
(340~450g)또는 닭가슴살(NOTES 참고)

굵게 다진 고수잎과 연한 줄기 ⅓컵(10g)

굵게 다진 민트잎 ⅓컵(10g)

얇게 썬 작은 양배추 1개(약 340g) 또는 작은 바나나
꽃 1개(약 450g)

막자사발로 굵게 빻은 땅콩튀김 ½컵(약 50g)

요리 방법

① **향신유**: 큰 웍에 기름을 넣고 반짝일 때까지 센 불로 가열한다(약 190℃ 정도의 온도). 샬롯을 넣고 노릇노릇해질 때까지 약 2분 동안 계속 저어준다. 고운체 또는 구멍 뚫린 스푼으로 샬롯을 빠르게 건져내어 키친타월이 깔린 볼에 옮긴다.

② 마늘, 레몬그라스, 라임잎도 같은 과정을 반복하여 아로마향을 빼낸 후에 건져서 먼저 건진 샬롯과 함께 보관한다. 튀긴 향신 재료들에 소금간을 해서 보관한다.

③ **드레싱**: 막자사발에 신선한 태국 고추와 마늘을 넣는다. 팜 슈거 1테이블스푼을 넣는다. 거의 부드러운 페이스트가 될 때까지 빻는다(시간이 좀 걸리나 인내심을 가지고 해야 한다). 남은 팜 슈거 2테이블스푼을 넣고 섞일 때까지 계속해서 빻는다. 태국 피시 소스, 라임즙, 건고추를 넣고 저으며 섞는다.

④ **샐러드**: 닭고기를 한입 크기로 잘게 찢어 큰 볼에 넣는다. 드레싱과 향신유를 넣고 버무려 섞는다. 다진 고수, 민트, 양배추, 굵게 빻아 튀긴 땅콩을 추가한다. 향신유 2테이블스푼만 남겨 놓고 나머지는 샐러드에 넣는다. 버무려 섞은 후 필요에 따라 피시 소스, 라임즙 또는 건고추플레이크(성글게 빻은 건고추)를 추가해 간을 하거나 맛을 낸다. 버무린 샐러드를 제공할 접시에 옮겨 담고 따로 보관해 두었던 튀긴 향신 재료들을 샐러드 위에 얹은 다음 즉시 제공한다.

바나나 꽃 준비 방법

큰 볼에 2L의 물을 채우고 ¼컵(60ml)의 식초 또는 레몬즙을 넣어 준비한다. 물 표면에 깨끗한 키친타월을 깔아 적신다. 옅은 분홍색 내부 층에 도달할 때까지 바나나 꽃의 거친 외부 층의 껍질을 벗겨서 버린다. 꽃을 세로로 반으로 나눈 다음 가능한 한 얇게 가로 방향으로 자른다. 잘라낸 조각은 즉시 젖은 키친타월을 들추어 볼 속에 넣는다(키친타월은 다시 덮어서 조각들이 물에 잠기게 한다). 샐러드에 넣을 준비가 되었을 때 키친타월을 들어내고 위에 떠있는 작은 조각들은 모두 제거한다. 깨끗한 키친타월이나 야채탈수기를 사용하여 물기를 제거한다.

태국식 커리 만드는 방법

독자들을 위해 외국 레시피를 조정할 때는 되도록 다수의 사람들이 사용하는 방법을 채택한다. 찾기 까다로운 재료를 대체하는 데 참 많은 시간을 할애하는데, 경험상 완제품을 사용하는 게 좋은 방법이다. 이런 완제품들은 찾기 어려운 많은 재료를 한 병에 모두 넣어 포장해 두어서 쉽게 구매할 수도 있고, 오랫동안 보관할 수도 있다(나는 *Maesri* 또는 *Mae Ploy* 브랜드를 주로 사용한다). 시판용 커리페이스트로도 괜찮은 커리를 만들 수 있다. 물론 수제 커리페이스트의 풍미와 비교할 수는 없지만.

서양에서 "타이 커리"라고 부르는 것은 태국에서 *kaeng*으로 알려진 것으로, 커리페이스트로 만든 요리의 총칭이자 밥과 함께 먹기 위한 것이다. 전형적인 태국 커리는 진한 맛을 가진 수프같지만, 물처럼 묽은 커리, 스튜처럼 진한 커리, 심지어 드라이 커리(예: 588페이지의 팟프릭킹)도 있다. 많은 커리가 코코넛 밀크를 사용하는데, 어떤 건 육수나 물을 넣기도 하고 어떤 건 걸쭉한 농도를 위해 동물의 피를 사용하기도 한다. 태국 커리는 고기를 많이 넣고 오랫동안 익힌 걸쭉한 스튜이거나, 해산물이나 야채를 넣고 빠르게 끓여 만든 요리이다.

모든 태국 커리의 통일된 특성 중 하나는 막자사발로 향신료와 아로마 야채를 빻아서 만든 촉촉한 커리페이스트를 사용하는 것이다. 여기엔 어려움이 있는데, 전통적 방식으로 만드는 건 팔이 부서질 정도의 힘든 노동 과정이라는 것이다. 특히나 부드럽고 미세한 질감을 목표로 한다면 더욱 그렇다.

잠깐, 여기서 어떤 생각이 번뜩일지도 모른다. 이게 기술의 목적이 아닌가? 푸드프로세서와 블렌더를 사용할 수 있는데도 왜 절구를 사용해야 한단 말인가?

나는 작업을 더 빠르고 더 잘 수행할 수 있는데도 기어이 구식 기술을 고집하는 유형이 아니기 때문에 직접 테스트해보기로 결정했다.

막자사발(절구)은 커리페이스트의 가장 친한 친구

우선 태국 레드 커리페이스트 몇 배치와 이탈리아 페스토 몇 배치를 푸드프로세서와 막자사발로 나란히 만든 다음, 블라인드 테스트를 진행했다. 푸드프로세서로 만든 배치는 재료가 더 빨리 섞였지만, 막자사발로 빻은 것과 나란히 맛보면 푸드프로세서 쪽이 더 거친 질감을 가지고 있었다. 막자사발 쪽은 더 부드러운 질감을 가지고 있었지만 큰 덩어리의 향신채는 잘게 부서지지 않고 그대로 유지되고 있었다. 그 결과 풍미 측면에서 차이가 훨씬 뚜렷했다. 막자사발 쪽이 푸드프로세서보다 훨씬 향이 더 많이 났다.

푸드프로세서로 재료를 분해하는 데 조금 더 시간이 필요한 건 아닌가 싶어서 최대 3분 동안 작동시켜도 봤다. 그런데도 아무런 차이가 없었다. 단 45초 정도만에 분해될 수 있는 만큼 분해된 것이었다.

이게 의미하는 바는 무엇일까? 푸드프로세서가 더 떨어지는 결과를 내는 이유는 무엇일까?

막자사발은 재료들의 세포를 자르거나 깎는다기보다는 부수기 때문이라 할 수 있다. 식물성 세포는 팽창된 물풍선과도 같은 단단한 주머니인데, 그 풍선 안에는 풍미가 담긴 곳이 있다. 예를 들자면, 식물성 세포를 각각 주스가 배송되는 선적 컨테이너 더미로 생각해보자. 푸드프로세서에는 컨테이너를 깎아버리는 소용돌이 칼날이 있어서, 몇 개의 컨테이너는 잘라내고 몇 개는 잘라내지 못한다. 잘라내지 못한 것들이 서로 분리되도록 타격하기도 한다. 마치 조

선소를 향해 부는 허리케인과 같다. 반면에 막자사발은 완전한 고질라 스타일의 무자비한 공격과 같다. 세포를 분리하는 게 아니라 완전히 부수어 화물을 방출하는 거라고 말할 수 있겠다. 풍미가 목표라면 내면의 고질라를 풀어주고 도쿄 스카이 라인처럼 향기를 부숴야 한다.

푸드프로세서도 막자사발(절구)의 친구

태국 커리페이스트를 더 쉽게 만드는 방법을 모색할 때 든 첫 번째 생각은 하이브리드 접근 방식을 사용하는 것이었다. 막자사발로 시작하여 재료들을 세게 내리친 다음, 푸드프로세서로 마무리하는 건 어떨까? 아니면 그 반대로 해보는 건 어떨까?

네 가지 방법으로 같은 커리페이스트를 만들어 보았다.*

1 • 푸드프로세서만 사용
2 • 막자사발만 사용
3 • 막자사발로 시작하여 푸드프로세서로 마무리
4 • 푸드프로세서로 시작하여 막자사발로 마무리

각 방법이 얼마나 걸렸는지 시간을 구하고 최종 결과를 맛보았다. 생산 용이성에 관해서는 푸드프로세서가 장기적 승자이다. 단 몇 분 만에 신선하고 건조한 향신 재료들을 부드러운 커리페이스트로 만들 수 있으며 공정 중에 고무 주걱으로 몇 번 긁어모아주기만 하면 되기 때문이다. 반대로, 앞에서 말했듯이 막자사발만으로 커리페이스트를 만드는 건 너무나 힘이 든다. 일반적으로 최소 5~10분이 걸리지만 작은 막자사발을 사용하거나, 공정에 100% 집중 투자해서 만들지 않는다면 훨씬 더 오래 걸릴 수 있다. 매우 부드러운 페이스트를 얻기 위해서 15~20분 동안 집중하며 빻아야 하는 것은 드문 일이 아니다.

두 가지 과정을 혼합한 방법의 경우, 막자사발로 1분 동안 빻았고, 푸드프로세서에 2분 동안 갈았다.

---

* 사실 젖은 반죽으로 분쇄하는 인도의 습식 분쇄기도 사용해 봤다. 무거운 돌로 된 맷돌을 이용하는 이 분쇄기로는 농도가 너무 되직했다.

풍미 측면에서는 몇 가지 분명한 차이가 있었다. 예상대로 푸드프로세서만으로 만든 페이스트는 풍미가 가장 적었다. 푸드프로세서로 시작해 막자사발로 마무리한 것도 푸드프로세서만 이용한 것과 구별하기 어려웠다. 일단 향신채들이 분해되어 반액체 현탁액이 되면 절구에 빻아도 제대로 부수기가 어려웠다. 그저 옆으로 밀리며 찌부가 될 뿐이었다.

하지만 막자사발로 시작해 푸드프로세서로 마무리한 버전은 어땠을까? 그렇다! 이게 바로 정답이었다! 막자사발로만 만든 것처럼 맛있진 않았지만(세포가 너무 잘게 부서지는 경우가 많았으므로), 시간과 노력이란 측면과 비교했을 때의 이점이 엄청나게 많았다.

앞으로도 시간과 에너지(또는 이 작업 과정을 무사히 통과시킬 만한 주방 조력자 세트)가 있을 때는 막자사발을 사용하겠지만, 바쁜 밤에는 노력의 일부만으로도 커리페이스트를 만들 수 있는 방법을 사용할 것이다.

냉동고는 푸드프로세서의 가장 친한 친구

바로 본론에 들어가면: 신선한 향신채를 얼린 뒤에 막자사발로 빻으면 더 맛있는 결과를 얻을 수 있다.

믿기 어려운 말이라는 건 나도 알지만, 차분히 설명할 테니 먼저 내 말을 들어보길 바란다. 이는 모두 고장난 냉장고 때문에 발생한 일이다.

몇 주마다 벌어지던 일인데, 냉장고 압축기를 높은 기어로 올리면 하단부 선반에 있는 것들이 단단하게 얼었다. 언제는 신선한 생강과 레몬그라스 줄기 몇 개가 얼었는데, 이걸 태국식 커리페이스트에 사용하기로 결정하고 막자사발로 빻았었다. 얼마나 쉽게 잘 섞이는지…정말 놀랐다.

여기서 의문이 생겨났다: 향신채를 얼리는 게 어쩌면 좋은 방법인 건 아닐까? 내 추론은 다음과 같았다. 우리는 채소와 허브가 신선한 상태를 유지하기를 바란다. 아삭함을 원하고, 물기를 원하고, 식감을 원한다. 하지만 때로는 그 반대를 원하는데, 야채와 허브가 완전히 분쇄되길 원한

다는 것이다. 모든 세포가 터져나와 그 향기와 즙이 방출될 때까지 뭉개고 두들겨버린다. 그럼 야채나 허브가 냉동될 때 얼어붙는 곳은 어딜까? 그래, 냉동시키면 막자사발로 얻을 수 있는 것과 비슷한 걸 성취할 수 있다. 액체 상태의 물이 팽창해 들쭉날쭉한 얼음 결정을 형성함에 따라 세포가 외부에서 부서지기보다는 내부에서 찢어지는 것이다. 그래서 얼린 다음 해동된 야채와 향신채는 흐물흐물하고 뭉크러진 것처럼 보인다.

그래서 나는 커리페이스트와 페스토를 만들 때 세포를 파열시키는 게 목표라면, 냉동시키는 것도 도움이 될 거라고 생각했다. 더불어서 푸드프로세서나 막자사발을 사용하지 않고도 맛있는 커리페이스트를 만들 수 있지 않을까란 생각까지 했다. 이를 테스트하기 위해 먼저 동료인 Daniel Gritzer의 환상적인 레시피를 사용해 세 가지 다른 페스토를 만들었다(*Serious Eats*에서 무료로 찾을 수 있음).

처음에는 신선한 바질과 막자사발을 사용해 전통적인 방법으로 만들었다. 두 번째는 신선한 바질을 푸드프로세서에 넣고 갈아서 만들었다. 세 번째는 밤새 냉동실에 넣었다가 실온에서 몇 분 동안 해동한 바질을 푸드프로세서로 갈아 만들었다(바질은 표면적 대 부피 비율이 매우 높기 때문에 순식간에 얼고 해동된다).

결과는 어땠을까?

막자사발을 사용해서 만든 페스토는 크림 같고 유화된 질감과 함께 정말 밝고 생생한 바질 맛을 자랑하는 최고의

요리였다.* 소형 푸드프로세서로 만든 배치는 거친 질감과 바질향이 제거된 것 같은 맛이 나는 최악의 요리였다. 마늘 냄새를 풍기며 하는 밤 데이트 때라도 이 바질 페스토를 선택하진 않을 것 같다.

하지만 냉동 바질을 소형 푸드프로세서를 이용해 만든 요리는 그들의 중간 어디쯤에 있었다. 그 맛도, 풍미도.

완전성을 위해 바질을 얼린 다음 막자사발로 으깨는 또 다른 배치를 만들었는데, 거기서도 대단한 이점을 찾지는 못했다. 그러나 태국식의 커리페이스트의 경우 풍미가 감소하지 않고도 향신채를 미세한 페이스트로 훨씬 빠르게 분해할 수 있었다.

돌이켜 보면, 나를 놀라게 할 결과는 없었다. 가스파초를 만들 때처럼 야채를 얼리는 똑같은 논리를 사용하는데 말이다(그때는 놀라운 일을 한다). 태국 시장을 자주 방문하지 않는다면 좋은 소식이 있다. 양강근/갈랑갈(생강류), 라임잎, 강황 및 레몬그라스는 대량으로 구매해 잘라 냉동실에 보관할 수 있다. 맛도 유지될 뿐 아니라, 커리페이스트가 잘 섞이게 도와주는 역할도 하는 셈이다.

빨아서 만든 커리페이스트: 세 가지 권장 방법

이 모든 내용이 우리에게 어떻게 작용할까? 커리페이스트를 만드는 세 가지 권장 방법이 있다. 모두 완벽하게 맛난 커리페이스트를 생산하며(시판용보단 확실히 좋다) 쉬운 방법도 있다. 살펴보자.

방법 1: 전통적인 방법

첫 번째 방법은 신선한 재료 또는 냉동 재료와 함께 막자사발을 사용해 만드는 방법이다. 커리페이스트를 만들 때는 섞을 수 있는 말린 향신료부터 시작하여 미세한 가루로 갈아준다. 다음으로 단단한 뿌리, 뿌리줄기 및 생강, 마늘, 실란트로(고수) 뿌리, 불린 건고추, 강황과 같은 채소를 넣고 소금 한 꼬집을 넣어 빻으면 소금이 연마제 역할을 해서 재료들을 더 빨리 분해한다. 한 줌의 신선한 허브나 신선한 고추와 같은 부드러운 재료로 마무리한다. 위아래로 빻는 동작으로 연삭을 시작하고 사발의 옆면을 밀어 긁어주는 행위를 반복한다.

방법 2: 하이브리드 방식

막자사발을 사용하여 전통적인 방식으로 페이스트를 만들기 시작한다. 말린 허브를 넣으려면 향신료 분쇄기로 따로 갈아서 넣을 수 있다. 재료를 함께 넣고 빻아서 매우 거친 페이스트를 만든 다음, 향신료 분쇄기에 넣어 갈아놓은 향신료 가루와 함께 푸드프로세서로 옮겨 담는다. 거친 페이스트와 말린 향신료 가루가 섞여서 부드러운 페이스트가 될 때까지 푸드프로세서로 간다.

방법 3: 빠른 방법

이 방법은 재료를 얼리는 것으로 시작한다. 가장 쉬운 방법은 큰 재료를 얇거나 작은 조각으로 자르고 알루미늄 쟁반에 놓은 다음(알루미늄은 다른 도구보다 열을 빠르게 전달한다) 재료가 단단하게 얼 때까지, 최소한 30분 정도 냉동실에 넣어둔다. 냉동 재료를 지퍼백에 옮겨 담고 장기간 보관하거나 냉동 상태에서 즉시 푸드프로세서로 옮겨 부드러운 페이스트로 가공할 수 있다(이 방법에서 말린 향신료는 갈아서 따로 첨가해야 한다).

---

* 당혹스럽게도 첫 번째 책에서 페스토에 푸드프로세서를 사용하는 것뿐만 아니라 바질을 데치는 것도 권장했다는 것을 인정한다. 결과는 다음과 같다. 선명한 녹색이 나오긴 하지만, 더 이상 그 과정을 사용하지 않는다. 대신 Daniel의 레시피를 사용하라.

막자사발(절구와 절굿공이)은 주방에서 가장 과소평가된 도구

"이봐, 너! 그래, 너 말이야! 난 네 친구가 10년 전에 선물한 먼지 쌓인 막자사발이시다! 내가 여기 있는지도 몰랐지? 네 손아귀 힘 좀 사용해보지 그래?"

절구에서 빻아지는 재료의 입장에서 생각해보자. 통통하게 살이 차오른 식물의 세포들은 마치 하나의 도시를 이루듯 향기로운 맛 분자들로 빽빽히 차 있다. 그런데 갑자기 하늘에서 거대한 망치가 떨어지며 세포막을 부숴 세포벽이 무너져 내리며 그 속에 든 맛 분자들이 쏟아져 나온다. 절구질이 멈추지만, 이들에게 구원이란 없다. 더 이상 구원할 것이 남아있지 않기 때문에….

이것이 절구와 절굿공이가 당신에게 부여하는 원시의 힘이다. 향신채에서 모든 맛을 완전히 추출하는 능력! 고등학교 때부터 알고 있던 레시피 중 하나인 과카몰리가 자랑스러운 내 레시피 중 하나다. 하지만 당시 내가 만든 과카몰리는 양파, 실란트로(고수), 고추를 손으로 다져 으깬 아보카도에 넣어 만든 것인데, 막자사발에 모든 재료를 넣고 으깨어 만드는 요즘의 버전에 비해 밋밋한 맛이다. 나는 알고 있다. 차례로 맛보기도 했으니까.

하지만… 절구는 과카몰리만 만들라고 존재하는 것이 아니다.[*] 다음은 내가 막자사발을 사용하는 용도에 관한 것이다.

향신료 갈기

향신료를 미리 갈아두면 편할 순 있어도, 표면적 대 부피 비율이 커서 갈기 전보다 훨씬 빠르게 풍미를 잃는다. 그래서 몇 가지 예외를 제외하고는 모든 향신료는 필요할 때 갈아서 사용한다. 무슨 생각을 하는지 다 안다. 그만한 가치가 있냐는 생각. 간 향신료가 필요할 때마다 향신료 분쇄기를 꺼내 플러그를 꽂아 사용하고, 청소를 하고 싶은 사람이 누가 있을까? 나는 그렇게 한다. 여기에 해답이 있다: 여러분은 그냥 저렴하고 무거운 화강암 절구에 투자하라!

향신료 분쇄기는 대량의 향신료에는 적합하지만 일반적인 레시피 분량에는 적합하지 않다. 이 분쇄기에 고작 고수 씨앗 한 티스푼을 갈면 무슨 일이 일어나는지 아는가? 향신료가 칼날에서 튕기면서 땅에 닿는 걸 거부하며 내부를 날아다닌다. 실제로 잘 작동하려면 적어도 몇 스푼의 통짜 향신료가 필요하다. 반면에 절구는 말린 향신료 몇 티스푼을 1분 안에 굵게 갈거나 가루로 만들 수도 있다. 완료되어 세척까지의 시간을 말하는 것이다. 방법은 다음과 같다.

STEP 1 · 향신료 추가

절구에 향신료 전체를 넣는다. 절구가 단단한 표면에 잘 놓여 있는지 확인한다. 곧 빻을 것이다.

---

[*] 더 이상 말장난은 없을 거라고 약속했다는 것을 알고 있지만, 어떻게 넘어갈 수 있겠나?

STEP 2 · 그릇을 부분적으로 덮는다.

주로 사용하는 손으로 절굿공이를 잡고 다른 손으로 절구 상단을 잡아 절굿공이가 위아래로 움직일 수 있는 공간을 만든다. 이렇게 하면 통짜 향신료가 날아가는 것을 방지할 수 있다.

STEP 3 · 빻기 시작

절굿공이를 위아래로 움직이며 향신료를 빻다가 절구 벽에 붙은 향신료를 긁어낸다. 거칠게 분해될 때까지 계속 두드려 빻는다. 이 작업에는 15~20초 정도 걸린다.

STEP 4 · 갈기

절굿공이를 단단히 잡고 절구 바닥에 대어 원을 그리며 바닥으로 밀어 향신료를 간다. 마녀가 마법 혼합물을 휘젓는 걸 상상해 보라. 절굿공이가 절구 바닥 주위에서 움직일 때 향신료는 효율적으로 갈릴 것이다. 원하는 정도만큼 곱게 갈아준다.

STEP 5 · 체로 치기(선택사항)

특정 향신료, 특히 커민이나 캐러웨이 씨앗과 같은 향신료를 사용하면 씨앗의 껍질이 쉽게 갈리지 않을 수 있다. 하지만 괜찮다. 나는 절구에 빻은 뒤에는 별다른 조치 없이 그대로 사용하는 편이다. 비록 그중 몇 개의 껍질이 음식에 들어가더라도 상관없이 사용한다. 그것들이 오히려 조화를 이룬다. 그러나 제거하는 걸 선호한다면, 절구 안의 내용물을 고운체에 담아 기울인 다음 가장자리를 반복적으로 두드려 갈린 향신료는 떨어지고 껍질은 남도록 할 수 있다.

continues

향신채 빻기

볶음용 생강과 마늘, 혹은 시저 드레싱 용도로 절구로 빻은 멸치와 마늘, 혹은 태국 커리페이스트를 만들거나, 축축하고 단단한 재료를 페이스트로 바꾸고 싶을 때 막자사발을 꺼낸다. 방법은 다음과 같다.

STEP 1 · 재료 미리 자르기

향신채 껍질을 벗기고 다듬은 뒤 비교적 작은 조각으로 자른다. 신선한 고추나 마늘과 같은 부드러운 향신채는 큼직하게 자르는 것이 좋다. 레몬그라스나 생강과 같은 더 강한 향신채는 미세하게 잘라 준비하면 갈리는 속노가 빨라진다.

STEP 2 · 소금과 빻기

소금은 연마제 역할을 하여 세포벽을 찢고 분해하는 데 도움이 된다. 절구를 사용하라는 거의 모든 레시피가 소금을 사용하라고 한다. 경우에 따라서는(257페이지 남쁠라프릭 등) 설탕을 사용하기도 한다.

유출을 방지하기 위해 자유로운 손으로 절구 상단을 덮고 향신채를 두드린다. 향신채가 분해되기 시작하면 손을 떼어도 된다. 절구와 절굿공이 사이의 긁힘과 접촉을 극대화하면서 분해되지 않은 큰 조각의 향신채와 절구의 측면을 겨냥하며 계속해서 빻는다.

STEP 3 · 갈기

촉촉한 페이스트가 형성되기 시작하면 위아래로 절구질하지 않고, 절구 바닥에 절굿공이를 대고 원을 그리듯 돌려가며 계속해서 분쇄한다. 커리페이스트처럼 건조한 것을 빻으려면 위아래로 빻는 동작과 원을 그리며 갈듯이 하는 동작을 병행해야 할 수도 있다.

STEP 4 · 푸드프로세서로 마무리(선택사항)

만약 절구로만 마무리하고 싶다면 계속해서 절구로 빻으면 되지만, 푸드프로세서를 이용하면 한결 편해진다(맛도 좋다). 부드러워질 때까지 갈아서 마무리한다.

견과류 분쇄하기

막자사발은 컵 반 정도 분량의 견과류까지 분쇄하기에 가장 좋고 빠른 방법이다(그 이상은 푸드프로세서가 조금 더 매력적으로 보인다).

STEP 1 · 절구에 채우기

견과류를 절구에 넣는다. 이때 ⅔ 이상 채워지지 않게 한다.

STEP 2 · 그릇을 부분적으로 덮는다.

주로 사용하는 손으로 절굿공이을 잡고 다른 손으로 절구 상단을 덮어 공이가 위아래로 움직일 수 있는 공간을 만든다. 이렇게 하면 견과류가 밖으로 튀어나가지 않는다.

STEP 3 · 분쇄

공이로 더 큰 조각을 겨냥하며 빻으면 비슷한 크기로 분쇄된 견과류를 얻게 된다.

절구 청소와 시즈닝

나는 막자사발(절구와 절굿공이)을 사용하라고 추천하는데, 많은 사람이 새 절구와 절굿공이를 시즈닝(길들이기)하거나 세척할 때 특별한 주의가 필요하다고 생각해 사용을 꺼려한다. 시즈닝은 절굿공이를 절구에 갈아서 음식에 섞일 수 있는 과도한 모래나 암석을 제거하는 것을 말한다. 그런데, 내가 소유하고 사용했던 수십 개의 막자사발 중 실제로 시즈닝을 할 필요가 있었던 건 단 한 개에 불과했다. 멕시코 현무암 몰카테제였는데, 화강암, 세라믹, 목재, 금속 절구는 일반적으로 작은 모래가루가 없어서 바로 사용할 수 있다.

절구에 시즈닝이 필요한지 테스트하려면 절구를 헹군 뒤 깨끗한 물을 ¼만큼 채운다. 절굿공이로 원을 그리며 절구에 갈은 뒤 물을 확인한다. 깨끗하다면 시즈닝할 필요가 없는 것이다. 눈에 띄게 모래가루로 흐려진다면 흰 쌀 ¼컵과 물 몇 테이블스푼을 넣어 갈아서 촉촉한 페이스트가 될 때까지 시즈닝을 한다. 절구 내부 전체를 갈아주며 몇 분간 페이스트를 만든 뒤 물기를 빼고 헹구고 맑은 물 테스트를 다시 하면 된다. 더 이상 모래가루가 생기지 않을 때까지 반복하면 된다.

세척은 별다를 게 없다. 물과 스펀지를 이용해 헹구면 된다. 바닥에 눈에 띄거나 냄새가 나는 잔여물이 남아있을 때는 약간의 비누를 이용하기도 한다.

continues

최고의 절구와 절굿공이

남은 생애 동안 요리에 사용할 테크놀로지를 단 3개만 골라야 한다면, 나는 칼과 불과 막자사발(절구와 절굿공이)을 고를 것이다. 암, 그렇고 말고. 10만 년에서 15만 년이나 된 절구는 우리의 가장 오래된 요리 도구 중 하나이며, 실제로 수만 년 동안 우리 인간은 돌칼, 불, 절구로 작업했다. 개를 키운 역사보다 3배나 오래된 우리의 가장 친한 친구인 셈이다. 농업 자체보다도 훨씬 더 오래되었으니 말이다. 전 세계 모든 문명에서 사용되었으며 오늘날까지 식물성 물질에서 최고의 풍미를 추출하는 데 이보다 좋은 것이 없다(Dave Arnold 또는 Nathan Myhrvold는 동의하지 않을 것이라고 확신하지만).

절구는 다양한 재료로 만들어진다. 난 부드러운 나무 절굿공이가 달린 이탈리아 대리석 절구부터 나무 절굿공이가 달린 일본 세라믹 수리 바치, 멕시코 스타일의 몰카테제에 이르기까지 최소 6개를 소유하고 있다. 이중 내가 가장 좋아하는 절구 세트는 열 번 중 아홉 번을 거슬러 올라가 고른다 해도 역시 태국식의 화강암 절구이다. 3컵 이상의 큰 용량을 가지고 있으며, 가장 공격적으로 격렬하게 빻아도 흔들리지 않을 정도로 무겁고, 많은 작업을 수행할 수 있는 무거운 절굿공이를 가지고 있으며, 연마되지 않은 내부 표면을 가지고 있다. 이 거친 표면은 재료들을 효과적으로 분쇄하기 위해 안성맞춤이다(여러분들이 파도에 떠밀린다면, 부드러운 모래사장과 거친 갯바위 중 어느 곳으로 떨어지겠는가? 여러분이 원하는 것과 정반대가 바로 우리가 절구 속 재료들에게 일어나길 바라는 상황이다).

단단한 화강암, 3컵 이상의 용량이라는 요구 사항을 충족하는 다른 절구는 찾지 못했다. 괜찮은 아시아 슈퍼마켓이나 온라인에서 약 40~50달러면 적당한 것을 구매할 수 있다.

절구를 구매한 후에는 할 일이 그다지 많지 않다. 일부는 시즈닝을 위해 젖은 쌀을 갈아야 하기도 하지만, 요즘은 대부분 미리 시즈닝되어 있어서 헹구기만 하면 된다. 어떤 사람은 절구 세트를 비누로 씻지 말라고 하는데, 아마 유성 소스를 만든 적이 없거나, 커리페이스트와 같은 페스토 맛에 신경쓰지 않는 사람일 거라고 생각한다. 원하는 대로 씻으며 시즈닝 하라. 바위 덩어리이니 손상되지 않을 것이다.

흔히 쓰이는 커리페이스트 재료들

직접 만들어 쓰는 커리페이스트의 단점은 만들기가 꽤나 번거롭고 들어가는 재료가 너무나 많다는 것이다. 중식이나 일식 재료들은 절임류나 마른 재료들이 많은 비중을 차지하는 반면에, 태국식 커리페이스트는 신선한 재료를 써야 하는 경우가 많다. 불행 중 다행인 점은, 커리페이스트를 대량으로 만들어 두면 최소 몇 달에서 거의 1년간 보관할 수 있다는 것이다. 커리페이스트 재료들 또한 냉동 보관할 수 있다. 아래 표의 재료들 중에선 고수 뿌리가 가장 구하기 힘든 재료일 것이라고 생각하는데, 직접 고수를 키우면 뿌리를 수확해서 사용할 수 있다. 태국 프릭치파 고추의 경우 정말 본토의 맛을 내고 싶다면 구해서 사용하면 되고, 구할 수 없다면 일반적인 고추를 사용해도 꽤나 근사한 맛을 낼 것이다.

이름	풍미	대체재
태국 바질	일반 바질과 비슷하지만 감초향이 있음	일반 바질
고수 뿌리	향긋하고 아주 강한 고수향이 남.	고수 줄기
프릭치파(청)	태국 청고추로 매콤한 풀향이 특징	다른 청고추
타이버드(청, 홍)	아주 맵지만 향긋하고 과실향이 남	프레스노, 카이엔, 빨간 세라노 등 다른 매운 고추나(청, 홍) 또는 하바네로나 스카치 보넷 등 아주 매운 고추
갈랑갈	매콤한 맛과 솔향, 시트러스향	사실상 대체품이 없지만, 구할 수 없다면 절반 정도 양의 생강으로 대체
마크루트 라임	유자향이 살짝 나는 라임	잎의 경우 귤이나 오렌지잎, 껍질의 경우 라임껍질에 오렌지껍질을 섞어서 사용
레몬그라스	은은한 레몬향	레몬 제스트나 라임 제스트를 ⅛ 중량만큼 사용
태국 마늘	강하고 톡 쏘는 향	일반 마늘 사용
태국 샬롯	일반 샬롯과 비슷한 달콤한 향에 마늘향이 더해진 향	일반 샬롯과 마늘을 섞어서 사용
강황	흙냄새, 생강향이 나고 씁쓸한 맛이 남	생강황 15g을 강황가루 5g과 생강 2.5g을 섞어서 대체
새우페이스트	쿰쿰한 바다향	대체제가 없지만 미소페이스트를 사용하면 비슷한 감칠맛을 낼 수 있음

태국식 커리페이스트

아래 표에서는 커리페이스트에 들어가는 재료들을 종류별로 정리했다.

	레드 커리	그린 커리	옐로 커리	마사만 커리	카오소이
생(生) 재료					
태국 바질		O			
고수 뿌리	O	O	O		O
고수		O			
타이버드	O(홍색)	O(청색)			
갈랑갈	O	O			
생강			O		O
마크루트 라임잎	O	O	O		O
레몬그라스	O	O	O	O	O
태국 마늘	O	O	O	O	O
태국 샬롯	O	O	O	O	O
강황 뿌리			O		O
새우페이스트	O	O	O	O	O
마른 향신료					
월계수잎			O		
카다몸				O	O
시나몬			O	O	
정향				O	
코리앤더(고수) 씨앗		O	O	O	O
큐민		O	O	O	
마른 홍고추	O		O	O	O
페누그릭			O		
넛맥			O	O	
팔각				O	
백후추	O	O	O	O	

알아두면 좋을 커리페이스트 다섯 가지

태국에는 수많은 종류의 커리페이스트가 있지만 서양에서 주로 보이는 종류들은 다음과 같다.

- **레드 커리** 태국 청양 건고추(프릭치파)로 만들며, 코코넛 밀크와 함께 요리해서 매콤달콤하고 풍부한 맛을 낸다. 주로 해산물, 치킨, 두부, 호박 등의 야채와 함께 요리한다. 땅콩가루를 넣으면 페낭식 커리가 되며 소고기와 돼지고기에 잘 어울린다.

- **그린 커리** 청고추, 고수잎과 뿌리, 마크루트 라임과 같은 녹색 재료로 만들어진다. 레드 커리와 마찬가지로, 코코넛 밀크를 사용해 요리하며 일반적인 레드 커리보다는 더 맵고 풍미가 강하다. 일반적으로 생선, 조개, 가지와 함께 요리된다.

- **옐로 커리** 영국 해군의 영향으로 만들어졌다고 할 수 있다. 샬롯, 마늘, 레몬그라스, 새우페이스트와 같은 일반적인 태국식 재료와 영국식 커리 재료인 강황, 고수 씨앗, 큐민, 시나몬 등을 섞어 만든다. 고기와 감자 같은 전분질 뿌리채소를 넣어 만드는 것이 일반적이다.*

- **마사만 커리** 이슬람 문화의 영향으로 17세기 말레이시아 지방을 거쳐 태국으로 들어온 향신료들이 배합되어 있다. 이슬람식 커리이므로, 보통 닭고기와 감자를 주재료로 만들고 소고기와 염소고기로 만드는 경우도 흔히 볼 수 있다. 오렌지즙이나 타마린드같은 새콤한 재료들을 넣어 만드는 경우도 있다.

- **카오소이** 운남성 지방 출신의 이민자들에 의해 태국, 라오스, 미얀마로 전해진 요리이다. 옐로 커리와 재료는 비슷하지만 조금 더 자극적인 맛이다. 닭고기나 소고기가 주 재료이며, 샬롯, 중국식 겨자뿌리절임, 그리고 중국식 달걀면과 곁들여 먹는다.

커리 만들기, Step by Step

직접 만들었든, 슈퍼마켓에서 샀든 간에 커리페이스트를 손에 넣었다고? 그럼 커리는 어떻게 만들 생각인가? 재료에 따라 조리 시간이 제각각이지만, 방식은 모두 비슷하다. 앞으로 소개하는 방식을 그대로 따라야 하는 건 아니며 예외도 많다는 것을 알아두자. 하지만 알고 있으면 꽤나 쓸 일이 많을 기본 중의 기본이니 응용에도 도움이 될 것이다.

STEP 1 · 웍에 기름 두르기

코코넛이 들어간 커리를 만든다면 코코넛 밀크 캔 위에 굳어 있는 코코넛 지방을 사용하면 된다(캔을 흔들면 지방이 다시 굳을 때까지 기다려야 하니 절대 흔들지 말 것). 코코넛을 사용하지 않는다면 아무 식용유나 사용해도 된다. 코코넛 지방이 녹을 때까지 가열하거나(585페이지 참고) 식용유를 사용한다면 연기가 살짝 날 때까지 가열한다.

continues

---

* 태국 남쪽 지방에는 "사워 커리"라고 하는 옐로 커리도 있는데, 엄청나게 맵고 타마린드를 넣어 신맛이 난다. 아주 맛있는 레시피를 알고 싶다면 Leela Punyarathabandhu의 사워 커리 레시피를 찾아보면 좋다.

STEP 2 · 커리페이스트 넣기

커리페이스트를 모두 넣고 잘 섞는다. 커리페이스트와 웍 속의 기름을 잘 치댄다고 생각하면 된다. 그래서 웍 속에 따로 돌아다니는 기름이 없도록 둘을 잘 섞어야 한다. 계속 저어가며 페이스트를 볶는다.

STEP 3 · 지방이 분리되도록 기다리기

지방이 커리페이스트에서 다시금 분리될 때까지 볶는다. 웍 바닥에 기름이 고이고, 커리페이스트가 볶아지는 소리가 더 강렬해지는 것이 들릴 것이다.

STEP 4 · 주재료와 단단한 야채들 넣기

닭고기, 돼지고기, 소고기, 새우, 두부와 같은 주재료를 넣고 커리페이스트와 섞으며 볶는다. 조리시간이 오래 걸리는 야채도 이때 넣으면 된다.

STEP 5 · 육수와 야채 넣기

코코넛 밀크나 육수 혹은 둘 다 사용할 경우 이때 넣으면 된다. 커리페이스트가 녹도록 잘 저어 준 다음 끓인다. 주재료의 종류에 따라 몇 분(얇게 썬 고기) 혹은 몇 시간(오랜 조리가 필요한 고기 덩어리) 끓이면 된다. 생선, 두부, 야채와 같은 재료들은 마지막에 넣고 익을 정도로만 끓인다.

STEP 6 · 향신채와 간 맞추기

피시 소스, 설탕, 소금, 시트러스즙으로 간을 맞추고 허브, 샬롯, 고추, 숙주와 같은 마무리 재료들을 넣는다.

커리 만들 때 가장 중요한 단계: 지방 분리하기

커리 레시피들을 보면 커리페이스트나 코코넛 밀크에서 지방이 분리될 때까지 요리하라고 적힌 경우가 많다. 지방 분리는 왜 일어나고, 왜 중요하며, 어떤 영향이 있을까? 일단 에멀션이 무엇인지 알아야 한다.

에멀션(Emulsion)은 일반적으로는 섞이지 않는 두 종류의 액체의 혼합물이다. 요리에 사용되는 재료들은 대부분 수중유적형 에멀션의 형태를 띤다. 지방은 서로 뭉치고 싶어 하는 성질이 있기 때문에, 물속에 지방을 조금씩 떨어뜨리면, 작은 지방 덩어리들이 서로 뭉치며 점점 큰 지방층을 이루고, 결국에는 하나의 덩어리를 이루어 물 위에 둥둥 뜨게 될 것이다. 두 가지 방법으로 이를 에멀션으로 만들 수 있는데, 첫 번째는 유화제를 넣는 것이다. 달걀노른자에 들어있는 레시틴과 같이 한쪽은 물, 그리고 다른 한쪽은 기름에 달라붙는 성질을 지닌 화학 분자를 첨가하면 된다. 두 번째는 물에 점성이 생기도록 하면 되는데, 겨자씨에 들어있는 점액질 성분이나 전분기를 넣어 지방 덩어리들이 서로 달라붙기 힘들게 만드는 것이다.

그래서 이게 도대체 커리와 무슨 관계가 있냐고? 커리페이스트를 웍에 넣고 볶을 때, 기름이 페이스트와 섞이는 것을 볼 수 있을 것이다. 기름이 페이스트와 에멀션화 된 것인데, 커리페이스트 속 향신료들의 점성 때문에 이런 현상이 발생한다.

계속 볶으면 당연하게도 수분이 증발하는데, 에멀션의 경우 수분이 적을수록 진하게 잘 유지되지만 그 정도에 한계가 있다. 마요네즈를 만들 때 기름을 넣으면 넣을수록 농도가 진해지지만, 마요네즈 속 수분이 견딜 수 있는 한계치를 넘게 되면 에멀션이 깨져 버리는 현상을 예로 들 수 있다.

코코넛 기름과 커리페이스트를 볶을 때도 마찬가지인데, 볶으면서 수분이 날아가기 시작하면 커리페이스트가 점점 진해지는 것처럼 보이다가 너무 많은 수분이 날아가면 에멀션이 깨져버리고 만다. 그래서 커리페이스트 속에 에멀션화 되어 있던 지방들이 다시 웍으로 흘러나오는 것이다.

이제 원리를 알아봤으니 이유를 알아볼 차례다. 이렇게 하는 이유가 뭘까? 풍미와 관련이 있는데, 커리페이스트를 볶을 때 사용되는 열에너지는 수분을 증발시키는 데 사용된다. 그래서 수분이 날아가는 동안은 커리페이스트의 온도 또한 물의 끓는점 이하로, 그리 높게 올라가지 않는다. 이 정도 온도로는 마이야르 반응이나 페이스트 속 향신료들의 풍미를 이끌어 낼 수 없다. 수분이 증발하고 에멀션이 깨져 기름이 새어 나와야만 커리페이스트가 제대로 볶아질 수 있는 온도가 되는 것이다.

레드 커리페이스트
RED CURRY PASTE

분량
⅔컵(160ml)

요리 시간
20분

총 시간
20분

NOTES
581페이지를 참고하면 구하기 힘든 재료들을 대체할 재료들에 대해 알아볼 수 있다. 575페이지에 나와있는 테크닉을 사용해서 만들어도 된다. 새우페이스트 대신 미소페이스트를 사용하면 베지테리언 레시피로 만들 수 있다. 소금 한 티스푼을 더 넣어 만들면 냉장고에 오래 보관 가능하다(이 경우는 조리할 때 간을 조절해야 한다). 혹은 지퍼백에 담아서 냉동실에 보관해도 된다.

레드 커리페이스트는 불려 놓은 건고추를 베이스로 사용한다. 프릭행(Prik Haeng)은 태국어로 마른 고추를 뜻하는데, 커리페이스트를 만들 때 널리 사용된다. 나는 푸야종 고추를 사용하는데, 아주 매운 아르볼 고추와 과실향이 나는 과히요 고추의 중간 정도의 맛이다.

재료

씨앗을 제거한 건고추(홍) 90g

껍질을 제거하고 굵게 썬 갈랑갈(약 45g)

마크루트 라임잎 6개(15g)

레몬그라스 2개. 옅은 아랫 부분의 질긴 겉잎은 제거하고 부드러운 속만 잘게 다진 것

굵게 다진 마늘 12개(40~50g)

굵게 다진 샬롯 2개(90g)

굵게 다진 태국 고추 2~12개(취향에 따라 준비)

고수 줄기 혹은 뿌리 15g

갓 간 백후추 1티스푼(4g)

코셔 소금 2티스푼(8g)

태국 새우페이스트 혹은 미소페이스트 1티스푼(5g)

요리 방법
건고추를 내열 용기에 넣고 끓는 물을 부어 10분간 불린다. 그 동안 갈랑갈, 라임잎, 레몬그라스, 마늘, 샬롯, 생고추, 고수 뿌리, 후추, 소금을 절구에 넣고 페이스트가 될 때까지 빻는다. 불려 놓은 고추의 물을 따라낸 후 절구에 넣고 같이 곱게 빻아 준 다음 새우페이스트를 넣어 완성한다. 페이스트는 냉장고에 1주일간 보관 가능하다(NOTES 참고).

버섯, 호박, 두부를 곁들인 레드 커리
RED CURRY WITH MUSHROOMS, PUMPKIN, AND TOFU

분량	요리 시간
4인분	15분
	총 시간
	25분

NOTES

코코넛 지방이 위에 굳어 있으니 캔을 절대 흔들지 말 것. 아무 버섯을 사용해도 되지만 표고버섯, 느타리버섯, 잎새버섯을 사용하면 더 좋다. 109페이지의 버섯 관련 내용을 읽어볼 것.

피시 소스와 새우페이스트를 사용하는 레시피인데, 베지테리언용으로 만들고 싶다면 새우페이스트를 빼고 피시 소스 대신 간장을 넣어 만들면 된다. 취향에 따라 두부 대신 닭고기나 돼지고기를 사용해도 된다.

재료

코코넛 밀크 1캔(400ml)
땅콩, 쌀겨 또는 기타 식용유 1테이블스푼(15ml)
레드 커리페이스트 60ml
한입 크기로 자른 단단한 두부 225g
씨앗을 제거하고 4cm로 썬 단호박 450g
한입 크기로 자른 버섯 225g
저염 치킨스톡 또는 야채스톡 또는 물 2컵(475ml)
피시 소스 1테이블스푼(15ml)
절구를 사용해 잘게 부순 팜 슈거 1테이블스푼(12g)
태국 또는 일반 바질잎 1컵(30g)
재스민 밥

껍질째 먹을 수 있는 단호박과 두부, 버섯을 사용해 간단하게 만들 수 있는 커리다.

요리 방법

① 코코넛 밀크 캔에 떠 있는 지방 2테이블스푼(30ml)을 떠내어 웍에 식용유와 함께 넣는다. 중간 불로 코코넛 지방이 분리되도록 잘 볶은 다음, 커리페이스트를 넣고 웍 바닥을 긁어가며 커리페이스트에서 지방이 분리되어 나올 때까지 약 2분간 볶는다.

② 두부와 호박을 넣고 커리페이스트와 잘 섞은 다음 버섯, 코코넛 밀크, 스톡, 피시 소스, 설탕을 넣고 잘 젓는다. 그다음 끓어오르면 호박이 부드러워질 때까지 8~12분간 익힌다.

③ 바질을 넣고 피시 소스와 설탕으로 간을 조절한 뒤 재스민 밥과 함께 제공한다.

레드 커리페이스트를 이용한 태국식 그린빈과 두부볶음 (팟프릭킹)

THAI-STYLE TOFU WITH GREEN BEANS AND RED CURRY PASTE (PAD PRIK KING)

분량	요리 시간
4인분	30분
	총 시간
	30분

NOTES
슈퍼마켓에서 산 커리페이스트는 아주 짠 경우도 있으니 직접 만든 커리페이스트가 아니라면 사용하는 양에 유의해 조절해야 한다.

재료
땅콩유, 쌀겨유 또는 기타 식용유 3테이블스푼(45ml)
가로 세로 2.5cm, 두께 1.3cm로 자른 단단한 두부 340g
4cm로 자른 다듬어진 그린빈 또는 롱빈 450g
레드 커리페이스트 ¼컵(60ml)
설탕 1테이블스푼(12g)
피시 소스 또는 간장 1테이블스푼(15ml)
다진 태국 또는 일반 바질 한 움큼
코셔 소금(선택)
재스민 밥

태국의 푸드코트 근처를 어슬렁거리고 있으면, 팟프릭킹(Pad prik king)이라는 커리가 눈에 띌 것이다. 국물이 흥건한 다른 커리들과는 다르게 볶음 형태로 되어 있고, 재료들이 커리페이스트로 코팅되어 있는 걸 볼 수 있다. 어떤 야채나 고기를 사용해도 좋지만, 나는 두부와 콩으로 만든 버전을 아주 좋아한다.

일반적으로 팟프릭킹은 고추페이스트를 뜨거운 기름에 볶아 풍미를 낸 뒤 두부와 콩을 넣고 함께 볶아서 만든다. 하지만 나는 풍미와 식감을 더하기 위해 두부를 먼저 한 번 부치고, 콩도 뜨거운 기름에 데친 뒤에 커리페이스트를 볶기 시작한다.

요리 방법

① 웍에 식용유 2테이블스푼(30ml)을 두르고 중간-센 불로 달군다. 두부를 서로 겹치지 않게 넣은 후 겉면이 바삭해지도록 3분 정도 부친다. 반대쪽 면도 색이 나도록 3분 더 익혀 준다. 그 후 볼로 옮겨 담고 옆에 둔다.

② 다시 웍에서 연기가 나기 시작할 때까지 센 불로 달궈준 후 식용유 1테이블스푼을 붓고 웍에 코팅한다. 그린빈을 넣고 잘 저어가며 그을린 색이 날 때까지 3분 정도 볶는다. 그 다음 두부가 있는 볼로 옮겨 담는다.

③ 나머지 식용유 1테이블스푼을 넣고 중간-센 불로 달군다. 바로 커리페이스트를 넣고 웍 바닥을 긁어가며 커리페이스트에서 지방이 분리되어 나올 때까지 약 2분간 볶아 준다.

④ 두부와 콩, 피시 소스 또는 간장과 설탕, 그리고 바질을 넣고 잘 볶는다. 마지막으로 취향에 따라 소금간을 한 뒤 재스민 밥과 함께 제공한다.

그린 커리페이스트
GREEN CURRY PASTE

분량	요리 시간
⅔컵(160ml)	20분
	총 시간
	20분

그린 커리페이스트는 태국에서 깽끼오완(*Kaeng Khiao Wan*) 혹은 달콤한 그린 커리라고도 불린다. 청고추로 만들어 초록색을 띠는데 레드 커리보다 매콤하고, 모든 고기 종류와 해산물, 태국 가지나 두부 모두에 잘 어울린다.

NOTES
타이버드는 아주 매우므로 매운맛을 조절하려면 다른 종류의 청고추를 사용하면 된다. 581페이지를 참고하면 구하기 힘든 재료들을 대체할 재료들에 대해 알아볼 수 있다. 575페이지에 나와있는 테크닉을 사용해서 만들어도 된다. 새우페이스트 대신 미소페이스트를 사용하면 베지테리언 레시피로 만들 수 있다. 소금 한 티스푼을 더 넣어 만들면 냉장고에 오래 보관 가능하다(이 경우는 조리할 때 간을 조절해야 한다). 혹은 지퍼백에 담아 냉동실에 보관해도 된다.

재료
껍질을 제거하고 굵게 썬 갈랑갈(약 45g)
마크루트 라임잎 6개(15g), 단단한 심지는 제거하고
　잎은 대충 다진 것
레몬그라스 2개, 아랫 부분의 질긴 겉잎은 제거하고
　부드러운 속만 잘게 다진 것
굵게 다진 마늘 12개(40~50g)
굵게 다진 샬롯 2개(90g)
줄기를 제거하고 굵게 다진 청색 태국 고추 75g
고수 줄기 혹은 뿌리 15g

갓 간 고수 2티스푼(5g)
갓 간 큐민 1테이블스푼(7g)
갓 간 백후추 1티스푼(3g)
다진 태국 또는 일반 바질 30g
고수잎과 줄기 30g
코셔 소금 2티스푼(8g)
태국 새우페이스트 1티스푼(5g), NOTES 참고

요리 방법
갈랑갈, 라임잎, 레몬그라스, 마늘, 샬롯, 고추, 고수 뿌리, 고수, 큐민, 백후추, 바질, 고수잎과 소금 4g을 절구에 넣고 곱게 빻는다. 새우페이스트와 나머지 소금 4g을 넣고 마무리한다. 페이스트는 냉장고에 1주일간 보관 가능하다(NOTES 참고).

홍합과 쌀국수를 곁들인 그린 커리
MUSSELS AND RICE NOODLES IN GREEN CURRY BROTH

분량	요리 시간
4인분	15분
	총 시간
	20분

NOTES
코코넛 지방이 캔 위에 굳어 있으니 캔을 절대 흔들지 말 것.

재료
쌀국수 120g
코코넛 밀크 1캔(400ml)
땅콩유, 쌀겨유 또는 카놀라유 1테이블스푼(15ml)
그린 커리페이스트 ¼컵(60ml)
얇게 편으로 썬 마늘 4쪽(10~15g)
얇게 썬 샬롯 1개(45g)
홍합 680g
피시 소스 1테이블스푼(15ml)
절구를 사용해 잘게 부순 팜 슈거 1테이블스푼(12g)
다진 고수 1컵(30g)
얇게 썬 녹색 태국 고추 1개
숙주나물 한 움큼
라임즙 15ml와 가니쉬용 라임 웨지

아주 쉽게 만들 수 있는 이 커리는 코코넛 밀크와 그린 커리페이스트, 그리고 채 썬 샬롯과 마늘이 들어간다. 끓어오르면 홍합을 넣고 뚜껑을 닫아 익힌 뒤 홍합이 열리기 시작할 정도로만 익힌다. 마무리로 미리 불려 놓은 쌀국수와 고수잎, 채 썬 고추와 라임즙을 넣어 마무리한다.

요리 방법

① 면을 볼에 넣은 뒤 아주 뜨거운 물을 부어 덮는다. 그다음 홍합을 조리할 때까지 옆에 놓아둔다.

② 코코넛 밀크 위에 뜬 지방 2테이블스푼(30ml)을 떠내어 웍에 식용유와 함께 넣는다. 중간 불로 코코넛 지방이 분리되도록 잘 볶은 다음, 커리페이스트를 넣고 웍 바닥을 긁어가며 커리페이스트에서 지방이 분리되어 나올 때까지 약 2분간 볶는다.

③ 마늘, 샬롯, 홍합을 넣고 30초간 볶은 다음 코코넛 밀크, 피시 소스, 설탕을 넣고 끓인다.

④ 센 불로 물이 끓게 만든 뒤 뚜껑을 덮고 약한 불로 변경하고 홍합이 익을 정도로만 약 3분간 더 끓인다.

⑤ 쌀국수를 물에서 건져낸 뒤 웍에 넣는다. 국수가 익을 때까지 1분 정도 더 익히면 된다.

⑥ 고수, 고추, 숙주, 라임즙을 넣은 뒤 피시 소스와 설탕으로 취향에 따라 간을 해서 마무리한다. 이후 곧바로 라임과 함께 제공하면 된다.

그린 커리 소시지 미트볼
GREEN CURRY SAUSAGE MEATBALLS

분량	요리 시간
6~8개	15분
	총 시간
	15분

재료

간 돼지고기 어깻살 900g

시판용 또는 홈메이드 그린 커리페이스트(589페이
지) 170g(약 ¾컵)

땅콩유, 쌀겨유 또는 기타 식용유 ¼컵(60ml)

튀긴 샬롯, 고수, 얇게 썰거나 손으로 찢은 마크루트
라임잎, 가니쉬용(선택사항)

커리페이스트는 집에서 만든 소시지의 풍미에 훌륭한 기초가 되어주며 아주 간단하게 만들 수 있다. 소시지를 만들 때 가장 중요한 부분은 혼합물을 완전히−잘 반죽하는 것이다. 돼지고기 단백질이 교차되도록 만들어 소시지의 튀는 듯한 통통한 식감을 만드는 행위이다. 단백질이 잘 교차 연결되었다는 표시로 혼합물을 만드는 그릇 측면에 얇은 단백질 막이 생긴다.

이 반죽은 프라이팬에서 요리되며, 커리나 수프에 넣는 작은 공으로 만들 수도 있고, 패티나 통나무 모양으로 만들어 튀기거나 구울 수도 있다. *남쁠라프릭*(257페이지)이나 *째우*(440페이지)와 함께 찍어 먹을 수도 있다.

요리 방법

돼지 어깻살과 커리페이스트를 패들이 달린 스탠드 믹서로 섞는다. 혼합물이 끈적끈적해질 때까지 중−저속도로 그릇 가장자리 주변에 얇은 단백질막이 생길 때까지 약 5분간 가동한다. 또는 손으로 반죽해도 된다. 패티 또는 공 또는 통나무 등의 모양을 만들어 원하는대로 요리하면 된다.

카오소이 만드는 방법

"원래 그런 맛이야"라는 말은 여행을 할 때 머릿속을 자주 스치는 생각이다. 치앙마이에서 코코넛과 커리 육수에 치킨과 면을 넣어 먹는 친하우(Chin Haw) 요리인 카오소이를 맛봤을 때도 생각했다. 카오소이는 윈난성 이민자들에 의해 태국 북부, 라오스, 미얀마로 전파됐다고 한다. 집에 돌아가서 그 요리를 여러 번 만들어봤지만, 이런 건 언제나 요리사 자신이나 그들의 고객을 위해 레시피가 바뀐 음식이 될 뿐이었다. 그 자리에서 "진짜"를 맛봐야만, 그 중요성을 진정으로 이해할 수 있다.

하지만, 음식의 "원조" 논란은 애초에 말도 안되는 소리라고 생각한다. 물론 아주 흥미로워서 이야깃거리가 많은 소재이긴 하지만, 어떤 음식의 진리의 레시피가 단 하나만 존재한다고 생각하며 그 맛만을 내려고 하는 건 이리저리 움직이는 표적을 맞추려고 노력하는 꼴일 뿐이다. 치앙마이에서도 카오소이에는 수백 가지의 변형이 있다. 태국 버전에 영감을 받은 락사를 이야기하는 것이다. 다른 어떤 변종도, 예를 들어 미국의 피자처럼 크게 다르진 않다. 하지만 "가장 좋은" 것들에는 공통점들이 있기 마련인데, 카오소이에는 흠잡을 데 없는 신선하고 통통한 달걀면과 맛이 진해 소량만 제공되는 육수와 향신료로 직접 만든 페이스트로 층층이 쌓인 풍부한 맛이 그렇다.

사실상 태국 북부의 대표 음식이지만, 지역색이 없는 음식 중 하나이기도 하다. 생강과의 뿌리, 씨앗, 향신료, 허브 그리고 다양한 발효 해산물을 찧어 만든 커리페이스트는 태국 북부 요리에서 그다지 두드러지는 특색이 아니며, 태국 중부나 남부 지방의 커리처럼 코코넛 밀크도 많이 사용하지 않는다. 탄력 있는 중국 달걀면 또한 일반적이지 않다.

하지만 카오소이가 태국 북부의 가장 인기 있는 수출품이라는 것은 말이 된다. 치앙마이에 기반을 둔 미국인 요리사 Andy Ricker가 *New York Times*에서 말했듯이, 카오소이는 "이상하지 않게 이국적이며 가장 중요한 건 정말 맛있다"는 것이다. 누구나 좋아할 수 있는 요리이다.

커리페이스트

이슬람교의 영향을 받은 마사만 커리페이스트와 비슷하게 카오소이페이스트는 촉촉한 향신료와 다양한 건조 향신료의 조합으로 만들어진다. 뜨거운 기름에 커리페이스트를 볶아 맛을 내는 표준적인 과정을 사용할 수 있지만, 내가 치앙마이의 한 지역 요리사로부터 배운 대안 기술이 있다: 향신료를 포일에 새까맣게 탈 때까지 굽는 것이다.

이 기술은 두 가지 목표를 달성한다. 첫째로, 향신료 안에 있는 방향족 화합물이 더 작게 분해되고 마이야르 반응으로 인해 수백 개의 새로운 것으로 재조립되면서 추가적인 향미를 발달시키는 것을 돕는다. 두 번째로, 야채를 부드럽게 만들고 향을 발산하는 과정을 시작하게 만든다. 이 목표들이 커리페이스트를 빻는 걸 상당히 쉽게 만든다(실제로, 이 기술을 다른 종류의 커리페이스트에도 약간의 탄 맛을 더하고 싶을 때 사용할 수 있다).

육수(BROTH)

카오소이는 코코넛 밀크와 육수를 함께 사용하기 때문에 다른 커리 수프들보다 물이 더 많은 요리이다. 닭고기와 소고기 둘 다 흔하게 사용하지만, 나는 빠르고 쉬운 시판용 치킨스톡을 사용하기 때문에 닭을 사용한다. 다른 커리들처럼, 액체 재료를 넣기 전에 커리페이스트에 닭을 넣어 익을 때까지 모든 걸 끓인다.

요리 중에 육수는 더 걸쭉해지며, 표면에 향신료가 밴 닭고기 지방이 고여 있다. 냄새가 끝내준다.

면

마지막 요소는 면이다. 치앙마이에서 카오소이는 항상 폭과 두께가 손가락 1마디 정도인 노란색의 탄력 있는 납작한 달걀면과 함께 나온다. 서양에서는 페투치니나 링귀니를 떠올릴 수 있겠다. 라면과 함께 제공되거나 심지어 기름진 쌀국수와 함께 나오기도 한다. 어떤 사람이 국물에 두 가지 방법으로 면을 제공한다는 생각을 했진 모르겠지만, 카오소이는 끓인 면 위에 바삭하게 튀긴 국수를 올린다. 그리고 나는 튀김을 거절하는 사람이 아니다!

탄력 있는 면발과 바삭바삭한 면발, 부드러운 닭, 풍부하고 양념된 따뜻한 육수, 샬롯과 겨자뿌리절임 고명을 얹고 신선한 라임 한 줌. 맛과 질감의 이 미친 조합이 카오소이를 그렇게 흥분할 정도로 맛있게 만드는 것이다.

레몬그라스 손질 방법

레몬그라스는 훌륭한 향을 가지고 있지만, 매우 질겨서 먹으려면 약간의 수고와 주의가 필요하다. 특히나 구매할 때는 건강해 보이는 줄기를 가졌고, 가장자리가 건조하거나 얼룩덜룩한 갈변 현상이 최소화된 걸 사야 한다. 비닐봉지에 담아 냉장고에서 몇 주 동안 또는 냉동실에 무기한 보관할 수 있다.

육수를 만드는 방법

육수에 향을 더하려면, 칼 뒷부분으로 레몬그라스를 위아래로 내리찍어 상처를 내는 게 가장 좋은 방법이다. 이렇게 하면 육수에 레몬그라스의 향이 더 잘 배어들게 된다.

커리페이스트 용도로 손질하는 방법

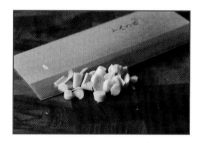

레몬그라스 줄기는 아랫부분의 옅은 부분만 먹을 수 있다. 껍질을 벗기기 시작해 내부의 옅은 노란색의 부드러운 층에 도달할 때까지 벗기고, 바깥잎은 버린다. 다음으로 밑 부분부터 13cm 정도만 잘라 단면을 확인해 본다. 나무처럼 단단해보이는 잎이 보이면, 부드러운 잎이 보일 때까지 더 잘라내야 한다. 부드러운 부분만 보관하고 나머지는 폐기한다.

이제 부드러운 부분들을 잘라서 절구에 빻으면 된다.

볶거나 튀기는 용도로 써는 방법

겉잎을 벗겨내어 거친 부분은 버린다. 날카로운 칼을 사용해 레몬그라스를 최대한 얇게 썬다. 얇을수록 좋다! 볶음요리 용도로는 더 잘게 다져서 사용해도 된다.

태국 북부식 카오소이(커리 치킨과 누들 수프)

NORTHERN THAI-STYLE KHAO SOI (CURRY CHICKEN AND NOODLE SOUP)

분량	요리 시간
6~8인분, 애피타이저용	45분
	총 시간
	2시간

NOTES

수제 커리페이스트 대신 시판용의 붉은색 또는 노란색 커리페이스트를 사용할 수 있지만, 맛은 상당히 다를 수 있다. 대체재는 581페이지의 차트를 참고하면 된다.

구하기 어려운 재료는 575페이지의 다른 기술 중 하나를 사용하여 커리페이스트를 만들 수도 있다. 냉장고에 무한히 보관하고 싶다면 소금 한 티스푼을 넣어 만들면 된다. 또는 진공 상태로 지퍼백에 넣어 냉동실에 무한히 보관할 수 있다.

코코넛 지방은 캔 윗 부분에 떠 있으므로, 열기 전에 흔들어선 안 된다.

재료

커리페이스트 재료(NOTES 참고):

순한 적색 건고추(스퍼 또는 파실라 또는 캘리포니아 또는 과히요) 45g

굵게 다진 고수 뿌리 또는 줄기 15g

굵게 다진 중간 크기의 마늘 6쪽(15~20g)

굵게 다진 중간 크기의 샬롯 1개(45g)

레몬그라스 1개, 옅은 아랫 부분의 질긴 겉잎은 제거하고 부드러운 속만 잘게 다진 것

껍질 벗겨 굵게 다진 생강 1쪽(30g)

굵게 다진 강황 1개(30g)

심지 제거하고 굵게 다진 마크루트 라임잎 3개(8g)

간 고수 씨앗 1티스푼(3g)

간 백후추 1티스푼 (3g)

간 검은색 또는 녹색 카다멈 씨앗 ½티스푼(2g)

코셔 소금

요리하기:

생달걀면 450g

땅콩유, 쌀겨유 또는 기타 식용유 1컵(240ml)

코셔 소금

캔 코코넛 밀크 2개(400ml, NOTES 참고)

닭다리 4개(각각 약 170g)

홈메이드 또는 시판용 저염 치킨스톡 1L

피시 소스 1테이블스푼(15ml), 맛보고 더하기

막자사발로 빻은 팜 슈거 1테이블스푼(12g), 맛보고 더하기

차림 재료:

얇게 썬 샬롯

라임 웨지

다진 자차이(중국식 겨자뿌리절임)

요리 방법

① **커리페이스트**: 고추를 내열성 용기에 넣고 끓는 물로 덮는다. 뚜껑을 덮고 10분 동안 한쪽에 둔다.

② 그 사이 12인치 크기의 알루미늄 포일 중앙에 고수 뿌리, 마늘, 샬롯, 레몬그라스, 생강, 강황, 라임잎을 놓는다. 가장자리를 위로 모아서 주머니를 만들고, 가스버너 불꽃 위에 직접 올려 향기와 연기가 피어오를 때까지 약 8분간 조리한다. 가스버너를 사용할 수 없는 경우, 주머니를 웍이나 무쇠 냄비 바닥에 놓고 강한 불에 올려서 연기가 날 때까지 10분 정도 조리한다. 내용물이 약간 식도록 놔둔 뒤 큰 절구로 옮긴다.

③ 간 고수, 후추, 카다멈, 소금 1티스푼을 절구에 넣고 걸쭉한 페이스트가 될 때까지 빻는다. 고추의 수분을 제거하고 절구에 넣어 부드러운 페이스트가 형성될 때까지 계속 빻는다. 커리페이스트를 한쪽에 둔다.

④ **요리하기**: 면을 4인분으로 나눈다. 웍에 기름을 넣고 반들반들해질 때까지 센 불로 가열한다. 면을 추가해 노릇노릇하고 바삭바삭해질 때까지 약 1분간 젓고 뒤집는다. 키친타월을 깐 접시로 옮기고 소금간을 한 뒤 따로 둔다.

⑤ 웍에 기름 1테이블스푼만 남기고 모든 걸 버린다. 코코넛 밀크의 캔 위에 뜬 두툼한 크림 2테이블스푼을 떠서 웍에 넣는다. 중간 불에서 저어 혼합물의 지방이 떨어져 나오게 하고, 그 지방이 반짝이며 튀어 오를 때까지 조리한다. 즉시 커리페이스트를 넣어서 젓고 긁으면서 토스트향이 날 때까지 약 2분간 커리페이스트를 조리한다.

⑥ 닭고기 조각들을 넣고 소스가 잘 묻을 수 있게 뒤집는다. 남은 코코넛 밀크를 넣고 치킨스톡, 피시 소스, 팜 슈거도 넣는다. 약한 불로 끓여 닭이 부드러워지고 육수가 매우 풍미해질 때까지 30분 정도 조리한다. 원하는 맛을 내기 위해 피시 소스나 설탕으로 간을 한다.

⑦ **차림**: 소금물을 냄비에 끓이고, 남은 익히지 않은 면을 넣어 알 덴테가 될 때까지 약 1분간 요리한다. 면의 물기를 빼고 4개의 접시에 나누어 담는다. 면 위에 닭고기 2조각을 올리고, 국물을 접시에 골고루 나누어 담는다. 튀긴 면을 위에 얹고 얇게 썬 샬롯, 라임 웨지, 자차이 등을 곁들인다.

20분 레드 커리 치킨&누들 수프
20-MINUTE CHICKEN RED CURRY NOODLE SOUP

분량	요리 시간
4인분	10분
	총 시간
	20분

NOTES

코코넛 지방이 캔 윗 부분에 떠 있으므로, 열기 전에 캔을 흔들지 않도록 주의한다. 해산물이나 고추맛을 조금 더 맛보고 싶다면, 끓어오를 때 새우페이스트나 칠리잼(남프릭파오) 한두 스푼을 수프에 섞어주면 된다.

재료

코코넛 밀크 1개(400ml, NOTES 참고).
땅콩유, 쌀겨유 또는 기타 식용유 1테이블스푼(15ml)
시판용 또는 홈메이드 레드 커리페이스트(586페이지) ¼컵(60g)
닭가슴살 반쪽 2개(약 340g)
홈메이드 또는 시판용 저염 치킨스톡 1.5L
피시 소스 1테이블스푼(15ml), 맛보고 더하기
막자사발로 빻은 팜 슈거 1테이블스푼(12g), 맛보고 너하기
라임즙 1테이블스푼(15ml)

차림 재료:

태국식 건쌀국수나 생밀면 등 원하는 면 4인분, 포장지의 지침에 따라 조리한다
굵게 다진 고수잎과 줄기 한 움큼
얇게 썬 작은 크기의 샬롯 1개
라임 웨지

이 레시피는 빠르고 쉬운 버전의 카오소이다. 오리지널은 아니지만 선반에 있는 재료들을 많이 사용할 수 있다. 태국식 빨간 커리페이스트, 만들었거나 시판용 스톡, 건면, 코코넛 밀크 한 캔을 닭고기, 허브, 라임 같은 신선한 재료와 섞으면 20분 남짓만에 푸짐하고도 맛있는 국수를 먹을 수 있다. 그 위에 바삭바삭한 치우메인이나 바삭한 통조림 감자스틱을 얹어도 괜찮다.

요리 방법

① 코코넛 밀크 캔 위에 뜬 두꺼운 크림 2테이블스푼을 떠서 웍에 기름과 함께 넣는다. 중간 불에서 저어가며 기름이 반들반들하고 튈 때까지 조리한다. 즉시 커리페이스트를 넣고 젓고 긁어가며 토스트향이 날 때까지 약 2분간 조리한다.

② 닭고기를 넣고 뒤집어가며 커리페이스트를 바른다. 나머지 코코넛 밀크, 치킨스톡, 피시 소스, 설탕을 추가한다. 다시 끓인 다음, 불을 약하게 조절하고 닭이 완전히 익을 때까지 약 15분간 조리한다. 닭고기를 볼에 옮겨 담고 충분히 식으면 갈기갈기 찢는다. 육수에 라임즙과 피시 소스나 설탕을 넣고 원하는 간으로 맞추면 된다.

③ **차림:** 면과 닭고기를 4개의 큰 접시에 나눈다. 국물도 나누어 담는다. 잘게 썬 고수, 얇게 썬 샬롯, 그리고 라임 웨지를 곁들여 제공하면 된다.

새우를 곁들인 태국식 핫&사워 수프(똠양꿍)

SIMPLE THAI HOT AND SOUR SOUP WITH SHRIMP(TOM YAM KUNG)

분량
4인분

요리 시간
15분
총 시간
30분

NOTES
남프릭파오(Nam prik pao)는 온라인이나 태국 식재료를 취급하는 아시아 슈퍼마켓에서 구할 수 있다.

재료
육수 재료:
땅콩유, 쌀겨유 또는 기타 식용유 2티스푼(10ml)
껍질 벗긴 큰 새우 340g
홈메이드 또는 시판용 저염 치킨스톡(또는 물) 1L
레몬그라스 줄기 2개, 옅은 아랫 부분의 질긴 겉잎은
　　제거하고 부드러운 속을 칼의 둔탁한 면으로 여
　　러 번 쳐댄 것
껍질 벗겨 굵게 다진 갈랑갈 20g
심지 제거하고 굵게 다진 마크루트 라임잎 3개(8g)

수프 재료:
적색 타이버드 고추 4개, 입맛에 따라 조절
반으로 자른 방울토마토 12개
굴 또는 양송이버섯 또는 한입 크기로 자른 표고버섯
　　145g
피시 소스 ¼컵(60ml)
라임즙 ¼컵(60ml)
남프릭파오 ¼컵(60ml)
무당연유 또는 코코넛 밀크 ¼컵(120ml, 선택)
잘게 썬 고수 한 움큼

똠얌 수프는 원하는 만큼 간단하거나 복잡할 수 있는 고전적인 태국 요리다. 이름은 "보일드 믹스(boiled mixed)"로 번역되며, 제조에 포함된 다양한 향신료를 의미한다. 향기로운 차라고 생각하면 된다. 라임즙과 남프릭파오(태국산 잼)가 첨가되어 시큼한 맛이 나며, 라임잎, 레몬그라스, 갈랑갈과 같은 아로마향이 곁들여져 있다. 많은 현대 요리법에는 풍부함을 위해 무당연유 한 캔이 포함되어 있다. 코코넛 밀크를 넣으면 톰카(tom kha)가 된다.

요리 방법

① **육수**: 식물성 기름을 냄비에 넣고 반들반들해질 때까지 중간 불에서 가열한다. 새우껍질을 넣고 갈색이 될 때까지 2분 정도 볶는다. 스톡을 넣어 끓인 뒤 5분간 더 끓인다. 새우껍질은 고운체로 걸러서 버린다.

② 레몬그라스, 갈랑갈, 라임잎을 추가해 5분간 끓인다. 향신료는 걸러서 버려도 되고, 그대로 두어서 먹어도 된다.

③ **수프**: 절구에 고추를 넣어 으깨고, 토마토도 추가해 가볍게 두들겨 으깬 뒤 수프에 넣는다. 버섯, 피시 소스, 라임즙, 남프릭파오, 무당연유, 새우를 넣는다. 끓는 수프에서 새우가 완전히 익을 때까지 약 1분간 조리한다. 잘게 썬 고수를 넣고 저어주면 완성.

마파두부

Mapo Tofu

분량
4인분

요리 시간
20분

총 시간
20분

재료

- 빨간 쓰촨 후추 1테이블스푼(8g)
- 땅콩유, 쌀겨유 또는 기타 식용유 2테이블스푼(30ml)
- 옥수수 전분 1티스푼(3g)
- 찬물 1테이블스푼(15ml)
- 간 소고기 또는 돼지고기 120g
- 다진 마늘 2티스푼(5g)
- 다진 생강 2티스푼(5g)
- 두반장 2테이블스푼(30g)
- 소흥주 2테이블스푼(30ml)
- 노추간장 1티스푼(5ml)
- 생추간장 2티스푼(10ml)
- 저염 치킨스톡(또는 물) ¼컵(60ml)
- 정육면체 모양으로 자른 연두부 450g
- 시판용 또는 홈메이드 고추기름(310페이지) ¼컵(60ml)
- 얇게 썬 스캘리언 3대
- 찐 밥

바로 이거다! 내가 세상에서 가장 좋아하는 요리이자 쓰촨요리의 할머니이기도 하다. 말 그대로 "곰보 자국 할머니의 두부"로 번역되는 이야기를 기원으로 한다. 다른 6개의 음식의 기원과 동일한 이야기다. 배고픈 군중들과 적은 재료와 풍부한 창의력을 가진 요리사로부터 시작되는 이야기로 순두부, 간 고기(전통적으론 소고기지만 가끔 돼지고기), 두반장, 한 줌의 쓰촨 후추, 다량의 매운 고추기름을 사용해 간단하면서도 영혼을 만족시키는 저렴한 스튜를 만들어내는 이야기이다.

나는 엄마가 가정식으로 만들어 주던 달달하고 짜고 육질이 강한 버전의 마파두부를 먹고 자랐다. 엄마가 만든 소고기 만두와 같이 먹을 때면 정말, 최고라고 말할 수밖에 없는 음식이었다. 그 이후로 맨해튼의 테이크아웃 중식점부터 청두의 본점까지 모든 곳에서 마파두부를 먹어왔다.

나는 눈에 띄게 흥분하는 일이 거의 없는데(금욕주의자인가? 인간의 껍데기를 쓴 감정 없는 괴물인가? 잘 모르겠다), 명성이 자자한 Chen 할머니의 레시피로 만든다는 청두의 고급 음식점인 *Chen Mapo Doufu*에 들렀을 때는 흥분의 도가니 속에 있었다.

중국, 특히 쓰촨에서는 모든 음식점에서 마파두부를 찾을 수 있는데, 그중에서도 나는 아주 뜨겁게 달궈진 무쇠 그릇에 담겨나오는 버전을 제일 좋아한다. 부드러운 정육면체의 순두부는 부드럽게 갈린 소고기와 함께 고추기름에 잠겨 있고, 구운 쓰촨 후추와 두반장으로 인해 아주 향기롭다. 보이는 것만큼 매콤하진 않고, 매콤달콤하고 건포도 비슷한 말린 과실향 등 섬세한 향이 난다.

이렇게 맛난 Chen의 마파두부는 매사추세츠 몰든에 있는 *Fuloon*의 쓰촨 요리사인 Zhang Wenxue가 만든 것과 흡사했다. 몇 년 전에 친절하게도 내게 자신의 기술과 레시피를 알려주었었다. 내가 바꾼 게 있다면 두부를 다루는 방법뿐이다. 전통적으로 두부는 스튜에 넣기 전에 물에 잠깐 끓이는데, '생콩의 맛을 없애기 위해서'라고 한다. 그런데 나는 그 차이를 전혀 알지 못하겠어서 그 단계를 생략한다. 미리 삶고 싶으면 그렇게 하라.

두부가 부서지지 않도록 휘젓는 것 말고는 어려운 기술이 없다. 웍 주걱을 두부 밑으로 조심스럽게 밀어 넣으면서 부드럽게 돌리는 기술을 사용하면 된다. 별다른 도구 없이도 섞을 수 있다면 그렇게 하라(366페이지의 '테크닉' 참고). 일단 재료가 준비되면, 레시피는 불 위에서 10분이면 끝난다.

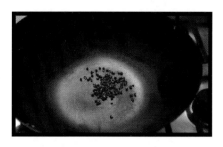

요리 방법

① 쓰촨 후추의 절반을 웍에 넣고 약한 연기가 날 때까지 센 불로 볶는다. 절구로 옮긴 뒤 잘게 갈릴 때까지 빻고 한쪽에 둔다.

② 남은 쓰촨 후추와 기름을 웍에 넣고 1분 30초간 중간 불에서 살짝 지글거릴 때까지 볶는다. 후추는 뜰채로 제거하고 기름은 웍에 남겨둔다.

③ 옥수수 전분과 찬물을 작은 볼에 넣고 균질해질 때까지 포크로 섞는다. 옆에 따로 둔다.

④ 웍에 남아 있는 기름을 센 불로 연기가 날 때까지 가열한 뒤 소고기를 넣고 1분간 계속 저으며 볶는다. 마늘과 생강을 넣고 약 15초간 볶아 향을 낸다. 두반장을 넣고 기름이 빨갛게 변하기 시작할 때까지 약 30초 동안 조리한다. 소홍주, 간장, 치킨스톡을 넣고 끓인다. 옥수수 전분물을 붓고 걸쭉해질 때까지 30초 동안 끓인다. 두부를 넣고 깨지지 않도록 조심스럽게 섞는다. 고추기름과 스캘리언(절반)을 넣고 30초 더 끓인다. 즉시 접시로 옮겨 남은 스캘리언과 구운 쓰촨 후추를 뿌리고 밥과 함께 제공한다.

엄마의 일본식 마파두부
MY MOM'S JAPANESE-STYLE MAPO TOFU

분량
4인분

요리 시간
15분
총 시간
15분

재료
옥수수 전분 1티스푼(3g)
찬물 1테이블스푼(15ml)
땅콩유, 쌀겨유 또는 기타 식용유 2테이블스푼(30ml)
간 소고기 120g
다진 마늘 2티스푼(5g)
다진 생강 2티스푼(5g)
6mm 조각으로 잘게 썬 스캘리언 2대, 녹색 부분은
    가니시 용도로 남겨 둔다
사케 2테이블스푼(30ml)
미림 2테이블스푼(30ml)
쇼유 또는 생추간장 1테이블스푼(15ml)
저염 치킨스톡 또는 다시 또는 물 ¼컵(60ml)
정육면체 모양으로 자른 연두부 680g
밥과 고추기름

이 버전의 마파두부도 자라면서 먹었던 것과 비슷하지만, 우리 엄마는 간 소고기 대신 만두를 만들다 남은 만두 속을 사용해 이 요리를 만들었다. 따라서 여러분이 *엄마의 소고기 야채 만두소(417페이지)*를 만들다 남은 만두 속이 있다면?! 얼얼한 쓰촨 버전과는 달리 간장, 사케, 미림이 사용되어 고소하고 달콤한 일본의 전통적인 맛이 난다. 믿기지 않겠지만 훨씬 더 잘 어울린다. 우리 가족이 매운 음식을 먹고 싶지는 않지만, 육즙이 풍부한 두부를 먹고 싶을 때면 내가 준비하는 식사 중 하나이다.

요리 방법
① 옥수수 전분과 찬물을 작은 볼에 넣고 균질해질 때까지 포크로 섞는다. 옆에 따로 둔다.

② 웍에서 연기가 날 때까지 센 불로 가열하고 소고기를 넣어 1분간 저어가며 볶는다. 마늘, 생강, 스캘리언의 흰 부분, 녹색 야채를 넣고 향기가 날 때까지 약 15초간 저어가며 볶는다. 사케, 미림, 간장, 치킨스톡을 넣고 끓인다. 옥수수 전분물을 넣고 걸쭉해질 때까지 30초 동안 끓인다. 두부를 넣고 깨지지 않도록 조심스럽게 섞는다. 즉시 접시로 옮겨 채 썬 스캘리언을 뿌리고, 밥과 고추기름과 함께 제공한다.

물에 삶은 소고기
WATER-BOILED BEEF

요리 이름이 요리 자체와 이토록 다른 경우를 본 적이 없다. 쓰촨식 수자육편(물에 삶은 고기)의 소고기는 기술적으로는 물로 삶지만, 더 적절한 이름은 "운명의 산의 용암에서 사우론이 직접 연화한 고추를 곁들인 고기"일 것이다(누군가 더 적절한 설명을 해준다면 감사하겠다).

그 어떤 음식보다 많은 고추기름을 사용한 것을 원한다면 써이주뉴로(Shui zhu niu rou) 한 그릇을 주문해 화산을 기다리자. 양념한 부드러운 소고기가 마늘, 고추, 쓰촨 후추로 얼룩덜룩한 붉은 고추기름에 잠겨 있다. 기름을 가로질러 끌어올린 고기를 먹으면 무지막지한 풍미를 맛보게 될 것이다(아마 여러분의 셔츠도).

복잡한 맛과 인상적인 형태를 가졌지만 놀랍게도 만들기 쉬운 요리이다. 소고기를 양념에 재워 전분을 묻히고 양배추, 셀러리, 스캘리언으로 맛을 낸 육수에 끓인 다음, 접시로 옮겨 지글지글 끓는 기름을 부으면 된다. 소고기의 전분 옷은 매우 부드럽고 미끈한 식감을 준다.

여기서 내가 사용하는 기술은 Fuchsia Dunlop의 책 *Land of Plenty*(현재는 *Food of Sichuan*으로 바뀜)에 나온 레시피를 바탕으로 한 것인데, 쓰촨요리에 대해 배우고 싶은 영어권 요리사들에게 꼭 필요한 매뉴얼이니 읽어보아라. 사용하는 소고기 부위를 바꾸고, 베이킹소다를 묻히는 단계를 더하고, 그릇에 마늘을 넣고 끓는 기름을 붓는 등 내 입맛에 맞춰 바꾼 것들이 있지만, 기본은 같다.

분량	요리 시간
4인분	25분
	총 시간
	25분

NOTES

이 레시피에는 소고기 안심이 필요하다. 업진살, 트라이팁, 홍두깨살과 같은 얇고 부드러운 부위를 사용할 수도 있다. 핵심은 아주 아주 얇게 자르는 것이다. 날카로운 칼을 사용하는 것이 좋고, 소고기를 냉동실에 15분 정도 두면 좀 더 쉽게 자를 수 있을 것이다. 샤브샤브나 스키야키에 사용하는 소고기도 좋다. 얼징티아오가 없으면 아르볼, 차오티안쟈오 등의 다른 작고 붉은 고추로 대체할 수 있다.

재료

소고기 재료:
최대한 얇게 썬 소고기 안심 450g(NOTES 참고)
베이킹소다 ¼티스푼(1g)
소흥주 1테이블스푼(15ml)
생추간장 1테이블스푼(15ml)
땅콩유, 쌀겨유 또는 기타 식용유 1티스푼(5ml)
옥수수 전분 1테이블스푼(9g)

마라 혼합물 재료:
식물성 기름 3테이블스푼(45ml)
줄기와 씨앗을 제거한 작고 붉은 건고추 12~20개 (NOTES 참고)
쓰촨 통후추 1테이블스푼(5g)

요리하기:
5cm로 자른 셀러리 1개
스캘리언 2대, 희거나 옅은 녹색 부분을 2.5cm로 자르고 녹색 부분은 가니쉬 용도로 잘게 썬다
한입 크기로 자른 배추 225g
두반장 3테이블스푼(45g)
다진 마늘 2티스푼(5g)
다진 생강 2티스푼(5g)
쓰촨 또는 한국산 고춧가루 1테이블스푼(10~12g)
저염 치킨스톡(또는 물) 2컵(480ml)
노추간장 1테이블스푼(15ml)

차림 재료:
다진 마늘 1테이블스푼(8g)
카이지유(볶은 유채기름, 18페이지 참고) 또는 기타 식용유 ¼컵(60ml)

recipe continues

요리 방법

① **소고기**: 중간 크기의 볼에 고기를 담고 찬물을 덮어 잘 씻긴다. 고운체로 받치고 고기를 손으로 눌러 짠 물기를 뺀다. 볼에 다시 담고 베이킹소다를 넣은 다음, 30~60초간 고기에 베이킹소다를 살살 문지르며 눌러준다. 소흥주, 간장, 기름, 옥수수 전분을 넣고 30초 이상 고기에 양념을 버무린 다음 따로 둔다.

② **마라 혼합물**: 웍에 기름과 고추를 넣는다. 중간 불에서 1분 정도 고추의 색이 어두워지기 시작할 때까지 젓는다. 쓰촨 통후추를 넣고 향긋하지만 타지 않을 때까지 30~60초 정도 더 조리한다. 고추와 통후추를 도마에 올리고 기름은 웍에 남겨둔다. 고추와 통후추를 일반 고춧가루와 같은 크기로 잘게 다진 다음 따로 둔다.

③ **요리**: 웍에서 연기가 날 때까지 센 불로 달군다. 셀러리, 스캘리언의 흰 부분과 옅은 녹색 부분, 배추를 넣고 부드러워지고 숨이 죽을 때까지 2분 정도 볶는다. 음식을 차려낼 큰 접시에 옮겨 담고 기름은 웍에 남겨둔다. 기름이 남지 않았다면 기름을 1테이블스푼 추가한다.

④ 웍을 센 불로 되돌린 다음 두반장을 넣고 지글지글 끓여 기름이 붉게 변할 때까지 30초 정도 끓인다. 마늘, 생강, 고춧가루를 넣고 약 15초간 볶아 향을 낸다. 육수와 간장을 추가하고 끓인다.

⑤ 소고기가 웍에 붙지 않도록 한 조각씩 전전이 넣는다. 불을 센 불로 올리고 육수가 끓으며 소고기가 겨우 익을 정도까지 1분간 계속 휘저으며 조리한다. 접시에 담긴 셀러리와 배추 위에 소고기와 육수를 부은 다음 웍을 닦는다.

⑥ **차림**: 소고기 위에 다진 고추와 쓰촨 후추 혼합물을 골고루 뿌리고, 그 위에 다진 마늘을 올린다. 웍에 기름을 넣고 연기가 날 때까지 달군 다음 음식을 담아낼 접시 윗부분에 골고루 부어주면 고추, 쓰촨 후추, 마늘이 지글지글 끓으면서 향을 낸다. 스캘리언의 녹색 부분을 고명으로 올린 다음 곧바로 제공한다.

쓰촨식 고추육수에 데친 생선(쉐이주위)

SICHUAN-STYLE FISH POACHED IN CHILE BROTH(SHUI ZHU YU)

분량
4인분

요리 시간
25분
총 시간
25분

NOTE
이 요리에는 더 강한 마비효과와 함께 더 밝고 감귤향이 강한 녹색 쓰촨 통후추를 사용하면 좋다. 찾을 수 없다면 적색 통후추도 문제는 없다.

아버지가 좋아하는 요리 중 하나. 아버진 이 요리를 "Fei Teng Fish"로 알고 계신데, 이는 베이징의 유명한 쓰촨식 레스토랑의 이름을 따서 명명한 것이다. 쓰촨에서는 "쉐이주위(shui zhu yu)" 또는 "Water-boiled fish"라고 부른다. Water-boiled beef와 매우 유사하지만 생선의 섬세한 질감과 풍미가 있고, 국물도 스캘리언과 생강, 약간의 두반장만으로 맛을 내어 좀 더 담백하다.

재료

생선 재료:
틸라피아 450g, 가자미 또는 농어와 같은 생선 살을 얇게 썬 것
코셔 소금 1티스푼
백후추 ½티스푼(1g)
소흥주 1테이블스푼(15ml)
큰 달걀흰자 1개
옥수수 전분 2테이블스푼
땅콩유, 쌀겨유 또는 기타 식용유 2티스푼(10ml)

마라 혼합물 재료:
땅콩유, 쌀겨유 또는 기타 식용유 3테이블스푼(45ml)
줄기와 씨앗을 제거한 작고 붉은 건고추(얼징티아오 등) 12~20개
녹색 쓰촨 통후추(NOTES 참고) 2테이블스푼(10g)

요리하기:
두반장 2티스푼(10g)
저염 치킨스톡(또는 물) 2컵(480ml)
소흥주 2테이블스푼(30ml)
스캘리언 2대, 흰색 및 옅은 녹색 부분을 2.5cm로 자르고 녹색 부분은 가니쉬 용도로 잘게 썬 것
손질한 숙주 225g
생강 3쪽
코셔 소금

차림 재료:
잘게 썬 고수잎과 가는 줄기 한 줌
카이지유(볶은 유채기름, 18페이지 참고) 또는 기타 식용유 ¼컵(60ml)

요리 방법

① **생선:** 생선 조각을 중간 크기의 볼에 넣고 소금, 백후추, 소흥주, 달걀흰자, 옥수수 전분, 기름을 추가한다. 손으로 잘 저어 생선에 혼합물을 잘 버무리고 따로 둔다.

② **마라 혼합물:** 웍에 기름과 고추를 넣는다. 중간 불에서 1분 정도, 고추의 색이 어두워지기 시작할 때까지 젓는다. 쓰촨 통후추를 넣고 향긋하지만 타지 않을 때까지 30~60초 정도 더 조리한다. 고추와 통후추를 도마에 올리고 기름은 웍에 남겨 둔다. 고추와 통후추를 일반 고춧가루와 같은 크기로 잘게 다진 다음 따로 둔다.

③ **요리**: 웍에서 약간 연기가 날 때까지 센 불로 달군다. 두반장을 넣고 향이 날 때까지 약 15초간 볶은 다음 육수, 소흥주, 스캘리언의 흰 부분과 옅은 녹색 부분, 숙주, 생강을 넣고 끓인다. 숙주가 부드러워질 때까지 1분 정도 조리한 다음 채반을 이용해 웍에서 꺼내 음식을 차려낼 접시에 담는다. 육수는 다시 끓인다.

④ 생선이 웍에 달라붙지 않도록 한 조각씩 천천히 넣는다. 불을 센 불로 올리고, 육수가 끓고 생선이 겨우 익을 정도까지 1분 정도 조리한다. 접시에 담긴 숙주 위에 생선과 육수를 부은 다음 웍을 닦는다.

⑤ **차림**: 생선 위에 다진 고추와 쓰촨 후추 혼합물을 골고루 뿌리고 그 위에 고수잎을 올린다. 웍에 기름을 넣어 연기가 날 때까지 달군 다음, 음식을 담아낼 접시에 붓는다. 고추, 쓰촨 후추, 고수가 지글지글 끓으면서 향을 내면 곧바로 제공한다.

캐러멜로 찌듯이 요리하기
Braising with Caramel

마이야르 갈변 반응과 마찬가지로, 캐러멜화는 자당(백설탕)과 같은 순수한 이당류를 열의 적용만으로 복잡한 견과류향과 쌉쓸하면서도 단맛이 나는 시럽으로 변형시키는 일련의 반응이다. 내가 좋아하는 고전적인 찜 요리 중 몇 가지는 이런 반응을 이용해서 비교적 단순한 재료로 깊은 맛을 끌어낸다. 베트남의 까코토(Cá Kho Tộ) 또는 캐러멜을 입힌 생선요리가 있고, 홍사오러우(hong shao rou; 상하이식 붉은 삼겹살찜)와 홍사오뉴러우미엔(hong shao niu rou miàn; 대만식 소고기국수) 같은 홍소 요리이다.

이 요리를 좋아하는 이유는 간단하고도 좋은 기술을 사용하는 요리기 때문이다. 물론, 여러분이 모든 재료를 웍에 넣어 끓이기만 해도 그럭저럭 괜찮은 붉은 삼겹살 요리를 만들 수 있겠지만, 보다 훌륭한 결과물을 원한다면 캐러멜화가 필수적이다. 눈으로 보는 연습을 하거나 디지털 온도계를 사용하면 된다. 색과 맛이 눈으로 볼 수 있는 온도와 직접적으로 관련되어 있기 때문이다.

캐러멜을 만드는 가장 쉬운 방법은 설탕과 물의 혼합물을 끓이는 것이다. 온도를 확인하면서 요리를 만들어왔다면, 요리 초기 단계에서는 온도를 물의 끓는점인 100℃ 위로 높이기 어렵다는 걸 알 것이다. 이는 설탕물에 가해지는 에너지가 혼합물을 가열하기보다는 주로 물을 증발시키는 데 사용되기 때문이다. 대부분의 물이 증발한 후에는 온도가 빠르게 상승할 것이다.

몇 가지 알아둘 기본 온도의 범위는 다음과 같다.

160°~170°C 라이트 캐러멜. 맛이 순하고 가볍고 달콤하며 토피 같은 맛이 난다.

170°~173°C 앰버 캐러멜. 밝은 갈색과 더 풍부한 단맛이 있어 아이스크림이나 버터스카치 캐러멜 소스를 만들기 좋다.

173°~177°C 다크 앰버 캐러멜. 단맛을 약간 잃고 쓴맛을 얻기 시작한다. 고기찜과 짝을 이루거나 아이스크림, 브라우니를 위한 캐러멜 소스 같은 걸 만들기에 이상적인 강한 맛이 난다.

177°C+ 매우 어두운 캐러멜. 캐러멜이 계속 어두워질수록 단맛은 줄고 쓴맛이 강해진다.

캐러멜이 원하는 단계에 도달하면 곧바로 다른 재료를 추가해 식혀주자. 너무 어두워지는 걸 방지해야 한다. 소스를 만들고 주요 재료를 추가하는 것은 간단하다.

캐러멜 피시 소스를 곁들인 베트남식 생선조림
VIETNAMESE FISH BRAISED IN FISH SAUCE CARAMEL

분량	요리 시간
4인분	25분
	총 시간
	25분

재료

브레이징 육수 재료:

설탕 ½컵(100g)

물 1테이블스푼(15ml)

피시 소스 ¼컵(60ml)

코코넛 워터 ½컵(120ml)

요리하기:

얇게 썬 샬롯 1개(45g)

얇게 썬 생강 15g

단단한 흰살 생선(줄무늬 농어 또는 농어 또는 도미
  또는 대구) 필렛 4개(150~180g)

얇게 썬 라임 6~8개

라임즙 1테이블스푼(15ml)

취향따라 썬 매운 고추(타이버드 또는 세라노 또는
  할라피뇨 등) 1개

굵게 다진 고수잎 한 줌

밥

베트남에서 캐러멜 피시 소스는 다양한 조림요리에 사용되지만 특히 생선과 잘 어울린다. 베트남에서는 일반적으로 뼈가 많고 진흙의 풍미가 뚜렷하게 나는 민물 양서류인 가물치 같은 생선을 사용한다. 미국에서도 같은 진흙 풍미를 지닌 민물 고기인 메기로 만든 요리를 흔하게 볼 수 있다. 가물치를 사용한다고 못마땅해하는 것은 아니지만, 개인적으로는 줄무늬 농어, 농어, 도미 같은 바닷물고기의 깔끔한 맛을 선호한다. 단단한 육질의 틸라피아(열대 지역의 민물고기)도 훌륭한 선택이지만 때로는 양식 어류 특유의 진흙 풍미가 있을 수 있다.

여분의 소스와 함께 밥과 찐 녹색 야채를 넉넉히 준비한다.

요리 방법

(1) **브레이징 육수:** 웍에 설탕과 물을 넣고, 중간 불로 설탕이 시럽이 되어 어두운 호박색이 될 때까지 자주 저으면서 5분에서 8분 정도 조리한다. 곧바로 피시 소스와 코코넛 워터를 넣고 설탕이 녹을 때까지 젓는다. 소스가 반으로 줄어들 때까지 8분에서 10분 정도 졸인다.

(2) **요리:** 샬롯과 생강을 추가하고 생선 필렛을 겹치지 않게 한 층으로 펼쳐 넣는다. 웍을 부드럽게 휘저으며 3분간 조리하고 얇은 주걱을 사용해 필렛을 조심스레 뒤집어 생선이 겨우 익을 정도로 2~3분 더 조리한다. 생선을 음식을 차려낼 접시로 옮긴다.

(3) 웍에 라임 조각과 라임즙을 넣고 소스가 시럽 같은 글레이즈가 될 때까지 계속 저으며 조리한다. 고추를 넣고 생선 위에 소스와 라임을 뿌리고 고수를 올린 다음 밥과 함께 제공한다.

붉은 삼겹살조림(홍사오러우)
RED BRAISED PORK BELLY(HONG SHAO ROU)

분량
6~8인분

요리 시간
25분

총 시간
2시간

NOTE

지방과 살코기가 잘 섞인 삼겹살을 찾는다. 간혹 털이 몇 개 있을 수 있는데, 제거하려면 주방용 토치로 겉면을 훑은 뒤 물에 넣어 솔이나 수세미로 문지른다. 연기가 나는 뜨거운 웍 표면에 문질러서 제거할 수도 있다.

재료

껍질이 있는 생삼겹살 900g
설탕 약 ⅓컵(60g)
물 1테이블스푼(15ml)
소흥주 ¼컵(60ml)
노추간장 2테이블스푼(30ml)
생추간장 2테이블스푼(30ml)

향신채(선택사항):

굵게 다진 스캘리언 2대
생강 2쪽(5g)
으깬 중간 크기의 마늘 2쪽(5g)
팔각 1개
시나몬스틱 1개
쓰촨 통후추 1티스푼
작은 건고추(얼징티아오 또는 아르볼 등) 1개

중국 전역에서 인기 있는 가정식 조림요리이다. 몇 가지 간단한 재료만으로도 복잡한 맛을 낼 수 있다는 걸 보여주는 대표적인 사례이다. 여기에 첨가하는 향신료는 완전히 선택사항이다. 설탕과 간장, 소흥주만으로도 기름진 돼지고기가 입에서 살살 녹는 달콤하고 고소한 스튜를 얻을 수 있다. 맛과 식감이 캐러멜화된 끈적하고 달콤한 바비큐 소스와 엄청나게 탄 가장자리 부분을 떠오르게 한다. 피클, 얇게 썬 양파, 흰 빵과 잘 어울린다.

요리 방법

① 웍에 삼겹살을 넣고 잠길 정도로 물을 부은 뒤 센 불로 끓인다. 약한 불로 줄이고 5분간 조리한 뒤 삼겹살을 도마로 옮겨 충분히 식힌다. 그동안 웍을 헹구고 닦는다.

② 돼지고기가 만질 수 있을 정도로 식으면 4cm 큐브로 자르고 따로 둔다.

③ 캐러멜: 웍에 설탕과 물을 한 스푼 넣는다. 중간 불로 설탕이 시럽이 되어 어두운 호박색이 될 때까지 약 5분 동안 저으면서 조리한다. 삼겹살을 추가해 캐러멜과 섞고 가장자리가 갈색으로 변하기 시작할 때까지 약 2분간 조리한다.

④ 소흥주를 추가하고 캐러멜이 녹을 때까지 저으면서 웍 바닥에서 갈색의 퇴적물을 긁어낸다. 노추와 생추간장을 넣고 돼지고기가 잠길 정도로 물을 붓는다. 향신료(사용하는 경우)를 추가하고 센 불로 끓인 다음 약한 불로 줄이고 뚜껑을 덮어 균일하게 조리되도록 가끔 저어준다(1시간 정도).

⑤ 돼지고기가 부드러워지면 뚜껑을 열고 소스가 돼지고기를 덮는 끈적끈적한 글레이즈가 될 때까지 가끔씩 저어주면서 계속 조리한다. 음식을 담을 접시에 옮겨 제공한다.

대만식 소갈비조림국수(홍사오뉴러우미엔)
TAIWANESE BRAISED SHORT RIB NOODLE SOUP (HONG SHAO NIU ROU MIAN)

분량	요리 시간
4인분	45분
	총 시간
	3시간

대만식 소고기 국수는 쓰촨성의 붉은 찜 요리의 변형 중 하나로 대만의 국민요리가 되었다. 따뜻한 향신료, 설탕, 두반장으로 맛을 내고, 젤라틴 같은 소의 정강이 부위와 힘줄을 사용해 육수에 끈적끈적한 풍미를 더한다. 이 맛과 사용되는 기술에 적합한 부위는 부드럽고 촉촉하게 입에서 녹는 갈빗살이라고 할 수 있다.

NOTE

원하지 않는 향신료를 배제할 수 있도록 가장 중요한 것부터 덜 중요한 순서로 기재해두었다. 최소한 팔각은 필요하다. 대안으로 다른 향신료는 모두 배제하더라도 팔각과 오향분* 2테이블스푼을 사용할 수도 있다. 두반장은 쓰촨식의 발효된 콩과 고추장으로 이루어진 소스로 대부분의 아시안 식료품점이나 온라인에서 찾을 수 있다. 야차이와 자차이, 그리고 수안차이는 중국의 장아찌 종류로 이 또한 아시안 식료품점이나 온라인에서 찾을 수 있다.

재료

브레이징 육수 재료:
흑설탕 3 테이블스푼(12.5g)
물 1테이블스푼(15ml)
저염 치킨스톡(또는 물) 2컵(500ml)
두반장 1테이블스푼(15ml, NOTES 참고)
소흥주 1컵(240ml)
노추간장 3테이블스푼(45ml)
생추간장 2테이블스푼(30ml)

소고기 재료:
소갈빗살 1.3kg(대략 4대)
코셔 소금
땅콩유, 쌀겨유 또는 기타 식용유 1테이블스푼(15g)

향신채 재료:
중간 크기 마늘 8~10쪽(25~35g), 껍질을 벗기지
    않고 칼 옆면으로 으깬 것
6mm로 자른 생강 1쪽
굵게 다진 스캘리언 3대
반으로 쪼갠 건고추(타이버드 또는 아르볼 등) 3개
굵게 다진 중간 크기의 양파 1개
굵게 다진 로마 토마토 2개
코셔 소금

향신료 재료:
팔각 2개
회향 씨앗(선택사항, NOTES 참고) 2티스푼(4g)
고수 씨앗(선택사항, NOTES 참고) 2티스푼(4g)
쓰촨 통후추(선택사항, NOTES 참고) 2티스푼(4g)
흑후추(선택사항, NOTES 참고) 2티스푼(4g)
시나몬 스틱 1개(선택사항, NOTES 참고)
말린 월계수잎 2장

차림 재료:
진강식초 또는 발사믹 식초 2테이블스푼(30ml)
코셔 소금
청경채 또는 배추 또는 기타 연한 잎채소 450g
중국식 달걀면 또는 밀면 450g
잘게 썬 소금에 절인 양배추(야차이나 자차이 등,
    NOTES 참고)
굵게 다진 고수잎과 가는 줄기 한 줌

---

* 역자주: 오향분은 산초(쓰촨 후추), 팔각, 회향, 정향, 계피 등의 5가지(또는 그 이상) 향신료를 섞어서 만드는 중국의 대표적인 혼합향신료이며 보통 혼합된 상태로 판매된다.

(1) **브레이징 육수:** 웍에 설탕과 물 1테이블스푼(15ml)을 넣는다. 중간 불에서 설탕이 시럽이 되어 어두운 호박색이 될 때까지 자주 저으며 3~5분 정도 조리한다. 치킨스톡을 넣고 설탕이 녹도록 젓는다. 두반장, 소흥주, 간장을 추가해 섞은 다음 볼로 옮겨 따로 보관하고 웍을 닦는다.

(2) **소고기:** 갈비는 소금으로 가볍게 간을 한다. 웍에 기름을 넣고 부글부글 끓을 때까지 달군다. 갈빗대를 한 층으로 펼쳐 넣고 가끔 뒤집어가며 사방이 노릇노릇해질 때까지 8분 정도 익힌다. 구울 때 연기가 과도하게 나면 필요에 따라 불을 줄인다. 갈비를 큰 접시에 옮기고 따로 보관한다. 웍은 닦지 않는다.

(3) **향신채:** 웍에 마늘, 생강, 스캘리언, 말린 고추, 양파, 토마토를 넣고 소금으로 가볍게 간을 한 뒤 야채가 노릇하게 변하며 토마토가 부서질 때까지 자주 저으면서 4분 정도 조리한다.

(4) **향신료 추가:** 팔각, 회향 씨앗, 고수 씨앗, 쓰촨 통후추, 흑후추, 시나몬 스틱을 넣고 1분간 자주 저어 향을 낸다.

(5) 브레이징 육수를 추가하고 웍 바닥에 있는 갈색의 퇴적물을 긁어낸다. 갈비를 다시 웍에 넣고 갈비가 간신히 잠길 정도로 물을 추가한다(약 2L, 약간 튀어나와도 괜찮다). 월계수잎을 추가해 가열하는데 끓어오르지는 않도록 불을 조절한다. 뚜껑을 덮고 가장 큰 갈빗대의 고기 부분에 이쑤시개나 꼬치를 꽂아 부드럽게 들어가면서도 뼈에서 분리되지 않을 정도까지 2시간에서 2시간 30분 정도 익힌다.

(6) 갈비를 접시에 조심스럽게 옮기고, 육수는 고운 채반을 이용해 새 냄비에 거른다. 표면의 기름은 걷어내어 버린다.

(7) 갈비에 붙은 길쭉한 향신채와 큰 향신료도 골라내어 버리고, 갈비를 다시 육수로 옮긴다. 갈비가 육수에 담긴 상태로 조리대에서 식힌 다음 냉장고에 밤새 넣어두면 더 맛있는 결과를 얻게 될 것이다.

(8) **차림:** 육수와 갈비를 다시 데워 끓인다. 식초를 넣고 소금으로 간을 한 다음, 야채를 넣고 불에서 내린다. 큰 냄비에 소금물을 끓여서 포장지의 지침에 따라 면을 익힌다. 면의 물기를 빼고 4개의 접시에 나누어 담는다. 각각의 면 위에 갈비를 올리고 채소를 골고루 나눈 다음 국자로 육수를 담는다. 각각의 갈빗대 위에 다진 중국식 장아찌나 소금에 절인 양배추를 올리고 다진 고수를 솔솔 뿌린 후 제공한다.

스튜의 과학: 고기찜도 오버쿡 될 수 있다

당일치기로 내슈빌에 있는 수십 개의 프라이드 치킨 가게를 가보려 한 사람이 있을까? 누구나 도를 넘는 일이라고 생각할 것이다.

나는 스튜는 오래 끓일수록 좋다고 생각했다. 어느 겨울에 어머니가 소고기 스튜를 만들어달라고 하셨던 기억이 난다. 그때 나는 송아지 육수를 끓이느라 첫날을 다 보냈었는데, 젤라틴 함량이 높고 식감이 풍부한 고급스러운 스튜를 만들려면 필수이자 기본인 일이었다. 다음 날, 뼈 없는 갈비를 그을린 다음 육수에 추가하고 저녁으로 먹기 전까지 오븐에 넣어 오후 내내 조리했다. 집안에는 놀라운 냄새가 가득했고, 오븐에 오래 요리한 소고기가 엄청나게 부드럽고 육즙이 풍부할 것이란 걸 난 알고 있었다.

하지만 오븐에서 나온 건 입안에서 녹는 건조하고 퍽퍽한 소고기 덩어리였다. 맛은 있었지만 소고기는 아주 형태가 파괴되어 있었다(어머니의 기대와 나의 자존심도 함께).

자, 소고기 스튜도 오버쿡이 된다는 게 확실해졌다. 그렇다면 요리가 다 되었는지 어떻게 알 수 있을까? 고기에서 어떤 변화를 찾아야 할까? 이를 알아보기 위해 테스트를 해봤다.

큐브 스테이크

정확한 저울을 사용하여 두 개의 우둔살 덩어리를 40개의 동일한 20g 큐브로 자른다. 그런 다음 90℃로 유지한 육수 냄비에 모든 소고기를 넣었다. 2시간 후에 큐브 4개를 꺼내어 키친타월로 닦고 무게를 잰 다음 랩에 싸서 보관했다. 그 후 30분마다 4개의 조각을 꺼내며 과정을 반복했다. 난 끓는 물에서 시간에 따른 손실을 구하기 위해 4개의 조각마다의 무게 손실로 평균을 냈다. 또한 나는 각 묶음에서 한 조각씩을 맛봤다.

여기 흥미로운 부분이 있다. 5시간을 푹 삶은 소고기는 3시간 푹 삶은 소고기보다 확연히 건조한 맛이 났다. 그러나 무게를 측정한 결과, 얼마나 오래 삶았는지와 관계 없이 각 무게는 11~12g(수분 손실은 약 40~45%)이었다. 즉 오래 조리한다고 더 많은 수분 손실이 생기는 건 아니었다.

그렇다면 육즙의 양이 달라지는 이유는 무엇일까?

몇 가지 이유가 있다. 먼저, 육즙에 대한 우리의 인식은 고기 조각 내 실제 측정 가능한 육즙과 상관관계가 없다. 얼마나 많은 지방이 있고 얼마나 많은 타액을 만들어내는지(그리고 우리가 얼마나 배고픈지)*와 같은 요인들이 우리가 느끼는 육즙에 영향을 줄 수 있다. 소고기의 경우 다른 물리적 현상도 작용한다. 3시간 숙성한 소고기의 육즙이 5시간 숙성한 소고기보다 더 진하고 더 잘 유지된다.

소고기의 결합조직이 처음으로 분해될 때, 고기 내부에 농축된 젤라틴 영역이 생성된다. 이 젤라틴은 육즙을 걸쭉하게 만들고, 육즙이 고기 내부에 머물도록 하며 입안에서 퍼지는 걸 돕는다. 더 중요한 건, 근육 구조가 고기 내에서 계속해서 분해되면서 고기가 가진 수분을 붙잡기 어려워진다는 것이다. 물풍선으로 가득 찬 그물과 스펀지로 가득 찬 그물의 차이를 생각해보자. 둘 다 같은 양의 수분을 가지고 있다면? 스펀지를 누르면 가지고 있던 액체가 쏟아지며 마른 껍데기가 된다. 반면에 물풍선은 조금 더 노력을 기울여야 별개의 분출로 액체가 터져 나온다. 같은 방식으로, 고기도 수분을 한 번에 다 쏟아내지 않고 여러분이 씹을 때마다 꾸준히 육즙을 배출하는 것이다.

식감 시각화하기

다음 테스트로는 입안에서 느껴지는 식감의 차이를 시각적으로 표현해보고자 했다. 이를 위해 각 소고기 큐브 위

---

* 흥미롭게도 우리가 육즙이 풍부할 것이라고 생각하면 실제로 더 풍부하게 된다!

에 작은 접시를 올려두고 그 위에 토마토 캔을 올려, 그 무게로 인해 고기 모양에 변형이 생기도록 했다. 이렇게 하면 모든 소고기 큐브가 같은 힘으로 눌린다. 그런 다음 접시를 빼고 뭉개진 고기들을 비교해봤다.

아래 사진에서 왼쪽 상단은 2시간 동안 익힌 고기이고, 오른쪽 하단은 6시간 반 동안 완전히 익힌 고기의 모습이다.

시간이 지남에 따라 소고기가 어떻게 분해되는지에 대한 명확한 그림을 보여준다. 예상하지 못한 일은 아니다. 흥미로운 점은 이러한 분해 과정이 세 가지 단계로 나타난다는 것이다. 2시간에서 3시간 반(처음 네 조각)까지는 서로 거의 비슷해 보인다. 그리고 3시간 반에서 4시간 사이에 큰 도약이 있다. 다음 세 조각은 상당히 유사해 보이지만 5시간에서 5시간 반 사이에 또 다른 큰 도약이 일어난다. 나는 이러한 불연속적인 도약을 소고기의 1차, 2차, 3차 분해라고 칭한다.*

1차 분해는 고기 조각을 붙드는 결합조직의 큰 부분이 분해되어 젤라틴으로 전환될 때 일어난다. 개별 큐브는 여전히 형태를 잘 유지하지만, 씹을 때 연한 식감을 준다. 고기의 쫄깃함은 없지만 그렇다고 무작정 찢어지지도 않는 편이다. 2차 분해는 개별 근육 섬유소(고기에 뚜렷한 결을 부여하는 길고 가느다란 근육 세포)를 함께 묶고 있는 조직이 분해되어 섬유소가 서로 쉽게 분리될 때이다. 이 단계에서 소고기는 매우 쉽게 찢기며 세게 휘젓기만 해도 그렇게 된다. 이 단계가 바로 쿠바로파비에하(Cuban ropa vieja)나 타코(taco)용 비프 바바코아(beef barbacoa) 또는 라구 파스타에 쓰이는 고기가 된다.

3차 분해는 개별 근육 섬유 자체가 분해되어 육즙으로 채워진 가닥이 걸쭉한 덩어리로 전환되는 시점이다. 이 단계가 되면 고기는 이미 오버쿡 이상의 단계인 것이다. 강아지는 맛있게 먹겠지만, 여러분은 그러지 못할 것이다. 물론, 이 모든 단계는 약한 불에서 뭉근하게 끓인다는 가정하에 일어나는 것이다. 너무 팔팔 끓이거나 너무 낮은 온도에서 조리하면 고기가 각 단계에 도달하는 속도가 빨라지거나 느려질 수 있다. 또한 어떤 부위의 고기인지에 따라서도 변화하는 비율이 달라질 수 있다. 고기마다 지방 비율과 각 섬유질의 질긴 정도가 다 다를 수 있기 때문이다.

조언을 한다면? 모든 스튜 레시피의 타이밍을 단순한 지침으로만 사용하는 것이다. 총 권장 조리 시간의 80% 정도가 됐을 때 한 번씩 고기를 체크해주고, 고기가 연하면서 부서지지 않는 정도가 되면 즉시 불에서 내려야 한다. 만약 레시피에서 2시간 반을 권장한다면, 2시간이 됐을 때부터 확인을 해봐야 한다.

---

* 한편으론 상당히 정확하기 때문이고, 다른 한편으론 "3차"와 같은 단어가 붙으면 전문가처럼 들리기 때문이다.

6

조리과정이 없는
간단한 사이드 요리

욕을 쓰는 요리들에 좋은 점이 있다면, 밥과 야채볶음만 곁들여도 바로 식사가 완성된다는 것이다. 두 가지 요리를 한꺼번에 조리하는 게 영 어렵게 느껴진다면, 메인 요리와 함께 제공할 수 있는, 조리과정이 필요 없는 사이드 요리 몇 가지를 곁들여 보자.

간장-다시 드레싱을 곁들인 남은 야채 샐러드
LEFTOVER VEGETABLE SALAD WITH SOY-DASHI DRESSING

분량
4인분

요리 시간
5분
총 시간
5분

재료

홈메이드 *다시*(519~521페이지) 또는 혼다시
    2테이블스푼(30ml)

쇼유 또는 생추간장 1테이블스푼(15ml)

미림 2티스푼(10ml), 또는 꿀이나 아가베 시럽
    ½티스푼(2.5ml)

볶은 참깨 1테이블스푼

갓 다진 중간 크기의 마늘 1쪽

엑스트라 버진 쏠리브유 1테이블스푼(15ml)

참기름 1티스푼(5ml)

굽거나 볶은 야채 남은 것 170~225g, 예: *간장버섯*
    볶음(183페이지) 또는 *사케와 미소를 곁들인 단*
    호박볶음(199페이지)

물냉이 또는 루콜라 또는 미즈나 같은 매운 샐러드
    야채 120g

코셔 소금과 갓 간 흑후추

이 샐러드는 *간장버섯볶음*(183페이지)과 *단호박볶음*(199페이지)이 반 컵 정도 남아 있던 날에 만들어졌다. 하지만 거의 모든 종류의 볶음 야채와도 잘 어울려서 당근, 셀러리, 스쿼시, 주키니 등도 모두 사용할 수 있다. 이 레시피에서는 볶은 야채와 씻은 물냉이(루콜라 등 강한 맛의 녹색 야채도 가능) 한 움큼을 간장, 다시, 미림, 참깨로 드레싱했다.

요리 방법

큰 볼에 다시, 쇼유, 미림, 참깨, 마늘을 넣고 섞는다. 올리브유와 참기름을 추가하고 잘 젓는다. 야채를 추가하고 잘 버무린다. 소금과 후추로 간을 하고 제공한다.

쓰촨식 으깬 오이 샐러드
SICHUAN SMASHED CUCUMBER SALAD

분량
4인분

요리 시간
5분
총 시간
5분

마늘과 오이를 으깨서 만드는 이 요리는 단 몇 분만에 만들 수 있는 중국의 고전적인 반찬이다. 오이를 으깨면 속살이 드러나 신선함과 아삭함을 유지하면서도 많은 양의 드레싱을 흡수하게 된다.

재료

드레싱 재료:
다진 마늘 2티스푼(8g)
설탕 1티스푼(4g)
참기름 1티스푼(5ml)
생추간장 1테이블스푼(15ml)
쌀식초 2티스푼(10ml).

샐러드 재료:
큰 영국 오이 1개 또는 작은 페르시아나 일본 오이
    4개(총 약 450g)
볶은 참깨 1테이블스푼(10~12g)
잘게 썬 고수잎과 줄기
코셔 소금
쓰촨 마라-고추기름(310페이지) 또는 기타 고추기름
    2~3테이블스푼(30~45ml, 선택사항)

요리 방법

① **드레싱:** 큰 볼에 드레싱 재료를 모두 섞는다.

② **샐러드:** 도마에 오이를 놓는다. 중식도의 옆면이나 냄비바닥으로 오이를 내려쳐 속살이 튀어 나오게 만든다. 먹기 좋은 크기로 잘게 썬다.

③ 오이를 드레싱과 함께 볼에 담고 참깨와 고수를 추가한 후 잘 버무린다. 기호에 따라 소금으로 간을 하고 고추기름을 두른 후 제공한다.

요거트와 고추기름을 곁들인 오이와 딜 샐러드
CUCUMBER AND DILL SALAD WITH YOGURT AND CHILE OIL

분량	요리 시간
4인분	5분
	총 시간
	5분

재료

큰 영국 오이 1개 또는 작은 페르시아나 일본 오이
　4개(총 약 450g), 한입 크기로 잘게 썬 것

얇게 썬 적양파 75g

땅콩튀김(319페이지) 큰 한 줌(선택사항)

갓 다진 딜잎 한 줌

엑스트라 버진 올리브유 2테이블스푼(30ml)

화이트 와인 또는 쌀식초 1테이블스푼(15ml)

코셔 소금

그릭 요거트 또는 라브네 ½컵(120ml), *지방 비율은
　상관없음

쓰촨 마라–고추기름(310페이지) 또는 아무 고추기름
　몇 스푼

요거트와 *쓰촨 마라–고추기름*(310페이지)의 맛 조합은 결코 질리지 않는다. 햄버거에서부터 미트볼, 구운 당근, 야채에 이르기까지 모든 음식에 탁월하다. 딜이 듬뿍 들어간 오이와도 아주 잘 어울린다. 땅콩튀김도 이 샐러드에 안성맞춤이다.

요리 방법

① 큰 볼에 오이, 양파, 땅콩, 딜, 올리브유, 식초, 소금 한 꼬집을 넣고 버무린다.

② 제공할 접시의 바닥에 요거트를 펴 바른다. 요거트 위에 오이 샐러드를 올린 다음 고추기름을 둘러 제공한다.

야채를 위한 세 가지 간단한 미소 소스

이 간단한 소스는 오이, 아스파라거스, 스냅피, 당근, 셀러리와 잘 어울려서 간식이나 파티용 핑거 푸드 및 각종 반찬에 사용하기 좋다.

스위트&스파이시 미소 디핑 소스
SWEET AND SPICY MISO DIP

분량
4인분

요리 시간
5분
총 시간
5분

재료

적색 또는 갈색 미소된장 ¼컵(약 60g)

참기름 1테이블스푼(15ml)

설탕 1테이블스푼(12g)

일본산이나 중국산 겨자분말 ¼티스푼(1.5g), 또는 디종 머스터드 2티스푼(10g)

삼발올렉 또는 스리라차 같은 고추기름 2티스푼 (10ml), 취향에 따라 가감

오이, 무, 살짝 데친 완두콩, 아스파라거스, 피망과 같은 아삭아삭한 야채

요리 방법

작은 볼에 미소된장, 참기름, 설탕, 겨자, 고추기름을 넣고 완전히 섞일 때까지 젓는다. 곁들일 야채와 함께 제공한다. 사용하지 않은 소스는 밀폐용기에 담아 냉장고에 최대 몇 주 동안 보관할 수 있다.

허니 머스터드-미소 디핑 소스
HONEY MUSTARD-MISO DIP

분량
4인분

요리 시간
5분
총 시간
5분

재료
흰색 또는 황색 미소된장 3테이블스푼(약 45g)
디종 머스터드 2테이블스푼(약 30g)
꿀 2테이블스푼(약 30g)
쌀식초 1티스푼(10ml)
쌀겨유, 카놀라유 또는 기타 식용유 1테이블스푼
　　(10ml)

요리 방법
미소된장, 겨자, 꿀, 식초, 기름을 중간 크기의 볼에 넣고 완전히 섞일 때까지 젓는다. 곁들여 먹을 야채와 함께 제공한다. 사용하지 않은 소스는 밀폐용기에 담아 냉장고에 최대 몇 주 동안 보관할 수 있다.

미소-요거트 렌치 디핑 소스
MISO-YOGURT RANCH DIP

분량
4인분

요리 시간
5분
총 시간
5분

재료
흰색 또는 황색 미소된장 2테이블스푼(약 30g)
그릭 요거트 ¼컵(약 60g)
마늘 분말 1티스푼(약 2g)
양파 분말 ½티스푼(약 1g)
다진 마늘 약 1티스푼(2~3g)
갓 간 흑후추 ½티스푼(약 1g)
다진 딜잎 한 줌
레몬즙 2티스푼(10ml)
한국산 고춧가루 또는 카이엔 고춧가루 한 꼬집
코셔 소금, 취향에 따라

요리 방법
미소된장, 요거트, 마늘과 양파 분말, 신선한 마늘, 후추, 딜, 레몬즙, 고춧가루를 중간 크기의 볼에 넣고 휘젓는다. 소금으로 간을 한다. 곁들여 먹을 야채와 함께 제공한다. 사용하지 않은 소스는 밀폐용기에 담아 냉장고에 최대 2주간 보관할 수 있다.

쏨땀
SOM TAM

분량
4인분

요리 시간
15분
총 시간
15분

NOTES

그린 파파야는 규모 있는 아시안 슈퍼마켓에서 구할 수 있으며 물결 모양의 칼날이 있는 Y형 필러나 유사 도구를 이용해 손질하는 걸 추천한다. 이런 도구는 동남아시아 마켓이나 온라인에서 찾을 수 있다. 다른 방법으로는, 만돌린에 슈레딩용 부착물을 껴서 손질하거나 손으로 채 썰어도 된다. 껍질과 씨를 제거하고 세로 방향으로 자른 뒤 오이와 같은 방법으로 채 썬다(99페이지).

이것도 번거롭게 느껴진다면, 파파야 대신에 채 썬 양배추 170g과 당근과 무 각각 30~60g를 함께 강판의 큰 구멍에 갈아서 사용할 수 있다. 이것도 맛이 좋다. 정말이다.

재료

굵게 다진 중간 크기의 마늘 3쪽(8g)
굵게 다진 타이버드 고추 1~6개
팜 슈거 1테이블스푼(12g), 취향에 따라 더 추가
피시 소스 2테이블스푼(30ml), 취향에 따라 더 추가
라임즙 2테이블스푼(30ml), 취향에 따라 더 추가
건새우 작은 한 줌
땅콩튀김(319페이지) ½컵(약 60g)
2.5cm 크기로 자른 야드롱 또는 그린빈 85g
방울토마토 6~10개, 반으로 자른다
다진 그린 파파야 225~290g(NOTE 참고)
다진 고수 또는 바질잎 한 줌

이 샐러드는 다양한 맛을 낼 수 있는 고전적인 태국식 파파야 샐러드다. 불같이 맵고 신선한 것부터 발효된 게나 기타 해산물을 곁들여 톡 쏘는 맛까지 다양하다. 이 레시피는 피시 소스와 건새우에서 약간의 쏘는 맛이 나는 간단하고 깔끔한 반찬이다.

일반적으로 나무 막자사발을 이용해 만든다. 드레싱 재료가 먼저 들어가고 야채가 뒤따르는데, 야채는 살짝 으깨지면서 드레싱을 더 많이 흡수하게 된다. 막자사발이 작다면, 나눠서 만든 뒤 마지막에 큰 볼에다 합치면 된다.

요리 방법

① 막자사발에 마늘과 고추를 넣고 으깬다. 팜 슈거를 넣고 부드럽고 끈적해질 때까지 계속 으깬다. 피시 소스와 라임즙도 추가해 섞은 뒤 큰 볼에다 옮긴다. 막자사발을 씻을 필요는 없다.

② 막자사발에 새우를 넣고 살짝 으깬다. 땅콩을 넣고 땅콩이 부서질 때까지 빻는다. 그린빈을 넣고 살짝 멍이 들 때까지 으깬다. 토마토를 추가해 과즙이 나오도록 으깨어 부신다. 드레싱을 옮긴 볼에 막자사발에 담긴 내용물을 긁어다 옮긴다.

③ 드레싱 볼에다 파파야를 추가한다. 소스가 옅은 분홍색이 될 때까지 한 손으로는 막자를 잡고, 다른 손으로는 큰 스푼을 잡아 빻으면서 버무린다. 고수나 바질을 추가해 버무린다. 더 많은 피시 소스나 라임즙 또는 설탕으로 맛을 더하고 제공한다.

짭짤한 참깨-생강 비네그레트를 곁들인 야채 샐러드
MIXED GREENS WITH SAVORY SESAME-GINGER VINAIGRETTE

분량
4인분

요리 시간
20분

총 시간
40분

재료

쇼유 또는 생추간장 ¼컵(60ml)

쌀식초 2테이블스푼(30ml)

적색 또는 갈색 미소된장 2테이블스푼(30g)

다진 생강 1티스푼(4g)

다진 마늘 약 1티스푼(2~3g)

설탕 1테이블스푼(12g)

볶은 참깨 1테이블스푼(8g)

카놀라 또는 기타 식용유 ½컵(120ml)

참기름 60ml(¼컵)

혼합 샐러드 야채 115~145g

기타 신선하고 식감이 좋은 야채

코셔 소금과 갓 간 흑후추

할머니는 항상 간장과 참기름 샐러드 드레싱을 직접 만들어 냉장고에다 넣어놓곤 했는데, 가족 모두가 참 좋아했었다. 불행히도 그 레시피를 전수받기 전에 돌아가셨고, 어머니조차 "어렸을 때부터 먹으며 자랐지만, 그냥 오래된 샐러드 드레싱의 일종인 줄만 알았다"라고 대답하셨다. 어머니는 자신이 얼마나 귀중한 것을 먹으며 살아왔는지 알 턱이 없었다.

이후로 어머니는 그 레시피에 간장, 쌀식초, 참깨, 마늘 분말, MSG가 들어갔다는 기억을 떠올렸고, 나는 거기에서부터 시작해 내가 맛봤던 기억을 더듬으며 드레싱을 만들어냈다. 나는 마늘 분말보다는 신선한 마늘을 선호하고, MSG를 미소된장으로 대체하면 감칠맛은 유지되면서도 유화가 잘 이뤄질 거라고 생각했다.

할머니가 냉장고에 넣어두시던 것처럼, 이 드레싱은 작은 병에 담겨 나의 냉장고 한 켠에 언제나 자리하고 있다. 단순한 녹색 채소들에 적합하지만, 아삭한 식감을 가진 신선한 야채라면 어떤 것이든 자유롭게 추가해도 좋다.

요리 방법

① 큰 볼에 간장, 식초, 미소된장, 생강, 마늘, 설탕, 참깨를 넣고 섞는다. 계속 저으면서 야채와 참기름을 추가한다. 드레싱은 밀봉된 용기에 담아 냉장고에 몇 주 동안 보관할 수 있다.

② 녹색 채소와 다른 야채들을 다른 큰 볼에다 담고 소스 몇 스푼으로 드레싱한다. 소금과 후추로 간을 하고 제공한다.

히야야코(간장과 생강을 곁들인 일본식 차가운 두부요리)
HIYAYAKKO(JAPANESE COLD DRESSED TOFU WITH SOY SAUCE AND GINGER)

분량
4인분

요리 시간
5분

총 시간
5분

재료

홈메이드 *다시*(519~521페이지) 또는 혼다시
    3테이블스푼(45 ml)
쇼유 또는 생추간장 1테이블스푼(15 ml)
미림 2티스푼(10 ml), 또는 꿀이나 아가베 시럽
    ½티스푼(2.5 ml)
순두부 340g, 또는 중간 크기의 연두부
강판에 간 생강 1쪽(지름 1cm 크기)
볶은 참깨 한 꼬집
매우 잘게 썬 스캘리언 1대
가츠오부시 한 꼬집

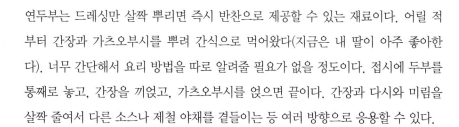

연두부는 드레싱만 살짝 뿌리면 즉시 반찬으로 제공할 수 있는 재료이다. 어릴 적부터 간장과 가츠오부시를 뿌려 간식으로 먹어왔다(지금은 내 딸이 아주 좋아한다). 너무 간단해서 요리 방법을 따로 알려줄 필요가 없을 정도이다. 접시에 두부를 통째로 놓고, 간장을 끼얹고, 가츠오부시를 얹으면 끝이다. 간장과 다시와 미림을 살짝 줄여서 다른 소스나 제철 야채를 곁들이는 등 여러 방향으로 응용할 수 있다.

요리 방법

① 작은 볼에 다시, 간장, 미림을 섞는다.

② 제공할 접시에 두부를 놓는다. 드레싱을 뿌린다. 생강, 참깨, 잘게 썬 스캘리언, 가츠오부시로 장식하고 제공한다.

옥수수, 토마토, 올리브유, 바질을 곁들인 차가운 두부요리
Cold Tofu with Fresh Corn, Tomatoes, Olive Oil, and Basil

중간 크기의 볼에 다시 3테이블스푼(45ml), 생추간장(또는 쇼유) 1테이블스푼(15ml), 미림 2티스푼(10ml), 엑스트라 버진 올리브유 2테이블스푼(30ml)을 섞는다. 옥수수 1개(하룻밤 정도 냉장고에 있던 구운 옥수수나 삶은 옥수수도 된다)에서 알맹이만 골라낸 것, 반으로 자른 방울토마토 140g, 잘게 썬 스캘리언, 바질잎 한 줌을 추가해 섞는다. 이 혼합물을 연두부 한 모(340g) 위에 숟가락으로 끼얹어 제공한다.

발효 콩 소스, 오이, 땅콩을 곁들인 차가운 두부요리
Cold Tofu with Fermented Chile-Bean Sauce, Cucumber, and Peanuts

작은 볼에 다시 3테이블스푼(45ml), 쓰촨 두반장 1테이블스푼(15ml), 생추간장(또는 쇼유) 1티스푼(5ml), 식용유(또는 카놀라유나 연한 올리브유) 1테이블스푼을 섞는다. 이 혼합물을 연두부 한 모(340g) 위에 숟가락으로 끼얹는다. 얇게 썬 오이, 잘게 썬 스캘리언, 다진 고수, 살짝 으깬 땅콩을 조금씩 얹어 제공한다.

당근-생강 드레싱을 곁들인 일본식 사이드 샐러드
JAPANESE SIDE SALAD WITH CARROT AND GINGER DRESSING

분량
1.5컵

요리 시간
5분
총 시간
5분

캐주얼한 일본 도시락이나 스시 가게에서 볼 수 있는 사이드 샐러드이며 고전적인 밝은 오렌지색의 드레싱을 곁들인다. 보통은 정식의 일부로 제공된다. 만들기 쉽고 야채가 많이 들어간다. 남은 드레싱은 몇 주 동안 냉장고에 보관할 수 있다.

재료
드레싱 재료:

껍질 벗겨 굵게 다진 작은 당근 1개(약120g)
굵게 다진 작은 노란 양파 1개(약 60g)
껍질 벗겨 굵게 다진 생강 30g(약 5cm 크기 조각)
작은 마늘 1쪽
흰색 또는 황색 미소페이스트 2테이블스푼(30g)
꿀 또는 아가베 시럽 1테이블스푼 (15 ml)
카놀라 또는 기타 식용유 ½컵(120 ml)
쌀식초 ¼컵(120 ml)
코셔 소금과 갓 간 흑후추

샐러드 재료(선택사항, 입맛에 따라 혼합 가능):

굵게 다진 아삭한 상추(양상추나 로메인 상추 등)
얇게 썬 적양파
아주 얇게 채 썬 당근
얇게 썬 오이
얇게 썬 피망
숙주나물
데친 완두콩(그린빈 또는 스냅피 또는 스노우피)
곱게 채 썬 자색 양배추
방울토마토

요리 방법

① **드레싱**: 믹서기 또는 푸드프로세서에 모든 재료를 넣고 원하는 만큼 부드러워질 때까지 간다. 소금과 후추로 간을 맞춘다.

② **샐러드**: 샐러드 재료를 가지런히 접시에 담고 드레싱을 뿌린 뒤 바로 제공한다. 남은 드레싱은 밀폐용기에 넣어 냉장고에서 최대 일주일 동안 보관할 수 있다.

Acknowledgments

이 책은 위대한 편집자인 Maria Guarnaschelli가 내 첫 번째 책인 *The Food Lab*의 원고 중 한 페이지를 덜어내자고 제안하면서 시작됐다. 그 페이지가 별로였기 때문이 아니라, 현명하게도 미래의 프로젝트(The Wok)가 될 수 있는 잠재력을 엿봤기 때문이었다. 그녀는 이 책의 원고가 완성되기 전에 세상을 떠나고 말았지만, 그녀의 흔적들이 아직도 원고 전체에 온전히 남아 있다. 언제나 'Maria는 뭐라고 했을까?'라고 생각하며 책을 썼다. 그녀는 참 잔인하게 정직했고, 사악할 정도로 날카로웠으며, 무엇보다 나를 맹렬히 지지하며 믿어주었다. 그런 그녀가 몹시 그립다. Maria, 당신이 해준 모든 것에 감사하며 당신이 작가들에게 보여준 자부심에 부응하기 위해 끊임없이 노력할 수밖에 없었다는 말을 하고 싶다.

그녀가 세상을 떠나고, 그 어느 누구도 그녀처럼 편안하고 거대한 신발이 되어줄 수 있을 거라고 생각하지 않았었지만, Melanie Tortoroli와 함께 일하게 된 것도 참 즐거웠다. Melanie, 수없이 바꾸고 뒤집으며 글을 다시 써야 했음에도 나를 참아주어서 감사하고, 심지어 심야에도 어떤 요구든 늘 지지해 주며 이해해주어서 감사하다. 우리가 함께 시작할 다음 프로젝트가 정말 기다려진다(더 많은 어린이 책을 부탁한다!).

훌륭한 편집자와 디자이너와 아티스트가 없다면 책은 하나의 지저분한 문자의 나열일 뿐이다. 고맙게도, 카피 에디터인 Chris Benton과 프로젝트 편집자인 Susan Sanfrey가 내 문자를 책 모양으로 만들어 주었고, 디자이너인 Toni Tajima와 아트 디렉터인 Ingsu Liu가 이 모든 것들을 읽기 편하고 기능적으로 사용할 수 있도록 만들어주었다. Chris, Susan, Toni, Ingsu. 모두에게 감사한다.

Will Scarlett은 정말로 위대한 인간이라서 그래서 더 훌륭한 홍보 전문가인 사람이다. 친절하고 배려심 깊고 열정적인 그의 작품, 참 고맙다. Will! 투어에서 만나길 고대한다.

내 에이전트인 Vicky Bijur와 그녀의 남편(그리고 전 상사)인 Ed Levine에게도 감사한다. 이들은 동료일 뿐만 아니라 누구보다 더 나은 편집자, 옹호자, 치어리더, 그리고 친구이다.

나는 모든 아시아 이민자들에게 엄청난 빚을 지고 있다. 미국으로 건너와 자신들의 음식과 문화를 유지하기 위해 노력한 사람들, 서구에 적응하며 변화한 사람들 말이다. 그들의 이야기는 알려진 것이든 그렇지 않든, 모두 들어볼 가치가 있다. 감사를 전한다.

아시아 요리 교육의 선구자이자 최초로 TV 요리 쇼를 주최한 유색인종 여성인 Joyce Chen을 마음 깊이 존경한다. 그녀의 저서인 *The Joyce Chen Cookbook*은 어린 시절부터 맛있는 추억을 무척이나 많이 남겨주었다. 또, Martin Yan의 쇼맨십과 생생한 교육 스타일로 인해 차이나타운의 부엌에서 일어나는 일들을 엿볼 수 있었다. 아시아계 미국인 요리사와 작가의 롤 모델인 Ming Tsai는 한 세대의 요리사들에게 아시아와 서양의 기술과 재료를 결합해 문화적 고정 관념을 깨뜨리는 아름다움을 보여주었다. 내가 일한 첫 번째 직장(레스토랑)에서 받은 첫 번째 월급으로 구매한 첫 번째 책이 그의 저서인 *Blue Ginger*였다. 이후로 그를 만난 적이 있었는데, TV에서 보던 것처럼 친절하고 상냥한 모습에 정말 마음이 뭉클했다. 정말로 감사를 표한다.

Grace Young의 요리책도 수십 년간 영감과 깨우침을 전하는 작품이지만, 더 고무적인 건 아시아계 미국인 공동체를 고양시키는 그녀의 업적이다. 친절하고, 배려하고, 열정적이고, 취약한 사람들을 도우며 옹호하려는 그녀는 지칠 줄도 모른다. Grace에게도 정말 감사한다.

Eileen Yin-Fei Lo, Fuchsia Dunlop, Elizabeth Andoh, Andrea Nguyen, Hooni Kim, Leela Punyarathabandhu(이 책의 태국어 로마자 표기법과 요리법에 관한 교정에 도움을 받았다), David Chang,

Adam Liaw, Christopher Thomas, Stephanie Li, Namiko Chen, Mark Matsumoto, Wang Gang, Maangchi, Hyosun Ro, Pailin Chongchitnat, 중국 쓰촨 음식에서 Elaine, *The Woks of Life*에서 Bill과 Judy와 Sarah와 Kaitlin, Brendon Jew, Irene Kuo, Irene, Margaret, Andrew Li, Pim Techumvit, Alvin Cailan, Leah Cohen, Mandy Lee.

그리고 서양의 관객들이 아시아 요리를 찬양하게 만들고, 그 방법을 가르쳐온 수많은 사람에게 감사를 전한다. 그들의 책, 칼럼, 쇼, 영상은 아시아 요리에 대한 의문이 있을 때 첫 번째로 찾는 장소다. 이들은 시간과 지식을 나누는 것에 미친듯이 관대해 전 세계의 요리사가 도움을 얻어간다. 언급한 모두와, 미처 내가 알지 못한 수많은 분에게도 감사를 전한다.

우리 할머니 Yasuko는 그 누구보다 친절하고 재밌는 할머니였다. 할머니께서 돌아가시고 나서야, 내가 일본인으로서의 인식을 지녔다는 걸 깨닫게 됐다. 나도 눈치채지 못하게 내게 그런 감각을 심어준 할머니였다. 할아버지인 Koji는 인생을 즐기면서도 일에 대해 진지할 수 있으며, 재미있게 일하지 않으면 무언가를 계속 한다는 게 정말로 어렵다는 걸 가르쳐주셨다. 참으로 감사한다.

중국, 태국, 멕시코 음식에 대한 사랑이 타의 추종을 불허하는 나의 아버지 Fred에게도 감사하고 싶다. 어린 시절부터 뉴욕의 차이나타운을 샅샅이 뒤져가며 훌륭한 광둥 음식을 먹고, 보스턴 교외에서 최고의 쓰촨 요리를 찾고, 몬순에서 비밀 태국어 메뉴를 소개하던 것까지, 훌륭한 음식에 대한 아버지의 열정은 과학(및 낚시)에 대한 열정과도 닮았다. 아버지께 감사 드린다.

중국 음식에 대한 사랑으로는 아버지의 뒤를 잇는 내 사랑하는 남매인 Aya와 Pico에게도 감사의 말을 전하고 싶다. 난 그녀들을 위해 많은 레시피를 테스트하고 만들어 왔다. 어째서 차우펀이 곽와(Kwok Wah)만큼 좋지 않은지, 어째서 후추새우 요리가 *Phoenix Garden*의 전설적인 버

전에 부응할 수 없는지에 대한 상세한 리포트가 돌아오길 기대한다.

어머니 Keiko가 우리 남매를 키우기 위해 해주신 지칠 줄 모르는 노력의 나날들에 감사한다. 항상 우리 삶에 존재해 주시고, 매일 가족이 함께 모여 저녁을 먹게 해주신 것(가정식이 아닐 때는 테이크아웃 중식이나 피자였다), 그리고 일본계 미국인 아이들을 1세대 이민자로 키우는 어려운 줄타기를 수행해낸 것에 대해서 감사한다. 고마워, 엄마.

딸인 Alicia가 태어날 때부터 진행되어 온, 이 책을 쓰는 과정에서의 그녀의 모든 도움과 인내에 감사하고 싶다. Alicia는 훌륭한 보조 사진 작가였고(책에 사용된 사진에서 내 손이 등장한다면, 셔터 뒤에 Alicia가 있다는 뜻이다!), 탐욕스러운 맛 테스터였고, 도움이 되는 주방 조수였고, 멋진 치어리더(그래, Alicia…마침내 면 파트를 마쳤단다)였다. 나는 내가 돌보는 인간의 똑똑하고 재밌고 사려 깊은 모습에 매일 감동하며 영감을 얻는다. 고마워 딸.

내가 자궁에 있을 때부터 더 나은 사람이 되고자 하는 열망을 준 할아버지 Koji에게 감사한다. 할아버진 마치 웜뱃이었다(캥거루처럼 육아낭에 새끼를 기르는 동물).

그리고 그 무엇보다도, 내가 "책을 쓴다는 것"이 무슨 뜻인지 이미 경험하여 알고 있음에도 불구하고, 이번에는 일과 육아와 임신을 한꺼번에 해내면서 다시 한 번 나를 지원해 준 아내 Adri에게 감사하고 싶다. 그녀는 내가 될 수 있는 최고의 모습이 되고자 하는 욕망을 불어넣을 뿐만 아니라, 그것이 무엇인지와 도달하는 방법까지도 알아내도록 만든다. 당신을 정말로 사랑해. 고마워, 여보.

Resources

여기 아시아의 가정 요리와 레시피에 대해 더 많이 배울 수 있는 훌륭한 리소스 목록이 있다. 재료와 도구를 살 수 있는 온라인 리소스뿐 아니라, 책과 웹사이트와 비디오 채널도 포함했다.

도서 및 웹사이트

중국 및 미국식 중화요리

- *Jeffrey Alford and Naomi Duguid*

  Beyond the Great Wall

- *Grace Young*

  The Breath of a Wok

  Stir-Frying to the Sky's Edge

  The Wisdom of the Chinese Kitchen

- *Wang Gang*

  Chef Wang(https://youtube.com/channel/UCg0m_Ah8P_MQbnn77-vYnYw)

- *Kei Lum Chan and Diora Fong Chan*

  China: The Cookbook

- *Elaine*

  China Sichuan Food(www.chinasichuanfood.com)

- *Stephanie Li and Christopher Thomas*

  Chinese Cooking Demystified(https://youtube.com/c/ChineseCookingDemystified)

- *Eileen Yin-Fei Lo*

  The Chinese Kitchen

  Eileen Yin-Fei Lo's New Cantonese Cooking

- *Margaret, Irene, and Andrew Li*

  Double Awesome Chinese Food

- *Fuchsia Dunlop*

  Every Grain of Rice

  The Food of Sichuan

  Land of Fish and Rice

  Revolutionary Chinese Cookbook

- *Martin Yan*

  Everybody's Working

  Martin Yan's Chinatown Cooking

  The Yan Can Cook Book

- *Florence Lin*

  Florence Lin's Chinese Regional Cookbook

  Florence Lin's Chinese Vegetarian Cookbook

  Florence Lin's Complete Book of Chinese Noodles, Dumplings, and Breads

- *Joyce Chen and Paul Dudley White*

  Joyce Chen Cook Book

- *Brandon Jew and Tienlon Ho*

  Mister Jiu's in Chinatown

- *Joie Warner*

  A Taste of Chinatown

- *Hsiao-Ching Chou*

  Vegetarian Chinese Soul Food

일본

- *Elizabeth Andoh*

  At Home with Japanese Cooking

  Kansha: Celebrating Japan's Vegan and Vegetarian Traditions

  Washoku: Recipes from the Japanese Home Kitchen

- *Francis the Dog*

  Cooking with Dog(www.youtube.com/c/cookingwithdog)

- *Mark Robinson*

  Izakaya: The Japanese Pub Cookbook

- *Nancy Singleton Hachisu*

  Japan: The Cookbook

  Japanese Farm Food

  Preserving the Japanese Way

- *Tim Anderson*

  JapanEasy

- *Emi Kazuko, with recipes by Yasuko Fukuoka*

  Japanese Cooking

- *Namiko Chen*

  Just One Cookbook: Essential Japanese Recipes

  Just One Cookbook (justonecookbook.com)

- *Yoshihiro Murata*

  Kaiseki: The Exquisite Cuisine of Kyoto's

  Kikunoi Restaurant

한국

- *Hyosun*

  Korean Bapsang: A Korean Mom's Home

  Cooking(koreanbapsang.com)

- *Sohui Kim, with Rachel Wharton*

  Korean Home Cooking

- *Maangchi, with Lauren Chattman*

  Maangchi's Real Korean Cooking

  Maangchi(maangchi.com)

- *Hooni Kim, with Aki Kamozawa*

  My Korea

태국, 베트남, 필리핀 및 동남아시아

- *Alvin Cailan, with Alexandra Cuerdo*

  Amboy: Recipes from the Filipino-American Dream

- *Andrea Nguyen*

  Asian Dumplings

  Asian Tofu

  Into the Vietnamese Kitchen

  Vietnamese Food Any Day

- *Leela Punyaratabandhu*

  Bangkok

  Flavors of the Southeast Asian Grill

  Simple Thai Food

  She Simmers(shesimmers.com)

- *Naomi Duguid*

  Burma: Rivers of Flavor

- *Austin Bush*

  The Food of Northern Thailand

- *Jeffrey Alford and Naomi Duguid*

  Hot, Sour, Salty, Sweet: A Culinary Journey

  Through Southeast Asia

- *Pailin Chongchitnant*

  Hot Thai Kitchen: Demystifying Thai Cuisine with Authentic

  Recipes to Make at Home

  Hot Thai Kitchen(hot-thai-kitchen.com)

- *Nuit Regular*

  Kiin: Recipes and Stories from Northern Thailand

- *Leah Cohen, with Stephanie Banyas*

  Lemongrass & Lime: Southeast Asian Cooking at Home

- *Kris Yenbamroong, with Garrett Snyder*

  Night+Market

- *Jennifer Brennan*

  The Original Thai Cookbook

- *Andy Ricker, with JJ Goode*

  Pok Pok: The Drinking Food of Thailand

  Pok Pok: Food and Stories from the Streets,

  Homes, and Roadside Restaurants of Thailand

기타 아시아, 요리 전반

- *Adam Liaw*

  Other Asian, General Cooking

  Adam's Big Pot (adamliaw.com)

- *Mandy Lee*

  The Art of Escapism Cooking

- *Ming Tsai*

  Blue Ginger

  Simply Ming

- *David Chang and Priya Krishna*

  Cooking at Home

- *David Chang and Peter Meehan*

  Momofuku: a Cookbook

- *Seonkyoung Longest*

  Seonkyoung Longest(www.youtube.com/user/

  SeonkyoungLongest)

재료와 도구

나는 대부분 중국, 일본, 동남아시아 슈퍼마켓에서 쇼핑한다. 향신료, 특산품 고기, 야채, 해산물 등 서양 슈퍼마켓에서 볼 수 있는 것보다 더 싸고 좋은 것들을 찾을 수 있다. 다양한 면 종류를 팔기도 한다. 아시아 슈퍼마켓에 갈 수 없는 사람을 위해 온라인 리소스도 제공한다.

- *H-Mart(www.hmart.com)*

  일반적인 아시아 식료품 재료

- *The Japanese Pantry(https://thejapanesepantry.com)*

  일본 장인의 재료

- *The Mala Market(www.themalamarket.com)*

  쓰촨의 고급 특산품 재료 및 기타 중국식 식료품 재료

- *Nihon Ichiban(anything-from-japan.com)*

  일본 식료품 재료

- *Seoul Mills(seoulmills.com)*

  한국 식료품 재료

- *The Wok Shop(www.wokshop.com)*

  전문가용 및 가정용 웍, 추가도구, 찜기, 막자사발, 손 도구, 밥솥, 칼, 식기 등

- *Yami(www.yamibuy.com)*

  일본, 한국, 중국의 식료품 재료

Index

빨간색 페이지 표기는 해당 레시피의 사진이 위치한 페이지를 의미하며,

[언급]은 해당 주제가 드러나는 페이지를 의미한다. 제목이 아니라 내용을 위주로 기술한 사항도 있다.

더 웍 THE WOK

1판 1쇄 발행 2023년 1월 25일
1판 2쇄 발행 2023년 4월 10일

저 자 | J. Kenji López-Alt
역 자 | 셰프크루
발행인 | 김길수
발행처 | 영진닷컴
주 소 | (우)08507 서울특별시 금천구 가산디지털1로 128
STX-V타워 4층 401호
등 록 | 2007. 4. 27. 제16-4189호

ⓒ 2023. (주)영진닷컴
ISBN | 978-89-314-6616-4

YoungJin.com **Y.**
영진닷컴